建筑设计资料集

（第三版）

第 5 分册　休闲娱乐 · 餐饮 · 旅馆 · 商业

中国建筑工业出版社

图书在版编目（CIP）数据

建筑设计资料集 第5分册 休闲娱乐·餐饮·旅馆·商业 / 中国建筑工业出版社，中国建筑学会总主编．-3版．-北京：中国建筑工业出版社，2017.8

ISBN 978-7-112-20943-9

Ⅰ.①建… Ⅱ.①中… ②中… Ⅲ.①建筑设计-资料 Ⅳ.①TU206

中国版本图书馆CIP数据核字（2017）第140497号

责任编辑：陆新之　徐　冉　刘　静　刘　丹
封面设计：康　羽
版面制作：陈志波　周文辉　刘　岩　王智慧　张　雪
责任校对：姜小莲　关　健

建筑设计资料集（第三版）

第5分册　休闲娱乐·餐饮·旅馆·商业

*

中国建筑工业出版社出版、发行（北京海淀三里河路9号）
各地新华书店、建筑书店经销
北京顺诚彩色印刷有限公司印刷

*

开本：880×1230毫米　1/16　印张：19¼　字数：765千字
2017年9月第三版　2018年1月第二次印刷
定价：**138.00**元

ISBN 978-7-112-20943-9
(25968)

《建筑设计资料集》（第三版）
总编写分工

总 主 编 单 位：中国建筑工业出版社　中国建筑学会

第1分册　建筑总论

分 册 主 编 单 位：清华大学建筑学院　同济大学建筑与城市规划学院
重庆大学建筑城规学院　西安建筑科技大学建筑学院

第2分册　居住

分 册 主 编 单 位：清华大学建筑设计研究院有限公司
分册联合主编单位：重庆大学建筑城规学院

第3分册　办公·金融·司法·广电·邮政

分 册 主 编 单 位：华东建筑集团股份有限公司
分册联合主编单位：同济大学建筑与城市规划学院

第4分册　教科·文化·宗教·博览·观演

分 册 主 编 单 位：中国建筑设计院有限公司
分册联合主编单位：华南理工大学建筑学院

第5分册　休闲娱乐·餐饮·旅馆·商业

分 册 主 编 单 位：中国中建设计集团有限公司
分册联合主编单位：天津大学建筑学院

第6分册　体育·医疗·福利

分 册 主 编 单 位：中国中元国际工程有限公司
分册联合主编单位：哈尔滨工业大学建筑学院

第7分册　交通·物流·工业·市政

分 册 主 编 单 位：北京市建筑设计研究院有限公司
分册联合主编单位：西安建筑科技大学建筑学院

第8分册　建筑专题

分 册 主 编 单 位：东南大学建筑学院　天津大学建筑学院
哈尔滨工业大学建筑学院　华南理工大学建筑学院

《建筑设计资料集》（第三版）总编委会

第5分册编委会

前　言

一代人有一代人的责任和使命。编好第三版《建筑设计资料集》，传承前两版的优良传统，记录改革开放以来建筑行业的设计成果和技术进步，为时代为后人留下一部经典的工具书，是这一代人面对历史、面向未来的责任和使命。

《建筑设计资料集》是一部由中国人创造的行业工具书，其编写方式和体例由中国建筑师独创，并倾注了两代参与者的心血和智慧。《建筑设计资料集》（第一版）于1960年开始编写，1964年出版第1册，1966年出版第2册，1978年出版第3册。第二版于1987年启动编写，1998年10册全部出齐。前两版资料集为指导当时的建筑设计实践发挥了重要作用，因其高水准高质量被业界誉为"天书"。

随着我国城镇化的快速发展和建筑行业市场化变革的推进，建筑设计的技术水平有了长足的进步，工作领域和工作内容也大大拓展和延伸。建筑科技的迅速发展，建筑类型的不断增加，建筑材料的日益丰富，规范标准的制订修订，都使得老版资料集内容无法适应行业发展需要，亟需重新组织编写第三版。

《建筑设计资料集》是一项巨大的系统工程，也是国家层面的经典品牌。如何传承前两版的优良传统，并在前两版成功的基础上有更大的发展和创新，无疑是一项巨大的挑战。总主编单位中国建筑工业出版社和中国建筑学会联合国内建筑行业的两百余家单位，三千余名专家，自2010年开始编写，前后历时近8年，经过无数次的审核和修改，最终完成了这部备受瞩目的大型工具书的编写工作。

《建筑设计资料集》（第三版）具有以下三方面特点：

一、内容更广，规模更大，信息更全，是一部当代中国建筑设计领域的"百科全书"

新版资料集更加系统全面，从最初策划到最终成书，都是为了既做成建筑行业大型工具书，又做成一部我国当代建筑设计领域的"百科全书"。

新版资料集共分8册，分别是：《第1分册　建筑总论》；《第2分册　居住》；《第3分册　办公·金融·司法·广电·邮政》；《第4分册　教科·文化·宗教·博览·观演》；《第5分册　休闲娱乐·餐饮·旅馆·商业》；《第6分册　体育·医疗·福利》；《第7分册　交通·物流·工业·市政》；《第8分册　建筑专题》。全书共66个专题，内容涵盖各个建筑领域和建筑类型。全书正文3500多页，比第一版1613页、第二版2289页，篇幅上有着大幅度的提升。

新版资料集一半以上的章节是新增章节，包括：场地设计；建筑材料；老年人住宅；超高层城市办公综合体；特殊教育学校；宗教建筑；杂技、马戏剧场；休闲娱乐建筑；商业综合体；老年医院；福利建筑；殡葬建筑；综合客运交通枢纽；物流建筑；市政建筑；历史建筑保护设计；地域性建筑；绿色建筑；建筑改造设计；地下建筑；建筑智能化设计；城市设计；等等。

非新增章节也都重拟大纲和重新编写，内容更系统全面，更契合时代需求。

绝大多数章节由来自不同单位的多位专家共同研究编写，并邀请多名业界知名专家审稿，以此确保编写内容的深度和广度。

二、编写阵容权威，技术先进科学，实例典型新颖，以增值服务方式实现内容扩充和动态更新

总编委会和各主编单位为编好这部备受瞩目的大型工具书，进行了充分的行业组织及发动工作，调动了几乎一切可以调动的资源，组织了多家知名单位和多位知名专家进行编写和审稿，从组织上保障了内容的权威性和先进性。

新版资料集从大纲设定到内容编写，都力求反映新时代的新技术、新成果、新实例、新理念、新趋势。通过记录总结新时代建筑设计的技术进步和设计成果，更好地指引建筑设计实践，提升行业的设计水平。

新版资料集收集了一两千个优秀实例，无法在纸书上充分呈现，为使读者更好地了解相关实例信息，适应数字化阅读需求，新版资料集专门开发了增值服务功能。增值服务内容以实例和相关规范标准为主，可采用一书一码方式在电脑上查阅。读者如购买一册图书，可获得这一册图书相关增值服务内容的授权码，如整套购买，则可获得所有增值服务内容的授权。增值服务内容将进行动态扩充和更新，以弥补纸质出版物组织修订和制版印刷周期较长的缺陷。

三、文字精练，制图精美，检索方便，达到了大型工具书"资料全、方便查、查得到"的要求

第三版的编写和绘图工作告别了前两版用鸭嘴笔、尺规作图和铅字印刷的时代，进入到计算机绘图排版和数字印刷时代。为保证几千名编写专家的编写、绘图和版面质量，总编委会制定了统一的编写和绘图标准，由多名审稿专家和编辑多次审核稿件，再组织参编专家进行多次反复修改，确保了全套图书编写体例的统一和编写内容的水准。

新版资料集沿用前两版定版设计形式，以图表为主，辅以少量文字。全书所有图片都按照绘图标准进行了重新绘制，所有的文字内容和版面设计都经过反复修改和完善。文字表述多用短句，以条目化和要点式为主，版面设计和标题设置都要求检索方便，使读者翻开就能找到所需答案。

一代人书写一代人的资料集。《建筑设计资料集》（第三版）是我们这一代人交出的答卷，同时承载着我们这一代人多年来孜孜以求的探索和希望。希望我们这一代人创造的资料集，能够成为建筑行业的又一部经典著作，为我国城乡建设事业和建筑设计行业的发展，作出新的历史性贡献。

《建筑设计资料集》（第三版）总编委会

2017年5月23日

目　录

定义

休闲娱乐建筑是为满足人们开展各种休闲娱乐活动的需要而设计建造的特定空间场所和公共建筑类型。休闲娱乐建筑随着现代社会生活方式的急剧变化而不断更迭发展，并因不同地区的经济发展水平和社会生活方式的千差万别，而致使建筑规模大小不同，内容繁简各异，但都是休闲娱乐活动的物质基础和载体。

分类

综合休闲娱乐建筑功能多样，其总平面布置应有明确的功能分区和交通流线。按照休闲娱乐设施内各功能组成部分的建筑实体在基地中的分布和组织形态，设施总平面布置一般采用集中式、分散式和混合式，见表2。

按娱乐内容分类　表1

名称	定义
文艺娱乐型	以文化和表演艺术类娱乐活动为主要内容的娱乐场所。如KTV、歌舞厅等
生活休闲型	以能满足人们日常工作之余，闲暇时间放松身心需求的娱乐活动为主要内容的娱乐场所。如洗浴中心、网吧、游戏厅、棋牌室、美容美发厅等
体育健身型	以身体练习、强健体魄、培养运动爱好和特长为主要内容的娱乐场所，如健身房

按总图布置分类　表2

	类型	组织原则	适用类型
集中布置		建筑内各功能组成部分的建筑空间紧密相连，形成统一整体，具有体量集中的建筑形象。节约用地，方便管理，但应防止使用功能上的相互干扰	适用于功能组成较为简单的中小型设施，或城市中心地区用地有限的大型休闲娱乐设施
分散式布置，以廊桥相连		建筑内各功能组成部分各自分散或分组布置在基地总平面上，利于避免各部分使用功能上的相互干扰，提供相对独立经营的方便，用廊桥相连又方便各功能空间的联系，创造既独立又联系的综合娱乐空间	适用于城郊、公园绿地或风景园林环境中用地宽松的综合性休闲娱乐设施。尤其适用于对室外活动有较高环境要求，或对室内外活动空间的联系有较多要求的建筑
分散式围合布置，中间有庭院		建筑内各功能组成部分分散或分组布置在基地总平面上，且各功能空间围绕基地四周布置，围合出中央内向庭院，利于创造建筑内部的优美环境并避免外部恶劣环境干扰	适用于城市中建筑外部环境不利、建筑内对室外活动场地和室内外活动空间的联系有较多要求的休闲娱乐设施
混合式布置		兼具集中式和分散式的组织特点，对不同基地环境、不同建设规模或需要分期建设的各类休闲娱乐建筑项目具有较强的适应性	建筑形态自由多变，适用于灵活组织和有扩展要求的休闲娱乐设施

按经营形式分类　表3

经营模式	定义
专营休闲娱乐设施	只经营唯一休闲娱乐项目的公共设施
综合休闲娱乐设施	经营多种休闲娱乐项目的公共设施

设计要点

1. 选址：休闲娱乐活动贴近人们的日常生活，其建筑基地选址应考虑选在人流集中、位置适中、交通便利、方便群众日常闲暇时使用的地点；建筑选址应考虑方便建设、节约投资，确保设施具有良好使用环境的用地条件；充分利用良好自然环境并远离有害物排放点和噪声源。

2. 附建和独立建设要求：休闲娱乐建筑分附建和独立建设两种。当独立建设时，基地规划位置应符合城市娱乐设施网点布局的要求；当建筑与其他建筑合用基地形成建筑群或建筑综合体时，为防止使用过程中的相互干扰，必须满足其使用功能的要求，保证该建筑在使用管理上的相对独立性。

3. 功能及流线分析：休闲娱乐建筑的功能及流线具有多样性的特点，没有统一的组成内容和结构形式，其相对稳定的功能、空间组织关系见[1]，动静分区，内外有别，便于人员疏散，减少人流交叉。

4. 消防要求：休闲娱乐建筑大多功能复杂、人流密集，其设计和建设应严格遵守相关的建筑设计防火规范。

5. 声、光、电要求：休闲娱乐建筑依据建筑性质，考虑供电可靠性要求，并有预防和预报火灾的技术措施，且声、光、电设计需有节能措施，以及相应的隔声防干扰措施。

6. 空调及通风要求：休闲娱乐建筑的空调及通风设计应充分考虑建筑物各功能分区的使用特点，合理确定空调冷热源方案，还应遵守节能环保设计规范或标准的相关规定。

7. 室内设计要求：休闲娱乐建筑的室内设计应综合考虑环境、功能等因素，创造出既符合功能要求，又符合人们心理及视觉感受要求的空间环境，应注意室内设计材料的选择，须达到相应的防火安全要求。

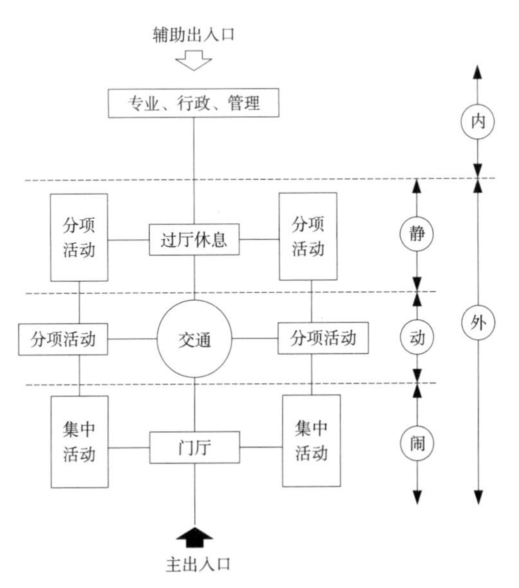

[1] 休闲娱乐建筑流线分析图

定义

KTV最初被称作卡拉OK，起源于日本。在我国经过多年的发展，KTV已经形成了独具特色的娱乐文化。经营场所也从简单的开放式发展成符合中国国情的包厢式，以及能够容纳更多人参与的量贩式。因此，KTV成为以唱歌为主要目的的大众娱乐场所。

分类

KTV有多种形式，从服务方式上主要分为量贩式KTV和商务式KTV两大类型。

1. 量贩式KTV：一般规模较大，营业时间长，以各种聚会为主要消费群体。装修风格通常以现代、时尚居多。采用以量定价的经营方式，自点自唱，自助购物。

2. 商务式KTV：一般是集娱乐、休闲和洽谈商务于一体的场所，在提供娱乐的同时也可以提供餐饮服务。

量贩式KTV与商务式KTV特点比较　表1

对比项目	量贩式KTV	商务式KTV
营业规模	规模化经营，一般拥有几十个甚至上百个大小包厢	规模面积比量贩式小，包厢数量相对较少，但包厢面积较大
服务对象	多层次人群	多为商务消费人群
服务方式	自助点歌	有专职点歌服务人员
附加服务	附设便利超市	设酒吧、雪茄屋、桌球、棋牌等

空间规模

1. KTV建筑面积大于3000m²为大型空间，小于1000m²为小型空间。

2. KTV建筑空间高度不宜低于4.2m，包厢空间高度不宜低于2.6m。

3. KTV包厢用房一般占总面积的40%~70%，交通面积占15%~20%，其余为辅助空间面积。

4. 接待大厅是整个空间当中比较重要的区域，参考面积通常以总面积的1/15左右为宜。

功能组成

KTV空间主要由入口、包厢、交通通道和辅助区域组成，入口、交通通道等属于公共区域，辅助区域则包括公共卫生间（对于包厢较集中的地方也可设区域小型卫生间）、综合操作间、机房、配电室、仓储、管理及员工更衣室等。

量贩式KTV通常还设有小型超市和自助餐区。仓储的位置宜设在操作间、超市附近。

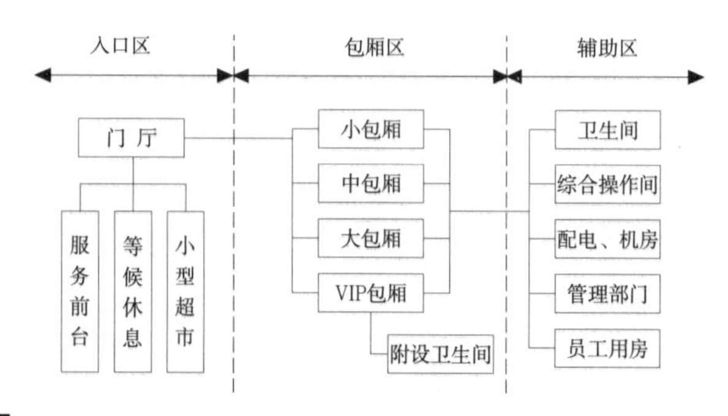

1 KTV功能划分与流线组织：以量贩式KTV为例

设计要点

1. 量贩式KTV建筑规模一般都比较大，整体空间的规划设计应以动线简捷流畅、使用安全舒适方便、易于识别为原则。设计中要采用不同形式的功能分区，其附属设施的设置也要随之变换。

2. 商务式KTV建筑规模相对较小，但单体包厢较大。交通空间设计可采取“曲径通幽”的方式，适宜在过长的通道中增设小型休息区、景观区等，以营造良好的视觉氛围。

3. 辅助区域、公共区域、包厢区域的面积比例一般是1:2:7。当设计标准提高时，相关配套会更齐全，这时包厢区面积比例会相对减少，区域比例可以达到1.5:2.5:6。当总体面积超过2000m²时，这个比例变化更大。

KTV空间划分一般比例表　表2

房型数量的比例	区域卫生间设置和面积	辅助功能区域	办公管理区域
大包厢15%	独立设置3m²	量贩式KTV的小超市面积60~100m²。综合操作间每15~20个包厢左右设置一个	办公室空间12~15m²左右。电脑机房6m²左右，宜设置在整体空间的中心地带。员工更衣间人均面积不低于0.5m²
中包厢35%	2~3间一个，2~3m²		
小包厢48%	区域卫生间可考虑3~4间设置一个，2~3m²		
微型包厢2%~3%	—		
VIP包厢1~2个	独立设置，3m²		

注：商务式KTV不设小超市。

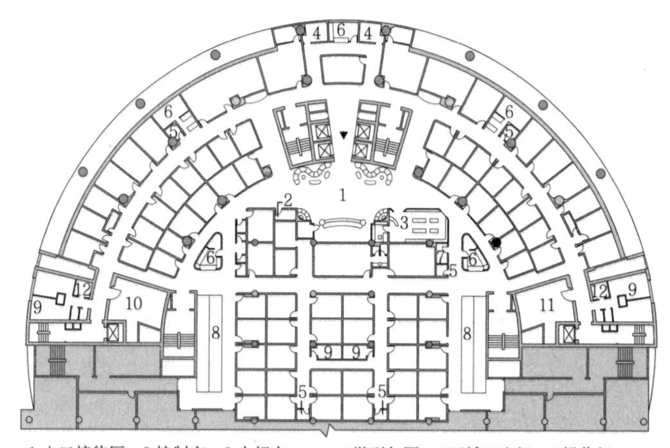

2 KTV功能布置示意图一

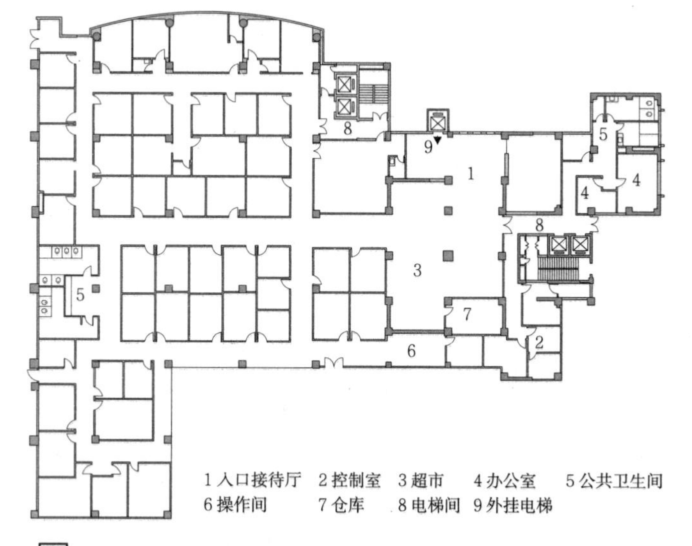

3 KTV功能布置示意图二

入口区域设计

入口区域设计包括门厅、服务前台、休息等候区及小型超市等功能区域，其中服务前台需设在明显的位置，是设计的重点。

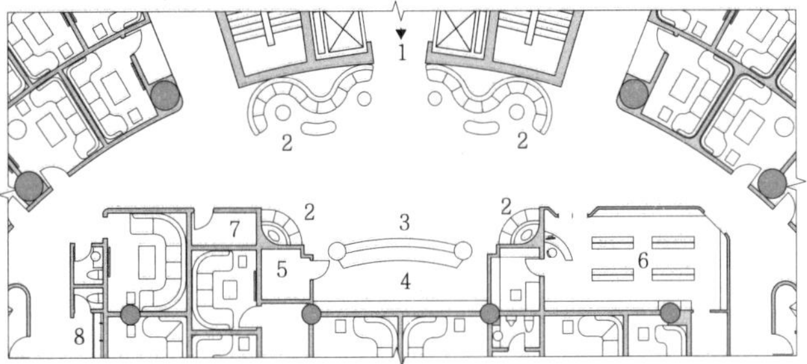

1入口 2休息等候区 3前台服务区 4服务前台 5工作间 6小型超市 7电控间 8区域卫生间

1 KTV入口平面图

服务前台设计要点

1. 服务前台是一个完整的工作单元，由接待、收银、寄存功能等组成。在大厅内位置要明显，形态、材质、色彩、照明要突出，大小高度要有助于提高服务效率。

2. 量贩式KTV由于总体规模较大，客流量较多，服务前台常采用站立式，形状尺寸根据场所规模设定。

3. 商务式KTV由于总体规模相对小，客流量较少，前台可采用较为舒适的桌台式（座位式）。

4. 站立式服务前台客用台面尺寸多采用1.0~1.2m（高）×0.45~0.6m（宽）；服务工作台面尺寸多采用0.8~0.95m（高）×0.3~0.5m（宽）。

5. 座位式服务前台尺寸宜采用0.7~0.8m（高）×0.8~1.0m（宽）。

6. 服务前台内侧（工作区）空间宽度尺寸不宜小于1.2m。

7. 服务台前要留有1.2m以上的服务空间，并与交通流线分开，避免造成高峰人流时秩序混乱。

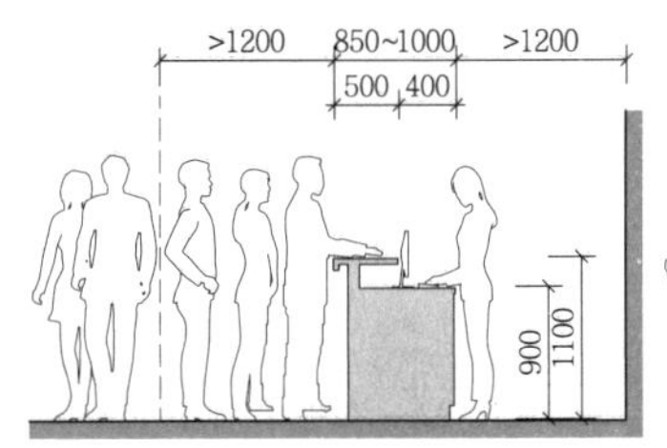

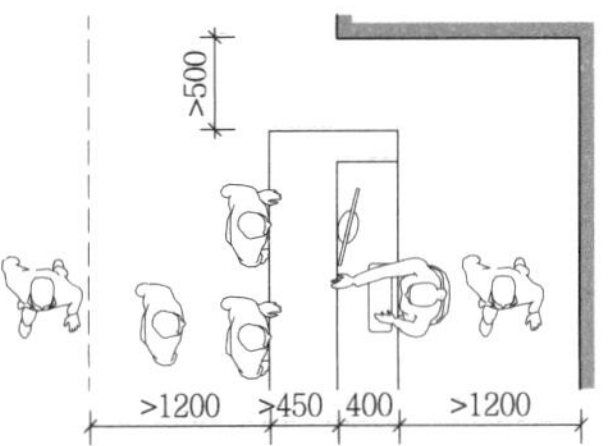

2 服务前台空间区域基本尺寸图

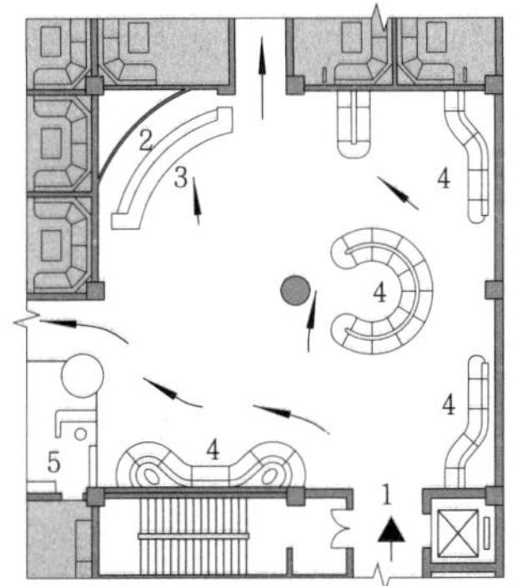

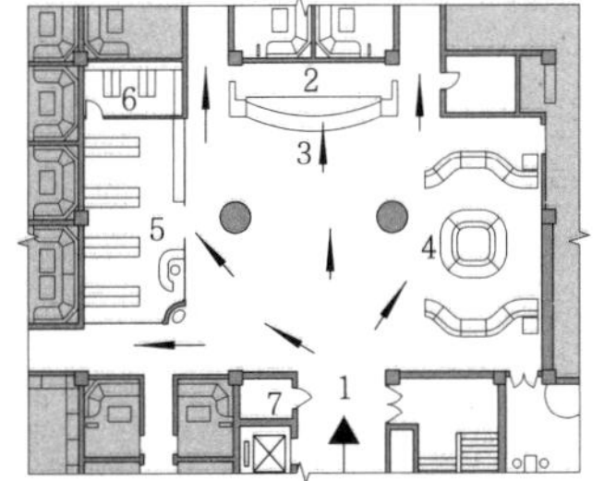

1入口 2前台 3前台服务区域 4休息等候区 5小超市 6仓库 7配电室

3 入口区服务前台、休息区、超市平面布置图

包厢区域设计

包厢区域是整个KTV中占地面积最大的区域，包括包厢、交通空间、区域卫生间和小的综合操作间等辅助设施。设计重点在各种包厢和交通空间。

1. 包厢设计

KTV包厢是包厢区域中最重要的部分，可根据经营主题和设施确定包厢面积大小。包厢内人均面积一般按1.25~1.5m²计算。包厢内设有视听设备、电脑点歌系统及沙发、茶几家具等。中型以上包厢可根据家居布局所需增设双显示器、投影屏幕以及相关设施，还可设置演唱台并配备供歌手用的小尺寸显示器。大包厢为进一步营造气氛，除正常照明外，还可根据需要安装各种舞厅的专用灯光或舞台用照明灯光。

包厢面积与设施配备　　表1

包厢	面积（m²）	人数	家具设备	附加设施
小型	9~11	4~6	沙发、茶几、显示器、点歌器	—
中型	11~15	8~12		可增加吧台、舞池
大型	≥25	20		可增加吧台、舞池
特大	50	根据需求设1~2间，家具设施齐全，可增加小区域划分和其他娱乐设施，增设附属卫生间		

注：包厢一般不需设卫生间，而是在包厢外设置公共卫生间。

包厢形式　　表2

形式	特点
休闲式	休闲式包厢主要考虑的是娱乐内容和设施，一般用较大房间或者是套房。因休闲项目内容不同，如飞镖、桌球、自动麻将等设施，其设计形式也不相同
练歌房	主要功能是歌唱，因此，设计重点要放在包厢空间形状及声效处理上。用色需注意主色调的控制及材料的搭配，还要用适当的光环境和重点照明突出演唱氛围
餐厅式	餐厅式包厢以提供餐饮为主，KTV等娱乐项目为辅，应重点考虑就餐客人就坐的位置及角度和高度来放置显示屏幕，以满足较好的视觉需求。这种包厢需要的空间面积比单一就餐空间面积要大
酒吧式	酒吧式包厢分为大中小三种类型，小型2人或4人，大型十多人。依据需求，家具可宽大舒适，也可紧凑温馨，要设置适宜放置酒水的桌几，若设舞池应考虑其面积和灯光效果

2. 包厢形状比例

包厢空间形状设计要首先满足声学要求，各点声压级偏差小于2dB。为防止形成有害的驻波，包厢空间形状以长方形较为合理，其空间形状尺寸最好按“黄金分割法”划分（长∶宽∶高为1.618∶1∶0.618），即使做不到黄金分割比例，也要保证长宽高不能呈整数比。不应采用圆弧形墙面，也不宜采用大段深凹进、大凸出的平面或圆弧形状。几组驻波强度相对较低的小空间形状比例参考值，见表3。

KTV包厢平面形状比例　　表3

高∶宽∶长	高∶宽∶长	高∶宽∶长
1.00∶1.14∶1.39	1.00∶1.26∶1.59	1.00∶1.60∶2.33
1.00∶1.25∶1.60	1.00∶1.30∶1.90	1.00∶1.60∶2.10
4510 / 3420 / 2850；5500 / 4170 / 3475；10m² / 24.8m² / 14.3m²	4570 / 3490 / 2885；5500 / 4200 / 3475；10m² / 14.7m² / 25.1m²	4190 / 3160 / 2610；6100 / 4600 / 3800；10m² / 14.5m² / 25.6m²

包厢平面布置及特点　　表1

类型	平面布置图	特点
小包厢与中包厢		小包厢与中包厢的形式基本相同，只是房间大小有所区别。中包厢可根据经营需求或房型特点，设置一个小的酒吧台，以方便客人有更多的选择
大包厢		在满足中小型包厢基本功能要求的基础上，可附设以小型卫生间
商务包厢		商务包厢可根据功能需求选定家具样式和摆放形式，增加一些艺术品的陈设。增设自由娱乐区域，如自助式酒吧区、小型舞池区、小型舞台表演区，亦可另辟独立会客聊天区域等，附设专用卫生间

包厢设计相关要素　　表2

色彩、材质、光照	1.包厢内色调的应用面积比例关系通常为：主色：辅色：点缀色=6：3：1，以此控制包厢内色彩取向。背景墙面颜色宜选用低饱和度色彩。 2.在相同光线照射下的表面光洁度不同的材料，会产生不同的反射效果。深颜色材料比浅颜色材料吸收光线多，表面粗糙的材料比表面平整光滑的材料吸收光线多。用表面粗糙的深色材料营造朦胧的氛围，用浅色的表面平整的材料营造清爽宜人的氛围。采用的装饰材料的反射系数大于60%时，照度值应取50~75lx，当反射系数在60%以下时，照度值应取75~100lx。 3.石材的特性与其他材料有所不同，同种石材表面光滑（镜面）的纯度高、明度低，表面粗糙的明度高、纯度低。 4.使用白光应考虑材料的反光度，使用色光在注意材料反光度的同时，还要注意材料色彩与色光混合后的冷暖及纯浊效果。白光和色光的使用比例通常应控制在7：3为宜
影响声效的材料和形状	1.对入射声能有吸收作用的材料统称为利于吸声材料。光滑表面的硬质材料利于反射扩散声音。选用材料应考虑其密度，且应具有防火阻燃功能。 2.包厢中吸声材料使用面积宜占整体表面积的1/3（包括家具表面）。使用吸声材料品种不宜太多，但也不能单一，要根据各自不同的吸声参数而组合使用。 3.在容易引起声音聚焦的凹位和音箱的垂直方向使用吸声材料。 4.若地面采用石材等光滑材料，设计顶棚时应采用一定面积的吸声材料。 5.顶棚设计不宜有过深的凹位，如果一定需要，凹陷处应采用吸声材料。 6.在墙平面使用凸面反射是使室内声音均匀扩散的有效方法。扩散用材料应为硬质。 7.正对音箱的墙面避免内凹状设计，其墙角部位宜有一定的扩散构造，如凸弧面、斜面、圆柱面等1。可在包厢的侧墙和后墙设置不同几何形状的声音扩散体（可以是几何体、浮雕、曲线、凸面装饰造型等）。两侧的墙面可以适当使用反射材料，但面积不宜过大。 8.遇有对称平面的光墙面，应覆盖吸声材料或扩散材料，或做成不规则表面，以消除或减弱颤动回声的出现

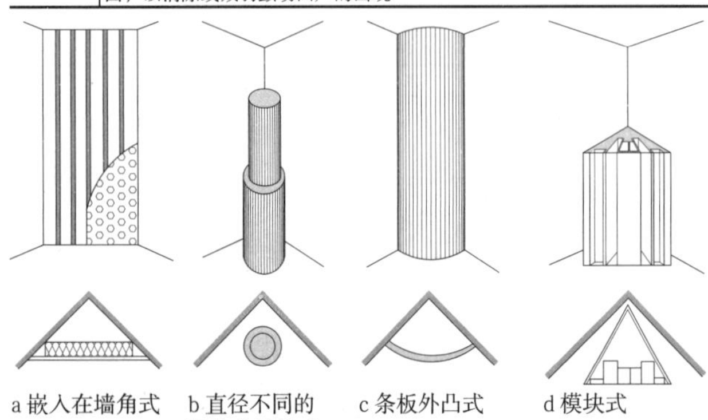

a 嵌入在墙角式　b 直径不同的圆柱共振体式　c 条板外凸式　d 模块式

1 墙角处的吸声和扩散处理示例

常用饰面材料及色彩反光系数　　表3

	材料	反射系数（%）		材料	反射系数（%）
瓷釉面砖	白色	80	深色调	中绿色、中蓝色	21
	黄绿色	62		可可棕色、淡紫色	24
	粉色	65		暗棕色、暗色	10~15
	天蓝色	31		橄榄绿	12
	黑色	8		暗蓝、蓝绿	5~10
陶瓷锦砖地砖	白色	59		森林绿	7
	浅蓝色	42	木本色调	桦木和榉木	35~50
	浅咖啡色	31		浅枫木	25~35
	深咖啡色	20		浅橡木	25~35
	绿色	25		暗橡木	10~15
大理石	白色	80		红杉	10~15
	乳色兼绿色	39		黑胡桃木、桃花心木	5~15
	红色	32	织物	白色亚麻	81
	黑色	6		白色棉布	65
塑料墙纸	黄白色	72		红色棉布（化纤）	44
	蓝白色	61		黑色棉布（化纤）	33
	浅粉白色	65		蓝色毛呢	25
浅色涂料	象牙色	75		蓝色法兰绒	17.5
	弱粉红色和弱黄色	75~80		蓝色亚麻（海军蓝）	17
	浅绿、浅蓝花色	70~75		黑色羊毛	12
	浅灰棕色、弱灰色	70		黑色天鹅绒	1.8
中明度调和色涂料	杏黄色	56~62	调和漆	白色及米黄色	70
	粉红色	64		中黄色	57
	棕褐色、金黄色	55	塑料贴面板	浅黄色木纹	36
	浅灰色	35~50		中黄色木纹	30
	中等浅绿色	42		深棕色木纹	12
	黄绿色	45	混凝土地面		20
	旧金色、南瓜色	34	红砖		33
	玫瑰红色	29	灰砖		23

包厢常用家具形式及基本尺寸

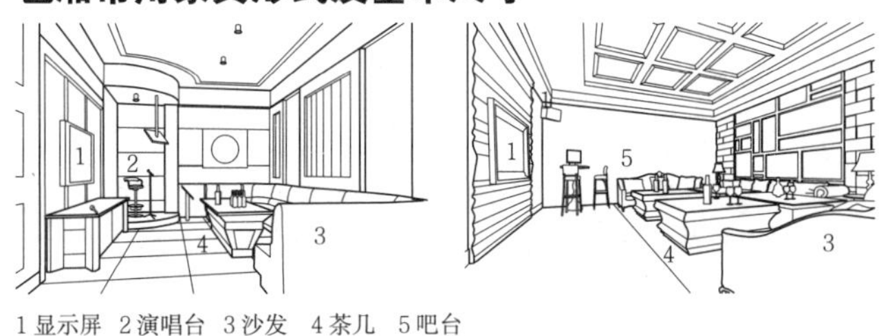

1 显示屏　2 演唱台　3 沙发　4 茶几　5 吧台

2 KTV包厢透视图

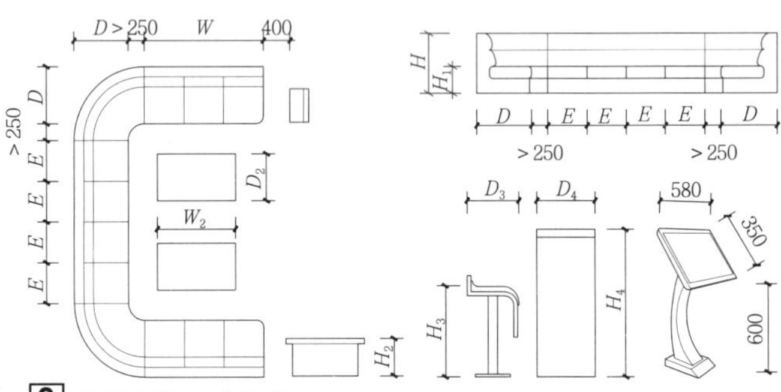

3 包厢家具尺寸参考

包厢家具参考尺寸　　表4

沙发	尺寸范围（mm）	茶几	尺寸范围（mm）	吧凳	尺寸范围（mm）	吧台	尺寸范围（mm）
W	—	W_2	800~1100				
D	700~900	D_2	700~1000	D_3	Φ320	D_4	450~600
H	780~900	H_2	540~580	H_3	660~700	H_4	1060~1100
H_1	380~420						
E	600~750						

KTV包厢使用的沙发不宜过宽，一般为1600~2400mm。沙发转角半径不宜小于250mm，沙发与点歌台之间距离不宜小于400mm。利用一些包厢中的畸零空间可将吧台融入其中。

包厢视线设计

1. 视房间大小及空间分割形式，包厢内可设置一台或多台显示屏。

2. 视角：座位（沙发）两端与电视夹角不宜小于20°。

3. 视距：显示屏与座位的舒适距离为屏幕高度的3~5倍。

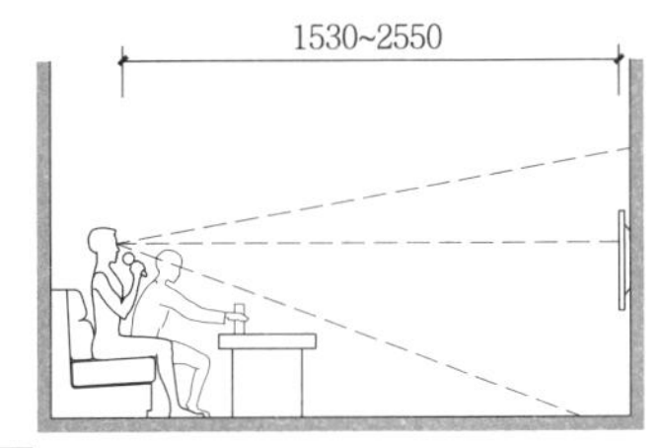

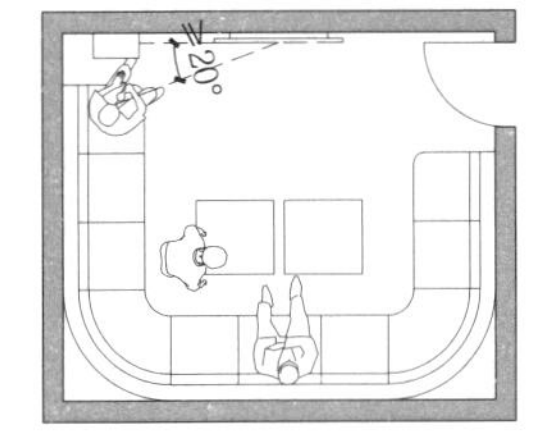

1 视觉舒适距离参考尺寸（以42英寸电视屏幕为例）

屏幕尺寸与最佳可视距离的关系表　　表1

标准屏幅（英寸）	实际屏幅（英寸）	最佳视距（mm）
42	41	1530~2500
46	45	1680~2800
50	49	1830~3050
60	59	2200~3670

注：1英寸=25.4mm。

包厢空间区域划分形式和舞池设计

KTV包厢中空间区域划分可以有不同的方式，既可以通过家具的高低差分割空间，也可通过地面的高低分割空间，有以下几种形式可以参考2。

中型以上包厢中可以设置舞池，最小的舞池面积约1~1.5m^{2}左右。舞池地面可与房间地面在同一平面，也可高于或低于房间地面。舞池地面可更换其他色彩或材料，还可在地板下安装可变换的彩灯以示区别。专用舞池除在地面界面上和周边有明显区别外，还要在舞台灯光上加以强调。

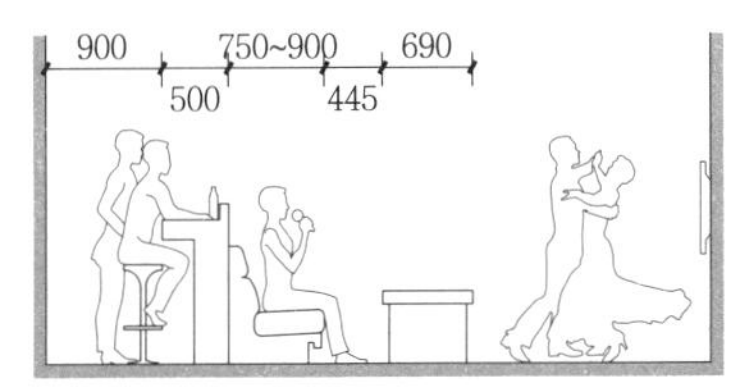

a 利用家具的高低差将包厢分成不同区域

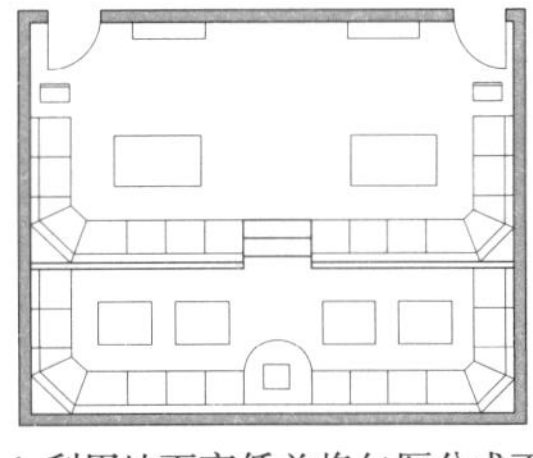

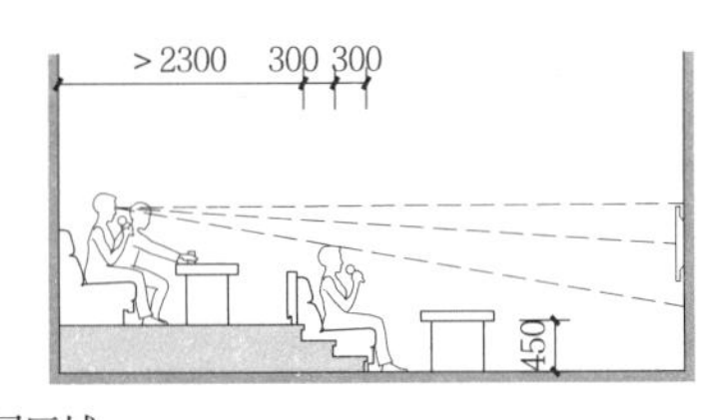

b 利用地面高低差将包厢分成不同区域

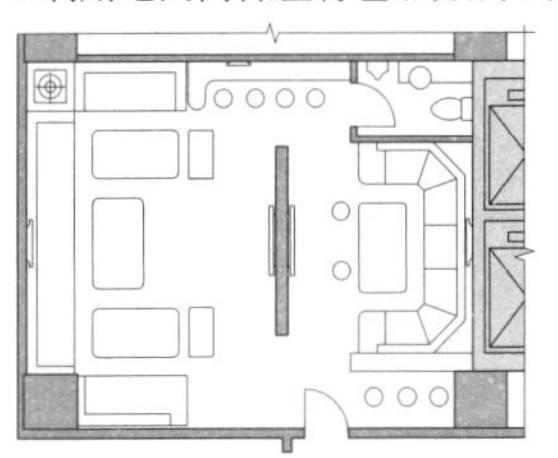

c 用屏风将包厢分成不同区域

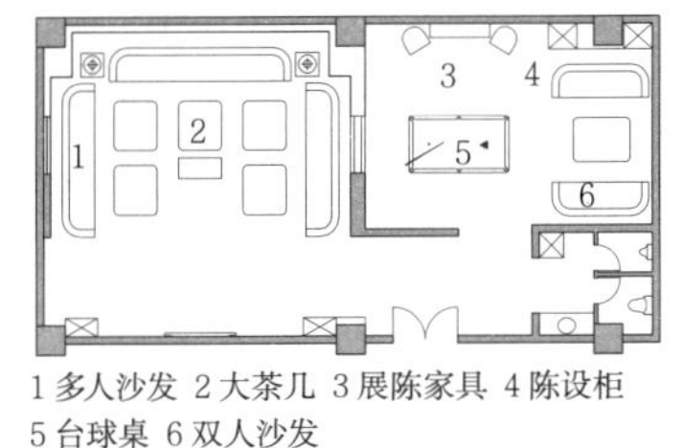

1 多人沙发 2 大茶几 3 展陈家具 4 陈设柜 5 台球桌 6 双人沙发

d 用隔墙分割成不同独立空间的商务包厢

2 KTV大包厢中区域分割的几个基本形式

交通空间

走廊是包厢区另一个重要部位，既是交通枢纽也是防火通道，因此也是设计的重点区域之一。防火分区的设计应严格按照国家相关的规范执行。

1 入口大厅 2 扶梯 3 安全出口 4 超市 5 操作间 6 强电配电间 7 弱电配电间

3 走廊平面及防火分区划分示意图

走廊设计的尺度、材料选用和安防设置　　表2

	量贩式KTV	商务式KTV
宽　度	通常主通道的宽度2.4m左右。次通道双面布房时宽度1.8m为宜，单面布房时宽度不得小于1.5m	其空间面积较量贩式小，人员较少，主通道宽度1.8m，次通道宽度1.5m为宜，不得小于1.3m
形　式	通道宜直线为主，宽阔、简洁，可稍有变化，但绝不应繁复。在每个交叉的部位应使用明显、统一的强调符号，如顶棚统一的灯饰、地面统一的图案、用色光不同的门牌号等，以强调导向提示	通道设计可“曲径通幽”，充分利用空间节点营造气氛，中间的过渡部分可以设置一些小型的休息区，利用室内陈设、绿化景观小品化解死角
两侧房门	考虑到降低噪声和保持一定私密性，通道两侧的KTV包厢开门位置不宜正相对	
装饰材料	尽量选用石材、玻璃、金属等阻燃性高、装饰性也强的装饰材料，但不宜采用整面的玻璃镜面，避免产生视错觉，防止发生意外伤害	
消防设置	根据国家及项目当地防火规范要求执行	
安全标识设置	疏散指示标识宜放在太平门的上部，应采用内发光灯箱。疏散走道及其转角处的标识，应安放在距地面高度1m以下的墙面上。走道上的指示标识，间距不宜大于20m。地面上的逃生指引，需要嵌入地面并带发光显示。在各疏散走道、出口及楼梯间，设置事故应急照明灯	

卫生间

KTV卫生间设计应参考建筑通则中的《城市公共厕所设计标准》CJJ 14相关规定。公共卫生间厕位男女比例为2∶3。卫生间的最小尺寸应满足表3要求。

卫生间设计要点　　表3

位置	参考尺寸			
公用卫生间	厕位	长	蹲便器1.2m	宽0.85~1.2m
			坐便器1.5m	
	小便站位	长0.75m		小便器间距0.7~0.8m
	厕内单排厕位	外开门走道宽度宜为1.3m，不应小于1.0m		
区域卫生间	设备所需最小面积			1.5m^2
	坐、蹲便器前端距障碍物最小尺寸			不小于0.5m
	台面盆（中心）距墙小于0.3m时，宜选用圆形盥洗盆			

4 KTV区域卫生间的几种最小尺寸示例

包厢的隔声和通风

1. 包厢之间的隔声处理建议采用轻质实心砌块砌筑隔声墙，砌到结构梁底或板底。考虑到建筑荷载因素需采用轻体隔墙时，应选用双轻钢龙骨，内部填充50mm厚玻璃棉等吸声材料，两侧均安装双层12mm厚的纸面石膏板，附加一层硬度比较高的水泥板，各界面缝隙均做密封处理，在龙骨与石膏板接触面，还应安装减振材料，最后再安装饰面层。

2. 楼地面隔声处理应采用浮筑地台，注意与四周墙体采用弹性连接。参照国家建筑标准设计图集《建筑隔声与吸声构造》08 J931。

3. 顶棚吊顶要选用弹性吊钩做减振处理，次龙骨空腔内填充隔声毡棉，面层宜选用密度大的板材做吊顶，如双层纸面石膏板、水泥加压板、硅酸钙板等。

4. 门体要有一定厚度及重量，应由金属或密度大的复合材料制成，门口四周均安装弹性密封条，下坎安装活动密封条。

此外，应注意包厢管路的密封问题，各种管道的开孔均要采用弹性密封材料处理。

包厢在考虑隔声防串音措施的同时，要保证室内的空气环境要求，通风设备主机要选用具有热回收性能的，且要具备双向流特性。

室内通风及空调计算参数 表1

区域	温度	相对湿度	风量	换气量
包厢	18~22℃	55%	60m³/h · 人	10~12次/h
走廊、公共空间	22~26℃	55%	60m³/h · 人	6~10次/h

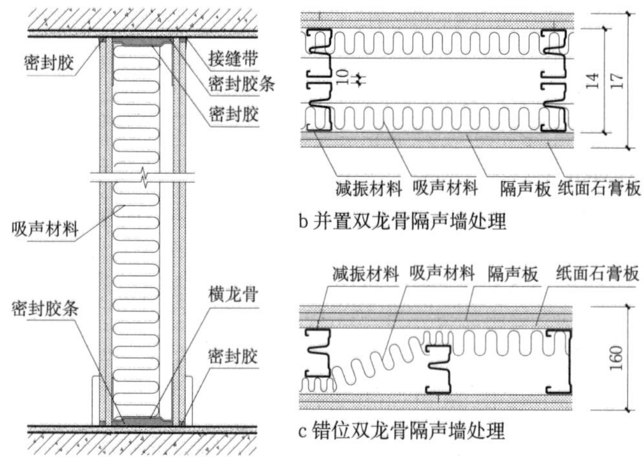

a 包厢顶、墙、地隔声处理

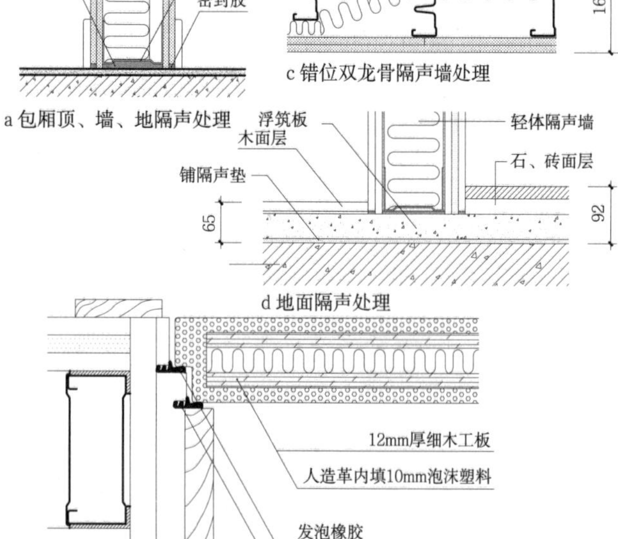

e 隔声门密封处理

1 KTV隔声的几种基本处理形式

典型实例

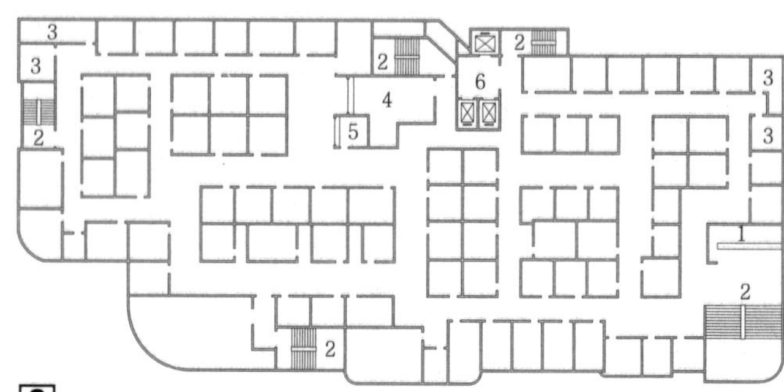

2 量贩式KTV一

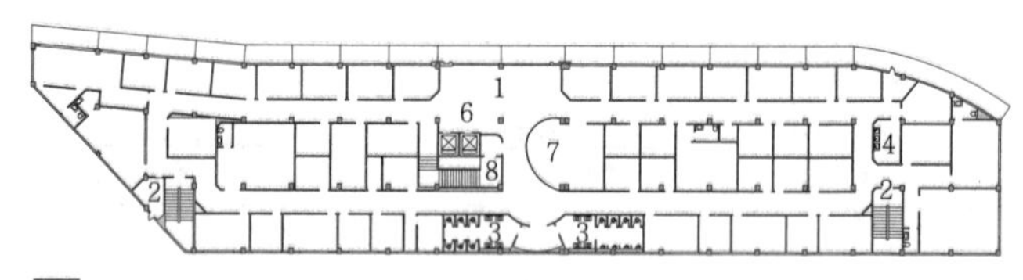

3 量贩式KTV二

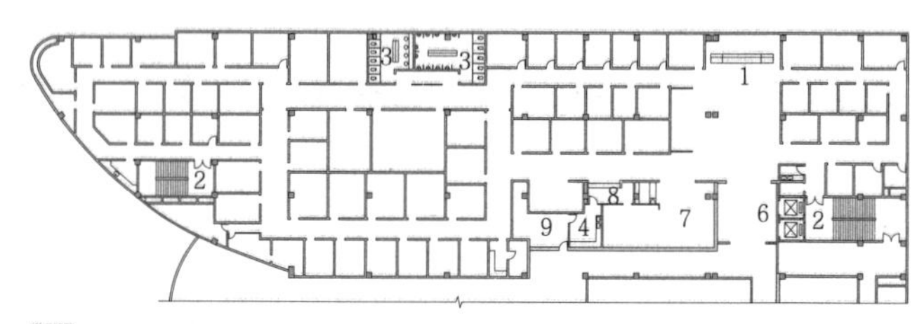

4 量贩式KTV三

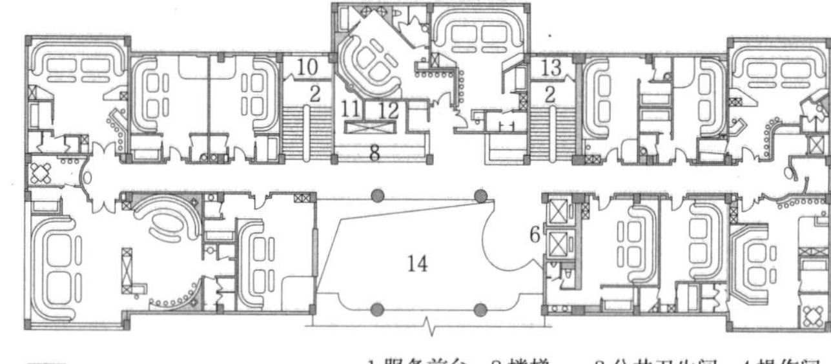

5 商务式KTV一

1 服务前台 2 楼梯 3 公共卫生间 4 操作间
5 收银台 6 电梯间 7 超市 8 水吧
9 储藏间 10 配电间 11 酒库 12 水果间
13 清洁房 14 大堂上空 15 机房

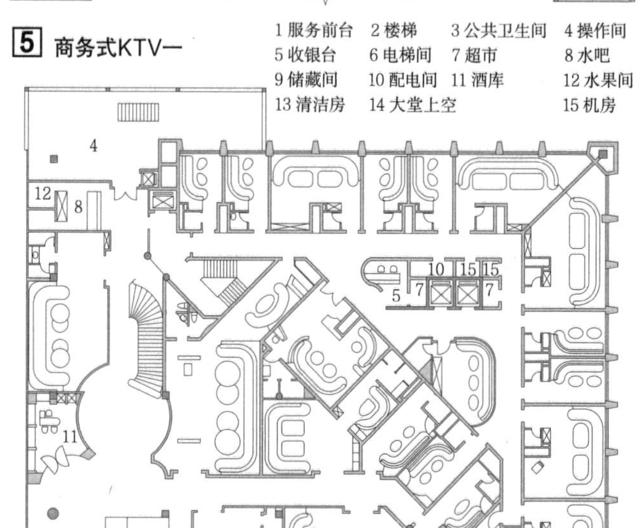

6 商务式KTV二

定义

歌舞厅集舞台、舞厅和酒吧的功能于一体，它是为人们提供可以唱歌和跳舞、观看文艺表演，同时供应酒水、食品，并设有自娱自乐设备的娱乐场所。

歌舞厅部位大小及面积指标　表1

部位	人均建筑面积
舞厅	平均每人占有面积不小于1.5㎡
舞池	人均占地面积不得低于0.8㎡

分类

歌舞厅类型及空间环境特点　表2

	传统歌舞厅	迪斯科舞厅	慢摇吧	夜总会里的歌舞大厅
服务对象	中老年人	年轻人居多	年轻人居多	中年人居多
市场比例	较少	较多	较多，当前最流行的形式	较多
跳舞形式	国标舞、交谊舞	街舞、迪斯科舞	随节奏随意扭动身体	根据夜总会的主题类型而定
空间特点	舞池为中心	以舞池（弹簧舞池）为中心。座位空间可稍小，靠边一些	主要有两类：一种以DJ台、领舞台及舞池为中心，以卡座为主；另一种是针对以散台为主的经营模式，客人站在自己座位附近跳舞，不需另设独立舞池。座位设计较开敞且相互独立	通常设有领舞台及舞池，且以其为中心
示意图				
环境氛围要求	优雅舒适，灯光满足舞曲的节拍	场所的装饰能突出热烈的氛围，更重视灯光的效果	时尚、有个性或突出的主题，新颖特别的装饰材料，跳跃丰富的色彩，现代写意的造型，对室内光环境要求很高	豪华、大气的装饰
活动特点	音乐相对舒缓，舞者以逆时针的方向在舞池中做大环形、大范围移动（如华尔兹等）和小范围反复来回移动（如伦巴舞等）	音响强劲、集体共舞、狂欢豪饮	与迪斯科舞厅不同，其音乐节奏是循序渐进的，让人们由平静逐渐达到亢奋状态	真正参与唱歌跳舞的并不多，主要是谈事和商务社交活动

功能构成

主要包括：舞台、座席区、舞池、吧台、声音控制室或DJ室、演员化妆室、服务前台、等候休息、存衣处、厨房、备餐等。

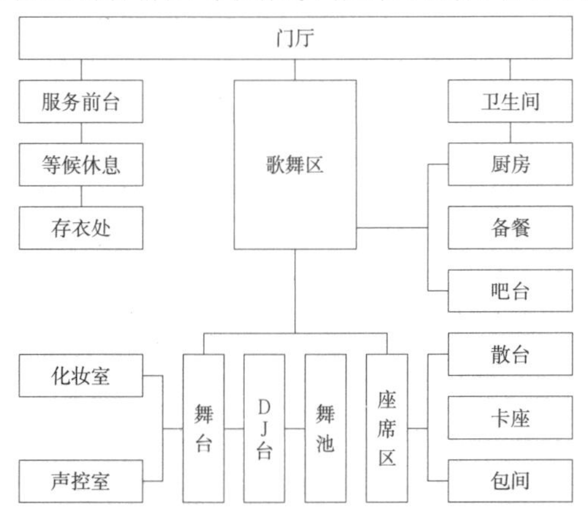

1 歌舞厅功能构成

设计要点

1. 基地的位置宜邻近市中心的繁华地段，最好在集中的酒吧街或主要针对同类消费人群的商业中心等年轻人集中的地方。歌舞厅以临街为好，要求具有单独的开放条件和直接对外出入口。

2. 歌舞厅宜设在一、二级耐火等级建筑的首层、二层或三层的靠外墙部位，当必须设置在建筑的其他楼层时，不应设在地下二层及二层以下。因为歌舞厅通常会产生较大的噪声和振动，故优先考虑建在首层。

3. 平面布局和空间组织应尽量活泼，富于变化；由于使用人员较多，因此功能分区要明确。应设有消毒间，吧台、卡座等场所内，供顾客使用的饮（餐）具应符合茶具消毒判定标准。供应水果的场所应设符合卫生要求的制作间。

4. 一般要求有较大的空间，高度应在5m以上，矮的房间缺乏低频共鸣，会影响音质。为方便舞步的自由展开，舞池宜采用无柱空间。

5. 一般配备有舞台。根据歌舞厅的规模，表演舞台的面积大小没有统一的标准，但都相对独立、完整。大型歌舞厅装设有表演用的灯光系统、扩声系统，按中小型剧场设计、配备，可供小型演出时使用。

6. 歌舞厅在同一平面应设有男女厕所。大便池男150人一个，女50人一个，男女蹲位比1:3。小便斗每40人设一个（小便槽以50cm长折合一个小便斗）。每200人设1个洗手池，厕所应设有1个清洁池。厕所应有单独排风设备。门口净宽、隔间尺寸及卫生设备间距依据《民用建筑设计通则》GB 50352。

7. 歌舞厅要保证安全出口的畅通，安全出口不得设置门槛，疏散门内、外1.4m范围内不得设置踏步。

8. 歌舞厅新风量每人每小时不低于30m³，应有机械通风装置，通风设备的进风口必须设在室外，地下娱乐场所应建有除湿设备。

9. 歌舞厅内应禁止吸烟，场所内应设置醒目的吸烟标识（灯箱），宜设专门吸烟室，并设单独排风设施。

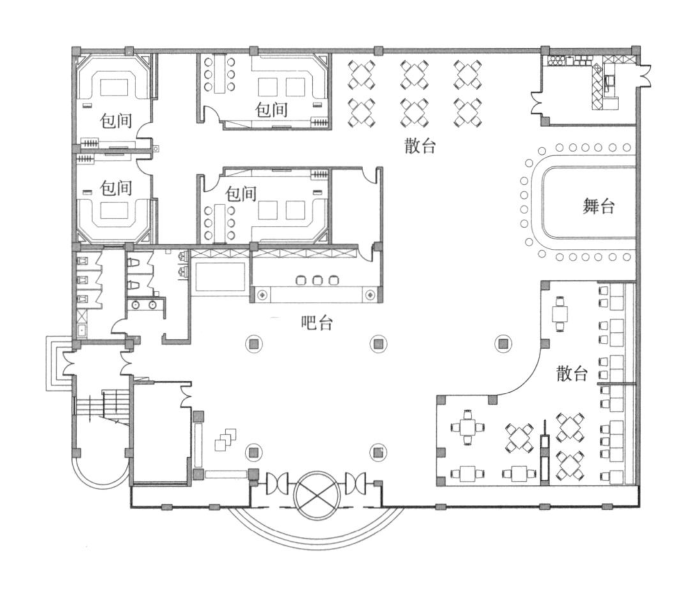

2 歌舞厅平面布局示例

主要功能空间布局

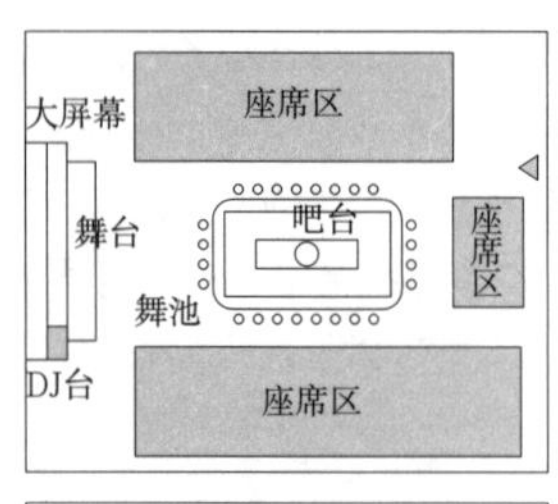

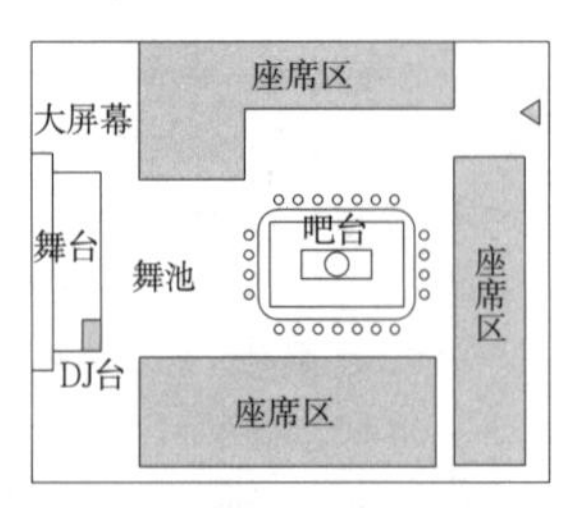

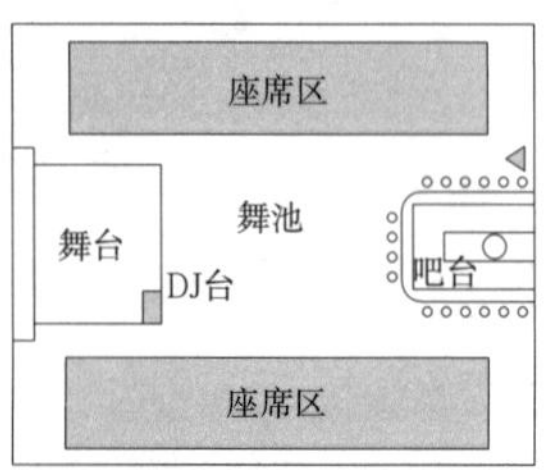

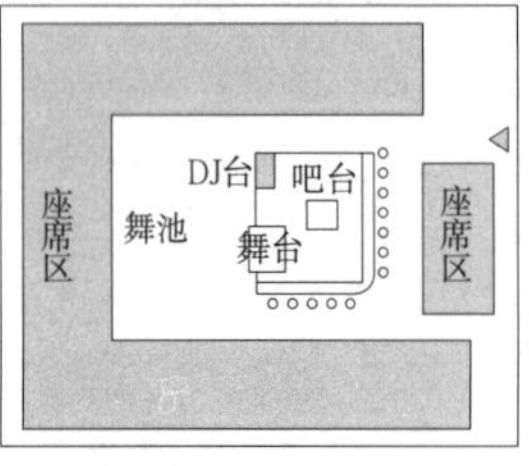

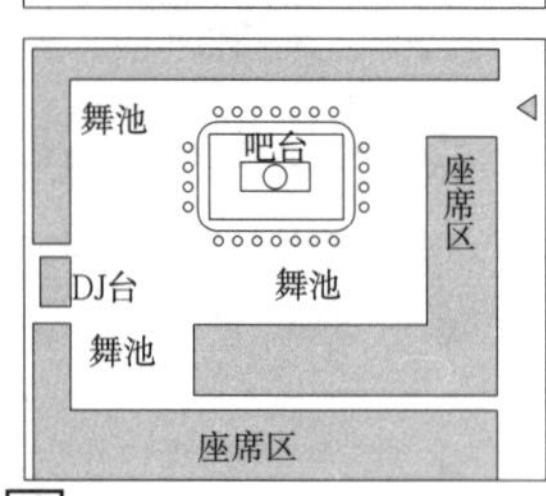

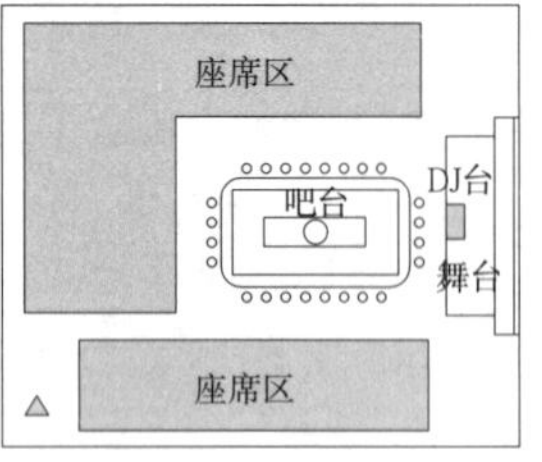

1 座席区、舞池、舞台、DJ台、吧台位置关系

入口区

1. 入口区一般设有服务台和衣帽间，供接待、售票、结账、预订之用。服务台应处于十分明显的位置，避免位于交通流线上，且应与交通流线有一定的距离。服务台长度应与歌舞厅的规模匹配。服务台前应留有一定的空间。

2. 入口区的装饰、灯光、布置应对客人有较强的吸引力，能体现慢摇吧装修的主题特色。

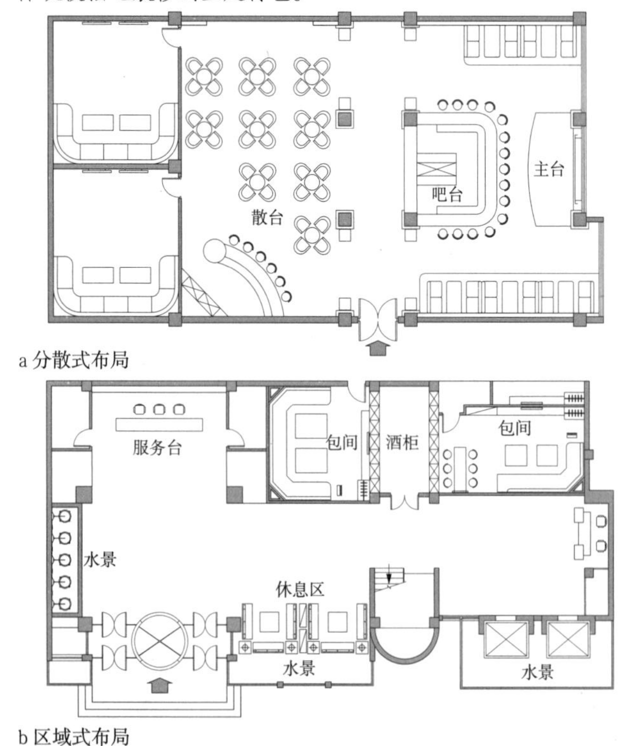

a 分散式布局

b 区域式布局

2 入口区设计

座席区

1. 座席区在整个歌舞厅中占相当大的面积，占整个歌舞厅的40%~60%，座席区设计是歌舞厅设计中十分重要的部分。

2. 座席区通常围绕舞池和舞台设计。

3. 座席区空间组合形式宜自由活泼。座席区面积较大时，可设置部分相对比较独立的区域，便于客人在大气氛下有自娱自乐的空间。

4. 座位设计应较为开敞，便于互动。

5. 高级歌舞厅散台不宜过多，且台面宜采用圆形及透光材质。

6. 座席区家具布置方式可分为散台、卡座、包厢三种形式。

散台：一般分布在整个大厅比较偏僻的角落或者舞池周围，一般适合2~5个的客户群共同使用。不同类型的歌舞厅，散台的消费也有所差异。

卡座：类似于包厢，一般分布在大厅的两侧，呈半包围结构，里面设有沙发和台几。卡座是给来得较多的客人群，有最低消费。

包厢：分为豪华包、大包、中包、小包、微型包，每个包厢的面积和场地不一样，这样是为了让包厢面积得到最大化的利用。

7. 座席区大致分为三种布置方式：

不设舞池的模式：客人在座位附近跳舞，这种模式的座席以散台为主，所以座席区座位间距较大。

以卡座为主的模式：设置舞池并带有表演、领舞类；客人可以边喝酒边欣赏，也可以随时参与各种活动；或设置多个小舞池（台），几组座席围绕不同的小舞台进行设计。

部分座席区与舞池（台）距离较远，相互独立的模式；静中有动，动中有静。客人可随时跳舞，也可静静地在一旁喝酒聊天。

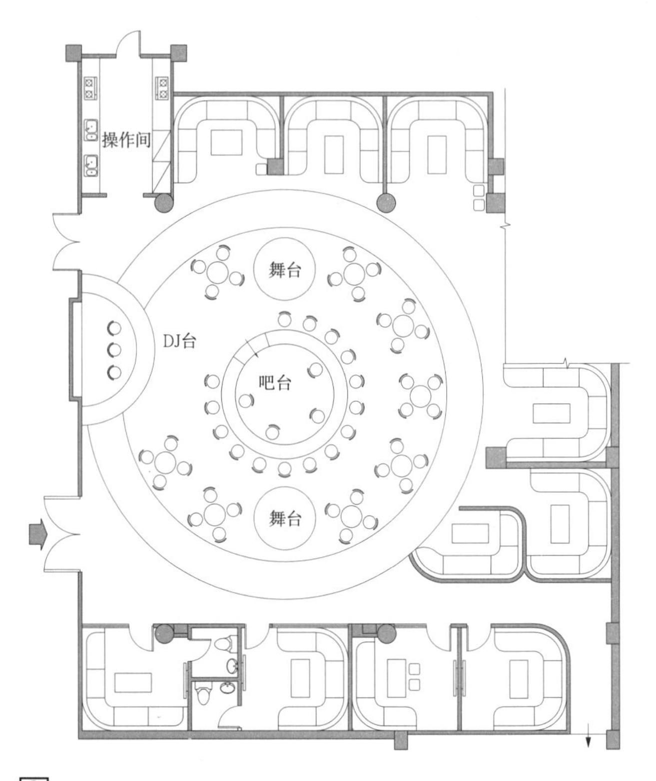

3 不设独立舞池的歌舞厅

座席区家具布置形式 表1

布置形式	数量	平面图	立面图
散台	二人散台	600	900
	四人散台	700 1250	820 820 900
		600	850 900
	六人散台	700 1900	995 400 380
卡座	双面卡座沙发	600 1500	800 1500
	弧形卡座沙发	2520 920 3135	450 3135
	U形卡座沙发	2300 4200	450 4200
	半圆形卡座沙发	2300 5230	450 5230
包厢	小包厢	3400 3600	3000 3400
	中包厢	4500 5670	3500 5670
	大包厢	5300 8000	3500 8000

吧台

1. 吧台常见形式

吧台常见形式多样，大致分为半环形、圆环形、马蹄形、U形、直线形、弧形、S形吧台等。

吧台的常见形式 表2

	半环形、圆环形吧台，中空的方形吧台	马蹄形、U形吧台	直线形、弧形、S形吧台
位置	通常位于场内的中心	1.吧台伸入室内，一般安排3个或更多的操作点，两端抵住壁；2.位于场内的中心	一般放在室内靠墙的一侧
空间大小	较大	适中，格局具体情况也可较大	较小
设计特点	中部设有“中岛”供陈列酒类和储存物品用，或在此部分设置可进行特色表演的装置，如钢管或小型演艺台等。这种形式吧台最能聚集场内人气	当位于场内中心时，其中间可设置成小舞台，并结合DJ台一起设计	直线吧台的长度没有固定尺寸，通常一个服务人员能有效控制的最长吧台是3m。可配备电视等

2. 吧台区大小

不同规模歌舞厅吧台面积 表3

类型	吧台面积（m^2）	吧台占建筑面积比例
大型	30~60	20%
中型	10~30	20%
小型	5~10	20%

3. 酒水吧台的位置，有两种模式，见[1]。

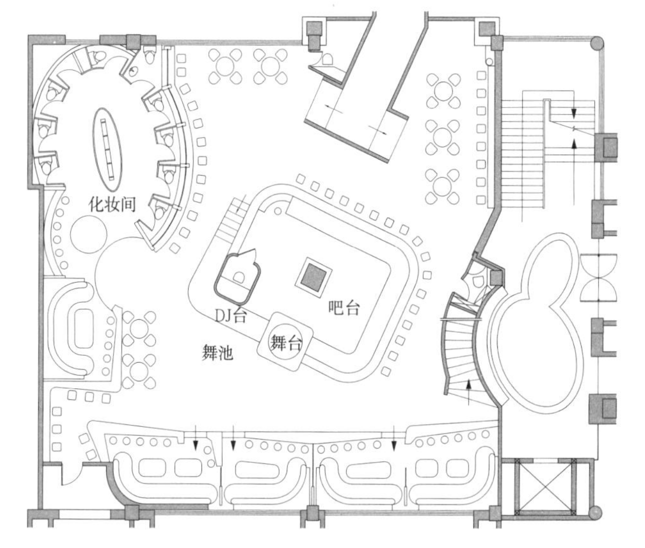

a 紧邻舞池——位于歌舞厅的中心，成为视觉焦点

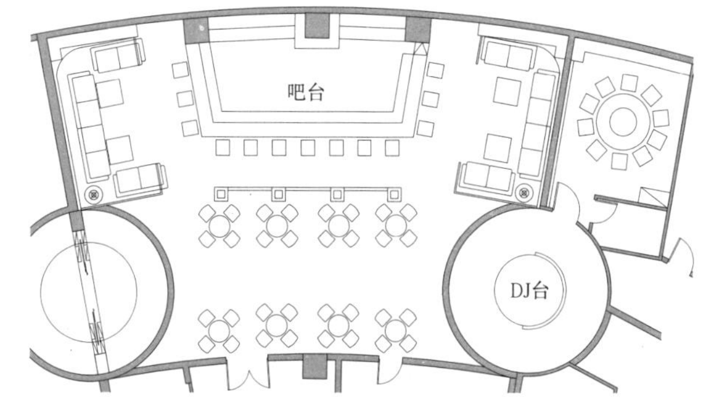

b 与舞池相距较远——相对安静

[1] **酒水吧台位置**

舞池

1. 对于需设舞池的模式，舞池是整个歌舞厅的核心部位。随着舞蹈形式的丰富、多样化，舞池的规模和尺度也呈现多样化的特点。

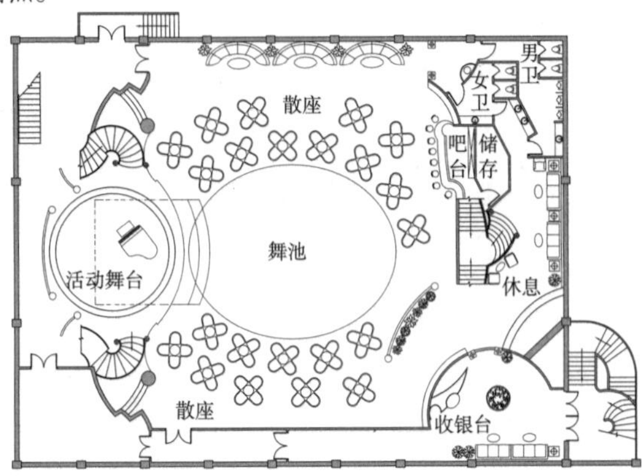

1 舞池、舞台与跳舞平台

2. 为保持适度热烈的室内气氛，舞池的适宜规模应能供50~60人共舞，最小不宜少于30人，大型歌舞厅的舞池可供100人共舞。舞池内每人占有面积一般不小于0.8m²，一对舞伴占地按1.5~2.0m²计算。

不同规模歌舞厅舞池面积　　表1

规模	舞池个数	舞池面积（m²）
大型	可设2个以上，其中1个为主	100
中型	可设2个，其中1个为主	40~50左右
小型	1个	20~30左右

3. 舞池的形状多样，通常可以是圆形、椭圆形、矩形、多边形及其他不规则形状。舞池随着场地的形式变化而变化，但无论哪种形式，长短边差距不宜过大，以保证其向心性。

a 圆形舞池

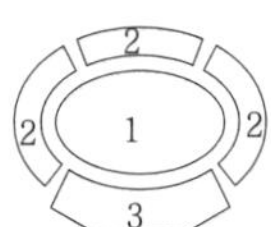

b 椭圆形舞池

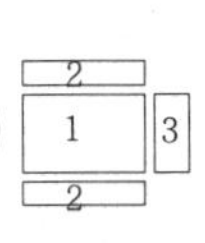

c 方形舞池

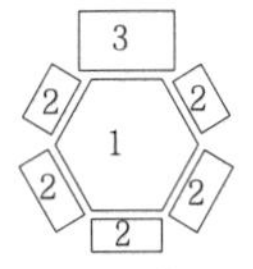

d 多边形舞池

e 不规则形舞池

1 舞池　2 座席　3 舞台

2 舞池形状

4. 舞池处净高度同舞池面积相适应，但为了增加空间的亲切感和舞厅灯光映照效果，舞池处的净高度一般取3~5m左右。

5. 舞池的地面应保证平整光滑。地面铺装材料多采用木地板、磨光花岗石、大理石等。

6. 舞池周围边线要明显，一般设置地下彩光带，不仅作为舞池的标志线，而且起到装饰美化作用。

7. 包厢内的舞池设计要能增强娱乐效果，制造气氛，同时舞池设计也应当遵循既便于娱乐又方便饮食的原则。舞池设计要与包厢大小及容纳的人数保持一致。比如容纳2~4人的包厢，舞池一般为1m²或1.5m²的方形台面或池面即可，能容纳10人以上的大型包厢的舞池面积也应随之增加。

8. 灯光设计作为舞池设计的一部分，用来描绘、渲染舞台，主要运用灯光的明暗、色彩或光线的分布，创造出种种组合光线，增强舞池的效果。一般常用的有以下几种灯光：光束灯、单飞碟转灯、扫描灯、宇宙旋转灯、声控条状满天星、彩色转盘灯等。

舞台

1. 歌舞厅舞台的主要功能是歌手、演员表演，乐队演奏，舞者领舞，DJ现场控制。舞台是带动全场气氛的重要部分。

2. 舞台大小根据经营自定。同时，为制造气氛可在场内设置多个小型领舞台。领舞台可架在高处。

3 架在高处的领舞台

3. 舞台高度的设定应综合考虑歌舞厅的空间高度和舞台面积大小，通常为300~600mm，不宜超过1.2m。

4. DJ对带动现场气氛起到极重要的作用，其位置应便于看清整个歌舞区的活动情况，常位于舞台一角紧邻舞池的位置或舞台侧边。DJ台多与舞台地坪同高，常为方形，材料多以反射的镜面、玻璃为主，且选择较深的颜色。

5. 舞台灯光效果以LED光纤等为背景基础光，电脑灯、换色灯及部分电脑效果灯为主光，色彩鲜而不艳，华丽不夸张。

6. 在舞台后面的墙面通常设有舞台背景，以渲染场上表演和跳舞的气氛为目的。目前大致有三种类型：LED、光纤等彩色灯组合而成的光屏幕；投影大屏幕；装饰背景墙，多以镜面、玻璃等特殊材料设计。

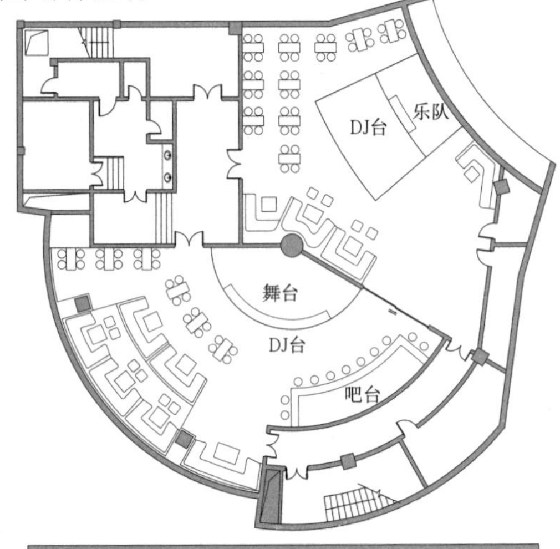

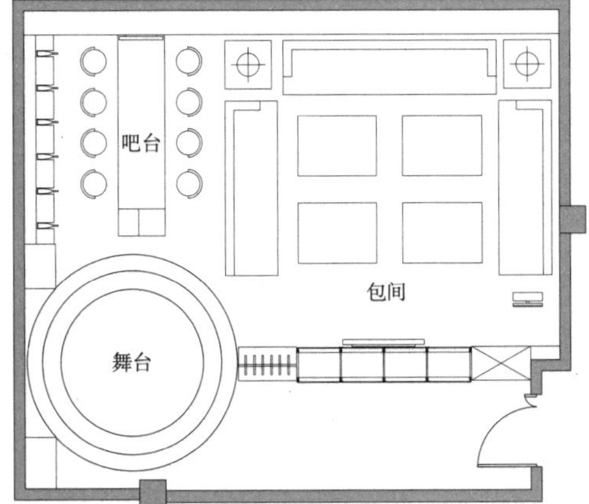

4 舞台形式

演员化妆间与休息室

1. 应靠近舞台或在舞台一侧布置，且出入口面向舞台，方便演员上场，尽量避免直接朝向座席区或舞池。

2. 化妆间与休息室宜紧邻设计或设计成一个套间。

3. 化妆间应用2700~3300K色温的暖色节能灯。

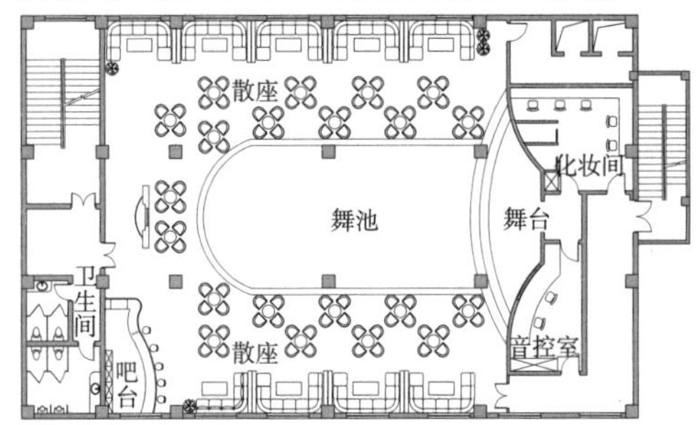

1 化妆间与舞台关系

声控室

1. 歌舞厅现多采用DJ台的形式来控制舞台、舞池的电声效果，也有一些歌舞厅采用声控室的形式。

2. 声控室一般设置在舞台一侧。

3. 声控室应根据实际摆放设备所需面积而确定，并应留出相应的检修空间。

4. 声控室窗户应能开启，便于电操作人员能够听到现场直达声以便操作。

声学设计

1. 歌舞厅内各处要求有合适的响度、均匀度、清晰度和丰满度，在歌舞厅内不得出现回声、颤动回声和声聚焦等缺陷。

2. 混响时间作为歌舞厅设计中重要的声学指标，应在前期设计中根据所使用的声学材料进行校核计算，一般以最佳满场时间作为声学设计目标，其具体数值需根据歌舞厅的具体类型、容纳人数、体形和容积等进行综合考虑。

3. 需要重视歌舞厅室内空间的高宽长比例。比例合适时，房间的低频共振频率分布均匀，而不合理的房间比例则会造成声染色现象。较好的高、宽、长比例包括0.618∶1∶1.618（黄金率）、1∶1.9∶2.6（《声系统设备 第13部分：扬声器听音试验》GB/T 12060.13-2011）、1∶1.6∶2.4（IEC 29B❶）等，此比例需要经过声学计算确定。

4. 扩声系统在正常工作日时对外界的影响应满足《歌舞厅扩声系统的声学特性指标与测量方法》WH 01、《城市区域环境的噪声标准》GB 3096和《民用建筑隔声设计规范》GBJ 118。在短时间内音乐高潮平均值允许超出标准15dB。

5. 舞池和舞台是歌舞厅的视听中心，组成的声场代表着歌舞厅的音质特点，是声学设计的重点。其音量大，声级应达到95dB，并有6~10dB的余量。

隔声减噪措施　表1

问题	内容	解决方法
噪声传播	大振幅的声压迫使楼板、地板、墙体、结构柱、电梯井、剪力墙等构件振动，并向与之相连的构件传递，进而传递到上面用户室内	墙壁、楼板需要做隔声、减振处理。阻尼隔声毡、减振胶、减振器等材料可以减弱墙体与装修板材的共振吻合效应，从而提高隔声性能
隔声	高音量的噪声能通过门窗传至外部，影响周边居民生活	
音箱	慢摇吧、迪厅音箱通常放置于地面或悬吊于横梁四周，在播放音乐时，音箱以固体传声的形式传播	对音箱进行减振处理

舞池上部的棚架是安装扬声器、视频设备、灯具的地方，必须具有一定高度，保证合适的声音覆盖；在棚架上部布置足够厚度的吸声材料，可以有效降低厅内的混响时间并具有一定的降噪效果。

6. 音响设备及其摆放位置：

歌舞厅使用的主要音响设备设施包括电声功放台、全频音箱、主低音音箱、监听音箱、调音台、超低音箱等音响设备。音响系统最为重要的部分应是调音台和DJ设备，应避免音响系统易产生的问题，如声反馈引起的啸叫、声影区等问题。

DJ台区域的音箱，一般主扩声采用全频音箱，要覆盖DJ台前方和两侧的区域，挂在DJ台两边；低音音箱指向性不明显，对位置要求较低，主低音音箱一般习惯放在DJ台的下方；在DJ台上的右侧（DJ的右耳上方）设置一只DJ监听音箱。

7. 可根据歌舞厅大小在中后部酌情布置补音音箱。散座区域的补音音箱一般采用分散布置，常布置成从外向内辐射式；低音箱也用从外向内辐射式，可获得比较好的包围感，一般放在卡座区域的两端；周围卡座区域的全频音箱可使用从前方卡座或从卡座后方辐射的方式。音箱的数量，要根据音箱的参数和大厅的面积来确定。要求音箱左、右两侧在声学上对称（这里是指两侧声学性能的对称，而不是视觉上的对称）。

8. 听者面对的前墙面不应设置强吸声材料，以保持足够的反射声能，而后墙面则宜设置高度吸声材料，有利于防止啸叫。另外合理的扩散体和吸声体的布置也可有效地降低声染色、颤动回声等声缺陷。

歌舞厅扩声系统声学特性指标　表2

等级	声学特性					
	最大声压级	传输频率特性	传声增益	声场不均匀度	总噪声级[dB(A)]	失真度
一级	100~6300Hz ≥103dB	40~12500Hz以80~8000Hz的平均声压级为0dB，允许-8~+4dB，且在80~8000Hz内允许≤±4dB	125~4000Hz的平均值≥-8dB	100Hz≤10dB 1000Hz≤8dB 6300Hz≤8dB	40	7%
二级	125~4000Hz ≥98dB	63~8000Hz以125~4000Hz的平均声压级为0dB，允许-10~+4dB，且在125~4000Hz内允许≤±4dB	125~4000Hz的平均值≥-10dB	1000Hz≤8dB 4000Hz≤8dB	40	10%
三级	250~4000Hz ≥93dB	100~6300Hz以250~4000Hz的平均声压级为0dB，允许-10~+4dB，且在250~40000Hz内允许-6~+4dB	250~4000Hz的平均值≥-10dB	1000Hz≤12dB 4000Hz≤12dB	45	13%

注：一级歌舞厅声场不均匀度舞池与座席分别考核；二、三级歌舞厅声场除噪声外所有指标仅在舞池测试。

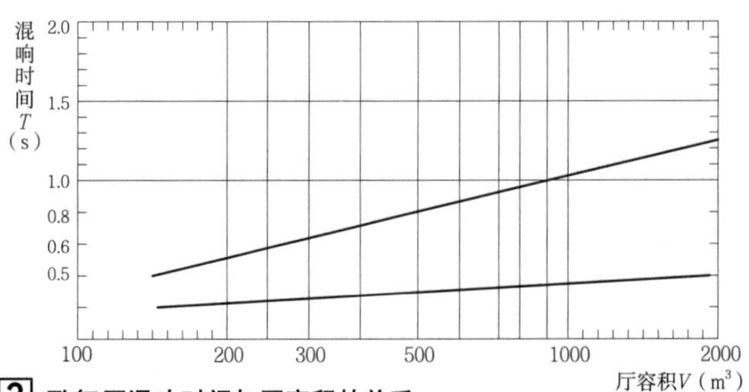

2 歌舞厅混响时间与厅容积的关系

❶ IEC 29B为国际电工委员会（International Electrotechnical Commission）制定的国际电工标准。

照明要求

1. 歌舞厅的灯光设计具有一定的特殊性，更多地讲究装饰性和艺术效果。目前慢摇吧和夜总会中的歌舞厅的灯光设计追求充满动感、兴奋、浪漫的氛围，要求随着歌曲的内涵、音乐的节奏和舞曲的风格等变化，相应对灯光进行亮度控制和色彩控制。

2. 各区域照度标准

歌舞厅照明系统包括舞台灯光、舞池灯光、座席区灯光和公共通道区灯光。歌舞厅照明系统至少要达到的照明标准下限值可参见表1，其中舞台照度的标准值下限允许根据艺术处理的需要，在短时间内小于表1的规定。

照明系统照度标准下限参考值　　表1

区域	测试点离地面高度（m）	测试项目	照度标准下限（lx）
舞台	1.5	垂直照度	100①；150②；600③
舞池	0.75	水平照度	20
座席区	0.75	水平照度	5
公共通道区	0.25	水平照度	10

注：1. ①最远观众席到表演区中心距离小于8m；
②最远观众席到表演区中心距离大于8m；
③专业歌厅的舞台中心照度。
2. 自娱区在实际使用时可以调暗，舞厅的舞池内大于6lx。

灯光要求　　表2

	灯光要求	灯具选择
舞台	可调光、可变色。 包括面光、侧光、顶光以及回光	以聚光灯为主，配合回光灯、泛光灯、柔光灯和追光灯
舞台	舞台面光应有足够的亮度，在设计时尽量采取高亮度，使用时可根据实际需要调低亮度	聚光灯
舞台	RTV、PTV的舞台伴奏乐队的照明亮度不宜过高，以免喧宾夺主	用雨灯或边界灯
舞台	鼓手位置的照明，可考虑坐在较高的突出位置，在其背后则用较强的泛光灯照射天幕	泛光灯
舞池	是歌舞厅灯光设计的重点，是评价歌舞厅灯光档次的重要依据。 舞池灯光系统一般由灯棚(或灯架)、灯具和灯控系统三部分组成	电脑灯、镜片动作型灯具、特殊效果灯具
舞池	顶棚上的灯具尽量少而精，灯的效果变化丰富。 灯具在灯棚上分布情况应以光斑能覆盖整个舞池为原则，尽量均匀分布。 灯具编组应满足灯具变化的节拍和色调，应与曲子的内涵相协调	电脑灯、镜片动作型灯具、特殊效果灯具
座席区	在满足照度标准的前提下，注意灯光分布的均匀，避免眩光刺眼	聚光灯、柔光灯
座席区	避免舞池区强烈灯光射向座席区	聚光灯、柔光灯
座席区	对于座席区与舞池（台）距离较远相互独立模式的歌舞厅，座席区则应保持柔和宁静而幽暗的气氛，便于客人休息和交谈	聚光灯、柔光灯
通道区	照度要求较高。 注重安全	常选用筒灯。 在有梯级栏杆或转角的位置需用串灯、彩虹管等加以装饰，以保证安全

照明系统常用灯具类型　　表3

灯具种类		具体说明
基础照明灯		白炽灯(多用筒子灯)、氖灯、壁灯、荧光灯、玻璃灯管、霓虹灯、卤钨灯及烛光
效果灯具	灯体旋转的灯	如宇宙灯、多头炮弹灯、多层异向转灯、多向飞蝶灯、莲花灯
效果灯具	光源运动的灯	激光幻光扫描灯、魔鬼灯、满天星、月星灯
特殊效果灯具		光机电一体化的高技术。这类灯具有频闪灯、紫外光灯、激光灯、电脑灯、音乐喷泉等

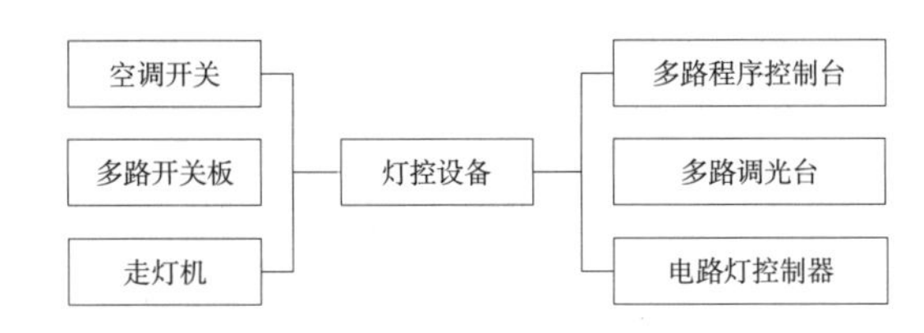

1 灯控设备关系

照明系统对激光、紫外线和频闪的限制　　表4

激光	一般不应射向人体，尤其是眼部，直接照射或经反射后间接射向人体时，其波长必须在380~780nm之间，最大容许辐射量为1.4×10-6Wcm-2
紫外线	紫外线波长必须在320~380nm之间，最大容许辐射量为8.7×10-6Wcm-2
紫外线	紫外光管应间断启闭，在照射强度满足标准的前提下每晚照射时间不宜超过1小时
频闪	频闪频率要低于6Hz，频闪灯具不宜长时间使用，每次连续不宜超过10分钟

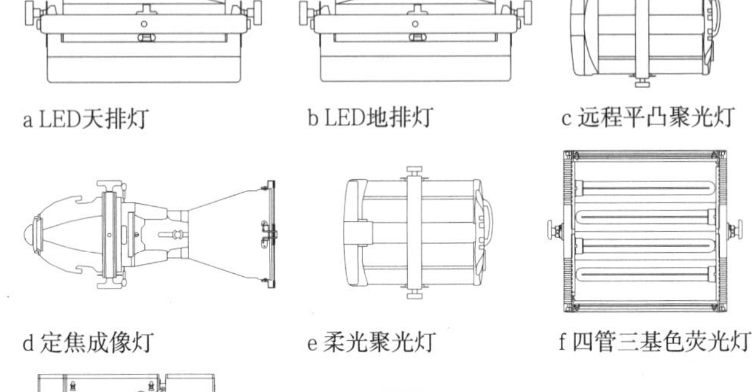

a LED天排灯　b LED地排灯　c 远程平凸聚光灯

d 定焦成像灯　e 柔光聚光灯　f 四管三基色荧光灯

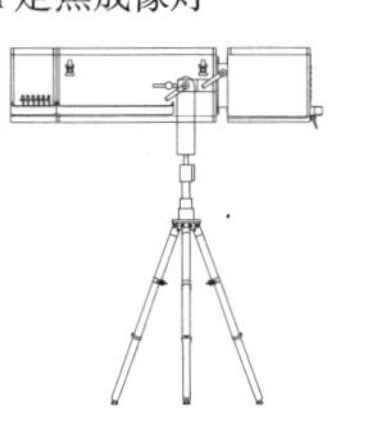

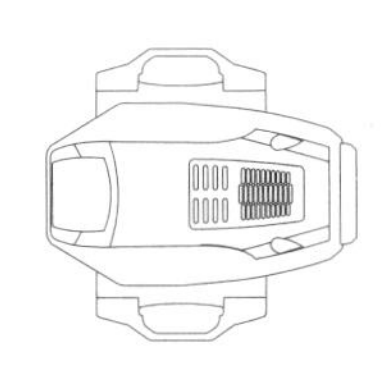

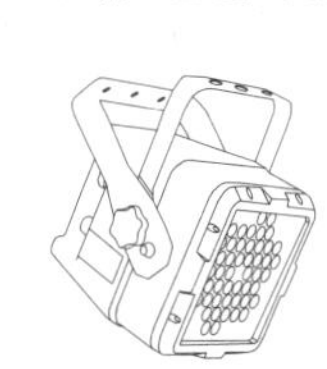

g 追光灯　h 摇头图案灯　i LED染色灯

2 舞台灯光种类

防火要求

1. 凡新建、扩建的歌舞厅，必须符合国家建筑防火设计规范的要求及规定。其耐火等级一般不应低于一、二级，同时必须符合当地城市相关管理机构规划和要求。

2. 大部分的歌舞厅设置在商场、市场、宾馆、饭店等公共聚集场所内，与其他部分应采取防火分隔措施，形成独立的防火分区。

3. 舞厅通往建筑物外的安全出口不得少于2个，通道、楼梯、安全出口应保持畅通，严禁堆放物品；通道至出口应设有中、英文和图案的灯光疏散标识。

4. 凡二层以上的舞厅和与其他功能合用的舞厅，其疏散楼梯应不少于2个，且不准采用螺旋楼梯和扇形踏步。

5. 歌舞厅的疏散门和走道宽度，应按其通过人数每100人不少于0.65m计算，且最小宽度不小于1.4m。

6. 装修材料应采用不燃或难燃材料。吊顶和墙面做造型时避免采用如胶合板、纤维板、刨花板等易燃可燃材料。另外在选用吸声隔声材料的同时应注意其防火性能，如吸声海绵，包括聚氨酯泡沫材料，极易燃烧，应避免采用。

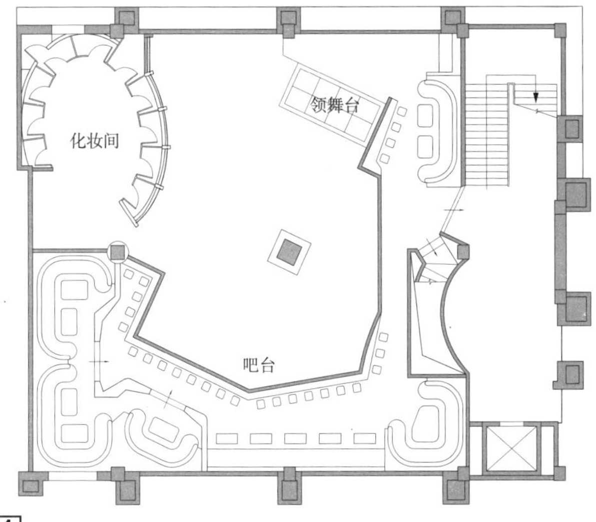

1 歌舞厅一

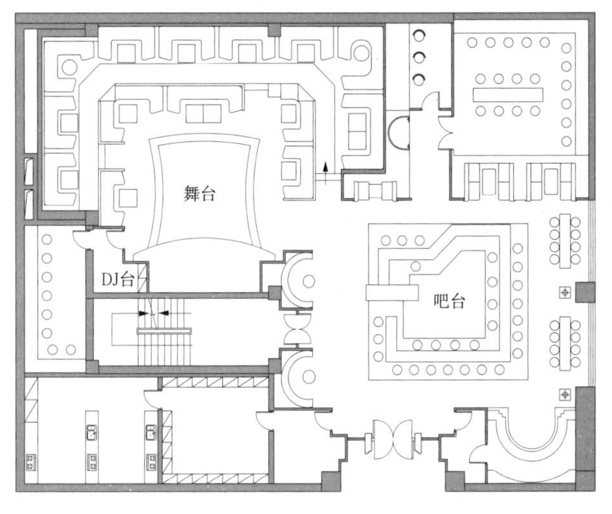

2 歌舞厅二

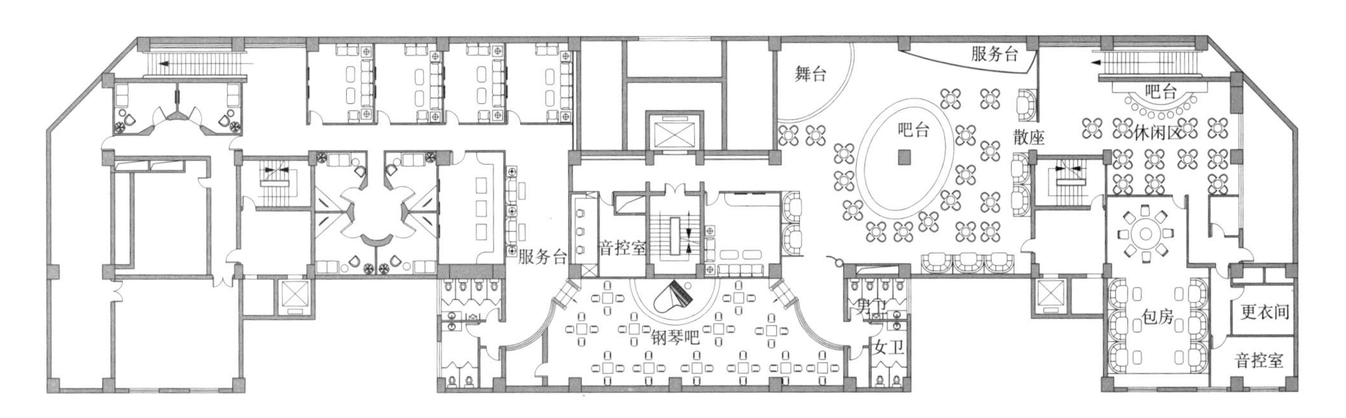

3 歌舞厅三

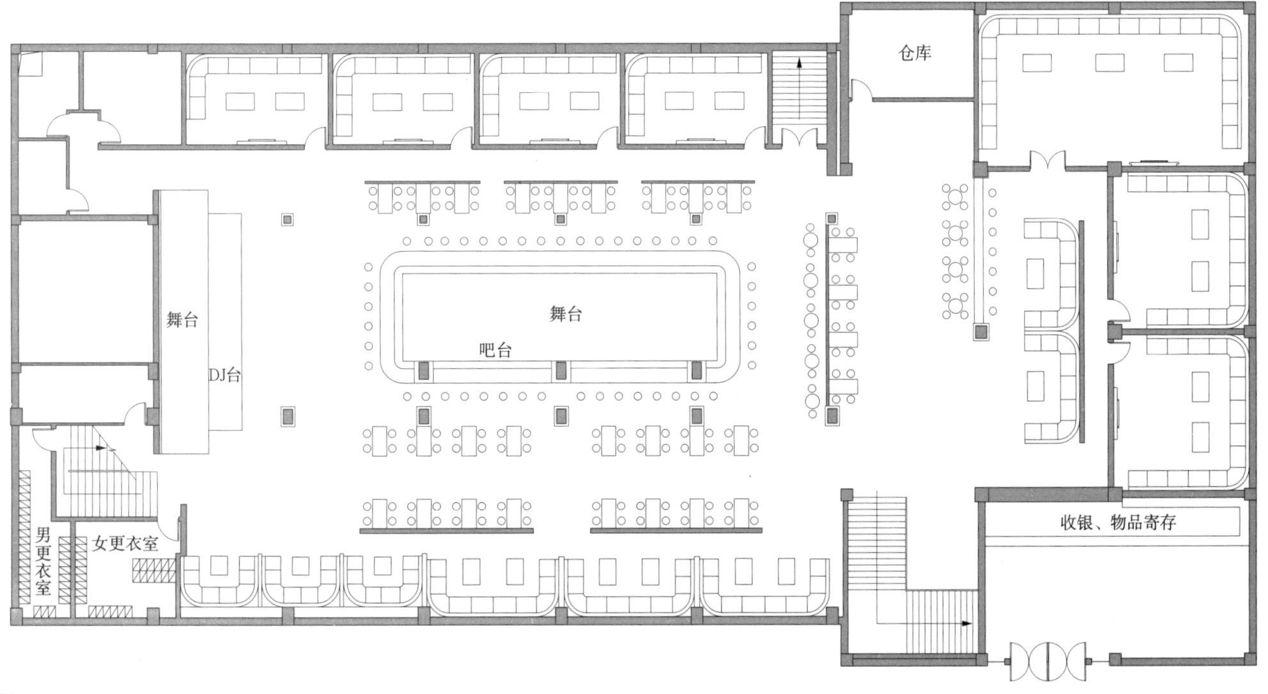

4 歌舞厅四

定义

洗浴中心是指以提供洗浴服务为主业，并集休闲、娱乐、餐饮、文化、健身、休息等多种功能于一体的建筑。洗浴中心不但可以作为一个独立的建筑类型而存在，也可以在较高档的旅馆、饭店作为配套设施。

分类

洗浴中心分类较为复杂。其中，按照规模档次大致可分为大型洗浴城、中型洗浴中心及大众浴室三类；按照建造方式分为独立式及附建式两种；按照洗浴方式分为桑拿浴、芬兰浴、罗马浴、漩涡浴、冲浪浴、SPA等；按照洗浴文化可分为欧式、中式、日式、韩式、泰式等。

洗浴中心分类标准　　表1

	大型洗浴城	中型洗浴中心	大众浴室
建设规模	10000m²以上	3000m²左右	500m²左右
功能设施	功能齐全，以特色洗浴方式（如温泉或日式、欧式等）为主，同时健身、娱乐、住宿、商务会谈等功能齐备	以洗浴功能为主，兼有部分健身、娱乐功能	一般只有洗浴功能
建成形态	一般以独立建造为主，建筑个性突出，造型丰富，立面效果鲜明。多分布在城市中心或郊区	独立建造或依附于其他建筑，如旅馆、饭店歌舞厅等	独立建造，多分布于社区中
服务对象	高端消费、度假及娱乐商务活动	面向大众化的消费，消费群体比较广	多为工薪阶层及收入偏低的市民

功能组成

洗浴中心的功能构成是以浴客的行为特点为依据的。浴客在洗浴空间里的行为分别有洗浴、休息、健身、娱乐、进餐、睡眠、聚会等。由于洗浴中心的功能特点、客源特点，上述行为有的需较大的空间，有的则可以简略，有的可以共用相同的空间。可以把洗浴建筑的区域归纳划分为大堂、更衣区、洗浴区、休息睡眠区、休闲康乐区等几部分。洗浴流线组合设计包括平面组合和竖向组合，组合方式既要满足使用功能上的要求，也要考虑空间形式美，达到功能和形式的协调统一。

洗浴中心空间组合形式及特点　　表2

	建筑形态	适用场地	空间布局	流线特点
庭院式组合		建筑占地面积较大，适合在郊外建设或与度假酒店结合布局	各个部分的功能分别围绕一个室内或室外的中心空间来组合	既满足了功能方面的使用要求，又丰富了建筑空间的层次感
空间式组合		适合占地面积较小、多为城市中心基底受限制的区域	根据场地及洗浴流线的要求将男女浴区、休息大厅、按摩区等分别布置在不同的楼层	各功能区位于不同楼层，可做到动静分区。但客人需来回各楼层之间，影响舒适度

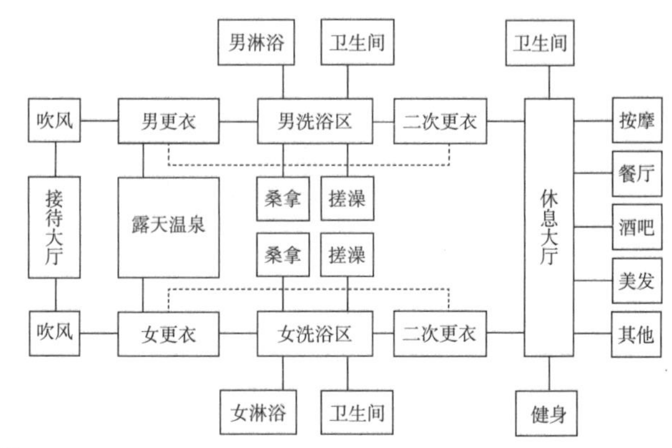

1 洗浴中心功能组成图

设计要点

1. 基地选择方面，总图布局上应符合规划和各类规范要求，建筑物的洗浴人员入口、贵宾入口、工作人员入口应分别设置；应布置一定数量供洗浴人员使用的停车位，以满足使用者要求；洗浴中心楼前亦应设置适当的人员集散场地，以满足防火及抗震要求。

2. 功能要求方面，洗浴建筑空间设计要满足业主和洗浴者的使用功能，力图使空间布局丰富，尺度宜人，使洗浴者在使用时舒适、方便并获得愉悦感。

3. 安全要求方面，在洗浴建筑里有很多安全因素，如地面防滑、避免构造尖角、浴灯防爆、洗浴私密、餐饮卫生等，特别是防火疏散应保证迅速、安全，在设计时要重点加以考虑和满足。

入口区

洗浴中心的建筑入口空间通常称为大堂，具有接待、登记、结算、寄存、咨询、礼宾、休息、等候、安全等各项功能，有的甚至连客房的管理和清洁工作都一并在这里办理。洗浴中心的入口空间要大气、美观，富有感染力。

大堂空间应设计得宽敞舒适，面积符合使用要求和良好的空间感受。洗浴中心的大堂面积按0.8~1.0m²/人计算。大型洗浴建筑的大堂要空间开阔，采光良好。同时要设足够的休息等候区。大堂内的交通路线应宽阔、便捷、无障碍；货物、设备、员工、送餐与回收垃圾出运流线等不能与客人流线交叉或兼用。接待区应考虑无障碍设计，设坡道，配备轮椅。

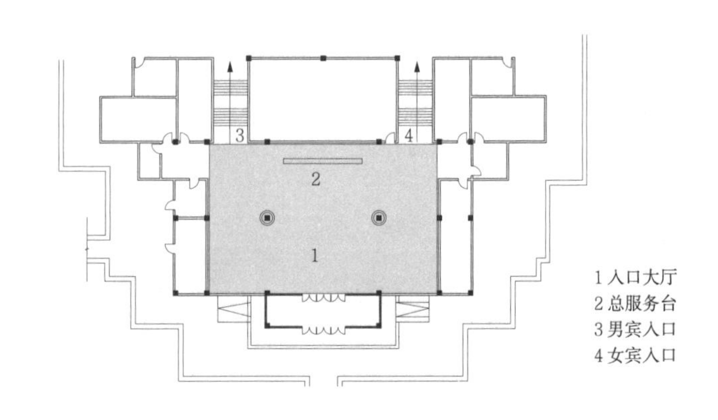

2 入口区展示

总服务台

总服务台的功能是接待、咨询、登记、结算等，应该位置明显。柜台通常设计成半圆形或者直线形。总服务台可以设置为柜式(站立式)，也可以设置为桌台式(坐式)；两端不宜完全封闭，应有不少于一人出入的宽度或更加开敞，便于服务人员随时为客人提供个性化服务。

总服务台 表1

接待人数（间客房数）	柜台长度（m）	服务台区面积（m²）	柜台一般高度（m）	柜台一般宽度（m）
50	3.0	5.5	1.10	0.70
100	4.5	9.5		
200	7.5	78.5		
400	10.5	30		

更衣室

更衣室的规模大小与使用的人数有关系，其种类大致可分为普通更衣室、二次更衣室、桑拿和游泳等空间附属的更衣室。大多更衣区附设或临近设换鞋区，为保证更衣室的私密性，可以在与公共区域之间设置一个过渡空间(换鞋区)。换鞋区的柜子数量宜与衣柜数量基本一致。更衣间设存衣柜、更衣椅。存衣柜的数量依据洗浴中心的规模、功能和同时可容纳的最大客人数而定。一般存衣柜数可按最高服务人数的80%~90%计算，存衣柜日周转次数可按4次计，每人需占0.2~0.8个存衣柜，休闲活动功能多的衣柜数量取高值。

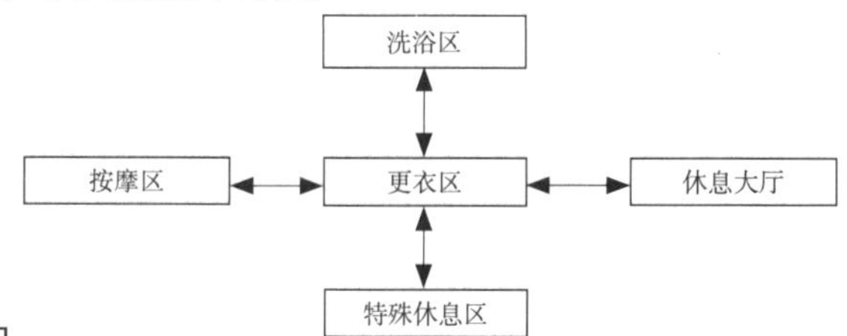

1 更衣室功能关系图

洗浴

洗浴部分主要分为池浴、淋浴(洗脸)、坐浴、搓澡、蒸汽浴、桑拿浴等部分，是洗浴中心的核心部分。

洗浴功能特点 表2

功能特点	空间特点	装修要求	配套设施
一般宜布置在一个大空间内，也可以各自（成组）布置在相对独立的空间。当条件允许时，洗浴部分还应设置宽敞的休息区域，方便客人在洗浴时临时休息	空间尺度应开阔适宜，应有很好的照明、采光和通风换气，保持舒适的空气质量；一般室内空间的营造经常会设定一个主题	内装修宜简洁明快（以浅色调为主），选材应防潮耐水渍、易清洁；地面材料应防滑，地面设计施工应保证排水顺畅，避免积水；人体接触的部位应保持平顺圆滑，避免划伤皮肤；顶棚的设计应考虑防止结露的方案和构造，易结露的顶棚部位采用不吸水、防霉变的装饰材料	应采用节水的给水系统和节水型洁具；采用带热回收的新风换气系统，保持舒适的洗浴环境温度和湿度

池浴

池浴的浴池一般设有热水池和温水池，大型洗浴中心也设有冷水池，一般布局毗邻设置；浴池的平面形状有比较大的灵活性(方形、长方形或曲线围合型)；多数浴池具有水力按摩功能；大型按摩浴池通常为混凝土浇筑；VIP包房的浴池也可选用成品单人或多人按摩浴缸。

浴池类型及特点 表3

类型	浴池平面尺寸（mm）	浴池深（mm）	同时使用人数	温度（℃）
热水池	2500×2500	900	6~8	40~42
温水池	2500×4000	900	10~15	35~40
冷水池	2500×2500	900	5~8	8~13
儿童池	2000×2000	900	5~8	35

注：大池面积应根据使用人数确定。

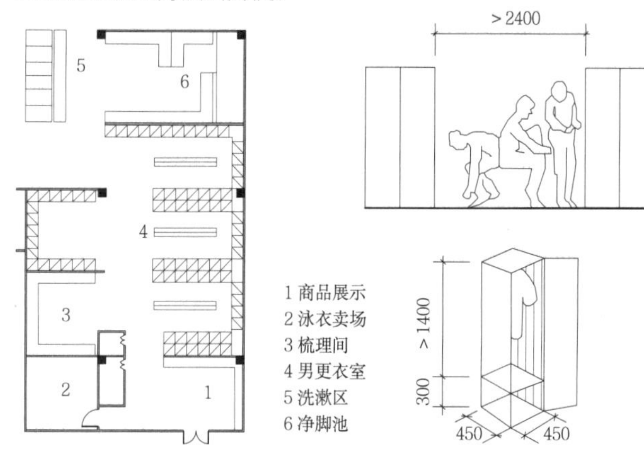

2 更衣室平面及更衣橱尺寸

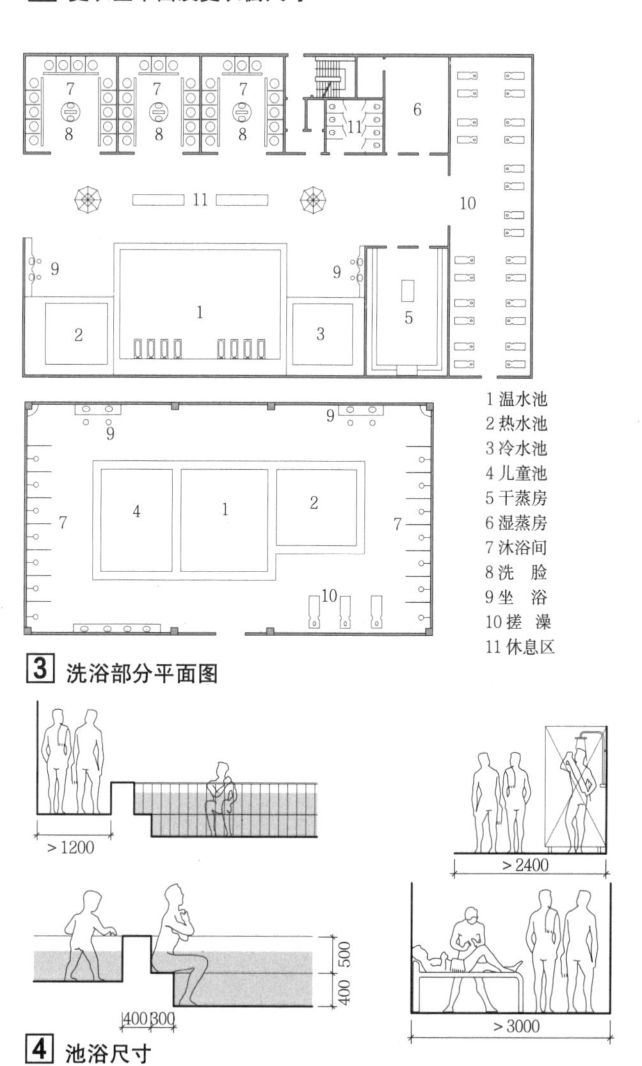

3 洗浴部分平面图

4 池浴尺寸

淋浴

淋浴部分应围绕浴池布局，但从环境舒适考虑，也不宜紧邻热水池和温水池。淋浴部分宜靠墙布置，淋浴点之间应采用隔断分隔（面积足够大时也可设置推拉隔断门）。

淋浴隔断门种类及特点　表1

平面类型	人性化	形式感	经济性
	视线有一定遮挡，人性化较弱	简单	非常简便，占地较少，材料及建造简易
	视线遮挡较好，比较人性化	一般	较好，占地较少，材料及建造一般
	视线遮挡较好，比较人性化	较好	一般，占地较大，建造工艺复杂
	视线遮挡非常好，非常人性化	非常好	浪费，占地非常大，材料及建造非常复杂

坐浴

坐浴部分宜围绕浴池布局，也可和淋浴部分成组布局。考虑到布置座凳的要求，应考虑足够的台前宽度，避免客人通行对于坐浴的影响。

搓澡区

搓澡区域（也有称为助浴区域）可围绕浴池布局，也可相对独立布局，形成较为独立的空间；当空间足够大时也可考虑相互之间设置隔断，满足一定的隐私要求。搓澡区域应考虑布置搓澡师休息室。

公共戏水区

大型的主题洗浴中心为突出特色，经常在中心部位设计公共戏水区域。功能布局应考虑与男女洗浴部分均有便捷的交通联系，为客人提供以戏水娱乐和休闲交往为主要功能的休闲活动场所；应注意设置高大、开阔的空间，满足空间开放性要求。

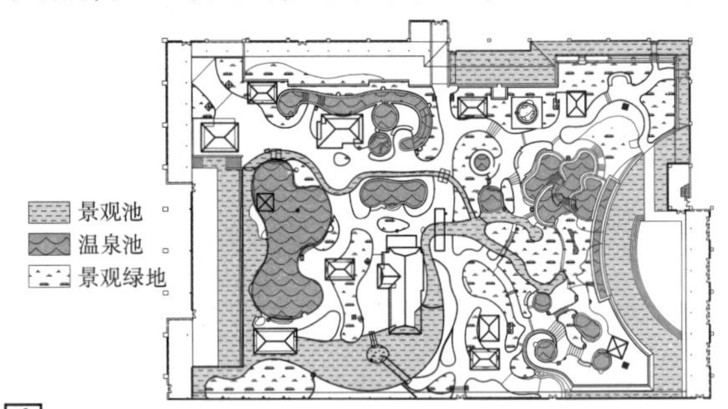

1 公共戏水区平面图

桑拿与按摩区

洗浴中心的桑拿与按摩部分可各自形成单独的功能部分，也可各自与洗浴部分或休息区组合布局。大型洗浴城接待客人较多时，可设计两间温度不同的小桑拿房，既可以满足客人对桑拿房温度的不同需求，又可以在非客流量高峰时，关闭其中一间，以减少用电量。

大型洗浴城一般成规模设置按摩房间，床位数根据需要设置，一般可按照休息大厅容纳人数的1/3左右考虑。

桑拿与按摩特点　表2

	功能特点	空间特点	装修要求	配套设施
桑拿	独立或和冷水浴池毗邻布局，满足两者反复交替使用的功能需求	桑拿房根据容纳人数确定空间尺度，大型洗浴中心桑拿房可根据工程现场情况订制	桑拿房材料一般选用经过高温处理的白松制造，按照组合式结构安装，尺寸灵活适应性强。桑拿房门应有玻璃观察窗，并保持外平开	多人及多个桑拿房需在相邻位置配置设备间8～15㎡
按摩	独立或和休息区毗邻布局，并通过设置单间、隔断或VIP包房来满足舒适、安静、放松和私密性的要求	分为大型按摩房间、2~3人单间、隔断或VIP包房，一般空间尺度比较亲切宜人	按摩区域的装修宜采用温馨淡雅的色彩、整洁明亮的格调、环保易清洁的材料。高级按摩房应配置独立卫生间，VIP包房还可依据豪华程度选配沙发、电视、休息床具、按摩浴缸等	按摩部分应配置按摩师休息室

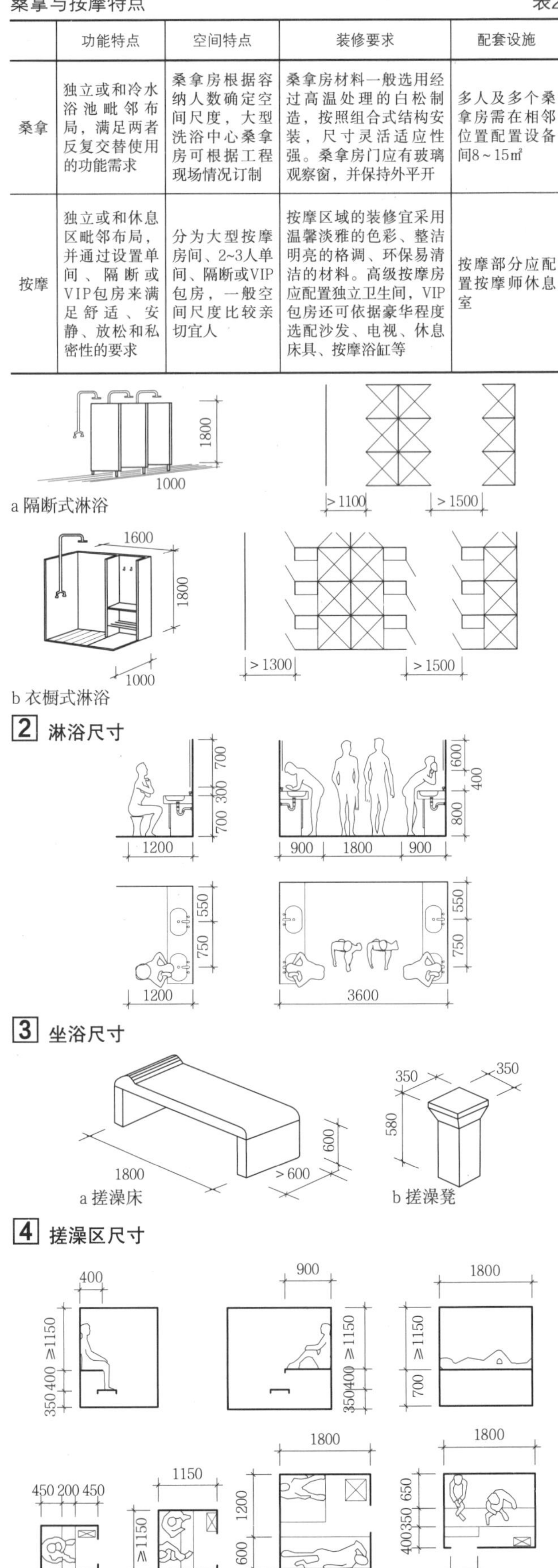

a 隔断式淋浴

b 衣橱式淋浴

2 淋浴尺寸

3 坐浴尺寸

a 搓澡床

b 搓澡凳

4 搓澡区尺寸

5 桑拿与按摩区尺寸

干身区

洗浴中心的干身区也被称作二次更衣(室)，位置在洗浴区和休息区之间。

干身区特点　表1

功能特点	空间特点	装修要求	配套设施
满足浴后干身和二次更衣需求，应设置浴衣浴巾架（洁污分离）、梳（理）妆台等	回避视线干扰，尺度舒适，保证空间的相对独立性，并起到过渡空间的作用	宜采用温馨淡雅的色彩、整洁明亮的格调、环保易清洁的材料（除了理妆镜外，尽量避免使用镜面反射材料）	大型洗浴中心的干身区可根据需要附设布草房

休息区

休息区是洗浴中心重要的组成部分，一般主要采用休息大厅的功能布局方式，满足客人洗浴之后的休息（休闲）及恢复体力需求。饮水进食、阅读观影、会客洽谈、睡眠住宿、等待按摩等是这一部分基本的功能，特色洗浴中心还设置了定时的文艺演出、健身、娱乐等特殊功能，餐饮功能是休息区主要功能的延伸。

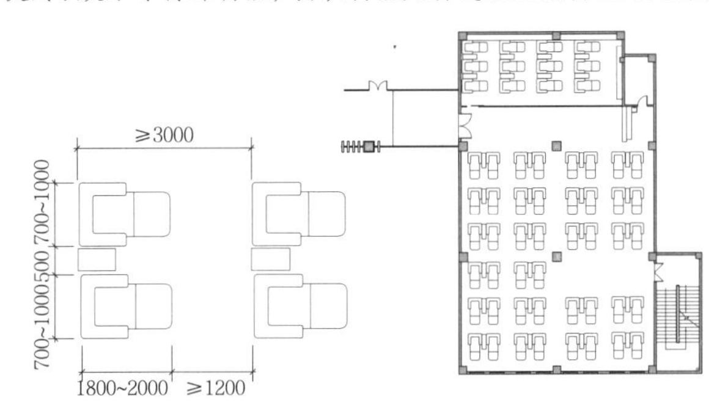

1 休息区平面图及过道尺寸

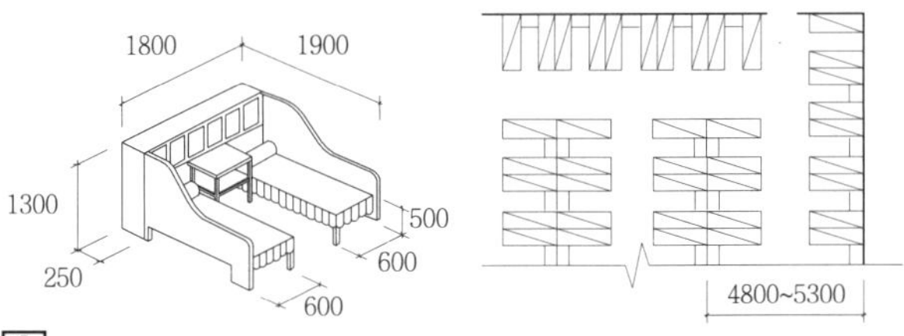

2 散床尺寸

休息区特点　表2

	功能特点	空间特点	装修要求	配套设施
普通休息区（休息大厅）	一般按照大厅式布局，创造安静的休息环境，满足普通顾客浴后休息和恢复体力的功能需求	满足座椅布置、通行和提供服务的空间尺度。当规模较大时，可分区分组（观影区、洽谈区、睡眠区等）布置	装修重点在于主墙面和顶棚，色调应采用温馨色调，材料注意有一定吸声效果。灯光可以考虑反射光和漫射光	规模较大时，一般应附设水吧或服务间，提供饮料、小吃等服务
特殊休息区	特殊休息区功能与休息大厅分别布局，可设置客房（安静睡眠）、会议室、洽谈室、棋牌室、游戏室、健身房等	客房可分为大床间、双人间、单人间；会议室、洽谈室、棋牌室、游戏室、健身房一般规模4~6人	装修宜采用温馨淡雅的色彩、环保易清洁的材料。灯光可调，适应人数不多的活动和休息需要	高档特殊休息区可配置独立卫生间
餐饮区	洗浴中心的餐饮区应与休息大厅有便捷联系。可根据经营的不同策略采用不同布局（兼顾对外经营或仅对浴客提供简餐）	餐饮区空间应考虑适应综合功能的需求，提高空间利用效率	装修宜采用明亮活跃的色彩（可形成主题空间）、环保易清洁的材料。灯光应分区布局，就餐区照度水平较高	针对不同经营方式设置好厨房，组织好符合卫生要求的厨房流线

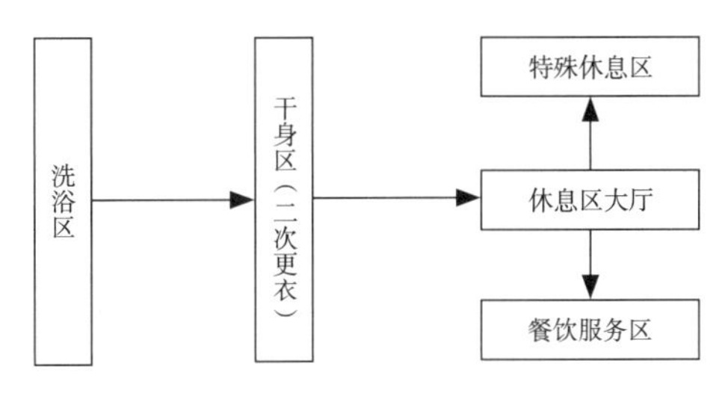

3 休息区功能联系图

辅助功能空间

后勤管理与设备用房区洗浴中心的后勤管理部分应设有后勤门厅，与客人流线分开，其内容一般包括日常经营及管理所需的经理室、财务室、员工休息室、员工更衣室、员工餐厅、员工卫生间等，以及变配电间、空调机房、水泵房、游泳池的循环净化、消毒间。

美容美发等服务区主要为满足其客人的方便需要，一般包括商店、医务室、干洗店、美容美发。商店 （超市、礼品店）一般与大厅和总台接近，方便客人使用。有的高级洗浴中心单独设立美容护肤中心。

特色洗浴模式

除了池浴、淋浴、坐浴、桑拿浴之外，一些特色洗浴模式成为洗浴中心吸引顾客的手段，如玛瑙浴、火石浴、木桶药浴、日光浴、维其浴、香薰浴等。

特色洗浴种类特点　表3

	功能特点	洗浴方式
玛瑙浴	高温玛瑙玉石房内蒸浴，可防止老化并强化五脏功能，解除顽固性疾病及运动后疲劳	玛瑙房内设有玉石散热源，玛瑙经过高温加热，温度保持90℃左右，不断释放微量元素，形成远红外线，对人体渗透和共振
火石浴	按摩、排毒、疏通经络（以火石的温热作用，舒适地刺激人体穴位或肌肉，达到促进血液循环、放松、减压的目的，对缓解关节痛也有帮助）	以吸收了精油成分的火石按压穴位
木桶药浴	洗浴时，中药可经人体皮肤黏膜、经络穴位、呼吸道等途径吸收，达到治病、防病、养生、保健、美容的功效	不同的药物和不同的水温针对特定的人群或特定的系统疾病
日光浴	室内日光浴集中地选择对人体有益的紫外线，过滤对人体有害的紫外线，提高人体的免疫力，促进皮肤新陈代谢和维生素D生成及钙的吸收，调节人的神经系统；在助晒油的配合使用下，能迅速地让皮肤晒成既均匀又时尚的不同肤色	采用日光浴机，可在室内享受到安全健康的日光浴
维其浴	维其浴利用高压波动水疗结合能量彩光，有效地将精油及矿物泥中的有效物质作用于人体深层组织。增强人体血液循环，提高新陈代谢能力及身体含氧量，起到淋巴排毒、减肥塑身、强身健体的作用	采用火山泥（海洋矿物泥）包覆，结合维其浴机水力按摩、能量彩光共同作用
香薰浴	借助精油释放，配合不同功效的植物精油，通过吸入法进入人体内部器官，产生身心治疗	可采用太空舱，结合药物熏蒸等促进松弛神经、驱除疲劳、调节新陈代谢，增强免疫力

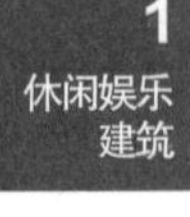

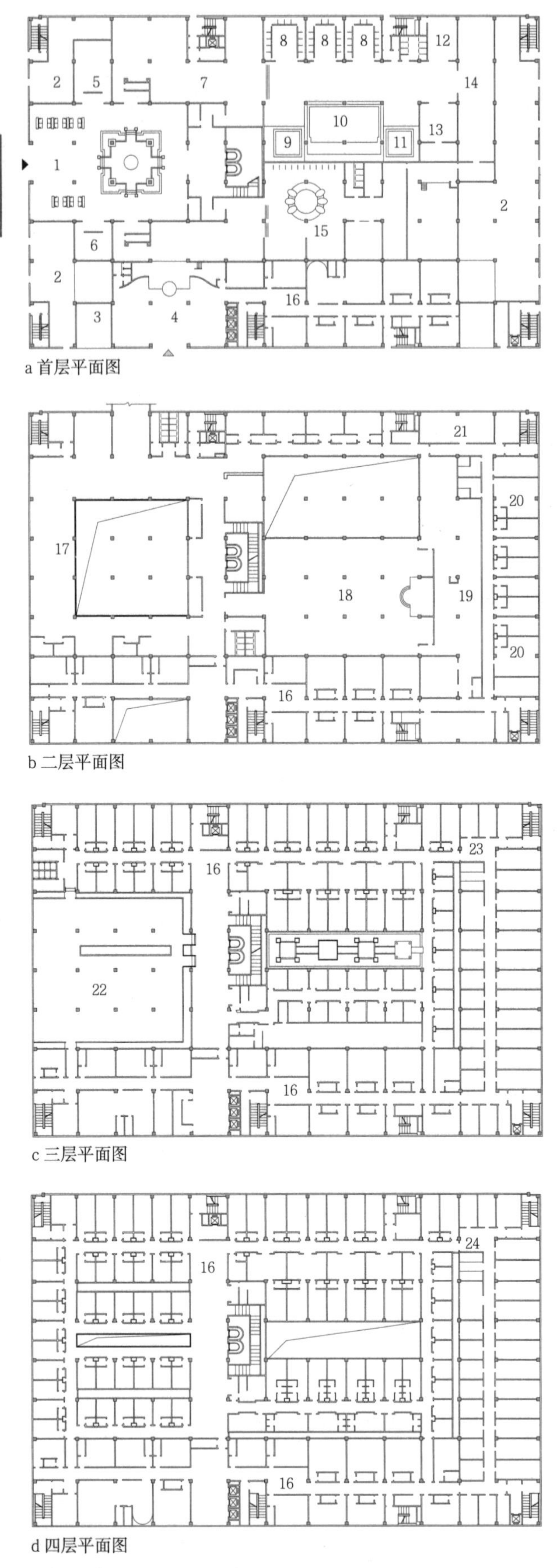

a 首层平面图

b 二层平面图

c 三层平面图

d 四层平面图

1 沧州某大型洗浴城

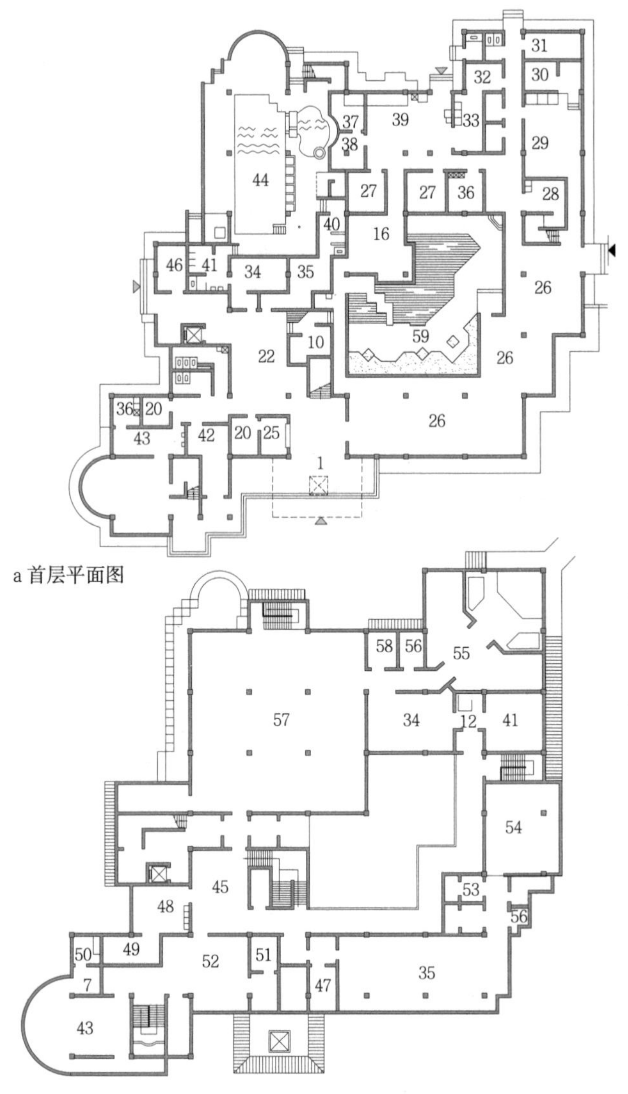

a 首层平面图

b 二层平面图

2 天津某洗浴中心

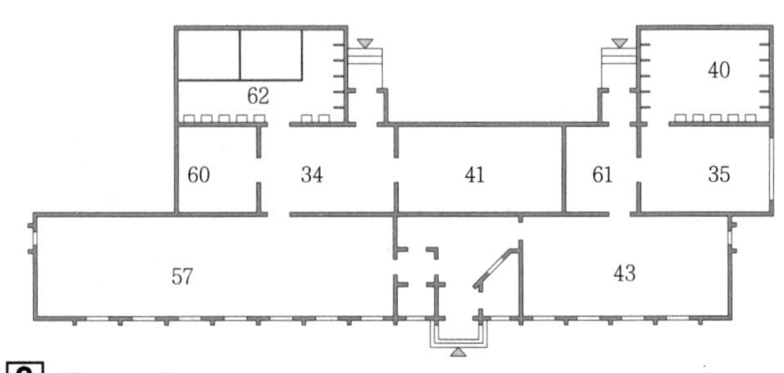

3 营口市某公共浴室

1 大堂	2 商业	3 地下室入口	4 夜总会大堂	5 男宾鞋库
6 女宾鞋库	7 更衣室	8 淋浴	9 热水池	10 温水池
11 冷水池	12 温蒸	13 干蒸	14 助浴	15 木桶浴
16 包间	17 网吧健身	18 自助餐	19 厨房	20 办公室
21 综合办公室	22 休息大厅	23 女员工宿舍	24 男员工宿舍	25 售票
26 餐厅冷饮	27 库房	28 冷荤间	29 洗衣房	30 烘干
31 维修间	32 冷库	33 粗加工	34 男更衣	35 女更衣
36 消毒室	37 烤烘间	38 面食制作	39 冷食制作	40 女淋浴
41 男淋浴	42 洗染间	43 理发	44 低温游泳	45 过厅
46 值班	47 脚病医疗	48 美容室	49 按摩室	50 卷发
51 美容手术	52 等候区	53 女盆	54 女浴池	55 男浴室
56 厕所	57 男散床	58 仓库	59 内庭院	60 男盆
61 休息等候	62 男池浴			

概述

美容美发场所是为人们提供发型设计、修剪造型、发质养护和烫染、美容护理、皮肤保健等内容的服务场所。

美容美发场所的类型及特点 表1

类型	特点
发廊式小型美容美发店	规模小、消费低、经营模式单一的普通美容美发场所
会员制美容美发店	单体规模大、服务项目多、服务高端
休闲式综合美容美体中心	依托商业服务配套，主要包含美容美发、减肥、健身、桑拿等项目
专业化美容美发店	依靠科技产品，设备仪器采用专业化、精致化服务
家庭式美容美发店	设在写字楼、住宅小区，采用预约制，并提供精品服务的小规模美容美发店
多元化经营美容美发店	与内衣店、健康食品销售店、时装店、首饰店等结合
各种附设的美容美发店	为酒店、健身房等场所提供配套休闲服务

功能组成

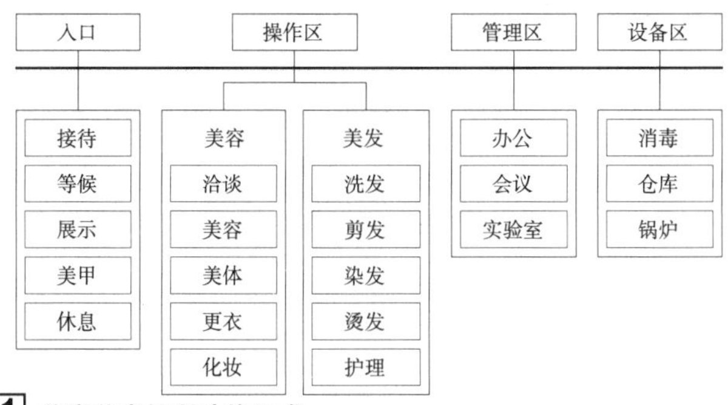

1 美容美发场所功能组成

设计要点

1. 美容美发场所应以干净整洁为基本要求。地面、墙面、顶棚应当使用防水、不易积垢的材料铺设。

2. 应当设置公共用品用具消毒设施，美容场所和经营面积在50m²以上的美发场所，应当设立单独的清洗消毒间；50m²以下的美发场所应当设置消毒设备。

3. 结合经营需要可增设休息室、儿童娱乐室、饮食服务等功能。

4. 美体空间因其对湿度与通风的需要，需考虑适宜的保温方式。

5. 男士美容院在设计时需注意调宽美容床尺寸。

6. 大型美容院需设置员工休息区，包括更衣、储存等空间。

7. 美容美发场所的操作区应采用色彩还原性高的光源。

8. 美容美发场所根据规模选择相应的锅炉设备，大型美容美发场所应设置独立的锅炉房。

入口区

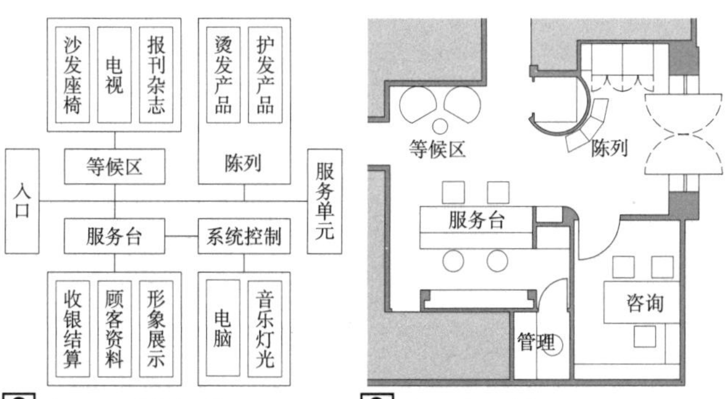

2 入口区功能组成　　3 入口区示例

美容美发产品的陈列展示与音乐灯光的系统控制，各功能空间根据需要可灵活设置。

洗发区

洗发区布置示意 表2

洗发单元	洗头床不同躺坐尺度的尺寸对比

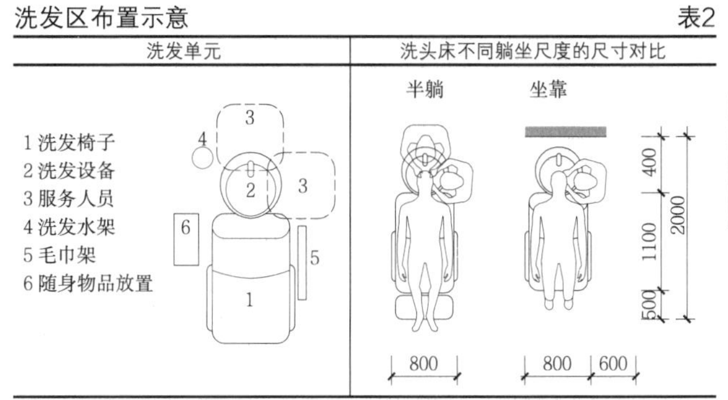

注：洗发设施和座位比不小于1:5。

理发与染发区

理发区与染发区布置示意 表3

理发与染发单元	单元间尺度示意

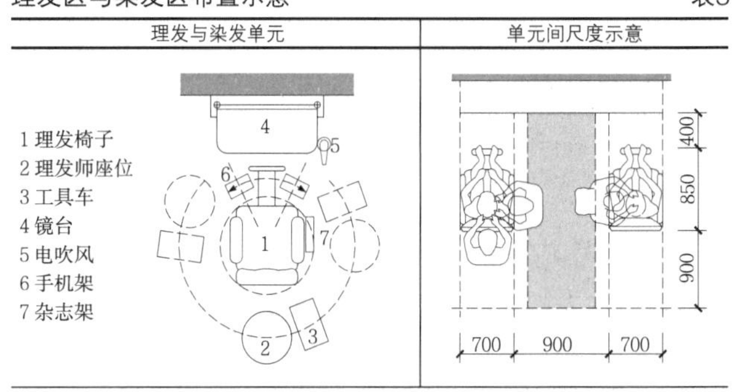

1. 理发区应合理安排理发工具的放置处。
2. 镜子选择要高低适宜，安放角度需获得最大工作视野。
3. 椅子选择的规律需符合舒适度需求，与店内颜色协调，应便于理发师的角度旋转和上下调整高度。
4. 工具架要注意与镜架的协调程度和工作时的方便度，一般选择在镜架的左前方位置

理发区与染发区布置形式 表4

线式	交流式	与上网结合	错位式
点式	**曲线式**		**环绕式**

美甲与美妆区

1. 入口区部分的美甲单元相对简单，通常以开放式布置。

2. 化妆区部分的美甲单元相对专业，应注意私密性设计。

美甲与美妆区单元形式 表5

美妆区	手甲美甲	脚甲美甲

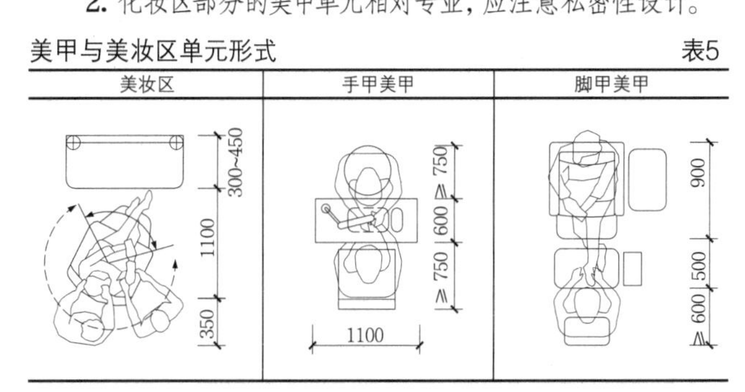

烫发区

烫染区单元的类型及特点 表1

普通烫发	与交流功能结合	与上网结合

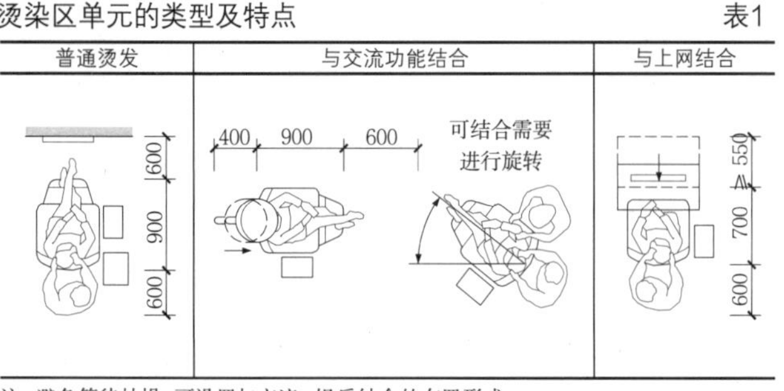

注：避免等待枯燥，可设置与交流、娱乐结合的布置形式。

美容与美体区

美容与美体区布置示意 表2

美容与美体单元	单元间尺度示意

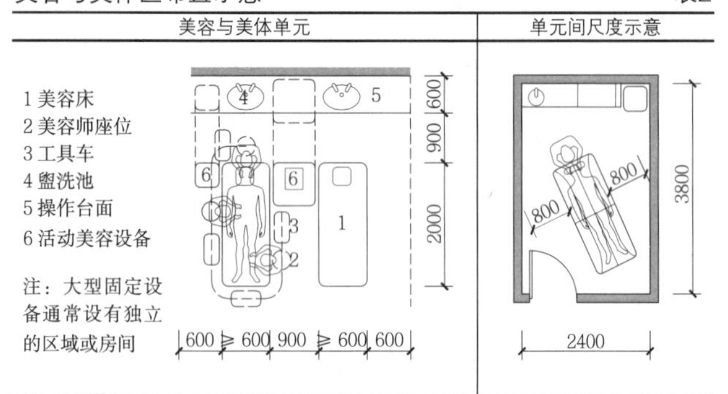

1.通常为店面美容部分面积的3/4或2/3不等。
2.具有私密性，包括美容护理室、美体护理室、贵宾室，应考虑保暖性设计。
3.环境光线柔和。
4.美容美体各空间单元均需进行给水设计。
5.美容项目通常顾客正躺，美容师在床头一端。
6.美体项目通常顾客趴在床上，美容师在两侧作业

护理区空间形式 表3

单人护理房间	单人熏蒸护理房间	开敞式双人护理单元

双人水疗 VIP 护理单元	双人护理单元带熏蒸

辅助功能空间 表4

名称	功能特点
清洗消毒间	1.面积应不小于$3m^2$，有给排水设施，通风和采光良好，地面、墙壁防透水，易于清扫。墙裙用瓷砖等防水材料贴面，高度不低于1.5m。配备操作台、清洗、消毒、保洁和空气消毒设施。 2.以紫外线灯作为空气消毒装置的，紫外线波长应为200～275nm，按房间面积每$10m^2$设置30W紫外线灯一支，悬挂于室内正中，距离地面2～2.5m，照射强度大于70μW。 3.清洗、消毒和保洁设施应当有明显标识
店长室	满足办公、接待、洽谈等功能
员工休息室	大型美容机构应设置员工休息室，满足员工休息、用餐、储存等功能

照明设计要点

理发、染发、美妆精细照明 表5

理发与烫发区照明设计	美妆区照明设计

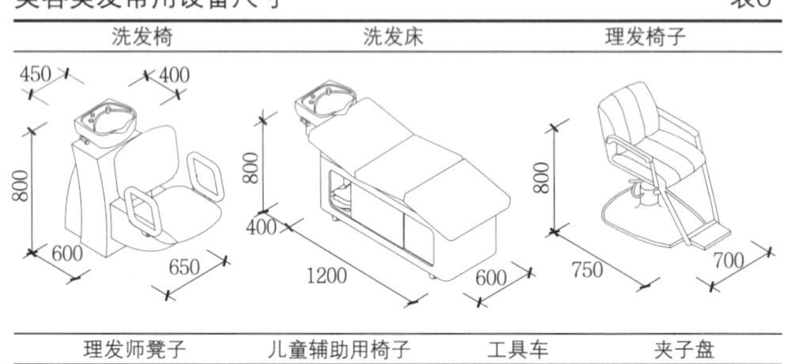

L_1—法线；L_2—光束角角平分线；a、b角角度范围为30°~45°。
A、B、C灯的位置：目标点头部与法线的夹角30°≤a/b≤45°、0°≤c≤15°，延光束角角平分线方向延伸到墙面或顶面位置。为营造面部立体感效果而设的A灯与B灯的光通量对比值建议为1：3~1：5

常用设备尺寸

美容美发常用设备尺寸 表6

洗发椅	洗发床	理发椅子

理发师凳子	儿童辅助用椅子	工具车	夹子盘

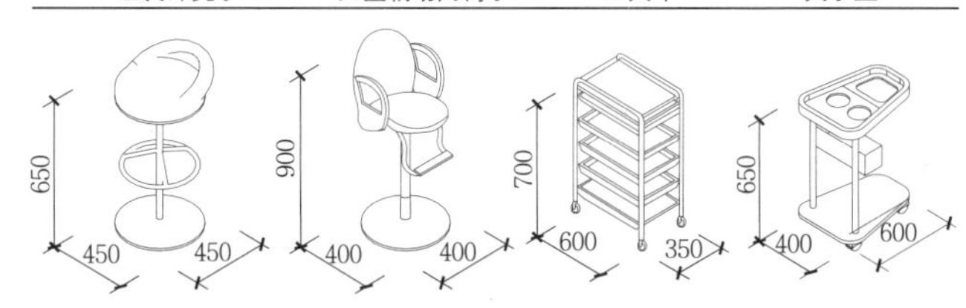

烘干器	双液循环器	陶瓷烫发器	加湿器

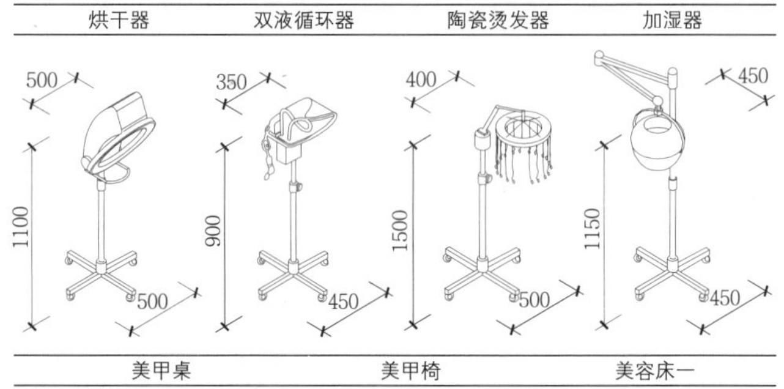

美甲桌	美甲椅	美容床一

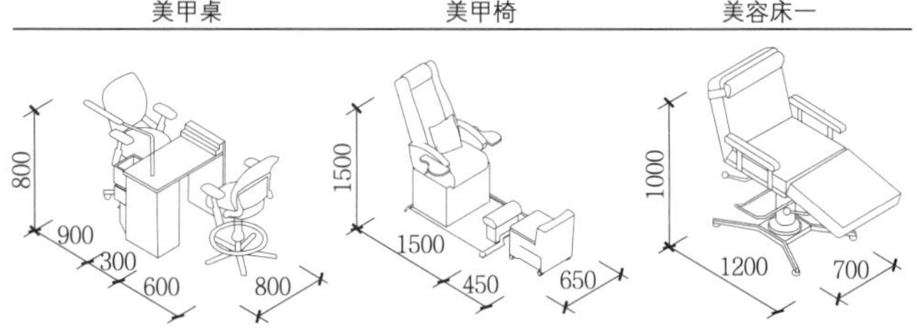

美容床二	大型美体设备

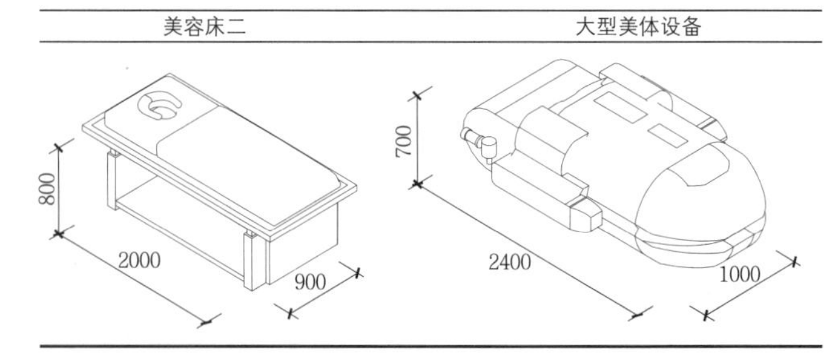

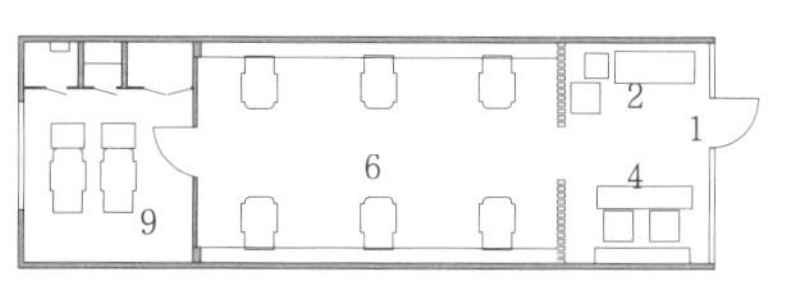

1 小型理发店一

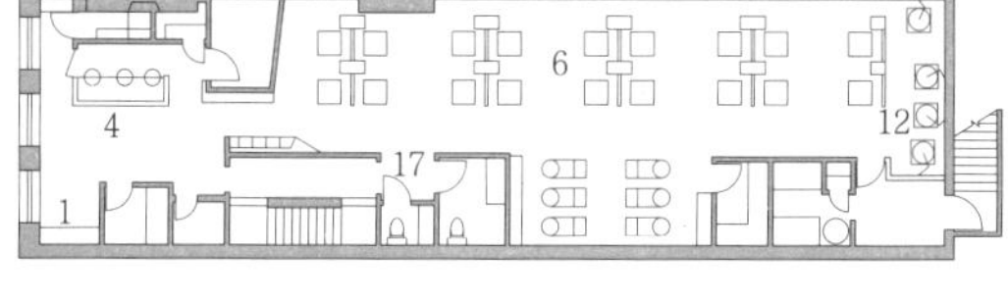
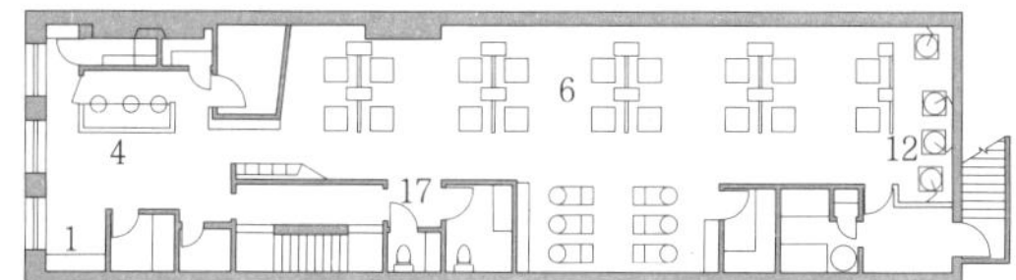

2 小型理发店二

a 首层平面图

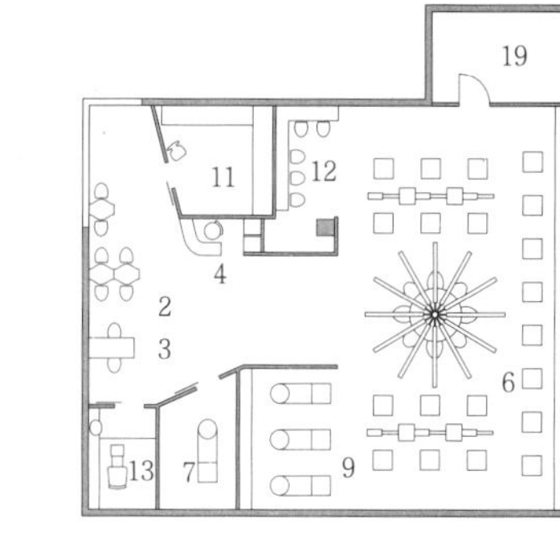

b 二层平面图

3 中型美发中心

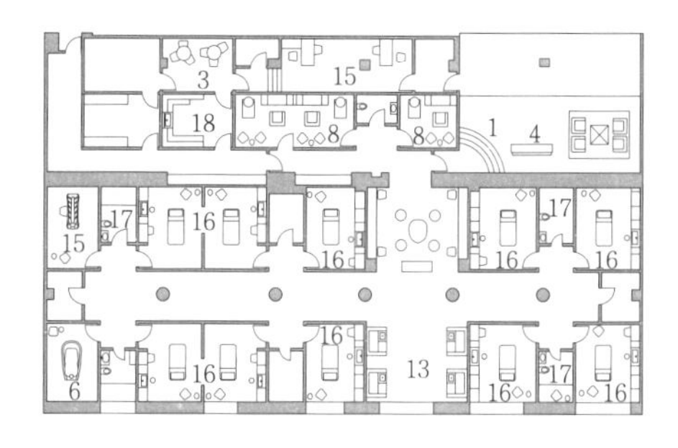

4 大型美容美体中心一

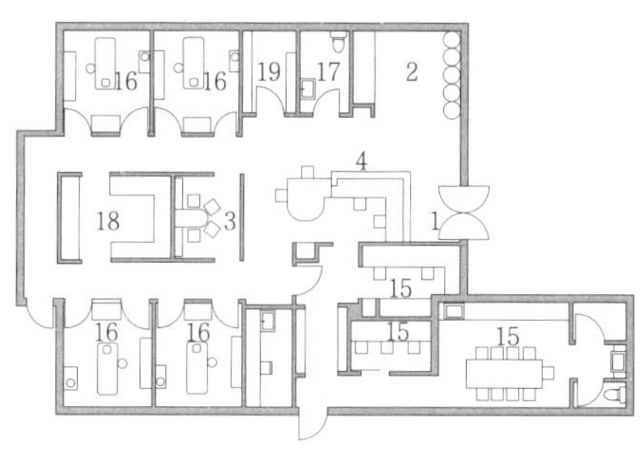

5 小型美容中心一

6 小型美容中心二

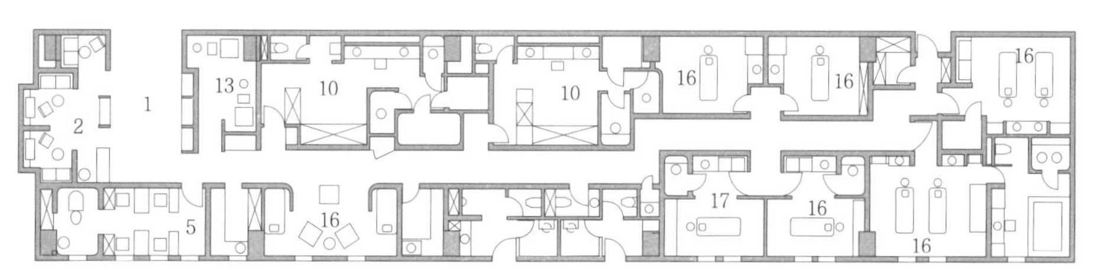

7 大型美容美体中心二

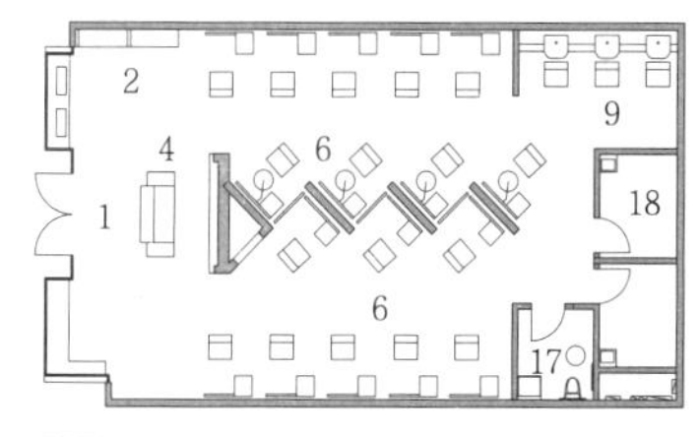

8 小型美发中心

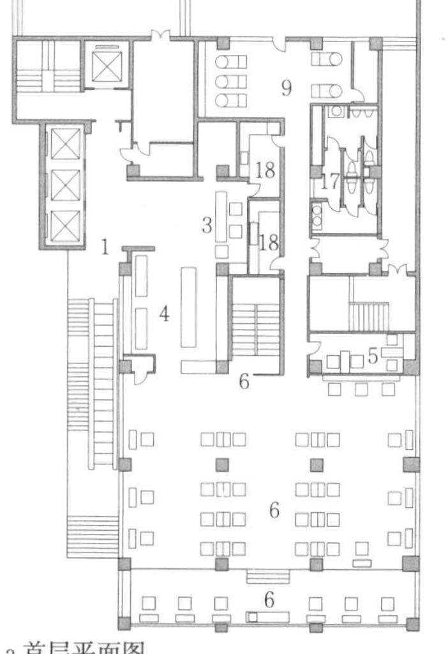

a 首层平面图

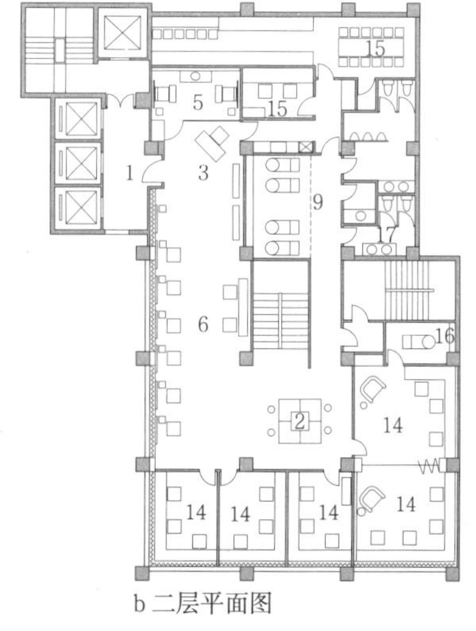

b 二层平面图

9 大型美发中心

10 大型美容美体中心三

1 门厅　2 等候区　3 咨询区　4 收银　5 美甲区
6 理发区　7 按摩区　8 化妆区　9 洗头区　10 盥洗区
11 更衣区　12 烫染区　13 足疗区　14 VIP室　15 管理区
16 美容美体　17 卫生间　18 消毒间　19 备用仓库

概述

网吧是一种提供互联网连接服务的公共场所。

1. 纯网吧：仅提供上网服务。

2. 综合网吧：除上网服务外，还提供餐饮、游戏等服务。

规模 表1

名称	大型网吧	中型网吧	小型网吧
营业面积（m^2）	>1000	500~1000	<500
电脑台数	>500	200~500	<200

设计要点

1. 注重人性化设计。根据不同上网功能，配置适宜的上网单元和包厢形式，家具与设备符合人体工程学要求。

2. 中、大型网吧应注重空间识别性设计，可用色彩、标识分区。

3. 根据空间体量关系，考虑自然通风和新风系统的设置，空调系统应满足各空间需求。

4. 应为服务器设置专门的设备用房，对一些规模较小的网吧也可以考虑将服务器等放置在吧台里。

5. 大型网吧在设计时应增设消防控制室和保洁室。

6. 显示屏幕的防眩光设计：空间界面（墙面、顶棚）亮度比建议不高于4:1；散座区安装线形灯具时，建议垂直于显示屏幕；采用低表面亮度的灯具。

功能组成

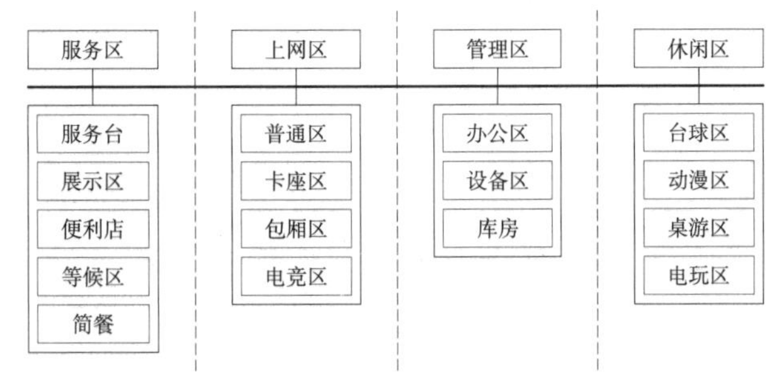

小型网吧的管理、售卖等功能可集成在服务区中；休闲区特色单元可结合网吧的经营主题灵活调整。

1 功能分析图

服务区

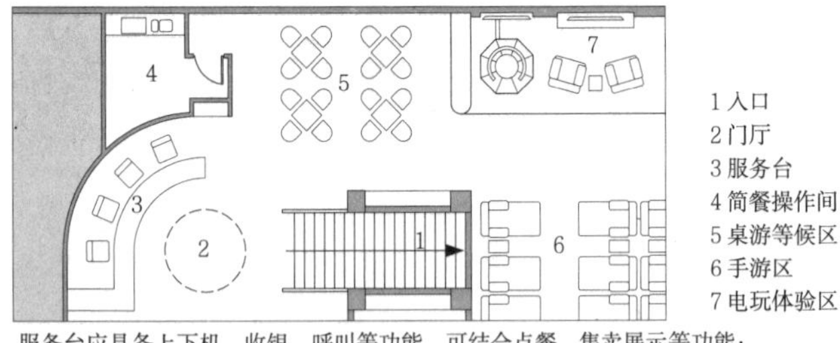

1 入口
2 门厅
3 服务台
4 简餐操作间
5 桌游等候区
6 手游区
7 电玩体验区

服务台应具备上下机、收银、呼叫等功能，可结合点餐、售卖展示等功能；等候区可与餐饮、展示、体验等功能结合。

2 服务区平面示意图

服务区特色功能形式 表2

手机网游区	单人游戏机	双人游戏机	VR体验
1100; 300; 700, 700	1500; 1200	1650; 1800	400; 900; 900

上网单元区

上网单元通常具备普通区、包厢区及电竞区等。

普通区单元布置形式 表3

普通单元	沙发单元	特色组合单元	组团式
≥800; 550; ≥750; ≥1250	1200; 550; ≥950; ≥1500		

卡座种类及单元布置形式 表4

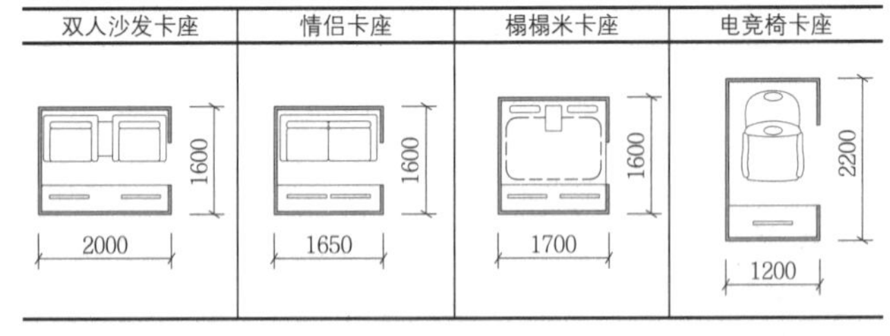

包厢种类及单元布置形式 表5

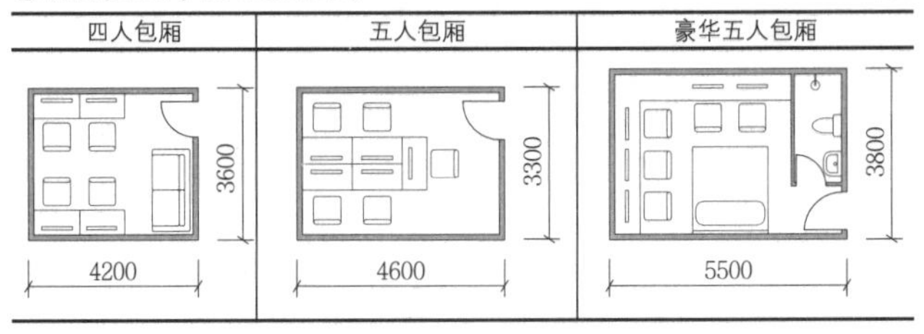

电竞区种类及单元布置形式 表6

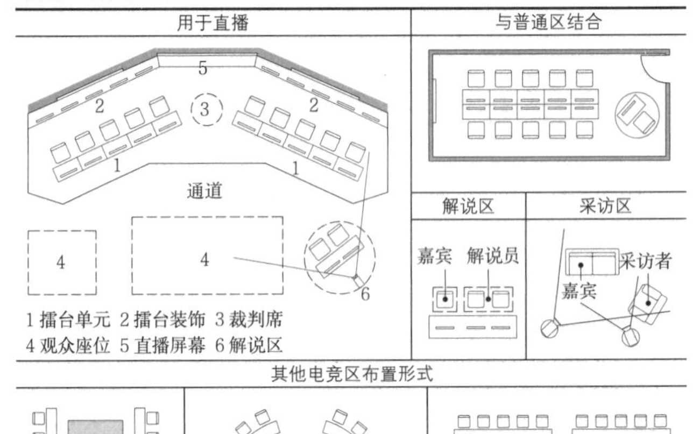

其他特色单元

其他特色上网服务功能区介绍 表7

名称	功能特点
贵宾区	注重个人隐私和高档消费模式。突出主题特点，根据需要可以使用包厢或轻质隔墙来满足客户需要
商务区	适合在办公场所密集区的网吧建立，适合会议、商谈、查阅资料、写作、办公，配备打印机和视频会议设备，可配餐饮设施
高清影视区	提供影院般的影视观赏和娱乐感受。内设投影设备或大屏幕液晶电视、环绕音响、沙发、茶几、饮水机等系列设施。注意与其他空间的隔声设计
电视游戏区	提供家用电视游戏机、大屏幕电视并结合沙发布置的游戏空间
娱乐区	包括电玩区、桌游区、动漫区和台球区等增值服务，促使网吧业态多元化发展。注重主题机消费人群特点
女士专区	环境幽雅舒适，空间形式与色彩、电脑和桌椅外观符合女性身份
VR体验区	提供沉浸式虚拟现实设备的单人与多人合作体验
手游区	智能手机游戏的多人合作体验

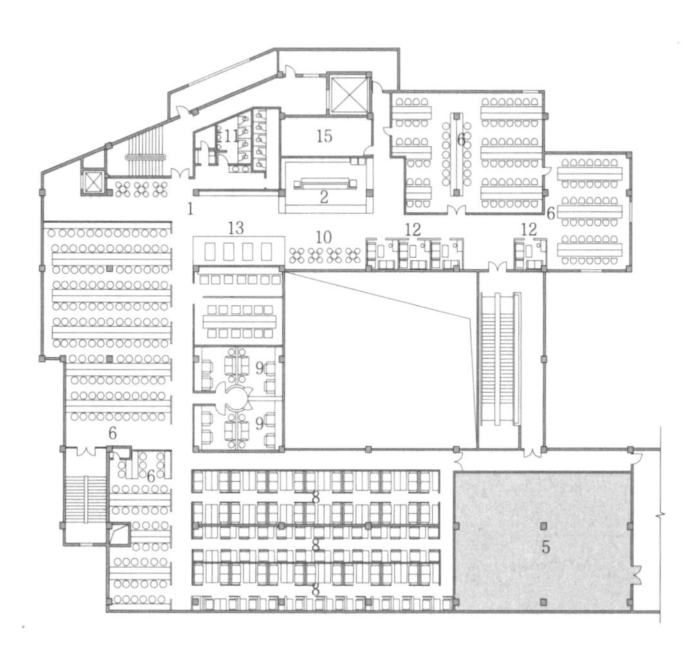

1 大型网吧一

1 门厅　2 服务台　3 厨房　4 售卖
5 管理区　6 普通区　7 电竞区　8 卡座区
9 包厢　10 休闲区　11 卫生间　12 商务区
13 展示体验　14 可躺式上　15 手游区

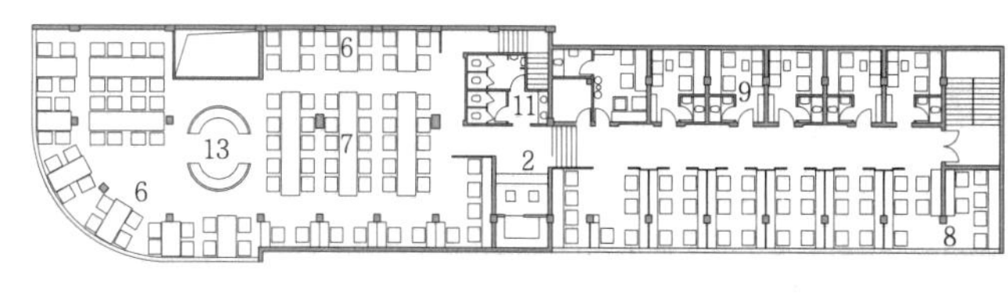

4 小型网吧三

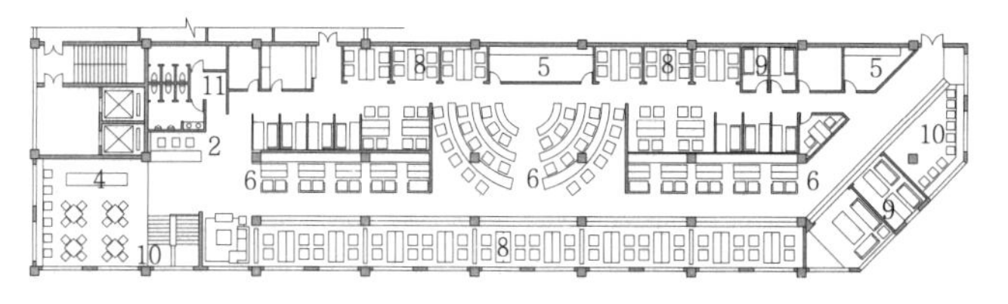

5 小型网吧四

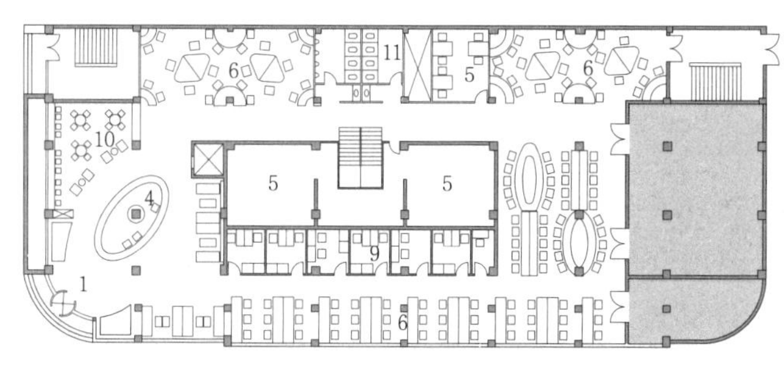

a 一层平面图

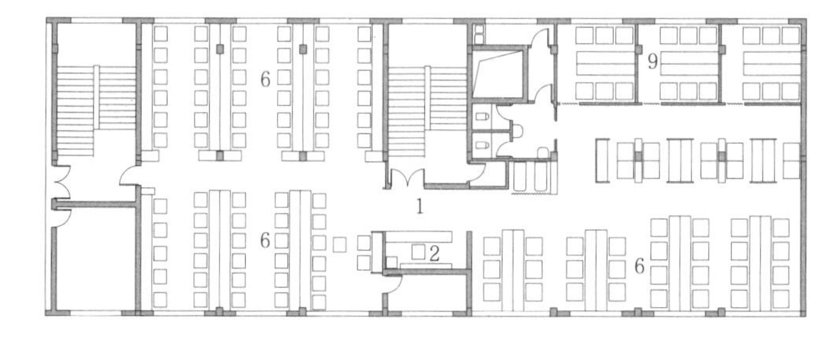

2 小型网吧一

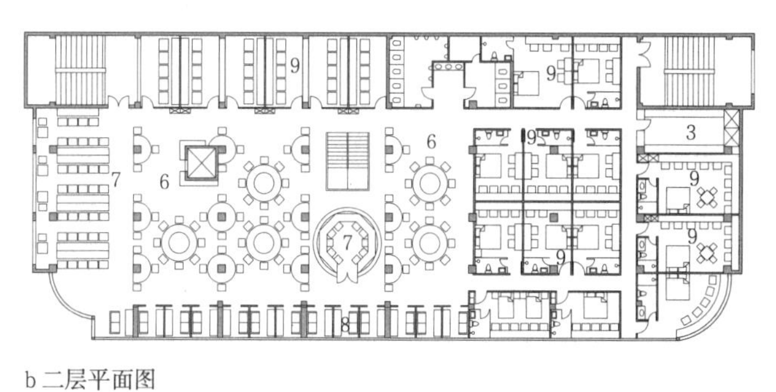

b 二层平面图

6 中型网吧

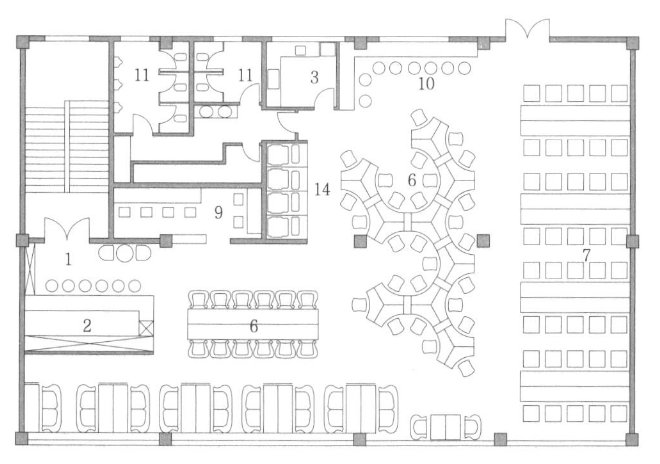

3 小型网吧二

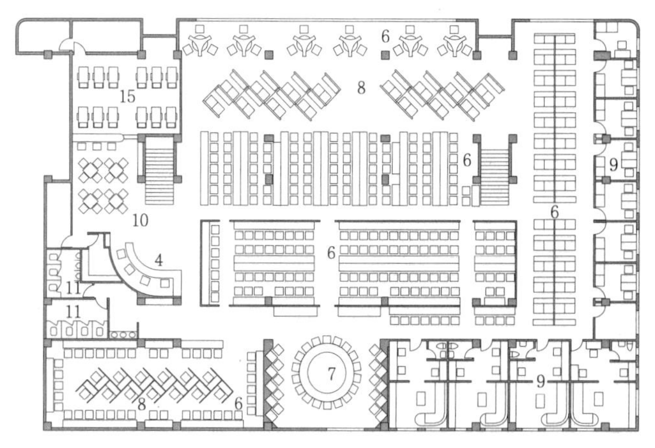

7 大型网吧二

概述

电玩厅是人们进行电子动漫娱乐活动的场所，主要经营电玩游戏和相关的娱乐项目，游戏厅通常处于稳定成熟的商业圈或以年轻人为主体的娱乐消费场所。

电玩城的分类　表1

类型	特点
小型游戏厅	通常仅提供电子游戏机设备等娱乐项目
电玩城	提供游戏机和大型电玩设备及相关娱乐项目
动漫城	提供以动漫为主题的电子或非电子（如动漫表演）等娱乐项目
主题动漫城	特定主题，如儿童动漫城、主题电影动漫城等
游戏城	除了电子游戏设备外，还提供大型室内游乐器械（如碰碰车）以及其他的娱乐或者消遣项目，例如餐饮、酒吧、桌球等

功能组成

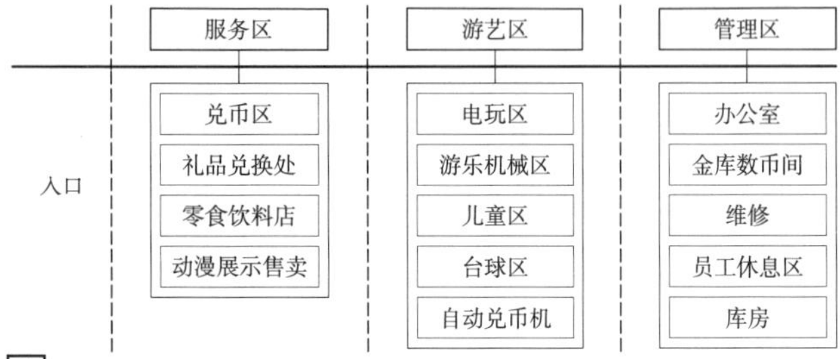

1 功能分析图

设计要点

1. 区域划分应按照电玩设备类型进行划分，独立分区。
2. 注重隔声：部分音乐类模拟机应单独隔断，避免噪声。
3. 功能齐全：电玩城内应具备吧台、小卖部、休息区、造型墙、警示标识、广告位等。
4. 电玩城内通道不宜狭窄，设施应简洁，考虑到电玩设备通常灯光多彩，在照明设计时不宜复杂，避免光污染。

典型电玩厅的参考配置　表2

分区	功能
小型游戏厅	通常仅提供电子游戏机设备等娱乐项目
数码专柜区	礼品区、彩蛋机、娃娃机、展示区、拍照机
游戏区	普通区、比赛区、排行榜标识区
游戏分类	音乐类、格斗类、枪击类、赛车类、娱乐类

设备布置

多人电玩设备布置　表3

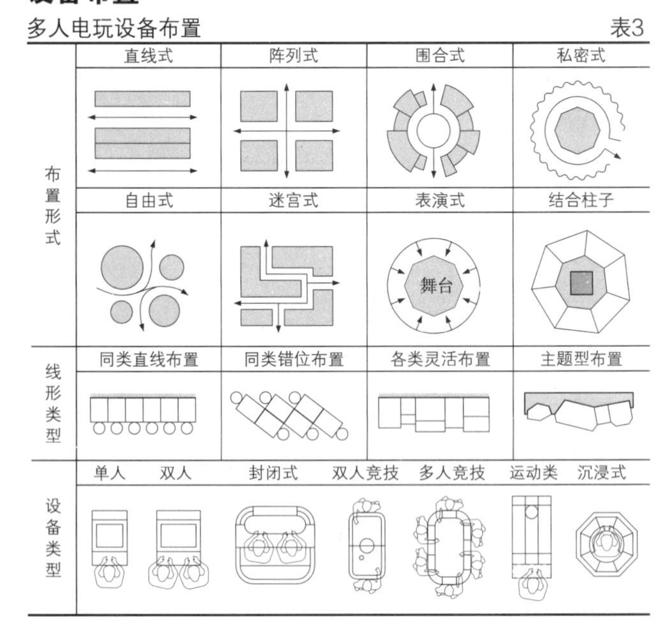

实例

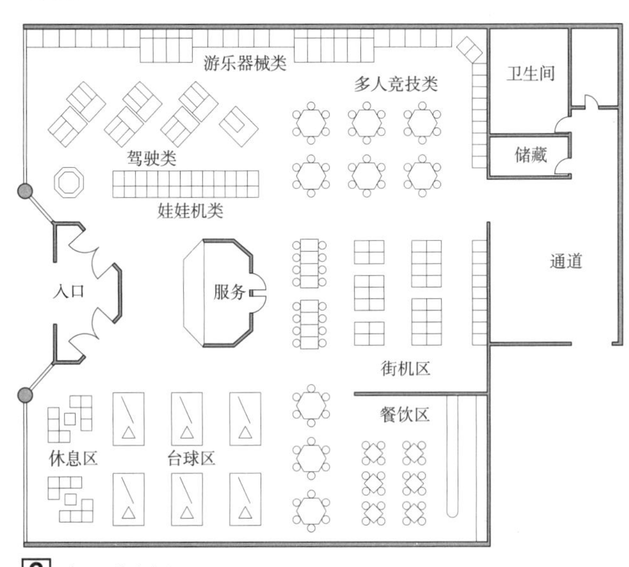

2 电玩城实例

常见电玩设备表　表4

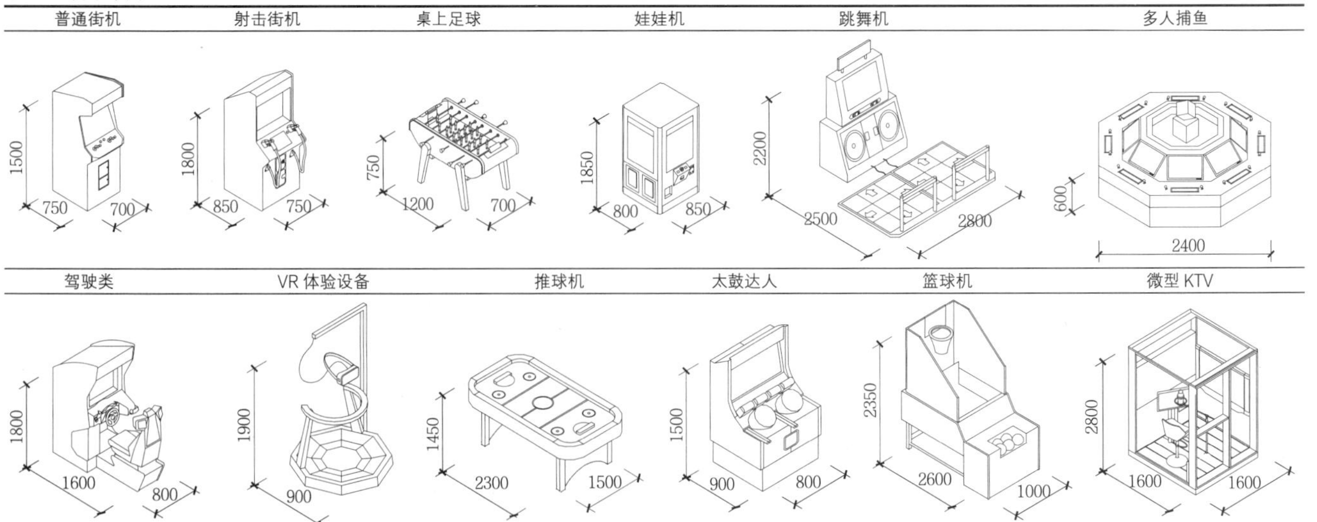

概述

健身房是为城镇居民提供有偿在室内进行锻炼、健身的场所。一般而言健身房拥有齐全的器械设备、较全的运动健身项目，拥有良好的环境与氛围，不仅作为锻炼健身的场所，同时能够作为社交活动的场所。

设计要点

1. 健身房内部空间由接待空间、健身训练空间、休息空间等构成。其中，健身训练区又分为有氧健身区、力量训练区、组合器械训练区、操课房、体能测试室、趣味训练区等；休息空间由男女更衣室、卫生间、淋浴区、会员休息区等组成；接待区应设前台、贵重物品保管等功能。

2. 功能的空间尺度大小应根据器械尺寸、通风采光等要素来确定。在不产生相互干扰的情况下，运动空间在视觉上应相互连通，营造锻炼健身的气氛，整体的视觉中心应以有氧运动为主。

3. 各组成空间应合理组织流线，产生噪声的房间应采取有效的吸声、隔声措施，避免相互干扰。

4. 更衣、淋浴、卫生间、器械储存、办公管理、医务等用房的数量、规模应视使用对象等具体情况计算确定。

5. 健身房场地四周墙体及门窗玻璃、灯具等应有一定的防护措施，墙体应平整、结实，2m以下应能够承受身体的碰撞，同时保护人体不受伤害，墙体与地板颜色差别不宜过大。

6. 地面应根据不同功能空间采取相应做法，但健身空间的地面必须有一定的弹性，淋浴房、桑拿房等高潮湿房间应采取防水、防蒸汽渗透的措施，并应采用防滑地面。除木地板外，还可采用其他新材料做法，但以防止运动损伤为原则，1~3为较典型的新材料地面做法。

7. 人工照明应以冷光源为主，重点部位应考虑采用局部重点照明。

8. 健身房应天然采光和自然通风，有氧运动场所应考虑适当加大新风量。

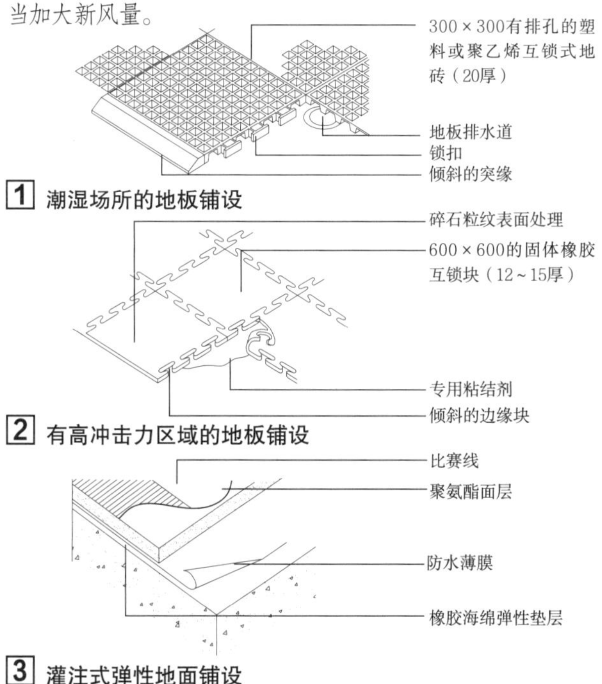

1 潮湿场所的地板铺设

2 有高冲击力区域的地板铺设

3 灌注式弹性地面铺设

空间功能划分与流线组织

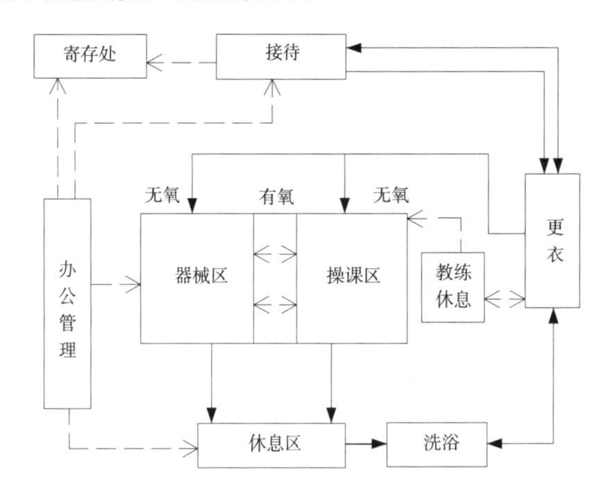

4 空间功能划分与流线组织分析图

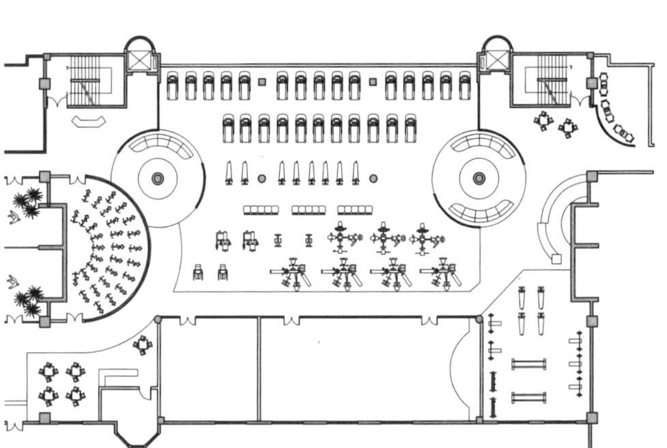

5 典型空间布局

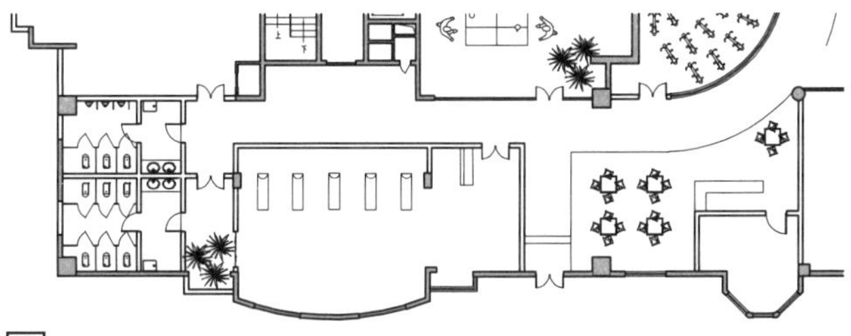

6 典型休息空间布局

健身房常用设施

按运动类型分类　　表1

类别	部位	项目
有氧运动系列	建筑空间	跑道、游泳池、壁球、健身操、瑜伽
	设施	固定自行车、划桨机、踏步机、跑步机、椭圆机等
力量训练系列	设施	各型阻力器、哑铃、卧推床、腹肌板、举重器等
组合器械	设施	单站位/多站位综合训练器
形体系列	设施	体操把杆、有氧舞踏板、体操垫、瑜伽垫
保健系列	设施	电动按摩椅、带式按摩机、机械式按摩椅
促进肌肉与血液循环设施	建筑空间	桑拿浴、蒸气浴、按摩室
服务设施	建筑空间	更衣及淋浴、餐厅、休息室
	设施	血压计、体重秤、握力计、肺活量测试仪

基本概念

餐饮建筑是指即时加工制作、供应食品并为消费者提供就餐空间的公共建筑。

类型

餐饮建筑按照经营方式、饮食制作方式及服务特点可分为餐馆、快餐店、饮品店、食堂等建筑类型；餐饮建筑的规模按照建筑面积、餐厅座位数或服务人数可分为小型、中型、大型、特大型；餐饮建筑的布局类型按照建设位置可分为沿街商铺式、综合体式、旅馆配套式和独立式。

常见类型及特点 表1

类型	主要特点	举例
餐馆（又称酒家、酒楼、酒店、饭庄等）	1.具有固定的营业场所和就餐场所； 2.设有大、中、小餐厅，规模较大的设有宴会厅，厨房设施较为完善； 3.为消费者提供中、西式菜点及其他菜系（中餐、西餐、日餐、韩餐等）和酒水、饮料； 4.有服务员送餐上桌或顾客到取餐台选取食品	酒楼、 火锅店、 烧烤店、 自助餐、 风味餐厅
快餐店	1.具有固定的营业场所和就餐场所； 2.为消费者提供方便快捷、品种集中的菜点、茶水、饮料等； 3.一般由消费者自行领取食物，交易方便，供应快捷、简单实惠； 4.食品加工供应形式以集中加工、半成品配送、在店熟制配餐供应为主； 5.就餐空间紧凑高效，室内装修简洁明快，连锁餐厅或加盟餐厅具有统一的设计风格	中式快餐、 西式快餐、 美食广场
饮品店	1.具有固定的营业场所和就餐场所； 2.以为消费者提供咖啡、茶水、酒水、饮料及蔬果、甜品简餐为主； 3.环境舒适、营业时间较长； 4.室内装修通常具有明确的主题风格	酒吧、咖啡厅、 茶馆、冷热饮店等， 并附有音乐欣赏及表演内容
食堂	1.通过自营、合作或外包形式为学校、医院、机关、工厂和企事业单位内部人员提供餐饮服务； 2.食品品种多样，消费人群固定，供餐时间集中，营业时间短； 3.主要以就餐人员自我服务为主	学校食堂、 机关及企事业单位食堂

注：1. 自助餐厅以"自选"、"自取"的方式由顾客到取餐台选取食品，依所取样数付账或支付固定金额后任意选取，是餐馆、快餐店、食堂餐厅的一种特殊形式。

2. 火锅店是在餐桌上通过持续加热盛汤饮具来熟制食品的用餐方式；烧烤店主要是用烧烤方式在餐桌上或厨房来熟制食品。这两种形式存在于餐馆中，也可以采取自助餐的方式。

规模

以餐饮建筑的面积或餐厅座位数或服务人数划分规模。不同规模的餐饮建筑具有不同的运营、服务和管理特点，在建筑设计中有各自不同的设计参数和功能配置要求。根据餐饮建筑的面积或餐厅座位数或服务人数，将餐饮建筑划分为小型、中型、大型和特大型。

餐馆、快餐店、饮品店的建筑规模 表2

建筑规模	餐馆、快餐座、饮品店（面积或餐厅座位数）
特大型	面积＞3000m²或1000座以上
大型	500m²＜面积≤3000m²或250~1000座
中型	150m²＜面积≤500m²或75~250座
小型	面积≤150m²或75座以下

注：表中面积指与食品制作供应直接或间接相关区域的使用面积，包括用餐区域、厨房区域和辅助区域。

食堂的建筑规模 表3

建筑规模	小型	中型	大型	特大型
食堂服务的人数（人）	人数≤100	100＜人数≤1000	1000＜人数≤5000	人数＞5000

注：食堂按服务的人数划分规模。食堂服务的人数指就餐时段内食堂供餐的全部就餐者人数。

设计原则

1. 餐饮建筑选址应选择地势干燥、有给水排水条件和电力供应的地段，不应设在易受污染的区域，距离污水池、暴露垃圾场（站、房）、非水冲式公共厕所、粪坑等污染源应在25m以上。基地四周应避免有害气体、放射性物质等污染源。

2. 总平面设计中，建筑布局应分析所在地风向条件和主要人流动线因素，降低厨房的油烟、气味、噪声等对邻近建筑的污染。营业性的餐饮建筑入口位置应明显、易达，室外宜设置停车位。

3. 建筑设计应从实际出发，结合项目定位，考虑平面功能的合理性、经济性，按不同餐饮建筑类型及规范要求，合理分配各部分面积比例。

4. 餐饮建筑平面布局分为公共区域、用餐区域、厨房区域、辅助区域，各分区间应功能明确，联系方便，避免相互干扰，用餐人流、食品流线、工作人员流线应组织合理。

5. 公共区域和用餐区域应充分考虑人的心理体验和就餐需求，平面布置和功能安排动静分区合理；辅助区域应结合项目情况和周边条件确定适宜的功能内容。

6. 厨房区域应按照原料进入、原料处理、半成品加工、成品供应的流程合理布局，食品加工处理流程宜为生进熟出单一流向。厨房应在满足流线合理和人体尺度的前提下，尽量紧凑，充分利用空间，立体布置，提高使用效率和面积利用率。

7. 保障人身安全和食品安全是餐饮建筑设计的重要方面，设计除应符合《饮食建筑设计规范》JGJ 64外，还应执行现行国家标准《建筑设计防火规范》GB 50016及其他相关标准的规定，并应满足国家及地方食品药品监督管理局相关要求。

8. 餐饮建筑有关用房应采取防鼠、防蝇和防其他有害昆虫的有效措施，并处理好防水、防潮等。

9. 餐饮建筑设计应符合现行国家标准《无障碍设计规范》GB 50763的规定。

布局类型 表4

布局类型	沿街商铺式	综合体式
特点	附建在城市商业地段或道路旁的建筑中，有对外立面，沿街有独立出入口，大多为中小型	附建在城市商业综合体内部，通常设置大型美食广场、饮食一条街，有些划出独立餐饮区域
示意图		
布局类型	旅馆配套式	独立式
特点	附建在各类旅馆中，位置可在高层顶部、裙房内，大多为中、西餐厅，特色餐厅或咖啡厅，酒吧	单独建造，大多为单层或多层建筑，多建于城市干道旁、高速公路服务区、旅游区、校园、厂区
示意图		

注：■ 餐饮区，□ 其他功能区。

功能构成

餐饮建筑不论类型、规模如何，其内部功能均应遵循分区明确、联系密切的原则，通常由用餐区域、厨房区域、公共区域、辅助区域四大部分组成。

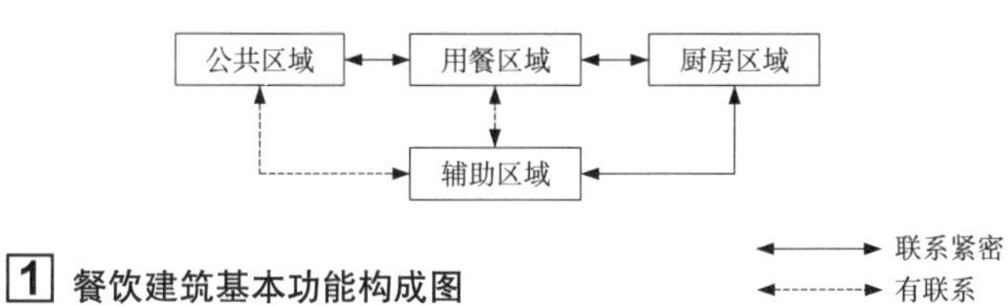

1 餐饮建筑基本功能构成图

常用参数

不同规模餐馆面积分配参考表 表1

类型	分项	规模							
		小型		中型		大型		特大型	
		每座面积（m^2）	比例	每座面积（m^2）	比例	每座面积（m^2）	比例	每座面积（m^2）	比例
餐馆	用餐区域	1.30	42%	1.50	42%	1.70	43%	1.80	43%
	厨房区域	0.65	21%	0.68	19%	0.68	17%	0.60	14%
	辅助区域	0.32	10%	0.32	9%	0.32	8%	0.32	8%
	公共区域	0.25	8%	0.36	10%	0.42	11%	0.48	11%
	交通与结构	0.60	19%	0.70	20%	0.80	21%	1.00	24%
	合计	3.12	100%	3.56	100%	3.92	100%	4.20	100%

不同规模快餐店、饮品店面积参考表 表2

类型	分项	规模				规模示例（座）		
		小型		中型及以上				
		每座面积（m^2）	比例	每座面积（m^2）	比例	75	150	300
快餐店	用餐区域	1.20	47%	1.20	50%	90	180	360
	厨房区域	0.48	19%	0.40	17%	36	60	120
	辅助区域	0.15	6%	0.12	5%	15	18	36
	公共区域	0.20	8%	0.18	7%	11.3	27	54
	交通与结构	0.50	20%	0.50	21%	37.5	75	150
	合计	2.53	100%	2.40	100%	190	360	720
饮品店	用餐区域	1.50	47%	1.50	44%	112.5	225	450
	厨房区域	0.60	19%	0.50	15%	45	75	150
	辅助区域	0.20	6%	0.18	5%	15	27	54
	公共区域	0.30	9%	0.36	10%	22.5	54	108
	交通与结构	0.60	19%	0.90	26%	45	135	270
	合计	3.20	100%	3.44	100%	240	516	1032

不同规模食堂面积分配参考表 表3

类型	分项	规模					
		小型		中型		大型及特大型	
		每座面积（m^2）	比例	每座面积（m^2）	比例	每座面积（m^2）	比例
餐馆	用餐区域	1.20	47%	1.20	49%	1.20	51%
	厨房区域	0.38	15%	0.30	12%	0.28	12%
	辅助区域	0.30	12%	0.28	12%	0.26	11%
	公共区域	0.15	6%	0.14	6%	0.12	5%
	交通与结构	0.50	20%	0.50	21%	0.50	21%
	合计	2.53	100%	2.42	100%	2.36	100%

注：1. 本表系根据《建筑设计资料集》（第二版）第5分册第67页面积分配参考表及《餐饮业和集体用餐配送单位卫生规范》（卫监督发［2005］260号）进行综合分析后编制。

2. 单纯经营火锅、烧烤的餐馆及厨房全部使用半成品加工的餐饮建筑，厨房区域的面积比例可适当减少。

3. 饮品店用餐区每座面积受目标顾客类型、装修档次、家具选型影响较大，表2中用餐区每座面积及面积比例可结合实际情况适当增加。

流线组织

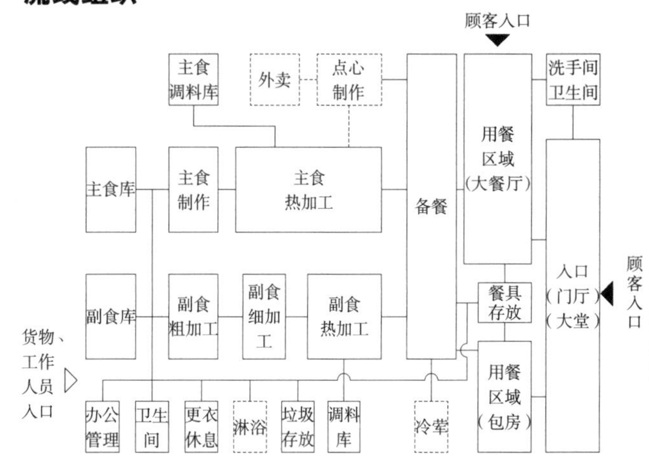

1 餐馆

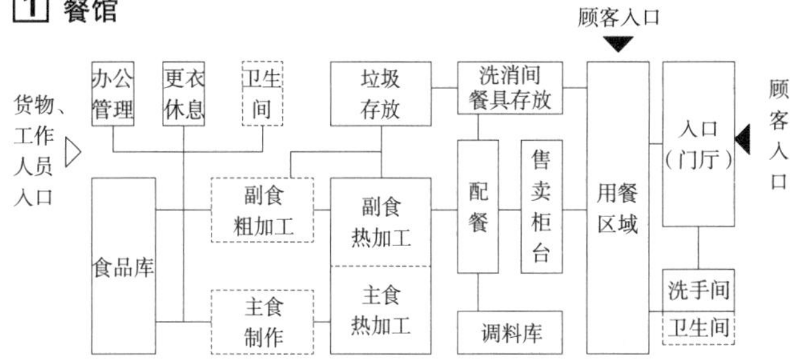

2 快餐店（中式）

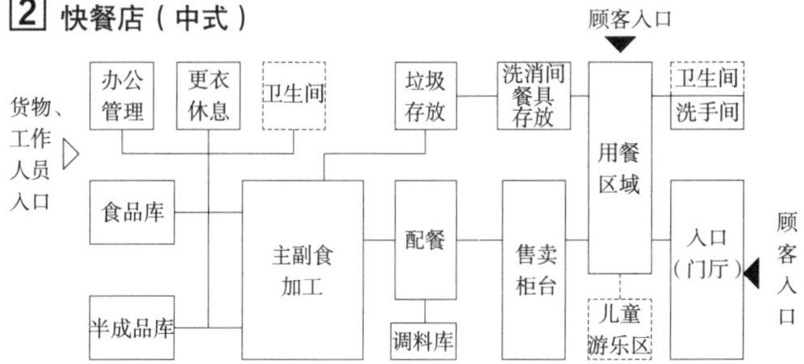

3 快餐店（西式）

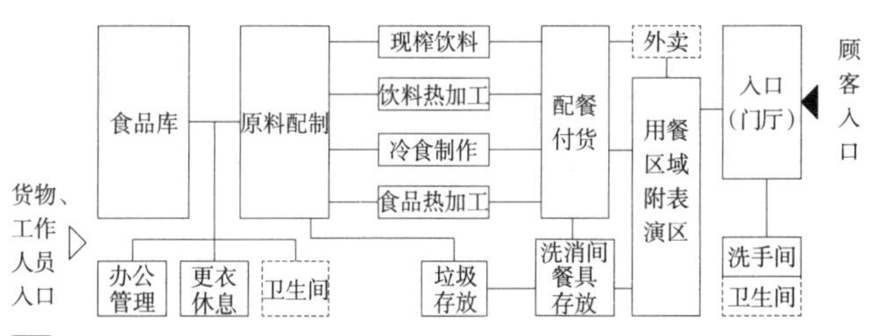

4 饮品店

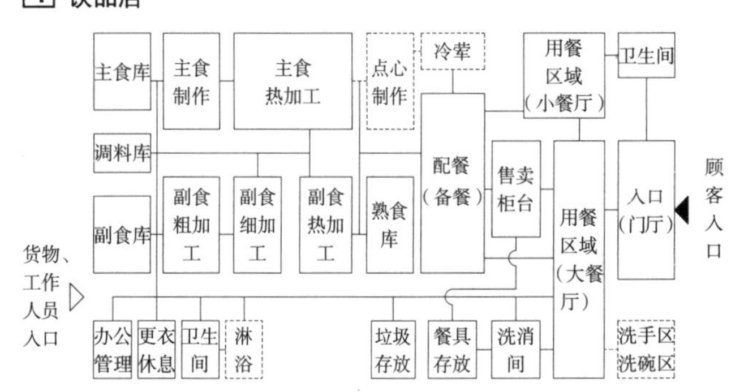

5 食堂

注：虚线示意可根据实际需要配置的空间。

房间构成

餐饮建筑区域划分及房间构成 表1

区域划分		房间构成
用餐区域		宴会厅、各类餐厅、包间等
厨房区域	餐馆、快餐店、食堂	主食加工区（间）（包括主食制作、主食热加工区（间）等）、副食加工区(间)（包括副食粗加工、副食细加工、副食热加工区（间）等）、厨房专间(包括冷荤间、生食海鲜间、裱花间等）、备餐区（间）、餐用具洗消间、餐用具存放区（间）、清扫工具存放区（间）等
	饮品店	加工区（间）（包括原料调配、热加工、冷食制作、其他制作及冷藏区（间）等）、冷（热）饮料加工区（间）（包括原料研磨配制、饮料煮制、冷却和存放区（间）等）、点心和简餐制作区（间）、食品存放区（间）、冷荤间、裱花间、餐用具洗消间、餐用具存放区（间）、清扫工具存放区（间）等
公共区域		门厅、过厅、等候区、大堂、休息厅（室）、公用卫生间、点菜区、歌舞台、收款处（前台）、饭票（卡）出售（充值）处及外卖窗口等
辅助区域		食品库房（包括主食库、蔬菜库、干货库、冷藏库、调料库、饮料库）、非食品库房、办公用房及工作人员更衣间、淋浴间、卫生间、清洁间、垃圾间等

注：1. 厨房专间、冷荤拼配、餐用具洗消间应单独设置。
2. 各类用房可根据需要增添、删减或合并在同一空间。
3. 各区域内的房间构成关系应按食品加工、传递的工艺流程和人流动线次序合理组织，避免出现反流情况。

面积比例及布局要求

食品处理区与用餐区域面积比和厨房要求 表2

类型	规模	食品处理区与用餐区域面积比	副食细加工、主食制作、热加工面积之和	冷荤间面积	厨房区域独立隔间
餐馆	小型	≥1：2.0	≥食品处理区面积的50%且≥$8m^2$	≥$5m^2$	加工、餐用具清洗消毒
	中型	≥1：2.2	≥食品处理区面积的50%	≥食品处理区面积的10%	粗加工、热加工、餐用具清洗消毒
	大型	≥1：2.5	≥食品处理区面积的50%	≥食品处理区面积的10%	粗加工、细加工、热加工、餐用具清洗消毒、清洁工具存放
	特大型	≥1：3.0	≥食品处理区面积的50%	≥食品处理区面积的10%	粗加工、细加工、热加工、餐用具清洗消毒与保洁、清洁工具存放
快餐店、饮食店	小型	≥1：2.5	≥$8m^2$	≥$5m^2$	加工、备餐
	中型及以上	≥1：3.0	≥$10m^2$	≥$5m^2$	
食堂	小型	食品处理区面积不小于$30m^2$	≥食品处理区面积的50%	≥$5m^2$	备餐、其他参照餐馆相应要求设置
	中型	食品处理区面积在$30m^2$的基础上按服务100人以上每增加1人增加$0.3m^2$			
	大型及特大型	食品处理区面积在$300m^2$的基础上按1000人以上每增加1人增加$0.2m^2$			

注：1. 本表参照《餐饮业和集体用餐配送单位卫生规范》（卫监督发［2005］260号）。
2. 本表中面积为使用面积。
3. 全部使用半成品加工的餐饮建筑以及单纯经营火锅、烧烤的餐馆，食品处理区与用餐区域面积之比在本表基础上可适当减少。
4. 表中“加工”指对食品原料进行粗加工、细加工。
5. 各类厨房专间必须为独立隔间，未在表中“厨房区域独立隔间”栏列出。
6. 食品处理区面积为厨房区域和辅助区域的食品库房面积之和。

区域示例

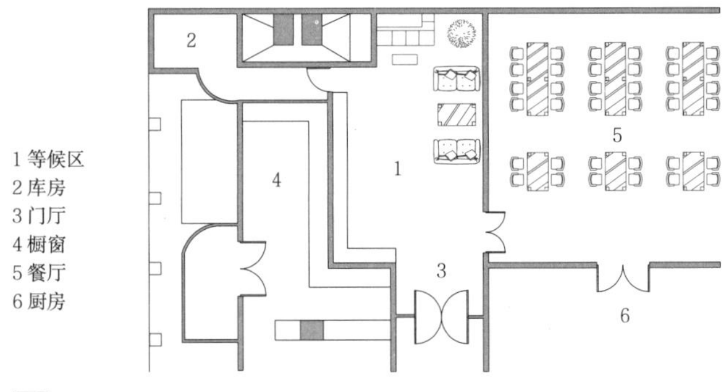

1 公共区域示例

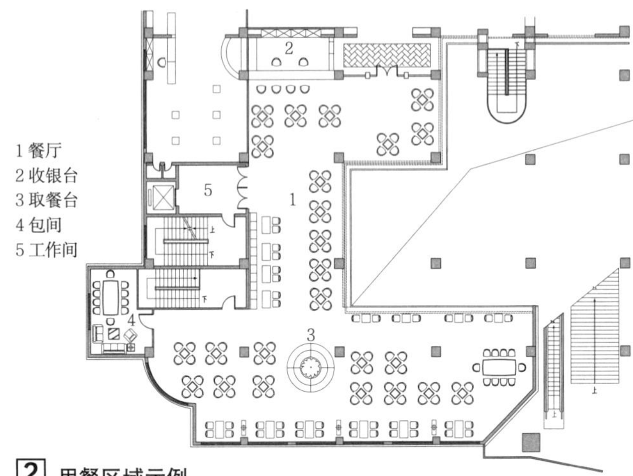

2 用餐区域示例

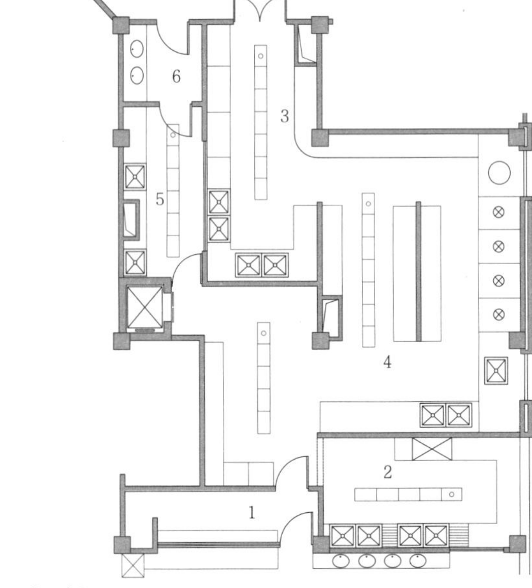

3 厨房区域示例

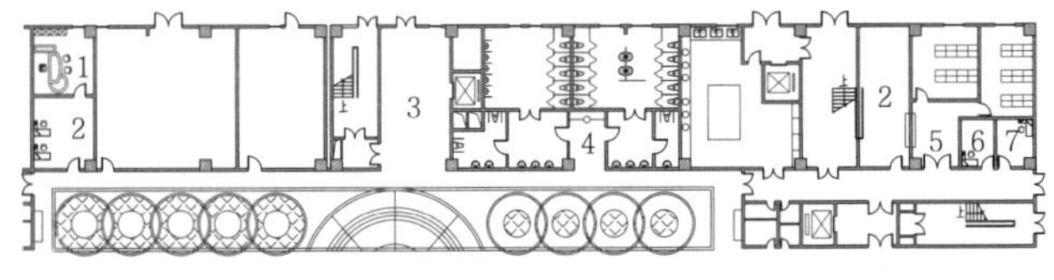

4 辅助区域示例

设计要点

用餐区域设计要点　　表1

功能设计	桌席区	1.面积指标确定应合理，避免造成拥挤或浪费。 2.应有宜人的空间尺度和良好的通风、采光等物理环境。 3.顾客就餐活动路线和送餐、自助路线应避免重叠或交叉，送餐、自助路线不宜超过40m，大型宴会厅应就近设置准备间。 4.宜靠近厨房设置，备餐间出入口应隐蔽，同时避免厨房气味和油烟进入餐厅。 5.大餐厅中宜以绿化、隔断等手段划分和限定不同用餐区，以保证各个区域相对独立，减少相互干扰。 6.应根据餐饮建筑类型选择桌椅设施。快餐店、食堂一般桌椅固定，桌椅表面材料应易清洗；餐馆桌椅一般不固定，根据氛围及档次需要选择桌椅材料。 7.有条件时可设置背景音乐设施
	包间区	1.包间门不宜相对设置。 2.包间内餐桌不宜正对包间门，保证客人用餐的私密性。 3.高档的包间应设专用备餐间，备餐间入口宜与包间入口分开，出口不应正对餐桌。 4.相邻包间应考虑隔声措施
	表演区	1.表演台宜位于与顾客主要座席相对的显著位置，以利于顾客有良好的观赏视线。 2.需配备相应的音响灯光设备与控制设备，组织好表演所需的空间流线
措施	交通	1.用餐区域同层设置时，其安全疏散出口数量及疏散宽度应符合建筑设计防火规范要求。 2.用餐区域分层设置时： （1）人流量大的桌席服务区宜布置在入口层； （2）联系上下的主要交通楼梯应位置明显，行走舒适； （3）宜设置顾客电梯，并满足无障碍设计规范要求
	卫生要求	1.应有防蝇、鼠、虫、鸟及防尘、防潮、防噪声等措施。 2.用餐区域底层临城市道路时，建筑与人行道之间应留有适当距离，不应在高度2m以下设置开启外窗，且必要时应采取适当的视线隔离措施
	室内墙面和地面	1.室内各部分表面均应选用不易积灰、易清洁的材料。 2.各房间的墙面阴角宜做成弧形，以免积尘
	自然通风	有自然通风时，用餐区可开启的窗洞面积与地板面积之比应符合国家及地方的相关标准规定；无自然通风时，应采用机械通风

2 某中餐厅用餐区

3 某西餐厅用餐区

功能组成

用餐区域一般包括：桌席区、包间区、表演区。

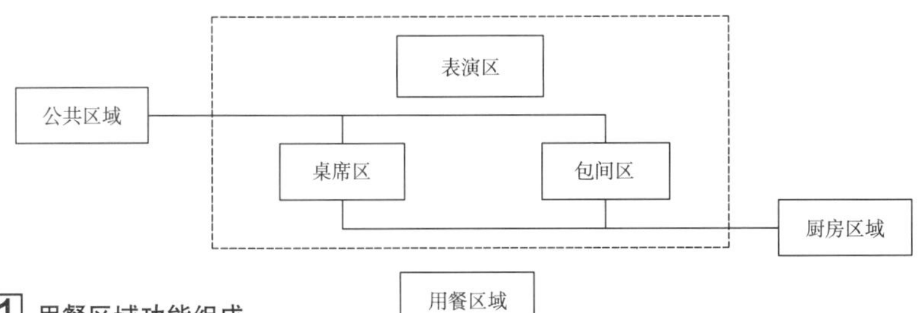

1 用餐区域功能组成

4 某饮品店用餐区

用餐区域类型及特征　　表2

类型	餐馆		快餐店	饮品店	食堂
	普通餐厅	自助餐厅			
就餐形式	1.指营业性的中式正餐厅和西式正餐厅。 2.顾客身份属性和用餐时长不固定。 3.就餐时间相对集中。 4.供应方式是服务员送餐。 5.多附有小舞台等表演设施及外卖部。 6.常承接大型宴会	1.客人自选自取适合自己口味菜点就餐的餐厅。 2.顾客身份属性和用餐时长不固定。 3.就餐时间不固定。 4.供应方式为自助。 5.多附有外卖、点心、饮料等内容	1.顾客身份属性和用餐时长不固定。 2.就餐时间不固定。 3.供应方式多为自购自取。 4.常附有外卖部	1.注重营造个性化的休闲环境。 2.顾客身份属性和用餐时长不固定。 3.餐饮时间不固定。 4.供应方式分为服务员送餐和自取两种。 5.酒吧与茶馆常设有表演场所	1.顾客身份属性和用餐时长相对固定。 2.就餐时间相对集中。 3.供应方式多为自购自取。 4.餐厅有时兼作集会和娱乐场所
空间特点	大厅式、半开敞式及封闭包间	空间紧凑、注重陈列展示	高效、紧凑、集约化	类型多元化、空间灵活化	高效、紧凑、集约化
示例					

设计要点

1. 根据餐饮建筑类型及经营特点，合理确定用餐区域每座面积指标。

2. 要根据餐厅室内墙、柱、隔断等空间分隔要素的位置，合理确定餐桌的形状及座位形式、餐桌布置方式和桌数。

3. 组织好服务员送餐流线和顾客到达餐桌的流线，以及顾客使用卫生间的流线之间的关系，力求各种通道宽度合理，便捷且避免交叉。

4. 用餐区域宜结合各种通道围合出边界清晰的分区。宜使餐桌一侧有所依靠，如窗、墙、隔断、靠背与绿化等空间分隔设施。

餐桌布置及基本数据

正向布置的餐桌桌边到桌边或墙面的净距（单位：m） 表1

类型	桌边到桌边	桌边到内墙
仅就餐者通行	≥1.35	≥0.90
有服务员通过时	≥1.80	≥1.35
有送餐车通行时	≥2.10	≥1.50
餐桌采用其他形式和布置方式时	根据实际需要确定	

用餐区域面积参考表（单位：m^2/座） 表2

标准	中式餐厅	风味餐厅	快餐店	咖啡厅	门厅酒吧	鸡尾酒吧	辅助酒吧	食堂
中低档	1.3	1.3	1.0	1.5	1.5	1.5	1.5	1.0
豪华型	1.8	1.8	1.5	1.7	1.7	1.7	1.5	1.3

用餐区域与厨房备餐区的联系 表3

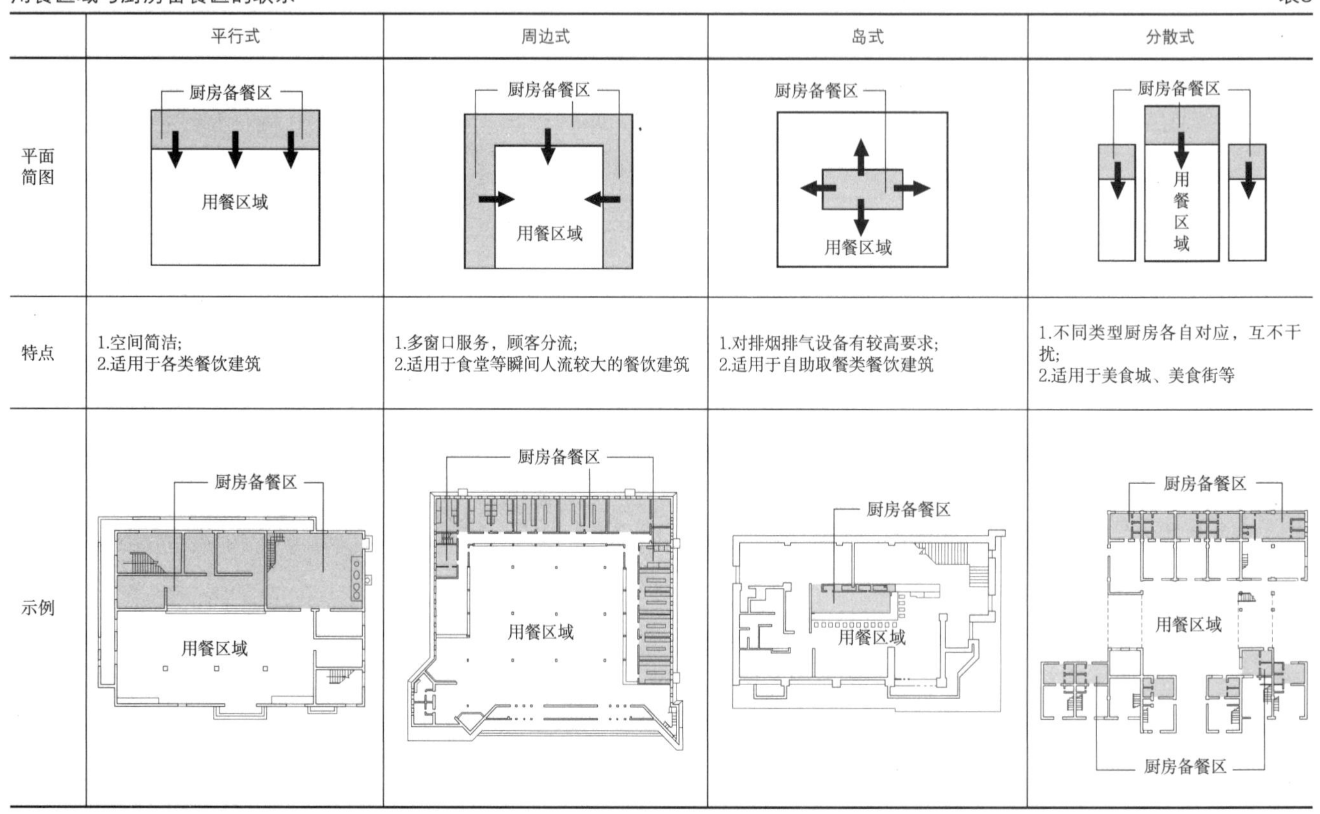

	平行式	周边式	岛式	分散式
平面简图				
特点	1.空间简洁； 2.适用于各类餐饮建筑	1.多窗口服务，顾客分流； 2.适用于食堂等瞬间人流较大的餐饮建筑	1.对排烟排气设备有较高要求； 2.适用于自助取餐类餐饮建筑	1.不同类型厨房各自对应，互不干扰； 2.适用于美食城、美食街等
示例				

餐桌布置的基本模式 表4

形式	开敞式：阵列式	开敞式：组团式	开敞式：自由式	半开敞式	封闭间
特点	餐桌成行列式，布置规整	餐桌成组成团	餐桌自由排列，平面丰富多变	大面积开敞，以隔断等分隔空间，不完全封闭	独立于大堂的单独封闭小房间，安静不吵闹
示例					

餐馆普通餐厅设计要点

1. 餐馆普通餐厅按照建筑面积或座位数分为小型、中型、大型及特大型。

(1) 小型餐馆用餐区，空间设计宜紧凑高效，流线简洁。餐桌布置应紧凑有序，且便于灵活使用。其餐厨关系密切，且应清污分区。

(2) 中型餐馆用餐区域，空间设计应结合其具体经营的餐饮特色与风格，提供多元化的空间需求。动静分区合理，各流线系统之间避免交叉干扰。

(3) 大型及特大型餐馆的用餐区域，应根据多元化的空间需求，处理好各流线关系。其包间一般配有专用备餐台。

2. 应以多种有效的手段（绿化、半隔断等）划分和限定各个不同的用餐区，并应有宜人的空间尺度和舒适的通风采光等条件。

3. 不同类型、标准、风格的餐厅应有与之相适应的空间氛围设计和家具布置方式。

4. 有宴席和表演要求的大型及特大型餐馆宜设置表演区域。并应根据表演活动的具体空间及设备吊挂要求，合理确定其空间层高。

5. 用餐区域的结构柱网应规整，便于空间灵活使用和家具布置。宴会厅用餐区尽量不出现柱子，常采用大空间布置在单层建筑中或多层建筑的顶层。

6. 用餐区域应满足国家及地方的相关卫生要求，均应进行无障碍设计并考虑防滑措施。

餐馆类型及特征 表1

类型	特征	平面布局	餐桌形式	就餐单位	示例
中式餐馆	用餐区域常采用传统中式装饰风格、家具和餐具等，整体环境强调中华文化，通常设有包间	宫廷式：严谨对称；园林式：平面自由组合	以4人桌、6人桌和8~10人圆桌为主	一般4~10人	深圳半溪酒家（左） 济南聚丰德饭庄（右）
西式餐馆	用餐区常用西式或现代式的整体风格，餐厅内通常设有酒吧柜台等，强调安静优雅的西式风格	常采用较为规整的平面布局	矩形或方形餐桌；餐桌间距较大	一般2~6人	世界会所西餐厅（左） 大连某西餐厅（右）

西式餐馆空间类型 表2

空间类型	设计要点
表演区域	可设置钢琴、小型乐队等，小型西餐厅中通常将其设置于角落；大型西餐厅中则可成为餐厅的视觉中心。采用抬高其地面、顶部加上限定空间构架等方式加强中心感
用餐区域	强调就餐单位的私密性，如采用抬高地面和降低顶棚、U形布置的沙发座、1200~1500mm高的玻璃隔断、光线明暗设置等方式营造环境的私密性；强调西式风格的营造，通常采用欧式古典建筑的元素，如线角、柱式、拱券等，或采用欧式装饰画、小型雕塑、古典造型的灯具、鲜花、烛台以及西式餐具等

用餐区域常用设备设施一览表 表3

休息设施	沙发、书报、室内绿化、电视
服务设施	总服务台、雨伞衣帽储存、餐柜及分服务台； 展示及表演、送餐车
技术设施	出入口控温、背景音乐
安全设施	防滑提示、防滑垫等防滑设施、无障碍设施； 安全监控、婴儿活动座椅
卫生设施	顾客卫生间、洗手台、净化除臭设施、洁手干手设施

常见包间空间类型 表4

类型	普通8人包间	带休息区10人包间	豪华24人包间	带休息区20人包间	带休息区、备餐间和卫生间的12人包间
示例					

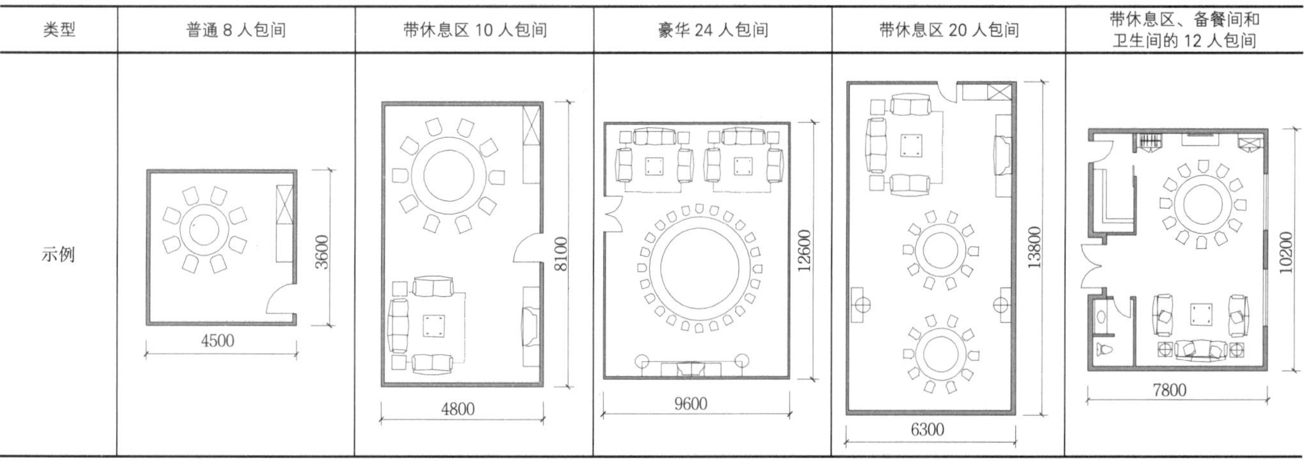

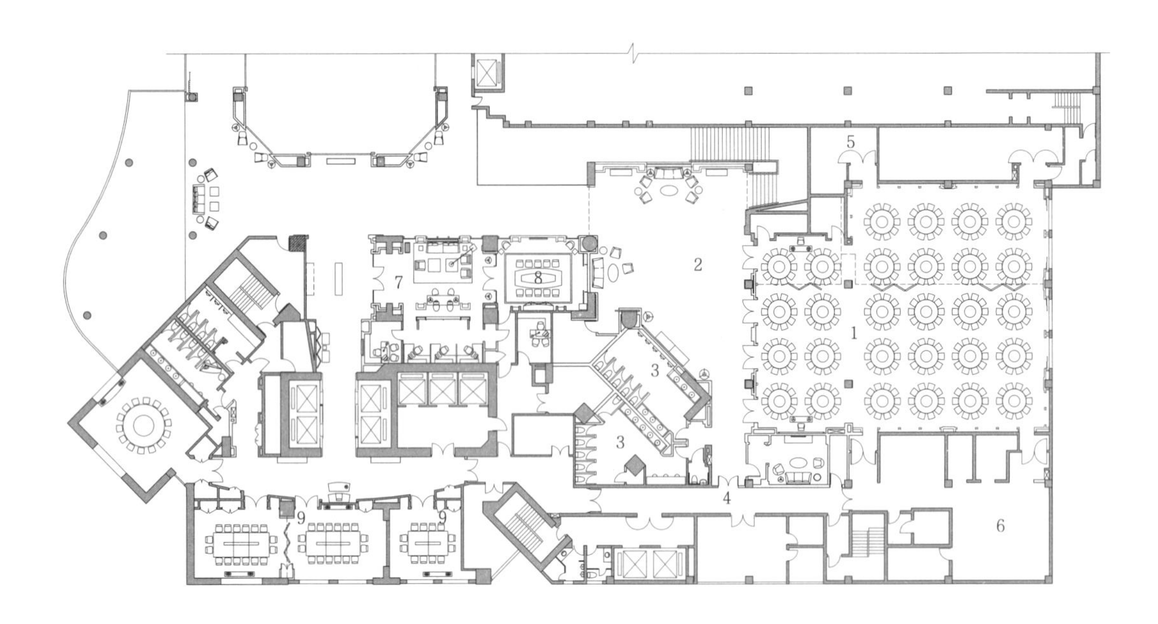

1 北京某希尔顿酒店餐厅用餐区域

名称	建筑面积
北京某希尔顿酒店餐厅用餐区域	3199m^2
用餐区利用大空间设置中式宴会厅，便于灵活布置。利用高层建筑下部柱网布置主题式大包间，分区合理，交通组织清晰流畅。贵宾区单设会议室，并有单独的流线	

1 宴会厅　2 休息厅　3 卫生间　4 服务通道
5 控制室　6 备餐　7 VIP休息厅　8 贵宾会议室
9 主题式大包间

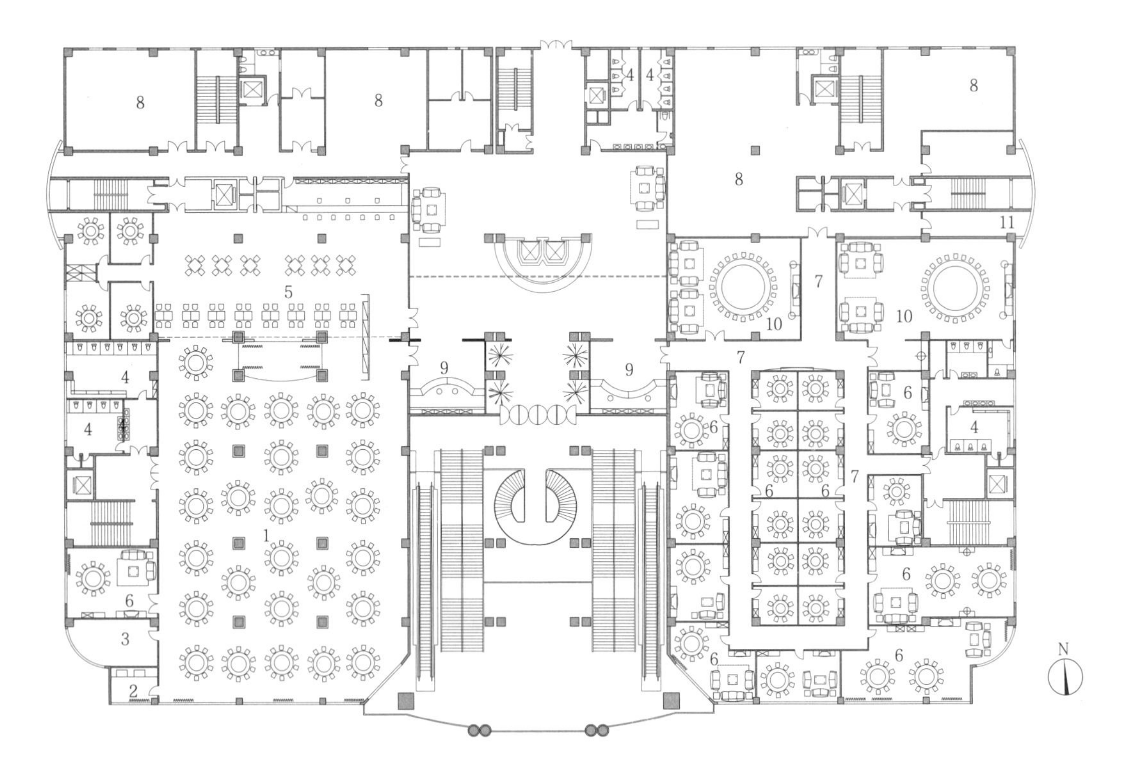

2 某五星级酒店餐厅用餐区域

名称	建筑面积	座位数
某五星级酒店餐厅用餐区域	4653.8m^2	516座
通过交通厅将餐饮区分为两大部分，西侧为大空间宴会厅，用餐区东侧为包间区，而日式料理和VIP包间区分别位于宴会厅北侧和包间北侧		

1 宴会餐厅　2 声控室　3 库房
4 卫生间　5 日本料理餐厅　6 包间区
7 服务通道　8 食品加工区　9 收银台
10 VIP包间

自助餐厅设计要点

1. 自助式服务用餐区域宜采用开放或半开放式布局。

2. 根据用餐习惯设计清晰、简洁的取菜线路。

3. 菜品取餐区、用餐区域应有相对明显的区分和较强的标识性、空间独立性。

4. 取餐台设计应取用方便，其摆放方式利于菜品的展示，并充分考虑照明灯光效果。取餐区通道较宽，便于来回取菜。

5. 为不同的自助用餐方式预留相应的空间与设施。

自助餐厅类型

自助餐厅主要包括全自助、半自助、即点即食自助三种类型。

自助餐厅的类型及特征 表1

类型	特征	实例
全自助	餐厅将烹制好的各种菜品、甜点、饮料等摆放在餐台上，由客人自己去取	四海一家
半自助	设立一个自助台，顾客只要付固定金额就可以随意取食，而其他菜品单独收费	广州悦铂尼餐厅
即点即食自助	常见于日本料理，即点即做、任点任食，不限定数量，客人先点好自己喜欢的餐类和数量，再进行烹制	天绿旋转寿司

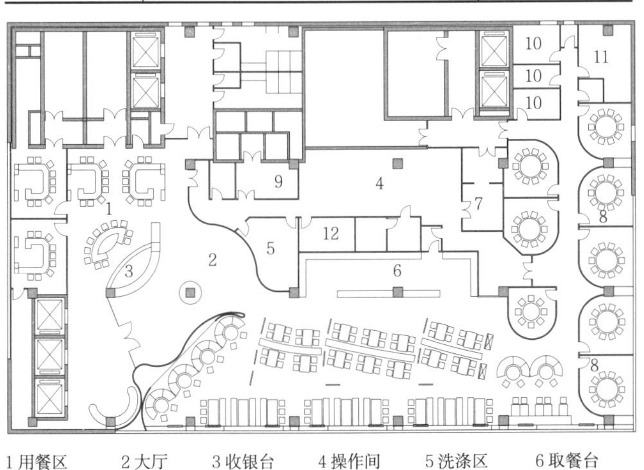

1 全自助餐厅示例

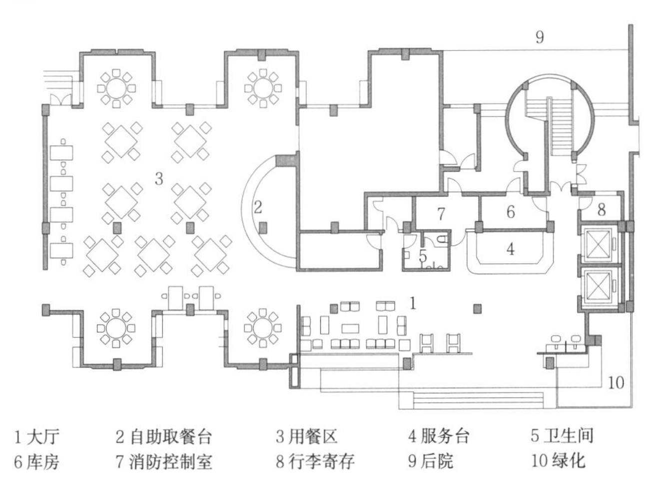

2 半自助餐厅示例

自助餐厅空间构成 表2

项目	经营空间	特殊空间
特征	顾客用餐空间	自助餐厅需要兼顾经营空间和厨房
空间布局要点	1.自助式服务餐厅宜采用开放式布局； 2.菜品餐台、就餐位置和交通空间具有较强的标识性和空间独立性	1.靠近厨房出菜口，以方便成品菜肴供应和补充，提供最短的服务路线； 2.方便顾客自助选餐，减少服务流线和进餐流线的交叉与重合

餐桌布置要点

根据不同类型，餐桌布置相应不同。

1. 全自助餐厅餐桌布置方式较自由，与餐馆类似。

2. 即点即食自助餐厅一般采取吧座与火车座相结合的方式布置。

3. 火锅、烧烤类的半自助餐厅一般采用火车座桌椅布置，节省空间。火锅和烤肉的桌子中央需炉具，有通风排气设备，且盘碟用量较大，因此餐桌较大，一般四人桌的桌面尺寸应在800~900mm×1200mm左右。

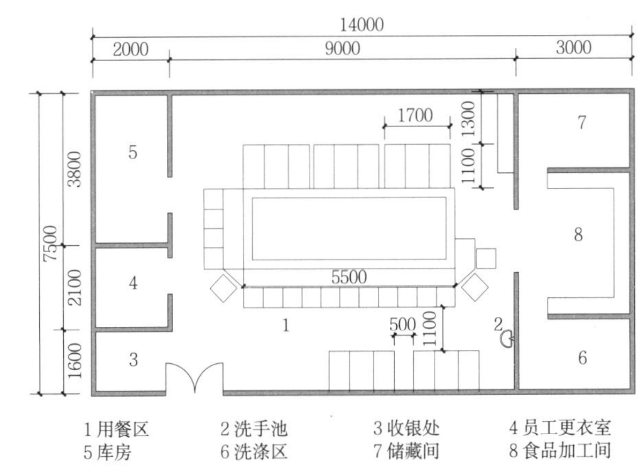

3 即点即食自助餐厅示例（旋转寿司）

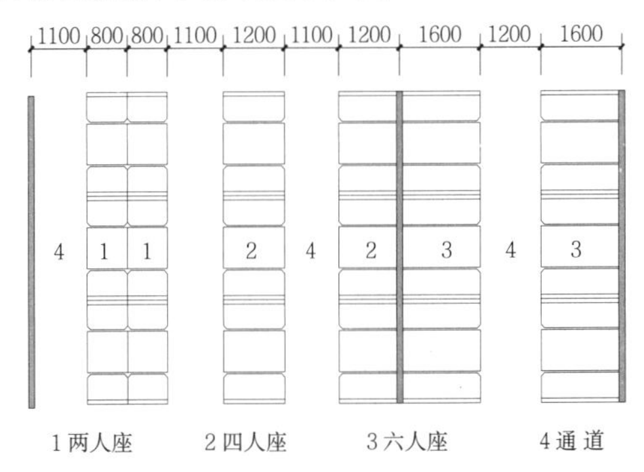

4 即点即食自助餐厅座椅布置示例

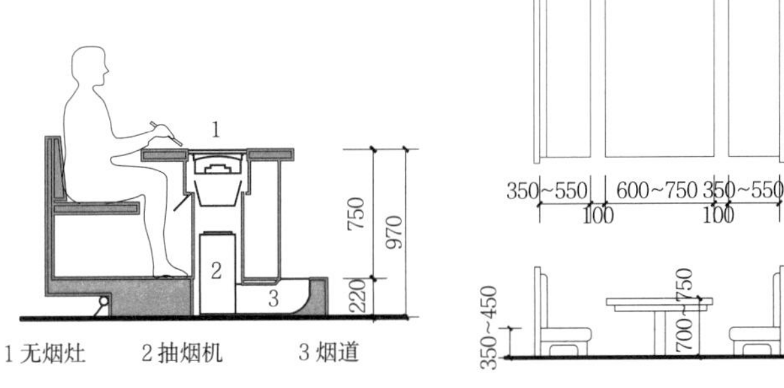

5 无烟烧烤桌、炉灶及烟道剖面图 6 火车座

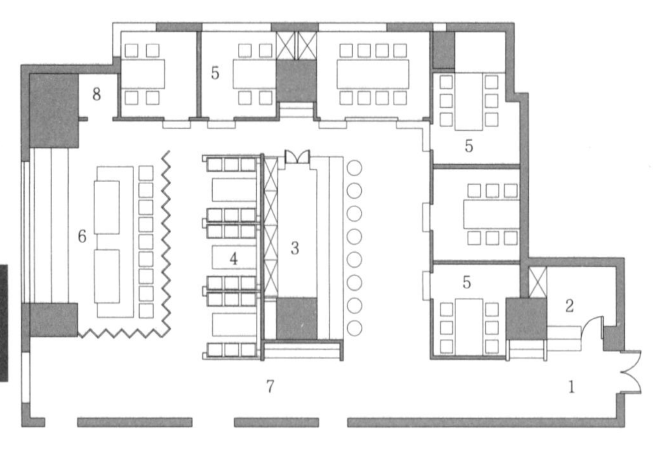

1 某小型日式自助餐厅

名称	建筑面积
某小型日式自助餐厅	272m²

该餐厅位于北方某城市四星级酒店餐饮楼内，以经营日式料理为主。其功能分区明确，分入口收银区、用餐区、交通休憩区、储藏区等几部分；其座席布置方式多样灵活，包括卡座、吧台、开放式烧烤座，以及大小不一、风格各异的包间等；同时结合不同区域特点，采取不同手法营造出丰富的用餐氛围

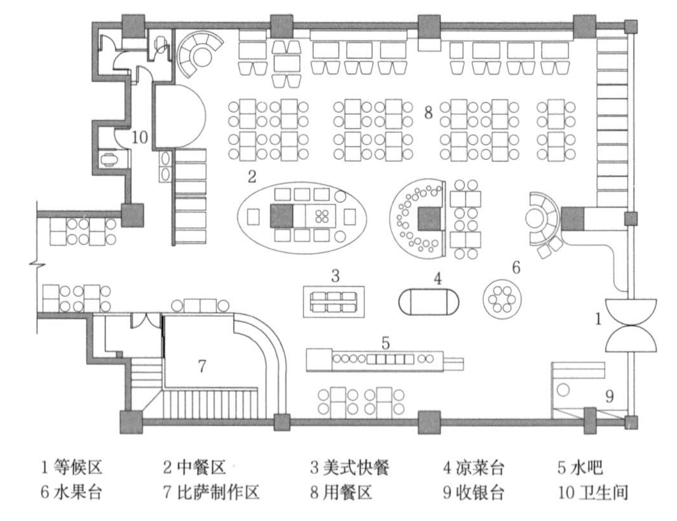

3 某自助比萨餐厅

名称	建筑面积
某自助比萨餐厅	5400m²

该餐厅位于南方某购物中心内，以经营自助式比萨为主，兼营零售和外卖。其厨房区采取全开放、舞台式设计，顾客可以完整欣赏比萨制作过程，同时也能自己动手制作。座席采取集中与分散相结合的方式，满足不同的就餐需求。自助菜品摆台形式多样，布置轻松、灵活

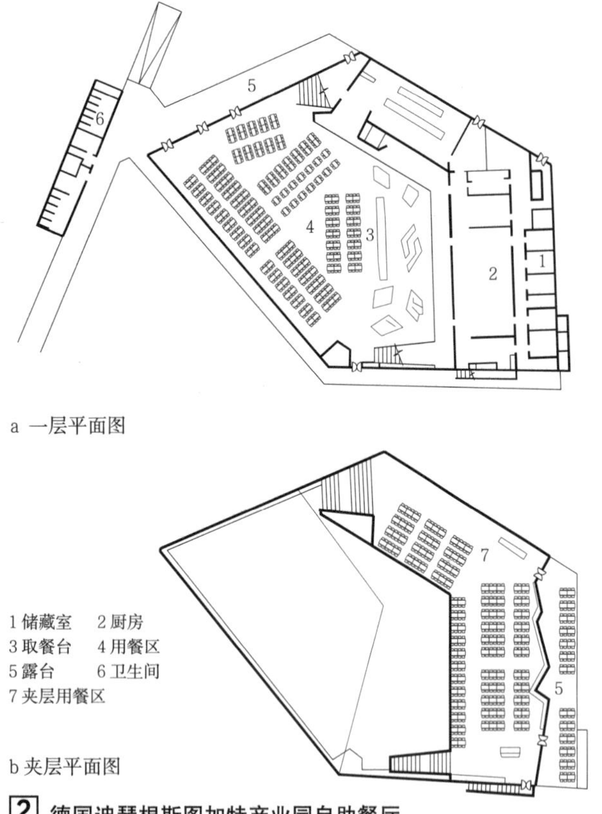

a 一层平面图

b 夹层平面图

1 储藏室　2 厨房
3 取餐台　4 用餐区
5 露台　6 卫生间
7 夹层用餐区

2 德国迪琴根斯图加特产业园自助餐厅

名称	建筑面积	建成时间	设计单位
德国迪琴根斯图加特产业园自助餐厅	5400m²	2008	巴考雷宾格建筑事务所

该自助餐厅位置独立，位于德国通快集团斯图加特产业园区的东部，主要为集团总部提供餐饮自助式服务。建筑分2层，厨房、就餐区位于一层，二层为用餐区及部分室外露天用餐区，内外环境结合较好；用餐区域主体空间高敞，其中一侧为大型的共享式中庭，视线开阔，景观良好

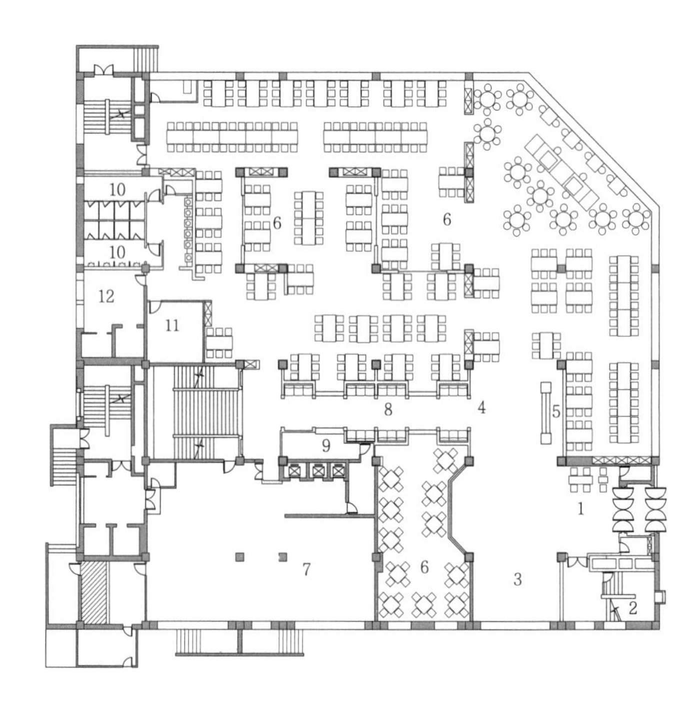

4 某火锅自助餐厅

名称	建筑面积	座位数
某火锅自助餐厅	1860m²	452座

该餐厅位于南方购物中心临街一层，以经营自助式火锅为主。其功能分区明确，主次分明，分入口接待展示区、用餐区、厨房、后勤及储藏区等几部分；其座席以4~6人为主，布置方式多样，紧凑而又灵活；同时结合不同区域特点，采取不同的装饰手法营造出多样化的室内氛围

快餐店设计要点

1. 应根据不同的快餐类别、经营方式、经营规模和标准，合理配置用餐区域的面积，确定不同的空间布置方式，采取不同的设计风格与装饰主题。

2. 用餐区域的设计应突出“快速便捷”这一主要特征，优化空间布置方式，提高整体使用效率。

3. 点餐区、收银区、取餐区应集中布置，常与用餐区设置在同一空间内。

4. 用餐区域空间布局紧凑、灵活；视线开敞、通达。

5. 用餐区域顾客流线应简洁、清晰、便利。

6. 室内设计风格应简洁、明快，现代感强，注意装饰风格与快餐家具风格的协调性、整体性。通过灯光、色彩、材料、背景音乐的综合运用，创造不同的环境氛围。

7. 店内如无自用卫生间，应设洗手区。

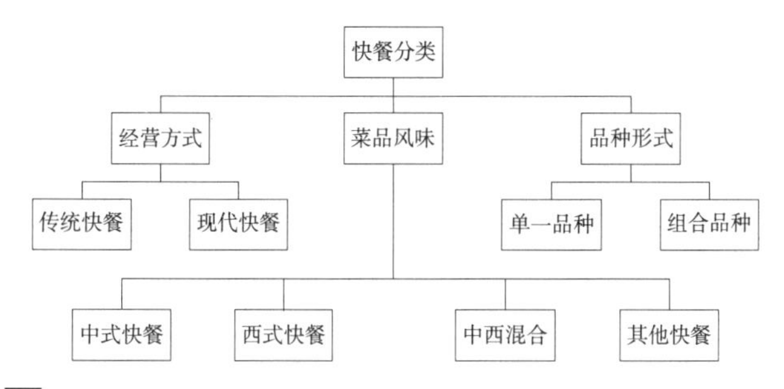

1 快餐店类型图

家具设施设备

快餐家具的选择应结实、耐用，同时应轻便，易移动。其种类较多，主要包括以下几种类型：卡座、单椅、固定椅、固定凳、吧椅、吧凳、吧台、连体桌椅、固定餐桌、活动餐桌、垃圾回收柜、接待台、贝贝椅等。

快餐店餐桌布置、常用尺寸 表1

	2人 快餐桌(mm)	4人 快餐桌(mm)	6人 快餐桌(mm)
常用尺寸 长×宽×高 (mm)	方桌：600×550×750 圆桌：直径600	1200×600×750	1600×600×750
示例			
实例	肯德基： 600×450×750 麦当劳： 600×450×750 吉野家： 600×600×750	吉野家： 1100×600×750 肯德基： 1200×600×750	真功夫： 1500×600×750 美国加州牛肉面： 1600×700×750 南粥北面 1500×700×750
占地面积 (m^2)	1.1	2.2	3.3
餐桌 布置 要点	1.快餐店的餐桌椅选配以2人餐桌椅为主，餐桌可采用固定式和活动拼接式； 2.必要时用2人餐桌椅拼接为4人桌或6人桌； 3.在主要用餐区域可采用4人餐桌椅，其他区域可灵活摆放2人餐桌椅或者采用吧台式就餐座椅		

餐桌布置要点

1. 根据快餐店的经营形式、营业面积的大小和形状等综合因素，合理选择餐桌的形式和安排餐桌的距离，确定通道的位置、走向和宽度。

2. 考虑用餐人数组合。餐桌规格的选择必须依据座位有最大的使用效率这一原则配置。最重要的依据标准是每桌用餐人数的最大统计频率，即用餐人数组合最多的数值。

3. 座位数安排灵活。根据不同餐饮类别的家具形式合理安排座位数。既考虑人流拥挤时就餐的舒适度，又兼顾人员稀少时的用餐氛围。

4. 考虑使用隔板、隔间、可折叠桌等。根据接待活动的性质和预计用餐人数，使用可折叠的隔板，将用餐空间分隔成尺度合适的空间。使用可折叠桌以适应不同接待活动的需要。

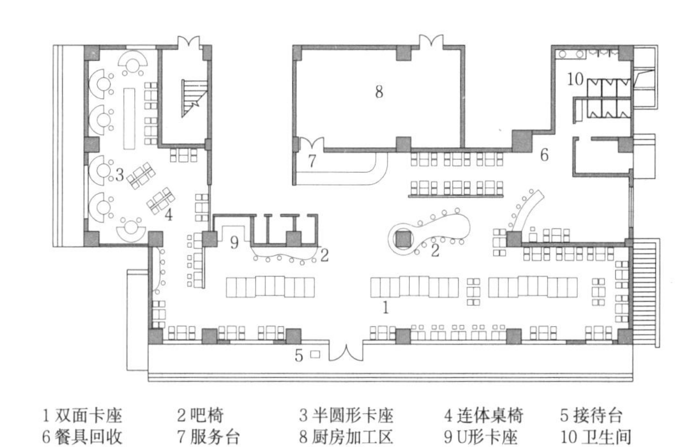

2 快餐店示例

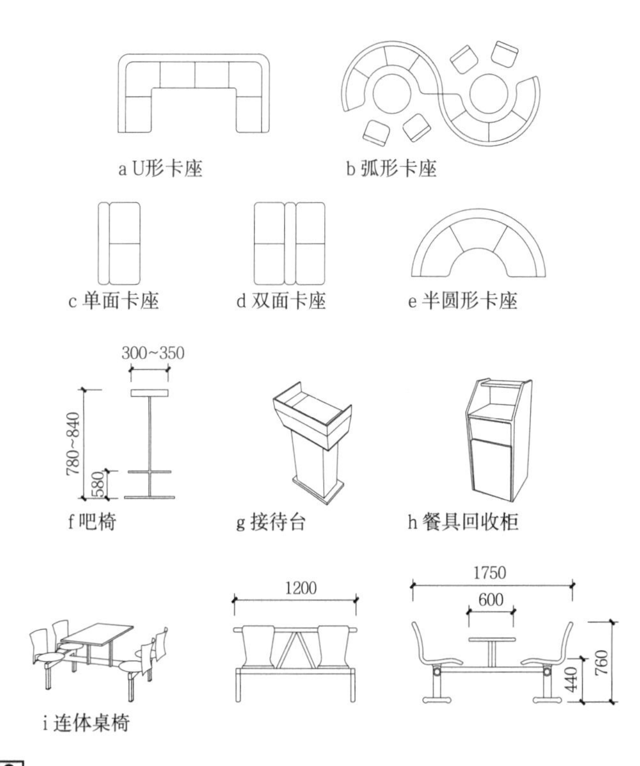

3 快餐家具示例

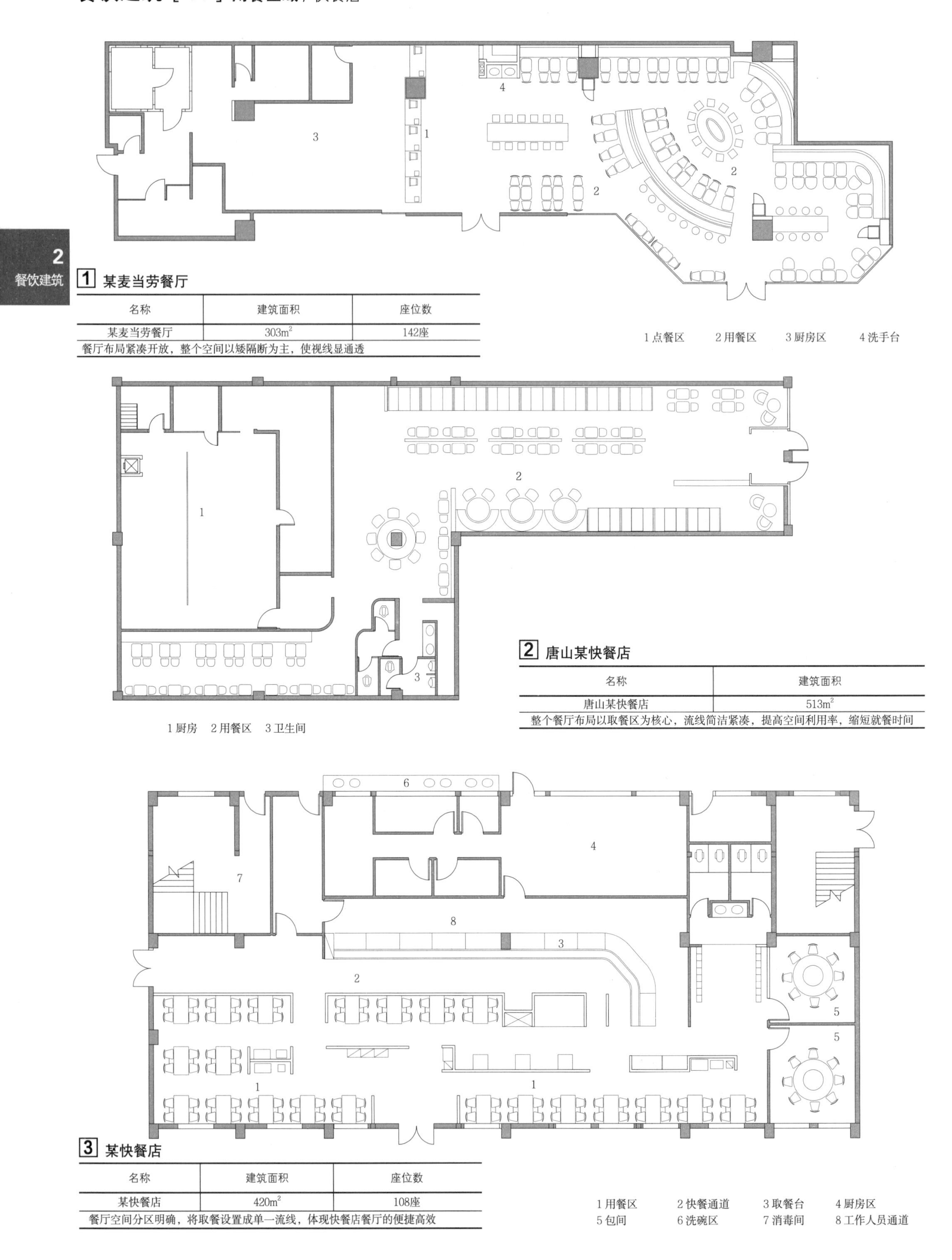

1 某麦当劳餐厅

名称	建筑面积	座位数
某麦当劳餐厅	303m²	142座
餐厅布局紧凑开放，整个空间以矮隔断为主，使视线显通透		

1 点餐区　2 用餐区　3 厨房区　4 洗手台

2 唐山某快餐店

名称	建筑面积
唐山某快餐店	513m²
整个餐厅布局以取餐区为核心，流线简洁紧凑，提高空间利用率，缩短就餐时间	

1 厨房　2 用餐区　3 卫生间

3 某快餐店

名称	建筑面积	座位数
某快餐店	420m²	108座
餐厅空间分区明确，将取餐设置成单一流线，体现快餐店餐厅的便捷高效		

1 用餐区　2 快餐通道　3 取餐台　4 厨房区
5 包间　6 洗碗区　7 消毒间　8 工作人员通道

饮品店设计要点

饮品店包括咖啡吧、酒吧、冷饮店、茶楼等，设计时应兼顾饮品、用餐、休闲等多种功能。

1. 餐桌布置、室内设计及灯光配置，应与饮品店的具体功能相适应，注重空间使用的灵活性。

2. 功能复合化，业态多元化，空间特色化。其用餐区座席常采用卡座与包间等形式，利用空间隔断及室内绿化形成不同的分区，以提供多元化的休闲饮品空间。

3. 营业时间一般较长，顾客饮食时间不固定。

4. 与其他餐饮建筑相比，饮品店通常餐桌密度较大，服务吧台比较注重饮品的陈列展示。

5. 一般布置有休闲及游戏设施、书报及网络服务设施、灯光控制、音乐及多媒体设备。部分主题型饮品店还有表演区、游艺区或其他主题展示区。

6. 饮品店用餐区的家具设施宜具有灵活性。通过家具的灵活组合，以适应功能的组织与转换。

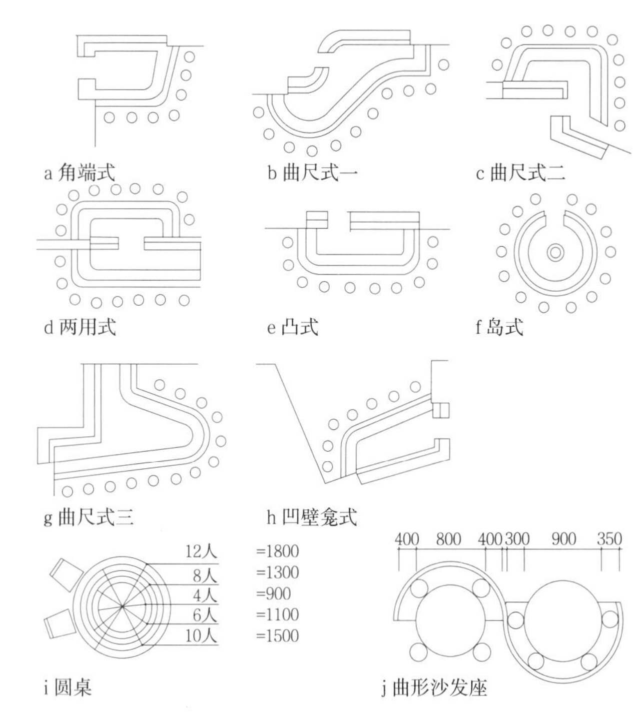

1 饮品店常用家具形式

饮品店用餐区域示例

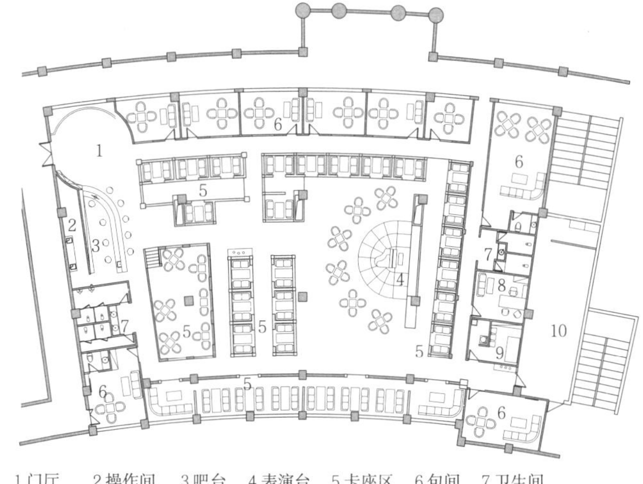

1 门厅 2 操作间 3 吧台 4 表演台 5 卡座区 6 包间 7 卫生间 8 办公室 9 休息室 10 厨房

2 咖啡厅

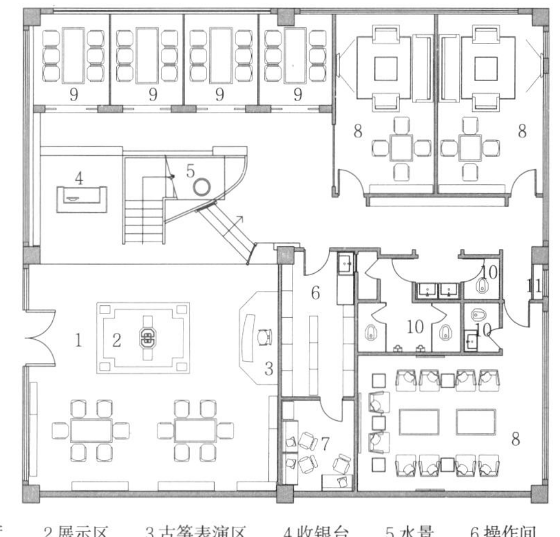

1 门厅 2 展示区 3 古筝表演区 4 收银台 5 水景 6 操作间 7 办公室 8 VIP包间 9 包间 10 卫生间 11 排风井

3 茶馆

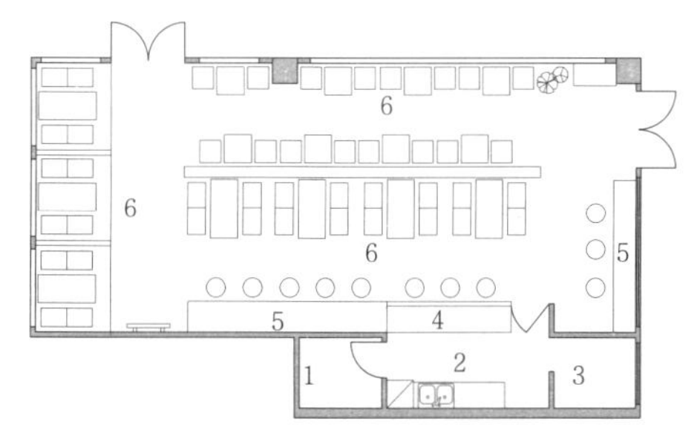

1 操作间 2 厨房 3 外卖间 4 甜品窗口 5 吧台 6 卡座区

4 甜品店

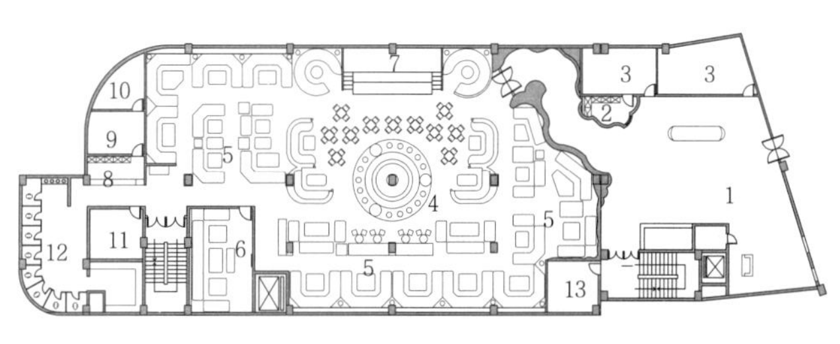

1 大厅 2 寄存间 3 办公室 4 旋转吧台 5 卡座区 6 包间 7 表演区 8 收银台 9 操作间 10 仓库 11 洗涤间 12 卫生间 13 音控室

5 酒吧

2 餐饮建筑

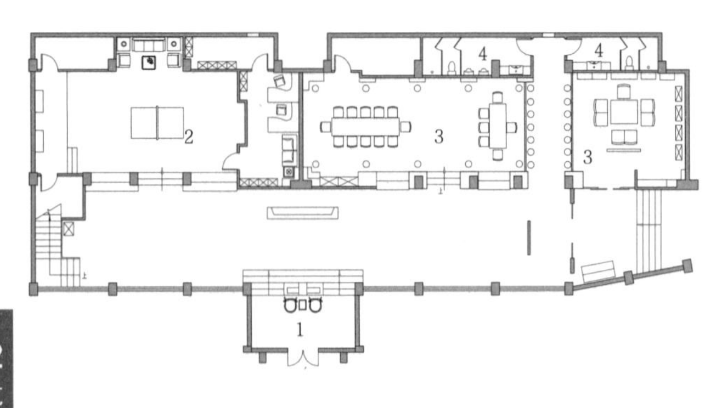

1门厅　2休息厅　3餐厅　4卫生间

a 一层平面图

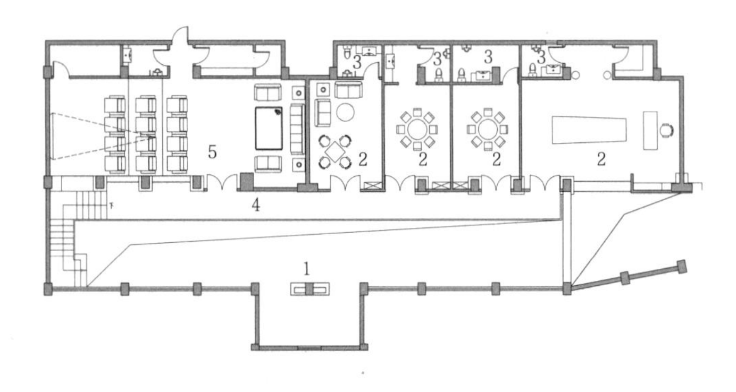

1休息厅上空　2包间　3卫生间　4走道　5会议室

b 二层平面图

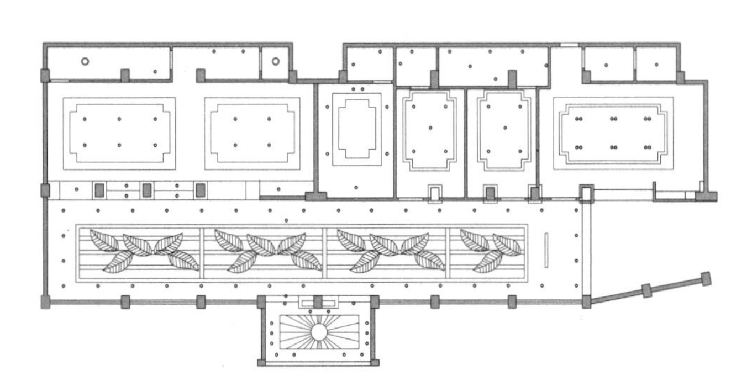

c 二层吊顶平面图

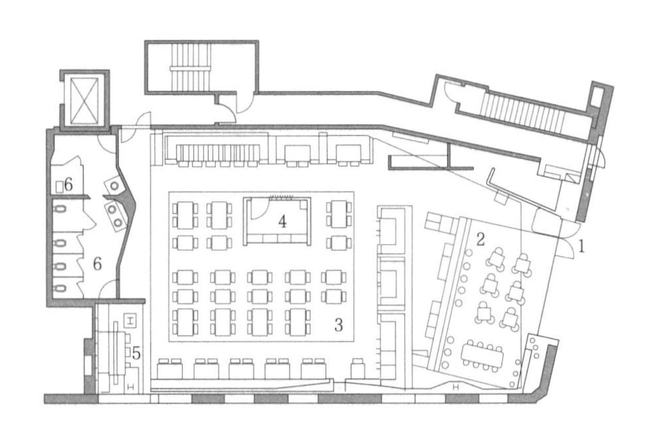

1入口　2酒吧饮品区　3餐饮区　4吧台　5包间　6卫生间

a 一层平面图

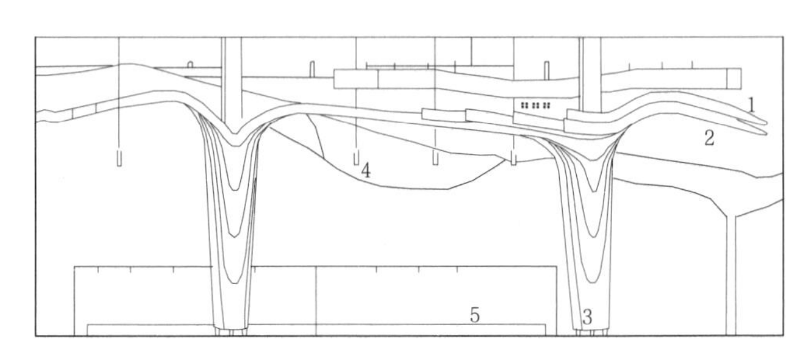

1设备　2波浪形吊顶　3异形柱　4吊灯　5吧台

b 室内局部剖面图

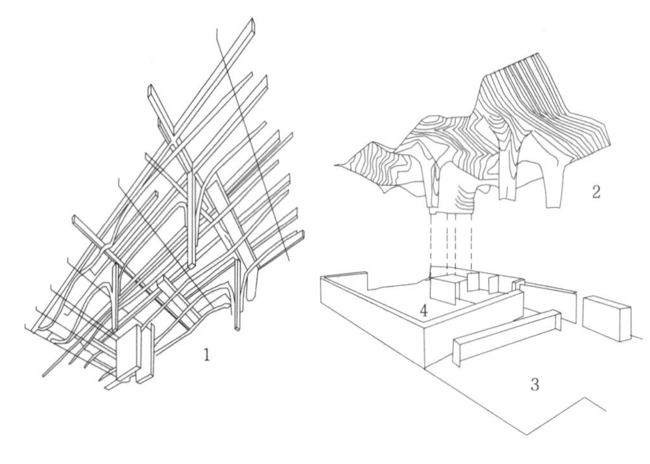

1吊顶结构　2波浪形吊顶　3酒吧饮品区　4餐饮区

c 室内华盖顶棚结构分析

1 某茶餐厅

名称	建筑面积
某茶餐厅	850m²

该茶餐厅利用休息厅通高的共享大厅空间与艺术化处理的吊顶来表现并强化以茶为主题的休闲氛围。底层为门厅、展示、休息厅及餐饮空间，二楼夹层为相对私密的各种包间及一个多功能的会议室。在有限的总面积中，通过4人间、7人间、8人间、16人间等大、中、小型不同包间的组合，来满足休闲茶饮及会晤等多种类型的空间需求。每个包间均单独配置有卫生间及灵活的休息空间，以实现每个包间的私密性要求。两层之间通过开敞的景观楼梯连接，流线简洁高效。整体空间组织动静分区，层次分明，收放有序

2 美国某酒吧餐厅

名称	建筑面积	设计单位
美国某酒吧餐厅	446m²	dA工作室

该用餐区采用二座、四座或六座等多种不同的桌椅组合形式，以灵活多变的空间组织来适应多元化餐饮活动的需要。设计者利用连续波浪形吊顶及与吊顶一体化造型的异形柱，将用餐区空间划分为前区的酒吧饮品区与后区的主要餐饮区。这种动感的条纹木板系统形成的吊顶，如蔓延的华盖，覆盖整个空间并限定出丰富而多元的餐饮空间。在塑造轻快氛围的同时，也巧妙地容纳并隐藏了结构梁柱与复杂的设备管线系统——喷淋、照明、通风空调以及声学系统

食堂设计要点

1. 用餐区域设计应开敞、通达，流线组织便捷、高效，便于阶段性密集人流的疏散。

2. 食堂用餐对象较为单一，人数基本固定，用餐时间比较集中，餐桌及座椅的数量和布置方式应综合考虑这些因素。

3. 学校食堂的寒假及暑假为用餐的淡季，用餐人数骤减，设计应注重空间的复合利用。

4. 应有充足的餐具存储、清洗、回收空间与设施。

5. 应采取多种措施减少建筑使用过程的运营成本。

城市普通小学教职工与学生食堂使用面积测算表　　表1

名称		定额	规模				备注
			12 班	18 班	24 班	30 班	
教职工食堂	教职工人数（人）	—	27	40	53	66	一、二年级学生在餐厅用餐
	就餐人数（人）	80%	22	32	43	53	
	餐厅面积（m^2）	0.85m^2/人	19	28	37	46	
	厨房面积（m^2）	0.85m^2/人	19	28	37	46	
	食堂面积（m^2）	1.70m^2/人	38	56	74	92	
学生食堂	学生人数（人）	—	540	810	1080	1350	
	就餐人数（人）	40%	216	324	432	540	
	餐厅面积（m^2）	0.43m^2/人	93	140	186	233	
	厨房面积（m^2）	0.6m^2/人	130	195	260	324	
	食堂面积（m^2）	1.03m^2/人	223	335	446	557	
教工、学生食堂面积合计（m^2）			261	391	520	649	

注：本表系参照《城市普通中小学校校舍建设标准》建标[2002]102号编制。

农村普通完全小学食堂使用面积　　表2

学校规模	教工		学生		使用面积（m^2）		
	就餐比例	人均使用面积（m^2/人）	就餐比例	人均使用面积（m^2/人）	教工	学生	合计
6班	100%	3	30%	1.50	36	122	158
12班	100%	3	30%	1.50	48	243	291
18班	100%	1.70	30%	1.50	62	365	427
24班	100%	1.70	30%	1.50	82	486	568

注：本表系参照《农村普通中小学校建设标准》建标109-2008编制。

学生食堂建筑面积推荐标准　　表3

学校规模（人）	500	1000	2000	3000	5000~8000
人均面积（m^2/人）	1.70	1.65	1.60	1.55	1.50

注：本表系参照《建筑设计资料集》（第二版）第5分册编制。

用餐区域布置

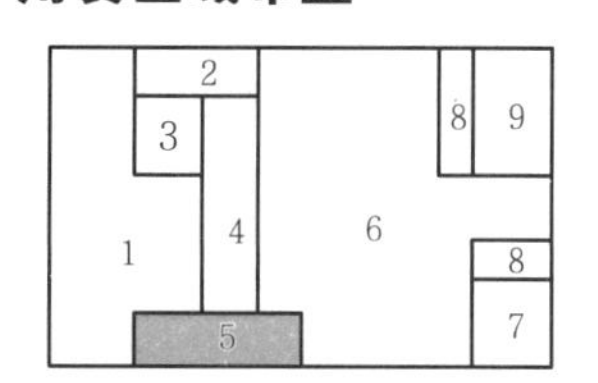

1 回收间布置示例

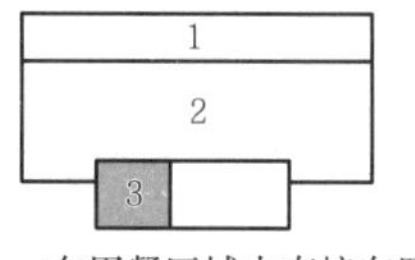

a 在用餐区域内直接布置

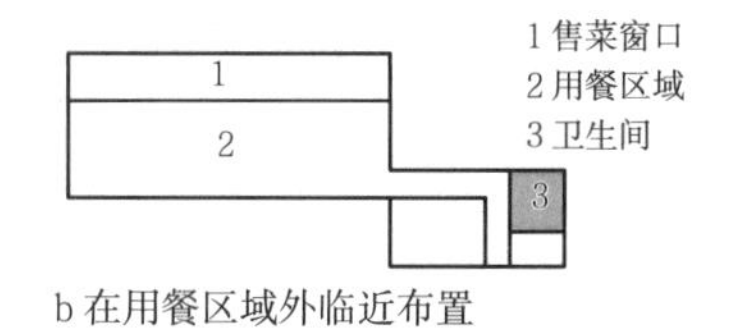

b 在用餐区域外临近布置

2 卫生间布置示例

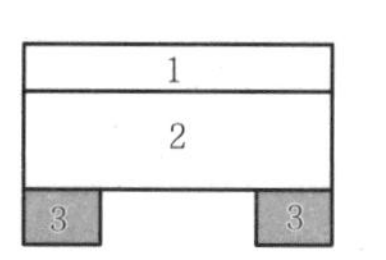

a 在用餐区域入口外侧布置

b 在用餐区域入口内侧布置

3 洗手池布置示例

客席布置要点

食堂餐饮空间客席布局应考虑空间设计、使用要求、人体尺度，并应符合行为心理学。根据不同使用对象、不同规模的食堂，座席布置有所不同。对规模较大、人员较多的用餐区域，常见布置方式为行列式。以6人桌及4人桌拼接为主。

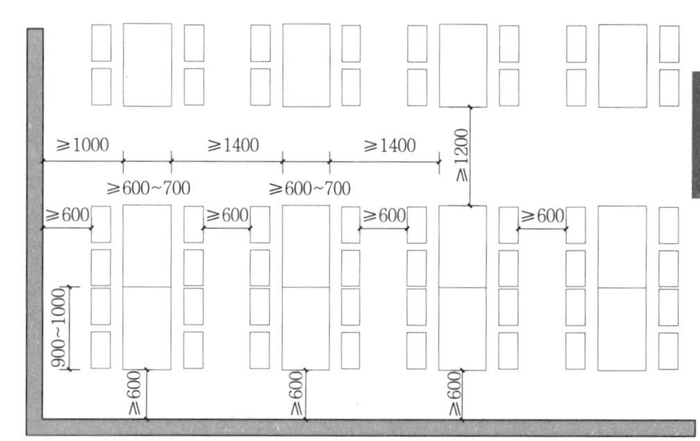

4 食堂餐桌椅布置及尺寸示例

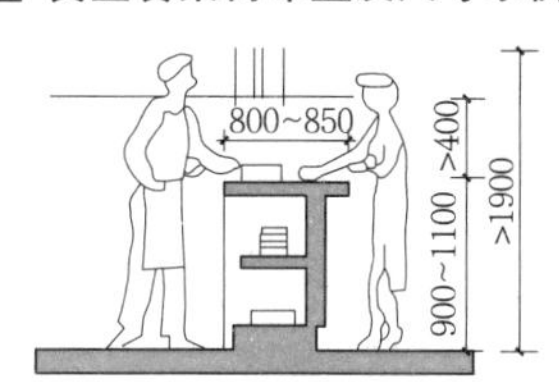

5 售菜台尺寸

食堂洗手池及洗碗池水龙头数量推荐标准　　表4

项目	洗手池水龙头	洗碗池水龙头
数量	≤50 座设 1 个； ＞50 座时每 100 座增设 1 个	≤50 座设 1 个； ＞50 座时每 100 座增设 1 个

注：本表系参照《饮食建筑设计规范》JGJ 64-89编制。

售菜窗口数量推荐标准　　表5

规模（人）	100	200	300	400	500	600	700	800
售菜窗口（个）	2	3	5	7	8	10	12	13

注：本表系参照《建筑设计资料集》（第二版）第5分册编制。

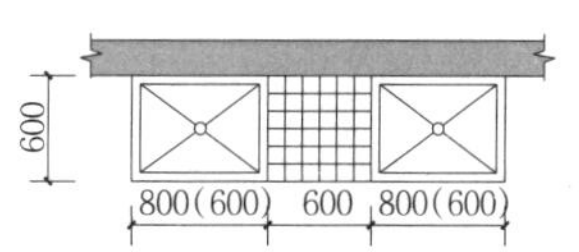

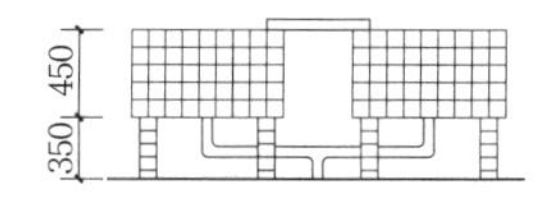

6 洗碗池尺寸

7 餐具台尺寸

8 餐具架尺寸

9 餐具柜尺寸

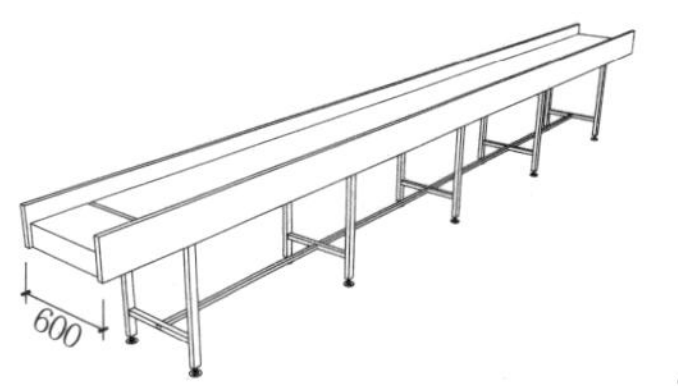

10 餐具回收机尺寸

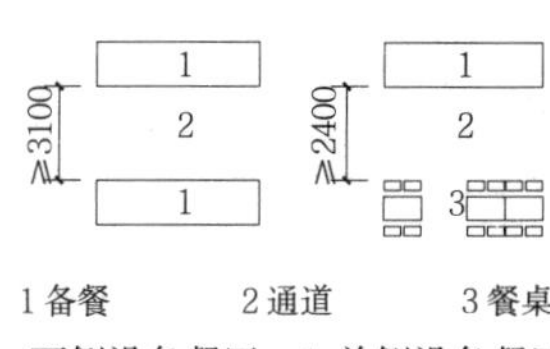

11 备餐区通道尺寸

1 学生用品超市　2 学生活动室　3 学生用品库房　4 变配电室　5 消防水泵房

a 地下一层平面图

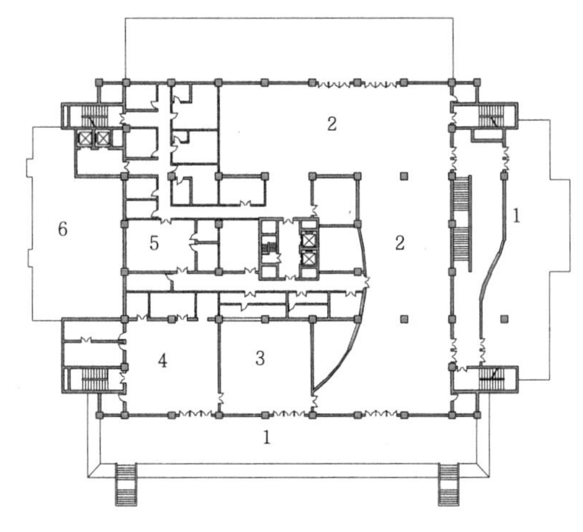

1 入口平台　2 风味餐厅　3 西餐厅　4 清真餐厅　5 厨房　6杂物院

b 一层平面图

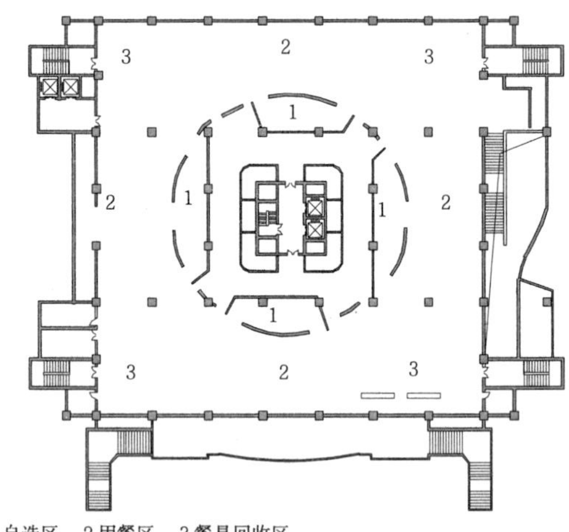

1 自选区　2 用餐区　3 餐具回收区

c 二层平面图

1 清华大学西区食堂

名称	建筑面积	设计单位
清华大学西区食堂	13250m²	清华大学建筑设计研究院有限公司

西区食堂可同时容纳3000人就餐。地下1层，地上3层，地下一层为学生用品超市和活动中心等辅助部分；地上一到三层为就餐部分，首层为风味餐厅、西餐厅和清真餐厅，三层采用点菜式就餐模式

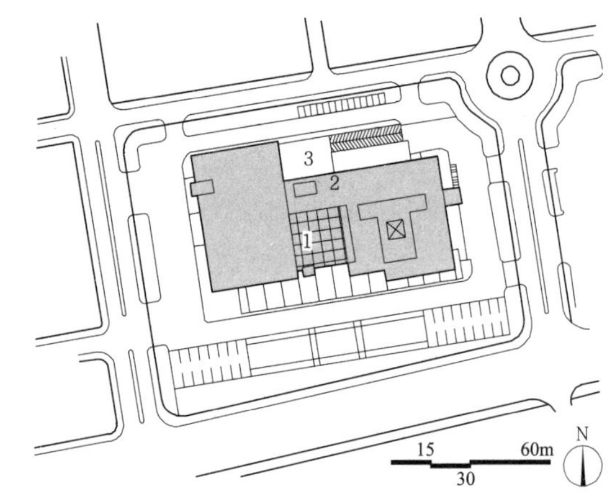

1 内院　2 食堂　3 下沉式杂物院

a 总平面图

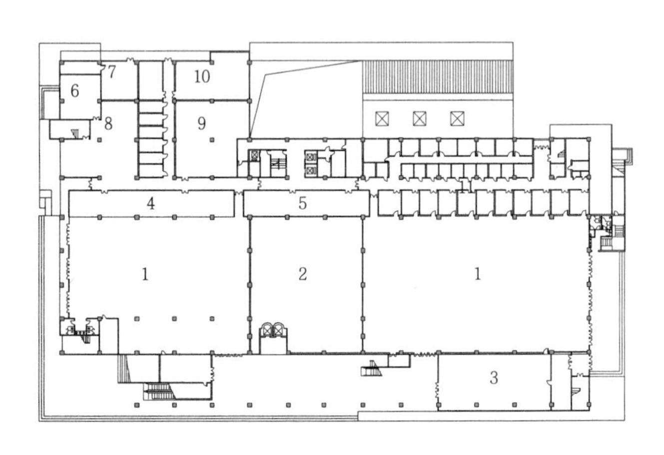

1 餐厅　2 内庭院　3 超市　4 售菜窗口　5 洗碗间　6 清真餐厅
7 回民操作间　8 炒菜　9蒸饭间　10 大米仓库　11包间区

b 一层平面图

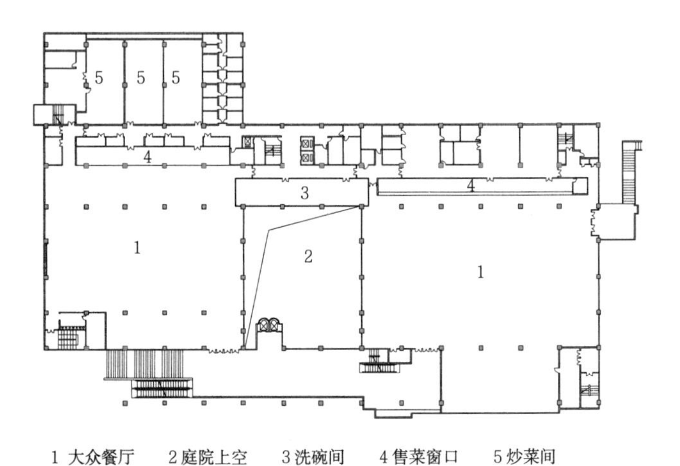

1 大众餐厅　2 庭院上空　3 洗碗间　4 售菜窗口　5 炒菜间

c 二层平面图

2 浙江大学紫金港校区食堂

名称	建筑面积	设计单位
浙江大学紫金港校区食堂	26800m²	浙江大学建筑设计研究院有限公司

紫金港校区学生食堂占地面积32500m²，总建筑面积26800m²，地上3层，地下局部1层，可容纳2万名学生就餐。地上一层和地上二层为风味餐厅、休闲餐厅、大众伙食区和购物区，三层为酒店式餐厅

厨房区域设计要点

1. 厨房区域应按照原料进入、原料处理、主食加工、副食加工、成品供应、就餐用具洗消存放等工艺流程进行合理布局，满足食品卫生的要求，并应节约空间、操作方便。

2. 原料和成品、生食和熟食应分开加工和存放。

3. 冷荤制作、裱花操作等应设带有预进间的独立隔间，预进间中设置洗手、消毒和更衣设施。

4. 厨房各操作间室内净高不宜低于2.5m。

5. 垂直运输的食梯应按生食和熟食分别设置。

6. 采用瓶装液化气作为燃料，需设独立储罐间；采用固体燃料时，应设封闭式烧火间（寒冷地区）或隔墙烧火的外扒灰式开敞烧火间（炎热地区）。

7. 厨房出入口门高和门宽应方便器具的搬运和小推车的移动。厨房地面应平整、防滑、易清洁，不宜设置台阶。

8. 厨房餐用具的回收洗涤、垃圾的回收清运应流线合理。

9. 厨房区域应采用方便清洁的饰面材料；地面应防水，设置排水沟、地漏等排水设施，并采取防滑措施。

厨房特征　　表1

分类		主要布局特点
餐馆	中餐厨房	1.主副食加工流线分工明确，功能齐全； 2.主副食品种较多，需设置冷荤间及各种专间
	西餐厨房	1.加工流线明确，厨房用具种类繁多，用途单一； 2.半成品原料较多，厨房面积比中餐略小，部分厨房为开敞式布局
	自助餐厨房	1.冷荤制作和拼配间面积较大，热加工间和副食粗加工间面积较小； 2.经营品种单一的自助餐厨房，厨房面积较小
	风味餐厅（日餐、韩餐等）厨房	1.主副食初加工面积较小，大部分为半成品原料； 2.用于存放食品和物品的空间较大
	火锅、烧烤店厨房	1.主副食热加工面积小，洗涤和消毒部分空间大，冷藏和冷库区面积较大； 2.配料和摆盘等需要较大操作空间和存放空间
快餐店	中式快餐厨房	1.半成品较多，自动和半自动设备较多，厨房面积相对较小；
	西式快餐厨房	2.西式快餐厨房空间多向立体化发展，操作流程简洁，工作效率较高
饮品店	咖啡店	1.冷食和热食加工程序联系紧密，洗消空间较小； 2.食品库可不分类，制作和储存卫生要求较高
	酒吧	1.主要以酒类、饮料、茶水为主，厨房面积较小，一般占餐厅面积10%~20%；
	茶馆	2.空间布置紧凑，厨房开放布置时操作台面向顾客； 3.热加工间单独设置
食堂	大中专院校食堂厨房	厨房布局特点同中餐厨房，需要较大的售卖空间
	企事业单位食堂厨房	厨房布局特点同中餐和自助餐厨房

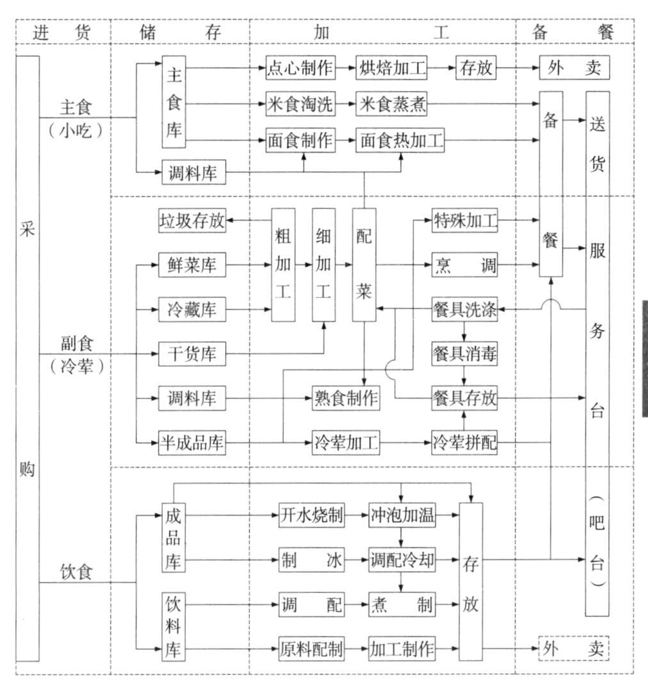

1 厨房区域组成及流线

厨房典型示例

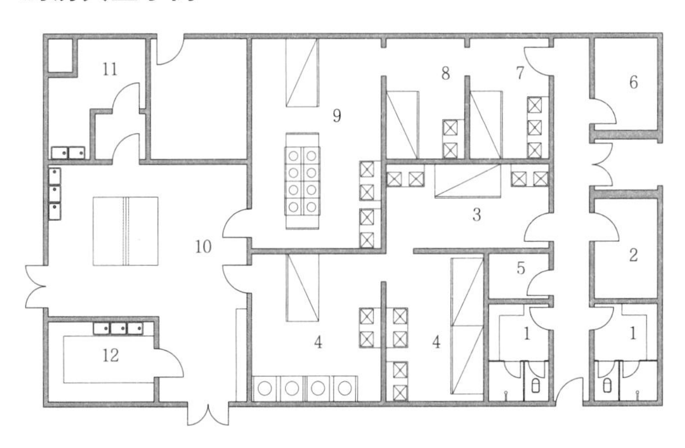

1 更衣间　2 主食库　3 主食制作　4 主食热加工　5 干货库　6 副食库
7 副食粗加工　8 副食细加工　9 副食热加工间　10 备餐间　11 冷荤间　12 洗消间

2 中式、自助餐厨房示例

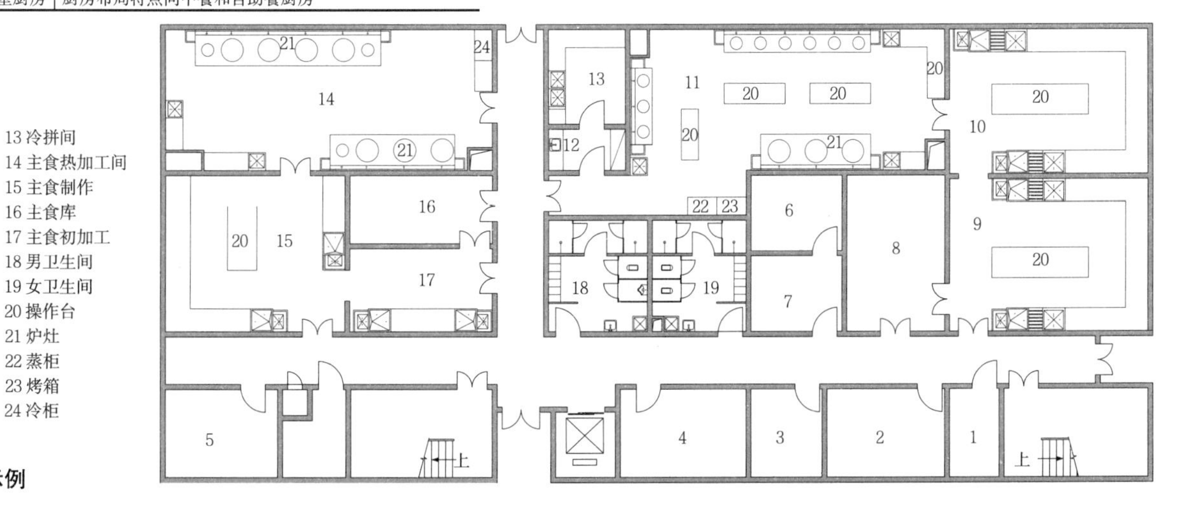

1 燃气间
2 更衣室
3 调料库
4 办公室
5 休息室
6 冷冻库
7 冷藏库
8 副食库
9 副食粗加工
10 副食细加工
11 副食热加工间
12 预进间
13 冷拼间
14 主食热加工间
15 主食制作
16 主食库
17 主食初加工
18 男卫生间
19 女卫生间
20 操作台
21 炉灶
22 蒸柜
23 烤箱
24 冷柜

3 西餐厨房示例

中餐厨房

1. 合理布置流线，主副食加工流线应明确分开，从粗（初）加工→热加工→备餐的流线要短捷流畅，避免迂回。

2. 原材料供应路线宜接近主、副食粗（初）加工间，远离成品并有方便的进货口；原料与成品、生食与熟食应分隔加工和存放。

3. 中餐烹饪油烟较多，炉灶上方要设带滤油装置的机械排烟罩；各加工间应有良好的通风、排气，防止厨房油烟和气味窜入用餐区域或其他房间。

4. 风味餐馆的厨房所需设施各异，应根据需要设置。

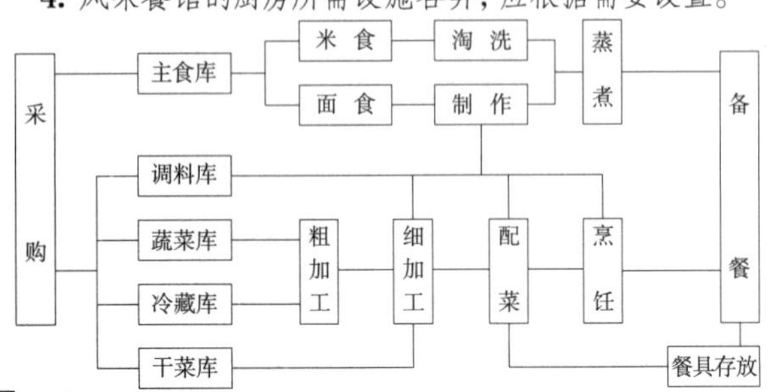

1 中餐制作流程

面积分配参考表（单位：m²） 表1

项目 \ 规模	75 座	200 座	500 座	1000 座
主食制作	8	15	30	54
主食热加工	12	20	42	68
副食粗加工	6	8	18	30
副食切配	8	15	32	58
副食烹饪	16	24	48	72
冷荤制作间	—	12	24	20
特殊加工间	—	—	16	32
备餐间、冷荤拼配间	5	10	24	42
洗消间、餐具存放	5	8	16	32
食品库	6	10	20	40
合计	66	122	270	448

工作台（或设备）边空净距 表2

使用方式	单面操作		双面操作	
	无人通行	有人通行	无人通行	有人通行
净距（m）	0.70	1.20	1.20	1.50

注：快餐店可根据人数、流程的安排适当减少。

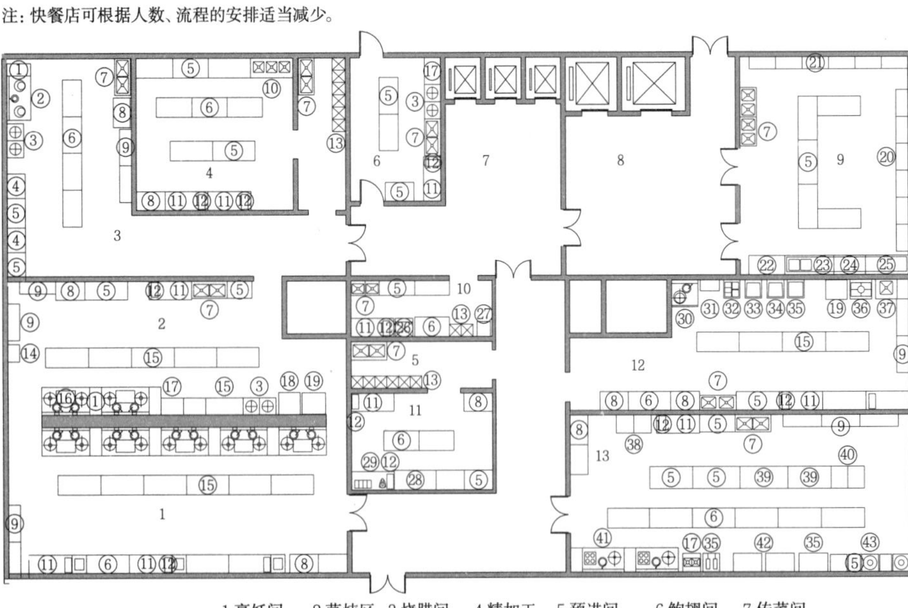

2 中餐厨房示例

1 烹饪间 2 蒸炖区 3 烧腊间 4 精加工 5 预进间 6 鲍翅间 7 传菜间 8 服务电梯 9 洗碗间 10 备餐间 11 冷荤间 12 主食制作 13 主食蒸煮间

西餐厨房

1. 西餐厨房应程序化设计，线路简捷，分工明确，保证西餐厨房加工、生产、出品流程的连续畅通。

2. 西餐厨房宜与餐厅同层布置，力求与西餐用餐区域相邻，呈辐射状布局。

3. 厨房功能区域、作业点应安排紧凑，主食线、副食线、餐具洗涤线应平行，不宜交叉或重叠，设备宜套用、兼用，优化组合集中设计热源设备。

4. 西餐烹饪使用半成品较多，粗加工面积比中餐厨房适当减少。

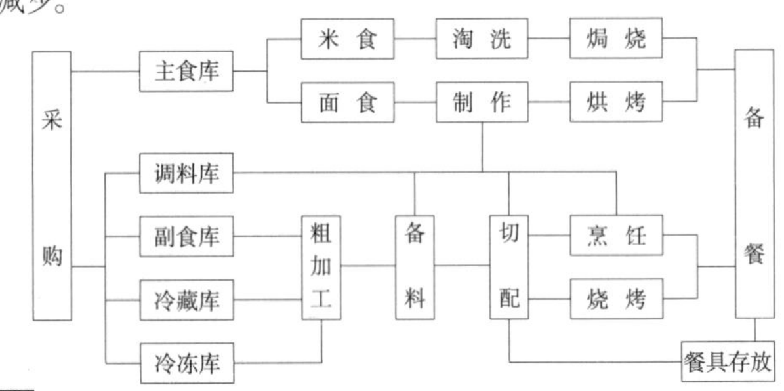

3 西餐制作流程

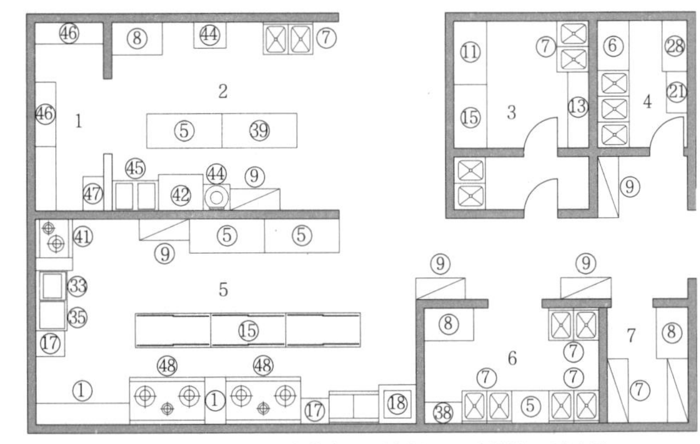

4 西餐厨房示例

1 主食库 2 面点间 3 冷拼间 4 洗碗间 5 主灶间 6 粗加工间 7 副食库

厨房设备名称表 表3

序号	名称	序号	名称
①	调料台	㉕	洁碟台
②	双头单尾炒灶	㉖	制冰机
③	矮汤炉	㉗	开水器
④	烤炉	㉘	热风消毒柜
⑤	双层工作台	㉙	碎冰机
⑥	单通工作台柜	㉚	单头单尾灶
⑦	双眼水槽	㉛	面火炉连台
⑧	四门冰柜	㉜	热汤池
⑨	四层货架	㉝	平扒炉
⑩	三眼水槽	㉞	坑扒炉
⑪	平台雪柜	㉟	电炸炉
⑫	冰箱	㊱	单头电力炉
⑬	储物柜	㊲	电力汤炉
⑭	切片机	㊳	层架车
⑮	双拉门工作柜	㊴	面案
⑯	双头双尾灶	㊵	面粉车
⑰	煲仔炉	㊶	单头炒灶
⑱	海鲜蒸柜	㊷	烤箱
⑲	万能蒸烤箱	㊸	电饼铛
⑳	消毒柜	㊹	和面机
㉑	碗柜	㊺	蒸饭车
㉒	残食台	㊻	米面架
㉓	污碟台	㊼	平板车
㉔	洗碗机	㊽	二炒一温灶

食堂厨房设计要点

1. 合理划分各加工间的功能分区，独立布局的大型食堂宜设置厨房的后勤内院。

2. 规模较大的大中专院校、企业食堂的厨房操作间宜采用大空间，方便操作，提高效率；内部走道及出入口通道宽度应适当增加。

3. 食堂供餐时间集中，人流较大，厨房备餐间、洗消间面积应适当加大，宜设餐具回收通道；售饭口长度应满足要求，减少排队时间。

4. 大中专院校食堂宜布局多样化，设有适合不同口味、不同供应方的厨房。

5. 供应冷荤食品的厨房应设置冷荤间。

6. 厨房对外出口应尽量减少，便于食品卫生安全管理。

进货　储存　加工　备餐

采购　主食（小吃）　主食库　调料库　米食淘洗　米食蒸煮　面食制作　面食热加工　备餐　售餐口或选餐台

副食（冷荤）　垃圾存放　鲜菜库　冷藏库　干菜库　调料库　半成品库　粗加工　细加工　配菜　特殊加工　烹调　餐具洗涤　餐具消毒　餐具存放　熟食制作　冷荤加工　冷荤拼配　餐具回收

1 食堂厨房组成及流线

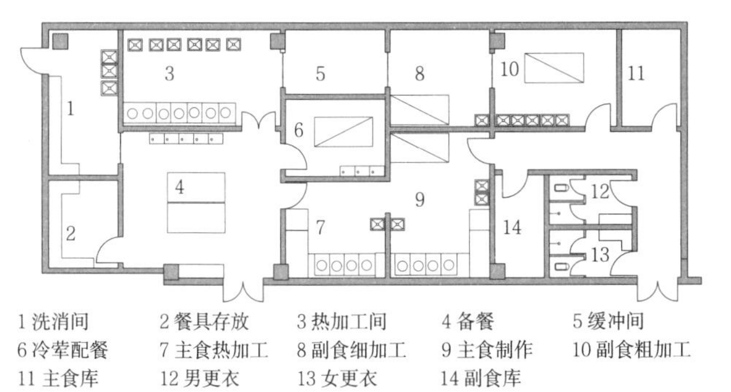

1 洗消间　2 餐具存放　3 热加工间　4 备餐　5 缓冲间
6 冷荤配餐　7 主食热加工　8 副食细加工　9 主食制作　10 副食粗加工
11 主食库　12 男更衣　13 女更衣　14 副食库

2 企业食堂厨房示例

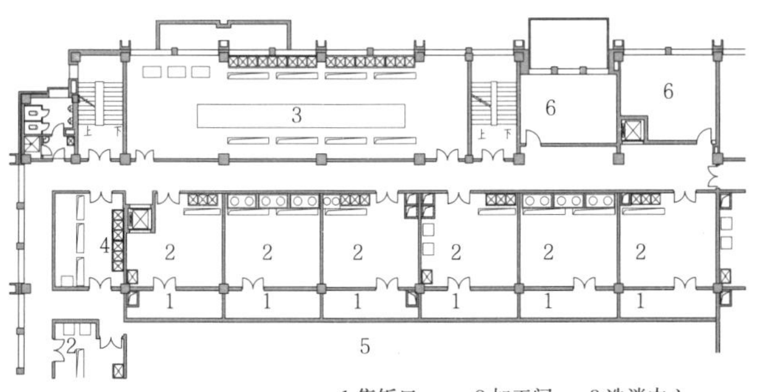

1 售饭口　2 加工间　3 洗消中心
4 餐具保洁　5 餐厅　6 库房

3 大学食堂厨房示例

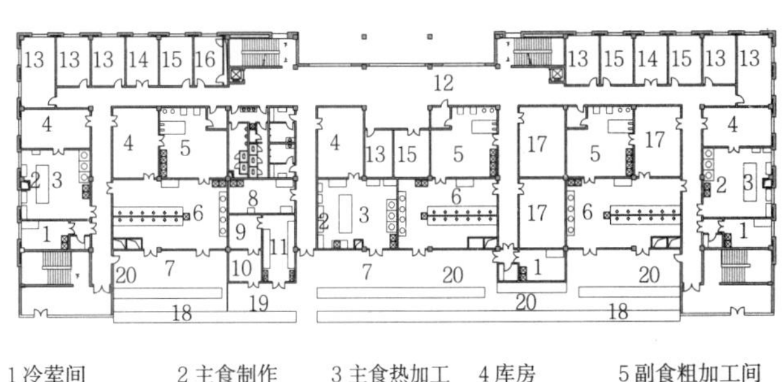

1 冷荤间　2 主食制作　3 主食热加工　4 库房　5 副食粗加工间
6 副食热加工间　7 备餐间　8 糕点车间　9 餐具消毒　10 餐具存放
11 餐具洗涤　12 垃圾回收　13 办公室　14 机房　15 更衣室
16 配电间　17 副食库　18 售菜台　19 餐具发放　20 保温菜台

4 企业食堂厨房示例

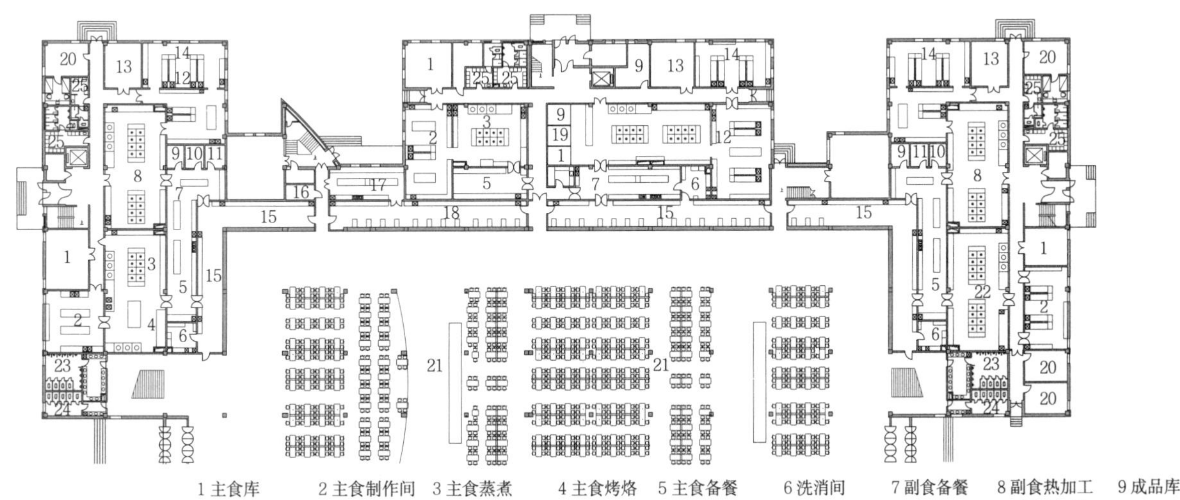

1 主食库　2 主食制作间　3 主食蒸煮　4 主食烤烙　5 主食备餐　6 洗消间　7 副食备餐　8 副食热加工　9 成品库
10 干调间　11 冷饮库　12 副食细加工　13 副食库　14 副食粗加工　15 售饭口　16 库房　17 快餐备餐
18 快餐售饭口　19 冷库　20 办公室　21 餐厅　22 主食热加工　23 男卫生间　24 女卫生间　25 更衣间

5 大学食堂厨房示例

快餐店厨房

1. 快餐店通常分为西式快餐店和中式快餐店。连锁经营的快餐一般由中央厨房和配送中心提供半成品，厨房面积可适当减少。

2. 规模较小的快餐店厨房，通常不用墙体划分空间，以设备作为隔断划分空间，如贮存空间、加热烹饪空间、配餐空间等。

3. 厨房内设备布局考虑流程简洁、高效，可以充分利用上部空间，立体布局。

4. 加工、烹饪区域多采用非封闭式，厨房应有良好排烟、排气，防止厨房对就餐环境的影响。

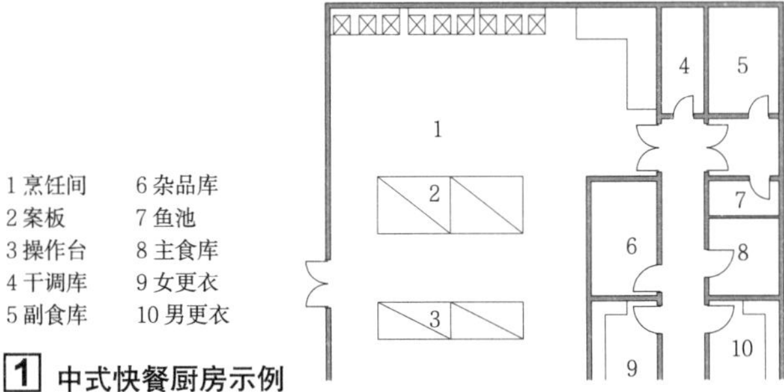

1 中式快餐厨房示例

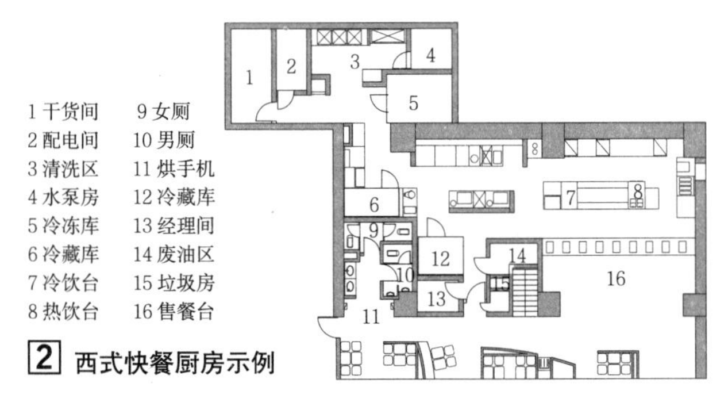

2 西式快餐厨房示例

饮食店厨房

1. 饮食店厨房主要向顾客提供酒类、饮料、咖啡、茶水、点心等，厨房面积可适当减小。

2. 厨房应满足冷、热食制作流程要求，空间布局应紧凑。

3. 食品库房可不分类，洗消空间可相对减少面积。

4. 制作现榨饮料、裱花等需设专间，热加工宜单独设置。

5. 厨房开敞布置时，操作台宜面向顾客。

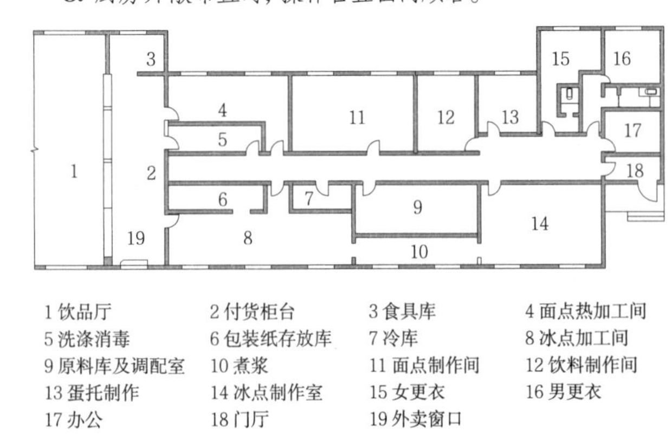

3 咖啡店厨房示例

火锅店和烧烤店厨房

1. 厨房中主、副食热加工面积可适当减少，适当扩大冷藏、冷冻等贮存面积。

2. 扩大并合理布局配料、摆盘等操作空间和贮存空间。

3. 增大洗涤和消毒部分面积。

4. 火锅店厨房与餐厅最好分两个出入口，设置尽量简洁，餐厅中的走道要适当加宽，主通道最少在1.0m以上。

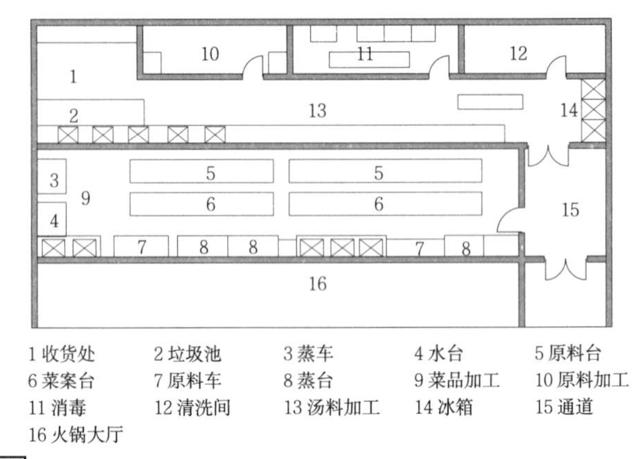

4 火锅店厨房示例

5 烧烤店厨房示例

明档厨房

1. 为吸引顾客，采用开敞厨房或透明材料与餐厅分隔形式，展示厨师扒、烤、煎、炸、煮等娴熟烹饪技艺。

2. 厨房空间应充分注重内部空间布局、菜品陈列等。

3. 粗加工、切配等辅助工作及餐具洗涤等操作应在封闭式厨房内进行；处理好油烟、噪声对就餐环境的影响。

4. 明档厨房布局可分为在厨房与餐厅间和在用餐区中心岛式布局两种。

5. 明档厨房的防火措施应满足相关规范的要求。

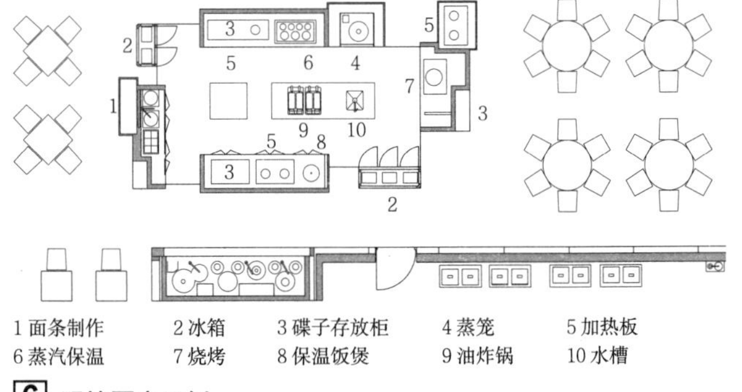

6 明档厨房示例

备餐间

1. 备餐间是厨房加工制作的主副食成品整理、分类，并向就餐区分发及暂时存放的专用场所。

2. 备餐间布局宜位于餐厅与厨房之间。食堂和快餐店等需要付货的餐饮项目与餐厅相接的一面设付货台。服务人员经付货台向就餐区付货。

3. 备餐间通常设有通往厨房和餐厅的门，但二者不宜正对，且应有一缓冲空间，避免厨房气味影响餐厅环境。

4. 备餐间与厨房加工制作间分设在不同层时，备餐间应布置在食梯附近，或者食梯直接对着备餐间开口。

5. 备餐间应设有备餐台、预备台、餐具存放柜及洗池。备餐台与预备台间净距宜大于1.2m。

6. 规模较大的备餐间应考虑食品存放设备和运送食品的手推车辆存放空间。

7. 备餐间为清洁要求较高的场所，室内地面不应设置排水明沟，排水地漏应采用能防止废弃物流入及油气逸出的形式。

洗消间

1. 餐饮建筑的洗消间主要负责对餐厅和厨房使用过的餐具进行回收、清洗、消毒以及储存等。

2. 洗消间的位置宜与餐厅在同层平面，且靠近备餐间与餐厅，并考虑餐厅内的整体布局和流线设计统一。

3. 洗消间前端为污染区，洗净之后为洁净区，工艺上宜直线布置或分离布置（消毒间另外设置），避免交叉。

4. 餐用具宜使用热力方法消毒，采用化学消毒时，应设有3个专用水池。洗消间应有良好的通风系统。

5. 洗消间地面应有防水、排水设计。

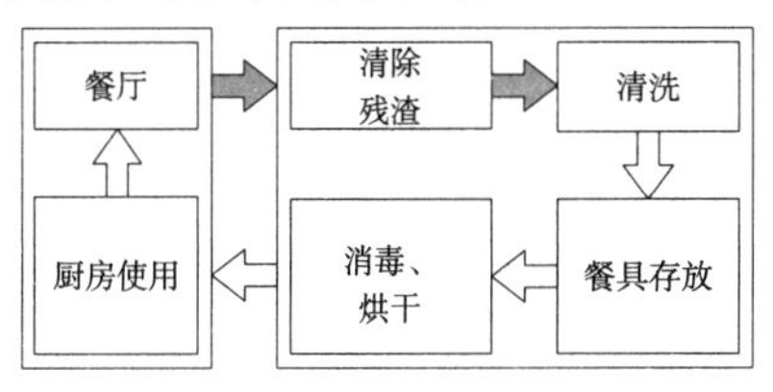

1 洗消操作流程　　餐具使用后　　餐具使用前

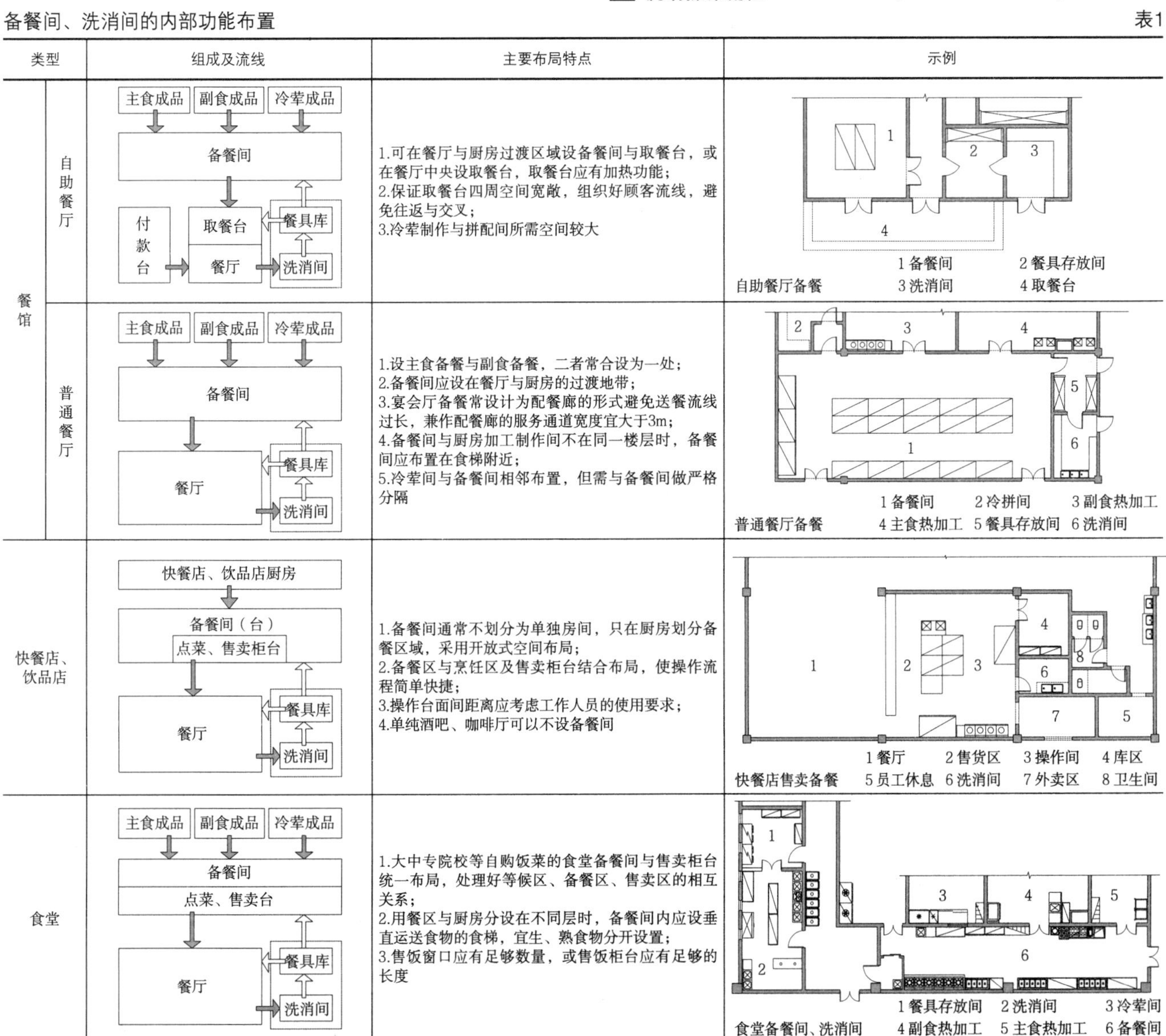

备餐间、洗消间的内部功能布置　　表1

类型		组成及流线	主要布局特点	示例
餐馆	自助餐厅	主食成品、副食成品、冷荤成品→备餐间→取餐台→餐厅；付款台→餐厅；餐厅→洗消间→餐具库→备餐间	1.可在餐厅与厨房过渡区域设备餐间与取餐台，或在餐厅中央设取餐台，取餐台应有加热功能； 2.保证取餐台四周空间宽敞，组织好顾客流线，避免往返与交叉； 3.冷荤制作与拼配间所需空间较大	自助餐厅备餐 1 备餐间　2 餐具存放间 3 洗消间　4 取餐台
	普通餐厅	主食成品、副食成品、冷荤成品→备餐间→餐厅→洗消间→餐具库→备餐间	1.设主食备餐与副食备餐，二者常合设为一处； 2.备餐间应设在餐厅与厨房的过渡地带； 3.宴会厅备餐常设计为配餐廊的形式避免送餐流线过长，兼作配餐廊的服务通道宽度宜大于3m； 4.备餐间与厨房加工制作间不在同一楼层时，备餐间应布置在食梯附近； 5.冷荤间与备餐间相邻布置，但需与备餐间做严格分隔	普通餐厅备餐 1 备餐间　2 冷拼间　3 副食热加工 4 主食热加工　5 餐具存放间　6 洗消间
快餐店、饮品店		快餐店、饮品店厨房→备餐间（台）/点菜、售卖柜台→餐厅→洗消间→餐具库→备餐间（台）	1.备餐间通常不划分为单独房间，只在厨房划分备餐区域，采用开放式空间布局； 2.备餐区与烹饪区及售卖柜台结合布局，使操作流程简单快捷； 3.操作台面间距离应考虑工作人员的使用要求； 4.单纯酒吧、咖啡厅可以不设备餐间	快餐店售卖备餐 1 餐厅　2 售货区　3 操作间　4 库区 5 员工休息　6 洗消间　7 外卖区　8 卫生间
食堂		主食成品、副食成品、冷荤成品→备餐间/点菜、售卖台→餐厅→洗消间→餐具库→备餐间	1.大中专院校等自购饭菜的食堂备餐间与售卖柜台统一布局，处理好等候区、备餐区、售卖区的相互关系； 2.用餐区与厨房分设在不同层时，备餐间内应设垂直运送食物的食梯，宜生、熟食物分开设置； 3.售饭窗口应有足够数量，或售饭柜台应有足够的长度	食堂备餐间、洗消间 1 餐具存放间　2 洗消间　3 冷荤间 4 副食热加工　5 主食热加工　6 备餐间

注：➡ 餐具使用后，⇨ 餐具使用前。

厨房专间

1. 厨房专间指处理或短时间存放直接入口食品的专用操作间，包括凉菜间、冷拼间、裱花间、备餐专间、集体用餐分装专间等。

2. 应为独立隔间，专间内应设有专用工具清洗消毒设施和空气消毒设施，专间内温度应不高于25℃，宜设有独立的空调设施。大型餐馆和食堂的专间入口处应设置有洗手、消毒、更衣设施的通过式预进间。不具备设置预进间条件的，应在专间入口处设置洗手、消毒、更衣设施。

3. 凉菜间、裱花间应设有专用冷藏设施。

4. 厨房专间应设一个门，如有窗户应为封闭式（传递食品用的除外），专间内外食品传递窗口应可开闭，宜为进货和出货两个，并有明显标识，大小以可以通过传送食品的容器为准。

5. 厨房专间应不设排水明沟。

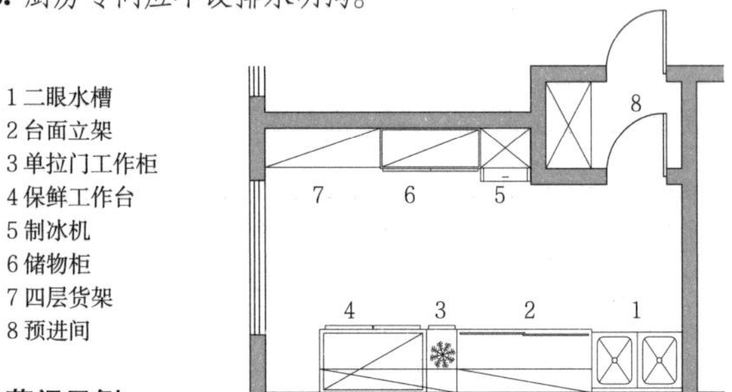

1 凉菜间示例

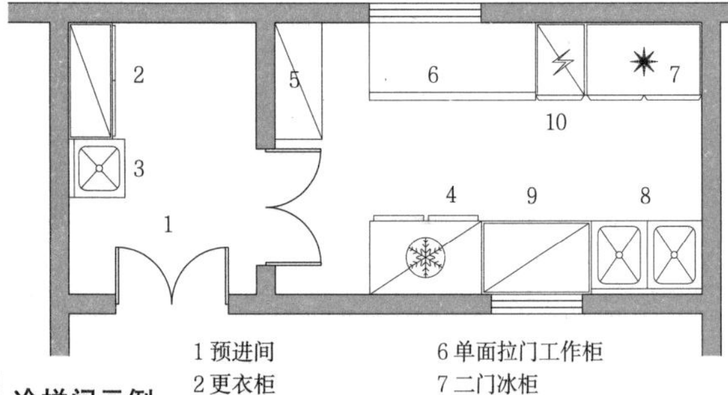

2 冷拼间示例

1 餐具柜
2 毛巾蒸箱
3 煤气炉
4 服务设备台
5 餐车
6 单眼沥水台
7 开水器
8 冰淇凌制造机
9 冷却器
10 带柜门柜台
11 备餐间

3 餐馆备餐示例

食梯

1. 食梯又称传菜电梯、餐梯，专门用于垂直运输原料、主副食成品的厢式电梯。

2. 餐厅与厨房分设不同层时，需设置食梯运送食物，食梯应洁污分设，通常设在备餐间和原料暂存间内。

3. 额定载重100~200kg的食梯，宜采用窗口式，可在厅门口设置高700~800mm的工作台，250kg以上的食梯通常采用落地式。

4. 轿厢底板面积通常为0.5~1.25m^2。

5. 食梯开门方式有垂直中分式门、单（双）扇外敞门及双扇上滑门。

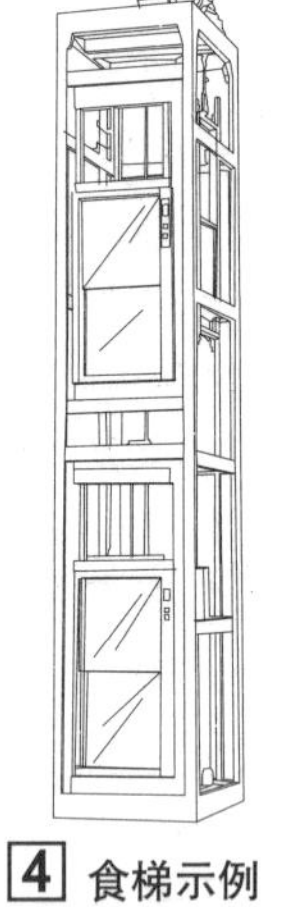

4 食梯示例

食梯参数参考表（以双扇上滑门为例） 表1

额定载重量（kg）	电梯形式	洞口高度（mm）	井道尺寸（mm）（宽×深）	轿厢尺寸（mm）（宽×深×高）	顶层高度（mm）
100	窗口	700	1150×880	600×700×800	≥3000
200	落地	700	1250×1080	700×800×800	≥3000
250	落地	500	1450×1350	900×1000×1000	≥2800
400	落地	1000	1550×1600	1000×1250×1350	≥2500
500	落地	1000	1550×1600	1000×1250×1400	≥2600

备餐间、洗消间示例

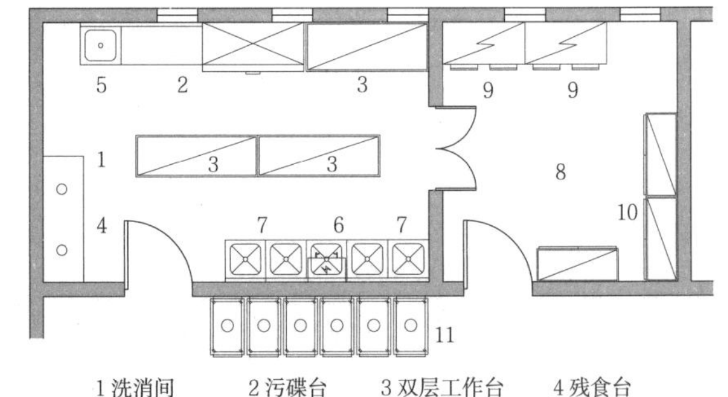

5 洗消间示例一

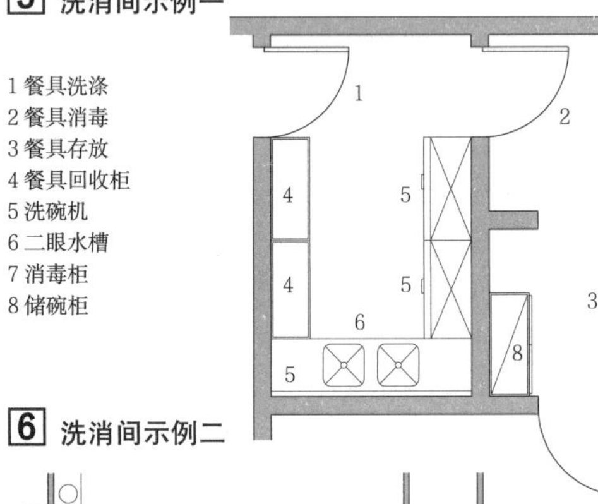

6 洗消间示例二

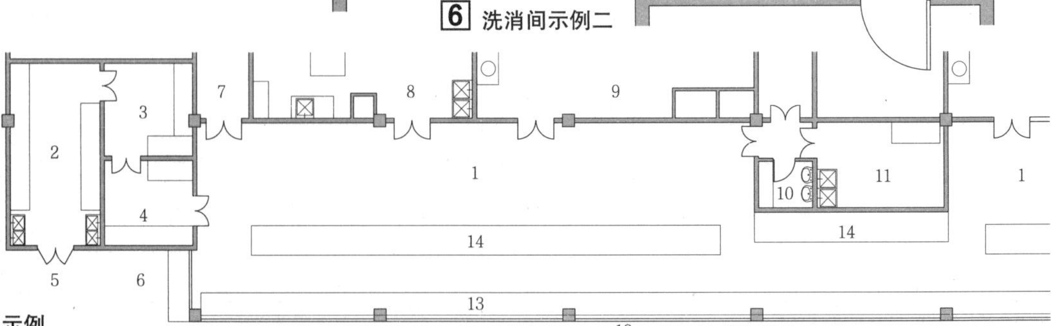

7 食堂备餐间、洗消间示例

通风排气

1. 厨房热加工区域产生大量热气、蒸汽、油烟，具备自然进风条件的厨房应采用排气罩用机械排风或有组织的自然排风解决；不具备自然进风条件的厨房应采用机械送排风系统。排风设备应选用离心风机。

2. 进行烹饪作业时，厨房热加工区域应保持负压，防止厨房油烟气味污染用餐区域。

3. 产生大量蒸汽的设备除应加设机械排风外，尚应分隔成小间，防止结露并做好凝结水的引泄。

4. 厨房使用固体燃料时，烟囱应单独设置，烟道与排气道不得共用一个管道系统，烟囱材料应符合相应的耐火极限及出屋面的规定。

5. 伞形排气罩下缘四周须设排水槽、排水管，排水槽坡度0.5%~1.0%；油烟量大的设备上部排气罩应考虑除油措施。

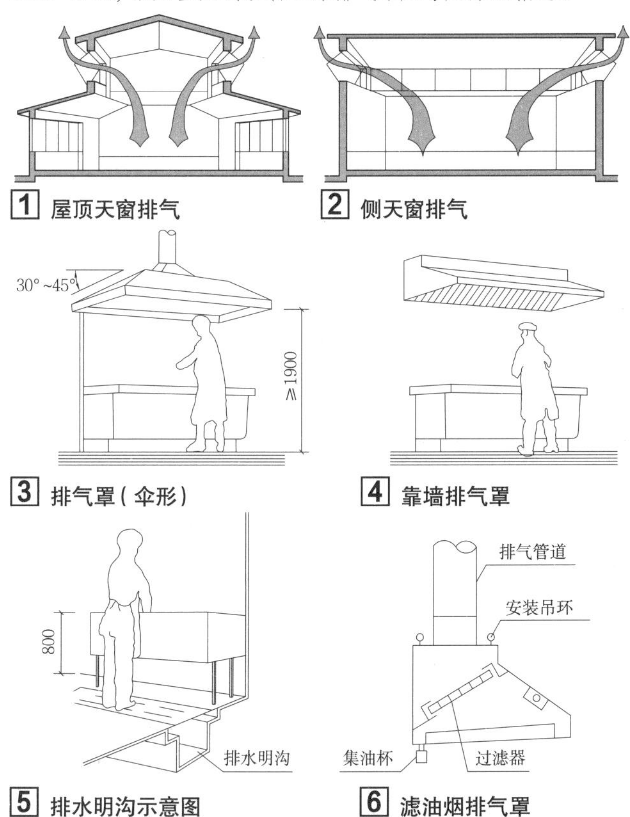

1 屋顶天窗排气　2 侧天窗排气

3 排气罩（伞形）　4 靠墙排气罩

5 排水明沟示意图　6 滤油烟排气罩

各加工间室内构造

1. 地面应采用耐磨、不渗水、耐腐蚀、防滑、易清洗的材料，并做好地面排水、防水构造，排水坡度宜为0.5%~1%。

2. 粗加工、切配、餐用具清洗消毒和烹饪等需经常冲洗及易潮湿区域，应设高不低于1.5m且易清洗、光滑的墙裙；各厨房类专间的墙裙应铺设到顶棚（或吊顶）。墙面应有防潮构造措施。

3. 厨房顶棚应选用无毒、无异味、不吸水、表面光洁、耐腐蚀、耐湿的浅色材料。顶棚与墙或梁的结合处，宜有曲率半径大于30mm的弧度，水蒸气较多场所的顶棚应有适当坡度，减少冷凝水的滴落。

4. 卫生间、浴室等房间不应直接布置在厨房区域的上层。

5. 厨房各加工间的门宜安装防撞设施。

地面排水

1. 粗加工、切配、餐具清洗消毒、烹饪等需经常冲洗区域的地面应设置排水沟，地面设计时应考虑下层空间的净空高度。

2. 优先考虑结构降板方式预留排水沟空间，无条件时采用抬高地面方式解决排水沟所需高度要求。

3. 排水沟应设有可拆卸的盖板，排水应由高清洁操作区流向低清洁操作区。

4. 排水沟净高应不小于200mm，每段排水沟的最低处设沉渣池，排水口设于池侧壁，且至少高于池底100mm。

5. 厨房区域的排水须经过除油处理或废水处理系统处理后才能排入排水干管。

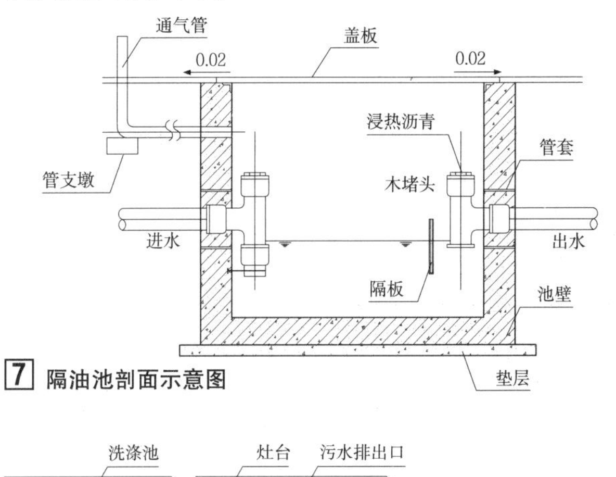

7 隔油池剖面示意图

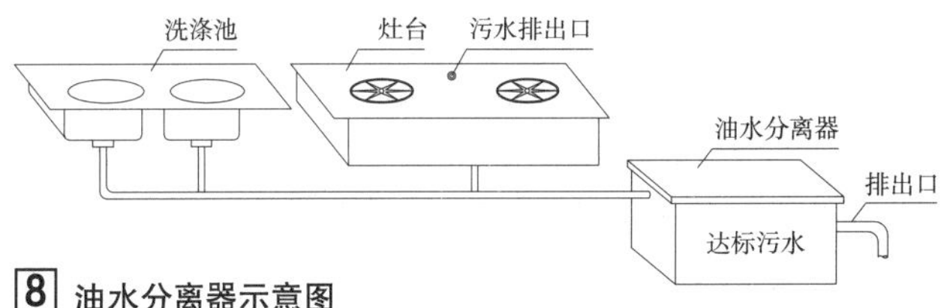

8 油水分离器示意图

防火构造

1. 厨房热加工间隔墙应采用耐火极限不低于2.00h的防火隔墙，隔墙上的门窗应为乙级防火门窗。

2. 厨房热加工间的上层有餐厅或其他用房时，其外墙开口上方应设宽度不小于1.00m的不燃烧体防火挑檐，挑檐长度不应小于开口宽度；或开口处外墙的上、下窗间墙高度不应小于1.20m。

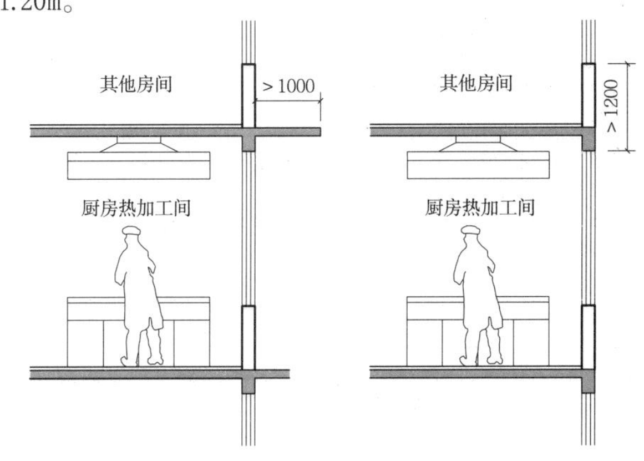

9 防火挑檐示意图　10 窗槛墙示意图

冷冻柜（单位：mm） 表1

器具类别	W	D	H
单门单温冷冻柜1	600	760	1960
四门单温冷冻柜2	1230	760	1960
三门单温冷冻柜3	1850	760	1960

冷冻/保鲜工作台（单位：mm） 表2

器具类别	W	D	H
三门冷冻工作台5	2100	800	800
二门保鲜工作台6	1500	800	800

保鲜柜（单位：mm） 表3

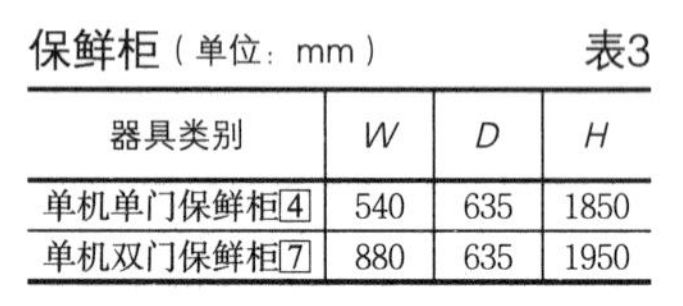

器具类别	W	D	H
单机单门保鲜柜4	540	635	1850
单机双门保鲜柜7	880	635	1950

普通灶（单位：mm） 表4

器具类别	W	D	H
单眼灶	700	800	800
一炒一温灶8	900	800	800
二炒一温灶9	1400	800	800
二炒二温灶10	1800	800	800

大锅灶（单位：mm） 表5

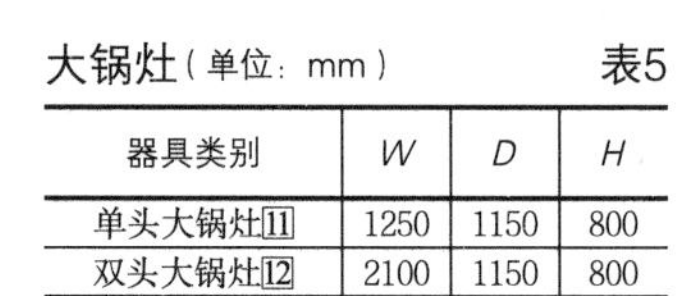

器具类别	W	D	H
单头大锅灶11	1250	1150	800
双头大锅灶12	2100	1150	800

煲仔炉（单位：mm） 表6

器具类别	W	D	H
四眼煲仔炉13	780	750	800
双眼低汤炉14	1150	750	800

洗刷台（单位：mm） 表7

器具类别	W	D	H
单盆洗刷台15	600	600	800
双盆洗刷台16	1200	600	800
三盆洗刷台17	1800	600	800
单盆（单板）洗刷台18	900	600	800

工作台（单位：mm） 表8

器具类别	W	D	H
靠墙式简易工作台19	1800	800	800
双层简易工作台20	1800	800	800
收集台21	1200	700	950

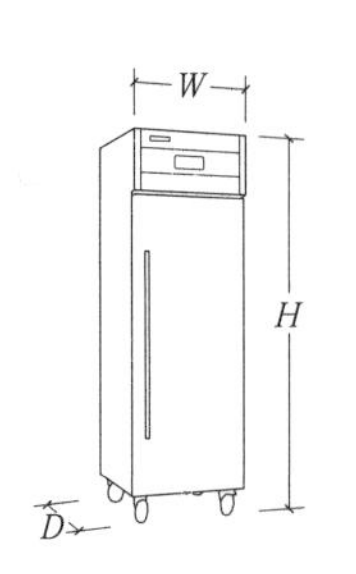

1 单门单温冷冻柜

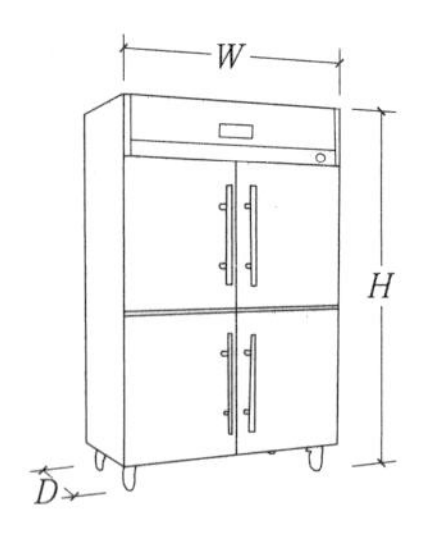

2 四门单温冷冻柜

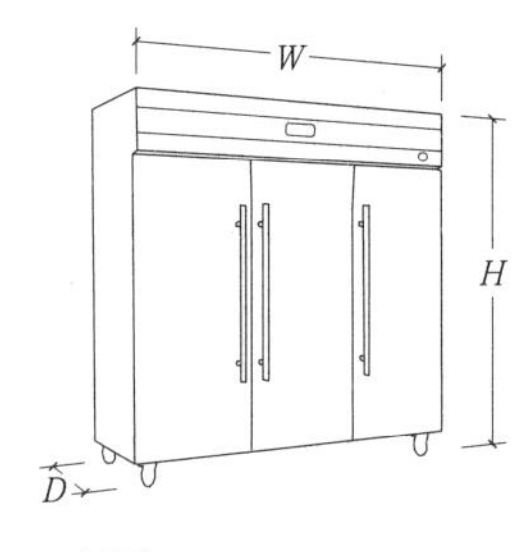

3 三门单温冷冻柜

4 单机单门保鲜柜

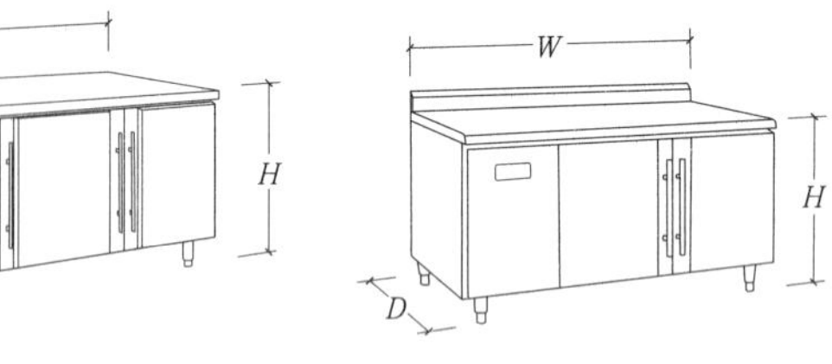

5 三门冷冻工作台

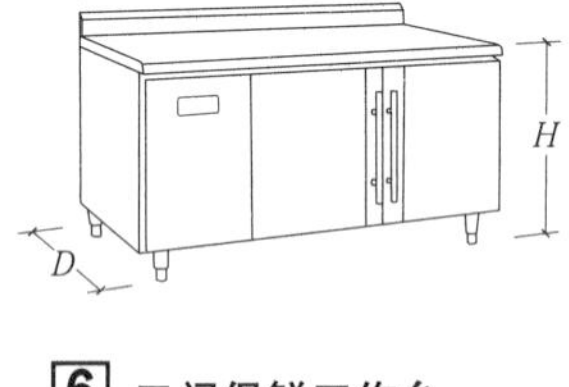

6 二门保鲜工作台

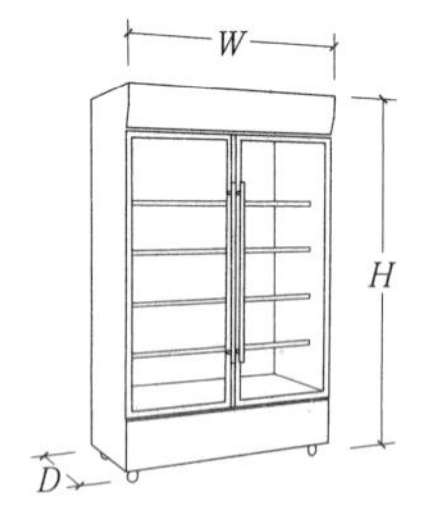

7 单机双门保鲜柜

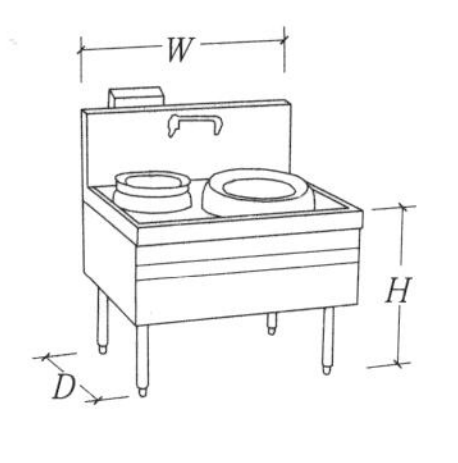

8 一炒一温灶

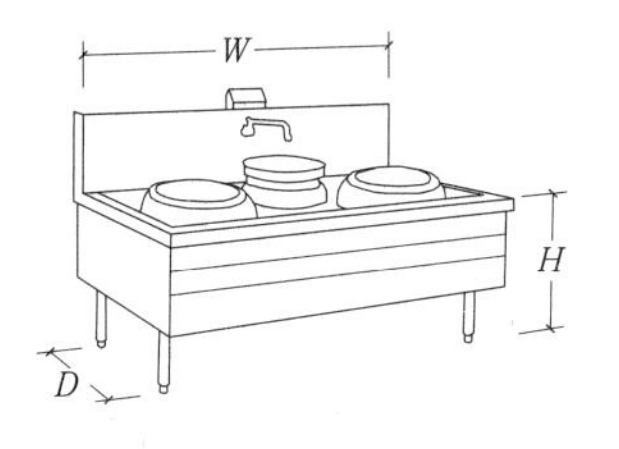

9 二炒一温灶

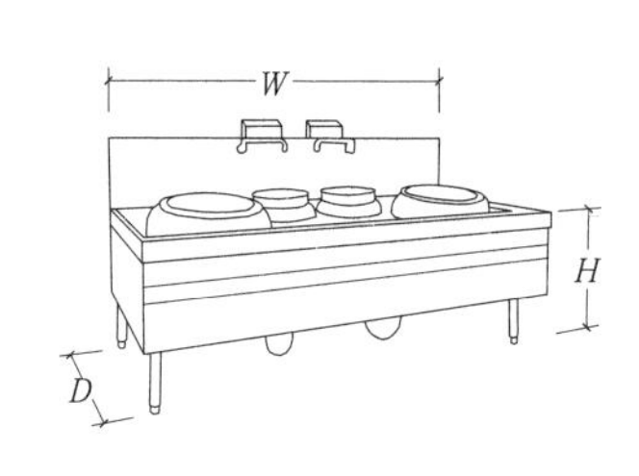

10 二炒二温灶

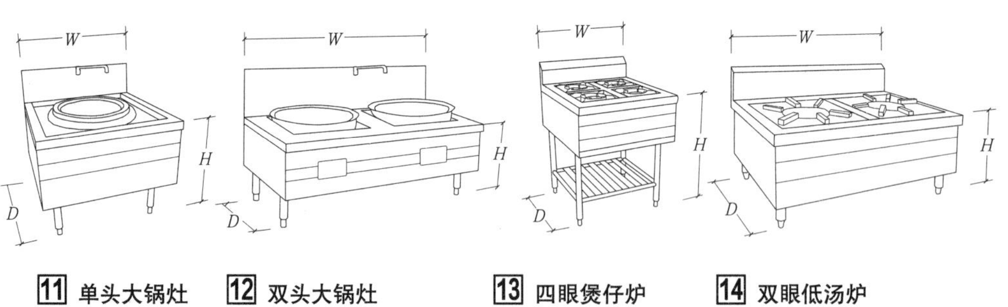

11 单头大锅灶　12 双头大锅灶　13 四眼煲仔炉　14 双眼低汤炉

15 单盆洗刷台

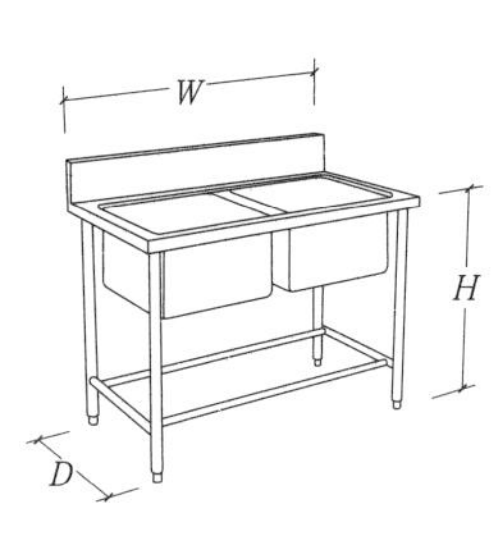

16 双盆洗刷台

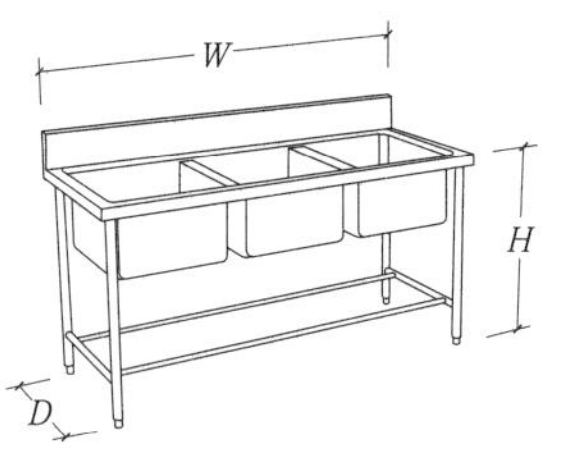

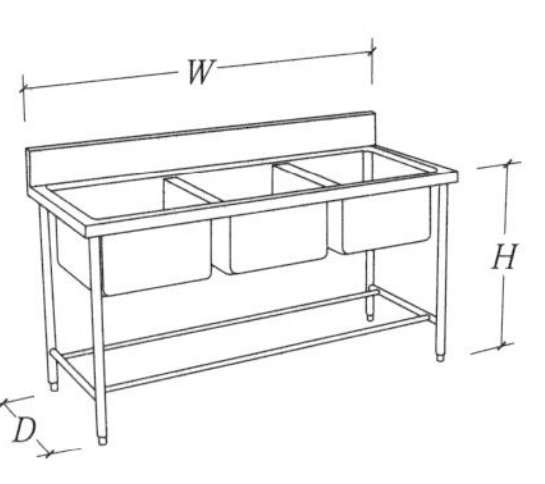

17 三盆洗刷台

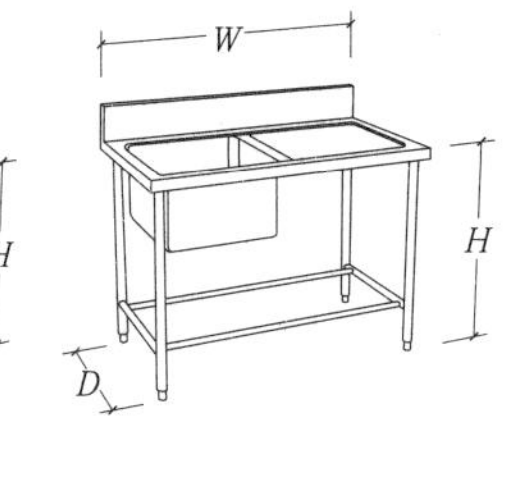

18 单盆（单板）洗刷台

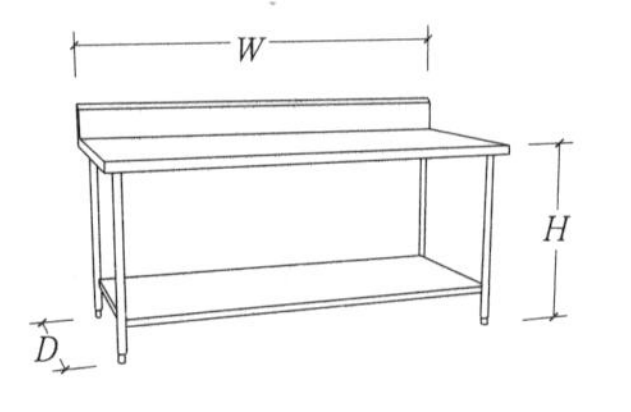

19 靠墙式简易工作台

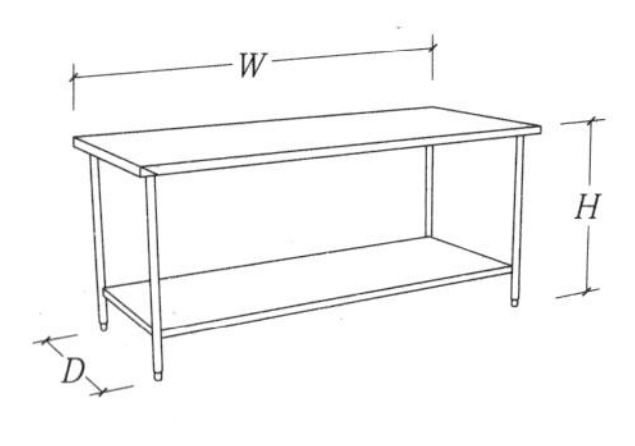

20 双层简易工作台

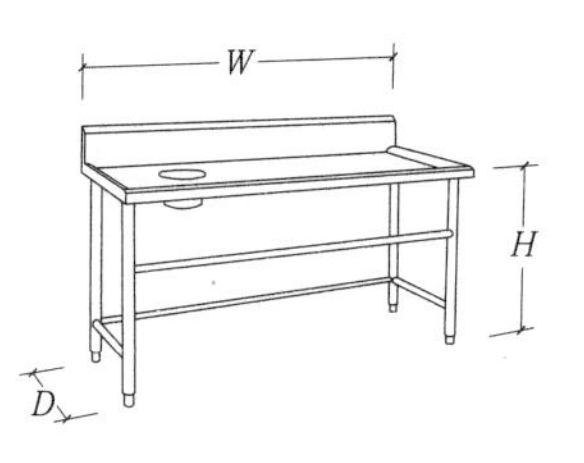

21 收集台

蒸饭车/海鲜蒸柜（单位：mm） 表1

器具类别	W	D	H
单门蒸饭车（盘数4）1	655	510	887
单门蒸饭车（盘数8）2	655	510	1227
双门蒸饭车（盘数20）3	1359	510	1397
三门海鲜蒸柜5	798	850	1730
六门海鲜蒸柜6	2120	850	1730

蒸熟保温柜（单位：mm） 表2

器具类别	W	D	H
蒸熟保温柜（6层）4	548	705	1150

发酵箱（单位：mm） 表3

器具类别	W	D	H
单门发酵箱（12层）7	495	740	1510
双门发酵箱（24层）8	1000	740	1510

烤炉/烤箱（单位：mm） 表4

器具类别	W	D	H
烤鸭炉9	直径800		1450
单门电烤箱（2盘）10	1220	850	540
三门电烤箱（8盘）11	1220	850	1550
旋转式燃气烤炉12	1345	850	1320

消毒柜（单位：mm） 表5

器具类别	W	D	H
消毒柜（容积60L）13	1220	850	1190
消毒柜（容积180L）14	1220	850	1550
消毒柜（容积638L）15	1220	850	1550
消毒柜（容积1300L）16	1345	585	1320

储物柜/储物架（单位：mm） 表6

器具类别	W	D	H
双层工作台连上架17	1900	800	800+800
四层存放架18	1200	500	1550
双通荷台19	1800	800	800
纱网柜20	1220	850	1550

移动推车（单位：mm） 表7

器具类别	W	D	H
保温热饭车21	920	640	930
餐具车22	800	900	450
燃气式肠粉车23	780	880	440

热水器（单位：mm） 表8

器具类别	W	D	H
电热开水器（容积120L）24	780	880	440

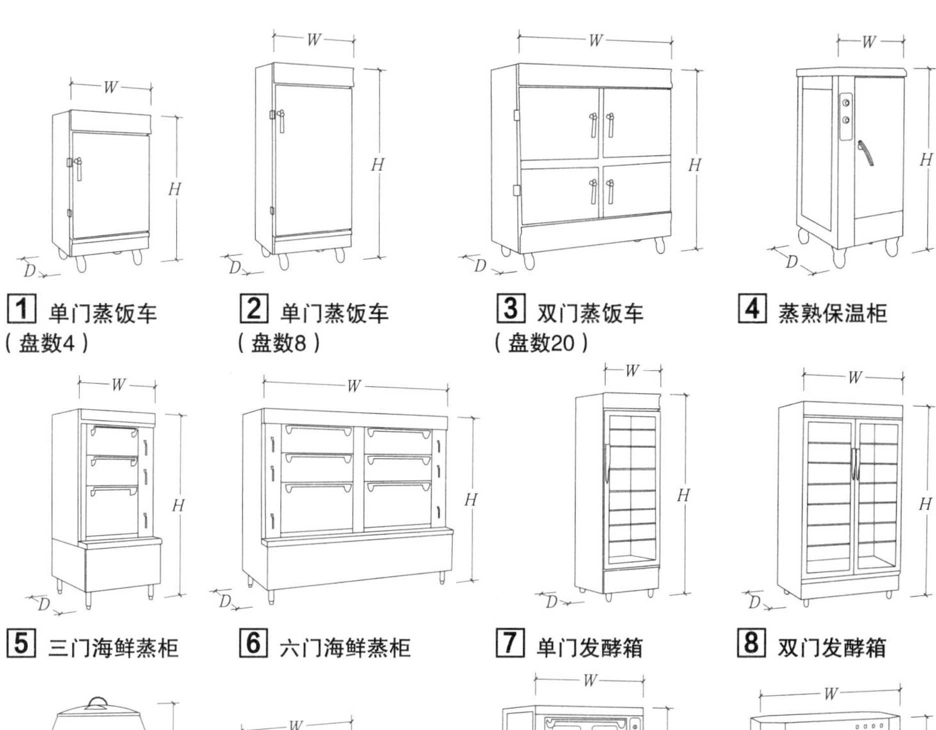

1 单门蒸饭车（盘数4）
2 单门蒸饭车（盘数8）
3 双门蒸饭车（盘数20）
4 蒸熟保温柜

5 三门海鲜蒸柜
6 六门海鲜蒸柜
7 单门发酵箱
8 双门发酵箱

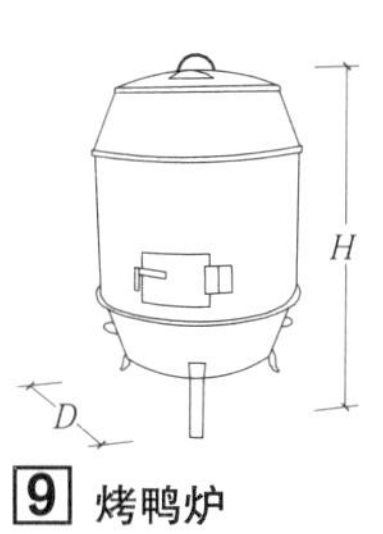

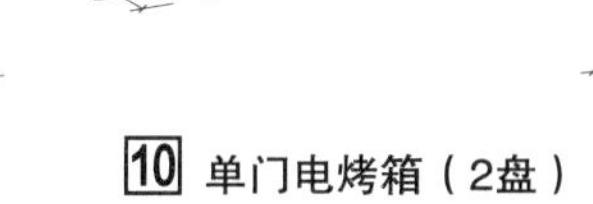

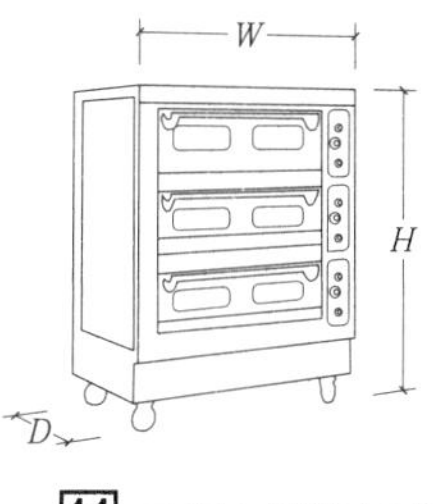

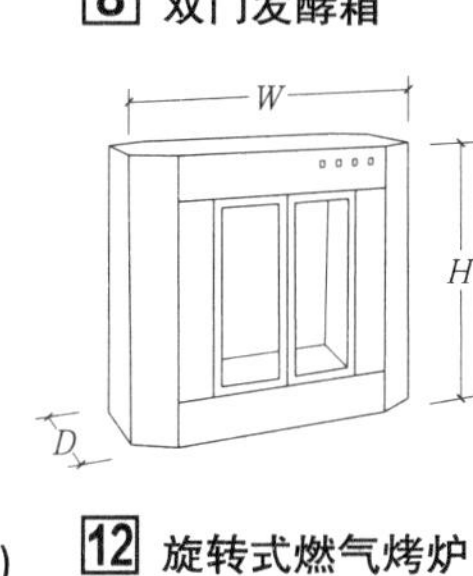

9 烤鸭炉
10 单门电烤箱（2盘）
11 三门电烤箱（8盘）
12 旋转式燃气烤炉

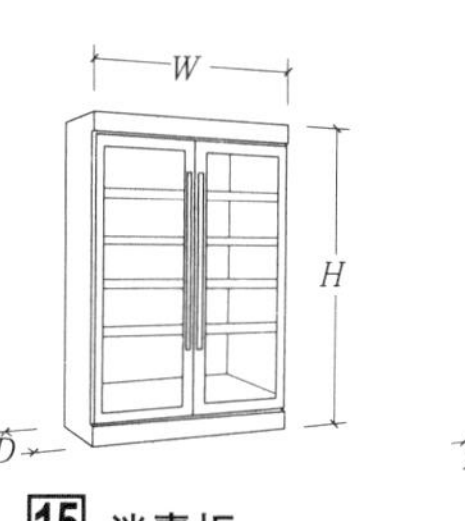

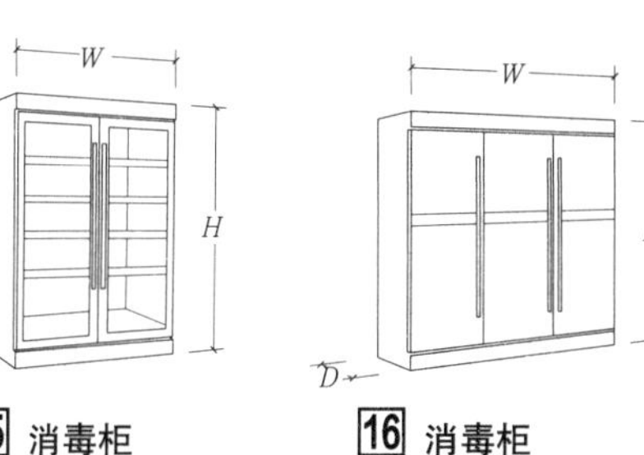

13 消毒柜（容积60L）
14 消毒柜（容积180L）
15 消毒柜（容积638L）
16 消毒柜（容积1300L）

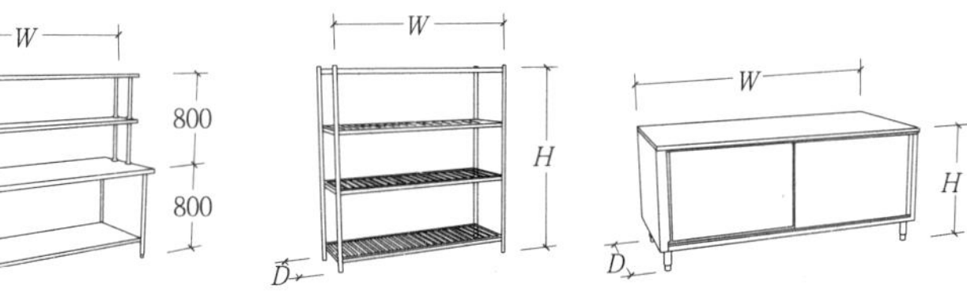

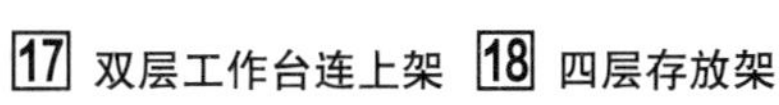

17 双层工作台连上架
18 四层存放架
19 双通荷台
20 纱网柜

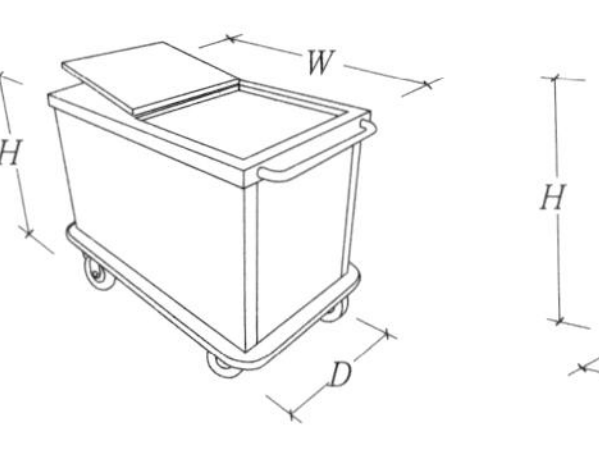

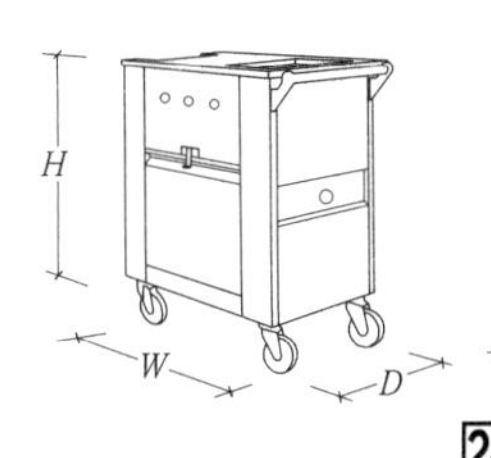

21 保温热饭车
22 餐具车
23 燃气式肠粉车
24 电热开水器（容积120L）

公共区域设计要点

1. 公共区域是指餐饮建筑内除用餐区域以外，顾客可以到达的区域。公共区域分为入口区、大堂休息区、景观表演区、点菜区、公共卫生间等部分。

2. 除公共卫生间以外，公共区域的各类空间可根据餐饮建筑的类型、规模、标准、特色以及其他外部环境等因素选择性地设置。

3. 入口区域包括门厅、休息区、寄存等空间。入口区域不需很大，但应有效布置和划分各种功能，可分为有大堂与无大堂两种。

4. 门厅具有引导、组织人流作用，应具有导向性，将顾客导向就餐区（餐厅、包间）、休息等候区、服务台、交通以及卫生间等区域。休息区应配有座椅、书报架等设施。寄存间宜为封闭空间，内配有储物柜、衣柜等设施。北方寒冷地区及大风地区入口处需设置门斗或旋转门与平开门结合设置，以利防风和防寒。

5. 餐饮建筑往往会在内部设置景观设施。景观一般包括绿植、雕塑、水景、景观墙、钢琴演奏台及阶梯台地等内容。景观元素可在餐厅内与就餐座椅、隔断结合布置，也可于一个较为中心的位置集中设置。

6. 公共区域设置专门的点菜区，能给顾客以直观的感受，并能展示餐饮建筑经营的特色。区内有菜品展示台、生鲜池等，并常常与冷餐制作等无油烟和明火的明档厨房结合设置。点菜区一般位于餐厅与厨房之间的位置，其交通一般以环路设计为宜，避免人流反复、交叉。通道宽度根据所服务人数设计，并且一般不小于1.8m。

7. 3层以上餐饮建筑，宜设置乘客电梯或自动扶梯。

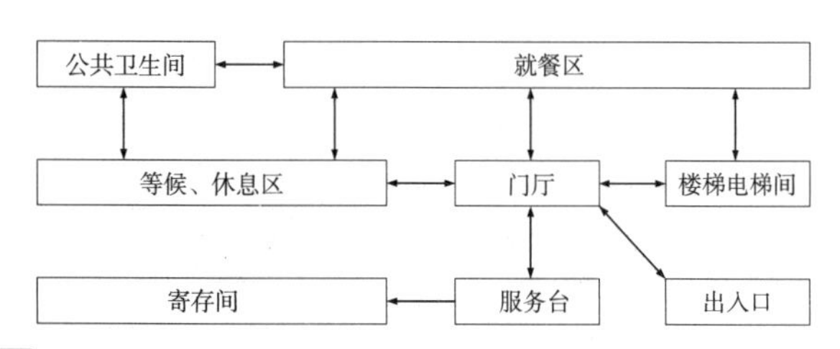

1 公共区域组成及流线

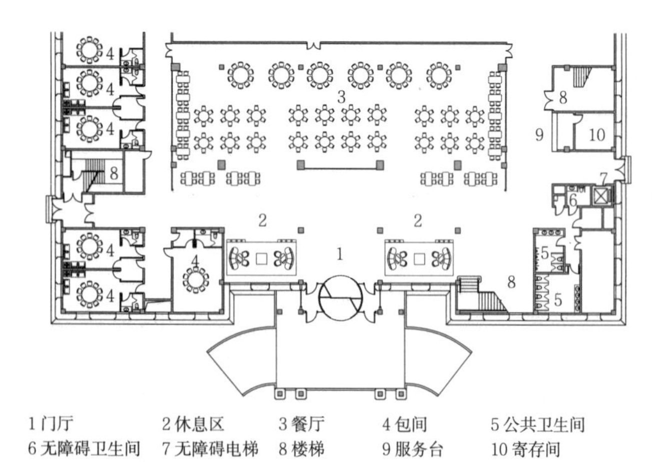

1 门厅　2 休息区　3 餐厅　4 包间　5 公共卫生间
6 无障碍卫生间　7 无障碍电梯　8 楼梯　9 服务台　10 寄存间

2 入口区示例

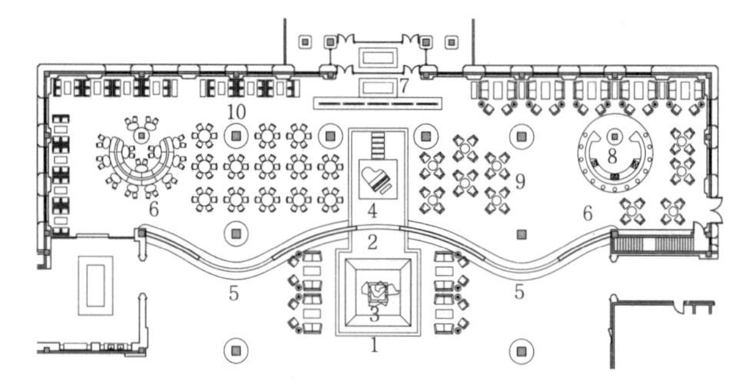

3 表演区示例　1 大堂　2 水景　3 雕塑　4 钢琴台　5 观景台阶　6 景观隔断　7 绿植　8 吧台　9 餐厅　10 景观柱

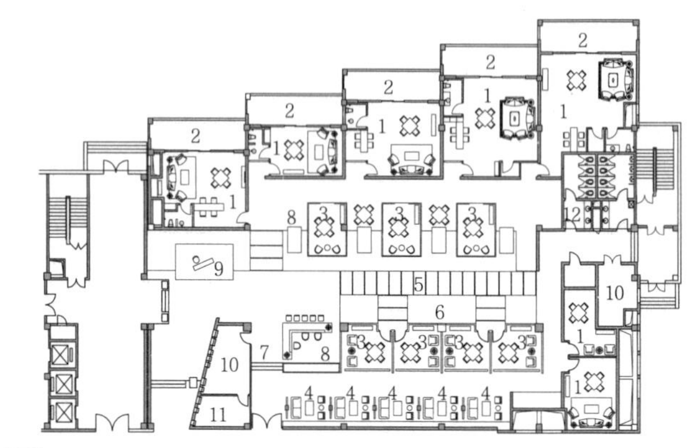

4 景观区示例　1 大包间　2 景观阳台　3 小包间　4 散台　5 玻璃桥　6 水景　7 观景台阶　8 景观隔断　9 钢琴台　10 服务间　11 休息室　12 卫生间

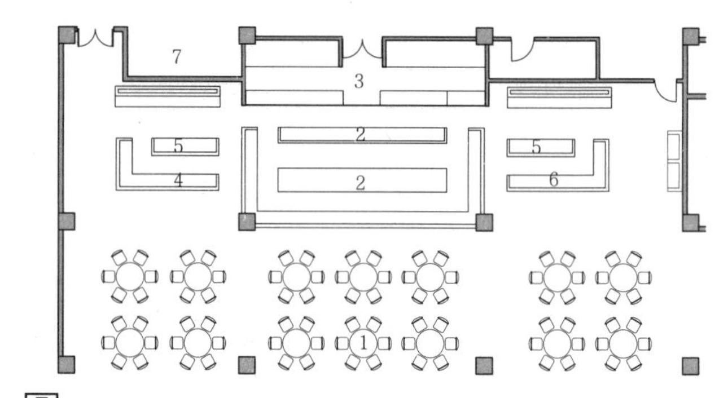

5 点菜区示例　1 餐厅　2 菜品展示台　3 明档厨房　4 海（河）鲜池　5 冷藏冷冻柜　6 特色展示区　7 厨房

6 景观区透视示例

公共卫生间

1. 公共卫生间设置应隐蔽，并设有前室，卫生间门不应直接开向用餐区，要有明显标识，易于顾客寻找。一般与餐厅、门厅、休息区等空间有比较直接的联系。

2. 卫生间应有排气装置，宜设置清洁间，水龙头宜采用非手动式开关。

3. 附设于商业中心的快餐店、饮食广场的卫生间可与商业部分卫生间合用。

餐饮建筑公共卫生间设施配置表　　表1

设备	男	女
厕位	50座以下至少设1个；100座以下设2个；超过100座每增加100座增设1个	50座以下设2个；100座以下设3个；超过100座每增加65座增设1个
洗手盆	1.1~4个厕位设置1个，5~8个厕位设置2个，9~21个厕位每增4个厕位增设1个，22个厕位以上每增5个厕位增设1个；男女卫生间宜分别计算，分别设置。 2.当女卫生间洗手盆数n≥5时，实际设置数N应按下式计算：N=0.8n	
清洗池	至少配1个	

注：1. 本表根据《城市公共厕所设计标准》CJJ 14-2016编制。
2. 一般情况下，男、女顾客按各为50%考虑。

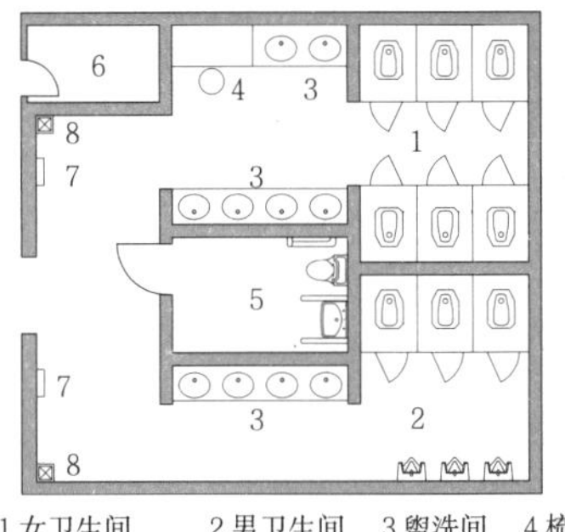

1 女卫生间　2 男卫生间　3 盥洗间　4 梳妆台
5 无障碍卫生间　6 清洁间　7 烘手器　8 垃圾桶

1 餐馆卫生间布置示例

1 女卫生间　4 儿童盥洗池
2 男卫生间　5 排气道
3 成人盥洗池

2 快餐店卫生间布置示例

寄存间

1. 寄存间多紧邻服务台布置，方便顾客与服务人员取送物品。寄存间门不宜开向其他空间，以保证物品的安全性。

2. 寄存间在满足使用前提下，布置应紧凑。步入式寄存间宜设置物品寄存和衣帽寄存等功能。

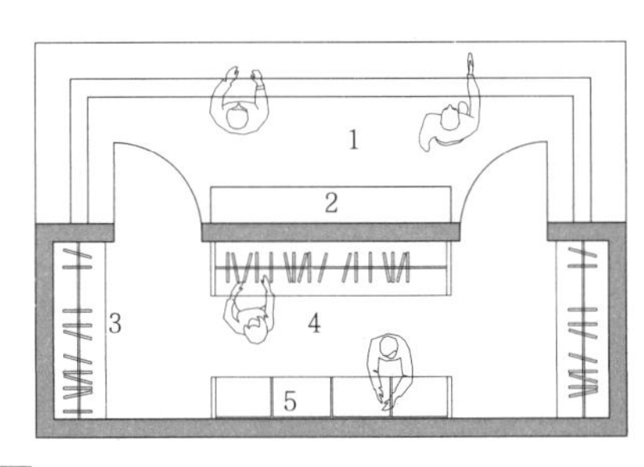

3 寄存间平面示例　1 服务台　2 酒柜　3 步入式寄存间　4 衣柜　5 储物柜

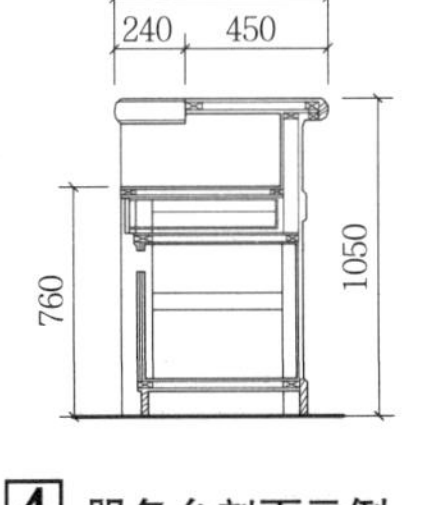

4 服务台剖面示例

5 储物柜立面示例

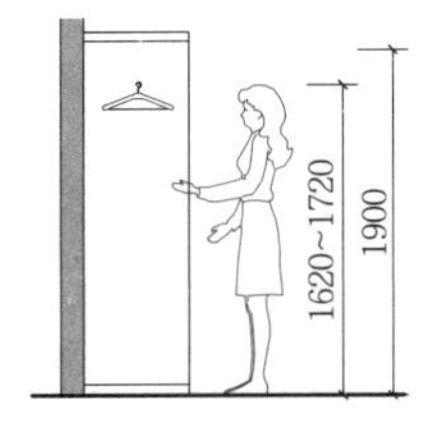

6 衣柜剖面示例

休息等候区

1. 休息等候区一般位于入口服务台与餐厅之间的位置，根据餐馆、快餐店、饮食店实际经营情况确定其面积大小。

2. 区内一般配以小座椅、衣帽架、书报架，也可配备免费自助饮品等。

3. 休息等候区布置不宜对就餐人流进出餐厅造成干扰。

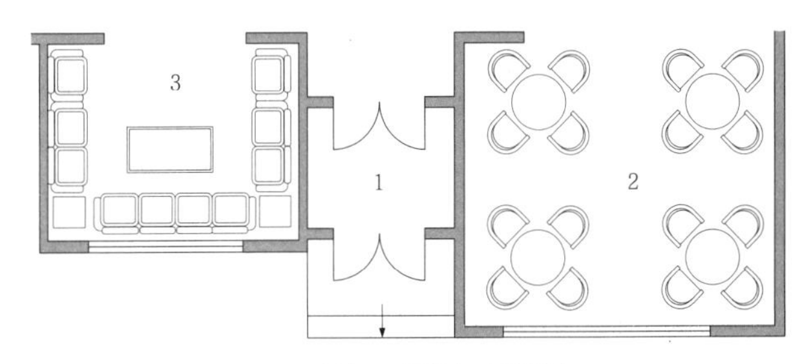

1 门斗　2 就餐区　3 等候区

7 休息等候区示例

8 休息区等候区景观

9 服务台透视

辅助区域设计要点

1. 辅助区域一般是指为炊事人员、服务人员与行政管理人员使用的更衣间、休息间、卫生间、淋浴间、办公室、值班室等用房区域。

2. 功能流线应组织合理，方便炊事人员及管理人员顺畅到达工作岗位，避免人员及污洁物品和食材交叉。

3. 更衣间、卫生间应在厨房工作人员入口附近设置，炊事人员、服务人员入口应与顾客入口分开设置。

4. 卫生间应男女分设，并均为水冲式厕所，卫生间门不应朝向厨房各加工间、制作间。

5. 更衣间宜为独立隔间，并应男女分设，更衣柜宜设储物柜和衣物悬挂储存两部分。

6. 炊事人员和管理人员办公、休息、会议等用房按需设置，有些办公室可与其他行政办公用房合用。

7. 淋浴间可以按照实际需要进行选择设置。

厨房炊厨人员配制参考表　　表1

项目	饮食建筑规模（座）	50	100	200	500	800	1000
炊事人员总数（人）		4	7	14	32	53	65
各加工件操作人数（人）	主食制作区	1	1	2	5	9	10
	主食热加工区		1	2	4	6	7
	副食粗加工区	1	2	4	3	5	7
	副食细加工区				9	14	16
	副食热加工区	1	2	3	5	7	9
	冷荤制作间	—	—	1	2	3	5
	洗涤消毒间	1	1	1	2	4	5
	备餐、冷荤拼配			1	2	5	6

注：炊事人员配置，中餐：1人/15~20座；西餐：1人/15~16座。

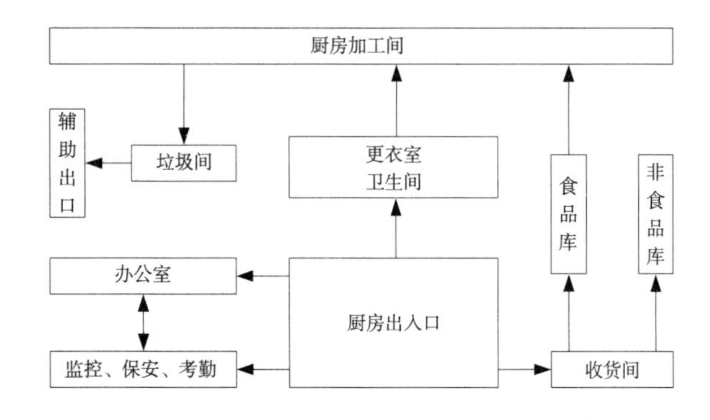

1 辅助区域组成及流线

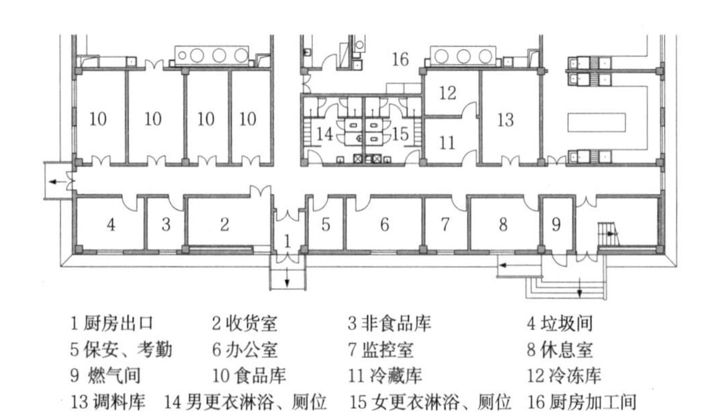

1 厨房出口　2 收货室　3 非食品库　4 垃圾间　5 保安、考勤　6 办公室　7 监控室　8 休息室　9 燃气间　10 食品库　11 冷藏库　12 冷冻库　13 调料库　14 男更衣淋浴、厕位　15 女更衣淋浴、厕位　16 厨房加工间

2 辅助区域示例

食品库房

食品库房设计要求　　表2

项目		设计要求
干货库房	粮食 调料 干菜	1.库房位置应方便进货，并应与制作间联系方便； 2.库房应设有良好的通风、防潮、防鼠、防虫、防火及安全等设施，不得存放有毒、有害物品及个人生活用品； 3.室内墙面、地面应选用易清洁的材料； 4.干菜库存放形式为架存
鲜货库房	植物性食品 （蔬菜、水果） 动物性食品 （肉类） 水产品 （鱼类、海鲜）	1.动物性食品、水产品应储存在冷藏库（柜）中，冷藏库（柜）的门不宜朝向热源方向； 2.冷藏、冷冻（库）柜储存应做到原料、半成品、成品严格分开，植物性食品、动物性食品和水产品分类摆放； 3.冷藏、冷冻的温度应分别符合相应的温度规范要求，冷冻温度通常为-12~-18℃，冷藏温度通常为0~10℃； 4.蔬菜多为当日处理，若设库应采用架存，应注意通风和防晒，或存放于冷藏库（柜）中
饮品库房	酒类 各类饮料	1.饮品库房仅与进货口和付货口联系，与厨房其他部位无直接关联。位置要求不高； 2.少量饮品可储存于备餐间、调料库。量大时饮料应储存于冷藏库中，酒类宜存放于地下室或地窖中

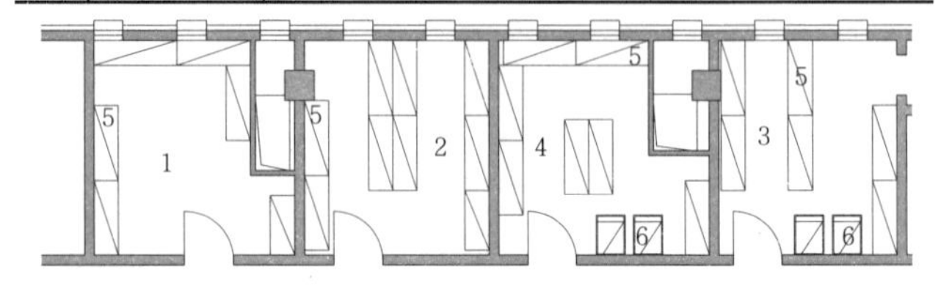

3 食品库房示例　1 饮料酒水库　2 冷藏库　3 主食库　4 副食库　5 四层方管货架　6 平板推车

残食回收区

1. 残食回收区是指对厨房加工产生的废弃物及餐厅、洗消间的餐饮垃圾等的回收、运送通道和临时存放区域。

2. 残食回收通道与成品通道不宜交叉，其出口与原料出入口、就餐人员出入口应分开设置。残食回收通道应与厨房粗加工区和洗消间紧密联系。当厨房与餐厅非同层布局时，应在餐厅层运送污物的楼电梯附近设置废弃物暂存间。

3. 废弃物容器应以坚固及不透水的材料制作，并应配有盖子，防止污染食品、水源及地面，防止有害动物的侵入，防止不良气味或污水的溢出，内壁应光滑以便于清洗。

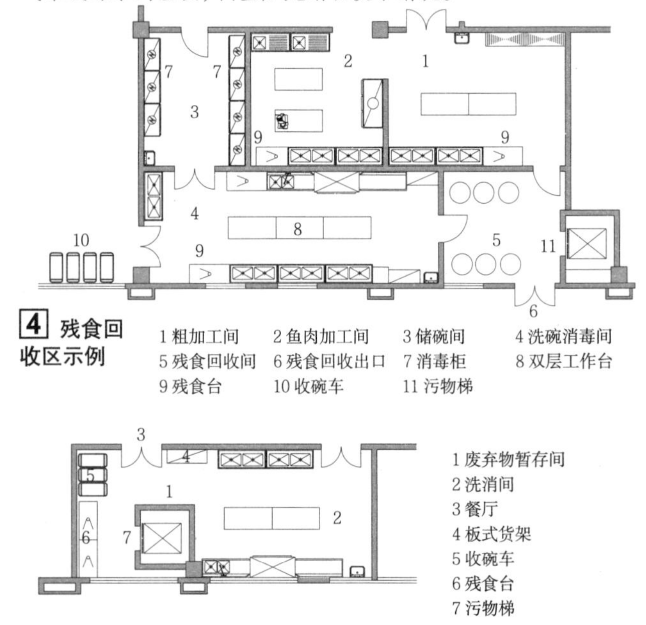

4 残食回收区示例　1 粗加工间　2 鱼肉加工间　3 储碗间　4 洗碗消毒间　5 残食回收间　6 残食回收出口　7 消毒柜　8 双层工作台　9 残食台　10 收碗车　11 污物梯

1 废弃物暂存间　2 洗消间　3 餐厅　4 板式货架　5 收碗车　6 残食台　7 污物梯

5 残食回收区示例

餐桌尺寸

中餐餐桌形状多为方桌或圆桌，西餐餐桌在就餐人数较少时采用方桌或圆桌，人数较多时，多采用长条桌。其他形状的餐桌，如多边形，较少采用，尺寸可参照方桌和圆桌尺寸确定。

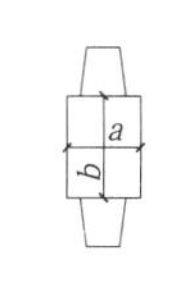

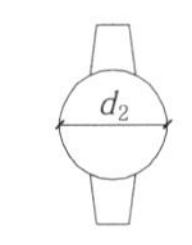

a 双人桌

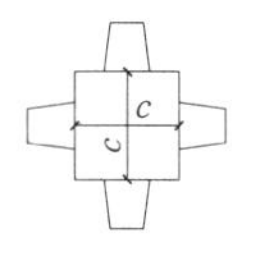

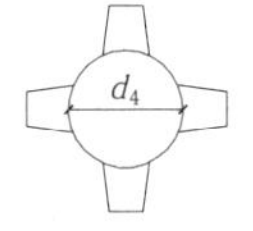

b 四人桌

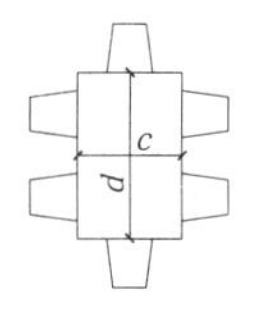

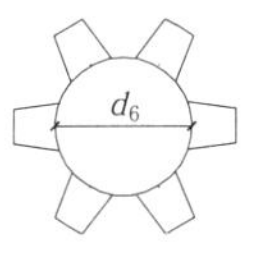

c 六人桌

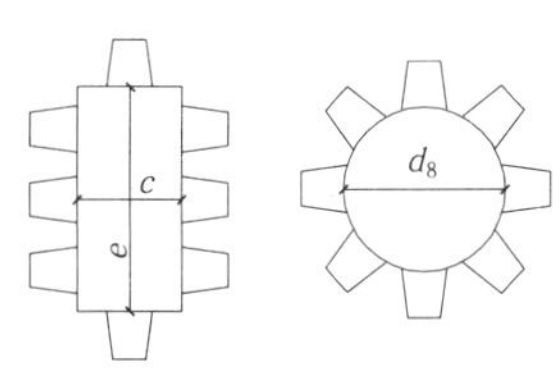

d 八人桌

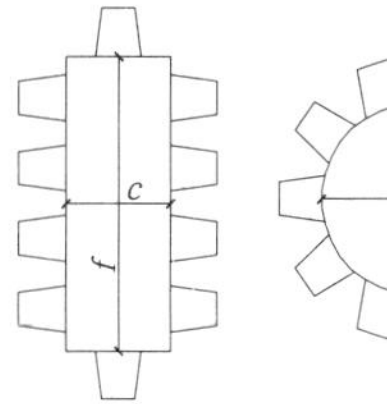

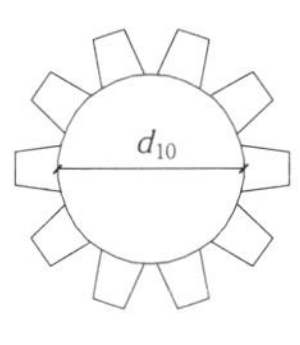

e 十人桌

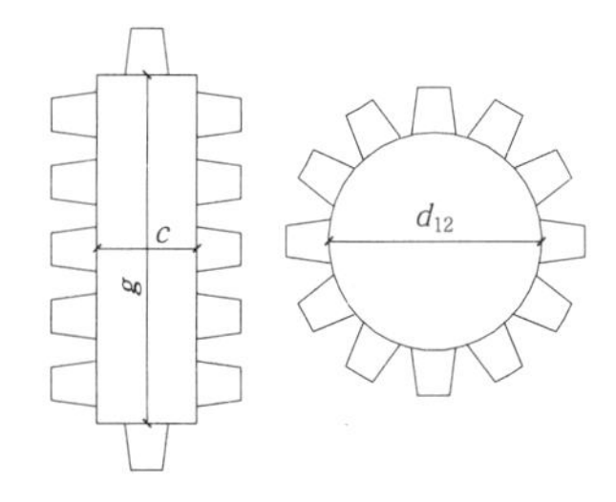

1 餐桌尺寸示意图

常用圆桌尺寸(单位：mm) 表1

进餐类型	d_2	d_4	d_6	d_8	d_{10}	d_{12}
正餐	650	900	1100	1300	1500	1800

常用方桌尺寸(单位：mm) 表2

进餐类型	a	b	c	d	e	f	g
正餐	650	800~850	850~1100	1400~1500	1900~2000	2400~2500	2900~3000
快餐	600	700	800	—	—	—	—

餐桌使用空间尺寸

就餐者之间要留出适当距离，既便于彼此交流，又保持各自的私人领域。公共通道、服务通道与就餐者之间也要保持适当距离，以避免对就餐的干扰。

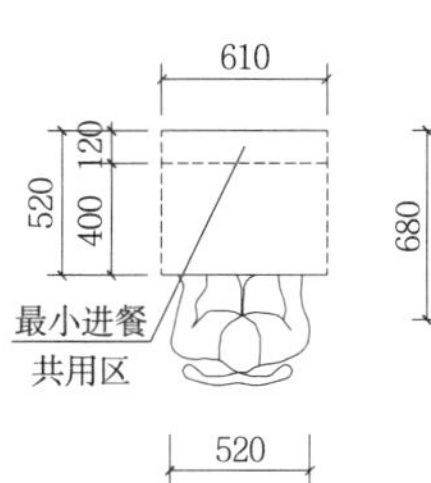

a 单人最小进餐尺寸

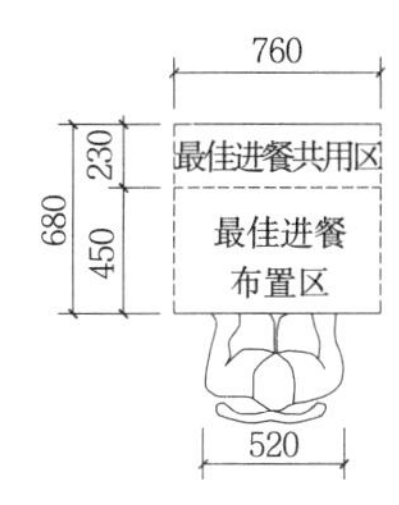

b 单人最佳进餐尺寸

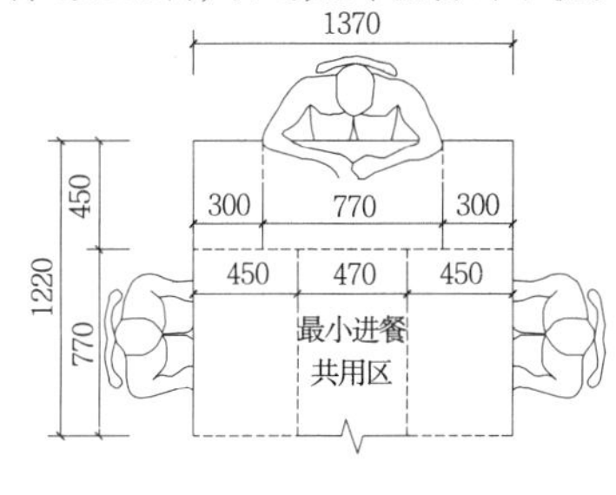

c 公共最佳餐桌宽度

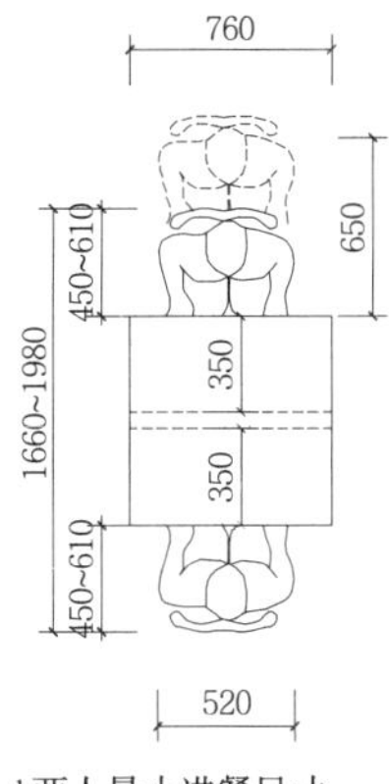

d 两人最小进餐尺寸

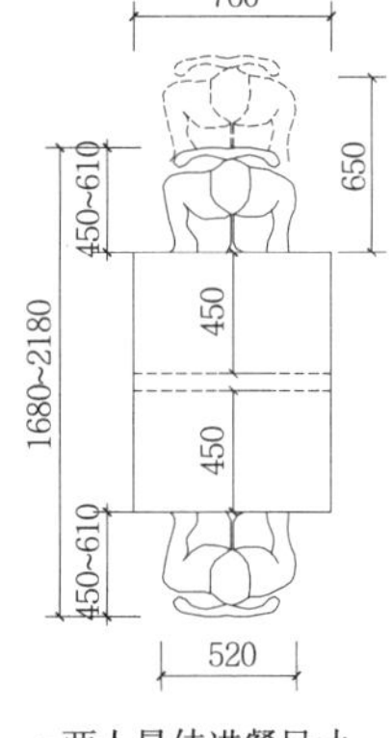

e 两人最佳进餐尺寸

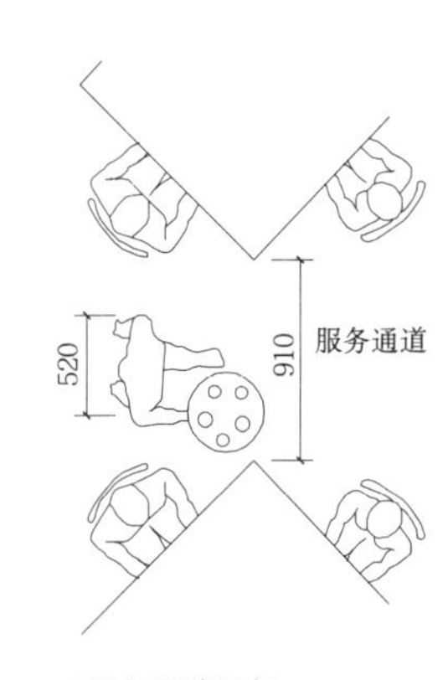

f 服务通道距离

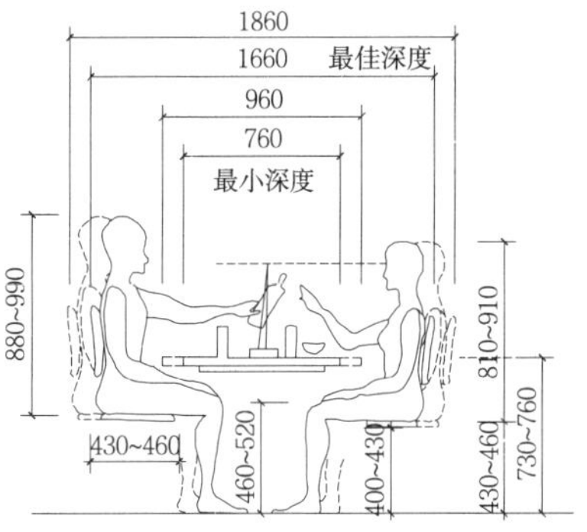

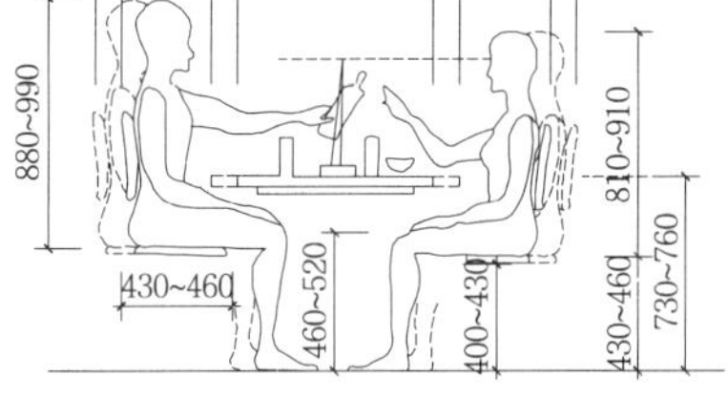

g 最小就座距离

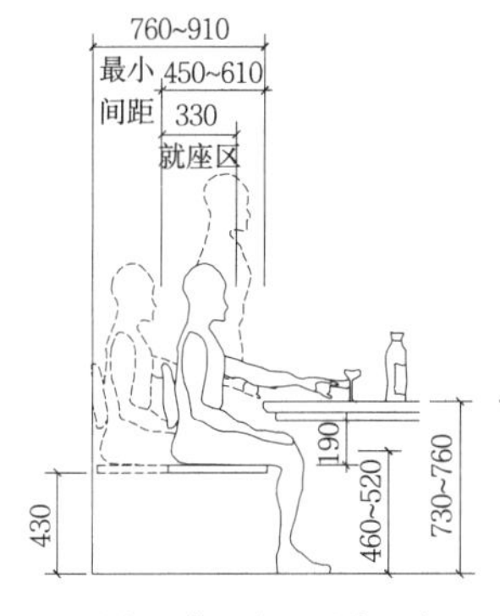

h 最小与最佳深度及垂直距离

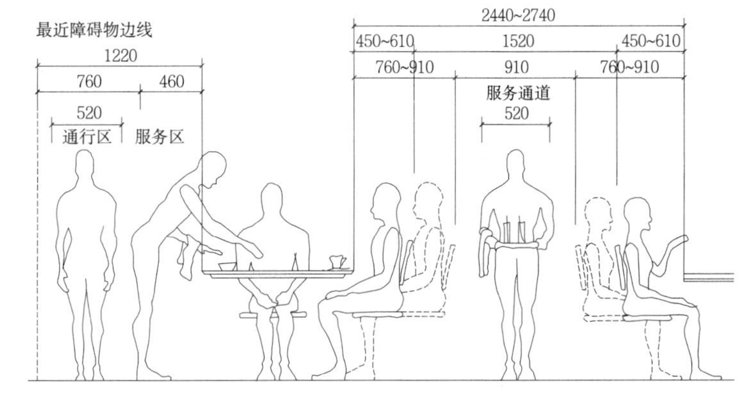

i 服务通道与座椅之间的距离

2 餐桌使用空间尺寸示意图

餐桌布置方式

餐桌宜结合餐饮室内空间布局成团成组布置，组团间留出公共通道和服务通道。组团规模不宜过大，以方便服务到达每个座位。

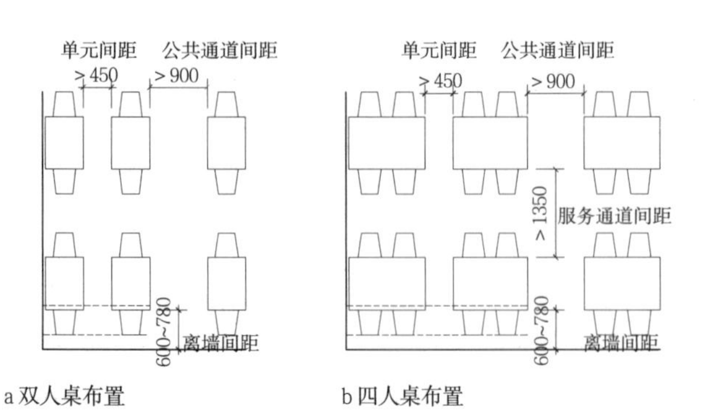

a 双人桌布置　　b 四人桌布置

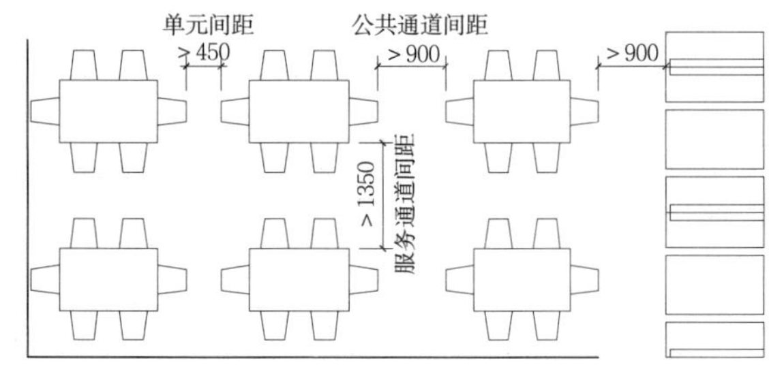

c 六人桌布置　　d 火车座桌布置

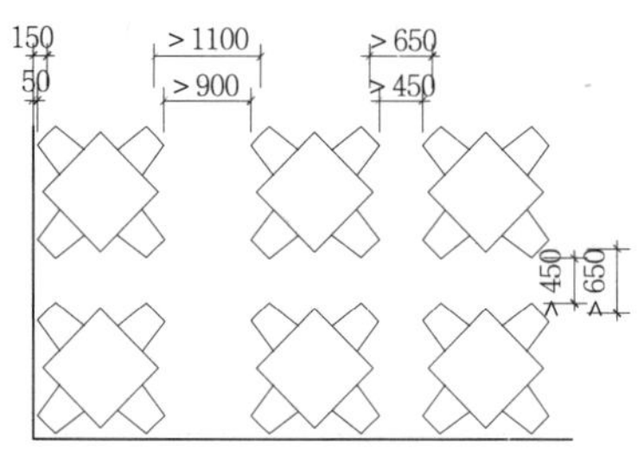

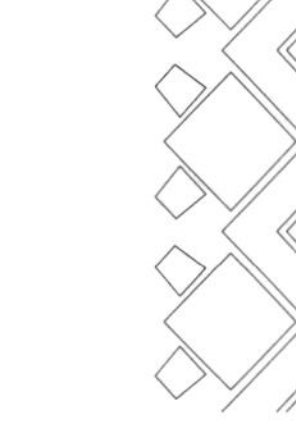

e 方桌斜向布置　　f 方桌斜向靠墙布置

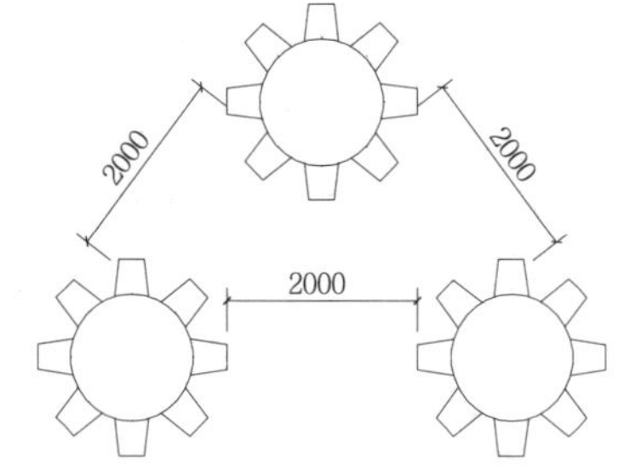

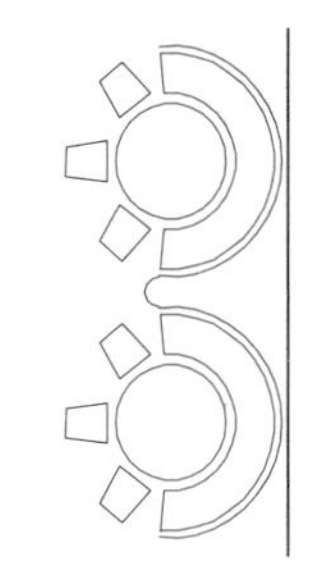

g 圆桌布置　　h 圆桌靠墙布置

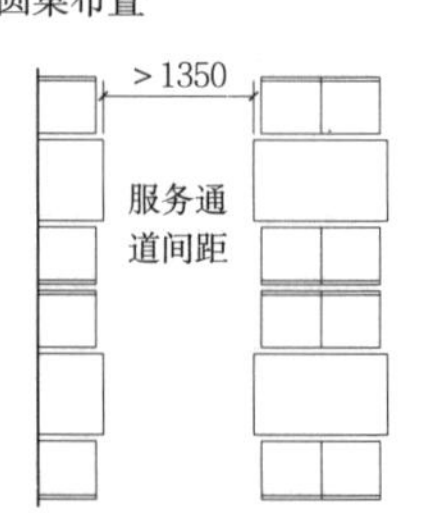

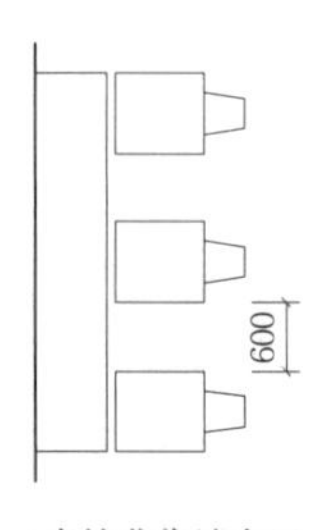

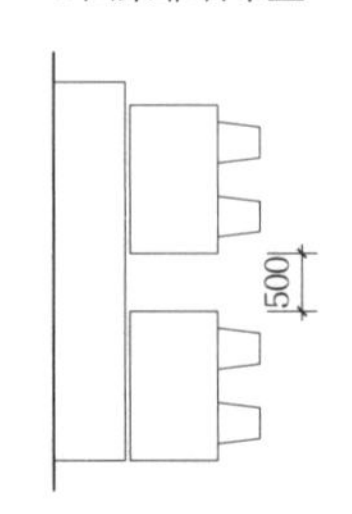

i 桌椅侧靠墙布置　　j 桌椅背靠墙布置

1 餐桌布置方式示意图

空间组合方式

常见空间布置方式为集中式、组团式和线式。三种方式可以变形或彼此之间进一步组合，形成更为丰富的餐厅室内空间。

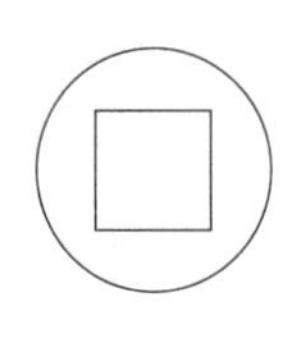

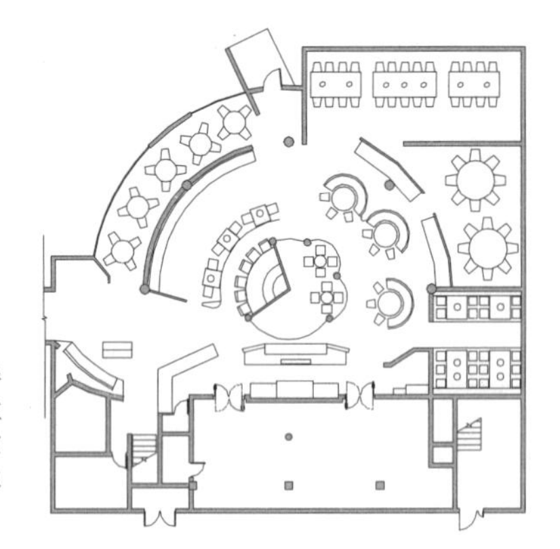

集中式空间组合是由大小各异形式不同的空间围绕一个占主导地位的大空间构成。此大空间一般为圆形、方形、正多边形等形状规则的空间。

2 集中式空间

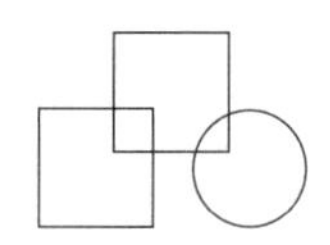

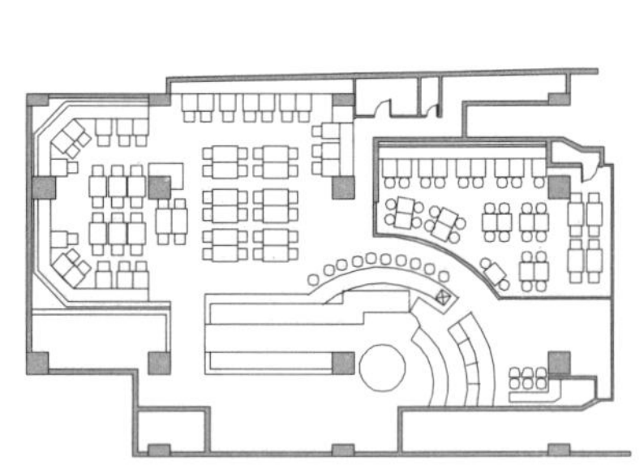

组团式空间组合是将若干空间，通过彼此搭接或相连，组合成一个整体。空间形状上可以各异，但大小尺寸应彼此相当。

3 组团式空间

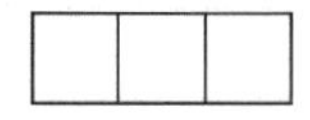

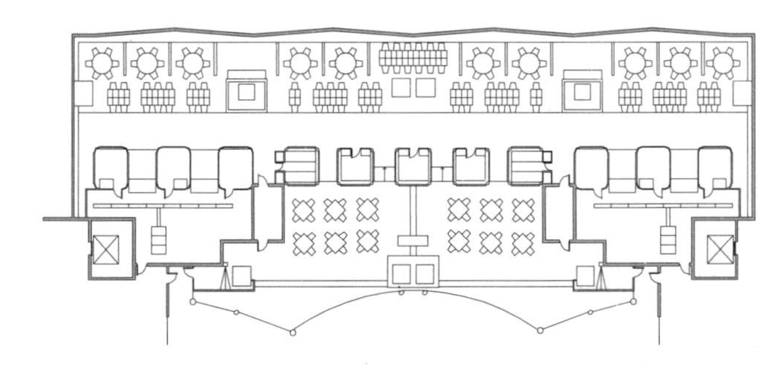

线式空间组合是将若干大小及形状相同或相当的空间，通过串接的方式组成一个空间系列。"线"可以是直线、折线，也可以是弧线。

4 线式空间

顶棚设计

顶棚作为空间顶界面，最能反映空间的形态关系。

顶棚在空间中基本全部暴露在人的视线内，是空间中影响力最大的界面，是餐饮室内设计的重点。顶棚造型、色彩、光影变化对室内气氛的营造至关重要。同时，顶棚界面设计应综合考虑建筑的结构和设备的要求。

1 展示结构造型的顶棚

2 暴露结构构件的顶棚

3 有自然采光的顶棚

4 钟表作为主题的吊顶

5 灯池造型突出的吊顶

地面设计

地面作为空间底界面是最先被人感知的界面。

餐厅地面设计应与餐厅的使用功能紧密配合。地面的升降是划分用餐区域的重要手段。地面的色彩、质地和图案对用餐气氛产生直接影响。另外，地面的设计还应考虑消防疏散、残疾人使用便利等要求。

6 不规则的地面图案

7 独特的地面造型

8 醒目的地面图案

9 结合水景的地面

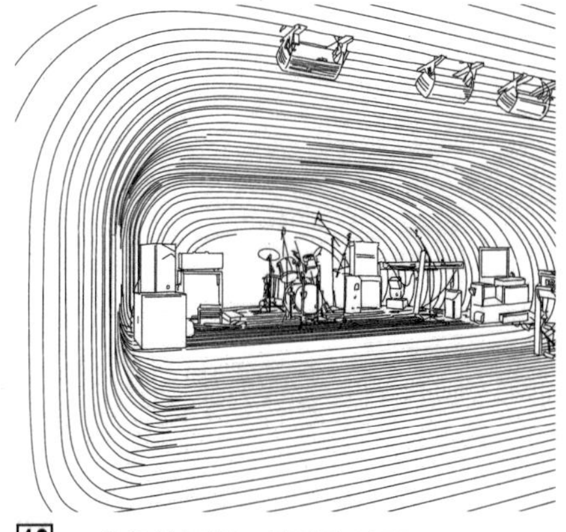

10 一体化的顶棚、墙面和地面

墙面设计

墙面是空间的侧界面，是围合空间的最重要手段。

墙面在空间中是人的视线最易观察的界面，对餐厅氛围的营造至关重要。餐厅墙面的设计应综合多种因素，应考虑墙面与建筑功能和建筑结构的关系。在处理墙体界面时，还考虑到墙面上的依附物，如门窗、洞口、镂空、凸凹面等的影响。

1 凹凸起伏的墙面

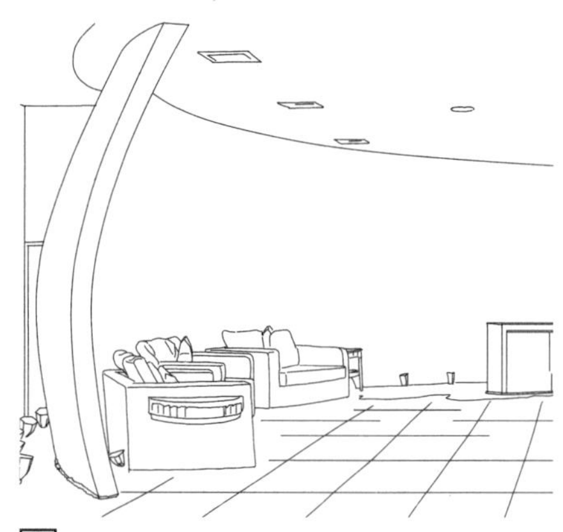

2 实体弧形墙面

3 自由造型的顶棚

4 延续顶棚图案的墙面

5 一体化处理的顶棚和墙面

隔断设计

隔断是对空间进行进一步围合或分割的手段。

用隔断来分隔和围合空间，比通过地面高差或顶棚造型来限定空间更实用和灵活。它可以脱离建筑结构而自由变化组合。另外，隔断还能增加空间的层次感，组织人流路线，提供餐桌依靠的边界等。隔断种类繁多，恰当的使用可以代替繁重的抹灰饰面工程，减少造价。

6 木质镂空隔断

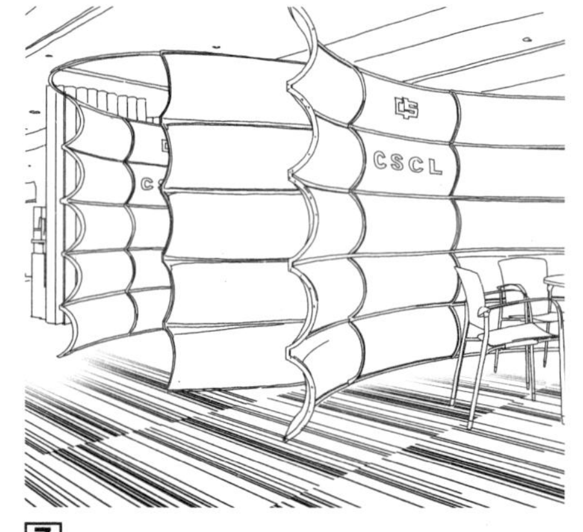

7 有机材料隔断

8 半圆形展示柜隔断

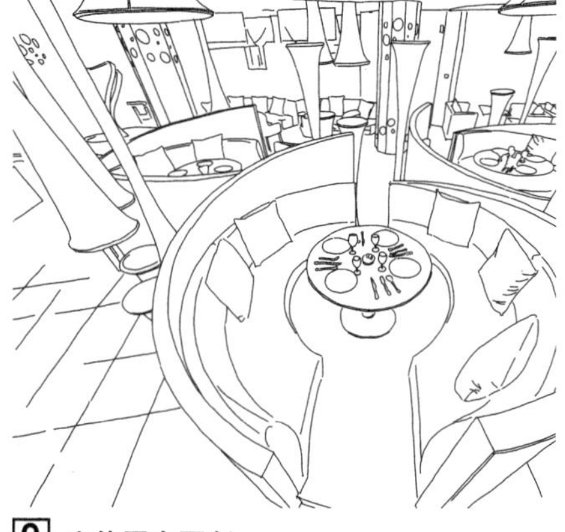

9 实体围合隔断

10 玻璃通透式隔断

自然光环境

餐饮空间是一种富有生活情趣的空间。充分利用自然光，形成一种人工光所不能达到的、具有浓厚自然气氛的光环境，是餐饮空间设计的重要手段。

自然光可分为侧窗采光和顶窗采光两种方式。不同的侧窗和顶窗，由于其形状和大小的差别，可以营造出不同氛围的用餐环境。

1 侧窗做倾斜处理

2 侧窗与树干造型结合

3 侧窗将庭院景观引入室内

4 侧窗与天窗相结合一

5 侧窗与天窗相结合二

人工光环境

由于条件限制，餐饮空间经常会处于无窗或少窗的环境，而餐饮建筑往往又以夜间使用为主。因此，在餐饮空间中设置人工照明是不可避免的。

人工光有颜色、冷暖之分。暖色光能产生温暖、华贵、热烈、欢快的气氛，冷色光会造成凉爽、朴素、安静、深远、神秘之感。

6 结合吊顶造型布置人工照明

7 灯具造型点缀室内空间

8 顶棚灯光造型延伸到墙面

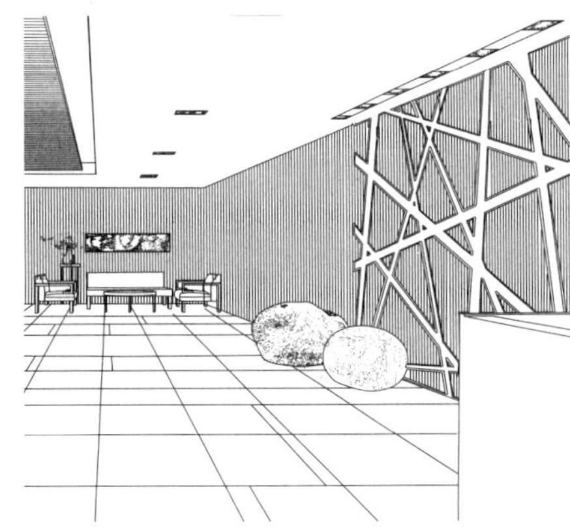

9 灯光带形成图案

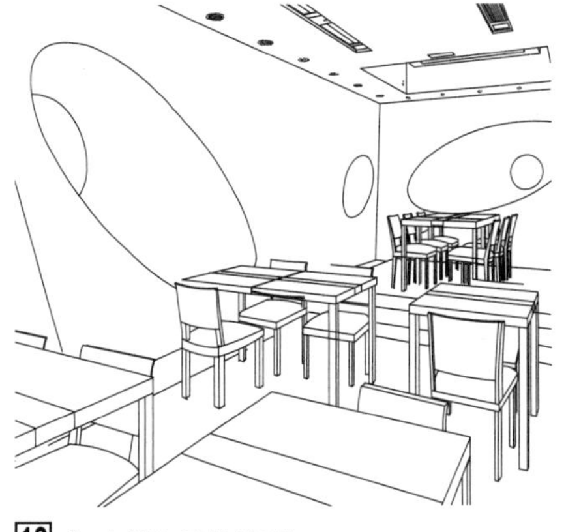

10 灯光嵌入墙体造型

空间陈设

餐饮空间陈设品，除良好的观赏效果外，更大作用在于强化室内空间品质，烘托出特定的环境氛围。

陈设品的主题应明确，与餐饮空间整体风格相匹配，与餐饮空间构思立意相呼应。陈设品的陈列方式应与台面、墙面及各类室内构件相组合和搭配，与室内环境融为一体。

1 室外风格的陈设

2 陈设组成阵列造型

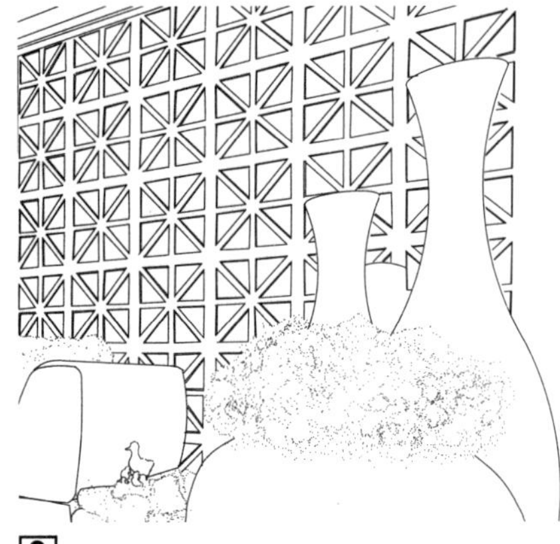

3 陈设点缀餐厅主题

4 划分空间的陈设架

5 陈设形成空间构图中心

空间绿化

餐饮空间中绿化的主要作用是营造用餐环境的自然氛围。它可以作为室内外空间的过渡或延伸，可作为室内空间的限定或分隔，也可成为空间中的中心陈设。

绿化的设置尽量考虑与墙面或隔断等界面结合，也可与餐桌、吧台等家具结合。在许可条件下，尽量使用真实植物，而非植物模型。

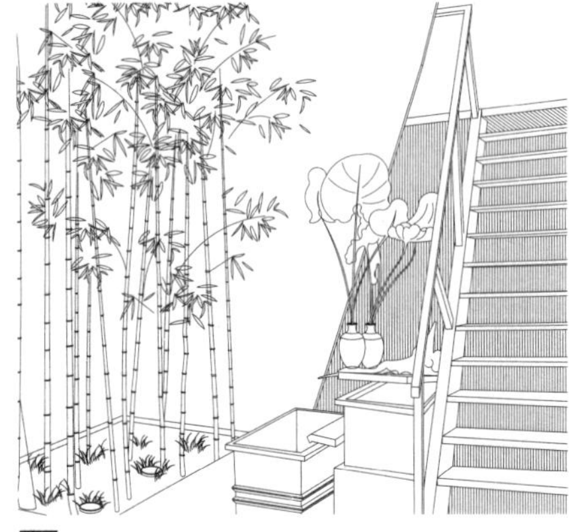

6 绿化与楼梯结合

7 绿化装饰顶棚界面

8 绿化点缀空间主题

9 绿化营造自然气氛

10 绿化分隔空间

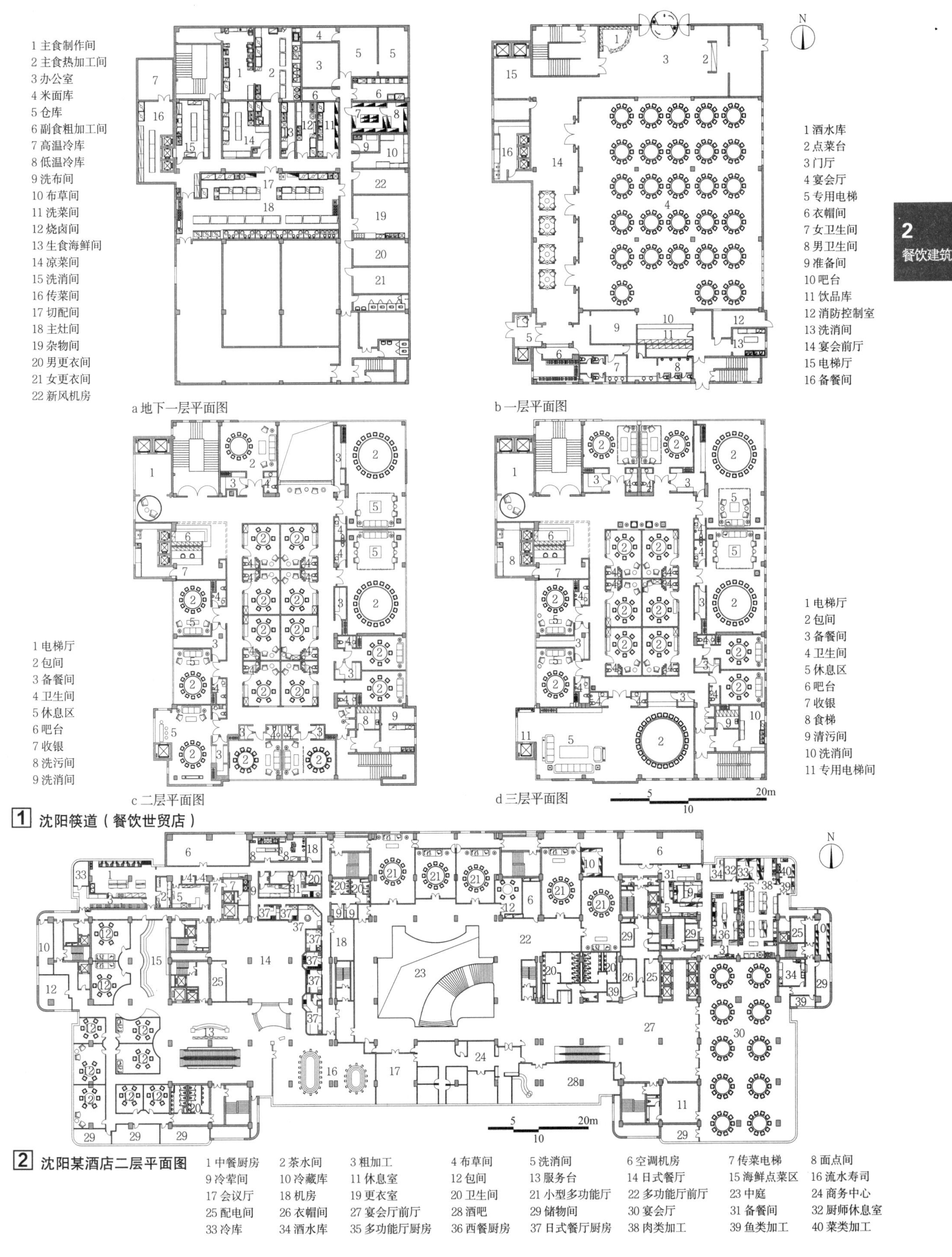

1 沈阳筷道（餐饮世贸店）

2 沈阳某酒店二层平面图

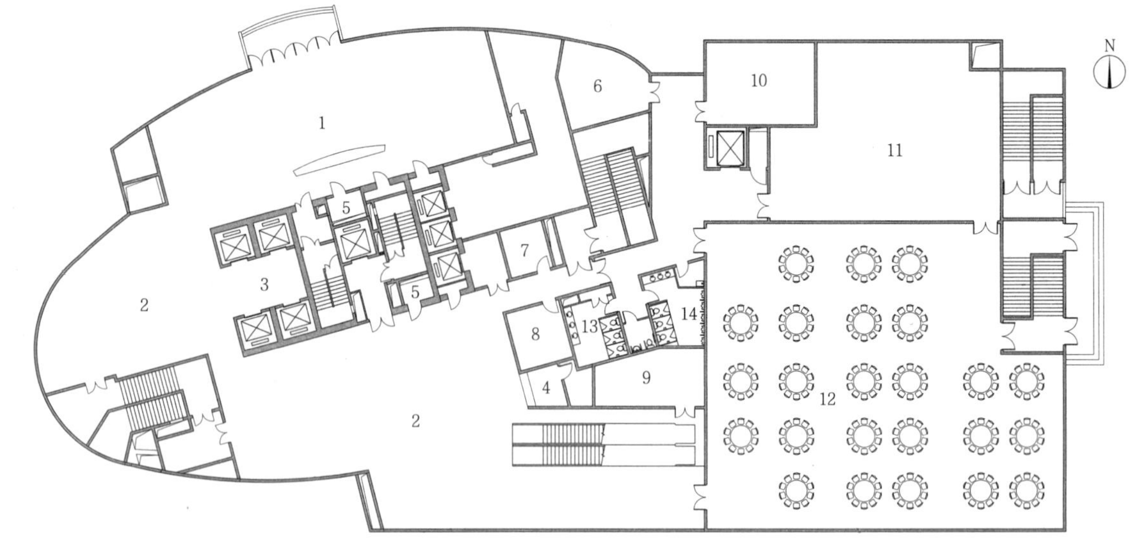

a 一层平面图

1 门厅　2 休息厅　3 候梯厅　4 服务台　5 设备间　6 消控中心　7 有线机房
8 电信机房　9 空调机房　10 开闭所　11 厨房区　12 员工餐厅　13 女卫生间　14 男卫生间

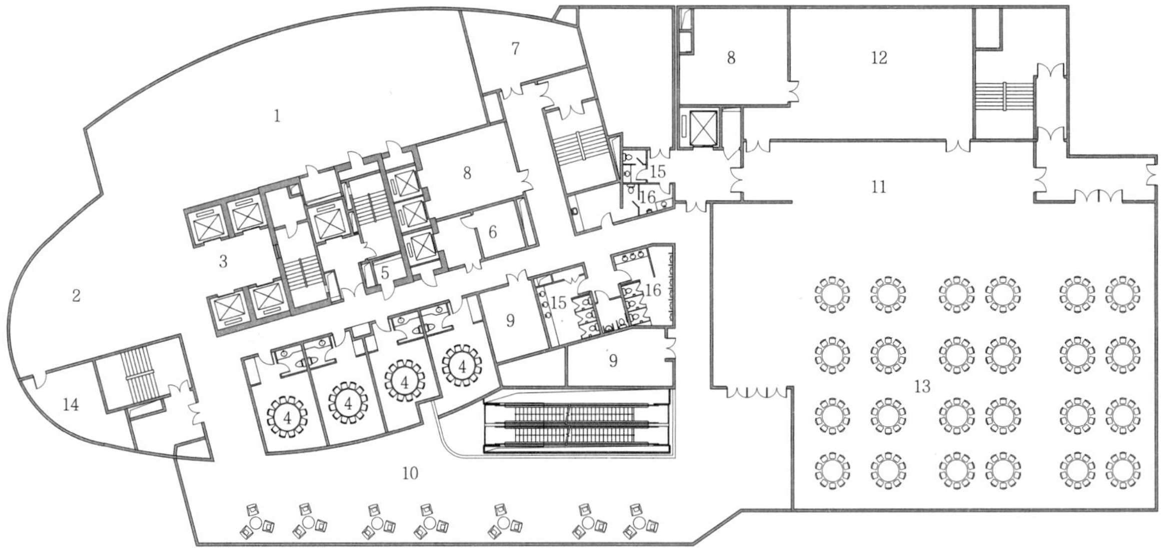

b 二层平面图

1 大厅　2 休息厅　3 候梯厅　4 包间　5 设备间　6 库房　7 网络机房　8 风机房
9 空调机房　10 休息廊　11 备餐　12 厨房区　13 多功能厅　14 服务间　15 女卫生间　16 男卫生间

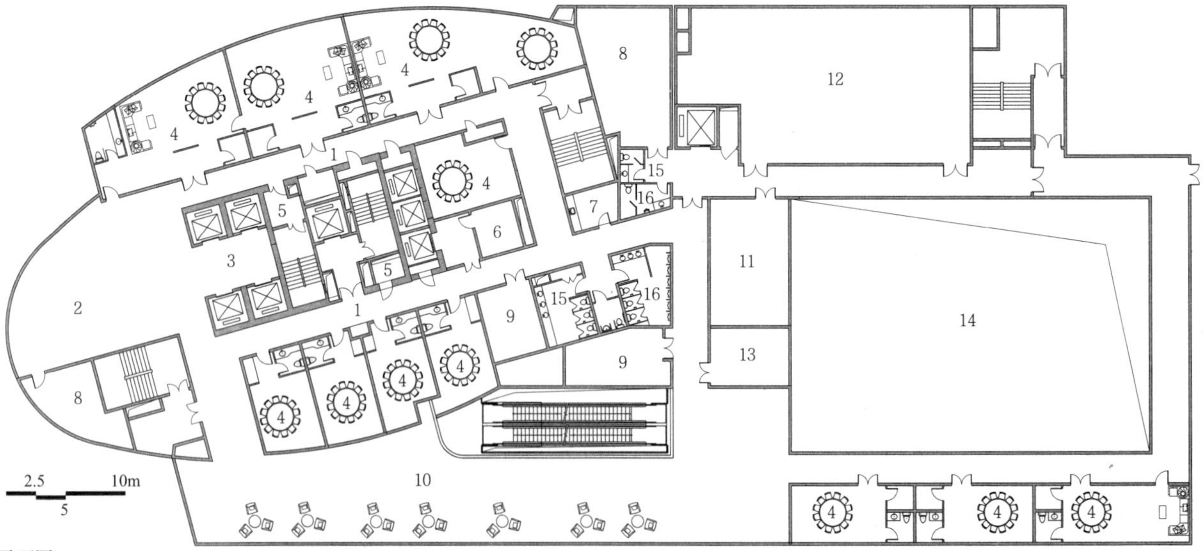

c 四层平面图

1 走廊　2 休息厅　3 候梯厅　4 包间　5 设备间　6 库房　7 工具间　8 风机房
9 空调机房　10 休息廊　11 水处理设备间　12 厨房区　13 餐具间　14 多功能厅上空　15 女卫生间　16 男卫生间

1 某餐馆

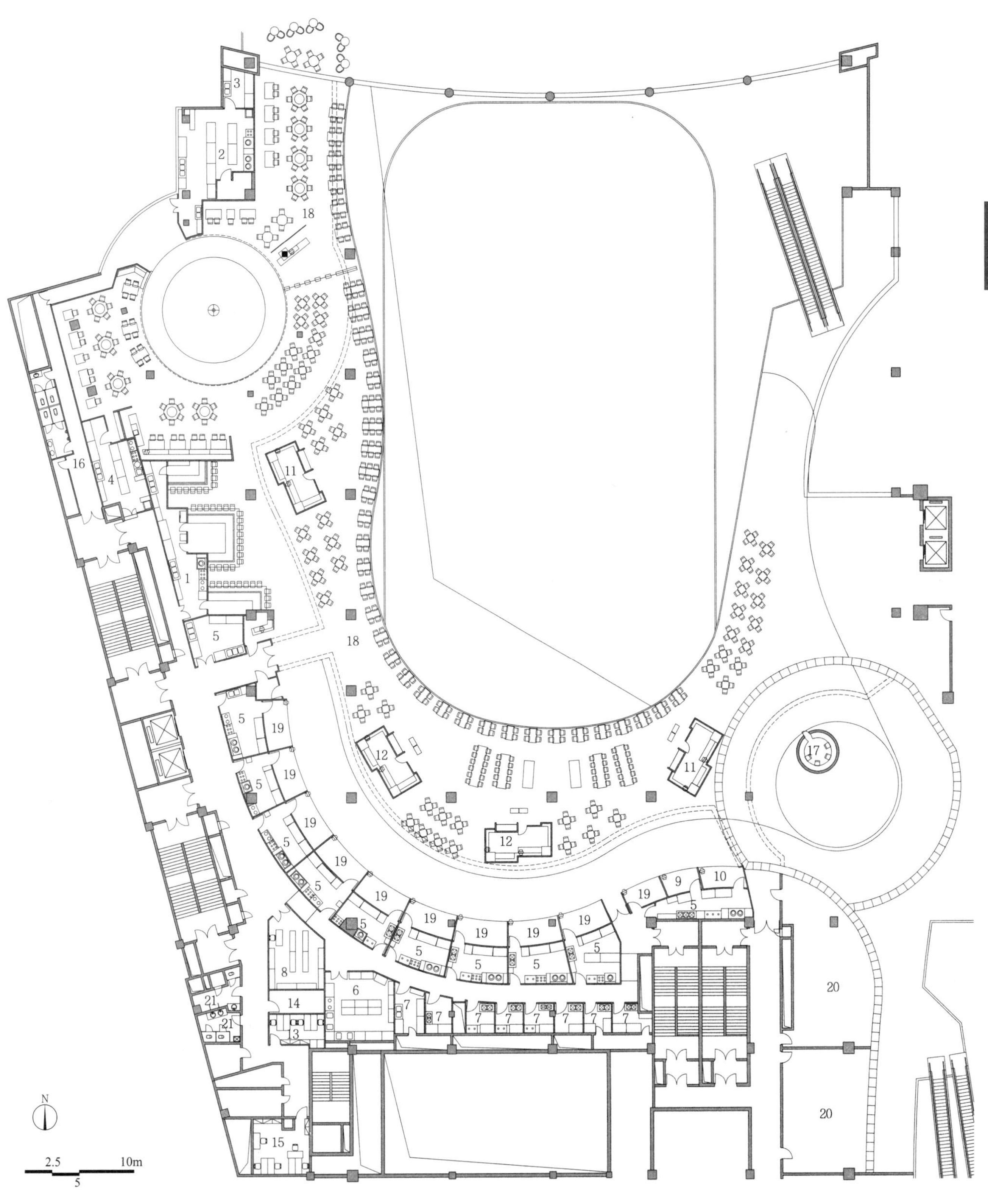

1 某商场饮食广场

1 铁板烧厨房　2 麻辣香锅厨房　3 冷荤间　4 韩式简餐厨房　5 特色小吃厨房　6 洗碗间
7 粗加工间　8 食品库房　9 川菜售卖柜台　10 麻辣烫售卖柜台　11 水吧　12 小吃岛
13 财务室　14 配电室　15 监控、音乐播放、文件室　16 清洁房　17 收银
18 共食区　19 特色小吃售卖柜台　20 商场精品店　21 员工卫生间

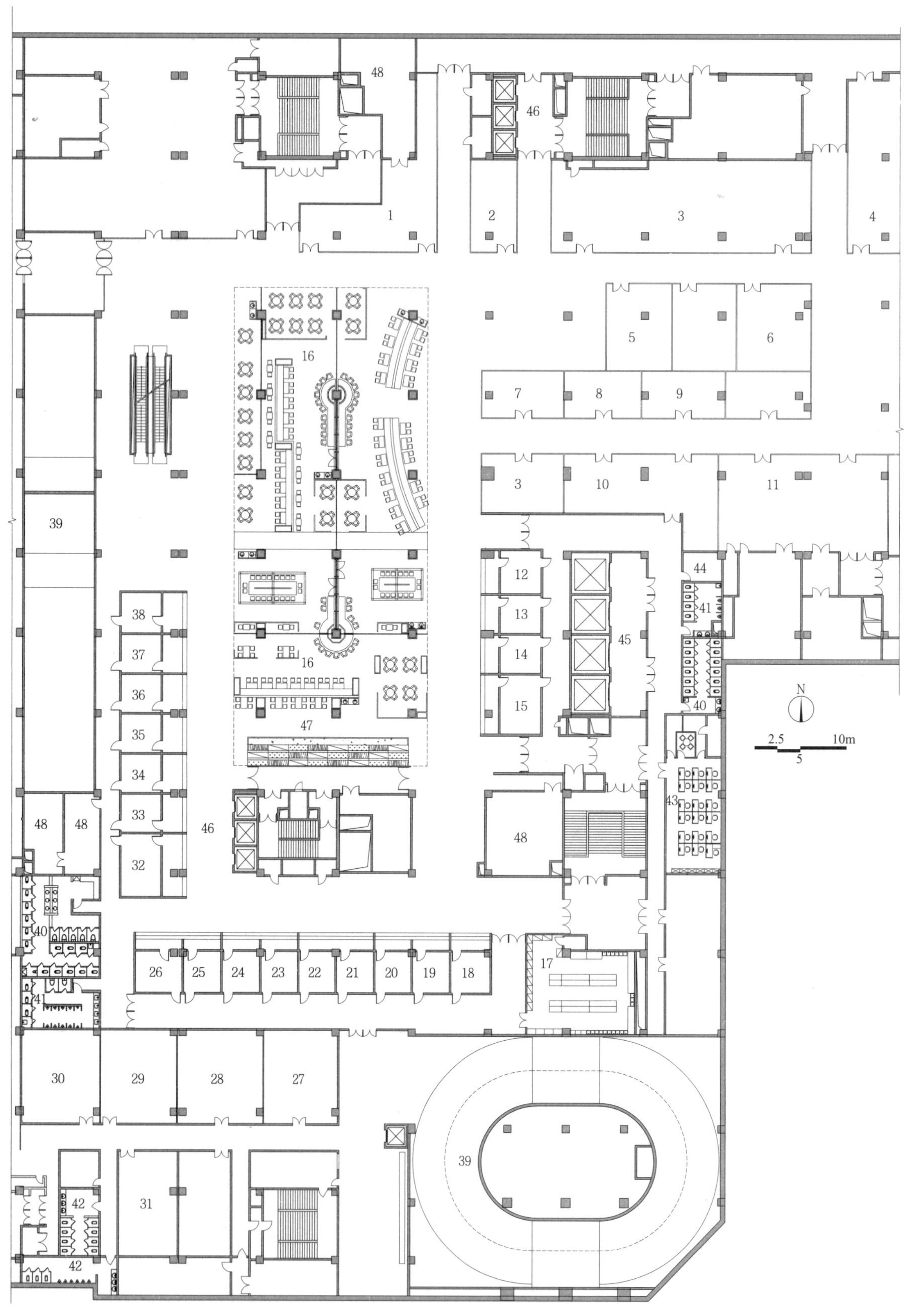

1 水吧　2 饮品店　3 铁板烧　4 特色美食店　5 进口食品店　6 水果店　7 休闲食品店　8 甜品店　9 面包店　10 轻食区　11 韩饭　12 日式快餐　13 韩式快餐　14 韩式参鸡汤　15 南美烤肉　16 共食区　17 洗碗间　18 咖喱风味　19 印度抛饼　20 越南风味　21 台湾风味　22 海南风味　23 广式风味　24 荷叶炒饭　25 上海生煎　26 北京风味　27 进口食品库　28 酒水库　29 调味料库　30 日化食品库　31 冷冻库　32 东北粗粮　33 烧麦馆　34 山西羊汤　35 兰州拉面　36 过桥米线　37 瓦罐风味　38 麻辣香锅　39 汽车坡道　40 女卫生间　41 男卫生间　42 员工卫生间　43 办公室　44 茶水间　45 货梯厅　46 客梯厅　47 水幕景观　48 储物间

1 某商场地下餐饮广场

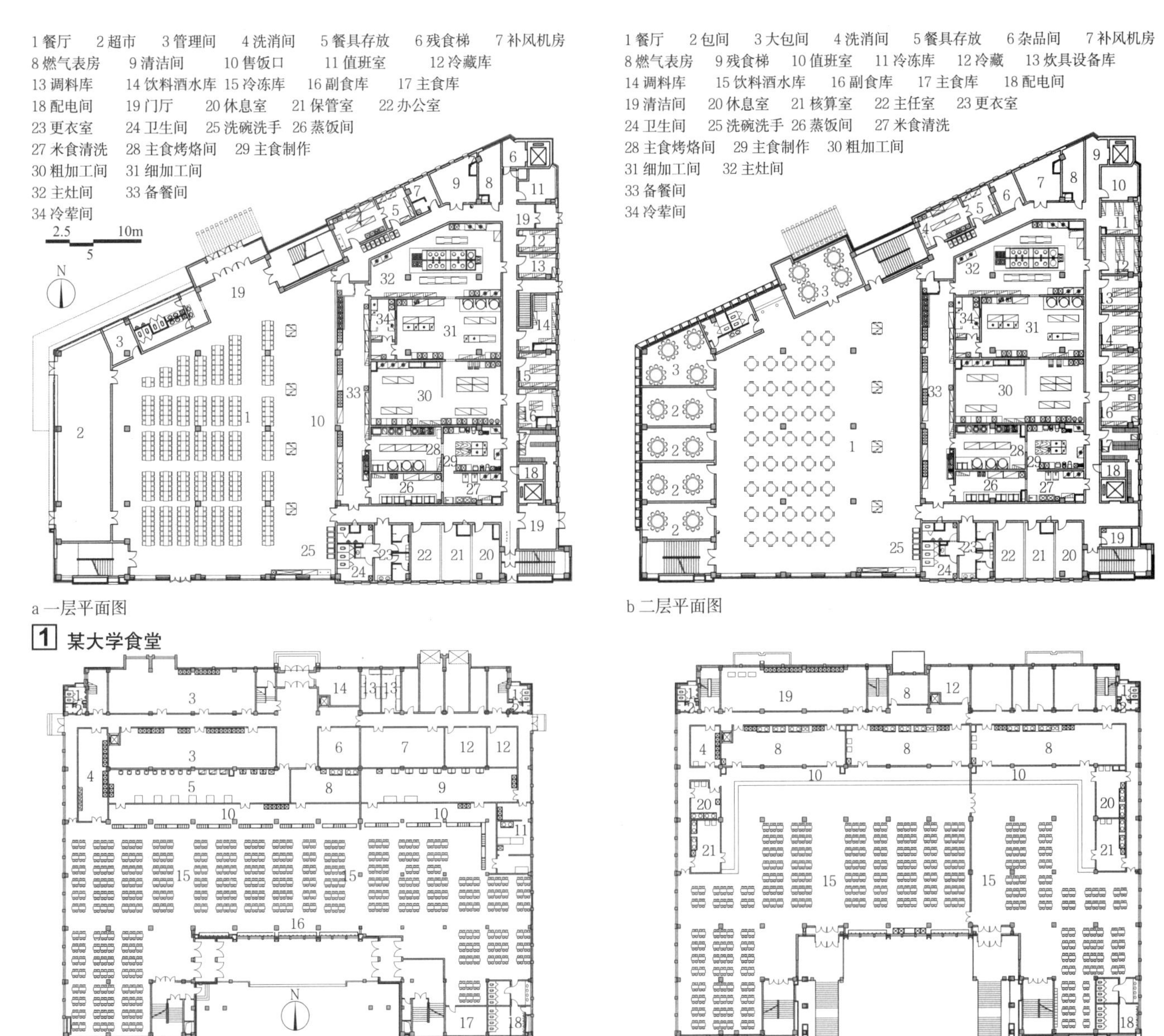

1 餐厅　2 超市　3 管理间　4 洗消间　5 餐具存放　6 残食梯　7 补风机房　8 燃气表房　9 清洁间　10 售饭口　11 值班室　12 冷藏库　13 调料库　14 饮料酒水库　15 冷冻库　16 副食库　17 主食库　18 配电间　19 门厅　20 休息室　21 保管室　22 办公室　23 更衣室　24 卫生间　25 洗碗洗手　26 蒸饭间　27 米食清洗　28 主食烤烙间　29 主食制作　30 粗加工间　31 细加工间　32 主灶间　33 备餐间　34 冷荤间

a 一层平面图

1 餐厅　2 包间　3 大包间　4 洗消间　5 餐具存放　6 杂品间　7 补风机房　8 燃气表房　9 残食梯　10 值班室　11 冷冻库　12 冷藏　13 炊具设备库　14 调料库　15 饮料酒水库　16 副食库　17 主食库　18 配电间　19 清洁间　20 休息室　21 核算室　22 主任室　23 更衣室　24 卫生间　25 洗碗洗手　26 蒸饭间　27 米食清洗　28 主食烤烙间　29 主食制作　30 粗加工间　31 细加工间　32 主灶间　33 备餐间　34 冷荤间

b 二层平面图

1 某大学食堂

a 一层平面图

b 二层平面图

1 员工卫生间　2 员工淋浴间　3 中央厨房　4 餐具保洁　5 面食加工间　6 调料库　7 主食库　8 烹饪间　9 米食加工间　10 售卖区　11 冷荤间　12 员工更衣间　13 冷藏库　14 值班室　15 就餐区　16 洗手区　17 售卡室　18 公共卫生间　19 洗消中心　20 副食粗加工间　21 副食细加工间

2 沈阳体育学院食堂

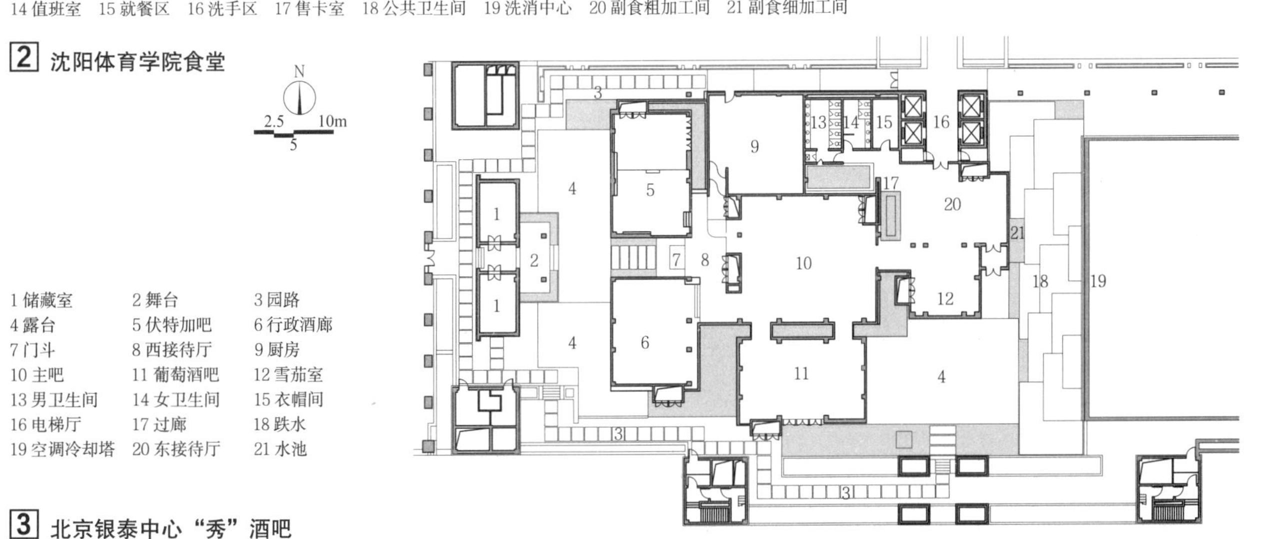

1 储藏室　2 舞台　3 园路　4 露台　5 伏特加吧　6 行政酒廊　7 门斗　8 西接待厅　9 厨房　10 主吧　11 葡萄酒吧　12 雪茄室　13 男卫生间　14 女卫生间　15 衣帽间　16 电梯厅　17 过廊　18 跌水　19 空调冷却塔　20 东接待厅　21 水池

3 北京银泰中心“秀”酒吧

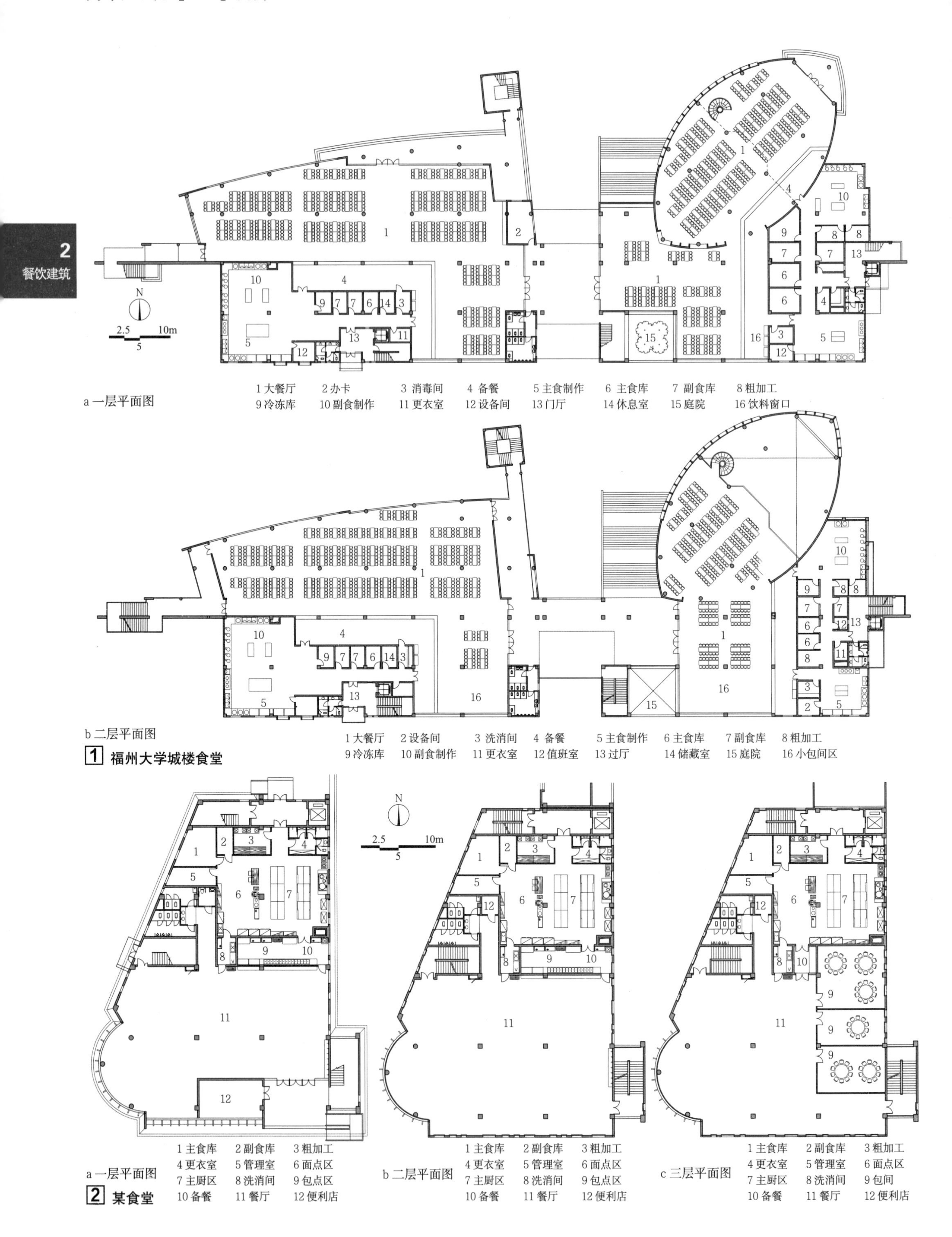

a 一层平面图

1 大餐厅　2 办卡　3 消毒间　4 备餐　5 主食制作　6 主食库　7 副食库　8 粗加工
9 冷冻库　10 副食制作　11 更衣室　12 设备间　13 门厅　14 休息室　15 庭院　16 饮料窗口

b 二层平面图

1 大餐厅　2 设备间　3 洗消间　4 备餐　5 主食制作　6 主食库　7 副食库　8 粗加工
9 冷冻库　10 副食制作　11 更衣室　12 值班室　13 过厅　14 储藏室　15 庭院　16 小包间区

1 福州大学城楼食堂

a 一层平面图

1 主食库　2 副食库　3 粗加工　4 更衣室　5 管理室　6 面点区　7 主厨区　8 洗消间　9 包点区　10 备餐　11 餐厅　12 便利店

b 二层平面图

1 主食库　2 副食库　3 粗加工　4 更衣室　5 管理室　6 面点区　7 主厨区　8 洗消间　9 包点区　10 备餐　11 餐厅　12 便利店

c 三层平面图

1 主食库　2 副食库　3 粗加工　4 更衣室　5 管理室　6 面点区　7 主厨区　8 洗消间　9 包间　10 备餐　11 餐厅　12 便利店

2 某食堂

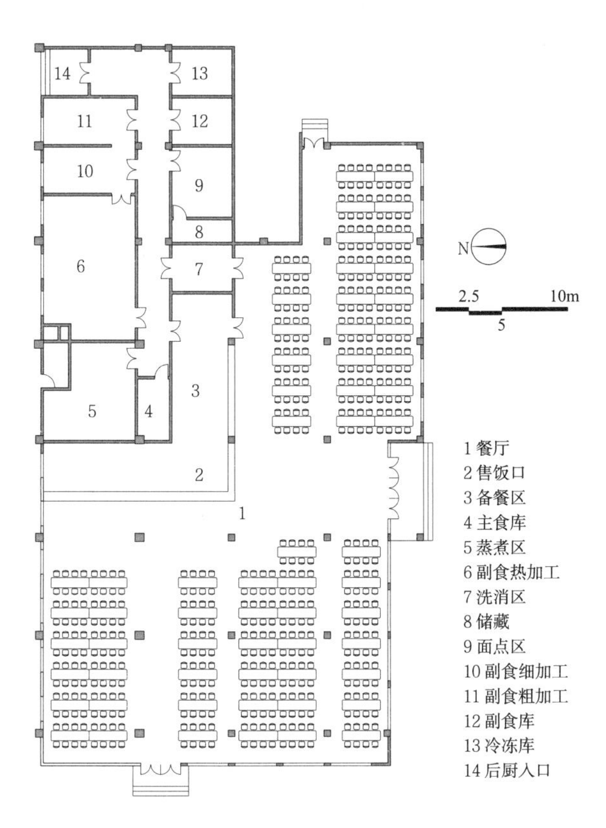

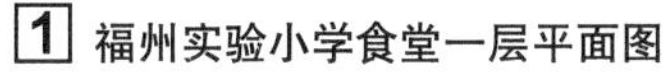

1 福州实验小学食堂一层平面图

N
1 4m
2

1 餐厅入口
2 就餐区
3 点餐区
4 服务区
5 外带取餐区
6 冷饮区
7 煎炉区
8 调理线
9 炸炉区
10 清洗区
11 干货区
12 裹粉区
13 冷藏库
14 冷冻库
15 包篮区
16 外带点餐、付款区
17 经理区
18 清洁间
19 洗手间

2 麦当劳沙河东餐厅一层平面图

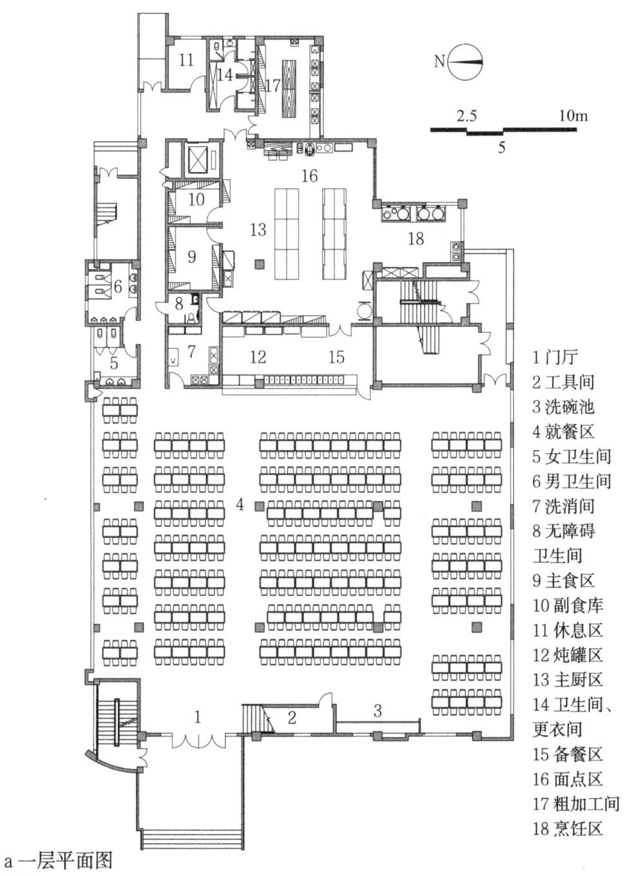

a 一层平面图

1 门厅
2 洗碗池
3 就餐区
4 女卫生间
5 男卫生间
6 洗消间
7 主食库
8 副食库
9 休息室
10 炖罐区
11 卫生间、更衣间
12 备餐区
13 主厨区
14 面点区
15 粗加工间
16 烹饪区

b 二层平面图

3 福州广播电视大学食堂

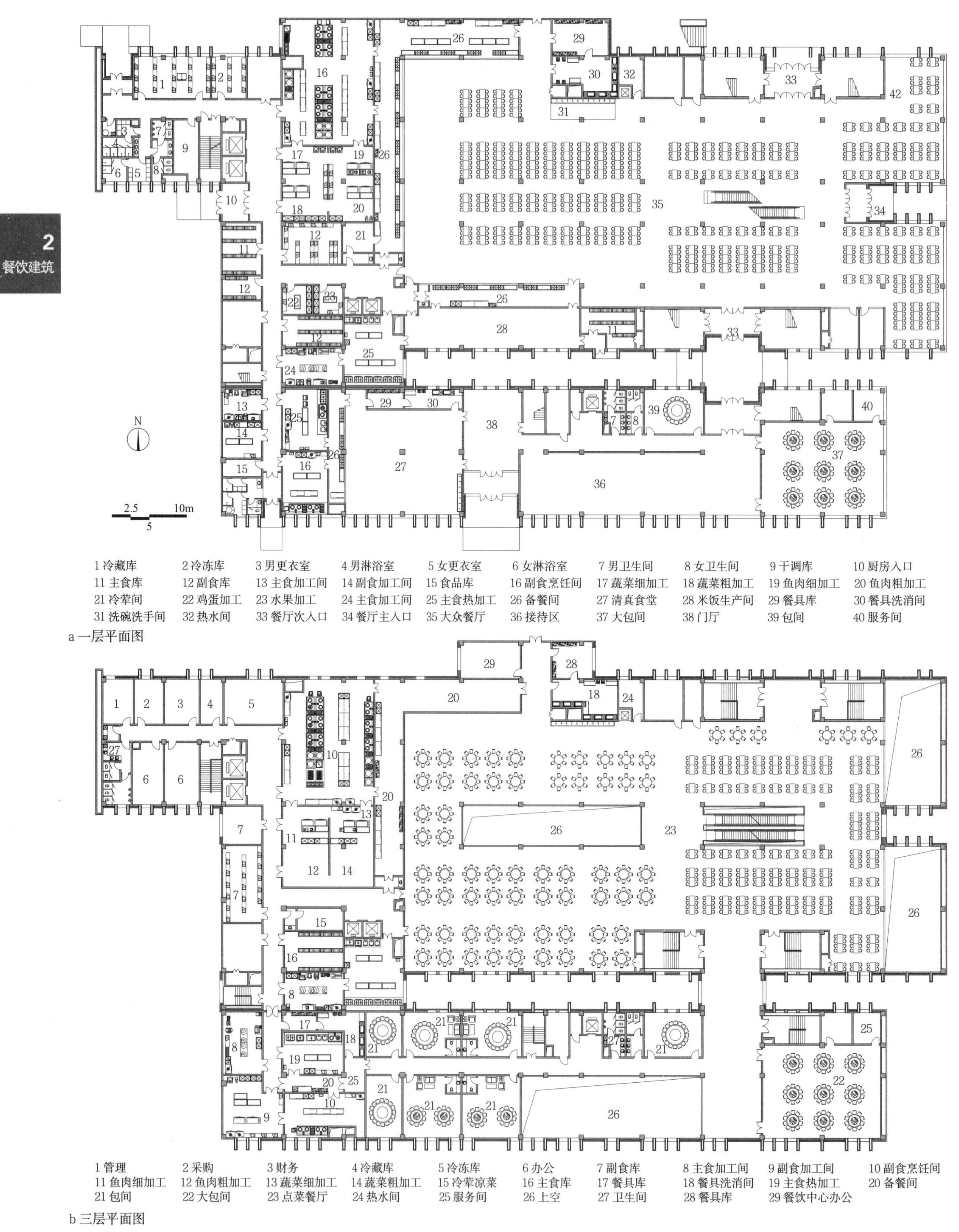

1 冷藏库　2 冷冻库　3 男更衣室　4 男淋浴室　5 女更衣室　6 女淋浴室　7 男卫生间　8 女卫生间　9 干调库　10 厨房入口
11 主食库　12 副食库　13 主食加工间　14 副食加工间　15 食品库　16 副食烹饪间　17 蔬菜细加工　18 蔬菜粗加工　19 鱼肉细加工　20 鱼肉粗加工
21 冷荤间　22 鸡蛋加工　23 水果加工　24 主食加工间　25 主食热加工　26 备餐间　27 清真食堂　28 米饭生产间　29 餐具库　30 餐具洗消间
31 洗碗洗手间　32 热水间　33 餐厅次入口　34 餐厅主入口　35 大众餐厅　36 接待区　37 大包间　38 门厅　39 包间　40 服务间

a 一层平面图

1 管理　2 采购　3 财务　4 冷藏库　5 冷冻库　6 办公　7 副食库　8 主食加工间　9 副食加工间　10 副食烹饪间
11 鱼肉细加工　12 鱼肉粗加工　13 蔬菜细加工　14 蔬菜粗加工　15 冷荤凉菜　16 主食库　17 餐具库　18 餐具洗消间　19 主食热加工　20 备餐间
21 包间　22 大包间　23 点菜餐厅　24 热水间　25 服务间　26 上空　27 卫生间　28 餐具库　29 餐饮中心办公

b 三层平面图

1 东北大学浑南校区食堂

定义

旅馆是为客人提供一定时间住宿和服务的公共建筑或场所，按不同习惯也常称其为酒店、宾馆、饭店、度假村等。旅馆通常由客房部分、公共部分、后勤部分三大功能部分组成。

分类

旅馆按建造地点、功能定位、经营模式、建筑形态、设施标准等方面有多种不同的分类(表1、表2)。

分类方式 表1

分类依据	类型名称
建造地点	城市旅馆、郊区旅馆、机场旅馆、车站旅馆、风景区旅馆、乡村旅馆等
功能定位	商务旅馆、会议旅馆、旅游旅馆、国宾馆、度假旅馆、疗养旅馆、博彩旅馆、城市综合体旅馆等
经营模式	综合性旅馆、连锁旅馆、汽车旅馆、青年旅舍、公寓式旅馆、快捷酒店等
建筑形态	高层（塔式、板式等）旅馆、多低层旅馆、分散式度假村旅馆等
主题特色	温泉旅馆、主题旅馆、精品旅馆、时尚旅馆等
设施标准	超经济型旅馆、经济型旅馆、普通型旅馆、豪华型旅馆、超豪华型旅馆等
星级标准	一星级、二星级、三星级、四星级、五星级和白金五星级等

常见旅馆类型及特点 表2

类型	特征	主要特点	实例
商务型旅馆	以商务客人为主的旅馆，通常商务客人的比例不低于70%	1.位于商业中心或城市中心等城市交通便利处； 2.规模较大，客房数在200～1000间； 3.整体硬件标准较高，商务设施较齐全，一般有专门的商务楼层，客房区面积不少于总面积的50%； 4.拥有配套的会议、餐饮、康乐、宴会等功能	上海东锦江索菲特大酒店、上海浦东香格里拉酒店、广州威斯汀酒店等
会议型旅馆	以大型会议、会展和贸易博览会为服务对象的旅馆	1.为各种会议形式进行服务，提供会议所需的支持和保障； 2.拥有大型会议厅，同时拥有数量不等的中型和小型会议室及附属用房； 3.有充足的会议和住宿客人使用的停车场和会议所需物品的货区和库房等相关的服务用房； 4.拥有与会议配套的商业、餐饮、健身娱乐和休息区	北京雁栖湖国际会展中心、西安曲江宾馆及国际会议中心、海南博鳌亚洲会议论坛等
度假型旅馆	以接待休闲度假游客为主，为休闲度假游客提供住宿、餐饮、康体与娱乐等各种服务功能的旅馆	1.多建在滨海、临水、山地、温泉等自然风景区附近； 2.功能配置多以休闲、康体、风味餐饮等为主； 3.布局多以低层分散式布置，与总体环境相协调； 4.以特色文化体验、温泉、体育运动、疗养等为主题，形成特点鲜明的主题型旅馆	海南三亚半岛洲际酒店、珠海海泉湾度假城、香港迪斯尼酒店等
经济型旅馆（快捷酒店）	在满足基本住宿需求的同时，简约旅馆的配套设施、节省投资和运营成本、价格实惠的旅馆形式	1.以大众旅游者和普通商务旅行者为主要服务对象； 2.功能简化，服务功能集中在住宿上，削减旅馆住宿以外的公共配套设施； 3.一般只提供早餐（或简餐）服务，即"B&B"(床Bed+早餐Breakfast)； 4.通常以加盟或特许经营等连锁方式经营，服务规范，性价比高	如家、七天、汉庭、格林豪泰、锦江之星、尚客优、速8等
汽车旅馆	以接待驾车旅行者、长途司机为主，为驾驶出行的宾客提供停车、休息、用餐的旅馆	1.多位于高速公路附近或交通便捷的公路旁； 2.有充足的停车场地； 3.功能设施的配备围绕其特点设置； 4.除提供必要的相关住宿设施外，还配备有汽车保养等服务项目和设施	上海雅柯汽车旅馆、宁波观止22汽车旅馆等
公寓式旅馆	设有厨房（或操作间），使用功能类似于住宅，但以旅馆标准管理服务的旅馆形式	1.客房内设有厨房（或操作间）； 2.客房多采用公寓式布置； 3.客户对象多为较长期租住或家庭客户	北京棕榈泉万豪行政公寓、上海辉盛庭国际公寓酒店、苏州环球188公寓式酒店等

规模

一般以客房间数来划分旅馆的规模。通常旅馆拥有200间客房时是最佳规模，经营效益也较好。高星级城市商务旅馆客房数400~500间规模居多，一般要求客房数350间以上，如此功能区的配套比例才较为合理。

规模划分参考表 表3

规模	小型	中型	大型	超大型
客房间数	＜200间	200～500间	≥500间	≥1000间

面积规模计算参考表 表4

	面积计算方式	说明
1	旅馆的总建筑面积=客房总间数×每间客房综合面积比（m²/间）	对不同等级的旅馆，客房综合面积比需相应调整，参见P70"配置标准·面积组成"表1、表2
2	旅馆的总建筑面积=（客房建筑总面积+附属区域建筑总面积）×2	客房建筑总面积=客房总间数×标准间客房的建筑面积； 附属区域建筑面积=客房建筑总面积×25%

注：附属区域建筑面积是指走廊、楼梯、电梯间和本层设备管井等公共附属建筑面积。

等级

1. 根据《旅馆建筑设计规范》JGJ 62，按旅馆的使用功能、建筑标准、设备设施等硬件要求，将旅馆建筑由低至高划分为一、二、三、四、五级5个建筑等级。

2. 根据《旅游饭店星级的划分与评定》GB/T 14308，用星的数量和颜色表示旅游饭店的等级，星级由低至高分为一星级、二星级、三星级、四星级、五星级（含白金五星级）5个等级。这个评定分级综合了软硬件服务的标准，为国内通行的旅馆分级标准。

3. 有些国家没有等级、星级的标准，只有品牌标准等级，因此国际酒店集团通常按品牌系列确定酒店等级。

设计原则

1. 旅馆建筑选址应位于城市交通便利处或环境优美之地，基地四周应避免有噪声干扰和环境污染源。

2. 根据旅馆功能定位、市场分析和建设要求，确定合理的客房规模与等级标准，并据此确定公共用房和辅助用房等相关内容和规模。

3. 旅馆建筑布局应功能分区明确、联系方便、互不干扰，保证客房和公共用房具有良好的居住和活动环境。

4. 合理组织人流、车流和物流。各类车流应严格划分路径和停车场地，特别是散客和团体车流、客流和物流的分流。后勤出入口和货车出入口应单独设置。

5. 旅馆建筑设备如锅炉房、制冷机房、冷却塔等设在客房楼内时，应采取有效的防火、隔声、减振、防爆（锅炉房）等措施。

6. 安全设计是旅馆设计与管理的最重要方面，除应符合《旅馆建筑设计规范》JGJ 62外，还应严格按国家相关防火设计规范要求进行。

7. 旅馆建筑设计应符合《城市道路和建筑物无障碍设计规范》JGJ 50的规定，满足无障碍设计的要求。

8. 应参照《绿色旅游饭店》LB/T 007标准，符合绿色节能的设计原则，创建绿色环保型旅馆。

功能构成

旅馆不论类型、规模、等级如何，其内部功能均遵循分区明确、联系密切之原则，通常均由客房、公共、后勤三大部分构成。每一部分由多个功能片区组成，各功能片区又划分为不同的功能区(或用房)；通过流线的合理组织，构成旅馆建筑完整的功能布局和流畅的运营体系。

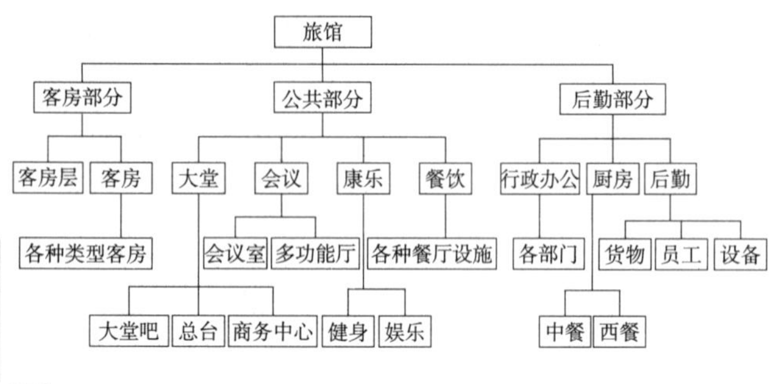

1 旅馆功能构成体系图

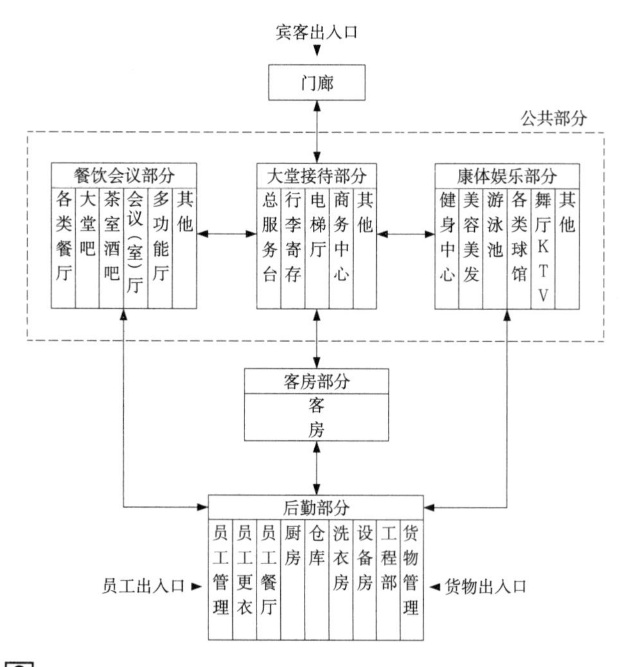

2 旅馆功能与流线构成关系图

旅馆内部的功能构成按流线组织可分为宾客区(亦称前台部分)和后勤区(亦称后台部分)。宾客区主要是指为宾客提供直接服务、供其使用和活动的区域，包括旅馆大堂、前台接待、休息区域、大堂吧、餐饮、康体娱乐、会议商务、客房等，凡是宾客活动到的区域均可归属为宾客区。后勤区是为宾客区和整个旅馆正常工作提供保障的部分，包括办公、后勤、服务、工程设备等。

流线分析

根据旅馆类型、规模、等级及使用要求的不同，其具体的功能构成与流线也有相应简化或增加。

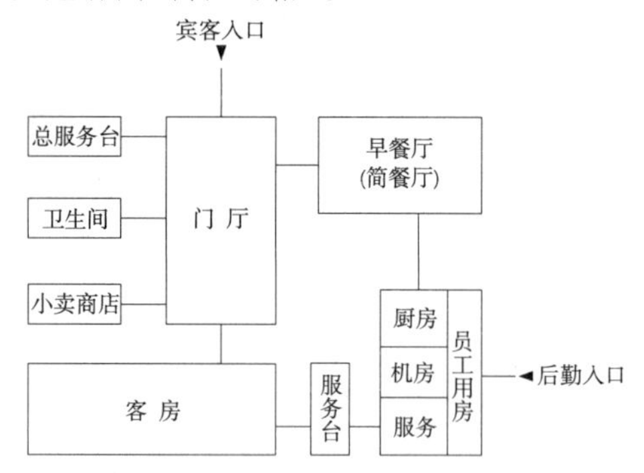

3 普通旅馆功能流线图

大型高档旅馆和综合性城市旅馆因其规模较大、功能复杂，可对其客房服务功能部分与对外会议、商务活动和餐饮、娱乐功能分别设置入口组织功能布局与流线。

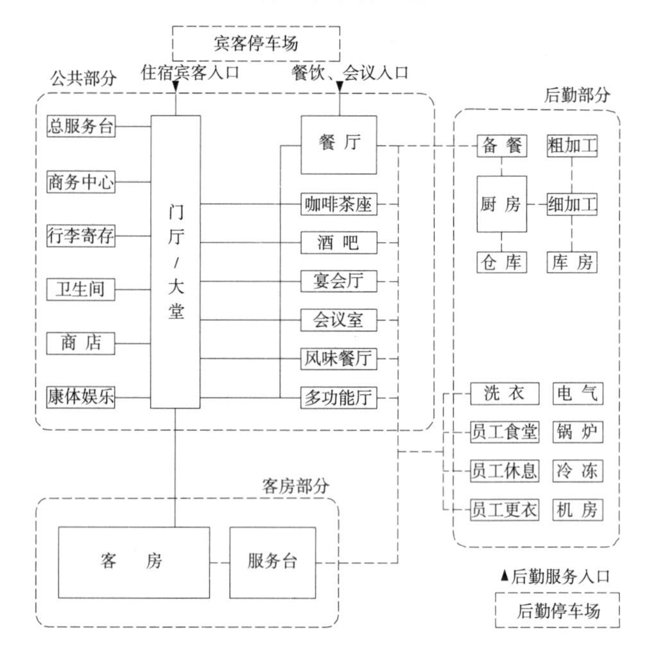

4 综合旅馆功能流线图

在旅馆设计中以宾客的活动和需要为主体，应围绕着宾客区的功能和要求来展开各功能区的规划和设计。在区域位置的划分和布局上，优先将宾客活动的功能区域布置在环境位置好、流畅方便的主要位置；后勤区域尽量布置在隐蔽和边角的次要位置上。宾客区和后勤区的关系要能相互关联和衔接，以便于管理和服务。

旅馆功能构成表　　表1

宾客区域（前台部分）						后勤区域（后台部分）			
接待	住宿	会议	餐饮	康体娱乐	其他	办公管理	设备机房	员工用房	后勤服务
门廊 大堂 总台 电梯厅 商务中心	客房	会议室 展览厅 多功能厅	餐厅 酒吧 咖啡厅 宴会厅	健身房 游泳池 各类球场 棋牌室 舞厅 KTV	各类商店 配套服务 庭院	行政办公 财务 采购	锅炉、变配电 供暖、通风、空调 给排水、燃（油）气 电梯、消防 总机、电信 监控、智能	员工更衣 员工餐厅 员工培训 员工宿舍	厨房 洗衣布草 货运物流 仓库

流线组织

根据旅馆各功能区域的构成，合理组织动向流线是旅馆设计的重要内容。旅馆各功能构成之间的动向流线主要分为宾客流线、服务流线、物品流线。

1. 宾客流线是旅馆中的主要流线，包括住宿、用餐、娱乐、会议、商务等流线，同时在宾客出入口处可分为团队宾客和散客流线。

2. 服务流线包括员工内部工作活动流线和为宾客提供服务的流线。员工内部工作活动流线主要包括员工入口、更衣淋浴、用餐、进入工作岗位等，不能与宾客流线交叉；工作服务流线包括客房管理、布草、传菜、送餐、维修等，流线设计要方便连接各个服务区域，简洁明确。

3. 物品流线主要包括：原材料、布草用品、卫生用品等进入旅馆的路线→回收物品→废弃物品运出路线。

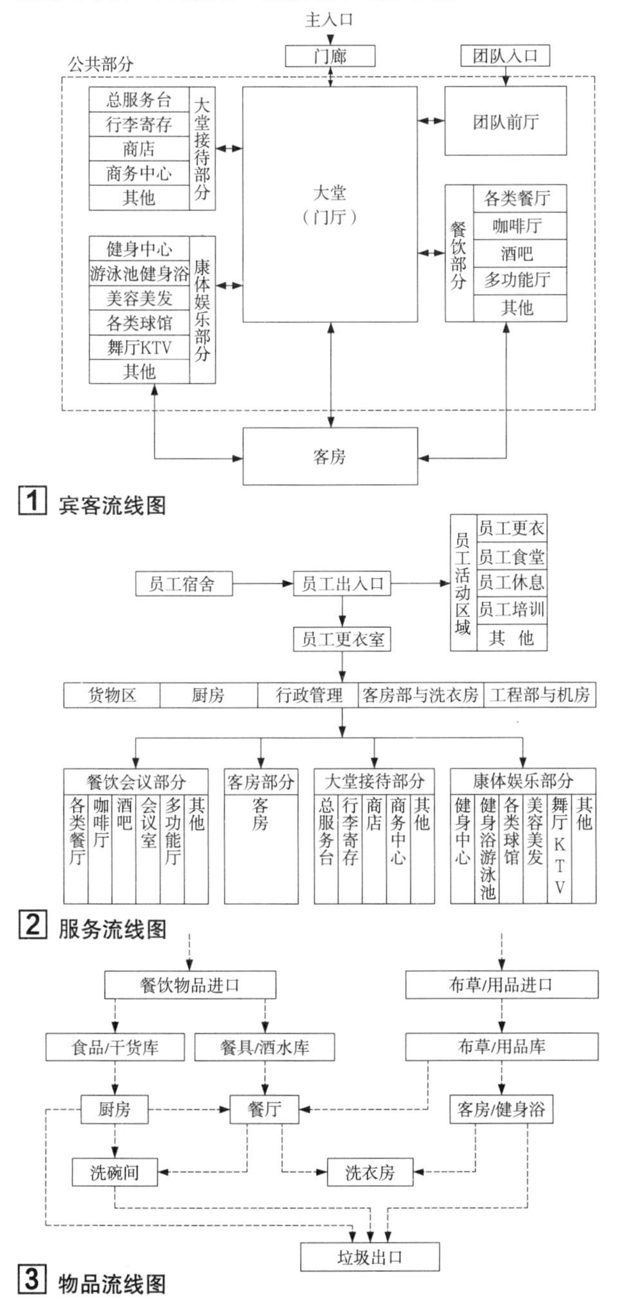

1 宾客流线图

2 服务流线图

3 物品流线图

功能组合

旅馆各功能部分组合方式分为集中式和分散式两种。

1. 城市旅馆由于用地有限，多为高层建筑，各功能部分采用集中式竖向叠加的组合方式，充分利用垂直空间分配功能区域。从各功能区域之间的联系和避免干扰的角度以及宾客流线等因素考虑，城市高层旅馆的功能区域通常分为地下层（停车库、后勤、机房等）、低层裙房（大堂接待、餐饮、康体娱乐活动）、主楼客房层、顶层观光厅（餐厅、酒廊）和顶部设备用房等部分。

2. 地处风景旅游区的度假旅馆通常采用分散式庭院组合的方式，由多个设置不同功能的低(多)层建筑通过庭院、连廊等形式连接，形成平面水平展开布置的总体布局。在规划设计中要注意尽量集中相同功能的区域，构成一个功能块。

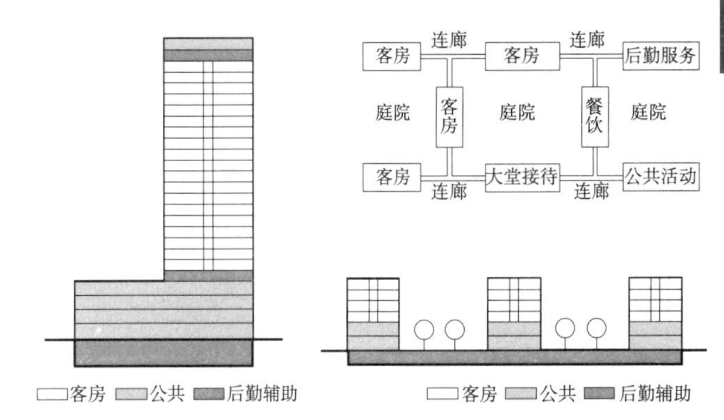

4 集中式竖向叠加　5 分散式庭院组合

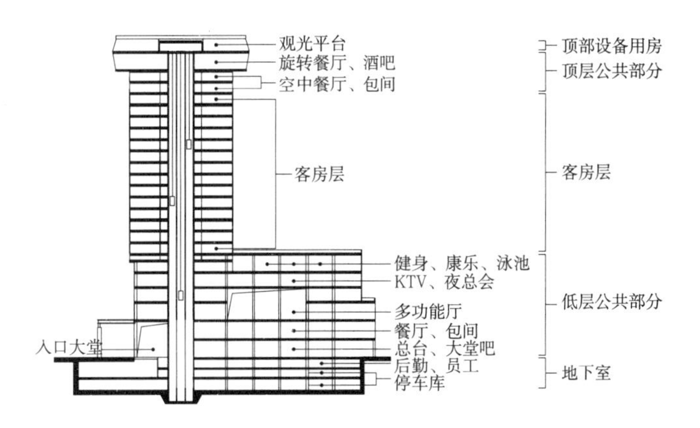

6 高层旅馆竖向功能组合示例

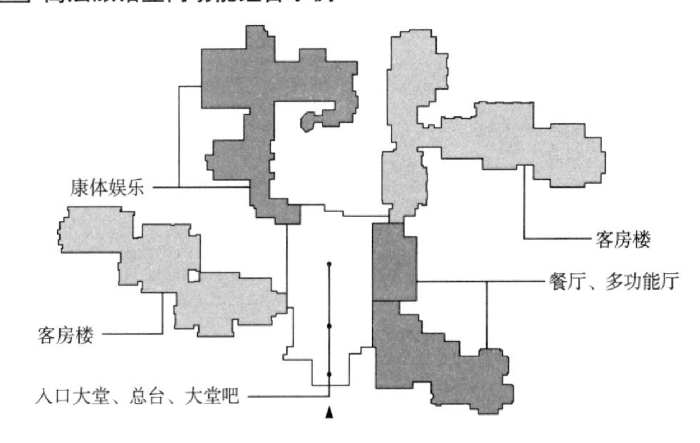

7 低层旅馆水平功能组合示例

配置标准

根据旅馆等级的不同，各功能用房面积大小和设施配置标准相应不同。

按《旅馆建筑设计规范》JGJ 62-2014不同等级划分，旅馆各功能部分面积配比参考见表1：

功能用房面积配置参考（单位：m^2/间客房） 表1

项目名称＼旅馆等级		一级	二级	三级	四级	五级
综合面积比		40～48	48～56	66～72	74～80	82～100
分项面积比	客房部分	27	32	38	40	45
	公共部分	1	2	3	5	6
	餐饮部分	5	7	9	10	11
	行政部分	4	4	8	9	9
	后勤部分	3	3	8	10	11

按《旅游饭店星级的划分与评定》GBT 14308-2011标准，旅馆各功能部分面积配比参考见表2：

功能用房面积配置参考（单位：m^2/间客房） 表2

项目名称＼旅馆等级		一星	二星	三星	四星	五星
综合面积比		50～56	68～72	76～80	80～100	100～120
分项面积比	客房部分	34	39	41	46	55
	公共部分	2	3	5	8	12
	餐饮部分	7	9	12	15	18
	行政部分	5	8	10	12	15
	后勤部分	4	7	8	9	10

面积组成

1. 旅馆的类型、等级、规模、经营项目不同，各功能部分的面积比和分项面积指标也不相同。常用旅馆面积计算等级参考指标：

（1）每间客房综合面积比（m^2/间客房）：旅馆总建筑面积与客房间数之比。

（2）每间客房分项面积比（m^2/间客房）：旅馆客房、公共、后勤等面积与客房间数之比。

总体上客房面积比率随等级降低而增高，公共面积比率随等级降低而降低。

经济型旅馆的客房面积通常占旅馆总建筑面积75%左右，中等档次（三星级）旅馆占60%～65%左右。一般四星级以上旅馆客房面积占总建筑面积的50%，而建筑面积的另一半由公共部分和后勤部分各占50%。因此四星级以上旅馆客房、公共、后勤三大部分的建筑面积比约为2:1:1。

2. 不同类型的旅馆，除后勤部分面积比例基本相同外，其他各个功能部分的面积指标各有侧重。

不同类型旅馆功能面积组成参考表 表3

旅馆类型	客房部分	公共部分	后勤部分
城市型酒店	50%	25%	25%
会议型旅馆	44%	32%	24%
商务型旅馆	62%	14%	24%
娱乐型旅馆	45%	30%	25%
度假型旅馆	45%	30%	25%
经济型旅馆	75%	10%	15%

我国不同等级旅馆设置设施标准参考 表4

房间名称		公共活动用房																						客房					其他			
		餐饮用房						康体娱乐用房								门厅大堂																
		全日餐厅	中餐厅	多功能厅	风味餐厅	清真餐厅	酒吧	健身房	桑拿浴室	按摩理疗室	美容美发室	KTV	歌舞厅	游泳池	网球场	小件存放	行李房	衣帽间	贵重物品存放	礼宾服务	商务中心	书刊店	商店	出租客房间数（间）	有卫生间客房	豪华套间	套间	单人客房	花房	会议室	功能用房	停车场
等级	一星	●	—	—	—	—	—	—	—	—	—	—	—	—	—	●	—	—	—	—	—	—	—	20	75%	—	—	—	—	—	—	—
	二星	●	●	—	—	—	—	—	—	—	—	—	—	—	—	●	—	—	●	—	—	—	—	20	95%	—	—	—	—	—	—	●
	三星	●	●	●	—	▲	▲	—	—	—	—	●	—	—	—	●	●	—	●	●	▲	—	—	50	100%	—	●	●	—	●	●	●
	四星	●	●	●	●	▲	●	●	●	●	●	●	●	●	—	—	●	●	●	●	●	●	●	50	100%	●	●	●	●	●	●	●
	五星	●	●	●	●	▲	●	●	●	●	●	●	●	●	●	—	●	●	●	●	●	●	●	50	100%	●	●	●	●	●	●	●

注：—无需设置，▲可选设置，●必须设置。

国外不同等级旅馆设置设施标准参考 表5

房间名称		公共活动用房																					客房				其他				
		餐饮用房						康体娱乐用房							门厅大堂																
		宴会厅	餐厅	特种餐厅	私人餐厅	咖啡厅	酒吧	健身房	桑拿浴室	舞厅	游泳池	美容美发室	医疗	图书阅览	问讯处	保险库	书刊	行李房	外币兑换	休息厅	商店	会议室	出租客房间数（间）	有卫生间客房	套间	私人公寓	停车房	洗衣房	标准层公共用房（间）	公共浴室（间）	公共卫生间
等级	一星	—	—	—	—	—	—	—	—	—	—	—	—	—	—	—	—	—	—	—	—	—	＞10	25%	—	—	—	—	2	15	5
	二星	—	●	—	—	—	—	—	—	—	—	—	—	—	●	●	—	●	—	—	—	—	10~20	40%	—	—	●	●	2	5~10	5~10
	三星	—	●	—	—	●	●	—	—	—	—	—	—	—	●	●	●	●	●	●	●	—	15~30	75%	—	—	●	●	2	—	—
	四星	—	●	●	—	●	●	—	—	●	—	●	—	—	●	●	●	●	●	●	●	—	25~50	100%	●	●	●	●	—	—	—
	五星	●	●	●	●	●	●	●	●	●	●	●	●	●	●	●	●	●	●	●	●	●	50~100	100%	●	●	●	●	—	—	—

注：—无需设置，●必须设置。

面积配置

确定旅馆最佳规模和各功能部分的合理面积配置，是旅馆设计的重要目标；不同等级的旅馆其各功能部分的面积指标和大小应恰当配置，达到最优化的面积组合。

以下为不同等级标准的旅馆各功能区面积指标配置及客房构成参考表，实际设计中应根据项目具体情况合理调整，以实现最佳面积配置[1]。

五星级旅馆建筑面积配置建议表（以500套客房为例） 表1

序号	项目	规模	单间指标（m²/套）	建筑面积（m²）	占总建筑面积的百分比
1	客房部分	500套	71	35500	53.8%
2	公共部分		27.4	13700	20.8%
	（1）大堂		2.4	1200	
	（2）接待		1.0	500	
	（3）餐饮	920座	7.0	3500	
	（4）功能房	1640座	10.0	5000	
	（5）娱乐设施		6.5	3250	
	（6）商店		0.5	250	
3	后勤部分		9.0	4500	6.8%
	机房部分		4.6	2300	3.5%
4	停车库	300辆	20	10000	15.1%
合计			132.0	66000	100%

注：一个500套客房的五星级旅馆，总建筑面积建议按66000m²配置和设计。其中客房部分35500m²，占总建筑面积53.8%，客房房型构成见表2。公共部分13700m²，占总建筑面积20.8%，其中餐饮及功能房面积构成见表3。

客房构成表（以500套客房为例） 表2

房型	房间面积（m²）	套数	间数	百分比例
标准房（豪华房）	45	227	227	45%
标准房（双床房）	45	218	218	44%
无障碍客房	45	5	5	1%
行政套房	90	30	60	6%
豪华套房	135	19	57	3.8%
总统房	270	1	6	0.2%
总经理室	180		4	
主管休息室	225		5	
合计		500	582	100%

注：除了直接的客房面积=45m²/间×582自然间=26190m²外，其他为交通、服务等面积。

餐饮部分面积配置表（以500套客房为例） 表3

名称 \ 指标		座位数	面积（m²）	各部面积（m²）				
				餐位	小卖	吧台	交通	男女卫
餐厅	全日餐厅	220	680	495	66	10	62	18+18
	中餐厅	320	1500	散座220 包间100	96		127	26+26
	风味餐厅	80	356	265	24	20	28	6+6
	露天餐厅	60	254	175	18	30	21	5+5
	合计	680	2790	2155	204	60	238	110
酒吧	大堂吧	80	248	180		22	23	8+10
	主题吧	100	310	225		28	28	11+11
	茶室	60	152	110		14	14	7+7
	合计	240	710	515		64	65	54
合计		920	3500	2670	204	124	303	164

功能房部分面积配置表（以500套客房为例） 表4

名称 \ 指标	座位数	面积
多功能厅	750人	1500m²
报告厅	200人	300m²
会议室	4间×80人/间	4间×120m²/间
	4间×50人/间	4间×75m²/间
	3间×30人/间	3间×45m²/间
	4间×20人/间	4间×30m²/间
合计	1640人	2835m²

四星级旅馆建筑面积配置建议表（以300套客房为例） 表5

序号	项目	规模	单间指标（m²/套）	建筑面积（m²）	占总建筑面积的百分比
1	客房部分	300套	60.0	18000	60.0%
2	公共部分		14.533	4360	14.5%
	（1）大堂		2.5	750	
	（2）管理		0.766	230	
	（3）餐饮	450座	3.733	1120	
	（4）功能房	500座	4.2	1260	
	（5）健身娱乐		3.333	1000	
3	后勤部分		5.533	1660	5.5%
	机房部分		4.933	1480	5.0%
4	停车库	120辆	15.0	4500	15.0%
合计			100.0	30000	100.0%

注：一个300套客房的四星级旅馆，总建筑面积建议按30000m²配置和设计。其中客房部分18000m²，占总建筑面积60%，客房房型构成见下页表1。公共部分4360m²，占总建筑面积14.533%，其中餐饮及功能房面积构成见下页表2。

[1] 朱守训. 酒店度假村开发与设计. 第二版. 北京：中国建筑工业出版社，2015：81—85.

3 旅馆建筑

客房构成表（以300套客房为例） 表1

房型	房间面积（m^2）	套数	间数	百分比
标准房（单床房）	40	135	135	45%
标准房（双床房）	40	150	150	50%
无障碍客房	40	3	3	1%
普通套房	80	9	18	3%
豪华套房	120	3	9	1%
合计		300	315	100%

注：除了客房直接面积=40m^2/间×315自然间=12600m^2外，其他为交通、服务等面积。

餐饮部分面积配置表（以300套客房为例） 表2

名称 \ 指标		座位数	面积（m^2）	各部面积（m^2）				
				餐位	小卖	吧台	交通	男女卫
餐厅	全日餐厅	220	470	374	10	10	50	13+13
	中餐厅	100	292	散座70 包间150	16		36	10+10
	风味餐厅	80	214	165	15		22	6+6
	合计	400	976	759	41	10	108	58
酒吧	大堂吧	50	144	96		16	16	8+8
	合计	50	144	96		16	16	16
总计		450	1120	855	41	26	124	74

功能房部分面积配置表（以300套客房为例） 表3

名称 \ 指标	座位数	面积
宴会厅（多功能厅）	1间×300人/间	460m^2
会议室	1间×80人/间	1间×120m^2/间
	1间×50人/间	1间×75m^2/间
	1间×30人/间	1间×45m^2/间
	2间×20人/间	2间×30m^2/间
合计	500人	760m^2

三星级旅馆建筑面积配置建议表（以200套客房为例） 表4

序号	项目	规模	单间指标（m^2/套）	建筑面积（m^2）	占总建筑面积的百分比
1	客房部分	200套	33.0	6600	66.0%
2	公共部分		9.0	1800	18.0%
3	后勤部分		3.5	700	7.0%
	机房部分		4.5	900	9.0%
合计			50.0	10000	100%

注：一个200套客房的三星级旅馆，总建筑面积建议按10000m^2配置和设计。其中客房部分6600m^2，占总建筑面积66.0%，客房房型构成见表4。总建筑面积中未包括停车库面积，视项目条件统筹设计，满足规划和使用要求。

客房构成表（以200套客房为例） 表5

房型	房间面积（m^2）	套数	间数	百分比
标准房（单床房）	14.0	75	75	37.5%
标准房（双床房）	19.6	110	110	55.0%
无障碍客房	19.6	2	2	1.0%
普通套房	38.0	13	26	6.50%
合计		200	213	100%

注：除了客房直接面积=20m^2/间×213自然间=4260m^2，其他为交通、服务等面积。

经济型旅馆建筑面积配置建议表（以100套客房为例） 表6

序号	项目	规模	单间指标（m^2/套）	建筑面积（m^2）	占总建筑面积的百分比
1	客房部分	100套	22.0	2200	73.33%
2	公共部分		3.8	380	12.67%
3	后勤部分		2.2	220	7.33%
	机房部分		2.0	200	6.67%
合计			30.0	3000	100%

注：一个100套客房的经济型旅馆，总建筑面积建议按3000m^2配置设计。其中客房部分2200m^2，占总建筑面积73.33%，客房房型构成见表6。总建筑面积中未包括停车库面积，视项目条件统筹设计，满足规划和使用要求。

客房构成表（以100套客房为例） 表7

房型	房间面积（m^2）	套数	间数	百分比
标准房（单床房）	15.0	47	47	47.0%
标准房（双床房）	15.0	47	47	47.0%
无障碍客房	15.0	1	1	1.0%
普通套房	30.0	5	10	5.0%
合计		100	105	100%

注：直接的客房面积=15m^2/间×105自然间=1575m^2，其他为交通、服务等面积。

面积配置中停车位虽不属于旅馆三大部分，但是旅馆面积的重要组成，应满足所在城市规划和经营使用要求。不同类型、等级旅馆的停车位指标可参考下页表4、表5。

柱网

较为合理的旅馆建筑柱网开间一般为7.2~9.0m，这样可以使每间客房有较为舒适的3.6~4.5m的开间，同时易于组合；柱网进深应根据客房、卫生间配置标准的进深结合走廊宽度统筹确定，客房的长宽比以不超过2:1为宜。多层、高层旅馆建筑柱网选用还应兼顾考虑裙房公共部分功能的布置使用和地下车库停车的经济性（表1）。

常规旅馆建筑柱网排列形式示例　　表1

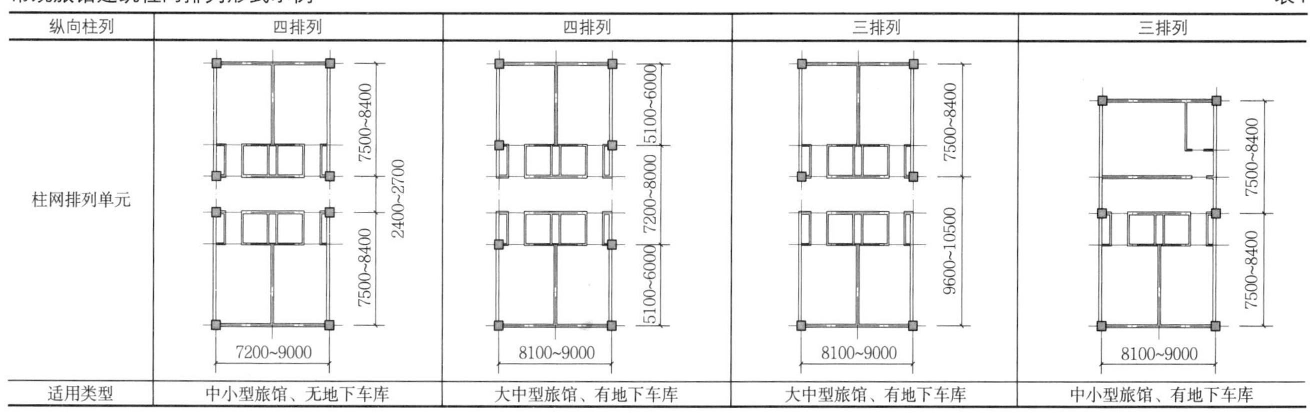

纵向柱列	四排列	四排列	三排列	三排列
柱网排列单元				
适用类型	中小型旅馆、无地下车库	大中型旅馆、有地下车库	大中型旅馆、有地下车库	中小型旅馆、有地下车库

层高净宽

1. 门厅、大堂、餐厅等公共区域层高在考虑使用和装修要求的净高情况下，同时应满足设备专业安装的需要。

2. 客房层室内净高要求见表2。

3. 客房层走廊净宽要求见表3。

客房层室内净高要求　　表2

房间部位	净高度	备注
客房居住部分	≥2.40m	设空调时
	≥2.60m	不设空调时
客房（利用坡屋顶内空间）	≥2.40m	至少有8m²满足高度要求
卫生间	≥2.20m	—
客房内走道	≥2.10m	—
客房层公共走道	≥2.30m	≥2.10m即满足规范要求，但通常应≥2.30m为宜

注：本表摘自《旅馆建筑设计规范》JGJ 62-2014。

客房层走廊净宽要求　　表3

走廊类型	净宽度	适宜宽度	备注
公共走廊	≥1.30m	1.80m	单面布置客房
	≥1.40m	2.10m	双面布置客房
客房内走道	≥1.10m	—	—
无障碍客房走道	≥1.50m	—	—
公寓式旅馆公共走道、套内入户走道	≥1.20m	—	—

注：本表摘自《旅馆建筑设计规范》JGJ 62-2014。

停车位指标

不同类型旅馆的停车位配置参考表（单位：辆/间）　　表4

旅馆类型	停车位要求（辆/间）
城市商务型旅馆	0.4～0.6
机场旅馆	0.2～0.4
城市会议型旅馆	0.5～1.0
景区会议型旅馆	0.8～1.0
城市娱乐型旅馆	0.4～0.6
城市经济型旅馆	0.2～0.4
汽车旅馆	1.0～1.2
城郊度假型旅馆	0.5～1.0
景区度假型旅馆	0.8～1.0
城郊娱乐型旅馆	0.8～1.2

城市大中型旅馆停车位标准参考指标　　表5

建筑类别	计算单位	机动车停车位	非机动车停车位		旅馆等级
			内	外	
一类	每套客房	0.6	0.75	—	五级
二类	每套客房	0.4	0.75	—	三级、四级
三类	每套客房	0.3	0.75	0.25	二级、一级

电梯配置

《旅馆建筑设计规范》JGJ 62-2014规定：四、五级旅馆建筑2层宜设乘客电梯，3层及3层以上应设乘客电梯；一、二、三级旅馆建筑3层宜设乘客电梯，4层及4层以上应设乘客电梯。

旅馆乘客电梯的台数、额定载重量和额定速度应根据旅馆的等级标准及客房数通过设计和计算确定。旅馆星级越高，客梯服务的客房数量越少。通常可按每70~100间客房配置1台额定载重量为1000~1600kg的客梯为标准估算。一般客房部分宜至少设置两部乘客电梯，四级及以上旅馆建筑公共部分宜设置自动扶梯或专用乘客电梯。

大堂公共部分服务于宴会厅、多功能厅、大型会议、餐厅的自动扶梯一般采用0.5m/s的速度，梯面宽最小0.9m，1.0m宽为宜。

旅馆乘客电梯数量、主要技术参数表　　表6

电梯数量			常用规格额定载重量和乘客人数	常用电梯额定速度（m/s）
常用级	舒适级	豪华级		
100客房/台	70客房/台	<70客房/台	630kg（8人） 800kg（10人） 1000kg（13人） 1150kg（15人） 1350kg（18人） 1600kg（21人）	12层及以下：1.75m/s； 12~25层：2.5～3m/s； 超高层：3.5m/s以上

表6中电梯台数不包括消防和服务电梯。消防电梯可与客梯或服务电梯兼用，但应符合消防电梯配置要求。

服务电梯应根据旅馆建筑等级和实际需要设置，一般每200间客房需要设一部服务电梯，但每客房标准层至少要设一部服务梯，当客房总数量超过250间时需要设两台服务梯。服务梯载重量多采用1000kg，也可选用较大载重量的，如1150kg、1350kg、1600kg等，以同时满足一般搬运要求。服务梯速度不作要求，通常可按表7选用。

服务梯楼层速度选用参考指标　　表7

旅馆层数	2~5层	5~20层	20层以上
服务梯速	0.8~1.0m/s	1.75~2.5m/s	3m/s
电梯类型	牵引或液压电梯	牵引电梯	牵引电梯
备注	电梯门宽为1.2m，边开门或中心开门，一般2.1~2.4m高		

基本原则

1. 对旅馆基地的地形地貌、周围建筑的历史文化、主要景观、主要噪声源、污染源、市政设施状况等进行调查分析，获取基础资料，使总平面布置与基地环境相适应。

2. 满足城乡规划与城市设计的要求。

3. 争取良好景观，提高环境质量。

4. 区分客人及后勤出入口，合理组织交通，人车分流。

5. 场地设计应结合旅馆室外标识物及标图的要求。

选址

1. 选址应符合当地城乡规划要求。

2. 根据其不同类型、使用目的、经营方式等，选址可位于城市中心、市郊景区、交通线附近、风景名胜区等。不同选址适合的旅馆类型及特点见表1、表2。

3. 城市旅馆选址可从城市、地段、基地三个层次进行考虑，见表2。

4. 在历史文化名城、历史文化保护区、风景名胜区及重点文物保护单位附近，旅馆建筑选址及建筑布局应符合国家和地方有关管理条例和保护规划要求，且应与自然环境及周围的环境相协调。

不同选址适合的旅馆类型及特点　　表1

选址	位置	适合的旅馆类型	特点
城市中心	城市商务区、主要商业区、城市中心广场	商务、会议、旅游、综合中心等	金融业集中、商业繁华，又是城市中心，可提供参加中心区各种活动的便利条件
市郊景区	靠山临水景区、市郊公园附近	综合会议、国宾馆、迎宾馆、休闲旅馆等	环境宜人、安静，便于交通和安全管理
交通线附近	靠近机场、火车站、长途汽车站、码头及公路干线等交通设施	机场、车站、中转及汽车旅馆等	服务于交通的设置要求，交通便利
风景名胜区	山中、海滨、湖畔、温泉、滑雪场、高尔夫球场等旅游名胜区内部或边缘	休养、疗养、观光、运动等	环境宜人，气候舒适，经营具有特色或经营一些体育项目

城市旅馆的选址　　表2

城市	应结合城市经济、文化、自然环境及相关产业的要求进行合理布局
地段	选择适宜建造旅馆的地段：位于或靠近城市中心或商务区；交通方便，与机场、火车站、长途汽车站、码头等交通设施联系方便，可进入性好
基地	工程地质及水文地质条件有利，排水通畅，有日照条件且采光通风较好，环境良好
	避免在有害气体和烟尘影响的区域内，且远离噪声源和储存易燃、易爆物场所
	交通便利，附近的公共服务和基础设施较完备

总平面组成

1. 旅馆总平面通常由建筑、广场、道路、停车场、庭园绿化与小品等组成[1]。

2. 总平面组成可随基地条件、旅馆等级、规模、性质等的不同而变化。根据需要，还可考虑设置露天茶座、网球场、游泳池及高尔夫球场等。

交通组织

交通组织策略　　表3

内容	交通组织策略
基本原则	1.根据基地条件、旅馆功能所需各出入口、城市道路功能要求，合理组织临近建筑交通，将基地内交通流线与外部城市道路的交通流线有机结合； 2.尽可能减少人流与车流之间、不同性质车流之间的交叉或干扰； 3.合理设置基地机动车出入口，减缓对城市干道的影响，基地机动车出入口的位置应符合国家规范和地方规定； 4.有足够人流与车流的集散、停留空间； 5.各种流线均需醒目、方便短捷
空间划分	1.总平面内应分为客人活动空间、后勤服务空间； 2.有条件时应将二者分设独立的机动车出入口与车道，并以辅助车道作联系
入口广场设计	1.客人的出入口常设广场以作缓冲空间，车道则通向停车场所和城市道路； 2.广场面积可根据基地条件、旅馆规模和等级等确定，满足车辆回转、停放，尽可能使车辆出入便捷，不互相交叉
旅馆出入口步行道设计	步行道系城市至旅馆主要出入口门前的人行道，应与城市人行道相连，保证步行至旅馆的旅客安全。 1.在旅馆出入口前适当放宽步行道； 2.步行道不应穿过停车场，需避免与车行道交叉

1 旅馆总平面组成内容

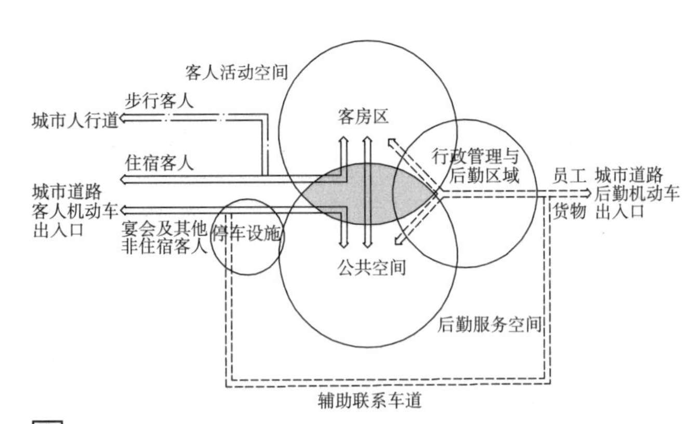

2 交通组织示意简图

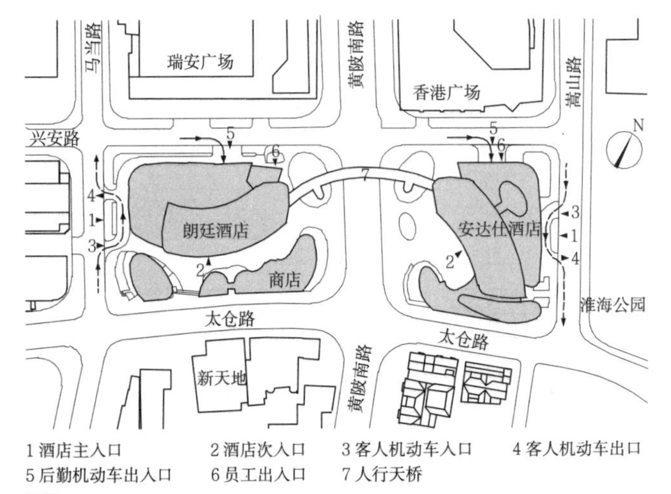

1 酒店主入口　2 酒店次入口　3 客人机动车入口　4 客人机动车出口　5 后勤机动车出入口　6 员工出入口　7 人行天桥

3 上海新天地朗廷酒店及安达仕酒店交通流线图

出入口

1. 应合理划分各功能分区，组织各种出入口，使客人流线与服务流线互不交叉。至少应将客人出入口和后勤出入口分开。

2. 客人出入口包括主要出入口、团体出入口、宴会与商场出入口；后勤出入口包括员工出入口、货物出入口、垃圾污物出口。旅馆出入口可根据旅馆的规模、等级、性质及管理要求等确定[1]，设计要点见表1。

3. 当旅馆建筑与其他建筑共建在同一基地内或同一建筑内时，旅馆部分应有单独分区，便于管理，客人使用的主要出入口宜独立设置。

4. 在多功能综合建筑中，旅馆占其中部分楼层。旅馆部分需有单独出入口，并有设施将客人迅速送达旅馆的接待大堂。

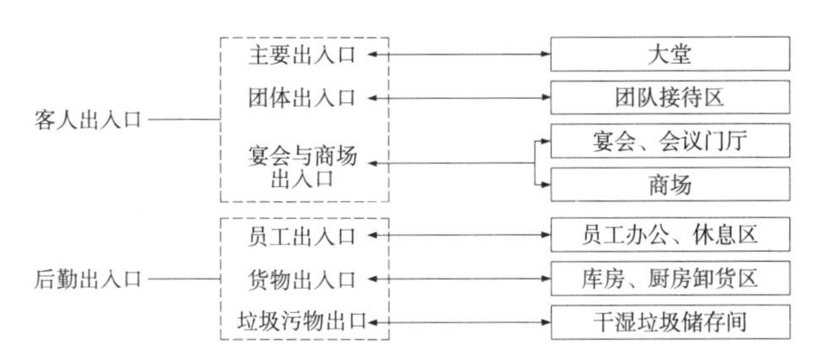

[1] 出入口示意简图

入口广场

根据旅馆的规模和等级，尤其是大型旅馆总平面设计需要有一个入口广场，除了有序地组织车辆和人行流线、与外部城市道路形成良好衔接外，还可以通过独具特色的景观设计和导向标识，来营造旅馆鲜明的入口形象与氛围。

车道设计

1. 旅馆入口车道须清晰安全、进出分开，道路一般采用单行流线，出入口应有标识牌作为车辆的引导。

2. 后勤服务车道应与客用车道分开，同时应布置隐蔽，不影响主入口视线景观。

3. 车行区域设计必须考虑客人的安全。

停车场

机动车、非机动车停车指标及设计要点　　表2

类型	停车指标	停车方式	设计要点
机动车	需根据旅馆建筑的规模、类型、用地位置、交通状况等内容确定，并应符合当地行政主管部门的规定。停车位的配置可参考“旅馆建筑［7］常用参数、指标”表4、表5	可根据基地条件，采取地面停车、地下车库及地面多层车库等停车方式。 1.一些用地紧张的大中城市，为节约用地，应充分利用地下空间； 2.由于停车场汽车出入噪声大，地面停车场应避免靠近客房部分； 3.地面多层车库位置应不影响城市和旅馆的主要景观视角、视线，尽量隐蔽	1.主入口前应设临时停车位，方便接送客人； 2.设有团体出入口的旅馆应考虑大客车停车位； 3.高等级的旅馆主要人流出入口附近宜设置专用的出租车排队候客车道，并不宜占用城市道路； 4.应设置卸货车位
非机动车	员工非机动车停车数可根据城市规划与酒店管理公司的要求确定，通常按员工人数20%～40%考虑	可采取地面停车和地下停车的方式	员工自行车、摩托车停车可在员工出入口附近隐蔽设置，与客人停车库隔开

景观环境

景观环境设计要点　　表3

内容	设计要点
基地外部景观利用	1.无论是城市旅馆还是风景名胜区旅馆，均需争取良好景观，提高环境质量，尤其是客房和主要公共活动空间。这不仅是旅馆创造舒适环境以使客人获得极大精神享受的重要方面，也利于旅馆的经营，同时还反映旅馆的特征； 2.位于风景名胜区的旅馆，应遵循尽最大可能保护自然风景的原则，使建筑与环境有机结合
基地内部景观塑造	1.应注意提高旅馆基地内室外环境的质量，设计内容主要包括庭园绿化、室外活动场地、建筑小品和雕塑等； 2.庭园绿化在室外环境塑造中起主导作用，其设计风格应能显示旅馆的文化属性，并与建筑设计风格相呼应； 3.绿地面积的指标应符合当地规划主管部门的规定，栽种的树种应根据城市气候、土壤和能净化空气等条件确定； 4.可因地制宜设计屋顶花园； 5.室外停车场宜采取结合绿化的遮阳措施； 6.室外活动场地的组成内容根据旅馆等级、性质的不同而差别较大。度假型旅馆建筑室外活动场地宜结合绿化做好景观设计。场地设计还应结合旅馆室外标识的要求； 7.应对各部分的噪声做分区处理，对旅馆使用活动中和各种设备所产生的噪声和废气，应根据卫生和环境保护等要求采取措施，避免对旅馆建筑的公共部分、客房部分等产生不良影响。同时尽可能减少噪声、废气及污水对外部环境和邻近建筑的影响

出入口设计要点　　表1

出入口类型		功能	设计要点	适用旅馆类型
客人出入口	主要出入口	最主要的出入口，用于乘车及步行到达的住宿旅客，也可让访客、外来客人进入旅馆内餐厅及公共活动场所	1.宜在主要道路旁，位于建筑中最突出、明显的位置，应有明显的标识系统，并能引导旅客直接到达门厅； 2.应考虑机动车上、下客的需求，根据使用要求设置车行道，一般旅馆车行道宽至少5.5m（通常6.0m以上），以便两辆小客车通行； 3.通常设雨篷、过街楼覆盖入口区上方，使旅客上下车时避免雨淋； 4.主要出入口应设计为无障碍入口	所有旅馆
	团体出入口	供团体客人进出	1.为便于及时疏导集中的人流，减少主入口人流，在主入口边设置专供团体客车停靠的团体出入口； 2.车行道上部净高一般应大于4m，以满足大客车通行	适用于大中型旅馆或会议旅馆、旅游旅馆
	宴会与商场出入口	用于出席宴会、会议及商场购物的单独出入	出入口设置位置应避免大量非住宿客人影响住宿客人的活动	适用于大中型规模、等级高的旅馆及设有大宴会厅的旅馆
后勤出入口	员工出入口	用于旅馆员工上下班进出	设在员工工作及生活区域，位置宜隐蔽，不让客人误入	中小型旅馆可将员工出入口与货物出入口合并使用
	货物出入口	用于旅馆货物出入	1.位置靠近物品仓库与厨房部分，远离旅客活动区以免干扰客人； 2.需考虑货车停靠、出入及卸货平台； 3.大型旅馆须考虑食品冷藏车的出入，并将食品与其他货物分开卸货，以利于洁污分流	所有旅馆
	垃圾污物出口	用于垃圾污物运出	位置要隐蔽，处于下风向	所有旅馆

旅馆总平面实例数据

国内部分旅馆技术经济指标　　表1

旅馆名称	客房间数	层数		用地面积(m^2)	总建筑面积(m^2)	容积率	选址
		地上	地下				
上海新天哈瓦那大酒店	686	27	2	11700	87275	5.98	金融中心区
上海新天地朗廷酒店	357	24	5	5648	53212	6.0	市中心商业区
上海安达仕酒店	307	24	5	4596	48047	7.0	市中心商业区
重庆申基索菲特大酒店	464	27	2	15267	127802	6.83	城市商业区
昆明七彩云南温德姆至尊豪廷大酒店	374	23	2	23498	88420	6.93	商住区
金茂三亚丽思卡尔顿酒店	450	7	1	153375	79776	0.5	旅游景区
上海四季酒店	434	38	3	7620	77000	8.0	市中心商业区
苏州金鸡湖大酒店商务酒店	413	22	1	51500	114755	1.78	商业区
上海东方佘山索菲特大酒店	417	6	1	69818	84640	0.947	旅游景区
扬州香格里拉酒店	372	26	2	27909	64000	2.43	市中心商务区
德清雅兰维景国际大酒店	300	5	—	79443	32419	0.41	公园景区
三亚亚龙湾铂尔曼度假酒店	195	4	1	89889	36857	0.285	旅游景区
盐城新盐阜宾馆	349	6	1	136798	77500	0.45	开发区商业中心
淮安开元名都大酒店	291	8	—	45387	49750	1.10	城市新区

分类与特点

旅馆总平面布局随基地条件、周围环境状况、旅馆等级、类型等因素而变化，根据客房部分、公共部分、后勤部分的不同组合，可概括为分散式、集中式、混合式等几种方式，见表2。

1. 分散式

适用于宽敞基地，各部分按使用性质进行合理分区，各幢客房楼可按不同等级采取不同标准，有广泛的适应性。但分散式布局也存在设备管线长、服务路线长、能源消耗增加、管理不便等问题。同时，服务员的配置与工作模数相差较多，增加了服务员人数，不够经济。

2. 水平集中式

市郊、风景区旅馆常采用水平集中式。客房、公共、后勤等各部分各自相对集中，并在水平方向连接，按功能关系、景观方向、出入口与交通组织、体形塑造等因素有机结合。用地较分散式紧凑。一般水平集中式的水平交通路线、管线仍嫌过长。

3. 竖向集中式

适用于城市中心、基地狭小的高层旅馆，其客房、公共、后勤各部分在一幢建筑内竖向叠合。这种布局方式对公共部分大空间的设置会造成一定难度。还需注意停车场布置、绿地组织及整体空间效果。

4. 水平、竖向结合的集中式

系高层客房带裙房的方式，是城市旅馆普遍采用的总体布局方式，既有交通路线短、紧凑经济的特点，又不像竖向集中式那样局促。裙房公共部分的功能内容、空间构成可随旅馆规模、等级、基地条件的差异而变化。

5. 混合式

市郊旅馆基地面积较大或客房楼高度有限制时，常采用客房楼分散，公共部分集中这种分散与集中相结合的混合式布局方式。

旅馆总平面布局方式　　表2

布局方式	分散式	集中式			混合式
		水平集中	竖向集中	水平、竖向相结合	
示意简图	平面	平面	剖面	剖面	剖面　平面
建筑布局	客房、公共、后勤各部分分散，各自单幢独立	客房、公共、后勤相对集中，在水平方向连接	客房、公共、后勤全部集中在一幢楼内，上下叠合	客房集中于高层，公共、后勤集中在裙房，裙房铺开	客房分散，公共、后勤相对集中
基地面积	大	适中	小	较小	较大
总体特点	客房楼与公共部分掩映在庭园绿化中	多层或高层客房楼与低层公用部分，以廊水平联系并围合内庭院	城市高层旅馆，总体绿化、回车面积小	城市高层或超高层旅馆，裙房外有庭园绿化，裙房内设中庭或小庭园	城市或市郊旅馆，高低层建筑相结合
旅馆实例	丽江悦榕酒店、巴厘岛君悦酒店、清迈四季酒店、清迈东方文华酒店	金茂三亚希尔顿大酒店、北京香山饭店、德清雅兰维景国际大酒店、盐城新盐阜宾馆	上海城市酒店、深圳南海酒店、三亚中油大酒店、东南大学榴园宾馆、上海金明大酒店、南京珍宝假日饭店、迪拜阿拉伯塔酒店、大阪艾尔萨琳酒店	大多数城市旅馆和部分市郊旅馆	金茂三亚丽思卡尔顿酒店、杭州千岛湖洲际度假酒店、杭州西子湖四季酒店、杭州黄龙饭店

注：□客房；▨公共；■后勤。

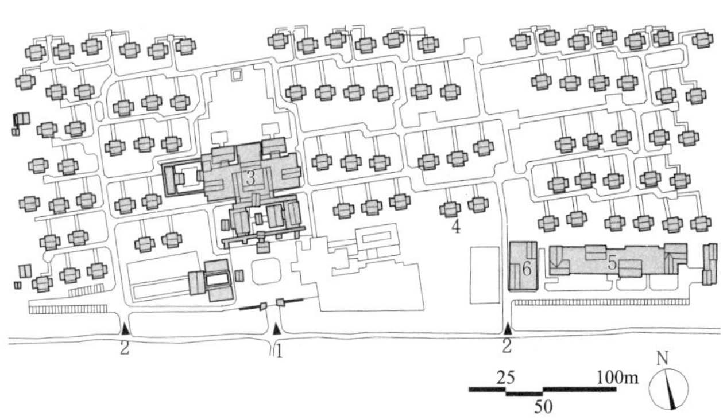

1 主入口 2 次入口 3 接待中心 4 客房 5 后勤服务 6 水泵房

1 丽江悦榕酒店

名称	客房间数	用地面积	总建筑面积	层数(地上/地下)
丽江悦榕酒店	90	100000m²	18000m²	1/0

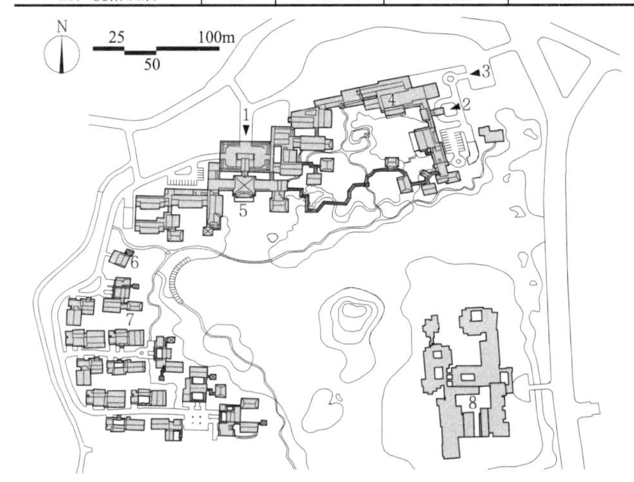

1 酒店主入口 2 餐饮会议区入口 3 后勤入口 4 餐饮会议区 5 普通客房区
6 行政俱乐部 7 庭院式度假用房区 8 金溪山庄

2 杭州西子湖四季酒店

名称	客房间数	用地面积	总建筑面积	层数(地上/地下)
杭州西子湖四季酒店	78	75297m²	41156m²	2/1

嘉禄路
濠江路
规划路

1 主要出入口 2 次要出入口 3 后勤出入口 4 酒店主入口 5 宴会入口 6 酒店
7 裙房 8 旋转餐厅

3 石狮荣誉国际酒店

名称	客房间数	用地面积	总建筑面积	层数(地上/地下)
石狮荣誉国际酒店	289	12305.5m²	98853m²	22/3

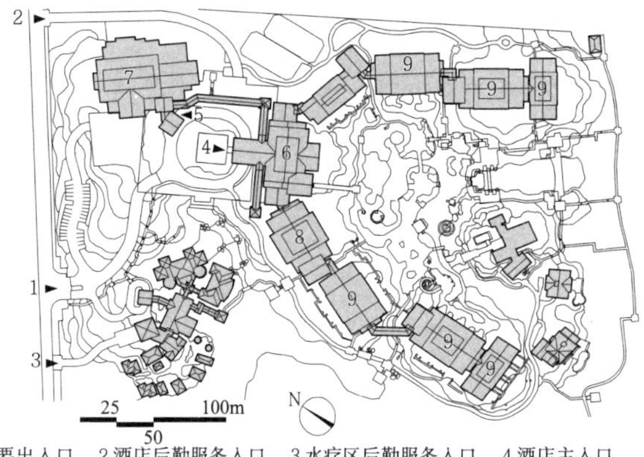

1 主要出入口 2 酒店后勤服务入口 3 水疗区后勤服务入口 4 酒店主入口
5 宴会厅入口 6 大堂 7 宴会厅 8 餐厅 9 客房

4 金茂三亚希尔顿大酒店

名称	客房间数	用地面积	总建筑面积	层数(地上/地下)
金茂三亚希尔顿大酒店	492	108610m²	74933m²	7/1

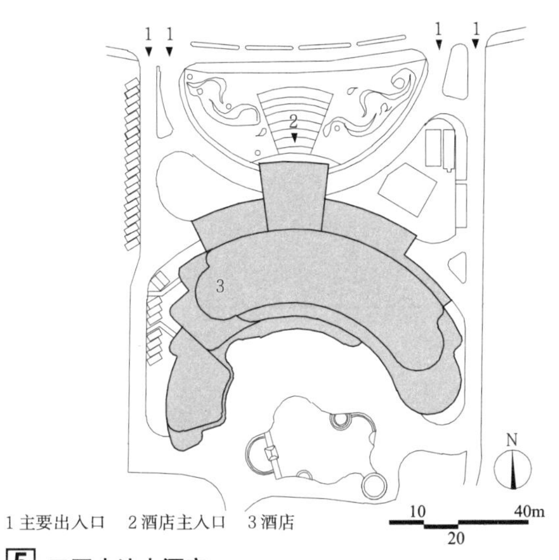

1 主要出入口 2 酒店主入口 3 酒店

5 三亚中油大酒店

名称	客房间数	用地面积	总建筑面积	层数(地上/地下)
三亚中油大酒店	311	24513m²	25000m²	13/1

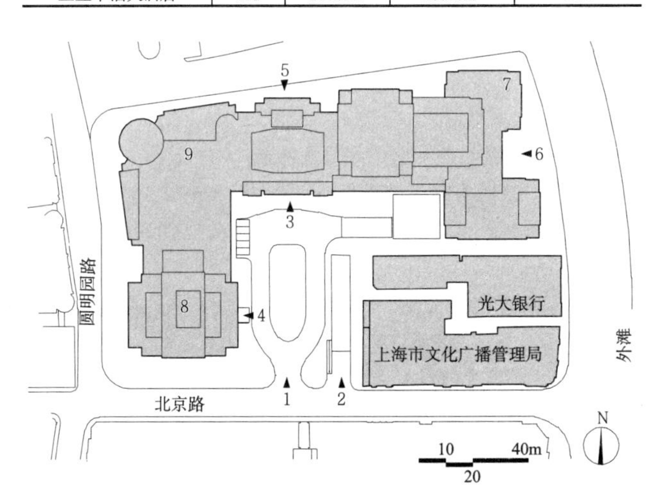

1 主要出入口 2 货运出入口 3 酒店主入口 4 公寓式酒店入口 5 酒店次入口
6 商场及酒店次入口 7 酒店 8 公寓式酒店 9 商场及酒店设施

6 上海半岛酒店

名称	客房间数	用地面积	总建筑面积	层数(地上/地下)
上海半岛酒店	235	13898m²	92520m²	15/3

平面形式

低层旅馆、度假旅馆常位于城市郊区或风景区，占地较大，多采用庭院式布局，其客房平面设计自由灵活，因地制宜。

多层、高层旅馆位于城市中，用地有限，其客房层平面设计应紧凑集中。多层、高层旅馆的客房标准层平面有板式、塔式、中庭式三种基本平面形式，由这三种基本形式可以衍生出不同的平面形态。

多、高层旅馆客房平面基本形式　　表1

基本形式	平面特点	图例
板式平面	1.有沿走廊单边布置客房（单廊布置）和沿走廊两侧都布置客房（双侧布置）两种形式； 2.客用楼电梯交通核布置在适中位置，服务电梯及服务间等选择不宜设置客房的位置布置； 3.疏散楼梯布置在两端，满足消防要求，如平面过长，中间应增加疏散楼梯	
塔式平面	1.平面形状有方形、十字形、环形、圆形、三角形等，略加变换可衍生出矩形、椭圆形、风车形、H形等； 2.客用电梯、服务电梯、疏散楼梯等垂直交通枢纽，包括管井、服务间等集中布置在核心筒中； 3.围绕核心筒布置客房	
中庭式平面	1.所有客房及交通核环绕中庭布置及组织交通联系； 2.中庭有全封闭和半开放等不同形式，中庭给旅馆带来开放式空间感受； 3.中庭基本形为方形，也可采用其他形态创造不同的效果	

设计要点

1. 标准客房层由客房、服务用房、设备用房和垂直交通等部分组成。

2. 标准客房层的平面形式应充分考虑地形环境、景观朝向、建筑节能和结构形式等因素。

3. 标准客房层的规模应考虑平面的合理性与经济性，并因旅馆类型、等级、规模、经营等不同存在差异。每层客房间数宜按照服务人员工作客房数的整倍数确定，一般按不同等级为10~16间/服务员。

4. 标准客房层疏散楼梯设置需分布均衡，距离适中，符合建筑设计防火规范要求。

5. 服务台的设置根据管理要求确定。

6. 服务用房根据管理要求可每层或隔层设置，服务用房靠近服务电梯布置，位置应隐蔽，由服务间、储存、厕所、污衣管井等部分组成。

7. 客房层走道当单面布置房间时净宽≥1.3m，双面布置房间时净宽≥1.4m；客房层走道的净高应≥2.1m。

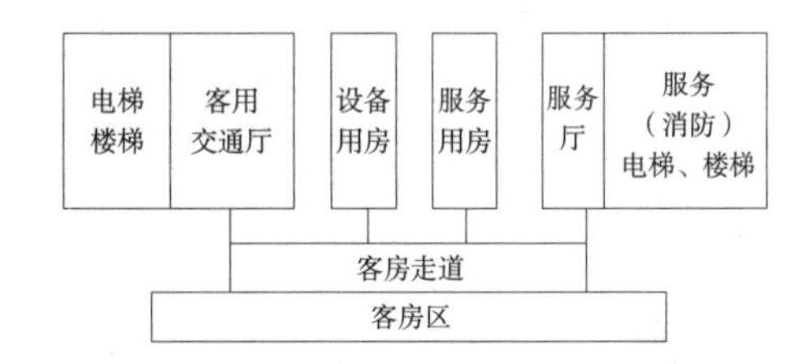

1 标准层功能关系图

旅馆标准层平面形式实例参考　　表2

类型		简图	实例			
			建筑名称	层数	总间数	间/层
板式	一字形		上海大华锦绣假日酒店	18	319	18
			北京丽思卡尔顿酒店	11	307	29
	矩形复廊		石狮荣誉国际大酒店	16	359	28
	错接复廊		上海宾馆	26	600	32
	折线形		上海世博洲际酒店	21	420	21
			北京JW万豪酒店	18	582	39
	弧形		上海古象大酒店	22	360	23
	曲线形		上海华亭宾馆	20	780	57
塔式	圆形		郑州绿地中心千玺广场JW万豪酒店	13	406	32
	方形		上海明天广场JW万豪酒店	19	342	20
	菱形		上海柏悦酒店	8	174	28
	椭圆形		太仓锦江国际大酒店	15	316	23
	等边三角形		无锡凯宾斯基饭店	14	400	28
	直角三角形		上海世茂皇家艾美酒店	43	761	26
	钻石形		上海四季酒店	31	422	20
	风车形		上海银河宾馆	28	666	27
	三叶草形		迪拜哈利法塔——阿玛尼酒店	162	175	19
	十字形		上海金茂君悦大酒店	22	555	21~23
中庭式	菱形中庭		西安阿房宫凯悦酒店东楼	10	260	26
	梭形中庭		新苏皇冠假日酒店	7	392	56
	矩形中庭		上海大酒店	10	353	36

服务用房组成 表1

服务用房	一般要求
位置	位置宜临近服务电梯，宜根据管理要求每层或隔层设置
服务间内容	客房层服务用房的设置内容根据管理公司的要求而有所增减
服务人员工作间/区	设置水盆工作台、拖把盆等设施； 设置清洁用品及工具、清洁推车、脏污推车、垃圾桶等安置位置； 根据管理要求设置消毒柜、制冰机等； 根据管理要求设置烫衣板、电话、白板等其他设施
贮藏间/区	布草存放架/柜、折叠床、婴儿床； 清洁用品与客房易耗品； 服务推车（16间左右1辆）
消毒间	三级及以上旅馆建筑应设工作消毒间，一级和二级旅馆建筑应有消毒设施； 应设有效的排气措施，且蒸汽或异味不应串入客房
污衣井	客房层宜设污衣井道，污衣井道或污衣井道前室的出入口应设乙级防火门
污衣存放	靠近污衣井
服务人员卫生间	客房层应设置服务人员卫生间

2 标准层服务间类型一

1 木层板
2 钢架
3 放置折叠床储物柜
4 橱柜
5 清洁推车
6 脏物推车
7 洗涤盆
8 拖把、扫把架
9 折叠式烫衣板和熨斗
10（壁挂式）白板
11 电话
12 垃圾桶
13 污衣井
14 自助式制冰机
15 设备管井

3 标准层服务间类型二

污衣井 表2

	一般要求
井道材料	污衣井道一般为不锈钢，内壁光滑无明露固定件，垂直运行；安放于防火管井内
污衣井井道通常规格	方形0.6m×0.6m或0.65m×0.65m； 圆形直径0.6m或0.8m； 投物门尺寸原则上小于井道0.05m； 抛物口高度取决于清洁推车高度
防火要求	污衣井底部出口处设有不锈钢自动防火门（阀），在自动防火门上设置熔锁片，当井内发生火情，温度达到熔点时，其易熔锁片熔断，自动防火门由于自身重力沿导轨滑落将出口封闭，阻止火势蔓延；并同时满足现行消防规范的要求
消防喷淋	污衣井顶部设有消防喷淋，中间部位设有检修门，通风需处于屋面上方0.90m以上

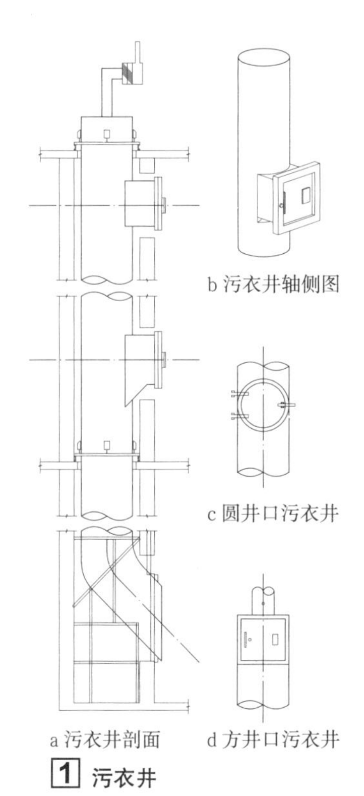
a 污衣井剖面 b 污衣井轴侧图 c 圆井口污衣井 d 方井口污衣井

1 污衣井

旅馆客房标准层走道最小净宽、净高参考（单位：m） 表3

规范标准	国家规范	部分国际酒店管理公司标准			
		类型1	类型2	类型3	类型4
走道净高	2.1	2.4	2.3	2.4	2.4
走道双面布房	1.4	1.5	1.50	1.50	1.8
走道单面布房	1.3	—	—	—	1.8

国内部分旅馆客房有关技术参数 表4

旅馆名称	旅馆类别	旅馆级别	客房层面积（m^2）	客房间数（钥匙间）	标准客房面积（轴线面积，m^2）	客房开间尺寸（m）	客房进深尺寸（m）	客房卫生间净面积（包括管井）（m^2）	客房标准层服务间净面积（m^2）	走道宽度（m）	总建筑面积（m^2）	每间客房综合面积比（m^2/间）
上海世博洲际酒店	城市商务	五星	1492	407	45.36	4.50	10.10	9.47	14.60	2.00	68924	169.35
北京JW万豪酒店	城市商务	五星	2355	502	42.35	4.40	9.63	8.59	31.83	1.80	—	—
北京丽思卡尔顿酒店	城市商务	五星	2222	307	49.49	4.90	10.10	11.30	22.56	1.80	—	—
三亚海棠湾万丽度假酒店	度假	五星	7435~8046	506	51.00	5.00	10.20	10.60~13.14	152.62	1.65（单侧房间）	105099	207.70
无锡凯宾斯基饭店*	城市商务	五星	2020	406	38.64~44.52	4.2	9.20~10.60	8.42	14.85	1.80	128667	—
南京绿地洲际酒店*	城市商务	五星	1925	441	42.00	5.00	8.40	9.00	25.66	1.850	—	—
上海大众空港宾馆(南楼)	城市商务	准四星	2389	273	33.36~35	4.00	8.20	5.53~6.18	17.58	1.70	35360	49.66
上海大众空港宾馆(北楼)	快捷	经济型	2367	439	25.04	3.00	8.15	4.65~4.95	17.58	1.60		

注：*为综合体建筑。

部分旅馆客房层电梯有关参数参考　　表1

旅馆名称	旅馆星级	标准层客房间数	客梯数量	客梯厅净宽(mm)	客梯厅净长(mm)	货梯数量	客梯布置方式	客房总层数
上海世博洲际酒店	五星	21	5	3300	9450	4	双侧	21
北京JW万豪酒店	五星	38	6	3700	8700	3	双侧	18
北京丽思卡尔顿酒店	五星	29	4	3600	5500	2	双侧	11
无锡凯宾斯基饭店	五星	28	5	3600	8800	4	双侧	14
南京绿地洲际酒店	五星	20~21	5	3235	8400	5	双侧	20
上海大众空港宾馆(南楼)	四星	43~44	4	4050	9700	2	双侧	6
上海大众空港宾馆(北楼)	经济型	60	4	4050	9700	2	双侧	7

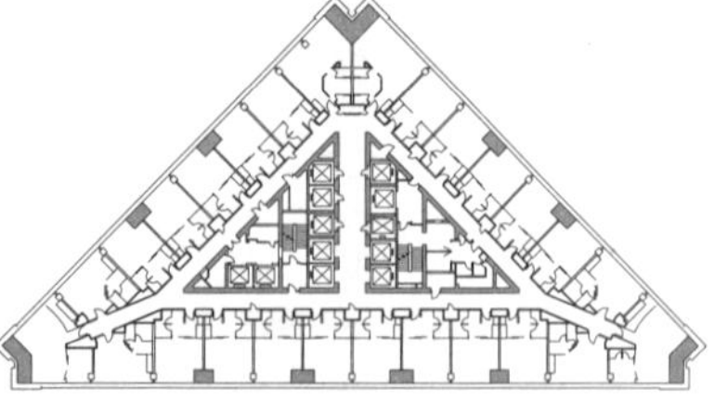
a 上海世茂皇家艾美酒店

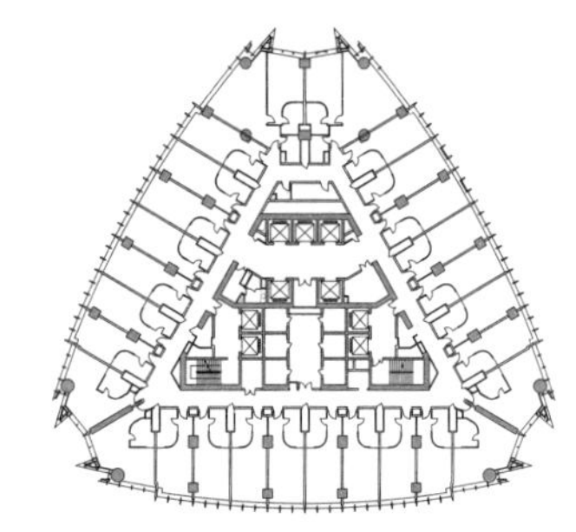
b 无锡凯宾斯基大酒店

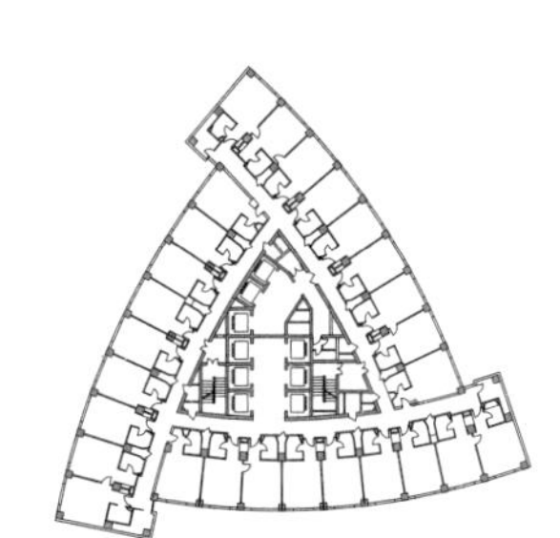
c 上海银河宾馆

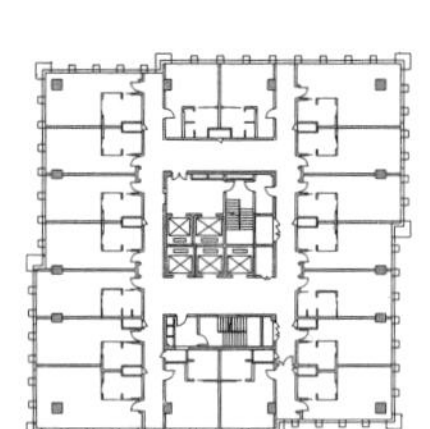
d 江阴西域皇冠酒店

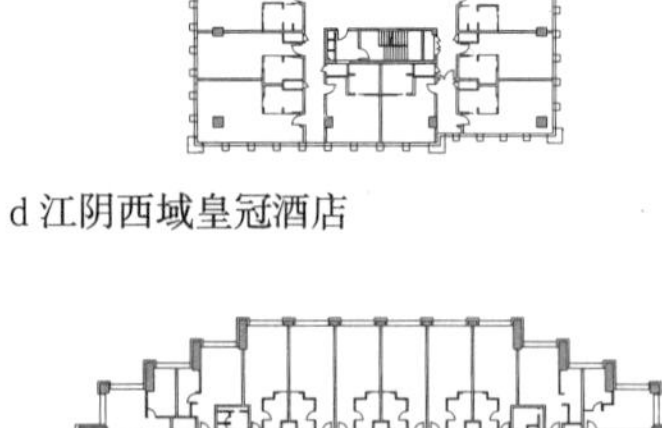
e 上海华敏帝豪索菲特大酒店

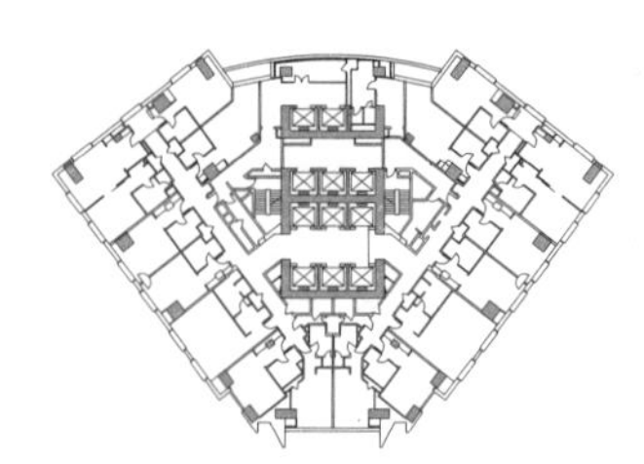
f 上海四季酒店

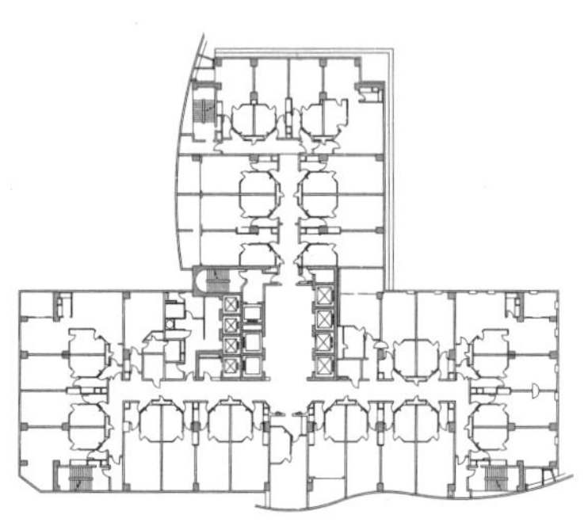
g 上海新天哈瓦那大酒店

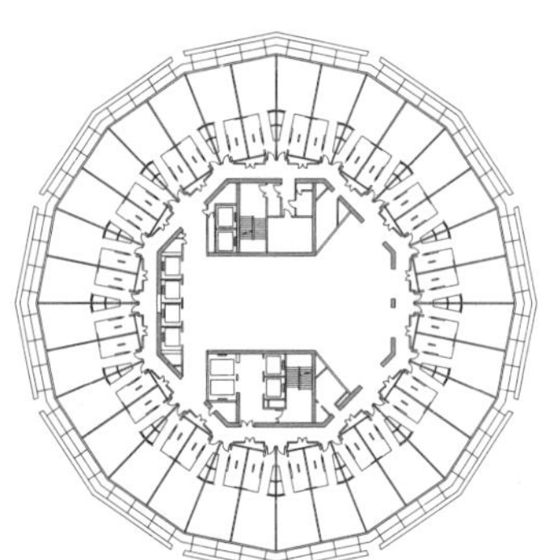
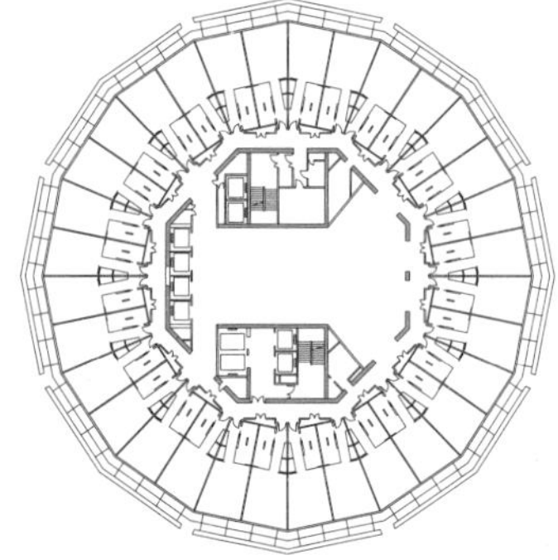
h 郑州绿地中心千玺广场JW万豪酒店

i 太仓锦江国际大酒店

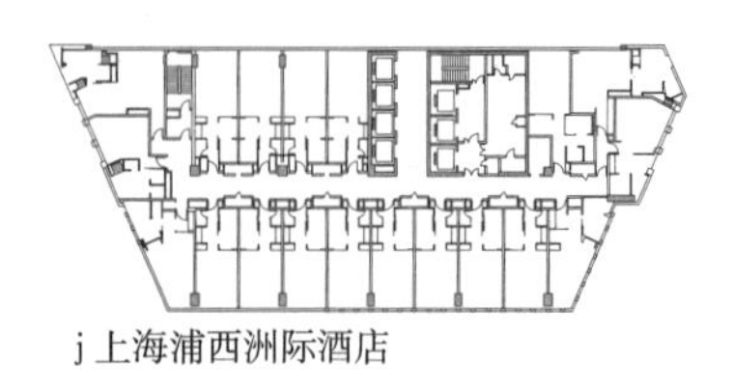
j 上海浦西洲际酒店

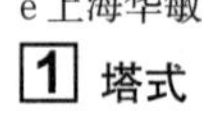
1 塔式

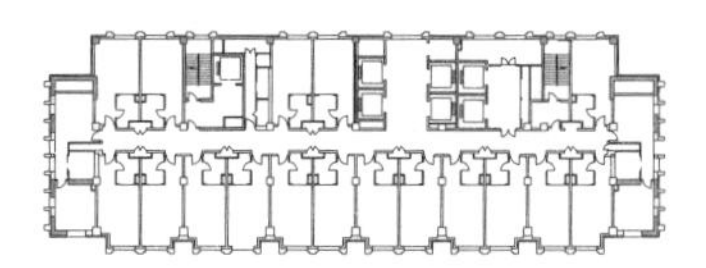
a 浦东大华锦绣假日酒店

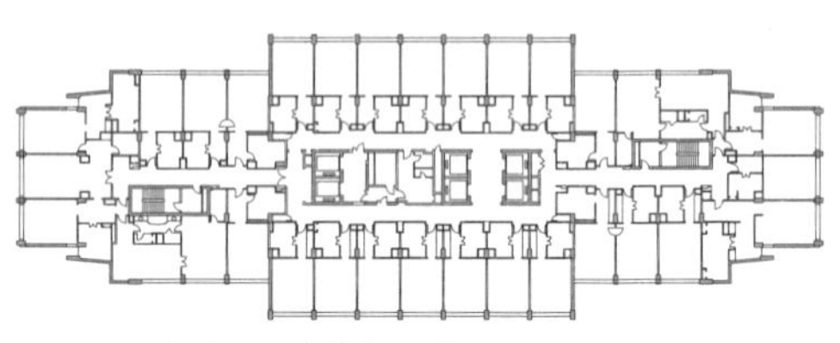
b 北京丽思卡尔顿酒店

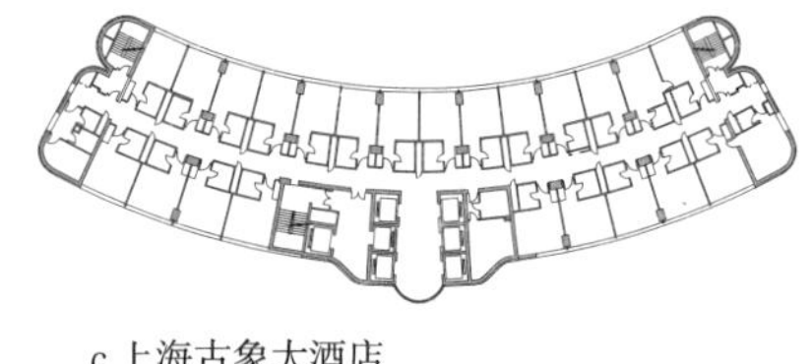
c 上海古象大酒店

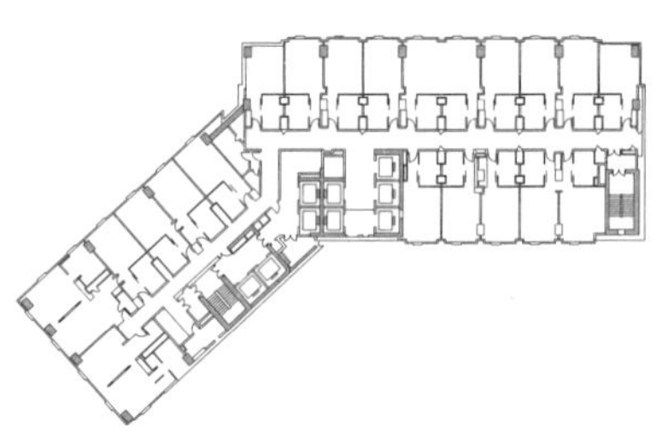
d 上海世博洲际酒店

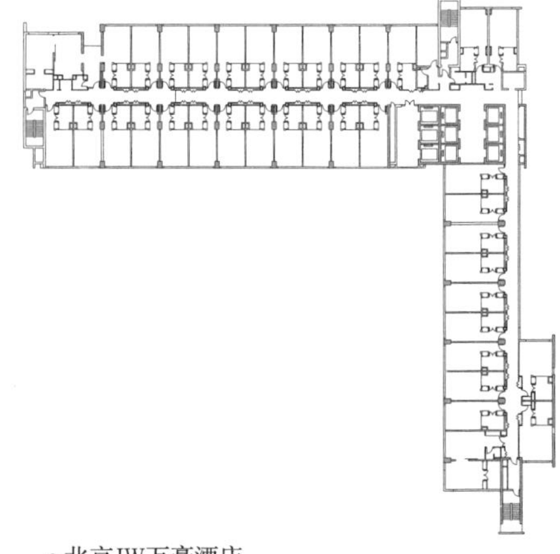
e 北京JW万豪酒店

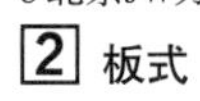
2 板式

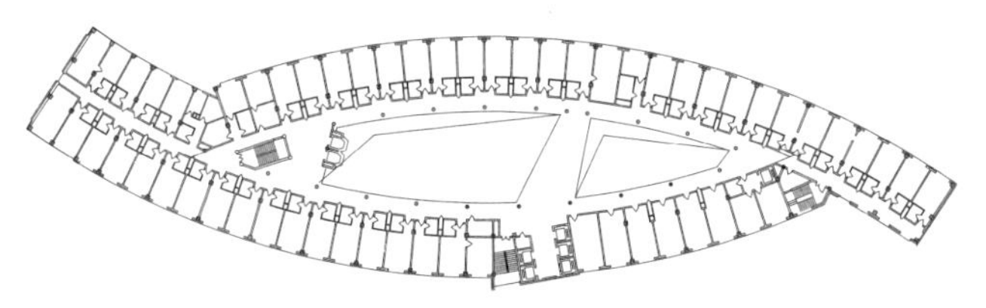

a 滨州大饭店

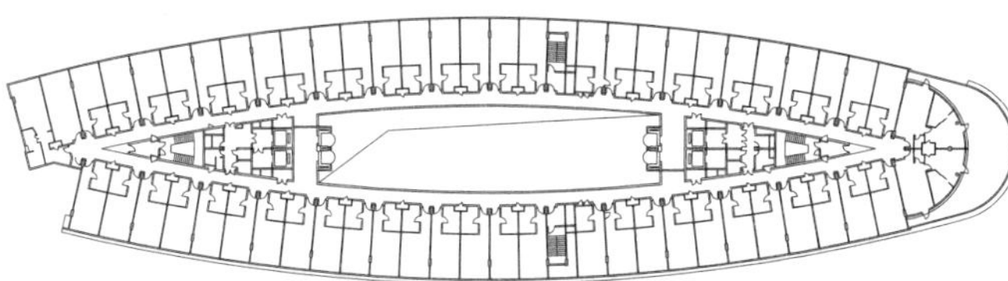

b 苏州中茵皇冠假日酒店

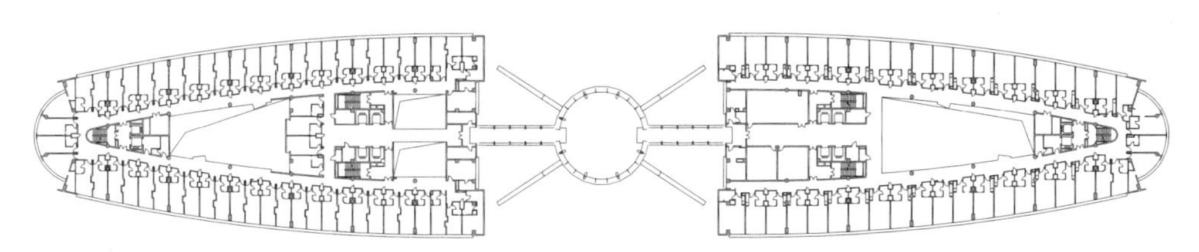

c 上海大众空港宾馆

1 梭形

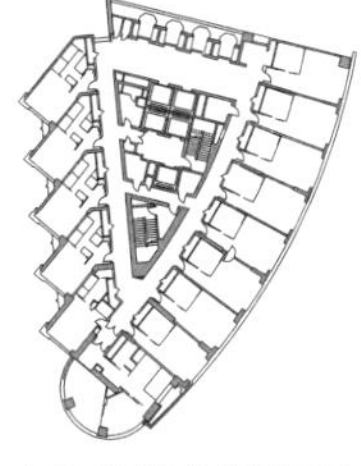

上海北外滩茂悦酒店

2 锯齿形

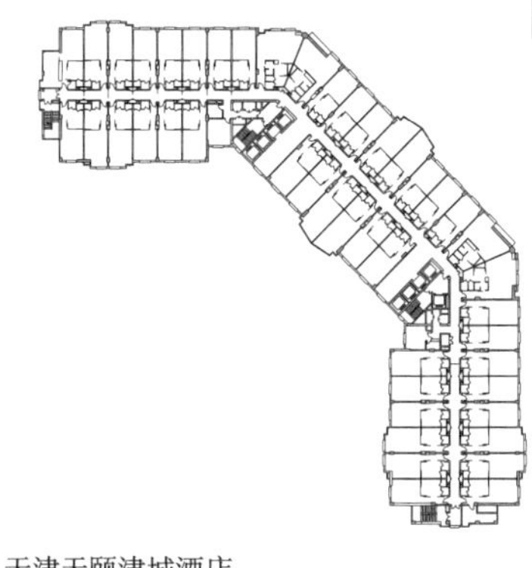

上海金茂君悦酒店

3 十字形

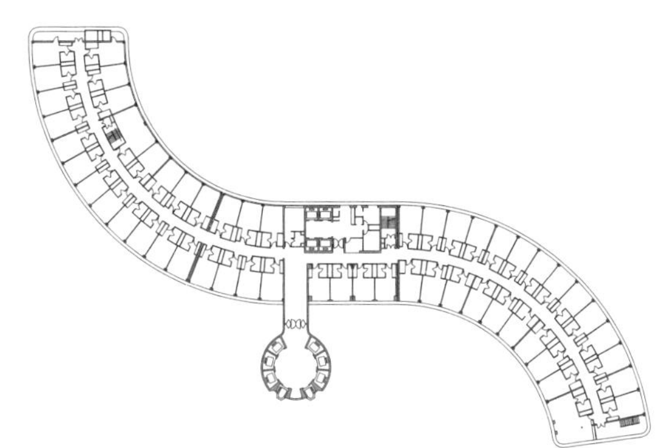

上海华亭宾馆

4 曲线形

天津天颐津城酒店

5 八字形

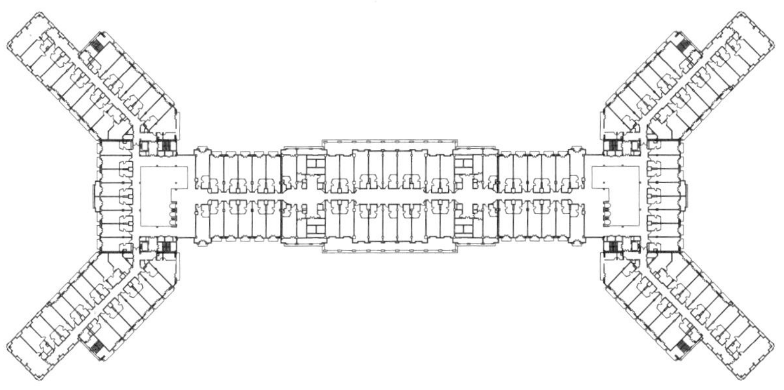

青岛海泉湾酒店

6 工字形

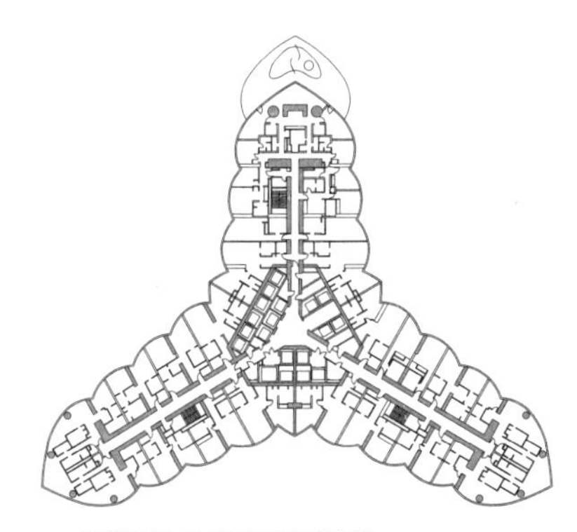

迪拜阿尔法塔阿玛尼酒店

7 三叶草形

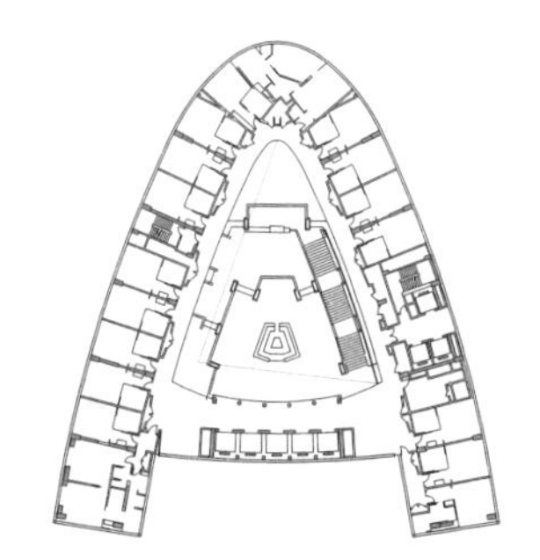

苏州晋合凯悦酒店

8 A字形

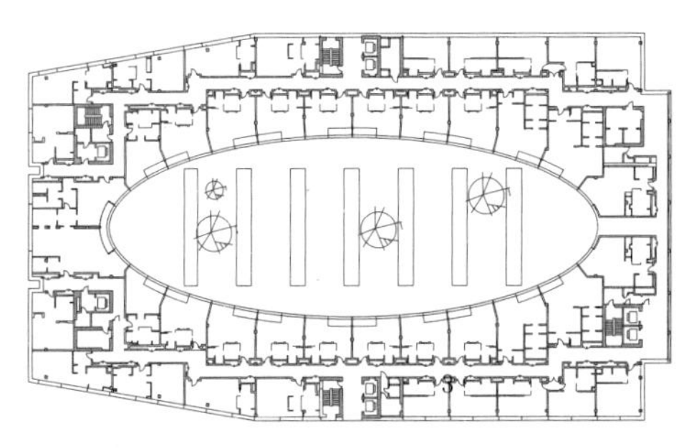

上海衡山路十二号豪华精选酒店

9 内院式

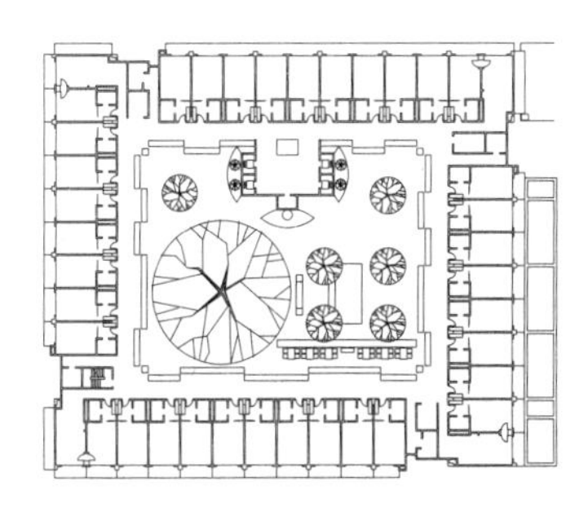

美国亚特兰大海特摄政酒店

10 中庭式

基本内容

1. 旅馆客房类型有标准单床间、标准双床间、无障碍客房、行政套房、豪华套房和总统套房等。不同类型旅馆房型配置不相同，一般旅馆只设标准间和少量套房，多数套房仅占2%~5%的比例；高星级旅馆设置总统套房。

2. 标准间(不论单床或双床)占一个自然间，一般行政套房是自然间面积的2倍，豪华套房为自然间的3倍，总统套房不少于自然间面积的4~6倍，无障碍客房一般按客房总数的1%配置。

3. 客房应有适宜的尺度，长宽比不宜超过2:1；客房平面尺寸应适合家具的布置。

4. 客房净高应≥2.4m，卫生间净高≥2.2m，客房内走道净宽应≥1.1m，客房入口门的净宽应≥0.9m，门洞高度应≥2.1m。

5. 一个标准的客房主要由睡眠、起居、电视、书写、卫浴、储藏等几个功能区域组成。

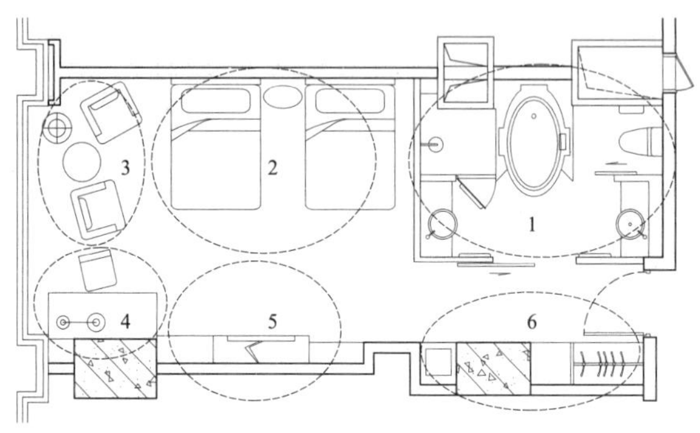

1 卫浴 2 睡眠 3 起居 4 书写 5 电视 6 行李与衣橱

1 客房功能区域构成

客房面积计算

客房面积一般包括卫生间、阳台在内的面积，如2所示范围。阳台建筑面积计算按国家《建筑工程建筑面积计算规范》GB/T 50353执行。旅馆规范对客房净面积的规定见表2。国际管理公司的计算方法见2，供参考。

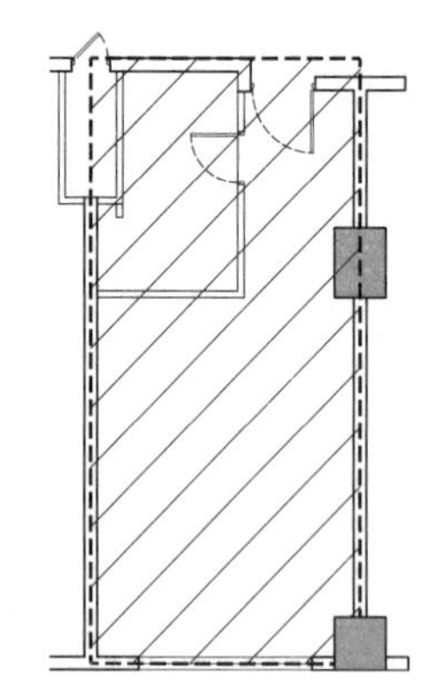

a 粗面积

国际管理公司“粗面积”的计算方法：
宽：由客房共用的分隔墙中心线至对面的墙中心线；
长：客房走道的边墙至外墙厚度100mm（或玻璃幕墙的室内玻璃面）。

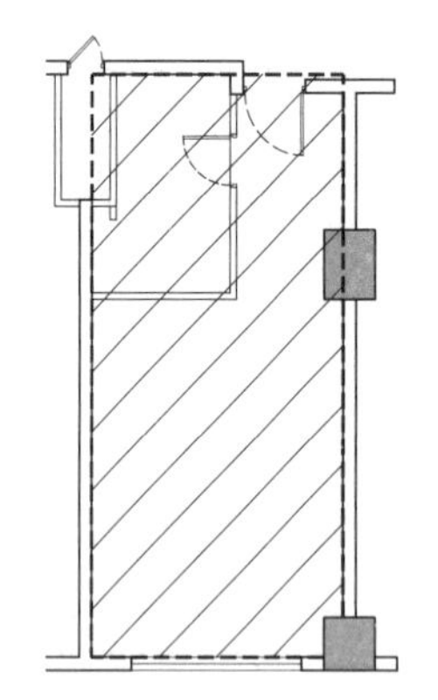

b 净面积

国际管理公司“净面积”的计算方法：
宽：由客房共用的分隔墙表面至对面墙的表面；
长：浴室/走道的墙面至外墙室内侧墙面。

2 客房面积计算方法

旅馆主要客房类型 表1

名称		特点
国内	国际	
多床间	Multi	用于低等级旅馆及招待所，床位不宜多于4床
单床间	Single	设一张1.0～1.4m单人床，面积大于8m^2
标准大床间	Typical King	设一张1.8～2.2m大床
标准双床间	Typical Double	设两张单人床，面积16~38m^2，常用的客房类型
无障碍客房	Disabled Room	每100间客房设置一间，室内需满足轮椅活动需要
联通房	Connecting Room	相邻两间客房的隔墙设双门相连
标准套房	Junior Suite	一般为2个开间
行政套房	Executive Suite	设于商务酒店，一般为2个开间
豪华套房	Deluxe Suite	一般为3个及以上开间
总统套房	Presidential Suite	至少为4个开间，一般设会客室、餐厅、备餐间、书房、2个卧室和3个卫生间

国内客房最小净面积（单位：m^2） 表2

房间类型 \ 旅馆等级	一级	二级	三级	四级	五级
单床间	—	8	9	10	12
双床（大床）间	12	12	14	16	20
多床间	每床不小于4			—	—

注：1. 本表摘自《旅馆建筑设计规范》JGJ 62-2014。
2. 客房净面积是指除客房阳台、卫生间和门内出入口走道（门廊）以外的房间内表皮所围合的面积。

常用床具尺寸 表3

名称	宽度（mm）	长度（mm）	宽度（英寸）	长度（英寸）
单人床（Single）	1000~1400	2000	35~55	80
双人床（Double）	1500	2000	60	80
大床（Queen）	1600~1800	2000	60~72	80
特大床（King）	2000~2200	2000	80	80

客房配置要求 表4

旅馆等级	最少数量间（套）	客房面积（m^2/间）	类型
白金五星	40	36	套房数量占客房总数的10%以上，有3个及以上开间的豪华套房
五星	40	有70%客房面积（不含卫生间和门廊）不小于20m^2	有标准间（大床房、双床房）、无障碍客房，两种以上规格的套房（包括至少4个开间豪华套房）
四星	40	有70%客房面积（不含卫生间）不小于20m^2	有标准间（大床房、双床房）、无障碍客房、两种以上规格的套房（包括至少3个开间豪华套房）
三星	30	不小于14m^2	有标准间、单人间、套房
二星	20	不小于12m^2	有标准间、单人间、多床间
一星	15	不小于10m^2	有标准间、单人间、多床间

注：本表摘自《旅游饭店星级的划分与评判》GB/T 14308-2010。

客房设施配置内容参考表 表5

旅馆等级	经济型	一星级	二星级	三星级	四星级	五星级
微型酒吧	—	—	—	—	●	●
保险箱	—	—	—	—	●	●
网络	○	○	○	○	●	●
电话	○	○	●	●	●	●
浴缸	—	○	○	○	●	●
淋浴	○	●（75%）	●（75%）	●	●	●
电视	○	○	●	●	●	●
梳妆台	—	—	—	○	●	●
衣橱衣架	○	○	○	●	●	●
行李架	○	○	○	●	●	●
小冰箱	—	—	—	—	●	●
音响装置	—	—	—	—	●	●
吹风机	○	○	○	○	●	●

注：— 不需设置，○ 可选设置，● 必需设置。

标准间

在一个自然间内满足客房的基本功能要求，形成一个包括住宿空间和卫生间的独立空间，称为标准间，标准间构成了客房层的基本单元。标准间放一张大床为标准大床间，放两张单人床为标准双床间1~3。不同等级、类型旅馆的标准间类型不同（表1），大床间和双床间的配置比例也不相同(表2)。

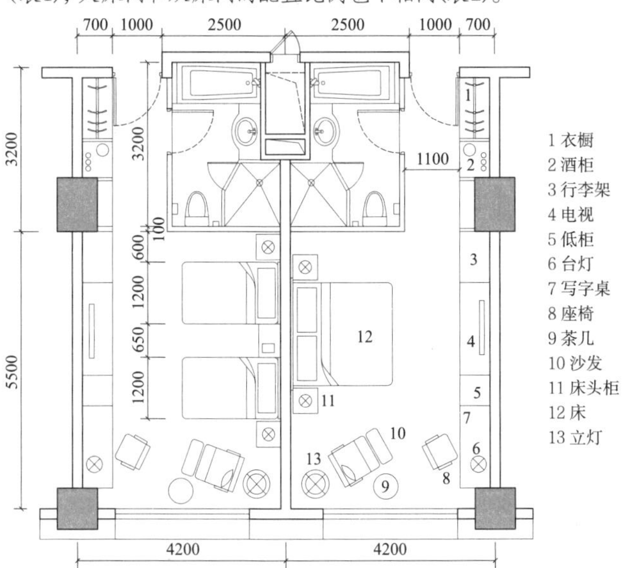

1 标准客房（双床间和大床间）单元平面图

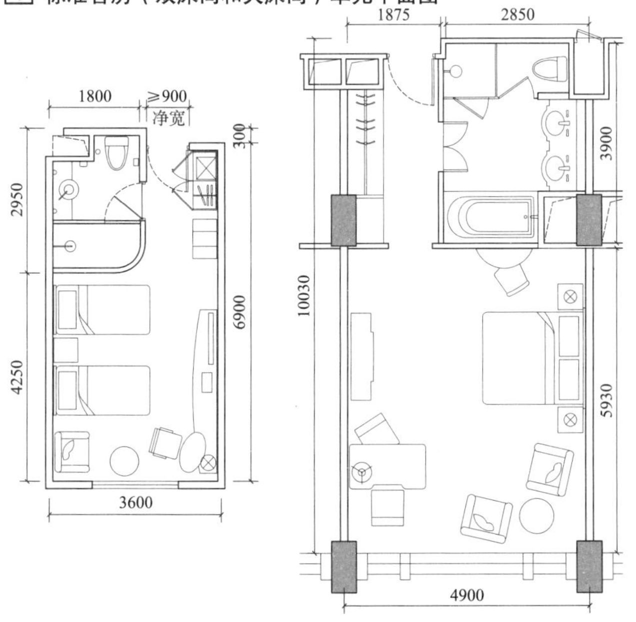

2 某经济型客房标准间平面图　3 某五星级客房标准间平面图

客房标准间类型参考　　表1

类型	睡眠区		卫生间		露台		合计面积	
	面宽×进深(m)	面积(m²)	长×宽(m)	面积(m²)	长×宽(m)	面积(m²)	面宽×进深(m)	面积(m²)
经济	3.3×4.5	14.85	1.8×1.5	2.70	—	—	3.3×6.0	19.80
舒适	3.6×5.1	18.36	1.8×2.1	3.78	—	—	3.6×7.2	25.92
中档	3.9×5.7	22.23	1.8×2.7	4.86	—	—	3.9×8.4	32.76
高档	4.2×6.0	25.20	2.1×2.7	5.67	—	—	4.2×8.7	36.54
豪华	4.5×6.6	29.70	2.4×3.4	8.16	—	—	4.5×10.0	45.00
度假	4.5×6.0	27.00	2.7×3.6	9.72	4.5×2.0	9.0	4.5×11.6	52.20
度假	5.0×6.0	30.00	3.8×4.0	15.20	5.0×2.0	10.0	5.0×12.0	60.00

注：表中"面宽×进深"、"长×宽"所示尺寸为墙中心线间距。

无障碍客房

无障碍客房的设计应符合《无障碍设计规范》GB 50763、《旅馆设计规范》JGJ 62，并达到管理公司的标准要求。无障碍客房数量一般按客房总（套）数的1%设置。在可能条件下和毗邻的标准房相联通，以方便陪护。无障碍客房与卫生间的详细要求参阅第8分册"无障碍设计"的有关章节。

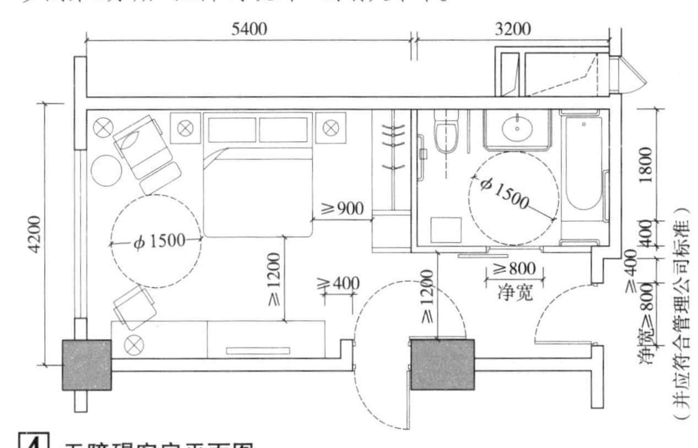

4 无障碍客房平面图

套房

将起居、活动、阅读和会客等功能与睡眠、化妆、更衣和淋浴功能分开设置，由2个或3个自然间布置成套房。

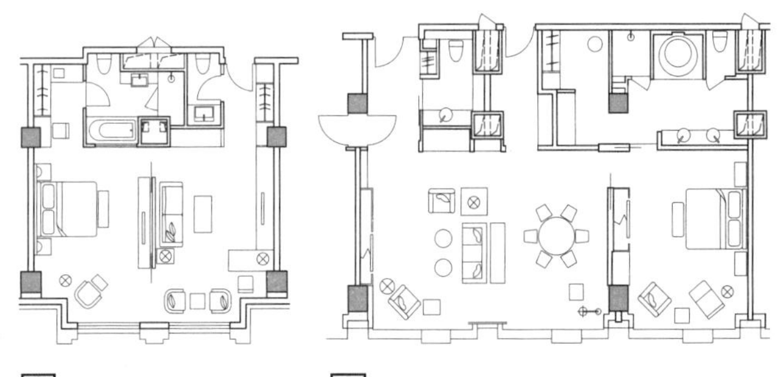

5 普通套房　6 豪华套房

连通房

将相邻两间客房通过预留的隔声门形成连通房，可以大床房与双床房连通，也可以套房与标准间连通，无障碍客房与标准间连通，比较适合家庭居住。

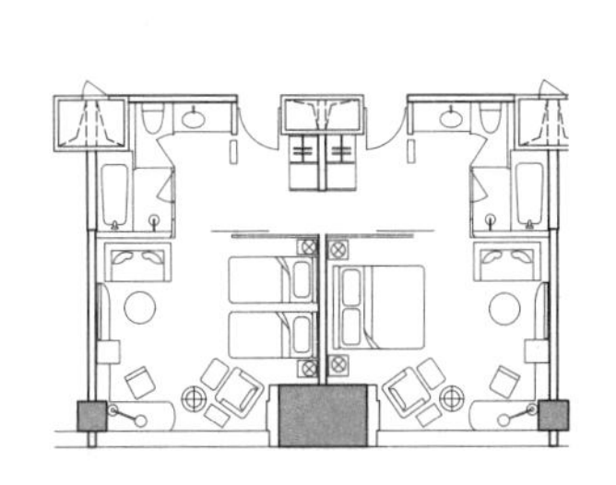

7 连通房平面一　8 连通房平面二

大床房和双床房的比例分配参考　　表2

酒店类型	经济	旅游	会议	度假	商务	家庭	豪华	时尚
大床间	20%	40%	40%	50%	60%	70%	70%	75%
双床间	80%	60%	60%	50%	40%	30%	30%	25%

客房卫生间

1. 设计应以方便使用、体现舒适和易于清洁为原则。

2. 根据旅馆的等级和类型确定卫生间的面积、标准和洁具配置，最基本的标准配置由洗漱台、坐便器、浴缸和淋浴组成[1]~[4]。

3. 卫生间的管道应集中布置，方便维修与更新[5]。

4. 客房卫生间门洞宽度应≥0.70m，高度应≥2.0m；无障碍客房卫生间门净宽应≥0.8m。

5. 卫生间地面一般低于客房地面20mm，无障碍客房卫生间低于客房地面15mm，并以斜面过渡。

6. 卫生间地面及墙面应选择耐水易洁面材，地面应做防水层，并有泛水和地漏。浴缸和淋浴区域的墙面进行防水处理。

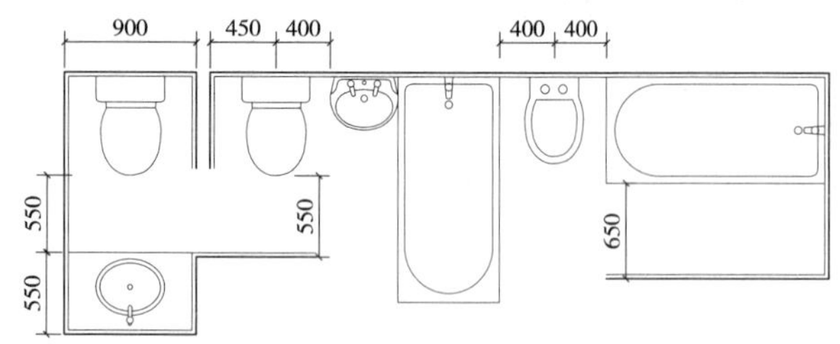

[1] 卫生间设备平面尺寸示意

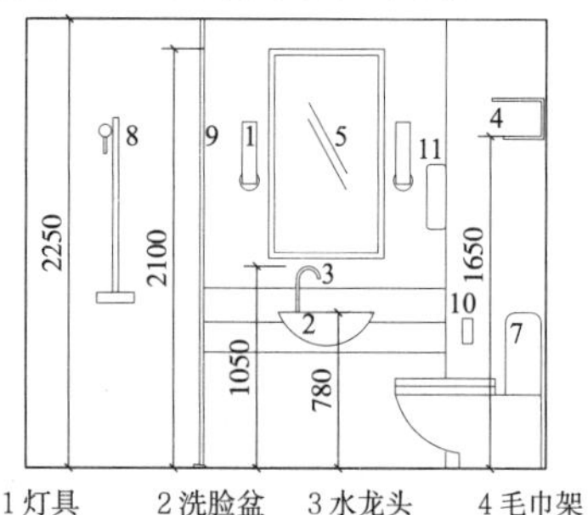

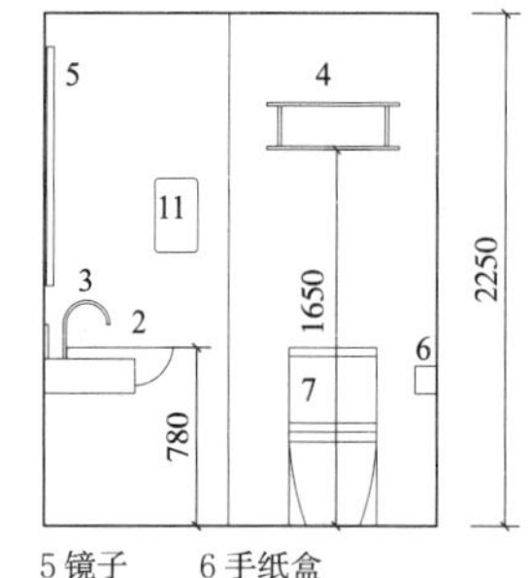

[2] 卫生间设备高度尺寸示意

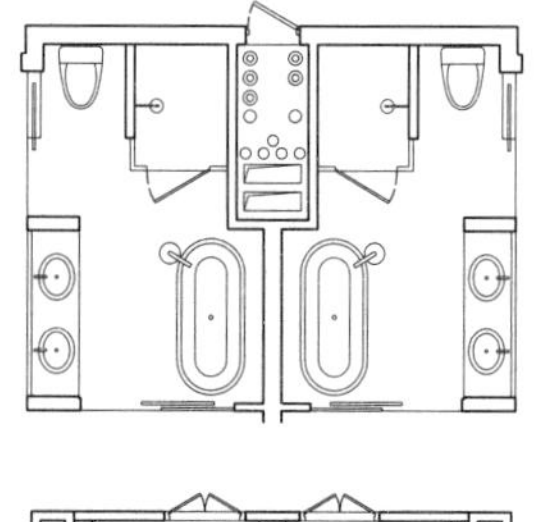

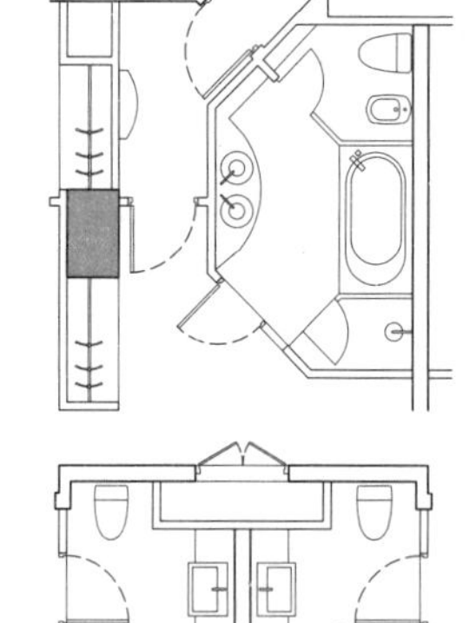

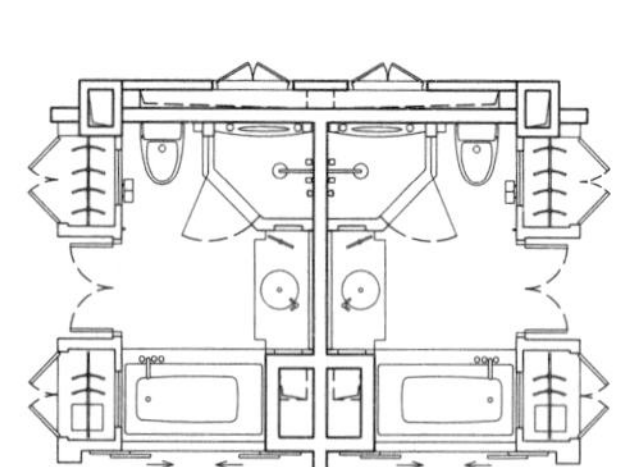

[3] 设备管井形式示例

国内客房卫生间最小净面积及器具配置（单位：m^2） 表1

旅馆等级	五级	四级	三级	二级	一级
净面积（m^2）	5	4	3	3	2.5
占客房总数	100%	100%	100%	50%	
卫生器具件数	不应少于3件			不应少于2件	

注：2件指坐便器、洗手盆，3件指坐便器、洗手盆、盆浴（或淋浴）。

客房卫生间设置及器具配置要求 表2

旅馆等级	内容
一星	客房内应有卫生间或提供方便宾客使用的公共卫生间，客房卫生间及公共卫生间均采取必要防滑措施
二星	至少50%的客房内应有卫生间，或每一楼层提供数量充足、男女分设、方便使用的公共盥洗间。客房卫生间及公共盥洗间均采取有效的防滑措施
三星	客房内应有卫生间；装有抽水马桶、梳妆台(配备面盆、梳妆镜)、浴缸或淋浴间；采取有效的防滑、防溅水措施，通风良好；采用较高级建筑材料装修地面、墙面和顶棚，目的物照明效果良好；有良好的排风设施，温湿度与客房适宜；有不间断电源插座；24小时供应冷、热水
四星	客房内应有装修良好的卫生间；装有马桶、梳妆台(配备面盆、梳妆镜)、有浴缸或淋浴间，配有浴帘或其他防溅设施；采取有效的防滑措施；采用良好的分区照明；有良好的低噪声排风设施，温湿度与客房适宜；有110/220V不间断电源插座、电话副机；配有吹风机；24小时供应冷、热水，水龙头冷热标识清晰
五星	客房内应有装修精致的卫生间；装有高级马桶、梳妆台(配备面盆、梳妆镜)、浴缸带淋浴喷头（另有单独淋浴间的可以不带淋浴喷头），配有浴帘或其他有效的防溅设施；采取有效的防滑措施；采用良好的分区照明；有良好的无明显噪声的排风设施，温湿度与客房无明显差异；有110V/220V不间断电源插座、电话副机；配有吹风机；24小时供应冷、热水，水龙头冷热标识清晰
白金五星	不少于50%的客房卫生间淋浴与浴缸分设；不少于50%的客房卫生间干湿区分开（或有独立的化妆间）；所在套房供主人和来访客人使用的卫生间分设

注：本表摘自《旅游饭店星级的划分与评定》GB/T 14308-2010。

无障碍客房卫生间的空间要求与设施配置要求，以及细部尺寸设计，应按照《无障碍设计规范》GB 50763，并参照相应的国家建筑设计标准图集。同时应满足旅馆品牌的相应标准。细部设计请参阅第8分册“无障碍设计”的有关章节。

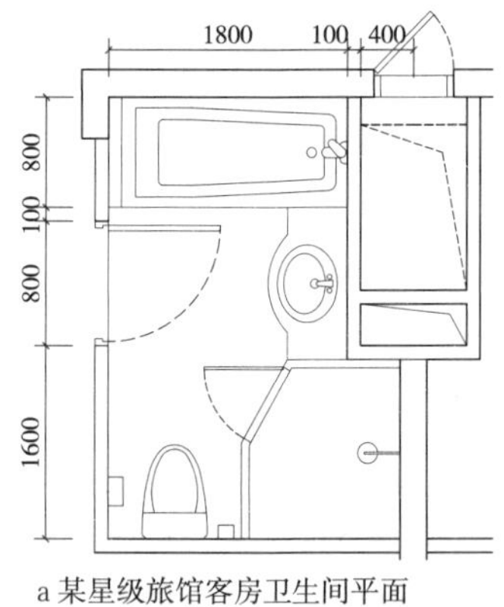

a 某星级旅馆客房卫生间平面

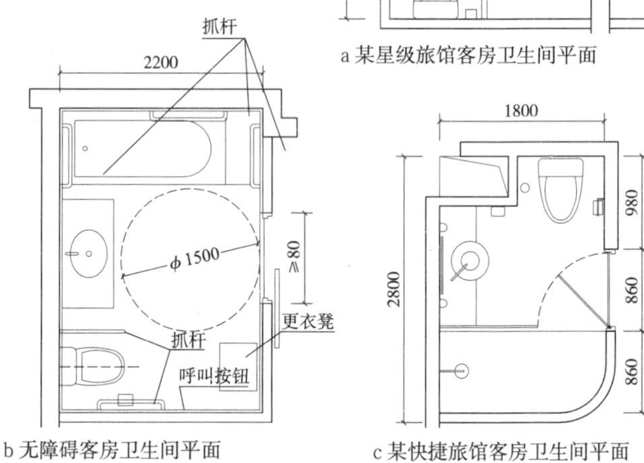

b 无障碍客房卫生间平面

c 某快捷旅馆客房卫生间平面

[4] 卫生间布置示例

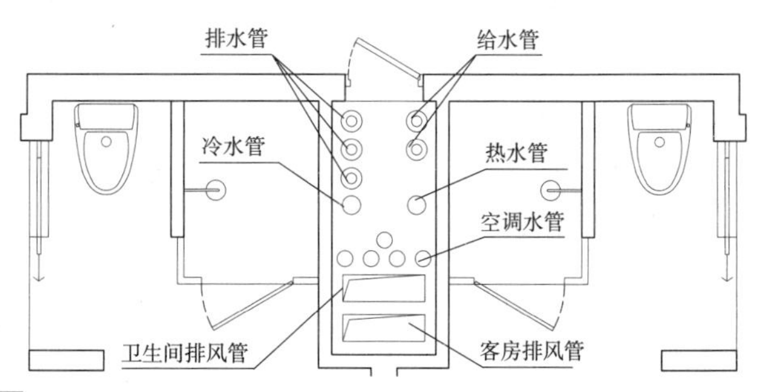

[5] 管井管道布置示例

行政酒廊

高档旅馆为满足高端品牌市场需求，提高旅馆档次、接待尊贵客人，在客房楼层划出特定区域用以提供专门服务，称之为行政酒廊。

行政酒廊一般位于旅馆优越位置(如顶部楼层)，邻近行政套房和其他套房，层高同楼层高度，如有可能可适当增加净高，以创造更好的空间感受。

行政酒廊一般由接待处、小会议室、阅览区、工作区、用餐区、游艺区和专用卫生间组成。

行政酒廊组成表　　表1

功能组成	内容、设施
接待处	负责接待客人入住和结账，并负责门房服务与会议室等工作，同时提供影印、传真及电脑服务
小会议室	配备会议桌、投影仪、音响系统、书写板和遮光窗帘，并能提供茶点、果盘等服务
阅览区	布置在比较安静的角落，摆放报刊书籍和阅读椅、沙发和小茶几，配备阅读灯及背景音响系统，为客人营造舒适阅读环境
工作区	一般布置两个工作台，安置电脑、打印机、扫描仪与传真机等办公设备
用餐区	服务于行政酒廊客人的早餐、午茶、鸡尾酒及自助便餐，配备有适当数量的2人、4人餐桌和自助式吧台，备餐间除了基本的烹饪设备外，还需要大功率的制冰机和冷藏柜
游艺区	只限于提供4人方桌和6人圆桌，备有简单的游艺设施
备注	1.上述各功能分区一般由宽大的沙发或屏风、隔断划分而成； 2.行政酒廊的面积和设施视酒店性质和规模确定； 3.行政酒廊与普通客房应分开，靠近行政套房或行政楼层； 4.行政酒廊入口应显著，标识清晰

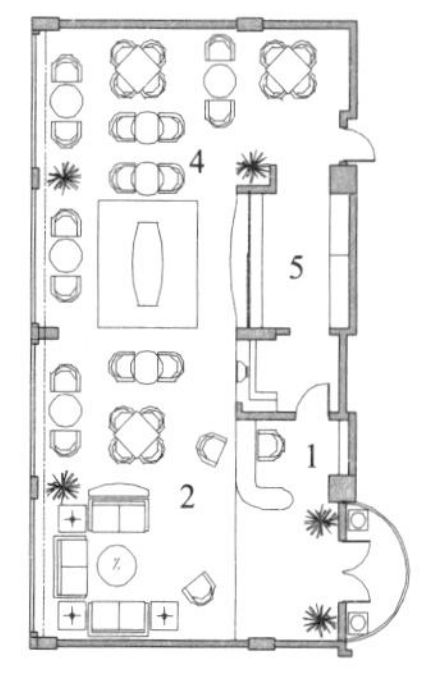

a 四开间平面一

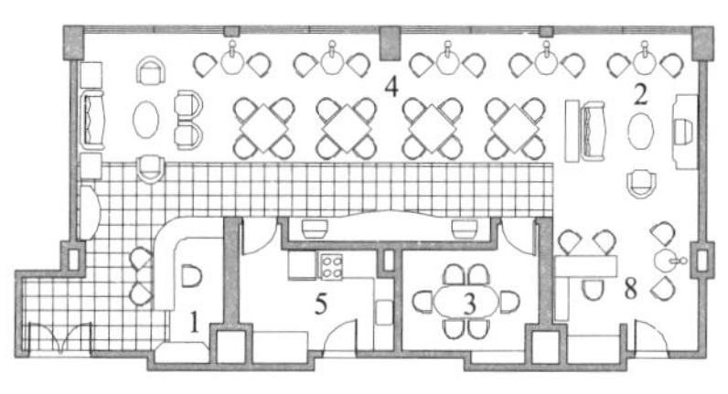

b 四开间平面二

1 接待　2 阅览　3 会议室　4 用餐区　5 备餐
6 游艺区　7 卫生间　8 工作区　9 打印室　10 自助餐台

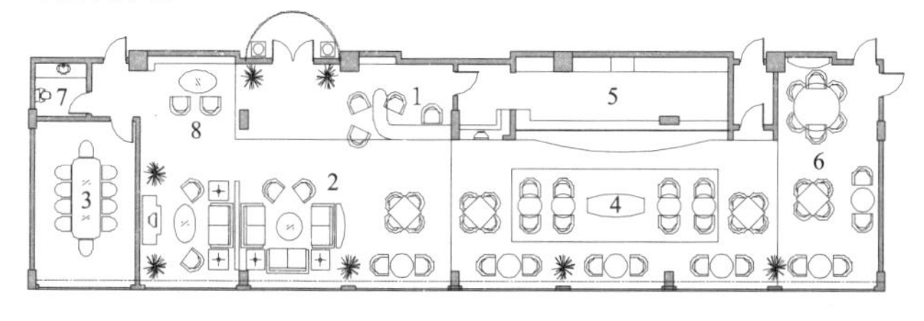

c 八开间平面一

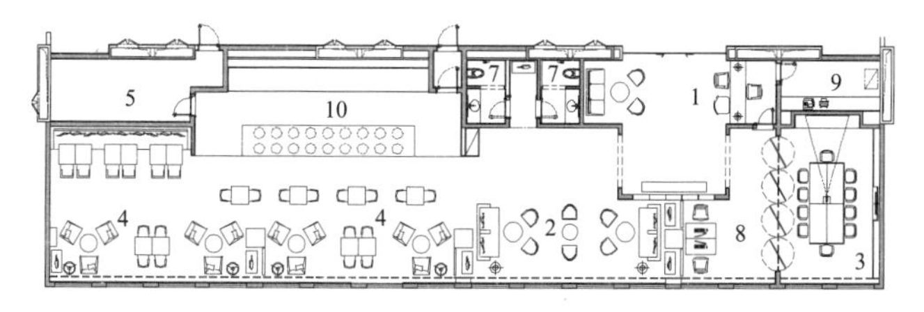

d 八开间平面二

1 行政酒廊平面布置实例

总统套房

总统套房是旅馆最高级别的豪华套房，具备接待国家元首的住宿条件，通常用于接待政要、集团总裁、富商、影视明星等，是旅馆档次标准的体现。总统套房至少由4间以上标准客房组成，面积最低不少于150m²。通常总统套房设置在客房楼层的顶层，有些旅馆会用一个楼层或半个楼层来作为总统专属的独立区域(或楼层)，度假型酒店通常将单独的花园别墅作为总统套房。

安全性是总统套房设计的首要原则，在规划设计时应考虑专用的车道、出入口、独立电梯和通道。同时在建筑材料、墙体、门窗、隔断、室内设备等选用上应符合安全要求。

总统套房组成表　　表2

功能区域	房间组成
生活起居区域	总统卧室及卫生间、总统夫人卧室及卫生间、书房、起居室
活动会客区域	餐厅、备餐室及厨房、会客厅、客用卫生间等
外围安全区域	随从房、秘书室、警卫房等
休闲功能区域	健身房、游泳池、酒吧台与娱乐房、私家花园等

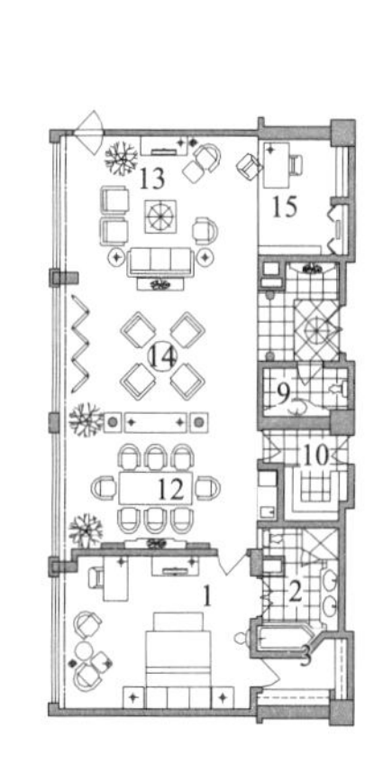

a 四开间平面

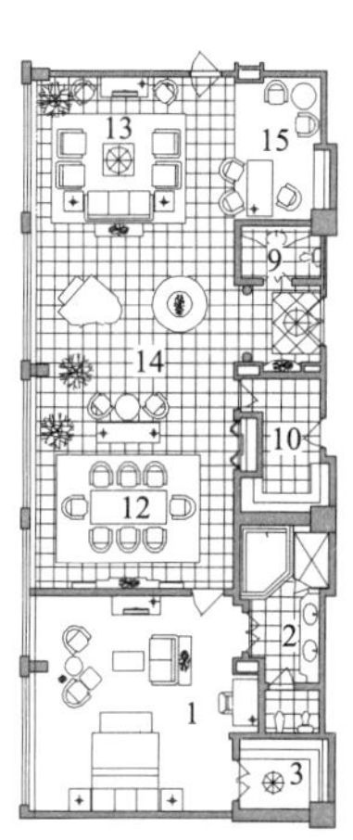

b 五开间平面

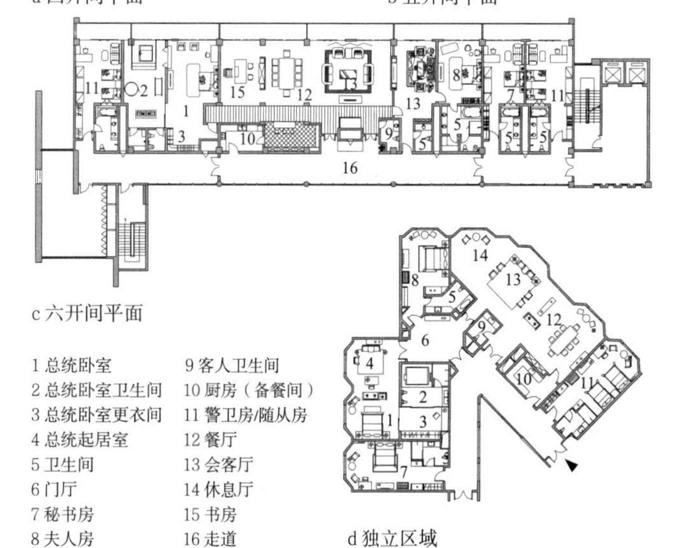

c 六开间平面

d 独立区域

1 总统卧室　9 客人卫生间
2 总统卧室卫生间　10 厨房（备餐间）
3 总统卧室更衣间　11 警卫房/随从房
4 总统起居室　12 餐厅
5 卫生间　13 会客厅
6 门厅　14 休息厅
7 秘书房　15 书房
8 夫人房　16 走道

2 总统套房平面布置实例

某国际酒店管理集团客房净面积要求 表1

区域	房型	净面积 m²	净面积 平方英尺
亚太区	标准双床间	36	388
	标准大床间	34	366
美洲区	标准双床间	33	355
	标准大床间	31	334
欧洲区	标准双床间	30	323
	标准大床间	28	301
中东地区	标准双床间	34	366
	标准大床间	32	344

某国际酒店管理集团客房净面积要求 表2

区域	房型	净面积 m²	净面积 平方英尺
亚太区	标准双床间	35	377
	标准大床间	33	355
美洲区	标准双床间	32	344
	标准大床间	30	323
欧洲区	标准双床间	30	323
	标准大床间	28	301
中东地区	标准双床间	34	366
	标准大床间	32	344

某国内酒店管理集团客房净面积要求 表3

客房类型	床型	净面积（m²）	占总间数之比例
标准（大床）客房	单床	36	20%
标准（双床）客房	双床	36	64%
行政套房	单床	72	10%
行政豪华套房	双床	108	4%
豪华套房	单床	180	1%
无障碍客房	双床	36	1%

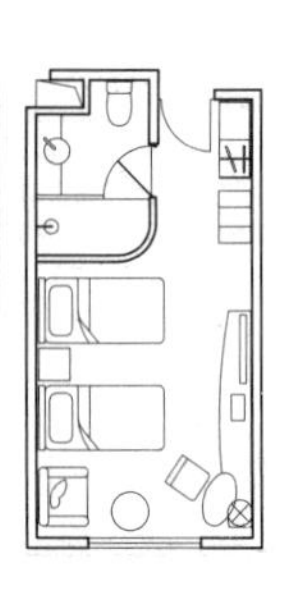
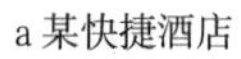
a 某快捷酒店

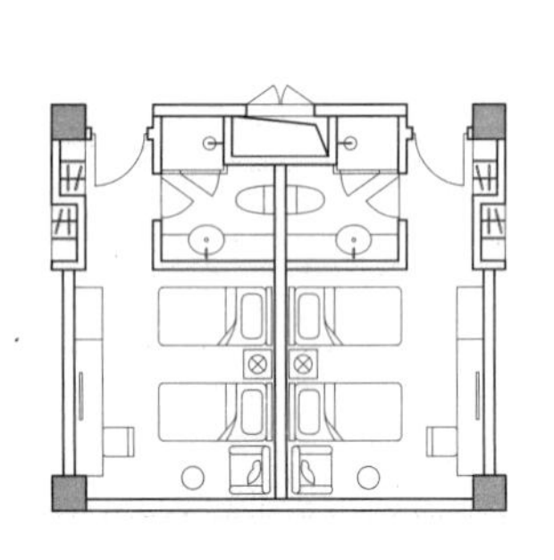
b 某机场快捷酒店

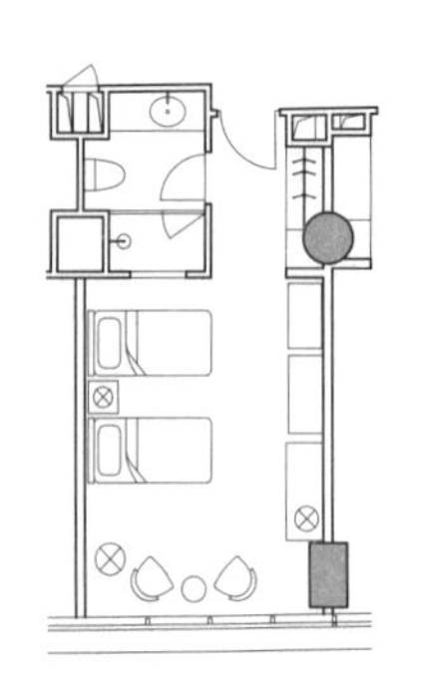
a 大众空港酒店

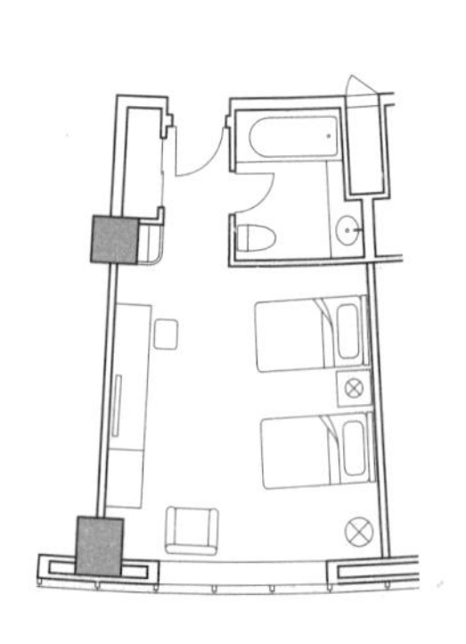
b 太仓锦江国际大酒店

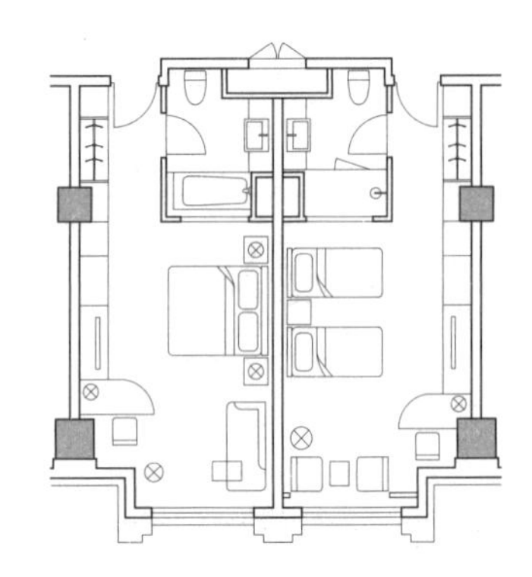
c 上海浦东大华锦绣假日酒店

1 经济型旅馆标准客房平面

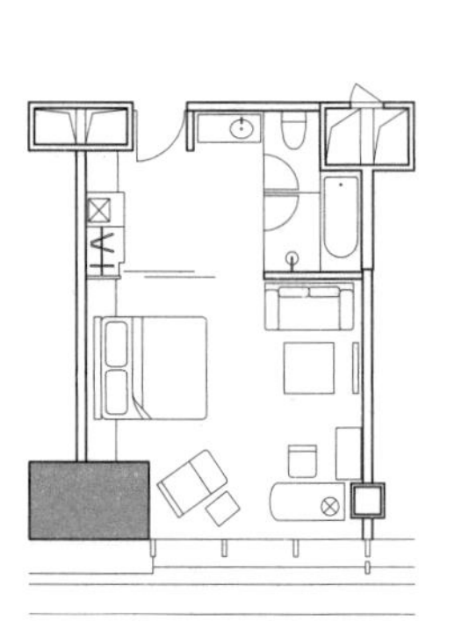
d 上海世茂皇家艾美酒店

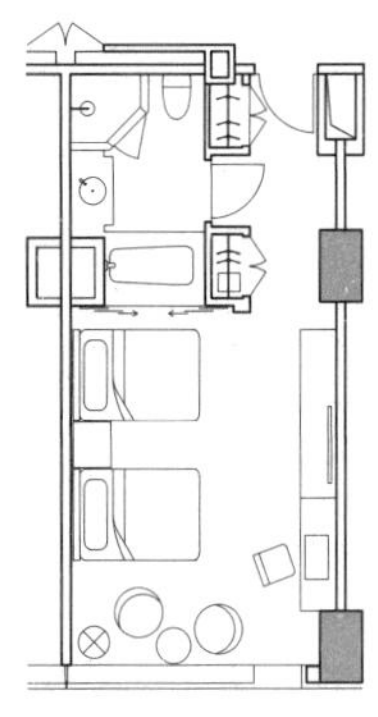
e 北京JW万豪酒店

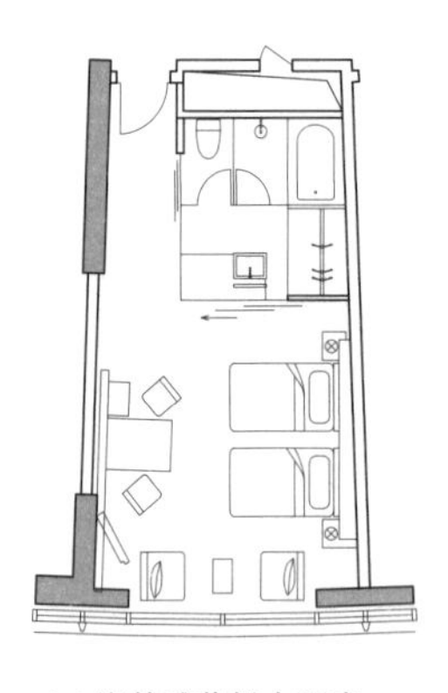
f 上海外滩茂悦大酒店

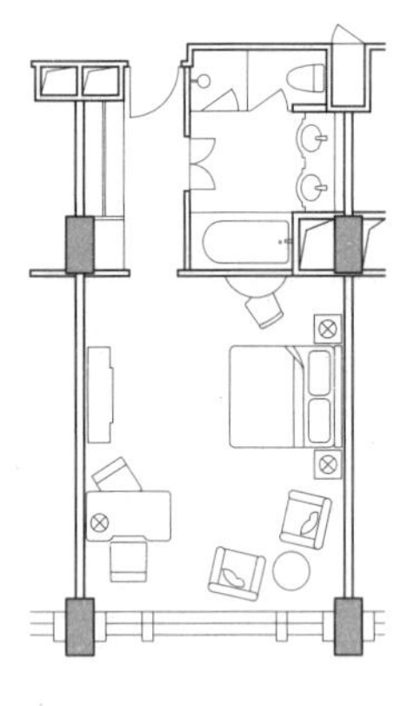
g 北京丽思卡尔顿酒店

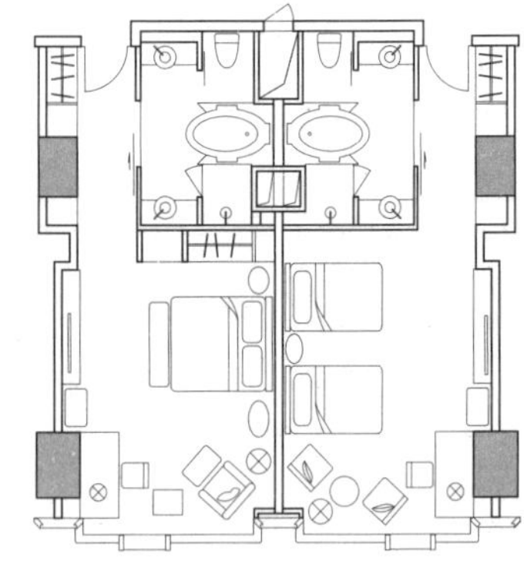
h 上海世博洲际酒店

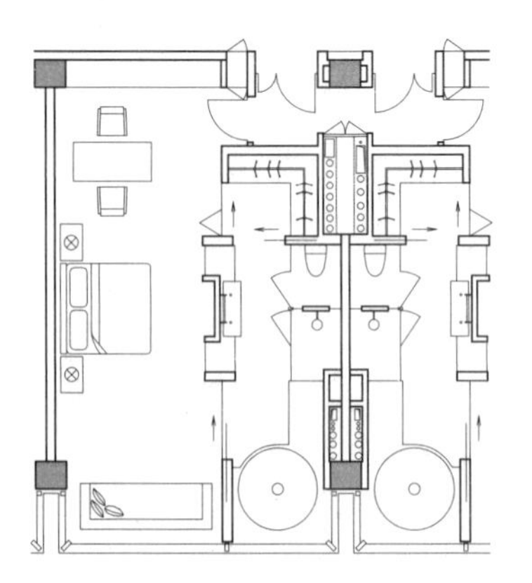
i 上海北外滩悦榕酒店

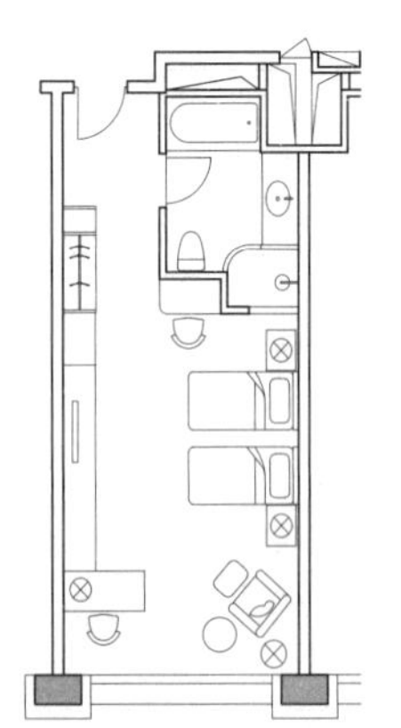
j 上海华敏帝豪索菲特大酒店

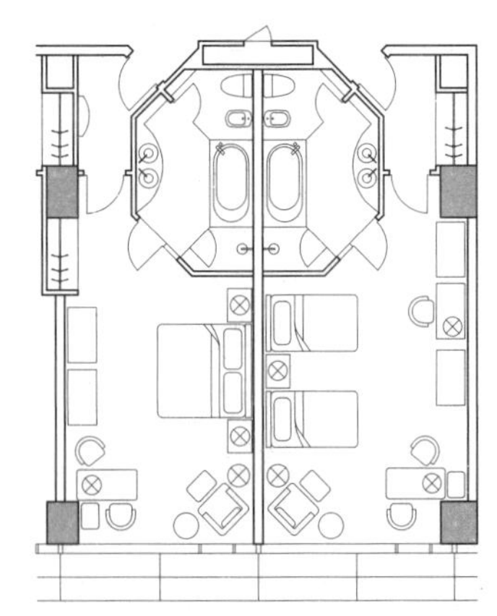
k上海新天哈瓦那大酒店

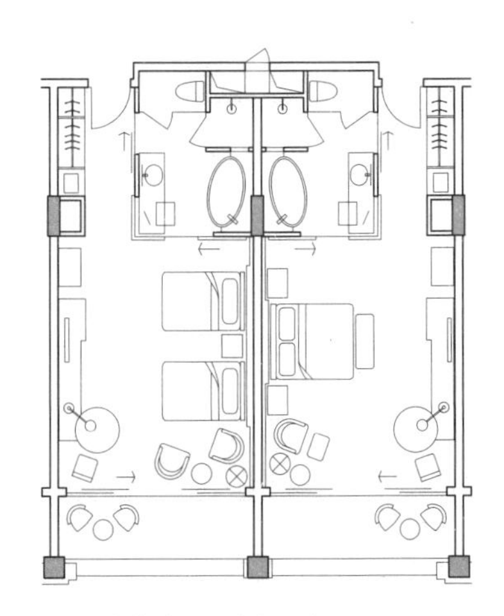
l 三亚海棠湾万丽度假酒店

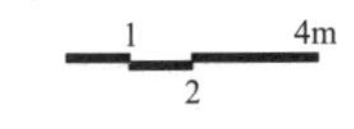

2 星级旅馆标准客房平面

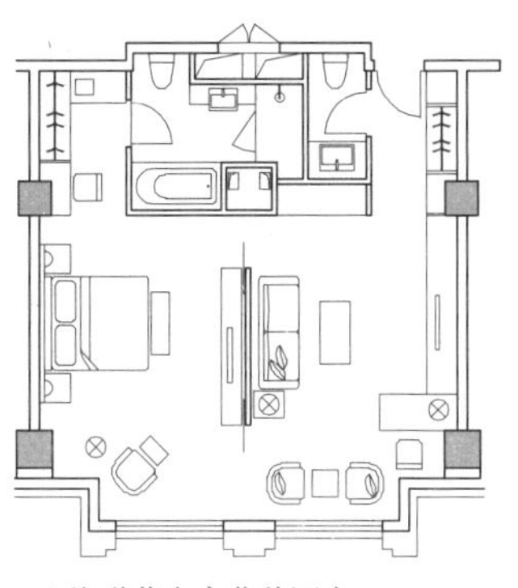

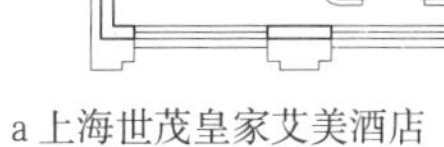

a 上海世茂皇家艾美酒店

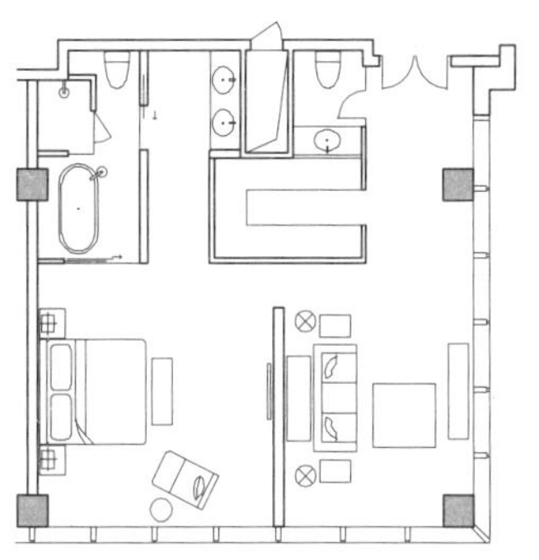

b 江阴西城大酒店

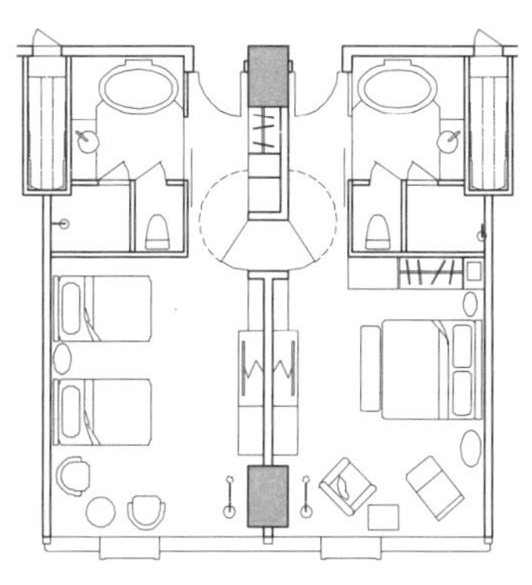

c 上海世博洲际酒店

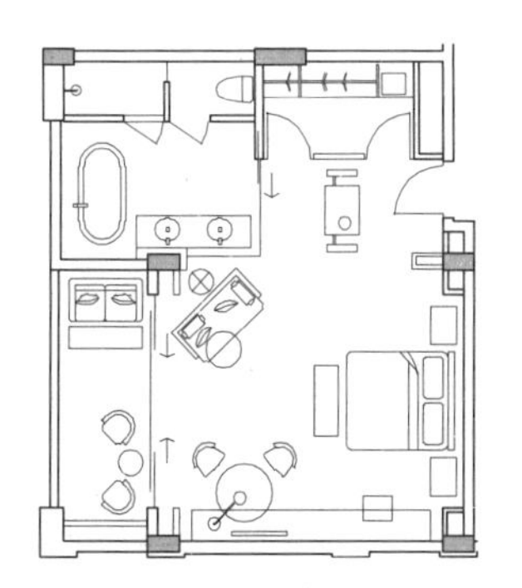

d 三亚海棠湾万丽度假酒店

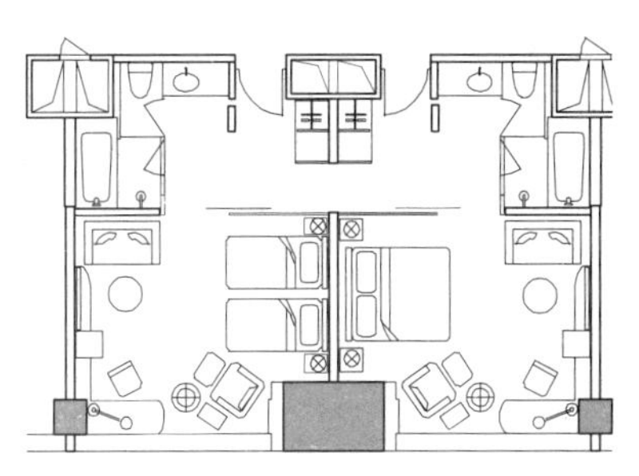

e 上海浦东大华锦绣假日酒店

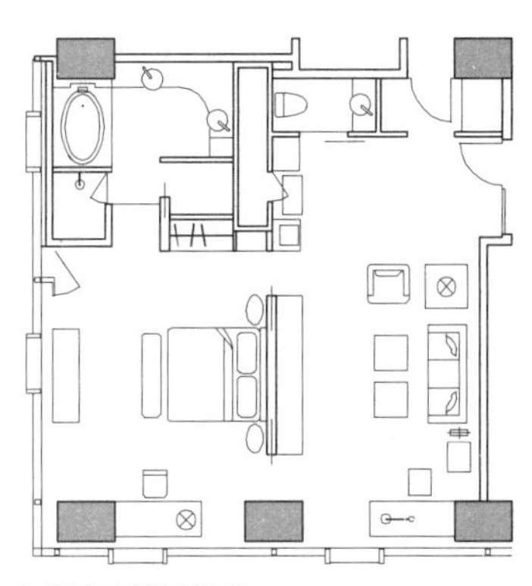

f 上海世博洲际酒店

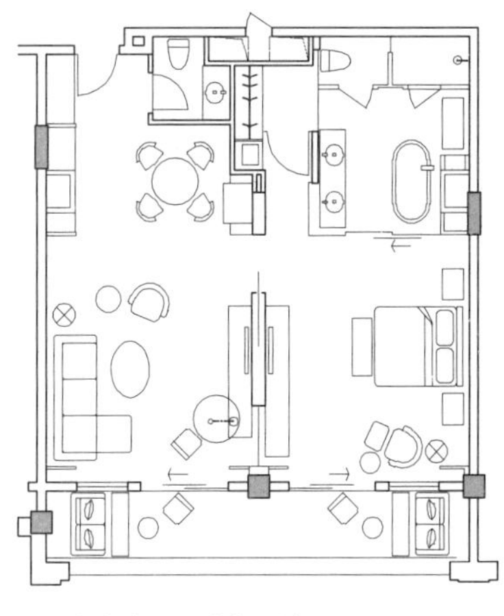

g 三亚海棠湾万丽度假酒店

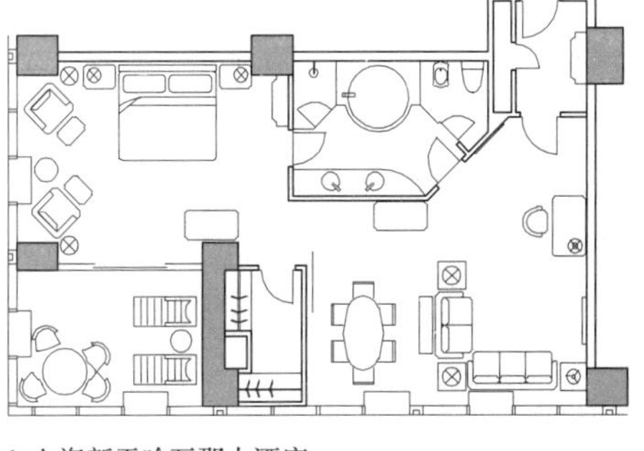

h 上海新天哈瓦那大酒店

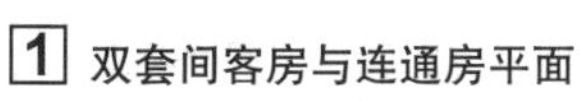

1 双套间客房与连通房平面

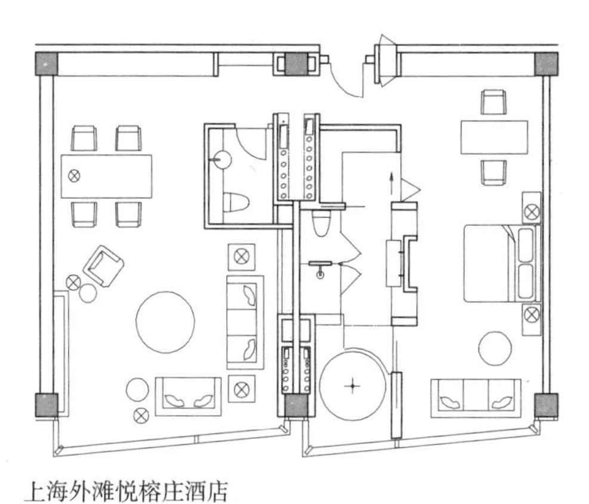

上海外滩悦榕庄酒店

2 大开间双套间客房平面

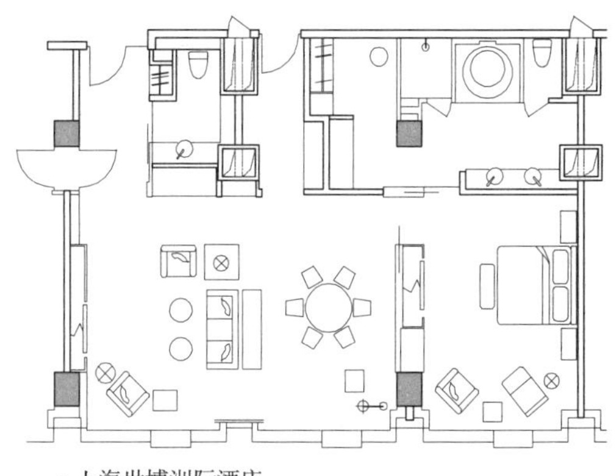

a 上海世博洲际酒店

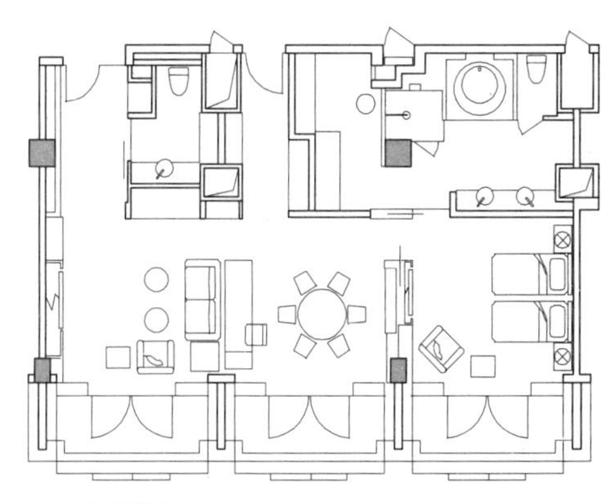

b 上海世博洲际酒店

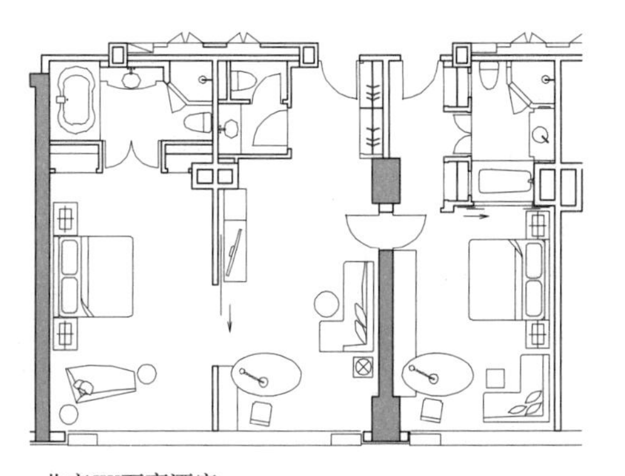

c 北京JW万豪酒店

1 2 4m

3 三套间客房平面

1 主卧室
2 主卧室卫生间
3 主卧室更衣间
4 起居室
5 门厅
6 休息厅
7 书房
8 会议
9 客人卫生间
10 厨房（备餐间）
11 客房
12 客房卫生间
13 餐厅
14 客厅
15 露台
16 客房更衣间

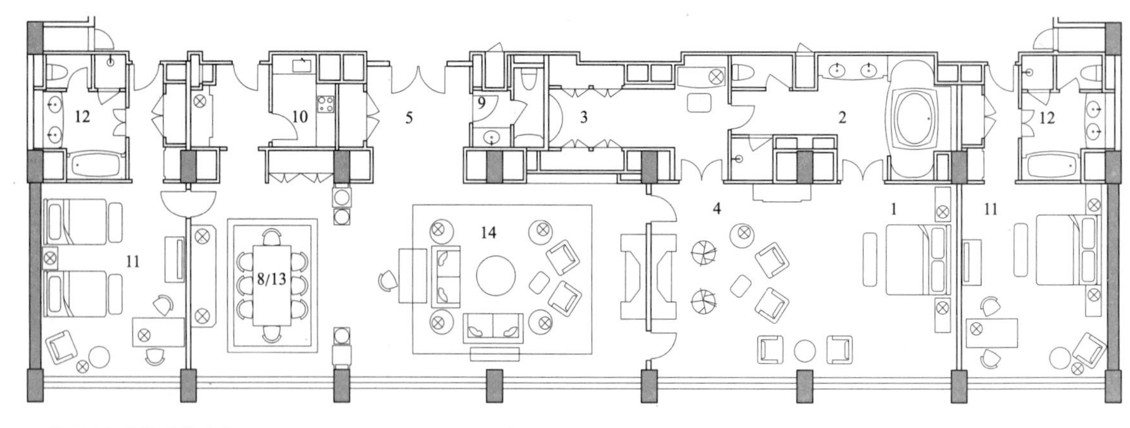

a 某五星级旅馆总统套房

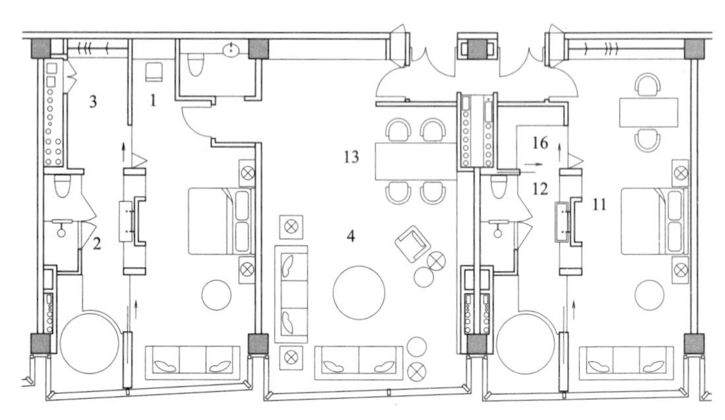

c 某星级旅馆豪华套房

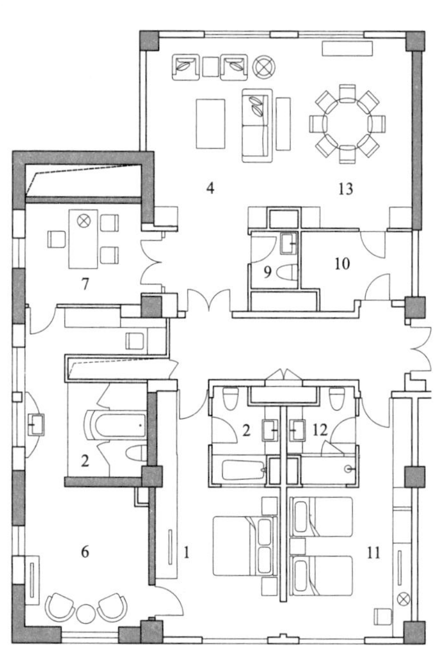

b 某星级旅馆豪华套房

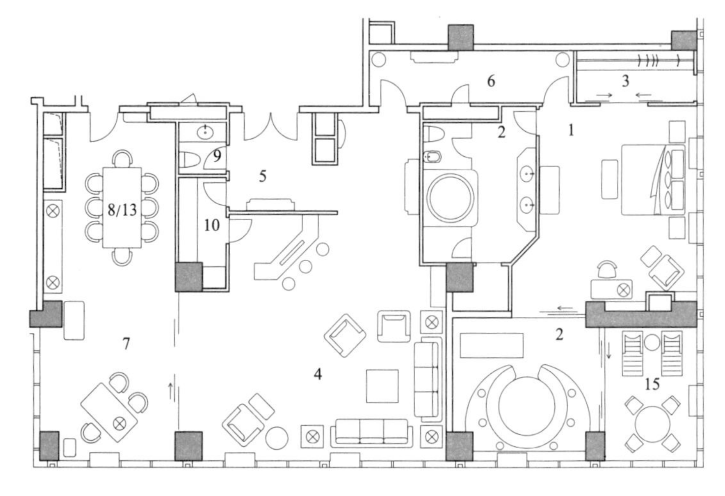

d 某星级旅馆豪华套房

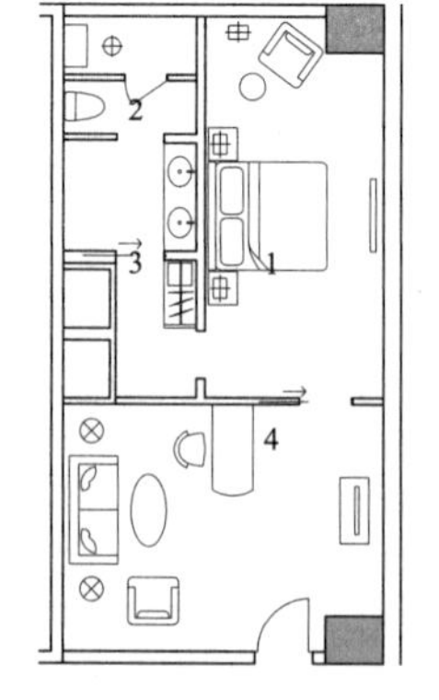

e 某星级旅馆套房

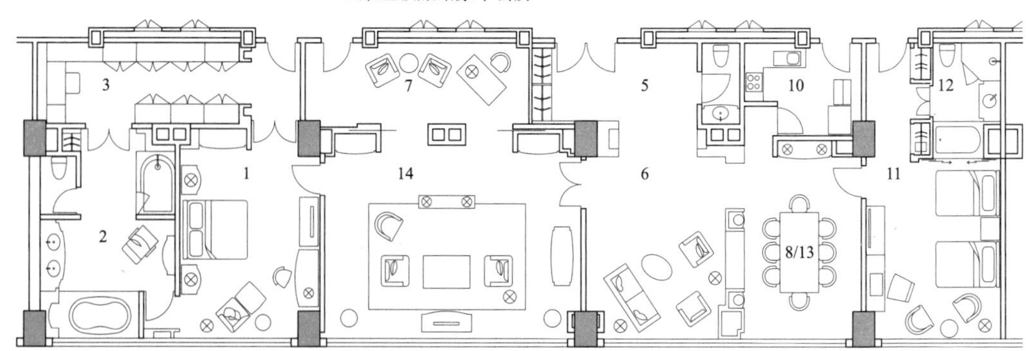

f 某五星级旅馆总统套房

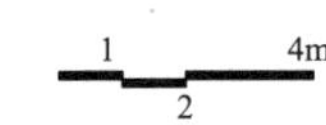

1 豪华套房与总统套房平面

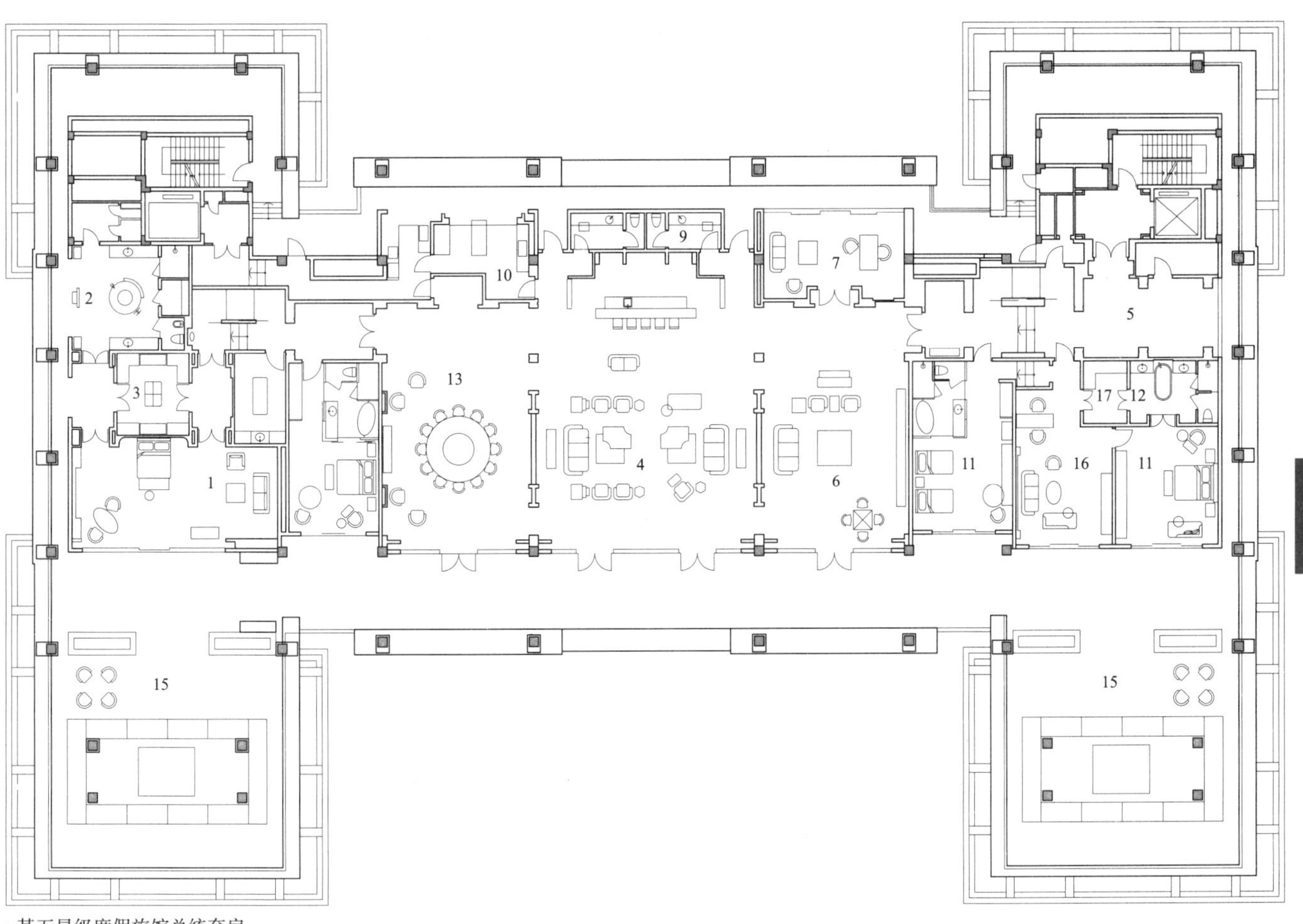

a 某五星级度假旅馆总统套房

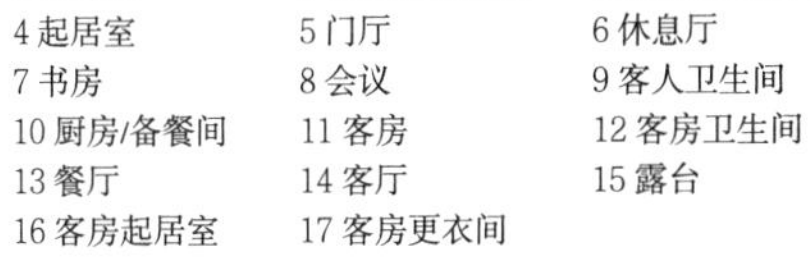

1 主卧室	2 主卧室卫生间	3 主卧室更衣间
4 起居室	5 门厅	6 休息厅
7 书房	8 会议	9 客人卫生间
10 厨房/备餐间	11 客房	12 客房卫生间
13 餐厅	14 客厅	15 露台
16 客房起居室	17 客房更衣间	

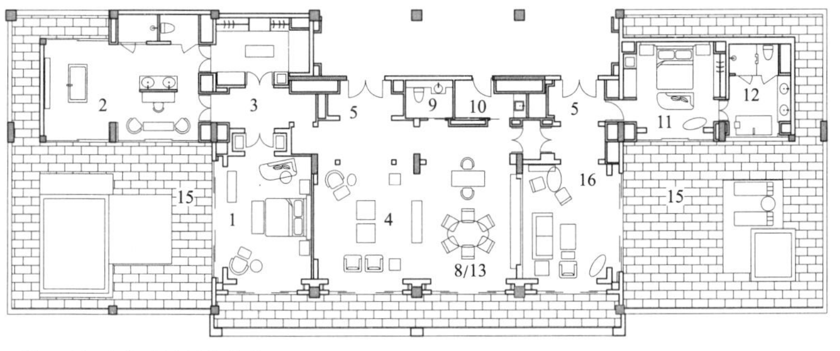

b 某五星级度假旅馆总统套房

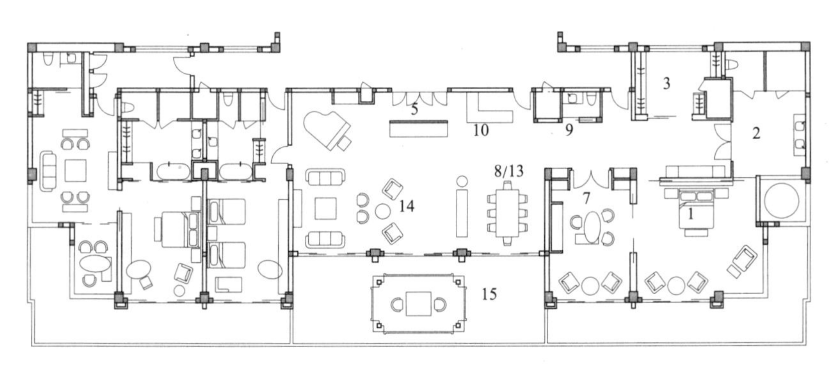

c 某五星级度假旅馆总统套房

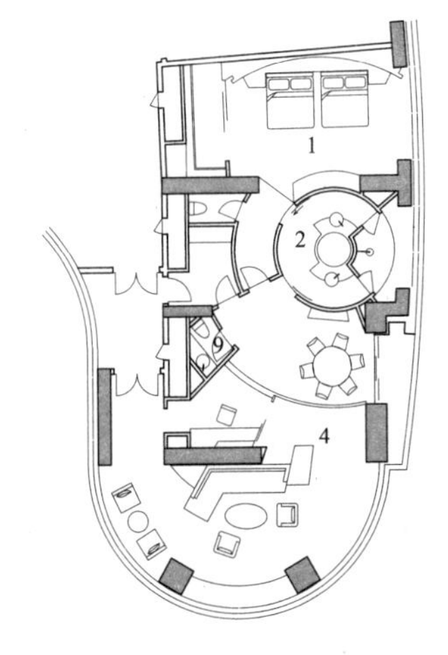

d 某五星级旅馆套房

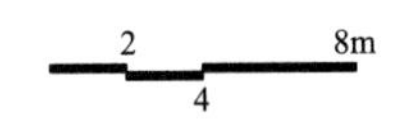

1 豪华套房与总统套房平面

入口设计要点

1. 旅馆入口处应设门廊或雨篷，其净空不宜低于4m。供暖地区和全空调旅馆应设门斗或旋转门。入口至少提供2~3条车道，车道宽度一般按3.6m设计，车道距大门距离宜大于3.6m。一些高星级品牌旅馆要求入口门廊或雨篷有不小于10m的下客区，净空不小于4.5m。

2. 宜在旅馆主入口附近显要处留出旗杆位置。

3. 较大规模的旅馆除主入口外，宜增设团队入口。根据需求，还可对宴会会议区、餐饮区、娱乐区及商业增设出入口，减少不同人流的交叉。

4. 主入口附近宜设有出租车候车道，团队入口附近宜设有大巴停车位。

5. 室内外高差采用台阶时，应设置无障碍坡道，同时作为行李搬运坡道。

6. 出入口宽度应满足消防疏散要求。

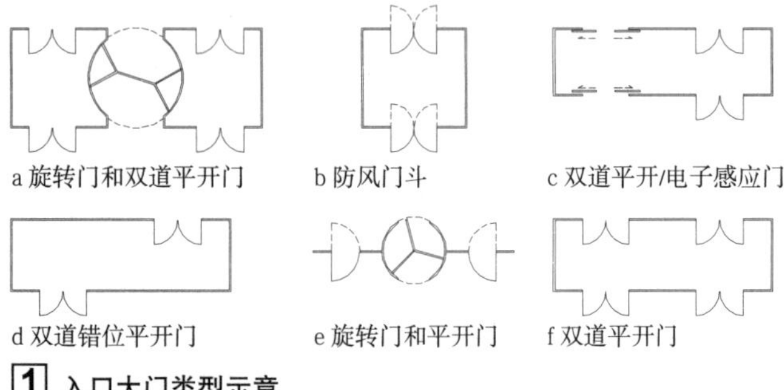

a 旋转门和双道平开门　b 防风门斗　c 双道平开/电子感应门

d 双道错位平开门　e 旋转门和平开门　f 双道平开门

1 入口大门类型示意

大堂设计要点

1. 大堂通常指旅馆入口处的公共区域，又称为门厅，一般主要包括大门、总服务台、休息区、大堂吧及中庭等空间。大堂是旅馆公共部分的中心，是客人集散的枢纽和场所。

2. 大堂的规模主要取决于客房数目、旅馆等级及类型，会议型与度假型旅馆指标应适当提高。

3. 大堂各部分内容需满足功能要求，相互既有联系又不干扰。服务流线和客人流线分离，应尽量缩短主要客人流线的距离（表1、2、3）。

4. 服务人员和宾客应有各自独立的通道和卫生间。

5. 总服务台和电梯厅位置明显。总服务台长度应满足旅客登记、结账、问讯等基本空间要求。

6. 行李房宜靠近主入口，且紧邻行李台。行李房的面积指标为$0.07m^2$/间，且不小于$18m^2$。

7. 大堂隐蔽处宜设清洁间等服务性用房。

8. 中庭与大堂的结合可引入更多的功能，使大堂的功能和空间更具多样性。

大堂主要功能区域构成表　表1

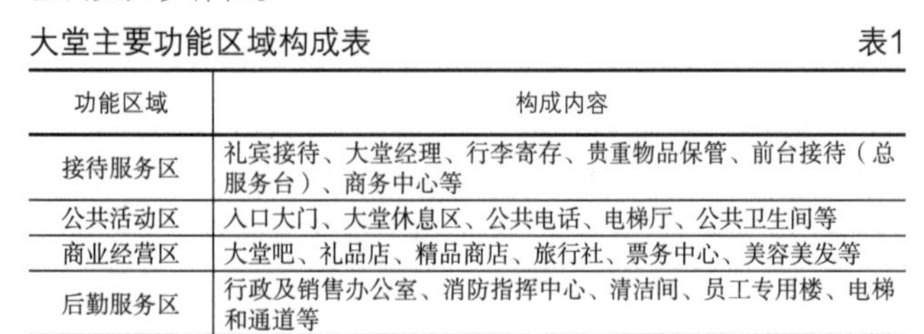

功能区域	构成内容
接待服务区	礼宾接待、大堂经理、行李寄存、贵重物品保管、前台接待（总服务台）、商务中心等
公共活动区	入口大门、大堂休息区、公共电话、电梯厅、公共卫生间等
商业经营区	大堂吧、礼品店、精品商店、旅行社、票务中心、美容美发等
后勤服务区	行政及销售办公室、消防指挥中心、清洁间、员工专用楼、电梯和通道等

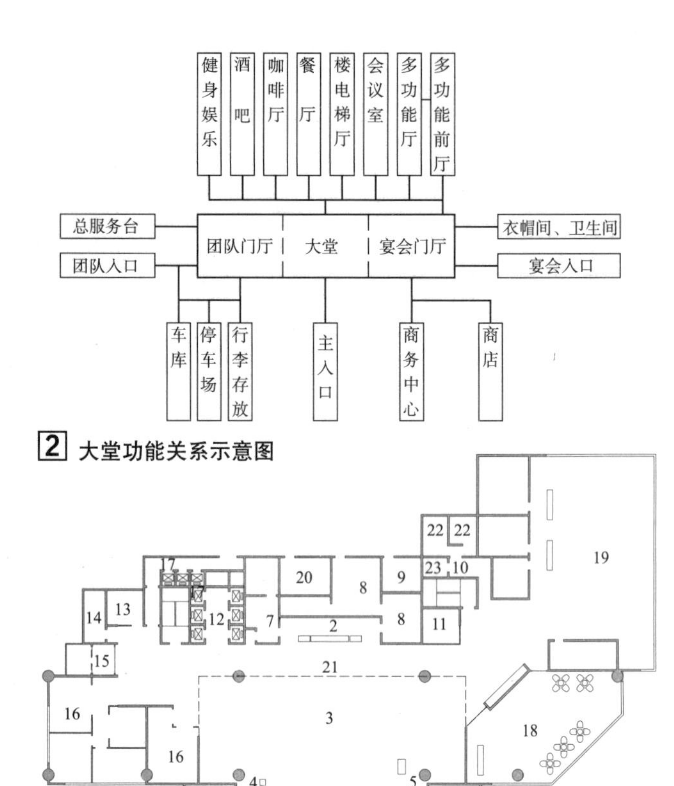

2 大堂功能关系示意图

1 入口大门　2 总服务台　3 休息区　4 礼宾接待　5 大堂副理　6 行李寄存
7 贵重物品保管　8 前台办公　9 监控中心　10 公共卫生间　11 公共电话间
12 电梯厅　13 商务中心　14 值班室　15 团队入口　16 商店　17 员工电梯厅
18 大堂吧　19 餐厅　20 消防控制室　21 大堂区域　22 卫生间　23 残疾人卫生间

3 旅馆大堂功能区域示意图

面积指标参考

旅馆类型与大堂规模　表2

旅馆类型	经济型旅馆		星级旅馆				
	普通	舒适	一星	二星	三星	四星	五星
大堂规模（m^2/间）	0.3~0.5	0.5~0.7	0.6	0.8	1.0	1.2	1.4

注：该指标不包括前台、商务中心、大堂吧等营业面积。

国内部分旅馆大堂规模　表3

序号	旅馆名称	大堂面积（m^2）	客房数（套）	旅馆类型
1	丽江悦榕庄	144	55	小型精品度假酒店
2	杭州富春山居	340	70	小型精品度假酒店
3	上海波特曼丽嘉酒店	450	598	白金五星酒店
4	南京金陵饭店（一期）	665	592	五星商务酒店
5	北京国际饭店	1380	915	五星商务酒店
6	北京香格里拉饭店（二期）	880	508	五星商务酒店
7	上海世博洲际酒店	1100	384	五星商务酒店
8	南京丁山花园大酒店	630	366	五星商务酒店
9	宁波万达索菲特酒店	465	289	五星商务酒店
10	上海太平洋大酒店	650	600	五星商务酒店
11	无锡凯宾斯基饭店	650	400	五星商务酒店
12	三亚丽思卡尔顿饭店	540	417	五星商务酒店
13	三亚凯宾斯基度假饭店	570	408	五星商务酒店
14	北京香山饭店	150	285	四星度假酒店
15	北京喜来登长城饭店	1120	1007	五星会议、商务酒店
16	深圳华侨城洲际大酒店	1000	550	五星会议、商务酒店
17	清远狮子湖喜来登度假酒店	650	354	五星会议、商务酒店
18	香港东隅酒店	250	345	豪华商务酒店
19	台湾日月潭汎丽雅酒店	153	211	豪华度假酒店

注：不包括商店、酒吧等营业面积。

总服务台

总服务台又称“前台”，是旅馆首先接待客人的地方，承担接待、登记、咨询、收银、外币兑换、贵重物品保管等工作。总服务台应位于大堂醒目位置，便于宾客办理手续，同时便于前台服务员兼顾大堂区域。总服务台前方应有充足的空间（一般不少于4m净宽），能同时接待入住登记和退房结账的客人，并设休息座让客人等候休息；服务台与背景墙应有进深不小于1.5m的工作空间。

总服务台的空间尺度应方便宾客服务并与旅馆规模相配套。

总服务台指标参考 表1

旅馆等级	总服务台长度（m/间客房）	总服务台区域面积（m^2/间客房）
一、二级	0.025	0.4
三级	0.03	0.6
四、五级	0.04	0.8

注：客房超出500间时，超出部分按0.02m/间、0.01m^2/间计算。

国外某设计公司总服务台尺寸要求指标 表2

客房间数	总服务台长度（m）	总服务台区域面积（m^2）
50	3.0	5.5
100	4.5	9.5
200	7.5	18.5
400	10.5	30.5

某国际酒店管理集团总服务台尺寸要求指标 表3

客房间数	总服务台长度（m）	总服务台区域面积（m^2）
200	8	23
400	10	31
600	15	45

电梯厅

1. 多层及高层旅馆以电梯为枢纽解决主要的垂直交通。电梯的数量与配置标准参见P73“旅馆建筑[7]总论/常用参数、指标”表6。

2. 客用电梯厅是大堂与客房楼层的转换空间，其位置应综合考虑不同楼层的使用需求，尤其应注重入口层电梯厅位置的醒目与便捷性。

3. 超高层旅馆的电梯可在空中大厅进行转换。地下车库应设专用电梯到达大堂，至客房需经大堂电梯转换，转换区宜在总服务台视线范围内。

4. 单边布置电梯时电梯厅宽度应大于2.4m，两边布置电梯时宽度一般为3.6~4.0m。

5. 自动扶梯：当旅馆的宴会厅（多功能厅）、会议厅和大型餐厅不在大堂层时，应设置自动扶梯，以保证大客流量的运送，但运送垂直高度最好不超过6m。

公共卫生间

公共卫生间位置应适中，既隐蔽又有明显的导向标识，步行距离不宜过长。男女卫生间入口应尽量分开，并避免外部视线的干扰，宜设置独立的残疾人卫生间。清洁间及工具储藏间是大堂必备功能，可与卫生间结合设置，但应不影响宾客使用。

大堂卫生设施参考指标 表4

卫生器具数量	男盥洗室	女盥洗室
厕位（最少厕位）	每100人1个（2个）	每50人1个（2个）
小便斗	每25人1个	—
洗脸盆	每35人2个 每65人3个 每200人4个	每25人2个 每50人3个 每150人4个
	以后每50人增加1个	

注：卫生间面积一般男女均不小于0.1m^2/间客房。

前台办公

前台办公通常布置在总服务台后方，主要有四项基本功能：（1）供前台人员办公、存取资料及设备支持；（2）销售部，进行接待、订房、宴会、会议预订等；（3）前台收银室、财务室；（4）总机接线室[1]。

商务中心

商务中心主要为客人提供商务、订票、会务和咨询等服务，通常布置在大堂明显位置或有明显的导向标识。

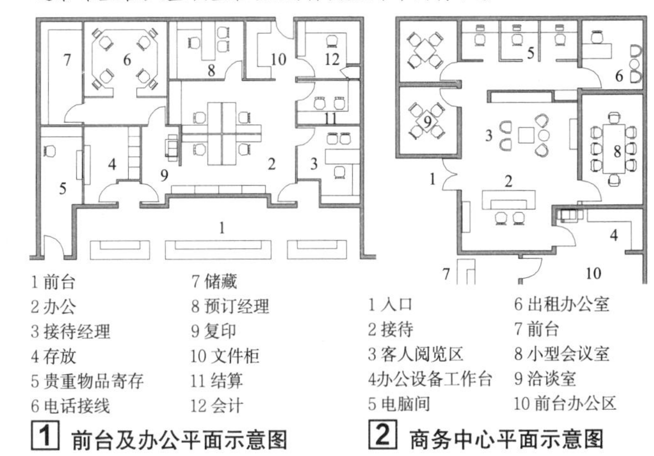

1 前台 2 办公 3 接待经理 4 存放 5 贵重物品寄存 6 电话接线 7 储藏 8 预订经理 9 复印 10 文件柜 11 结算 12 会计

[1] 前台及办公平面示意图

1 入口 2 接待 3 客人阅览区 4 办公设备工作台 5 电脑间 6 出租办公室 7 前台 8 小型会议室 9 洽谈室 10 前台办公区

[2] 商务中心平面示意图

宾客休息区

宾客休息区是为客人提供休息的区域，由沙发、茶几、植物等构成。宾客休息区起着疏导、调节大堂人流的作用，面积约占大堂面积8%~10%。通常布置在不受人流干扰的区域，不宜太靠近总服务台和大堂经理，保证一定的隐私性。也可靠近酒吧、咖啡厅等经营区域布置，引导客人消费。

经营功能区

经营功能区包括大堂吧、咖啡厅、精品商店、美容美发厅等经营区域，应根据旅馆的具体定位、规模服务需求设置。其位置应在大堂的边缘或相对独立区域，经营项目应尽量集中，避免干扰大堂的正常活动。

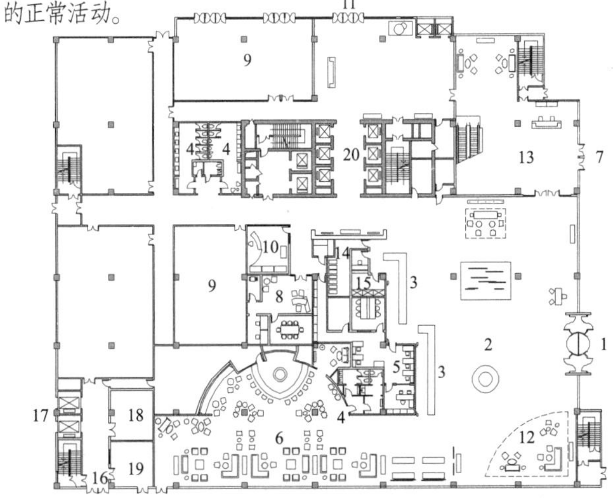

1 酒店主入口 2 大堂 3 总服务台 4 卫生间 5 前台办公 6 大堂吧 7 团体及宴会入口 8 商务中心 9 商店 10 花店 11 餐饮入口 12 大堂休息区 13 团体门厅 14 行李间 15 贵重物品保管 16 员工入口 17 货物入口 18 采购部 19 消防中心 20 电梯厅

[3] 某酒店一层大堂平面图

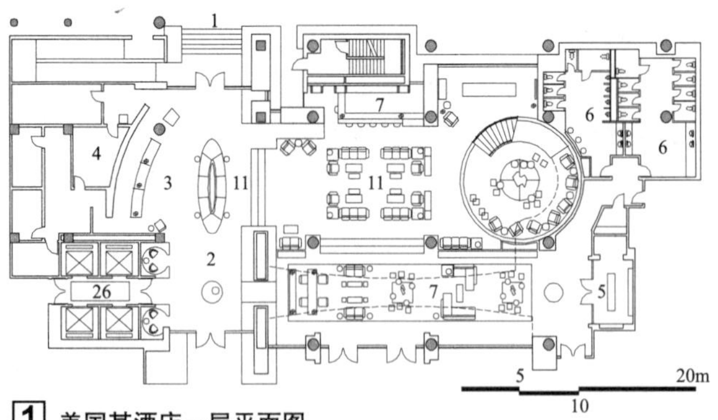

1 美国某酒店一层平面图

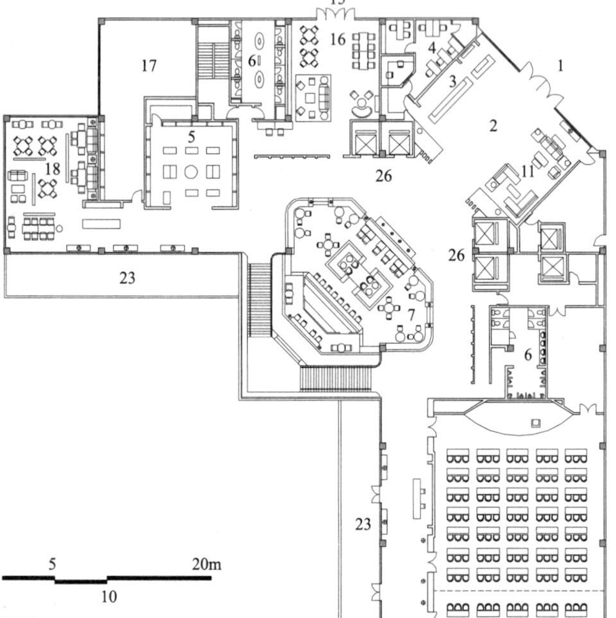

2 台湾某酒店一层平面图

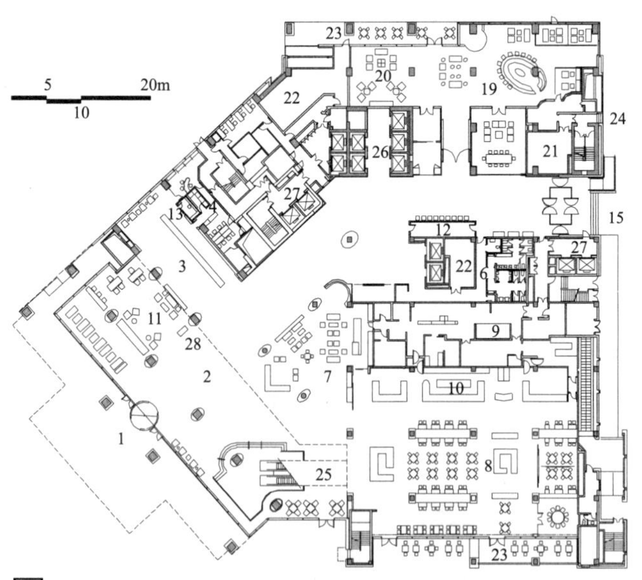

3 上海世博洲际酒店一层平面图

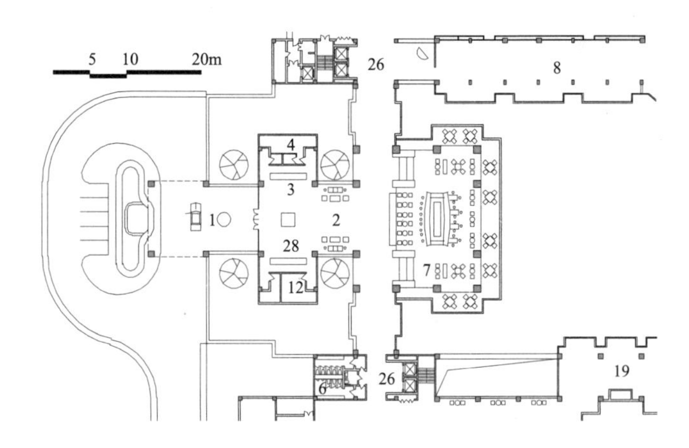

4 海南博鳌国宾馆一层平面图

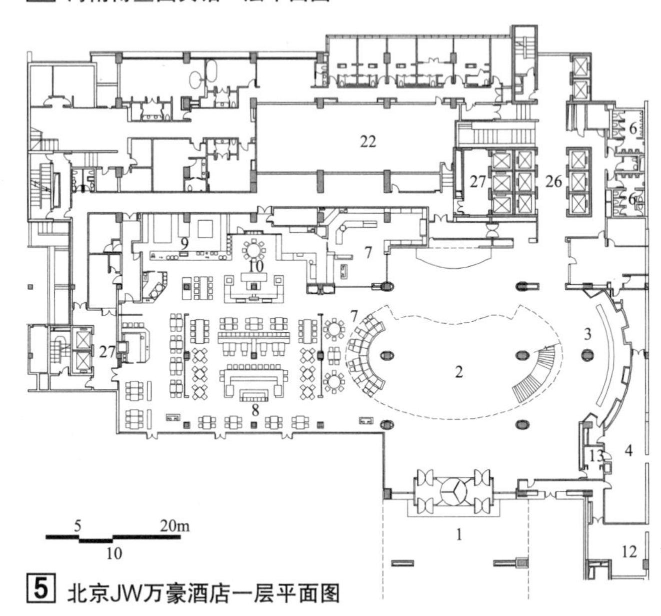

5 北京JW万豪酒店一层平面图

6 上海浦东大华锦绣假日酒店一层平面图

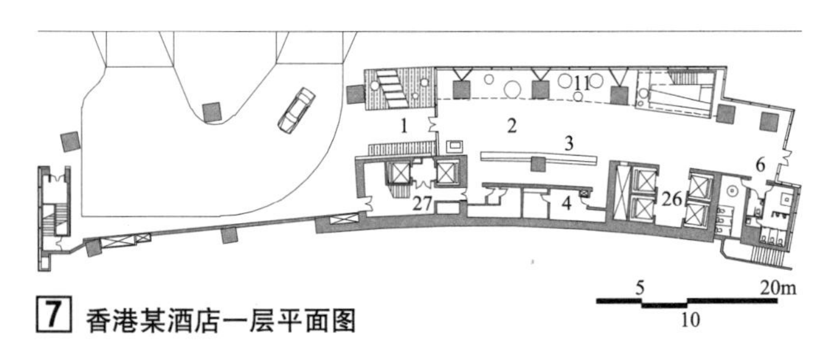

7 香港某酒店一层平面图

1 酒店主入口　2 大堂　3 总服务台　4 前台办公　5 商店　6 卫生间　7 大堂吧　8 全日餐厅　9 厨房　10 明档　11 休息区　12 行李间　13 贵重物品寄存　14 商务中心　15 团队入口　16 团队接待　17 儿童游戏室　18 茶坊　19 红酒廊　20 雪茄吧　21 消防中心　22 设备　23 室外平台　24 员工入口　25 自动扶梯　26 电梯厅　27 服务电梯　28 礼宾

会议室设计要点

1. 一般旅馆均设有若干间会议室。大中型旅馆一般设有完整的宴会和会议设施，规模需根据旅馆的客房数和定位确定，一般不小于3.3m²/间（含多功能厅）。

2. 旅馆通常提供两种以上规模的会议室。小会议室一般不少于两个。40m²以下的会议室净高不宜低于2.7m，40m²以上会议室净高应不宜低于3.3m，100m²以上的会议室净高不宜低于3.6m。

3. 旅馆通常提供1~2个固定家具会议室，其余采用活动家具组合成适用的形式（大多采用1.5m×0.6m可折叠桌组合家具）。会议室通常采取圆环形或长方形围合式、教室式、剧场式等不同的布置形式，见表1、[1]。

4. 会议室区域应配备充足的家具及织品贮藏空间、茶水间、卫生间、员工服务间和休息室等辅助空间。贮藏面积占会议室净面积的20%~30%。规模较大的会议区应设会议区商务中心。

5. 会议型旅馆的大型会议室与小型会议室规模应配套，会议人数基本相当，便于分组讨论。

6. 会议室规模：小会议室20~30人，中型会议室30~50人，大型会议室50人以上。

7. 会议区属人员密集场所，应有足够的集散面积，约占会议室净面积的30%~50%，防火和疏散应满足消防设计要求。

会议室座椅布置面积参考指标　　表1

座位布置形式	每座指标（m²/座）	规模
教室式	1.7~2.4	—
围合式	1.7~2.4	—
U形式	3.2~3.9	—
剧场式	0.9~1.1（含舞台和放映室）	150~300人
阶梯教室式	2~3	90~125人
董事会式	3.7（不含特设辅助空间）	16~24人

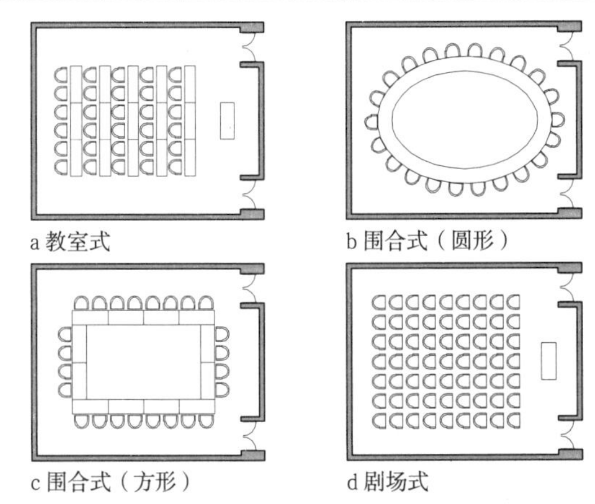
a 教室式　b 围合式（圆形）
c 围合式（方形）　d 剧场式

[1] 会议室布置示意图

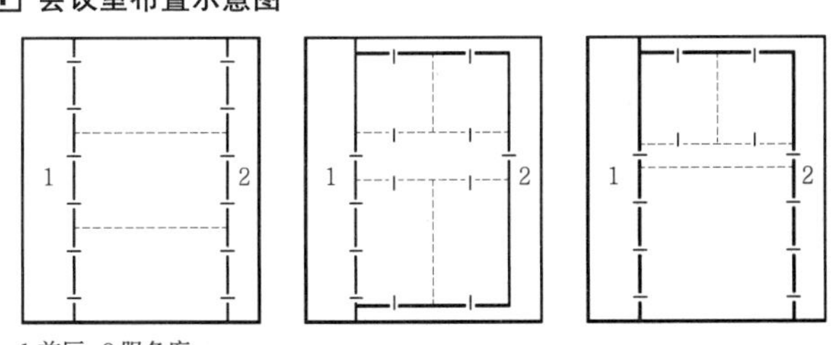

1 前厅　2 服务廊

[2] 多功能厅空间分隔

多功能厅（宴会厅）设计要点

1. 多功能厅（宴会厅）是旅馆举办大型活动，如会议、宴会、展览、团队活动的空间场所，是大中型旅馆的重要组成部分。多功能厅宜与会议室集中布置，规模较大时，宜单独设置出入口；多功能厅应设贵宾休息室。

2. 多功能厅由大厅、前厅、衣帽间、贵宾室、音像设备控制室、服务间、家具储藏室、化妆间、厨房等构成。

前厅是客人进入大厅的过渡空间，也是迎宾接待、签到、休息的场所。其面积一般为多功能厅的15%~30%，或按每人0.3~0.5m²计算。衣帽间设在前厅入口处，随时为客人提供服务，其面积可按0.04m²/人计算。

3. 多功能厅长宽比不宜大于2:1，且应保证足够的净空高度。多功能厅净空高宽比不宜小于1:3，当面积大于250m²时，多功能厅净高不小于3.6m，面积在750m²以上时，净高不低于5.0m，1000m²以上的多功能厅净高应不低于6.0m。

多功能厅空间较大时，可根据使用要求设活动隔断，将空间分隔成小空间，每一分隔空间应有独立出入口，便于同时服务。应预留活动隔断的收藏空间[2]。

4. 应设独立宴会厨房，并尽量在同一平面与宴会厅靠近衔接，其面积约为宴会厅面积的30%，并且最好沿宴会厅长边布置备餐间，服务路线较短；当没有条件设专用厨房时，应设一定面积的备餐间，以便保温加热饭菜。兼有备餐功能的服务通道净宽度应大于3m。

5. 多功能厅一般设舞台（主席台），供宴会活动使用，并处于整个大厅的视觉中心位置，根据需要可采用固定或活动组合式舞台。

贵宾室设在紧邻主席台的位置，宜有专用通向主席台的通道。贵宾室宜设专用洗手间。

6. 音像设备控制室主要为保证宴会的声像设备的需要。其位置应能在音像控制室内观察到宴会厅中的活动情况，以保证宴会厅内使用中声像效果的良好状态。

7. 多功能厅旁应配备充足的家具贮藏空间、茶水间、服务间、清洁间等辅助设施。贮藏面积不宜小于多功能厅面积的30%。多功能厅公共洗手间宜设在较隐蔽的位置，并有明显的引导标识。

8. 多功能厅属人员密集场所，应满足消防设计要求。

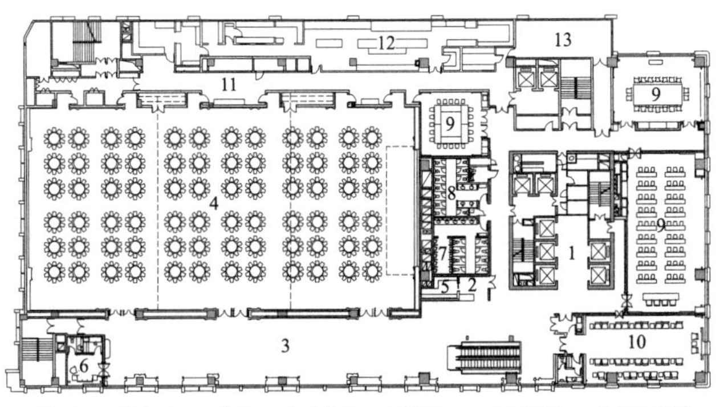

1 电梯厅　2 服务台　3 前厅　4 多功能厅　5 衣帽间　6 化妆间　7 男卫生间　8 女卫生间　9 会议室　10 贵宾休息会见厅　11 备餐服务廊　12 宴会厨房　13 家具库

[3] 某酒店会议室、多功能厅层平面图

参考指标

多功能厅附属功能空间　表1

功能区	设置选项
序厅（休息厅）	●
衣帽间	●
公共卫生间、清洁间	●
宴会厨房	●
备餐间	●
家具房、织品库	●
音控、灯控室	●
独立门厅	○
贵宾休息室	○
贵宾卫生间、控制室、服务间	○
同声翻译室	○
化妆间	○
茶歇（通常与序厅共用）	○
演员人员通道	○

注：●表示应设，○表示根据需求选设。

卫生间指标　表2

	男	女
厕位	1/100人	1/50人
小便斗	1/25人	—
洗脸盆	1/50人	1/50人

座位面积参考指标　表3

活动方式	指标（m²/座）
宴会	1.3
西餐	2.2~2.5
冷餐/鸡尾酒会	2.2
观演/会议（无桌式）	0.9~1.1
教室/会议（有桌式）	1.7~2.4

国内部分旅馆多功能厅空间尺寸参考表❶　表4

旅馆名称	多功能厅尺寸（宽×长，m）	面积（m²）	多功能厅层高（m）	客房数（套）
西安阿房宫凯悦酒店	22×22	484	9.0	500
千岛湖洲际度假酒店	20×30	600	8.7	348
宁波万达索菲特大酒店	18×36	648	10.75	289
深圳东部华侨城茵特拉根酒店	25.1×30	753	11.5	300
深圳威尼斯皇冠假日酒店	24×32	768	7.5	378
深圳联合广场·格兰德假日酒店	22.8×36	821	9.33	315
赣州锦江国际酒店	28×42	1176	9.0	352
深圳华侨城洲际大酒店	30×53	1590	10.0	550
清远狮子湖喜来登度假酒店	32×56	1792	9.5	354
南京紫金山庄	27×43	1161	11.5	400
南京丁山花园大酒店	18×45	810	6	366
上饶龙潭湖宾馆	24×33	792	9.5	146
苏州独墅湖会议酒店	26×40	1040	10	330
深圳中海康城酒店	23×42	966	10	350
上海世博洲际酒店	20×36	720	7.5	400

多功能厅不同功能空间指标参考　表5

多功能厅规模（m²）		宴会布置（m²/人）	冷餐布置（m²/人）	会议中餐（m²/人）
小型	50	2.0~2.5	1.2~1.6	1.0
	100	1.8~2.0	1.2~1.5	0.9~1.0
中型	200	1.5~1.7	1.0~1.3	0.6~0.8
大型	500	1.2~1.5	0.9~1.2	0.6~0.7
	1000	1.0~1.5	0.8~1.0	0.6~0.7

注：小型多功能厅净高为2.7~3.5m，中型多功能厅净高为3.6~5.0m，大型多功能厅净高保持在5m以上。

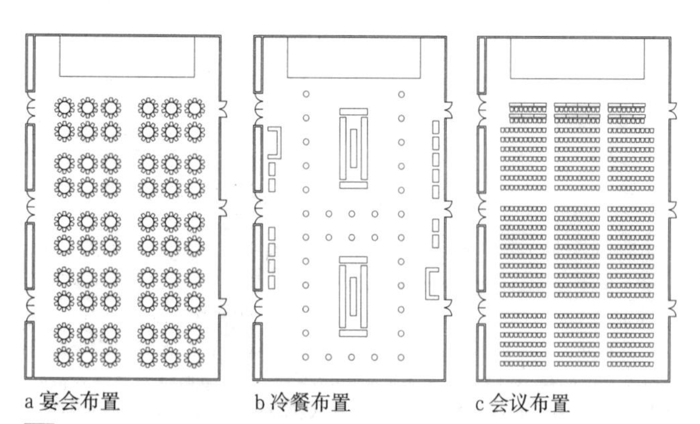

1 多功能厅不同形式布局示意图

❶朱守训. 酒店度假村开发与设计. 第二版. 北京：中国建筑工业出版社，2015.

流线设计

1. 多功能厅使用特点是短时间形成大量并集中的人流，因此多功能厅宜有单独通往旅馆外的出入口，与旅馆住宿客人的出入口分开，并保持适当距离，入口区需停车方便，并靠近停车场。

2. 多功能厅客人动线与服务动线应完全分离。通往服务区的门或走道应做错位、转折或灯光处理，避免客人视线直视到后勤部分。

3. 大厅的出入口不宜靠近舞台，以免影响舞台的活动。大厅出入口门净宽不小于1.4m，且应计算疏散宽度满足消防要求。

典型示例

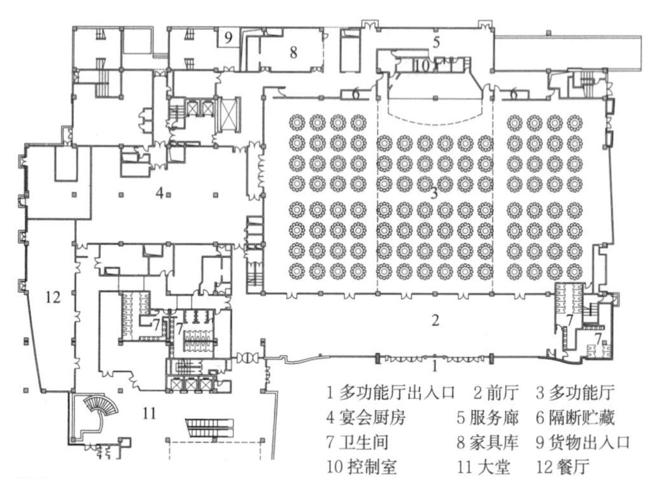

2 广州香格里拉大酒店多功能厅平面图

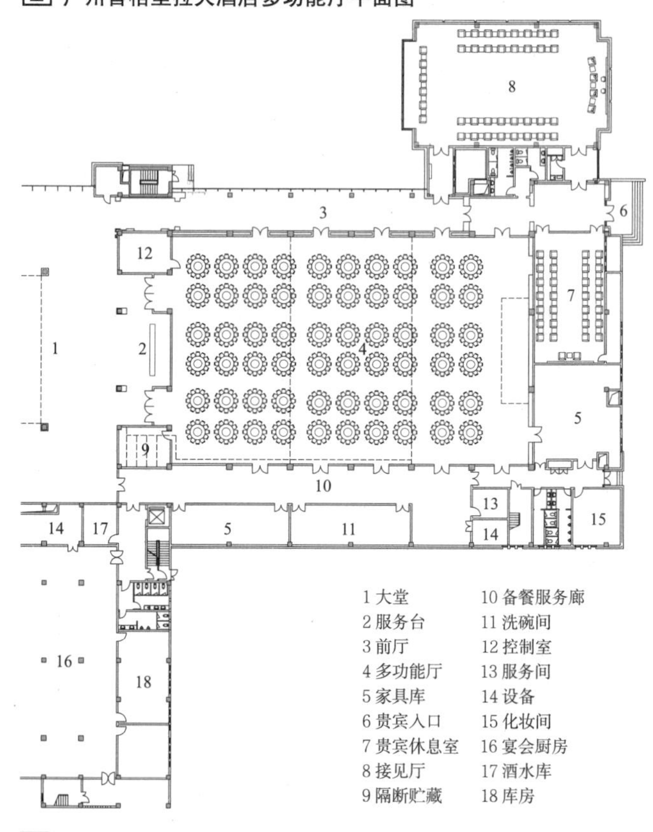

3 南京紫金山庄会议楼多功能厅平面图

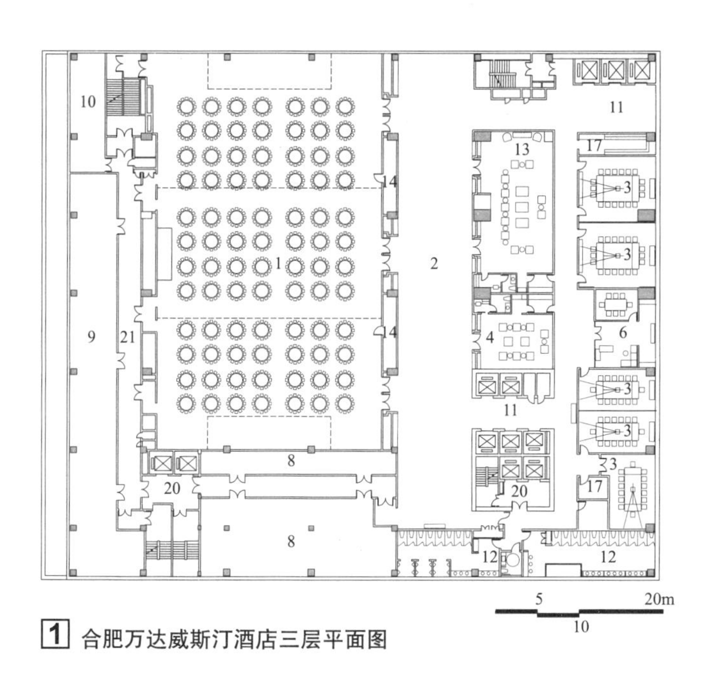

1 合肥万达威斯汀酒店三层平面图

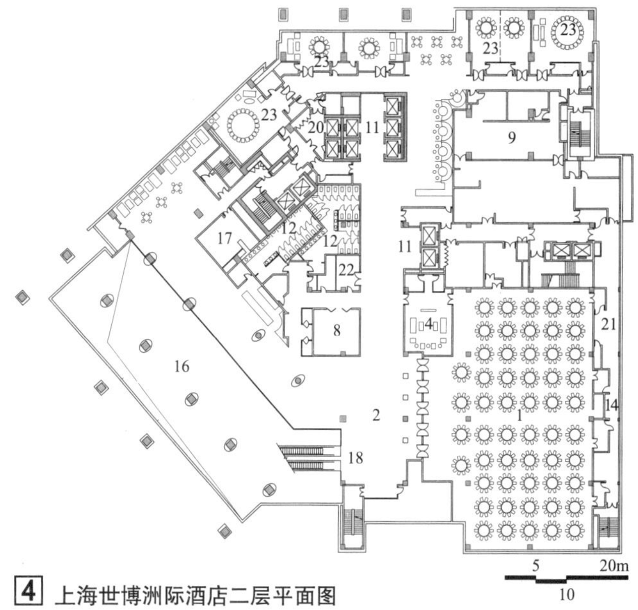

4 上海世博洲际酒店二层平面图

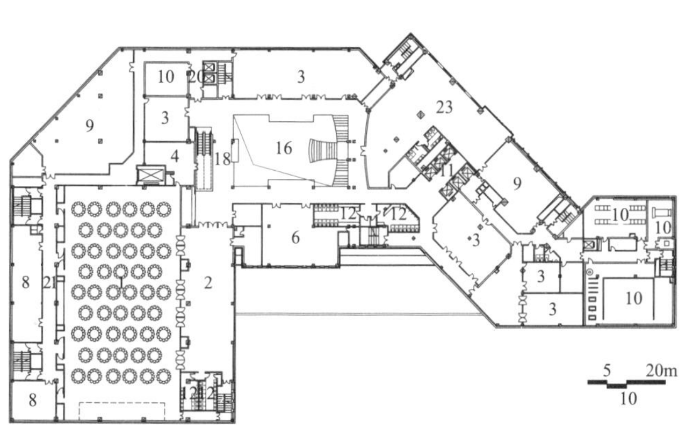

2 满洲里香格里拉酒店二层平面图

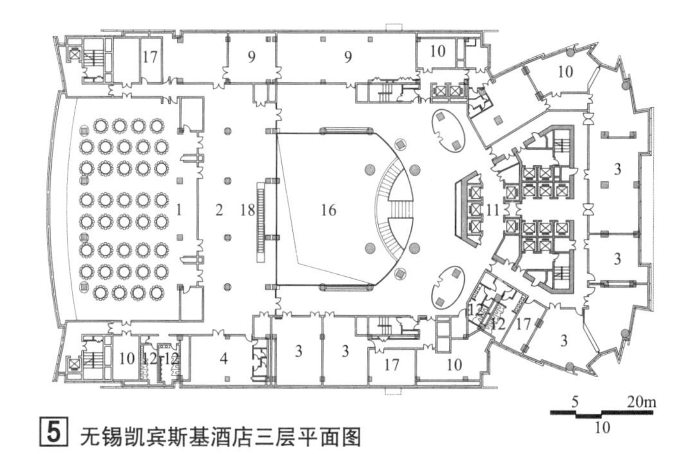

5 无锡凯宾斯基酒店三层平面图

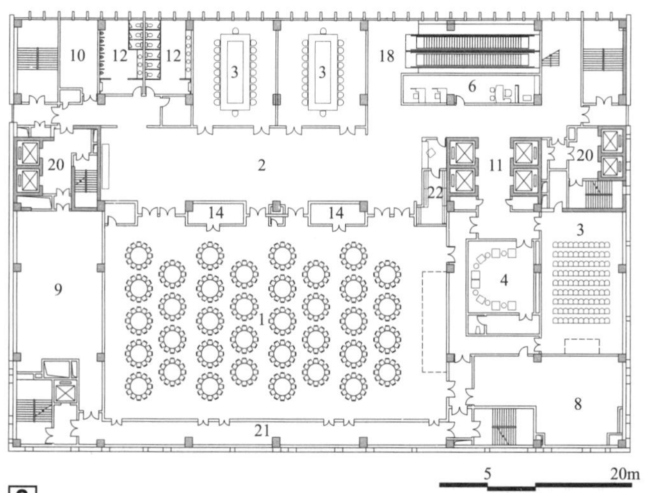

3 宁波万达索菲特大酒店三层平面图

1 多功能厅	2 前厅	3 会议室	4 贵宾休息室
5 报告厅	6 商务中心	7 休息区	8 家具库
9 厨房	10 设备	11 电梯厅	12 卫生间
13 接见厅	14 隔断贮藏间	15 多功能厅上空	16 中庭上空
17 服务间	18 自动扶梯	19 董事会议室	20 服务电梯厅
21 备餐通道	22 衣帽间	23 小餐厅包间	24 平台

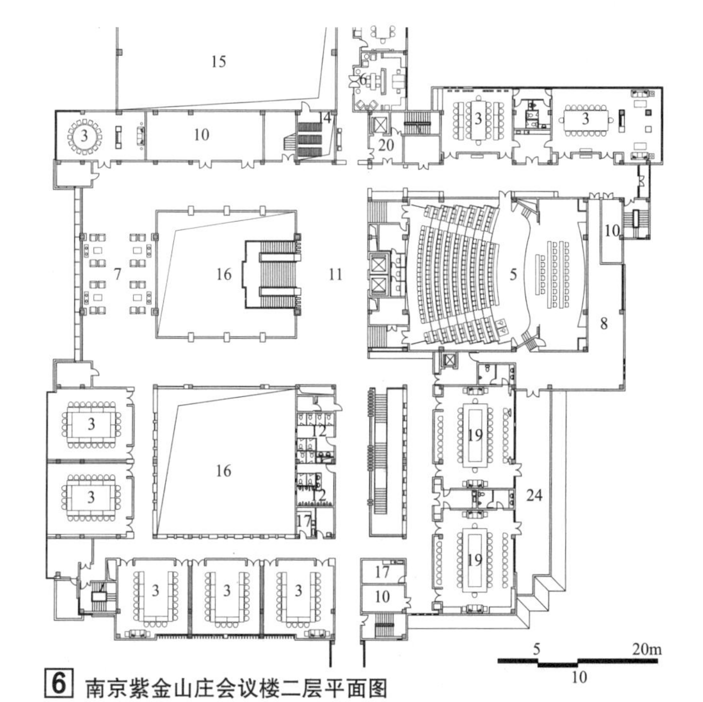

6 南京紫金山庄会议楼二层平面图

设计要点

1. 康乐设施分为健身和娱乐两大类。健身设施主要包括健身房、游泳池、健身浴、SPA、美容美发及多种体育运动等项目。娱乐设施主要包括棋牌室、游艺室、主题吧、歌舞厅、夜总会等项目。

2. 康乐设施内容应根据旅馆规模、经营定位及场地条件来选择决定。

3. 康乐设施应按类型相对集中布置，同时避免对客房区的干扰。娱乐设施规模较大时，宜单独设出入口及交通体系。

4. 健身区宜集中设置男女更衣室、淋浴间、卫生间等公共辅助设施，便于使用和管理。干区（休息与更衣等）与湿区（水池、淋浴等）应分区布置，湿区地面应有防滑措施。

5. 主题吧、歌舞厅、夜总会等区域属于人员密集场所，防火及疏散应符合消防设计要求。

康乐设施构成　　表1

分类	项目	内容及要求
健身	健身房	健身操、瑜伽、器材锻炼、塑体等
	游泳池	游泳池、戏水池、按摩池、日光浴、水吧等
	健身浴	桑拿浴、蒸汽浴、按摩室等
	SPA（水疗）	更衣、淋浴、桑拿浴、蒸汽浴、泡池、足浴、理疗室、美容美发等
	体育设施	网球、篮排球、壁球、乒乓球、保龄球、桌球、高尔夫、马术俱乐部等
娱乐	棋牌室	若干单间或相对封闭的区域，不少于3m²/座
	游艺室	儿童活动室、电子游艺室等专项活动室
	歌舞厅	KTV包间、舞厅、观演厅等
	主题酒吧	突出旅馆文化品位和独特风格的场所，如红酒廊、雪茄屋、风情吧、体育吧等

康乐设施选项参考　　表2

旅馆等级 \ 康乐设施	健身用房：健身房	游泳池	健身浴	SPA	体育设施	娱乐用房：棋牌室	游艺室	歌舞厅	主题酒吧
一星	○	—	—	—	○	—	—	—	—
二星	○	—	—	—	○	—	—	—	—
三星	●	○	○	—	○	○	○	○	○
四星	●	●	○	○	●	●	○	○	○
五星	●	●	●	●	●	●	●	○	●
白金五星	●	●	●	●	●	●	●	○	●
精品酒店	●	●	○	●	●	●	○	○	●

注：●表示应设，○表示根据需求选设，—表示不设。

健身房

1. 一般旅馆均设有健身房，由接待、更衣、淋浴、健身、水吧服务等功能区域组成，通常提供拉力器、跑步器械、肌肉训练器械、划船器械及脚踏车等健身器械。

2. 健身房面积一般不少于50m²，提供不少于5种健身器械。健身房的场地净高一般不低于2.6m。

3. 健身房中体操区应设置一个镜墙面，便于观察自己的训练状态。

4. 健身房的接待、更衣、淋浴、水吧等区域，宜与游泳池、SPA等集中设置使用。

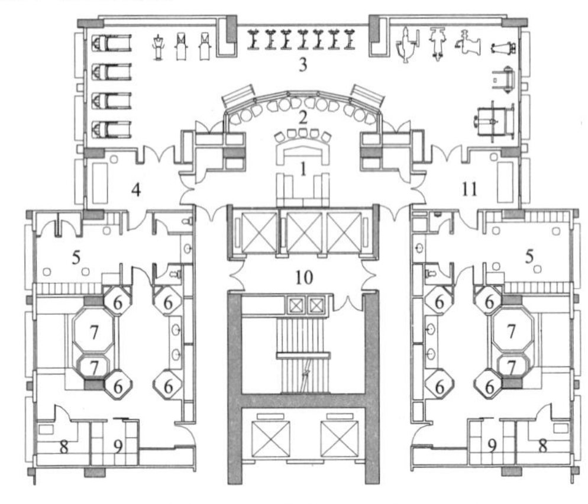

1 接待　2 水吧　3 健身房　4 女宾部前厅　5 更衣室　6 淋浴　7 冲浪浴　8 桑拿浴　9 蒸汽浴　10 电梯厅　11 男宾部前厅

1 健身房平面布置示例图

游泳池

1. 较高星级的旅馆一般设游泳池，室内或室外均可。

2. 游泳池大小及形状可根据具体条件确定，一般不宜小于8m×15m，深度一般为0.9~1.5m。儿童戏水池的深度一般为0.15~0.6m。

3. 游泳池通常由前台接待区、更衣淋浴区、泳池区、休息区、卫生间、机房等功能区域构成，还可增设水吧等服务设施。其中接待、更衣、淋浴、卫生间宜与健身房等区域集中设置。独立使用时更衣箱数目不宜少于客房数的10%，合用时应适当增加更衣箱数目。

4. 室外游泳池宜就近增设室外淋浴设施。

5. 宾客进入游泳池主通道必须设有通过式洗脚池等消毒设施。

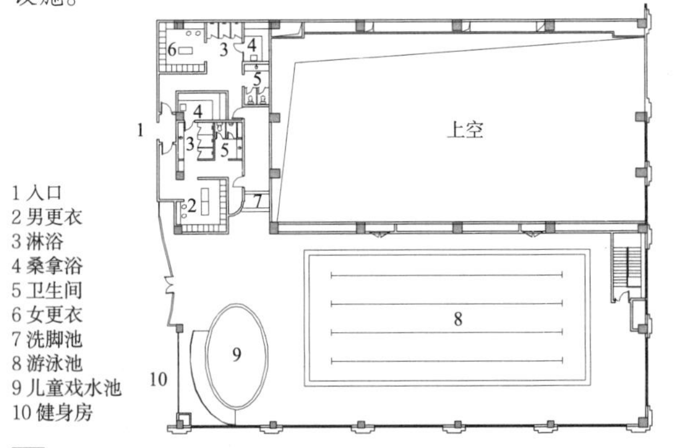

1 入口
2 男更衣
3 淋浴
4 桑拿浴
5 卫生间
6 女更衣
7 洗脚池
8 游泳池
9 儿童戏水池
10 健身房

2 游泳池平面布置示例图

健身浴

1. 健身浴包括桑拿浴（干蒸）、蒸汽浴（湿蒸）和各类按摩浴，可根据旅馆的经营定位来选择设置。

2. 健身浴包括接待、休息、男宾部和女宾部。男女各区域内分干区和湿区，干区由更衣、化妆、卫生间、休息、按摩房等组成；湿区由淋浴间、桑拿房、冷热水浴池、按摩浴池、搓背区等组成。

3. 更衣、淋浴区宜与游泳池一并设置，健身浴可与SPA相结合设置。

健身浴设施设备相关面积指标参考　表1

设施名称	设计参考温度	参考面积指标
桑拿浴	最高温度90~100℃，最大湿度12%	最小面积$0.72m^2$/人，一般$1.9m^2$/人，一间2m×2m的桑拿浴室一天可接待100人
蒸汽浴	最高温度45~55℃	最小面积$0.76m^2$/人，一般$1.9m^2$/人，一间$8m^2$的蒸汽浴室一天可接待100人
低温再生浴	温度37~39℃，相对湿度40%~50%	面积同桑拿浴
热水按摩浴	水温40~42℃	个人按摩池$4.7m^2$/人，多人按摩池$1.9m^2$/人，座位尺寸0.4m×0.6m×0.45m，水深0.9m
温水按摩浴	水温35~40℃	
冷水按摩浴	水温8~13℃	
冰水按摩浴	水温4~8℃	
太阳浴	—	$6.0m^2$/人
按摩室	—	大于（2.8m×2.2m）/间·人
香精房	温度35~40℃，相对湿度80%~100%	参考蒸汽浴
淋浴间	—	$1m^2$左右/间
机房	—	约$12m^2$

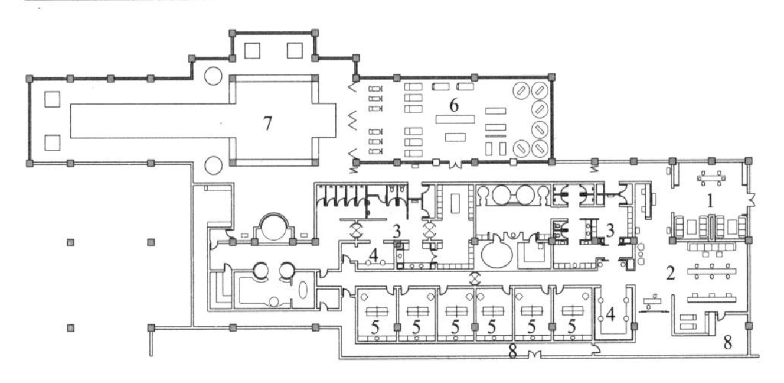

1 接待　2 美容美发　3 更衣、淋浴、桑拿　4 休息　5 理疗室　6 健身房　7 游泳池　8 服务廊

1 某酒店SPA健身中心平面图

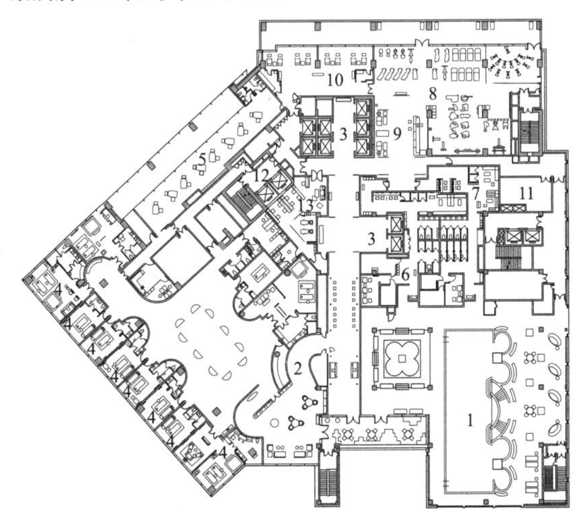

1 游泳池　2 SPA门厅　3 电梯厅　4 理疗室　5 SPA足疗　6 男更衣室　7 女更衣室　8 健身房　9 健身中心门厅　10 健身区足疗室　11 储藏室　12 服务电梯厅　13 沙龙

2 上海世博洲际酒店四层平面图

SPA（水疗）

1. SPA是指以水疗为主要方法，透过听觉、味觉、触觉、嗅觉、视觉等感官功能来达到人体全方位的放松。

2. SPA宜独立成区，主要由接待区、更衣淋浴区、健身设施、温水浴池、桑拿房、理疗室、按摩室、休闲室等组成。也可与健身房、游泳池、健身浴等功能相结合，形成综合性的SPA健身中心。

3. 一般设多个SPA包间，每个包间设休息、按摩、更衣、淋浴、浴缸和卫生间等功能。包间面积不宜小于$16m^2$。

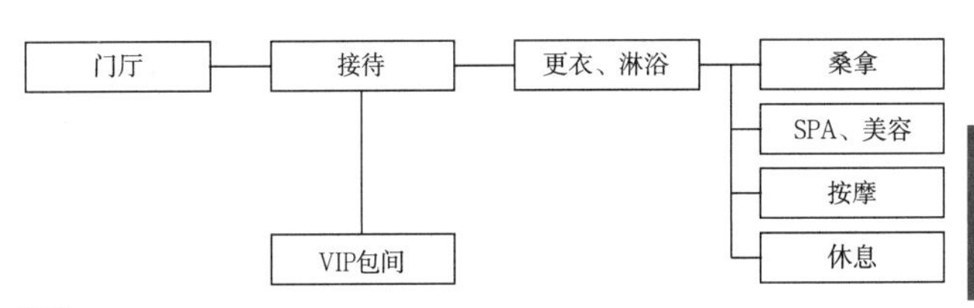

3 SPA功能流线示意

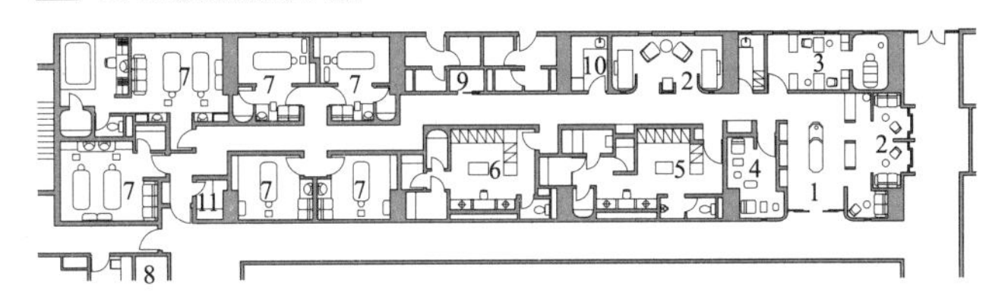

1 门厅　2 休息　3 美甲　4 足浴　5 男更衣、淋浴、桑拿、蒸汽浴　6 女更衣、淋浴、桑拿、蒸气浴　7 理疗室　8 员工休息室　9 卫生间　10 工作间　11 贮藏室

4 某酒店SPA中心平面图

主题吧、夜总会、KTV

1. 主题吧、夜总会、KTV是满足宾客观演、跳舞、卡拉OK等活动的娱乐性场所，在旅馆等级评定中为选择项目，应根据旅馆的定位确定其设置内容与规模。

2. 旅馆中附设的夜总会、KTV位置应相对独立，自成一区，避免干扰旅馆的正常经营。一般设有独立的出入口和专用电梯，便于独立经营，并不影响客房的安静环境。

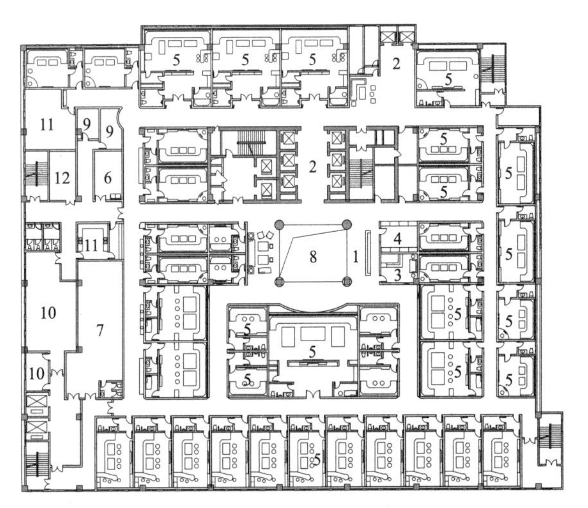

1 接待　2 电梯厅　3 红酒吧　4 寄存　5 卡拉OK　6 服务间　7 休息室　8 中庭上空　9 员工更衣室　10 厨房、备餐　11 家具库　12 设备

5 某酒店夜总会平面图

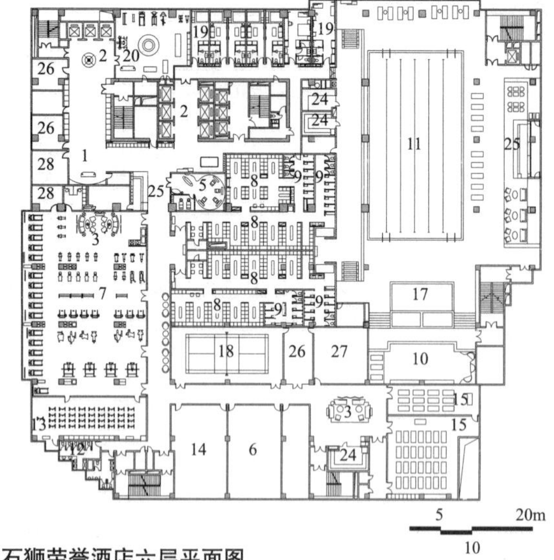

1 石狮荣誉酒店六层平面图

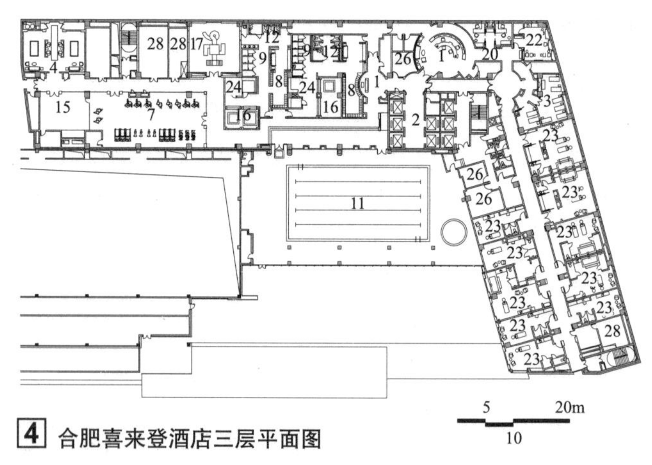

4 合肥喜来登酒店三层平面图

1 接待　2 电梯厅　3 休息区　4 桌球室　5 美容美发　6 跳操　7 健身房　8 更衣　9 淋浴　10 水疗　11 游泳池　12 卫生间　13 动感单车　14 武术　15 瑜伽　16 水疗池　17 儿童游戏室　18 羽毛球场　19 休息室　20 康体用品商店　21 棋牌室　22 足浴　23 理疗室　24 干蒸、湿蒸　25 吧台　26 办公服务　27 钢管舞　28 设备

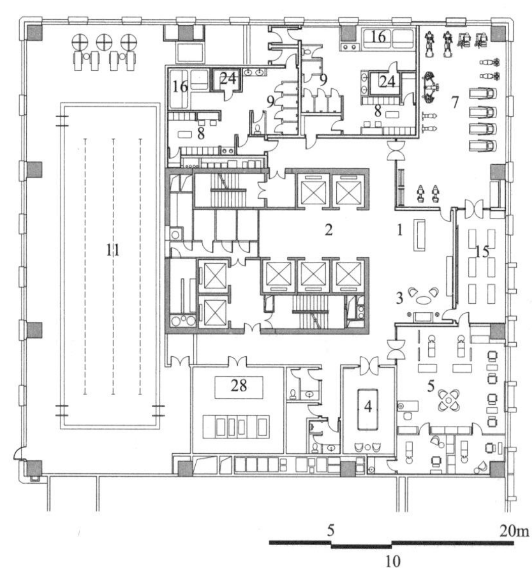

2 阜阳万达酒店四层平面图

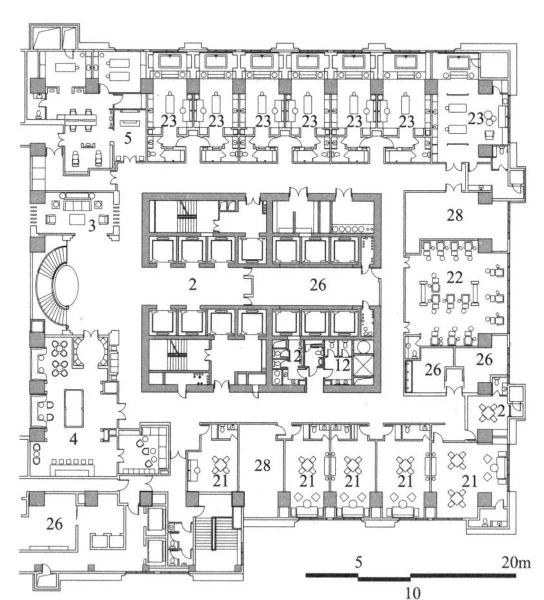

5 南通国贸中心酒店五层平面图

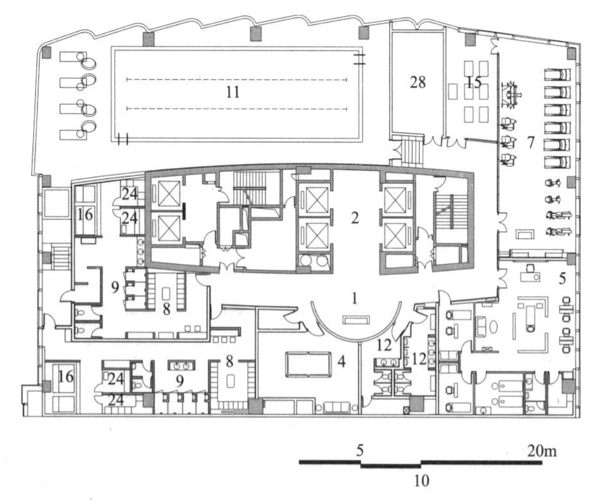

3 芜湖万达酒店康体中心平面图

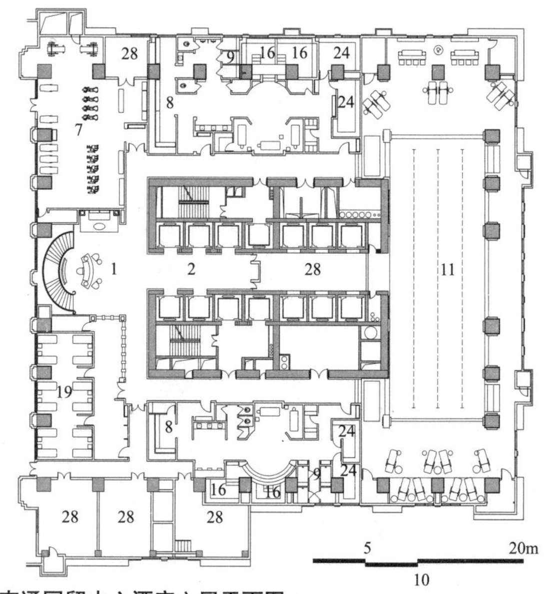

6 南通国贸中心酒店六层平面图

设计要点

1. 餐饮是旅馆公共部分仅次于大堂的主要组成，直接影响旅馆的经营服务。旅馆餐饮的构成、规模、面积指标参见表1~表5。

2. 旅馆餐饮以对内为主，兼顾对外营业。对内餐厅、酒吧宜与门厅大堂有便捷联系，而大堂酒吧则可作为餐厅和酒吧的延续。对外营业餐厅及多功能厅（宴会厅）宜有单独对外的出入口、衣帽间和卫生间。

3. 应根据旅馆规模大小、功能定位来设置不同的餐厅，如中餐厅、全日餐厅、风味餐厅、茶餐厅等。一般三星级以上旅馆应设不同规模的餐厅及酒吧间、咖啡厅和多功能（宴会）厅；一、二星级及大多数中小旅馆只设一个餐厅，根据用餐时间和方式进行划分，如早餐和午餐多为自助式，晚餐较正式些；经济型旅馆通常只设早（简）餐厅。

4. 餐厅应靠近厨房设置，当餐厅与厨房不同层时，应与餐厅同层布置备餐间，并通过货梯与厨房直接联系。备餐间出入口要隐蔽，避免顾客视线穿透厨房，同时避免厨房气味进入餐厅。

5. 顾客就餐流线与服务人员流线应避免重叠交叉。服务路线不宜过长（最大不超过40m），并尽量避免穿越其他用餐空间。大型餐厅、多功能厅（宴会厅）应设备餐间（廊）。

6. 餐厅除就餐空间外，还需有附属空间和设施，如前厅、卫生间、储藏间、过道等。

7. 通常小餐厅室内空间净高不低于2.6m，有空调的餐厅空间净高不低于2.4m，大餐厅空间净高不低于3.0m，大宴会厅的净高不低于5m。

典型实例

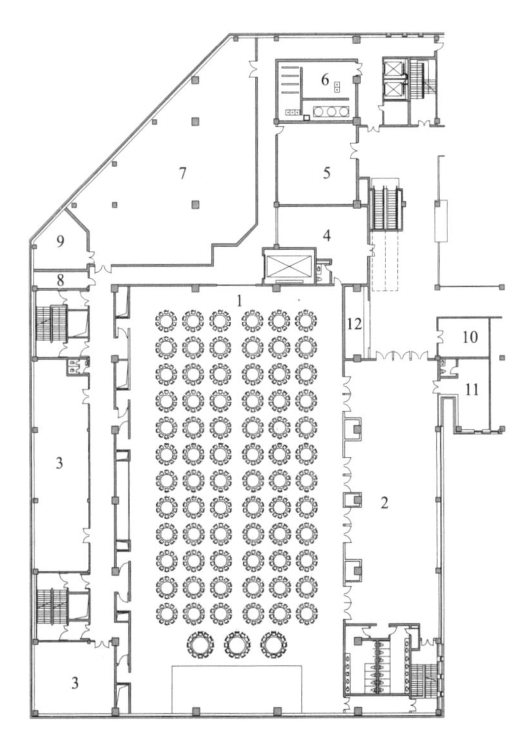

1 宴会厅 2 宴会厅前厅 3 储藏室 4 贵宾房 5 多功能厅 6 设备间 7 厨房 8 风机房 9 配电间 10 会议室 11 新娘房 12 衣帽间

1 满洲里香格里拉酒店宴会厅

餐饮分类面积指标参考表 表1

项目	单位	300间客房		500间客房		1000间客房	
	m^2/座	座	m^2	座	m^2	座	m^2
中餐厅	1.9	150	285	180	342	250	475
全日餐厅	2.2	150	330	180	396	250	550
风味餐厅	1.9	80	152	80	152	2×80	304
小餐厅	1.9	—	—	2×30	114	3×30	171
屋顶餐厅	1.9	—	—	120	228	200	380
大堂吧	1.6	40	64	60	96	80	128
鸡尾酒吧	1.6	80	128	100	160	160	256
风味酒吧	1.6	—	—	—	—	40	64

注：依据旅馆不同的等级，面积指标上下略有浮动。

餐饮规模（单位：座/间客房） 表2

旅馆类型		餐厅	酒吧	合计
市中心旅馆		0.75~1.0	0.25	1.0~1.25
风景区旅馆		1.0~1.75	0.5~0.75	1.5~2.5
郊区旅馆	豪华旅馆	0.9~1.1	0.45~0.55	1.35~1.65
	中档旅馆	0.3~0.6	0.2~0.6	0.5~1.2
	经济旅馆	0~0.5	0	0~0.5

注：1. 对外营业时，可适当扩大规模。
2. 上列数据可根据营业时间长短取适当数值。

餐饮构成表 表3

旅馆类型		中餐厅	全日餐厅	风味餐厅	鸡尾酒吧	大堂吧	辅助酒吧	夜总会	咖啡厅
小型	中低档旅馆	—	—	—	—	—	—	—	●
	超豪华旅馆	●	●	●	●	●	●	—	●
中型	中档旅馆	●	●	●	—	—	—	●	●
	豪华旅馆	●	●	●	●	●	●	●	●
大型或巨型旅馆		●	●	●	●	●	●	●	●

注：●代表有，—代表无。

餐饮分类单位座位面积参考指标（单位：m^2/座） 表4

标准	中餐厅	全日餐厅	风味餐厅	大堂吧	鸡尾酒吧	辅助酒吧
中低档	1.5	1.5	1.5	1.5	1.4	1.3
豪华档	2.2	1.7	1.9	2.2	1.7	1.5

不同餐厅构成面积指标表（单位：m^2/间客房） 表5

标准	中餐厅	全日餐厅	风味餐厅	大堂吧	辅助酒吧
低档	1.6	1.2	0.9	0.4	0.3
中档	1.8	1.5	1.2	0.5	0.4
豪华型	2.2	1.8	1.5	0.6	0.5

不同餐座构成单位餐座面积指标 表6

餐座的构成	正方形桌			长方形桌		圆桌
座位形式	平行(2座)	平行(4座)	对角(4座)	平行(4座)	平行(6座)	圆周(4座)
m^2/人	1.7~2.0	1.3~1.7	1.0~1.2	1.3~1.5	1.0~1.3	0.9~1.4

餐座的构成	车厢座	长方形桌（自助餐时）		
座位形式	对面(4座)	对面(4座)	对面(6座)	对面(8座)
m^2/人	0.7~1.0	1.3~1.5 (1.4~1.6)	1.0~1.2(1.1~1.3)	0.9~1.1(1.0~1.2)

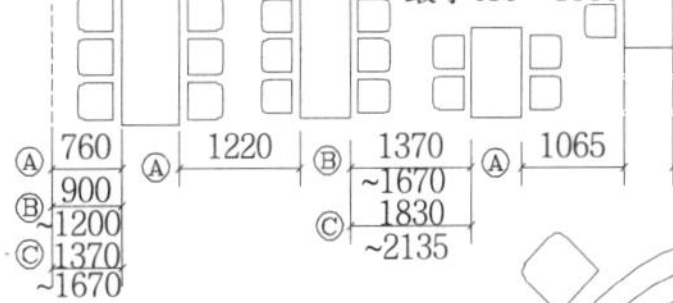

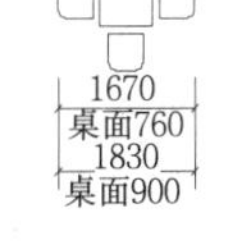

2 餐桌设计常用尺寸（单位：mm）

大堂吧

一般处在大堂显要的位置，与大堂空间相通以烘托整个大堂氛围，方便客人会客、商务、休息。所处区域应不被公共流线所穿越，通过地面的升降、顶棚等空间限定和围合的手法来创造场所感。其餐饮食品就近由小型备餐间配制或由主厨房运送来。

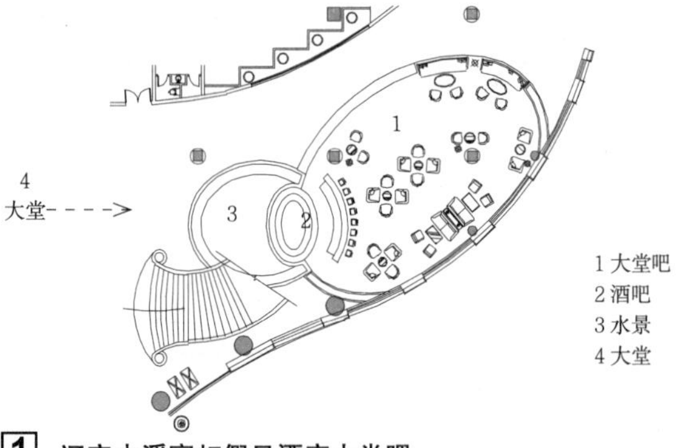

1 辽宁本溪富虹假日酒店大堂吧

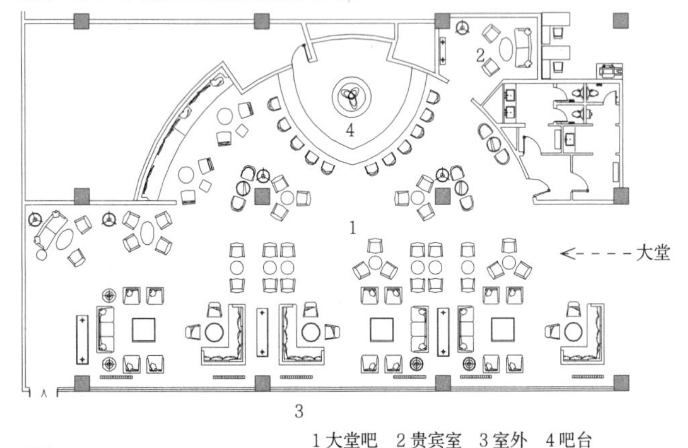

1 大堂吧　2 贵宾室　3 室外　4 吧台

2 泉州荣誉酒店大堂吧

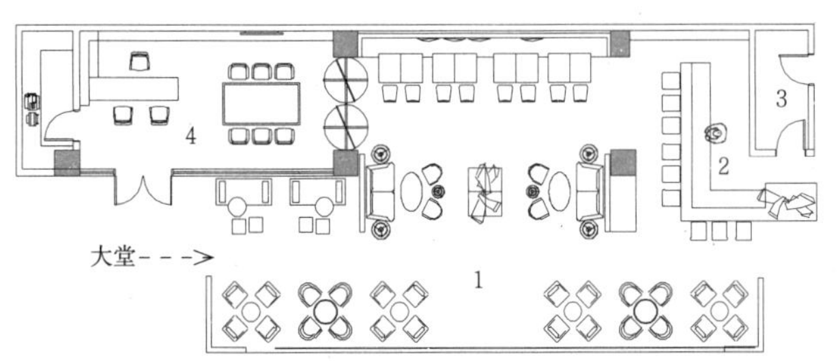

1 大堂吧　2 吧台　3 备餐间　4 商务中心

3 某酒店大堂吧

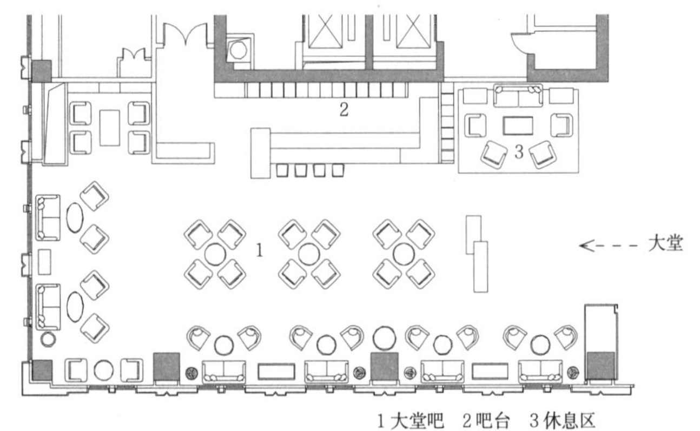

1 大堂吧　2 吧台　3 休息区

4 合肥威斯汀酒店大堂吧

中餐厅

有一定规模的旅馆都必须设有中餐厅，中餐厅通常设散座大厅和包房以满足不同客人的用餐要求。散座大厅和包房入口宜分开，保证包房私密性。餐厅地面宜采用材料变化分隔空间，避免设置高差。送餐流线与客人流线不应交叉。

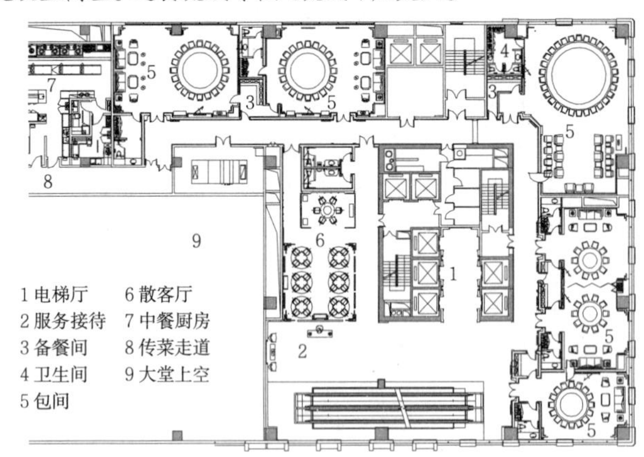

5 某星级酒店中餐厅

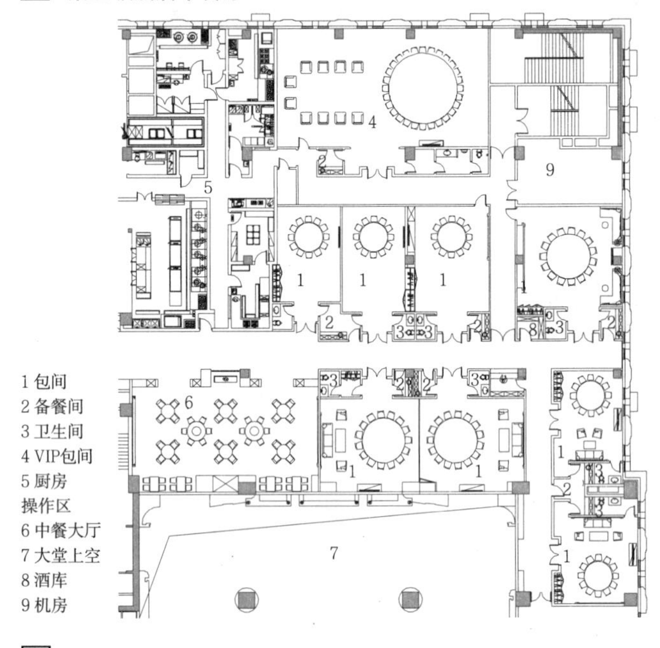

6 南京万达酒店中餐厅

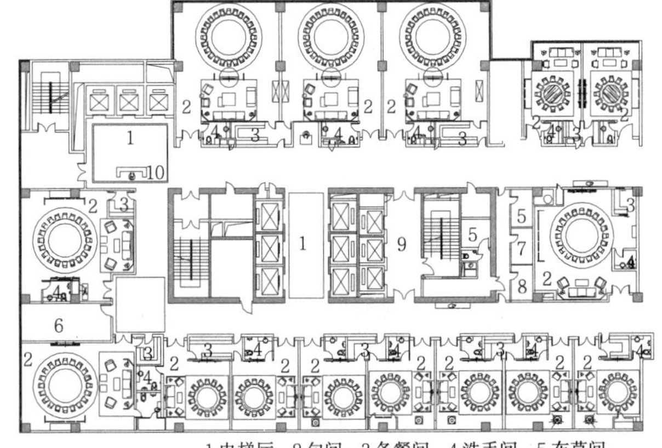

1 电梯厅　2 包间　3 备餐间　4 洗手间　5 布草间
6 机房　7 洗涤间　8 制冰间　9 传菜电梯间　10 迎宾台

7 某五星酒店中餐厅包房区

全日餐厅

主要为住客提供早餐、午餐和随时用餐服务，包括中、西餐食及饮料，以满足五星级酒店提供24小时餐饮服务，四星级酒店18小时营业服务的要求。全日餐厅提供自助和点餐服务，最大限度吸引和满足客人的就餐要求。餐厅布置多以2～6人的西餐桌，通常设酒吧柜台、自助餐台等。

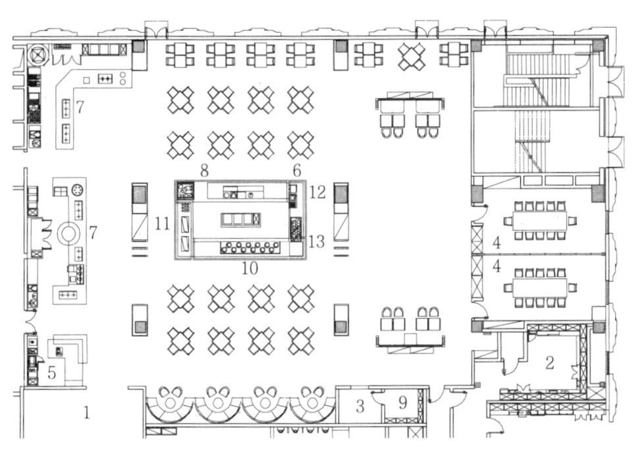

1 接待厅 2 操作间 3 备餐间 4 VIP包间 5 收银台 6 寿司 7 明档 8 沙拉台 9 库房 10 蛋糕展示 11 海鲜 12 冰淇淋 13 甜品区

1 某酒店全日餐厅

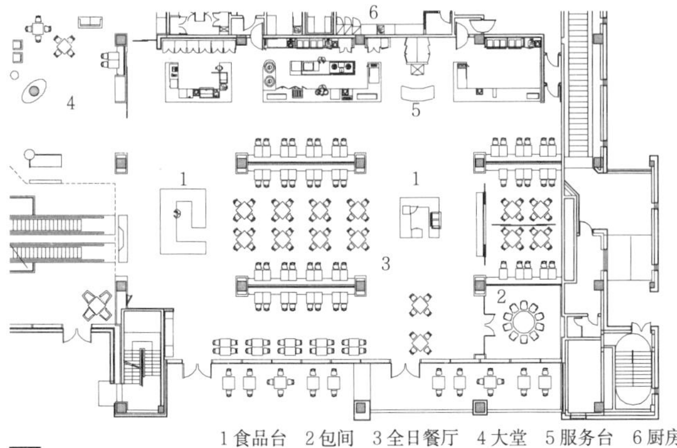

1 食品台 2 包间 3 全日餐厅 4 大堂 5 服务台 6 厨房

2 某酒店全日餐厅

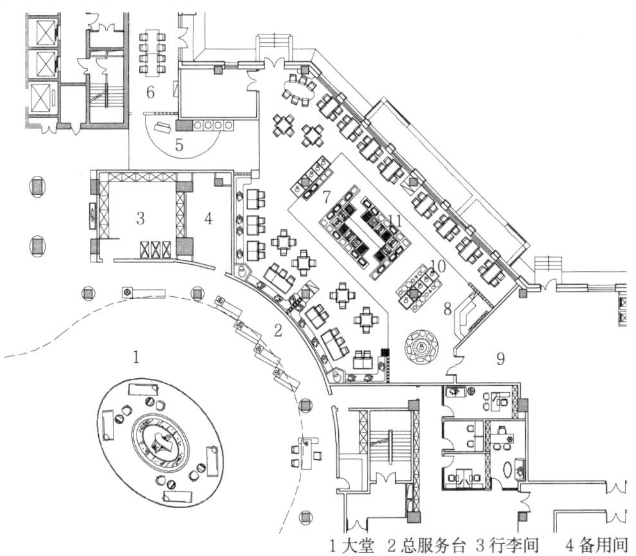

1 大堂 2 总服务台 3 行李间 4 备用间 5 接待 6 VIP房间 7 全日餐厅 8 服务台 9 厨房 10 甜品 11 热菜

3 辽宁本溪富虹酒店全日餐厅

风味餐厅

室内环境风格突出地域性特色，风味餐厅设计要求参见本册“餐饮建筑”专题。

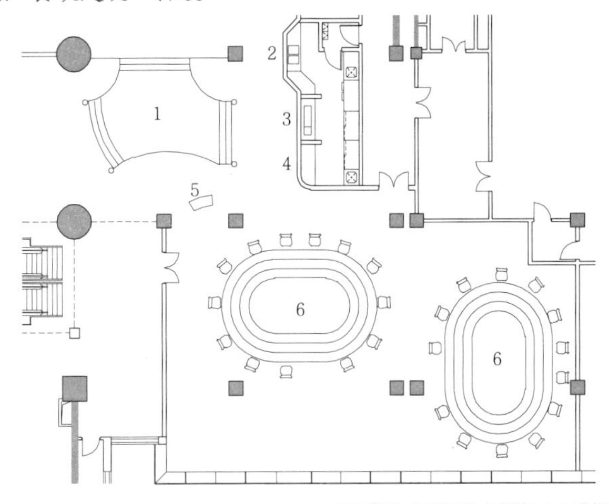

1日式桥 2 天妇罗 3 刺身 4 士啤档 5 接待台 6 回转寿司

4 沈阳华阳酒店日式风味餐厅

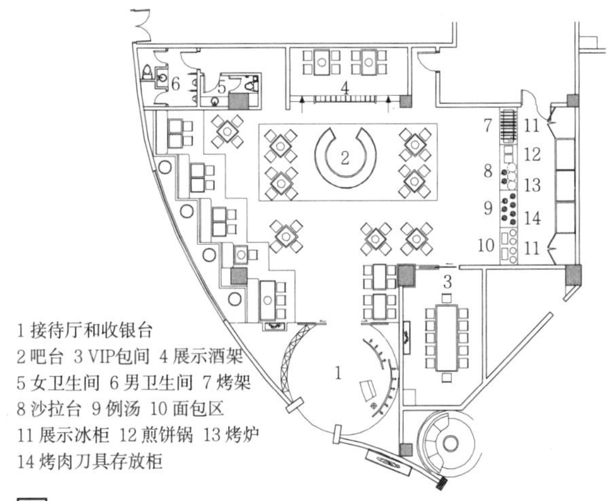

1 接待厅和收银台 2 吧台 3 VIP包间 4 展示酒架 5 女卫生间 6 男卫生间 7 烤架 8 沙拉台 9 例汤 10 面包区 11 展示冰柜 12 煎饼锅 13 烤炉 14 烤肉刀具存放柜

5 某酒店西餐厅

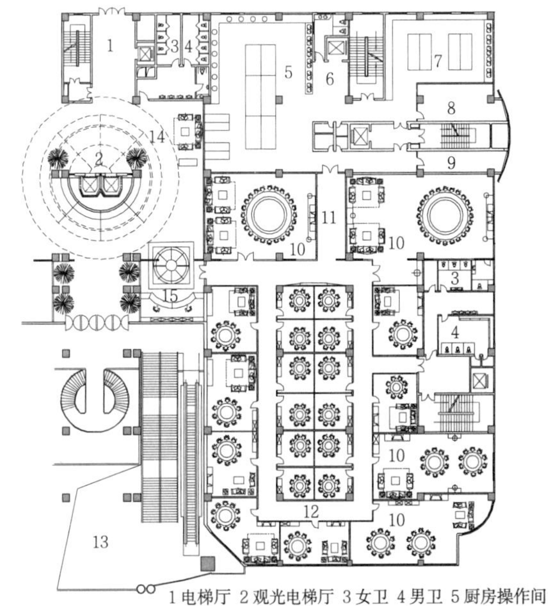

1 电梯厅 2 观光电梯厅 3 女卫 4 男卫 5 厨房操作间 6 货梯间 7 粗加工 8 储藏室 9 洗消间 10 VIP包间 11送餐走道 12 包间区 13 大堂上空 14 休息等候 15 收银台

6 某酒店风味餐厅

设计要点

1. 为保证旅馆经营正常运作，旅馆内各类管理与服务区域统称为后勤区，主要包括货物和员工进出口、库房、厨房、行政办公室、人力资源部与员工用房、客房部与洗衣房、工程部与设备机房以及垃圾站。

2. 后勤区大多采用集中布置。临近货物进出口布置装卸平台、库房、厨房以及垃圾站；临近员工进出口布置人力资源部与员工用房；工程部与设备机房宜布置在整个旅馆的负荷中心。

3. 旅馆的货物和员工进出口应尽量隐蔽，避免对旅馆主入口和外部形象造成影响。

4. 后勤区的功能配置和标准是根据旅馆自身经营而确定的。在满足旅馆品牌的前提下，有的旅馆将洗衣服务采取外包方式；对于中小型旅馆不设餐饮服务，厨房配置可以简洁许多。

5. 后勤区流线复杂，包含员工上下班流线、内部服务人员流线、厨房进出货和送配餐流线、垃圾清运流线、洗衣房流线等。流线设计必须合理、便捷、清晰，满足酒店管理公司的标准和使用要求。

6. 后勤服务流线应避让客用流线，避免交叉或重叠。

7. 高层旅馆的后勤区域通常布置在地下层或半地下层，除对消防要求较高的功能外，一般将高层的裙房底层都尽量作为旅馆的商业经营用途。

8. 后勤部分面积根据旅馆星级标准不同而增减，大中型旅馆一般控制在总建筑面积的15%~20%。

9. 必须满足国家消防、卫生防疫、燃气等专业设计规范。

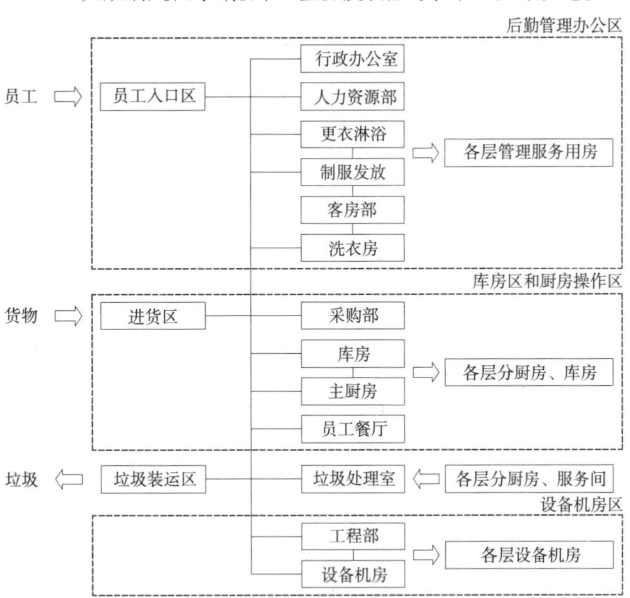

1 后勤区主要功能分区及基本关系图解

后勤区主要用房分类及参考指标 表1

部门类别	面积参考指标
厨房、食品库房	厨房：1.0~1.3m²/座；食品库：0.37m²/间客房
洗衣房、客房部	布草（棉织品）库：0.2~0.45m²/间客房；洗衣房：0.65m²/间客房；客房部：0.2m²/间客房
进货区、垃圾处理、总库房	卸货区：0.15m²/间客房；垃圾间：0.07~0.15m²/间客房；总库房：0.2~0.4m²/间客房
工程部	工程部：0.50~0.55m²/间客房
行政办公用房	约占总建筑面积的1%，1.15m²/间客房
人力资源部和员工用房	约占总建筑面积的3%，3.5m²/间客房
设备机房	约占总建筑面积的5.5%~6.5%

行政办公区

1. 行政办公区由总经理室、市场营销部、前台部、财务部、会议室构成，一般采用集中式办公。

2. 由于顾客或公众会经常拜访行政办公室洽谈业务，所以行政办公室的整体形象是很重要的。其总体装潢和设计应接近酒店公共区的标准。

3. 市场营销部内设销售部、公共关系部、会议服务部、宴会部、广告部等部门。前台部处在酒店的大堂区，其与行政办公区必须保持便捷、密切的联系，通常会设专门的通道或楼（电）梯与行政办公区联系。

4. 通常情况下行政办公区可围绕前台周边或上下楼层设置。

5. 前台办公须与前台紧密联系。

行政办公区主要功能用房 表2

部门类别	用房构成参考
前台办公区	前台、前台工作区、传真复印、电脑房
	前台经理、预订部、记账室、出纳、贵重物品保管间
营销部	营销办公室、餐饮总监办公室、市场总监办公室、销售总监办公室、宴会会议经理办公室、接待区、茶水间、储藏室
财务部	财务办公、财务总监、总会计师、文件存储
总经理办公区	总经理办公室、运营总监办公室、会议室、行政办公室

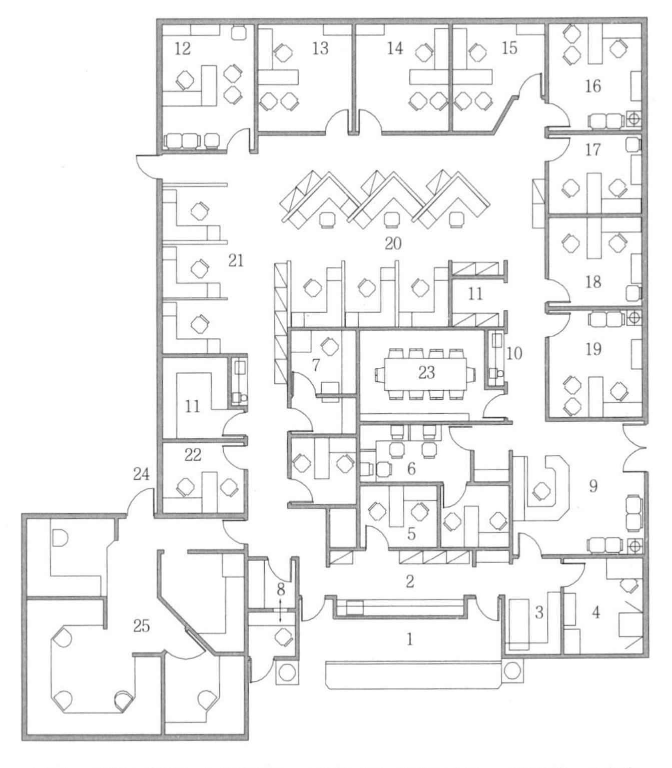

1 前台 2 前台工作区 3 传真复印 4 计算机房 5 前台经理 6 预订部 7 出纳 8 贵重物品保管 9 接待 10 茶水间 11 储存 12 总经理办公室 13 运营总监办公室 14 餐饮总监办公室 15 行政总监办公室 16 宴会总监办公室 17 销售经理办公室 18 销售总监办公室 19 市场总监办公室 20 行政办公区 21 财务办公区 22 财务总监办公室 23 会议室 24 后勤通道 25 弱电机房

2 某酒店行政办公区设计实例

人力资源部与员工区

1. 人力资源部与员工区联系紧密，平面上应整体布局。同时，员工区与洗衣房、制服间之间应有便捷的联系，见[1]。

2. 员工区主要构成包括入口区、男女更衣淋浴区、制服间、员工餐厅和员工餐厅厨房、员工活动室。

3. 酒店员工人数依不同性质、星级标准的酒店而不同，员工总人数=客房数×系数，见表1。

4. 人力资源部包括接待面试室、办公室和培训教室。培训教室面积视酒店管理公司要求而定，见[2]。

5. 办公用房面积和员工生活区用房面积因酒店星级标准的不同而有差别，应参考酒店管理公司的标准，见表2。

6. 大中型旅馆宜设医疗室，为员工服务兼小型急救室，并配置供排水点位和专用男女共用卫生间。

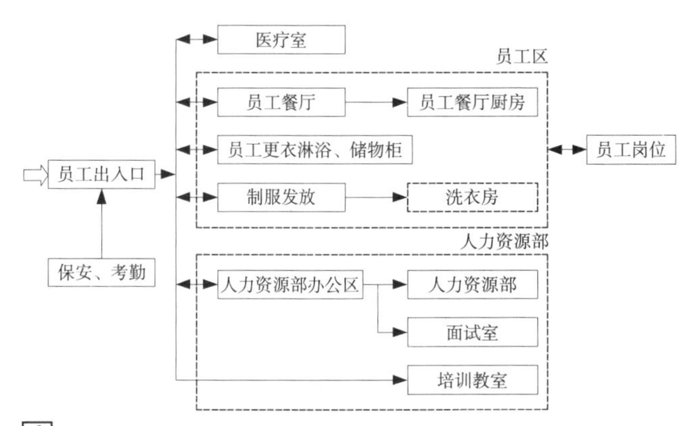

[1] 人力资源部与员工区流程图

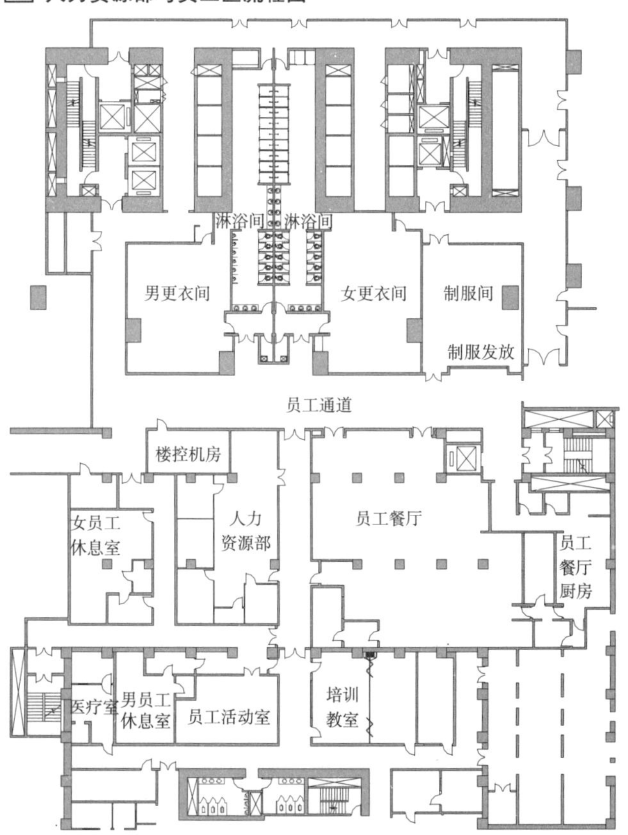

[2] 人力资源部与员工区布置示例

7. 酒店应设员工餐厅及其厨房。

8. 通常酒店内可设置员工倒班宿舍。倒班宿舍面积视酒店管理公司要求而定。离城市较远或位置比较偏僻的酒店通常会将员工宿舍、员工餐厅和员工餐厅厨房、培训教室等用房另外选址兴建专门的员工综合生活区。员工住房标准依酒店管理公司规定执行。按照国际通行做法，酒店管理集团委派的总经理住房通常会将酒店3~4间标准间改为套房使用。

9. 员工更衣淋浴区应尽量靠近酒店员工出入口处，包含员工私人物品存放、更衣和淋浴、卫生间等用房。更衣室的设计应确保不必通过淋浴区即可到达，应考虑视线遮挡。卫生间要满足从员工通道直接进入，不必穿过更衣间才可到达。员工储物柜建议尺寸宽300mm×深600mm×高1500mm，上下成对放置。

10. 员工更衣淋浴区与员工出入口不在同一楼层时，应提供一个单独出入楼（电）梯。

员工人数计算系数表（单位：人/间客房） 表1

旅馆类型	参考指标	其他
五星级以上酒店	2.0～4.0	男：女＝6：4
五星级酒店	1.2～1.6	
四星级酒店	0.8～1.0	
会议型酒店	1.0～1.2	
公寓式酒店	0.3～0.5	
小型旅馆	0.1～0.25	

员工区用房面积参考指标（单位：m^2/间客房） 表2

员工区用房	参考指标	其他
男更衣、浴厕	0.2～0.8	按男女6：4的比例分配；更衣柜：浴厕位=1：0.025~0.4
女更衣、浴厕	0.2～0.9	
员工餐厅	0.15～1.00	座位数=（$0.9m^2$/座×员工数×70%）/3
人力资源部	0.14～0.23	
保安、考勤	0.03～0.05	

员工宿舍参考指标（单位：间/人） 表3

员工等级	人均标准
高级管理人员	2间（套房）/人
中层管理人员	1间/人
管理人员	1间/2人
普通员工	1间/4~6人

注：酒店中高级管理人员宿舍应配备独立卫生间，普通管理人员和普通员工可设置集中盥洗间。

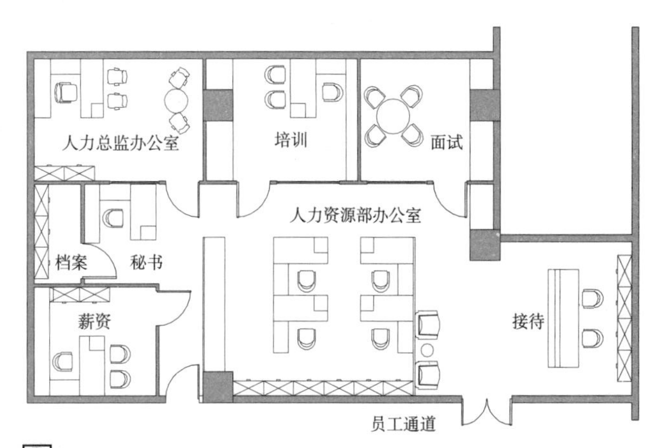

[3] 人力资源部布置示例

洗衣房

1. 洗衣房一般由污衣间、水洗区、烘干区、熨烫、折叠、干净布草存放、制服分发、服务总监办公室和空气压缩机加热设备间构成。一些城市酒店不设洗衣房或设简易洗衣机，采取外包清洗。

2. 洗衣房位置必须贴邻或靠近酒店服务电梯和污衣槽。洗衣房不应布置在宴会厅、会议室、餐厅、休息室等房间的上、下方，应做好设备的减振降噪、房间的隔声和吸声处理。

3. 布草库（纺织品库房）应紧靠洗衣房布置，室内要求干燥，气流组织应朝洗衣房方向流动。

4. 布草库内应考虑纺织品的分类、储藏、修补、盘点以及发放床单、桌布和制服等所需要的空间。

5. 洗衣房会使用洗涤剂、去污剂等含有气味或有毒化学品，应有良好的通风排气。

6. 洗衣房地面应做250~300mm降板处理，设置有效的防水处理和排水设施。

7. 洗衣房净高不低于3m。外露柱子和墙壁的阳角应做橡胶或金属护角。

8. 洗衣房需要使用蒸汽。

9. 污衣滑道（槽）必须与污衣间紧密联系，直通洗衣房。不设污衣滑道时，由服务员各层收集后送至洗衣房。

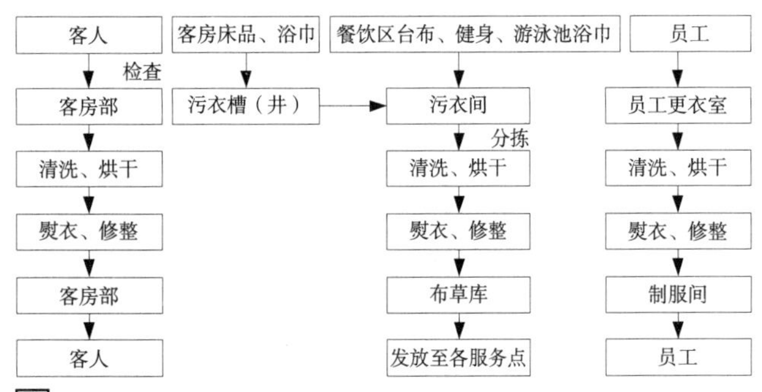

1 洗衣流程图

洗衣房设备 表1

主要设备	辅助设备	
全自动干洗机（干洗机）	打码机	毛尘收集器
自动洗衣脱水机（水洗机）	缝纫机	电动旋转衣架机
烘干机（干衣机）	双星盘	白鸽笼
自动熨平机（平烫机）	布草车	软水器
自动折叠机	空气压缩机	洗眼器
自动整烫设备（去渍机、自动人像机、夹烫机、工衣夹机、抽湿机）	地磅	

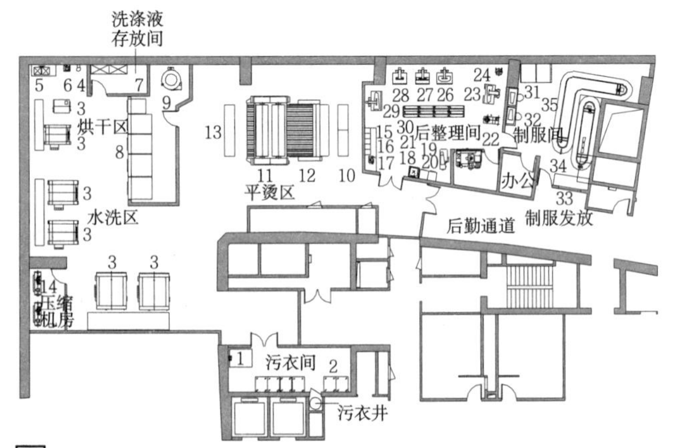

2 洗衣房布置示例

客房部

1. 客房部又称管家部，是负责客房打扫、清洁和铺设等工作，并提供洗衣熨衣、客房设备故障排除等服务。位置应与洗衣房紧密相连，见2、4。

2. 客房部必须与服务电梯直接相邻，并方便从员工更衣室到达。

3. 布草发放台附近应留有一定空间，避免排队等候的员工影响服务通道交通。

4. 小型酒店与采用分散式客房布局的酒店的客房部一般采用集中式管家服务与布草管理。大中型酒店采用非集中式管理，在各客房层或隔层设服务间与布草间，与服务电梯比邻或贴近。

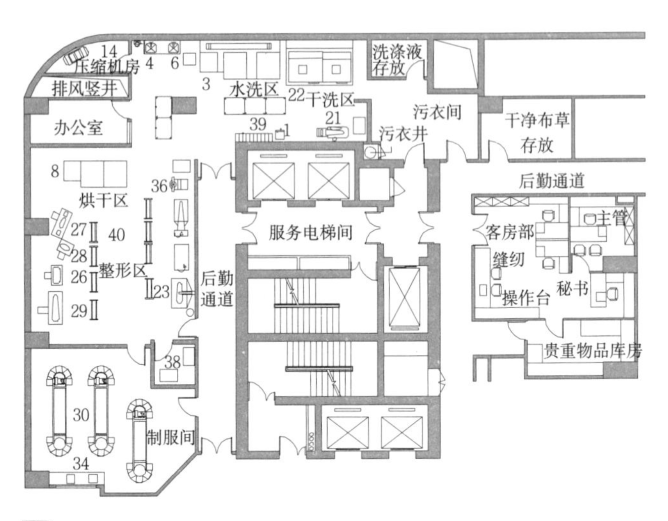

3 客房部、洗衣房布置示例

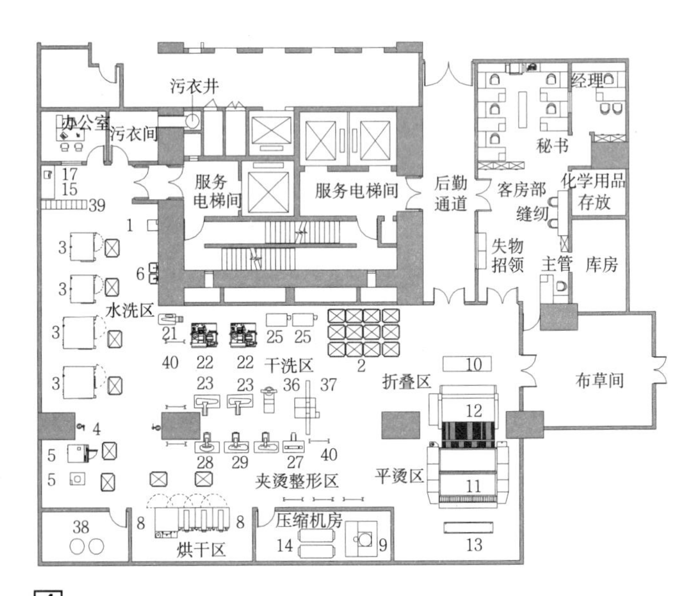

4 客房部、洗衣房布置示例

1 地磅 2 布草车 3 洗衣脱水机 4 洗眼机 5 分拣工作台 6 洗手星盆 7 货架 8 烘干机 9 纤维收集器 10 斗烫工作台 11 烫平机 12 折叠机 13 活动工作台 14 空气压缩机 15 打码工作台 16 客衣分拣柜 17 打码机 18 星盆工作台 19 家用洗衣机 20 家用烘干机 21 去渍机 22 干洗机 23 干洗万用夹机 24 抽湿机 25 熨烫台连熨斗 26 称身夹机 27 湿洗衣领袖头夹机 28 菌型夹机 29 水洗万用夹机 30 双层挂衣车 31 缝纫机 32 包边机 33 窗口（防火卷帘） 34 工作柜 35 制服传送架 36 人像吹烫机 37 湿洗人像机 38 软水器 39 白鸽笼 40 活动衣架

后勤货物区

1. 后勤货物区包括卸货平台、收发与采购部、库房三个紧密联系的部分，还包括垃圾清运平台，见1、2。面积可按$1.0m^2$/间控制。

2. 装卸货区位置应避免出现在公共视线中，做到有效遮挡。

3. 收发与采购部面积不小于$20m^2$，含办公室、经理办公室、库房。卸货区宜设司机休息室和卫生间。

4. 卸货平台比装卸货停车区高0.8~0.9m。卸货平台两侧应分别设置台阶和坡道，便于人行和小件货物的搬用。

5. 装卸货停车区要至少容纳两辆货车同时装卸货物。大于500间客房规模时要保证3个停车位：1个货车位，1个集装箱车位，1个垃圾车位。

6. 卸货区要提供给水、排水、电源接口，以便冲洗清洁。地面应有适当坡度。

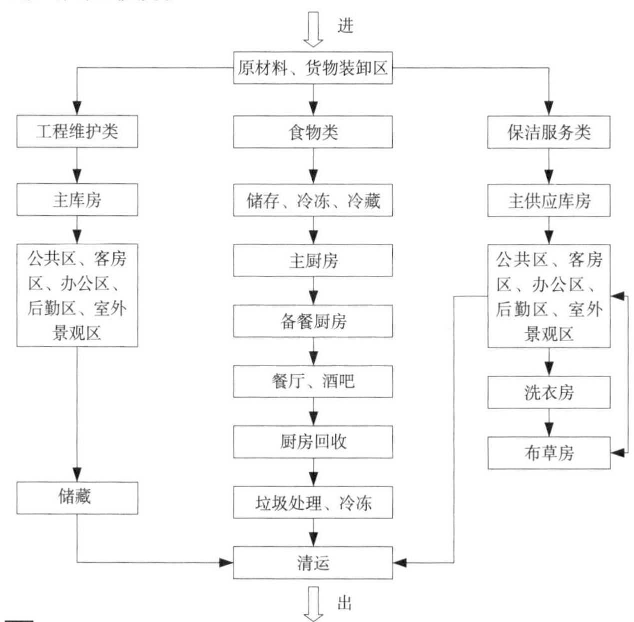

1 后台货物流程图

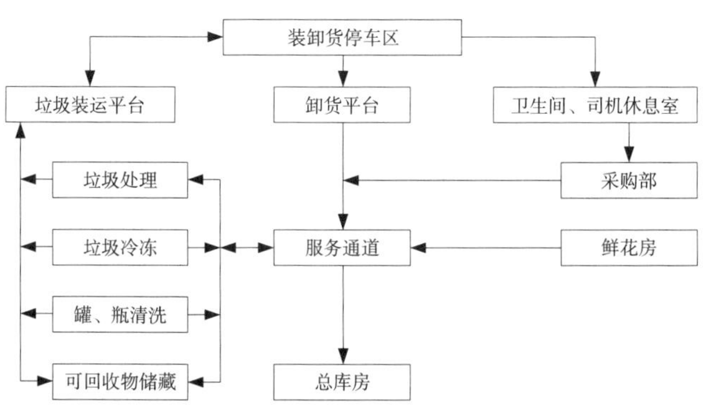

2 装卸货区图解

库房类型和参考标准 表1

库房分类	内容
总库房	家具库：$0.2\sim0.3m^2$/间客房；大库房：$0.2\sim0.4m^2$/间客房；玻璃、瓷器、银具库：$0.1m^2$/间客房
分散库房	厨房食品储藏间、织品库、管理档案库
宴会家具库房	靠近服务功能区，库房面积=服务面积×15%~20%
其他库房	工程部库房

7. 卸货平台深度不小于3m，应与库房地面同标高。

8. 垃圾站设在垃圾装运平台处。垃圾装货平台与卸货平台在有条件的情况下应分区设置，确保洁污分流。必须满足卫生防疫要求。

9. 垃圾站包含垃圾冷库、可回收物储藏室、洗罐区。洗罐区须配备冷热水、排水和电源接口，见3。

10. 酒店需要大面积的库房，分总库房和分库房，且有明确的功能分配：家具库（十分重要，应靠近多功能厅、会议室等服务空间设置，面积按服务面积的15%~20%控制）、餐具库（瓷器库、玻璃器皿库、银器库）、酒和饮料库、贵重物品库、工具文具库、电器用品库等。

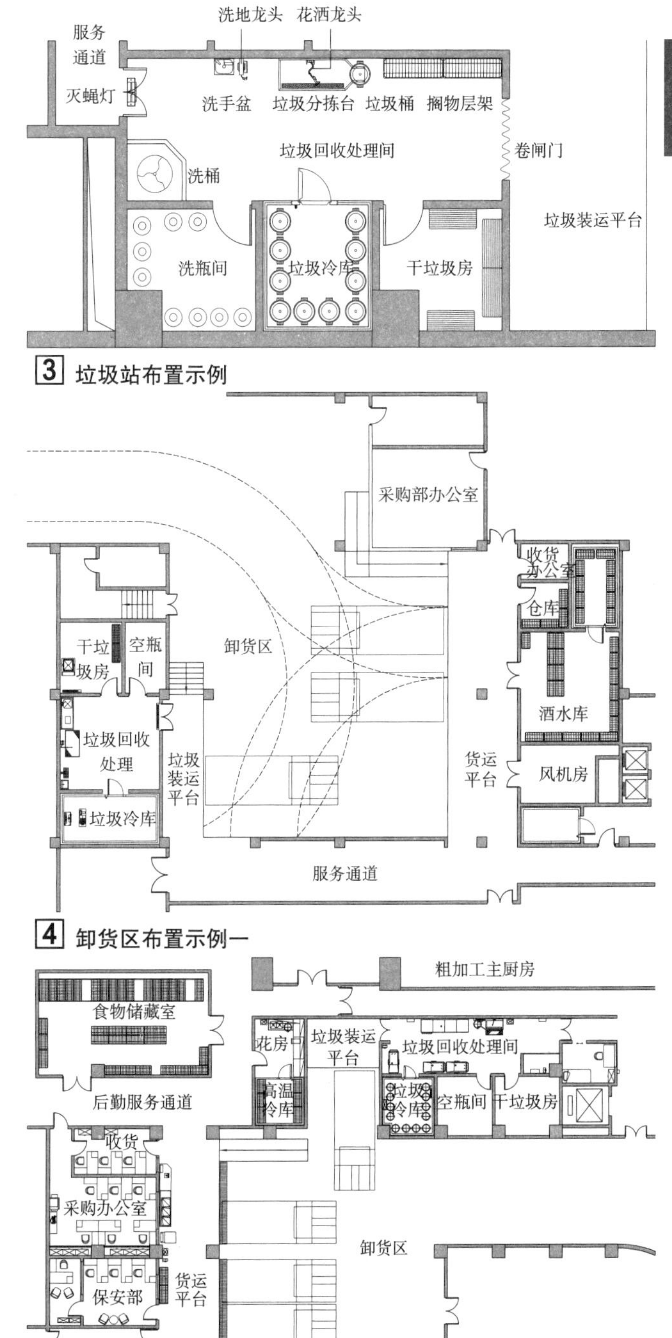

3 垃圾站布置示例

4 卸货区布置示例一

5 卸货区布置示例二

厨房基本内容

1. 厨房的面积与旅馆餐厅的规模大小和类型定位有直接的关系，一般不少于餐厅面积的35%，或按0.7~1.2m²/餐座计算，见表1。

2. 大型旅馆除主厨房外，还为宴会厅、全日餐厅、中餐厅、风味餐厅等配备分厨房或备餐间，形成一个完整的厨房系统，迅速地满足各处餐饮服务，见1。

主厨房亦称中央厨房，集中将各类原材料粗加工成半成品，提供给各餐厅厨房使用，同时还承担面包糕点的制作，配备主厨办公室和存放食品、酒水、餐具、桌布等的库房和橱柜。

3. 厨房最好与餐厅在同一层紧邻布置，传菜便捷，并且不应与客人流线交叉。厨房与餐厅分层设置时，可将粗加工的主厨房布置在下层，并设专用餐梯送往各餐厅厨房，同时设垃圾梯收集垃圾运出。

4. 厨房内部一般分为准备区、制作区、送餐服务区（备餐间）和洗涤区4个功能区块，见2。

5. 备餐间是厨房与餐厅的过渡空间，在中小型餐厅中，以备餐间的形式出现；在大型餐厅以及宴会厅中，为避免餐厅内送餐路线过长，一般在大餐厅或宴会厅的一侧设置备餐廊；若仅仅是单一功能的酒吧或茶室，备餐间又称作准备间或操作间。

厨房面积参考指标　　表1

供应人数（一次进餐）	备餐间（m²）	主副食加工（m²）	库房（m²）	服务用房（m²）	合计（m²）	人均面积（m²/人）
200人	35	100	35	45	215	1.075
400人	50	160	60	70	340	0.85
600人	60	230	80	100	470	0.78
800人	70	270	100	120	560	0.70
1000人	80	320	120	140	660	0.66

注：表中主副食加工包括粗加工、细加工、蒸煮、烹调、冷盘、酒柜、洗消；库房包括冷藏、餐具、主食、副食、调料、干菜、酒水、蔬菜；服务用房包括办公、化验、休息、男女更衣盥洗。

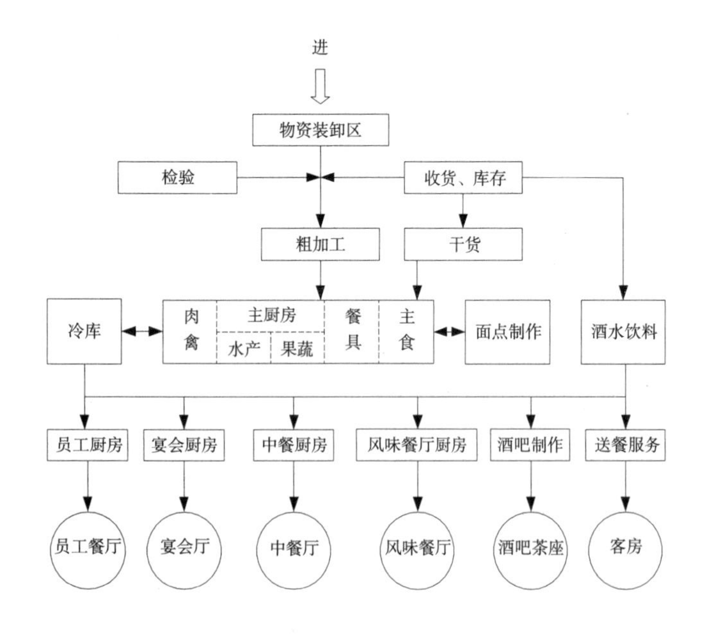

1 厨房总流程图

各类餐厅厨房面积参考表（单位：m²/间客房）　　表2

内容	人均面积
大堂吧	0.3
中餐厅	1.1
西餐厅	0.8
全日餐厅	0.8
火锅、烧烤	0.7

西餐厨房各空间面积比例参考表　　表3

内容		
内容	进货	3%
	冷库	12%
	冰箱	7%
	库房	14%
	肉加工	3%
	蔬菜和沙拉加工	8%
	烹饪	14%
	用具洗涤	5%
	面包房	6%
	办公	5%
	服务柜台	12%
	洗碗间	11%

各项功能分区所需的操作面积百分比估值　　表4

功能分区	面积百分比	功能分区	面积百分比
接收货物	5%	餐具洗涤	5%
食品贮藏	20%	交通过道	16%
准备	14%	垃圾收集	5%
烹饪	8%	员工设施	15%
烘焙	10%	杂物	2%

厨房位置

1. 设在底层：当餐厅对外营业或厨房以煤为燃料，又无专用电梯时，厨房一般设于底层。应单独设置通风井直通屋顶或其他排油烟设备。

2. 设在上部：当旅馆上部设置餐厅，厨房有燃气、水、电及专用货梯等设备时，厨房可位于上部。为减少运输量，可将粗加工设在底层。

3. 设在中部：当旅馆层数较高，旅客量较大时，可在旅馆中部设置小型餐厅，但必须进行特殊的通风排气处理。

4. 设在地下室：当厨房受到空间条件限制时，可设在地下室，但不得使用液化气燃料；此外，还须进行机械通风排气和补风。

5. 厨房的位置尽量靠近外墙，便于货物进出和通风换气。厨房与餐厅最好设在同层，如必须分层设置，则用垂直梯运输。

厨房平面布置

1. 整体式：将构成厨房主要功能的准备区、制作区、服务区和洗涤区4个功能区块统一设置在一个大空间内，各区块采取半开放式空间。这种布置各部分联系方便，但流线易交叉，互相干扰。

2. 分块式：根据各功能区块的内容和工序把各部分分隔开并按加工流程相互密切联系。这种布置便于管理，但流线长，各部分联系不便。

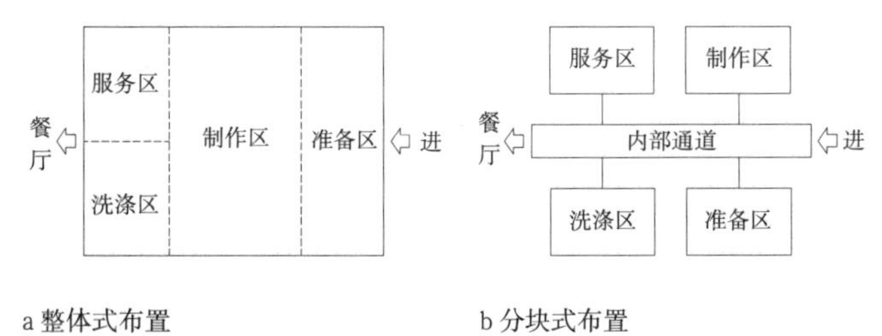

2 厨房平面布置示意图

厨房设计要点

1. 厨房平面布置要满足工艺流程要求，尽量缩短交通运输和操作路线，避免交叉，且宜布置在同一平面层上。

2. 避免生食与熟食、干食与湿食、净食与污物的交叉混杂，满足食品卫生要求。

3. 厨房净高不低于2.8m，隔墙不低于2.0m，对外通道上的门宽不小于1.1m，门高不低于2.2m，其他分隔门宽度不小于0.9m，厨房内部通道宽不小于1.0m。通道上应避免设台阶。

4. 所有厨房楼地面应做结构下沉地面，一般下沉300mm，下沉地面必须铺装优质防水材料，并且沿墙卷出地上150mm。下沉范围内做排水沟或地漏，排水沟净尺寸宽度不宜小于250mm，深度不宜小于200mm，排水沟尽量环通避免死角，沟内做1%坡度接地漏，其他部位在安装厨房设备管线后填充材料，再做易清洗防滑地面。地面排水坡度以2%为宜。冷盘间不应采用排水明沟形式。

5. 大型冷冻库和冷藏库地面应与主厨房地面平齐以便推车进入。冷冻库、冷藏库地面应下沉至少150mm，设置保温板、做保温处理。

6. 厨房地面应采用防滑、耐酸、耐磨、易清洗的材料，地面应做好防水，侧墙做好防潮处理。

7. 所有柱、墙阳角均应做不锈钢或橡胶护角，保护高度2m，墙踢脚带卫生圆角。

8. 厨房应合理组织排气和补风。

9. 在厨房外适当位置设员工卫生间，更衣间和厨师长办公室可设在厨房内。

10. 客房服务部分应有足够的空间停放服务推车，位置靠近烹饪部分和服务电梯。

11. 厨房与餐厅连接尽量做到出入口分设，使送菜与收盘分道，并避免厨房气味等窜入餐厅。

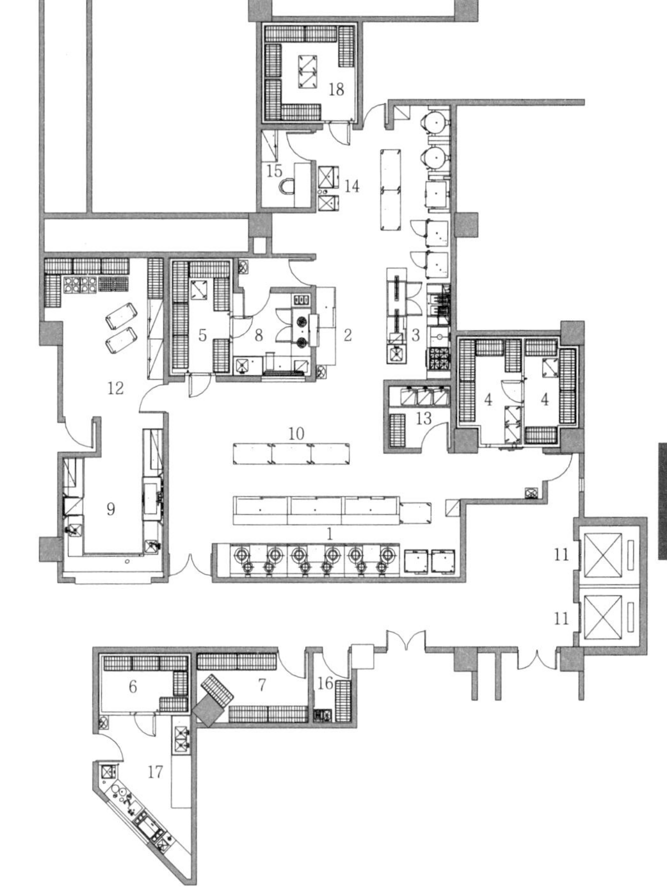

2 宴会厅厨房示例

1 中餐热灶区
2 备餐区
3 西餐热灶区
4 低温冷库
5 高温冷库
6 酒水冷库
7 干货库
8 冷餐间
9 洗碗间
10 摆餐区
11 服务电梯
12 储藏间
13 洗煲区
14 制冰区
15 厨师办公室
16 清洁间
17 服务吧
18 熟食冷库
19 切配区
20 烧烤间
21 冷冻间
22 鱼加工
23 点心制作间
24 点心蒸煮
25 腌制间
26 茶水

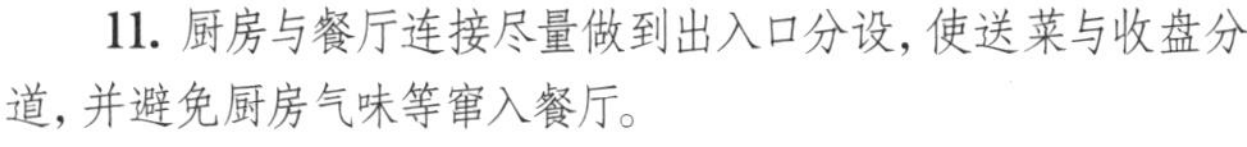

1 中餐厨房示例

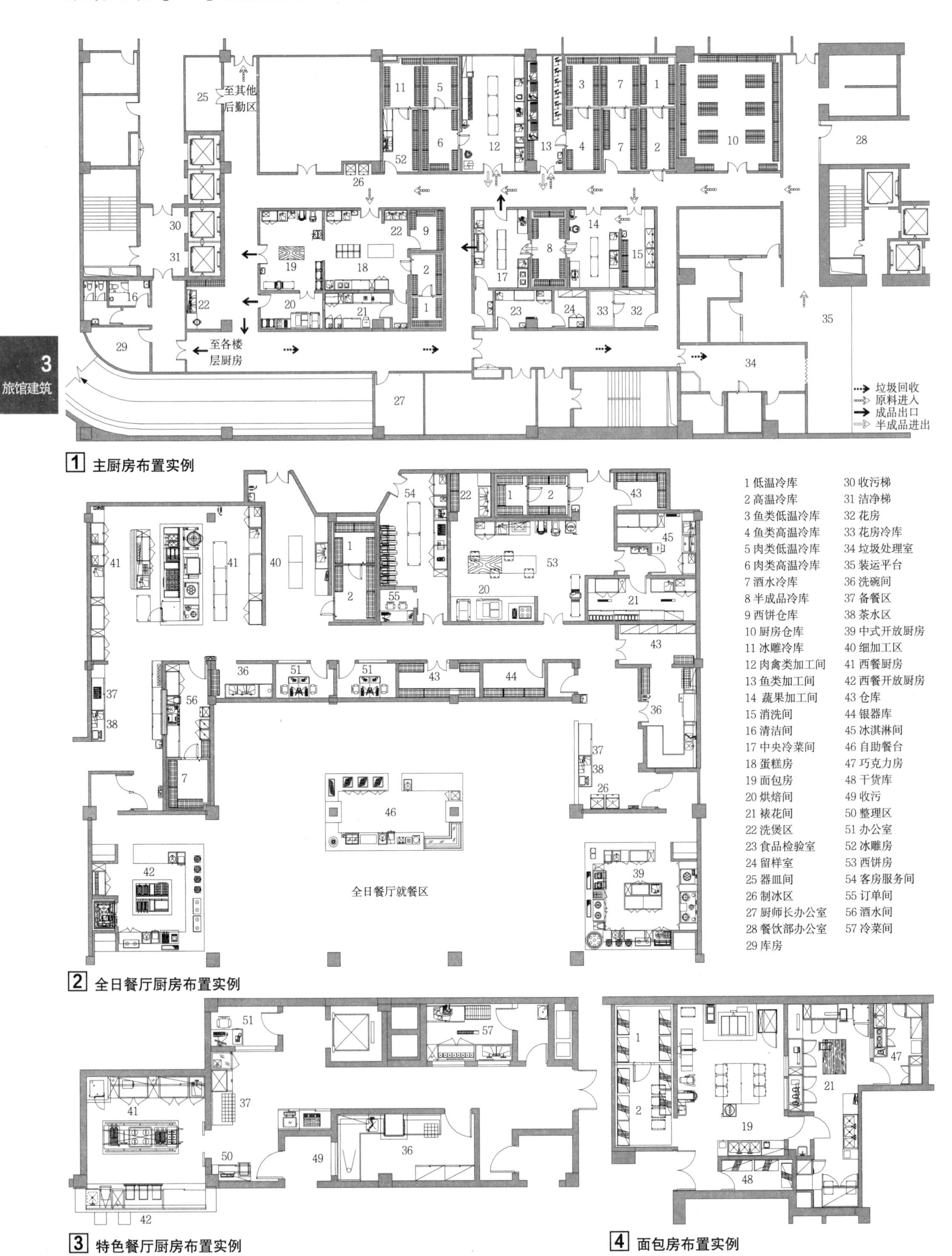

1 主厨房布置实例

2 全日餐厅厨房布置实例

3 特色餐厅厨房布置实例

4 面包房布置实例

工程部与设备机房

1. 酒店工程部由工程部、维修部、设备部与机房构成。

2. 工程部包括工程总监室、工程专业人员工作区、图档资料室。

3. 维修部包括木工间、机电间、工具间、管修间、建修间、园艺间和库房。其中油漆、电焊工作间应注意加强排风、滤毒和防火措施。

4. 工程部和机房与其他类型公建没有区别，包括高低压变配电室、应急发电机房和储油间、生活水池和水泵房、消防水池和消防泵房、中水处理机房和水池泵房、冷冻机房、锅炉房、热交换站、IT机房、弱电机房和各层空调机房和变配电间、消防监控中心。

5. 机房应集中布局，靠近负荷中心。

6. 各类泵房和机房应注意隔声、减噪处理，避免对公共区的噪声和振动影响。

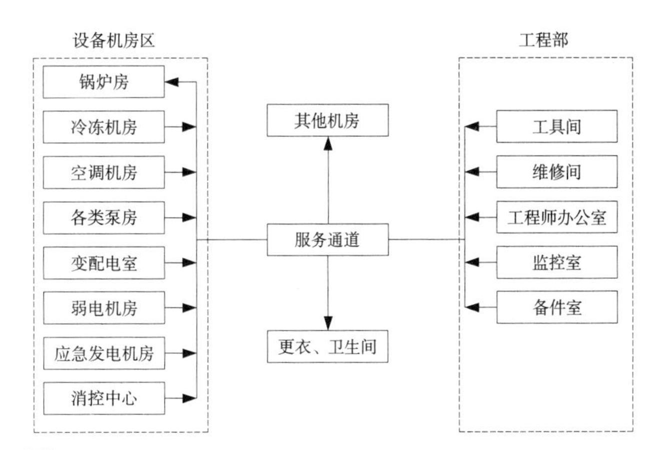

1 工程部与机房关系图

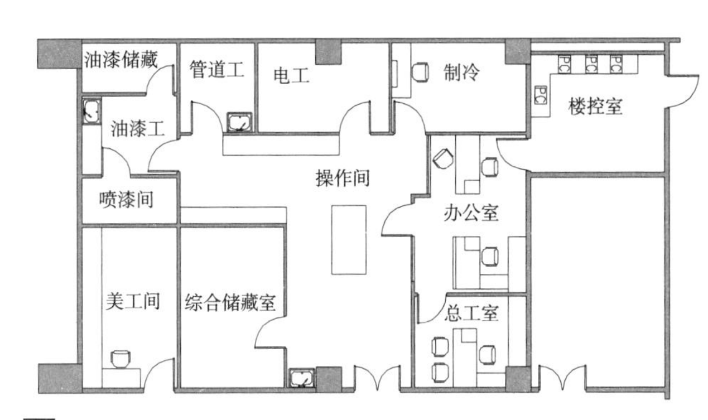

2 工程部布置示例

五星级酒店后勤区面积配置参考（以380间客房为例） 表1

功能分类	控制比率（占总建筑面积）
行政区部分	1.0%
其他区部分	7%
机电设备部分	5.5%~6.5%

行政办公区分配明细参考[1] 表2

房间分类	使用面积（m^2）
行政办公室	311
总经理	15
总经理秘书	10
接待区	15
副总经理室	15
驻店经理	10
餐饮总监	10
餐饮部秘书	8
市场销售总监	10
市场分析员	6
预订部办公室	30
销售部办公室	30
销售部秘书	6
公关部	8
会议室	40
库房	15
洗手间	18
休息室	8
茶水间	8
交通	49
前台办公室	95
前台部经理	8
大堂经理	8
行李房	30
前台办公室	49
财务部办公室	187
财务总监	15
总会计师	10
总财务办公室	40
秘书	8
计算机/总机房	65
UPS房	5
复印室/库房	14
交通	30

其他区分配明细参考[1] 表3

房间分类	使用面积（m^2）
人力资源部与员工区	969
员工入口考勤	10
保安部办公室	20
人力资源部	12
培训经理	10
培训教室	40
面试室	12
医务室	15
档案室	15
人力资源副总	10
薪资办公室	12
员工餐厅	205
员工餐厅厨房	100
员工活动室	40
男更衣/淋浴	154
女更衣/淋浴	188
交通	126
客房部	541
行政管家	12
总办公室	24
备品库房	18
清洁布草库房	88
失物招领	5
制服发放间	70
清洁设备库房	18
化学品库房	4
地毯存放库房	4
综合洗衣房	240
洗衣房经理	10
交通	49
工程部	338
总工程师室	14
总工作间	60

其他区分配明细参考 续表

房间分类	使用面积（m^2）
电工	25
油漆工	20
油漆存放仓库	8
杂工	12
总库房	50
总办公室	30
喷漆橱	10
木工	30
管道工	20
空调/制冷	12
计算机房	10
园林设备/仓库	根据具体情况设置
交通	31
装卸货区	299
装货平台	35
收货区	18
收货部办公室	9
采购部办公室	10
总库房	140
垃圾存放区	25
垃圾桶清理区	3
湿垃圾冷藏室	11
空瓶仓库	9
回收区	13
货车停车卸货区	停放2~3辆车
交通	28
厨房、备餐区	988
主厨房	465
面包房	35
冷餐间	70

其他区分配明细参考 续表

房间分类	使用面积（m^2）
厨师长办公室	16
客房送餐部	32
食品冷藏库房	70
酒水冷藏库房	35
食品/酒水库房	105
蔬菜粗加工区	12
管事部/库房	30
洗手间	8
花房	10
银器清洗/库房	25
制冰机	7
冰雕室	15
交通	53

设备区机房构成参考[1] 表4

机房名称	
制冷机房	发电机房
锅炉房	变配电室
水泵房	电梯机房
消防监控中心	程控交换机房
消防泵房	通信机房
消防水池/生活水箱	计算机房
冷却塔	有线电视机房
中水机房	安防控制室
游泳池/景观水面水泵及过滤设备	空调机房
	风机房

[1] 表中各部门构成和分类以不同的酒店管理公司各自标准为准，表中名称供参考。根据酒店的规模和星级档次，表中内容和规模酌情增减。

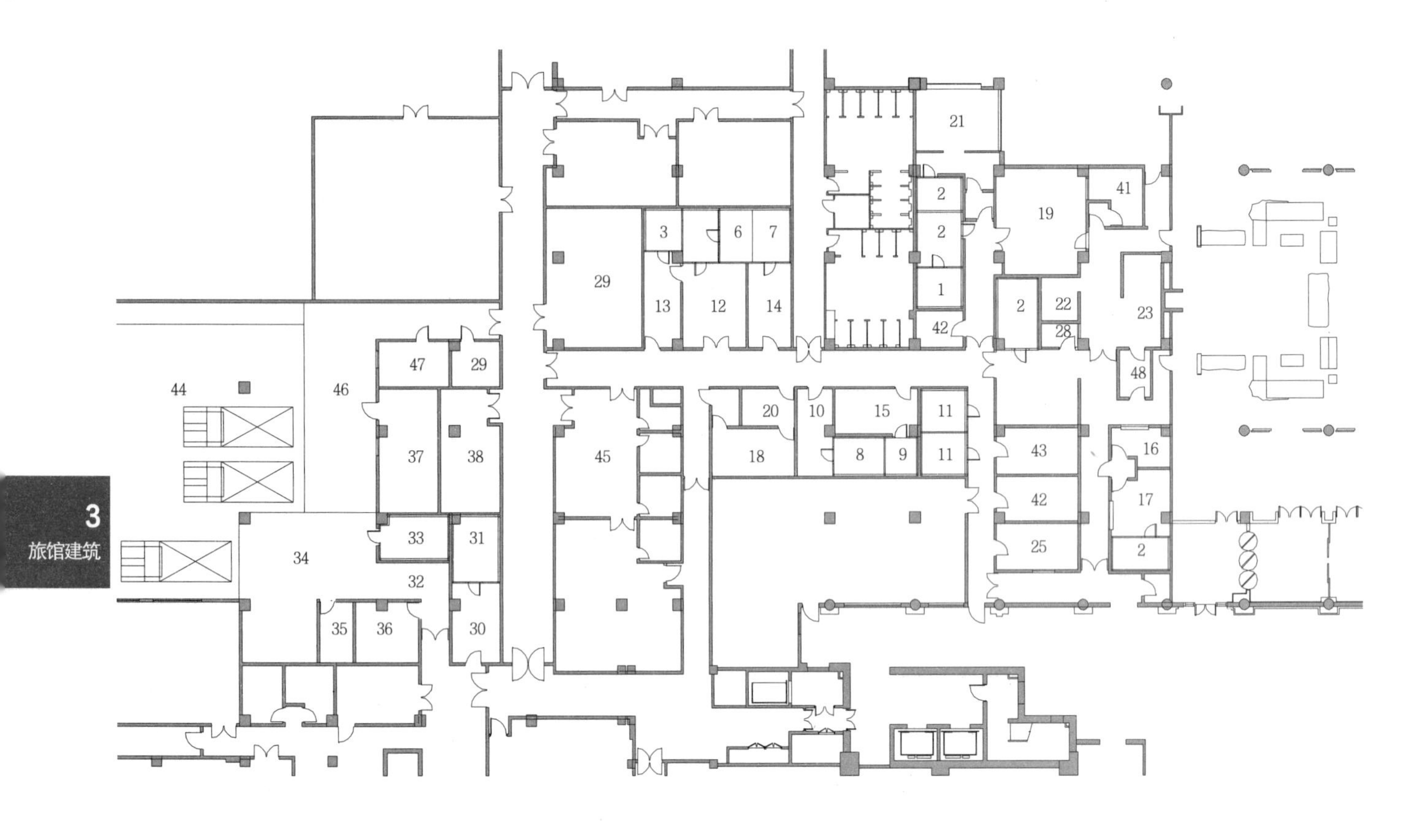

1 某酒店卸货区、主库房、主厨房布置实例

1 低温冷库
2 高温冷库
3 鱼类低温冷库
4 鱼类高温冷库
5 肉类低温冷库
6 肉类高温冷库
7 蔬果高温冷库
8 酒水冷库
9 饮料冷库
10 酒水饮料仓库
11 奶制品高温冷库
12 肉禽类加工间
13 鱼类加工间
14 蔬果加工间
15 面点加工间
16 水果间
17 冷菜间
18 烧腊间
19 面包房
20 准备间
21 裱花间
22 洗煲区
23 洗碗间
24 洗菜间
25 食品检验室
26 收污梯
27 洁净梯
28 厨师长办公室
29 库房
30 花房
31 花房冷库
32 垃圾处理室
33 湿垃圾冷库
34 垃圾装货平台
35 储瓶间
36 干垃圾库
37 收货部
38 采购部
39 职工食堂
40 职工食堂厨房
41 巧克力房
42 干货库
43 客房服务间
44 酒店卸货区
45 管家部
46 卸货平台
47 警卫室
48 碗碟库

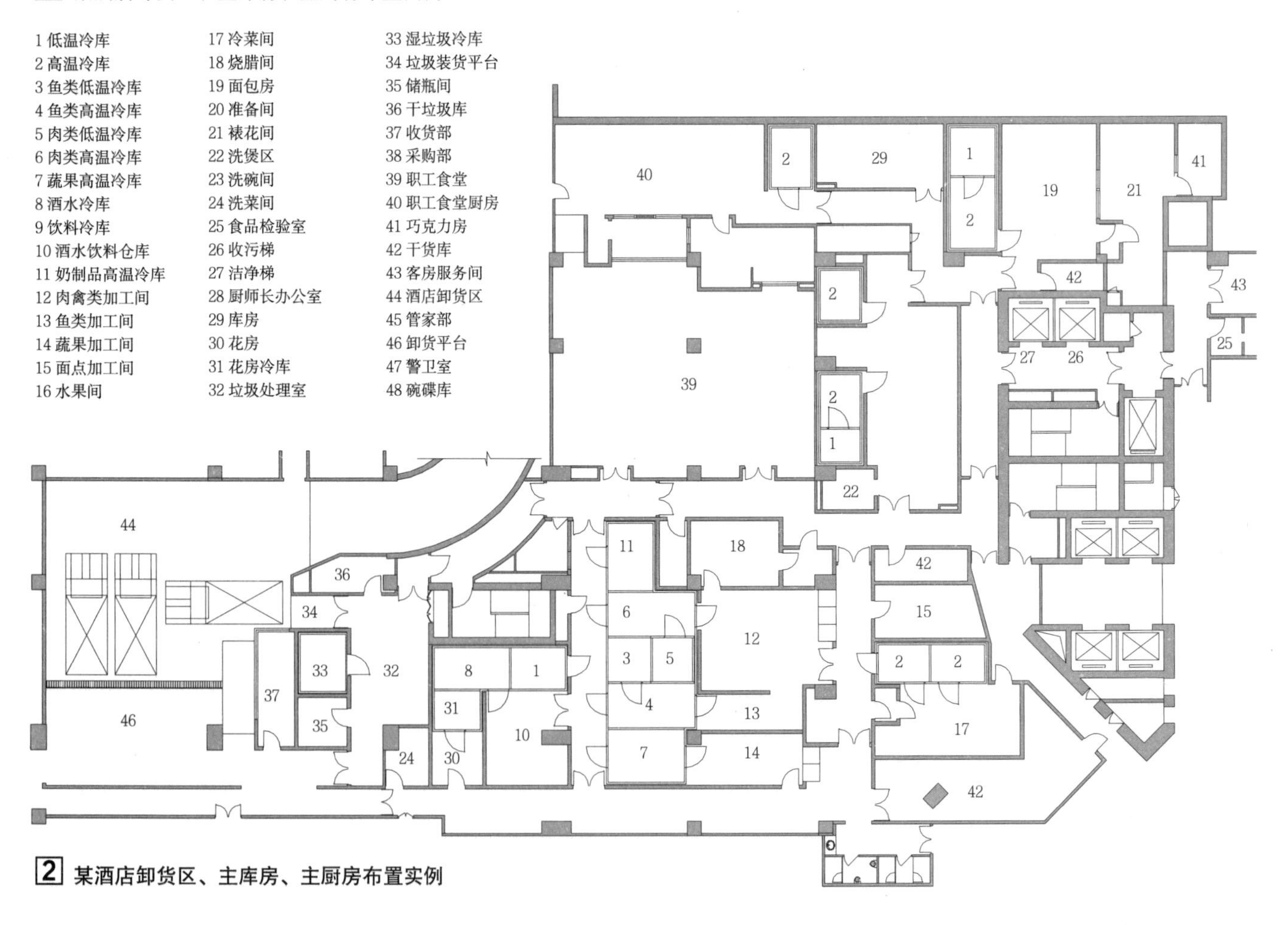

2 某酒店卸货区、主库房、主厨房布置实例

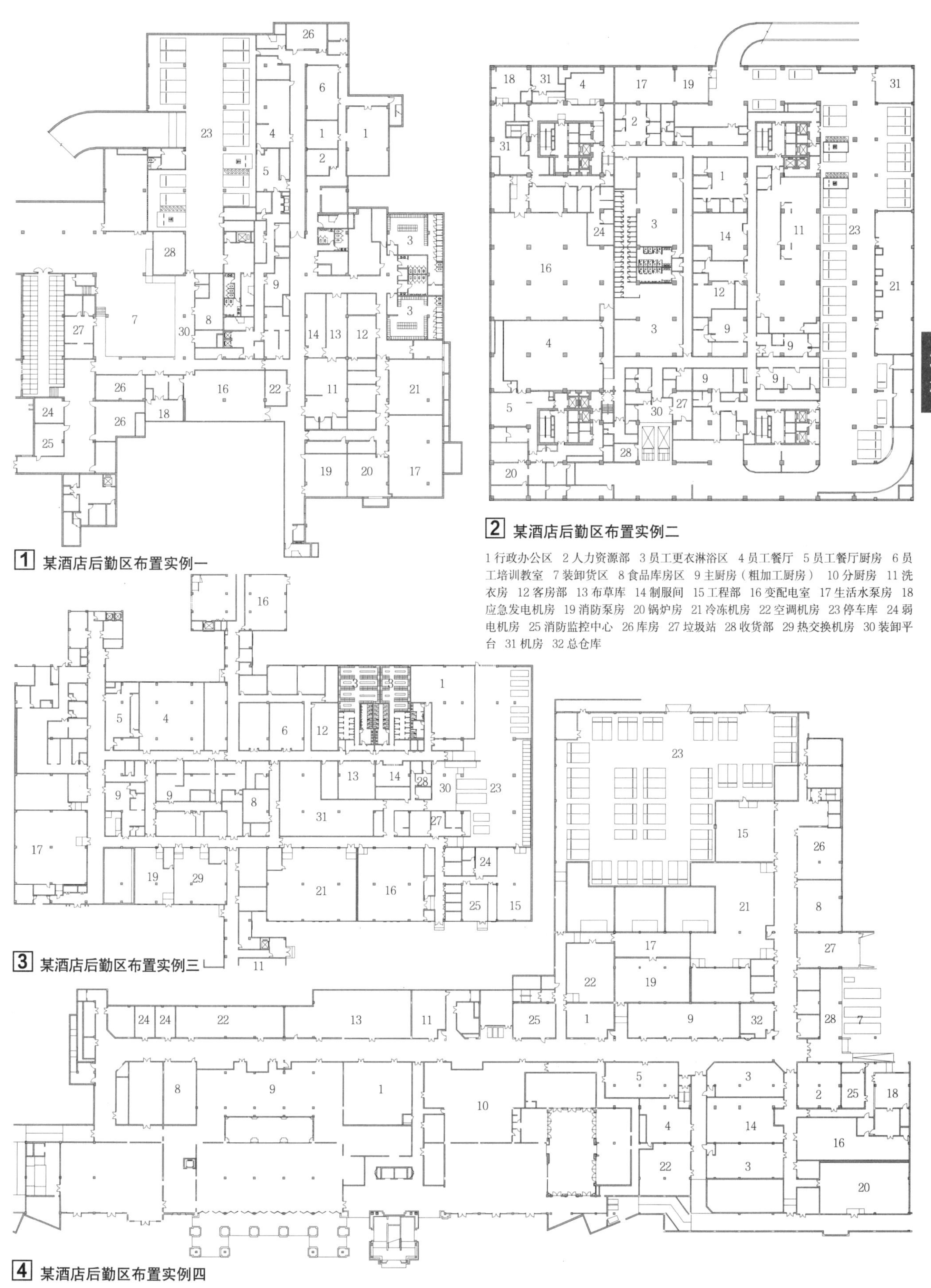

1 某酒店后勤区布置实例一

2 某酒店后勤区布置实例二

1 行政办公区　2 人力资源部　3 员工更衣淋浴区　4 员工餐厅　5 员工餐厅厨房　6 员工培训教室　7 装卸货区　8 食品库房区　9 主厨房（粗加工厨房）　10 分厨房　11 洗衣房　12 客房部　13 布草库　14 制服间　15 工程部　16 变配电室　17 生活水泵房　18 应急发电机房　19 消防泵房　20 锅炉房　21 冷冻机房　22 空调机房　23 停车库　24 弱电机房　25 消防监控中心　26 库房　27 垃圾站　28 收货部　29 热交换机房　30 装卸平台　31 机房　32 总仓库

3 某酒店后勤区布置实例三

4 某酒店后勤区布置实例四

安全防灾设计是旅馆建筑设计中非常重要的方面，主要包括消防和安防两大系统。

消防设计要点

1. 旅馆建筑的防火设计应严格执行现行的防火规范和《旅馆建筑设计规范》JGJ 62的相关规定。

2. 旅馆建筑根据使用性质、火灾危险性、疏散和扑救难度，属于一类建筑，耐火等级为一级。根据建筑不同部位，采用材料的耐火极限不应低于规范要求。

3. 完整的旅馆建筑消防系统设计包括建筑设施防火设计、火灾自动报警系统和消防灭火系统三个方面，详见表1。

完整的旅馆建筑消防系统设计构成表　　表1

消防系统构成	组成内容	要点说明
建筑设施防火设计（火灾预防）	总平面设计	应合理布置；与易产生火灾的设施和场所保持安全距离；全面考虑防火间距、消防通道、消防水源等
	建筑构件与装修材料	建筑本身的墙、柱、梁、顶等实体构件必须满足耐火极限要求；建筑装修材料应为不燃、阻燃、难燃，必须满足防火规范
	防火分区与防烟分区	防火分区、防烟分区、防火墙、防火门等均严格按消防规范划分和设计
	安全疏散	安全出口、安全疏散距离、疏散通道宽度、疏散楼梯间和消防电梯等
	疏散照明和导向指示	按消防规范设置火灾应急照明和疏散指示标识
火灾自动报警系统设计（火灾报警）	火灾自动报警系统	由火灾探测器探测到火灾苗头的出现，并通过报警系统将信息传送到消防监控中心。火灾探测器包括烟感式、温感式、感光式，适用不同的功能部位和空间场所
	火灾应急广播系统	与火灾自动报警系统联动，火灾发生时通过火灾应急广播来组织疏散和消防
	消防监控中心	设在建筑物底层或地下一层的主要入口附近，并应设有直通室外的出口，面积约20～40m²
	漏电火灾报警系统	宜设在火灾危险性大、人员密集的场所
消防灭火系统设计（火灾扑救）	自动喷水灭火系统	旅馆中最广泛使用的灭火设施，火灾发生时自动喷水灭火系统将发出警报和启动消防水泵进行喷水灭火
	室外消火栓系统	由室外消防给水管道、消防水池和室外消火栓组成
	室内消火栓系统	由室内消防给水管道、室内消火栓和消防水箱组成
	防排烟系统	按防火规范的规定，设置自然排烟、机械排烟系统

安防设计要点

根据《旅馆建筑设计规范》JGJ 62，旅馆建筑应设置安全防范系统，除应符合《安全防范工程技术规范》GB 50348的规定外，还应符合以下要求：

1. 三级及以上旅馆建筑客房层应设置视频安防监控摄像机，一、二级旅馆建筑客房层宜设置视频安防监控摄像机。

2. 重点部位宜设置入侵报警及出入口控制系统，或两者结合。

3. 地下停车场宜设置停车场管理系统。

4. 在安全疏散通道上设置的出入口控制系统必须与火灾自动报警系统联动。

电视监控系统是旅馆建筑安全防范系统中一项重要的安全保障措施，可以有效地保障宾客的安全和监控旅馆的运营。设置原则是对容易产生安全隐患的地方进行安全监控，电视监控系统主要设置位置包括旅馆的主要出入口、大堂、楼梯、总台、重要通道、电梯厅和轿厢、车库以及重要的公共活动场所等，但应遵照监视安全规范，避免侵犯客人和工作人员的隐私。

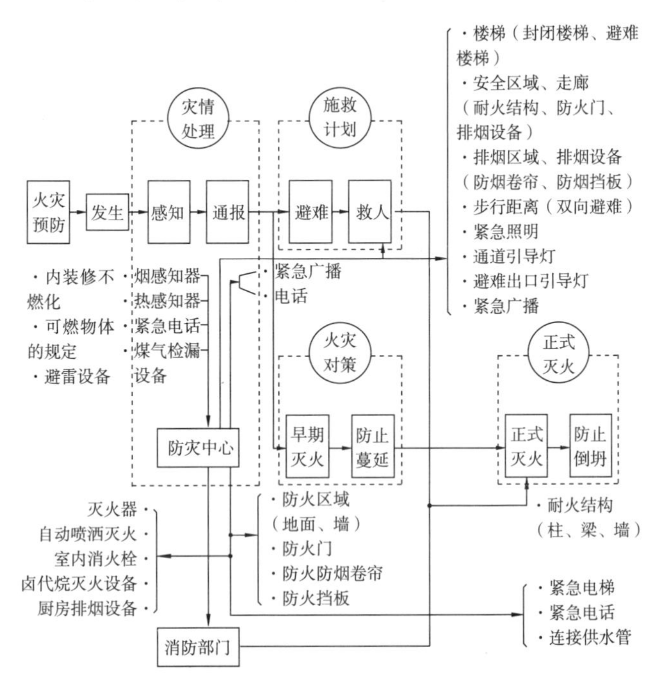

1 旅馆防灾系统概念图

防灾设备设置情况表　　表2

用途 \ 各项设备	1.发现、通报				2.避难					3.早期灭火				4.正式灭火				
	自动火灾报警设备烟感知器	煤气检漏报警设备煤气使用部分	紧急电话设备	火灾通报设备	紧急照明设备	引导灯及引导标志设备	紧急广播紧急报警设备	机械排烟设备	自然排烟设备	室内消火栓设备	自动喷洒灭火设备	卤代烷灭火设备	灭火器具	自动喷洒	消防水结合器	室外消火栓	紧急插座	消防电梯
防灾中心（监视、控制、操作）	●	●	●	●			●	●		●	●	●						●
电梯机房	●				●	●	●			●	●	●						
空中休息厅、空中餐厅与厨房、空调机房	●	●	●		●	●	●	●	●	●	●		●		●		●	●
客房	●		●		●	●	●	●	●	●	●		●		●			●
宴会厅、餐厅与厨房、机房	●	●	●		●	●	●	●	●	●	●		●		●			●
商店	●	●	●		●	●	●	●	●	●	●		●		●			●
门厅、休息厅、总服务台、商店、咖啡厅、酒吧间、办公室、仓库	●	●	●		●	●	●	●	●	●	●		●	●	●	●		●
锅炉房、冷冻机房、变电间、电气室、水泵房、停车场、职工用房、职工食堂与厨房	●	●	●		●	●	●	●	●		●	●		●			●	

隔声设计要点

1. 在选址和总平面设计时，应对用地周边环境和噪声源做详细调查与测定，尽量避免将客房等对隔声要求较高的功能部分沿街或靠近噪声源布置；如沿街布置或环境噪声较大时，应采用隔声性能好的外窗，其隔声量应满足室内允许噪声标准要求，当不能满足室内允许噪声标准要求时，应采取隔声措施。

2. 旅馆建筑的隔声减噪设计还应符合下列规定：

（1）应对附着于墙体和楼板的传声源部件（如电梯井道等）采取防止结构声传播的措施。

（2）有噪声和振动的设备用房应采取隔声、隔振和吸声的措施，并应对设备和管道采取减振、消声处理；平面布置中，不宜将有噪声和振动的设备用房设在客房楼内，也不宜与主要公共用房直接上、下层或贴邻布置；当其设在同一楼层时，应分区布置。

（3）在客房、会议等对声环境安静程度要求较高的房间内设置吊顶时，应将隔墙砌至梁、板底面；采用轻质隔墙时，其隔声性能应符合有关隔声标准的规定。

3. 旅馆建筑各类主要用房的室内允许噪声级应符合表1的规定。

旅馆建筑各类主要房间的室内允许噪声级[1] 表1

房间名称	允许噪声级（A声级，dB）					
	特级（五星级以上旅馆）		一级（三、四星级旅馆）		二级（其他等级旅馆）	
	昼间	夜间	昼间	夜间	昼间	夜间
客房	≤35	≤30	≤40	≤35	≤45	≤40
办公室、会议室	≤40		≤45		≤45	
多功能厅	≤40		≤45		≤50	
餐厅、宴会厅	≤45		≤50		≤55	

4. 客房隔声设计要求：

为宾客提供安静的休息环境是客房设计的重要要求，除按表1控制客房室内最大允许噪声级外，还应重点满足以下部位的隔声要求：

（1）客房墙体的隔声要求：应至少达到表2的数据标准。

（2）客房楼板的隔声要求：确定客房楼板空气声和撞击声隔声性能要满足表3的要求。

（3）客房门窗的隔声要求：客房门窗的隔声性能应满足表4的要求。

（4）以上隔声标准要求值均为测试指标，即工程完毕后作为工程验收测试的评价指标。

客房门窗的隔声要求[1] 表2

隔声标准 / 墙体部位	特级（dB）	一级（dB）	二级（dB）
客房与客房之间	>50	>45	>40
客房与走廊之间	>45	>45	>40
客房外墙	>40	>35	>30

客房楼板空气声和撞击声隔声标准[1] 表3

隔声标准 / 噪声类别	特级（dB）	一级（dB）	二级（dB）
空气声	>50	>45	>40
撞击声	≤55	≤65	≤75

客房门窗隔声标准[1] 表4

隔声标准 / 噪声类别	特级（dB）	一级（dB）	二级（dB）
客房外窗	≥35	≥30	≥25
客房门	≥30	≥25	≥20

[1] 表1~表4摘自《民用建筑隔声设计规范》GB 50118-2010。
[2] 表5摘自《建筑采光设计标准》GB 50033-2013。

采光设计要求

应按《建筑采光设计标准》GB 50033确定，方案设计时可采用窗地面积比对采光进行估算（表5）。

旅馆建筑各类主要房间的采光系数标准值及最小窗地面积比[2] 表5

房间名称	侧面采光		顶部平天窗采光	
	采光系数标准值	最小窗地面积比	采光系数标准值	最小窗地面积比
客房、大堂、餐厅、多功能厅	2.0%	1∶7	1.0%	1∶18
会议室	3.0%	1∶5	2.0%	—

绿色环保型旅馆设计要点

按照《绿色建筑评价标准》GB/T 50378，创建绿色环保型旅馆是旅馆设计的重要内容，主要由五个方面内容构成，详见表6。

旅馆绿色环保系统设计构成表 表6

绿色环保系统构成	组成内容	要点说明
保护环境	自然风貌	尽可能保持原有自然环境风貌、传承历史地域文脉；不对整体环境产生影响，是绿色建筑的基本原则
	噪声控制	严格控制环境噪声影响，临街建筑采取隔声措施
	植物配置	体现地区特点，改善建筑周边生态环境，降低热岛效应并调节微气候；增加场地雨水与地下水涵养，透水地面占室外总面积比例不小于40%
节能设计	总平面设计	应合理优化布局，尽可能提高建筑物的自然通风和日照效果
	围护结构	选择优质外墙材料和屋面防水保温材料，精心维护结构热工计算，满足节能要求
	自然通风与外窗系统	保证房间有良好的自然通风，充分利用过渡季节温度适宜的室外空气，减少空调运行时间。加强外窗的气密性标准，抵御夏冬季室外空气向室内的渗透
	机电系统	优化空调系统设计，通盘考虑日常的设计状况和全年运行模式；选用节能照明灯具，采用自动开关与调光装置；停车场尽量采取开敞式设计，自然通风采光
	能源利用	提高能源利用率，合理使用可再生能源与新能源技术
节水设计	供水系统	合理确定用水定额、用水量，采用节能供水系统，做好给水系统设计
	雨水、再生水利用	雨水、再生水的利用是重要的节水措施
	节水器具	优选节水器具，满足《节水型生活用水器具》GJ 164的要求
	游泳池	采用循环过滤系统补水工艺，使池水循环使用
环保设计	建筑材料	采用耐久性和节材效果好的建筑结构材料，避免没有功能作用的装饰构件；选用合格的装修材料和管材
	土建装修一体化设计	实施土建和装修一体化设计施工，节约材料，减少建筑垃圾，减少装修施工中的污染
	污废分流	采用污废分流制，污水至二级处理后排至市政管道，废水净化达标后作为绿化用水。厨房废水经隔油处理后排至二级生化处理设备，汽车库地面冲洗水经沉砂隔油处理后，排入雨水管
	垃圾站	设垃圾站集中收集生活垃圾，经分拣分类处理后集中运出
	材料回收利用	尽量采用再利用的材料重新利用，不可直接再利用的材料通过回收、再生加工再用，避免废弃物污染，随意丢弃
室内环境	室内热环境	指影响人体冷热感觉的环境因素，室内温度、湿度和气流速度是影响人体热舒适度的重要因素，这3个参数应符合规范标准中的设计要求
	室内空气	确保引入室内的室外新鲜空气，减少污染途径
	天然光环境	天然光环境是人们长期习惯和喜爱的环境，自然采光不仅照明节能，而且为室内提供舒适、健康的光环境
	室内照明	良好的室内照明质量可以创造出舒适、健康的光环境，应按照《建筑照明设计标准》GB 50034规定设计

酒店集团及品牌

旅馆(酒店)一般通过专业的管理服务保持其品质和标准，提供这些管理与服务的机构最终形成酒店的管理集团及品牌。消费者面对的服务终端并不是酒店物权持有者，而是它的管理者和经营者。

一些著名的酒店管理公司对其品牌旗下的酒店设计也提出了非常高的要求，并根据其自身企业文化定位制定了严格的标准化的酒店设计(设施)手册，这些是建筑师在旅馆建筑设计中必须了解和遵循的设计要求。

国际著名酒店管理集团及其品牌　　表1

综合排名	酒店集团			酒店品牌
	中文简称	英文简称	总部	
1	洲际集团	Inter Continental	英国	洲际（Inter Continental）、皇冠假日（Crowne Plaza）、英迪格（Indigo）、假日（Holiday Inn）、智选假日（HolidayInn Express）、驻桥套房酒店（Staybridge Suites）、蜡木套房酒店（Candlewood Suites）
2	希尔顿全球	Hilton	美国	华尔道夫酒店（Waldorf Astoria Hotels）、康拉德酒店又称国际港丽酒店（Conrad Hotels）、希尔顿酒店（Hilton Hotels）、希尔顿逸林酒店（Double Tree Hotels）、大使套房酒店（Embassay Suite Hotels）、汉普顿（Hampton Inn）、希尔顿花园客栈（Hilton Garden Inn）、霍姆伍套房酒店（Home Wood Suite）、斯堪迪克（Scandic）
3	万豪集团	Marriott	美国	万豪（Marriott）、JW万豪(JW Marriott)、万丽（Renaissance）、万怡（Courtyard）、万豪居家（Residence Inn）、万豪费尔菲得（Fairfeild Inn）、万豪套房（Marriott Suites）、万豪唐普雷斯（Towneplace）、万豪春丘（Spring Hill Suites）、丽思卡尔顿（Ritz- Carlton）、华美达（Ramada International）、新世界（New World）、行政公寓（Executive Apartments）
4	温德姆集团	Wyndham	美国	戴斯（Days Inn）、温德姆（Wyndham）、华美达（Ramada）、豪生/豪廷（Howard Johnson）、速8（Super 8）、温盖特（Wingate Inn）、Travelodge、Baymont Inn、骑士（Knights Inn）、AmeriHost Inn、TripRewards
5	精选国际	Choice	美国	Clarion Hotels、Econo Lodge、凯富酒店（Comfort Inn & Quality Suites）、斯里普酒店（Sleep Inn）、Rodeway Inn、Quality Inns、Hotel & Suites、Main Stay Suites
6	雅高集团	Accor	法国	索菲特（Sofitel）、诺富特（Novotel）、美居（Mercure）、宜必思（Ibis）、佛谬勒第1（Formule 1）、美爵（Grand Mercure）、铂尔曼（Pullman）、Etap Hotel、Accor Thalassa
7	喜达屋集团	Starwood	美国	喜来登（Sheraton）、圣·瑞吉（St.Regis）、豪华精选（The Luxury Collection）、W饭店（W Hotel）、威斯汀（Westin）、艾美（Le Meridien）、福朋（Four Points by Sheraton）、雅乐轩（Aloft）、爱丽曼（Element Hotels）
8	最佳西方	Best Western	美国	最佳西方酒店（Best Western International）
9	锦江国际	Jin Jiang	中国	锦江国际（Jin Jiang International Hotel）、J. Hotel、锦江（Jin Jiang）、商悦（Marvel）、锦江之星（Jin Jiang Inn）
10	如家	Home	中国	如家快捷酒店、莫泰酒店、和颐酒店
11	卡尔森瑞德	Carlson	美国	丽晶（Regent）、丽笙（Raddisson）、丽亭酒店及度假村（Park Plaza）、丽怡酒店（Country Inns）、丽柏酒店（Park Inn）
12	凯悦国际	Hyatt	美国	凯悦（Hyatt Regency）、君悦（Grand Hyatt）、柏悦（Park Hyatt）、凯悦度假村（Summerfield Suites）、凯悦居所（Hyatt Place）、安达仕（Andaz）、Hyatt House、Hyatt Vacation Club、Amerl Suites、Microtel Inns

注：根据国际酒店和餐厅协会官方刊物《HOTELS》公布2013年全球酒店的排名。

中国民族品牌酒店管理集团及其品牌　　表2

综合排名	酒店集团		酒店品牌
	中文名称	总部	
1	锦江国际酒店集团	上海	锦江国际、锦江、锦江之星酒店
2	北京首旅建国酒店集团	北京	建国饭店、诺金
3	粤海（国际）酒店管理集团	广州	粤海国际酒店、粤海酒店、粤海商务快捷酒店
4	河南中州国际集团酒店管理公司	郑州	中州国际酒店、中州商务酒店、中州快捷酒店、中州度假酒店
5	南京金陵饭店集团	南京	金陵饭店
6	海航国际酒店管理公司	海口	海航酒店
7	广州岭南国际酒店管理有限公司	广州	岭南花园酒店、岭南东方酒店、岭南精英酒店、岭南国际公寓、岭南佳园酒店、岭南佳园度假酒店
8	浙江开元酒店管理有限公司	杭州	开元名都酒店、开元度假村、开元大酒店、开元·曼居酒店，大禹·开元
9	浙江世贸君澜酒店管理有限公司	杭州	世贸君澜大饭店、君澜度假酒店、君亭酒店
10	北京东方嘉柏酒店管理有限公司	北京	嘉柏酒店
11	泰达国际酒店集团有限公司	天津	泰达国际酒店
12	湖南华天国际酒店管理有限公司	长沙	华天之星酒店、华天假日酒店、华天商务酒店
13	凯莱国际酒店管理有限公司	北京	凯莱大饭店、凯莱大酒店、凯莱度假酒店、凯莱商务酒店
14	香港中旅维景国际酒店管理有限公司	香港	维景国际酒店、维景酒店、旅居酒店、旅居快捷酒店
15	安徽古井酒店管理有限责任公司	合肥	古井酒店、君莱酒店、城市之家
16	北京天伦国际酒店管理公司集团	北京	天伦皇家、天伦瑞嘉、天伦精致
17	北京国宾友谊国际酒店管理公司	北京	国宾酒店、友谊酒店
18	上海市衡山（集团）公司	上海	衡山宾馆
19	中国航空集团旅业有限公司	北京	中航凤凰、中国旅航
20	青岛海天酒店管理集团	青岛	海天酒店

注：根据中国旅游饭店业协会相关资料。

中国香港著名酒店管理集团及其品牌[1]　　表3

综合排名	酒店集团			旗下酒店品牌		
	中文名称	总部	母公司	高端商务型/度假	普通四/五星	都市连锁型
1	半岛酒店集团	香港	香港上海大酒店有限公司	半岛酒店		
2	文华东方酒店集团	香港		文华东方酒店		
3	香格里拉酒店集团	香港	马来西亚郭氏集团	香格里拉大酒店	商贸饭店	
4	马哥孛罗酒店公司	香港	香港九龙仓（集团）公司	马哥孛罗大酒店		
5	海逸国际酒店集团	香港	和记黄埔	海逸酒店		

[1] 朱守训. 酒店度假村开发与设计. 第二版. 北京：中国建筑工业出版社，2015.

某国际品牌五星级商务酒店设计手册摘要

典型规模酒店配置要求 表1

功能区域	用房要求	客房规模		
		250~300间客房	400间客房	600间客房
酒店服务台/前厅	前厅高度	4m	5m	5m
	前台工作处	3	4	5
	自动登记装置	2	3	5
	行李间大小	60m²	75m²	90m²
	业务中心大小	15m²	20m²	25m²
客房	带浴缸的房间①	6	10	20
	宠物间①	2	3	4
	连接间①	5%~20%		
	套间	5%~15%		
	至卧室楼层的客人电梯（最小型）①	3	4	5
	客房通道	1.5m宽，2.3m高（至少）		
	清洁仓库①	至少一层楼一个，每25个房间一个（至少15m²）		
	仓库大小	15m²		
	服务电梯①	至少两个		
	标准房间最小标准	至少25m²（内部）		
	豪华间最小标准	至少30m²（内部）		
	行政客房最小尺寸	至少35m²（内部）		
	普通套房最小标准	至少40m²（内部）		
	套房最小标准	至少50m²（内部）		
	浴室大小	至少5m²（占房间的20%~30%）		
健身与温泉疗养	健身尺寸	至少70m²，150m²湿区		
	温泉区域大小	至少120m²供白天的温泉浴		
会议比率每个房间应大于5m²	会议室容量（包括每一种功能）	900~1200m²	1800m²	2400m²
	调试和安装区的空间	占整个功能区的30%		
	最大会议室（舞厅）	300~400m²	600m²	780m²
	最小会议室	20m²		
	理事会会议室①②	8~10	15	20
	调试和安装区天花板最小高度	3m	4m	4m
	舞厅顶棚最小高度	4m	6m	6m
	会议室顶棚最小高度	2.8m		
	顾客储存室大小	50m²		
员工设施	总大小（指示性的）	200m²	400m²	500m²
酒店管理	总大小（指示性的）	250m²	400m²	600m²

注：①为最低配置；②为标准活动家具会议室。

品牌酒店空间尺寸要求 表2

编号	房间大小最低要求	最小净高	房门最小宽度
1	住宿		
1.1	卧室 标准卧室(25m²）和可接近卧室 内部尺寸按两墙间距离测量： 宽度：3.60m；长度：6.95m	主卧室：2.50m 入口：2.50m	入口门和连接间卧室：0.85m（净通道）
	浴室	2.30m	0.7m（或0.9m的可接近卧室）
	（独立）洗手间	2.20m	0.70m
1.2	上层接待室（日用织品室15m²）		0.90m
1.3	楼梯		0.85m（0.80m净通道）
	走廊（至少1.50m宽）	2.50m（部分可以为2.30m）	1×0.90m和1×0.60m（双门）
	电梯处（至少2.50m宽）	2.50m	0.90m + 0.60m（双门）
1.4	带锁的可接近服务管理，门只开向走廊		0.60m（至少0.50m）

3 旅馆建筑

品牌酒店空间尺寸要求 续表

编号	房间大小最低要求	最小净高	房门最小宽度
2	公共区域		
2.1	接待前台、商业中心、商店 最小面积：150m^2 + 每个卧室0.50m^2	4m（如果大于200m^{2}可以更大）	入口门（自动滑开）：1.60m 旋转门最小直径：3m
	接待处面积：办公桌向后1.1m	2.60m	
	接待办公室除柜台外最小面积：25m^2（顾客看不到）	2.50m	0，85m（0.80m净通道）
	行李间：根据酒店对顾客的分隔来评定此区域（对于大的团体比例，行李间可以更大）	2.50m	0.80m
	公共电梯厅（电梯前部面积至少2.3m宽）	2.3m（为电梯门洞留2.1m）	0.90m（更适合）；至少0.8m
2.2	会议室和前厅		
	25~45㎡的会议室	2.50m	0.85m（0.80m净通道）
	50~100㎡的会议室	2.80m	0.85m（0.80m净通道）
	大房间可分为2、3或4个多功能房间（注意：宴会中，每个座位应为1.60m^2）	4.00m（如果小于200m^2，则取3.3~4.0m之间）	每部分2×0.85m（双门）+1×2.10m，外面有2个或3个出口时，其他门则为0.85m
	休息室、走廊和储藏室：约占房间的30%（喝咖啡时间应安排在休息室）	3.00m	0.85m（0.80m净通道）
	走廊最小宽度：1.80m（如果有4个以上会议室，该宽度可以增加）	2.70m	2×0.85m（双门）
	储藏室至少应占房间总面积的10%	2.50m	0.90m
2.3	吧台：估计每个座位在2.50m^{2}的基础上（包括柜台区域）	2.70m	0.85m（0.80m净通道）
2.4	餐馆：估计每个座位在2.0m^{2}的基础上（包括柜台）	3.00m	2×0.85m（双门） 0.85m（0.80m净通道）
2.5	公共洗手间	2.40m	
3	管理		
	办公室	2.40m	0.85m（0.80m净通道）
4	厨房及附属建筑		
	厨房	2.50m （注意：所有的输送管和管道应该安装在天花板上0.5m处。）	2×0.70m（带可移动竖框的双门通向餐厅） 2×0.85m（易通到多功能房间或储藏室的双门）
	垃圾间	2.40m	至少1×0.80m和1×0.40m（双门）
	啤酒间	2.40m	至少1×0.80m和1×0.40m (双门)
	厨房货物电梯	2.10m	至少1.10m
5	职员区域		
	职员餐厅：每人至少1.2m^2，提供两种服务，加上固定的5m^{2}服务区	2.40m	0.85m（0.80m净通道） 0.85m+0.35m（双门）
	衣帽间和卫生间	2.40m	0.85m（0.80m净通道）
	服务区的走廊：厨房和储存室的入口最小宽度为1.50m，服务电梯前部的宽度可以改正（为房间女佣的小推车和其他有轮子的设备留转弯处）		
	卧室服务电梯	2.1m	1×0.90m
	洗衣间、主要日用织品间		至少1×0.80m和1×0.40m（双门）
6	设备间		
	设备间：尺寸应根据设备类型、规格和功能要求来制定。 设备间走廊的最小宽度：根据设备空间的要求1.40m或以上	2.80m	0.85m（0.80m净通道） 2×0.80m（放置机器的设备间） 2×1.00m（主要设备间）
	水平送水管道	平板后面2.00m，管道/电缆盘后面至少1.70m	管道的末端留0.70m
7	室内停车		
	停车位：标准停车位 2.40m×5.00m，残疾人停车位 3.30m×5.00m； 车斜道：单车道斜道 3.50m，双车道斜道 4.5m； 汽车通行路线宽度：6.00m	2.40m（横梁和管道下1.90m或预留给残疾人的汽车2.25m）	0.85m（0.80m净通道）
8	外部车道及停车		
	为遵从适当的规定和特定的工程服务要求，常用的规格是： 公路入口，双车道：7.00m宽；服务道：5.00m宽；汽车停车通行车道：6.00m宽； 停车场：1.4m宽；泊车位：5.00m长		

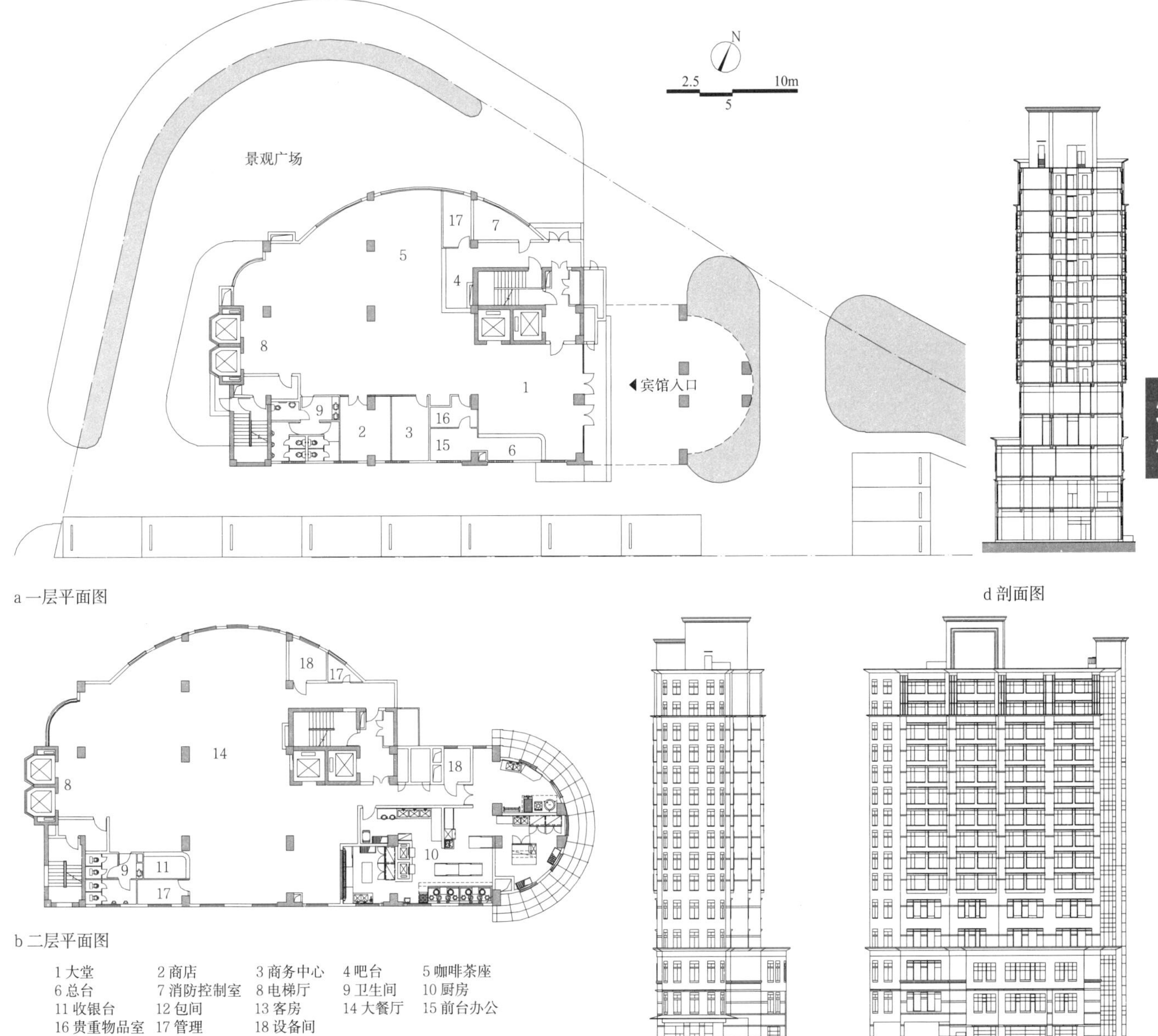

a 一层平面图

d 剖面图

b 二层平面图

1 大堂　2 商店　3 商务中心　4 吧台　5 咖啡茶座
6 总台　7 消防控制室　8 电梯厅　9 卫生间　10 厨房
11 收银台　12 包间　13 客房　14 大餐厅　15 前台办公
16 贵重物品室　17 管理　18 设备间

e 东立面图

f 北立面图

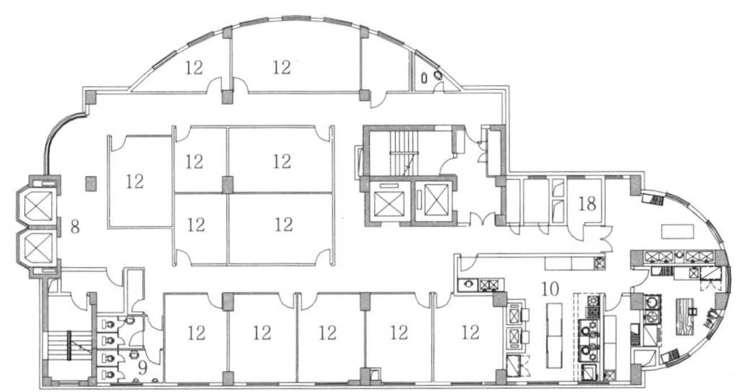

c 三层平面图

g 标准层平面图

1 上海金明大酒店

名称	用地面积	建筑面积	客房数	层数	建成时间	设计单位	位于上海市曹杨路、潮州路路口，作为经济型酒店，平面布置紧凑合理，地下一层为设备用房，一层至三层为大堂及餐饮，四、五层为休闲健身用房及会议室、办公室，六至十五层为客房楼层
上海金明大酒店（现改为桔子酒店）	2005.86m²	9589.69m²	120间	15	2005	中国建筑西北设计研究院有限公司	

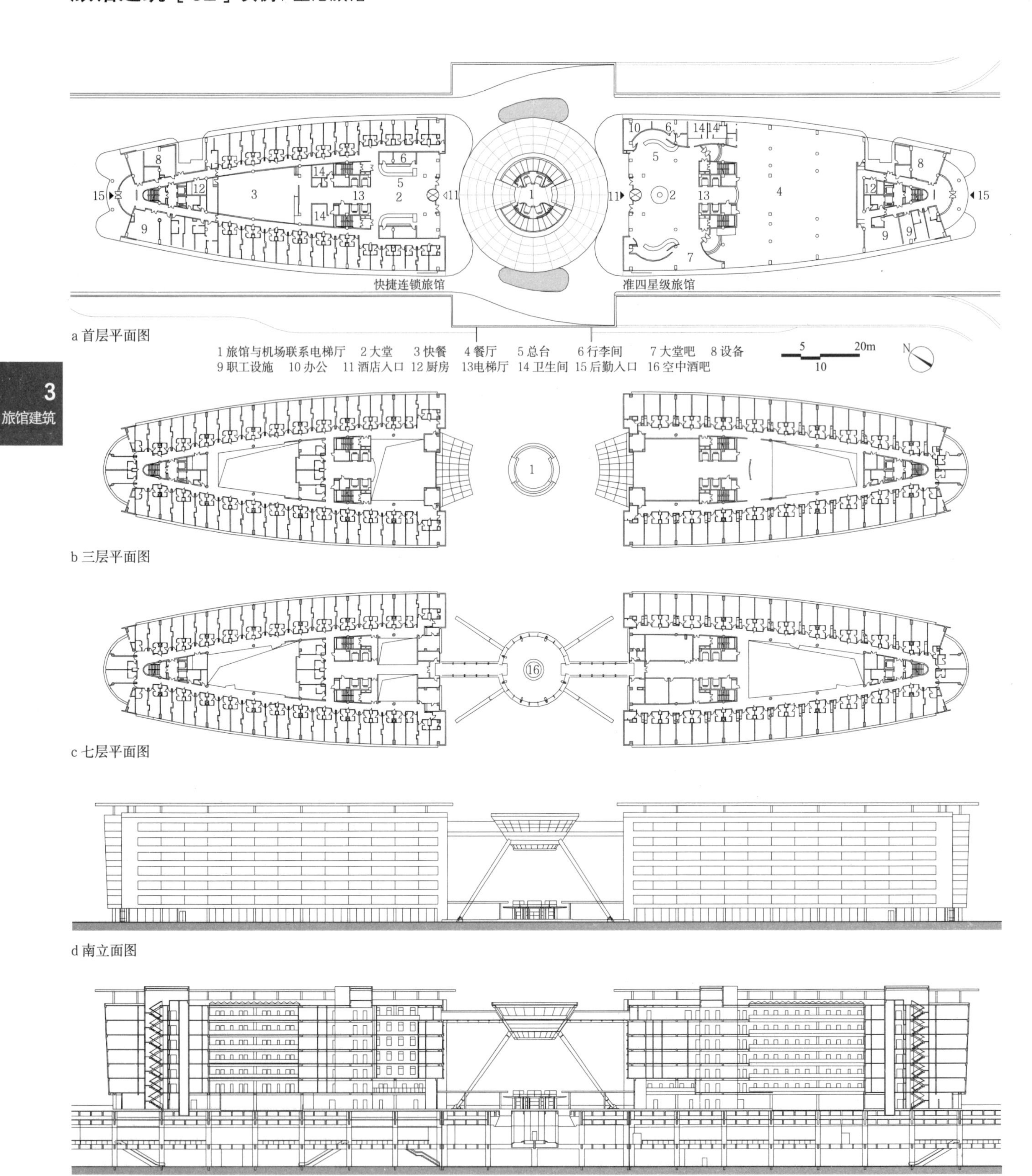

a 首层平面图

1 旅馆与机场联系电梯厅 2 大堂 3 快餐 4 餐厅 5 总台 6 行李间 7 大堂吧 8 设备 9 职工设施 10 办公 11 酒店入口 12 厨房 13电梯厅 14 卫生间 15 后勤入口 16 空中酒吧

b 三层平面图

c 七层平面图

d 南立面图

e 剖面图

1 上海大众空港宾馆

名称	旅馆类别	星级	建筑面积	南楼客房套数	北楼客房套数	层数	建成时间	设计单位
上海大众空港宾馆	城市商务 快捷连锁	准四星 经济型	36020m^2	273	439	7	2008	华东建筑集团股份有限公司 华东建筑设计研究总院

旅馆位于浦东机场一、二号航站楼之间，由南北两楼及空中酒吧组成，设有餐饮及商务会议等功能。可通过建筑群的地下通道直接到达两座航站楼，并与城际交通无障碍衔接

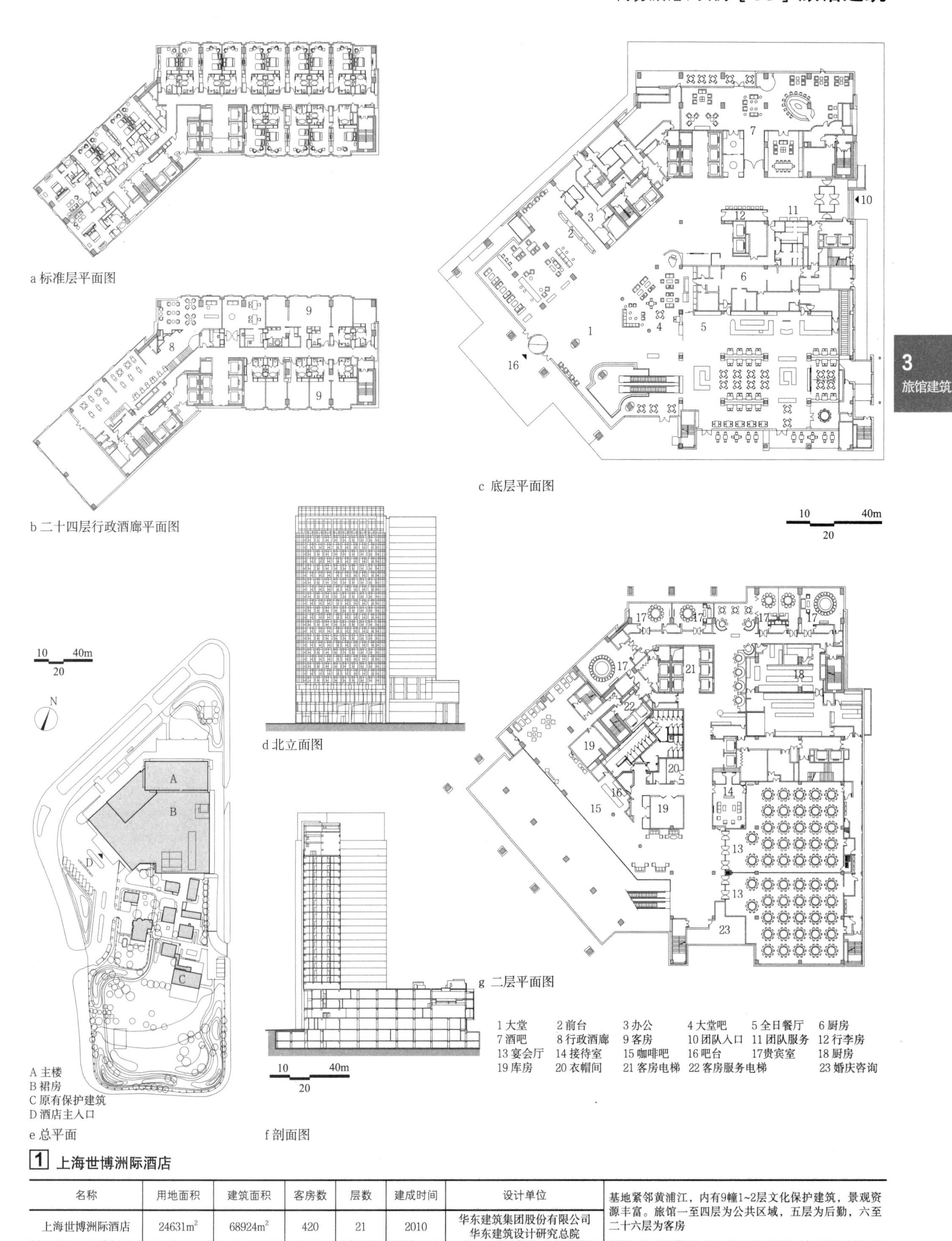

a 标准层平面图

b 二十四层行政酒廊平面图

c 底层平面图

d 北立面图

e 总平面

f 剖面图

g 二层平面图

1 上海世博洲际酒店

名称	用地面积	建筑面积	客房数	层数	建成时间	设计单位	
上海世博洲际酒店	24631m²	68924m²	420	21	2010	华东建筑集团股份有限公司 华东建筑设计研究总院	基地紧邻黄浦江，内有9幢1~2层文化保护建筑，景观资源丰富。旅馆一至四层为公共区域，五层为后勤，六至二十六层为客房

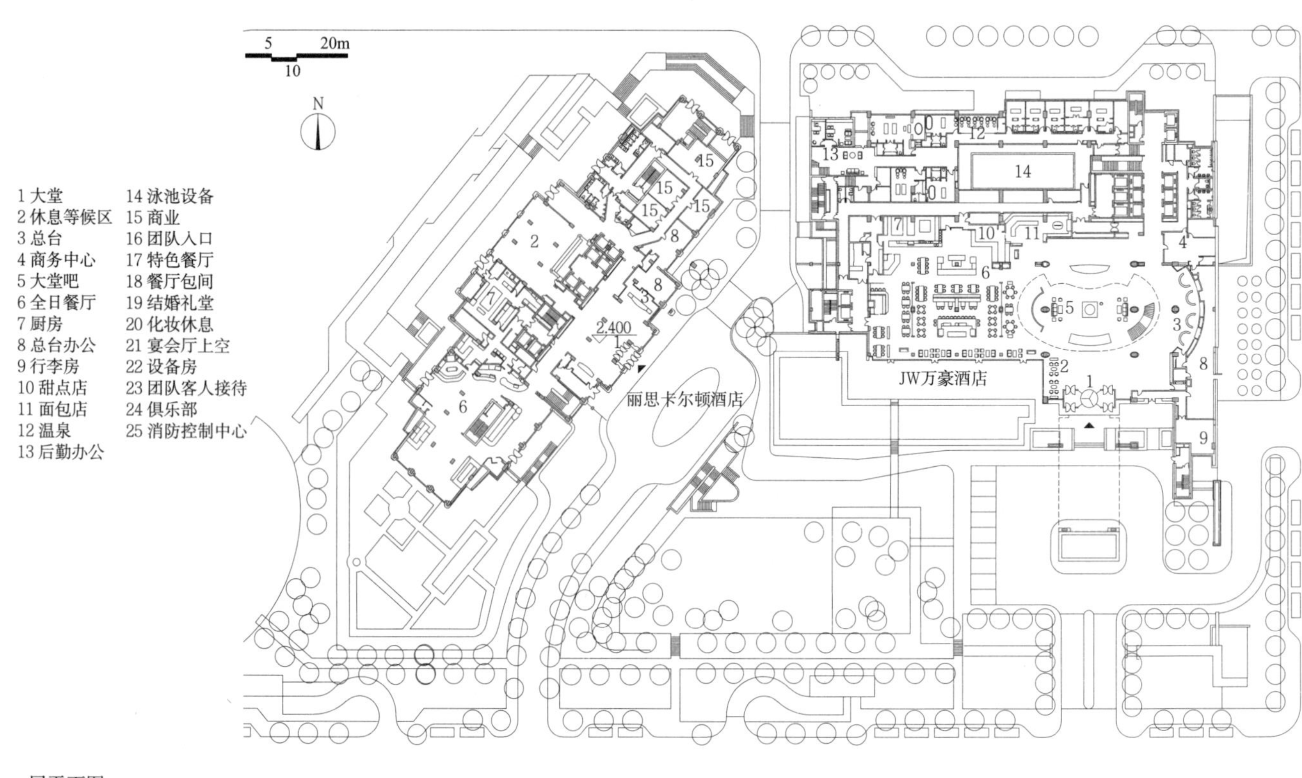

a 一层平面图

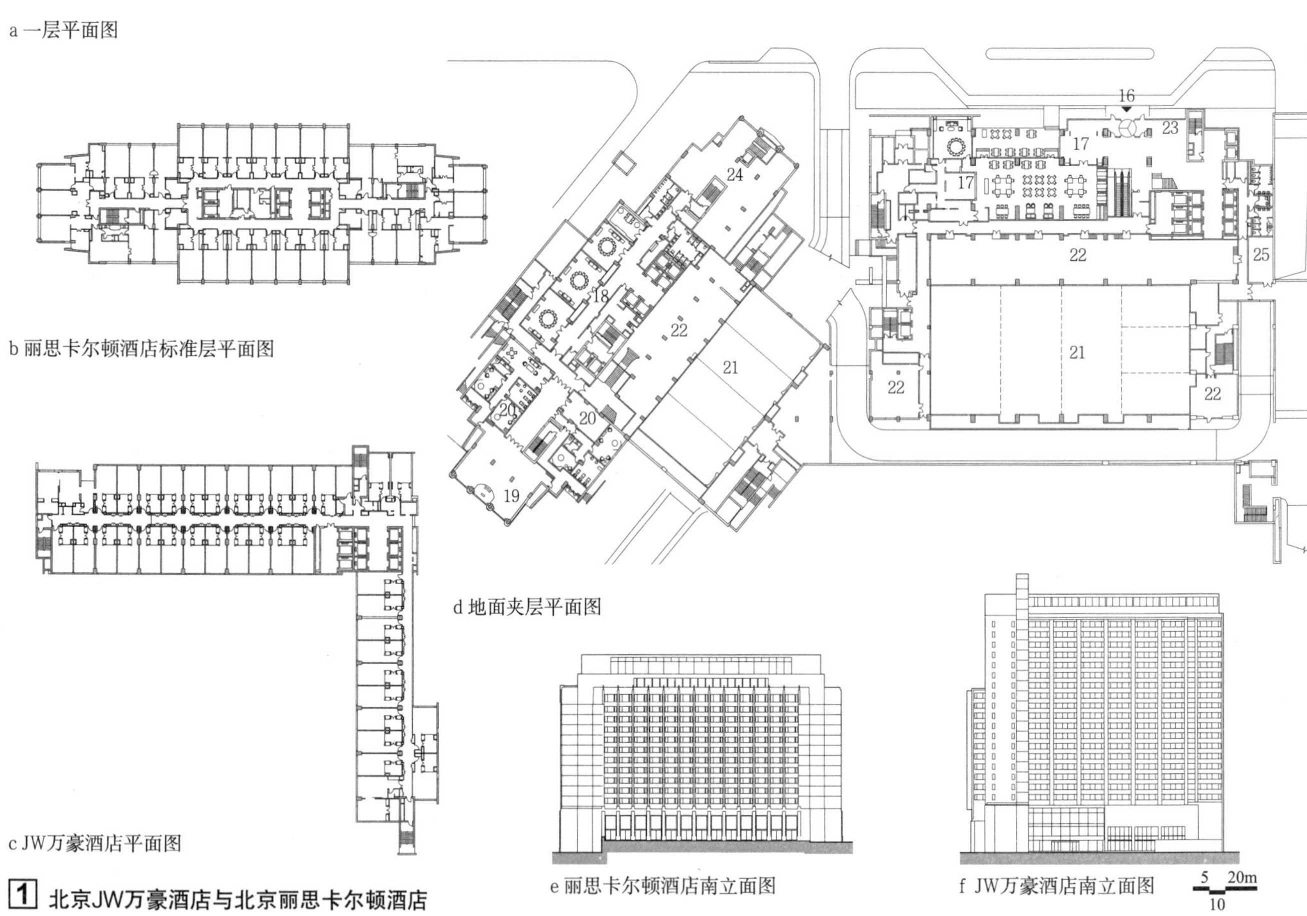

b 丽思卡尔顿酒店标准层平面图

c JW万豪酒店平面图

d 地面夹层平面图

e 丽思卡尔顿酒店南立面图

f JW万豪酒店南立面图

1 北京JW万豪酒店与北京丽思卡尔顿酒店

名称	用地面积	建筑面积	客房数	层数	建成时间	设计单位	联合设计单位
北京JW万豪酒店	$24631m^2$	$68924m^2$	582	11	2010	华东建筑集团股份有限公司华东建筑设计研究总院	HBA设计事务所、EDAW易道设计公司（承担室内与景观设计）
北京丽思卡尔顿酒店			307	18			

基地紧邻朝阳区CBD商务中心，由JW万豪酒店与丽思卡尔顿酒店两部分组成。地下四至地下二层为车库与后勤，地下一层为宴会与会议，一至二层为公共，JW万豪酒店三至二十一层为客房，丽思卡尔顿酒店三至十三层为客房，十四层为泳池

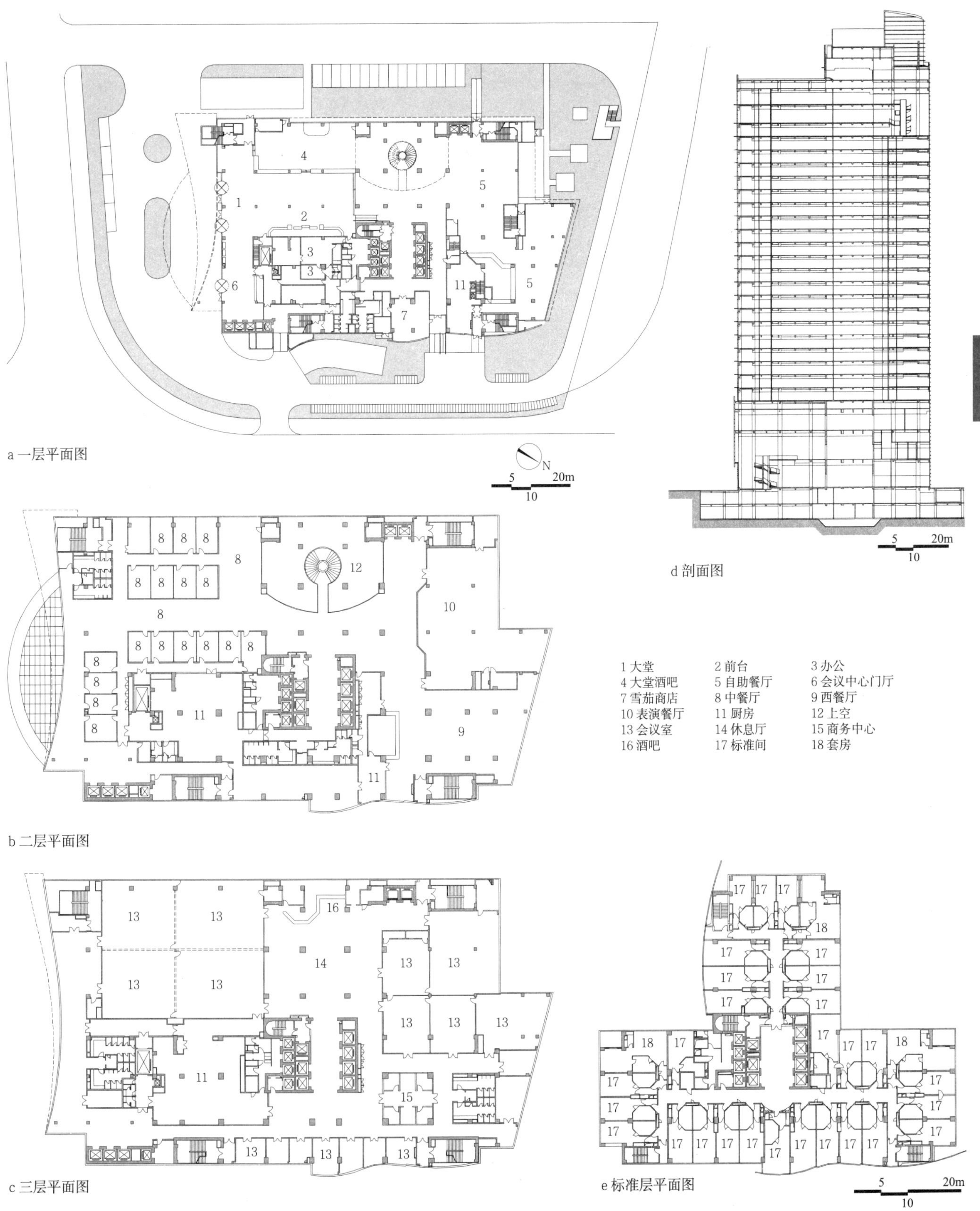

a 一层平面图

b 二层平面图

c 三层平面图

d 剖面图

e 标准层平面图

1 上海新天哈瓦那大酒店

名称	用地面积	建筑面积	客房数	层数	建成时间	设计单位	酒店位于陆家嘴黄浦江景观建筑群第一排，主楼采用T字形平面布局，使水平及垂直交通紧凑、便捷，酒店公共部分置于裙房及主楼顶部，同时兼顾黄浦江及城市各个角度的景观要求
上海新天哈瓦那大酒店	11700m²	87275 m²	687间	28	2009	同济大学建筑设计研究院（集团）有限公司	

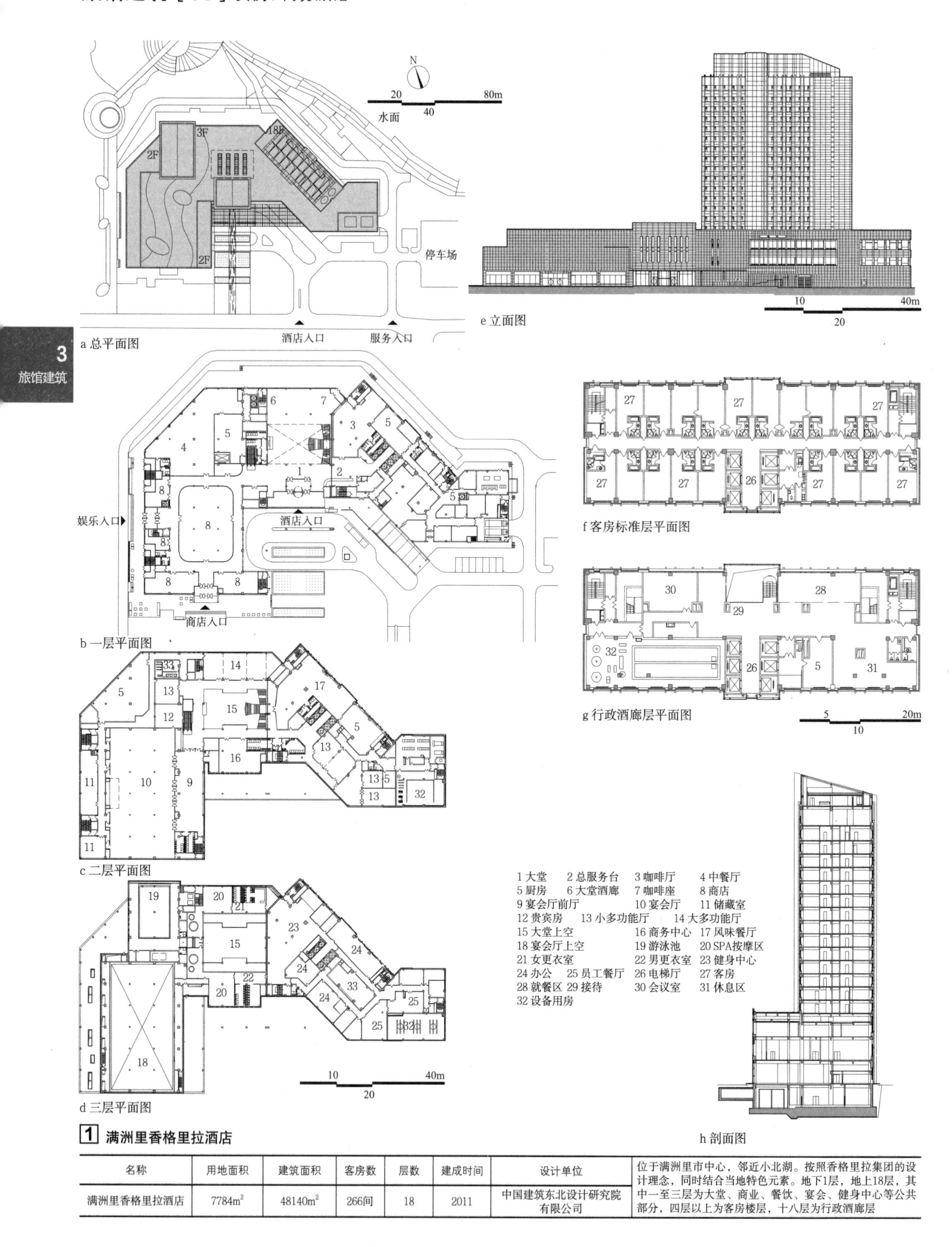

a 总平面图

e 立面图

b 一层平面图

f 客房标准层平面图

g 行政酒廊层平面图

c 二层平面图

d 三层平面图

h 剖面图

1 满洲里香格里拉酒店

名称	用地面积	建筑面积	客房数	层数	建成时间	设计单位	位于满洲里市中心，邻近小北湖。按照香格里拉集团的设计理念，同时结合当地特色元素。地下1层，地上18层，其中一至三层为大堂、商业、餐饮、宴会、健身中心等公共部分，四层以上为客房楼层，十八层为行政酒廊层
满洲里香格里拉酒店	7784m²	48140m²	266间	18	2011	中国建筑东北设计研究院有限公司	

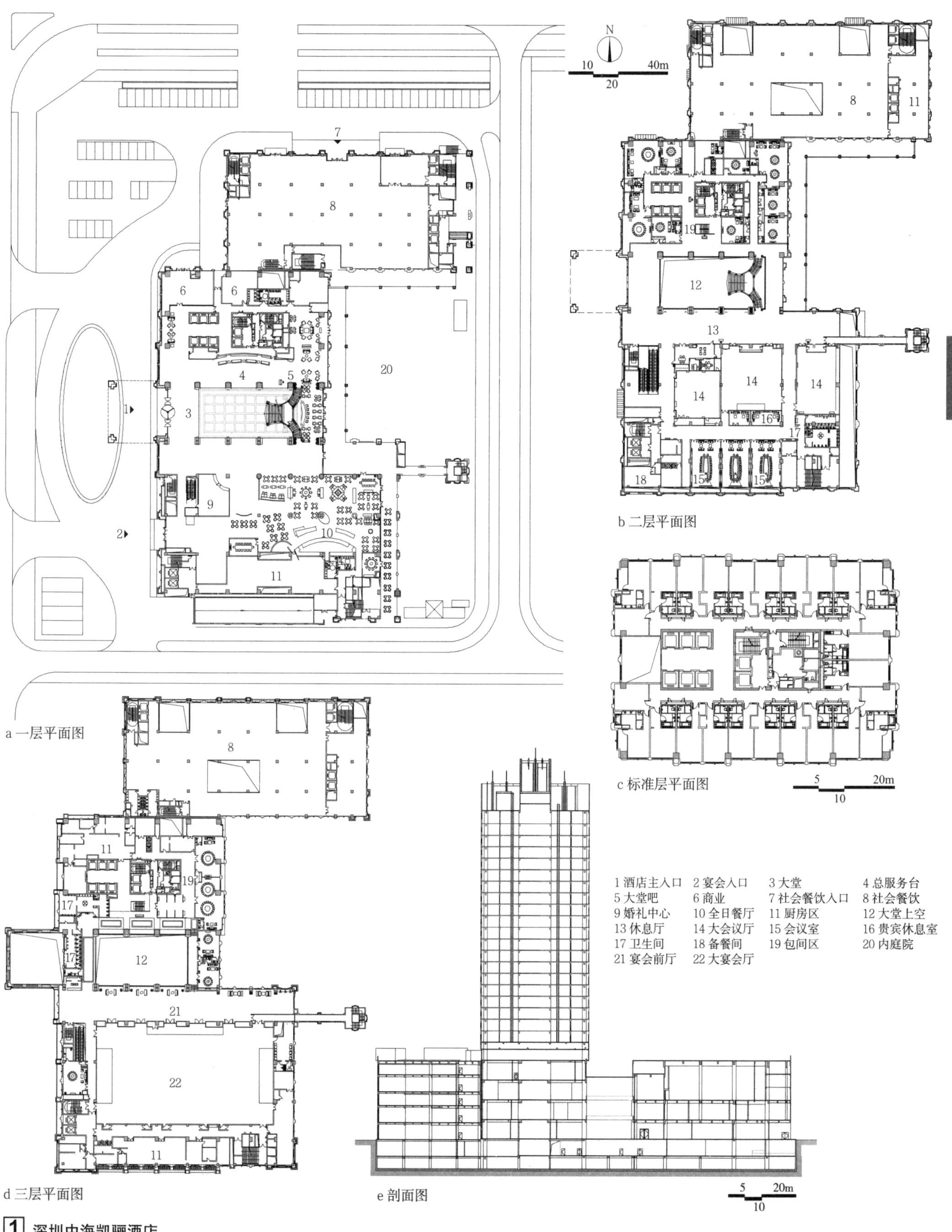

1 深圳中海凯骊酒店

名称	用地面积	建筑面积	客房数	层数	建成时间	设计单位
深圳中海凯骊酒店	20657m²	83492m²	418间	26	2011	香港华艺设计顾问（深圳）有限公司

位于深圳市龙岗区体育新城，毗邻大运场馆。平面布局以4层通高的大堂为核心，客房楼、餐饮宴会楼分置两侧，既分区明确，又联系方便。对外的社会餐饮楼相对独立，临街布置，便于对外经营。通高的大堂气势恢宏，同时将入口广场与后庭院景观自然衔接

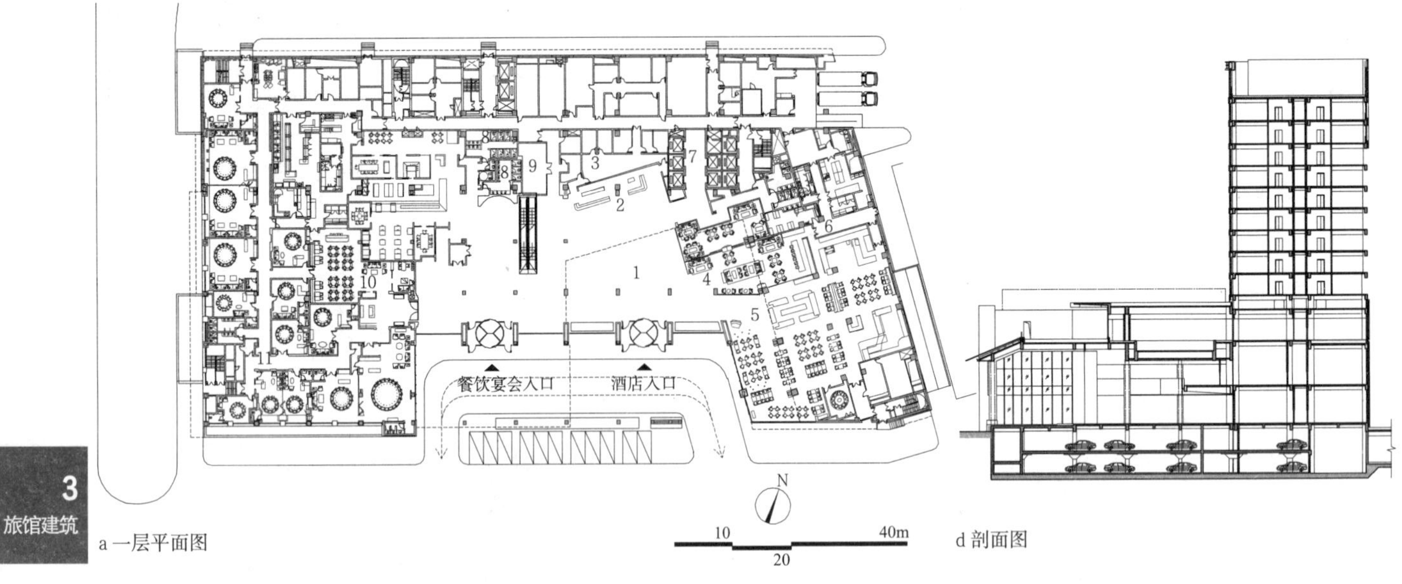

a 一层平面图

d 剖面图

b 二层平面图

e 立面图

1 大堂　2 前台　3 办公　4 大堂酒廊　5 全日餐厅　6 厨房　7 电梯厅　8 卫生间　9 精品店　10 中餐厅　11 中餐包间区　12 宴会厅前厅　13 宴会厅　14 备餐区　15 家具库　16 休息区　17 贵宾室　18 会议室　19 商务中心　20 多功能厅　21 游泳池　22 健身房　23 活动室　24 桌球室　25 儿童活动区　26 女更衣室　27 男更衣室　28 SPA接待区　29 理疗区　30 宴会厅厨房

c 三层平面图

f 标准层平面图

1 合肥利港喜来登酒店

名称	用地面积	建筑面积	客房数	层数	建成时间	设计单位	位于合肥铜陵北路，紧邻合肥生态公园；总平面布局紧凑，L形客房标准层与裙楼密切结合，功能分区明确清晰，地下二层为车库与后勤用房，地上一至三层为裙房公共部分，四至十二层为客房楼层
合肥利港喜来登酒店	16000m²	72936m²	457间	12	2010	中国建筑上海设计研究院有限公司	

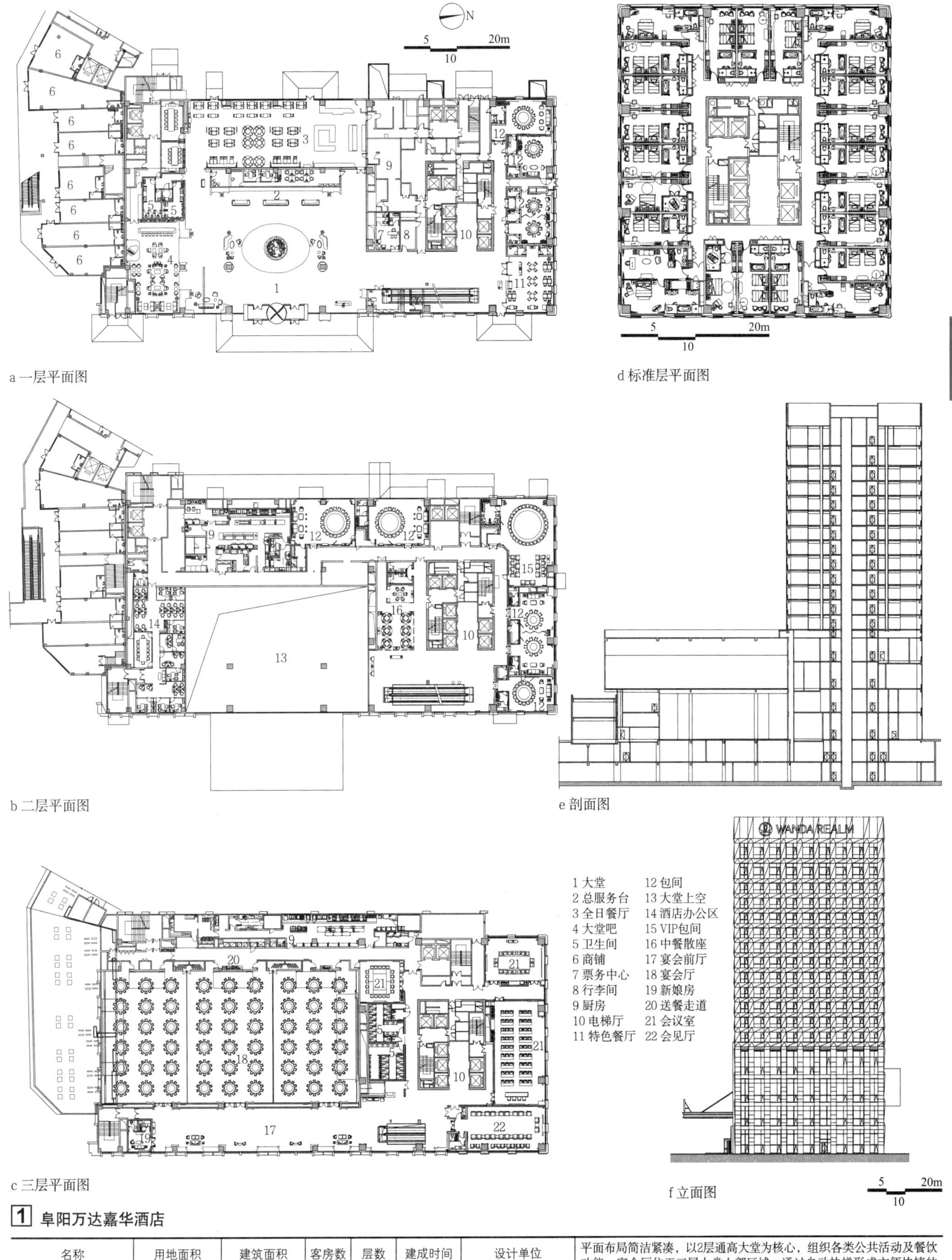

a 一层平面图

d 标准层平面图

b 二层平面图

e 剖面图

c 三层平面图

f 立面图

1 阜阳万达嘉华酒店

名称	用地面积	建筑面积	客房数	层数	建成时间	设计单位	
阜阳万达嘉华酒店	161300m²	36217m²	286间	17	2015	中国建筑上海设计研究院有限公司	平面布局简洁紧凑，以2层通高大堂为核心，组织各类公共活动及餐饮功能，宴会厅位于三层大堂上部区域，通过自动扶梯形成方便快捷的交通联系；客房标准层采用实用的方形平面，外立面力求体现现代时尚之感，同时在内部空间装饰上提炼表达当地特色文化元素

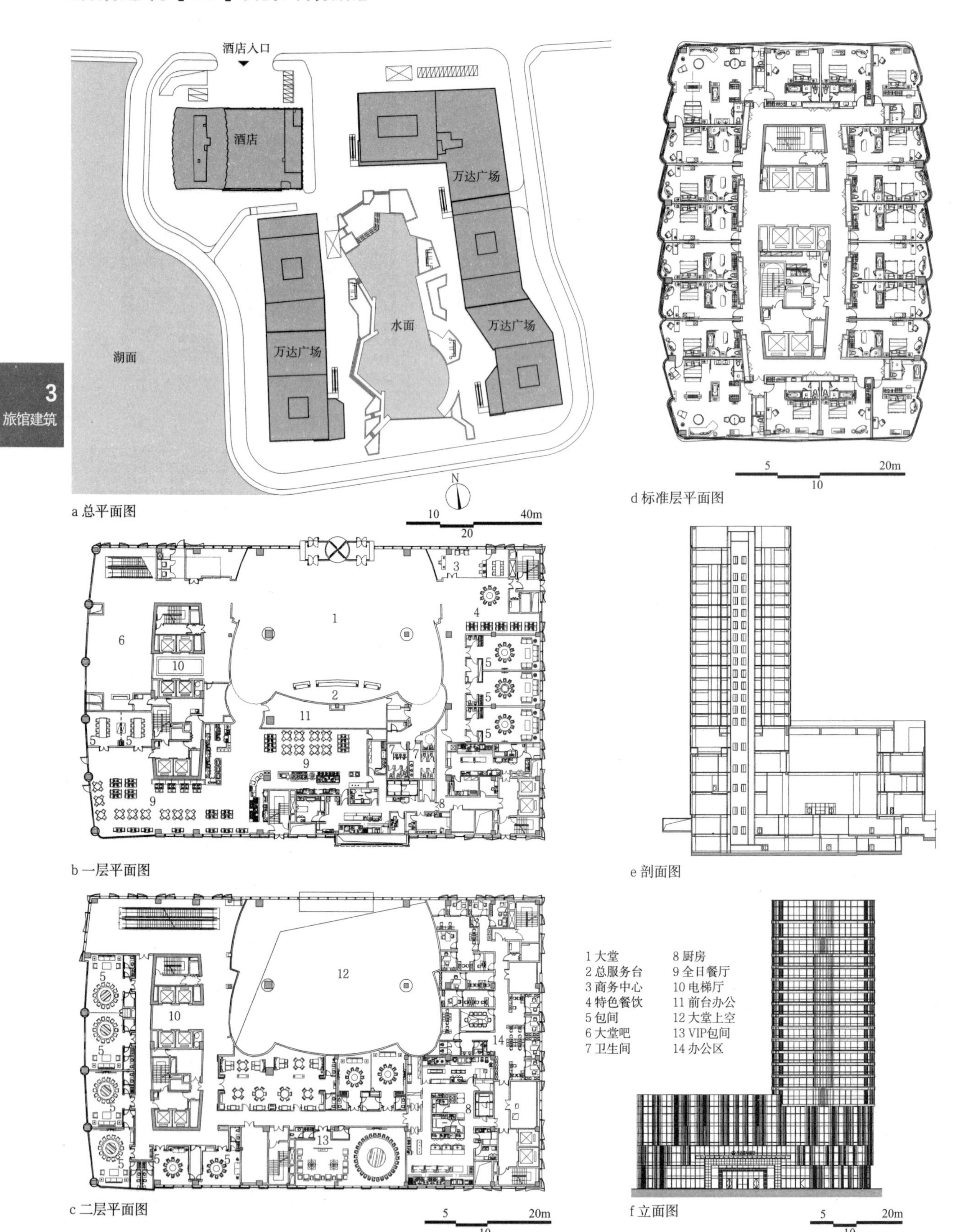

a 总平面图

b 一层平面图

c 二层平面图

d 标准层平面图

e 剖面图

f 立面图

1 芜湖万达嘉华酒店

名称	用地面积	建筑面积	客房数	层数	建成时间	设计单位	具有徽派建筑文化特色的芜湖万达嘉华酒店位于城市中心繁华商圈。客房标准层采用一字形平面，与酒店大堂和公共部分结合紧凑，流线清晰；餐饮宴会、娱乐健身等功能围绕2层通高大堂布置，联系密切而又分区明确
芜湖万达嘉华酒店	42500m^2	31076.5m^2	280间	18	2014	中国建筑上海设计研究院有限公司	

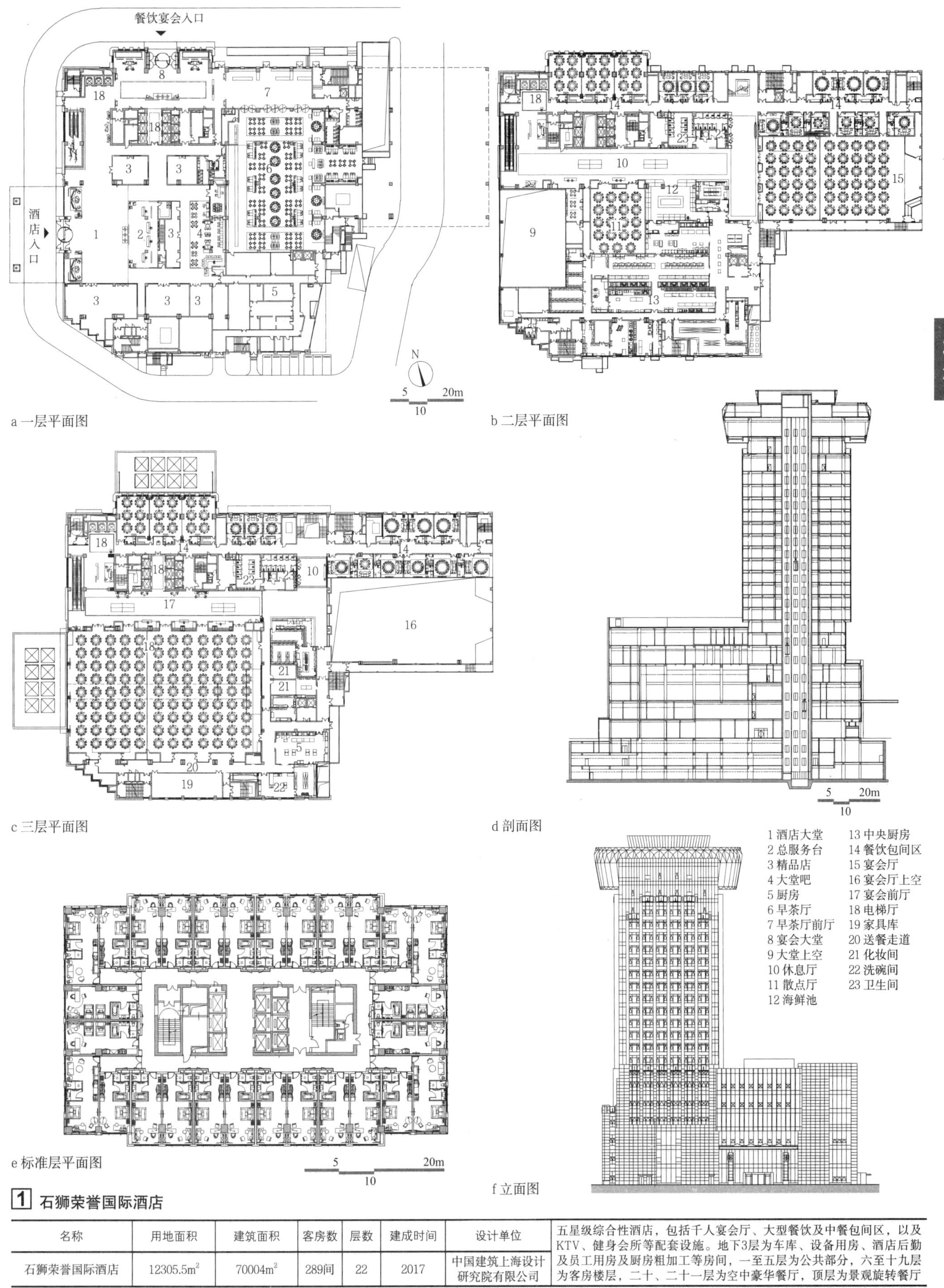

1 石狮荣誉国际酒店

名称	用地面积	建筑面积	客房数	层数	建成时间	设计单位	
石狮荣誉国际酒店	12305.5m²	70004m²	289间	22	2017	中国建筑上海设计研究院有限公司	五星级综合性酒店，包括千人宴会厅、大型餐饮及中餐包间区，以及KTV、健身会所等配套设施。地下3层为车库、设备用房、酒店后勤及员工用房及厨房粗加工等房间，一至五层为公共部分，六至十九层为客房楼层，二十、二十一层为空中豪华餐厅，顶层为景观旋转餐厅

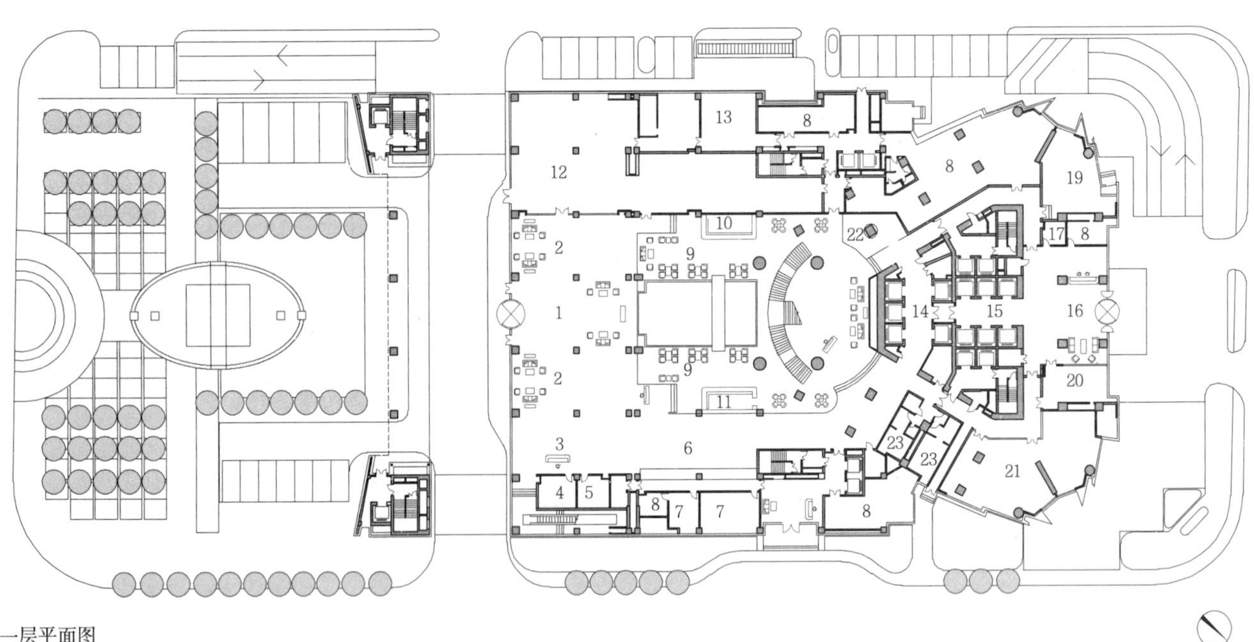

a 一层平面图

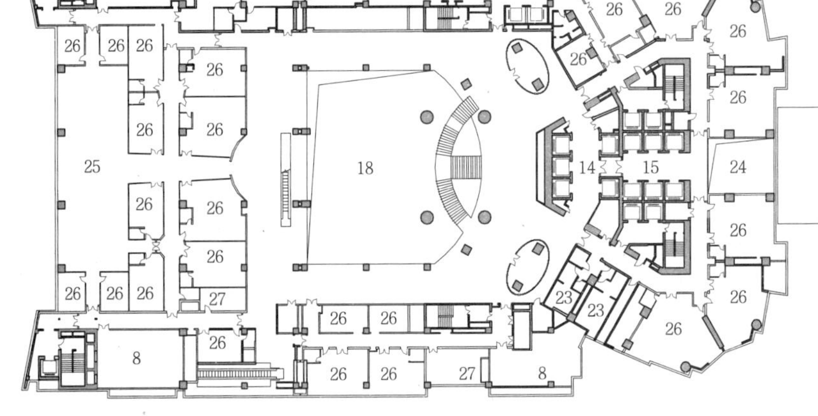

b 二层平面图

1 大堂
2 休息等候区
3 大堂经理
4 行李间/礼宾部
5 商务中心
6 总台
7 总台办公
8 设备
9 咖啡厅
10 点心部
11 酒水吧
12 啤酒屋
13 厨房
14 酒店电梯厅
15 公寓电梯厅
16 公寓大堂
17 服务
18 中庭上空
19 消防安保
20 美食店
21 零售商店
22 精品店
23 卫生间
24 公寓门厅上空
25 中餐厅
26 餐厅包间
27 备餐间

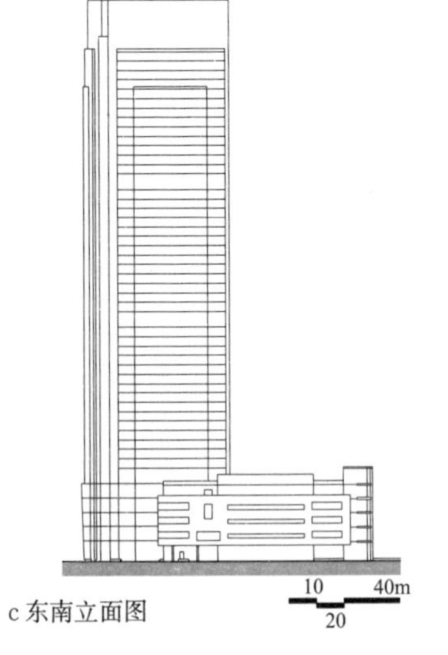

c 东南立面图

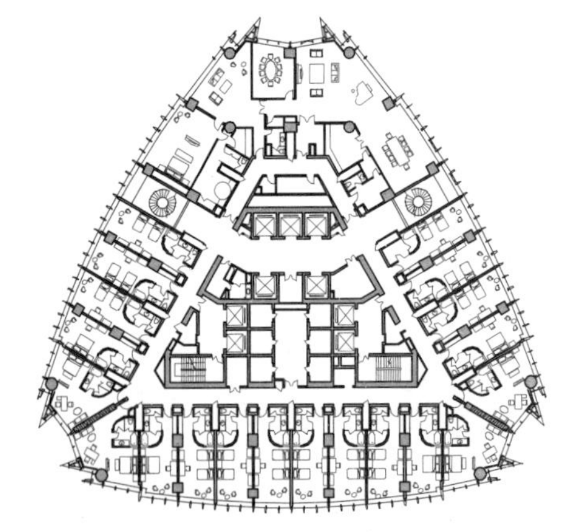

d 二十层平面图

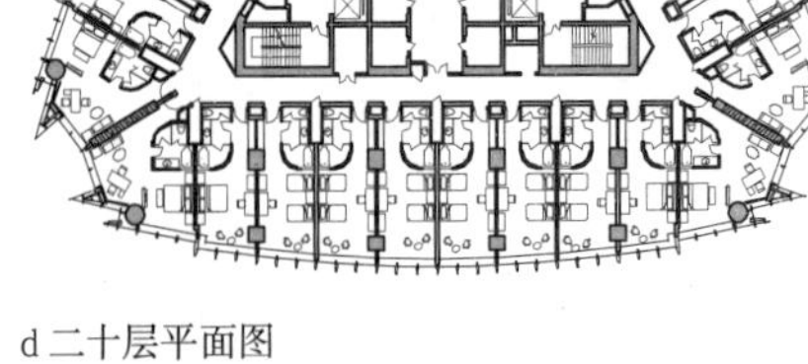

e 标准层平面图

1 无锡凯宾斯基酒店

名称	用地面积	建筑面积	客房数	层数	建成时间	设计单位	
无锡凯宾斯基酒店	12146m²	128667m²	400	14	2007	华东建筑集团股份有限公司 华东建筑设计研究总院	基地位于无锡新区中心，为超高层建筑，地下部分为车库与后勤，裙房为公共部分，豪华套房位于二十一层，客房位于七~二十层

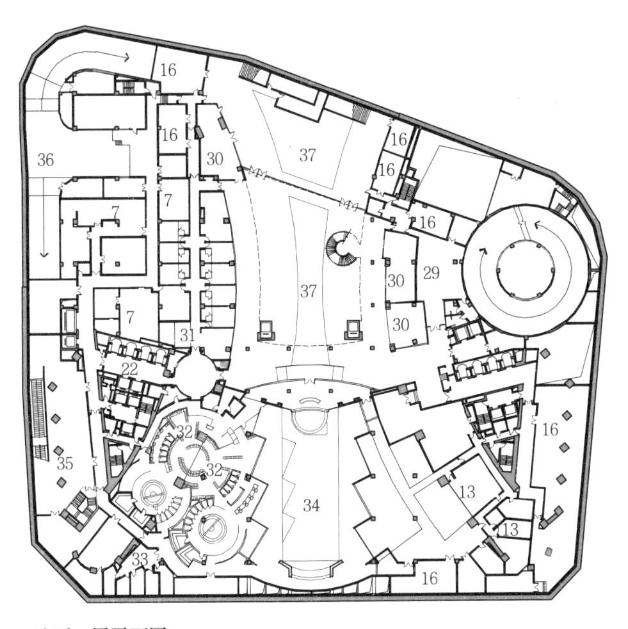

a 地下一层平面图

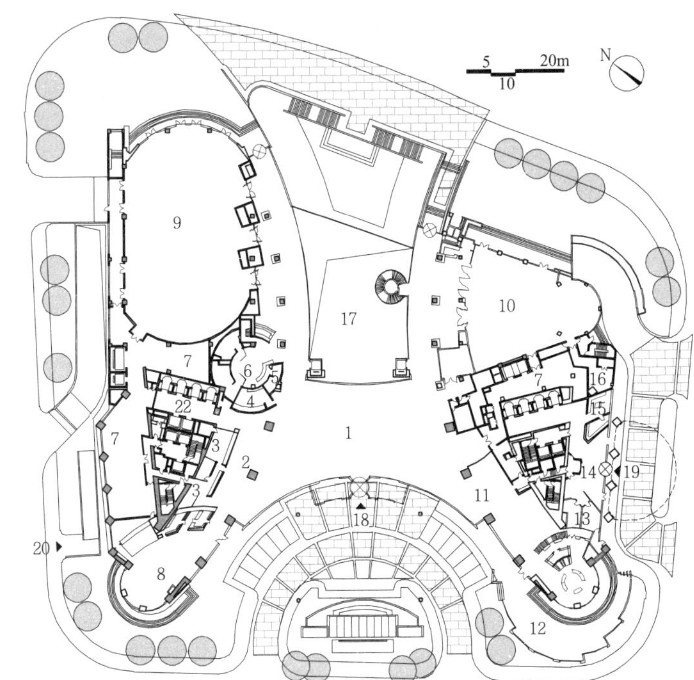

b 一层平面图

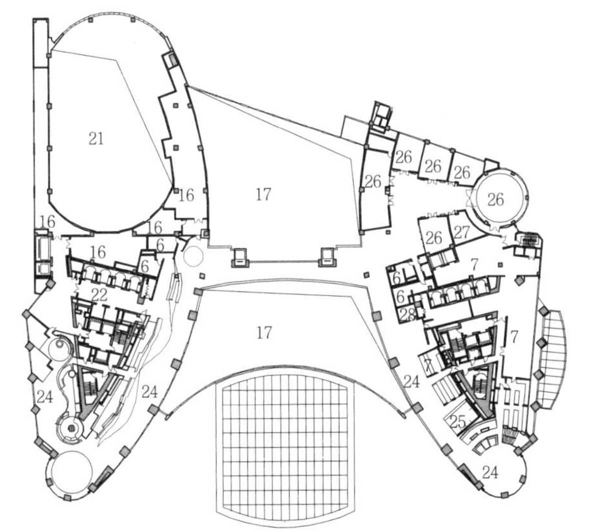

c 二层平面图

1 大堂
2 总台
3 办公服务
4 贵宾接待
5 衣帽间
6 洗手间
7 厨房
8 茶馆
9 大宴会厅
10 小宴会厅
11 酒吧/茶座
12 室外茶座
13 办公
14 公寓式酒店大堂
15 信箱间
16 设备
17 中庭上空
18 宾馆主入口
19 公寓式酒店入口
20 员工入口
21 宴会厅上空
22 电梯厅
23 行政酒廊
24 餐厅
25 啤酒屋
26 会议室
27 储藏
28 衣帽间
29 美容
30 商店
31 理疗室
32 更衣室
33 按摩室
34 游泳池
35 自行车库
36 卸货区
37 中庭

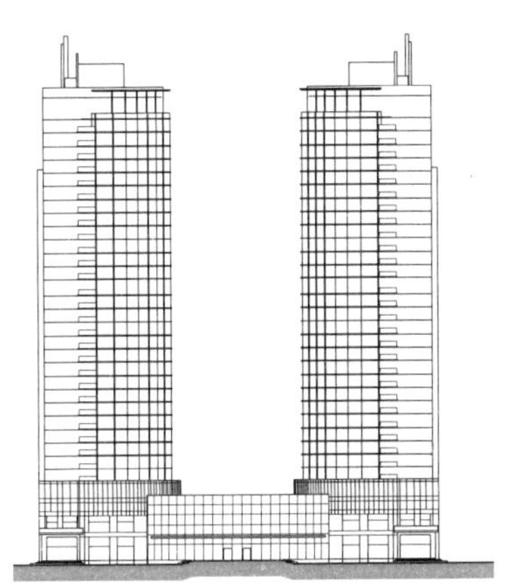

f 东立面图

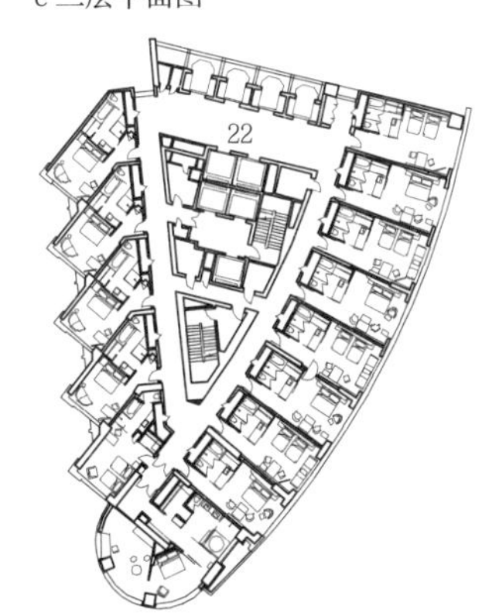

d 标准层平面图

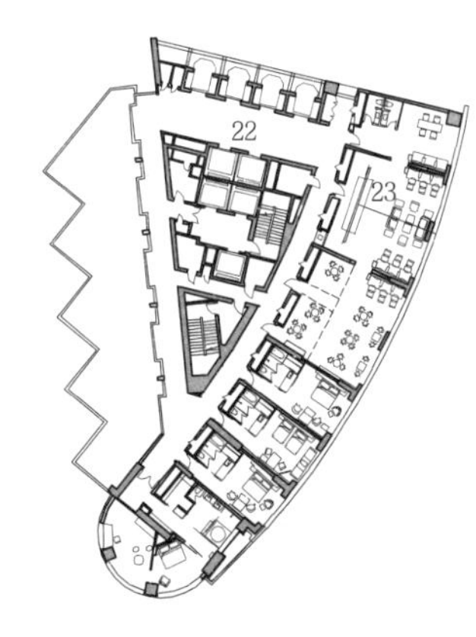

e 酒店三十层行政酒廊平面图

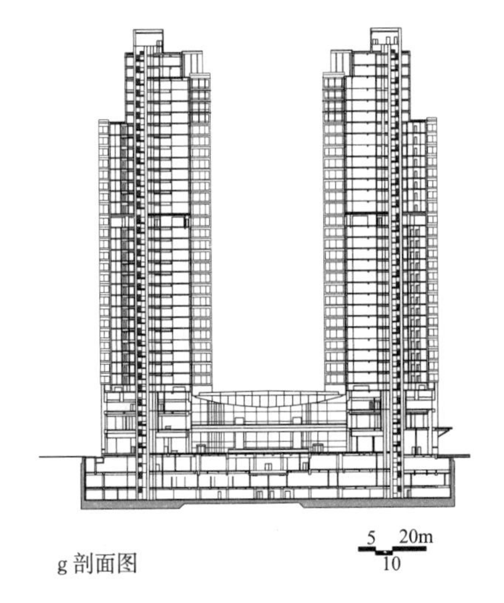

g 剖面图

1 上海外滩茂悦大酒店

名称	用地面积	建筑面积	客房数	层数	建成时间	设计单位	联合设计单位	基地位于外滩北端，对岸为陆家嘴，标准层设计使所有客房均能看到美景。地下三层为设备后勤及车库部分；地上一至三层为公共部分
上海外滩茂悦大酒店	13641m²	102459m²	631	32	2007	华东建筑集团股份有限公司 华东建筑设计研究总院	HOK建筑师事务所（方案设计）	

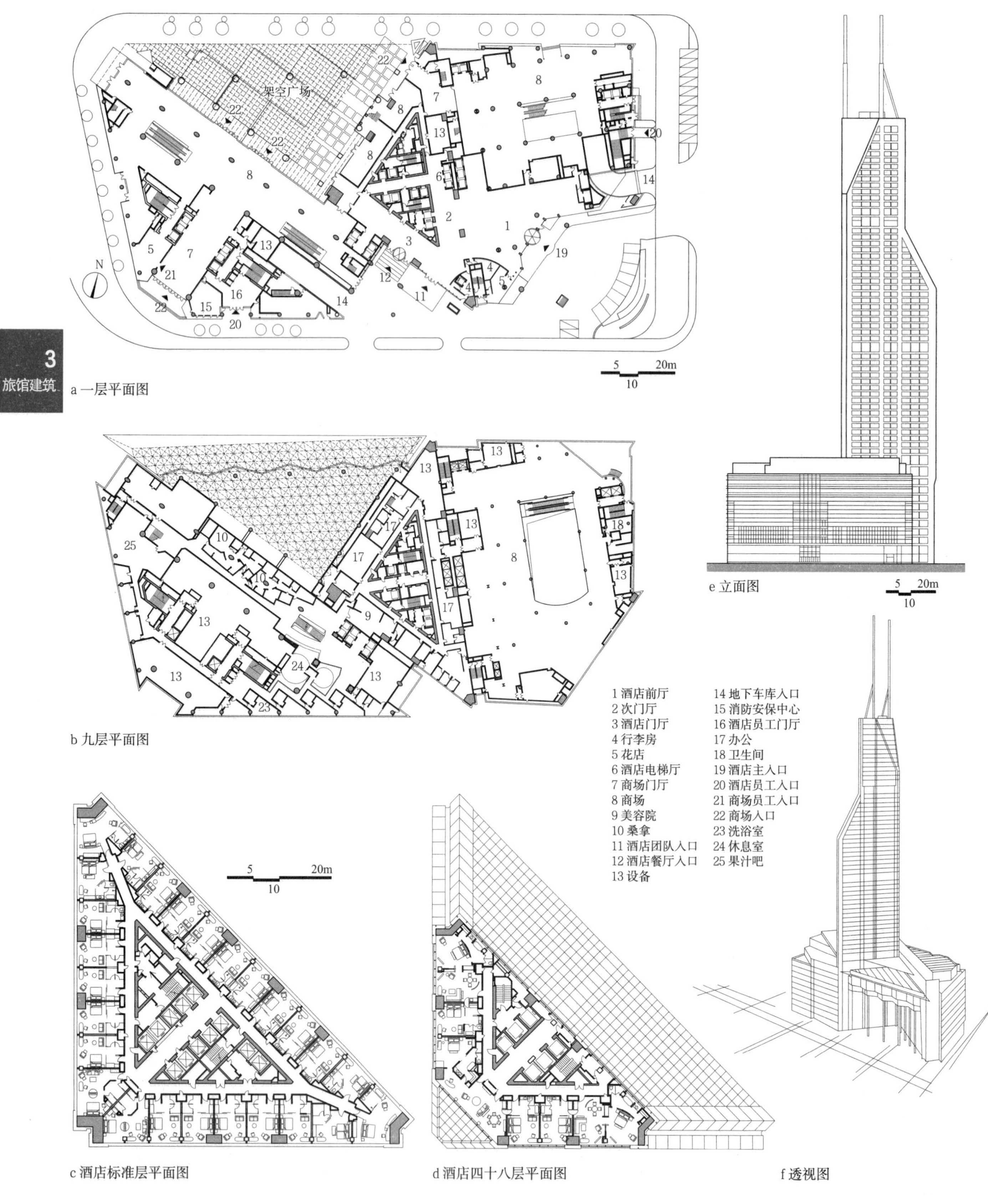

a 一层平面图

b 九层平面图

c 酒店标准层平面图

d 酒店四十八层平面图

e 立面图

f 透视图

1 上海世茂皇家艾美酒店

名称	用地面积	建筑面积	客房数	层数	建成时间	设计单位	联合设计单位	
上海世茂皇家艾美酒店	12929m²	172073m²	770	60	2006	华东建筑集团股份有限公司 华东建筑设计研究总院	德国IOKP事务所	基地位于南京路步行街起点，旅馆客房部分位于60层的超高层建筑世茂国际广场主楼的12~56层，10层为大堂，裙房7~10层为旅馆公共部分

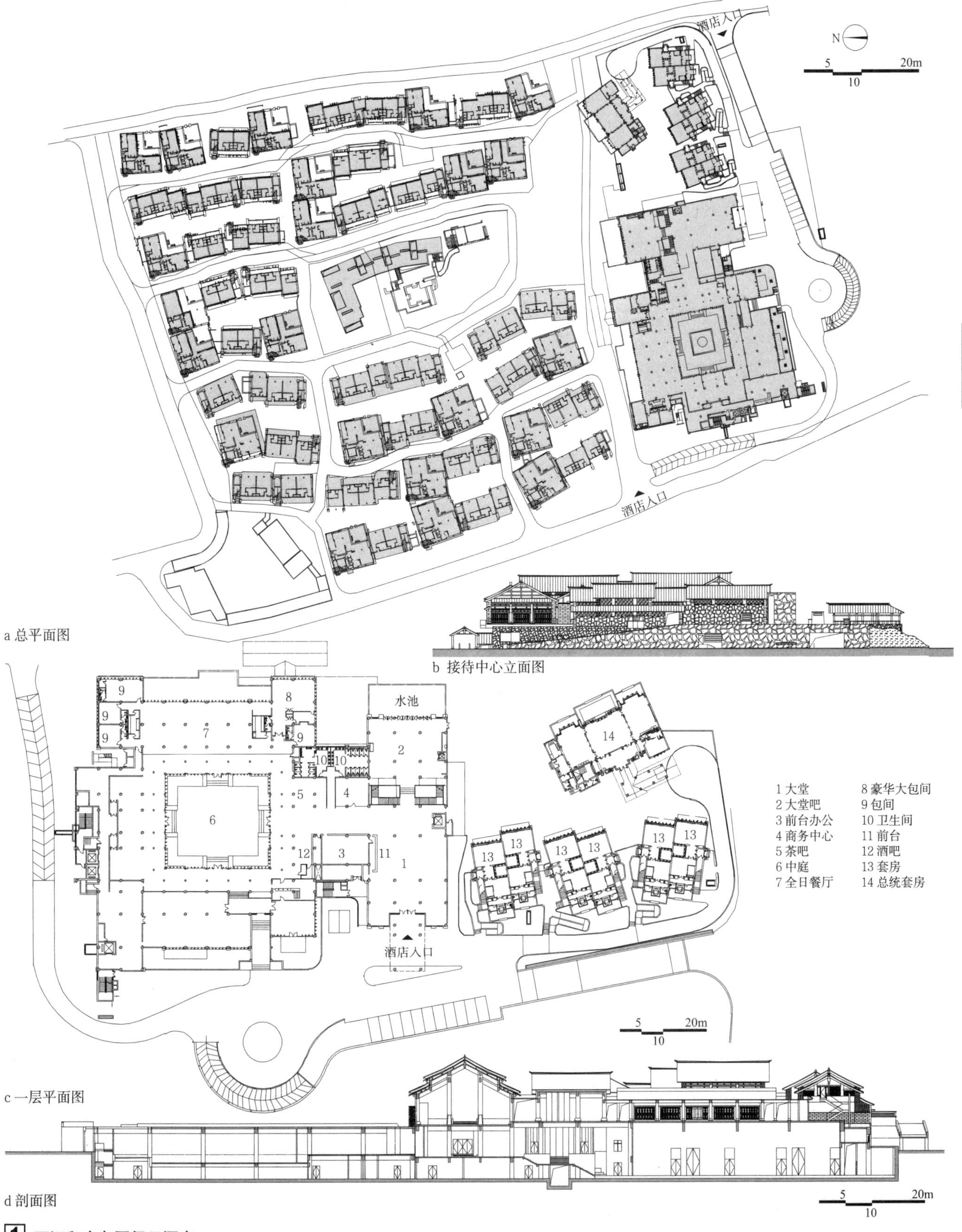

a 总平面图

b 接待中心立面图

c 一层平面图

d 剖面图

1 丽江和府皇冠假日酒店

名称	用地面积	建筑面积	客房数	层数	建成时间	设计单位
丽江和府皇冠假日酒店	52936m^2	49000m^2	270间	3	2010	云南省设计院集团

酒店坐落于丽江古城南门，是一个以星级酒店为依托、促进世界遗产保护和利用的文化交流平台。酒店整体布局结合古城肌理，通过对雪山远景的借景和古城流水的引导，使丰富的建筑群体与自然地域景观相融合，成为古城有机组成部分

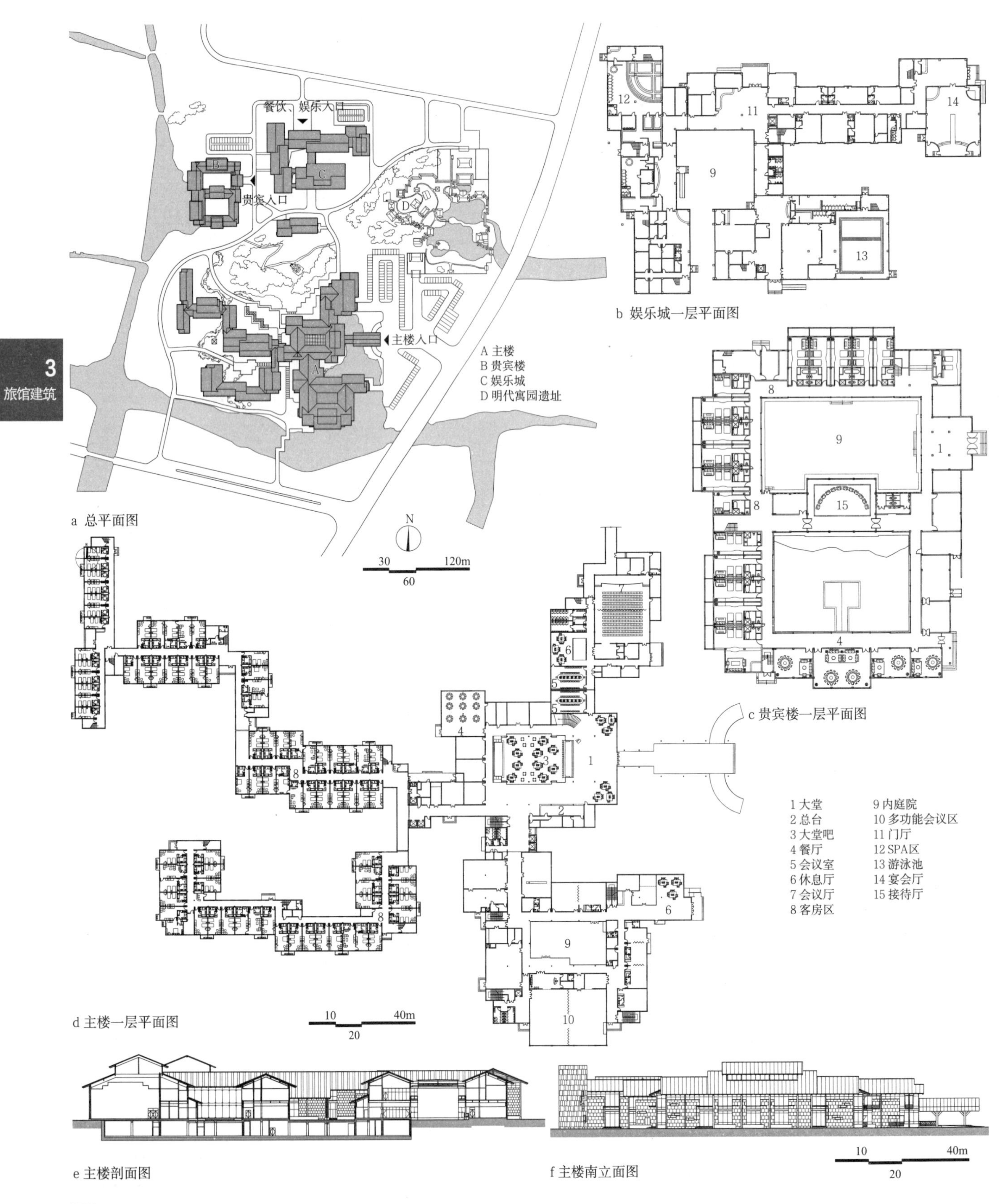

a 总平面图

b 娱乐城一层平面图

c 贵宾楼一层平面图

d 主楼一层平面图

e 主楼剖面图

f 主楼南立面图

1 绍兴鉴湖大酒店

名称	用地面积	建筑面积	客房数	层数	建成时间	设计单位	位于绍兴柯岩风景区，由主楼、贵宾楼和餐饮娱乐城三部分组成，采用庭院式布局，以内庭院组织空间，建筑2~3层为主，局部5层，形体组合自由多变；简洁轻盈的新乡土风格与鉴湖江南水乡特色相得益彰
绍兴鉴湖大酒店	97200m²	51245m²	253间	3	2008	东南大学建筑设计研究院有限公司	

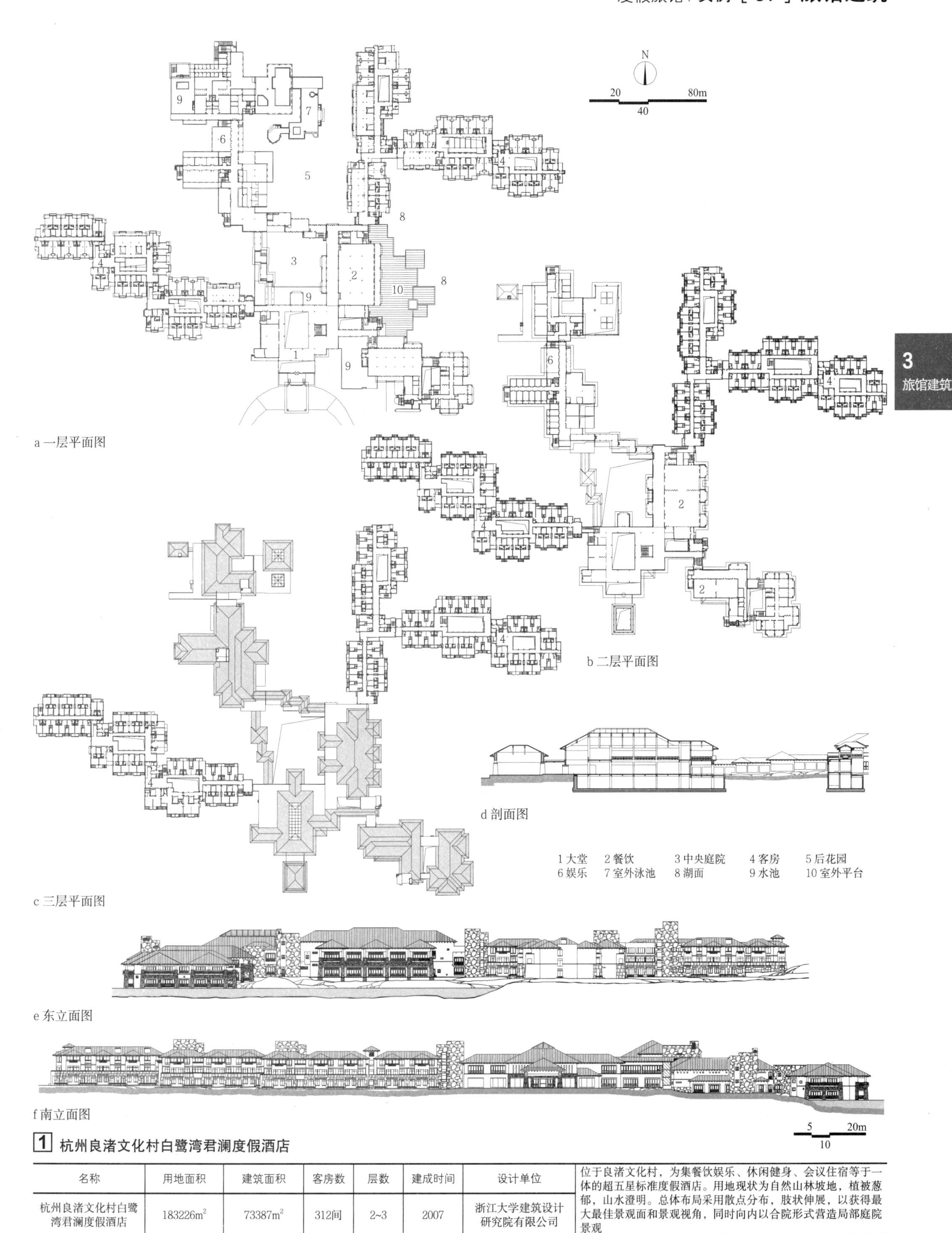

a 一层平面图

b 二层平面图

c 三层平面图

d 剖面图

e 东立面图

f 南立面图

1 杭州良渚文化村白鹭湾君澜度假酒店

名称	用地面积	建筑面积	客房数	层数	建成时间	设计单位	
杭州良渚文化村白鹭湾君澜度假酒店	183226m^2	73387m^2	312间	2~3	2007	浙江大学建筑设计研究院有限公司	位于良渚文化村，为集餐饮娱乐、休闲健身、会议住宿等于一体的超五星标准度假酒店。用地现状为自然山林坡地，植被葱郁，山水澄明。总体布局采用散点分布，肢状伸展，以获得最大最佳景观面和景观视角，同时向内以合院形式营造局部庭院景观

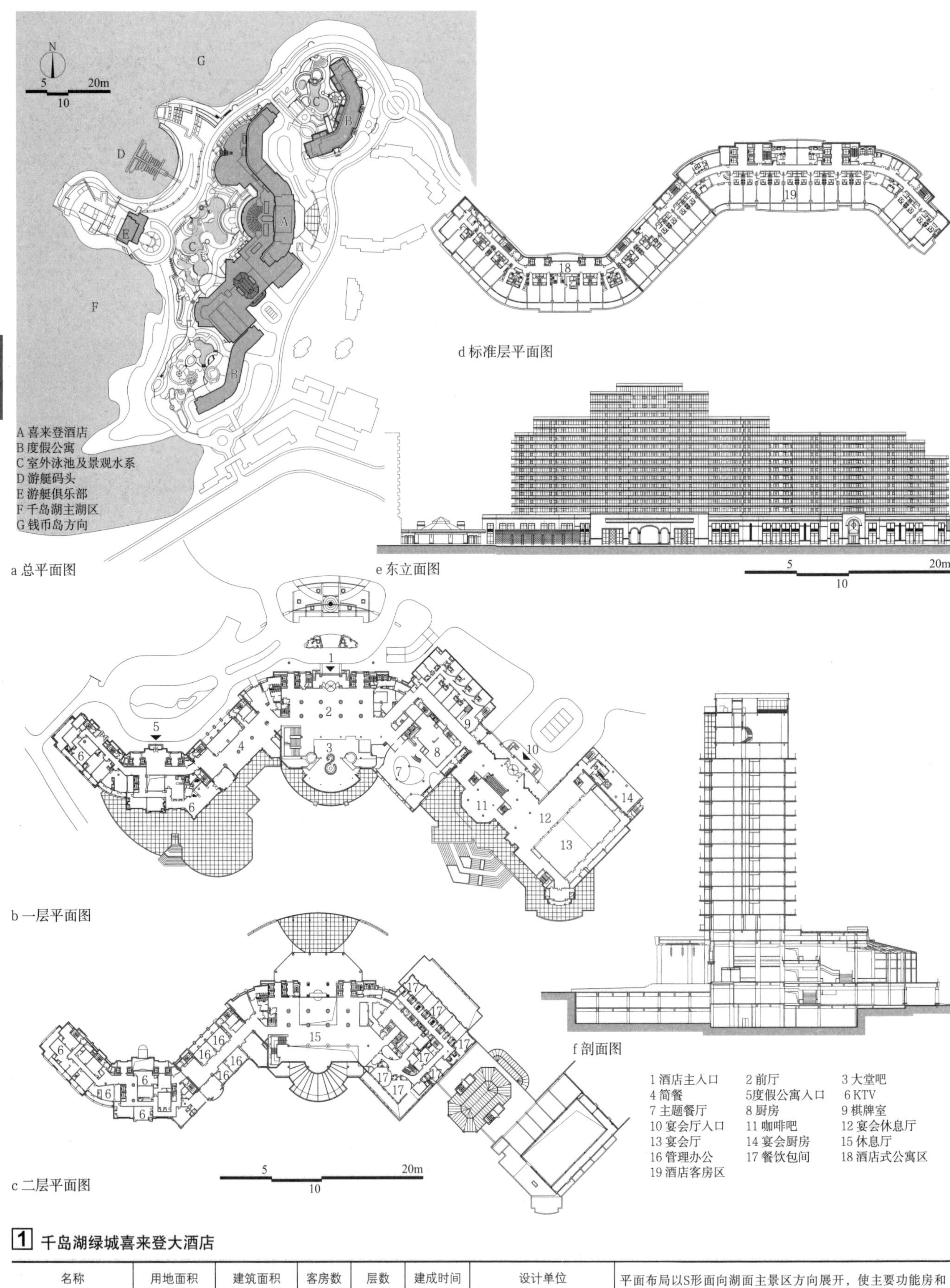

a 总平面图

d 标准层平面图

e 东立面图

b 一层平面图

c 二层平面图

f 剖面图

1 千岛湖绿城喜来登大酒店

名称	用地面积	建筑面积	客房数	层数	建成时间	设计单位	
千岛湖绿城喜来登大酒店	57541m²	98746m²	402间	18	2010	gad浙江绿城建筑设计有限公司	平面布局以S形面向湖面主景区方向展开，使主要功能房和客房都拥有开阔的湖景，层层跌落的立面勾勒出优美的天际线，从湖面看过来，建筑与背景的山融为一体

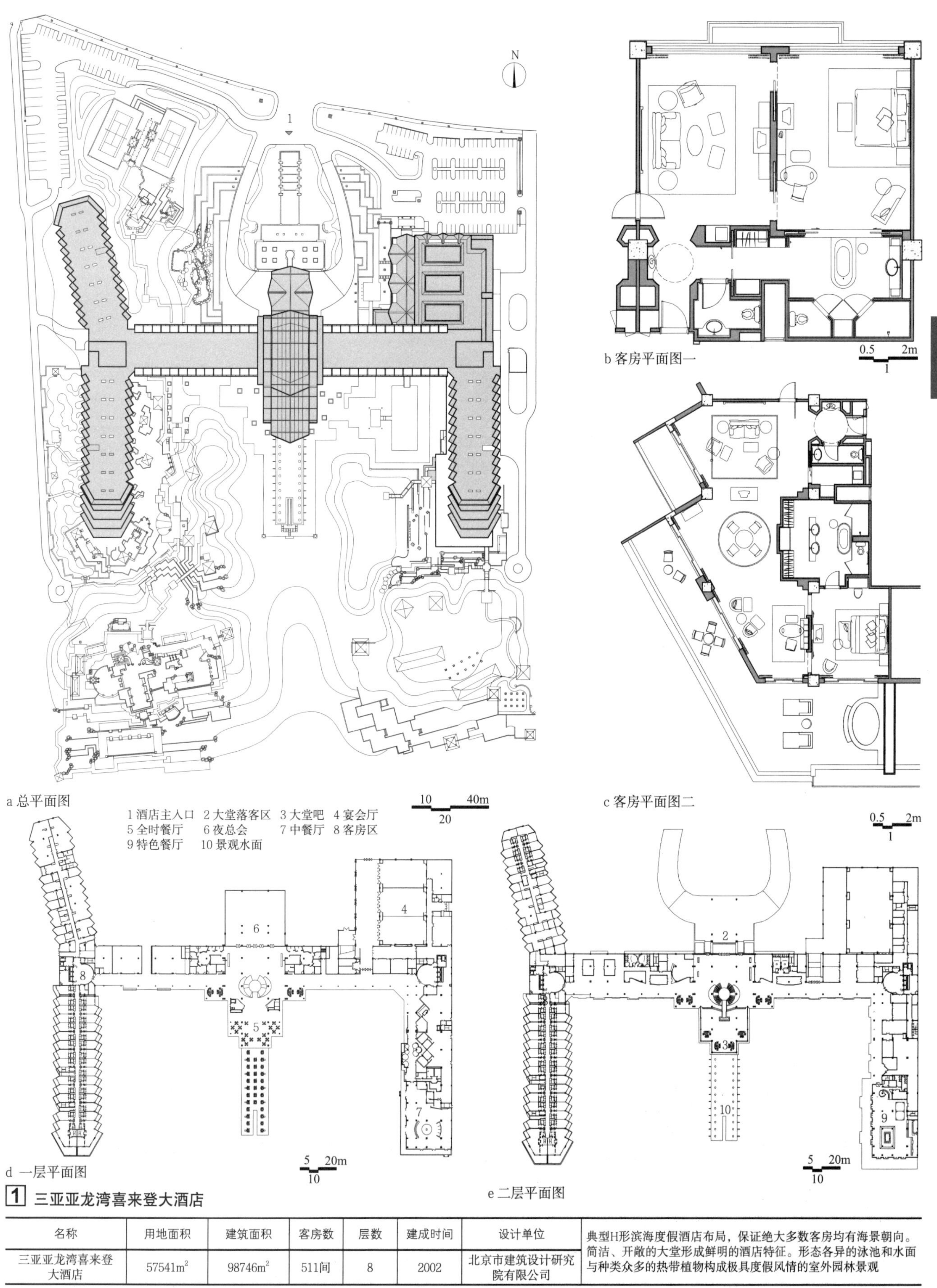

a 总平面图

d 一层平面图

e 二层平面图

1 三亚亚龙湾喜来登大酒店

名称	用地面积	建筑面积	客房数	层数	建成时间	设计单位	典型H形滨海度假酒店布局，保证绝大多数客房均有海景朝向。简洁、开敞的大堂形成鲜明的酒店特征。形态各异的泳池和水面与种类众多的热带植物构成极具度假风情的室外园林景观
三亚亚龙湾喜来登大酒店	57541m^2	98746m^2	511间	8	2002	北京市建筑设计研究院有限公司	

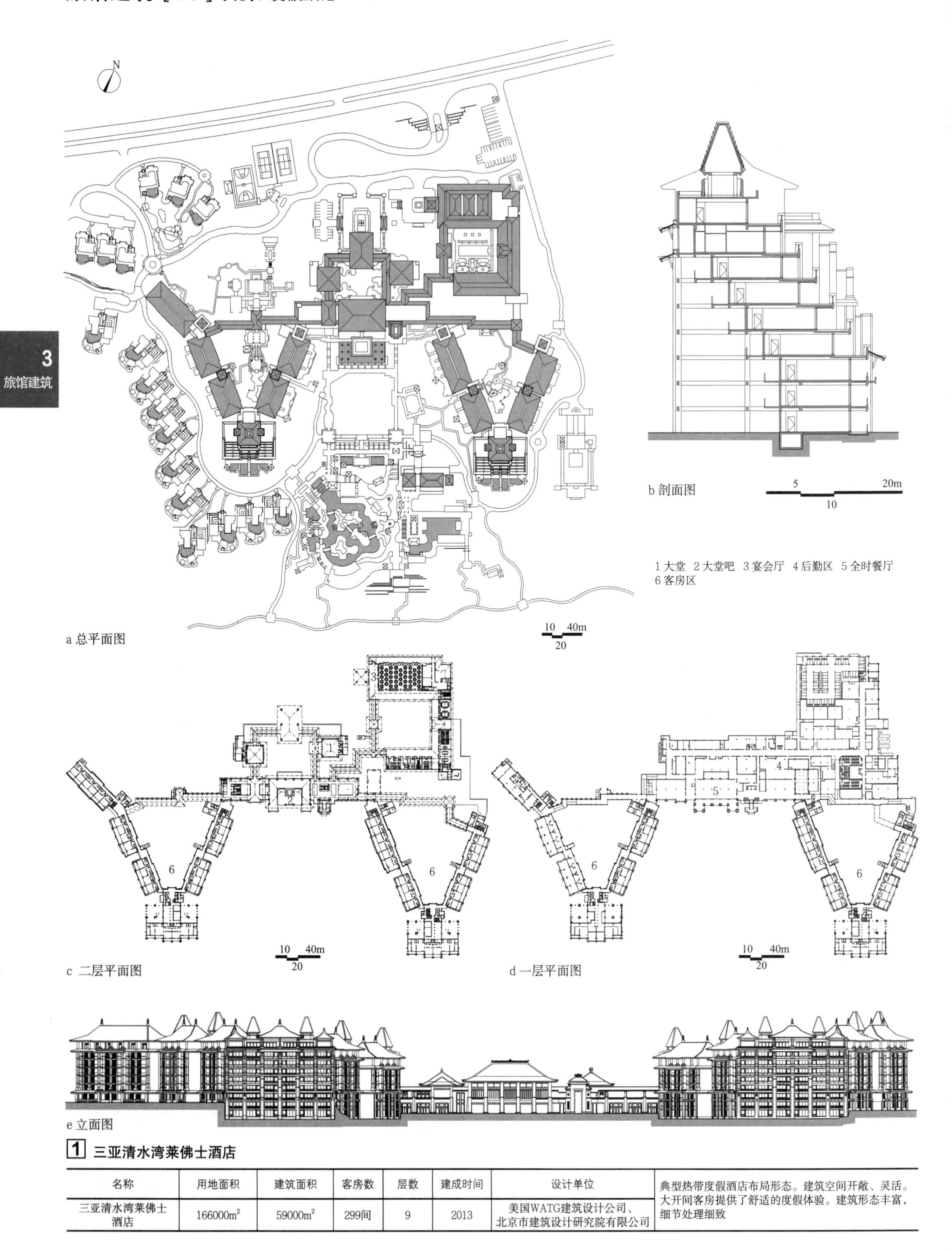

a 总平面图

b 剖面图

c 二层平面图

d 一层平面图

e 立面图

1 三亚清水湾莱佛士酒店

名称	用地面积	建筑面积	客房数	层数	建成时间	设计单位	
三亚清水湾莱佛士酒店	166000m^2	59000m^2	299间	9	2013	美国WATG建筑设计公司、北京市建筑设计研究院有限公司	典型热带度假酒店布局形态。建筑空间开敞、灵活。大开间客房提供了舒适的度假体验。建筑形态丰富，细节处理细致

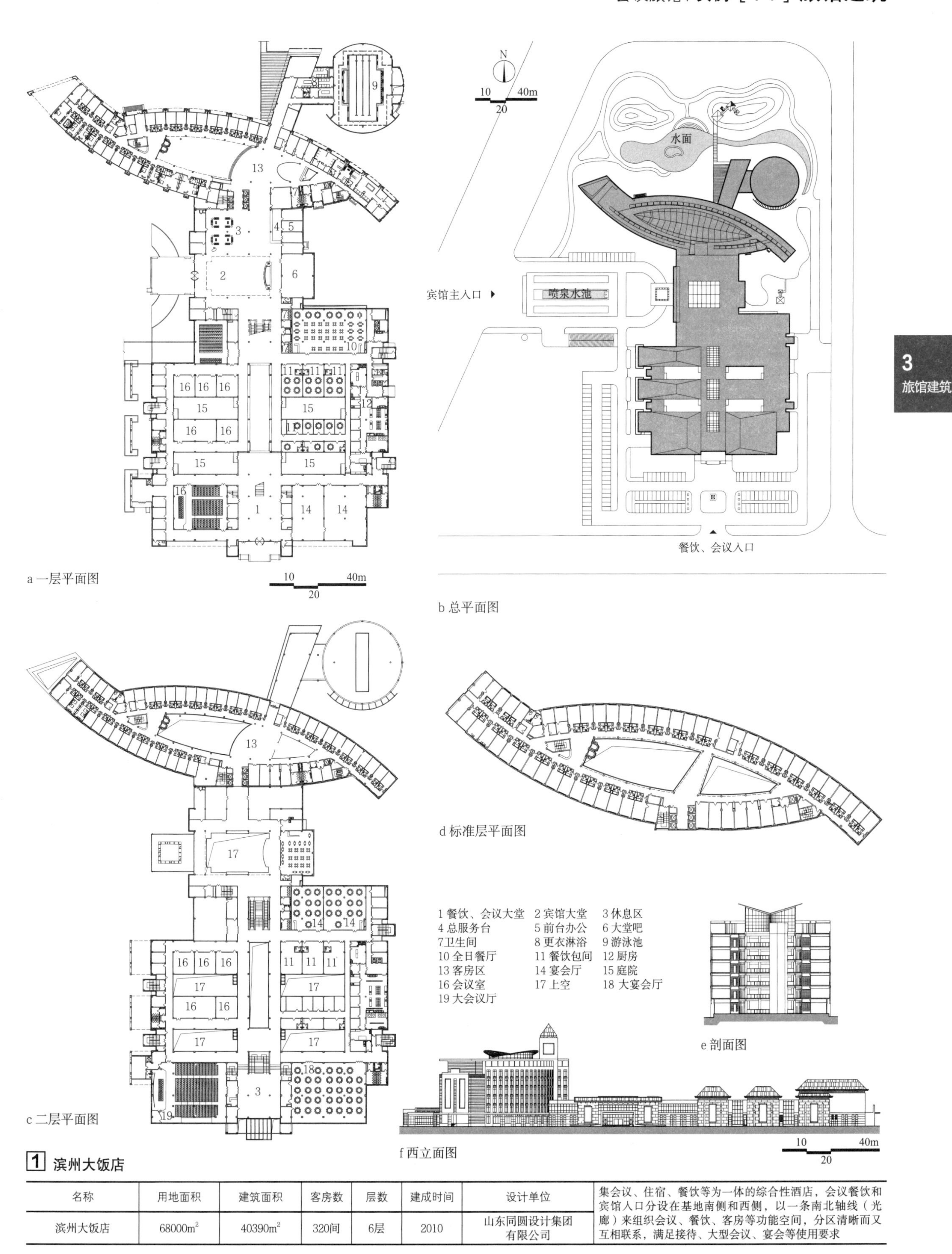

a 一层平面图

b 总平面图

c 二层平面图

d 标准层平面图

e 剖面图

f 西立面图

1 滨州大饭店

名称	用地面积	建筑面积	客房数	层数	建成时间	设计单位	
滨州大饭店	$68000m^2$	$40390m^2$	320间	6层	2010	山东同圆设计集团有限公司	集会议、住宿、餐饮等为一体的综合性酒店，会议餐饮和宾馆入口分设在基地南侧和西侧，以一条南北轴线（光廊）来组织会议、餐饮、客房等功能空间，分区清晰而又互相联系，满足接待、大型会议、宴会等使用要求

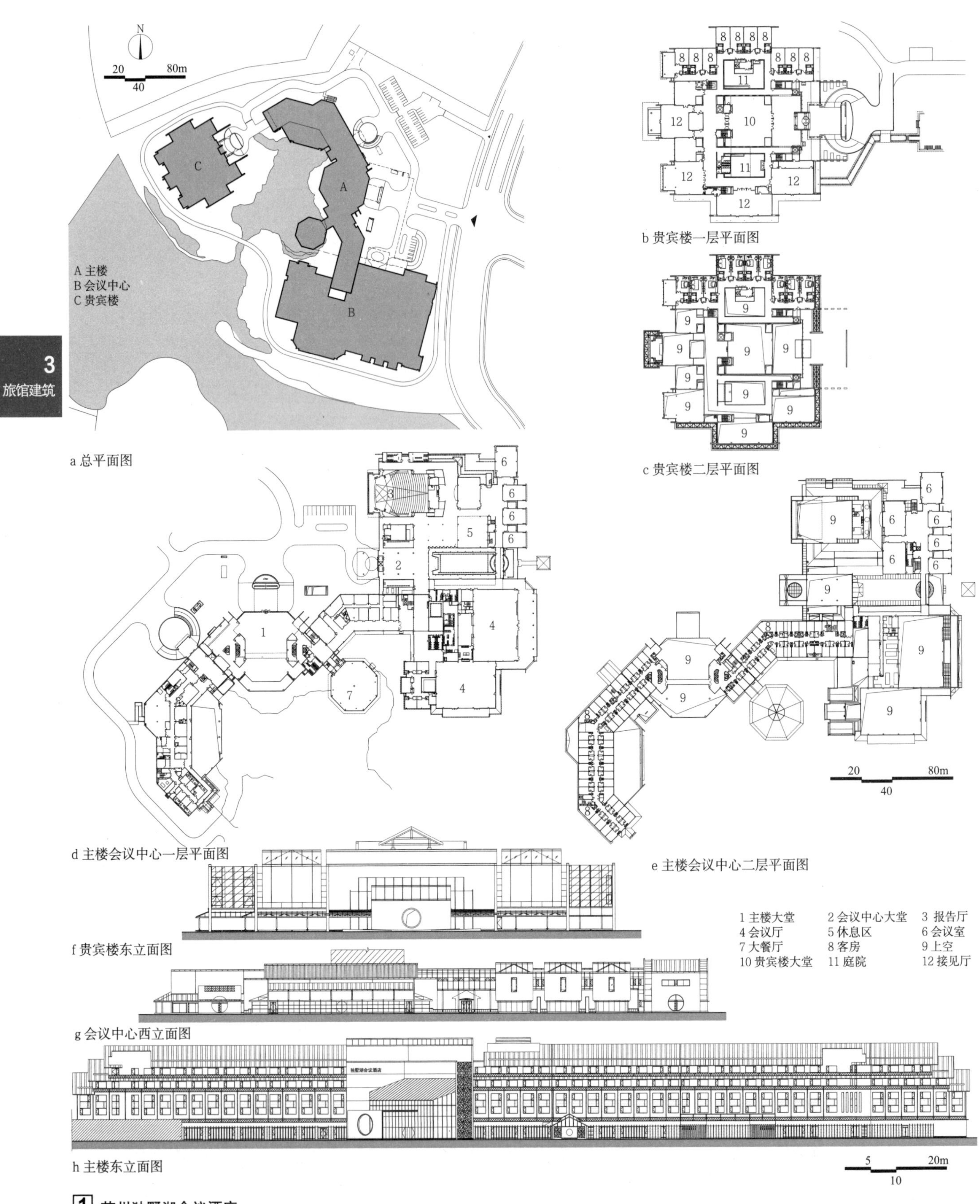

a 总平面图

b 贵宾楼一层平面图

c 贵宾楼二层平面图

d 主楼会议中心一层平面图

e 主楼会议中心二层平面图

f 贵宾楼东立面图

g 会议中心西立面图

h 主楼东立面图

1 苏州独墅湖会议酒店

名称	用地面积	建筑面积	客房数	层数	建成时间	设计单位	
苏州独墅湖会议酒店	83085m²	67116.19m²	330套	3	2010	中衡设计集团股份有限公司	位于苏州工业园区独墅湖畔，采用庭院式布局，以主楼大堂为核心组织功能流线，南侧为会议中心，西侧为贵宾楼。东侧主入口通过微地形堆坡隔绝城市道路噪声，西侧通过把湖水引入到建筑围合的半开放庭院，营造亲水的园林景致

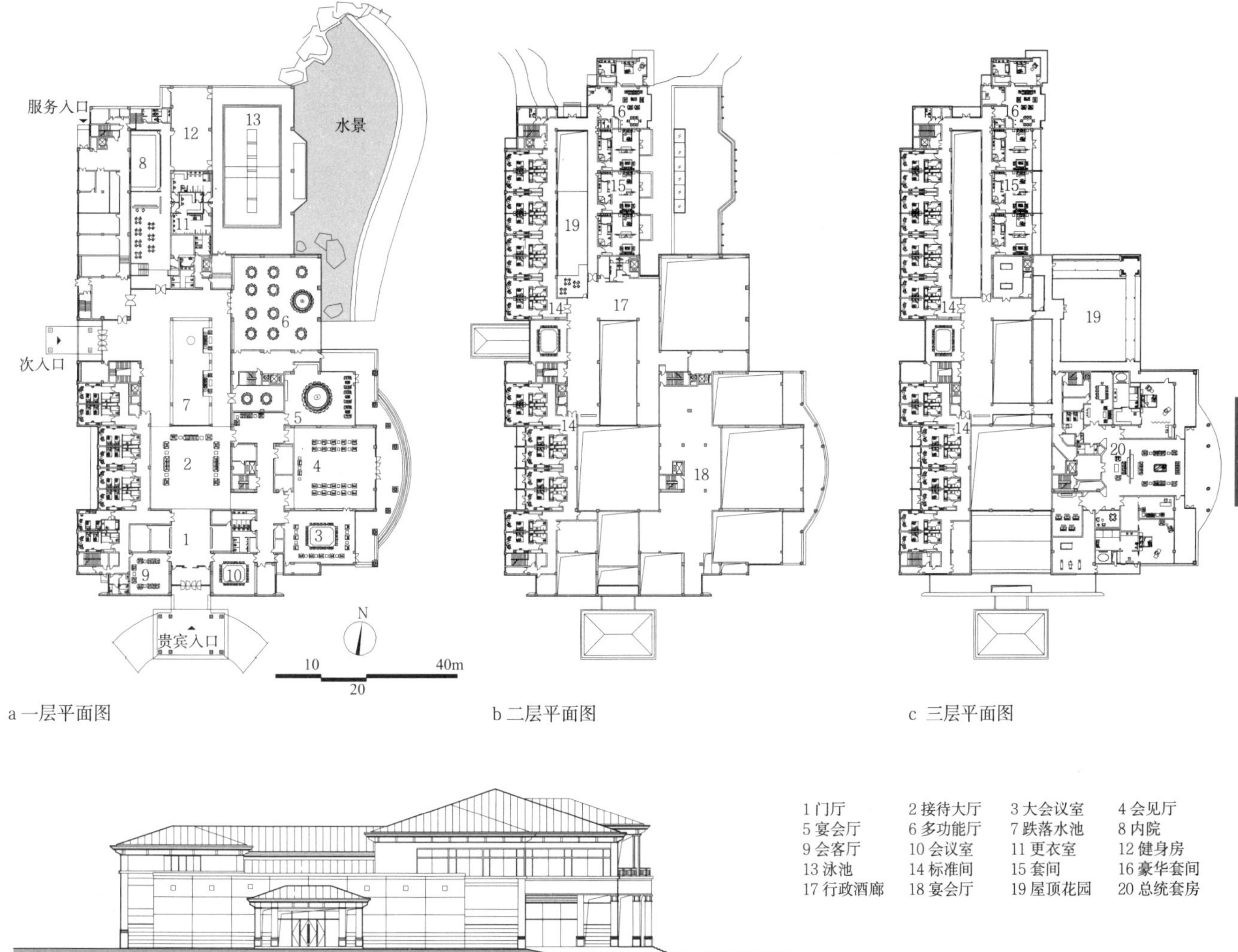

a 一层平面图

b 二层平面图

c 三层平面图

d 南立面图

1 门厅　2 接待大厅　3 大会议室　4 会见厅
5 宴会厅　6 多功能厅　7 跌落水池　8 内院
9 会客厅　10 会议室　11 更衣室　12 健身房
13 泳池　14 标准间　15 套间　16 豪华套间
17 行政酒廊　18 宴会厅　19 屋顶花园　20 总统套房

e 东立面图

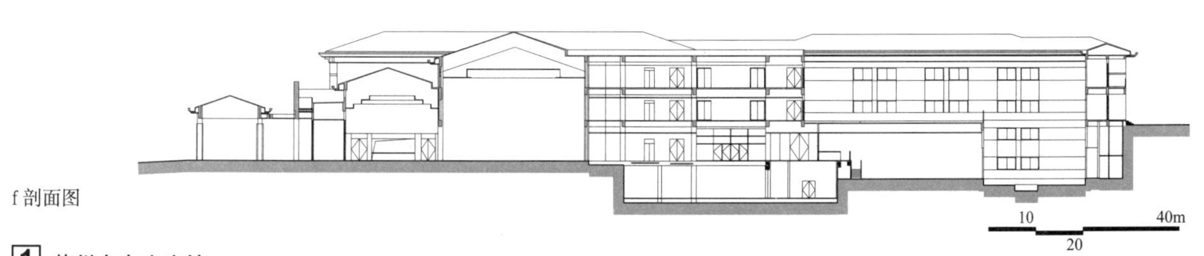

f 剖面图

1 苏州市东山宾馆

名称	用地面积	建筑面积	客房数	层数	建成时间	设计单位	东临太湖、西面靠山，以自然景观为主导，将建筑尽可能掩映在山水绿化之间。力求动线清晰。贵宾入口、多功能厅及客房入口、服务入口分别设置，避免流线交叉，并确保重要活动时贵宾活动流线绝对安全与便捷
苏州市东山宾馆	75080m^2	14835m^2	48套	3	2006	苏州设计研究院股份有限公司	

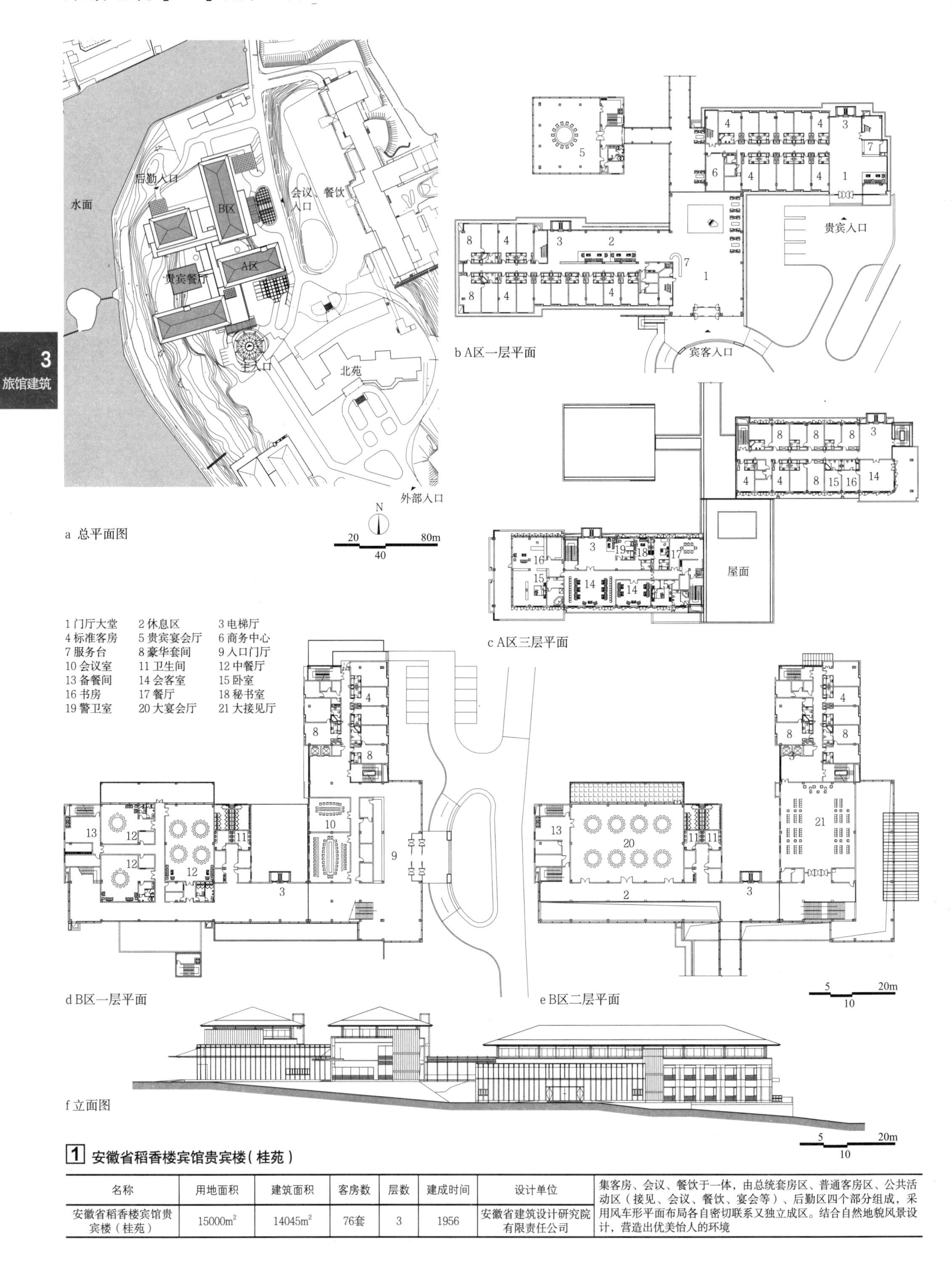

a 总平面图

b A区一层平面

c A区三层平面

d B区一层平面

e B区二层平面

f 立面图

1 安徽省稻香楼宾馆贵宾楼（桂苑）

名称	用地面积	建筑面积	客房数	层数	建成时间	设计单位	
安徽省稻香楼宾馆贵宾楼（桂苑）	15000m²	14045m²	76套	3	1956	安徽省建筑设计研究院有限责任公司	集客房、会议、餐饮于一体，由总统套房区、普通客房区、公共活动区（接见、会议、餐饮、宴会等）、后勤区四个部分组成，采用风车形平面布局各自密切联系又独立成区。结合自然地貌风景设计，营造出优美怡人的环境

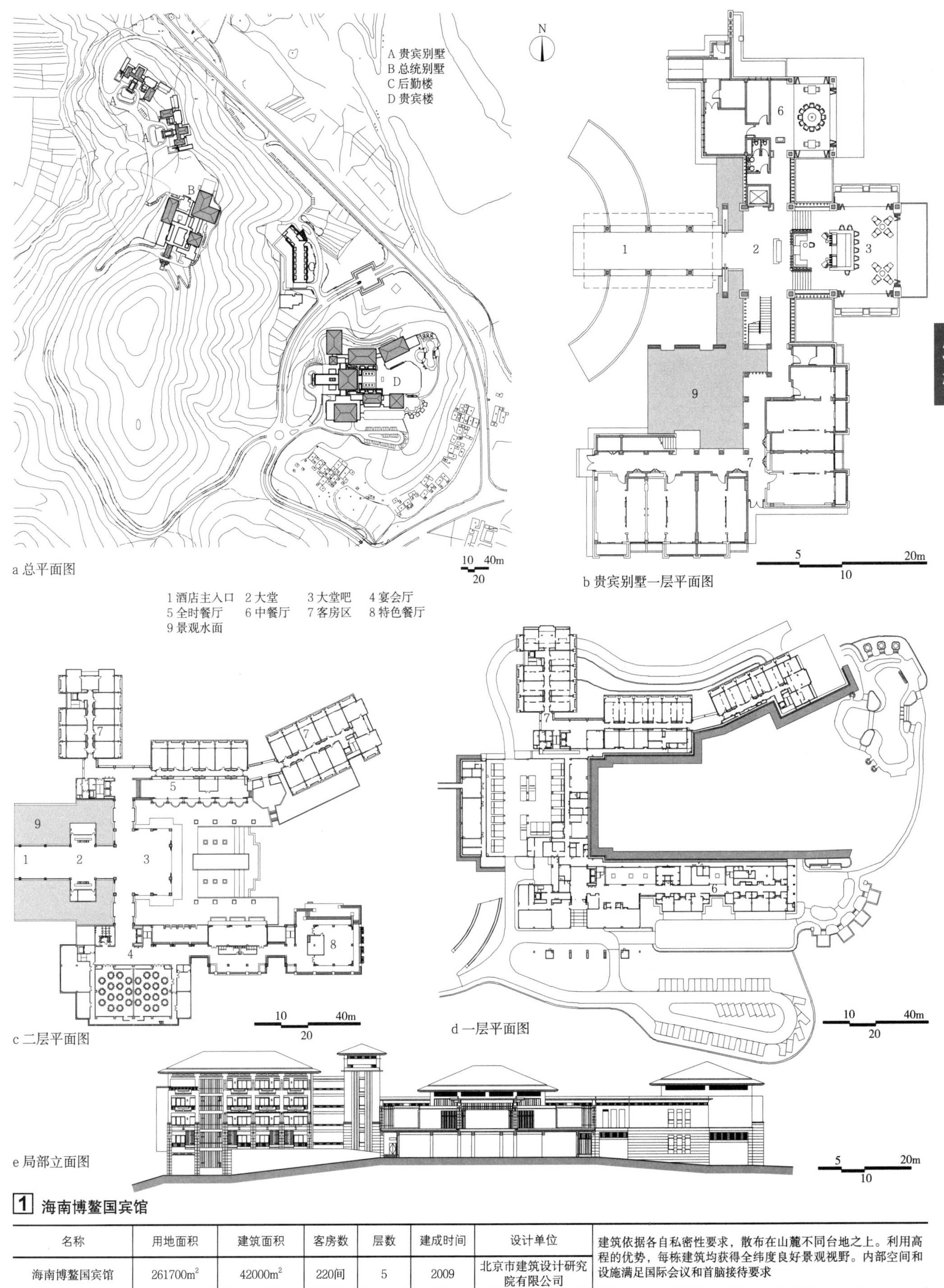

a 总平面图

b 贵宾别墅一层平面图

c 二层平面图

d 一层平面图

e 局部立面图

1 海南博鳌国宾馆

名称	用地面积	建筑面积	客房数	层数	建成时间	设计单位	建筑依据各自私密性要求，散布在山麓不同台地之上。利用高程的优势，每栋建筑均获得全纬度良好景观视野。内部空间和设施满足国际会议和首脑接待要求
海南博鳌国宾馆	261700m^2	42000m^2	220间	5	2009	北京市建筑设计研究院有限公司	

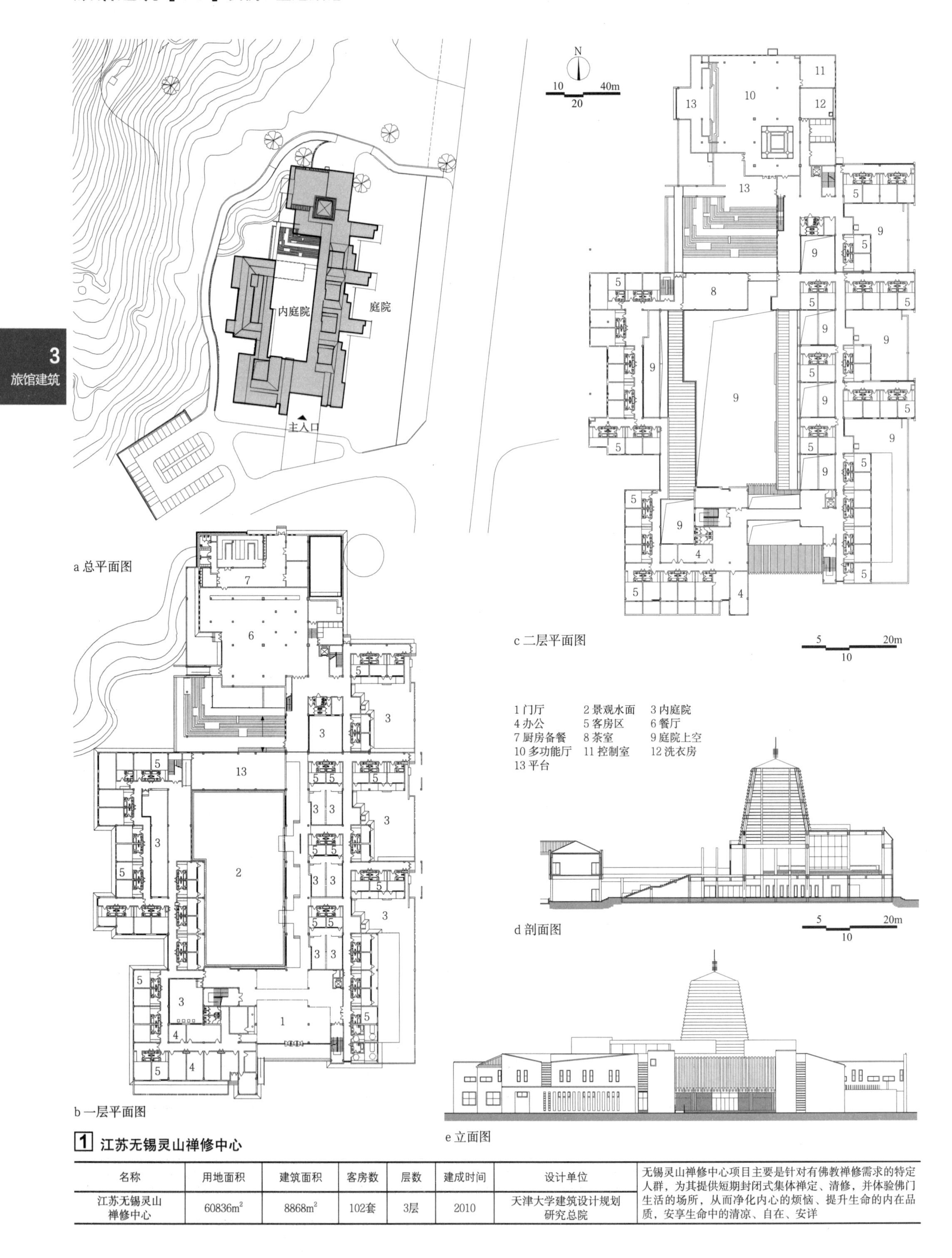

a 总平面图

b 一层平面图

c 二层平面图

d 剖面图

e 立面图

1 江苏无锡灵山禅修中心

名称	用地面积	建筑面积	客房数	层数	建成时间	设计单位
江苏无锡灵山禅修中心	60836m^2	8868m^2	102套	3层	2010	天津大学建筑设计规划研究总院

无锡灵山禅修中心项目主要是针对有佛教禅修需求的特定人群，为其提供短期封闭式集体禅定、清修，并体验佛门生活的场所，从而净化内心的烦恼、提升生命的内在品质，安享生命中的清凉、自在、安详

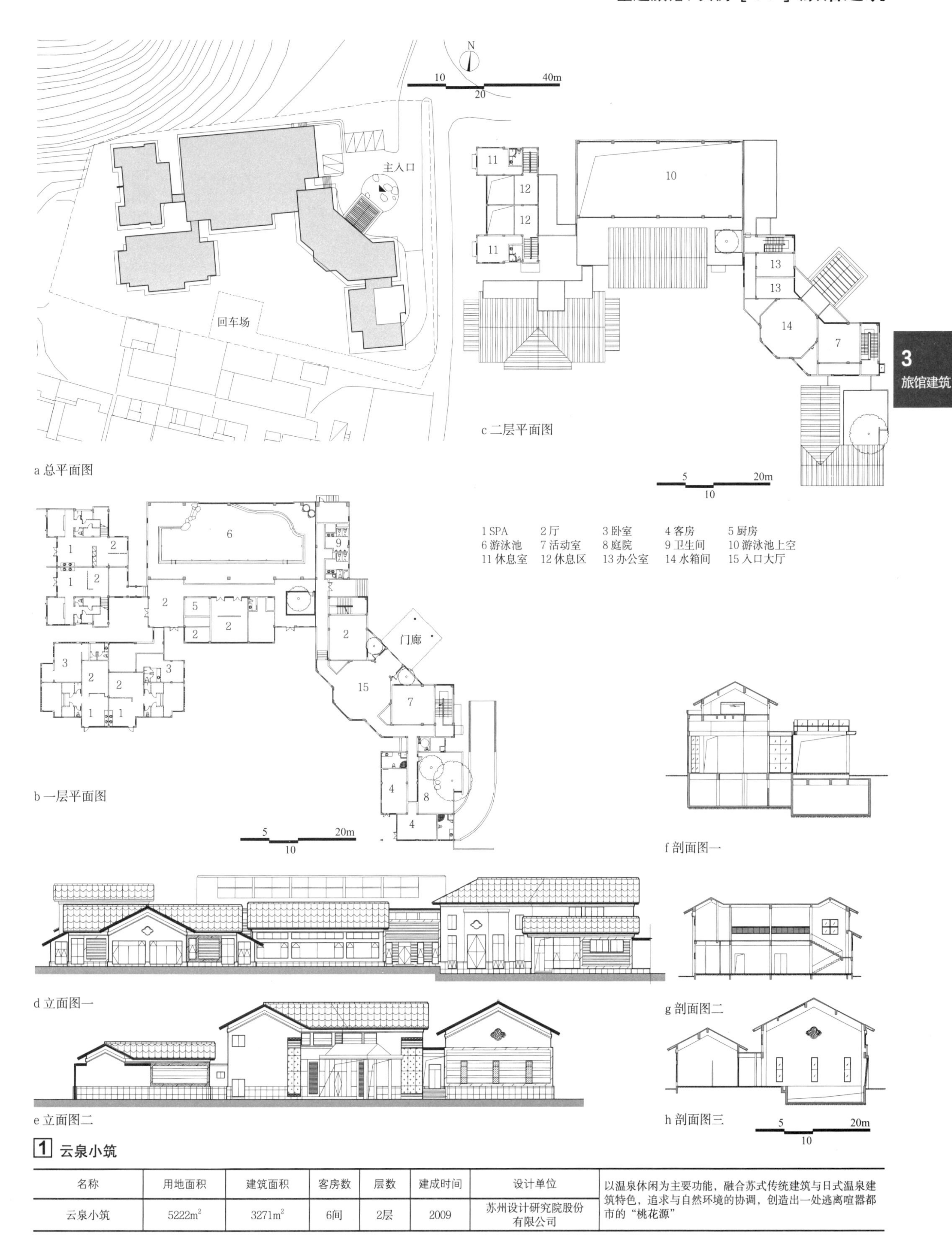

1 云泉小筑

名称	用地面积	建筑面积	客房数	层数	建成时间	设计单位	以温泉休闲为主要功能，融合苏式传统建筑与日式温泉建筑特色，追求与自然环境的协调，创造出一处逃离喧嚣都市的“桃花源”
云泉小筑	5222m^2	3271m^2	6间	2层	2009	苏州设计研究院股份有限公司	

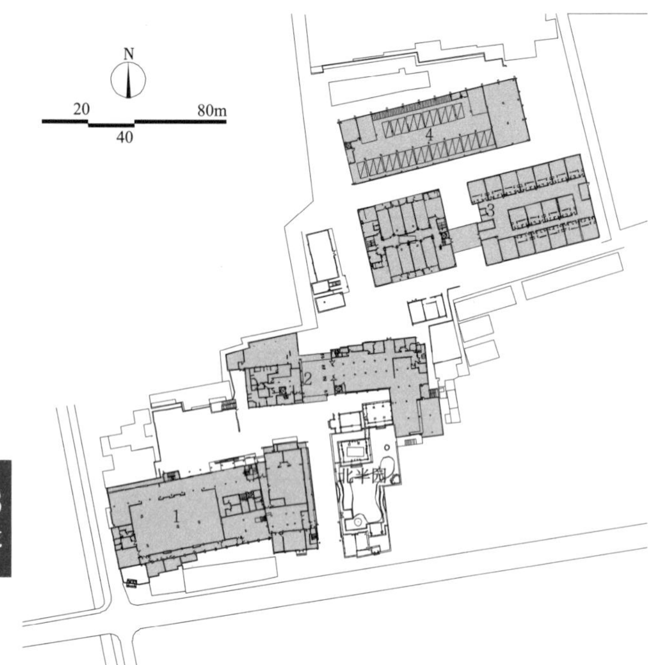

a 总平面图

1 接待、会议、餐饮楼　2 健身休闲楼　3 客房楼　4 停车区
5 入门门厅　6 多功能厅　7 贵宾接待室　8 餐厅
9 西饼屋　10 厨房　11 包间　12 大包间　13 会议室
14办公室　15 卫生间　16 客房　17 无障碍客房　18 景观水池
19 上空　20 接待室　21总统套房

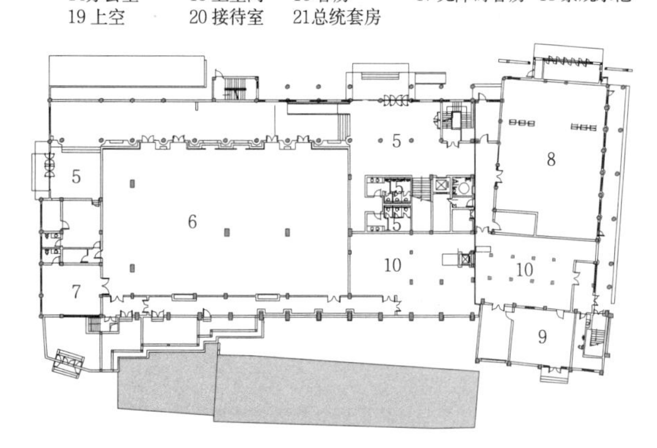

b 1号楼一层平面图

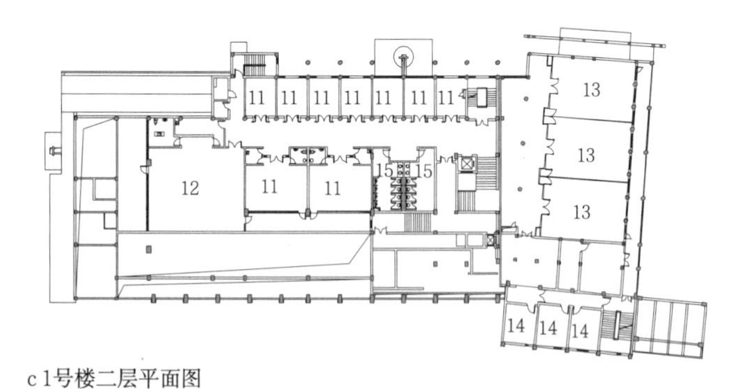

c 1号楼二层平面图

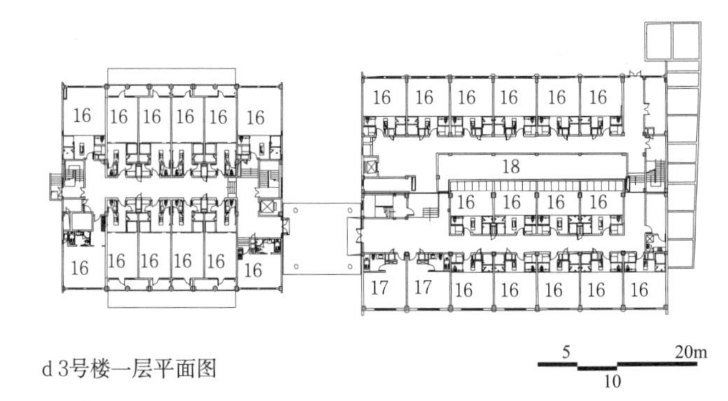

d 3号楼一层平面图

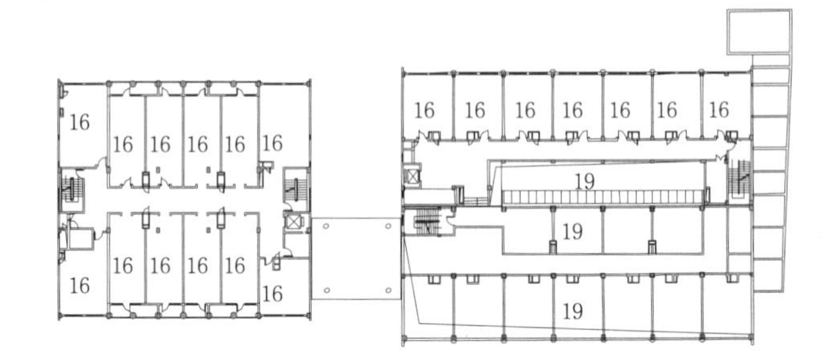

e 3号楼二层平面图

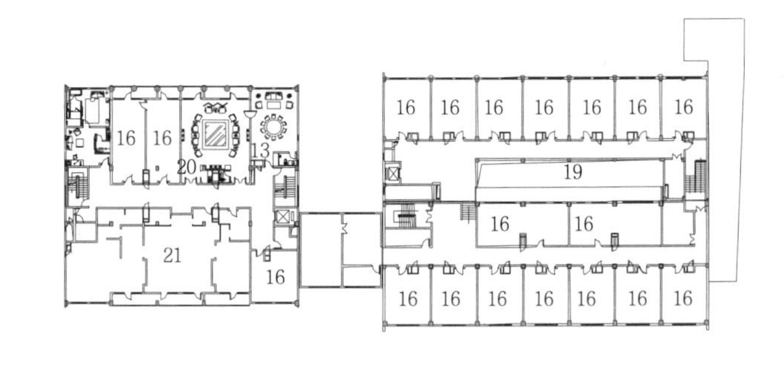

f 3号楼三层平面图

g 1号楼南立面图

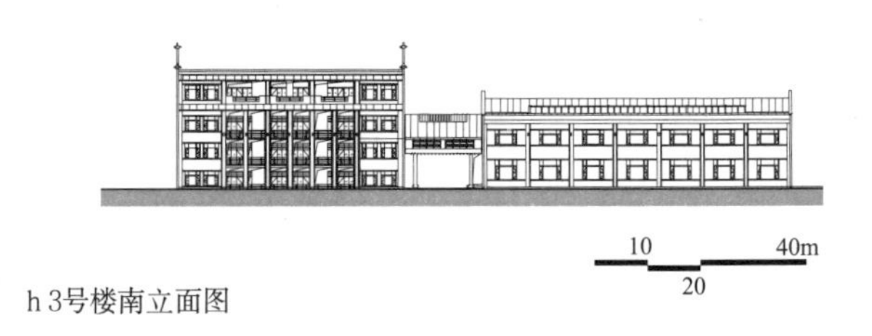

h 3号楼南立面图

1 苏州书香世家·平江府

名称	用地面积	建筑面积	客房数	层数	建成时间	设计单位	这是由一群废弃的厂房和一个破旧的园林改造而成的五星级吴文化精品酒店。通过对旧建筑、旧园林的改造与整合，探索在追寻旧建筑、旧园林历史记忆的同时完美实现酒店功能的途径，并将这段历史文化延续在酒店设计的各个角落
苏州书香世家·平江府	15798m^2	19233m^2	130套	4层	2010	苏州设计研究院股份有限公司	

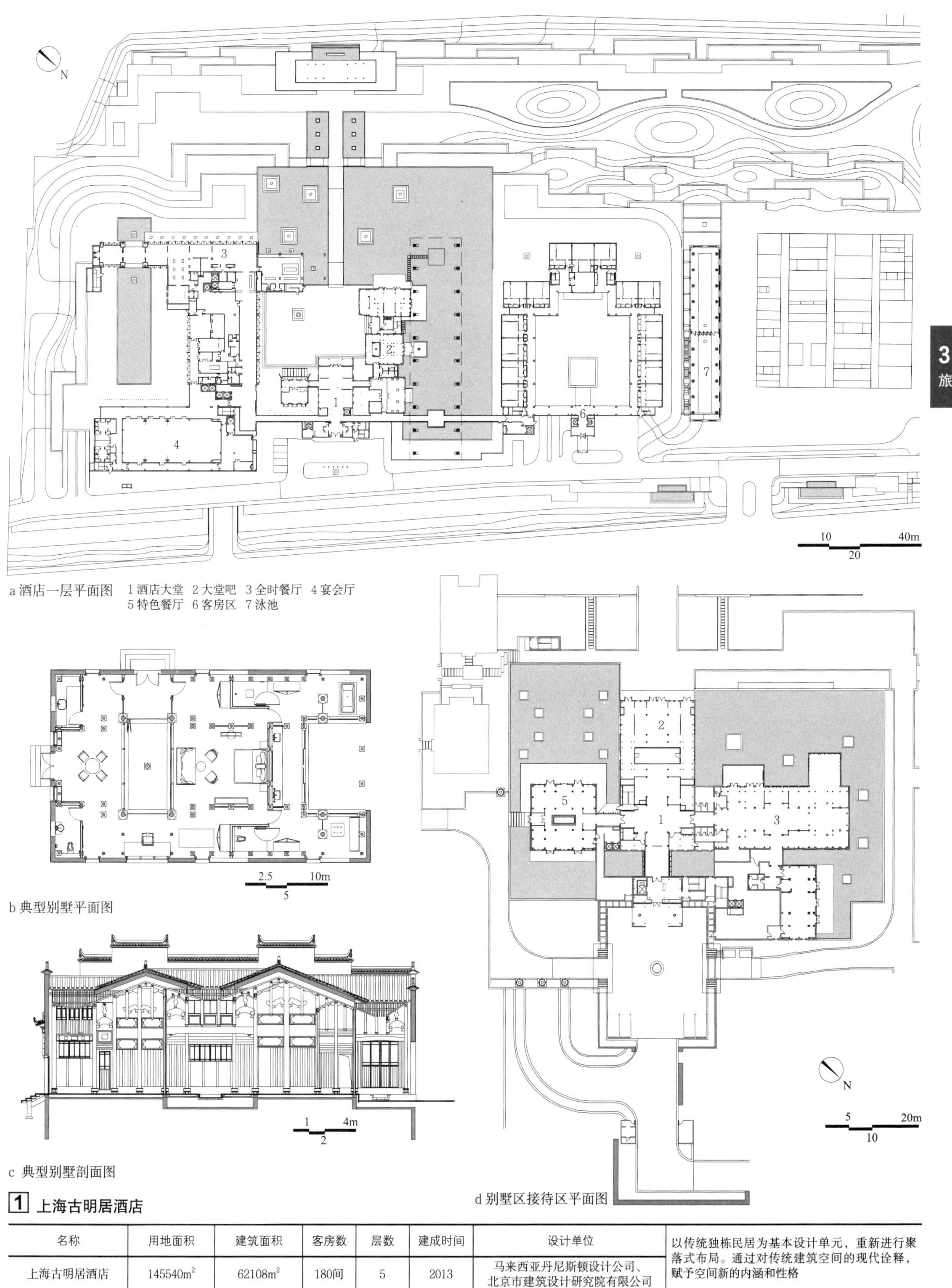

a 酒店一层平面图　1 酒店大堂　2 大堂吧　3 全时餐厅　4 宴会厅　5 特色餐厅　6 客房区　7 泳池

b 典型别墅平面图

c 典型别墅剖面图

d 别墅区接待区平面图

1 上海古明居酒店

名称	用地面积	建筑面积	客房数	层数	建成时间	设计单位	以传统独栋民居为基本设计单元，重新进行聚落式布局。通过对传统建筑空间的现代诠释，赋予空间新的内涵和性格
上海古明居酒店	145540m²	62108m²	180间	5	2013	马来西亚丹尼斯顿设计公司、北京市建筑设计研究院有限公司	

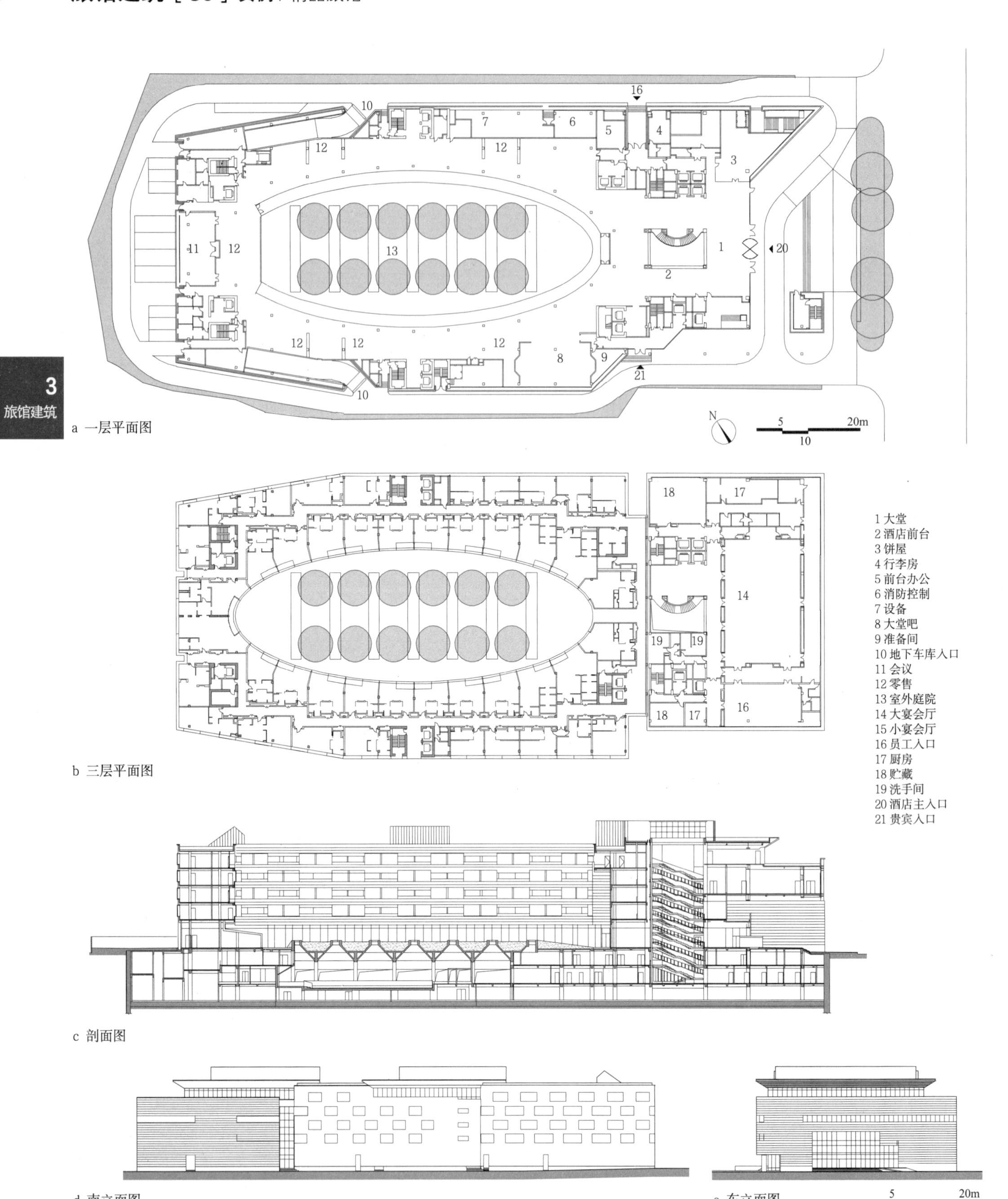

a 一层平面图

b 三层平面图

c 剖面图

d 南立面图

e 东立面图

1 上海衡山路至尊豪华酒店

名称	用地面积	建筑面积	客房数	层数	建成时间	设计单位	联合设计单位	基地位于历史风貌核心区，建筑沿周边布置形成内庭院。地下3层为后勤及泳池、健身等；一层为公共部分；二至五层沿街为餐饮宴会厅等，后部为客房
上海衡山路至尊豪华酒店	10802.8m^2	47500m^2	173	5层	2012	华东建筑集团股份有限公司 华东建筑设计研究总院	Mario Botta 建筑设计事务所	

定义

本专题所指商业建筑是为零售业提供空间和场所的建筑。零售业是以向最终消费者提供所需商品和服务为主的行业。

根据《零售业态分类》GB/T 18106-2010，将需要建筑空间和场所的零售业态分为食杂店、便利店、折扣店、超市、仓储会员店、百货店、专业店、专卖店、购物中心、厂家直销中心10种。

本专题内容不涉及商业综合体和购物中心。

分类

商业建筑按照不同的标准有不同的分类方式。

按建筑类型分类　表1

类型	内容
步行商业街	室内步行街、地下步行街、购物村、购物公园等
百货商店	百货商店
超级市场	便利店/超市、社区超市、综合超市、大型超市、仓储会员店等
专业商店	家具建材商店、家具用品店、家用电器店、汽车4S店、服饰店等
服务、修理商店	影楼、旅行社、房产中介等

按面积规模分类　表2

规模	小型	中型	大型
总建筑面积	<5000m²	5000~20000m²	>20000m²

注：本表摘自《商店建筑设计规范》JGJ 48-2014。

按所处区域分类　表3

类型	区位
城市中心商业建筑	位于城市交通、人口核心区，传统商业聚集核心区
地区商业建筑	位于居民聚居区、商务聚集地、公共交通集散地周边
社区商业建筑	位于区域商业中心、居民聚居区及附近区域
城郊商业建筑	位于城市郊区、城乡结合部、交通要道

各类型商业建筑发展关系

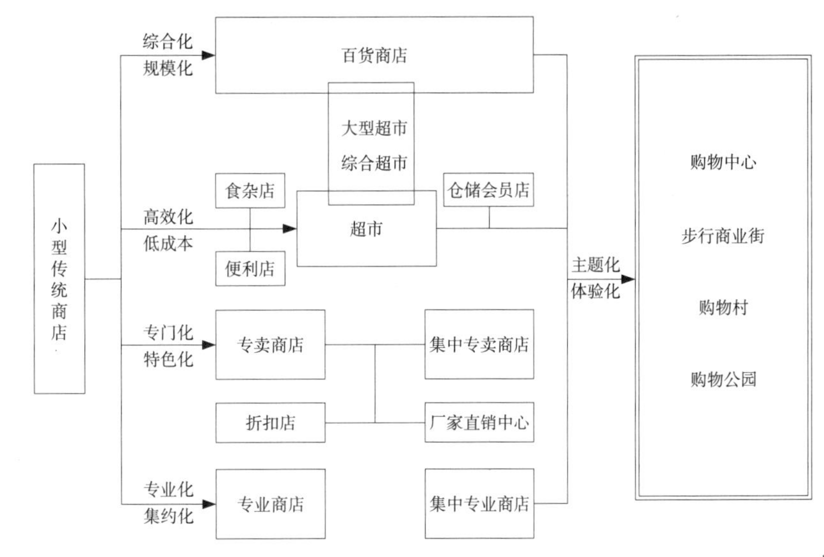

1 各类型商业建筑简要关系

发展特征

随着社会、经济的发展，现代商业建筑形式愈加多样，业态交融混合，主要呈现以下特征：

1. 综合化与规模化：建筑的体量、规模、尺度不断扩大，以容纳各种各样的商业业态、种类繁多的商品，形成集聚效应，同时引入餐饮、娱乐、休闲等其他功能，满足消费者的“一站式”需求。

2. 体验化与主题化：满足不同时期，不同消费习惯、消费心理、消费观念对商业空间设计、氛围营造的需求，符合开发、经营者的商业定位、主题诉求。

3. 专业化与集约化：通过集中销售同一种或同一类商品，形成聚集效应，提供给消费者更多的选择机会，满足消费者深层次、专业化的需求。

4. 专门化与特色化：通过专门销售某一个或几个品牌的商品，突出商品的个性、特色，展示企业的形象，提高品牌认知度。

5. 高效化与低成本：满足快节奏、高效率的现代生活对便利性的需求，通过多种手段降低建筑维护、运营成本，增加商品的价格竞争力。

形态类型

商业建筑形态类型　表4

	独立式	线性组合式	组群组合式
平面简图			
空间特征	独立式建筑，内部空间贯通 常用大厅式、中庭式	建筑沿步行主通道排列，构成街道空间 常用拱廊式、骑楼式、街道式	建筑分组成群，片区整体规划 常用组群式、广场式、庭院式
商业建筑类型	大中型百货商店、超级市场、集中专业商店、室内步行街	步行商业街	购物村、购物公园、购物中心

区位

商业建筑的区位选择应该满足城市规划与商业规划的要求，综合考虑项目的各种环境条件。

选址的基本原则　表1

基本原则		具体细则举例
聚集效应	商业聚集效应	商业设施集中的地区； 购物中心、步行商业街、商业街区
	人群聚集效应	人口聚居区； 城市重要公共设施（学校、医院、剧场……）集散路线周边； 大型办公、娱乐场所周边； 高速公路休息区； 城市公交系统和轨道交通系统站点周边； 具有特殊城市文脉、历史传统的商业旅游区； 观光旅游景点周边
便捷性原则	交通时耗适中	离开交通工具后步行到达商店时间，5分钟内视为满意，10分钟内视为可以，15分钟即为勉强
	交通方式便捷	不同交通方式有不同的趋近、便利性需求，均要保证消费者能便捷地接近建筑： 1.自驾车、出租车、自行车：需有对应不同来向、不同车辆的道路出入口、允许车辆掉头的路口，无路障，无绿化隔离带，有足够多的停车场； 2.公交系统：需有若干条公交线路的车站点，距离不超过200m； 3.步行者：需有跨越公路的人行天桥、地下通道或过街人行道
	进出建筑便捷	无明显的自然障碍影响，门外的台阶尽可能少； 外面台阶防滑，有无障碍通道
可见度原则	不同距离	远距离（500m左右），其高位店标、指路牌可见； 中距离（200m左右），建筑外墙大型店标可见，无遮挡（树、其他标牌等），周边开阔，临界面较大； 近距离（50m左右），入口标牌、电梯入口标牌可见
	不同层次	建筑物的色彩和形态可见性强，便于确认
	不同位置	具体内容见表2
可适应性原则	用地条件、用地面积满足不同业态的功能需求	
发展潜力原则	具有人口聚集和商业发展潜力，符合城市发展规划	

不同选址位置的可见度　表2

商业建筑选址	可见度	商业建筑选址	可见度
	坐北朝南的商业建筑较坐南朝北的商业建筑可见度高		弯道外商业建筑较内侧商业建筑可见度高
	道路交叉口正对某条道路的商业建筑可见度较高		道路交叉口阳角位置的商业建筑可见度较高
	步行街两端商业建筑可见度较高		城市商业建筑广场周边可见度较高

注：▇优选位置，□对比位置。

商圈简介

1. 定义

本处是指以商业建筑或商业区为中心向四周扩展，吸引顾客的辐射范围，即那些优先选择来此消费的顾客所居住的地理范围。

2. 商圈构成

一般由核心商圈、次级商圈、边缘商圈三级构成，包含地理距离以及到达本建筑的交通时间两个因素。

（1）核心商圈：总顾客量的55%~70%在此范围，辐射半径在1.5km左右，乘车5分钟可达；

（2）次级商圈：约15%~25%的顾客在此范围，辐射半径5km左右，乘车15分钟内可达；

（3）边缘商圈：约15%的顾客在此范围，辐射半径10km，乘车30分钟可达。

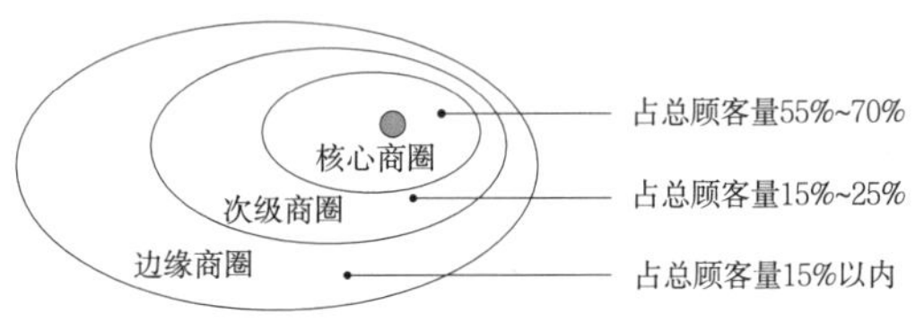

1 商圈示意

业态、选址与规模　表3

业态	选址	商圈与目标顾客	规模
便利店	商业中心区、交通要道，以及车站、医院、学校、娱乐场所、办公楼、加油站等公共活动区	商圈范围小，顾客步行5分钟内到达，目标顾客主要为单身者、年轻人。顾客多为有目的的购买者	营业面积100m^2左右
折扣店	居民区、交通要道等租金相对便宜的地区	辐射半径2km左右，目标顾客主要为商圈内的居民	营业面积300～500m^2
便利超市	商业中心区、交通要道以及车站、医院、学校、娱乐场所、办公楼、加油站等公共活动区	商圈范围小，顾客步行5分钟内到达，目标顾客主要为居民、单身者、年轻人。顾客多为有目的的购买	营业面积面积一般为200～500m^2，利用率高
社区超市	市、区商业中心，居住区	目标顾客以居民为主	营业面积500～2000m^2
综合超市	市、区商业中心，居住区	目标顾客以居民为主	营业面积2000～6000m^2
大型超市	市、区商业中心，城郊结合部，交通要道及大型居住区	辐射半径2km以上，目标顾客以居民、流动顾客为主	营业面积6000m^2以上
仓储式会员店	城乡结合部的交通要道	辐射半径5km以上，目标顾客以中小零售店、餐饮店、集团购买和流动顾客为主	营业面积6000m^2以上
高档百货店	市、区级商业中心，历史形成的商业集聚地	目标顾客以追求高档商品和品位的顾客为主	营业面积6000~20000m^2
时尚百货	市、区级商业中心，历史形成的商业集聚地	目标顾客以追求时尚商品和品位的流动顾客为主	营业面积6000~20000m^2
大众百货	市、区级商业中心，历史形成的商业集聚地	目标顾客以追求大众商品的顾客为主	营业面积6000~20000m^2
专业市场	—	目标顾客以有目的的选购某类商品的流动顾客为主	根据商品特点而定
专卖店	市、区级商业中心，专业街以及百货店，购物中心内	目标顾客以中高档消费者和追求时尚的年轻人为主	根据商品特点而定
厂家直销中心	一般远离市区	目标顾客以重视品牌的有目的的购买的顾客为主	单个建筑面积100~200m^2

注：本表摘自《零售业态分类》GB/T 18106-2010。

商业策划

商业建筑，尤其是大中型商业建筑设计，需要建筑师、城市规划师、市场研究、商业管理等专业人才共同参与完成，设计前期需要商业策划的过程。

综合设计参考流程

现代商业建筑设计呈现出综合化、专业化、流程化、协同化的特点。

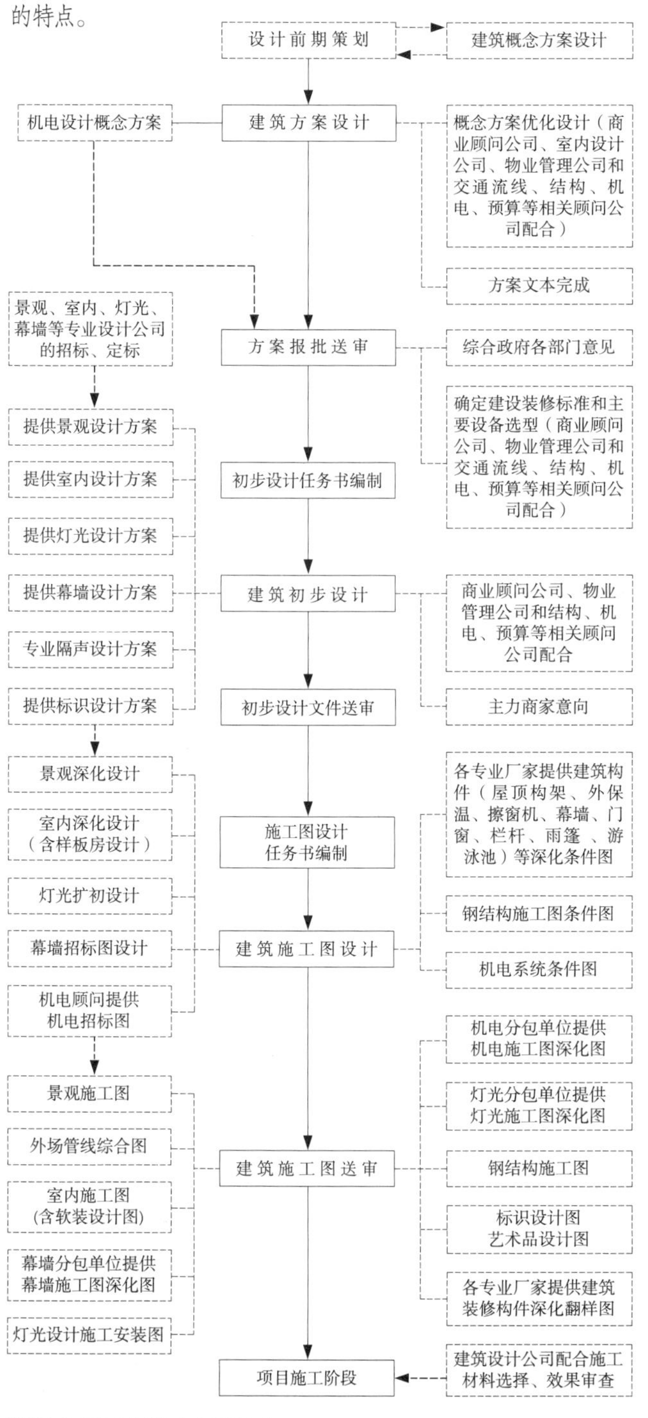

专项施工图设计主要包含幕墙设计，夜景照明设计，广告、标识、导示系统设计，室内环境设计（公共部分），展示与陈列设计，环境景观与绿化设计，智能化系统设计，绿色节能设计等。

1 某大型商业建筑综合设计参考流程

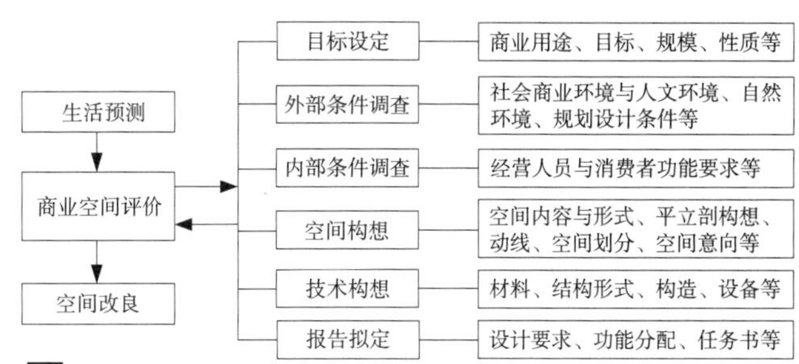

2 设计前期策划流程

商业策划调研内容表　　表1

项目环境	项目策划与设计任务书	项目定位、主要目标客户、业主开发经营模式、设计任务书等
政策环境	建筑规范要求	《建筑设计防火规范》GB 50016、《商店建筑设计规范》JGJ 48、《饮食建筑设计规范》JGJ 64等相关规范
	城市规划和政府要求	商业规划：城市商业发展思路、城市商业规划总则、城市商业功能区规划、城市商业网点规划等
		宏观城市发展目标、区域发展目标等
		基地规划条件：建设用地边界线、道路红线、建筑控制线、土地使用性质、建筑密度、容积率、高度控制要求、绿地覆盖率、建筑风格、建筑色彩、社会停车位等要求
自然环境	地质条件、地形地貌、气候条件、植被与水文等	
交通环境	1. 区域交通的总体状况与发展趋势； 2. 交通节点：公交车站、城市铁路车站、铁道车站、机场，以及换乘枢纽的位置、与基地的远近和连接关系； 3. 道路类别：交通枢纽、高速通道、城市干道、商业干道和商业步行街； 4. 人车流动情况：公交线路、城铁线路，以及到发车次情况、车流区域循环状况（单行线、限时通车道以及步行街状况）、人流的数量和质量、上下班峰值、货物搬运状况； 5. 周边建筑设施的人车集散能力及其对基地的影响； 6. 城市居民机动车拥有量及出行交通方式； 7. 外来人员和本地居民的交通状况差异比较	
商圈环境	由商业顾问公司完成，包括商圈构成、人口状况、购买力状况、目标消费者构成状况等	
社会文化环境	城市文脉与地域特色、当地消费特征、消费习惯等	

设计前期策划阶段各项量化指标清单　　表2

商业业态配比	购物类业态的面积及其占比；游乐类业态的面积及其占比； 娱乐类业态的面积及其占比；餐饮类业态的面积及其占比； 其他可能产生的业态面积及其占比
不同业态主力店、次主力店及独立店的占比	主力店（百货、超市、电器卖场、家居卖场、游乐园等）的面积及占比； 次主力店（主题百货、精品超市、影院、美食城、电玩中心、大型专卖店等）的面积及占比； 独立店的面积及占比
各个业态中主次店的占比	购物类业态中主力店的占比、次主力店的占比； 餐饮类业态的主力店的占比、次主力店的占比； 休闲娱乐业态的主力店的占比、次主力店的占比； 游乐业态的主力店占比
业态分布规划	主力店分布状况（楼层、位置）； 次主力店分布状况（楼层、位置）
项目的空间规划（主要源于主力店、次主力店的经营需求）	项目的楼层层数规划建议；项目的楼层层高规划建议； 项目的楼层承重规划建议；项目各楼层柱间距规划建议
商业产品类型配比（以利于经营且利于销售为主要权衡标准）	主力店面积及数量规划建议； 次主力店面积及数量规划建议； 独立店面宽进深（商铺户型）规划建议； 独立店数量规划建议
商业功能配套规划	电梯、扶梯数量及位置规划建议；背景视讯、背景音乐； 照明规划建议；停车位、停车场规划建议； 中庭大小、区位规划建议；活动演艺区规划建议； 休憩区休憩设施规划建议；洗手间规划建议； 物流动线、理货区规划建议；人流动线规划建议
业态对应的设备需求规划	强电系统容量、区域布置的合理规划（从运营合理性出发）； 项目及各业态区域的用电量需求规划建议； 各业态区域的空调系统规划建议； 货梯、客梯规格规划建议； 项目给水、排水的商业需求规划建议； 项目弱电的商业需求规划建议
商业建筑规划	商业外立面建筑风格建议；室内景观、小品绿化规划建议； 户外广告位规划；室内广告位、灯箱规划； 户外照明、夜景工程规划建议

功能构成

商业建筑由营业部分、仓储部分和辅助部分等组成。每一部分具体功能所占比重和规模，应根据所采用的业态和经营方式而有所不同。

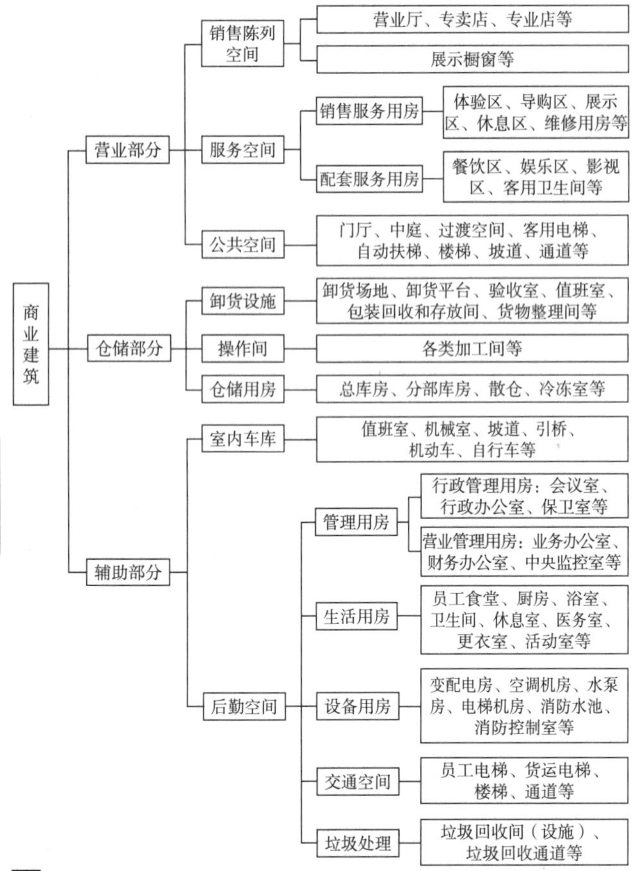

1 功能空间构成举例

各部分面积分配比例参考表 表1

建筑面积（m^2）	营业部分	仓储部分	辅助部分
>15000	>34%	<34%	<32%
3000~15000	>45%	<30%	<25%
<3000	>55%	<27%	<18%

注：营业部分、仓储部分和辅助部分等区域的建筑面积应根据零售业态、商品种类和销售形式等进行分配，并应根据需要进行取舍或合并。

不同业态的商业建筑营业面积率 表2

营业形态	营业面积率	备注
百货商店	50%～60%	含卖场内部过道
超级市场	60%～65%	含卖场内部过道
集中专卖店	45%～55%	不含卖场内部过道

注：营业面积率是指营业面积所占总建筑面积的比率。

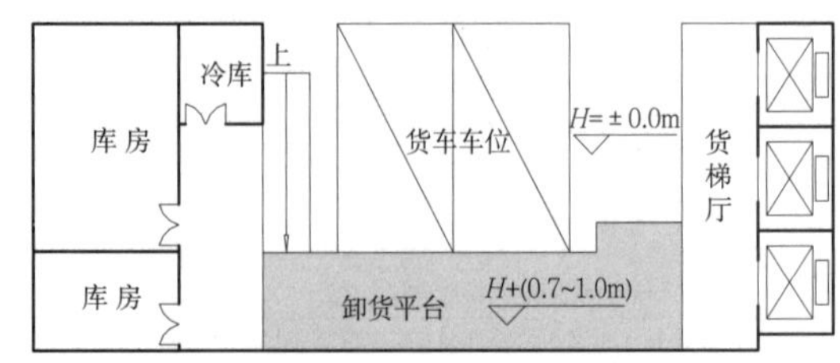

5 某大型商业建筑卸货区示意图

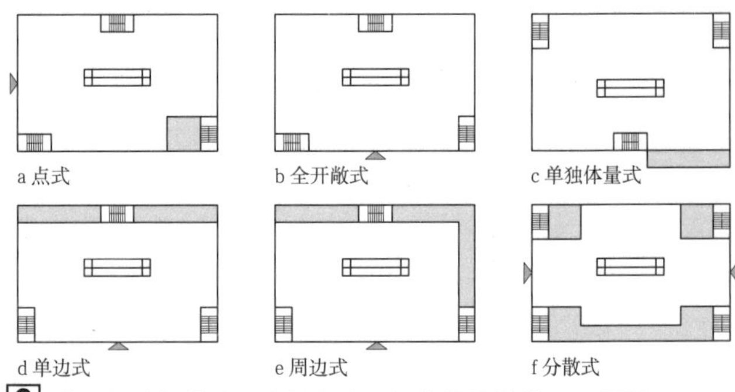

2 营业部分与辅助、仓储部分平面布局位置关系示意图

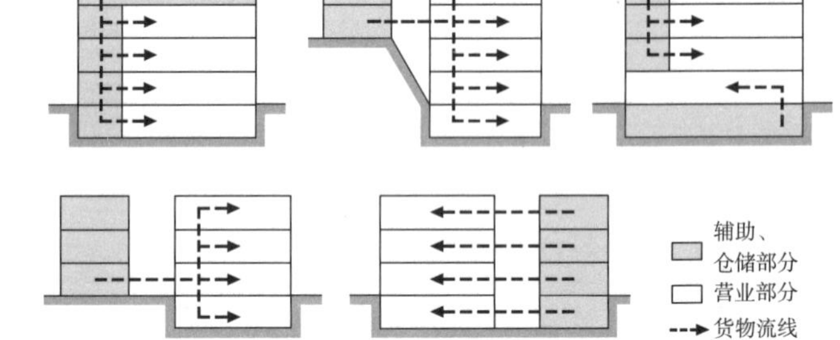

3 营业部分与辅助、仓储部分剖面布局垂直关系示意图

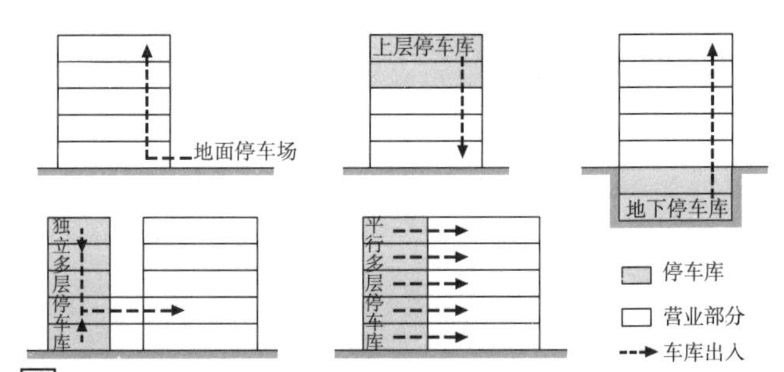

4 停车库位置及其与营业厅的垂直关系示意图

卸货区设计原则及基本条件

设计原则：(1)就近方便；(2)流线短捷，靠近服务区；(3)经济合理利用空间；(4)处理好集中与分散的关系。

基本条件：(1)有足够的卸货平台供货物卸载及整理；(2)有合理落差，平台高度约0.7~1.0m；(3)有台阶或坡道供卸货员工及平板车使用；(4)有足够的回转余地供手推车和货车调头；(5)有清晰的标识系统；(6)有冲洗及污水排放系统。

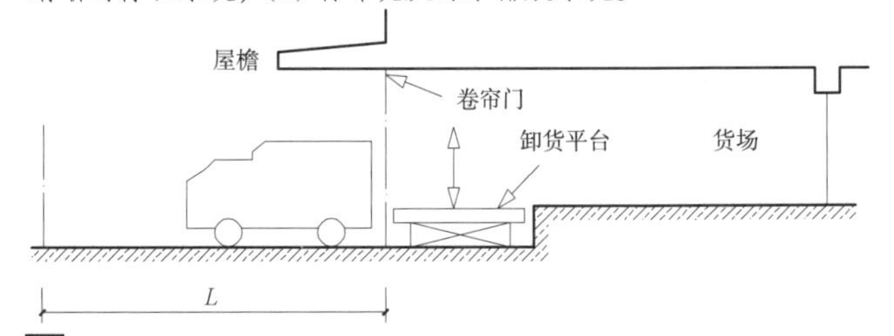

6 后勤及卸货场地剖面示意图

货车及卸货平台规格 表3

加长货车载重量（t）	车位尺寸（mm×mm）	L（m）
2	5800×2000	>10.0
4	8000×2200	>15.5
8	11000×2500	>19.0
10	12000×2200	>23.0

总平面设计要点

1. 大型商业建筑的基地沿城市道路的长度不小于基地周长的1/6，宜有不少于两个方向的出入口与城市道路相连接。

2. 大型商业建筑应按当地城市规划要求设置停车位。在建筑物内设置停车库时，应同时设置地面临时停车位。

3. 基地内车辆出入口应根据停车位的数量确定，并应符合国家相关规定；当设置2个或2个以上车辆出入口时，车辆出入口应尽量避免设在同一条城市道路上。

4. 大型和中型商业建筑的主要出入口前，应留有人员集散场地，且场地的面积和尺度应根据零售业态、人数及规划部门的要求确定。

5. 大型和中型商业建筑的基地内应设置专用运输通道，且不应影响主要顾客人流，其宽度宜为7m，并不应小于4m。运输通道可与消防车道结合设置。

6. 基地内应按规定设置无障碍设施，并应与城市道路无障碍设施相连接。

7. 大型和中型商业建筑的基地内应设置垃圾收集处、装卸载区和运输车辆临时停放处。

8. 大型和中型商业建筑基地内的雨水应有组织排放，且雨水排放不得对相邻地块的建筑及绿化产生影响。

外部空间

此处所指外部空间是在用地范围之内、建筑周边的公共空间，主要承担交通疏散、环境场所和服务商业等几大功能，具有开放、流动、共享性等特点。

商业建筑外部空间类型　　表1

步行系统及环境景观空间	室外商业广场、步行商业街、绿地、公园等
外部联系空间	建筑室内外连接的过渡空间、入口空间，如天桥、连廊、地下通道等
车行系统及停车场	顾客自驾车、出租车、公交车、消防车、货运车流所对应的机动车道、非机动车道；地下车库出入口、地上停车、屋面停车场等
后勤场地	货物、垃圾运送、后勤流线对应的室外道路及场地等

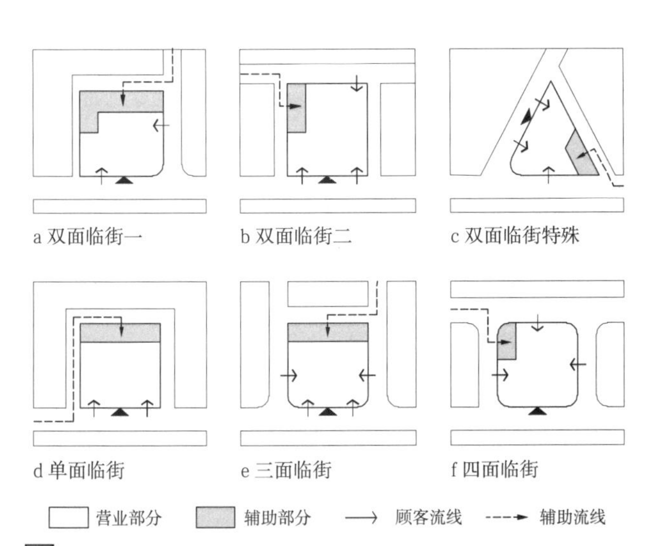

1 常见布局形式示意图

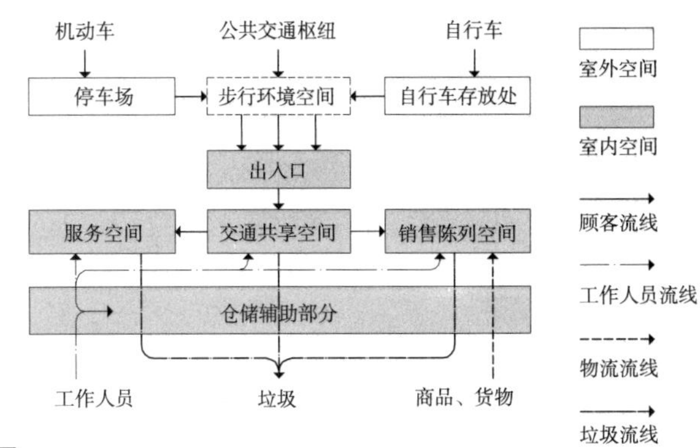

2 外部空间与内部功能关系示意图

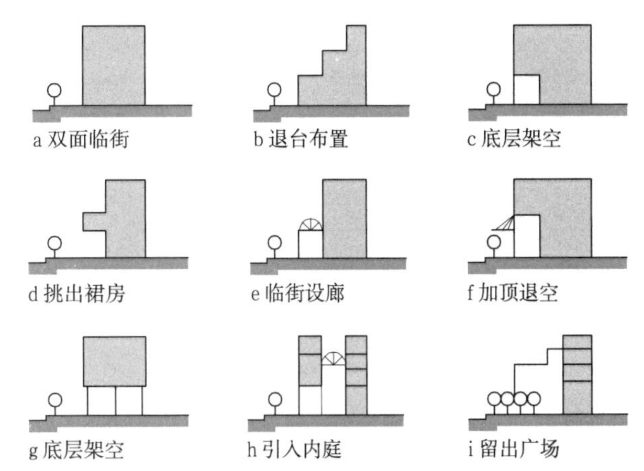

3 建筑与外部空间剖面关系示意图

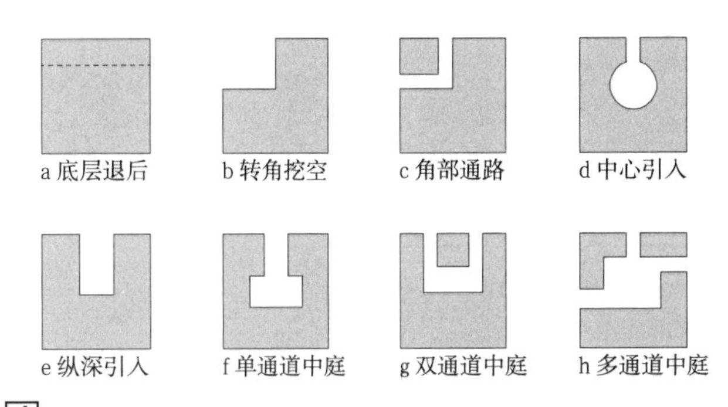

4 建筑与外部空间平面关系示意图

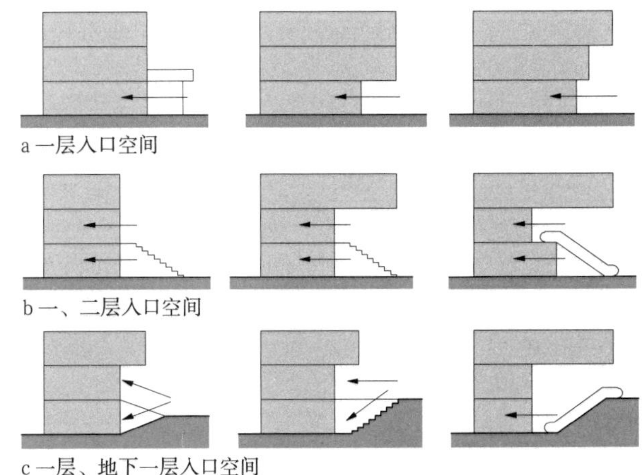

5 入口空间剖面示意图

流线组织

商业建筑内的主要流线包括人流流线、物流流线和疏散流线，每种流线上都有若干节点需要特别设计。流线组织的目的是使各种流线简洁通畅，避免不同流线相互重叠混淆。

流线组织分类及重要节点　表1

分类		含义	重要节点
人流流线	顾客流线	顾客进出商店，以及在商店内购物的主要活动路线，有水平流线和垂直流线之分	商店入口、门厅、顾客通道、电梯、共享空间（如中庭）等
	职工流线	职工进出商店，以及在商店内进行后勤服务的主要活动路线，有水平流线和垂直流线之分	更衣、休息、后勤服务电梯等
物流流线	商品流线	商品从进场到各营业单元的流线	卸货场、库房、货梯等
	货物流线	除商品外其他必要的后勤物品流线	货梯、后勤通道等
	垃圾处理流线	独立、分开设置的垃圾收集、清理、运输流线	各垃圾收集和存放点
疏散流线		满足消防疏散、安全逃生用途的流线	疏散通道、疏散楼梯间、安全出口

顾客流线组织原则　表2

易达性	方便营业部分的直接到达，避免死角产生
连续性	流线组织应形成环道，通达顺畅
均好性	均衡主流线与次级流线的人流量；使不同营业部分获得合理的能见度、曝光度
引导性	流线简洁、清晰，具有识别性
面积控制原则	确定流线所占的面积比例
不交叉	各流线间相对独立，互不干扰，互不交叉

营业部分的交通组织基本模式　表3

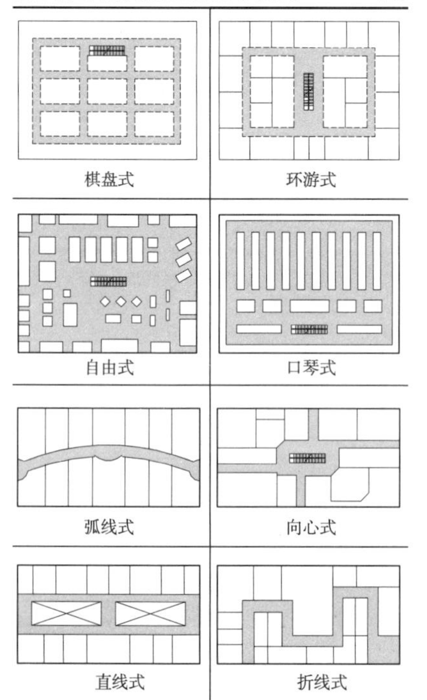

垂直交通设备

垂直交通设备一般有自动扶梯、观光电梯、电梯、货梯、楼梯、自动人行道等，应根据建筑形态、规模选择不同的类型、布置方式及数量。

电梯配置数量推荐参数　表4

类型	设置部位和要求	数量配置（推荐参数）
客梯	一般设置在次入口	根据具体需求而定
观光电梯	一般设置在中庭、节点与入口处	根据具体需求而定
自动扶梯	设置在中庭、出入口和外墙侧边	约0.3万m²设1部自动扶梯
货梯	在建筑物的角部或外跨，靠近货物出入口，需设置较大的候梯厅	约1万~1.2万m²设1部货梯
消防电梯	紧邻消防楼梯	一类高层商业建筑和建筑高度大于32m的二类高层商业建筑，每一防火分区应设1部消防电梯

自动扶梯布置方式　表5

类型	特点及布置方式示意图	类型	特点及布置方式示意图
往返折线式	安装面积小，但楼层交通不连续	单向叠加式	楼层交通乘客流动可以连续，但装修面积大
连续直线式	楼层交通乘客流动可以连续	跨层式	减少顾客交通时间，可直达所去楼层
交叉式	乘客流动升降两方向均可连接，安装面积小	分离排列式	与中庭节点共同构成，导向性强
旋转式	螺旋式自动扶梯是一种新型的自动扶梯，装饰性强，安装面积小，但工艺复杂，造价较高		

自动扶梯主要技术参数　表6

广义梯级宽度（mm）	提升高度（m）	倾斜角	额定速度（m/s）	理论运输能力（人/h）	电源
600、800	3.0~10.0	27.3°、30°	0.5、0.75	4500、6750	动力三相交流380V，50Hz；功率3.7~15W；照明220V，50Hz
1000、1200				9000	

注：1.600mm宽为单人通行，800mm宽为单人携物，1000mm和1200mm宽为双人通行。2.在乘客经常有手提物品的客流高峰场合，以选用梯级宽度1000mm为宜。3.根据《商店建筑设计规范》JGJ 48-2014的4.1.8条，自动扶梯倾斜角度不应大于30°，自动人行道倾斜角度不应超过12°。4.扶手带距梯级前缘或踏板面的垂直距离为0.90~1.10m。5.本表摘自《自动扶梯和自动人行道的制造与安装安全规范》GB 16899-2011。

自动人行道设施示意图　表7

立面简图	平面简图	剖面简图

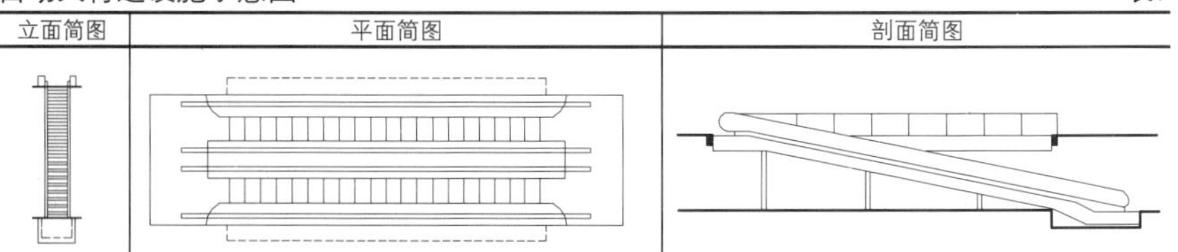

自动人行道主要技术参数　表8

类型	倾斜角	踏板宽度（mm）	额定速度（m/s）	理论运输能力（人/h）	提升高度（m）	电源
水平型	0°~4°	800、1000、1200	0.5、0.65、0.75、0.90	9000、11250、13500	—	动力三相交流380V，50Hz；功率3.7~15W；照明220V，50Hz
倾斜型	10°、11°、12°	800、1000		6750、9000	2.2~6.0	

中庭

1. 定义

指建筑中通高2层及2层以上且有顶盖，具备交通、交往、休息、休闲、景观、展示、销售宣传等多种功能的室内公共空间。其平面呈“点”状或“面”状者称“中庭”，平面呈“线”状者称“室内步行街”。

中庭空间的功能 表1

功能	特征	简图	必要的配置装置
标志	使顾客了解自己在建筑物中的位置；作为顾客等候、休息场所；成为建筑内部的标志性特色空间		自动时钟、喷泉、自鸣钟等能发出声音的装置
引导流动	高效率地组织水平人流动线和垂直人流动线		自动扶梯、观光电梯、楼梯、面向开敞式大厅的通道
吸引外部人流	建筑入口是开敞式，能顺利吸引室外顾客		视线开敞、透明的挡风室、玻璃幕墙
多功能展现	充当临时性促销活动、艺术展览、文艺演出等场所		面向开敞式大厅的指示牌、公告牌、信息公告台
模拟城市	通过开敞式中庭所具有的娱乐性，来营造城市公共空间的氛围		街道走向指示牌、商品陈列窗、咖啡屋、室外空间的装饰
多功能场所	利用高大空间可进行各种宣传活动		娱乐广场、长椅、讲台和演示设备

中庭平面围合方式分类 表2

分类		特征	简图	
按平面形状	规则几何形式	平面形式大致可分为方形、矩形、圆形、椭圆形、多边形等，空间纯净、流线明朗、简洁大气、一目了然		
	不规则几何形式	空间流动、变幻，体验性强		
按围合方式	全围合式	四周由楼层围绕，成为各个楼层共享的空间，各层的营业厅均向中庭开敞	单一式	组合式
	半围合式	仅两面或三面有楼层围绕，形成建筑内部与外部空间的缓冲、过渡，有入口和门厅的作用，同时加强室内外空间的视线动态交流	边庭式	转角式
	侧边式	建筑长边由透明玻璃幕墙围合而成，形成建筑内部和外部空间的缓冲、过渡，有入口和门厅的作用，同时加强室内外空间的视线动态交流	单侧式	周边式
	贯穿式	内部空间被中庭在平面或竖向上贯穿，被显著地划分为几大部分，空间具有强烈的开放性、通透感	水平贯穿	竖向贯穿

2. 尺度控制

中庭空间尺度过大会造成空间浪费，造价提高，而尺度过小则会导致空间人流拥挤，购物环境舒适感降低。

以交通型为主的穿过式中庭建议宽度控制在15~20m（含两侧回廊或通道）之间。其中，中空部分8~10m，两侧通道或回廊3.5~5m；兼有多种功能的节点式中庭的尺寸根据具体需求差异较大，建议面积控制在600~1000m²，宽度（含两侧回廊或通道）控制在21~26m，其中，中空部分16~20m，两侧通道或回廊5~6m。

中庭尺度控制示例 表3

$W/H<1$	$W/H\geqslant1$

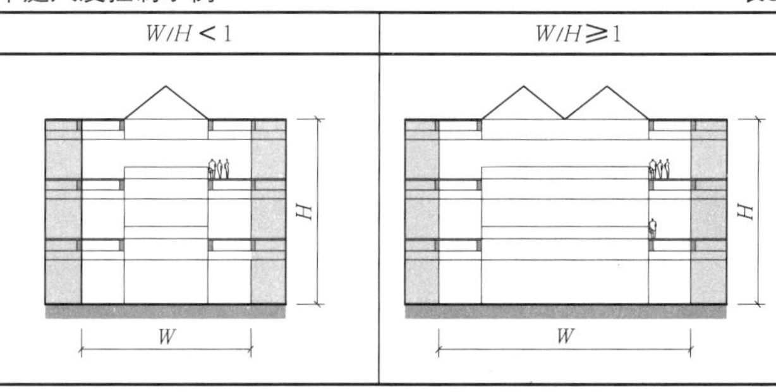

空间顶界面设计常见形式 表4

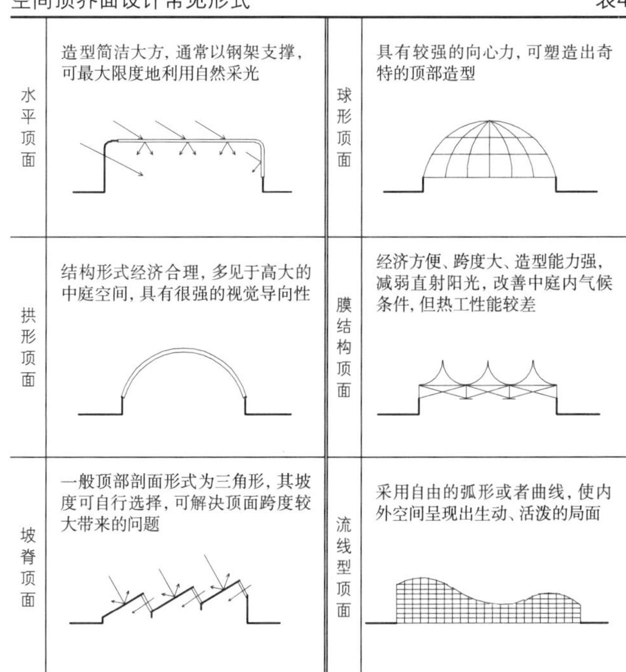

形式	特征	形式	特征
水平顶面	造型简洁大方，通常以钢架支撑，可最大限度地利用自然采光	球形顶面	具有较强的向心力，可塑造出奇特的顶部造型
拱形顶面	结构形式经济合理，多见于高大的中庭空间，具有很强的视觉导向性	膜结构顶面	经济方便、跨度大、造型能力强，减弱直射阳光，改善中庭内气候条件，但热工性能较差
坡脊顶面	一般顶部剖面形式为三角形，其坡度可自行选择，可解决顶面跨度较大带来的问题	流线型顶面	采用自由的弧形或者曲线，使内外空间呈现出生动、活泼的局面

中庭的剖面设计 表5

周边楼层自上而下没有变化	周边楼层自上而下逐渐外伸	周边楼层自上而下逐渐后退	周边楼层自上而下错位
中庭空间上下贯通没有变化，是运用得较为普遍而常见的空间形态	中庭空间的底层面积缩小，剖面形式恰与商业建筑的特性相吻合	中庭空间逐步收分，视线聚焦于顶部开敞玻璃面，形成良好的空间意向	中庭空间上下错位，获得变化，适用于规模尺度较大的建筑

商业建筑消防安全设计特点

商业建筑消防设计需关注以下特点：商业建筑建筑功能、流线复杂；一般单层面积较大，防火分区多，疏散距离长；建筑分隔和商品布置复杂，装修和商品可燃物多，发生火灾时蔓延迅速；建筑内部人员密集，一旦火灾发生，易造成混乱现象；各地的地方法规、条例，以及消防部门的消防审查存在差异，设计应符合当地消防部门的审查意见。

主要内容

商业建筑消防安全设计可分为四个部分：建筑消防设计、结构消防设计、构造消防设计和设备机电消防设计。

消防设计分类　表1

分类	消防设计内容
建筑消防设计	1.根据建筑高度和层数确定建筑分类和耐火等级。 2.总平面布局：包括建筑防火间距的控制、消防车道的组织、消防登高面与消防扑救场地的布置，以及直通室外的楼梯或直通楼梯间的出口位置确定。 3.平面布置：包括防火防烟分区、防火分区的分隔，安全出口与疏散距离的控制及疏散宽度的计算；同时也包括建筑其他消防设施的设置、装修材料的选用与控制等
结构消防设计	包括主要结构材料的选用，受耐火极限影响下的梁板柱最小厚度选择，以及防火涂料等防火材料的选用
构造消防设计	主要包括防火墙、建筑构件、管道井、屋顶、闷顶、建筑缝隙、疏散楼梯间、疏散楼梯、防火门窗、防火卷帘、天桥、栈桥、管沟、建筑保温、外墙装饰等构造节点的防火处理、材料选用等内容
设备机电消防设计	主要包括火灾报警系统、消火栓系统、喷淋系统、加压送风系统和防排烟系统

大、中型商业建筑针对防火分区扩大的策略

为尽量在规范允许范围内扩大营业厅防火分区，可考虑以下策略：

1. 将可燃物密集或火灾危险性大的功能区域，如汽车库、设备机房、仓库及办公、大型商业的主力店等区域，采取防火墙、防火卷帘及防火门等方式与其他区域进行防火分隔，使其成为不同的防火分区。

2. 对于公共区域内开敞、无法按规范进一步划分防火分区的大空间场所内的可燃物密集或高危险且层高较低的区域（如步行街两侧店铺、电影院内的厅室），应采取划分防火单元的方式将火灾烟气控制在较小范围内。防火单元内应设置火灾自动报警系统、自动灭火系统和防排烟系统。防火单元与公共人流空间应进行适当的防火分隔。

3. 应合理划分联动控制分区。各区域内合理设置火灾自动报警系统、自动灭火系统以及防排烟系统等消防设施。

大、中型商业建筑针对人员疏散的策略

1. 应合理确定疏散人数和疏散宽度

对于特定的区域应提供足够的疏散宽度，保证各个区域人员火灾时能够迅速离开火灾区域进入安全场所（指室外开敞空间或避难层间）或临时安全场所。

2. 设置避难走道或安全区（如扩大前室）

对于楼梯在首层难以直通室外，或难以满足疏散距离时，应将与楼梯相邻的疏散区域采用适当的防火分隔措施与其他区域单独划分出来，同时在这些区域内采用不燃装修，保证疏散路径的安全。

应加强应急照明、疏散指示以及应急广播的设置。

大、中型商业建筑内高大空间消防系统设置的策略

1. 高大空间区域应合理选择防排烟方式，按空间尺寸、火灾规模和高度合理确定排烟量或排烟开口的有效面积。

2. 应合理选择适用于高大空间的自动灭火系统，对防火分区扩大区域进行防火保护，以控制火灾规模，防止火灾蔓延扩大。应用较多的自动灭火系统包括消防水炮灭火系统、大空间智能灭火装置以及雨淋系统。

3. 高大空间区域应根据空间功能用途、净空高度等因素合理选择火灾自动报警系统。应按照相关规范合理确定火灾探测装置。

疏散宽度计算

疏散宽度计算主要包括房间疏散门、安全出口、疏散走道和疏散楼梯的各自总净宽度计算，可分以下三个步骤进行：

1. 营业厅面积计算

营业厅的建筑面积既包括营业厅内展示货架、柜台、走道等顾客参与购物的场所，也包括营业厅内的卫生间、楼梯间、自动扶梯等的建筑面积。对于进行了严格的防火分隔，并且疏散时无需进入营业厅内的仓储、设备房、工具间、办公室等，可不计入营业厅的建筑面积。

2. 疏散人数换算

疏散人数应按每层营业厅的建筑面积乘以表2规定的人员密度计算。对于建材商店、家具和灯饰展示建筑，其人员密度可按表2规定值的30%确定。

商店营业厅内人员密度（单位：人/m²）　表2

楼层位置	地下二层	地下一层	地上一、二层	地上三层	地上四层及以上各层
人员密度	0.56	0.60	0.43~0.60	0.39~0.54	0.30~0.42

注：1. 本表摘自《建筑设计防火规范》GB 50016-2014。
2. 确定人员密度值时，应考虑商店的建筑规模。当建筑规模较小（如营业厅的建筑面积小于3000m²）时宜取上限值；当建筑规模较大时，可取下限值。

3. 疏散总净宽度计算

每层的房间疏散门、安全出口、疏散走道和疏散楼梯的各自总净宽度，应根据疏散人数按每100人的最小疏散宽度不小于表3的规定计算确定。当每层疏散人数不等时，疏散楼梯的总净宽度可分层计算。地下建筑内上层楼梯的总净宽度应按该层及以下疏散人数最多一层的人数计算。

每层的房间疏散门、安全出口、疏散走道和疏散楼梯的每100人最小疏散净宽度（单位：m/百人）　表3

建筑层数		耐火等级		
		一、二级	三级	四级
地上楼层	一至二层	0.65	0.75	1.00
	三层	0.75	1.00	—
	四层及以上	1.00	1.25	—
地下楼层	与地面出入口地面的高差≤10m	0.75	—	—
	与地面出入口地面的高差>10m	1.00	—	—

注：1. 本表摘自《建筑设计防火规范》GB 50016-2014。
2. 营业厅疏散门应为平开门，且应向疏散方向开启；其净宽度不应小于1.40m，并不应设置门槛；其紧靠门口内外各1.40m范围内不应设踏步。

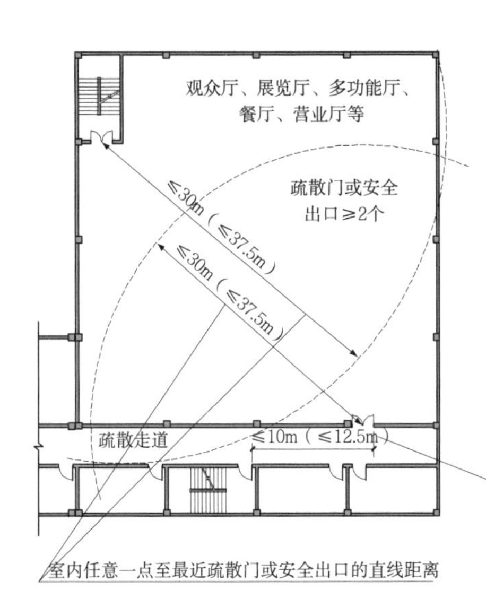

室内任意一点至最近疏散门或安全出口的直线距离$b1+b2$≤30m（$b1+b2$≤37.5m）

一、二级耐火等级公共建筑内疏散门或安全出口不少于2个的观众厅、展览厅、多功能厅、餐厅、营业厅等，其室内任一点至最近疏散门或安全出口的直线距离不应大于30m；当疏散门不能直通室外地面或疏散楼梯间时，应采用长度不大于10m的疏散走道通至最近的安全出口。当该场所设置自动喷水灭火系统时，其安全疏散距离可增加25%。

当疏散门不能直通室外地面或疏散楼梯时，应采用长度≤10m的疏散走道通至最近的安全出口

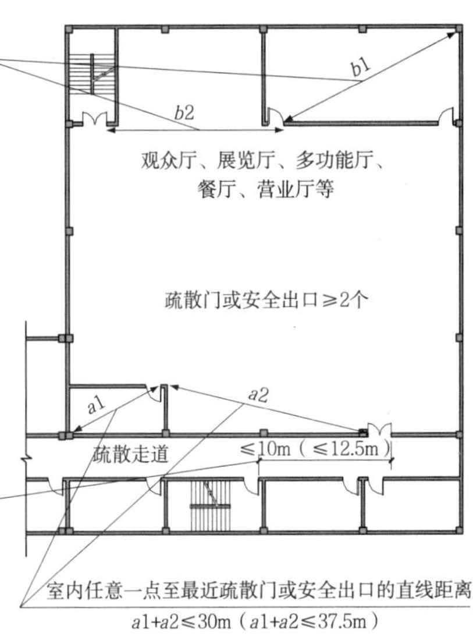

a 一、二级耐火等级公共建筑平面示意图一

b 一、二级耐火等级公共建筑平面示意图二

1 消防安全疏散示例

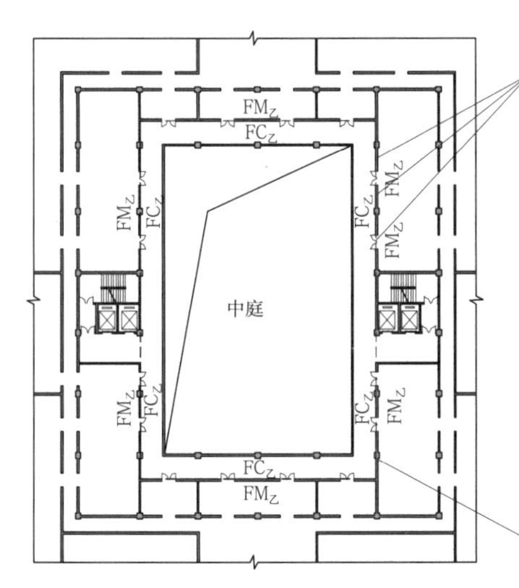

（1）中庭应该与周围连通的空间进行防火分隔。采用防火隔墙时，其耐火极限≥1.00h。

采用防火玻璃时，其耐火隔热性和耐火完整性应≥1.00h，采用耐火完整性不低于1.00h的非隔热性防火玻璃墙时，应设置自动喷水灭火系统进行保护。

采用防火卷帘时，其耐火极限应≥3.00h，并应符合《建筑设计防火规范》GB 50016-2014第6.5.3条的规定。

与中庭相连通的门、窗，应采用火灾时能自行关闭的乙级防火门、窗。

（2）中庭应设置排烟设施。
（3）中庭内不应布置可燃物。
（4）高层建筑内中庭回廊应设置自动喷水灭火系统和火灾自动报警系统。

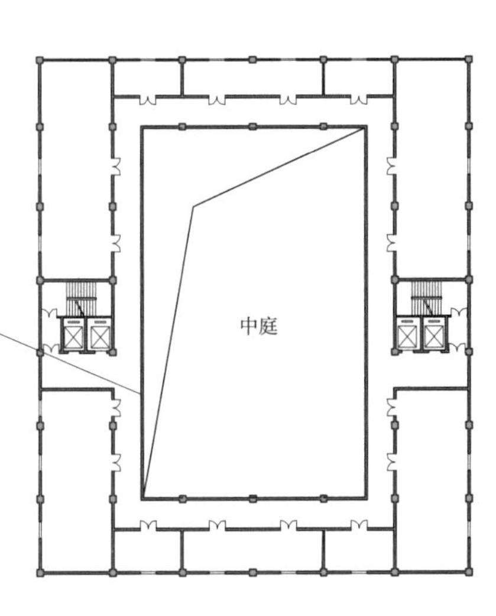

a 平面示意图一

b 平面示意图二

2 中庭防火分隔示例

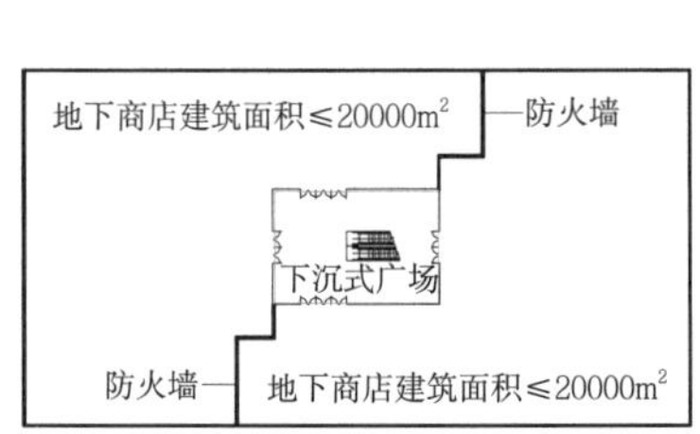

有顶棚的步行街
餐饮、商店等商业设施
≥1.2m a ≥1.2m
餐饮、商店等商业设施
≥1.2m ≥1.2m
餐饮、商店等商业设施

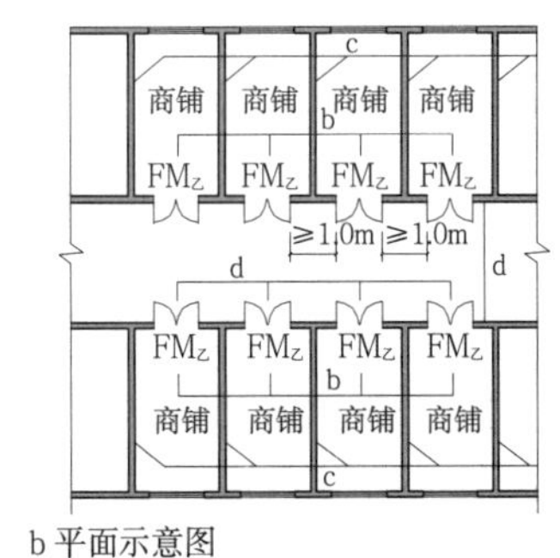

a 步行街两侧为多个楼层时的剖面示意图

b 平面示意图

用于防火分隔的下沉式广场等室外开敞空间：
（1）不同防火分区通向下沉式广场等室外开敞空间的开口最近边缘之间的水平距离不应小于13m。
（2）下沉式广场等室外开敞空间内应设置不少于1部直通地面的疏散楼梯。
（3）确需设置防风雨篷时，防风雨篷不应完全封闭，四周开口部位应均匀布置，开口的面积不应小于该空间地面面积的25%，开口高度不应小于1.0m。

（1）当步行街为多个楼层时，每层面向步行街一侧应设置防止火灾竖向蔓延的措施（图上a处），并应符合《建筑设计防火规范》GB 50016-2014第6.2.5条的规定。
（2）当设置回廊或挑檐时，其挑出的宽度不应＜1.2m。

（1）相邻商铺之间应设置耐火极限不低于2.00h的防火隔墙（图上c处）。
（2）每间商铺的建筑面积宜≤300m²（图上b处）。
（3）面向步行街一侧的围护构件的耐火极限不应低于1.00h，并宜采用实体墙，其门、窗应采用乙级防火门、窗；当采用防火玻璃墙（包括门、窗）时，其耐火隔热性和耐火完整性不低于1.00h；采用耐火完整性不低于1.00h的非隔热性防火玻璃墙（包括门、窗）时，应设置闭式自动喷水灭火系统进行保护（图上d处）。
（4）相邻商铺之间面向步行街一侧应设置宽度不小于1.0m，耐火极限不低于1.00h的实体墙。

3 地下商业建筑防火分隔示例

4 有顶棚的步行街防火分隔示例

设计目标

商业建筑设计的终极目标是商业利益最大化，因此，商业建筑外部形象必须具有标志性和广告性。

1. 标志性——吸引潜在的购物人流前往所在地段。

2. 广告性——吸引顾客进入商业建筑。

设计特征

商业建筑立面设计对策　表1

标志性	造型奇特化（或科幻表皮）
	规模大型化、尺度超常化
广告性	表皮信息化（建筑和广告一体化）
	商品信息外露（外实内虚、上实下虚；销售空间实，公共空间虚）
	造型要素动态化（交通系统外挂、内部活动外露）

造型示例　表2

	示例
标志性	英国伯明翰商场
	北京世贸天阶
广告性	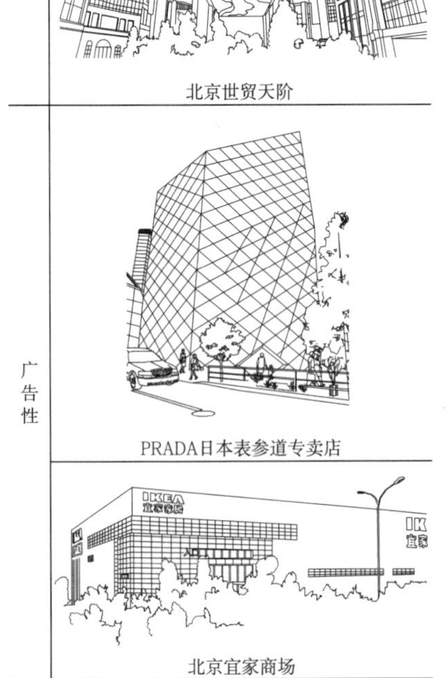 PRADA日本表参道专卖店
	北京宜家商场

新型动态立面幕墙系统

1. 绿色节能类：调风调温动态幕墙、双层玻璃动态幕墙、遮阳板动态幕墙、动态光电幕墙等。

2. 视觉效果类：（LED）多媒体动态幕墙、变色动态幕墙等。

建筑的色彩配置

立面色彩是最容易创造视觉效果和提升表现魅力的手段之一，能很好地控制气氛，表达情感和激发购物欲望。在色彩的处理上应着重考虑如下方面：

1. 控制主色调。确定建筑主立面上面积最大、位置最显眼处的颜色。一般采用明度较高、彩度较低的颜色，经常用到的颜色有浅米黄、浅绿、浅棕、香槟金等颜色。

2. 合理搭配次要颜色。运用色彩的对比与协调关系，合理选择次色调。可根据商业建筑本身位置及功能的需要，适当采用明度较低、彩度较高的颜色。

3. 考虑地区、气候、当地文化氛围的影响。一般而言，南方炎热地区宜用高明度的暖色、中性色或者冷色，而北方地区则宜用中等明度的中性色或暖色。

商业建筑的色相应用与情感认同　表3

色相		应用部位	情感认同
暖色	红	常用于室内外墙面，不适于大面积应用	温暖、热烈、亲近，形成进空间，具有迫近、扩张感
	橙	常用于局部装饰、细部色彩，有活跃气氛之用	
	黄	常以主色大面积用于室内外空间，多用浅黄色系	
冷色	蓝	常用于室内墙面、顶棚、有色玻璃，最适用于交通和餐饮空间，营造恬静气氛	清凉、安静、远离，形成退空间，具有深远、收缩感
中性色	绿	常用于室内墙面、有色玻璃，或用于细部色彩	平和、稳定、爽快，平静而自然，能很好地融入环境
	紫	常用于室内墙面、顶棚，或用于细部色彩	
	白	常用于当代商业建筑的各个部位，突出商品原色	
	灰	常用于室外和铺地，或超市的墙面	
	黑	在高档商业建筑中偶尔使用，或无吊顶的超市顶棚	

广告分类

1. 按广告的形式分类：电子类广告（包括电子显示屏[LED]、三面翻广告、投影广告、滚动字幕等）、照明类广告（包括动静态霓虹灯广告、喷绘灯箱广告、灯柱广告等）、静态类广告（包括店招、牌匾、幕布、橱窗、海报、挂旗、招贴等）。

2. 按广告的可置换分类：固定型、可置换型。

3. 按广告的所在位置分类：墙面式、屋顶式（广告塔）、建筑底部式、凸出式。

建筑广告设计的原则　表4

原则	特征
统一协调原则	广告设计与周边环境氛围、建筑风格相协调
密度控制原则	平衡商业价值与建筑美学的关系
灵活更替原则	为广告信息内容和载体形式的变化预留可变余地
多样性原则	注重多种表现方式及手段的综合应用
视线分级原则	1级：街道级，可远看，如建筑形态、大型招商画、广告LED屏等
	2级：广场级，可中距离看清，如招牌、标识等
	3级：入口级，近距离看，如推荐商品、广告等

广告与外立面关系　表5

结合关系	附着	内置	嵌入	一体化
图示	advertisement	advertisement	advertisement	advertisement
特征	广告附属于建筑外墙面或架设于建筑屋顶	广告设置在建筑透明表皮的内侧	广告嵌入建筑外墙面之内	广告与建筑表皮整合，一体化设计

定义

步行商业街是由步行通道及其两侧众多商店组成的线形商业空间。步行商业街包括室外步行街、室内步行街、地下步行街。步行商业街还可以通过平面空间组合拓展为步行商业街区及购物村。由城市中心传统街道演变而成的步行商业街，常常有限制地允许机动车辆通行。

分类

空间类型　　表1

	室外步行商业街	室内步行商业街	地下步行商业街	购物村
环境意向简图				
类型特点	室外步行商业街的行人活动受气候和天气的影响较大。步行街的空间尺度、建筑规模、建筑风格和环境氛围因地制宜，变化多样，业态构成各具特色	常用采光顶覆盖的全天候步行商业街	城市地下的线性或网状的步行商业空间，一般常与城市地下公共交通枢纽或人防工程结合建设	由空间和布局较自由的若干特色精品店集聚而成，整体形态类似村落的步行商业街区。其建筑常具有独特浓郁的个性化风格

交通组织模式　　表2

交通模式	特点	实例
人车平面分流	在步行街（区）两侧规划车行交通和停车场库是最理想的交通组织模式。要达到此目标，需要将步行街（区）原有交通流合理地组织、分流到其周边的城市道路	哈尔滨中央大街 重庆解放碑步行街
人车立体分流	由城市中心交通干道演化而来的步行商业街（区），当原有车流难以分流到步行商业街（区）周边道路时，则须将人车立体分流。目前常用架空步行桥、下沉车道、地下交通通道等方式	北京西单商业街 法国巴黎香榭丽舍大街
人车限时分流	当步行商业街（区）必须有后勤服务车辆进入时，以及夜间人流稀少时，常常采用机动车辆限时段进入来达到保证人流购物安全的目的	日本银座大街（在星期天禁止机动车通行）
车辆限速限区	当步行商业街（区）必须有公共交通和服务车辆穿行时，常常采取措施限制车辆的行驶区域和行驶速度，以保证步行人流的安全	北京王府井大街 重庆三峡广场 日本横滨马车道商业街

注：保证步行购物安全与便捷，以及顾客停车方便是步行街（区）交通组织的基本要求。

1 成都宽窄巷子人车水平分流

城市机动车道处理方式

合理组织步行商业街周边的城市交通道路、保证步行购物安全与便捷，是步行街规划与设计中的基本要求。理想的方式是在步行街两侧规划车行交通，但城市中心的道路却常常因为车流繁忙难以分流改道，因此须将车行道路与步行路线分离。目前常用立体分层处理方式，如用架空步行桥、下沉车道、地下交通通道等方式取代传统的平面分流方式。

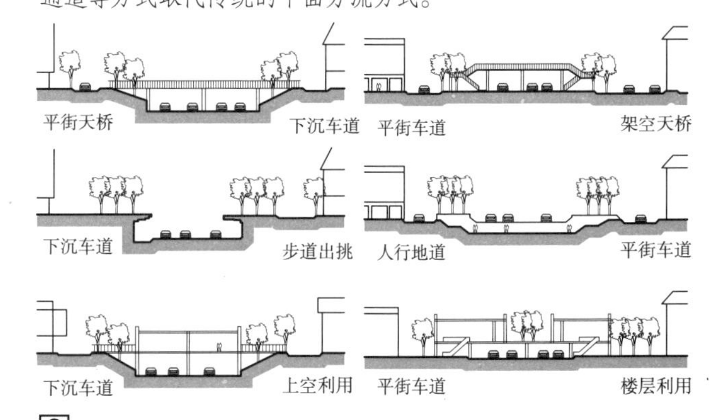

2 车道处理方式

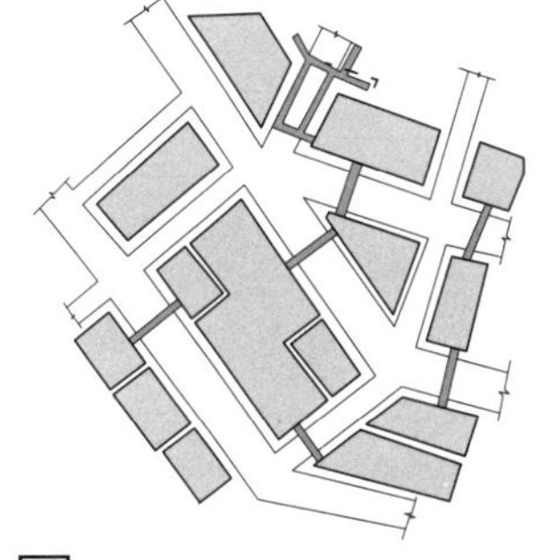

利用架空天桥连接各街区高层建筑的底部商业设施，结合安全、便捷的室内步行通道，形成上空的人行交通系统，成为城市的独特景观。

3 香港中环天桥

4 商业建筑

区位及环境条件

1. 应考虑基地在城市所处的位置、商圈影响力的大小，以及区域周围地区人口特点（包括人口数量、人口增长和收入、年龄结构、职业特征、文化程度及家庭组成等因素）。

2. 应考虑基地周围街道的车辆分流能力，能否容纳因步行街的设置而增加的交通量。

3. 应考虑区域及周边的动态交通与静态交通设施的配备状况——公共交通路线及车站（轻轨、地铁、公交、电瓶车等）、出租车临时上下客点及停车场。

4. 应充分考虑步行人流到达基地的便捷性——步行人流的构成及其在城市公共空间中的流动规律。

5. 应充分考虑步行人流到达基地的安全性及舒适度。

6. 应考虑基地条件是否便于妥善处理后勤货运流线、装卸货场、运输工具停放、物业管理、消防扑救及紧急疏散等。

7. 应考虑地形利用，以创造独特景观效果和空间环境。

8. 应考虑基地的土质和地下水位情况，以布置相关管线和设施，进行绿化植物栽种。

9. 应考虑城市洪水位及极端气候对基地的不利影响。

步行商业街形式类型　表1

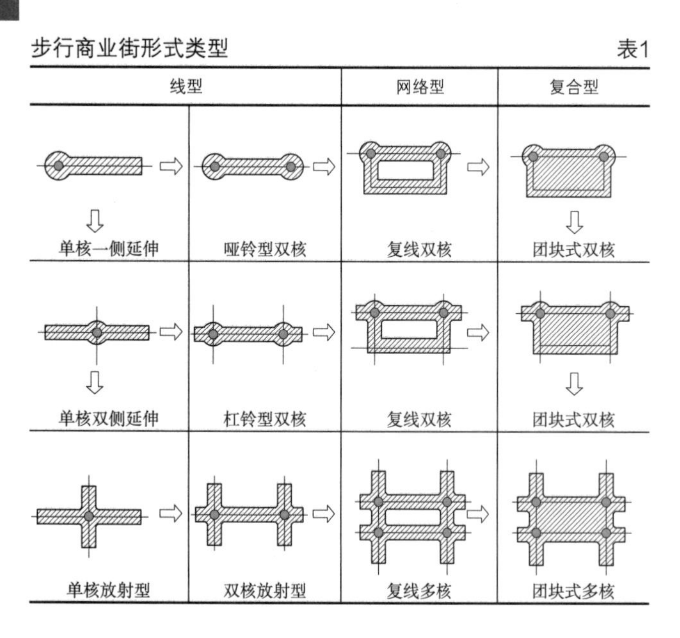

步行街道尺度控制

步行商业街应综合考虑其功能、环境等要素确定适当的长度，太长使人疲惫，太短又难以产生聚集效应。其宽度应有利于营造空间亲切感，便于顾客闲逛，不宜过宽，可根据两侧建筑的长度和高度合理确定。

国内步行商业街长、宽度示例（单位：m）　表2

街道尺度＼街道名称	北京王府井大街	上海南京路	哈尔滨中央大街	重庆解放碑步行商业街	成都春熙路
街道长度	1600	1200	1450	480	1100
街道宽度	40	18~28	21.3	32	20

国外步行商业街长、宽度示例（单位：m）　表3

街道尺度＼街道名称	美国纽约第五大道	法国巴黎香榭丽舍大街	英国伦敦牛津街	日本东京都新宿大街	韩国首尔市明洞大街
街道长度	1500	1880	2000	900	1500
街道宽度	40	80	24	30	12

不同环境条件中的步行距离建议（单位：m）　表4

100　200　300　400　500　600　700　800　900　1000　1500

吸引力不强时

有吸引力但气候不良条件下

有遮盖具有吸引力时

最大步行距离

街道宽度选择　表5

街道宽度（m）	交通组织方式：步行车道分离	交通组织方式：步行专用街道	路面铺装	顶盖：两侧设	顶盖：全盖顶	行道树：单侧	行道树：双侧	街道设施：设置
4								
6		■	■		■			
8		■	■		■			
10	■	■	■					
12	■	■	■			■		■
14	■	■	■	■		■		■
16	■	■	■	■		■	■	■

空间分区

专用步行街空间分区与环境要素　表6

空间分区	平面简图示意	环境构成要素	环境构成要素的功能	环境构成要素的内容组成
商业		店面展示	传达商品信息，刺激顾客购物欲望	广告、招牌、橱窗陈设
步行空间		街道设备	提高环境舒适度	公用设施、景观、休息、卫生、信息、安全设备
休息停留区		绿化植物	美化环境和景观条件，体现地域性	行道树、植栽、草坪、花坛、水景、雕塑、小品
应急车行通道		铺地材料	步车分离，保证步行安全，建立与城市协调的交通系统	步行分离交通管理措施、步车分离空间设计
休息停留区		标识信号	适应顾客行为需要，提供时空认知坐标	定点标志、定向指引系统、报时装置
步行空间		过渡空间	联系建筑和城市空间，丰富街道空间	骑楼、拱廊、遮阳、出挑
商店				

内部流线

步行街内部流线系统构成与设计要点　　表1

流线系统	设计要点
人流系统	1. 步行街及其节点广场所组成的线性空间，或结合人行天桥、高架步道、回廊，或连接地下交通枢纽和地下步行街，共同形成步行网络。 2. 除了满足速达性和易达性之外，还应考虑舒适性、安全性，以及整个流线的趣味性。 3. 处理好车行交通系统与步行交通系统的联系及相互转换。 4. 利用自动扶梯、踏步、缓坡、楼梯及天桥步道，提高竖向交通的便捷度。 5. 利用基地地形，建筑采用多种接地方式与街道空间产生对话，增加空间变化
车流系统	1. 步行街与城市主次干道垂直时，宜设置主入口广场，主要供人流集散，也可供公交车辆停靠。 2. 尽量利用与步行街平行的道路满足社会车辆进出车库或地面停放需要。 3. 妥善安排到达步行街的公共交通停靠站点。步行街出入口宜选在几条公交线路停靠站服务半径的交汇处。 4. 为步行街（区）服务的车行系统应综合利用地面层机动车道、地下车道、天桥、高架轻轨等交通条件，形成复合式的立体车行系统。 5. 步行街若允许自行车穿越则应增设自行车停放场
货流系统	1. 尽量利用与步行街平行的道路或步行街地下空间，解决步行街的后勤服务通道及装卸货场地问题。 2. 因为条件限制不能设置专用后勤服务通道时，可利用步行街的非营业时间进行后勤服务
消防安全	1. 利用传统街道改造的步行商业街，其街道最窄处不宜小于6m。 2. 新建步行商业街内消防车道的设置应符合国家《建筑设计防火规范》GB 50016的相关规定。专用步行街的消防车道设置应首先考虑街道景观及空间效果。其设置要点：第一，宜"隐形"，采用和步行区相同或相似的铺地；第二，宜"畅而不通"，多采用曲折的蛇形通道，但宽度应保证消防车运行。 3. 步行商业街上空如设有顶盖或悬挂物时，净高不应小于4m
无障碍设计	1. 街道应有供行动障碍者轮椅通行的无障碍坡道。 2. 街道有高差的地方尽量采用坡道；必须设置踏步的地方，附近也一定要有供轮椅上下的坡道。 3. 步行街休息区应有供轮椅停放休息的地方。 4. 商业设施停车的入口附近要设专供行动残障者停车和上下车的车位，禁止其他人占用

内部流线示例

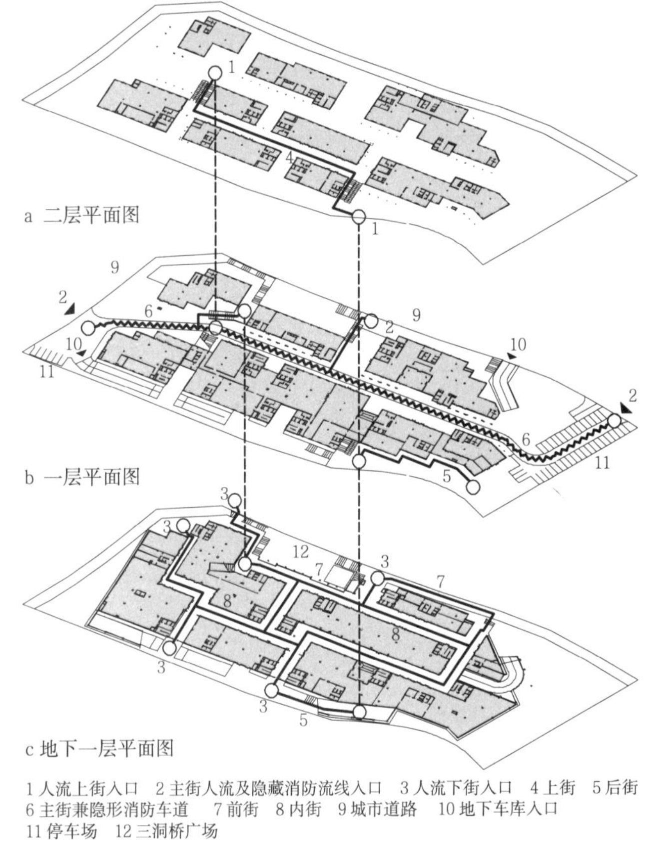

1 重庆三洞桥民俗风情街人车流线组织

停车场（库）

步行商业街（区）的主要出入口附近应设置停车场（库），并应与城市公共交通有便捷的联系。停车场类型有地面停车、地下停车库和多层停车库。

停车场（库）布置类型　　表2

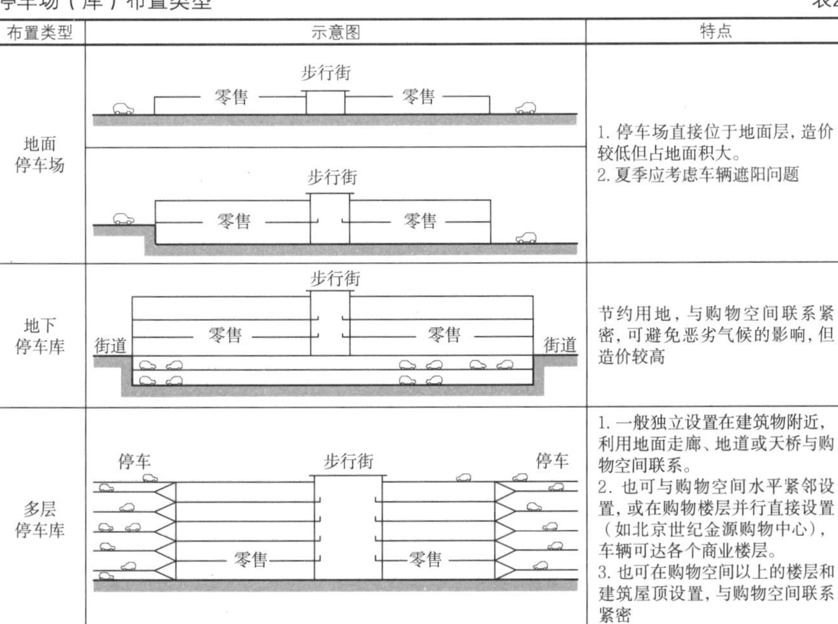

布置类型	示意图	特点
地面停车场	步行街 零售 零售 步行街 零售 零售	1. 停车场直接位于地面层，造价较低但占地面积大。 2. 夏季应考虑车辆遮阳问题
地下停车库	步行街 零售 零售 街道 街道	节约用地，与购物空间联系紧密，可避免恶劣气候的影响，但造价较高
多层停车库	停车 步行街 停车 零售 零售	1. 一般独立设置在建筑物附近，利用地面走廊、地道或天桥与购物空间联系。 2. 也可与购物空间水平紧邻设置，或在购物楼层并行直接设置（如北京世纪金源购物中心），车辆可达各个商业楼层。 3. 也可在购物空间以上的楼层和建筑屋顶设置，与购物空间联系紧密

货运交通组织方式　　表3

组织方式	示意图
后街支道	
后院货场	
地下货物通道	步行街 停车场 地下货物通道 停车场

布局模式　表1

布局模式	直线形	折线形	弧线形	自由曲线形
模式特点	一般适用于平原地区，形状单一，应控制长度，避免单调	连续性强，对地形平面和高差变化的适应能力强	空间流动性强，可扩大商业店面的可视度	空间流动，趣味性强，可扩大商业店面的可视度
模式简图	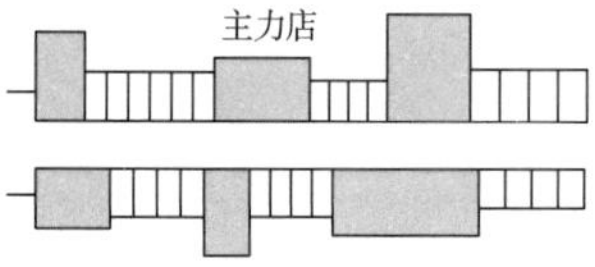 主力店	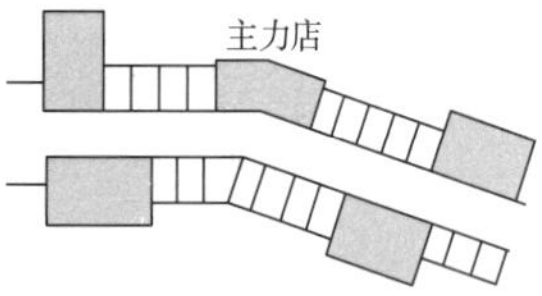 主力店	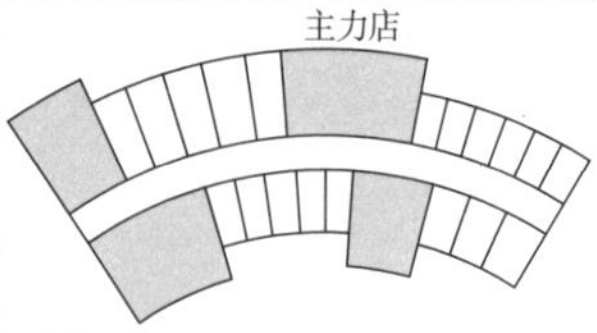 主力店	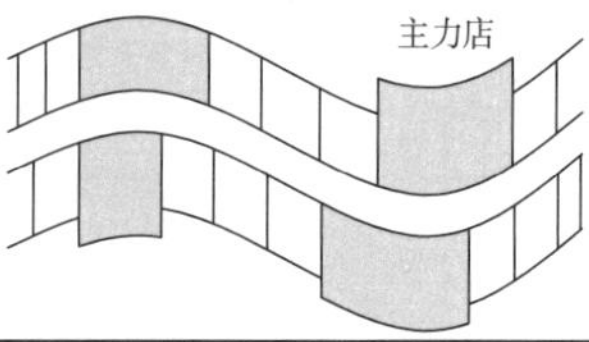 主力店

组合形式　表2

组合形式	十字形	网格形	树枝形	放射形
特征	有明确的步行主轴，且呈十字相交，具有一定的向心性	没有明确的步行主轴，公共空间结构为均质网格状，具有均好性	步行空间沿一条结构主轴呈树枝状伸展开，串联各广场空间，具有一定形态自由性	步行空间从中心广场形成放射轴线，以环状次要步行空间联系各主轴，具有很强的向心性
结构简图	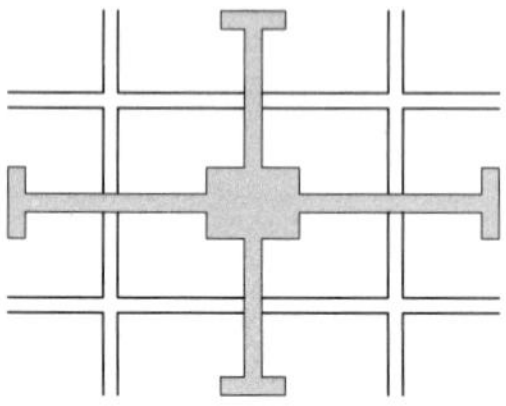	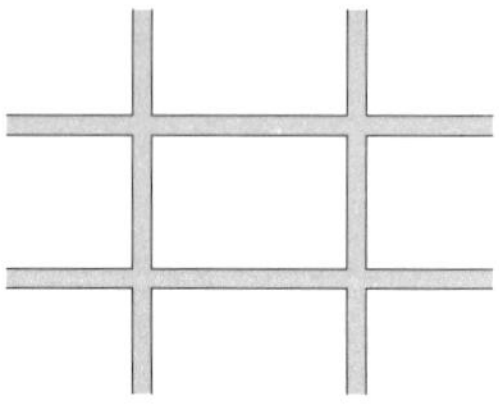	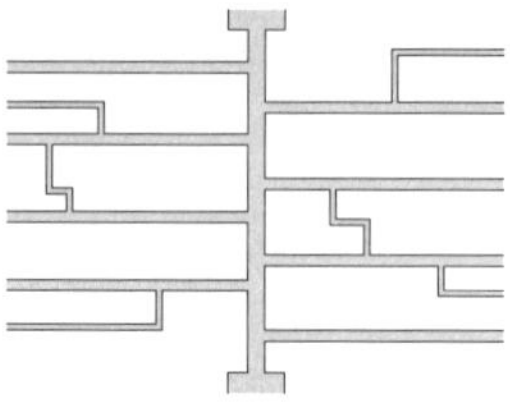	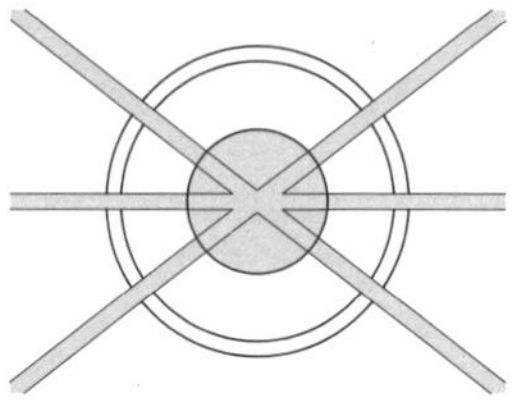
实例	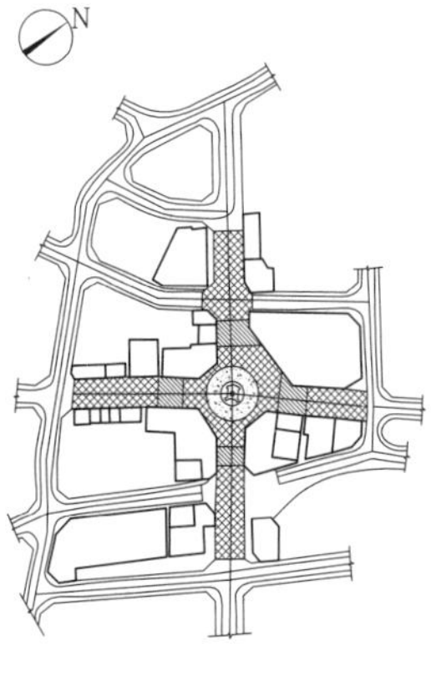 重庆解放碑步行街	 成都宽窄巷子	 哈尔滨中央大街	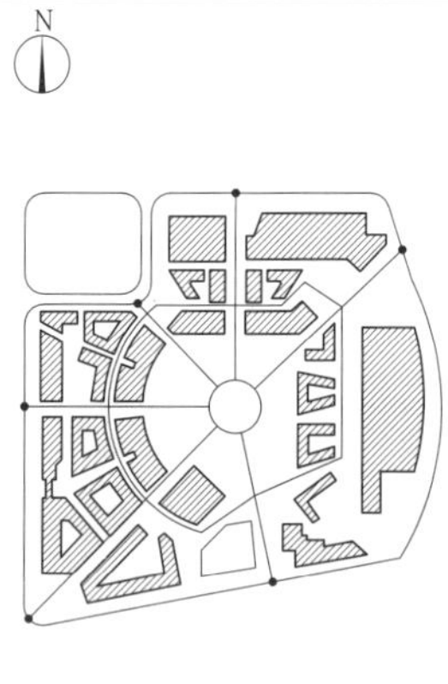 宁波天一广场

剖面空间形式　表3

布局模式及特点	模式简图	布局模式及特点	模式简图
梯街式：两端地面有较大高差的步行街，用踏步和坡道联系地面高差。地形适应性强，层次丰富，自由灵活，空间感受丰富而独特	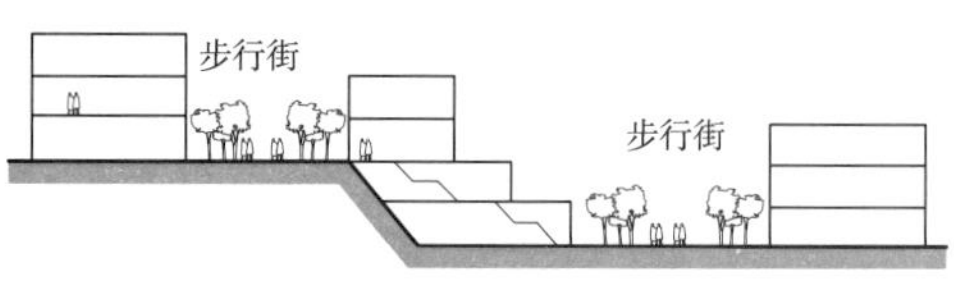 步行街；步行街	地下式：沿地下公共步行道布置商铺的步行街。扩大商业空间，不受地面影响，但空间比较封闭，应注意消防设计以及自然通风采光	 商铺；地下步行街；商铺
廊道式：沿多层公共廊道布置商铺的模式。利用空间，节约用地，分散人流，但设计时应注意上层空间与地面的自然联系	 步行街；廊道；步行街	单边街：商铺沿步行通道一侧布置的步行街，常见于山地城市。形成的原因多是受到地形限制，街道背山面水	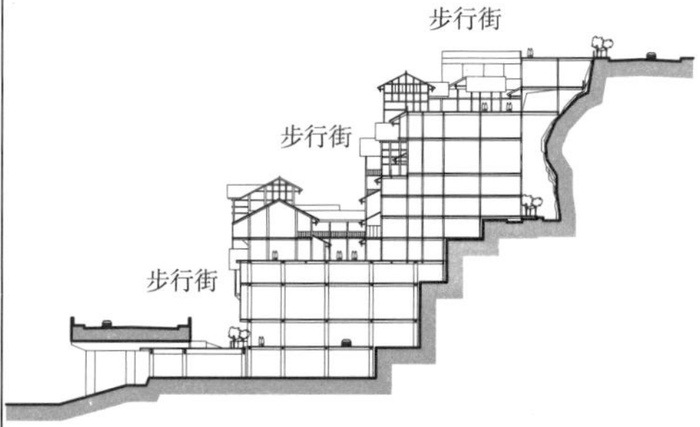 步行街；步行街；步行街

剖面设计

街道剖面有两种：纵剖面主要反映街道两侧的建筑立面和地面高差变化；横剖面主要反映街道宽度，街道两侧建筑的高度、层数，以及建筑的屋顶形式、墙身和剖面处理。

用H代表建筑高度，D代表街道宽度，则：当$D/H<1$时，街道两侧建筑的视觉形象相互有干扰，街道空间封闭感较强，令人感到紧迫；当$D/H=1$时，街道空间感觉较亲切；当$1.5<D/H<2$时，街道空间比例会令人感到舒适。

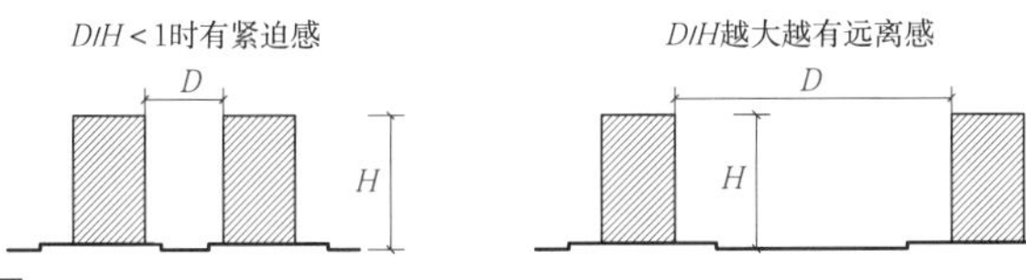

1 街道D/H的关系

从视觉角度看，若以30°的角度向街左侧或右侧看去，其高度和水平距离的比例存在以下关系：不低于1:4时，界定感较弱；为1:3时，界定感增强；到1:2时，界定感很强；若小于1:5时，界定感不复存在。如果街道十字路口或广场的空间界定感较弱，可用雕塑、喷泉、纪念碑等吸引视线，从而创造场所感。

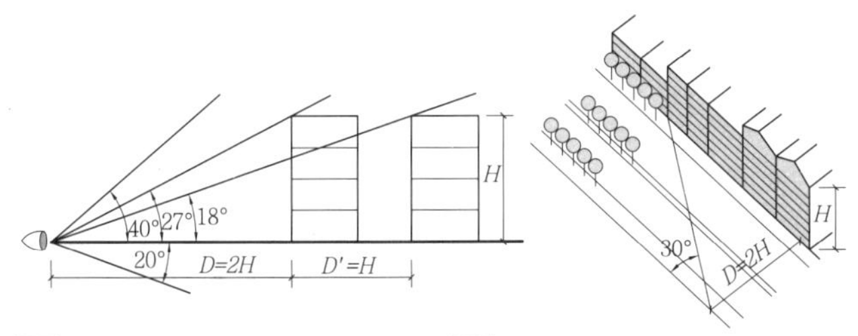

2 垂直视线范围与街道关系　3 水平视线范围与街道关系

街道边缘空间组织方式

街道的侧界面应有某种程度的通透感。这种通透感通过调整街道一侧建筑之间的间距来实现，建筑之间间距较小则容易形成“街墙”，增大街道空间的封闭感和压抑感。

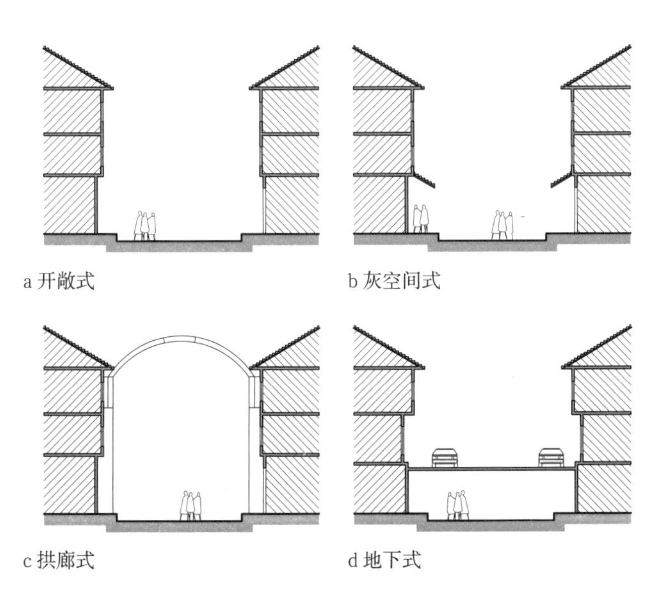

a 开敞式　b 灰空间式　c 拱廊式　d 地下式

4 建筑与街道空间的结合方式

街道立面设计

街道立面是沿街所有个体建筑立面组成的连续界面，是街道空间的侧界面。街道立面的设计首先要考虑与步行街主题相符合的建筑风格，在照顾街景多样化、特色化的同时，注重连续性、整体性；其次应该根据街道空间营造目标考虑建筑高低和立面凹凸变化，同时对建筑色彩的搭配和街道天际轮廓线进行整体考虑。

立面设计要点　表1

项目		要点
街道立面		1.步行商业街建筑高度与街道宽度之比宜在1:3~1:1之间。 2.当步行商业街建筑的高度超过人的正常视觉范围时，可通过建筑后退、建筑顶部退台、添加遮挡物等设计手法，使步行街街景限制在人眼正常视觉范围内。 3.应谨慎使用大面积的玻璃幕墙，以防止光污染。 4.应考虑街景中店招、广告位及橱窗的效果；应有总体控制，不能随意设置，不能影响步行街的整体风貌。 5.应控制建筑实墙面所占的比例，宜强调店面的开放性与通透性
色彩配置	色彩基调	1.应审慎确定步行街整体和建筑个体的色彩基调。 2.基调色宜采用高明度和低彩度的暖灰色，常用色彩有浅米黄、浅灰及浅棕色。 3.基调色使用面积应大于建筑外墙面总面积的70%
	辅助色彩	1.主要构件和重点部位（店徽、入口雨篷、标志物等）可按形体构成特点及商业需要，运用相应的对比色调，突出商业建筑的可识别性。 2.应控制辅助色在建筑外立面中的面积比例，一般应为建筑外墙面总面积的20%~25%；点缀色作为强调街景外观的色彩，一般占建筑外墙面总面积的5%~10%
	协调环境	应充分考虑地区、气候、环境条件的影响，与基地周边环境相协调；在历史文化街区，应重点考虑其色彩风貌的文化传承
天际线		应根据步行街（区）所处地域的城市文脉、自然环境与街区的业态构成，综合考虑各建筑单体的形体尺度，塑造连续而富有特色的天际轮廓线

街道地面设计

应根据街道空间的功能分区和气氛营造进行街道地面的设计。其材料、形式与色彩的选择应关注地面的通达性、安全性、舒适性及经济合理性。

地面设计要点　表2

项目		要点
人性化	安全性	1.地面应耐磨防滑。 2.阴影区的地面宜采用明快的暖色铺地；在阳光较强的区域宜采用暗色、质地粗糙、反射能力弱的铺地
	舒适性	1.尽量使地面铺装图案的方向趋势与人流方向一致。 2.应以20~25m为单位，使街道空间中的铺地有节奏地重复变化，对人群产生流动与停息的暗示。 3.对街道及其节点空间与核心空间选择合适的铺地类型，尽量避免采用松软、易剥离脱落及凹凸不平的铺地
经济性	接地方式	山地城市中，应根据实际情况选择合理的建筑接地方式，且着重处理好垂直交通问题
	辅助设施	包括绿化设施、水景设施、街道家具、灯光照明，以及公共市政服务设施，如休息座凳、公共厕所、饮水点、垃圾箱等

地面功能分类与铺装　表3

空间分类	定义	铺装要点
流动空间	流动空间是组成步行环境的主要骨架，是铺装设计的主体部分	应产生一种节奏感来引导人流，而最简单的节奏就是不断重复
集散空间	集散空间是步行街出入口或大型商业服务、娱乐休憩设施出入口前，供人流进出短暂驻足的空间	在步行商业街的出入口可以以地面铺装的方式形成醒目的标识，暗示街道空间的起始。在大型商业服务、娱乐休憩设施出入口前，则采用不同构形、色彩、材质的铺装，提示集散空间的范围，并突出建筑物的重要地位
停留空间	停留空间主要是为人流短暂停留休息而提供的空间	可以通过树木围合、地面铺装的变化划分出界限，其中设置座凳等休息设施，强化空间的场所感。较大型的停留空间还可以作为餐饮、聚会、交谈、信息交流等活动的场所，除了精心设计地面外，还可以布置绿地、水景、雕塑等环境景观设施和其他服务性公共设施，活跃步行街的环境气氛

空间序列

步行商业街空间序列是指街道空间起、承、转、合的连续变化。它构成了街道空间的秩序，赋予空间连续而有渐进层次性的整体动态感受。街道空间序列可由出入口空间、线性引导空间、节点空间与广场（或中庭）空间等部分组成。

入口空间应通过相应的造景手段，增强标志性，吸引人流，并满足人车流集散需要。线性引导空间应注重步行人流的密度、舒适性与通达性，符合购物人流的行为心理。节点空间应注意配备人性化的环境景观设施和街道家具，便于步行人流的驻足停留与休闲交流；各节点空间应注意景观主题的策划与承接，过渡自然，步移景异。广场或中庭空间常常位于步行街（区）的核心位置，需要突出地展现步行街（区）整体的空间和景观主题，具有较大的空间容量，其环境景观设计和空间设计应注重人们的体验性与场所感。

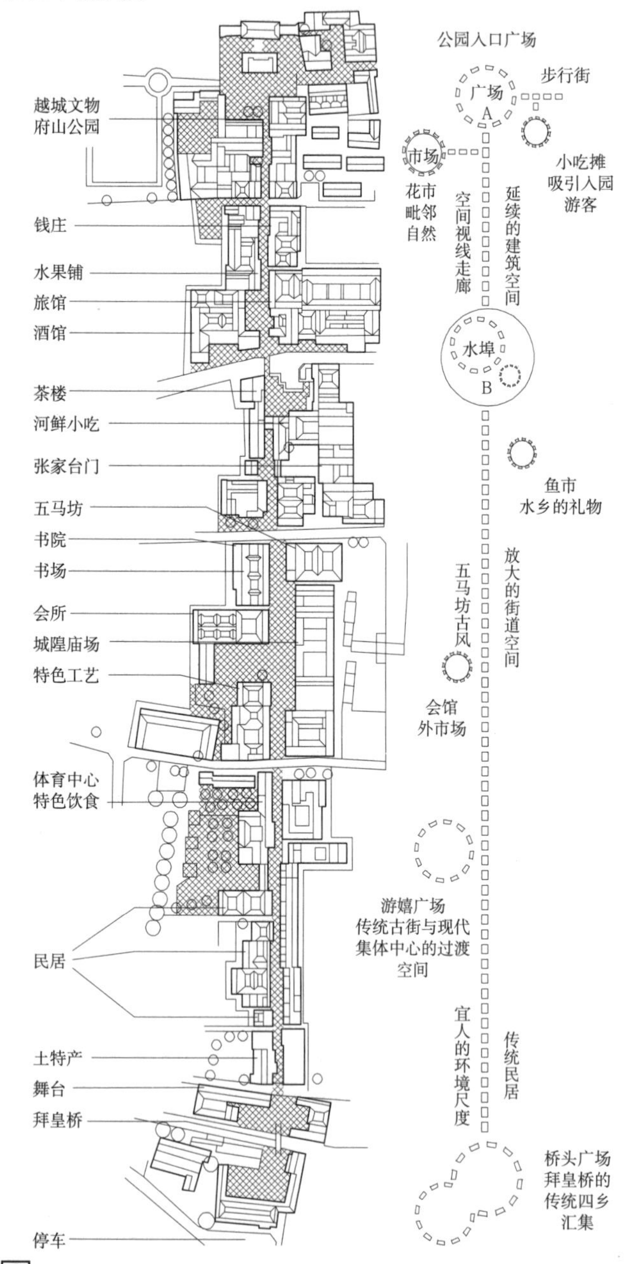

1 绍兴越城传统文化街序列设计

入口

步行街的入口应该有很强的标志性与领域性，也应具有开放性与吸引力。

街道入口空间布置 表1

传统室外步行街入口	常用牌坊、门楼作为入口界定标识，不仅起到地段、区域的划分作用，而且便于组织区内、区外空间及管理，牌坊和门楼常常成为街景的画框
西方现代步行街入口	多用广场空间作空间过渡，借助于街饰要素如雕塑、钟塔等强化空间的意义
室内商业街入口空间	常将步行街顶部拱廊露明形成明显的入口空间，有很强的诱导性
地下商业街入口空间	常采用下沉庭院或半开敞的下沉广场作为入口，应注意强调其与地下空间的过渡性和引导性

节点空间设计

在较长街道的交汇处、转折处，或空间变化处，常常用小广场或小绿地供人们停留和小憩。节点空间对于小的街道、较长的街道及曲折的街道尤其重要，它们与较重要的建筑结合，在空间序列中起着承接转换的作用。在内容及景观设施配置上，节点空间要尽力为高潮空间体验的到来做铺垫。如绍兴越城传统文化街上有多处这样的停顿处，形成了该段步行街的公共中心。

广场和中庭

广场在室外通常是较为大型的开放性空间，在室内常覆以采光顶，以中庭的形式表现出来。中庭和广场是步行街空间序列的高潮，集中了大量的人流、视觉景观与公共活动，是集休憩、交往、观赏及饮食等功能为一体的公共空间，也是步行街人流水平和竖向流线的转换处。

除了考虑功能上的分区——休息区、演出区、展示区、文化民俗区、观景区外，也应重点突出环境景观和公共服务设施设计，如花坛、水景、小品标志、观光电梯和自动扶梯等。

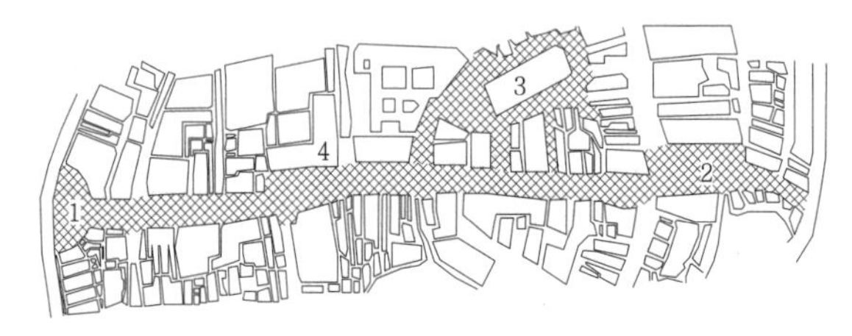

1 卡尔广场 2 玛丽恩广场 3 圣母教堂 4 圣弥额尔教堂

2 德国慕尼黑中心商业街

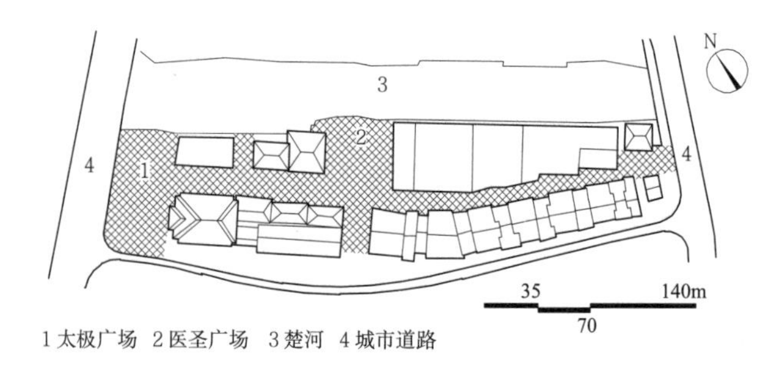

1 太极广场 2 医圣广场 3 楚河 4 城市道路

3 武汉汉街西段

街道环境要素 表1

自然景观	植物	1.步行街的植物有地栽、池栽、盆栽等栽植方式，应结合空间氛围需要和环境条件综合运用。 2.有车辆通行需要的步行街应保证安全，树木的位置应有效分隔人和车，且街道拐角40~50m范围内不宜种树。 3.树间距以4.5~7.6m为宜，既能形成浓荫遮阳，又能在视觉和心理上起到分隔作用
文化景观	街灯	1.灯具造型应与步行街空间主题和整体建筑风格相协调。 2.作为整体一般照明的步行街灯不高于20m。 3.应控制街灯的亮度，避免产生眩光
	铺地	1.注意选择铺地的材料、色彩及组合图案设计。 2.应选择施工简单、易维护、防滑、安全的铺地材料
	街道家具、小品及标识	1.街道家具如座凳等应有助于行人聚集交往，营造轻松氛围。 2.小品如喷泉、雕塑等可吸引视线，也能突出街道的主题和文化氛围
动态景观	动态的人与物	1.景观设计应充分考虑人的视觉愉悦和心理享受需要。 2.动态的事物也是营造步行街环境氛围的良好景观，如喷涌的清泉、飘飞的彩带、快速上升的观景电梯和扶梯
	丰富的要素	建筑的门窗、广告、店招、标识、路牌，以及它们的色彩等都能吸引视线，但要避免杂乱
	光影的变化	1.多彩变化的霓虹灯，以及运用光电技术产生的虚拟景观等都能吸引视线。 2.树木的光影变化可增加街道氛围
建筑景观	差异性和多样性	不同的建筑形态能给街道带来不同的风格特征，且能起到标识的作用
	整体性和互补性	1.街道两旁建筑高度不应有较大的落差，除非有其特别的象征意义或标志性。 2.在追求风格和色彩多样性的同时，应保证整体协调。 3.引人注目的单体建筑可作为标志物布置在节点或街道转角处

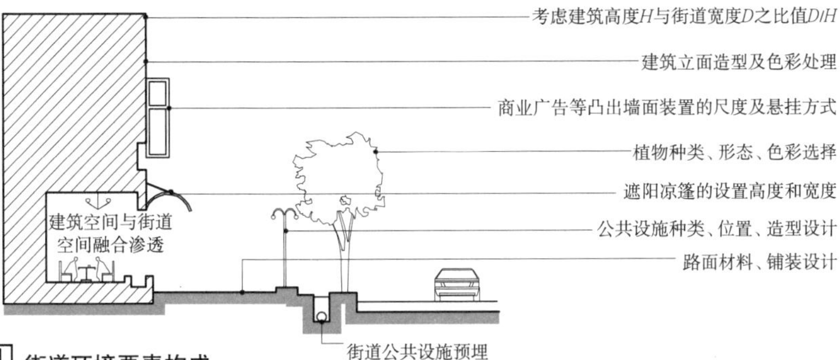

1 街道环境要素构成

服务设施 表2

功能		设置原则	参考数据	参考实例（东京银座商业街）
交通设施	公共汽车站	步行商业区的出入口附近		
	停车场	宜设地下或地上多层停车场，露天停车场多围绕步行街出入口布置	国外商业中心常按：1台/100㎡（建筑面积）×自备车购物顾客占顾客总数百分比=停车场停车台数计算	利用内庭设临时停车场
公用设施	路灯	可按10~15m间距设置，照度50lx	步行商业街内宜小于6m	108支（11m/支）
	公共厕所	宜设于休息场地附近与绿化配合		1所（1120m/所）
绿化	行道树	选择适宜树种及栽植形态并考虑与休息设施结合	行栽距6~9m或0.9~1.5m宽	
	花草坛	宜与休息设施组合设置	土壤深度：草本>0.15m，矮树>0.3m，高树>1.5m	各商店前均有
休息	座椅	按不同部位考虑形式及布置方式	双人椅长1.5m，坐面高0.38m，椅背0.8~0.9m	1处（1120m/处）
卫生设备	饮水器	功能与装饰结合，保证视觉洁净感	高度0.8m为宜	
	烟蒂筒	放置在公共空间较隐蔽的部位	高度0.8m左右，筒型直径0.35~0.55m	37个（30m/个）
	垃圾箱	造型醒目，便于清除废物，与休息设施结合	高0.6~0.9m	5个（22.4m/个）
标识及设备	电话亭	选择人群聚集场所设置	正方形0.8m×0.8m，高度2.0m	16个（70m/个）
	悬挂式电话机	色彩醒目、视线通透、局部围合隔声	电话设置高度1.5m左右，残疾人用0.8m	4个（280m/个）
	指路标	设置在方向变换之处，以及大量人群聚集停留场所	高度2.0~2.4m，字体8cm以上（视距6m以下）	
	标识牌	符号含义清晰、醒目、美观		16个（70m/个）
	导游图	设于出入口、节点、广场等部位，以及人群停留处		2个（560m/个）
	报时钟	功能与装饰相结合	高6m以下，钟面直径0.8m左右	5个（224m/个）
	雕塑小品	考虑城市文脉及场所行为设计造型		5个（224m/个）
	路面铺砖	表面光洁、防滑、色彩宜人	以0.3m×0.3m~0.45m×0.45m为宜	
	车挡护栏	根据交通状况考虑固定式或活动式	高度0.6~1m为宜	

2 哈尔滨中央大街金属拱门

3 北京蓝色港湾步行街小品

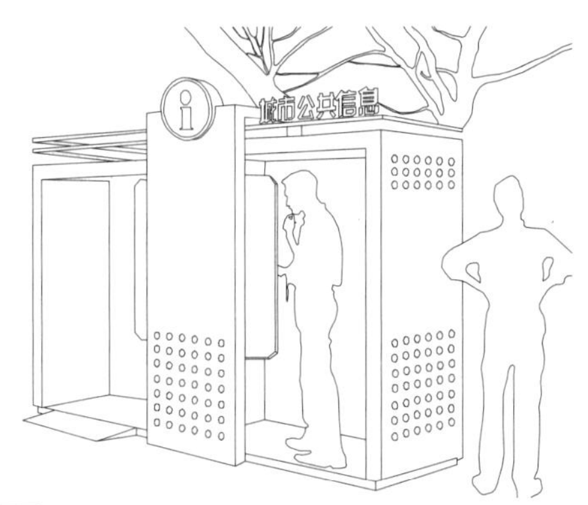

4 城市公共信息亭

5 伦敦街头电话亭

室外步行商业街

商业建筑沿城市步行交通线排列，构成室外的步行街道空间。其街道上的行人活动受天气的影响较大。步行街的空间尺度、线性及其建筑的规模常因地制宜，变化多样。街道空间的类型及业态构成也各具特色。对所在市镇的风貌有较大的影响。

a 宽窄巷子总平面图

b 宽窄巷子鸟瞰图

1 成都宽窄巷子

名称	占地面积	设计时间	设计单位
成都宽窄巷子	66000m^2	2008	北京华清安地建筑设计事务所有限公司

宽窄巷子历史文化片区，由宽巷子、窄巷子和井巷子三条平行排列的老式街道及四合院院落群组成。2008年6月，宽窄巷子改造工程全面竣工。该区域在保护老成都原真建筑的基础上，形成以旅游、休闲为主，具有鲜明地域特色和浓郁巴蜀文化氛围的复合型文化商业街，打造成具有“老成都底片，新都市客厅”内涵的“天府少城”

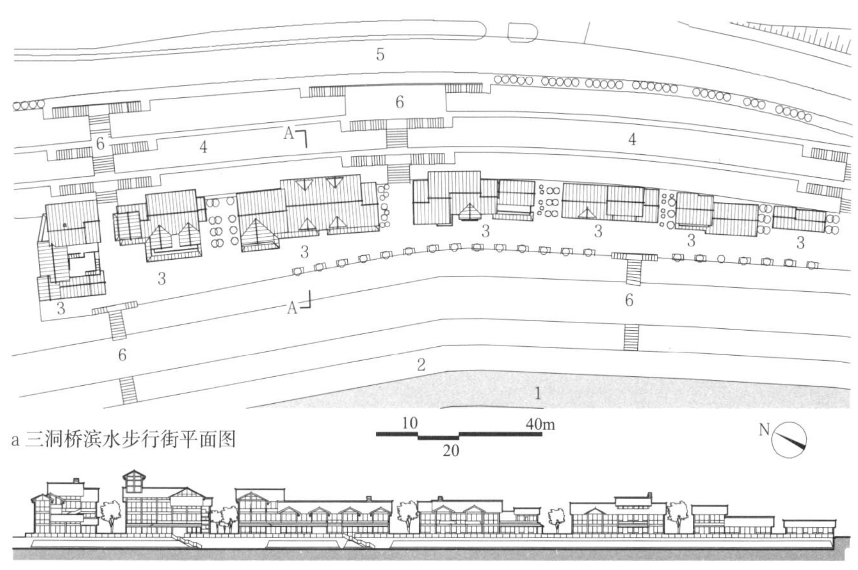

a 三洞桥滨水步行街平面图

b 三洞桥滨水步行街立面图

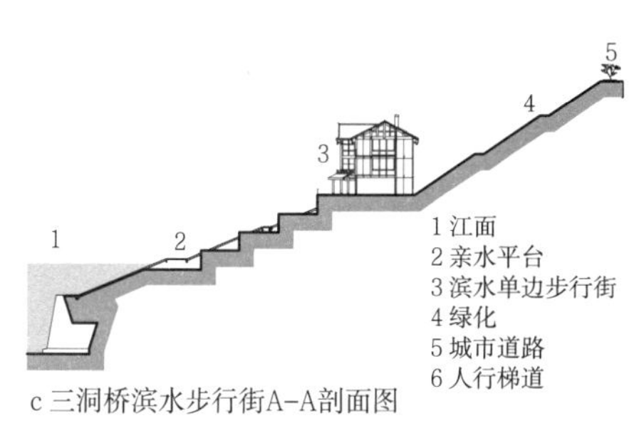

c 三洞桥滨水步行街A-A剖面图

d 三洞桥滨水步行街透视图

1 重庆江北嘴三洞桥滨水服务设施

名称	占地面积	建筑面积	设计时间	设计单位
重庆江北嘴三洞桥滨水服务设施	2857.1m^2	6108m^2	2012	重庆大学建筑设计研究院有限公司

项目位于长江西岸斜坡半腰的狭长平台上，是具有巴渝传统民居建筑风格的建筑群。联系上下的梯道和市政管线将基地切割成若干小段，项目因此被设计成7栋规模、形态均不同的建筑，沿用地南北展开，形成合理有序的单边街形态。建筑群背靠山体，地势高、景观好、视野开阔，充分体现了山地滨水地区步行街的空间特点

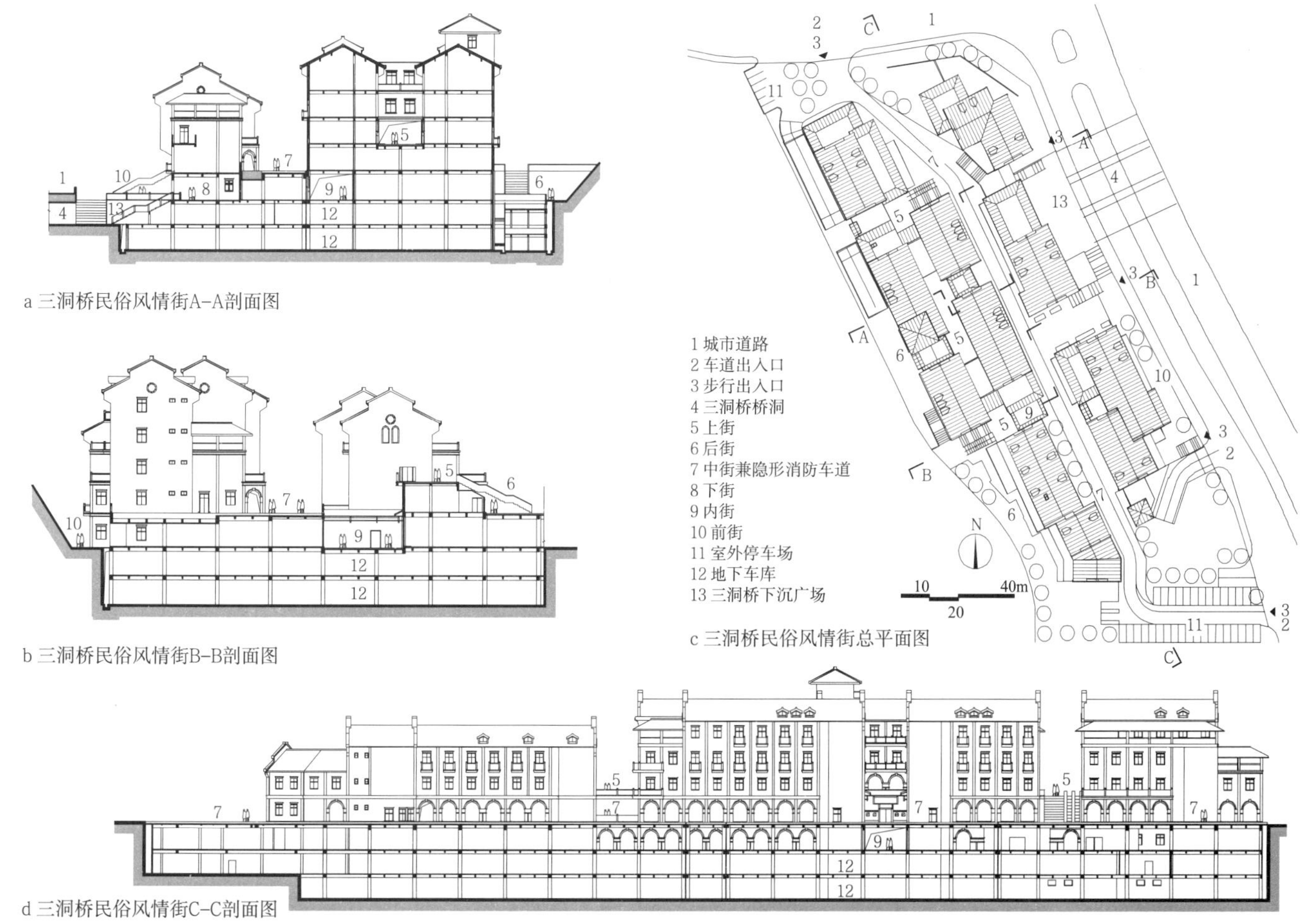

a 三洞桥民俗风情街A-A剖面图

b 三洞桥民俗风情街B-B剖面图

c 三洞桥民俗风情街总平面图

d 三洞桥民俗风情街C-C剖面图

2 重庆江北三洞桥民俗风情街

名称	占地面积	建筑面积	设计时间	设计单位
重庆江北三洞桥民俗风情街	10355m^2	47838m^2	2011	重庆大学建筑设计研究院有限公司

项目的目标是塑造具有浓郁老江北城特色的民俗风情街区，需要展现砖混为主、临坡吊脚、中西合璧的建筑风貌，以及复杂地貌条件下"街、巷、院"形成的错落有致的空间意象。设计利用地下空间和吊层空间形成上部建筑的基座，综合运用多种空间处理手法，并精炼老江北城的形象符号，创造了拥有6条步行街道的民俗风情展示街区

概述

室内步行商业街，在城市更新中，在原有街道上空加顶盖，通过交通控制和街道环境的处理，使之变成带有室内性质的街道。室内步行街不仅消除了恶劣气候对购物行为的影响，也是城市有机整合的有效途径。

室内步行商业街设计要点 表1

人性化		1.宜设置顾客休息处、吸烟室等。顾客休息处面积宜按营业面积的1%~1.40%计。 2.宜设服务问讯台，应设公共卫生间
界面	侧界面	1.直线型侧界面，街道方向感和引导性强。 2.曲线型侧界面，增强街道的流动性
	顶界面	1.步行商业街上空如设有顶盖或悬挂物时，净高不应小于4.00m，其构造应符合国家现行《建筑设计防火规范》GB 50016的相关规定，并采用安全的材料及构造措施。 2.不同材质的顶界面有不同效果，还可以利用科技手段，打造顶棚天幕，创造特殊的声光效果
自动扶梯 自动人行道		营业厅内设置的自动扶梯、自动人行道除应符合国家现行标准《民用建筑设计通则》GB 50352的有关规定外，还应符合下列规定： 1.自动扶梯倾斜角应小于或等于30°，自动人行道倾斜角不应超过12°； 2.自动扶梯、自动人行道上下两端水平距离3m范围内应保持畅通
采光通风		商店建筑应尽可能利用自然通风和天然采光。当采用自然通风时，其通风开口有效面积，不应小于该房间（楼）地板面积的1/20；如果自然通风开口有效面积不满足上述要求，应设置通风或空调系统；通风或空调系统的设计新风量应满足国家现行《采暖通风与空气调节设计规范》GB 50019的要求

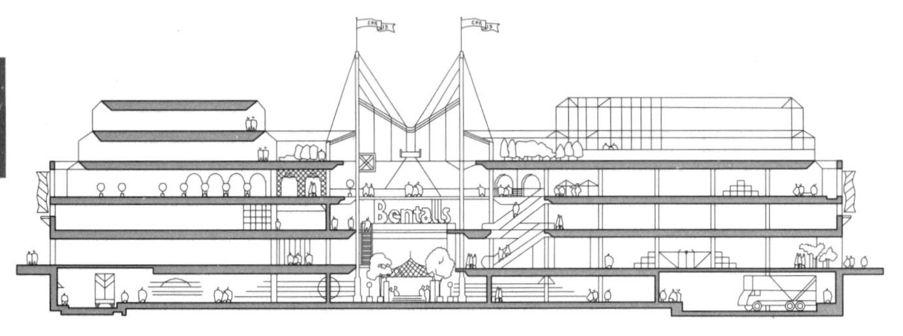

1 室内步行商业街盖顶与商店关系

连续排列商铺间的公共通道最小净宽度 表2

通道名称	最小净宽度（m）	备注
主要通道	4.00（3.00），并不小于通道长度的1/10（1/15）	1.括号内数字为公共通道仅一侧设铺面时的要求； 2.主要通道长度按其两端安全出口之间的距离算
次要通道	3.00（2.00）	
内部作业通道（按需要）	1.80	

营业厅的净高和通风方式 表3

通风方式	自然通风			机械排风和自然通风相结合	空气调节系统	备注
	单面开窗	前面敞开	前后开窗			
最大进深与净高比	2：1	2.5：1	4：1	5：1	不限	营业厅净高应按楼地面至吊顶或楼板底面障碍物之间的垂直高度计算
最小净高（m）	3.20	3.20	3.50	3.50	3.00	

室内步行商业街类型 表4

	半开敞式	半封闭式	全封闭式
简图			

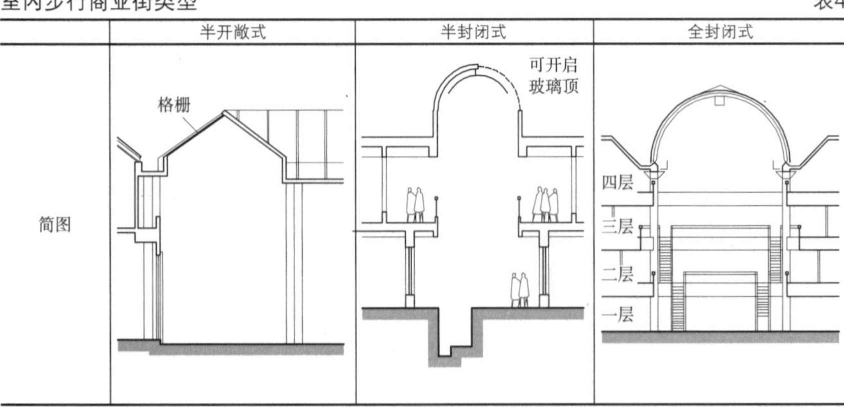

2 加拿大多伦多伊顿中心室内步行街

3 意大利米兰拱廊步行街

室内步行商业街顶盖设计

室内步行商业街拱顶类型　　表1

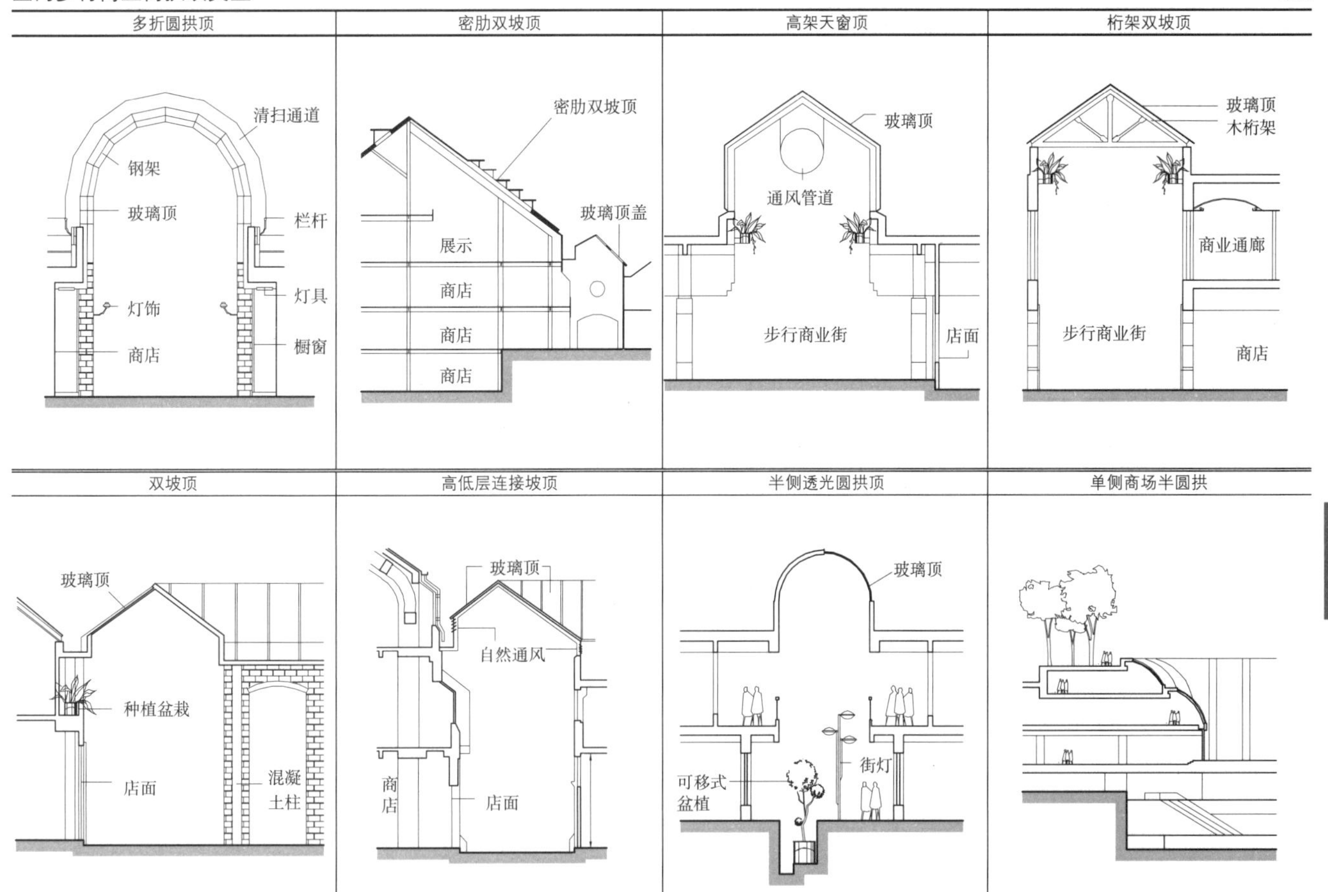

顶盖排烟方式与清扫

室内步行商业街排烟方式与清扫　　表2

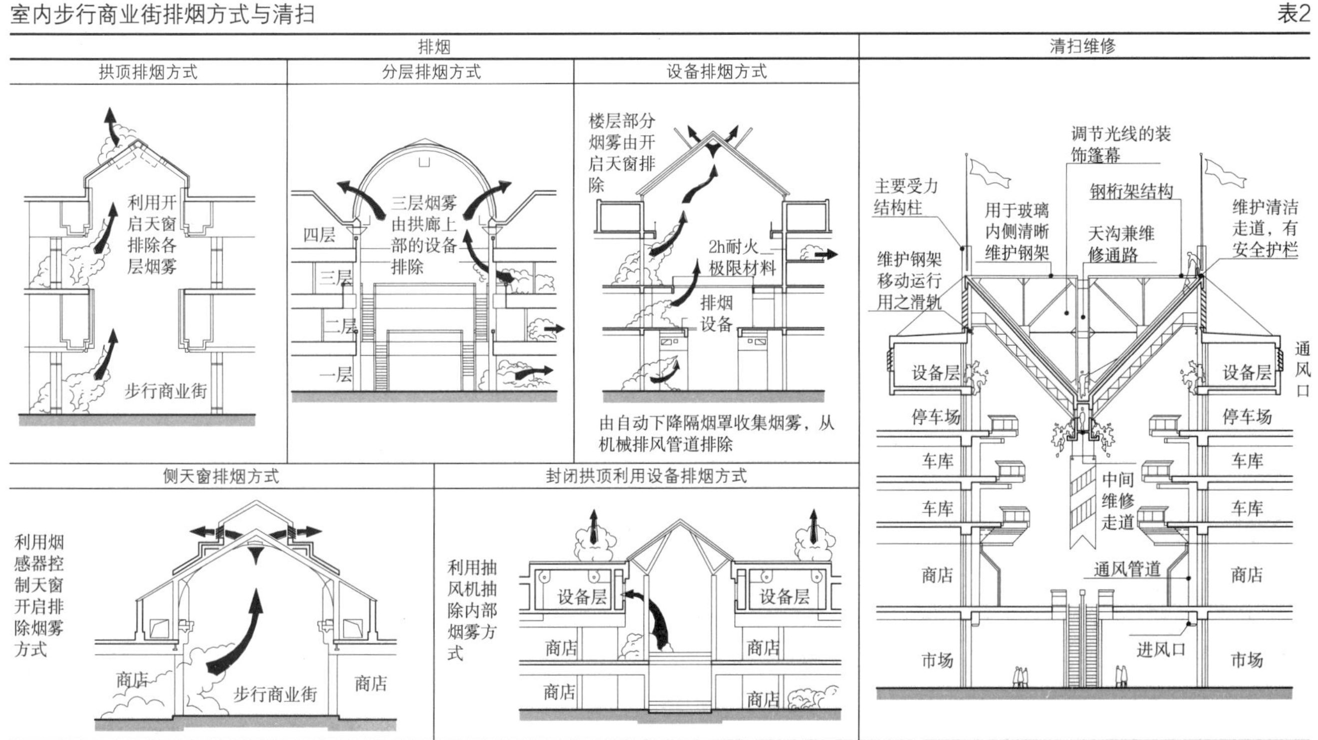

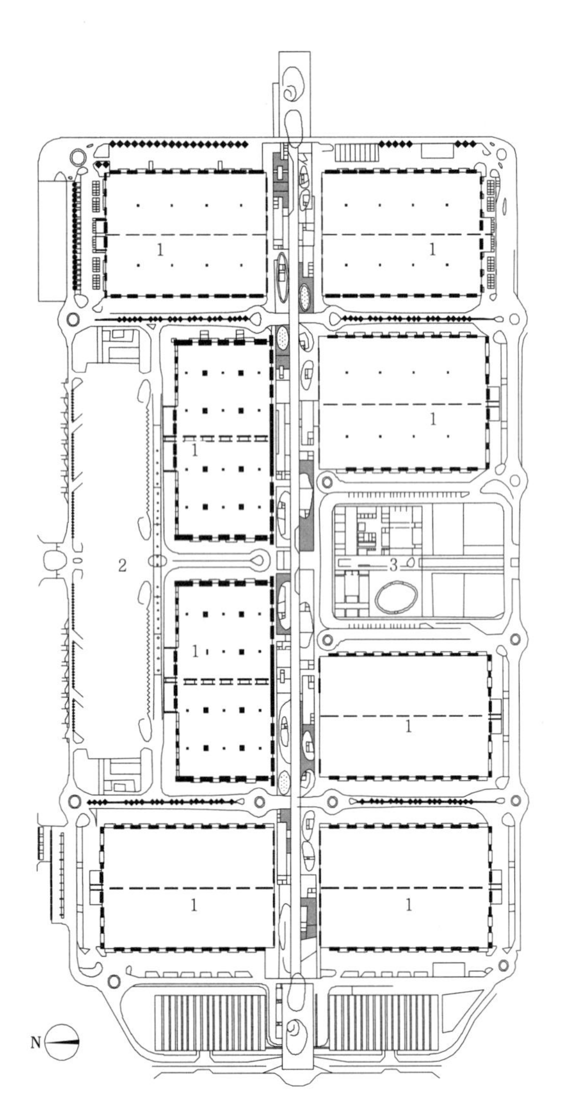

1 展场空间　2 户外展场　3 服务大厅

a 总平面图

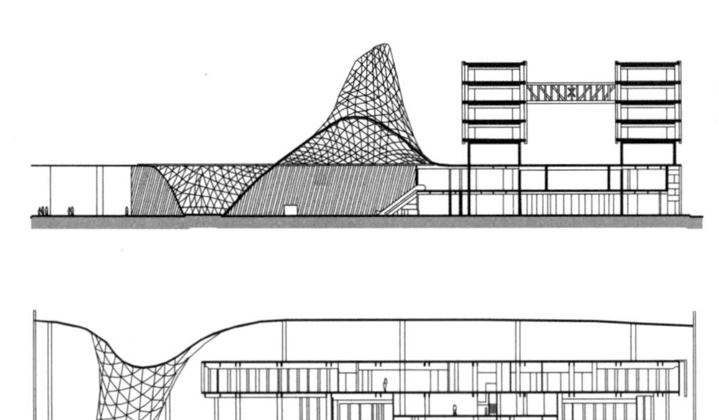

b 剖面图

1 米兰贸易展场

名称	占地面积	设计时间	设计单位
米兰贸易展场	195000㎡	2005	Studio Fukas

其功能就是以商业、贸易展览为主，并提供了20000个停车位及24间餐厅。如波浪起伏的玻璃顶棚位于展场的中轴线，连接各个场馆。顶棚高37m，由一根根细长树状的结构柱作为支撑

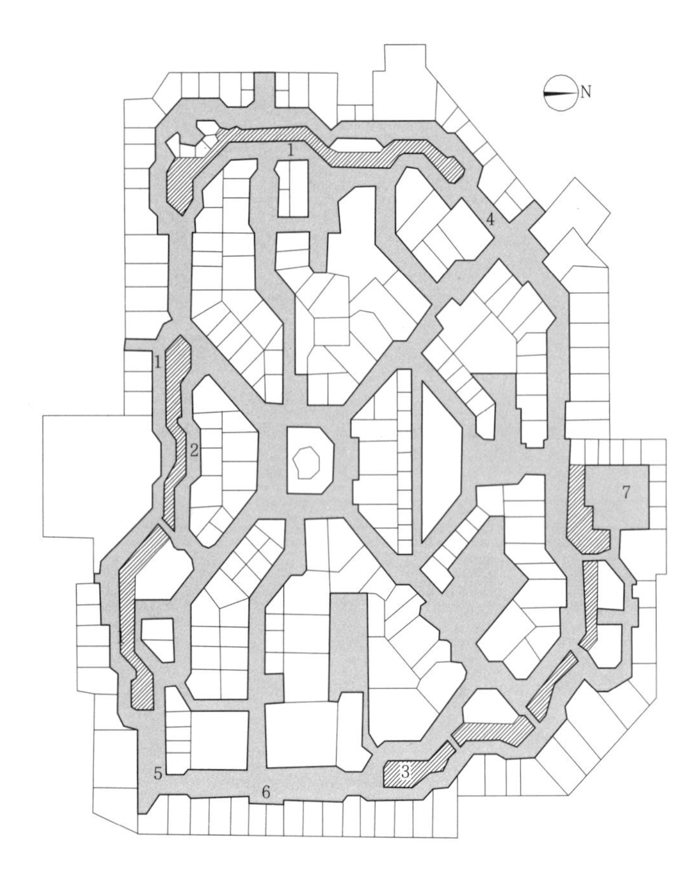

1 圣路卡大街　2 马可波罗大街　3 大运河　4 名都大街
5 嘉利广场　6 嘉德勒广场　7 圣马可广场

a 平面示意图

b 室内顶棚

2 澳门威尼斯人酒店大运河购物中心

名称	占地面积	设计时间	设计单位
澳门威尼斯人酒店大运河购物中心	93500m²	2007	Wilson&Associates

以意大利水都威尼斯为主题，在购物中心内营建出独具威尼斯风情的小运河、特色拱桥及石板路，充满欧洲水都的异国情调。室内商业街以3条运河为主题，顶棚以科技手段打造天幕，营造出天空景象，成为奇异景观，使人们有在室外购物的感觉

特点

地下商业街具有节能、节地的优点，但必须注意抗震、防火、防水和安全疏散设计。地下步行商业街还可与其他地下空间结合，提高空间利用效率。目前常见的形式有：和高层建筑地下空间结合，和人防战备工程结合，和过街地下通道结合，和地下交通枢纽结合。

布局模式

地下商业空间的连接模式　　表1

连接模式	模式特点	模式简图
枝状串联模式	通过地下步行主通道将其两侧的地下商铺联系起来，形成枝状格局；适用于商铺规模普遍较小的情况，优势是定位感和方向性强，商铺的可视性和可达性较好，并且灵活性较高，便于改建和加建	
网状串联模式	地下步行主通道穿越各商业建筑，将其主要节点、中庭、广场串联起来，形成网状格局；适用于各商业建筑规模较大的情况，能够有效提升商业建筑纵深的空间价值	
核心发散模式	在城市广场、十字路口、交通换乘枢纽等部位形成地下步行系统的核心节点，并向外辐射扩展，形成掌状格局。核心节点是整个地下步行交通体系的转换中心	
复合模式	随着地下空间利用范围的扩大，地下空间开发方式趋于复合。可以综合采用上述三种方式，形成复合化的地下步行商业系统	

路网结构形式

在地下商业空间内，方向感不如在地上空间那样容易识别，混乱的路网会使人们迷失方向，从而找不到出入口。不同的路网结构形式对人们的方向感的提示度都有不同。在设计时，可通过尺度、色彩、标识等强化主要通路的导向性。在各节点须对各条通路的方向有明确显眼的指示标识。

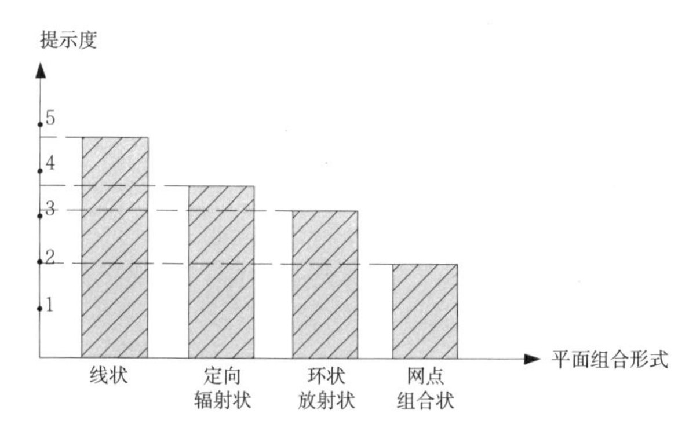

1 路网形式提示度

入口设计

地下商业街空间形态与入口位置的关系　　表2

商业街空间形态	带型地下空间	核心发散型地下空间
形态特点	多位于城市中心区主干道下方，兼作地下步行通道，其入口常与过街横道入口结合，设置在人行道侧或建筑底层的公共大厅内	核心位于城市广场之下时，主入口一般在广场中央或广场边缘均匀布置；核心位于十字路口之下时，入口在十字路口的人行道旁布置；核心在地下交通枢纽处时，常与交通枢纽出入口结合设置
空间形态与入口位置的关系示意图		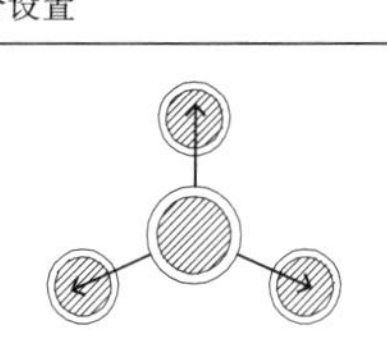

地下商业空间入口空间设计　　表3

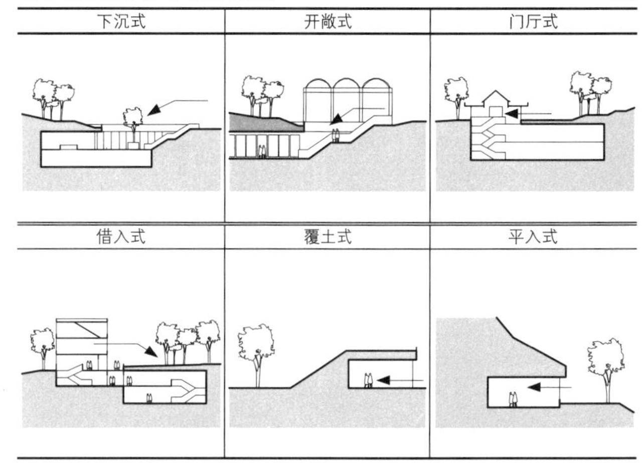

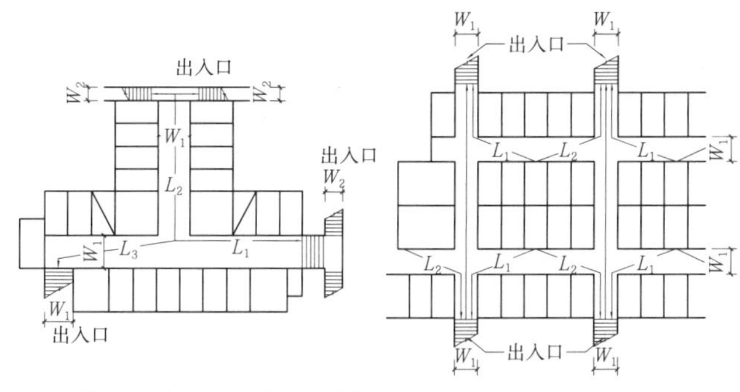

地下街道防火设计必须同时满足以下条件：

1. 主通道净宽 $W_1 \geq 3$m；
2. 次通道净宽 $W_2 \geq 1.5$m；
3. $L_1+L_2 \leq 80$m；
4. $L_2+L_3 \leq 80$m；
5. $L_1+L_3 \leq 80$m。

注：本图根据《建筑设计防火规范》GB 50016-2014绘制。

2 地下街道一般规定

增加地下公共空间开敞性的基本模式　　表4

类型	吊层边厅式	地下天井（下沉广场）式	地下中庭式	下沉广场式
示意图	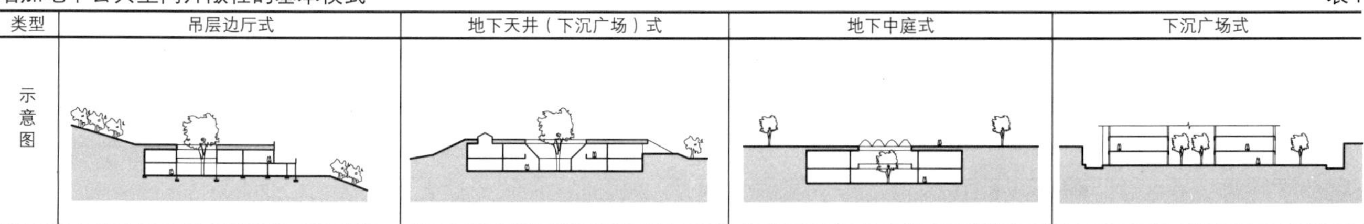			

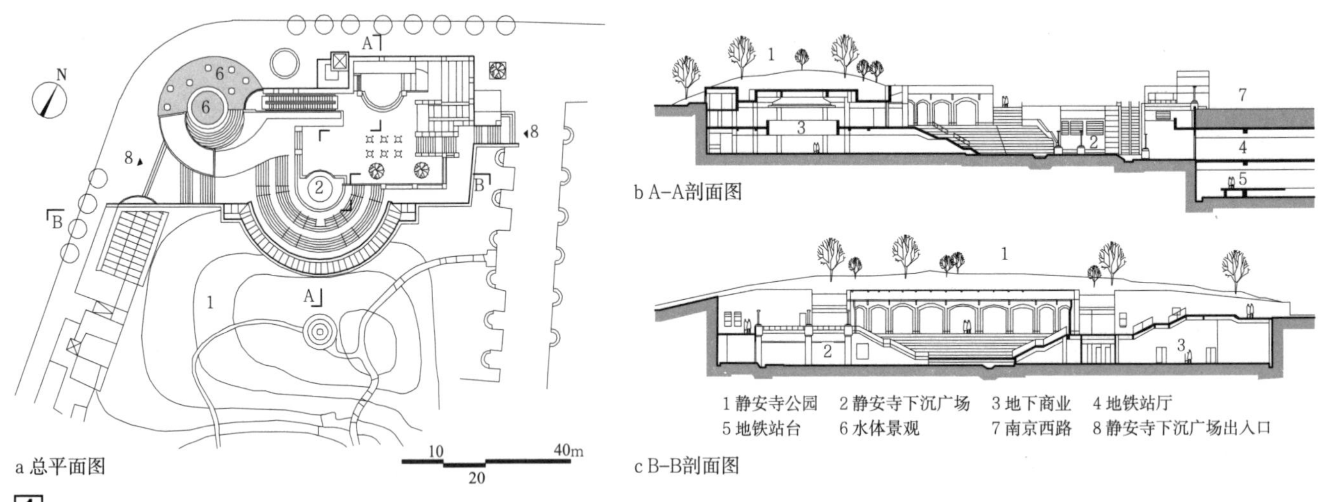

a 总平面图　b A-A剖面图　c B-B剖面图

1 上海静安寺下沉广场

名称	用地面积	建筑面积	设计时间	设计单位
上海静安寺下沉广场	约8000m²	约3000m²	2006	同济大学建筑设计研究院（集团）有限公司

上海静安寺广场位于城市中心区，是静安寺地区绿色中心的核心，其设计积极寻求绿色生态化、功能高效化和地上地下一体化的特色。目前，静安寺广场已成为静安寺地区的标志性建筑和集体闲购物、体育锻炼、广场文化、交通集散为一体的重要场所，成为展示静安、展示上海的典型

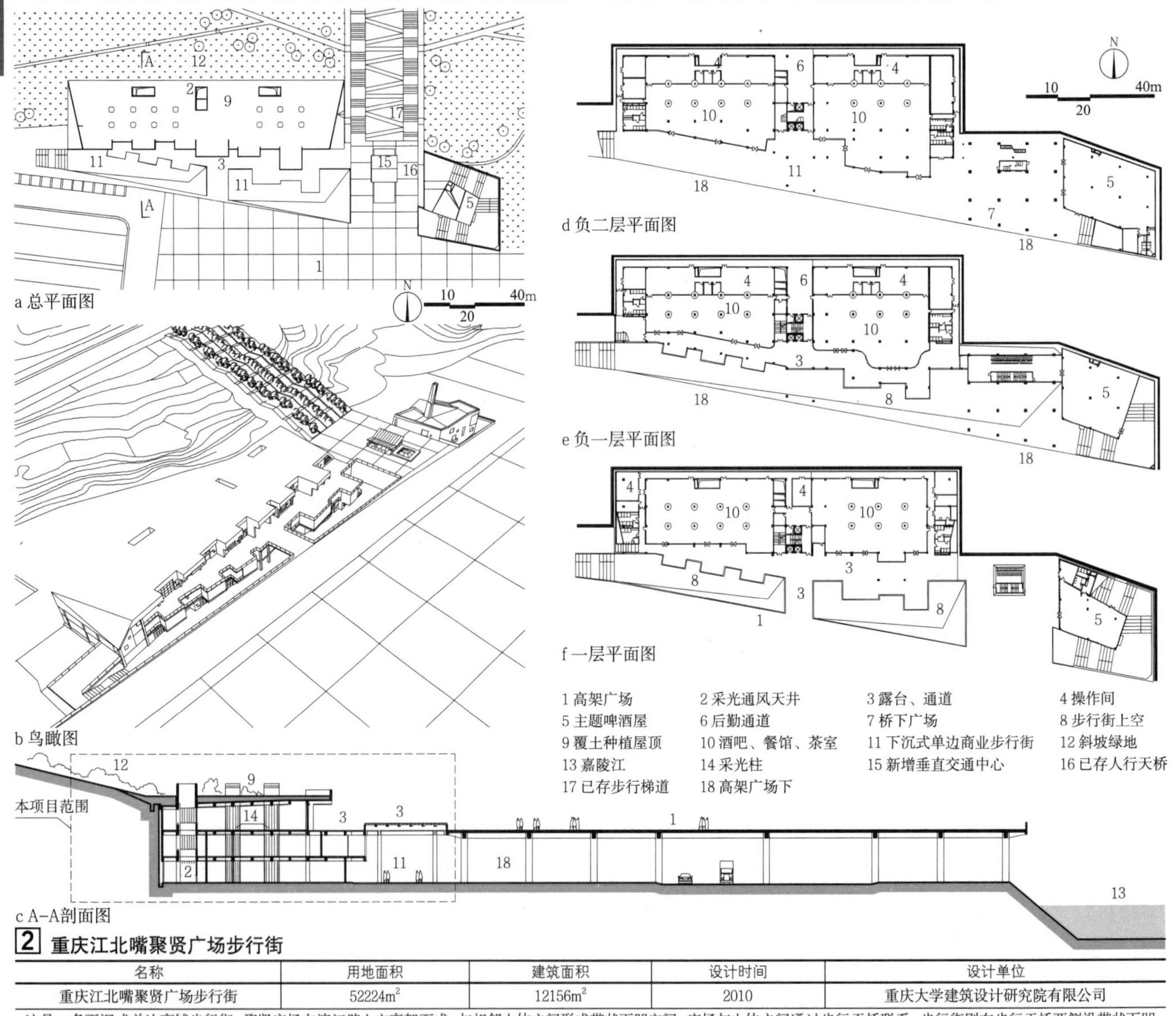

a 总平面图　b 鸟瞰图　c A-A剖面图　d 负二层平面图　e 负一层平面图　f 一层平面图

2 重庆江北嘴聚贤广场步行街

名称	用地面积	建筑面积	设计时间	设计单位
重庆江北嘴聚贤广场步行街	52224m²	12156m²	2010	重庆大学建筑设计研究院有限公司

这是一条下沉式单边商铺步行街。聚贤广场在滨江路上空高架而成，与相邻山体之间形成带状下凹空间，广场与山体之间通过步行天桥联系，步行街则在步行天桥两侧沿带状下凹空间布置。由于大部分商铺在广场面以下，加上建筑屋顶覆土绿化与相邻的山体绿化浑然一体，"隐"的设计理念保护了山地城市空间难能可贵的开敞通透

购物村

购物村是室外步行商业街的一种特殊形式，由若干低层的商铺集聚，空间形态较自由，类似传统的自然村落。购物村环境景观设施配备齐全，注重场所的文化性与体验感。商铺除精品店之外，一般还设有美食餐饮、休闲娱乐等多样化的业态。

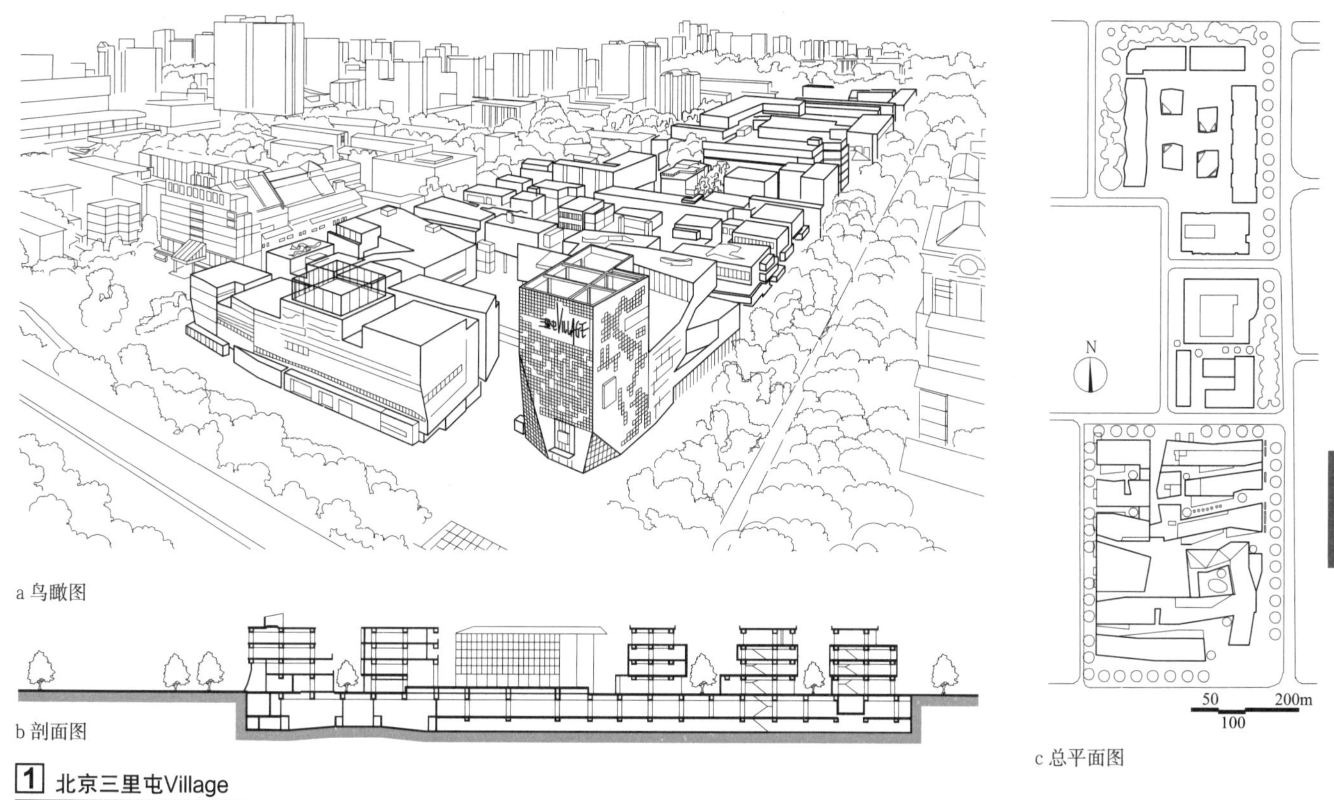

a 鸟瞰图

b 剖面图

c 总平面图

1 北京三里屯Village

名称	占地面积	建筑面积	设计时间	设计单位
北京三里屯Village	约5.3万m²	南区约7.2万m²，北区约4.8万m²	2008	欧华尔顾问公司（香港）、限研吾联合设计事务所（日本）等

该项目为开放式购物区，由19座低密度的当代建筑布局而成，整个项目分为南、北两个区域，既与周边建筑融合在同一个区域之中，同时也保持着相对的独立性。南区建筑风格前卫大胆，而北区设计灵感来源于四合院。在传统的基调上，赋予古老事物以时尚的新面貌。通过几何型的造型和大胆饱满的用色，赋予每幢建筑独特的外观和个性，打造出一种具有国际性的外观设计。项目停车设施配置便捷，顾客可乘电梯直达商业购物村停车场所

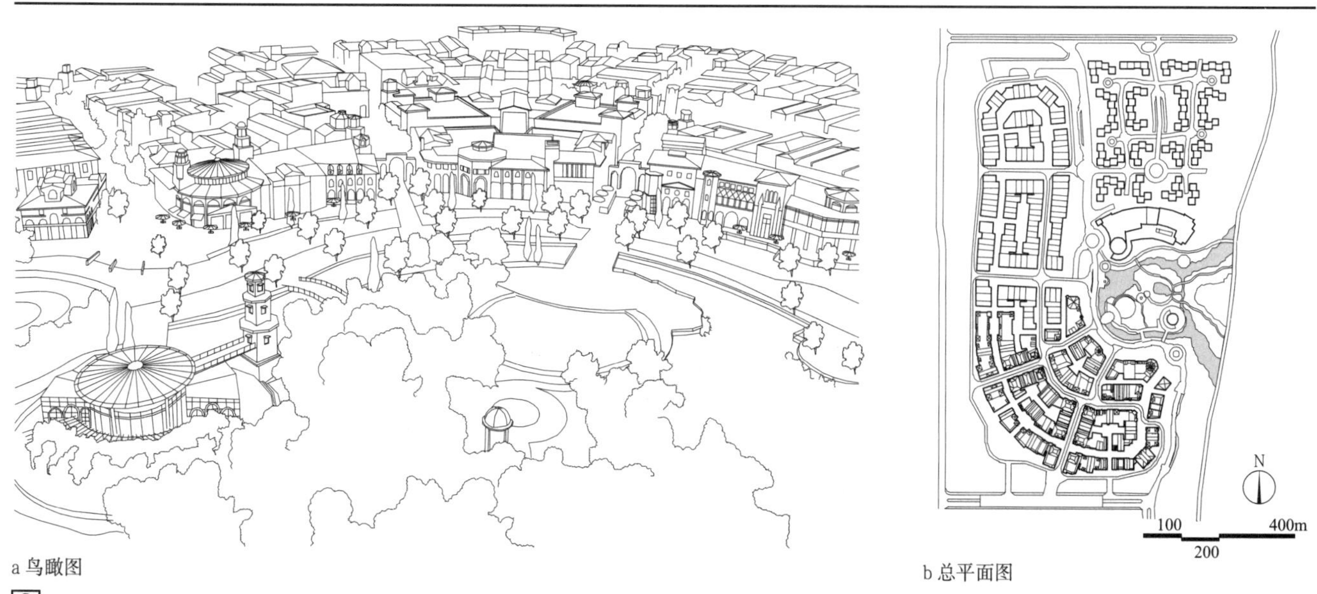

a 鸟瞰图

b 总平面图

2 苏州奕欧来精品购物村

名称	占地面积	设计时间	设计单位
苏州奕欧来精品购物村	约24.8万m²	2012	艺普得城市设计咨询有限公司

以人为本的室外环境空间，将阳澄湖大尺度的优美自然景观作为项目的远景之余，也提供一个尺度舒适和富有亲和力的购物体验。主要生态水花园连接整个苏州村水系，使宾客便捷地与基地外部环境联通。从基地内部来说，项目结合本土文化特征，引入新颖且开放的购物景观体验。充分利用材料色彩与园艺种植，使购物空间充满欢愉的迎宾氛围

定义

1. 百货商店是在一个建筑物内，经营若干大类商品，实行统一管理、分区销售，满足顾客对时尚商品多样化选择需求的零售商店。

2. 百货商店根据不同商品部门设销售区，开展进货、管理、运营，满足顾客的多种需求。具有以下特点：

（1）商品结构以经营男装、女装、儿童服装、服饰、衣料、家庭用品等为主，种类齐全；（2）商店设施完善、店堂典雅、色彩明快；（3）采取柜台销售与自选（开架）销售相结合方式；（4）采取定价销售，可以退货；（5）各项服务功能齐全。

规模与用地

1. 百货商店选址一般在城市繁华区，紧邻交通要道。

2. 百货商店一般规模较大，建筑面积5000m^{2}以下为小型，规模5000~20000m^{2}为中型，20000m^{2}以上为大型。

总平面设计

总平面根据不同使用功能，用地分为建筑物、货物堆放、道路、绿化、停车等用地。

1. 百货商店的主要出入口，按当地规划及有关部门要求，应设相应的集散场地并提供自行车与汽车使用的停车场地或停车库，合理布置自行车的停车位置和汽车泊位，见表1。

2. 总平面内合理划分各用地功能，并根据当地规划部门的要求考虑绿化率，见1。

停车场标准配置参考表　　表1

车辆类型＼城市（数量）	北京（辆/1000m^2）		上海（辆/1000m^2）		广州（辆/1000m^2）		重庆（辆/1000m^2）		武汉（辆/1000m^2）	
机动车	一类	6.5	内环	3	A区	5~6	一区	5	三环内	6~10
	二类	4.5	外环	5	B区	8	二区	7	三环外	12
非机动车	一类	40	内环	20	15		15		三环内	8
	二类	40	外环	20					三环外	8

注：此表数据摘自《北京地区建设工程规划设计通则》2012、上海市《建筑工程交通设计及停车库（场）设置标准》2014、广州市建设项目配建停车位指标2013、重庆市《建设项目配建停车位标准细则》2006、《武汉市建设工程规划管理技术规定》2014。近邻轨道交通的商业设施停车标准按此表适当增多。具体设计以当地规划部门最新规定为准。

交通组织

1. 百货商店基地宜选择在城市商业地区或主要道路旁的适宜位置。

2. 百货商店应至少在建筑物的两个方向上设置出口与城市道路相邻接；或基地应有不小于1/6的周边总长度和建筑物不少于两个出入口与一边城市道路相连接；基地内应设净宽度不小于4m的运输、消防道路。见2。

3. 百货商店应采用人车分流的交通组织形式。总平面布置应按商店使用功能组织好顾客流线、职工流线、货运流线和城市交通之间的关系，避免相互干扰，并考虑防火疏散安全措施和无障碍设施，见3、4。

室外环境

百货商店应进行基地内的环境景观及夜间照明设计。在保证使用功能的同时，进行环境景观设计，配置绿化水景、休息座椅、雕塑小品等。

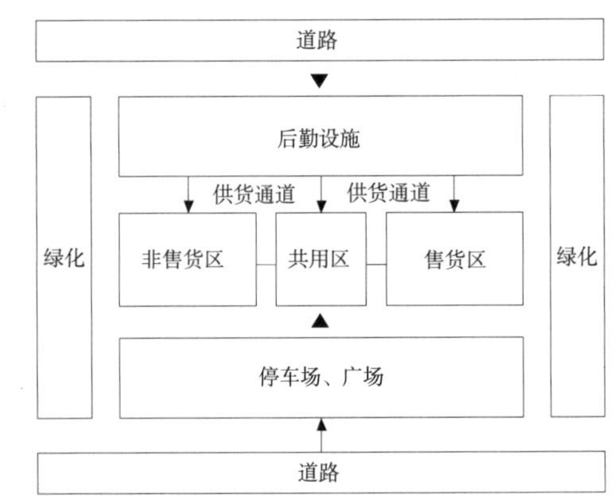

1 用地配置示意图

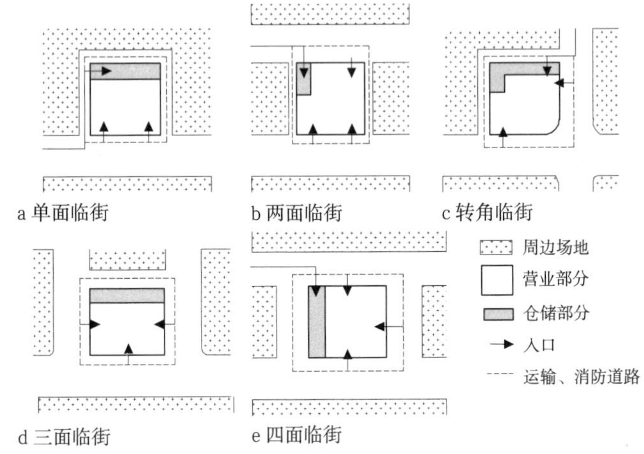

2 用地与城市道路关系

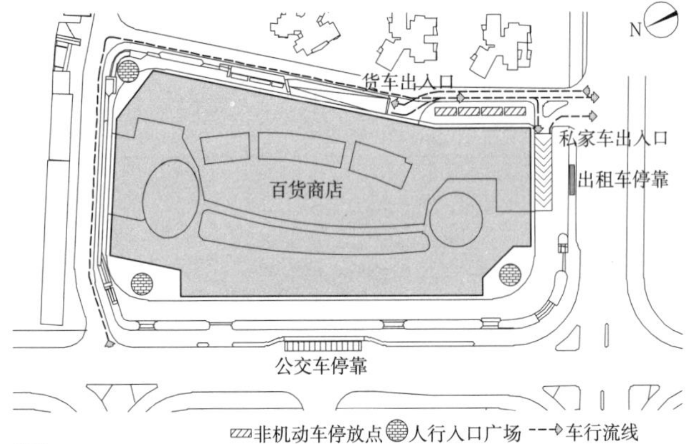

3 交通组织形式示例：武汉汉街万达百货

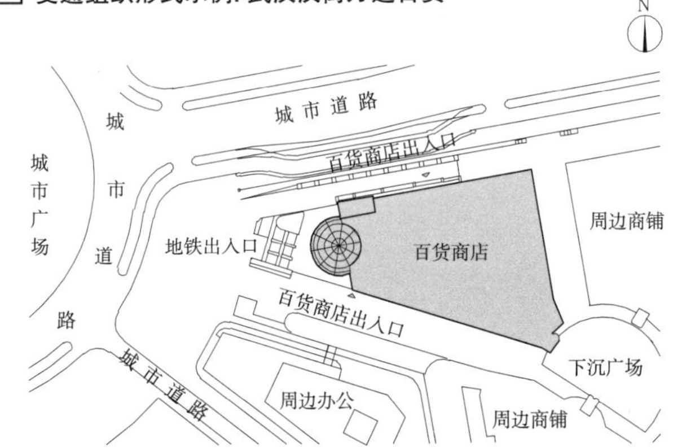

4 总平面布置示例：武汉光谷大洋百货

功能构成

百货商店按使用功能分为营业、仓储和辅助三部分，见[1]。

功能关系

1. 百货商店的营业、仓储和辅助三部分所需的建筑面积，应根据经营业态、商品种类和销售形式合理分配，并根据需要适当取舍与合并。

2. 百货商店建筑内外应组织好交通，避免人流、货流的交叉，并应按国家现行有关标准及规定进行防火、安全分区，见[2]、[3]。

面积定额参考表　　表1

功能 \ 规模分类	小型	中型	大型
营业	>55%	>45%	>34%
仓储	<27%	<30%	<34%
辅助	<18%	<25%	<32%

注：规模划分详见《商店建筑设计规范》JGJ 48-2014。百货商店纯营业厅与总有效面积之比通常在50%以上，高效率的百货商店则在60%以上。

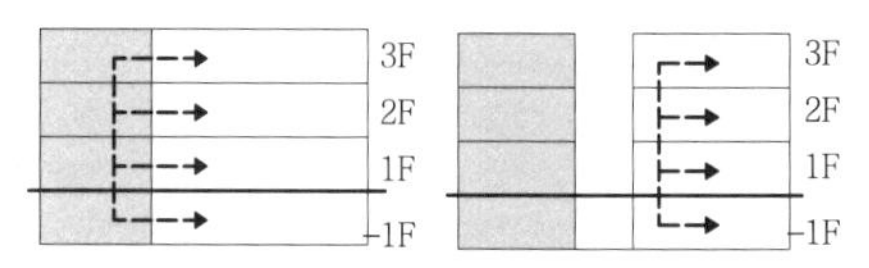

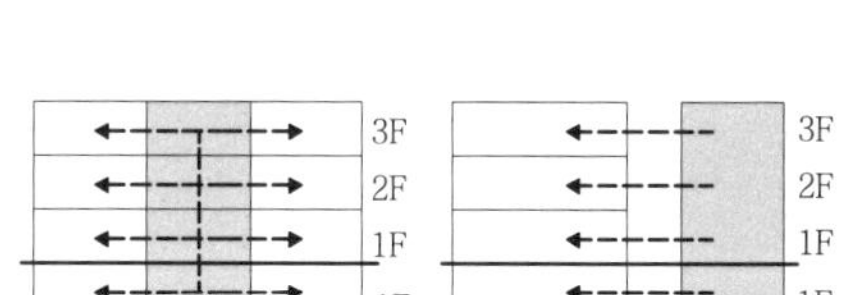

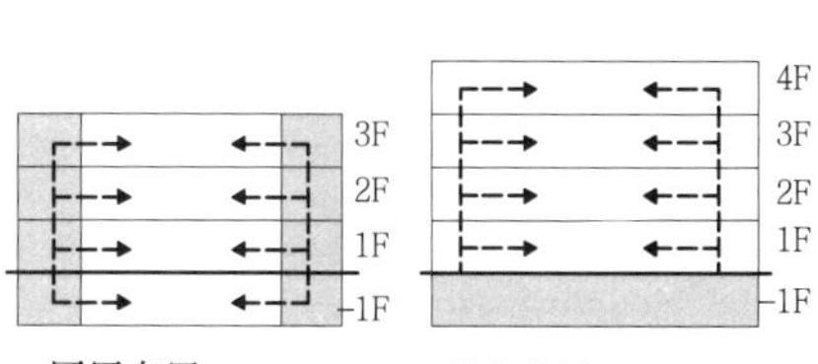

a 同层布置　b 独立布置

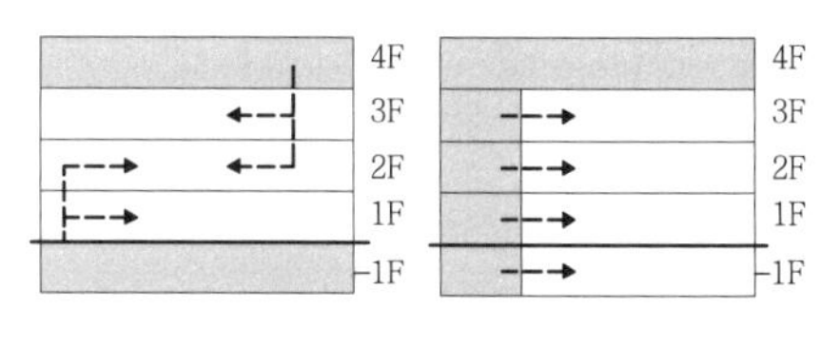

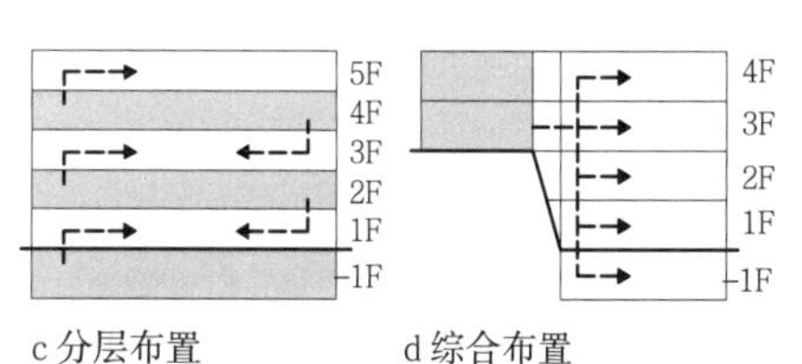

c 分层布置　d 综合布置

营业部分　辅助与仓储部分　联系方式

[1] 营业、辅助与仓储部分布置关系图

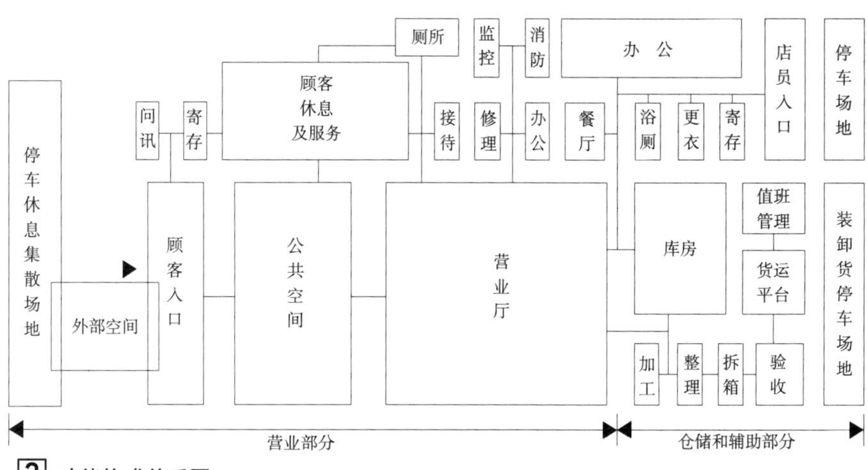

[2] 功能构成关系图

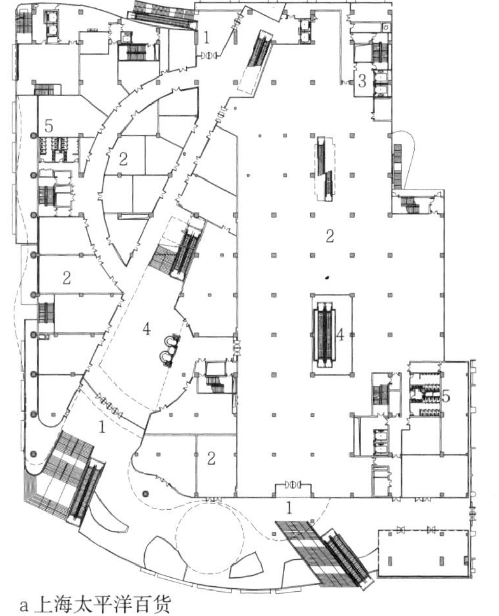

a 上海太平洋百货

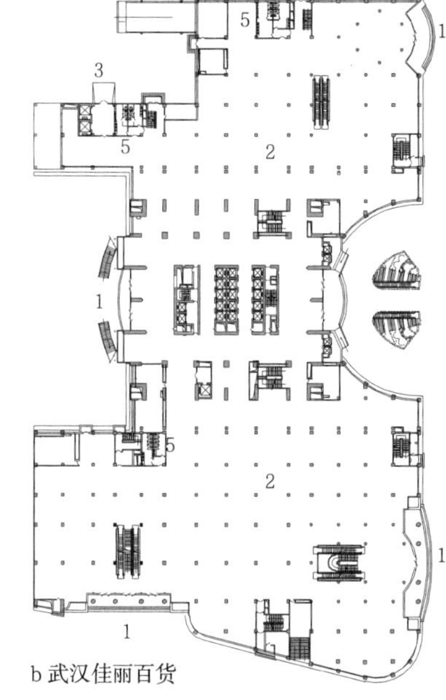

b 武汉佳丽百货

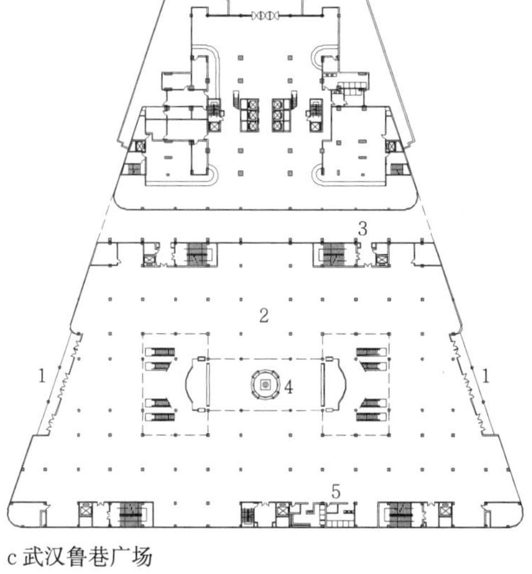

c 武汉鲁巷广场

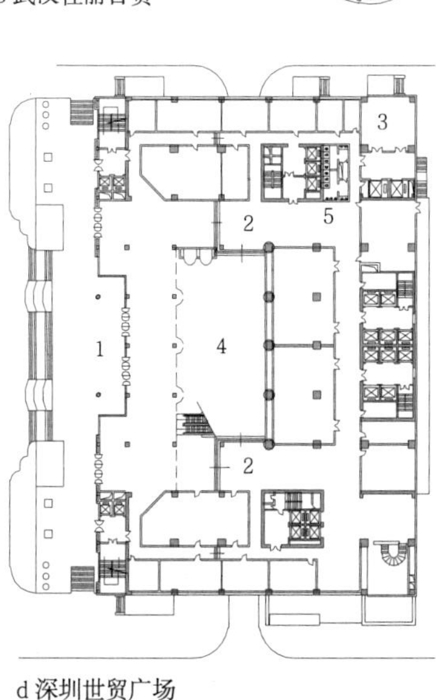

d 深圳世贸广场

1 顾客入口　2 营业厅　3 卸货区　4 中庭　5 卫生间

[3] 功能构成实例

流线分类

百货商店建筑的流线一般可以分为三种：顾客购物流线、职工工作流线和货物运输流线。

设计原则

1. 流线清晰：避免购物人流与货流的交叉干扰，使人流、货流各行其道，避免流线受阻。

2. 空间合理：合理布置营业空间为顾客创造出良好的购物环境，使顾客能方便快捷地完成购物行为。

3. 加强引导：流线组织可以通过通道宽窄的变化、地面铺装材料的变化、灯光照明效果的变化等手段加以实现，也可以通过出入口的合理分布、垂直交通与水平交通的对应关系和交通枢纽空间的强化，对购物者加以引导，从而实现购物人流的合理分配。

顾客购物流线组织

1. 实现购物人流的均衡分配，减少拥堵现象的发生。

2. 使顾客在购物过程中能方便、快捷地到达目标区域，避免死角和遗漏。

3. 紧急情况下，如发生火灾时，可以迅速安全地组织人员疏散。

4. 避免尽端式流线。

货物运输流线组织

百货商店在运输货物时，应该保证与人流分离，不要因为运货占用公共空间或电梯系统，而阻碍人流走向。因此要采取在人流量较低的时间段运输货物的原则。

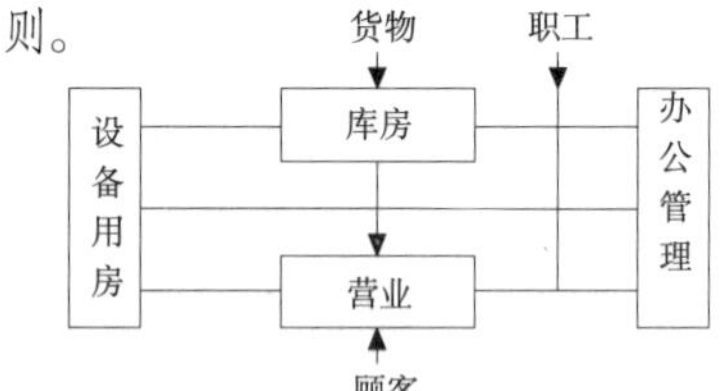

1 整体流线组织示意图

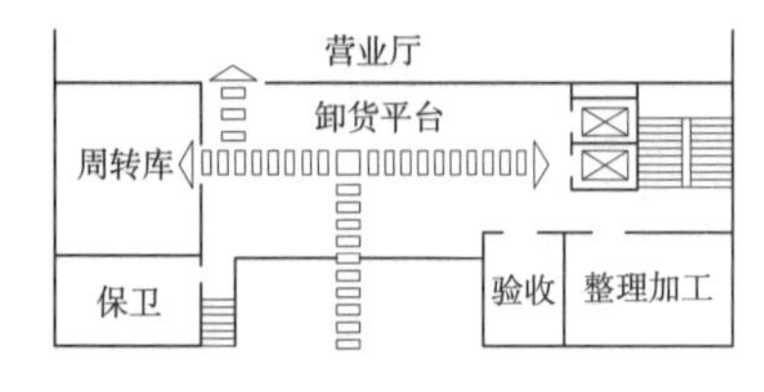

2 进货流线示意图

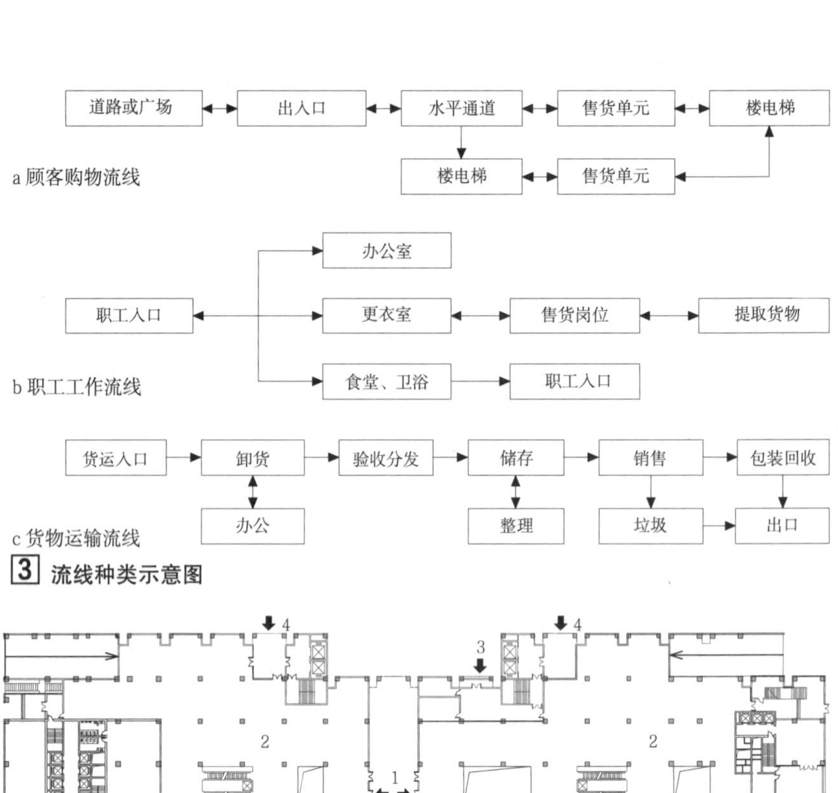

3 流线种类示意图

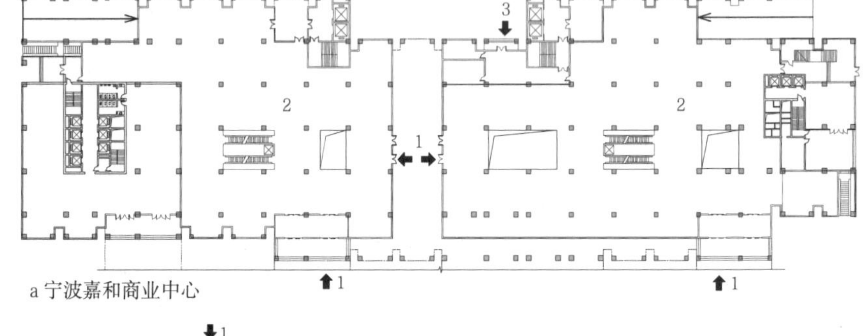

a 宁波嘉和商业中心

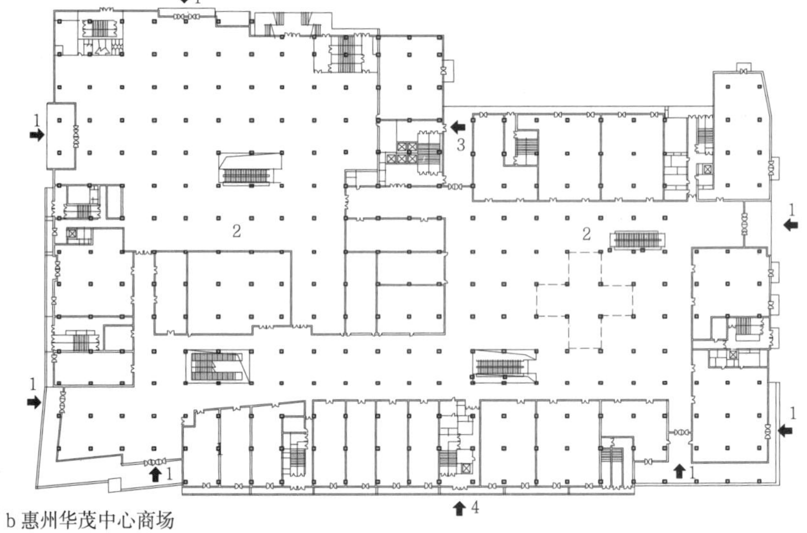

b 惠州华茂中心商场

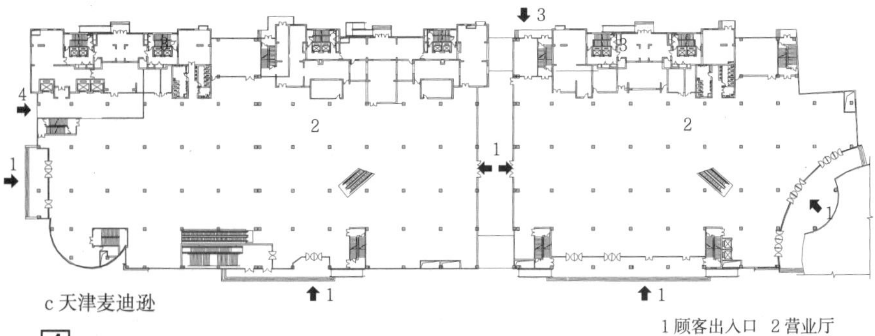

c 天津麦迪逊

1 顾客出入口　2 营业厅
3 职工出入口　4 货物出入口

4 流线组织实例

设计要点

营业厅设计应根据建筑平面形状和建筑造型进行功能分区。交通组织应均匀分散，售货区内通道的布置应均衡通达，收银台的设置应方便易达，要注意中庭的消防疏散。

平面柱网

1. 柱网选择要素：

(1) 能够满足商品正常销售需要，有足够的购物空间和通道宽度；

(2) 能够满足货物的展示与陈列；

(3) 满足少量货物的临时周转；

(4) 结构形式经济合理，技术经济条件的限制；

(5) 有地下停车时，应考虑地下停车的经济性。

2. 营业空间应综合考虑以上因素进行柱网布置，并应注重空间灵活性和使用方便性。一般采用框架结构。

3. 柱网的布置应与柜台和货架相结合，避免将柱子布置在顾客通道中。百货商店由于每层营业面积较大，为了能够及时补充货源、保证货物的供应，营业厅内必须设置散仓。

4. 柱网尺寸可参考下面公式：

$W=2\times(450+900+600+450)+600N(N>2)$

式中：W为柱间距，标准货架宽度为450mm，店员通道宽度为900mm，标准柜台宽度为600mm，购物顾客宽度为450mm，行走顾客宽度为600mm。N为行走顾客人流股数，当$N=2$时通道净宽取2.1m（表1）。

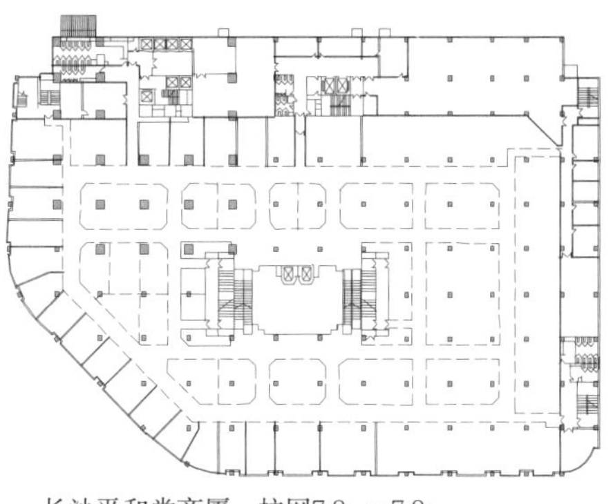
a 长沙平和堂商厦：柱网7.2m×7.2m

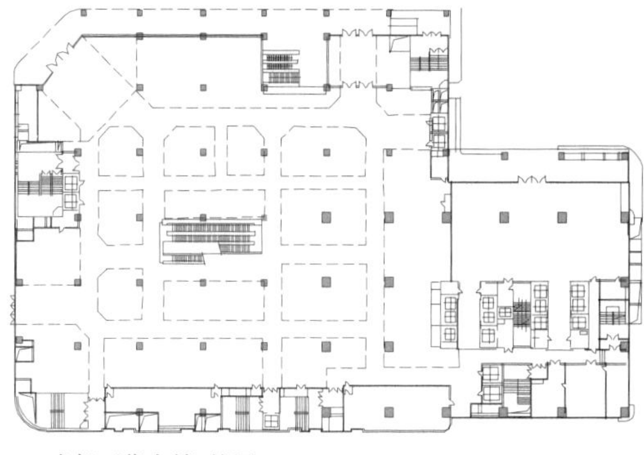
b 成都百货大楼：柱网8.0m×8.0m

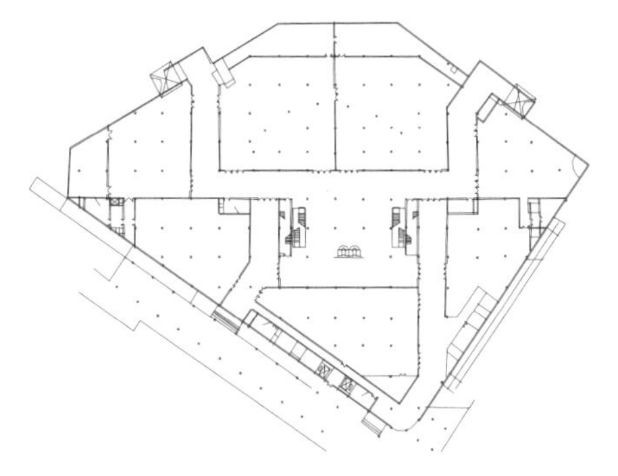
c 通城麓山商业广场：柱网7.2m×7.2m

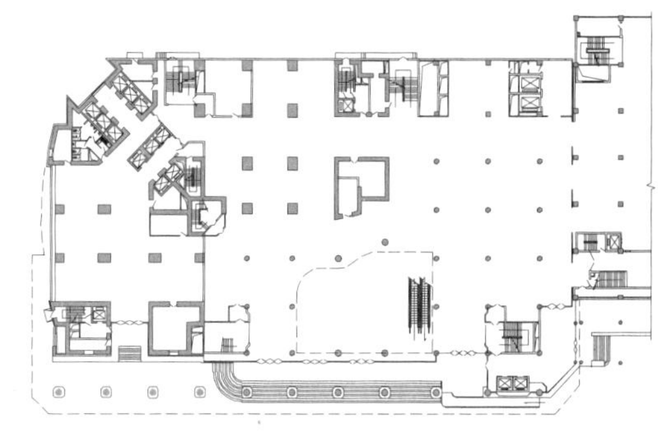
d 武汉中商广场：柱网8.6m×7.8m

1 柱网布置实例

柱间距选择与顾客人流关系　　表1

	柱间距W=4.2m	N=2，柱间距W=6.0m	N=3，柱间距W=6.6m	
顾客人流简图	2.25m；4.2m	2.1m；6.0m	2.7m；6.6m	适用于中小城市，顾客人流不大的地方
	N=4，柱间距W=7.2m	N=5，柱间距W=7.8m	N=6，柱间距W=8.4m	
顾客人流简图	3.3m；7.2m	3.9m；7.8m	4.5m；8.4m	适用于大中城市边缘地带的中型商店以及大城市人口密集的闹市区的大中型商店

注：■柱子，匚货架、柜台，▮墙体，▯通道。

柱网参数、平面布置及使用位置参考表　　表2

柱距与柱跨参数	平面布置内容	使用位置
4.2~6m柱网	一般作条式柜区布置，双跨时稍灵活，可布置条式和岛式各一行柜区	适用于多层住宅底层商店或小型百货商店
6~7.2m柱网	柜区布置以条式和岛式相结合为宜，可设2.1~3.3m宽通道，可利用部分靠墙处及角落设散仓位	适用于小型百货商店
7.2~8.4m柱网	柜区布置方式灵活、紧凑，可设3.3~4.5m宽通道，或>2.20m宽通道和两组货架后背间设散仓位	可适用于中型百货商店
9.0m以上柱网	柜区布置方式很灵活，可设>5.1m宽通道，或>3m宽通道和两组货架后背间设散仓位	适用于大中型百货商店

注：柱网的纵向间距叫做柱跨，横向的间距叫柱距。

营业范围参考表　　表3

经营商品	食品饮料		百货营业部						文化用品部					五金家电部			纺织部		针织营业部				鞋帽部			特艺部			装修部	
商店分级	食品	饮料	化妆品	小百货	搪瓷陶瓷	铝制用品	儿童玩具	皮件箱包	文化用品	体育用品	钟表眼镜	数码产品	修理加工	五金家电	家用电器	维修工具	呢绒绸缎布匹	男女服装	毛织品	男女内衣	袜子	床上用品	男女皮鞋	儿童鞋帽胶鞋	布帽皮帽雨帽	金银首饰	工艺品	刺绣编织	家具	建筑装饰
小型百货		△		△	△	△			△	△							△				△		△	△				△		
中型百货	△	△		△	△	△	△		△	△	△	△			△	△	△	△	△		△	△	△	△	△	△		△	△	
大型百货	△	△	△	△	△	△	△	△	△	△	△	△	△	△	△	△	△	△	△	△	△	△	△	△	△	△	△	△	△	△

空间与净高

1. 营业厅的空间形式大致可分为大厅式、中庭式、单元式和错层式。

2. 影响营业厅高度的因素包括营业厅面积大小、平面形式、结构类型、客流量多少、自然采光条件、通风组织、空调设备的设置、空间比例等。

3. 营业厅层高可参照表1确定，但一层营业厅与入口道路关系密切，既是人流密集的场所，也是百货商店室内空间设计的要点，其层高常常达到4.8~6.4m。当营业厅内设有空调时，营业厅净高可适当降低，但不宜低于3.0m。

广东万国广场

1 商场室内空间

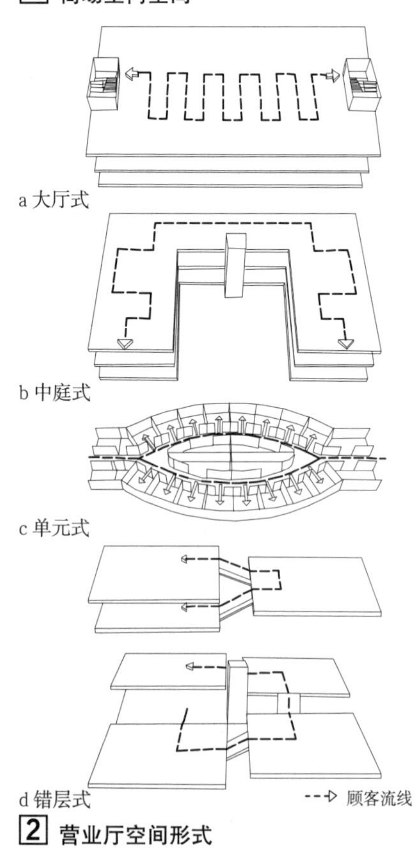
a 大厅式

b 中庭式

c 单元式

d 错层式 ——▷ 顾客流线

2 营业厅空间形式

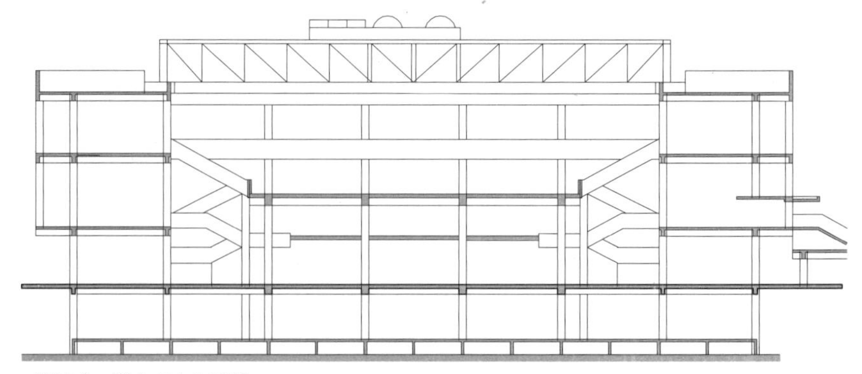
a 错层式：唐山市中心百货

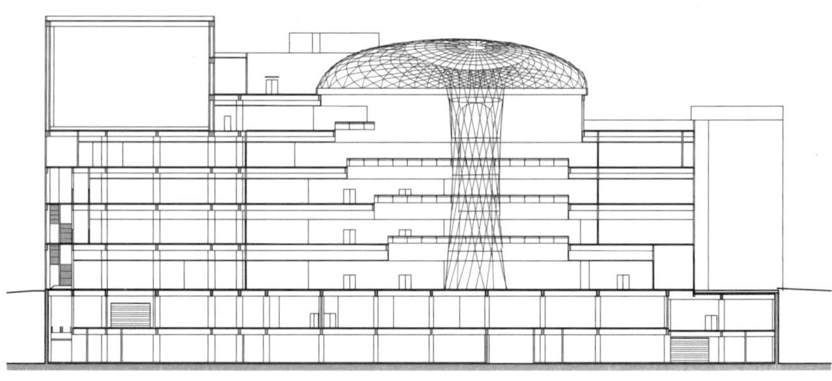
b 中庭式：武汉汉街万达百货

3 营业厅空间布置实例

建筑面积、营业面积及柱网、层高关系示例 表1

商店名称	建筑面积（m²）	营业厅使用面积（m²）	层高(m)	柱网尺寸(m)
郑州商业大楼	42800	26500	5.4~6.0	8.6×8.6
武汉中南商业大楼	39878	21600	6.0	8.0×8.0
南宁和平商场	50868	30768	4.8	7.5×7.5
南京友谊商店	20160	11200	4.8	8.0×8.0
成都火车站商场	6105	3681	4.8~5.1	7.5×7.5
上海曹阳百货大楼	7454	6535	4.2~5.2	6.6×6.0
昆明五华商场	10980	4090	4.2	8.0×8.0
宁夏商业大厦	12870	8622	4.5	7.5×7.5
桂林东城第一商场	13730	10610	3.0~3.6	6.6×7.5
沈阳铁西商业大厦	12000	9608	4.5	6.6×7.5
厦门华联商厦	10675	9078	4.0~6.0	8.3×8.3

国外百货商店层高示例（单位：m） 表2

楼层 \ 商店名称（地点）	三越（东京）	松板屋（东京银座）	伊势丹（东京新宿）	小田急（东京新宿）	卡鲁史达（柏林）	美西（纽约）
六层	3.5	3.94	3.64	3.48	4.50	4.61
五层	3.5	3.94	3.94	3.48	4.30	4.61
四层	3.5	3.94	3.94	3.48	4.30	4.50
三层	3.5	4.09	4.39	3.48	4.30	5.38
二层	3.5	4.09	4.39	3.48	4.30	3.44
一层	4.55	5.50	5.15	3.32	4.90	5.38
地下一层	4.24	4.79	4.09	3.85	3.45	4.30
地下二层	3.94	4.24	3.64	3.90	3.35	3.55

净高、平面形状与通风方式 表3

通风方式	自然通风			机械排风和自然通风相结合	空气调节系统
	单面开窗	前面敞开	前后开窗		
最大进深与净高比	2：1	2.5：1	4：1	5：1	不限
最小净高	3.20	3.20	3.50	3.50	3.00

注：1. 设有空调设施，新风量和过渡季节通风量不小于20m²/(h·人)。并且有人工照明的面积不超过50m²的房间或宽度不超过3m的局部空间的净高可酌减，但不应小于2.40m。
2. 营业厅净高应按楼地面至吊顶或楼板底面障碍物之间的垂直高度计算。
3. 本表摘自《商店建筑设计规范》JGJ 48-2014。

垂直交通

1. 百货商店内部的垂直交通包括：楼梯、电梯、自动扶梯和自动人行道等形式。

2. 营业厅内的楼梯除旋转楼梯外，多为安全疏散楼梯。楼梯梯段最小净宽、踏步最小宽度和最大高度应符合表1的规定。

3. 百货商店营业部分宜设乘客电梯、自动扶梯、自动人行道；多层商店宜设置货梯或提升机。

4. 百货商店内设置的自动扶梯、自动人行道除应符合现行国家标准《民用建筑设计通则》GB 50352的有关规定外，还应符合下列规定：

（1）自动扶梯倾斜角度应不大于30°，自动人行步道倾斜角度不应超过12°；

（2）自动扶梯、自动人行道上下两端水平距离3m范围内应保持畅通，不得兼作他用；

（3）扶手带中心线与平行墙面或楼板开口边缘间的距离，相邻设置的自动扶梯、自动人行道两梯（道）之间扶手带中心线的水平距离应大于0.50m，否则应采取措施，以防对人员造成伤害。

5. 中庭作为百货商店建筑内部带有玻璃顶盖的多层内院，多设置垂直交通工具而成为整个建筑的交通枢纽空间。

楼梯梯段最小净宽、踏步最小宽度和最大高度　　表1

楼梯类别	梯段最小净宽(m)	踏步最小宽度(m)	踏步最大高度(m)
营业区的公用楼梯	1.40	0.28	0.16
专用疏散楼梯	1.20	0.26	0.17
主入口处楼梯	1.40	0.30	0.15

注：本表摘自《商店建筑设计规范》JGJ 48-2014。

疏散楼梯宽度计算表　　表2

建筑层数	营业厅内的人员密度（人/m²）	最小疏散净宽度（m/百人）
负二层	0.56	1.00（距地面>10）
		0.75（距地面≤10）
负一层	0.6	1.00（距地面>10）
		0.75（距地面≤10）
一层	0.43~0.60	0.65
二层	0.43~0.60	0.65
三层	0.39~0.54	0.75
四层以上	0.30~0.42	1.00

注：本表摘自《建筑设计防火规范》GB 50016-2014。每层疏散楼梯的总净宽度，应根据疏散人数按每100人的最小疏散净宽度不小于此表的规定计算确定。营业厅内的人员密度为确定商店营业厅疏散人数时的计算面积与其建筑面积的定量关系，该定量关系为（0.5~0.7）：1。

自动扶梯理论运输能力参考表　　表3

扶梯速度 / 运输能力 / 梯级宽度	0.50 m/s	0.65 m/s	0.75 m/s
600mm	4500人/小时	5850人/小时	6750人/小时
800mm	6750人/小时	8775人/小时	10125人/小时
1000mm	9000人/小时	11700人/小时	13500人/小时

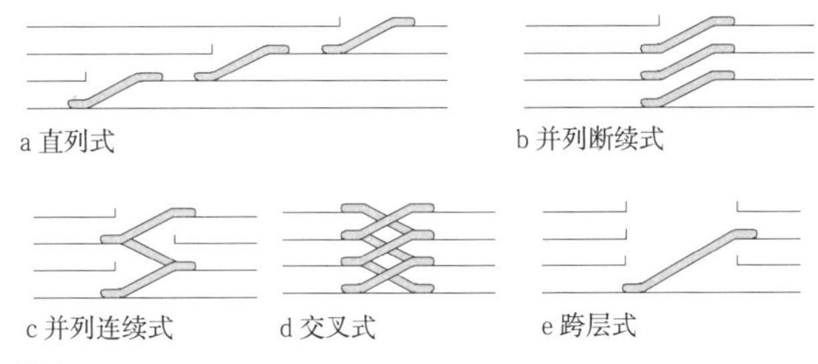

a 直列式　b 并列断续式　c 并列连续式　d 交叉式　e 跨层式

1 自动扶梯的配置方式

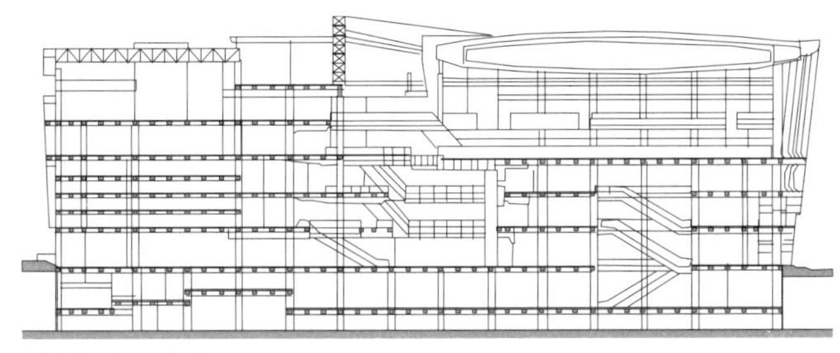

a 深圳华润万象城

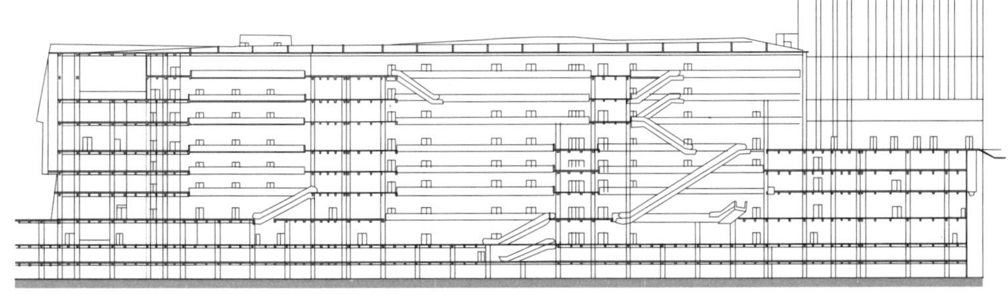

b 重庆协信星光时代广场

2 自动扶梯剖面实例

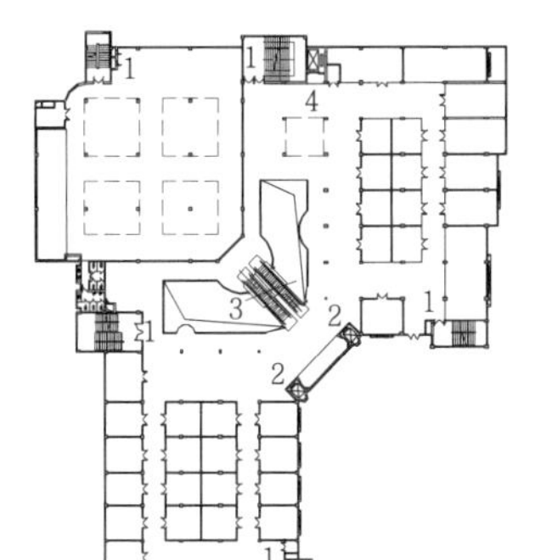

a 广东省阳江市八方商港

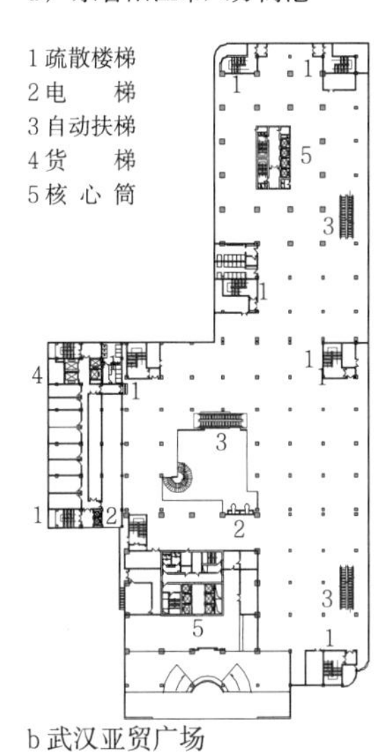

b 武汉亚贸广场

c 青岛李沧万达广场百货

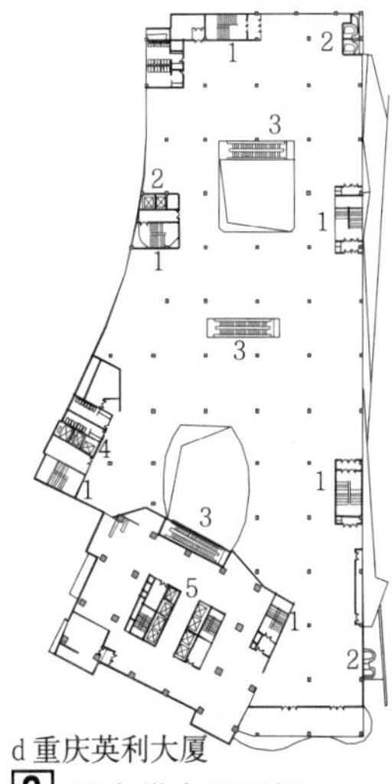

d 重庆英利大厦

3 楼电梯布置实例

柜台货架布置

1. 百货商店营业厅设置营业柜台时柜台的设置应满足：(1)方便顾客观看；(2)方便顾客挑选；(3)方便顾客行动；(4)方便商品摆设；(5)有利于美化整体营业环境；(6)有效地利用营业空间增加展示商品的机会。

2. 柜台、货架的布置形式有：

(1)隔绝式：利用柜台、货架组成封闭空间，使顾客与货物处于隔离状态；

(2)半隔绝式：除柜台、货架外，还利用陈列台、陈列架组成敞开售货部分，这样的陈列多见于布匹、书籍、服装等货组；

(3)敞开式：利用陈列架、陈列台或开敞式货架，将商品直接展示于顾客面前进行挑选、品评；

(4)混合式：在一个营业厅内，隔绝式、半隔绝式、敞开式柜台与货架同时布置的形式。

收银台布置

1. 百货商店应根据经营面积、商品类别区域、日常客流量等情况，在各区域明显位置设立足够数量的收银台。

2. 收银台、结算出口均应配有POS机、验钞机、点钞机等收银设备，并保证有收银员随时在岗，为消费者提供现金及刷卡消费收费服务。

3. 收银台一般设在顾客活动范围内，具有分割区域的作用，其位置可以根据现场实际情况而定，可设在营业厅的中心点、入口处或通道旁，以让顾客容易识别发现、不影响人流的畅通为宗旨。

最小通道净宽　表1

通道位置		最小净宽度(m)
通道在柜台或货架与墙面或陈列窗之间		2.20
通道在两个平行柜台或货架之间	每个柜台或货架长度小于7.50m	2.20
	一个柜台或货架长度小于7.50m，另一个柜台或货架长度7.5~15m	3.00
	每个柜台或货架长度为7.5~15m	3.70
	每个柜台或货架长度大于15m	4.00
	通道一端设有楼梯时	上、下两个梯段之和再加1m
柜台或货架边与开敞楼梯最近踏步间距离		4m，并不小于楼梯间净宽度

注：1. 通道内如有陈列物时，通道最小净宽度应增加该陈列物的宽度。
2. 无柜台营业厅的通道最小净宽可根据实际情况在本表基础上酌减20%以内。

收银台常用尺寸参考表　表2

	可变范围(mm)	图示
长	600、650、800、850、900、1000、1100、1200	900；500；900；800；100
深度	450、500、600	
高	800、900、1000	
台面	20、25、30、50	
踢脚板高	80、90、100	

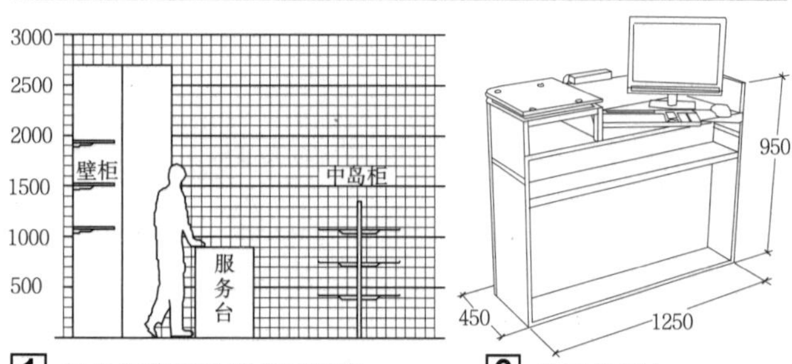

1 柜台与货架位置关系示意　2 常用收银台

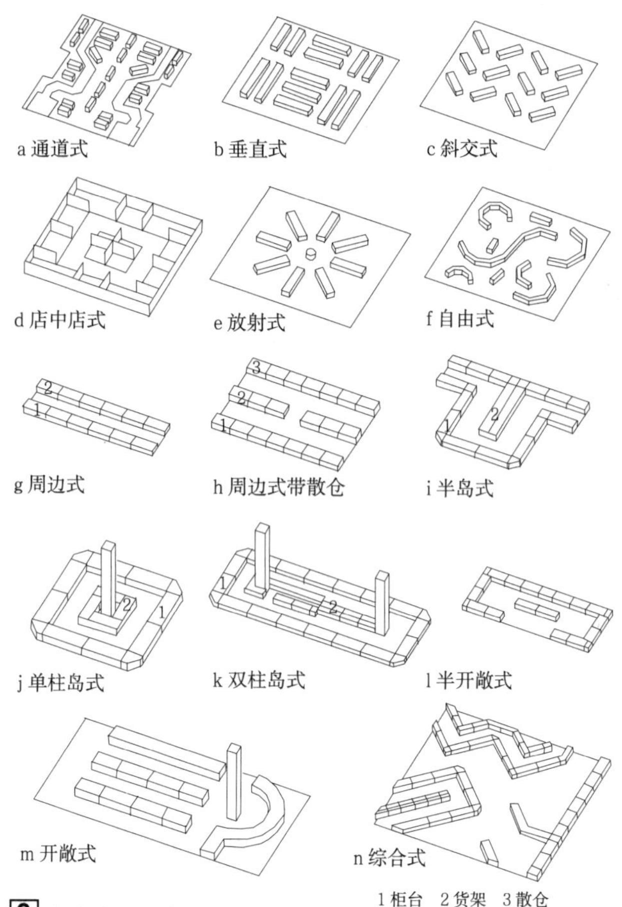

3 柜台布置形式

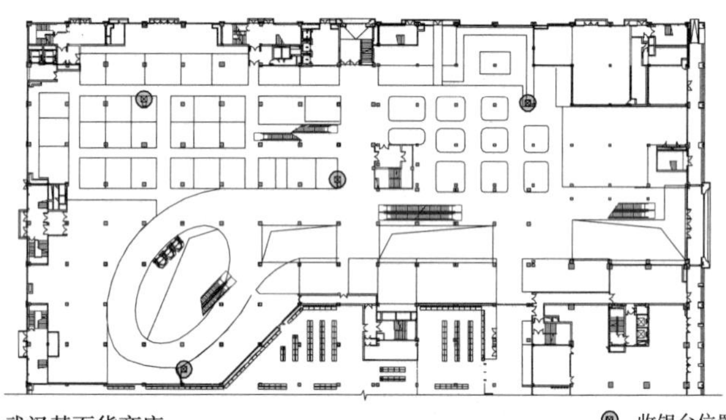

4 收银台布置实例

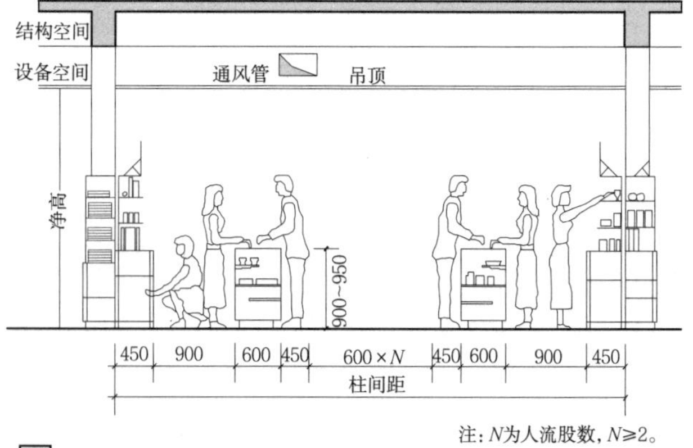

注：N为人流股数，N≥2。
5 柱间距与柜台

平面功能

百货商店的休息服务区应该包括：休息功能、服务功能、文化功能、展示功能及其他空间等多层次复合功能。

平面布置

休息服务区的平面布置方式有围合式、半围合式和开放式等形式。设计时应注意：

1. 百货商店为顾客服务的设施宜符合下列规定：设置休息室等；顾客休息面积宜按营业厅面积的1%～1.40%计；应设为顾客服务的卫生间，并宜设服务问讯台。

2. 顾客休息区应配备相应数量的休息座椅，提供书报架、自助存取款机、饮水机等服务设施；有条件的情况下提供电话充电、皮鞋保养、临时托儿所、母婴室、商务传真及无线上网等能够满足顾客特殊需求的服务项目。

3. 应尽量均匀布置休息区。

设施配置

1. 应设置广播室，广播室应为顾客提供服务。广播室设备和百货商店扩声、音响广播系统应符合有关规定。

2. 应设置顾客问讯台、卫生间、公用电话、自助取款机等设施。

3. 应提供卖场电视供顾客观看，播放的节目是为商品销售服务的。

4. 服务空间需提供特殊商品销售需要的设施，如钟表、鞋帽维修处、改衣室等。

5. 百货商店顾客卫生间设计应符合下列规定：应设置前室；公用卫生间的门不宜直接开向营业厅、电梯厅、顾客休息厅等主要公共空间；宜有天然采光和自然通风，条件不允许时，应采取机械通风措施；中型以上的百货商店应设置无障碍专用卫生间，小型商店建筑应设置无障碍厕位（表1）。

商店为顾客服务的卫生设施　　表1

购物面积（m^2）	男厕位（个）	女厕位（个）
500以下	1	2
501~1000	4	4
1001~2000	3	6
2001~4000	5	10
≥4000	每增加$2000m^2$男厕位增加2个，女厕位增加4个	

注：1. 本表摘自《城市公共厕所设计标准》CJJ 14-2016。
2. 按男女如厕人数相当时考虑。
3. 商业街应按各商店的面积合并计算后，按上表比例配置。

1 图书店　2 网络专区　3 化妆品专区　4 手机卖场
5 名表专卖店　6 取款处　7 首饰专柜　8 儿童娱乐区
9 KFC　10 鞋区　11景观　12 休息区
13 照相器材　14 收银处

a 某百货休息区——大厅式

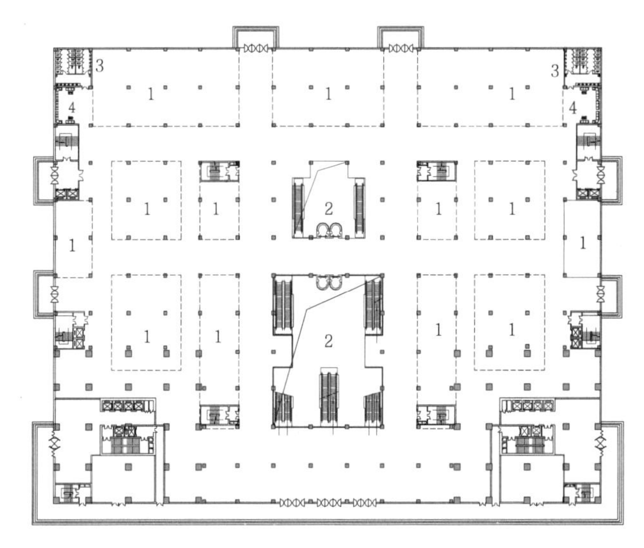

1 营业区　2 中庭　3 卫生间　4 休息区

b 某百货休息区——卫生间门口式

1 休息服务区分布及平面实例

a 大厅式或通道式

b 中庭式

c 楼电梯边式

d 卫生间门口式

2 休息服务区实例

4 商业建筑

环境指标

1. 百货商店宜采用自然通风和天然采光，以保持室内良好的热湿环境。室内换气次数应保证不小于2次/小时。

2. 百货商店室内自然通风开口有效面积应符合《商店建筑设计规范》JGJ 48的规定，当不满足要求时，应采用通风中庭或设置机械通风系统，系统的新风量应符合现行国家标准《民用建筑供暖通风与空气调节设计规范》GB 50736的规定。

3. 百货商店建筑室内空气质量应符合现行国家标准《室内空气质量标准》GB/T 18883的规定。

4. 百货商店声环境设计应符合现行国家标准《民用建筑隔声设计规范》GB 50118的规定。

5. 百货商店围护结构应进行热工设计，并应符合现行国家标准《公共建筑节能设计标准》GB 50189的规定，围护结构的内部和表面应无结露、发霉现象，还应通过结露验算。

6. 百货商店室内建筑材料和装修材料所产生的室内环境污染物浓度限量应符合现行国家标准《民用建筑工程室内环境污染控制规范》GB 50325的规定。同时，建筑和装饰材料应符合节能的要求，并满足《建筑内部装修设计防火规范》GB 50222的相关要求。

7. 百货商店营业厅的东、西朝向采用大面积外窗、透明幕墙以及屋顶采用大面积采光顶时，宜设置外部遮阳设施。

供暖房间室内设计温度　表1

房间名称	室内设计温度（℃）
营业厅、室	16~18
厨房和饮食制作间	10~16

注：本表摘自《商店建筑设计规范》JGJ 48-2014。

空气调节室内设计计算参数　表2

房间名称	室内温度（℃）		室内湿度（%）		室内风速（m/s）	
	夏季	冬季	夏季	冬季	夏季	冬季
营业厅、室	25~28	18~24	≤60	≥30	≤0.3	≤0.2

注：本表摘自《商店建筑设计规范》JGJ 48-2014。

室内允许噪声级　表3

房间名称	允许噪声级（A声级，dB）	
	高要求标准	低限标准
营业厅、室	≤50	≤55
餐厅	≤45	≤55
员工休息室	≤40	≤45
走廊	≤50	≤60

注：本表摘自《民用建筑隔声设计规范》GB 50118-2010。

室内常用装修材料表　表4

分类	材料名称
木材	柳安、白木、桧、柚、红木、樟、茎、南洋杉、松、橡
木材加工	三合板、木芯板、塑合板、集成材、线材、软木板
	丽光板、美耐板、耐曲板
塑胶板	透明板、色彩板、彩绘版、图案版、塑胶镜
壁纸	塑胶壁纸、泡棉壁纸、壁布
板材	石膏板、石棉板、吸声板
塑胶地砖	素色、图案、仿石纹、仿木纹
石材	大理石、花岗石、人造石、磨石砖
地毯	人造地毯、羊毛地毯、织花地毯、人造草坪
布类	沙发布、帆布、窗帘布、绒布
涂料	油漆、喷漆、烤漆、乳胶漆、塑胶漆、木质染色、透明漆、金属漆、丽纹漆
玻璃	明镜、墨镜、铜镜、马赛克镜、透明玻璃、色玻璃、彩绘玻璃、喷砂玻璃、雕花玻璃、玻璃砖
陶瓷	瓷砖、陶砖、马赛克瓷砖
五金	铁管、铁板、铜板、铜管、不锈铁板、不锈钢管、铝方格板、铝框、铝门窗、铝镜、合金材

界面设计

1. 百货商店的顶棚、墙面、地面是塑造空间环境气氛的基本要素，应作统一设计。

2. 顶棚应根据室内风格和顾客人流导向的要求，确定其色彩、造型、装饰材料，并综合考虑照明、通风、消防、音响等设施及结构形式。

3. 充分利用墙面及柱面展示商品。

4. 百货商店的地面设计应结合柜台布置，顾客通道和售货区利用不同材料和不同花式色彩加以区分，以引导顾客人流；营业厅和人员通行区域的地面、楼面面层材料应耐磨、防滑、不起尘及便于清洗。

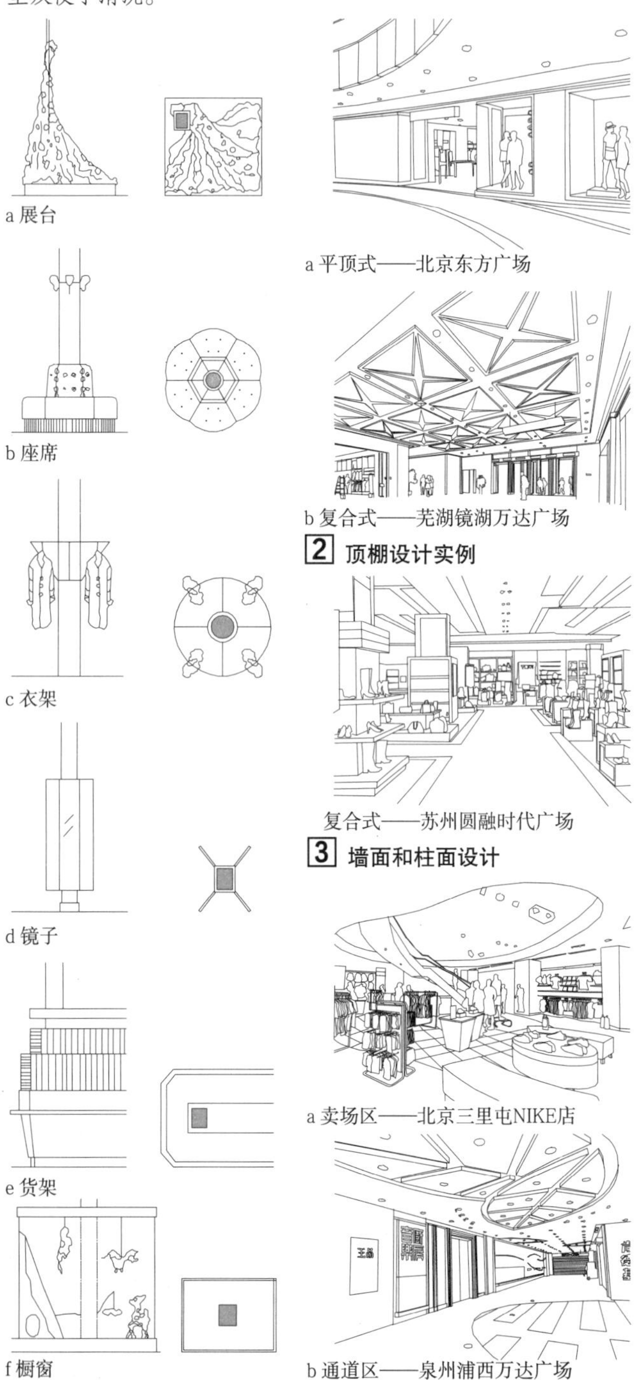

a 展台
b 座席
c 衣架
d 镜子
e 货架
f 橱窗

1 立柱设计

a 平顶式——北京东方广场
b 复合式——芜湖镜湖万达广场

2 顶棚设计实例

复合式——苏州圆融时代广场

3 墙面和柱面设计

a 卖场区——北京三里屯NIKE店
b 通道区——泉州浦西万达广场

4 地面设计实例

环境照明要求

1. 百货商店的照明设计，应符合下列要求：照明设计应与室内设计和商店工艺设计统一考虑；平面和空间的照度、亮度宜配制恰当，使一般照明、局部重点照明和装饰艺术照明有机组合；为表达不同商店营业厅的特定光色气氛和商品的真实性或强调色彩、立体感和质感，应合理选择光色比例、色温和照度。

2. 营业厅照明应满足垂直照度的要求，一般区域的垂直照度不宜低于50lx，柜台区的垂直照度宜为100~150lx（近街处取低值，厅内深处取高值）。

3. 营业厅内的照度和亮度分布应符合下列规定：一般照明的均匀度（工作面上最低照度与平均照度之比）不应低于0.6；顶棚的照度应为水平照度的0.3~0.9；墙面的亮度不应大于工作区的亮度；视觉作业亮度与其相邻环境的亮度比宜为3:1；在需要提高亮度对比或增加阴影的地方可装设局部定向照明。

商品照明要求

1. 百货商店商品的照明应以显示商品特点、吸引顾客、美化室内环境，以及展示营业厅特定光色气氛为目的。

2. 柜台区的垂直照度近街处取低值、厅内深处取高值。

3. 变、褪色控制要求较高的商品是指丝绸、字画类等商品，应采用截阻红外线和紫外线的光源。

4. 预留插座供货柜、货架或橱窗的局部照明取电用。

上海港汇商场内某店铺照明

1 照明实例

国内一般照度值　表1

百货商店房间或场所		照度标准值(lx)	照度功率密度限值(W/m²)现行值	目标值
走廊、楼梯间	一般	50	≤2.5	≤2.0
	高档	100	≤4	≤3.5
卫生间	一般	75	≤3.5	≤3.0
	高档	150	≤6.0	≤5.0
一般营业厅		300	≤10.0	≤9.0
高档营业厅		500	≤16.0	≤14.5
专卖店		300	≤11.0	≤10.0

国外照度参考值　表2

照度(lx)	商店场所	百货商店
3000~1500	最重要的陈列点	展示橱窗，戏剧性，重点陈列
1500~1000		服务台、店内陈列
1000~750	重要的陈列部、收款台、包装台、自动扶梯口	重点楼层、专卖单元、咨询性专柜
750~500	电梯间、自动扶梯	一般楼层基本照明
500~300	一般陈列、洽谈室	高楼层基本照明
300~200	接待室	
200~150	洗手间、厕所、楼梯、走廊	
150~100		
100~75	休息区、室内总体照明	

商店用光源的特点和用途　表3

光源	LED灯	卤素灯	荧光灯	高压汞灯	金卤灯
瓦数（W）	2~20	75~1500	4~220	40~2000	125~200
灯径（mm）	55~165	10~15	10~15	60~210	70~210
灯长（mm）	55~165	66~248	135~2367	120~435	175~430
效率（lm/W）	65~110（4W）	21（100W）	75~103（28W）	53~59（400W）	75~95
色温（K）	2600~8000	3000	4200（白色）	3300~4100	3800~6000
显色性（Ra）	80	约100	68~99	44~55	63~92
平均寿命（h）	20000	2000	10000	1200	6000~20000
主要用途	用于局部照明		用于营业厅整体照明	用于商店外部照明	入口处或高天棚顶光照明

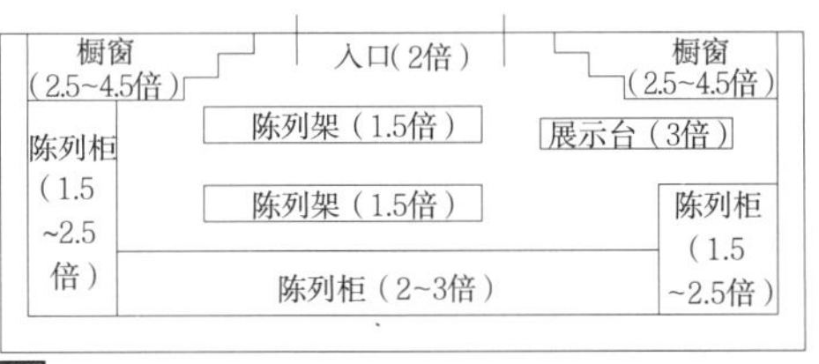

2 卖场灯光的合理分布

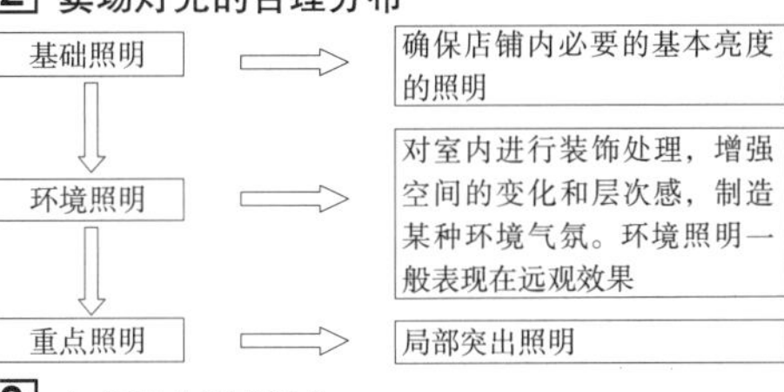

3 各部位照明类型

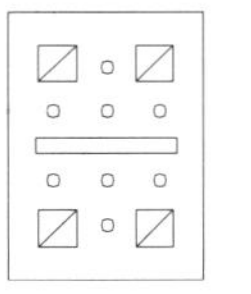

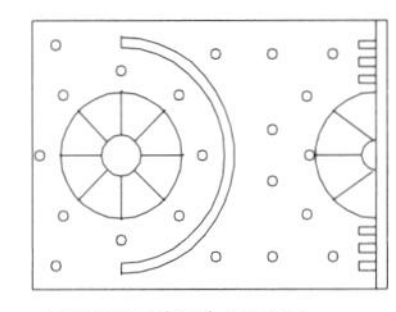

a 吸顶灯　b 长条日光灯　c 方形日光灯

d 日光灯加嵌灯　e 透明顶棚与灯具自由组合

4 顶棚照明布置形式

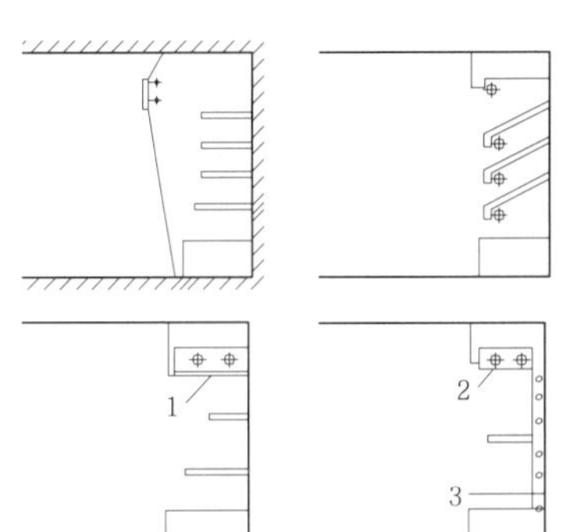

1 透光格栅板　2 透明塑胶板　3 日光灯

5 顶棚及壁面照明

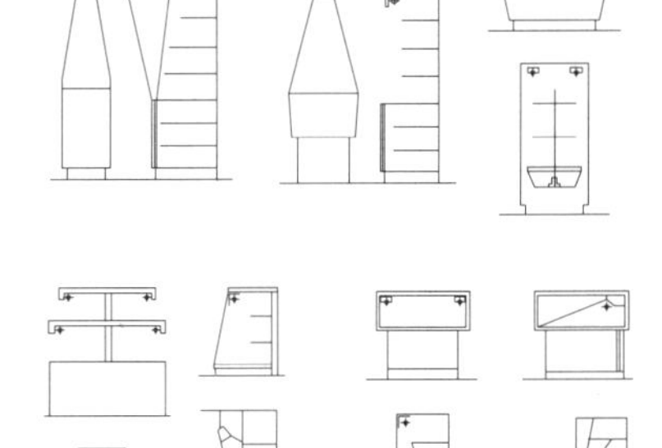

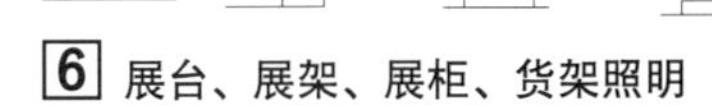

6 展台、展架、展柜、货架照明

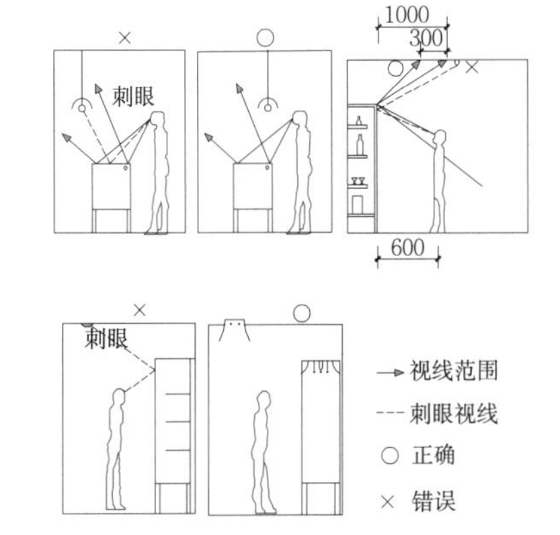

7 玻璃橱柜照明方法

橱窗

1. 橱窗应满足防晒、防眩光、防盗等要求，见2~5。

2. 采暖地区的封闭橱窗可不采暖，其内壁应为绝热构造，外表应为防雾构造。

展台

常用铝合金展台尺度：(1) 高：950~1000cm；(2) 宽：500~700mm；(3) 长：1500~1700mm。柜台形制有两种：一种为斜面，一种为直立面。斜面柜台顶面宽70mm；见6。

展柜

常用展柜形式及尺寸，见7。

展架

常用铝合金展架尺度及形式，见8。

商品陈列方式　表1

a 汇集陈列	b 开放陈列	c 重点陈列
大量商品汇集，体现丰富性、立体性，创造热闹气氛	让顾客可自由接触商品，以诱发购买欲，注意颜色，尺寸排列	将具有魅力的商品置于视域中心处作为展示重点
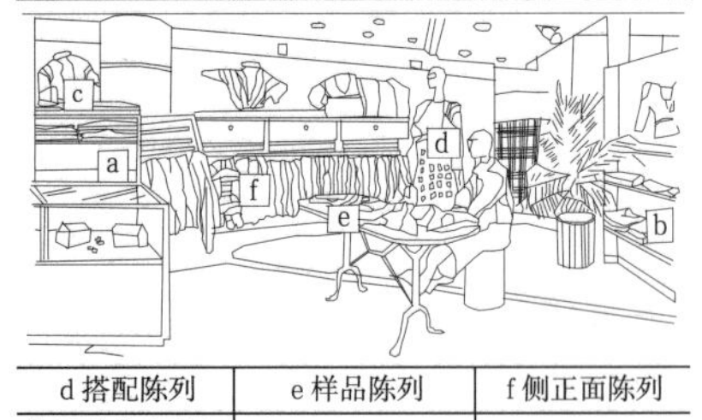		
d 搭配陈列	**e 样品陈列**	**f 侧正面陈列**
将关联性商品组合陈列用以表现建议性、流行性、系列性	少量商品作样品吸引顾客，大量商品置于仓库中	注意商品的色彩、尺寸、式样的搭配关系

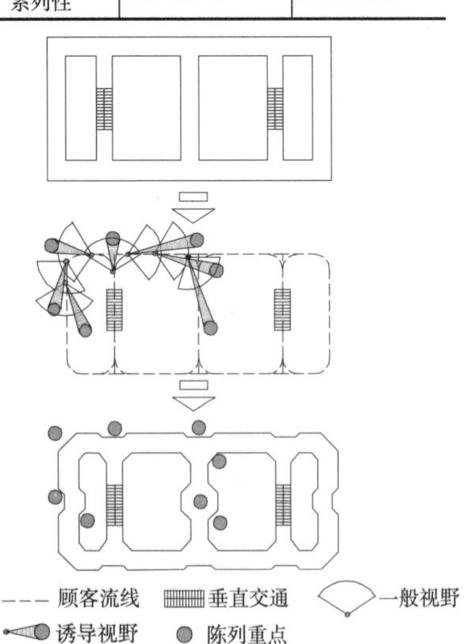

1 陈列重点的设置

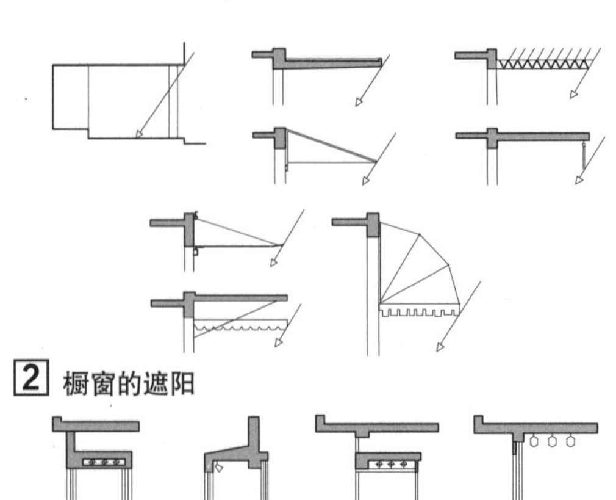

2 橱窗的遮阳

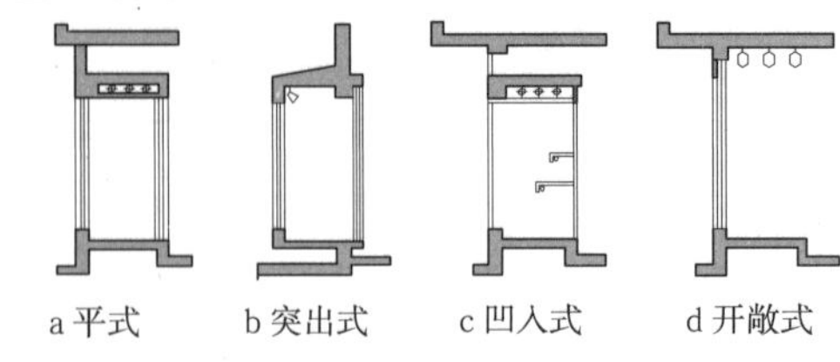

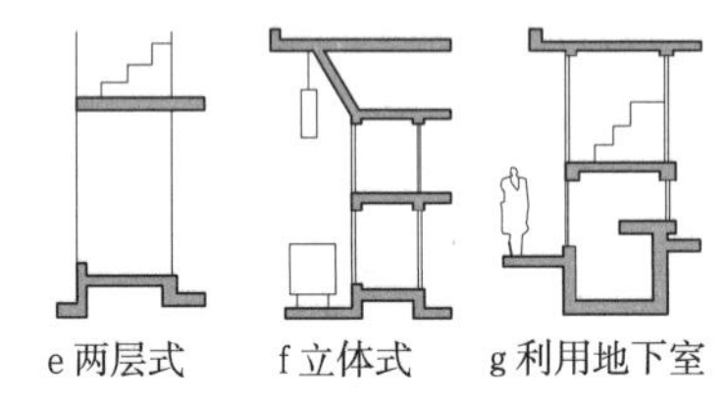

3 橱窗的剖面形式

照明设备装置范围
最佳陈列面
30°
30°
300~400
1050
900
600
300
≥2000
H
1600(视高)
≥3000
600 1200 1800 2100
300 900 1500
D

橱窗的一般尺寸：
深度D=1000~1200（小型），1500~2000（大中型）；
高度H=2600~3200（净高）。

4 橱窗尺寸的选择

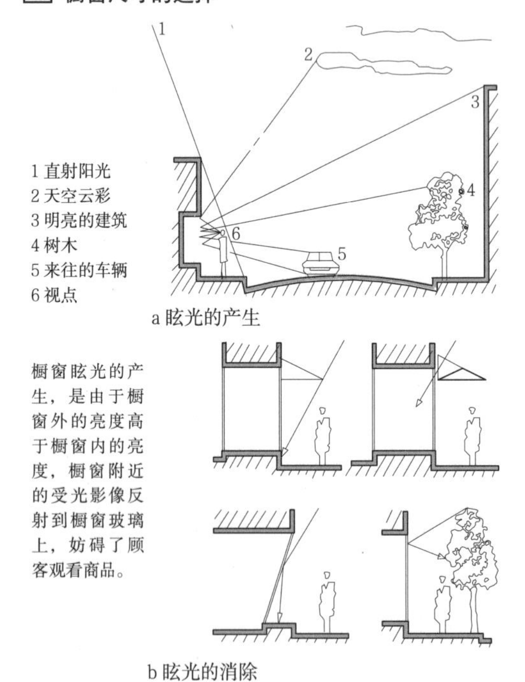

5 橱窗的眩光

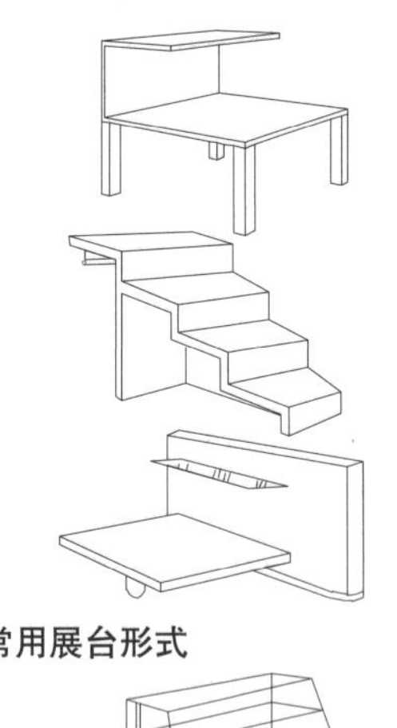

6 常用展台形式

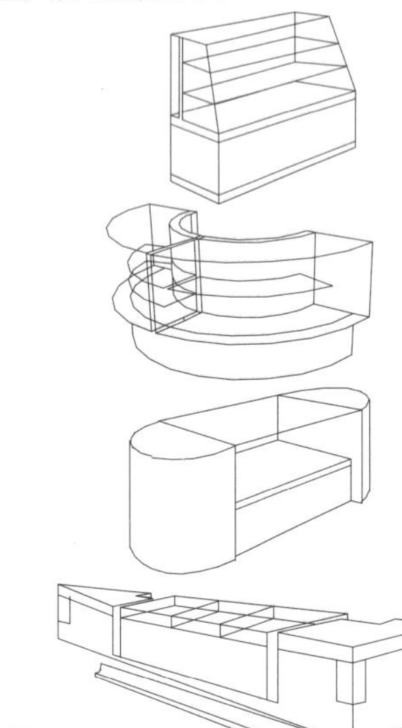

7 常用展柜形式

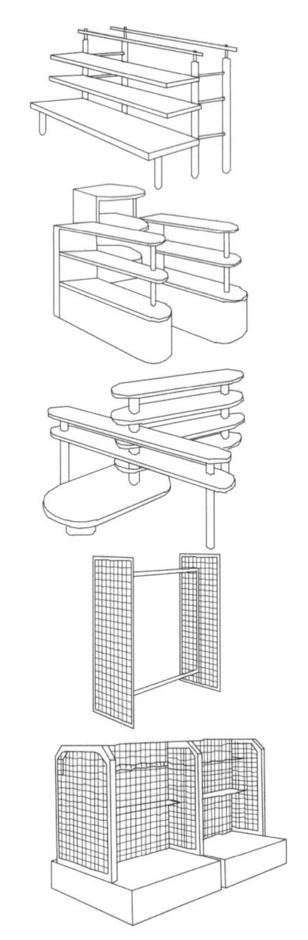

8 常用展架形式

设计要点

1. 百货商店应根据经营规模与方式、商品销售量等特点，设置供商品短期周转的储存库房和有关的验收、整理、加工、管理等辅助用房。

2. 库房的布置形式有多种，可分为同层布置、独立布置、分层布置、综合布置等。商品进店后，由垂直运输设备将商品按各层销售的类别分别送入相应的平层库房内分层保管。营业厅同层宜设置分库房及散仓，以减轻垂直货运量。

3. 库房的层高可与营业厅相同。当库房层高达5m以上时，可采用双层货架存货，也可在库房增设夹层。

4. 进货入口应靠近道路，并设卸货平台。依据商店规模适当考虑卸货区面积。大中型百货商店应设两部以上的货运电梯。

5. 库房应根据商品特点分类储存，同时采取防潮、防晒、防盗、防污染、防窜味、通风、隔热、除尘等各种措施。

6. 营业厅若有厂方专销柜台，需设专用仓库。

7. 要考虑垃圾处理与消防问题。

库房面积参考表　　表1

货物名称	按每个售货单位计（m²）
首饰、钟表、眼镜、高级工艺品类	3.0
衬衣、纺织品、帽类、皮毛、装饰用品、文具类、照明器材类	6.0
包装食品、药品、书籍、绸布、布匹、中小型电器	7.0
体育用品、旅行用品、儿童用品、电子产品、日用工艺品、乐器	8.0
油漆、颜料、建筑涂料、鞋类	10.0
服装	11.0
五金、玻璃、陶瓷用品	13.0

注：1. 当某类货品仅有一个售货位置时，存货面积可增加50%。
2. 家具、大型家电、车辆类存放面积视需要而定。

库房净高及柱网参考　　表2

层数	柱网尺寸（mm）	净高（m）
单层	6000、9000、12000、15000	设有货架者净高≥2.10，设有夹层者净高≥4.60，无固定堆放形式者净高≥3.00
多层	7500×7500 7800×7800	

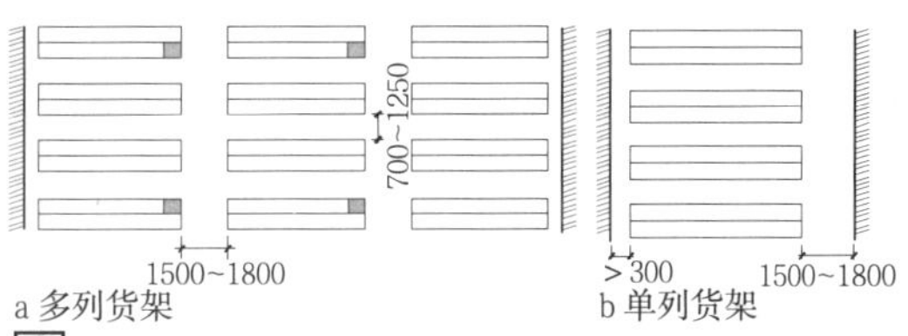

a 分散式　b 独立式　c 混合式

1 分库房布置形式

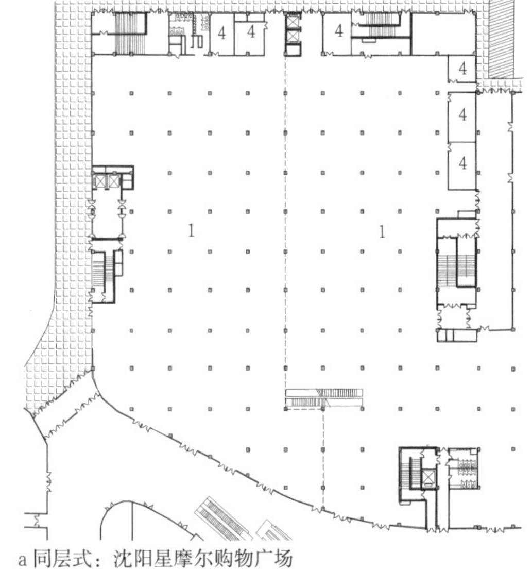

a 多列货架　b 单列货架

2 货架排列形式

a 同层式：沈阳星摩尔购物广场

1 营业厅 2 库房 3 办公 4 分库房

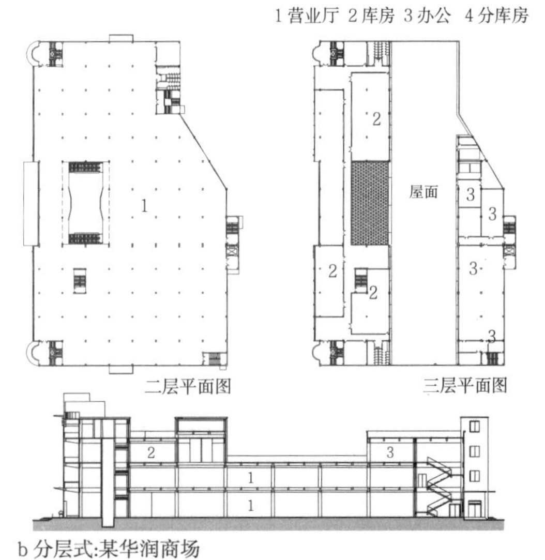

b 分层式：某华润商场

3 库房布置位置实例

堆放要求及货架

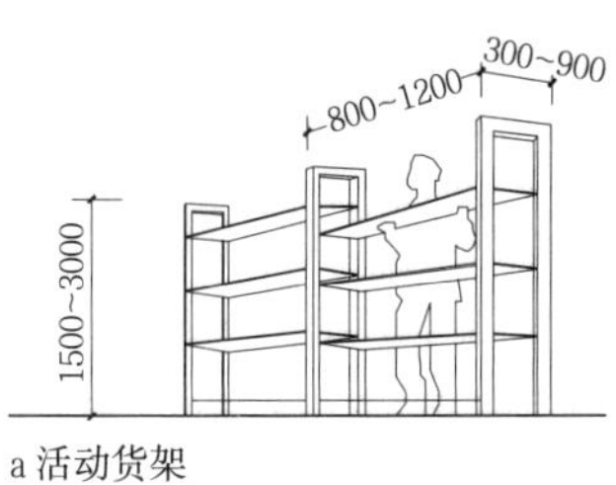

a 活动货架

b 固定货架

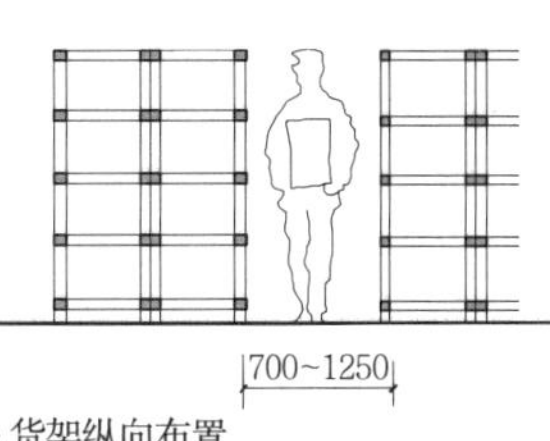

c 货架纵向布置

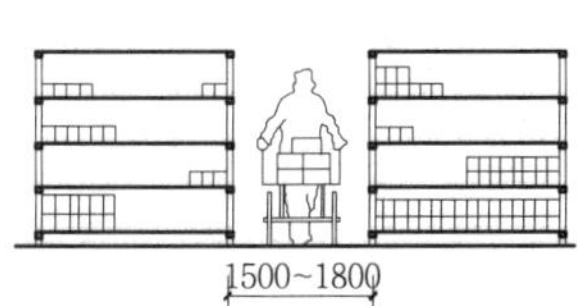

d 货架横向布置

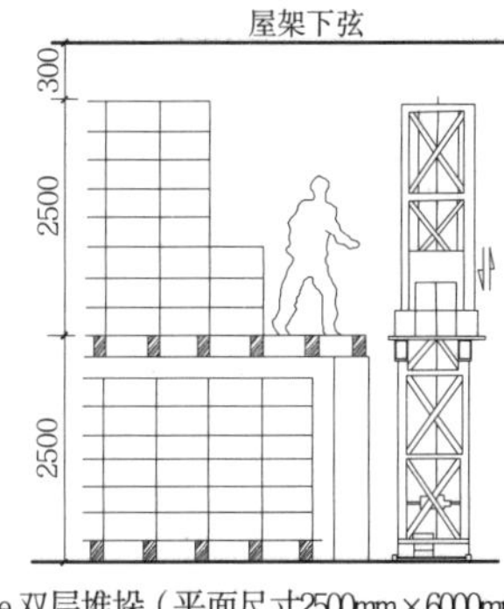

e 双层堆垛（平面尺寸2500mm×6000mm用于大型库）

4 货架及堆放方式

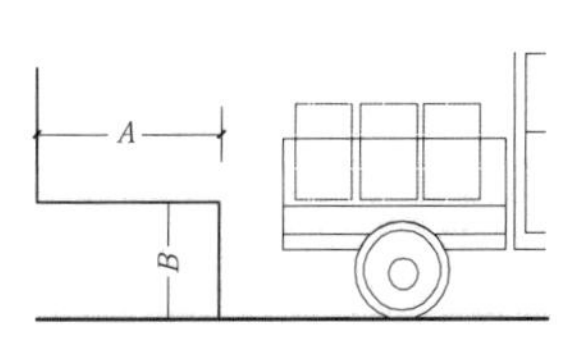

A≥1.5m，一般取2.0~2.50m；
B≈0.90~1.20m

5 卸货平台尺寸

库房通道净宽参考　　表3

通道位置	净宽（m）	备注
1. 货架或堆垛端头与墙面间的通风通道	>0.30	1. 单个货架宽度为0.30~0.90m，一般为两架并靠组成；堆垛宽度为0.60~1.80m；2. 电瓶车速不应超过75m/分钟，其通道宜取直，或设置不小于6m×6m回车场地
2. 平行货架或堆垛间并可携商品通过者	0.70~1.25	
3. 垂直于货架或堆垛间通道者并可通行小推车	1.50~1.80	
4. 可通行电瓶车的通道（单车道）	>2.50	

设计要点

1. 广告、店标及标识系统等附着物均应与建筑本身有牢固的结合。广告要考虑便于更换。凸出的店标和广告的底部至室外地面的垂直距离不应小于5m。店标、广告的设置应满足城市规划的要求，并应与建筑外立面相协调，且不得妨碍建筑自身及相邻建筑的日照、采光、通风、环境卫生等。

2. 广告的功能是通过符号形象传递商品质量与特征、商店经营及销售服务方式等商业信息以招揽顾客。

3. 广告的手段有文字、图形、色彩、材料、音像等；广告的表现形式分动态与静态两类。

4. 好的广告应具有良好的视觉效果，用简短的文字、独特的造型或明快的色彩突出商品特色，使人一目了然。

5. 标识分为定点标识、指引标识、公用标识和店用标识，在设计中可对标识的设置位置、尺度、式样、色彩作统一考虑。

6. 标识设置分悬挂式、摆放式和附着固定式等。

达标级商铺标识系统标准 表1

基本要求	细节要求
百货商店内标识需清晰、明确、图形化	百货店内合理设置导向标识、警告标识以及告知性标识，对顾客给予引导、提示
	各类公共标识符合《公共信息图形符号》第1部分"通用符号"的规定，图形字体颜色规范统一
	品牌标识（含专柜）：中英文规范、准确、清洁、美观
	首层有整体导购图，各楼层有本层导购图，位置醒目
	在出入口、电梯口、不同区域连接处、主要通道、各种设施处（安全出入口、收银台、卫生间等），均设置相应标识

注：本表摘自《百货店等级划分及评定》GB/T 27916-2011。

广告的位置及文字大小 表2

示意图

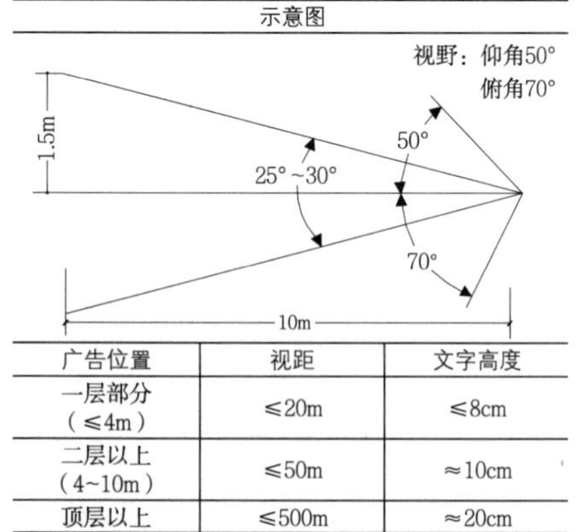

广告位置	视距	文字高度
一层部分（≤4m）	≤20m	≤8cm
二层以上（4~10m）	≤50m	≈10cm
顶层以上	≤500m	≈20cm

注：为有良好的辨认率，当视距为10m时，应将广告尺寸控制在2.5m左右，偏心率在15°以内。

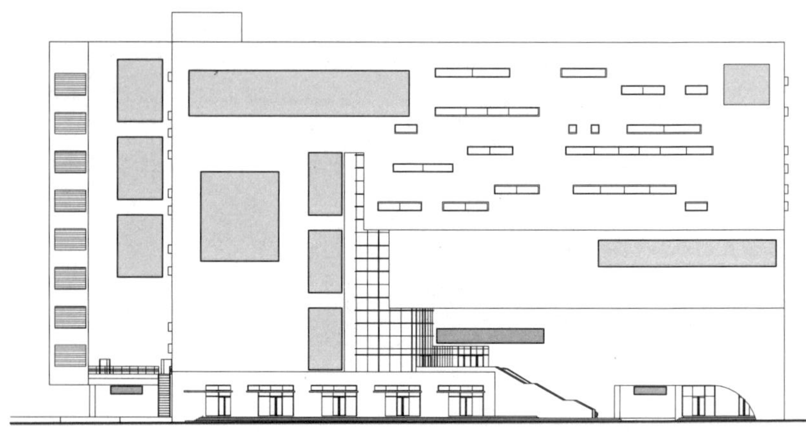

a 上海久光百货商场（分散式：广告位集中设置在顶部或两侧，标识设置在底部）

广告位 标识

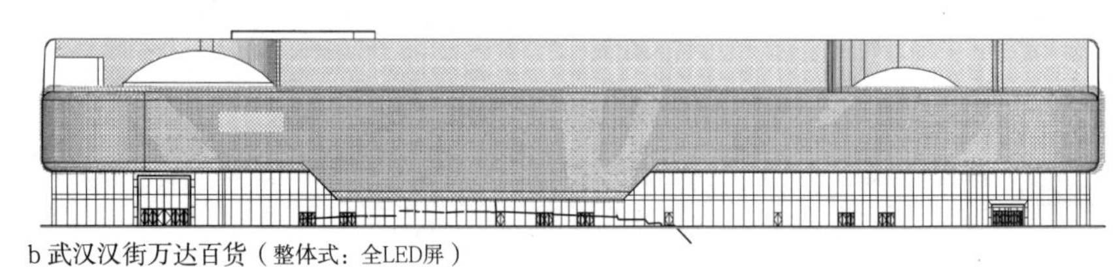

b 武汉汉街万达百货（整体式：全LED屏）

1 标识与广告的设置实例

1 广告塔 2 屋顶式 3 墙面式 4 悬幕式 5 突出式 6 门脸式 7 帐篷式 8 橱窗式 9 活动式 10 模特 11 突出式小招牌

2 广告的位置

广告和标识颜色选辨参考 表3

衬底色	文字色	最大辨认距离	衬底色	文字色	最大辨认距离
黄	黑	114m	绿	白	104m
白	绿	111m	黑	白	104m
白	红	111m	黄	红	101m
黑	黄	107m	红	绿	90m
白	黑	106m	绿	红	88m
红	白	106m	黄	绿	84m

广告和标识文字辨认顺序 表4

辨认顺序	汉文字体	文字笔画
1	老宋体	少笔画
2	清 体	横笔画
3	黑 体	竖笔画
4	隶 书	多笔画

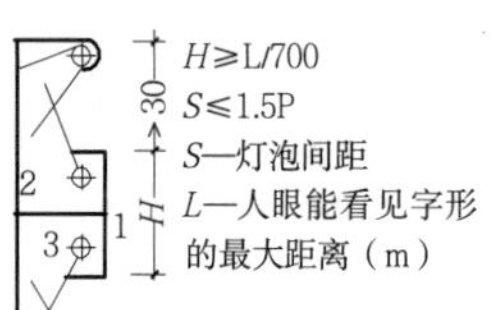

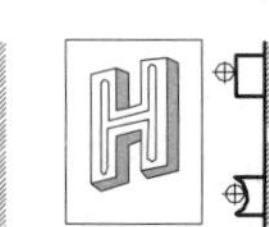
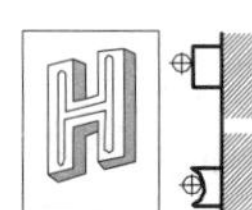

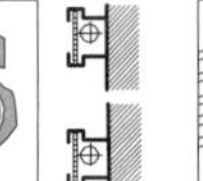

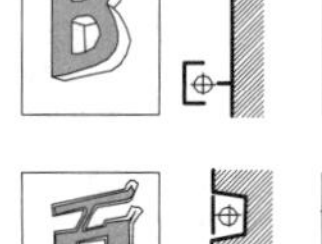
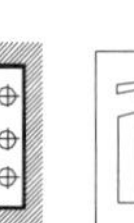
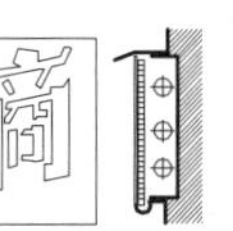
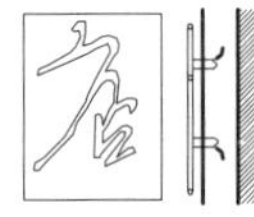

3 广告照明

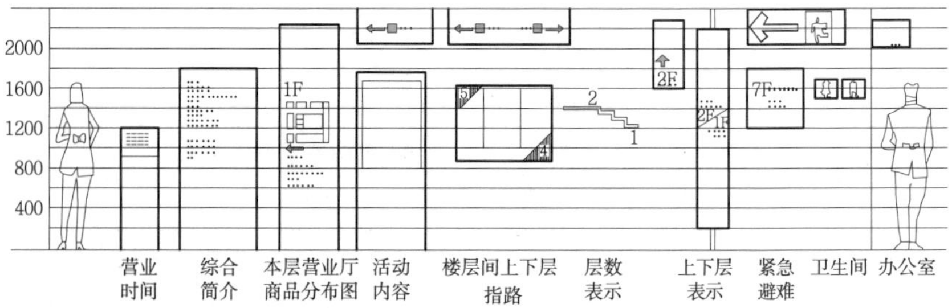

注：本实例为顾客公用标识，车辆指路标识不在其内。

4 标识的设置方式及尺寸

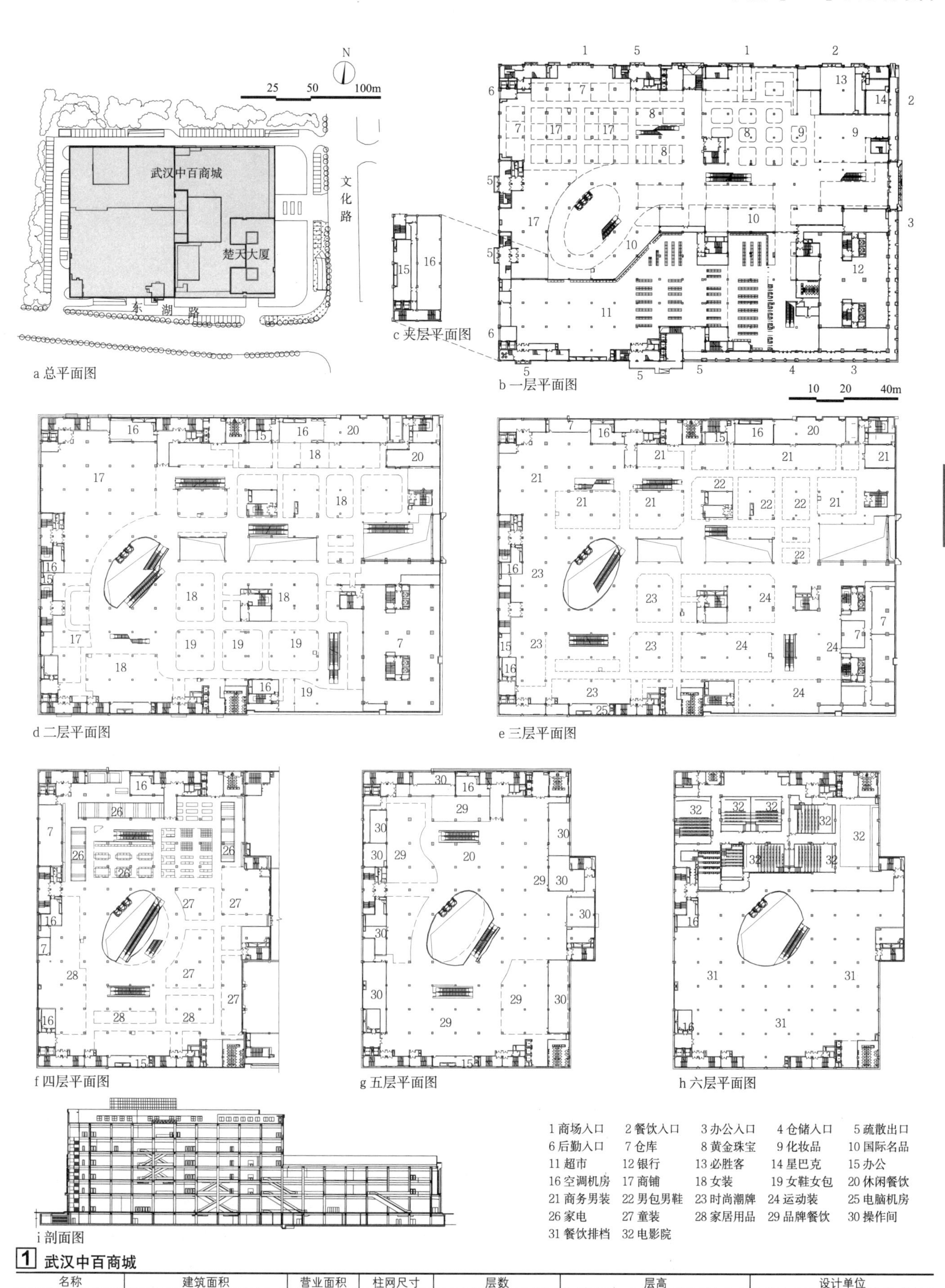

a 总平面图　b 一层平面图　c 夹层平面图　d 二层平面图　e 三层平面图　f 四层平面图　g 五层平面图　h 六层平面图　i 剖面图

1 武汉中百商城

名称	建筑面积	营业面积	柱网尺寸	层数	层高	设计单位
武汉中百商城	117474m²（含塔楼及地下室）	70153m²	8.4m×8.4m	地下1层，地上7层（第七层为影厅）	一层7m，二至六层5.4m，七层4.1m	中南建筑设计院股份有限公司

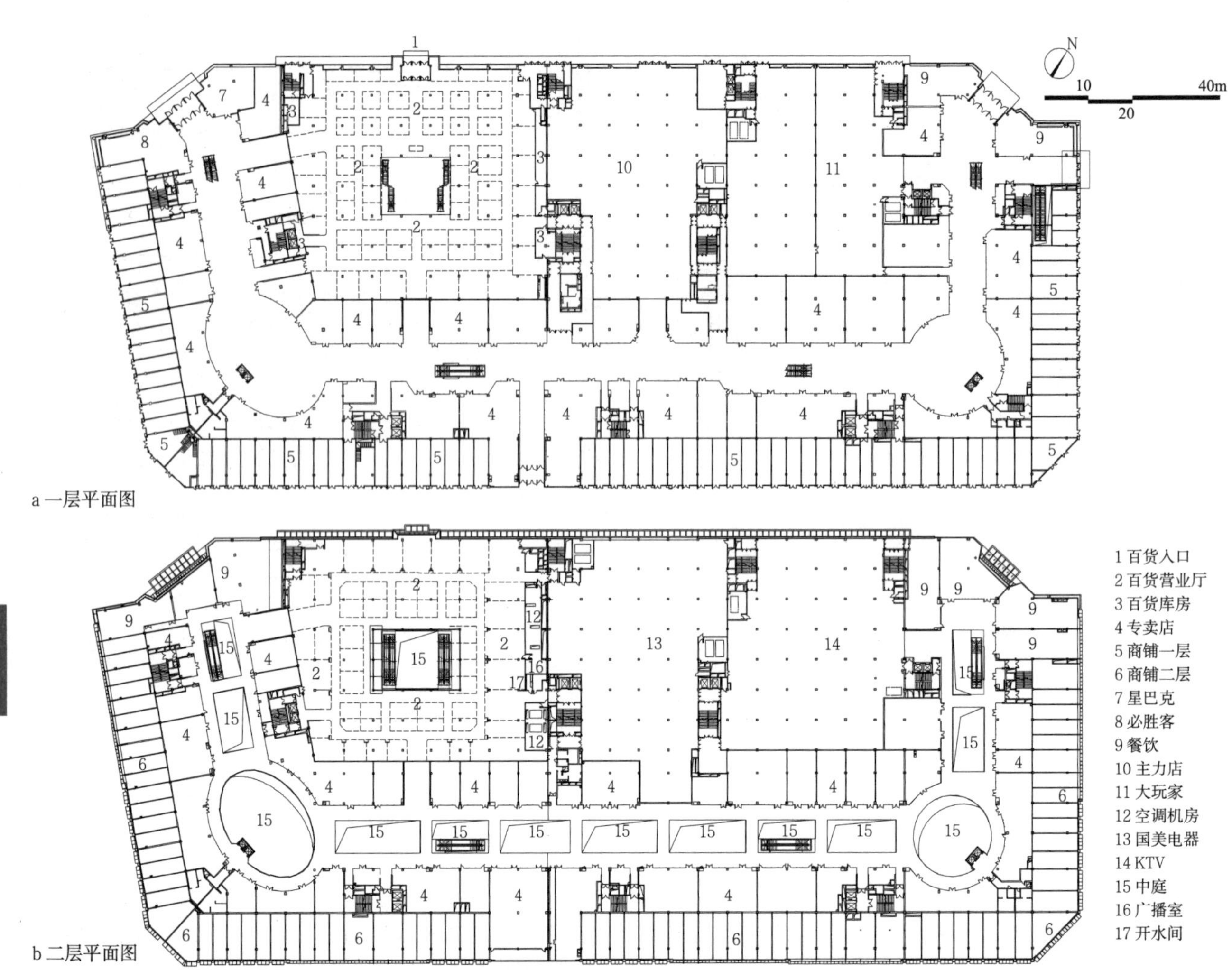

a 一层平面图

b 二层平面图

1 武汉经开万达广场百货商店

名称	建筑面积	百货营业面积	柱网尺寸	层数	层高	设计单位
武汉经开万达广场百货商店	444883m²	25530m²	8.4m×8.4m	百货商店5层	一层5.4m，二至五层5.1m	中南建筑设计院股份有限公司

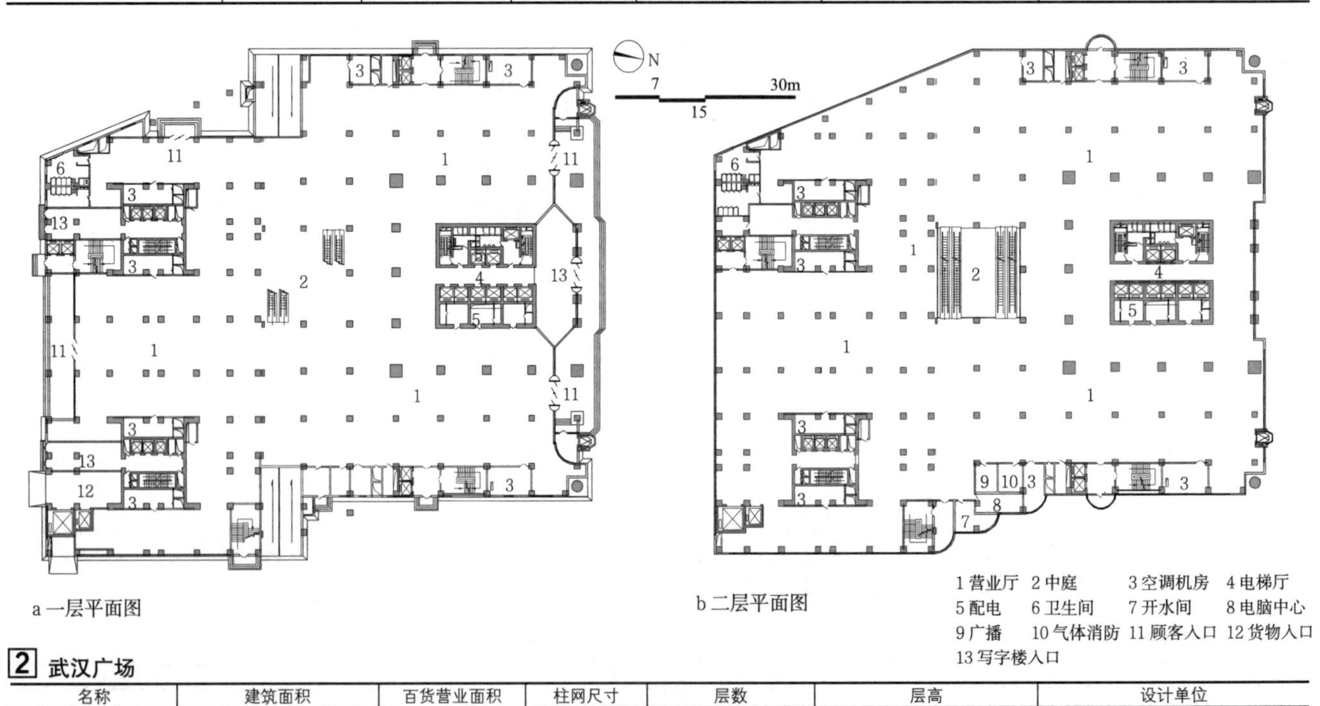

a 一层平面图

b 二层平面图

2 武汉广场

名称	建筑面积	百货营业面积	柱网尺寸	层数	层高	设计单位
武汉广场	170000m²（含写字楼）	80000m²	8.2m×8.2m	地下2层，地上8层	一层6.0m，二至八层5.0m	中南建筑设计院股份有限公司

定义

超级市场采取自选销售方式，以销售食品和日常生活用品为主，向顾客提供以日常生活必需品为主要目的的零售商店。

规模与用地

1. 超级市场按零售业态分为5种类型，不同零售业态的超级市场规模、辐射范围、选址等不同（表1）。

2. 大中型超级市场宜选择在城市商业地区或主要道路的适宜位置。

3. 大中型超级市场建筑宜有不少于两个面的出入口与城市道路相邻接；或基地应有不小于1/6的周边总长度和建筑物不少于两个出入口与一边城市道路相邻接。大中型超级市场基地内，应设置净宽度不小于4m的运输道路。消防车道可与运输道路结合。

4. 大中型超级市场基地内车辆出入口应满足相关规范要求，当必须设置2个或2个以上车辆出入口时，车辆出入口应尽量避免设在同一条城市道路上。

业态分类　表1

类型	选址	辐射范围目标客户	规模
便利店/超市	商业中心区，交通要道及车站、医院、加油站等公共活动区	步行5分钟内到达，面对居民、流动顾客	500m²以下，便利店多200m²以下
社区超市	市、区商业中心，居住区	以居民为主	500~2000m²
综合超市	市、区商业中心，居住区	以居民为主	2000~6000m²
大型超市	市、区商业中心，城郊结合部，交通要道及大型居住区	辐射半径2km以上，以居民、流动顾客为主	6000m²以上
仓储会员店	城乡结合部的交通要道	辐射半径5km以上，以中小零售店、餐饮店、集团购买和流动顾客为主	一般在6000m²以上

注：本表摘自《零售业态分类》GB/T 18106-2010。综合超市、大型超市、仓储会员店属大中型超市。

室外环境

应注重外部环境质量和形象特征，通过设置草坪、花坛、小品等环境景观和夜间照明来提升环境品质。

总平面功能配置

1. 集散场地：超级市场主入口外应有充足的人流集散场地。场地大小根据超市的规模、出入口的位置、数量来确定。受基地条件限制不能设集中空地时，可适当增加出入口的数量，分散人流。

2. 停车场：顾客用停车场含机动车停车场、非机动车停车场和出租车临时停车位，场地应尽量靠近出入口，避免机动车、非机动车、步行的流线交叉。

无障碍停车场地：按国家现行行业标准设置无障碍停车位。

货车停放场地：应有足够的货车停放、临时装卸场地及货车回车场地。

3. 废弃物、垃圾收集处。

4. 有条件的停车场，考虑购物车回收、存放的场地。

交通组织

交通组织方式　表2

混合式	人流、物流和交通流组织在一起
分离式	水平分流——各种流线分设在不同方位
	立体分流——各种流线分设在不同标高

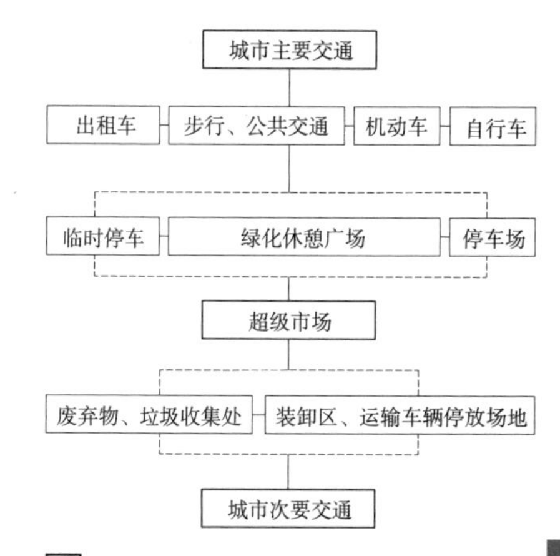

1 总平面功能关系图

停车位配建指标示例　表3

商业类型	武汉（停车位/100m²）大型超市		上海（停车位/100m²）超级市场		数据来源
机动车	一环内	1	一类区域	0.8	武汉市建设工程规划管理技术规定（248号令）2014年；上海市工程建设规范《建筑工程交通设计及停车库(场)设置标准》2014年
	一、二环间	1.5			
	二、三环间	2	二类区域	1.2	
	三环外	2.5	三类区域	1.5	
非机动车	非机动车	1.5	内部	0.75	
			外部	1.2	

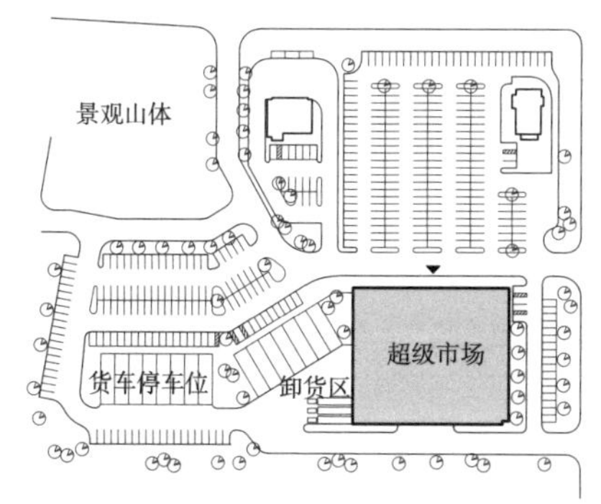

a 国外某超级市场

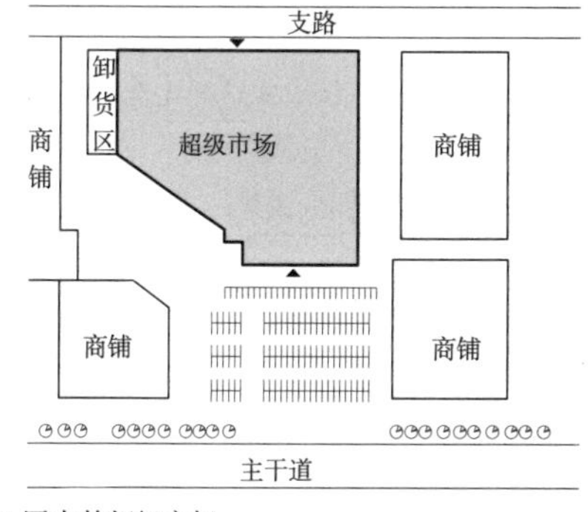

b 国内某超级市场

2 总平面功能配置示意

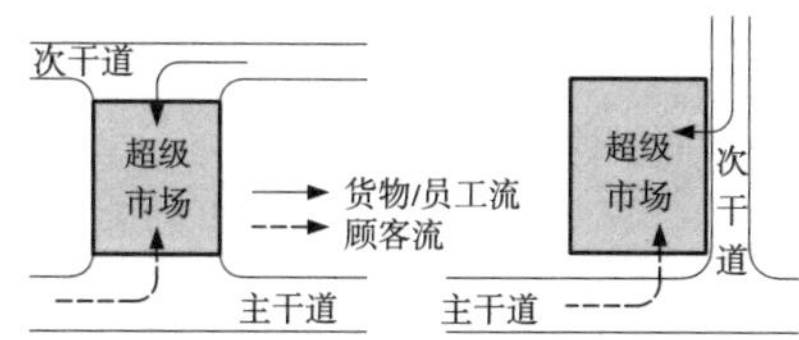

a 位于相平行的干道间　b 位于主次干道交叉口

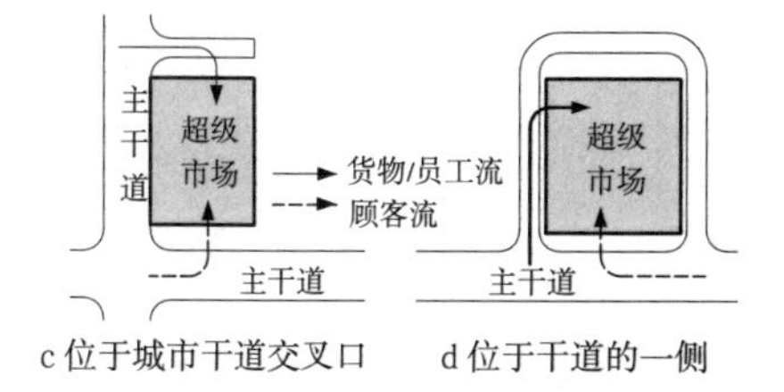

c 位于城市干道交叉口　d 位于干道的一侧

3 交通水平分流形式

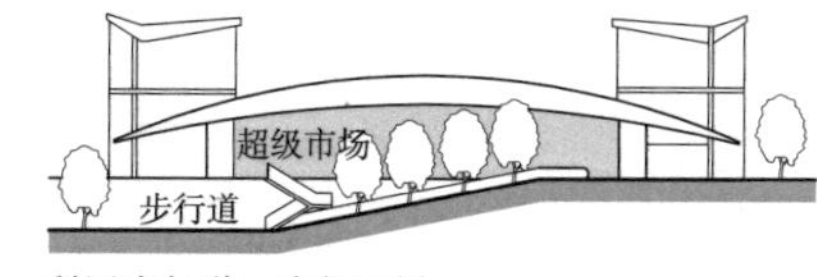

a 利用步行道、步行天桥

b 利用过街隧道、地下步行街

4 交通立体分流形式

功能构成

功能组成 表1

<table>
<tr><td rowspan="8">超级市场</td><td rowspan="4">顾客使用区</td><td>出入口</td></tr>
<tr><td>服务区：存包、休息、卫生间、闸位等，面积不小于营业厅的8%</td></tr>
<tr><td>卖场：杂货、服装、家电、日用品、肉食品、果蔬、乳制品、烘焙制品、生鲜食品、冷柜区等</td></tr>
<tr><td>其他：外租区、收银区等</td></tr>
<tr><td rowspan="4">内部工作区</td><td>仓储：进货口、进货检验、水平和垂直运输等空间，仓储型超市大部分仓储在卖场解决</td></tr>
<tr><td>设备用房：制冷机房、水泵房、配电房、冷库、水箱间等</td></tr>
<tr><td>管理办公用房：行政办公、业务办公、财会、警卫等</td></tr>
<tr><td>加工：熟食加工、冷鲜加工等</td></tr>
</table>

面积配比 表2

营业形态	营业面积比	其他
超级市场	60%~65%（含卖场内部过道）	35%~40%

功能关系

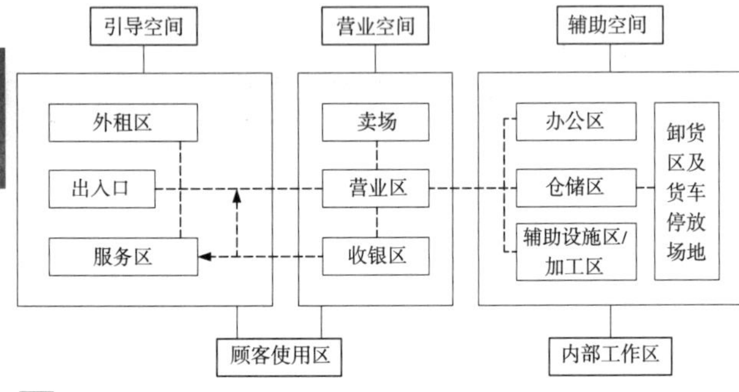

1 功能关系图

仓储区位于营业区与进货口之间，紧邻卸货区和加工区，以与卖场同层布置为主，或设在地下层与车库同层布置。

加工区及需加工处理的生鲜食品陈列台，可集中设置在建筑的后端，向外直接与库房相连，向内则紧邻卖场。

辅助部分与营业部分关系 表3

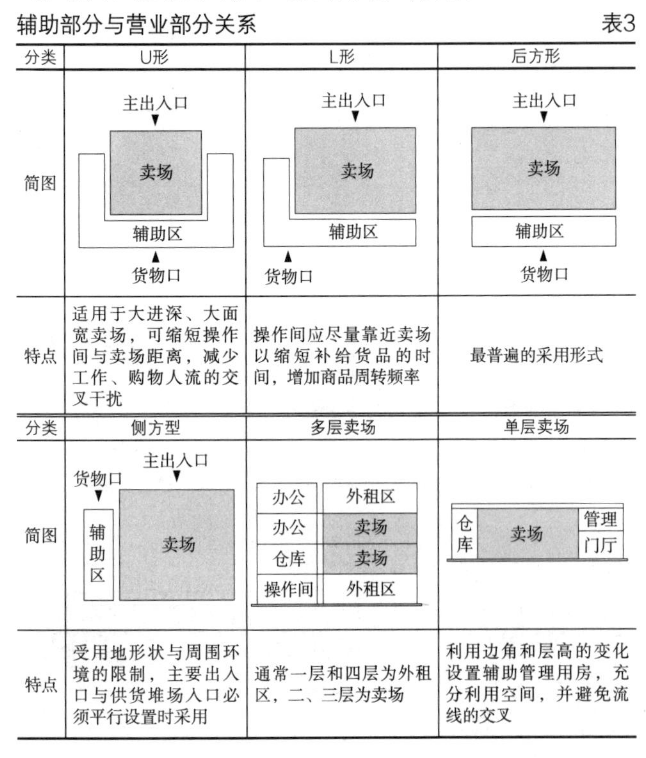

分类	U形	L形	后方形
简图	主出入口 卖场 辅助区 货物口	主出入口 卖场 辅助区 货物口	主出入口 卖场 辅助区 货物口
特点	适用于大进深、大面宽卖场，可缩短操作间与卖场距离，减少工作、购物人流的交叉干扰	操作间应尽量靠近卖场以缩短补给货品的时间，增加商品周转频率	最普遍的采用形式
分类	侧方型	多层卖场	单层卖场
简图	主出入口 货物口 辅助区 卖场	办公 外租区 办公 卖场 仓库 卖场 操作间 外租区	仓库 卖场 管理 门厅
特点	受用地形状与周围环境的限制，主要出入口与供货堆场入口必须平行设置时采用	通常一层和四层为外租区，二、三层为卖场	利用边角和层高的变化设置辅助管理用房，充分利用空间，并避免流线的交叉

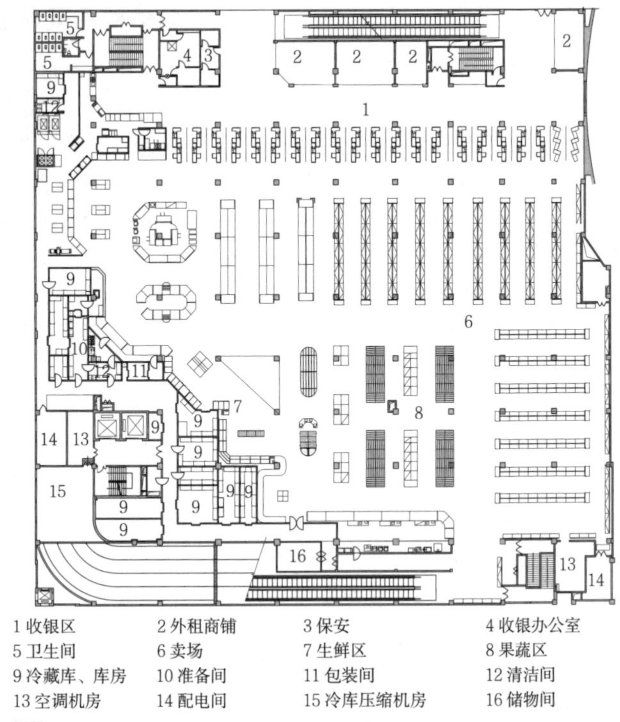

1 收银区　2 外租商铺　3 保安　4 收银办公室
5 卫生间　6 卖场　7 生鲜区　8 果蔬区
9 冷藏库、库房　10 准备间　11 包装间　12 清洁间
13 空调机房　14 配电间　15 冷库压缩机房　16 储物间

2 广州市某超市

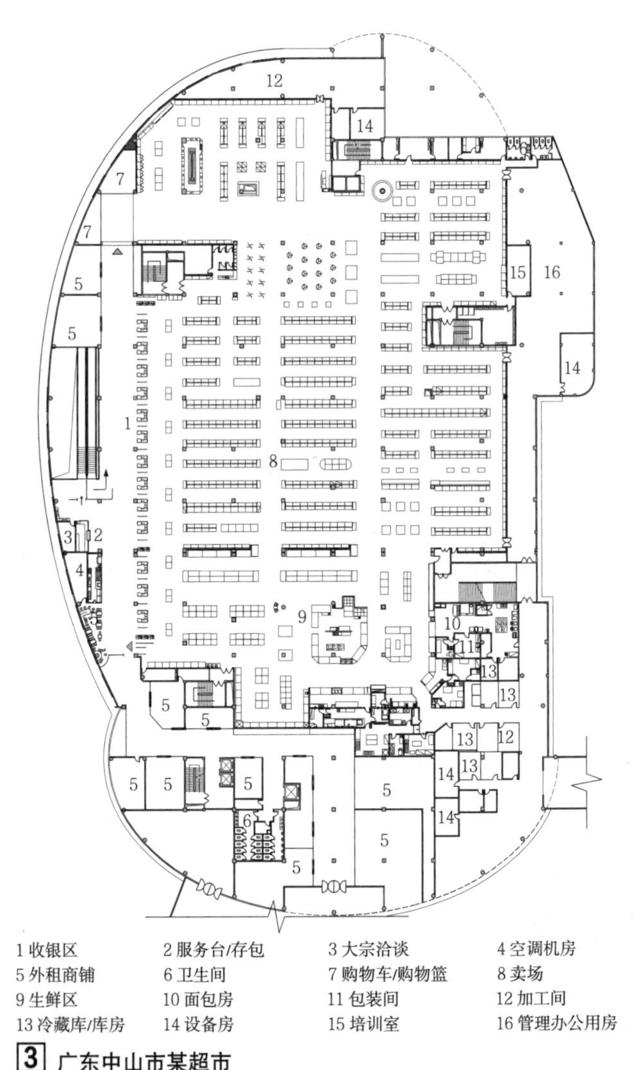

1 收银区　2 服务台/存包　3 大宗洽谈　4 空调机房
5 外租商铺　6 卫生间　7 购物车/购物篮　8 卖场
9 生鲜区　10 面包房　11 包装间　12 加工间
13 冷藏库/库房　14 设备房　15 培训室　16 管理办公用房

3 广东中山市某超市

4 商业建筑

流线分类

超级市场流线一般分为三种:

1. 人流: 顾客人流和内部职工人流。顾客人流为主要人流。内部职工人流又分为内勤人流和外勤人流。

2. 物流: 货物流进和货物流出。

3. 车流: 顾客用车、内部用车, 以顾客用车为主。

设计原则

1. 流线分离: 避免货物流线与顾客流线相互干扰。

2. 可达性: 流线通畅, 避免交通死角和尽端; 交通空间灵活、自然, 注重货架的均好性。

3. 可识别性: 卖场内交通空间导向明显。

4. 便捷性: 通道足够宽、平坦、无障碍物, 笔直少拐弯, 便于疏散。

进出口设计

设计原则: 根据商品结构、卖场商品配置规划; 不宜使用同一楼梯或进出口进出; 应根据行人的走动路线, 选择人多、方便并与行人靠近的方向与位置设置出入口; 开设在楼上、地下室的超市, 出入口应有醒目标识。

进出口形式: 进出口分设; 进出口相邻, 共用一个前厅; 大型超市多采用多进口和多出口形式。通常入口较宽, 出口相对较窄, 入口比出口大约宽1/3。

顾客流线组织

顾客流线组织　　表1

分类				特点	
顾客流线组织	水平交通组织	直线型		单向通道，起点是入口，终点是收银台	由货架间通道组成，表现为U形、L形、F形、O形(单向双向)、一字形和曲线形等
		回型	大回型	以圆形、椭圆形通道按从右至左的方向环绕整个卖场	
			小回型		
		斜线型		—	
		自由型		通道不规则，布局灵活，出口不明，不利于分散客流	
	垂直交通组织	集中在卖场一侧		适用于多层超市，多采用自动步行道联系上下卖场。自动扶梯使用较少，应尽量避免使用难以监控和行动不便的交通方式，如电梯、楼梯。楼梯在超级市场中主要起防火疏散功能	
		集中在卖场正中			
		分散布置在卖场对角			
组织手法	漫走式			不强行规定顾客动线	
	迫走式			利用设施强行规定顾客动线	
	引走式			利用地面、顶棚的形式差异、材料对比、色彩变化、照明、通道宽窄等引导顾客的动线	

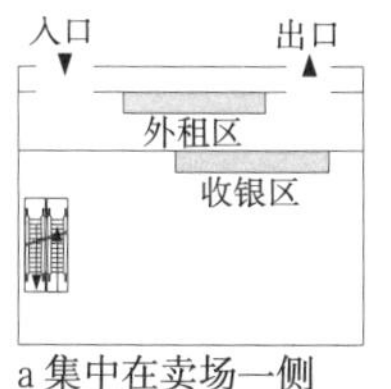

a 集中在卖场一侧

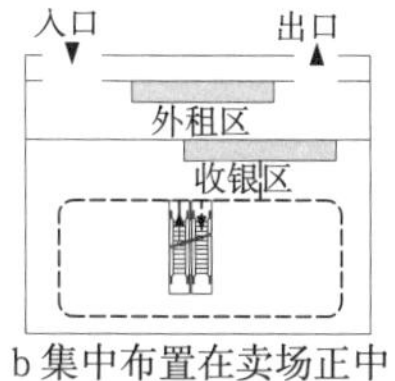

b 集中布置在卖场正中

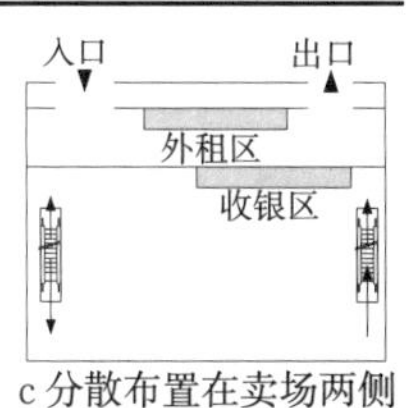

c 分散布置在卖场两侧

1 卖场垂直流线组织

货物流线组织

货物流线组织分为两部分: 货物流进和货物流出。货物流进需单设进货口, 与顾客人流和视线分开, 交通便捷; 货物流出需考虑出口与停车场的关系, 避免流线交叉和干扰。内部用车可视数量而定, 小车可与顾客车库共用。

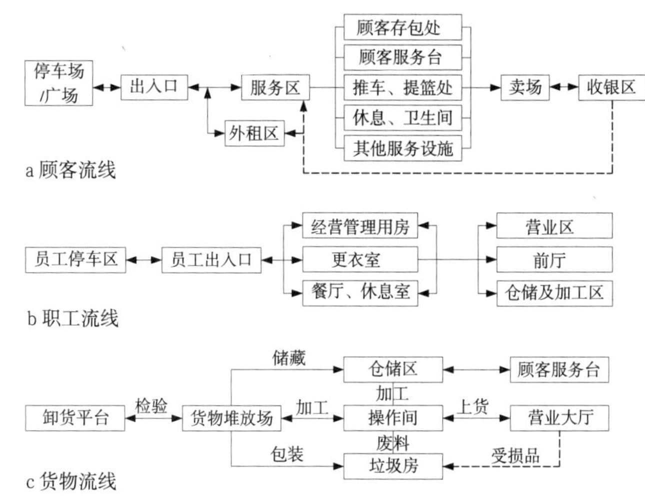

a 顾客流线

b 职工流线

c 货物流线

2 流线中的空间序列

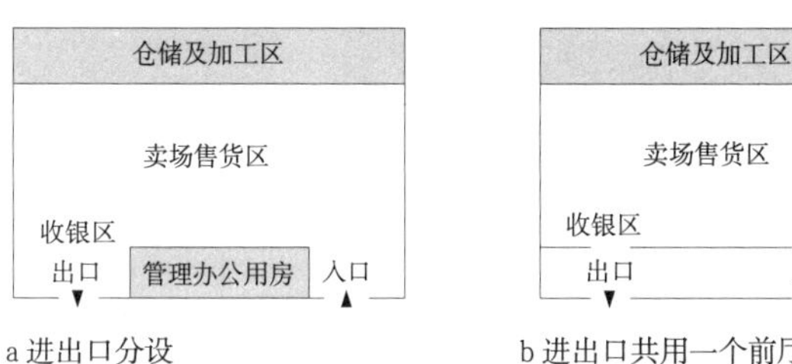

a 进出口分设

b 进出口共用一个前厅

3 顾客进出口形式

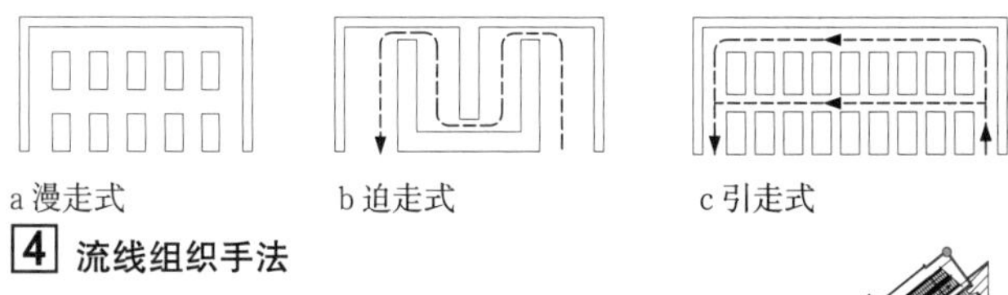
a 漫走式

b 迫走式

c 引走式

4 流线组织手法

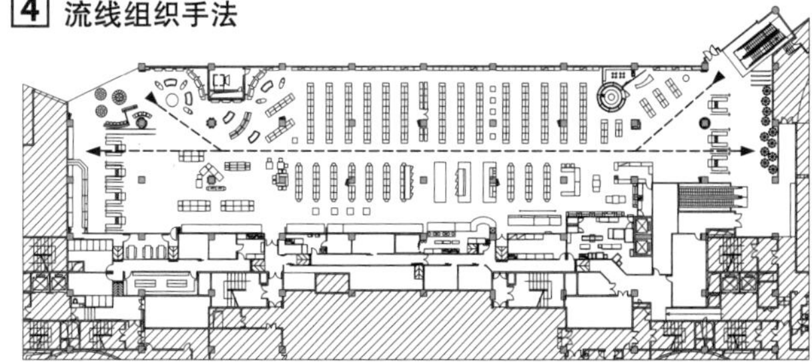
a 直线型, 局部自由型

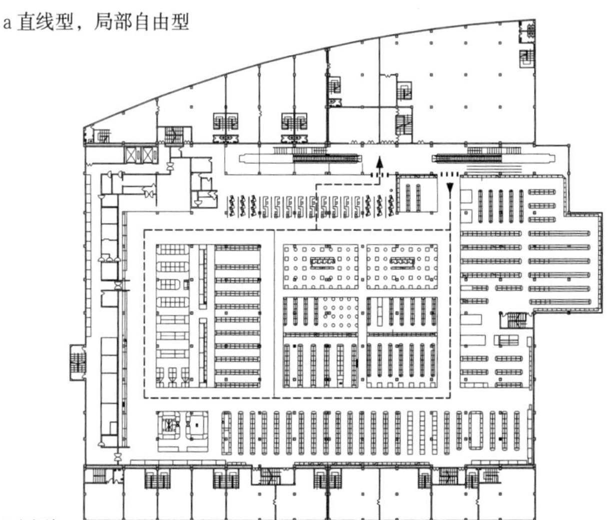
b 回型

5 卖场水平流线组织

卖场设计要点

1. 平面形式应规整，尽量避免造成死角或不利商品陈列的平面形态，以长方形平面优先。

2. 柱网尺寸要综合考虑货架摆放和地下停车。

3. 生鲜区布置要综合考虑其工序流程、卫生、检疫、消防、给水排水、排油烟、楼板防水和防结露等各个方面。

4. 消防疏散应满足国家有关消防疏散的设计要求，并考虑手推车、高大货架等对顾客的阻挡作用。

平面柱网

附属式的小型超市，柱跨通常在3.3~6m，且因上部建筑的开间和跨度的制约，柱跨多不相等。大中型超级市场多采用大柱网，常用柱网尺寸为7.5~10m左右，有些采用超大柱网或无柱营业厅。

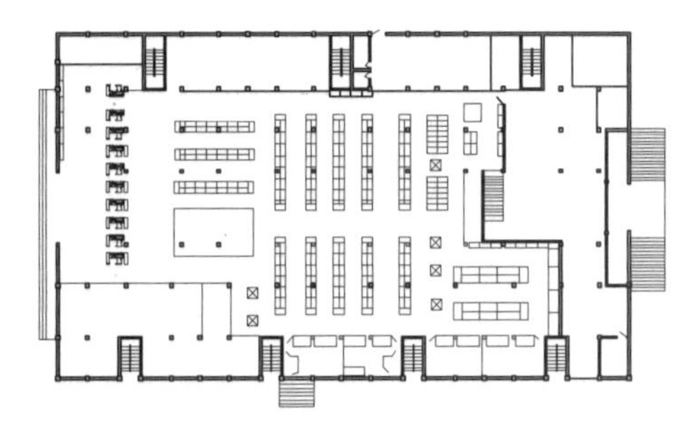

a 矩形平面

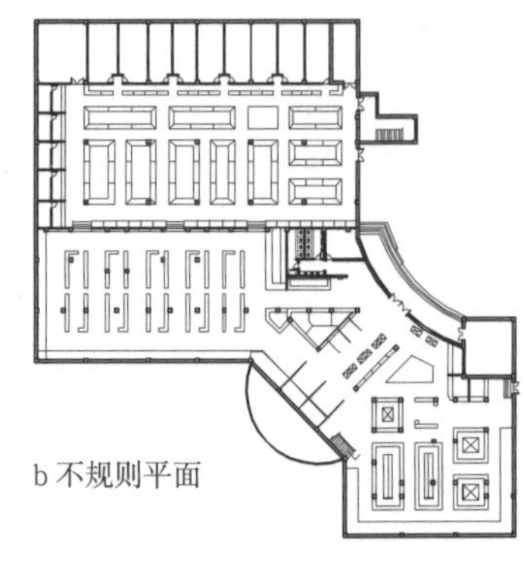

b 不规则平面

1 平面形式

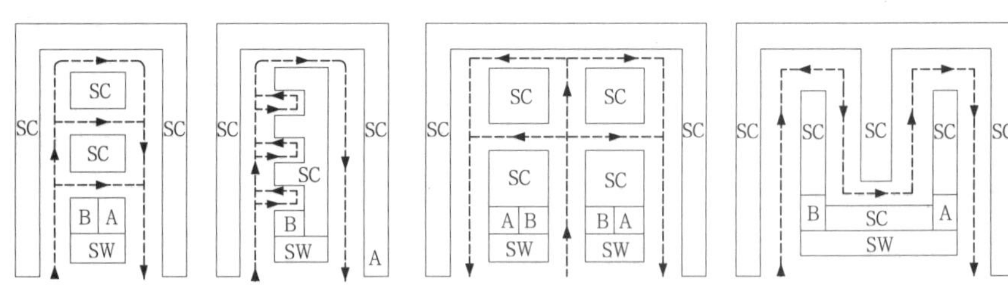

SW—外租区　SC—陈列架　A—出口收款　B—入口设施

2 平面设计

国内超级市场柱网参考　表1

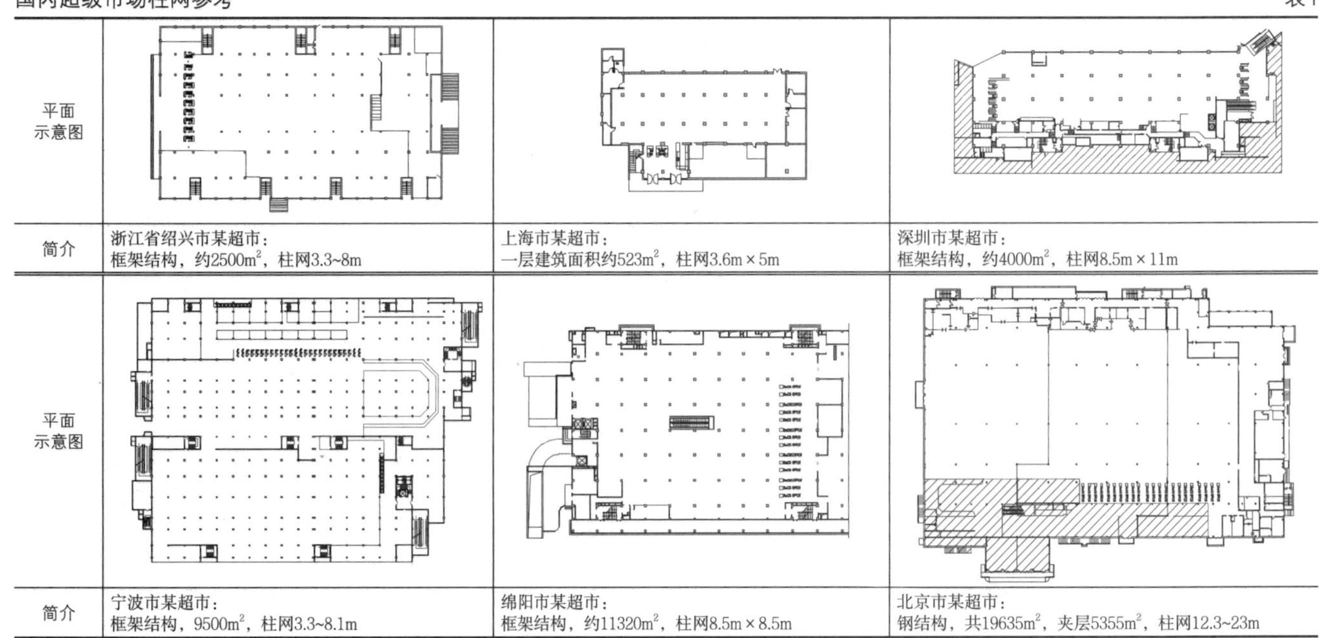

平面示意图			
简介	浙江省绍兴市某超市：框架结构，约2500m²，柱网3.3~8m	上海市某超市：一层建筑面积约523m²，柱网3.6m×5m	深圳市某超市：框架结构，约4000m²，柱网8.5m×11m
平面示意图			
简介	宁波市某超市：框架结构，9500m²，柱网3.3~8.1m	绵阳市某超市：框架结构，约11320m²，柱网8.5m×8.5m	北京市某超市：钢结构，共19635m²，夹层5355m²，柱网12.3~23m

净高和层高

卖场的净高（层高）应按其平面形状和通风方式确定，也与卖场的规模、空间感受等相关。

超市净高参考　表2

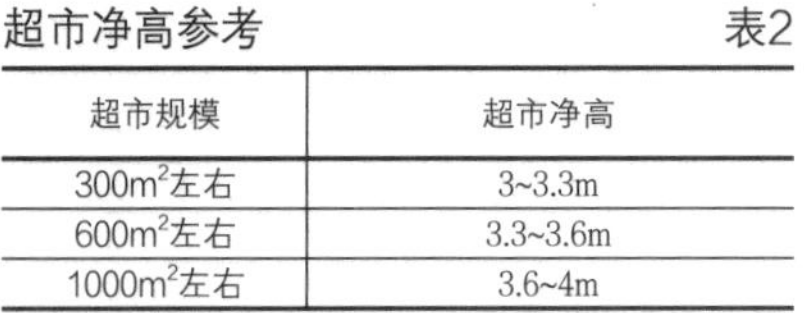

超市规模	超市净高
300m²左右	3~3.3m
600m²左右	3.3~3.6m
1000m²左右	3.6~4m

大型超市标准店柱网净高实例　表3

超市名称	规模	柱网	净高或层高（未注明均为净高）
沃尔玛	5000m²	9m，不低于8m	≥4.5m
欧尚	单层≥8000m²	9m	5.5m
卜蜂莲花	单层16000m²，二层的每层≥6000m²		卖场≥5.3~5.5m，后仓≥6.8m
华联	单层≥12000m²，多层6000m²/层	8m	层高5m
大润发	一层20000m²最佳，二层单层均在10000m²以上	8m或11m	3.8m（层高5.4m以上）
家乐福	占地15000m²以上	10m	卖场≥5.5m，后仓≥9m

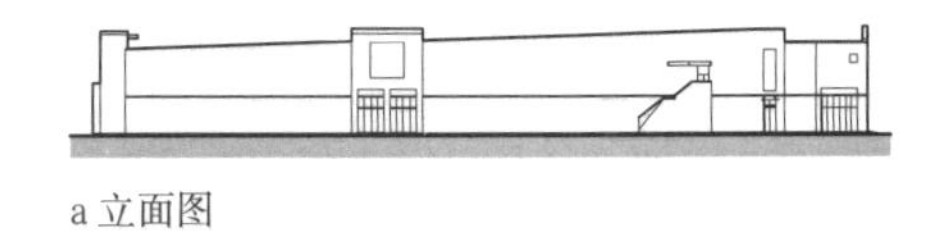

a 立面图

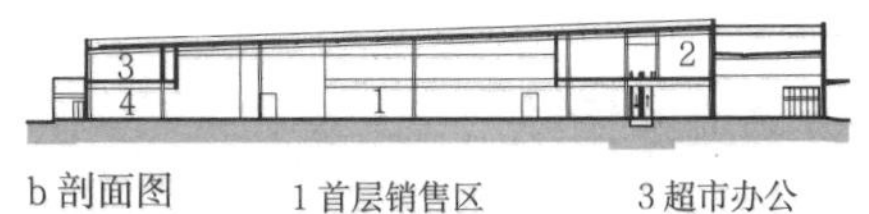

b 剖面图　1 首层销售区　2 夹层销售区　3 超市办公　4 厨房

办公、厨房层高约5m，夹层销售区最高处层高约6.6m，首层销售区平均层高约11m。

3 北京某超级市场

货架布置

1. 卖场入口处不应布置大货架、高货架。

2. 应多样化布置，可按高低、大小等各种式样组合。

3. 应使顾客流线通畅，便于浏览与选购，使营业员工作方便快捷。

4. 陈列用具不应过多。

5. 货物码放不应影响自动喷水灭火系统喷头工作。

6. 应考虑货架的长度、高度及宽度，整排货架长度（靠墙货架除外）不宜超过10m。

7. 应考虑超级市场的经营策略、管理方式、空间形状、采光通风状况，以及商品布置的艺术造型等方面。

8. 应为经营内容的变更保留一定的灵活性，以随需调整货架的布置形式。

货架高度与适用区域参考　　表1

货架高度	适用卖场区域
2.8m及以上	靠墙货架、区域分割
2.2m	休闲食品区、文化用品区、家居用品区、家庭工具区、服装区、针棉区、家庭日用品区、熟食成品区、粮油副食区、小食品区、酒水区
1.8m	正常货架，家庭日用品区、熟食成品区、小食品区、酒水区、针棉区
1.6m	儿童用品及鞋区
1.4m	电器区、视听通信器材区、文化用品区、化妆品和护肤品区

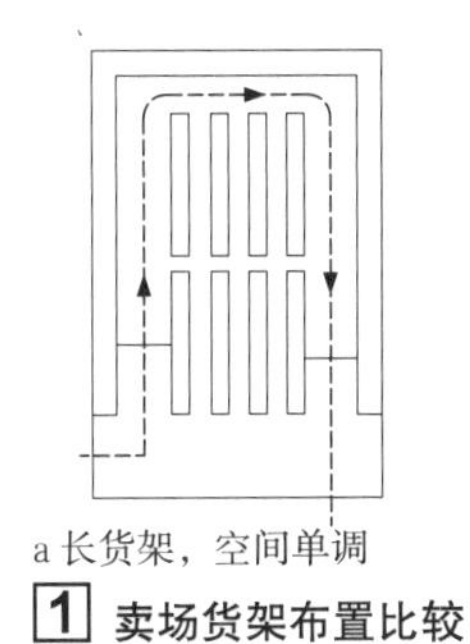
a 长货架，空间单调

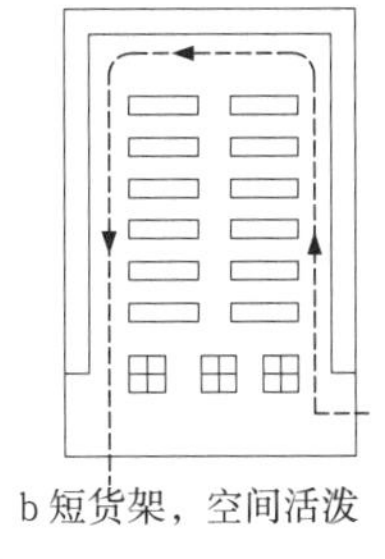
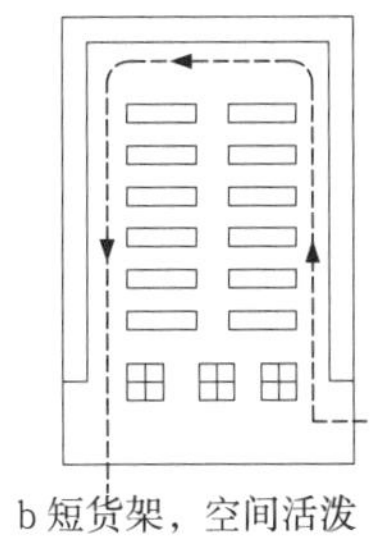
b 短货架，空间活泼

1 卖场货架布置比较

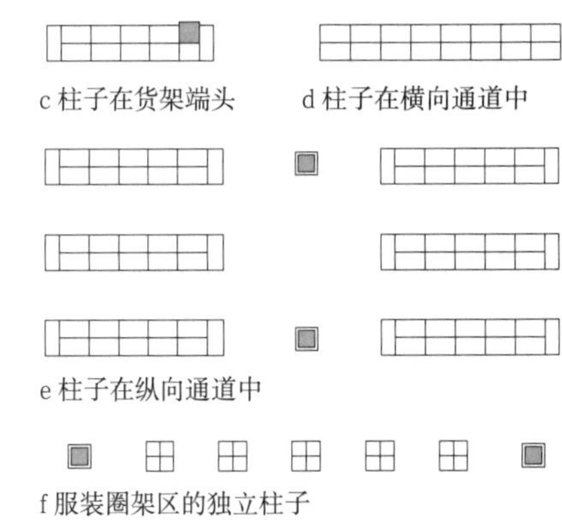

2 货架与柱子

货架布置方式　　表2

布置方式	顺墙式		格子式
布置特点	沿墙式：高货架，柜台连续较长。不利于高侧窗的开启和采光通风，在无集中空调的寒冷地区不利于设置暖气片	离墙式：高货架，货架与墙之间可作散仓，要求有足够柱网尺寸，占用营业厅面积，不经济	货架互相平行或垂直布置，规整有序，会有单调、乏味的感觉
		散仓　散仓　操作间　操作间	
布置方式	岛屿式	店中店	斜交式
布置特点	用柜台围成闭合式，中央设置货架，分单柱岛屿式、双柱岛屿式及半岛式（分沿墙式和离墙式）。有正方形、长方形、圆形、三角形等多种形式。柜台周边长，存放商品多，利于商品展示。可减低商场内拥挤杂乱感，使用较多	由岛屿式改造而来，在卖场中划分出相对独立的、有区域主题的购物区，适合爱婴屋、女士内衣区、米面区、烟酒区等	货架和通道斜交布置，通常45°角。空间富有变化和规律性，便于管理，可使顾客看到众多的商品，利于商品销售
		展台　收银台	
布置方式	放射式	堆头式	自由式
布置特点	货架围绕客流交通枢纽呈放射式布置。交通联系便捷，通道主次分明。应避免单一的布置形式带来的单调感	在客流量较大的位置，将商品成堆陈列，达到促进销售的目的。布置内容一般是季节性商品、促销商品、快讯商品、主推商品	货架随人流走向和密度变化及商品分布，呈规律性的布置。空间轻松愉快，应避免杂乱感。但空间利用率不高

购物通道

1. 通道分类

（1）主通道：卖场内最宽通道，顾客行动的主线，通道两侧主力商品的销售占销售总额的70%~80%；

（2）次要通道：顾客移动的支流。

2. 设计要点

（1）应符合卖场整体动线要求，并符合国家以及当地政府有关规定；

（2）应垂直、平行、交叉布局；

（3）应有足够的宽度，宜笔直，少拐弯；

（4）应平坦、通畅、无障碍物；

（5）应设有明显的消防疏散标识、购物导向标识、称重台标识及商品分类标识；

（6）应设收银终端；

（7）应单向通道，商品不重复，使顾客不走回头路；

（8）应适当延长购物流线；

（9）通道的照度要比卖场明亮。

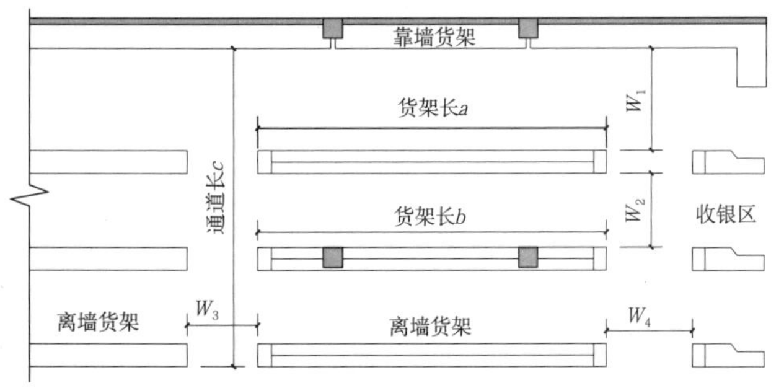

1.货架$a<15$m，$W_1 \geq 1.60$（1.80）m。
2.货架$a<15$m，$b<15$m，$W_2 \geq 2.20$（2.40）m。
3.货架a=15~24m，b=15~24m，$W_2 \geq 2.80$（3.00）m。
4.通道$c<15$m，$W_3 \geq 2.40$（3.00）m。
5.通道$c \geq 15$m，$W_3 \geq 3.00$（3.60）m。
6.货架与出入闸位间的通道，$W_4 \geq 3.80$（4.20）m。
7.括号内数字为使用购物车挑选时的要求。
8.如采用货台、货区时，其周围留出的通道宽度，可按商品的选择性强弱等情况，调整上图所列数字。
9.兼作疏散的通道应尽量直通至出厅口或安全门。

1 超级市场通道净宽参考

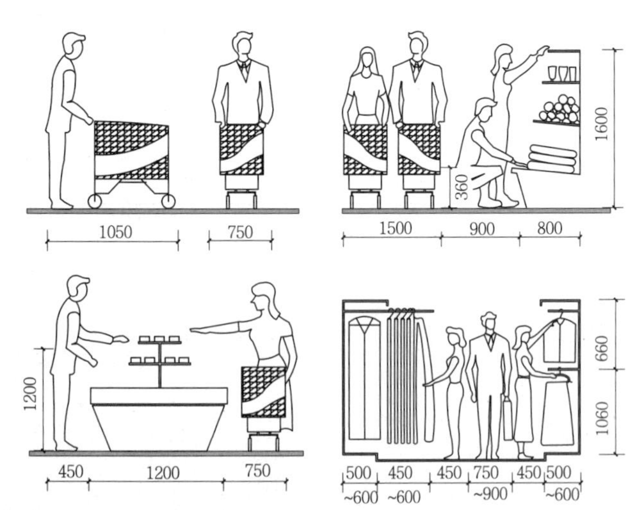

2 卖场几种人体活动尺度

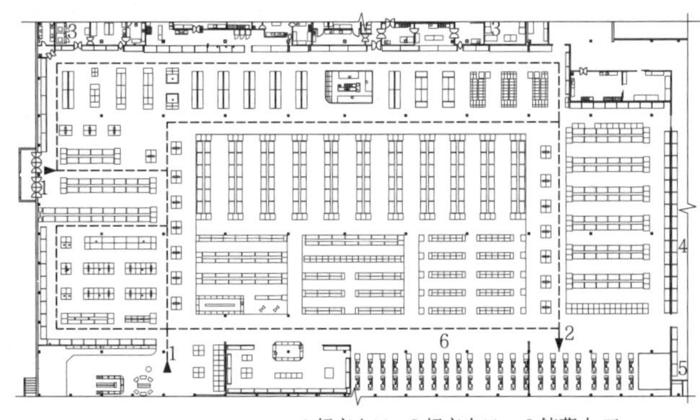

a 北京某超市　　1 超市入口　2 超市出口　3 储藏/加工　4 库房　5 超市办公　6 收银区

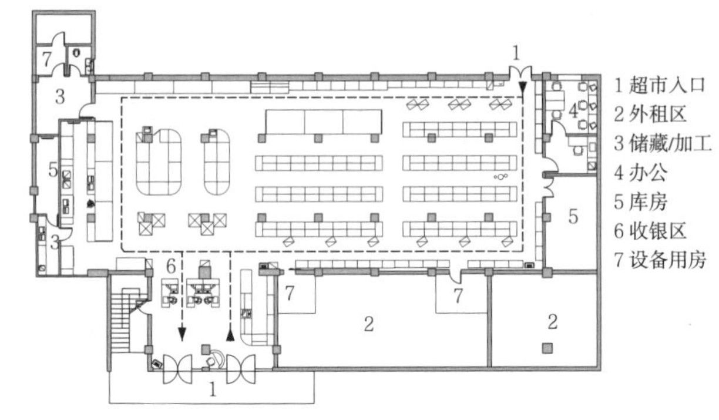

b 上海某超市　　1 超市入口　2 外租区　3 储藏/加工　4 办公　5 库房　6 收银区　7 设备用房

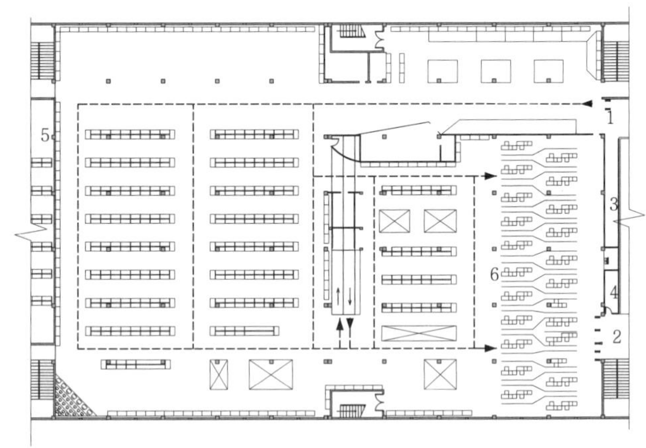

c 济南某超市二层

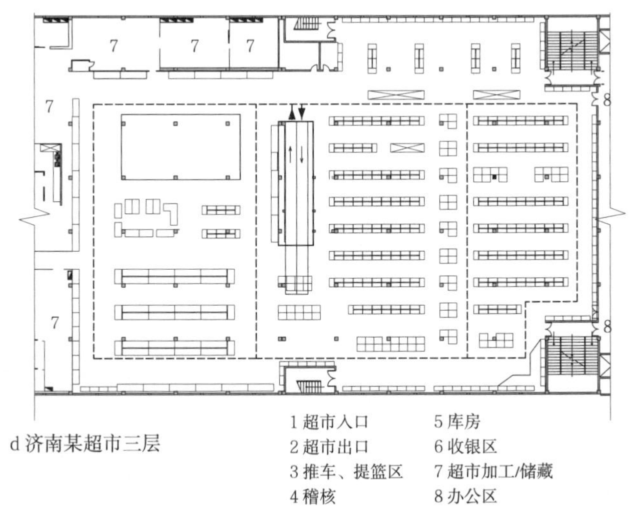

d 济南某超市三层　　1 超市入口　2 超市出口　3 推车、提篮区　4 稽核　5 库房　6 收银区　7 超市加工/储藏　8 办公区

3 购物通道组织实例

生鲜区设计要点

1. 工效原则

根据预计的生产规模和产量，按原料储存、生产加工、陈列销售的工作流程及设备配置和设备大小，合理安排各工作点（工作面、工作区域）的位置、面积，有足够的生产工作空间。

水产、畜禽产品加工应按原料和半成品进行工作区域划分，应配有专门清洗区。

应符合生产工序流程，合理设计工作动线，要求工作动线（距离）最短，并保留合理的回旋余地。原材料分类储存，后仓与现场分量储存。从平面到立体，有效利用空间。

2. 安全、卫生原则

要求地面平整防滑，墙面整洁，高温和有异味产生的区域应保证足够的通风；墙壁应用浅色、不吸潮、不渗漏、无毒的材料覆涂，宜用瓷砖或其他防腐材料装修墙裙（高度≥1.5m）。设暂存区（如高热产品冷却区）。

3. 加工区地面考虑排水、防水、供电负荷等问题。

4. 装饰材料应符合有关环保、节能要求。

5. 防火设施应符合国家相关规定。

生鲜区面积

不同业态和规模的超级市场生鲜区面积比重不同，生鲜区加工区和陈列区面积比例通常在1:1~2:1，熟食、面包、鲜肉等部门加工区的比例较大。

不同业态超市生鲜区面积比重　表1

超市类型	经营面积	生鲜区面积比重
标准食品超市	1000~1500m²	30%~40%
大型综合超市	3000~5000m²	25%左右
超大型综合超市	8000m²以上	20%~30%左右

注：生鲜区的面积包括生鲜加工区和销售区的面积。

生鲜区位置

1. 靠墙位置：加工区安排的需要。

2. 靠近入口处：在生鲜超市等中小型连锁超市应用较多，以吸引顾客进店。

3. 超市的深处：集聚顾客需要，引导顾客走过整个超市。

4. 靠近出口：便于生鲜品保鲜和防损控制，方便顾客。

5. 生鲜区形成顾客、空间、货物三度空间和通道的组合。

生鲜区各部门空间布局　表2

部门	布局
肉类部	沿墙设置，以便安排肉类加工间
水产品部	1.大卖场中多置于生鲜区的中央，与半成品熟食和各种干鲜海产集合销售； 2.生鲜超市中沿墙安排，生熟分开，与肉类部和蔬果部相邻
蔬果部	1.在生鲜区或者超市的入口位置，吸引顾客进入卖场； 2.与肉类部相邻，鼓励关联性购买
面包房	1.布置在生鲜区或者超市的入口位置，吸引顾客进入卖场； 2.与日配商品部相邻，鼓励连带购买
熟食部	1.如与面包房分开则卖点分开，在生鲜区内合理分布，调动客流； 2.如与面包房合设则依据生熟分开区域分布原则，安排相邻位置； 3.与加工自制熟食与标准风味熟食档相结合
日配部	1.由于购买频率和保鲜需要，安排在生鲜区或超市的出口位置； 2.与主食厨房、面包房和冷冻食品部等相邻，鼓励连带购买
冷冻食品部	1.由于保鲜需要，安排在生鲜区或者超市的出口位置； 2.与蔬果部、肉类部和日配部等相邻，鼓励连带购买

生鲜区加工、经营模式　表3

经营模式	特点
无加工生鲜经营	初级或最高级经营形式，生鲜商品全部配送供货，布局规划以标准区位档口为主
现场加工经营	适合单店式大型综合超市，加工区面积相对较大
生鲜加工配送中心	适用标准食品超市、增强性食品超市及初级经营方式。连锁超市自建生鲜加工配送中心，先集中加工，再配送

生鲜区通道类型　表4

通道类型	特点
物料供应通道	物料由收货区→生鲜各部门
后区通道	原料由原料仓→加工间
补货通道	产品从加工间→销售区

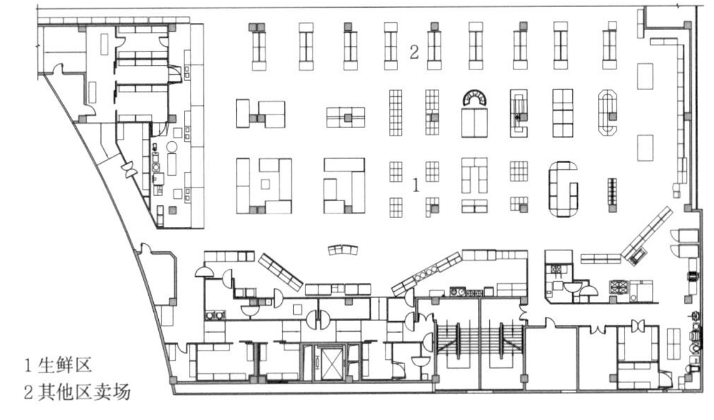

1 生鲜区
2 其他区卖场

1 安徽马鞍山市某店生鲜区

卖场面积	生鲜区面积	生鲜区面积比例	生鲜区位置
约8000m²	1800m²	约22.5%	卖场深处

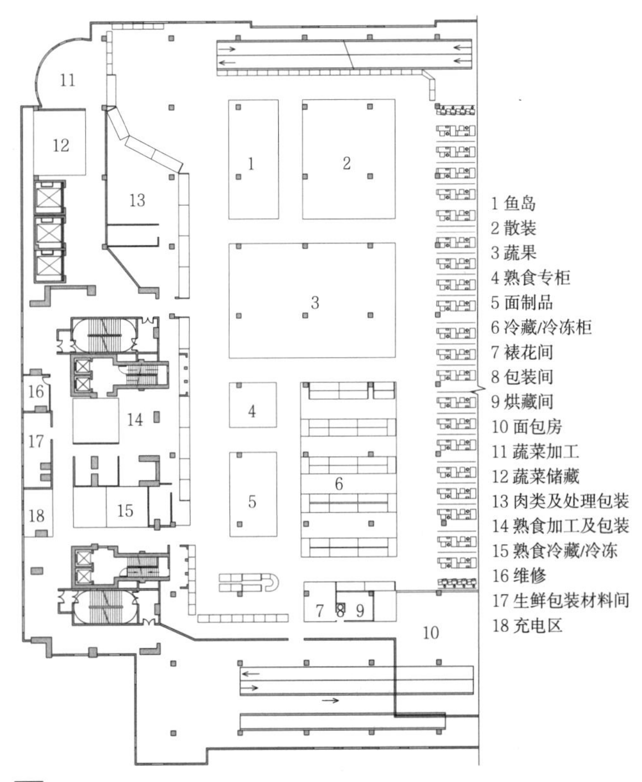

1 鱼岛
2 散装
3 蔬果
4 熟食专柜
5 面制品
6 冷藏/冷冻柜
7 裱花间
8 包装间
9 烘藏间
10 面包房
11 蔬菜加工
12 蔬菜储藏
13 肉类及处理包装
14 熟食加工及包装
15 熟食冷藏/冷冻
16 维修
17 生鲜包装材料间
18 充电区

2 湖北宜昌大润发某店生鲜区

卖场面积	生鲜区面积	生鲜区面积比例	生鲜区位置
约8000m²	2100m²	约26%	卖场底层整层

收银区设计

收银区应位于卖场的出口、客流的终端。

1. 设计基本要求

（1）收银台的布局设计应便于顾客结算及疏导。

（2）收银闸机应在火灾时能够全部打开，并在收银机两侧设置不小于3m的疏散出口。

（3）应根据卖场可容纳顾客人数，在出口处按每100人设收款台1个（含0.60m宽顾客通过口）。

2. 收银区通道

（1）除结账通道外，条件许可时，应设置无购物通道和快速购物通道（为购物商品少于3件的顾客设置）。

（2）无购物通道常设于收银台线的一侧或中间，宽度0.8~1m（单层店一般不设置）。

快速购物通道常设置在收银台线的一端。

（3）大中型超市应考虑无障碍通道。收银台等设施应设有低位装置，满足行动障碍者的需要。

3. 收银台端架布置

应设置方便类小商品，如图书杂志、口香糖、饮料等，方便顾客购买，提高成交量。

（1）T形架：用于收银台前通道宽度大于5m的卖场。

（2）端架：收银台通道小于5m的卖场，也可布置成小型冰箱等。

4. 收银区环境设计

（1）不做过于复杂的装修，不堆放过多东西。

（2）用灯光效果突出背景板或者形象板，烘托卖场的形象。

（3）收银台的台面应根据销售商品风格和目标客户特点来定。

散点收银台

集中收银区外常常布置3~4个散点收银台。

散点收银台的部门分配 表2

散点收银台位置	数量
图书音像区	1
家电区	1
洗化区	1
精品烟酒区	1

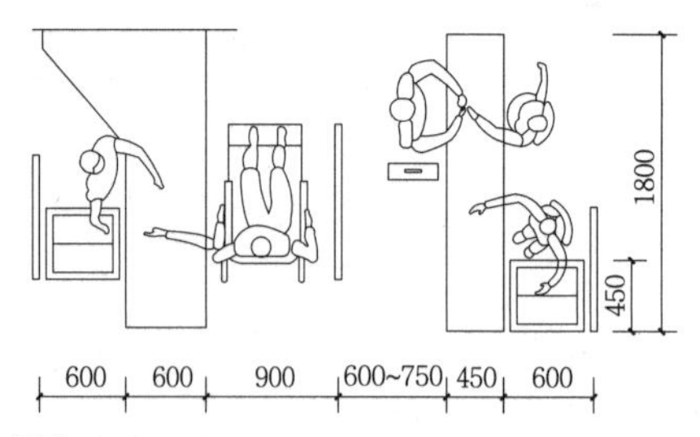

1 结账通道

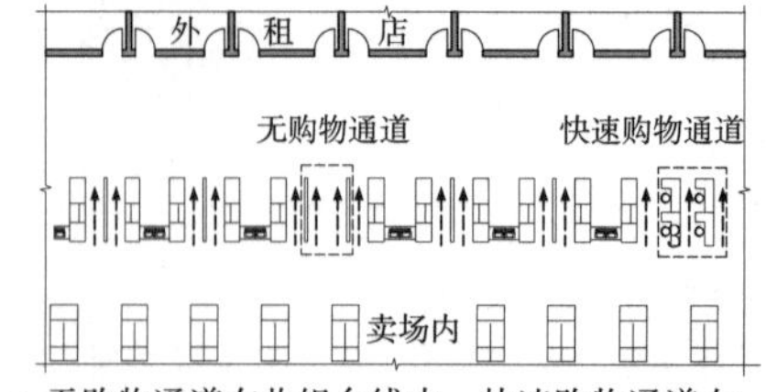

a 无购物通道在收银台线中，快速购物通道在收银台线一侧

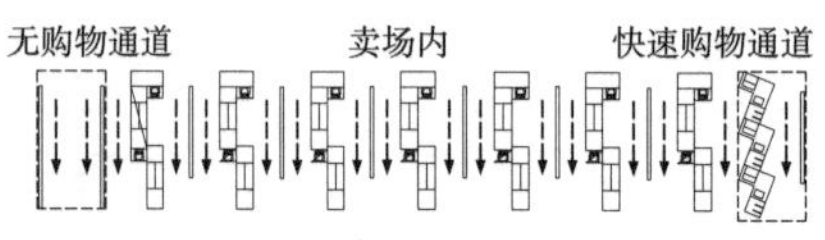

b 无购物通道、快速购物通道分别在收银台线一侧

2 无购物通道、快速购物通道位置

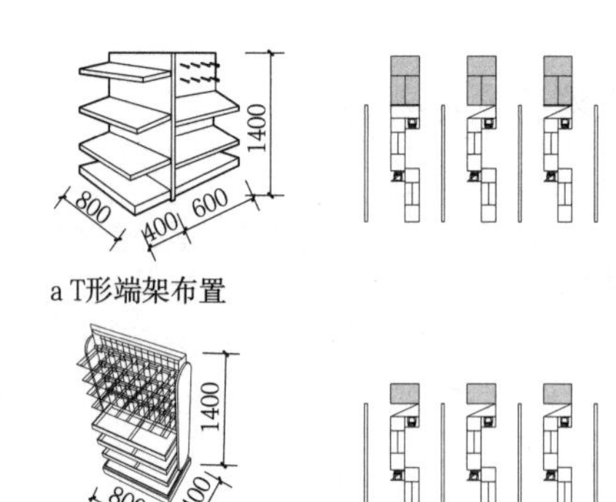

a T形端架布置

b 矩形端架布置

3 端架布置

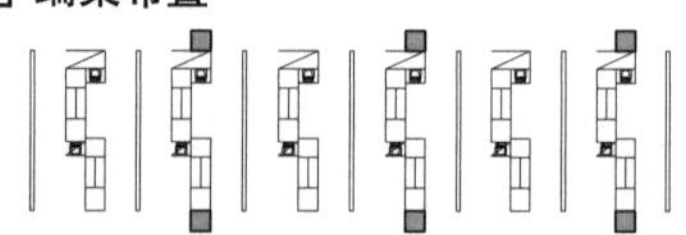

a 柱子位于收银台前端（卖场里）或后端（卖场外）

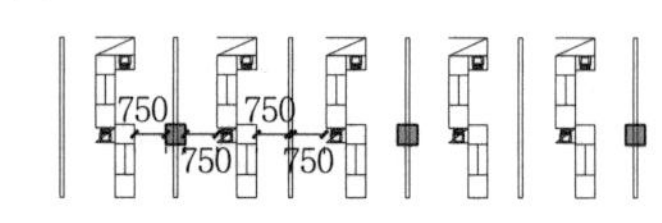

b 柱子位于收银台线中间

4 收银台与柱子

收银台的设置与卖场形式 表1

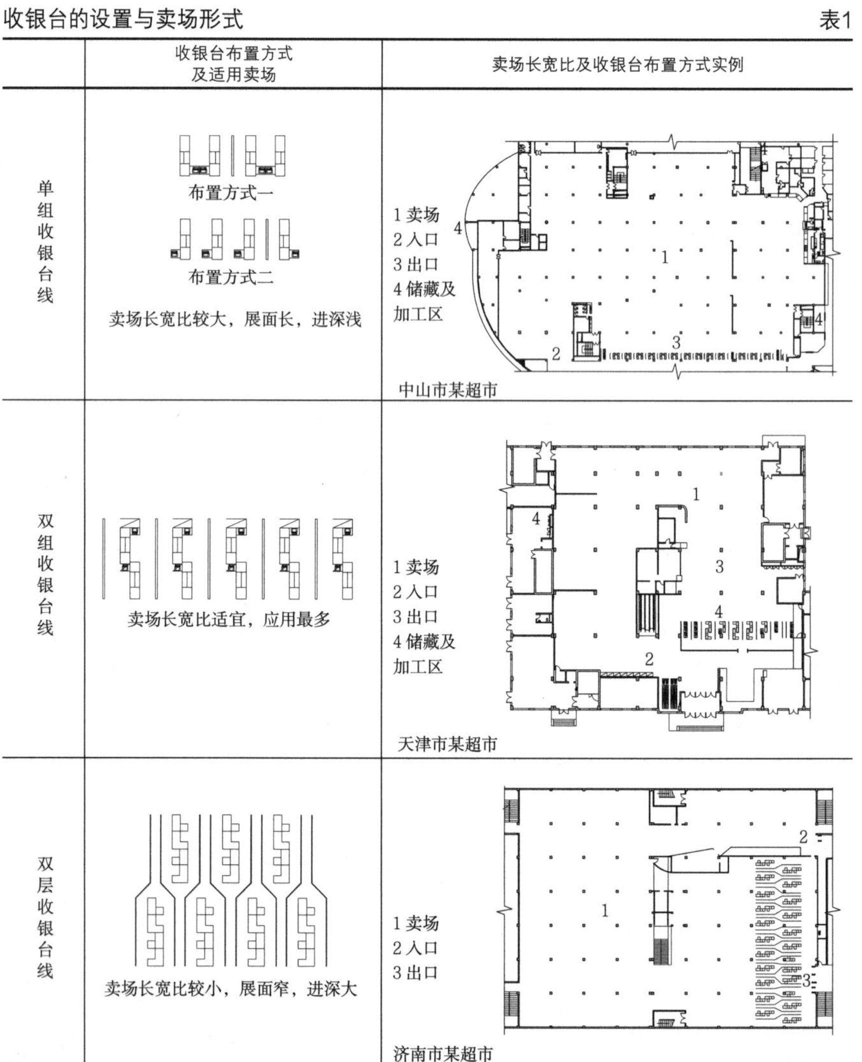

	收银台布置方式及适用卖场	卖场长宽比及收银台布置方式实例
单组收银台线	布置方式一 布置方式二 卖场长宽比较大，展面长，进深浅	1 卖场 2 入口 3 出口 4 储藏及加工区 中山市某超市
双组收银台线	卖场长宽比适宜，应用最多	1 卖场 2 入口 3 出口 4 储藏及加工区 天津市某超市
双层收银台线	卖场长宽比较小，展面窄，进深大	1 卖场 2 入口 3 出口 济南市某超市

功能要求

1. 收银台，分为服务型收银台和自助型收银台。集中布置在收银区或卖场内散点布置。

2. 存包处

服务型存包，常与服务台合设。

自助型存包，一般采用自助密码存包箱。常用外形尺寸：高1800mm以内，深430~460mm，宽度由每层单箱数而定。超市常用20门、24门、36门存包柜。

3. 顾客服务台

接受顾客咨询和服务；大宗交易；开发票；送货安排；促销兑奖；服务型存包；赠品发放；礼品免费包装；售后服务；残次品退换等。

4. ATM自动取款机、自助支付机、自助缴费机等，常布置在出入口之间的共享区域，靠墙设置。

5. 便民设施

顾客休息区、儿童玩乐区、擦鞋机、雨伞架、雨伞套、吸烟室、休息室、婴儿室等一般位于超市入口附近。

便民加热站、自助秤、价格查询机等通常设于卖场内。

6. 超过1000m²的超市，应设有公共卫生间、广播室和公用电话设施，宜设闭路电视监控装置（卫生间配置见表1、表2）。

7. 无障碍设施应符合《无障碍设计规范》GB 50763的规定，服务台、收银台、公用电话等设施处设有低位设置。

有条件时开设残疾人专用柜台。

8. 上述服务设施及进厅闸位、供选购用的盛器堆放位等多数服务设施位于超级市场的前区，前区面积不宜小于卖场面积的8%。

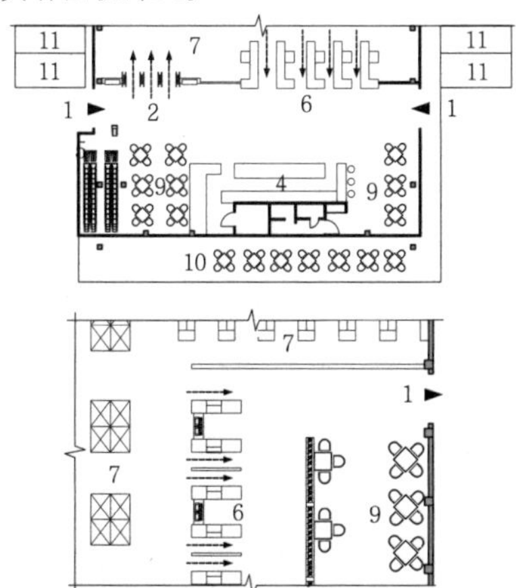

2 休息区布置

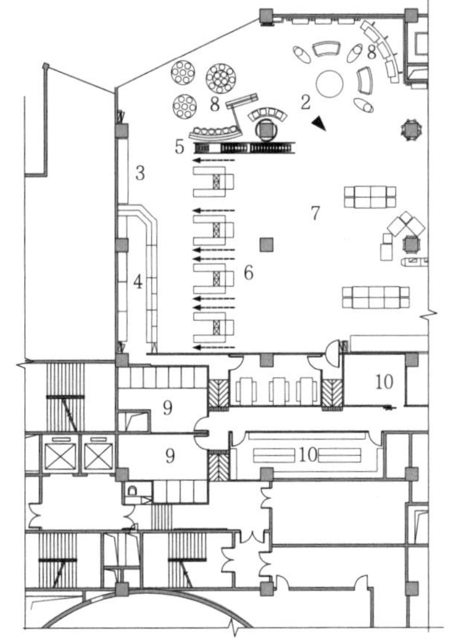

a 深圳某超市服务区布置

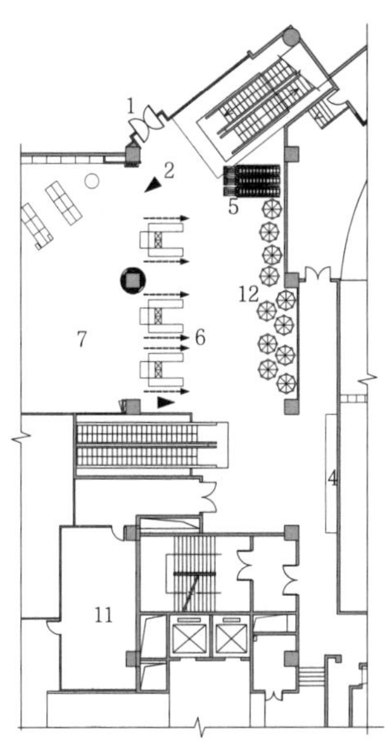

b 深圳某超市服务区布置

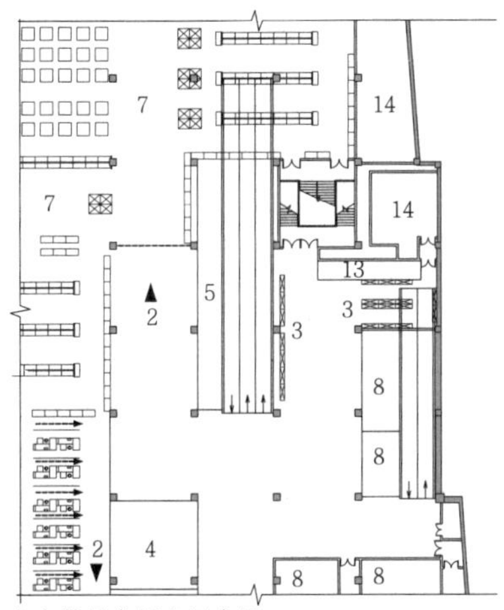

c 山东某超市服务区布置

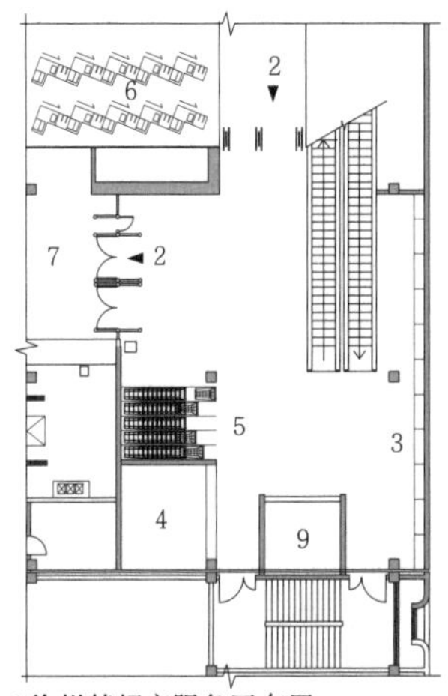

d 徐州某超市服务区布置

1 出入口 2 卖场入口/出口 3 存包区 4 服务台 5 购物篮/推车处 6 收银区 7 超市卖场 8 外租区 9 卫生间 10 办公用房 11 储藏 12 饮食区 13 休息室 14 设备用房

1 服务区布置

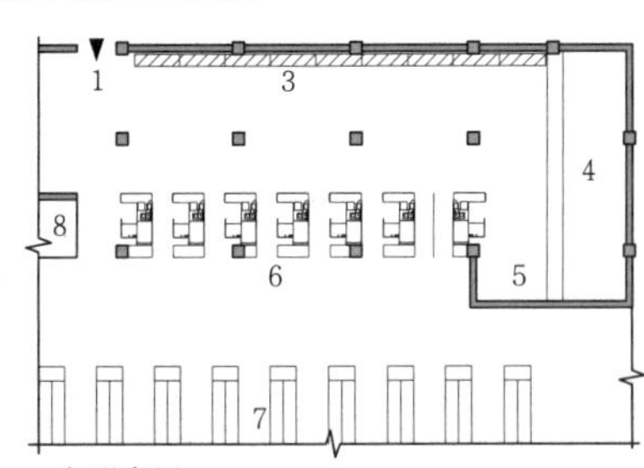

a 一字形布置

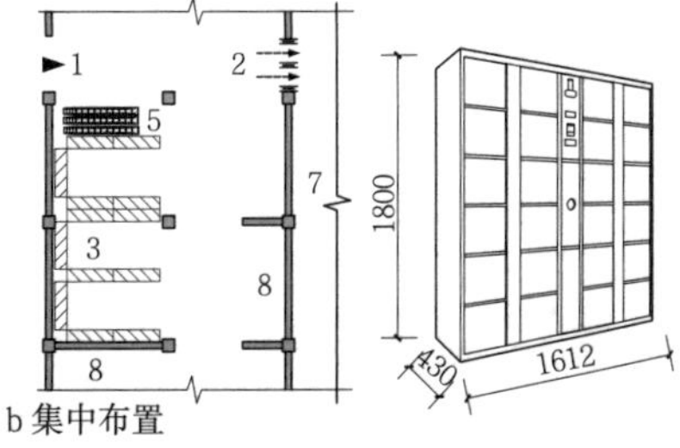

b 集中布置

3 24门自动存包柜及存包区平面布置

1 出入口 2 卖场入口 3 存包区 4 服务台 5 购物篮/推车处 6 收银区 7 超市卖场 8 外租区 9 休息区 10 室外休息区 11 室外停车

超级市场公共厕所厕位数 表1

购物面积（㎡）	男厕位（个）	女厕位（个）
500以下	1	2
501~1000	2	4
1001~2000	3	6
2001~4000	5	10
≥4000㎡	每增加2000m²，男厕位增加2个，女厕位增加4个	

注：1.按男女如厕人数相当时考虑。
2.本表摘自《城市公共厕所设计标准》CJJ 14-2016。

洗手盆的数量设置要求 表2

厕位数（个）	洗手盆数（个）	备注
4以下	1	1.男女厕所宜分别计算，分别设置；2.当女厕所洗手盆数n≥5时，实际设置数值N应按下式计算：N=0.8n
5~8	2	
9~21	每增4厕位数增设一个	
22以上	每增5厕位数增设一个	

注：1. 洗手盆为一个时，可不设儿童洗手盆；
2. 本表摘自《城市公共厕所设计标准》CJJ 14-2016。

环境指标

环境指标应满足相关规范、标准等的规定。

1. 主要设计参数见表1，以及本分册P180“百货商店[9]室内环境设计”表1~表3。

购物环境应满足《超市购物环境标准》GB/T 23650相关规定。

2. 建筑、装饰材料应符合有关环保、节能的要求，并满足《建筑内部装修设计防火规范》GB 50222的相关要求。

3. 室内建筑材料和装修材料所产生的室内环境污染物浓度限量应符合现行国家标准《民用建筑工程室内环境污染控制规范》GB 50325的规定。

4. 气味设计影响顾客的停留时间，应避免不好的气味。

5. 应保持店内空气流通、清新，并符合《室内空气质量标准》GB/T 18883的相关规定。

6. 围护结构热工设计满足《公共建筑节能设计标准》GB 50189的规定。

7. 声环境设计应符合现行国家标准《民用建筑隔声设计规范》GB 50118的规定。

界面设计

墙壁、顶棚、地面是塑造空间环境气氛的基本要求，应统一设计。

色彩运用原则：

1. 统一中求变化，制定标准色，显示企业特性。

2. 与商品本身色彩相配合。如暖色系统的货架放食品，冷色系统货架放清洁剂，色调高雅、肃静的货架放化妆用品等。

3. 与楼层、部位相结合。如入口处，暖色形成迎宾气氛；冷色缓解顾客紧张、忙乱的心理。地下卖场应用浅色调装饰顶棚、地面，可以减弱地下空间的沉闷、阴暗感。

采暖房间室内温度参数　表1

房间名称	室内设计温度（℃）
营业厅、室	16~18
厨房和饮食制作间	10~16
干菜、饮料、药品库	8~10
蔬菜库	5
洗涤间	16~18

注：本表摘自《商店建筑设计规范》JGJ 48-2014。

卖场色彩参考　表2

类型	颜色
地板	白色、米色、粉色
顶棚	乳白、淡绿
墙壁	乳白、淡绿
用具	乳白
照明器具	橘色

1 储存/陈列/展示商品
2 重点装饰
3 重点照明
4 空间序列/空间造型

1 墙壁的利用

a 平面顶棚

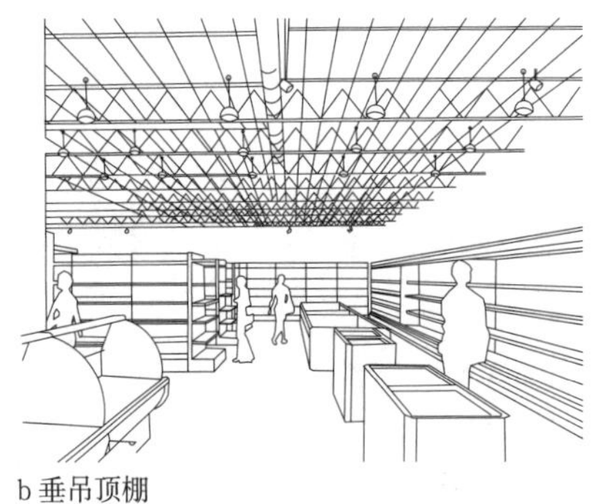

b 垂吊顶棚

c 格栅顶棚

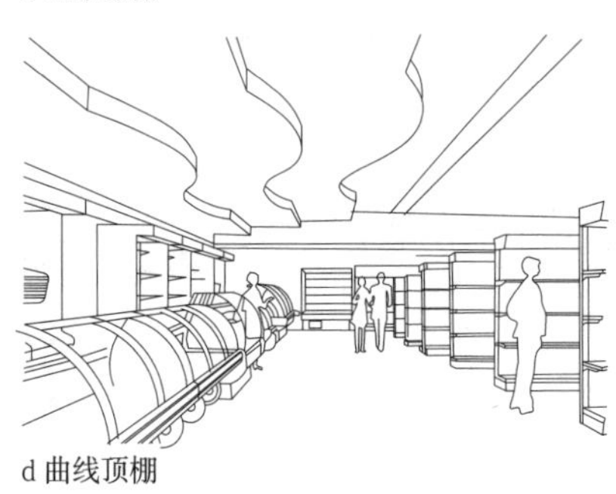

d 曲线顶棚

2 顶棚处理方式

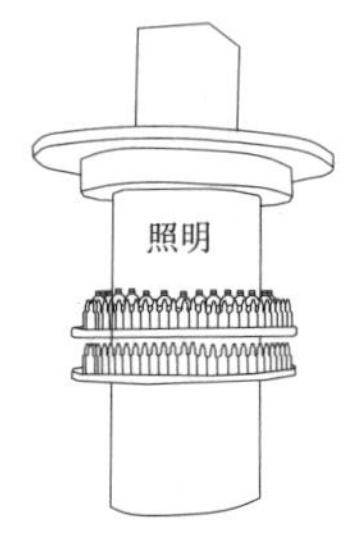

3 柱子的利用

界面设计的基本要求　表3

界面	基本要求	形式	材料	色调
顶棚	高度与超市的营业面积、空间感受等相关，同时必须综合考虑卖场其他相关设施，如卖场的色调与照明协调、空调机、监控设备、报警装置、灭火器等经营设施的位置等	常采用平面顶棚、垂吊型顶棚，以及圆形顶棚、格子顶棚、波形顶棚、倾斜顶棚等形式	石膏板、胶合板、石棉板、玻璃绒顶棚、贴面装饰板等	一般选择反射率高的色彩
墙壁	墙面应平整、清洁；电源线暗装或套管明装；经特殊改造的位置，应有提示性标识	安置陈列台，展示商品；架设陈列柜；安装简单设备，悬挂商品作为装饰	可采用墙面喷塑，也可和顶棚采用同种材料	一般采用较淡的色彩
地板	地面应平整，须分出高低层次的，高低部分应平缓过渡。台阶式过渡的，应有醒目提示。应考虑承重要求，保证货架稳定性。采用固定货架的，应区分通道、称重台、其他区域的使用标识等	以正方形、矩形等直线条组合为特征的图案，适合男性商品的区域；圆形、椭圆形等曲线组合为特征的图案，比较适合经营女性商品的区域	防滑、防压、承重、耐磨、易清洗。多选用陶瓷地砖，高档超市可选用大理石、花岗石等石材。此外还有木地板、塑料地板、水泥地板等	一般采用反射性能低的色彩

照明设计

设计超级市场照明的目的：

1. 向目标顾客传输商品信息。

2. 营造良好购物气氛，增强陈列效果。

在安排商品陈列的照明灯光中，应考虑眩光、商品照明效果和灯具的散热通风。在安排聚光灯时，往下照射的角度应≤45°，若小于45°仍有眩光，可在灯泡脚装置遮光片或百叶窗板，控制灯光照射角度。

卖场普通商品区一般采用光带照明。当光带与货架垂直布置时，货架摆放灵活性较大；当光带与货架平行布置时，垂直照度好。

a 光带与货架垂直

b 光带与货架平行

1 普通商品区照明

2 肉制品区照明

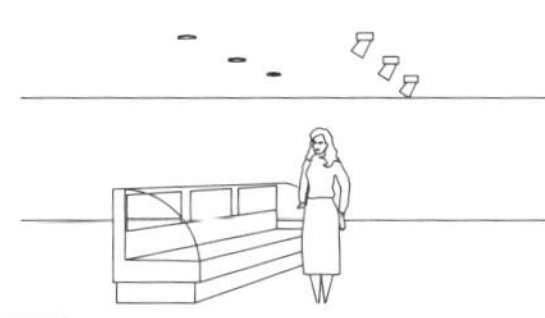

3 奶制品区照明

4 面包区照明

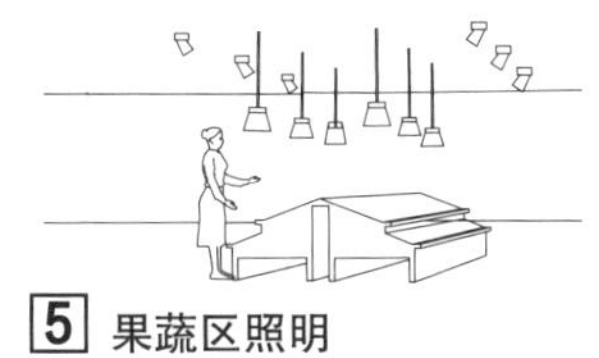

5 果蔬区照明

卖场区域照明类型及要求 表1

照明区域		照明类型	照明目的	照明要求
百货区	卖场	一般照明	帮助顾客快速准确辨别商品的品质、色彩和图案	—
	墙壁面柱面	局部照明	形成特定视觉效果	以一般照度的1.5～2倍为基准
新鲜货物区		混合照明	突出商品的新鲜感	显色指数＞80Ra
商品专柜区		混合照明	达到高质量的照明效果，突出商品的优异品质	以一般照度的1.5～2倍为基准；品牌标识处为一般照度的2～5倍
收银区		一般照明	强调视觉引导作用，让收银员清楚看到商品和钱币	通过改变照明的布置密度或方向达到照明要求

卖场区域照度标准值（离地面0.75m）参考 表2

区域		照度（lx）	色温（K）	显色指数（Ra）	眩光指数（UGR）
百货区		500	3800~6700	80	22
新鲜货区	肉类、水产品、熟食、蔬果区	商品表面500	3000~5000		
	面包房		2500~3000		
商品专柜区		商品表面750，根据不同商品的需要稍作调整	3800~6700		
收款台台面		500		80	—

注：1. 超级市场的一般照明应符合现行国家标准《建筑照明设计标准》GB 50034的规定。当营业厅无天然采光或天然光不足时，宜将设计照度提高一级。设计照度与照度标准值的偏差不应超过±10%。

2. 在符合《建筑照明设计标准》GB 50034-2013第4.1.2条条件要求时，作业面或参考平面的照度标准值可按该标准第4.1.1条的分级提高一级；在符合第4.1.3条条件要求时，作业面或参考平面的照度标准值可按该标准第4.1.1条的分级降低一级。

3. 表1、表2、表5依据《建筑照明设计标准》GB 50034-2013及《超市节能规范》SB/T 10520-2009整理。

卖场常用灯具类型及使用区域 表3

图示		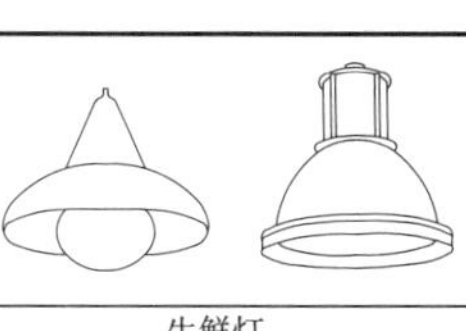
名称	格栅灯	生鲜灯
使用区域	办公室、食品加工区	生鲜区、熟食区
安装方式	嵌入或吸顶安装	悬挂
图示		 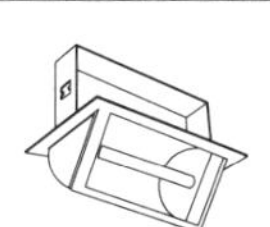
名称	格栅光带	可调式嵌灯
使用区域	通道、堆头展示区	卖场精品专卖部分、中高档超市，尤其适合吊顶式结构
安装方式	嵌入、悬挂吊装	嵌入
图示		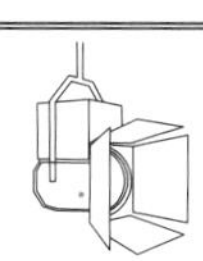 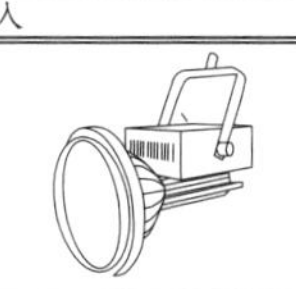
名称	吸顶灯	投射灯
使用区域	生鲜区、大堂入口	堆头展示区、服装区
安装方式	吸顶、悬挂吊装	悬挂吊装、吸顶安装
图示		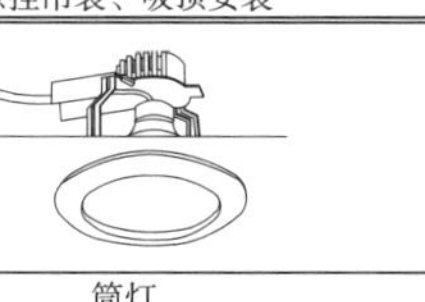
名称	全反射连续型冰柜灯	筒灯
使用区域	冷柜、堆头展示区	大堂入口、服装区、饮食店、展示区
安装方式	悬挂吊装	嵌入式
图示		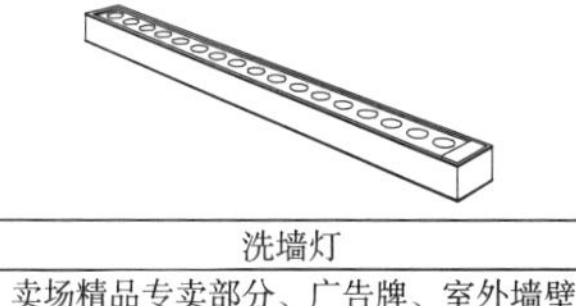
名称	高天棚照明灯具	洗墙灯
使用区域	卖场高天棚	卖场精品专卖部分、广告牌、室外墙壁
安装方式	挂钩、吊杆	吸顶、嵌入

其他房间照明要求 表4

用房名称	照度（lx）	显色指数（Ra）	眩光指数（UGR）	备注
入口区	100/200	60/80	—	照度、光色可与卖场进行区别，但要保证卖场的完整性，灯具可与卖场一致，或采用特殊形式的灯具来取得商业气氛
仓储区地面	100	60	—	无特殊要求，员工可进行短时间操作即可
车库停车间地面	50	60	28	—
厕所/盥洗室地面	75/150	60/80	—	—
自动扶梯地面	150	60	—	—
餐厅地面	200	80	22	—
办公室	300/500	80	19	照度标准离地面0.75m
休息室地面	100	80	22	—

注：本表根据《建筑照明设计标准》GB 50034-2013整理。表中“/”前后数值分别对应普通与高档装修。

超市照明节能参考值 表5

房间或场所	照度标准值（lx）	照明功率密度限值（W/m^2）	
		现行值	目标值
一般超市营业厅	18	≤11.0	≤10.0
高档超市营业厅	24	≤17.0	≤15.5

注：当房间或场所的室形指数值等于或小于1时，其照明功率密度限值应增加，但增加值不应超过限值的20%。当房间或场所的照度标准值提高或降低一级时，其照明功率密度限值应按比例提高或折减。设装饰性灯具场所，可将实际采用的装饰性灯具总功率的50%计入照明功率密度值的计算。

库房设计要点

1. 库房应与卖场分开设置。

2. 库房中应设立专门的残损商品区域，及时清理变质商品和问题商品。

3. 库存生鲜品应保留必要的间隔和回风空间。

4. 地坪应耐磨，并满足库房荷载使用要求。

堆放要求及货架

超级市场库房堆放要求：

1. 应充分利用库房面积和空间，使布置紧凑。

2. 出入口附近一般应留有收发作业用的面积及收货平台。

超级市场卸货场地的规模由进货货车的车型、数量、卸货时间等综合决定。通常卸货平台高于停车带0.6~1.0m，不少大货车卸货场地高度在1.2~1.4m。为方便进货，也可设专门的卸货升降台。

3. 有吊车的仓库，运输通道最好布置在仓库的横向方向。

4. 仓库内部主要运输通道一般采用双行道。

5. 管理室及生活间，应靠近道路一侧的入口处，用墙与库房隔开。

6. 设在地下室的库房，净空高度不宜小于2.2m。

7. 楼板载荷宜控制在2t/m²左右。

库房分类和特点　表1

分类		特点
保管形态	普通仓库	常温仓库，储存一般性商品，要求清洁、凉爽、干燥
	保温仓库	恒温库，需可简单调节温度和湿度的设备，温度一般在10~20℃
	冷藏仓库	应配备冷却设备，库房温度在10℃以下
	简易仓库	存放不需长时间保存或不宜入库的商品。如即将发运，临时存放
	露天仓库	室外堆存场地
建筑形式	单层	作业效率高，投资小，占地多
	多层	2~6层，节省用地，方便管理；货物进出不便，需设备较多
	高层立体	10~30m高的单层库房，采用高层货架，自动化程度高

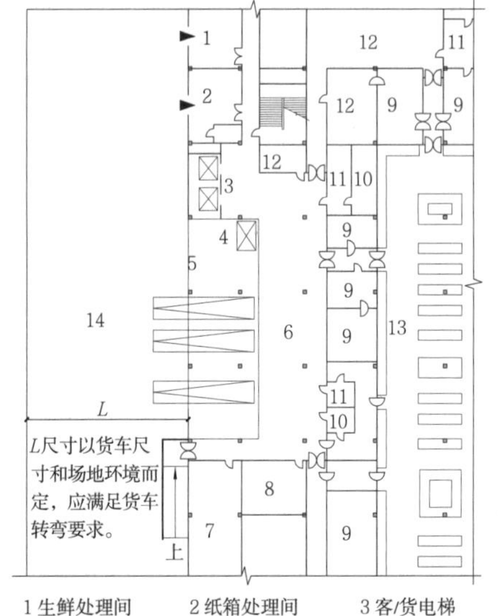

1 生鲜处理间　2 纸箱处理间　3 客/货电梯
4 升降平台　5 卷帘门　6 卸货场
7 消防中心　8 办公用房　9 操作间
10 冷藏库　11 冷冻库　12 库房
13 营业厅　14 堆货场

1 收货区布置

超级市场库房布置时应注意五距：灯距（货垛与灯）、顶距（货垛到顶棚的距离）、柱距（货垛距立柱的距离应≥0.1m）、垛距（货垛与货垛间距）、墙距（货垛到墙的间距）。

超级市场的地下室、半地下室，如用作商品临时储存、验收、整理和加工场地时，应有良好的防潮、通风措施。

库房内通道净宽　表2

通道位置	净宽度（m）
货架或堆垛与墙面的通风通道	>0.30
平行的两组货架或堆垛间手携商品通道，按货架或堆垛宽度选择	0.70~1.25
与各货架或堆垛间通道相连的垂直通道，可通行轻便手推车	1.50~1.80
电瓶车通道（单车道）	>2.50

注：单个货架宽度为0.30~0.90m，一般为两架并靠成组；堆垛宽度为0.60~1.80m。库内电瓶车行速不应超过75m/min，其通道宜取直，或设置不小于6m×6m回车场地。

库房净高　表3

库房形式	库房净高	备注
有货架的库房	≥2.1m	净高为按楼地面至上部结构主梁或桁架下弦底面间的垂直高度
有夹层的库房	≥4.6m	
无固定堆放形式	≥3m	

注：表2、表3摘自或根据《商店建筑设计规范》JGJ 48-2014整理。

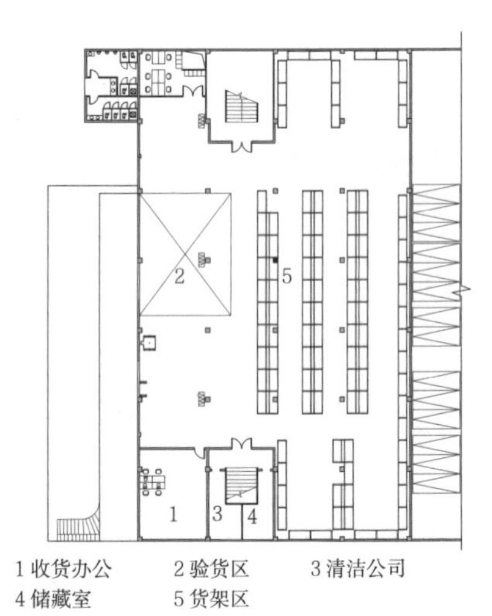

1 收货办公　2 验货区　3 清洁公司
4 储藏室　5 货架区

a 济南某超市库房

1 库房
2 卖场

b 上海某超市松江店库房

2 库房货架布置示意

库房布置特点　表4

布置方式		特点	图示
垂直式	横列式	优点：主通道长且宽，副通道短，整齐美观，便于存取查点，利于通风和采光； 缺点：通道占用面积多，影响仓库利用率	补货口　补货口
	纵列式	优点：运输通道短，占用面积小，仓库利用率高； 缺点：作业通道长，存取货物不便，不利于通风采光	补货口　补货口
	混合式	可综合利用两种布局的优点	补货口　补货口
倾斜式	货垛倾斜式	便于叉车操作，空间浪费	补货口　补货口
	通道倾斜式	优点：利用通道进行仓库分区，便于物品分类管理； 缺点：仓库布局复杂	补货口　补货口

货架

货架是超市的主要陈列用具，有多种分类方法，如：

按货架的适用性分为通用货架、专用货架；根据其在卖场的使用位置分为单面、双面以及组合货架等。

货架应尽量标准化，其尺寸和色彩可根据商家要求定制。标准视每个超市的场地和经营者的理念而定，避免出现一个门店一种配置或一种陈列。

货架选择时要求横梁上有方便更换商品标签的部件；有丰富的附件，适合陈列各类商品；应由易清洗、有韧性且环保的材料制作，并符合环保、消防和安全标准。

辅助陈列用具有堆头桶、栈板、果蔬架、散货架、岛柜、立柜、挂钩、框篮等。其中果蔬架、岛柜、立柜为生鲜区所专用。

a 单面货架　b 双面货架　c 组合货架

d 堆头桶

e 促销台/活动促销台　f 果蔬架一　g 果蔬架二

h 栈板　i 散货架

1 超市陈列用具

a 手推车　b 双层提篮车　c 童趣车

d 购物车　e 拉杆式购物篮　f 塑料购物篮

2 自选车、购物篮

超市货架高度参考　表1

超市分类	货架高度
大型综合超市	2m左右
便利店	1.3~1.5m

自选车、购物篮

用于顾客暂时存放所选商品。

超市的入口处为顾客配置购物篮和手推车，一般按1辆（个）/10人~3辆（个）/10人的标准配置。

购物车有普通型（专用于购物）、母子型（让孩子站在车筐的前面）、童趣车、平板购物车（常用于库房、卖场中搬运货物）等类型。

购物篮分金属和塑料两种，以塑料购物篮居多。

购物车和购物篮的尺寸以满足人体工学为准绳进行设计，因容量、载重、外观以及地域的不同而有所不同。

冷柜、冰箱

冷冻设备是超市不可缺少的设备。

超市的生鲜食品，如水果蔬菜、鲜肉、水产品，豆制品、果汁、饮料、乳制品等都需要放置在冷藏或冷冻柜中暂时保存。

贮存生鲜区域的商品和原材辅料应配置必要的低温贮存设备，包括冷藏库（柜）和冷冻库（柜）。

一般冷藏库（柜）温度为-2～5℃，冷冻库（柜）温度低于-18℃。

冷冻设备有敞开式（岛式冰柜）和立式两种，尺寸多可定做。

冷冻设备的选择要考虑常用功率、有效容积、外形尺寸、柜内温度、陈列面积等指标是否适合超市需要。

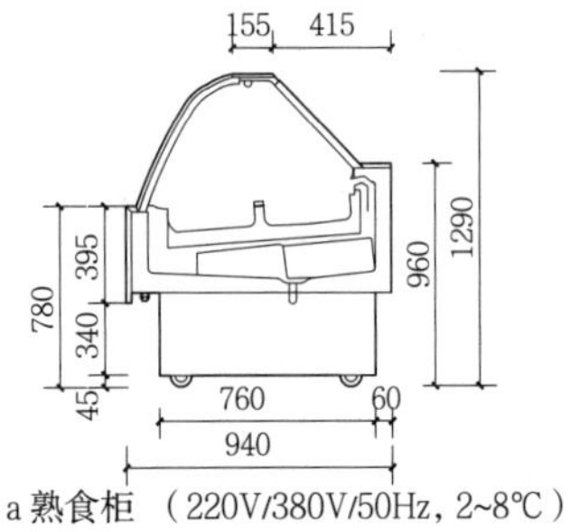

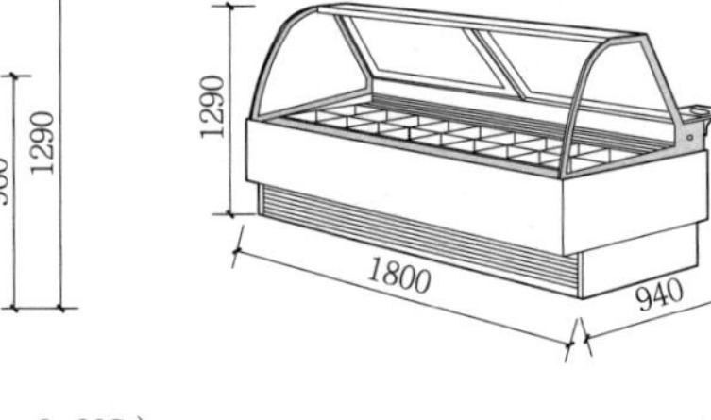

a 熟食柜 （220V/380V/50Hz，2~8℃）

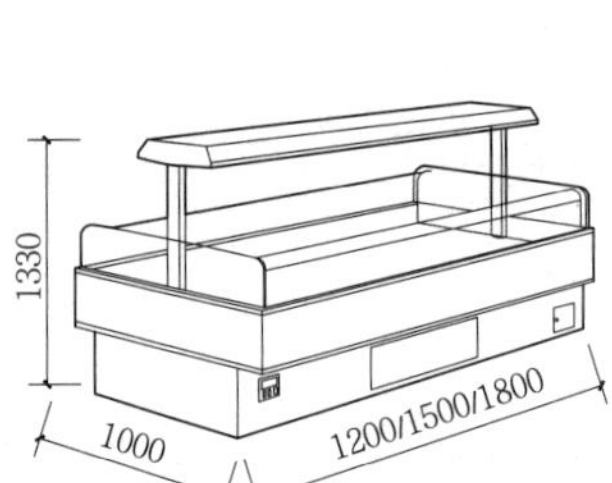

b 开放柜

c 卧式冷柜

d 鲜肉柜

1 敞开式冷冻设备

a 风幕柜一

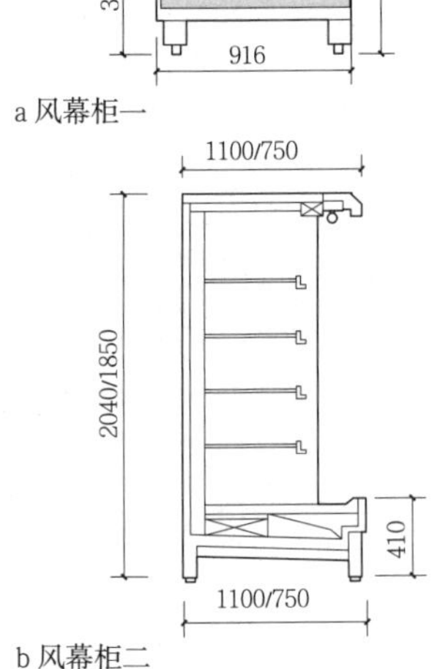

b 风幕柜二

2 立式冷冻设备

收银闸机位

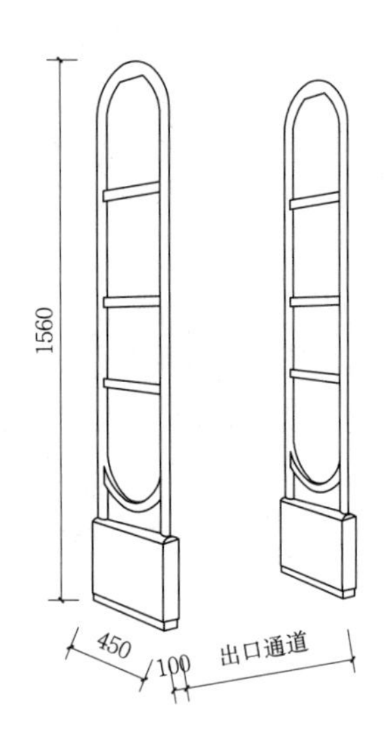

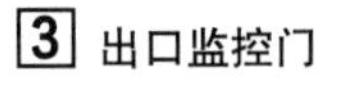

3 出口监控门

a 普通型收银台

b 豪华型收银台一

c 豪华型收银台二

d 电动型收银台一

e 电动型收银台二

f 自助型收银台

4 收银台

入口闸位机类型及参数 表1

闸位机类型		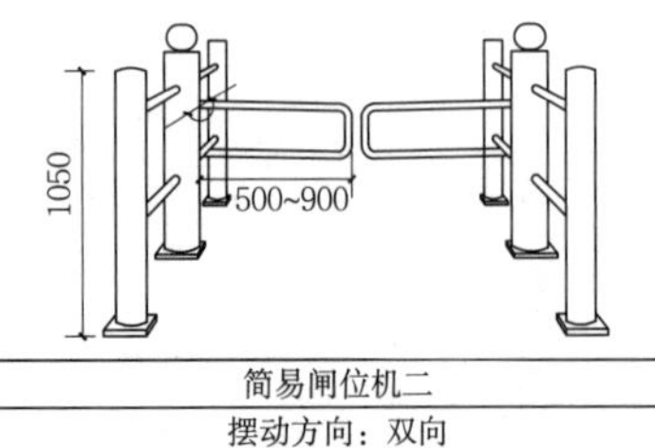	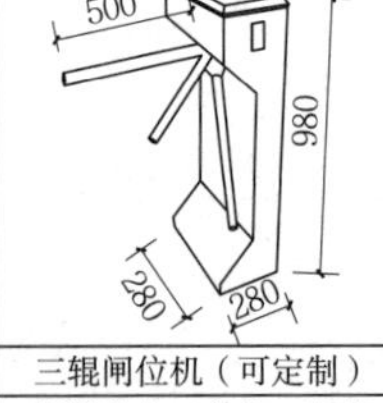	 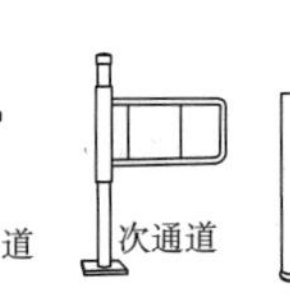 
名称	简易闸位机一	简易闸位机二	三辊闸位机（可定制）	组合闸机位
特点	摆动角度：90°	摆动方向：双向	通行方向：单向、双向	—
	单向推摆，自动复位	开、关时间：1~2秒； 通行速度：40人/分钟（常开），25~30人/分钟（常闭）	开关时间：1秒； 通行速度：30人/分钟	—

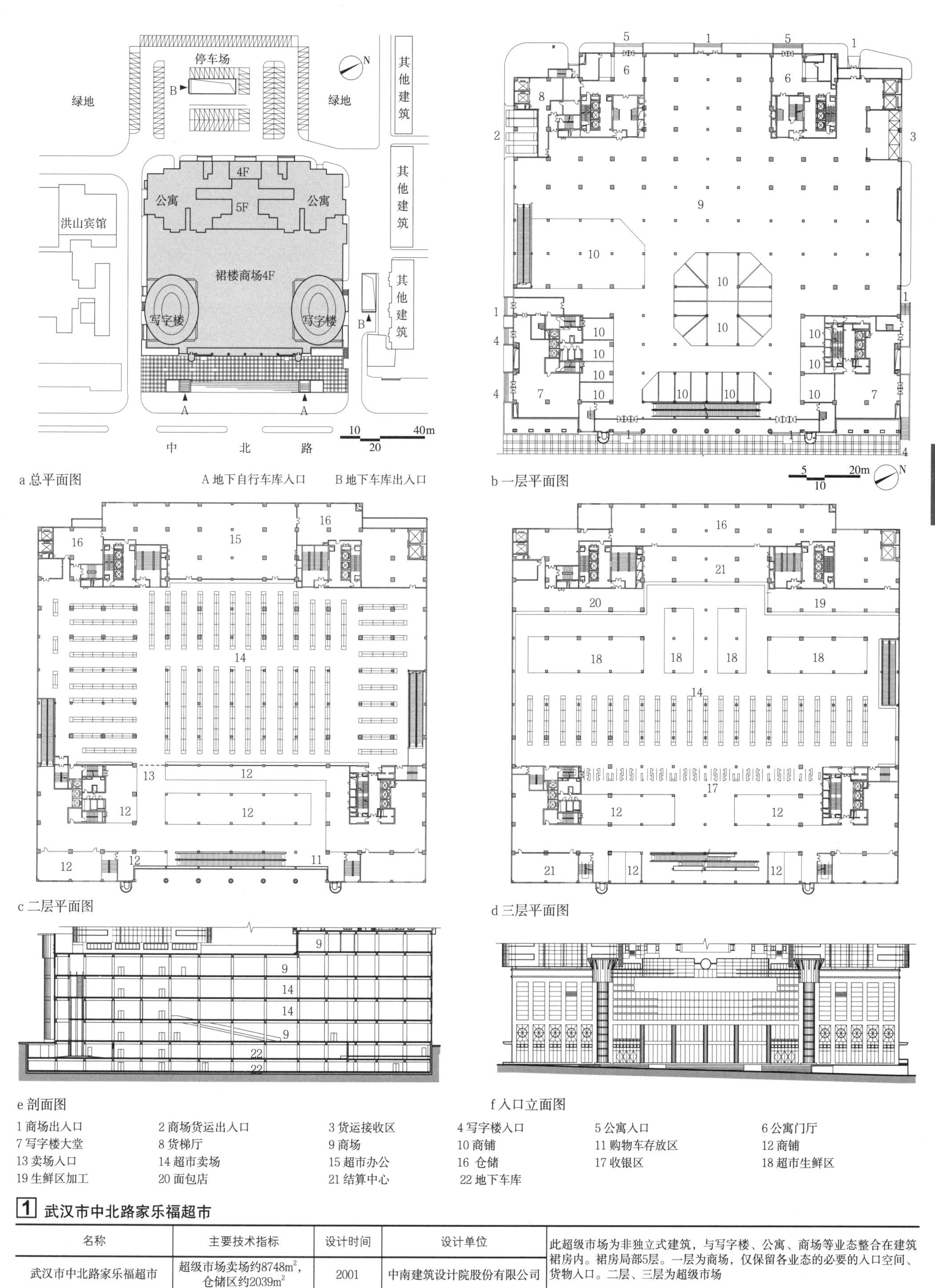

a 总平面图　　A 地下自行车库入口　　B 地下车库出入口

b 一层平面图

c 二层平面图

d 三层平面图

e 剖面图

f 入口立面图

1 商场出入口　2 商场货运出入口　3 货运接收区　4 写字楼入口　5 公寓入口　6 公寓门厅
7 写字楼大堂　8 货梯厅　9 商场　10 商铺　11 购物车存放区　12 商铺
13 卖场入口　14 超市卖场　15 超市办公　16 仓储　17 收银区　18 超市生鲜区
19 生鲜区加工　20 面包店　21 结算中心　22 地下车库

1 武汉市中北路家乐福超市

名称	主要技术指标	设计时间	设计单位	此超级市场为非独立式建筑，与写字楼、公寓、商场等业态整合在建筑裙房内。裙房局部5层。一层为商场，仅保留各业态的必要的入口空间、货物入口。二层、三层为超级市场
武汉市中北路家乐福超市	超级市场卖场约8748m^2，仓储区约2039m^2	2001	中南建筑设计院股份有限公司	

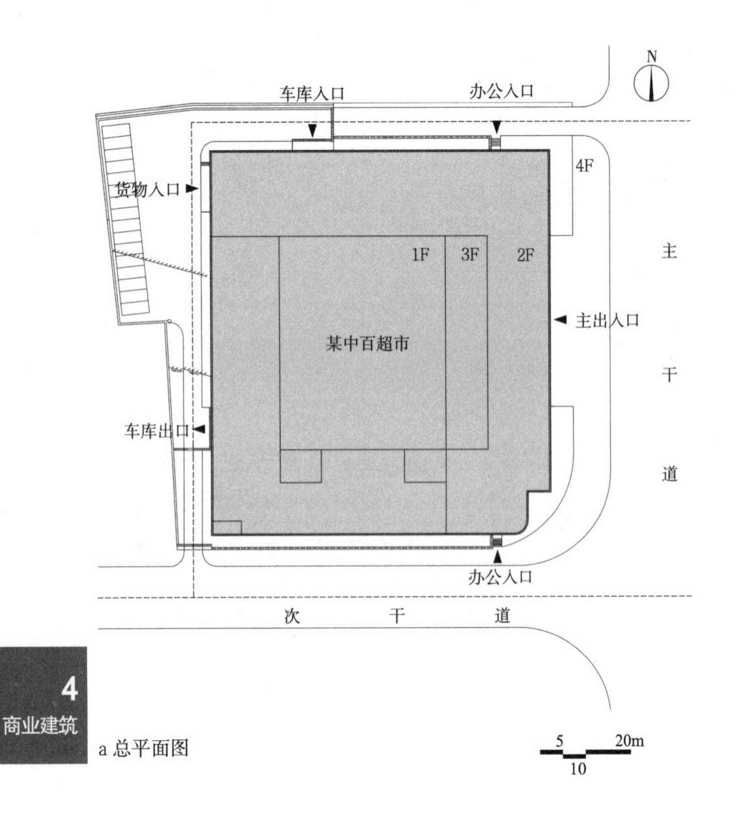

a 总平面图

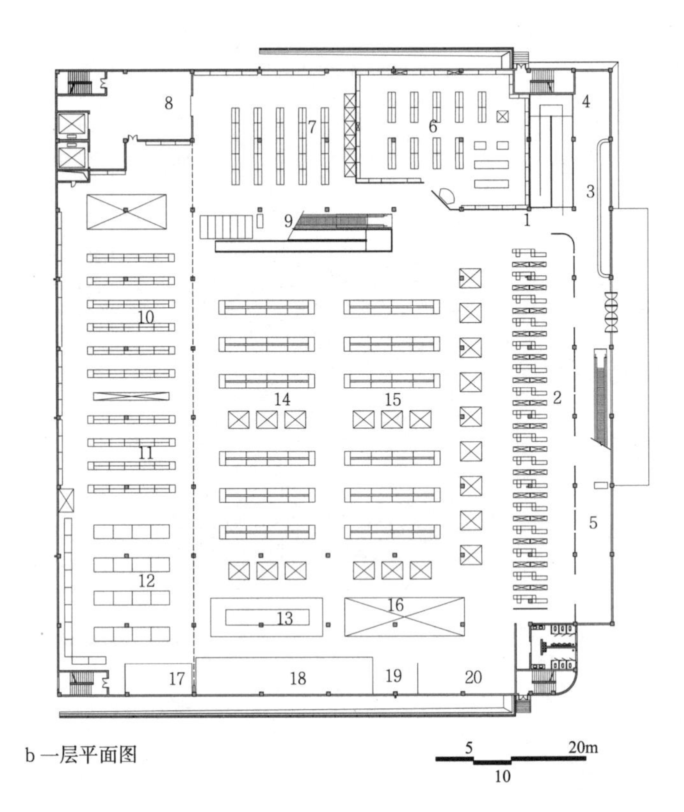

b 一层平面图

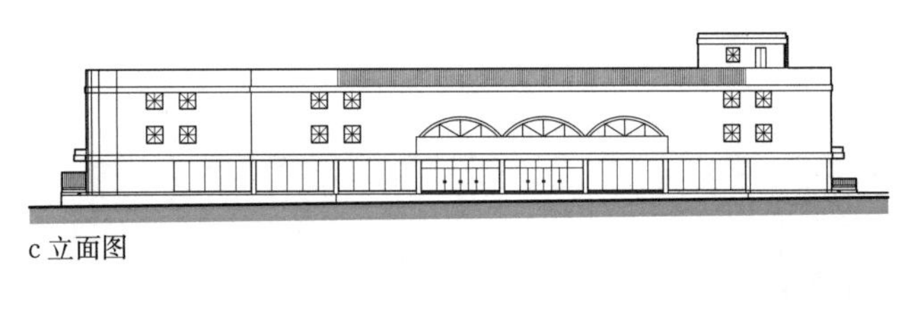
c 立面图

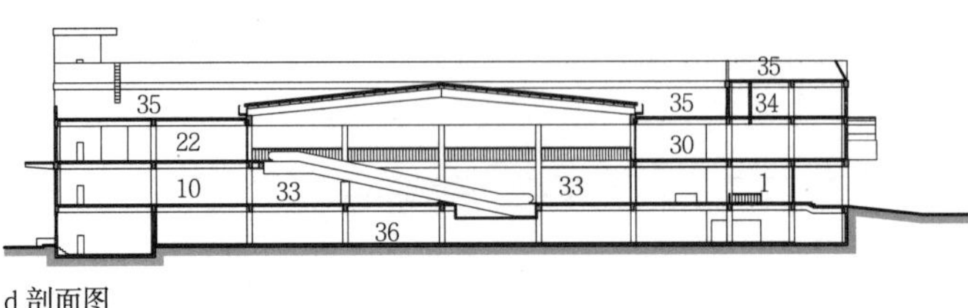
d 剖面图

e 二层平面图

1 入口	2 收银	3 服务台	4 休息区
5 医药	6 店中店	7 酒水	8 分理区
9 梯间酒廊	10 粮油调料	11 南北杂货	12 低温食品
13 水鲜食品	14 茶、饮料、滋补品	15 休闲食品	16 蔬菜水果
17 加工	18 卤制品及鲜炸	19 面包	20 花鸟区
21 洗涤	22 针棉、服装	23 鞋帽、箱包	24 文化
25 床上用品	26 图书	27 视听	28 健身器材
29 小家电	30 大家电	31 电视	32 日用
33 高柜区	34 内部办公	35 屋面	36 车库

1 武汉市某中百超市

名称	主要技术指标	设计时间	设计单位	
武汉市某中百超市	建筑面积18505m²，其中仓储超市约12483m²，车库面积约 6022m²	2000	中南建筑设计院股份有限公司	此仓储超市共4层。一层停车，二、三层为卖场，四层为内部办公。卖场内部空间布置如下：四周两层空间均为3.9m层高，布置普通货架；中心为两层通高空间，满足仓储超市货架布置要求

定义

仓储超市又称仓储会员店，是在大型综合超市经营的商品基础上，筛选大众化实用品进行销售。

仓储超市是以会员制为基础，采取自选方式销售的零售业态，以实行库存和销售合一，批零兼营，提供有限服务和低价格商品为主要特征。

分类

仓储超市分类　表1

分类依据	类型
空间形式	单层、多层，以单层为主
建店方式	独立分店、与其他业态整合，独立分店为主
经营范围	日用综合、建材、家居类等，其中日用综合类类似于大型综合超市

特点

基本特点　表2

选址	城乡结合部的交通要道
辐射范围/目标客户	辐射半径5km以上，目标客户以中小零售店、餐饮店、集团购买和流动顾客为主
规模	一般在6000m²以上
商品(经营)结构	以大众化衣、食、用品为主，自有品牌占相当部分，商品在4000种左右，实行低价、批量销售
商品售卖方式	自选销售，出入口分设，在收银台统一结算
服务功能	设相当于经营面积的停车场
管理信息系统	程度较高，对顾客实行会员制管理

注：本表摘自《零售业态分类》GB/T 18106-2010。

仓储超市的其他特点：

1. 功能上拥有与普通大型综合性超市相同的零售业特征。

销售商品覆盖范围更广，以食品（有一部分生鲜商品）、家庭用品、体育用品、服装面料、文具、家用电器、汽车用品、室内用品等为主。

2. 储销合一，设大型工业货架，空间尺寸较大，不另设商品仓库和配送中心。建筑趋同于工业建筑或物流配送中心。

3. 单层为主，建筑形态趋于规整和简化，室内装修较为简单。

4. 顾客交通方式以私人交通工具为主，辅以城市公共交通。

5. 外部流线与大型超级市场相似。停车场规模大，并在停车区设购物车回收、存放场地。

6. 规模大、投入少、商品价格低。

净高/层高

仓储超市建筑的净高和层高较高，一般摆放高度在4~8m左右，使用大型工业货架，货架下部可以对商品进行展示和销售，上部又可以对商品进行大量储存。

大型仓储超市柱网层高/净高实例　表3

超市名称	规模	柱网	净高或层高
麦德龙（标准店）	7000~10000m²，后勤、办公500~800m²	10.5m×8.5m/8.5m×8.5m	层高8m，最低7m，净高≥5.7m
麦德龙（都市店）	单层3000~7000m²，后勤、办公300~500m²	10.5m×8.5m/8.5m×8.5m	层高7m，净高≥5.7m
百安居	10000m²	9m×9m	层高8m

内部功能空间

内部功能空间分类　表4

内部功能空间	空间分类
营业空间	仓储及销售空间（储销区、展销区、收银区）、休息及交通空间、顾客服务空间
辅助空间	办公区、设备区、加工区、员工生活用房等

储销区布置的货架较高，其中2m以上为寄仓，以货架陈列为主。展销区主要用于打折、促销商品，不适合在货架上陈列的商品（如贵重物品、精密电器等），以及在货架上无法良好展示的商品（如家具、地砖等）。

商品的陈列方式可以参考普通超市中商品的陈列方式。

其他空间布局可以参考超级市场中相同或相似的功能布局。

外形特征

1. 建筑语言趋于简洁，空间实用，成本降低，利于企业文化的塑造。

2. 统一的企业形象标识系统，相似的外部形态，具有企业连锁特征。

3. 强调色彩可识别性与广告效果。

4. 注重建筑材料质感的表达和外部空间场感的营造。

安全与管理

1. 内部导向要明确。仓储式超市规模较大，货架较高，阻挡视线，可以通过加强流线、利用展销区设置导向参照物、加强导向标识系统、运用色彩划分空间等手法明确内部导向，便于疏散。

2. 注意消防安全管理。仓储超市的规模大、商品种类多、人流量大、货架多、疏散难，消防安全很重要，可以通过合理分区、明确内部导向，并保证出口畅通、加强电气及消防设施的管理等方面，消除火灾隐患。

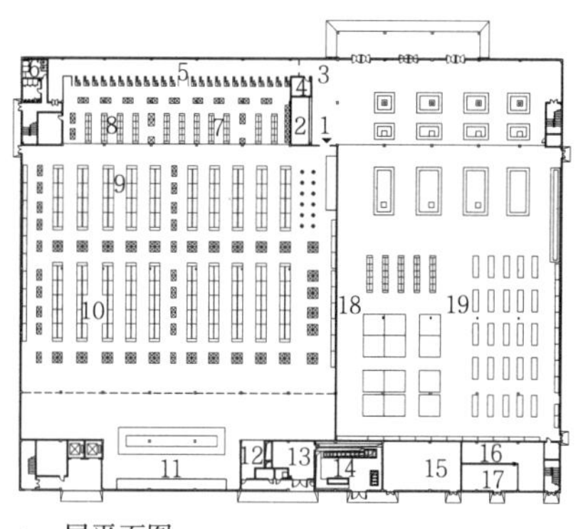

a 一层平面图

1 入口　2 服务台　3 出口
4 大宗客户　5 收银区　6 卫生间
7 文化用品　8 休闲食品　9 烟酒饮料
10 粮油用品　11 生鲜区　12 消防控制室
13 发电机房　14 变电机房　15 冷冻机房
16 消防水池　17 水泵房　18 玻璃隔断
19 百货区

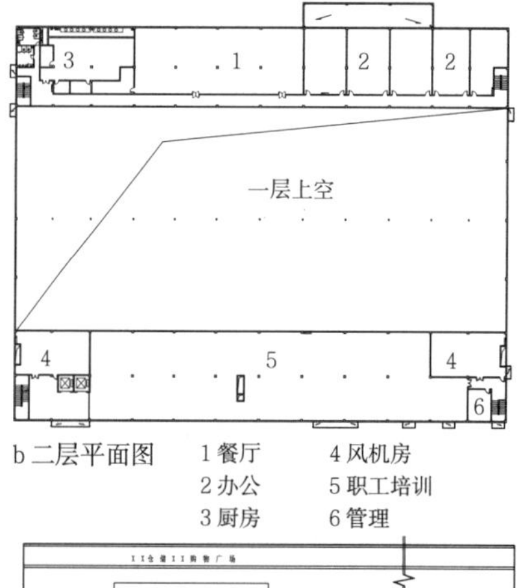

b 二层平面图　1 餐厅　2 办公　3 厨房　4 风机房　5 职工培训　6 管理

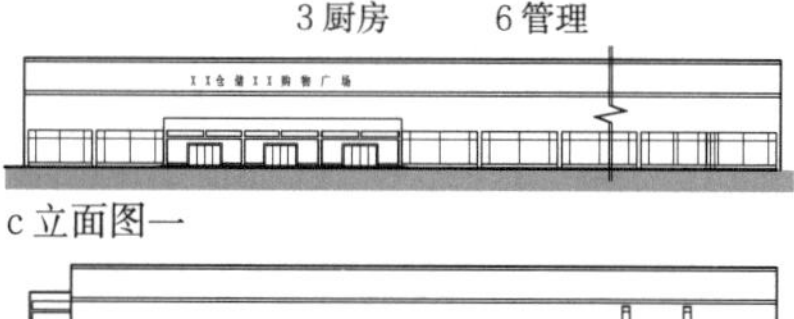

c 立面图一

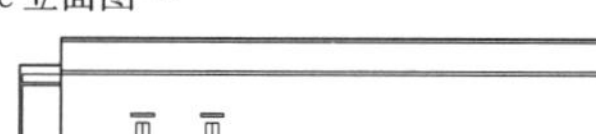

d 立面图二

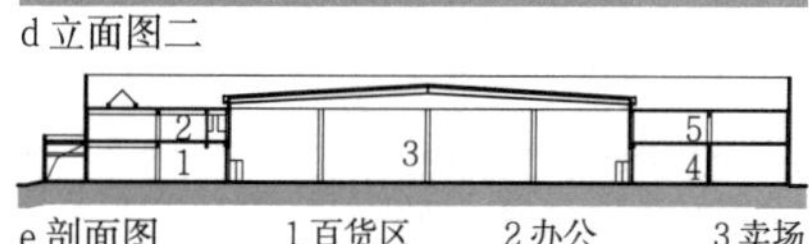

e 剖面图　1 百货区　2 办公　3 卖场　4 冷冻机房　5 职工培训

本仓储超市最大柱网23m×9m，周边柱网9m×9m，中心区层高9.55m，满足仓储超市储销合一摆放工业货架的要求。办公与培训等功能位于二层，层高3.6m，分区明确，空间利用充分。

1 仓储超市实例

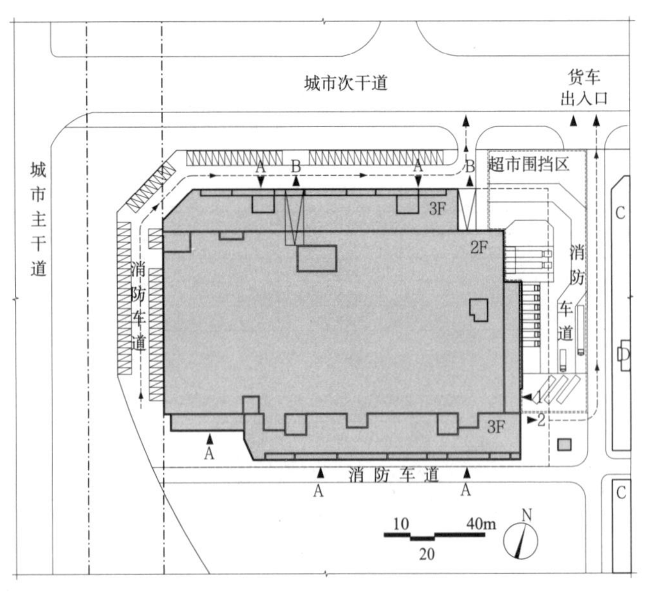

a 总平面图　⊏⊐ 地下室范围线　—·—·— 地铁控制线　- - - -▸ 汽车出入口

A 商业出入口　　C 住宅裙房（2F）
B 地下车库出入口　D 住宅（34F）

b 一层平面图

1 入口	2 顾客服务中心	3 大单接待室	4 办公
5 出租区	6 购物篮/推车处	7 商业	8 设备用房
9 收银台	10 生鲜区	11 冷柜	12 生鲜加工区
13 分货区	14 卸货平台	15 垃圾房	16 叉车充电间
17 开闭所	18 货架区	19 屋面	20 设备平台
21 超级市场	22 疏散通道	23 地下车库	24 汽车坡道

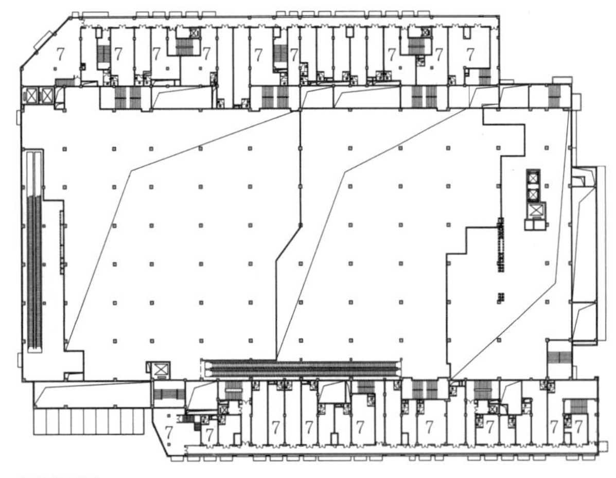

c 二层平面图

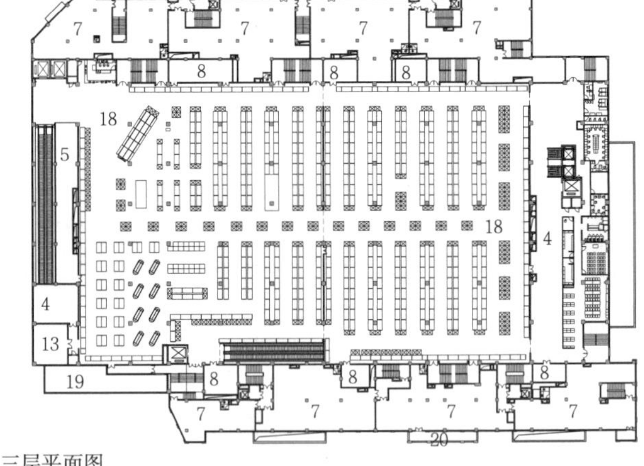

d 三层平面图

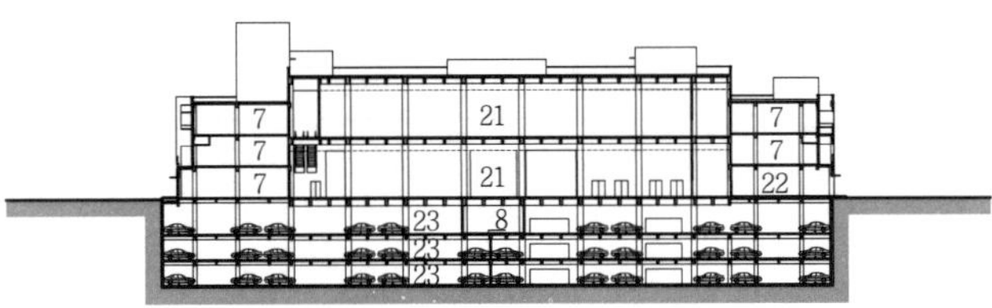
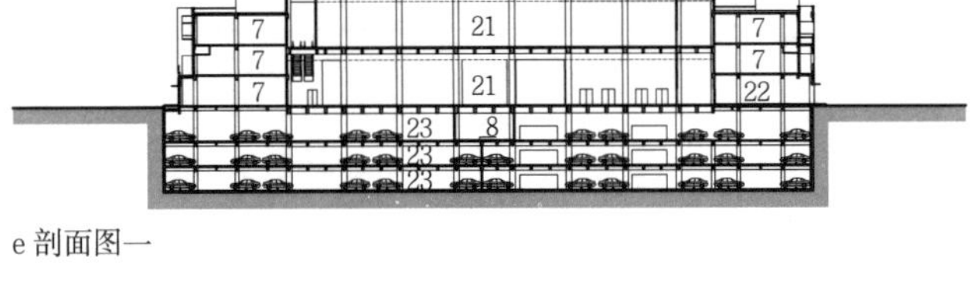

e 剖面图一

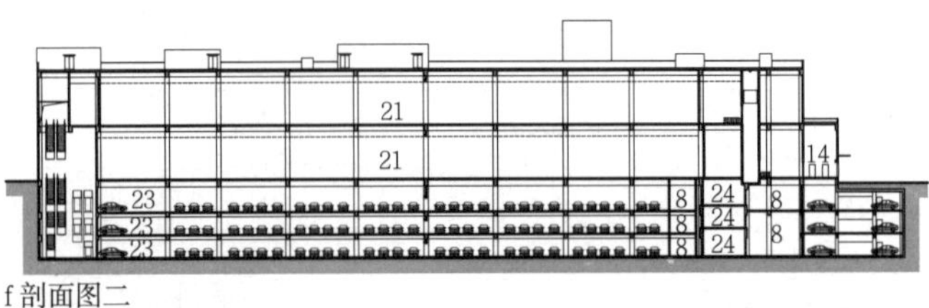
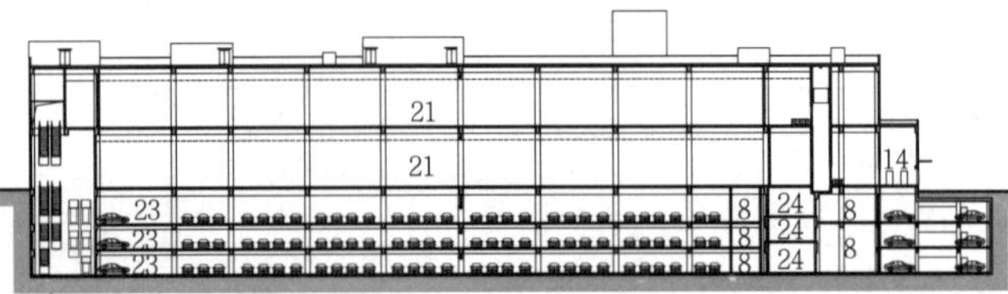

f 剖面图二

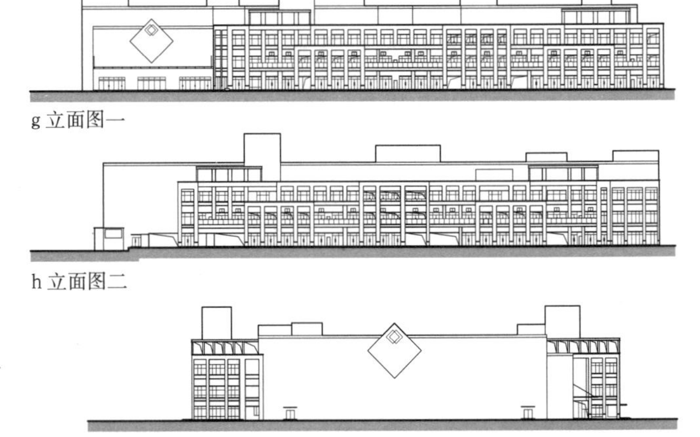

g 立面图一

h 立面图二

i 立面图三

1 沈阳市某仓储超市

名称	主要技术指标	设计时间	设计单位	
沈阳市某仓储超市	地上建筑面积29396.13m²，地下建筑面积47091.27m²	2016	中国建筑上海设计研究院有限公司	此仓储超市为独立式建筑，地上3层，地下3层，有停车泊位1290辆。建筑外围为商业，中间为超级市场。超级市场层高9m左右，净高约7m。生鲜区位于一层，靠近卸货区。员工办公位于三层

定义

专业商店是以经营某一大类商品为主，有丰富专业知识的销售人员并提供适当售后服务的零售业态。它具有以下特点：

1. 选址多样化，多数店设在繁华商业街区、商店街或百货店、购物中心内，也可以单独建造。
2. 营业面积根据主营商品特点而定。
3. 商品结构体现专业性、深度性，品种丰富，选择余地大，主营商品占经营商品的90%。
4. 经营的商品、品牌具有自己的特色。
5. 采取定价销售和开架面售。
6. 从业人员需具备丰富的专业知识。
7. 目前发展趋势是大而全、小而精。

规模分类　　表1

规模分类	商店建筑总面积（m^2）
大型	>20000
中型	5000~20000
小型	<5000

注：本表摘自《商店建筑设计规范》JGJ 48-2014。

专业商店分类表　　表2

建造类型	独建式				附建式				店铺式										
商店类型	家具建材店	家居用品店	汽车专业店		家用电器店	服饰店		书城	珠宝饰品店		眼镜店	字画店	工艺礼品店	花店	中药西药店	食品店			菜市场
商店实例	家具建材店	家居用品店	汽车4S店	汽车城	家用电器店	服装店	鞋店、包店	书店、音像店	金银首饰店	钟表店	眼镜店	字画店、古玩店	礼品店、文具店	鲜花店、干花店	中药店、西药店	零食店、茶叶店	熟食店、糖果店	水果店、特产店	菜市场

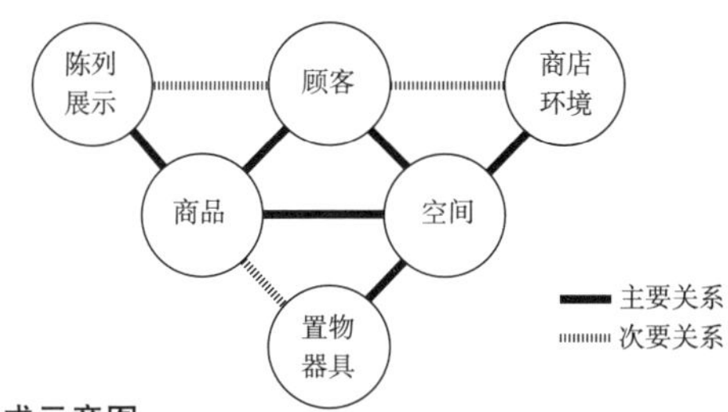

1 功能构成示意图

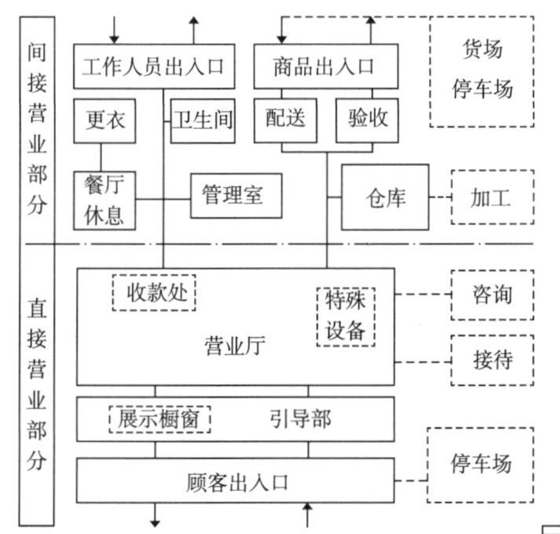

2 功能流线示意图

设计原则

1. 专业商店应综合商店的专业性质、设置地点、服务对象、业主要求和设计意图等因素进行设计。

2. 商店的店面与陈列橱窗的设计应利于识别，并具有诱导消费者购买的作用。

3. 在专业商店的各种流线设计中应以减少死角为原则，合理设置购物、服务和进出货物的流线。

4. 商品的陈列与展示，应以突出商品为原则。陈列展示应营造丰富、立体、热闹的场景氛围，常见形式有阶梯式展台、墙面开放架。个性化展示常用大面积的展示台或壁面来突出表现商品特性。精品展示以柜台或展示橱窗为主，并以照明衬托。

5. 墙面、地面、顶棚是形成商店空间环境的三要素，其装饰标准和材料必须满足专业商品的特殊要求，以突出专业商店的个性。

6. 专业商店在消防、隔热、通风、采光、除尘等设计中除满足规范外，还应根据专营商品的特点作相应处理。

7. 便利设施，如休息座椅、公共电话、盥洗间、引导标识等，是吸引客户、提高服务质量的有利投资。

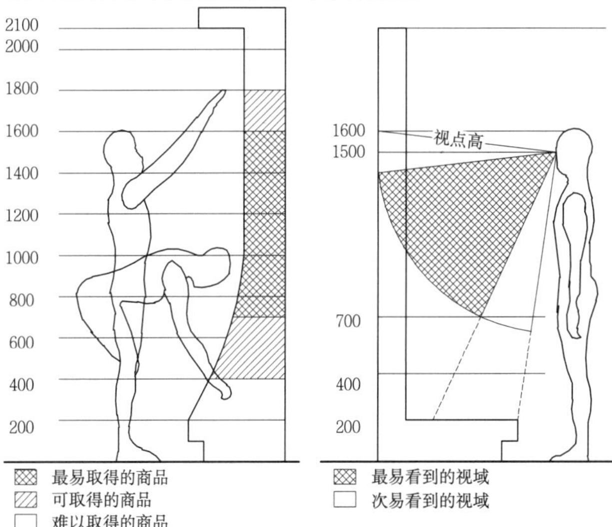

3 商品设置高度与人的领域

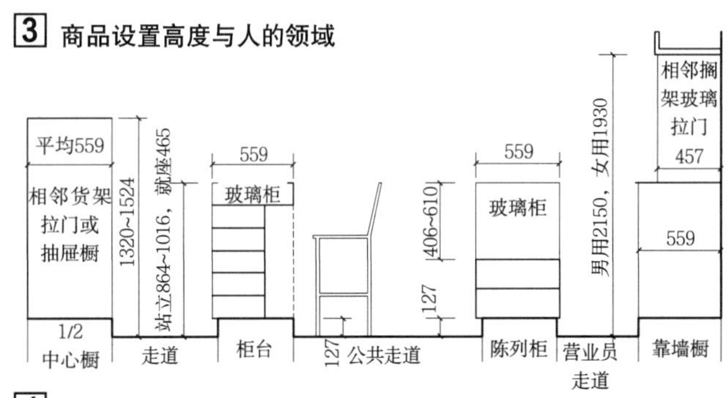

4 典型家具和走道剖面图

走道、层高一般要求　　表3

营业员走道		最小宽度0.5m，一般建议0.6~0.7m，较舒适宽度0.9m
公共走道	主要通道	最小宽度1.4m。大型专业店一般为3.9~6m，最大宽度10m；中小型专业店一般为1.7~2.1m，最大宽度3.3m
	次要通道	大型专业店最小宽度3m，一般为3~3.9m；中小型专业店最小宽度0.9m，一般为1.2~2.1m
净高		营业厅一般为3.3~3.6m，地下室2.4~2.7m，夹层不小于2.2m。大物件储存仓库一般为10m，普通仓库一般为2.2~3.6m

定义

家具建材店是指经营以家具建材类商品为主的，并且具备丰富专业知识的销售人员和提供相应的售后服务，满足消费者对家具建材类商品选择需求的零售业态。

设计要点

1. 在选址时应充分考虑其交通便捷性，通常临近城市交通节点，依附于大型高层写字楼的裙房。

2. 一般具有标志性的、独特的立面造型，有利于树立其品牌形象。

3. 具有“厂店分开”的特点，通常店面提供展示和顾客体验的空间，而进行货物生产、储存和配送的厂房另择址而建。且其库房一般为经济型库房。

4. 通常设置多组中庭来改善其空间环境质量，同时垂直和水平交通均围绕中庭展开布置，形成整个建筑的交通枢纽。

5. 应在主入口附近设计较大的室外展示广场，来满足家具建材的展览和销售需求，在靠近次入口和货梯位置设置一定面积的卸货广场。

6. 店内的货梯以2t载重量为宜，一般临近货物进出口和室内展场设置。

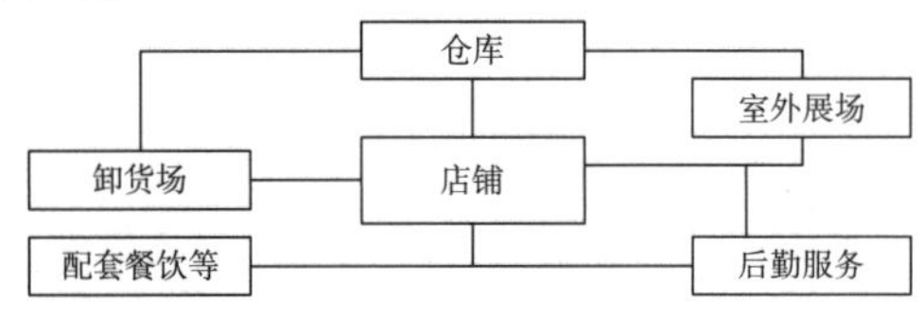

1 功能构成示意图

流线

家具建材店应主要解决客流、车流和货流三大流线，一般应有两个方向的主入口沿城市干道设置，车流设计应做到人车分流，避免交叉干扰。货流主要应解决货物的进、出流线，应避免与顾客流线交叉、重叠。

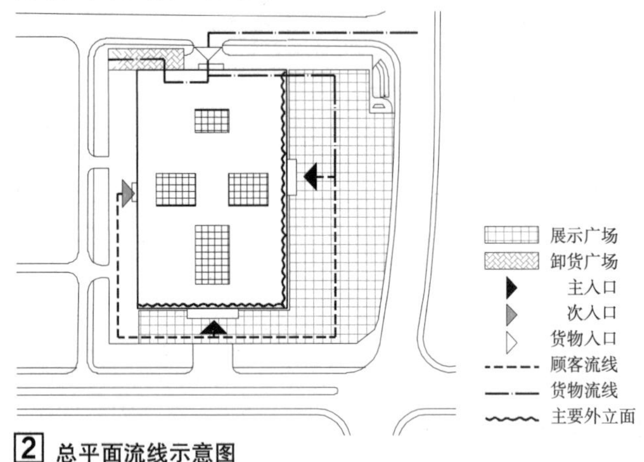

2 总平面流线示意图

道路宽度

《商店建筑设计规范》JGJ 48-2014中第3.2.11条规定商业建筑主要通道的最小净宽为4m，次要通道为3m。家具建材店的通道宽度应满足家具的搬运要求，并保证顾客的舒适度，一般建议通道宽度为3.5~4.2m。

层高

此类建筑一般建议层高为5.7m，除去0.8~0.9m的结构高度、0.6~0.7m的设备高度、装修的吊顶高度以及地面铺装高度，净高约为3.9~4.2m，是人体空间感受较为适宜的尺度。

柱网

柱距一般以8.4~9m为宜，柱网常采用8.5m×8.5m。考虑到人视线的可达性，单面临走道的店铺进深一般不大于2倍柱距，双面临走道的店铺进深不大于4倍柱距。

垂直交通

家具建材店供顾客使用的垂直交通，如自动扶梯、观光电梯等主要环绕中庭展开设置，中庭和走廊一般呈十字形方向布置。此类建筑建议自动扶梯的设置可采用每层跌退的方式，形成强烈的人流导向性。

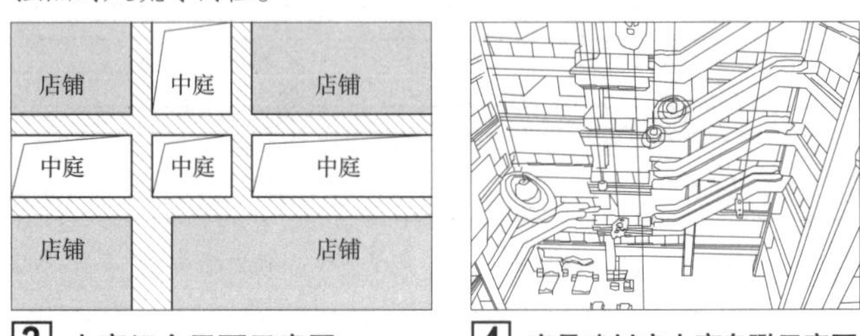

3 中庭组合平面示意图　　4 家具建材店中庭鸟瞰示意图

绿化中庭
店铺
店铺
店铺
地下车库

5 中庭剖面示意图

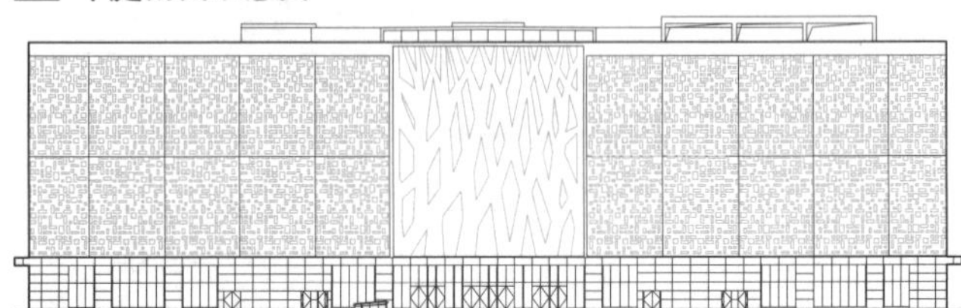

6 某红星美凯龙立面图

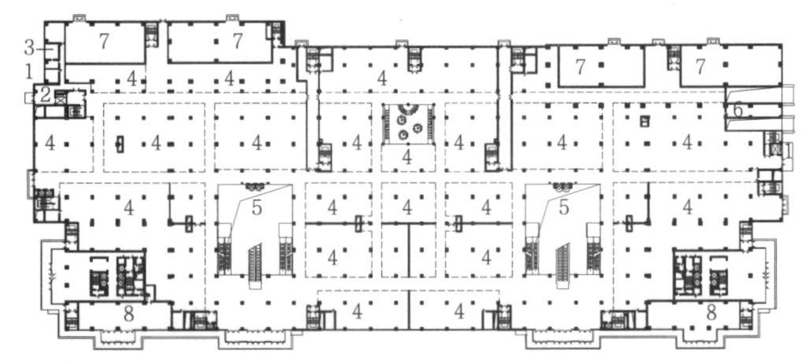

1 卸货区　2 货厅　3 卫生间　4 商铺　5 中庭上空　6 库房　7 住宅底层　8 办公大堂

7 石家庄裕华路红星美凯龙一层平面图

名称	主要技术指标	设计时间	设计单位
石家庄裕华路红星美凯龙	建筑面积121107m²	2008	中国建筑上海设计研究院有限公司

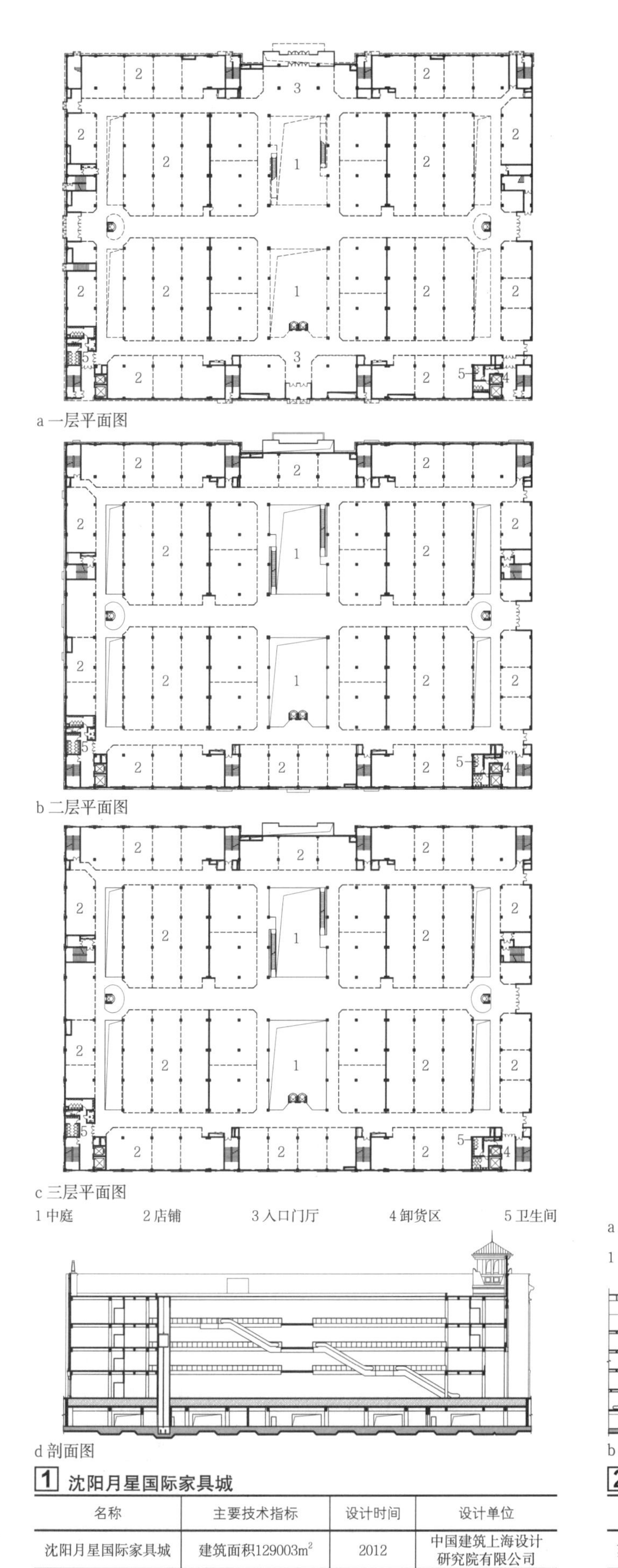

a 一层平面图

b 二层平面图

c 三层平面图

1 中庭　　2 店铺　　3 入口门厅　　4 卸货区　　5 卫生间

d 剖面图

1 沈阳月星国际家具城

名称	主要技术指标	设计时间	设计单位
沈阳月星国际家具城	建筑面积129003m^2	2012	中国建筑上海设计研究院有限公司

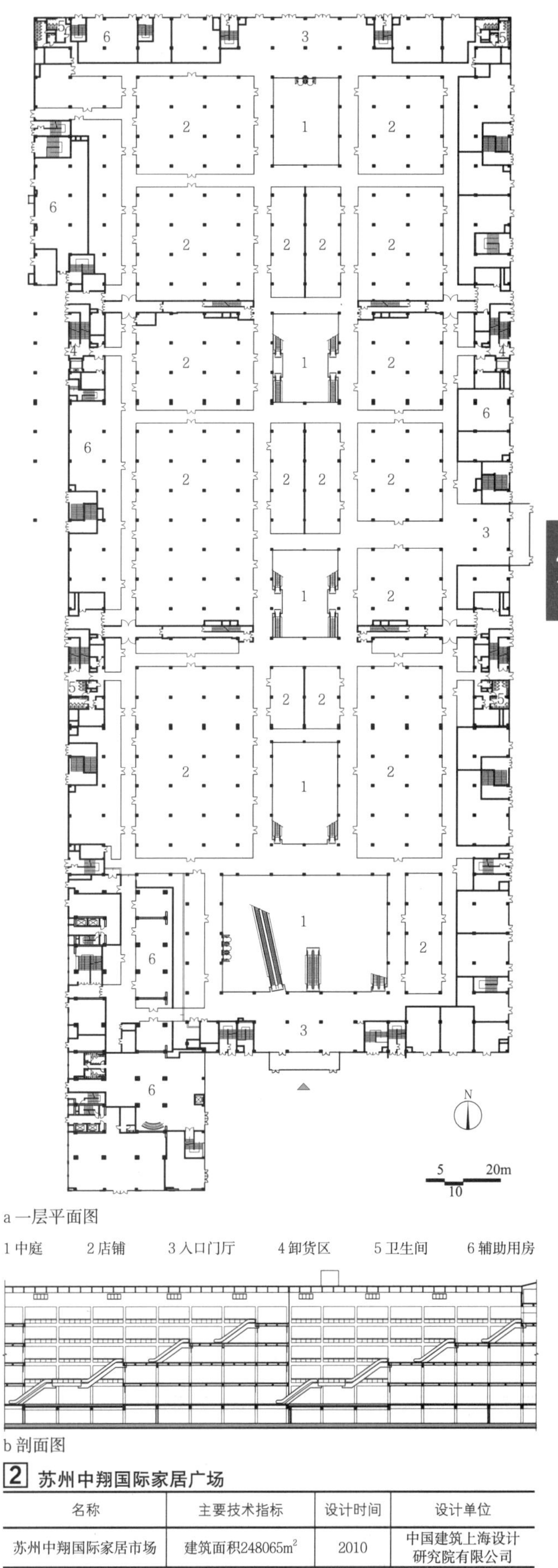

a 一层平面图

1 中庭　　2 店铺　　3 入口门厅　　4 卸货区　　5 卫生间　　6 辅助用房

b 剖面图

2 苏州中翔国际家居广场

名称	主要技术指标	设计时间	设计单位
苏州中翔国际家居市场	建筑面积248065m^2	2010	中国建筑上海设计研究院有限公司

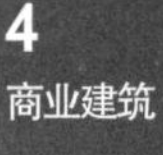

定义

家居用品店是以经营家居用品为主，更为关注客户的参与性和体验性，同时提供适当的售后服务，强调消费者对家居类商品的自助式选择需求的零售业态。

设计要点

1. 在选址时应充分考虑其交通便捷性，应预留足够的机动车及非机动车的停车空间，以满足其自身的交通需求。

2. 家居用品店具有“仓店一体”的特点，其仓库占有较大的比重，设计时应充分考虑仓库的使用面积、净高及其荷载，通常设于建筑的首层。大物件和小物件的存储区对空间要求不同，宜分开设置。其生产加工的厂房可另择址建造。

3. 应在靠近出入口和停车场的附近，设置一定面积的商品包装区供消费者整理、包装商品。

4. 家居用品店强调消费者参与、体验的设计理念，展示区通常设置大量的展示样板间，因此其柱网设计及内部装修设计应考虑居住空间并联设置的空间尺度。

5. 家居用品店宜设置一定比例的餐饮空间，消费人群中儿童占有一定的比例，宜预留部分儿童娱乐场所。

6. 家居用品店通常设置既定的、单向的、线性的消费者流线，强制其行走路线以带来更大的消费空间。

7. 家居用品店通常为连锁店，其建筑立面应具有醒目的标志性设计，树立品牌形象的同时可彰显其在周边环境的独特性。

柱网

家居用品店为保证货架的连续性，同时结合停车位布置的经济性，其平面柱网设计通常为8m×16m；为满足大跨度柱网及净高要求，结构梁通常采用密肋梁形式。

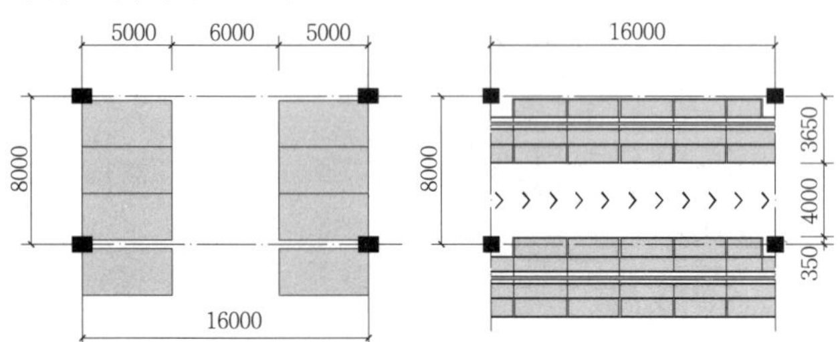

1 内部柱网示意图

垂直交通

家居用品店中主要的垂直交通工具有自动扶梯、自动步行道、电梯和楼梯。

垂直交通类型与特征　表1

类型	特征
自动扶梯	倾斜角度≤30°，通常用于入口层和展示销售层，具有强烈拉动人流的作用
自动人行道	倾斜角度≤12°，用于联系车库和商场入口层，引导消费者的流线
电梯	考虑到顾客的推车需求，此类商店客梯的井道净尺寸大于普通客梯，载重量通常按3.0t设计，应与顾客流线联系密切，货梯的设置应满足其自身运货需求
楼梯	除疏散楼梯外，通常设置一部室内敞开楼梯联系入口层和展示层，为消费者流线增加强烈导向性

流线

外部流线：主要包括私家车流线、货车流线、出租车流线、消费者流线以及内部职工流线。

内部流线：主要为消费者流线及内部员工流线。

家居用品店流线设计原则　表2

设计原则	设置内容
互不干扰	应避免消费者流线和货流相互干扰
通达性	储存区的流线应避免交通死角，保持通畅，展示区的交通空间布置应灵活自然
导向性	销售区的交通空间应有强烈的导向性
合理性	通道宽度应满足货物搬运要求及人体空间尺度

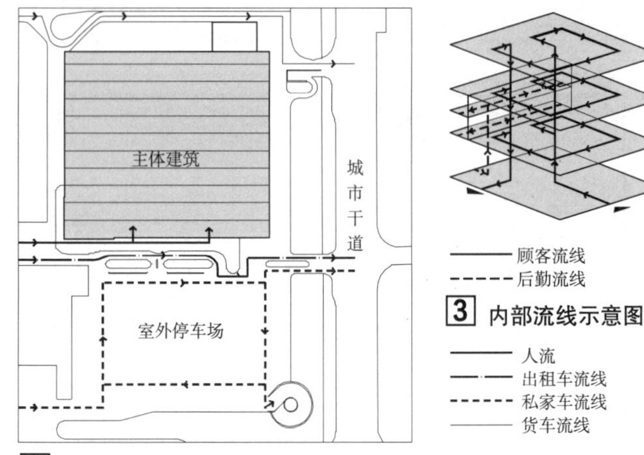

2 外部流线示意图

3 内部流线示意图

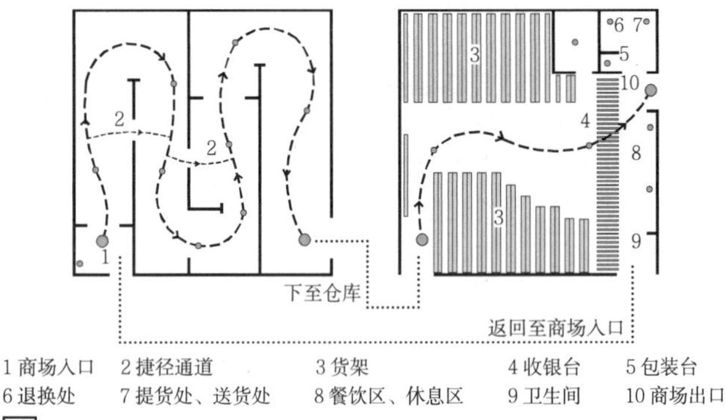

1 商场入口　2 捷径通道　3 货架　4 收银台　5 包装台
6 退换处　7 提货处、送货处　8 餐饮区、休息区　9 卫生间　10 商场出口

4 平面流线分析图

剖面

家居用品店为集中布置货架，大件物品的存储区的层高一般为10.8m左右，一般设于建筑首层，此区域的设备层集中布置于主要走道的吊顶层。

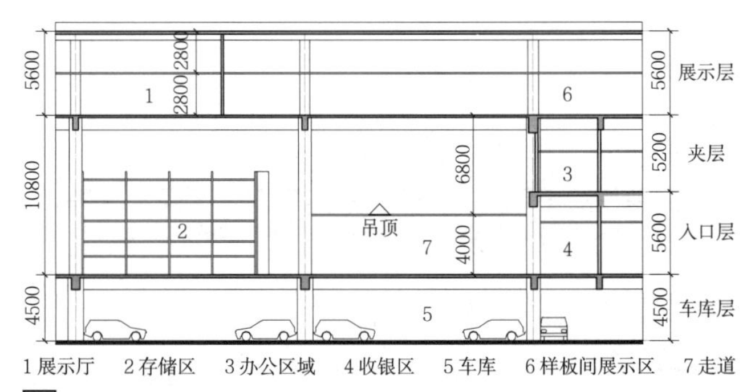

1 展示厅　2 存储区　3 办公区域　4 收银区　5 车库　6 样板间展示区　7 走道

5 剖面示意图

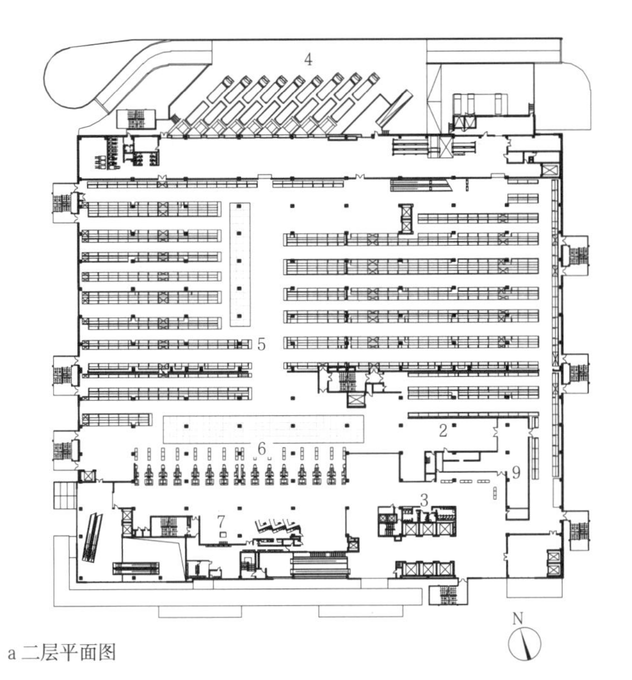

a 二层平面图

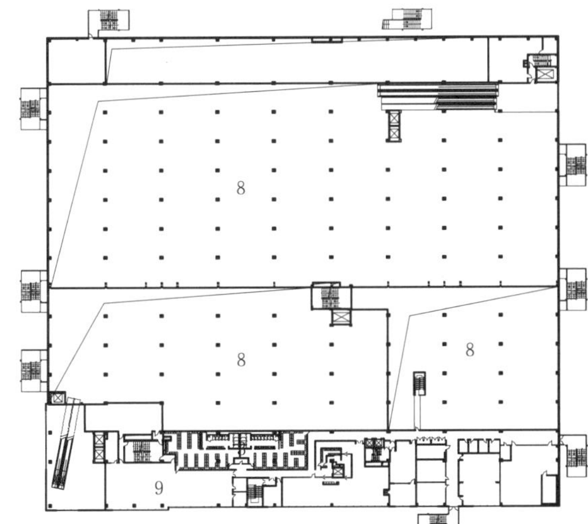

b 三层平面图

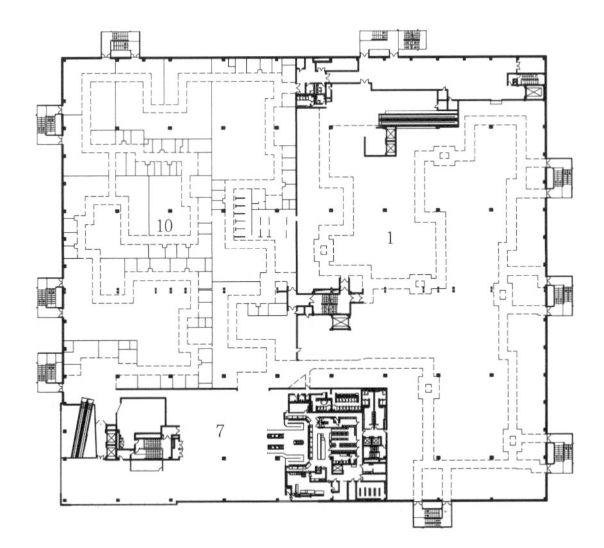

c 四层平面图

1 样板区　2 包装区　3 卫生间　4 货车卸货区　5 大件物品存储区
6 收银区　7 餐饮区　8 仓库上空　9 办公区域　10 展示区

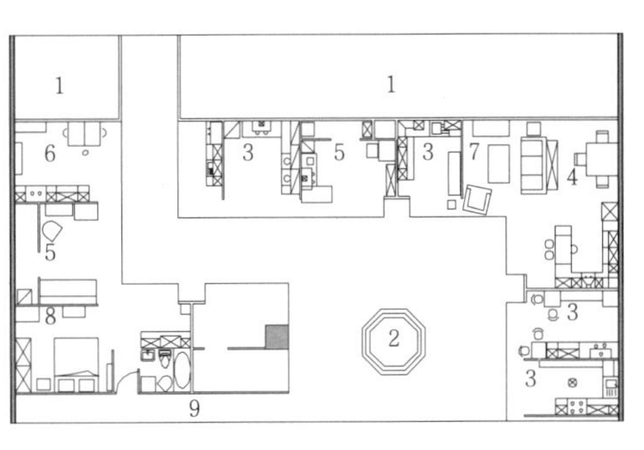

1 展厅
2 展台
3 厨房
4 餐厅
5 书房
6 儿童书房
7 客厅
8 卧室
9 内部通道

d 样板间局部平面示意图

e 样板间透视示意图

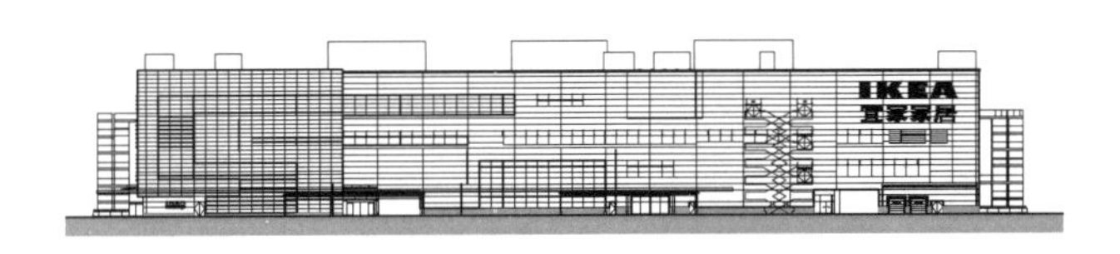

f 南立面图

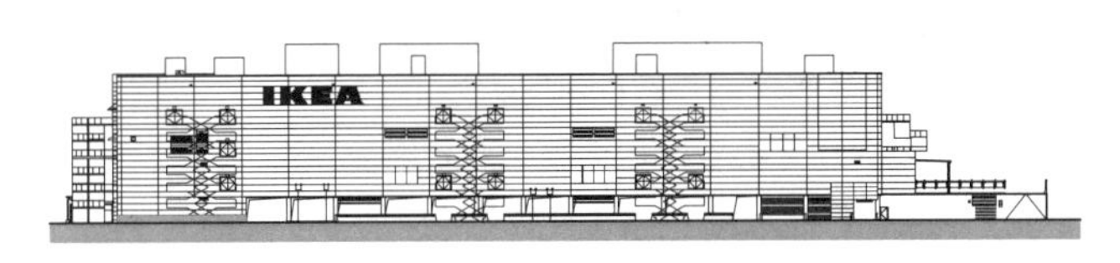

g 东立面图

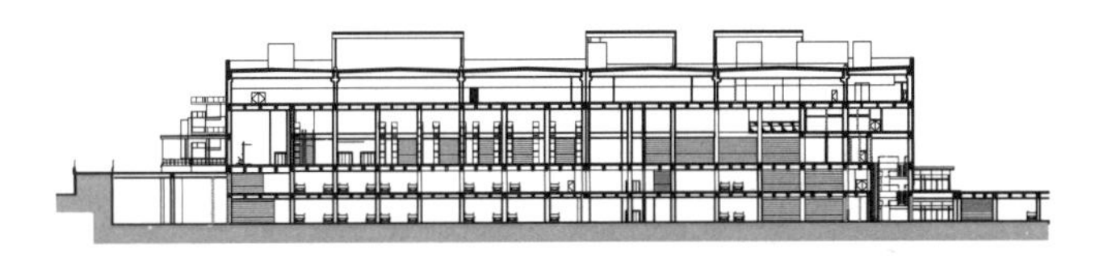

h 剖面图一

i 剖面图二

机动车库和非机动车库设置在地下一层和一层。

1 沈阳宜家生活馆

名称	主要技术指标	设计时间	设计单位
沈阳宜家生活馆	建筑面积106150m²	2003	中国轻工业上海设计院

定义

汽车4S店是一种以“四位一体”为核心的汽车特许经营模式，包括整车销售（Sale）、零配件（Sparepart）、售后服务（Service）、信息反馈（Survey）等。汽车4S店拥有统一的外观形象、统一的标识、统一的管理标准，一般只经营单一的品牌，具有渠道一致性和统一的文化理念。

功能组成　表1

分类	组成
销售展示区	汽车展厅、配件展示、销售办公
接待服务区	维修接待、洽谈室、客户休息、儿童活动
维修区	配件库、修理车间、洗车位
配套辅助区	行政办公、会议室、员工休息、更衣、沐浴、设备用房
室外场区	室外汽车展场、试车场

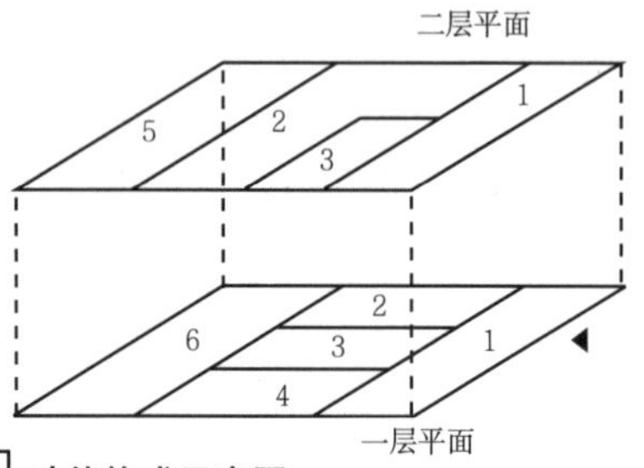

1 展示厅
2 售后维修
3 休息区
4 娱乐室
5 配套设施
6 停车库

1 功能构成示意图

设计要点

1. 汽车4S店通常位于城市近郊，且不同品牌的4S店通常呈片区设置，并联合建设汽车配送中心，服务新车配送与调剂。

2. 因大跨度、高空间的使用需求，通常采用钢结构。建筑材料也以便于组装和拆卸的钢材和玻璃为宜。

3. 平面布局通常将展示厅、室外展场临街布置；维修服务部分在后，相对封闭；办公与洽谈位于两者之间。

4. 不同地区同一品牌的汽车4S店建筑形象往往具有统一性，但需考虑实际建造环境的影响。

5. 大型汽车4S店的液压汽车电梯宜邻近展厅布置，其轿厢尺寸不宜小于2.5m×6m×2.2m，底坑深度不应小于1.4m。

平面组织方式

汽车4S店的售后与销售的平面组织方式主要有水平式、垂直式、围合式和组合式四种。

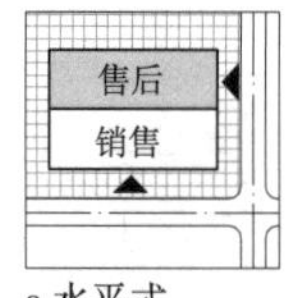

a 水平式

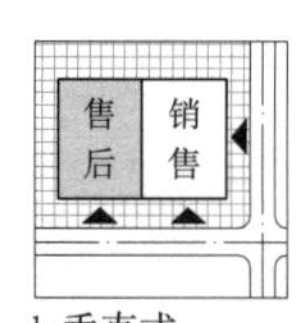

b 垂直式

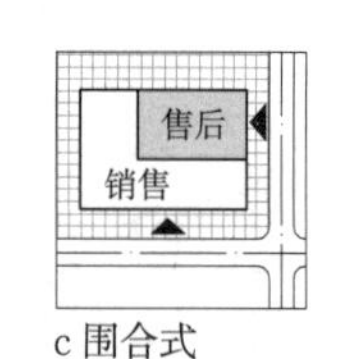

c 围合式

d 组合式

2 平面组织方式

售后与销售平面组织方式　表2

组织方式	特征
水平式	销售沿街设置，售后由两侧通道进入
垂直式	销售和售后均沿街，独立设置出入口
围合式	销售及售后呈对角线，各自独立性较好
组合式	几组销售之间独立，共用一个售后中心

流线

汽车4S店的交通流线主要是货运车流、顾客车（人）流、维修车流及员工人流。其中货流与员工流可合用出口，但与客流和维修车流宜分开，避免相互干扰。

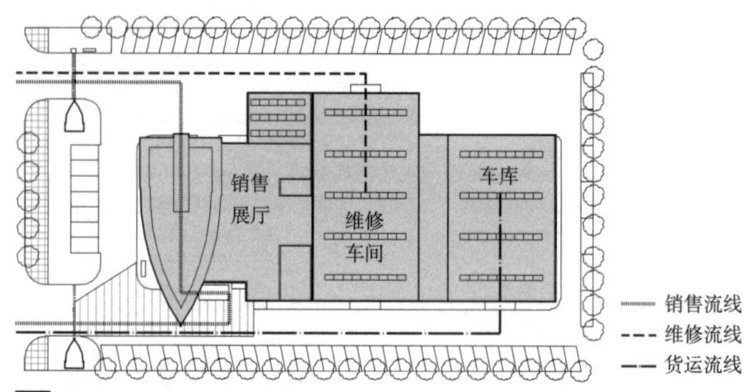

3 流线示意图

展示厅

展示厅类型及设计要点　表3

类型	设计要点
新车展示厅	靠近主入口布置，展厅内为无柱空间，通常跨度为12~18m，高度为2层通高设计。展示厅旋转地台常以1m×1m的板材组装而成
二手车展示厅	柱网一般为10m左右，应有独立出入口，靠近新车展示厅设置

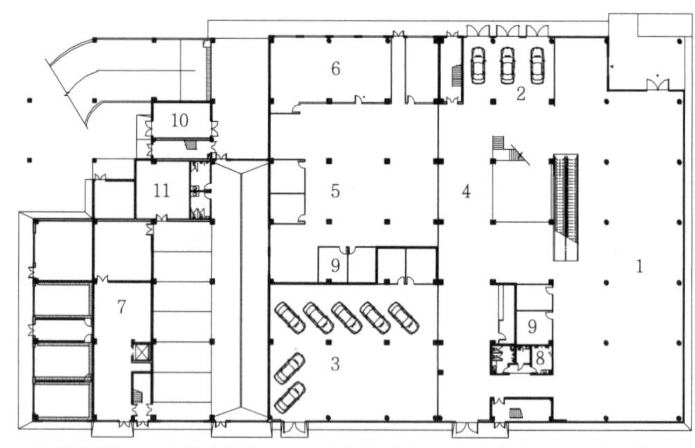

1 新车展示厅　2 新车交付处　3 二手车展示厅　4 销售休息区　5 售后休息区　6 售后维修车间　7 洗车用房　8 卫生间　9 销售洽谈室　10 消防控制室　11 储藏间

4 某汽车4S店平面示意图

休息区

休息区分为销售休息区及售后休息区，一般相邻布置。休息区应与维修区、新车展示区、二手车展示区、洽谈区等空间有紧密的联系，便于到达。

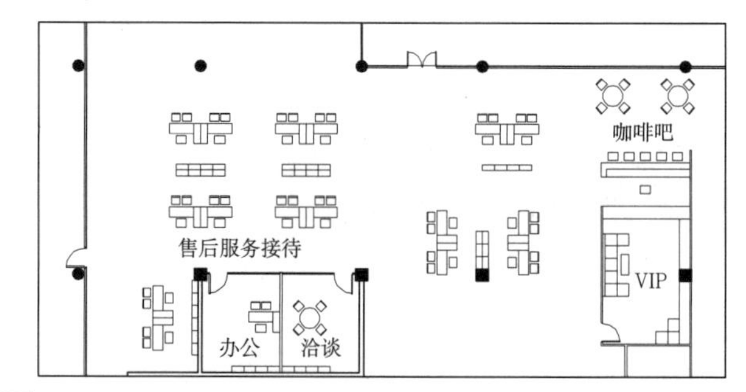

5 休息区局部平面图

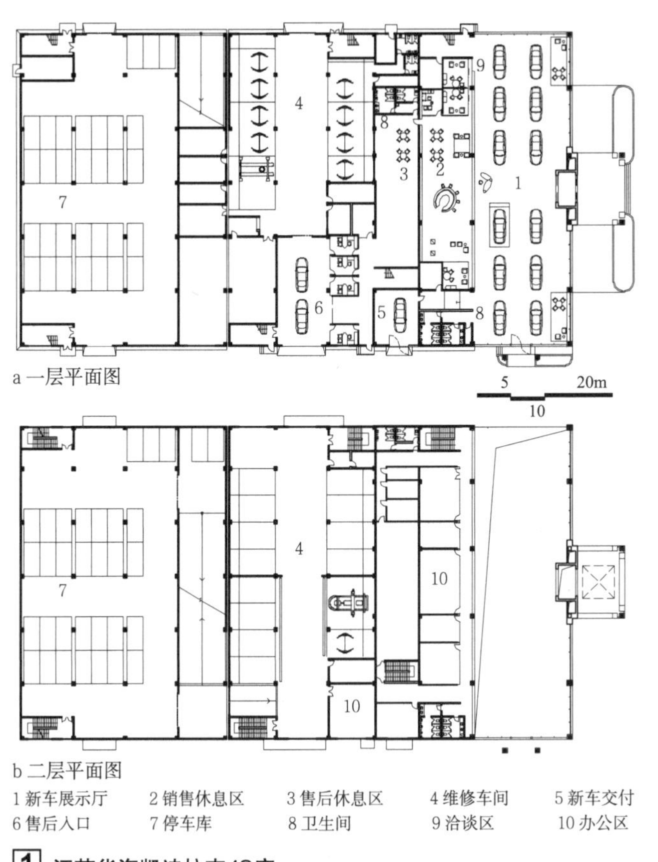

a 一层平面图

b 二层平面图

1 新车展示厅　2 销售休息区　3 售后休息区　4 维修车间　5 新车交付
6 售后入口　7 停车库　8 卫生间　9 洽谈区　10 办公区

1 江苏华海凯迪拉克4S店

名称	主要技术指标	设计时间	设计单位
江苏华海凯迪拉克4S店	建筑面积10226m^2	2009	中核新能核工业工程有限责任公司

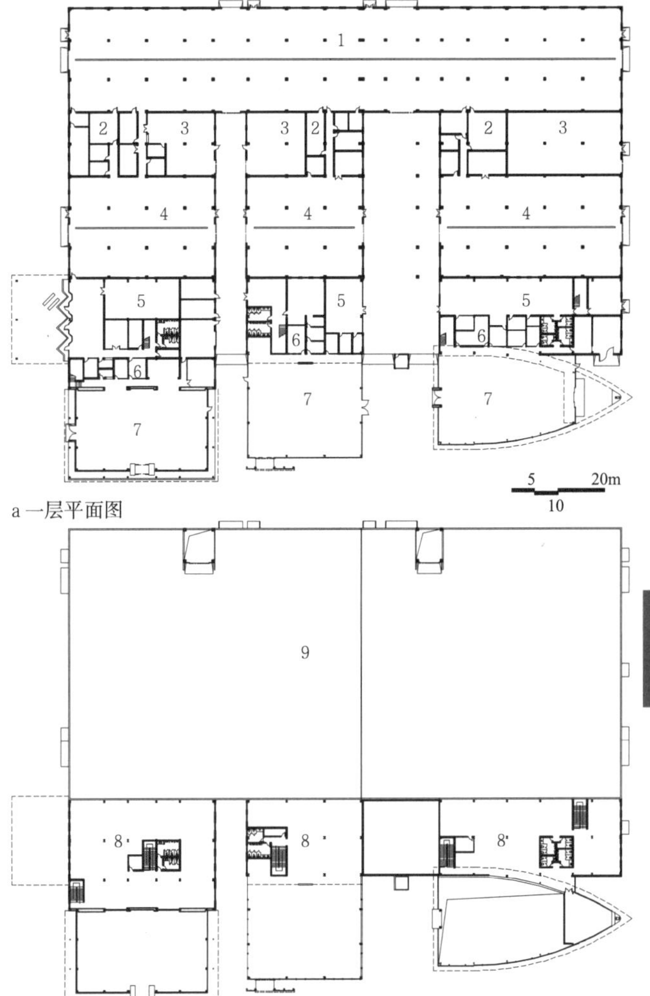

a 一层平面图

b 二层平面图

1 停车库　2 办公区　3 员工休息区　4 维修车间　5 洽谈区
6 销售休息区　7 新车展示区　8 后勤服务区　9 屋顶

2 南京通用集团4S店

名称	主要技术指标	设计时间	设计单位
南京通用集团4S店	建筑面积11497m^2	2007	中核新能核工业工程有限责任公司

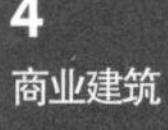

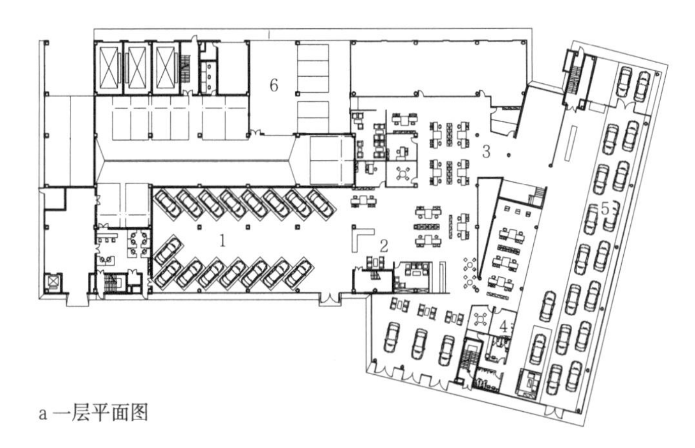

a 一层平面图

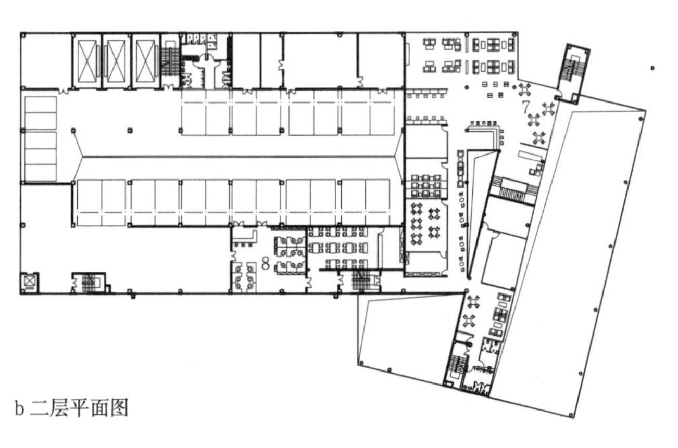

b 二层平面图

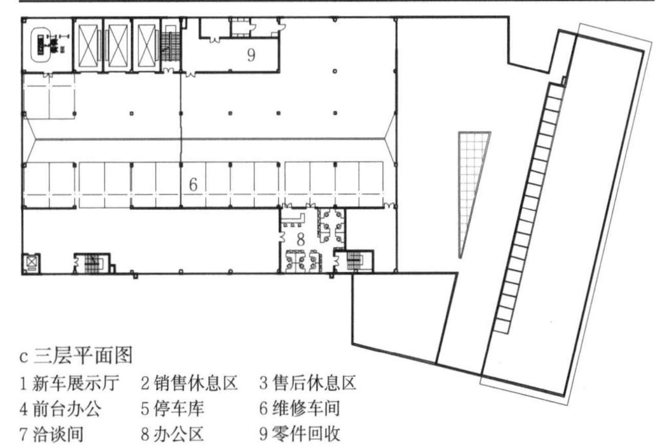

c 三层平面图

1 新车展示厅　2 销售休息区　3 售后休息区
4 前台办公　5 停车库　6 维修车间
7 洽谈间　8 办公区　9 零件回收

3 上海绿地宝马4S店

名称	主要技术指标	设计时间	设计单位
上海绿地宝马4S店	建筑面积19630m^2	2011	中核新能核工业工程有限责任公司

定义

汽车城是指以汽车的展示、销售、研发办公、维修，以及零配件的生产和销售为主，同时设置酒店、休闲娱乐设施和生活配套服务设施，集汽车制造、研发、贸易、博览、运动、旅游等多功能于一体的综合性汽车产业基地。

设计要点

1. 由于占地规模大，人流、车流集中，且土地使用强度低（容积率一般0.5~1），所以通常建设于城市郊区，宜临近城际交通要点建造，可建设于汽车生产基地附近的工业用地上。

2. 研发中心是现代汽车产业的特征之一，其造型设计应具有独特性、标识性。

3. 合理划分功能分区，设计时宜考虑设置在主要生产线附近的零部件供应商的区位优势。

4. 丰富主题汽车展示厅、会展中心和商品交付中心的功能，为消费者提供更丰富的经历。

5. 除了汽车交易功能外，一般还需考虑其他配套，如一站式、银行、保险、试驾、服务设施等功能，也可通过设置汽车主题公园等休闲设施来丰富汽车城的娱乐活动。

功能组成　　表1

分类	组成
主营业务	多种品牌中心、经销商3S/4S店、旗舰店
	会展中心或汽车集中交易市场、汽车超市、二手车市场
	配件中心，美容、改装、维修检测区
配套服务	购车配套政府机构（车管所、税务、工商、养路费等）
	购车配套非政府机构（银行、保险等）
	经销商办公、综合服务、餐饮、物业、加油站等
	汽车体验园、试车道、赛道、汽车博物馆、车迷俱乐部等

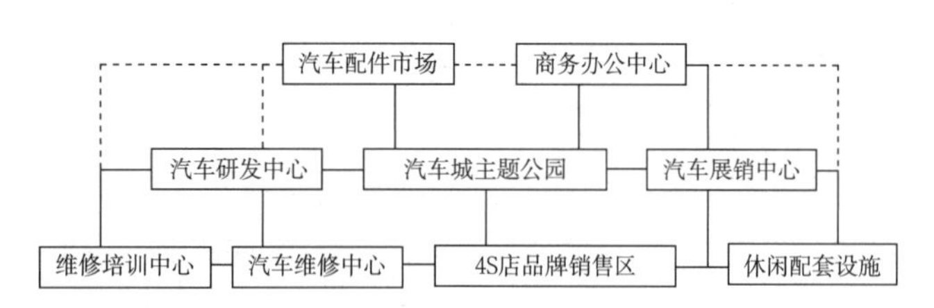

1 功能构成示意图

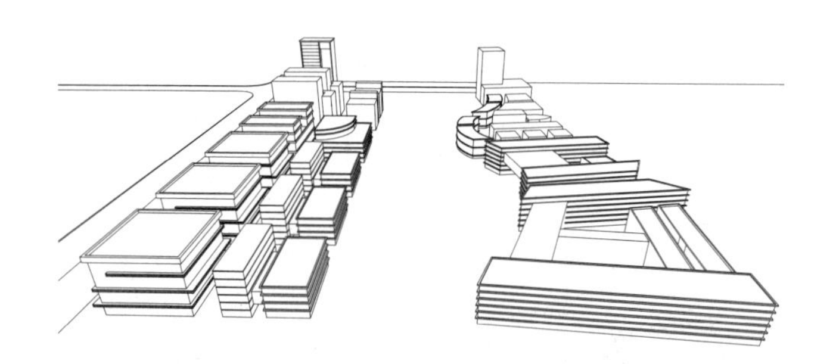

2 上海国际汽车城

名称	主要技术指标	设计时间	设计单位
上海国际汽车城	建筑面积100650m²	2010	德国AS&P事务所
上海国际汽车城具有主题汽车展示厅、会展中心和商品交付中心的功能，为消费者提供更丰富的体验			

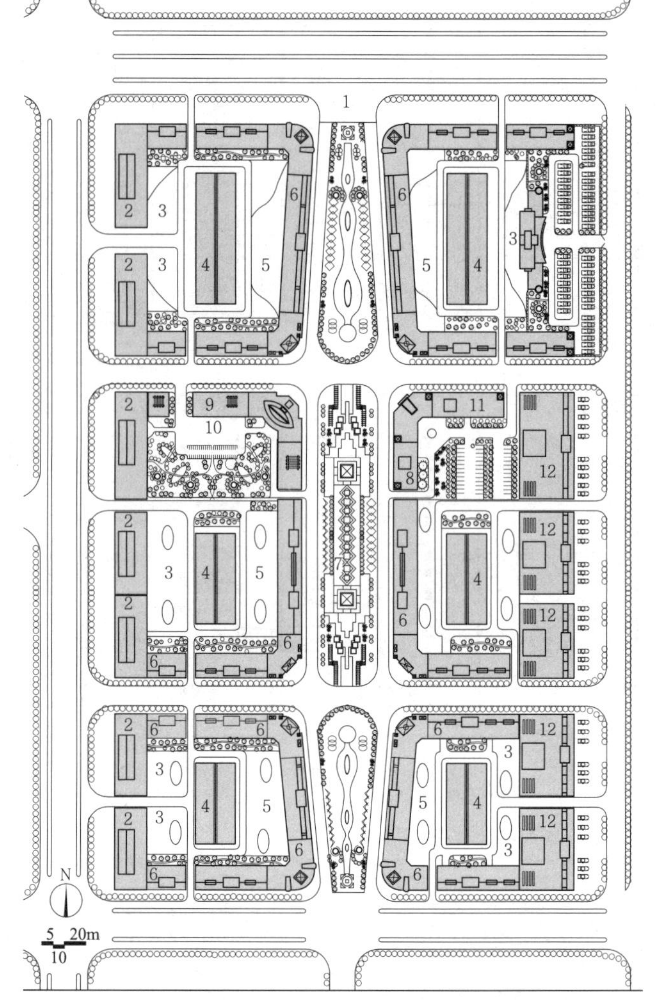

1 车行主入口　2 展厅　3 汽车美容区　4 维修车间　5 维修区　6 配件区　7 中型机械车展台　8 办公楼　9 餐饮娱乐　10 停车场　11 宾馆　12 4S展厅

3 某汽车商贸城总平面图

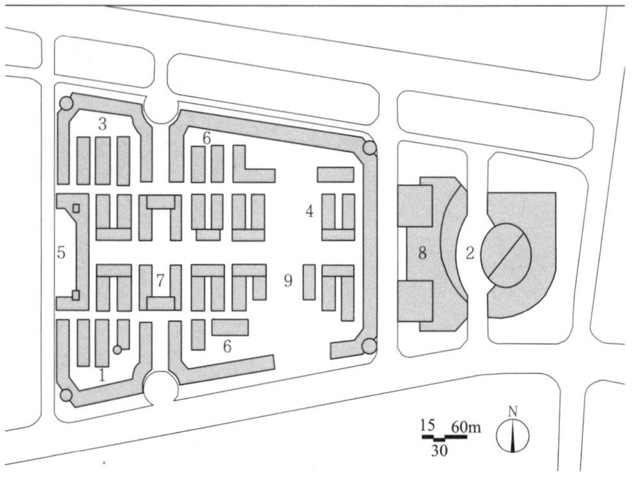

1 汽车配件市场　2 汽车主题公园　3 汽车研发中心　4 汽车维修中心　5 商务办公中心　6 汽车展销中心　7 维修培训中心　8 汽车配套服务中心　9 活动中心

4 阜阳汽车城总平面图

名称	主要技术指标	设计时间
阜阳汽车城	建筑面积124600m²	2009

定义

书城是指以销售各类书籍与文化用品为主，并具有咖啡吧、简餐、休闲吧、辅助办公等配套设施，满足消费者需求的专业性商店。

功能组成　　表1

分类		内容
营业区	营业厅	各类图书展示与促销场所
配套服务	餐饮配套	咖啡吧、休闲吧、简餐等
	综合辅助	卫生间、休息处、服务台，收银台等
	销售配套	文具销售、培训辅导、邮局、小型演讲区等
后勤服务	办公配套	员工更衣、卫生间、休息间、用餐、办公室、设备用房等
	书籍储藏	书库、书籍消毒

1 功能组成示意图

设计要点

1. 常选址于交通便利的地段、市中心和人流密集区域。

2. 总平面设计上，应分别设置独立的营业、内部职员办公与货物运输的出入口。

3. 营业面积较小的书店可采用以图书为主线的开敞式布局，按照流线合理和图书种类匹配原则，设置相对独立或间插式陈列的其他商品区。营业面积较大的书城采用店中店或分馆式格局，以图书为背景围绕出同一主题商品展区。

4. 管理区可分为现场管理和后勤管理。现场管理应设在营业区内临近服务台，后勤管理包括分拣理货区、书库等，位置应便于图书进货、理货、上架与储藏。同时书库应干燥、防虫、防紫外线。

5. 书城的照明，可用直接照明突出新书与畅销展示区，用间接照明作为背景光或环境光。灯光的色温宜控制在4000~5000K之间，照度一般为500lx，不应小于400lx。位于书架上方的灯应调整角度避免眩光。

6. 声环境宜尽量安静温馨。可适当设置背景音乐，但需设置一定的设施、构件来达到吸附杂音和控制混响的效果。

7. 室内净高宜大于3m，而书架陈列高度以0.8~2.5m为宜。通道宽度以1.6~3m为宜，宽敞处可达4.8~6m。需要环视的书架与展台周围所留走道宜大于2m。

8. 不同类别的书籍间宜设置隔断过渡。音像制品、文教用品、少儿读物及教辅材料区宜相对独立。

9. 书城的设计宜考虑顾客的体验性需求。

流线

书城流线通常组织以交通节点为枢纽的网状辐射和立体流线，并在主要交通节点上开敞设计，增加环视和信息交流的可能性。网状辐射常通过设置副通道人流减少盲区与死角。

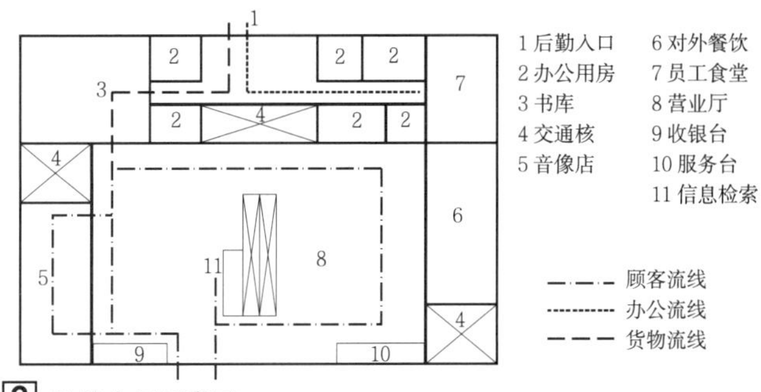

2 流线布局示意图

垂直交通

书城垂直交通的组织方式通常有自动扶梯、客梯、货梯和楼梯四类。

垂直交通　　表2

形式	概念
楼梯	主要用于防火疏散及工作人员的办公
货梯	联系销售区和书库的枢纽，主要用于书籍的搬运，常设于后勤区
自动扶梯	可以在较短时间内解决较大人流，一般设于营业厅中部
客梯	较自动扶梯节约空间，一般位于营业厅与后勤区之间

参考尺寸

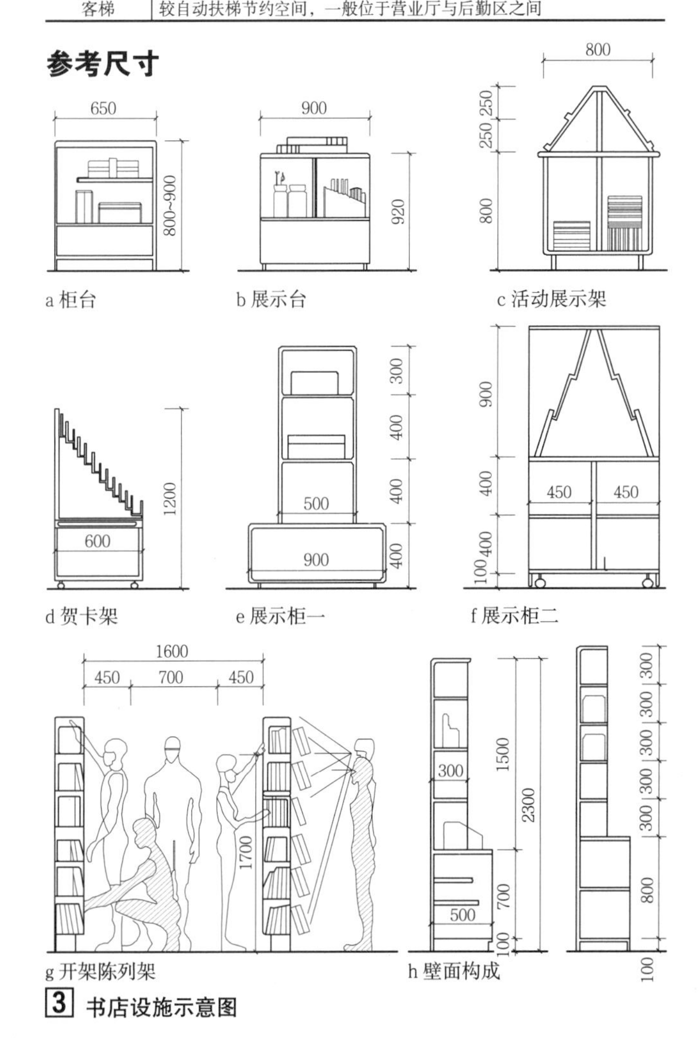

3 书店设施示意图

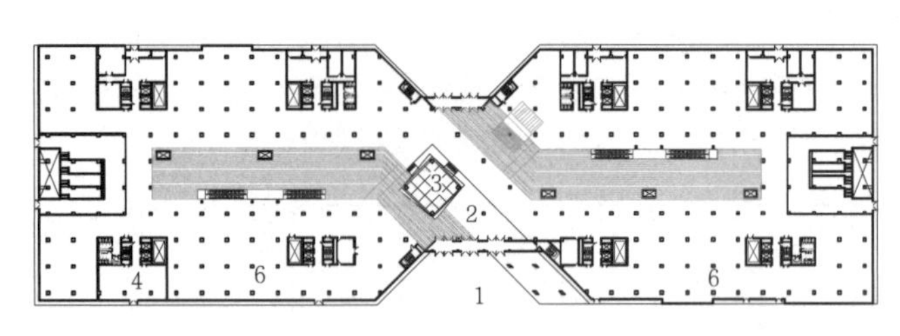

a 一层平面图

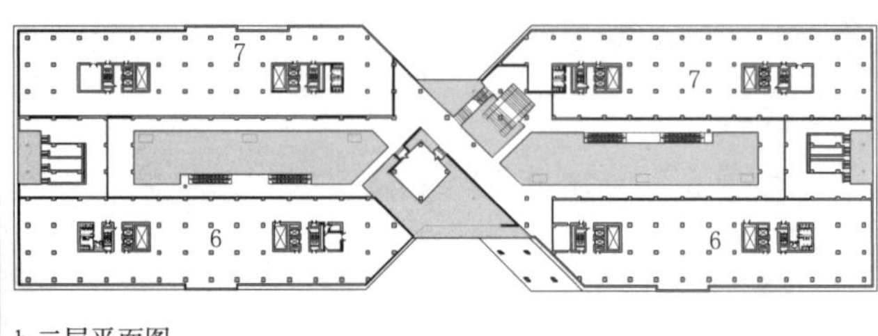

b 二层平面图

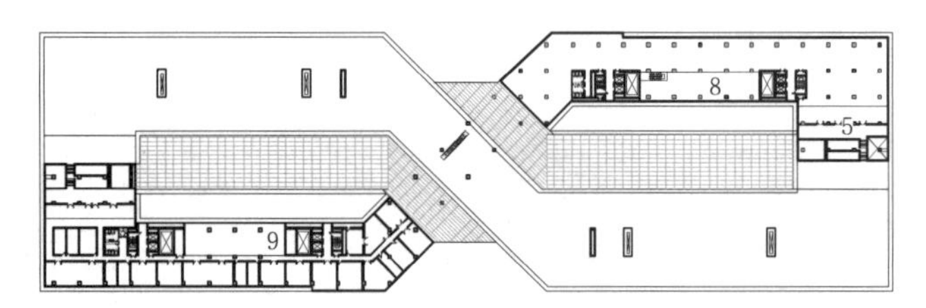

c 四层平面图

1 入口平台　2 书城门厅　3 存包　4 办公门厅　5 洽谈中心
6 音像制品　7 电子出版物　8 面包房　9 办公

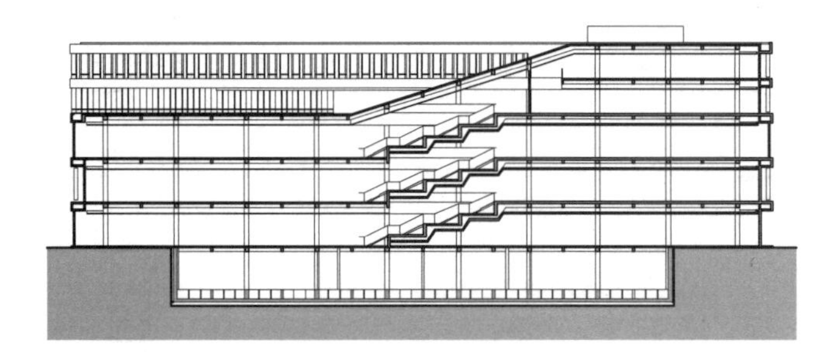

d 剖面图

1 北京国际图书城

名称	主要技术指标	设计时间	设计单位
北京国际图书城	建筑面积76300m²	2005	北京市建筑设计研究院有限公司

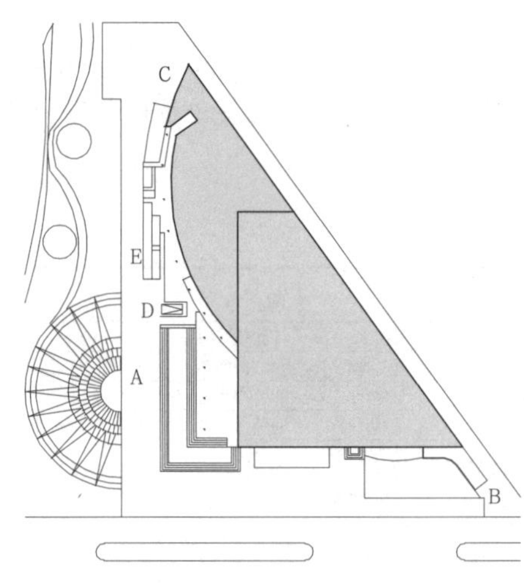

A 广场
B 车道入口
C 车道出口
D 自行车出入口
E 残疾人坡道

a 总平面图

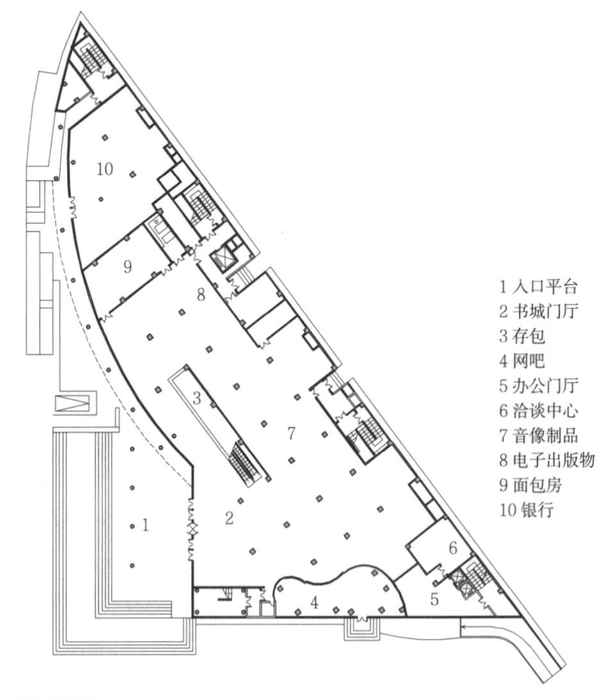

1 入口平台
2 书城门厅
3 存包
4 网吧
5 办公门厅
6 洽谈中心
7 音像制品
8 电子出版物
9 面包房
10 银行

b 一层平面图

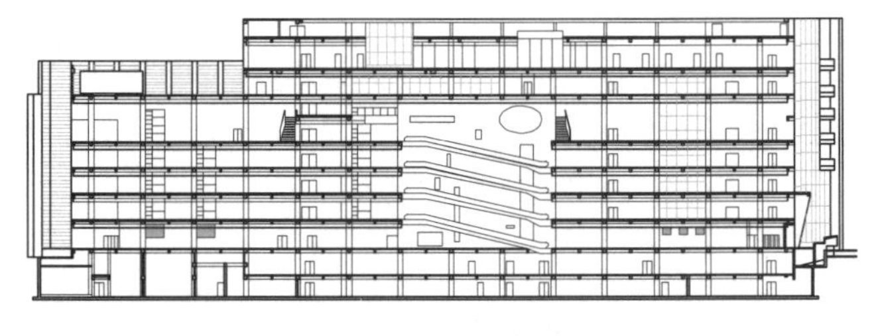

c 剖面图

2 深圳南山书城

名称	主要技术指标	设计时间	设计单位
深圳南山书城	建筑面积35300m²	2003	深圳华森建筑与工程设计顾问有限公司

定义

家用电器店是以集中经营多种类、多品牌的家用电器产品为主，专业店随着规模及营业模式的改变，更为注重消费者的体验性与购物感受，同时提供一定的售后服务，强调消费者对家用电器类产品的体验及互动式选购。

功能组成　表1

分类		内容
营业区	营业厅	各类家用电器展示销售（通常一层为手机、电脑、照相机及大小数码销售区，二层及以上为电视、电冰箱、洗衣机、空调、家庭影院等大件家电销售区），部分顶层有餐饮
商业服务	后勤用房	员工用餐、更衣、办公、卫生间、设备用房等
	销售服务	调试间、修理间、综合服务台（包括导购、收银、验机、提货等职能）
	VIP服务	接待间、洽谈间等
	辅助空间	卫生间、休息处
厂商服务	货物储藏	货物集散调度间、散仓、分部库房
	经销空间	室内促销空间、会议室、办公室

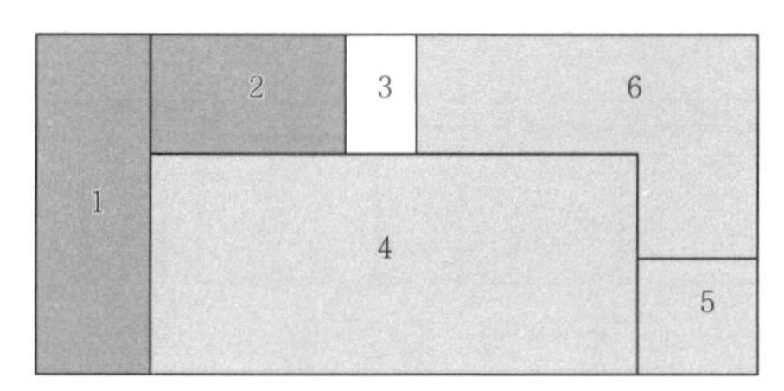

1 功能构成示意图

设计要点

1. 选址上大多依附于大中型商场或大型高层写字楼的裙房，但在总平面的交通流线上要满足家用电器的运输需求，同时有独立的出入口和卸货区，并且宜有独立的垃圾用房。条件成熟的地块可采用立体分流的方式组织流线。

2. 需留有足够的室外广场空间用于促销活动，提供休憩和少量地面停车位、货车停车位以及部分自行车与摩托车停车位。可按每$70m^2$设1个汽车停车位，每$6000m^2$设1个货运车位，每$100m^2$设置$1m^2$自行车位进行布置(上海市相关规定)。

3. 家用电器店通常为连锁店，其建筑立面应具有其醒目的标志性色彩和标识设计，树立品牌形象的同时可彰显其在周边环境的独立性。此外，立面设计需考虑未来广告设施对立面的影响，预留设立广告位的区域。

4. 层高不宜过低，以5.4~6m为宜，通常柱网尺度为7.5~8.4m，以容纳两股人流、两组柜台较为合适。

5. 在电气设计上需考虑负荷需求，通常在不设置中央空调的情况下为$80W/m^2$，在设置中央空调的情况下为$110W/m^2$。同时宜在吊顶层组织自然通风，供歇业后电器散发余热。

6. 平面设计应避免过于异形、缺乏灵活性而不符合多样化功能的设置，应保证平面设计有充分的可变性，以满足未来可能的功能变化。

7. 室内设计需考虑顾客体验式消费的需求。

8. 消防设计宜采用气体灭火系统。防护区宜以单个封闭空间划分，体积不应大于$3600m^3$（带管网）与$1600m^3$（无管网）。每个防护区需配备泄压口与钢瓶间。

仓储空间

大多数家用电器店的仓储空间分为三类：一是散仓，一般设置在柜台下；二是分部库房，通常设于顶层或地下一层，小型家电也可与营业厅同层设置，位置宜靠近货梯与楼梯；三是总库房，一般独立设置，位于商圈外围或城市郊区。

分部仓库一般分为入库存放区、储存区、配装区、配货区（出货区）、加工区、办公区等6个分区。

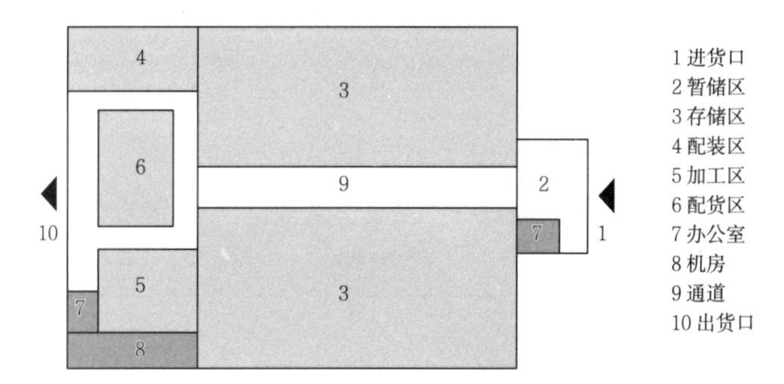

2 宜宾国美仓库平面示意图

货物流线

应将货梯集中布置，同时尽量保证有2个以上的货梯区域。对于手机等货运量较小、串货较频繁的小型家电柜台，宜将其布置在离垂直交通较近的位置。

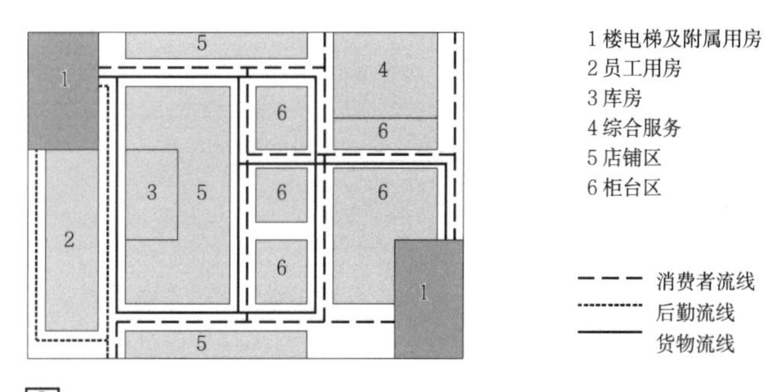

3 内部流线示意图

平面布置

家用电器店的平面布置通常有长条式、大厅式两种。

长条式通常为长方形或弧形、折线形，拥有较长的沿街面，流线清晰、合理，楼梯、电梯空间一般在两侧，自动扶梯在中间，不易产生死角。

大厅式通常适合开间与进深均较大的店面。柱网布置较为灵活，空间分隔自由，但是方向感不够强烈，死角较多。

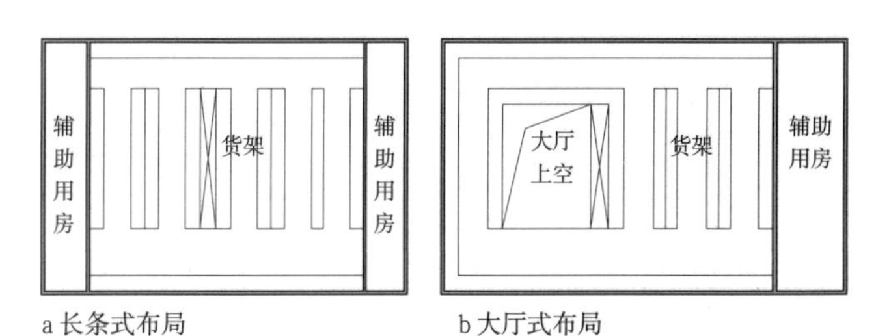

a 长条式布局　b 大厅式布局

4 平面布置形式示意图

参考尺寸

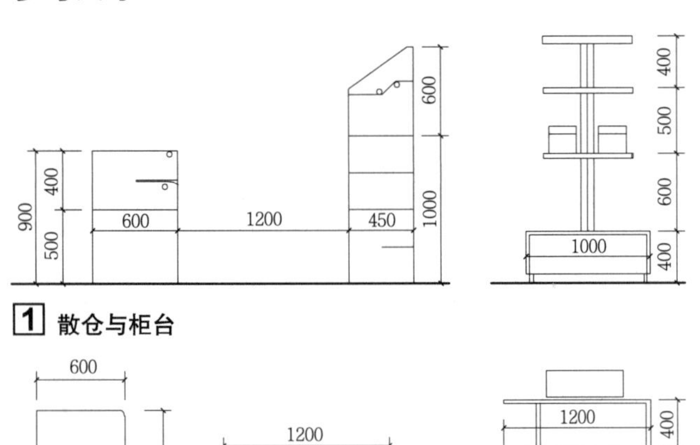

1 散仓与柜台

2 展示柜

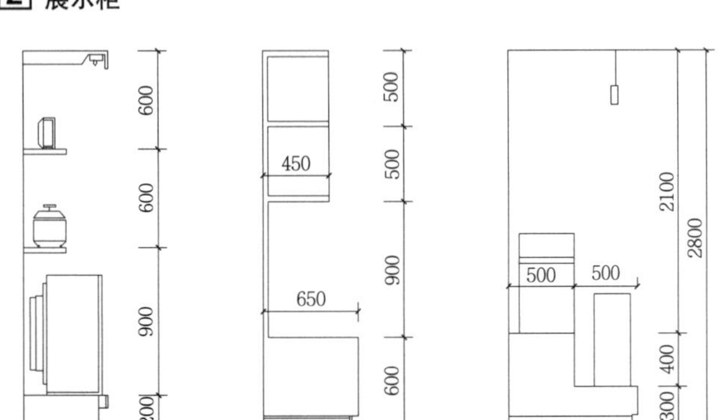

3 壁面构成

内部走道

1. 此类专业店内部走道的最小净宽度，是根据顾客靠柜台或展台活动各占去的宽度（0.40~0.60m），加上中间供顾客流动时每股宽度（成人0.7m、儿童0.5m）与股数而定，当两边柜台长度较短时定往返各一股即可，较长时则要求多股宽度。在家用电器的大型体验区，应适当增加走道的宽度。

2. 内部走道的形式有自由式、环形、单向多种。

3. 由于开敞式专柜之间的走道一般为商场的主要走道，因此除了要满足上述人流股数及相应家电的货运尺寸外，同时应考虑走道尺寸对于商场整体空间布局及人体感受的影响，尽量营造舒适的购物环境。

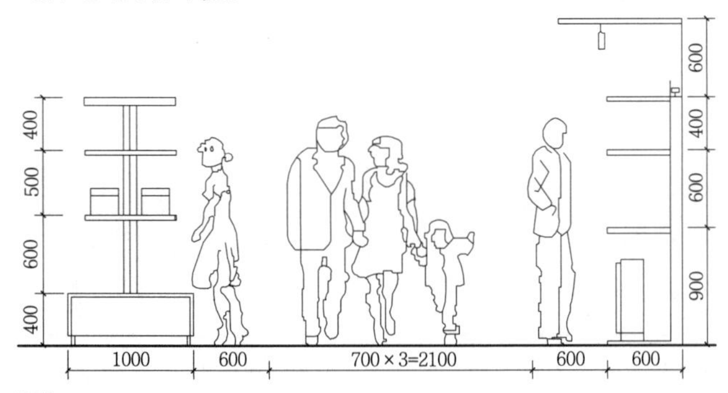

4 内部走道示意图

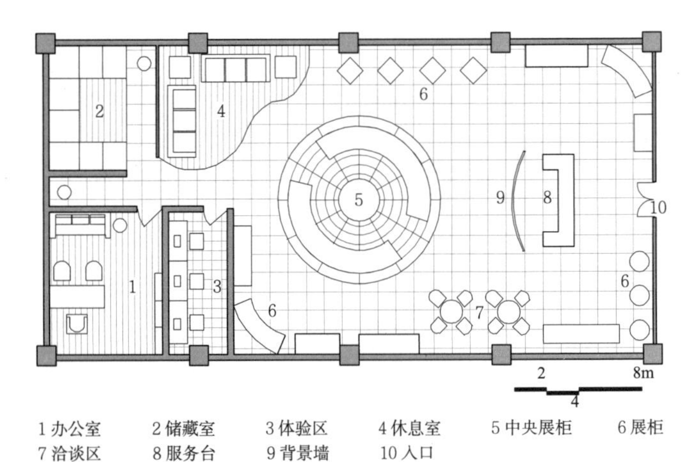

1 办公室　2 储藏室　3 体验区　4 休息室　5 中央展柜　6 展柜　7 洽谈区　8 服务台　9 背景墙　10 入口

5 某索尼专卖店

名称	主要技术指标	设计时间
某索尼专卖店	建筑面积560m²	2009

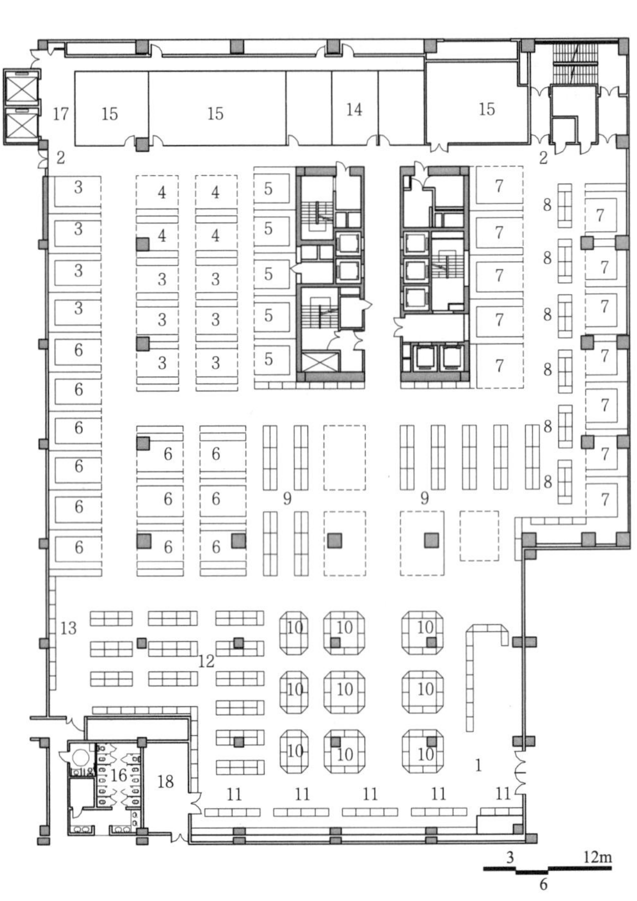

1 入口　2 安全出口　3 空调　4 厨卫　5 家庭影院及音响器材　6 彩电　7 冰箱　8 洗衣机　9 小家电　10 手机　11 数码　12 电脑　13 OA设备　14 员工用房　15 库房　16 卫生间　17 货梯　18 机房

6 上海宝山万达广场国美电器卖场

名称	主要技术指标	设计时间	设计单位
上海宝山万达广场国美电器卖场	建筑面积3454m²	2009	中国建筑上海设计研究院有限公司

建筑位于上海宝山万达广场，是一个配套较为齐全的家电卖场。通过将手机等电子产品单独划分区块使得货流与人流组织更为完善，也避免了销售死角的形成

定义

服饰店是指经营服装、鞋帽、皮包等商品的专业商店，并提供适当的售后服务。服饰店强调表现个性化和时尚性，体现流行趋势。其外观、入口、展示橱窗、室内环境应具有鲜明的特色和诱导性。店内应提供试穿、试戴的空间。

店铺分类　表1

分类	概念
商品柜台	在商场中设置的一个柜台
店中店	在综合性商场中的租用店铺，功能与整体商业环境联系紧密
单独实体店	具有一定产业链、多品牌的大规模连锁性大型专业商店

功能组成　表2

分类		内容
导入区	橱窗	陈列展示品牌特色
	流水台	陈列展示重点推荐款式
营业区	营业厅	商品陈列、包装、接待
服务区	试衣处	试穿服装
	辅助室	店员休息、卫生、办公
	综合服务台	加工、清洁、护理商品、收银
	库房	储存商品

设计要点

1. 通常服饰店出口与入口合二为一，不同定位的品牌其出入口的大小与造型有所不同。

2. 试衣处包括封闭的试衣间和货架间的试衣镜。其面积大约占营业厅的10%~20%，位置应便于顾客寻找。同时试衣间前需留有足够的等候空间。

3. 收银台通常设于服饰店的后部。其周边应留有足够的等候空间和小型饰品摆放空间，增加连带消费。

4. 强调顾客体验式消费，开放式柜台便于顾客触摸、试用商品，设计时需考虑顾客实际体验商品的空间。

5. 服装展示应以顾客获得最多商品信息为原则，服装模特对促进时装流行起着推动作用。

6. 色彩设计应根据不同服饰品牌的目标销售群体设定主色调，同时兼顾"流行色"、照明光色和突显主题性陈列的需求。

7. 照明设计应注意服装陈列区的照度必须比顾客所在区域的照度高。对于贵重或易损服饰的照明需防止光源中的紫外线对服饰的破坏。

服饰店照明照度参考标准　表3

类别	参考平面及其高度	照度标准值（lx）		
		低	中	高
试衣间	试衣位置1.5m高处垂直面	150	200	300
收银台	收款台面	150	200	300
库房	0.75m水平面	30	50	75
货架	1.5m处垂直面	100	150	200
橱窗	货物所处平面	200	300	500

服饰店橱窗布置分类　表4

类别	特征
综合式橱窗布置	将许多不相关的商品综合陈列在一个橱窗内，以组成一个完整的橱窗广告
系统式橱窗布置	中型店铺橱窗面积较大，可以按照商品的类别、性能、材料、用途等因素，将其分别组合陈列在一个橱窗内
专题式橱窗布置	以一个广告专题为中心，围绕某一个特定的事情，组织不同类型的商品进行陈列，向媒体大众传输一个诉求主题
特定式橱窗布置	用不同的艺术形式和处理方法，在一个橱窗内集中介绍某一产品

入口设计

根据服饰品牌定位不同，入口设计也有所不同。通常低价位品牌多采用开敞式且跨度较大、平易近人的入口设计。中、高档品牌大多采用开启式且跨度较小、尊贵感较强的入口设计。此外，门面较窄的店面较适合用开敞式和半开敞式的橱窗形式，激发顾客进店采购的欲望。

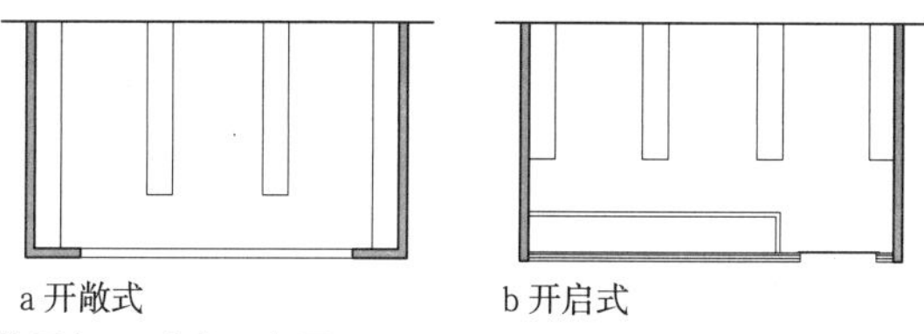

1 常见入口形式示意图

平面布局

根据经营服饰的类型与店面大小，服饰店空间布局大致有以下几种类型：直线式、环绕式、自由式。

1. 直线式布局是指一条单向直线通道或以一个单向通道为主，再辅助几个副通道的设计。通常以入口为起点，收银台为终点，较适合小型的服饰店。

2. 环绕式布局是指圆形主通道环绕整个服饰店的布局。根据出入口个数分为R形和O形。较适合营业面积相对较大或中间有货架的服饰店。

3. 自由式布局是指货架布局灵活，呈不规则路线分布。突出了顾客在购买中的主导地位，较适合价位相对较高、客流量相对较小、面积适中的服饰店。

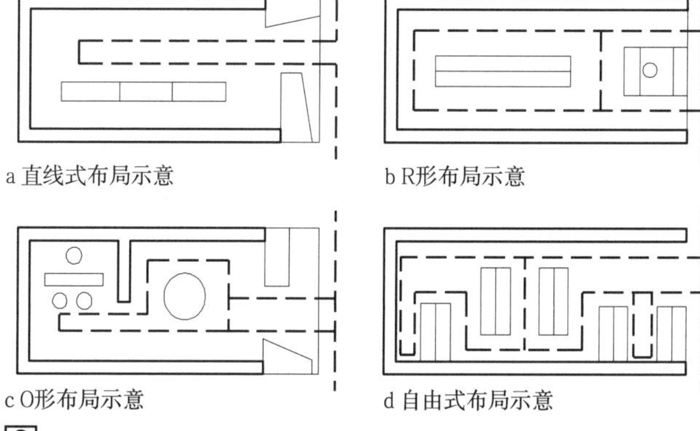

2 平面布局类型示意图

3 某皮包店透视图

参考尺寸

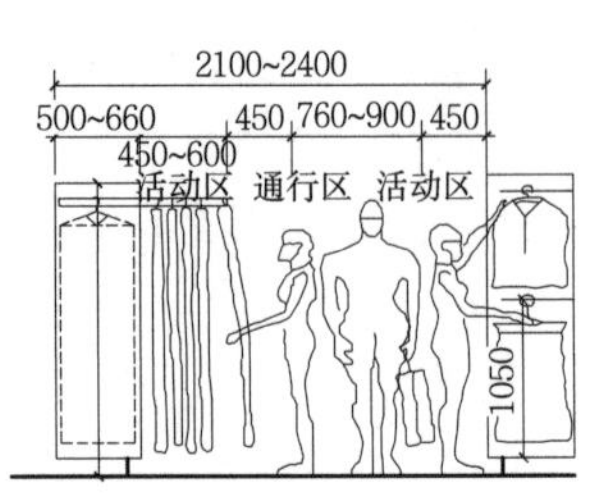

a 服装区有关人体尺寸

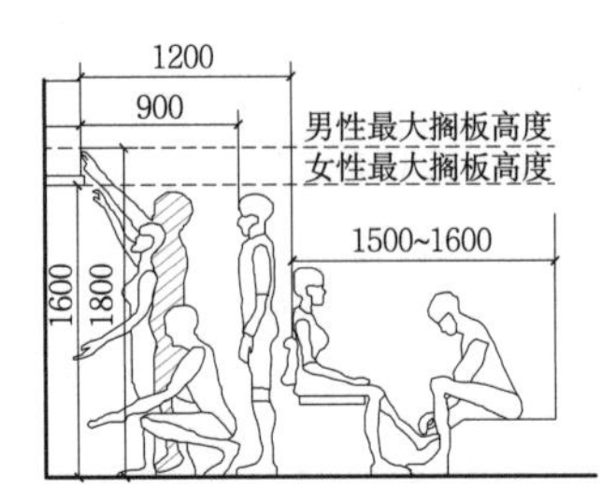

b 试鞋区有关人体尺寸

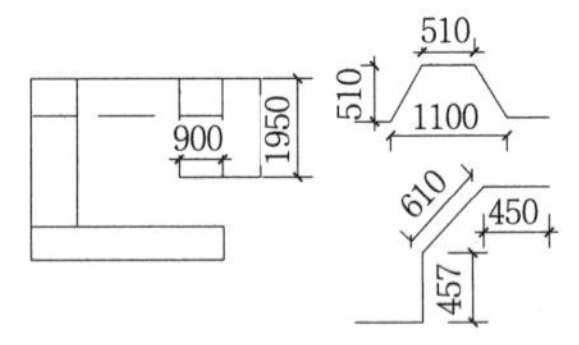

c 剪裁室

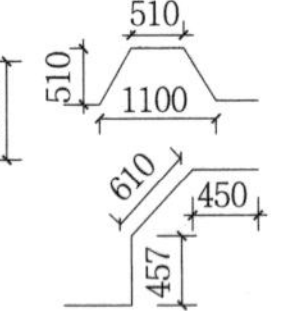

d 三面镜箱

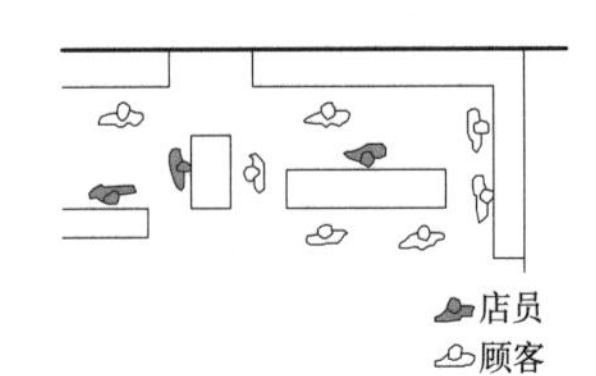

e 对面销售

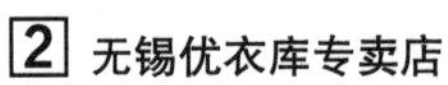

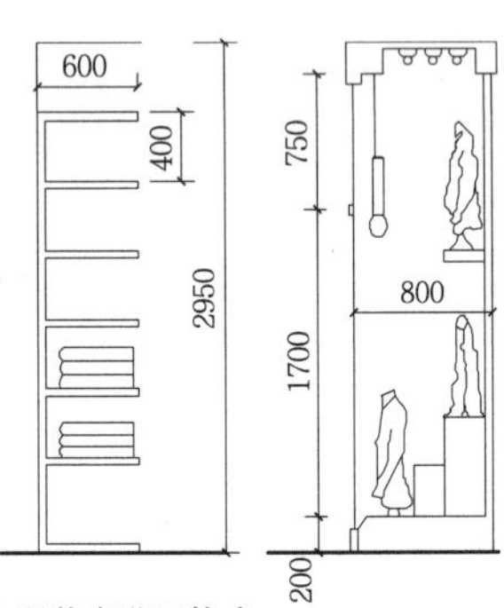

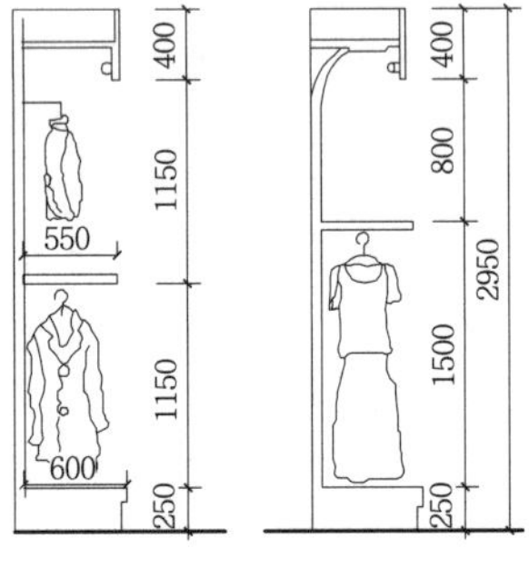

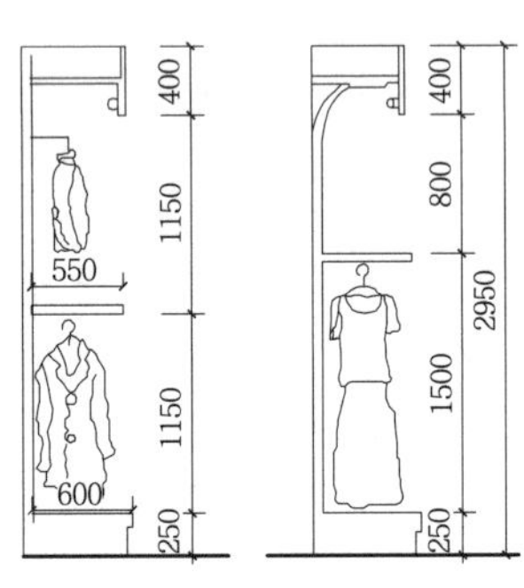

f 服装店壁面构成

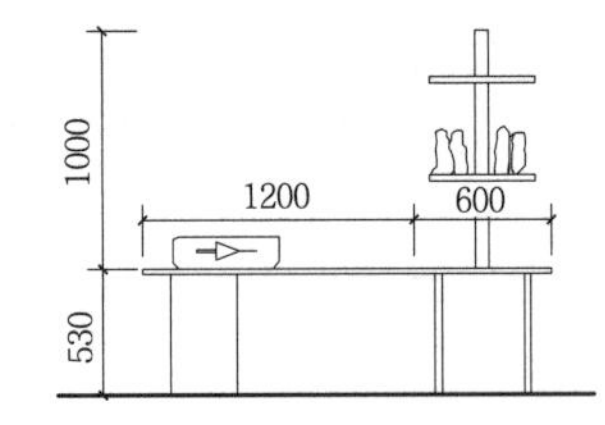

g 展示柜台

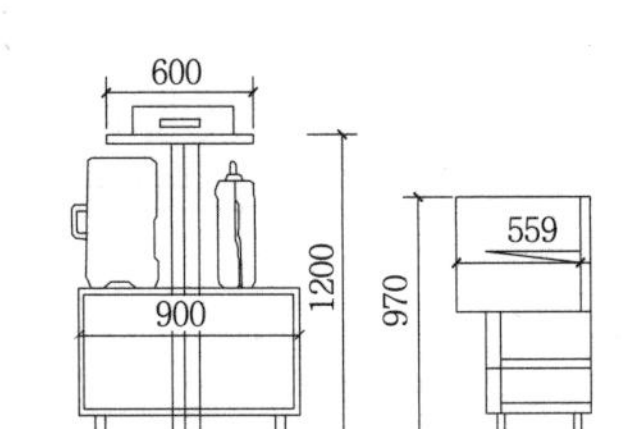

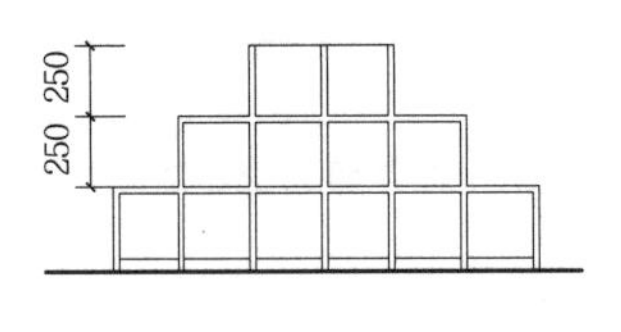

h 展示架

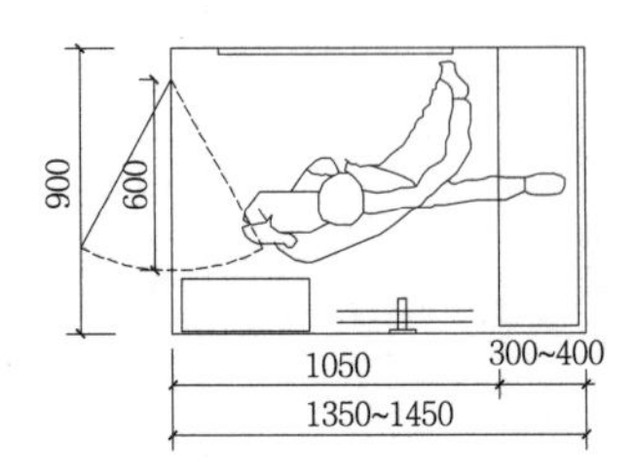

试衣间有关人体尺寸（至少1m×1.2m）。

i 试衣间示例

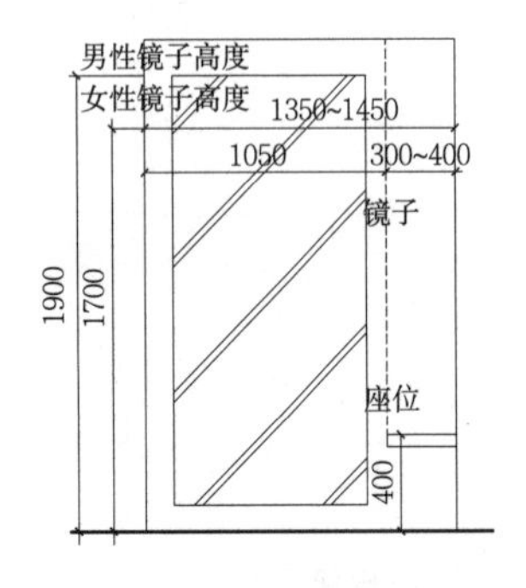

1 服饰店参考尺寸

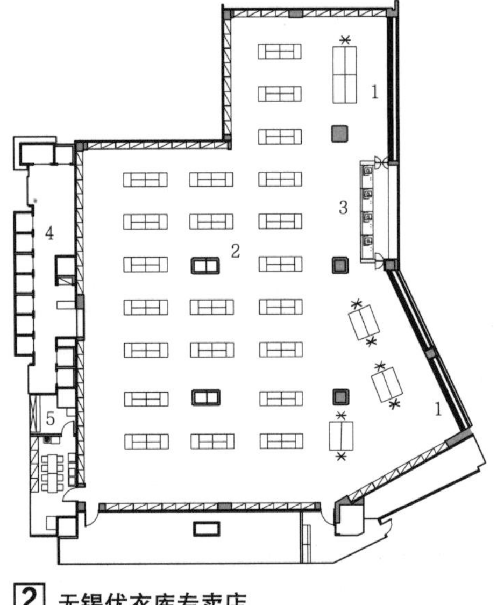

1 商品陈列窗
2 营业厅
3 收银台
4 试衣间
5 仓库

2 无锡优衣库专卖店

a 一层平面图

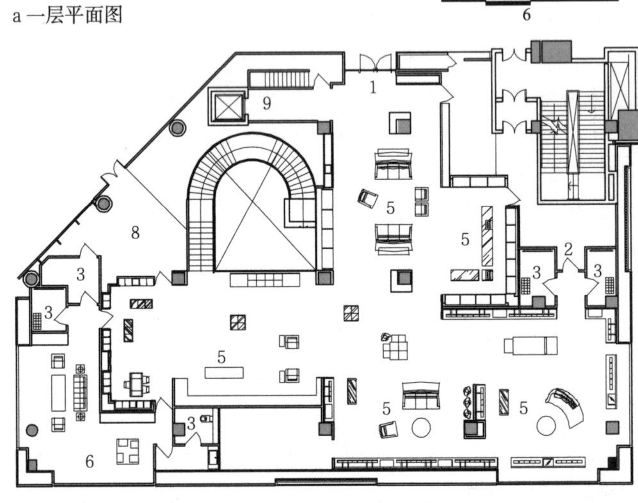

b 二层平面图

1 顾客出入口　2 员工出入口　3 试衣间　4 商品展示区　5 顾客休息区
6 贵宾休息室　7 展示橱窗　8 储存库房　9 货物电梯

3 某LV专卖店

名称	主要技术指标	设计时间
某LV专卖店	建筑面积1124m²	2009

定义

珠宝首饰店是指经营高档金银、珠宝、玉石等制成的佩戴饰品、工艺装饰品和艺术收藏品，并提供配套加工、修理服务的专业商店。

规模分类 表1

类别	面积（m^2）	形式
货柜式	50~100	通常租赁于大商场的柜台
店面式	100~500	通常以小型商铺形式存在
独建式	>500	通常为独栋专业型大商场

功能组成 表2

分类	组成	面积构成
营业厅	商品陈列、展示	40%
接待室	接待顾客、洽谈业务	15%
加工间	修理、加工翻新首饰	10%
辅助室	店员休息、办公	10%
库房	保险库、杂物间	25%

设计要点

1. 珠宝饰品店属高品位专业店。室内环境宜精致、典雅，具有良好的照度和隔声性能。

2. 门面宜面向街道，形成良好的诱导性。店面结构一般采取封闭型，入口宜小且入口与出口可适当分开。沿街面以进为主，背街侧门以出为主。

3. 招牌力求醒目，同时宜与街道界面平行。沿街面宜通过封闭玻璃橱窗陈列货品进一步增加诱导性。

4. 销售模式一般以柜台展示、闭架销售为主。展柜一般采取封闭式。展柜内侧四周与售货现场之间宜设隔断，后壁处设置出入小门。同时应设置防盗报警安全系统。监控宜布置在隐秘之处，避免破坏室内装修整体氛围。

5. 加工间宜临近库房与接待室布置，同时应保持良好的照明、隔声和防火要求，具有适宜的温度与湿度。搁板架等与饰物直接接触的设备宜使用防火材料。同时加工间应设有良好的安保系统。

6. 室内层高一般为4.2~4.5m。

7. 因柜台边需留有顾客试用空间，内部走道宽度以1.9~2.2m为宜。

8. 接待区应临近销售展示区，并保持良好的隔声条件，使顾客能安心挑选，避免打扰。

1 某首饰店室内透视图

参考尺寸

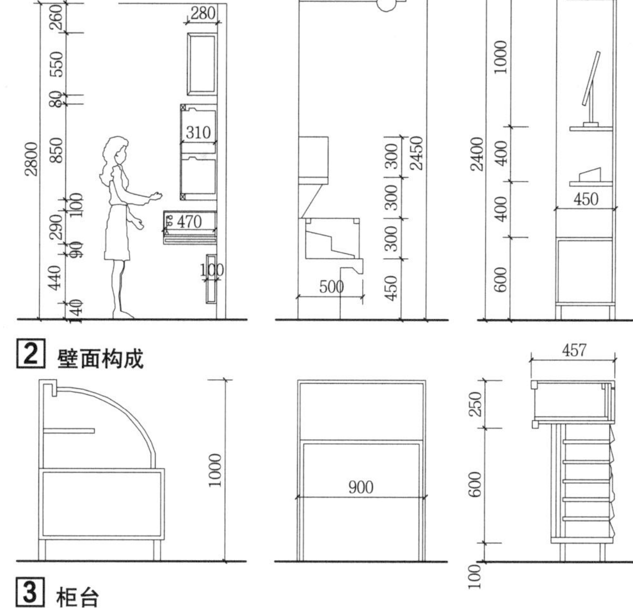

2 壁面构成

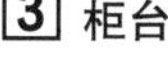

3 柜台

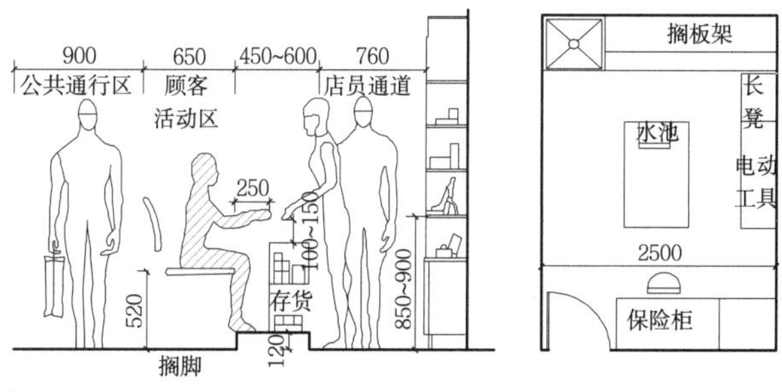

4 顾客坐着购货的最佳柜台高度

5 加工间

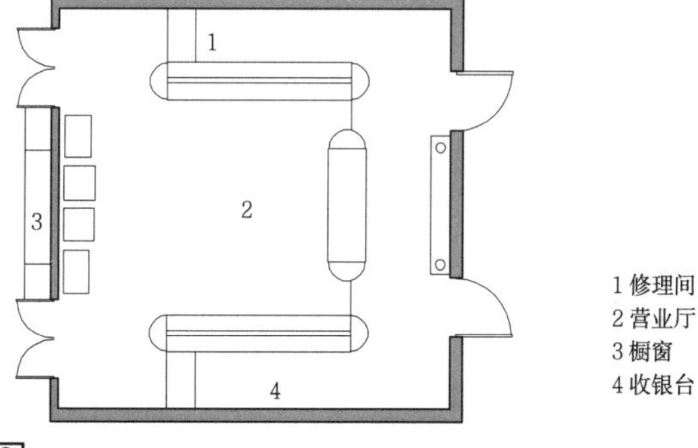

1 修理间
2 营业厅
3 橱窗
4 收银台

6 精工钟表店

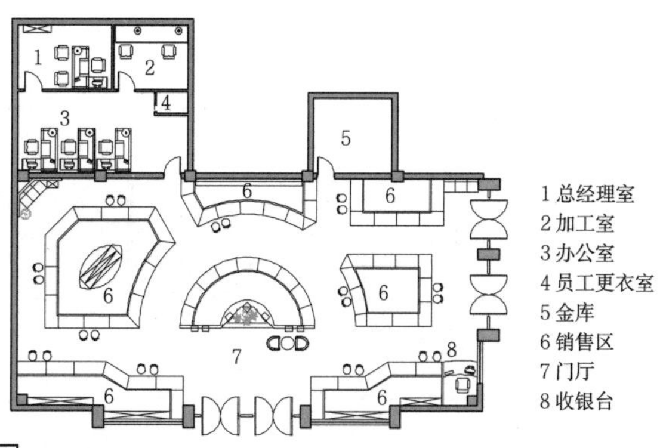

1 总经理室
2 加工室
3 办公室
4 员工更衣室
5 金库
6 销售区
7 门厅
8 收银台

7 某珠宝店

定义

眼镜店是指以经营眼镜等商品为主的，并提供相应售后服务的专业商店。眼镜店的服务对象较为广泛，同时兼顾不同需求层次的客户的体验性与舒适性。

功能组成 表1

分类	组成
营业厅	商品系列、展示、包装
接待室	接待、洽谈业务
眼检室	检查视力
加工室	加工镜片眼镜架
辅助室	办公、店员休息、卫生间
储藏室	储存商品

设计要点

1. 平面布置上，宜设置眼检室、修理室、加工室等功能，同时需设置休息厅供顾客等候、休息。

2. 在功能分区上除了后勤与营业区的分隔外，还要兼顾顾客对不同档次产品的需求，营业区宜采用分区经营、通过柔性隔断进行过渡的模式。

3. 眼镜店的仓库通常设置于店铺内，采用厂店分离、仓店一体、店内局部加工模式。

4. 对于面积较大的店面，货物的销售方式除了传统的货柜销售外，还可考虑通过设置大空间将展览与销售相结合的模式，并应保持良好的照度，同时需设置防盗报警安全系统。

5. 眼检室宜邻近营业厅布置，同时应保持足够的长度，不宜小于5m。此外，宜采用白光间接照明，避免眩光等对受检者的影响。

1 参考尺寸及整体布局

2 某眼镜店室内透视图

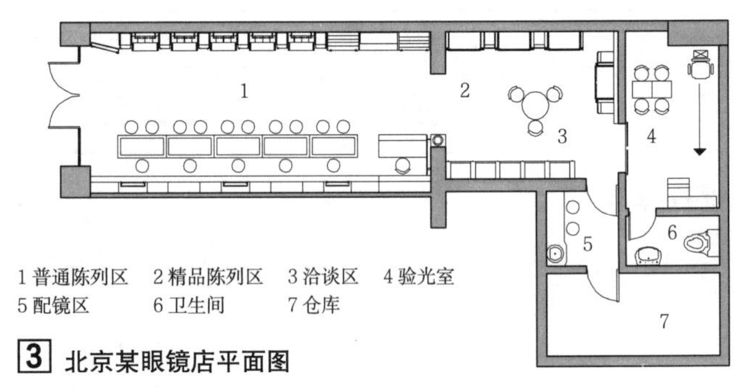

3 北京某眼镜店平面图

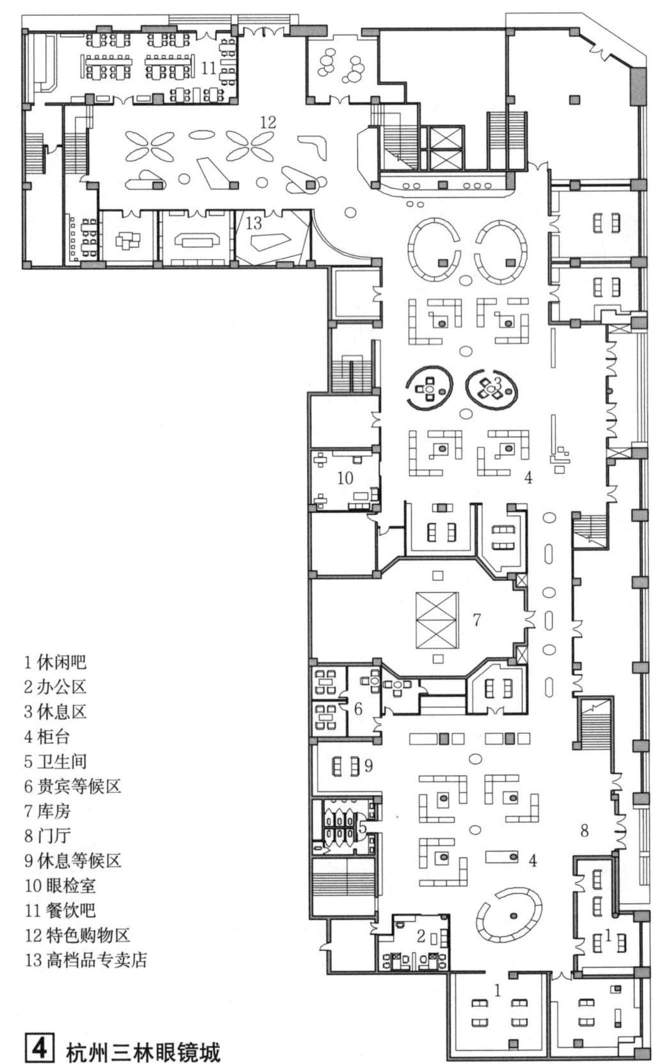

4 杭州三林眼镜城

定义

字画店是指经营各类书法与绘画作品，并提供书画创作、书画装裱服务的专业商店。

功能组成　　表1

分类	组成
营业厅	商品展示、陈列、字画、文房四宝
接待室	洽谈业务
裱糊室	裱糊、修复字画
作业室	染绢、勾描、刻板、印刷
辅助室	办公、资料、店员休息、卫生间
库房	颜料、画具、版库、杂物、储存商品
创作室	绘画创作

勾描 → 刻版 → 印刷 → 装裱

a 木版水印

鉴画 → 选料 → 拼接 → 去污 → 揭裱 → 修补 → 补色 → 装裱

b 装裱修复

1 工艺流程图

设计要点

1. 字画店通常选址于人流密集的历史商业街区、文化旅游景点和美术类专业院校。

2. 营业厅层高应满足挂画陈列的要求，一般以4.2~5.1m为宜。

3. 染绢室、勾描室、木刻室应有良好的采光，壁面应有阳光直射。印刷间内温度不应低于20℃，湿度以75%左右为宜。

4. 室内环境设计宜有浓郁的文化氛围，以便顾客在选购商品时能受到文化的熏陶。

5. 室内照明应分组设置，根据不同书画要求选择不同光源光色，避免画面采用固有色。同时照明须作特殊处理，防止光源中的紫外线对书画的破坏。

6. 室内设备，尤其是使用过程中会产生高热量的设备，须确保防火、防爆、防触电和通风散热，以免对书画造成影响。

7. 大型字画店除设置洽谈会客间外，宜设置供书画创作和聚会的包厢、雅间。

裱糊壁子　　表2

规格(市尺)	宽(mm)	长(mm)
2×3	666	1000
3×6	1000	2000
3×8	1000	2660

注：壁子尺寸未包括支撑长度。

参考尺寸

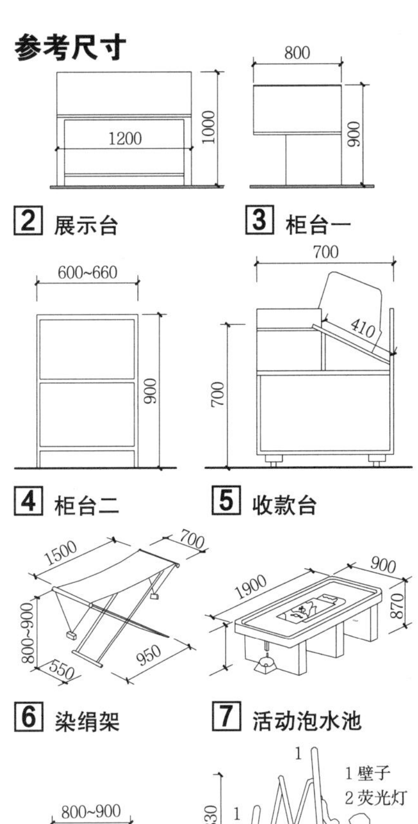

2 展示台　3 柜台一

4 柜台二　5 收款台

6 染绢架　7 活动泡水池

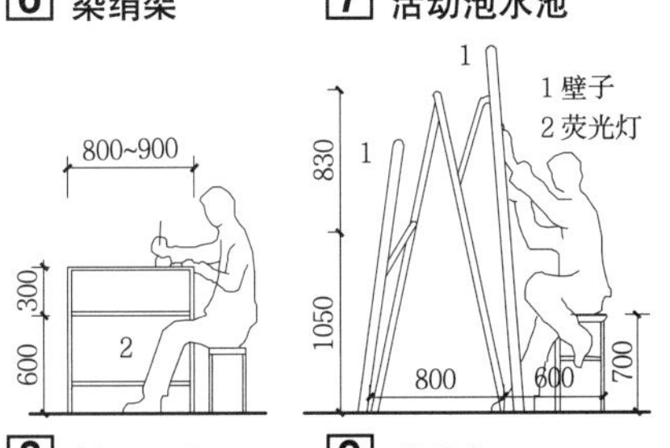

8 整芯设备　9 整芯架

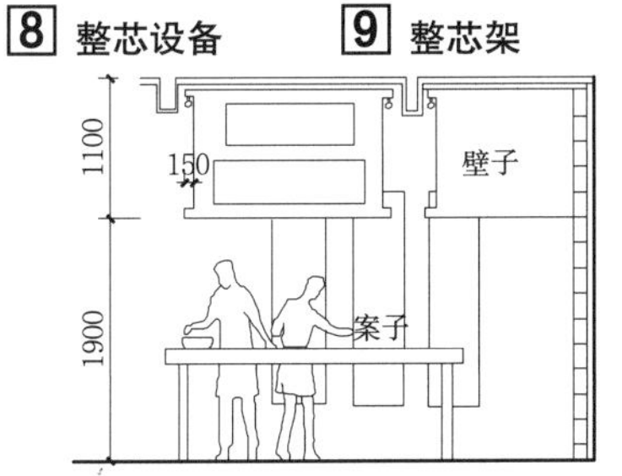

10 裱糊案子与裱糊壁子布置

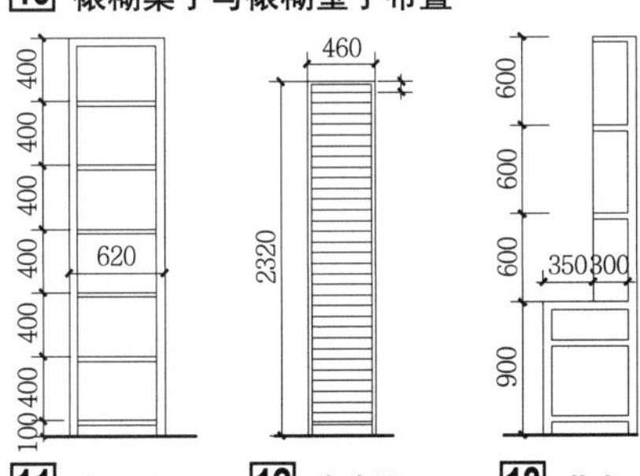

11 存画架　12 存版架　13 货架

裱糊案子　　表3

型号	长(mm)	宽(mm)	高(mm)
小	1200	1000	850
	1800	1000	850
中	2200	1500	850
大	3000	2000	850

注：案子是裱糊主要工作台，表面为披麻油漆。

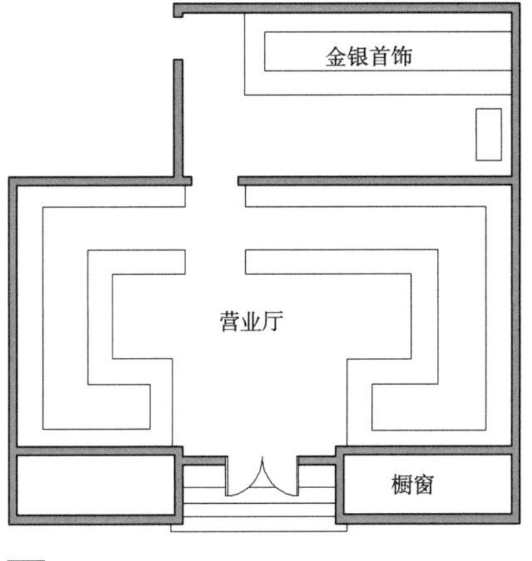

14 南京蕴玉堂

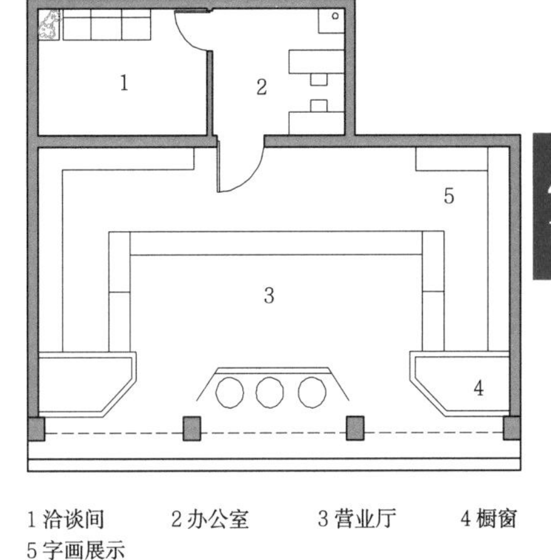

1 洽谈间　2 办公室　3 营业厅　4 橱窗
5 字画展示

15 杭州某字画店

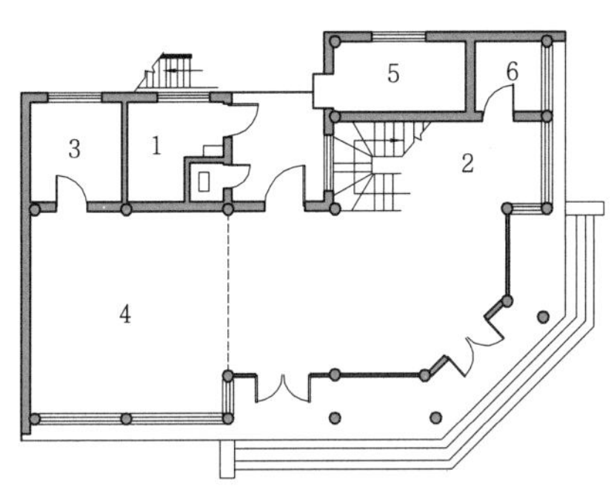

1 修理加工间　2 休息区　3 办公室　4 营业厅
5 库房储藏间　6 更衣室

16 天津梨园阁

17 某字画店室内透视图

定义

花店是指经营各类花卉、仿真花、花器、植物肥料和花籽等，并提供观赏和休闲的专业商店。常分为街头花店和花卉市场花店两类。

功能组成　表1

分类	组成
营业厅	商品展示、陈列
接待室	洽谈业务
辅助室	办公、店员休息、卫生间
温室	栽培鲜花、陈列商品
库房	储存器具

设计要点

1. 常选址于人流密集、青年人较多、交通便利的场所。

2. 店内通道宽不应小于900mm，过长的走道宜通过迂回的方式拉长流线。

3. 花房室内温度应保持在10℃左右，以便达到花木所需的最佳条件。

4. 室内地面宜使用耐水、防滑、易于清洁的材料。

5. 店内宜设置供人书写送礼片名的桌案。商品陈列展示宜有生活情调。

6. 花店的墙壁不可太花哨，以浅色为主，白色、绿色、浅灰色等都比较适宜。

7. 货架设计既要求实用、牢固、灵活，便于插花员操作，便于顾客参观，又要适应各类花卉的不同要求。

8. 室内净高可参考表2。

室内净高　表2

面积	净高
10~20m²	2.4~3.0m
200~600m²	3.0~3.6m
>1000m²	3.6~4.5m

空间布局

花店常见空间布局有阵列式和自由式两种。

花店常见空间布局类型　表3

分类	特征
阵列式布局	阵列式布局适合规模小型、开架销售的花店。井然有序的形象使顾客产生信任心理，但降低了花店应具有的观赏和休闲价值
自由式布局	自由式布局适合大型规模的花店，通过有创意的布局能创造较好的环境氛围，但空间面积利用率较低

陈列展示

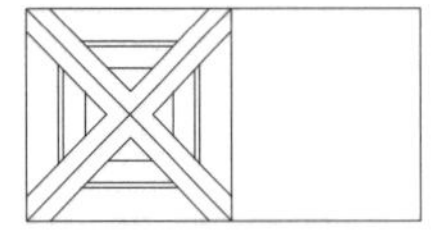

1 装饰台

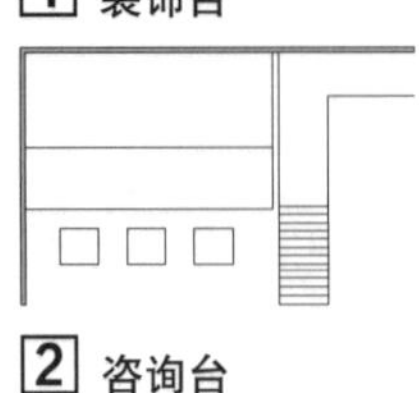

2 咨询台

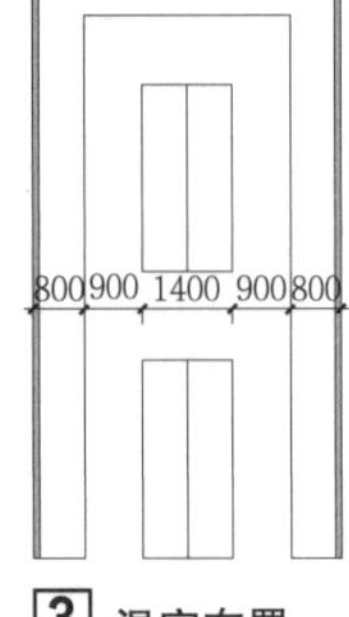
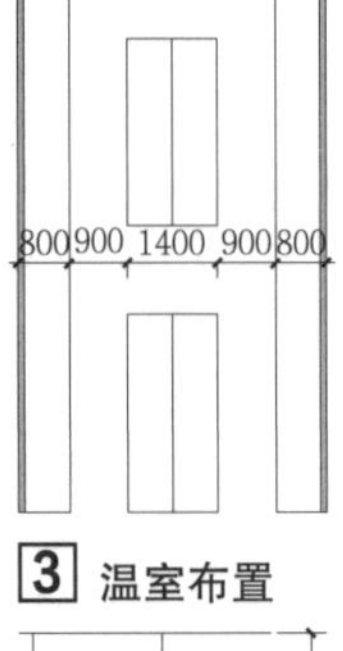

3 温室布置

4 悬挂、组合陈列

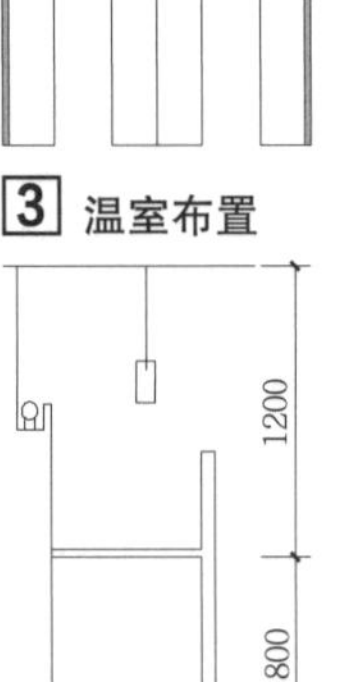

5 壁面构成

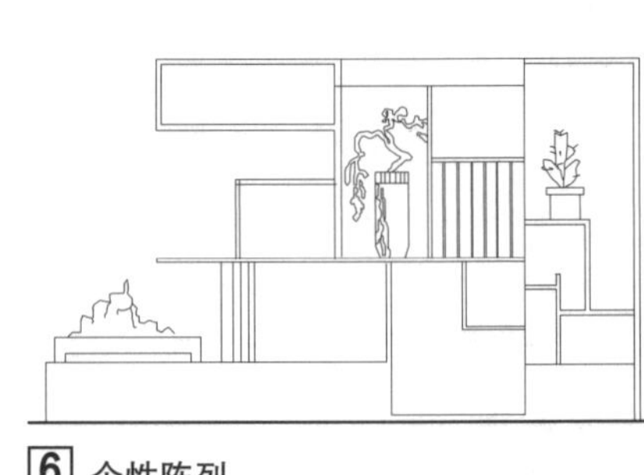

6 个性陈列

a 平面图

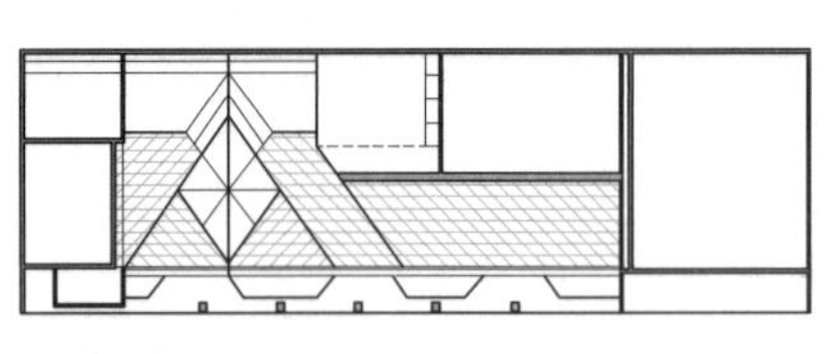

b 顶棚平面

7 日本花和绿

8 花店室内透视

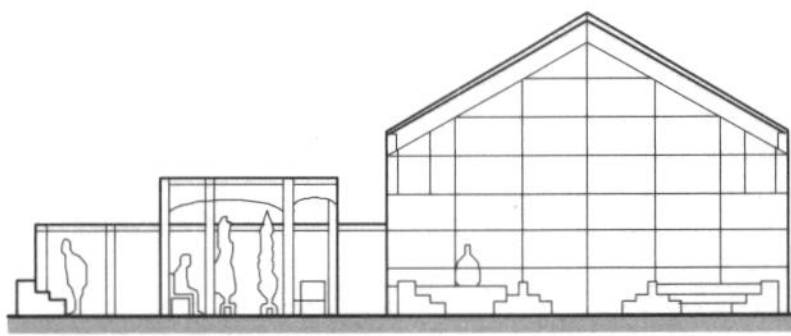

a 剖面图

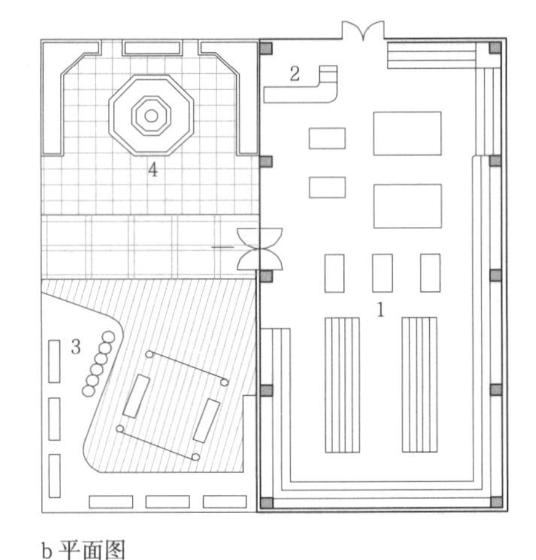

b 平面图

1 营业厅　2 收银台　3 室外卖场　4 喷泉

9 日本某花店

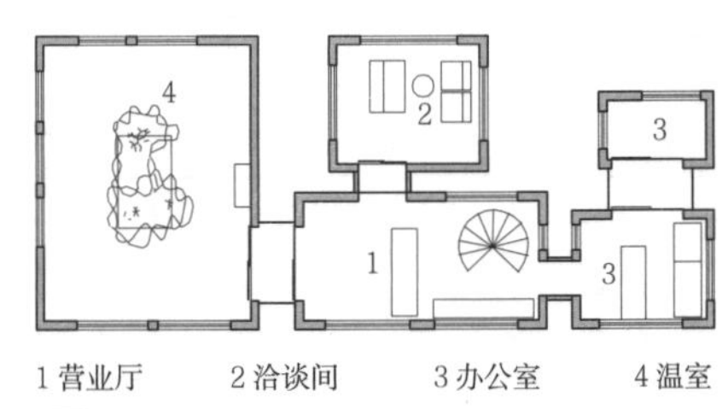

1 营业厅　2 洽谈间　3 办公室　4 温室

10 日本日比谷花店

定义

工艺礼品店是指经营各类工艺美术品，并提供部分现场加工、修理和包装的专业商店。

功能组成　表1

分类	组成
营业厅	商品展示、陈列
辅助室	店员办公、休息
接待咨询室	鉴赏工艺品、洽谈业务、提供咨询
加工修理室	商品制作、加工、修复
库房	储存商品

设计要点

1. 通常分为店中店与实体店两种模式。店中店一般依托于大中型商业综合体，实体店往往选址于人流密集的商业街区、购物圈和旅游景点。

2. 营业厅的面宽与进深比以1:1~1:2为宜，不应布置得过深。层高宜控制在3.6~4.5m。

3. 营业厅的布置宜以开架自选式的模式为主，增加顾客的体验。但应配有相应的防盗报警安全系统。部分名贵商品可用柜台或展柜陈列销售。

4. 接待咨询室宜靠近营业厅布置，并配有良好的隔声措施，使顾客能安静地鉴赏货品。

5. 室内照明宜采用多组形式，照度以反映货品正常成色为宜，需避免产生眩光。

6. 库房宜密闭并配有相应的防火、防水、防盗系统。

7. 加工修理间宜邻近营业厅设置，部分可设置成半开敞式兼具展示效应。

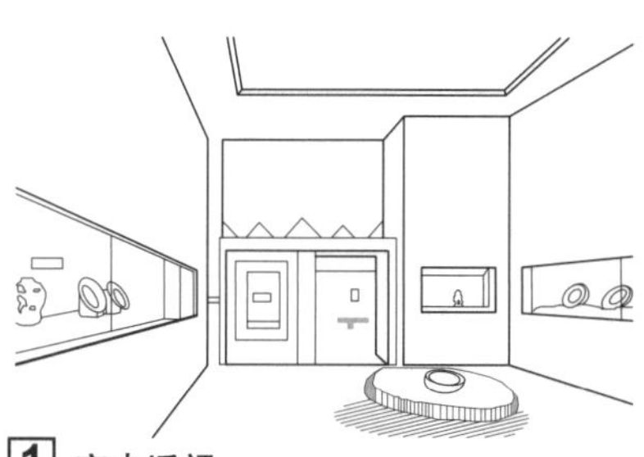

1 室内透视

2 西班牙玩具店室内透视

参考尺寸

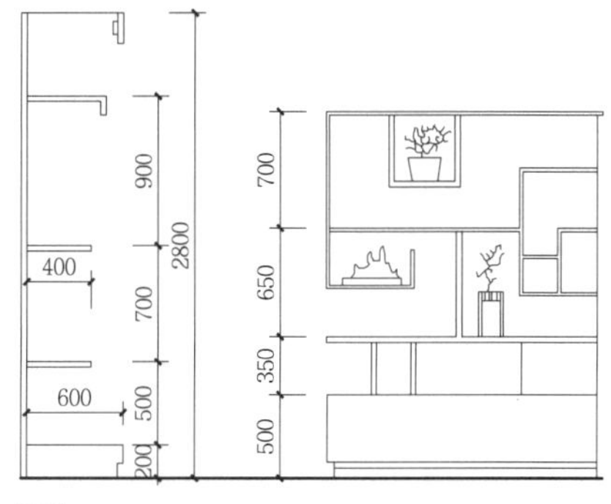

3 壁面构成一

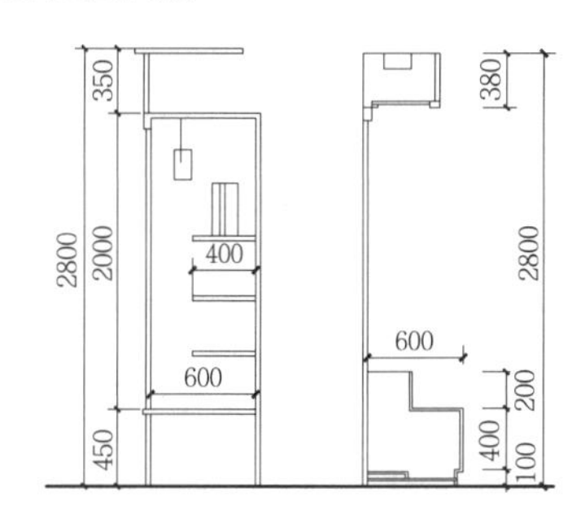

4 壁面构成二

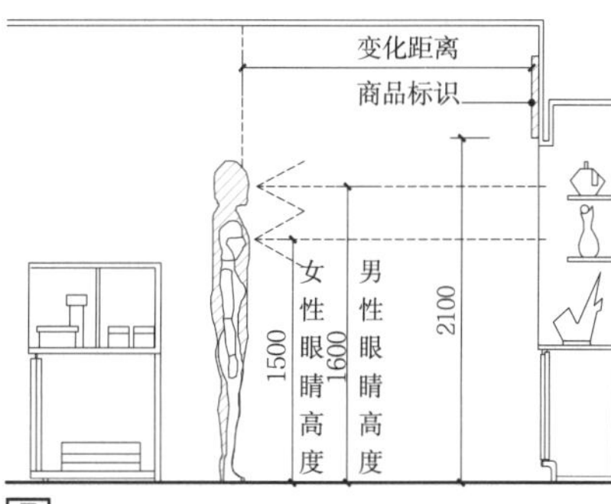

5 陈列品与视觉关系

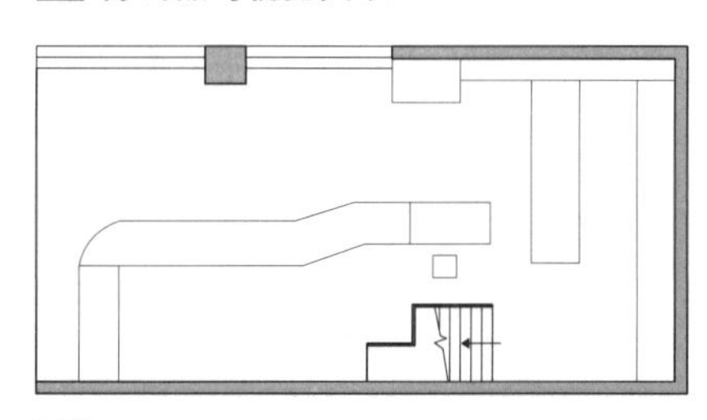

6 成都奇特屋礼品店

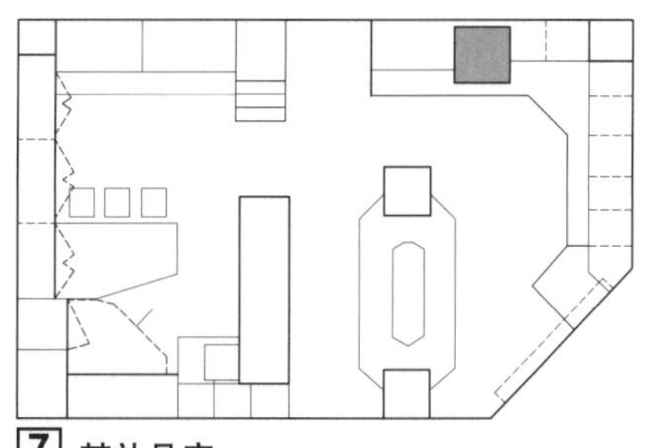

7 某礼品店

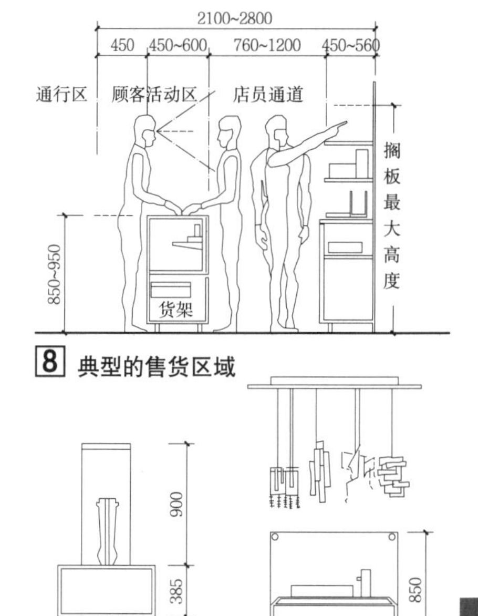

8 典型的售货区域

9 展示架　10 悬挂陈列

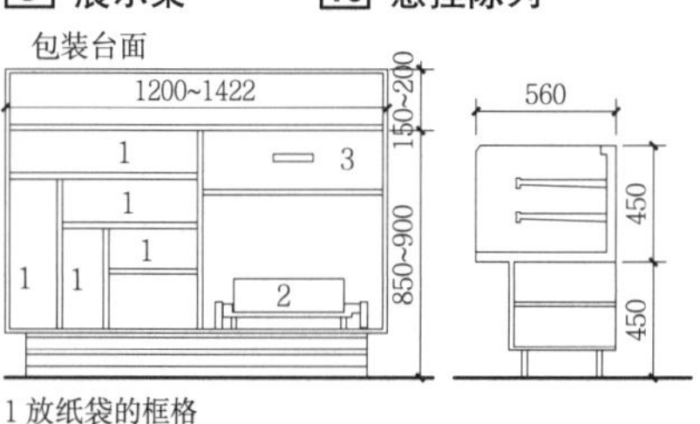

1 放纸袋的框格
2 纸卷和裁纸器
3 绑绳和方便抽屉

11 包装柜台　12 柜台

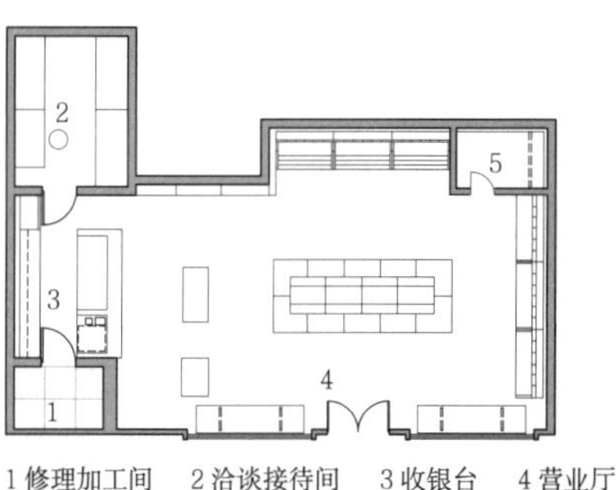

1 修理加工间　2 洽谈接待间　3 收银台　4 营业厅　5 库房储藏间

13 日本某礼品店

14 日本某礼品店室内透视

4 商业建筑

定义

中药、西药店是指经营各类中药、西药和保健品，并部分配有现场加工、煎煮，提供医疗咨询的专业商店。

功能组成　　表1

分类	组成
营业厅	商品展示、陈列
接待室	洽谈业务、接待顾客
作业室	加工中草药（中药店）
辅助室	办公、店员休息
调剂室	调配药品（西药店）
库房	保险库

设计要点

1. 通常选址于人口密集的居住区、医院、诊所等医疗服务点附近。

2. 营业厅内应设置等候区或座位。

3. 各类药品应避免阳光照射。室温不宜过高，应保持干燥、通风，并有良好的防虫措施。

4. 有毒药品及有强烈气味药品应与一般药品分开存放。药材饮片及成药对温湿度和防霉变有不同要求，要分开存放。

5. 营业厅与加工间宜分开布置。加工间应与垃圾间邻近布置，同时需保持良好的通风条件。

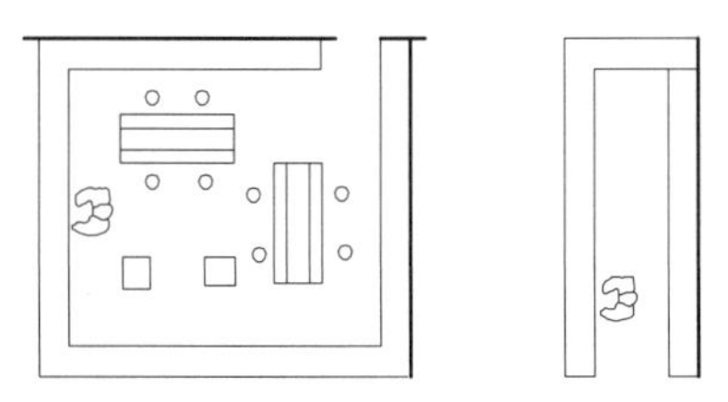

1 柜台布置方式

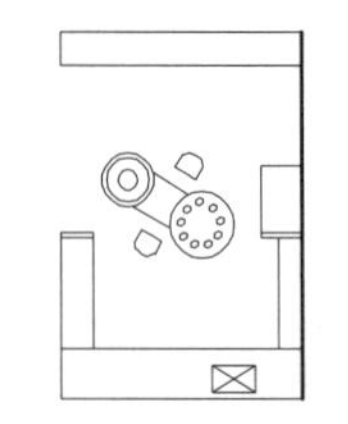

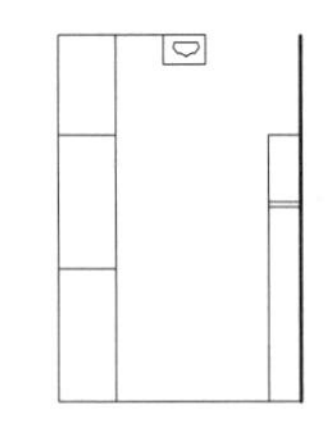

2 调剂室

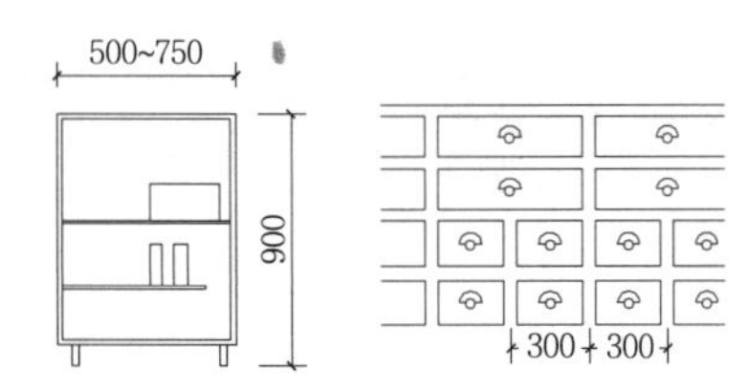

3 柜台一　4 柜台二

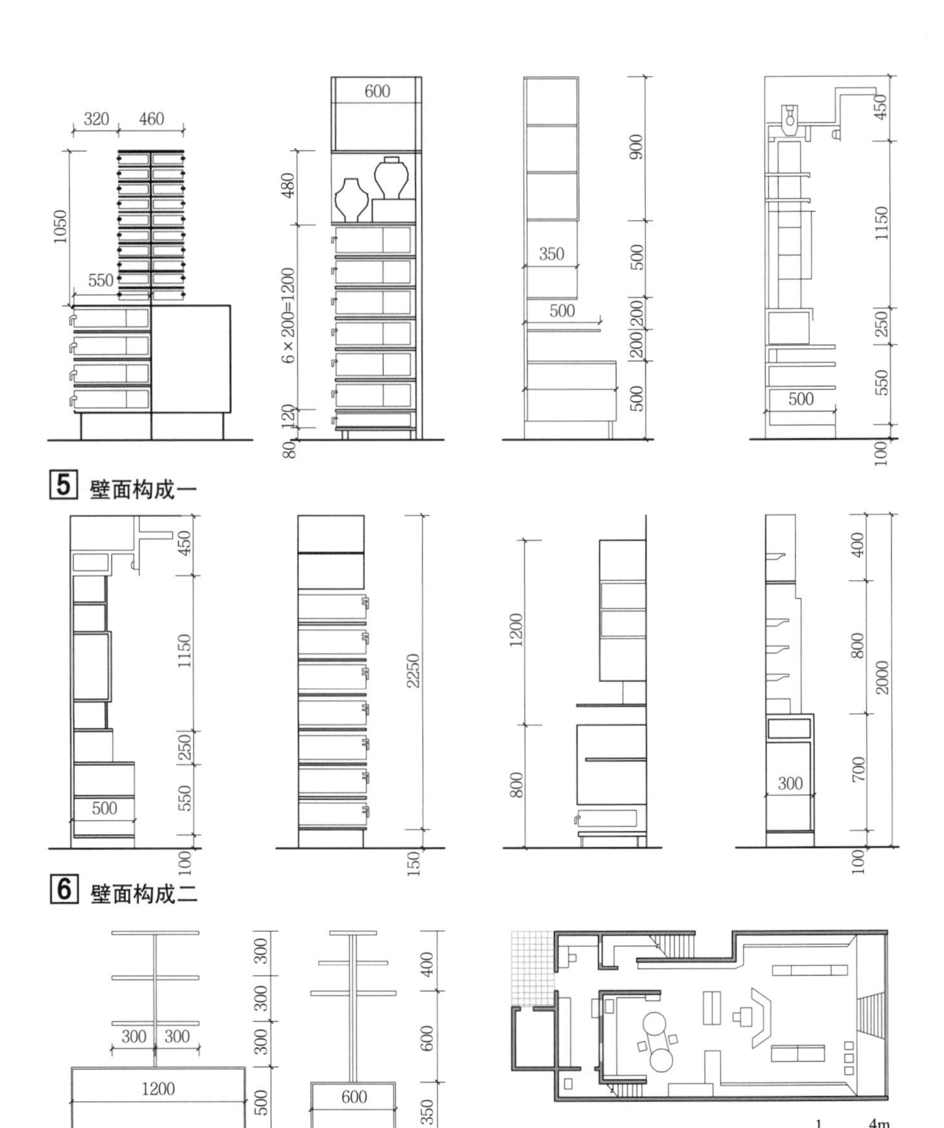

5 壁面构成一

6 壁面构成二

7 展示架

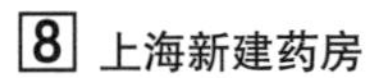

8 上海新建药房

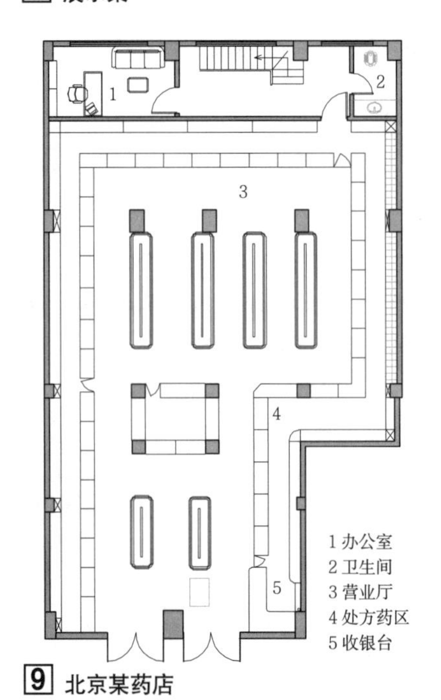

9 北京某药店

10 中药店煎药室详图

11 杭州胡庆余堂中药店

定义

食品店是指经营和储存各类食品，并部分配有现场加工，满足消费者日常饮食所需的专业商店。食品店经营范围广，种类很多。各店对经营的商品有所侧重。有大型综合类食品店，有专营某类食品的特色商店，有的设有加工间，自产自销等。

规模与分类　表1

分类	概念
柜台式	将食品存放于柜台中，由顾客挑选、店员取售的模式
自选式	将食品开架陈列，由顾客自由选取，然后至收银台付账的模式
综合式	当面积较大时，通常采用外围一圈柜台式，中心自选式的综合布局模式

功能组成　表2

分类	组成
营业厅	商品展示、接待顾客
加工间	制作点心、加工半成品
冷饮室	热冷饮、点心
辅助室	店员休息、办公、垃圾间
库房	储存商品

设计要点

1. 营业厅须有冷冻保鲜设备。设计上应考虑防尘、防蚊虫侵入。

2. 加工间应邻近营业厅与货物入口，便于原料的搬入与存放。加工间旁宜根据需求设置垃圾间。熟食店等需现场烹调加工的食品店，其加工间还需有良好的排烟通风设施。

3. 仓库应设置防虫设备与冷冻设备。一些有特殊储藏需求的食品库，如茶叶库等，应与有味物品隔绝。水果库宜设在地下室，并备有充足的保鲜措施。

4. 水果店等时鲜类食品店前宜留有应时货摊位置。橱窗应做好遮阳措施，避免食品被阳光直射。

5. 室内环境设计应简洁明快，招牌设计宜醒目大方，商品陈列宜采用视觉化商品陈列法。

6. 室内照明宜采取以下几种方式组合设计：

室内照明方式　表3

照明方式	特点
基本照明	能保持店内最低能见度，以达到顾客选购商品所具备的灯光要求
特别照明	对店内某一局部做特别的照明，以突现商品的展示效果
装饰照明	指店内照明设计与店铺整体形象协调一致，要避免明亮灯光对环境和商品起破坏作用

参考尺寸

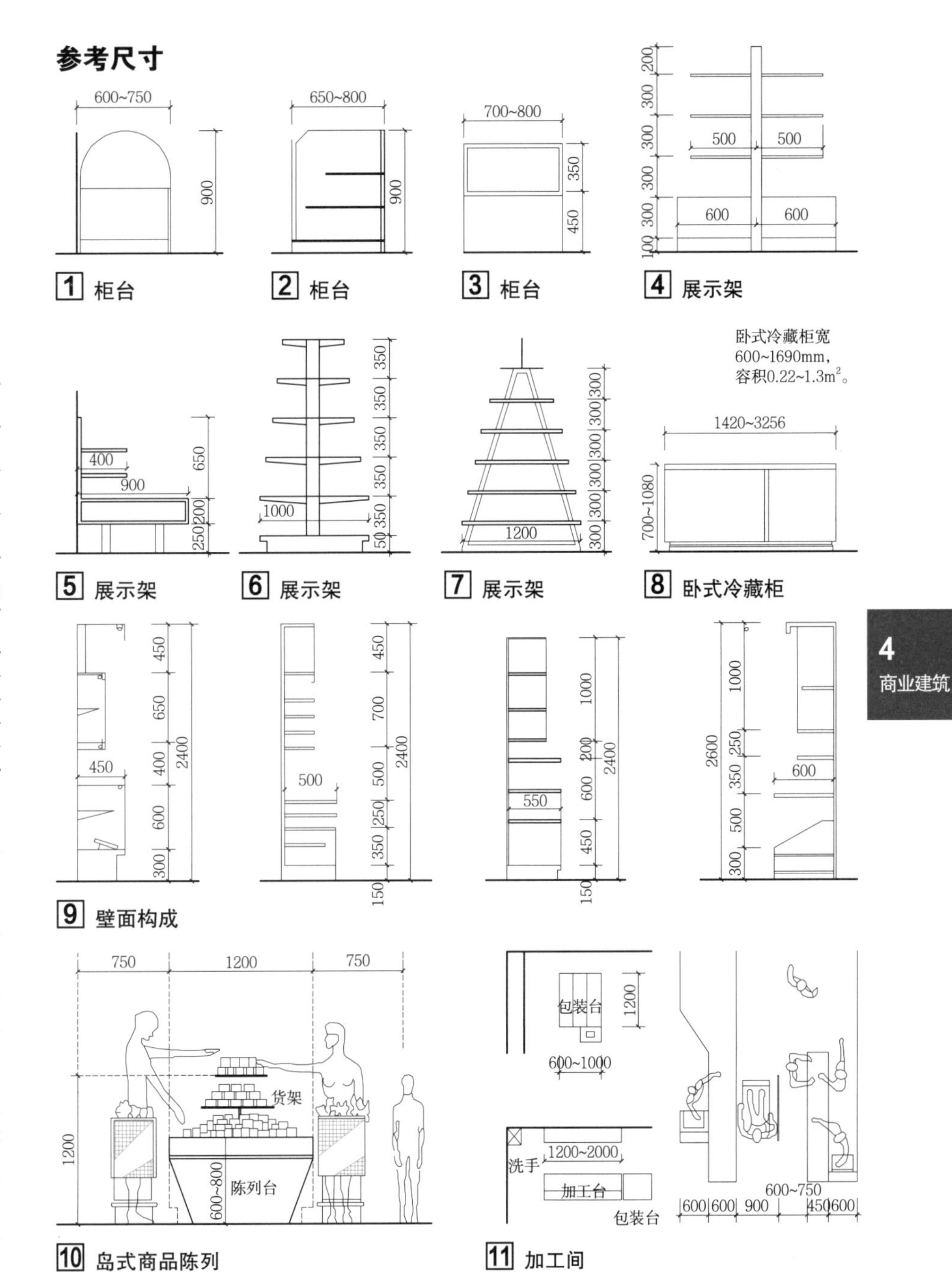

1 柜台　2 柜台　3 柜台　4 展示架

5 展示架　6 展示架　7 展示架　8 卧式冷藏柜

9 壁面构成

10 岛式商品陈列　11 加工间

平面布局

食品店平面常见布局方式分为柜台式和自选式，见12、13。

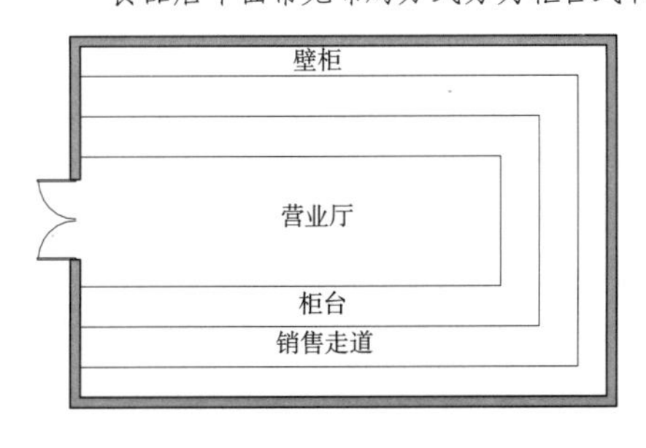

通常适用于熟食、烟酒等不便于开架存放的食品。面积较小的店面也常采用此类布局。柜台内需做好防蚊虫、防潮等措施。

12 柜台式布局

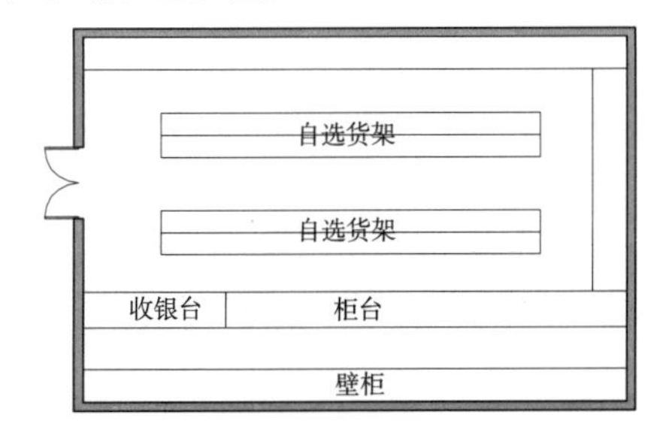

通常适用于干果、零食等便于开架存放的食品。当面积较大或为增强顾客的体验式消费时，往往采用此类布局。

13 自选式布局

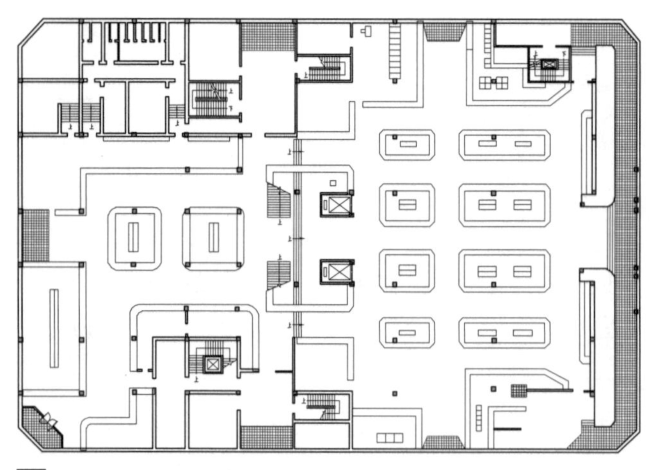

1 上海第一食品店

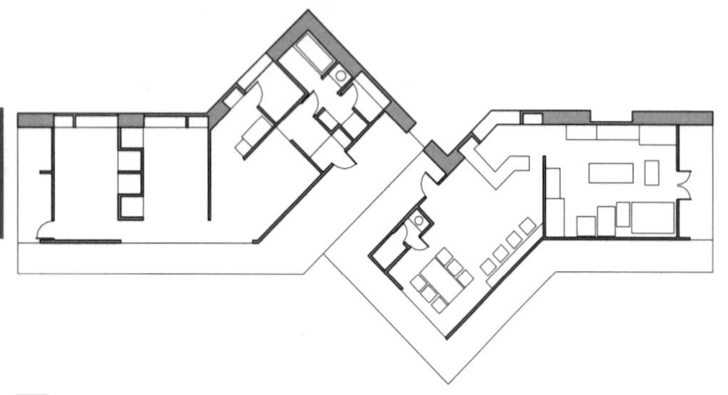

2 法国某面包店

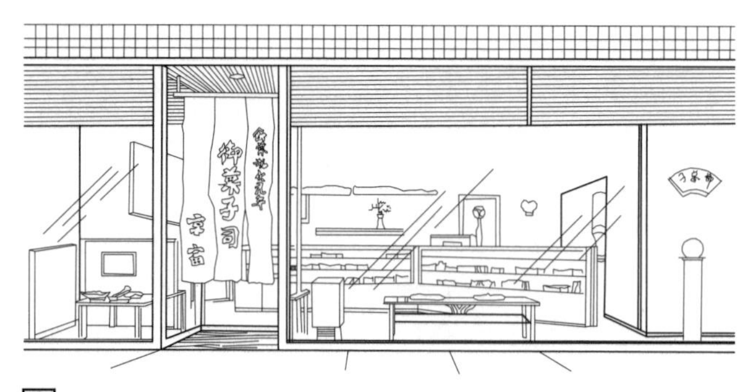

3 某食品店室外透视

4 某食品店室内透视

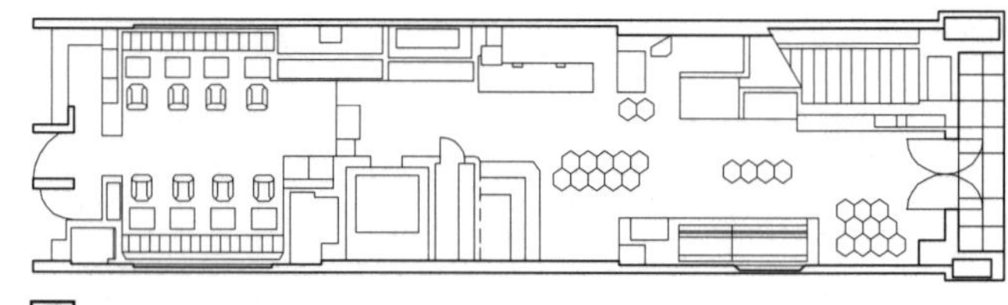

5 日本某水果店

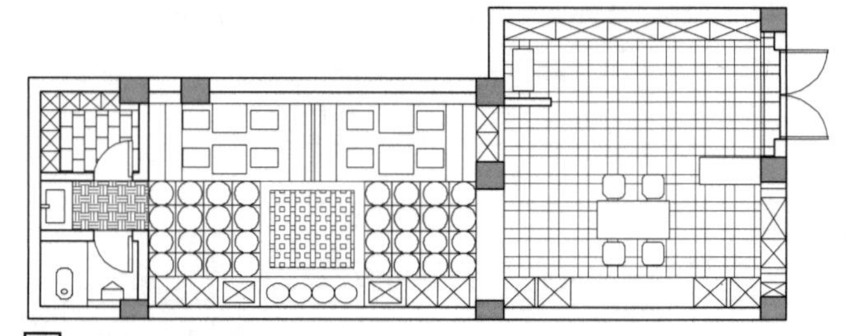

6 陕西安康某茶叶店

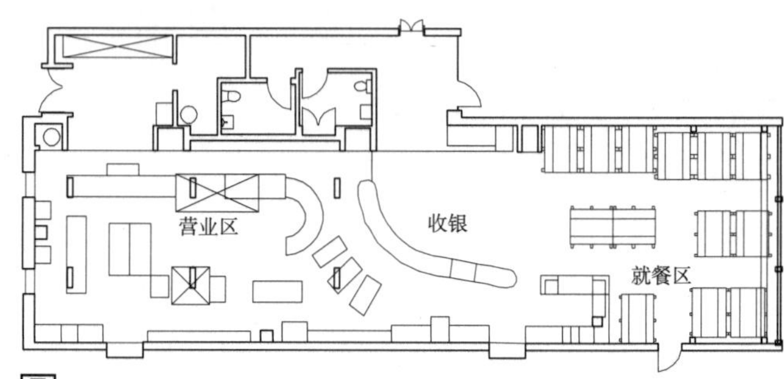

7 美国某甜甜圈店

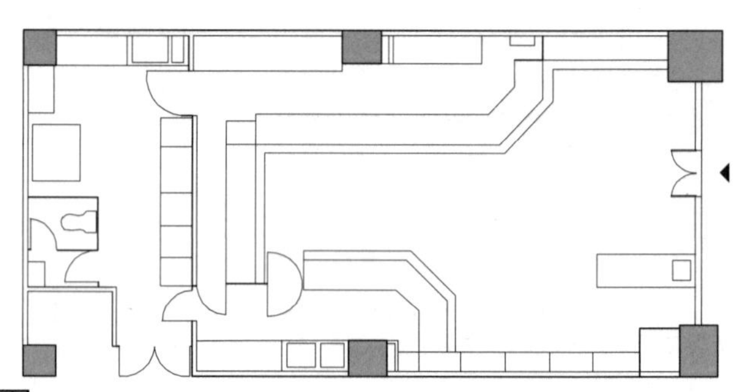

8 日本某熟食店

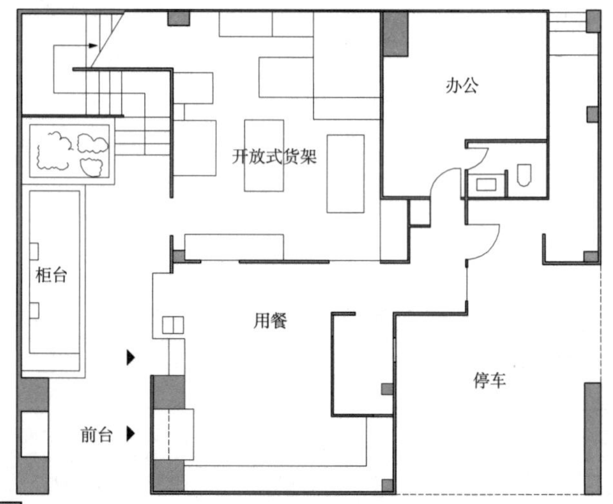

9 日本某食品店

定义

菜市场是指经营各类蔬菜瓜果、肉类、家禽、水产品等，以及油、盐、酱、醋和各类干货的专业商店。部分菜市场内设有熟食店等配套专业商店。

功能组成　表1

分类	组成
营业厅	商品陈列、销售
辅助室	办公、店员休息、卫生
作业室	肉类、副食、蔬菜加工
服务室	接待、代客加工、咨询
小吃部	快餐、热冷饮
库房	储存商品

设计要点

1. 菜市场是居民日常生活必需的专业商店，客货流量大，选址应靠近居民区和交通便捷之处。总平面布置应将客流与货流分开，留有足够的顾客集散地、停车场地和货场。

2. 菜市场以供应新鲜食品为主，宜设置冷冻保鲜设备室。气味大的商品应分门别类保鲜存放，防止串味和蝇虫的侵入，并应有良好的卫生防疫措施。

3. 营业厅应具有良好的通风、采光、污物收集和集中处理设施。地面材料的选择以便于清洗为原则。

4. 室内设计宜简洁，营业厅的货品配置一般以专业为主，但销售量大的商品应分散，并与辅助业务紧密联系。

5. 主通道与购物通道交叉处应设窨井，柜台内侧设地漏。场内上下水道应保持畅通。

6. 水产柜应供水到摊，肉柜应供水到经营区，熟食经营专间应供水到专间。市场内宜设置供消费者使用的供水点。同时要安装高压水冲洗装置以有效清洁地面、墙面和设备设施。

7. 柜台外地面排水槽宜用不锈钢材料或耐腐蚀、易清洗消毒材料制作，并设地漏。柜台内排水槽保持排水畅通，地面干燥，不积垃圾。

8. 规模较大的菜市场宜设置地下车库满足顾客需求。

9. 农贸市场应配置统一的废弃物容器、垃圾桶（箱），并设置集中、规范的垃圾房。垃圾房应密闭，有上下水设施，不污染周边环境，每个经营户应设置加盖的垃圾筒（箱）。

营业厅过道宽度参考表（单位：mm）　表2

规模	营业厅主过道	营业厅次过道
小型店	≥2400	≥900
中型店	≥3500	≥1500
大型店	≥4000	1500~2400

蔬菜副食品类库房面积标准参考表　表3

商品种类	每货位（m²）		附注
	常温	冷藏	
蔬菜、水果（中低档）	14	—	北方地区面积可适当放大
调味品、粮食制品	10	—	贮存时分堆放置，防串味
肉	2	4.5	冷藏每平方米可存猪肉800kg或牛肉700kg
水果、蔬菜、蛋类	10	4	冷藏每平方米可存货约500~600kg
鱼	5	2.5	冷藏每平方米可存货约950kg
卤制品、乳制品	2	2	为熟食品，不和其他生鲜品混同贮存
糖果、点心	7	—	注意防潮，保持新鲜
烟、酒、茶类	7	—	设置专间，不与其他商品混同贮存

注：仅有一个售货岗位的商品，库房面积可增0.5倍。

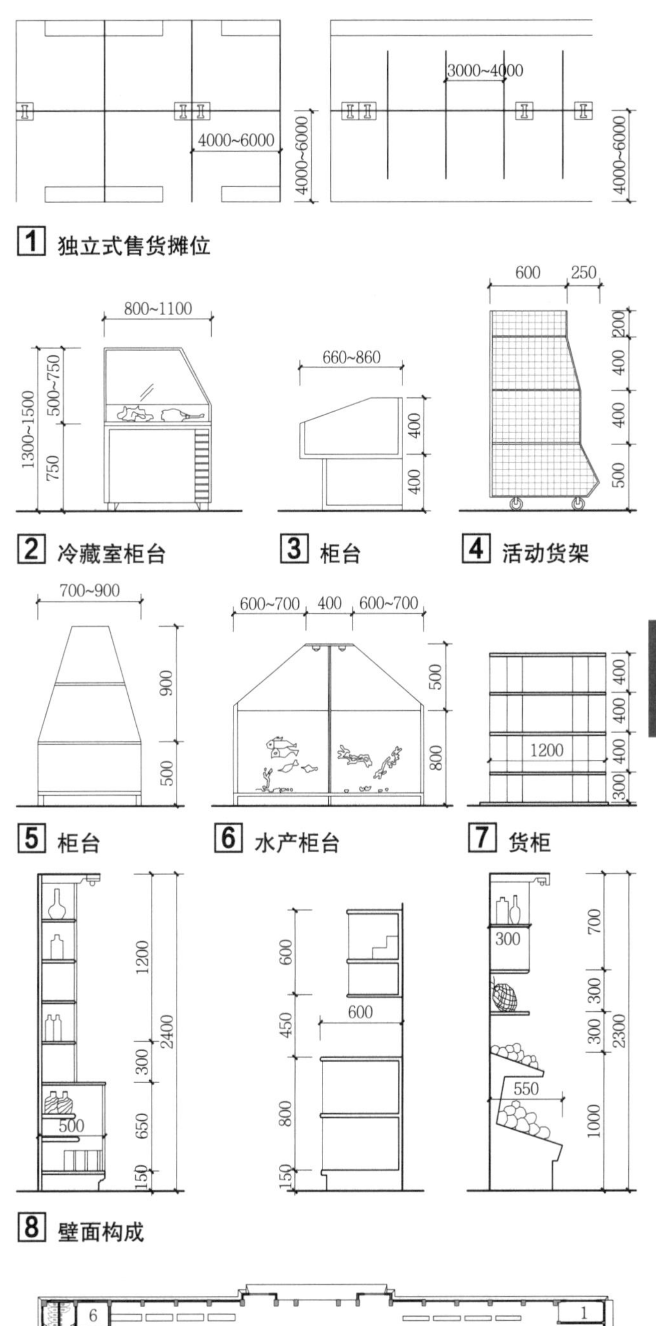

1 独立式售货摊位

2 冷藏室柜台　3 柜台　4 活动货架

5 柜台　6 水产柜台　7 货柜

8 壁面构成

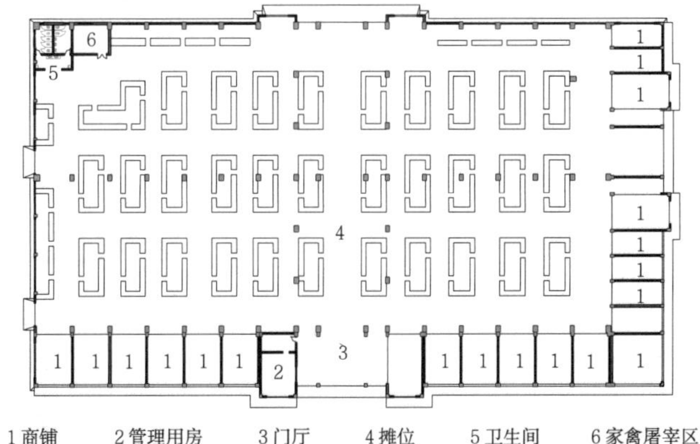

1 商铺　2 管理用房　3 门厅　4 摊位　5 卫生间　6 家禽屠宰区

副食品包括：油、盐、酱、醋、糖、碱、腌、海味、调料、腊、蛋、豆制品及南北干鲜货等。
水产品包括：河鲜、海鲜、水发及贝壳等。
专营柜为：营养品、孕妇食品、清真食品、地方风味、节日供应和特殊客货等。

9 某农贸市场

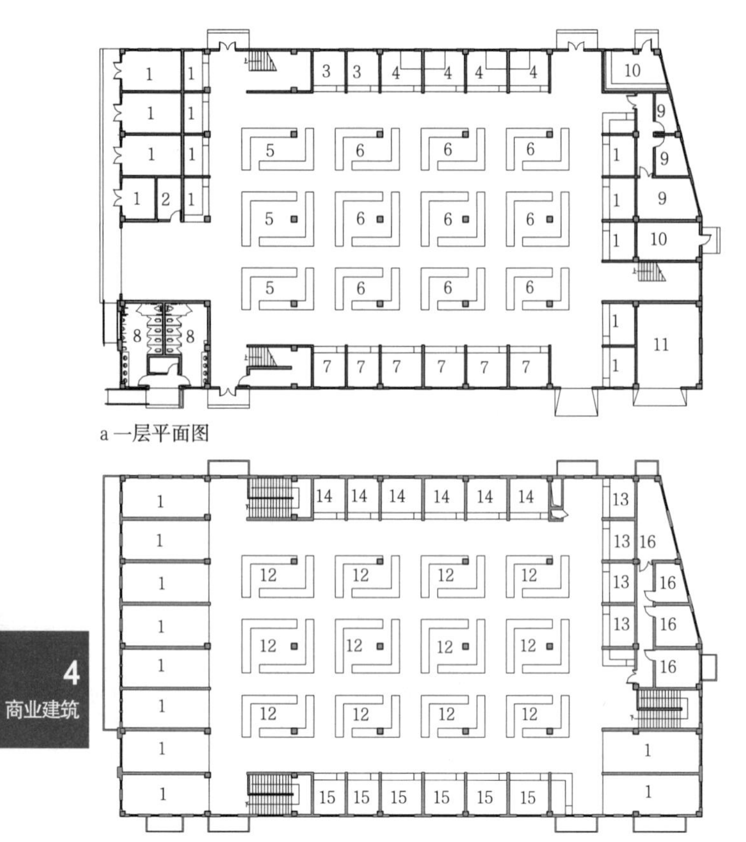

a 一层平面图

b 二层平面图

1 商铺　2 管理用房　3 蛋类供应　4 生禽供应　5 水果供应　6 肉类供应
7 水产供应　8 卫生间　9 办公　10 设备用房　11 垃圾收集间　12 蔬菜供应
13 熟食供应　14 杂货供应　15 半成品供应　16 仓储间

1 上海浦东民乐社区菜场

名称	主要技术指标	设计时间	设计单位
上海浦东民乐社区菜场	建筑面积3357.42m²	2013	中国建筑上海设计研究院有限公司

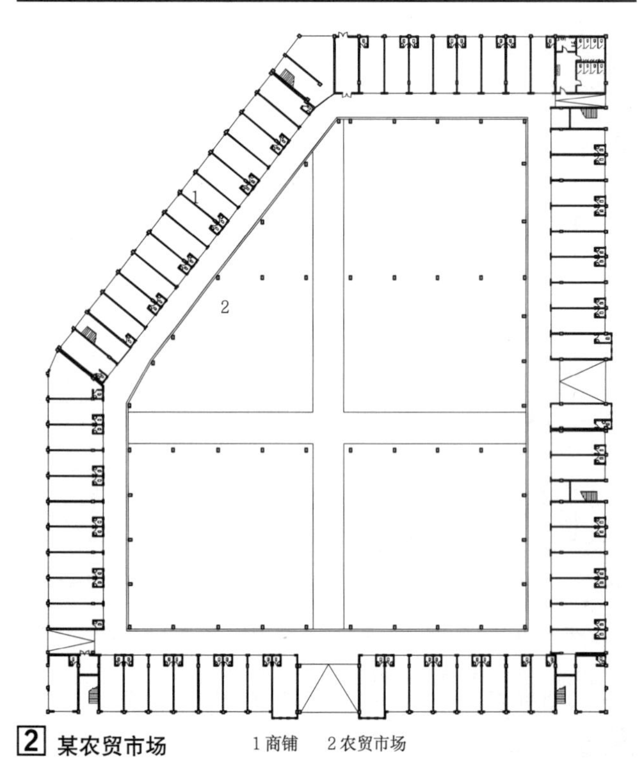

2 某农贸市场

1 商铺　2 农贸市场

a 一层平面图

b 二层平面图

3 某农贸市场

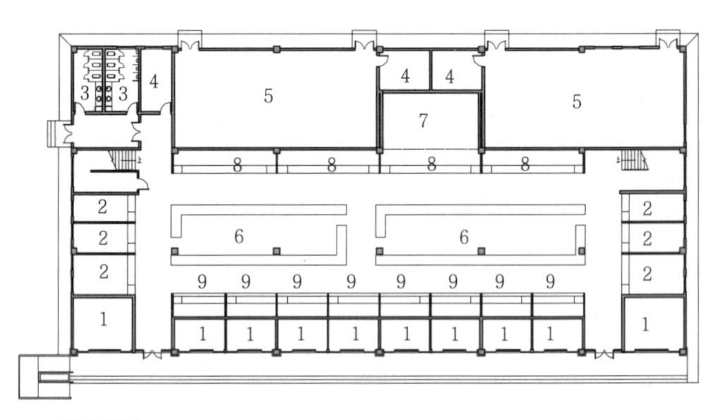

a 一层平面图

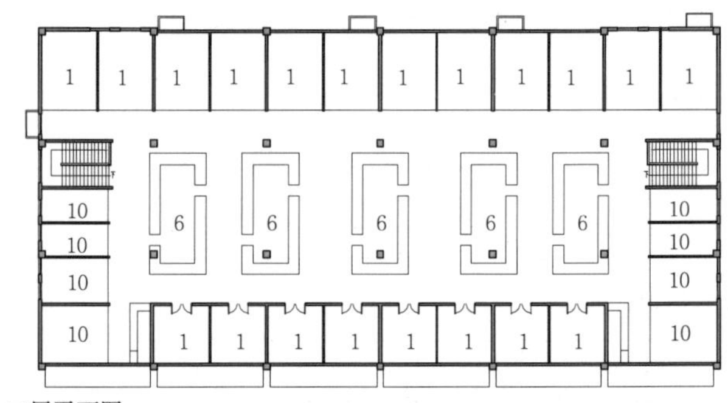

b 二层平面图

1 商铺　2 水产供应　3 卫生间　4 管理用房　5 设备用房
6 蔬果供应　7 禽类宰杀　8 蛋禽供应　9 杂货供应　10 肉类供应

4 广州金沙洲新社区菜场

名称	主要技术指标	设计时间	设计单位
广州金沙洲新社区菜场	建筑面积2546.3m²	2006	中国建筑上海设计研究院有限公司

定义

服务、修理行业中的服务业是指在商业建筑类别中能够为顾客提供信息、金融、休闲、文化、娱乐等需求的服务；修理业是指为顾客提供日常生活用品的简单、快捷的修理服务。以上两种业态是以居住小区为单元均匀布局的，但近年来由于商业模式的变迁与发展，以及消费者对商品修理概念的改变，使得服务、修理行业建筑的布局不能依照旧的模式，必须要适应新的消费群体的需求。

特点

1. 选址应位于繁华或者交通方便的地段，也可以设置在居住小区的附近。
2. 规模较小，多附建在建筑物的底层及二层。
3. 专业性较强，房间的分隔和布置按照建筑性质确定。
4. 从业人员有丰富的专业知识。

设计要点

1. 根据建筑的性质、所处的地段、服务的范围及对象等进行设计。
2. 店面的店招和橱窗有很明确的识别性，有些店面有品牌特有的标志和颜色。
3. 服务性建筑注重店面的装修风格。
4. 修理性建筑需要有充足的照度。

分类

服务、修理行业分类　表1

服务类	修理类
影楼服务	汽车修理
邮电、银行网点服务	摩托车修理
旅行社、房产中介、家政服务	钟表、眼镜修理
洗衣服务	皮具、鞋类、箱包修理
汽车美容服务	
图文打印服务	
通信营业厅	

居住区级（4万~6万人）公共服务设施控制指标　表2

名称			《城市居住区设计规范》GB 50180	《北京市居住区公共服务设施规划设计指标》	《城市居住地区和居住区公共服务设施设置标准》DGJ08-55	《重庆市居住区公共服务设施配套标准》	《南京市新建地区公共服务设施配套标准规划指引》	《深圳市城市规划标准与准则》	《杭州市城市规划公共服务设施基本配套规定》
编制单位			中华人民共和国建设部	北京市规划委员会 北京市建设委员会	上海市建设和交通委员会	重庆市规划局	南京市人民政府 南京市规划局	深圳市人民政府	杭州市人民政府
编制时间			2002年	2015年	2006年	2005年	2006年	2014年	2006年
项目指标	商业服务		700~910m^2/千人	535~625m^2/千人（含超市、便利店、理发店、洗衣店、药店、金融网点、家政服务等）	—	415~535m^2/千人（餐饮、修配）	—	—	480m^2/千人
	金融邮电	银行	60~80m^2/千人	—	10m^2/千人(250m^2/处)	—	—	—	18m^2/千人(1000m^2/处)
		邮电	—	—	30m^2/千人（1500m^2/处）	16m^2/千人	250m^2/处	—	6m^2/千人（300m^2/处）
			—	30m^2/千人(邮政支局)	—	1500m^2/处	—	250m^2/处	—
	社区服务		59~464m^2/千人	20~30m^2/千人	10m^2/千人(中介、协调、教育等)	1000m^2/处（家政服务、就业指导、职业培训、老年大学、中介、咨询、助残等）	1000~3000m^2/处（家政服务、就业指导、中介、咨询服务、代课订票等）	250~300m^2/处	1000m^2/处(中介、协调、就业指导、教育等)

居住区级（1万~2万人）公共服务设施控制指标　表3

名称			《城市居住区设计规范》GB 50180	《北京市居住区公共服务设施规划设计指标》	《城市居住地区和居住区公共服务设施设置标准》	《重庆市居住区公共服务设施配套标准》	《南京市新建地区公共服务设施配套标准规划指引》	《深圳市城市规划标准与准则》	《杭州市城市规划公共服务设施基本配套规定》
编制单位			中华人民共和国建设部	北京市规划委员会 北京市建设委员会	上海市建设和交通委员会	重庆市规划局	南京市人民政府 南京市规划局	深圳市人民政府	杭州市人民政府
编制时间			2002年	2015年	2006年	2005年	2006年	2014年	2006年
项目指标	商业服务		450~570m^2/千人	—	—	415~535m^2/千人	500m^2/处（便利店、早点、储蓄所）	—	75m^2/千人
	金融邮电	银行	16~22m^2/千人	20m^2/千人（邮政所）	—	—		—	
		邮电	—	—	8m^2/千人(≥160m^2/处)	3m^2/千人（150m^2/处）	—	100~150m^2/处	—
	社区服务		59~292m^2/千人	20~30m^2/千人	—	100m^2/处	—	400m^2/处	—

居住组团级公共服务设施控制指标　表4

名称		《城市居住区设计规范》	《北京市居住区公共服务设施规划设计指标》	《城市居住地区和居住区公共服务设施设置标准》	《重庆市居住区公共服务设施配套标准》	《南京市新建地区公共服务设施配套标准规划指引》	《深圳市城市规划标准与准则》	《杭州市城市规划公共服务设施基本配套规定》
编制单位		中华人民共和国建设部	北京市规划委员会 北京市建设委员会	上海市建设和交通委员会	重庆市规划局	南京市人民政府 南京市规划局	深圳市人民政府	杭州市人民政府
编制时间		2002年	2015年	2006年	2005年	2006年	2014年	2006年
项目指标	商业服务	150~370m^2/千人	—	—	—	—	—	30m^2/千人
	金融邮电	—	—	—	—	—	100~150m^2/处	—
	社区服务	19~32m^2/千人	—	—	20m^2/千人（100m^2/处）	—	200~300m^2/处	100m^2/处
	物资回收维修站	—	—	26m^2/千人(≥50m^2/处)	—	—	—	—
	家政服务	—	—	≥120m^2/处	—	—	—	—

定义

影楼是为消费者提供专业摄影的场所，更多地呈现出现代商业服务企业的特征。针对不同类型的消费群体，其定位也有所不同。

设计要点

1. 基地的选择、规模应符合城市规划要求，一般宜临街。小型照相馆应靠近居住区布置。摄影工作室及婚纱影楼场地较大，一般分多层布置，宜选在交通便利、消费水平较高的商业地区。

2. 照相馆以彩色数码摄影和扩印为主，并保留传统彩色及黑白胶片的冲、扩印功能。

3. 摄影工作室及大型婚纱影楼要求具有单独的开放条件和直接对外出入口。若设置在商业中心内，也应有独立的对外出入口。

4. 一般分为收费区和非收费区，其内部应有明确的功能分区，流线清晰，互不干扰。

5. 摄影工作室及婚纱影楼一般具有多个独立的不同风格的摄影室，装修新颖、时尚。装饰材料多采用吸声、防火、环保的材料，避免使用大量反射材料。多采用节能的灯光设备。

6. 儿童摄影的布景及摄影道具应符合婴幼儿的尺度，避免使用锋利、尖锐的物品。摄影室应采用柔光措施。

7. 儿童摄影宜设置单独的母婴室或者哺乳室。

8. 修版及修片室光线要求均匀，宜朝北。墙面、顶棚应不反光。

9. 影楼的服装应定期清洗、消毒。

影楼类型及特征　　表1

项目＼类型	小型照相馆	摄影工作室	大型影楼
服务对象	无特定人群	新婚夫妇、儿童、年轻人	新婚夫妇、年轻人
市场比例	多	较多，当前比较流行的形式	较少
建筑面积	50~100m²	100~500m²	1000m²以上
主营业务	证件照，普通照片的冲、扩印	个人写真、婚纱摄影、儿童摄影	个人写真、婚纱摄影
摄影形式	数码、胶片	数码	数码
消费定位	品牌加盟连锁店为主，价格低，周期短，吸引顾客多次反复消费	个人经营及合伙经营为主，价格较高，周期较长，多为一次性消费	品牌经营，价格不菲，周期长，多为一次性消费，后期或有追加消费的情况
功能分区	接待区、摄影区	接待区、展示区、服装区、化妆区、休息区、摄影区、储藏	接待区、展示区、业务洽谈、服装区、化妆区、休息区、摄影区、精品区、贵宾区、VIP区、出租区、储藏等
环境特点	品牌加盟店统一装修，以便利性为主	有一定的风格主题，服务人员统一着装	装修豪华、时尚，有多种主题风格可供选择；服务人员统一着装，定期培训
配套服务	无	相册、海报印制，饰品、摆件制作	服装定制，相册、海报印制，饰品、摆件制作，其他定制产品

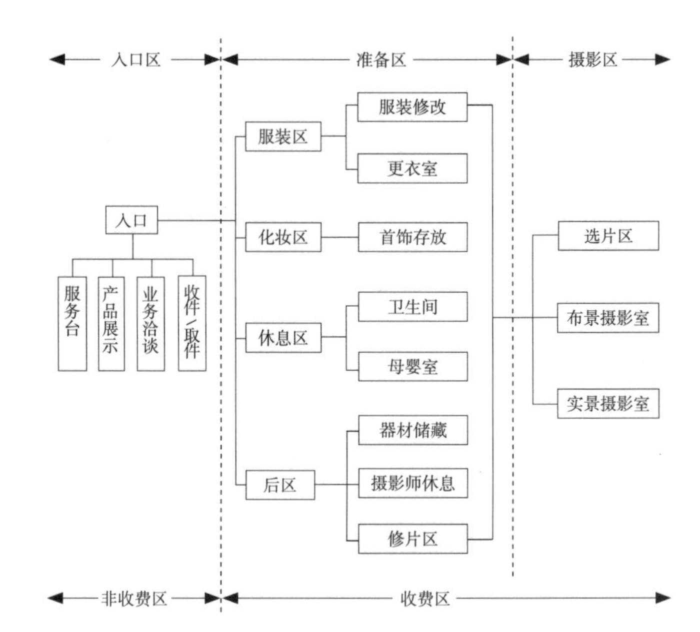

1 影楼功能构成与流线组织

摄影室参考尺寸　　表2

人数	尺寸代号 a	尺寸代号 b	尺寸代号 c
1~5	4000	6000	3700
10~40	6000	10000	—
50~100	8000	130000	4500

图示

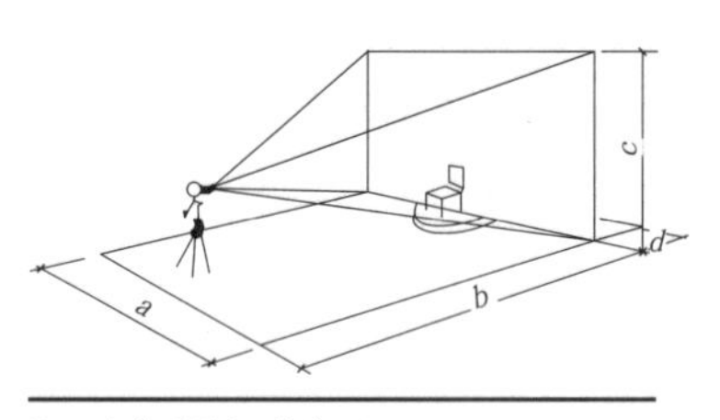

注：d为幕后距离，约为1000mm。

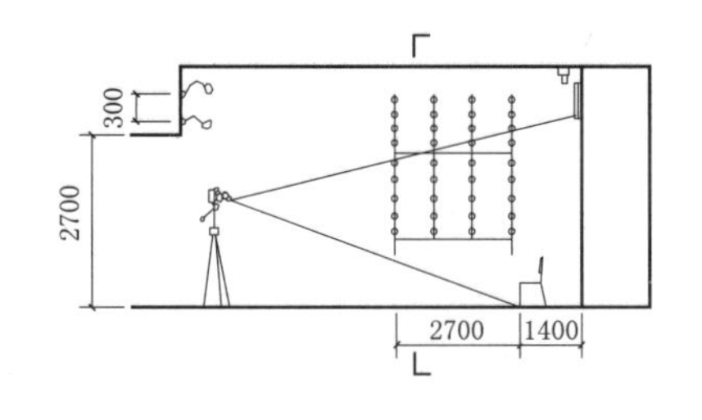

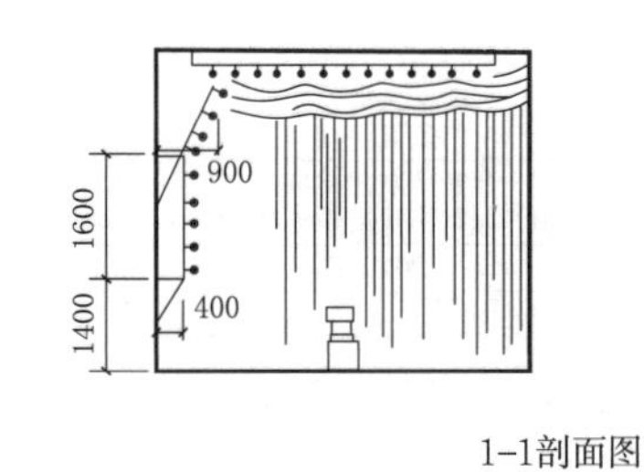

1-1剖面图

2 固定灯具布置

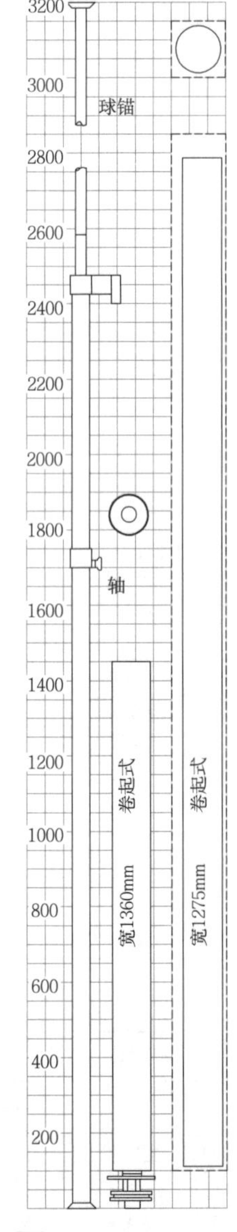

3 背景银幕

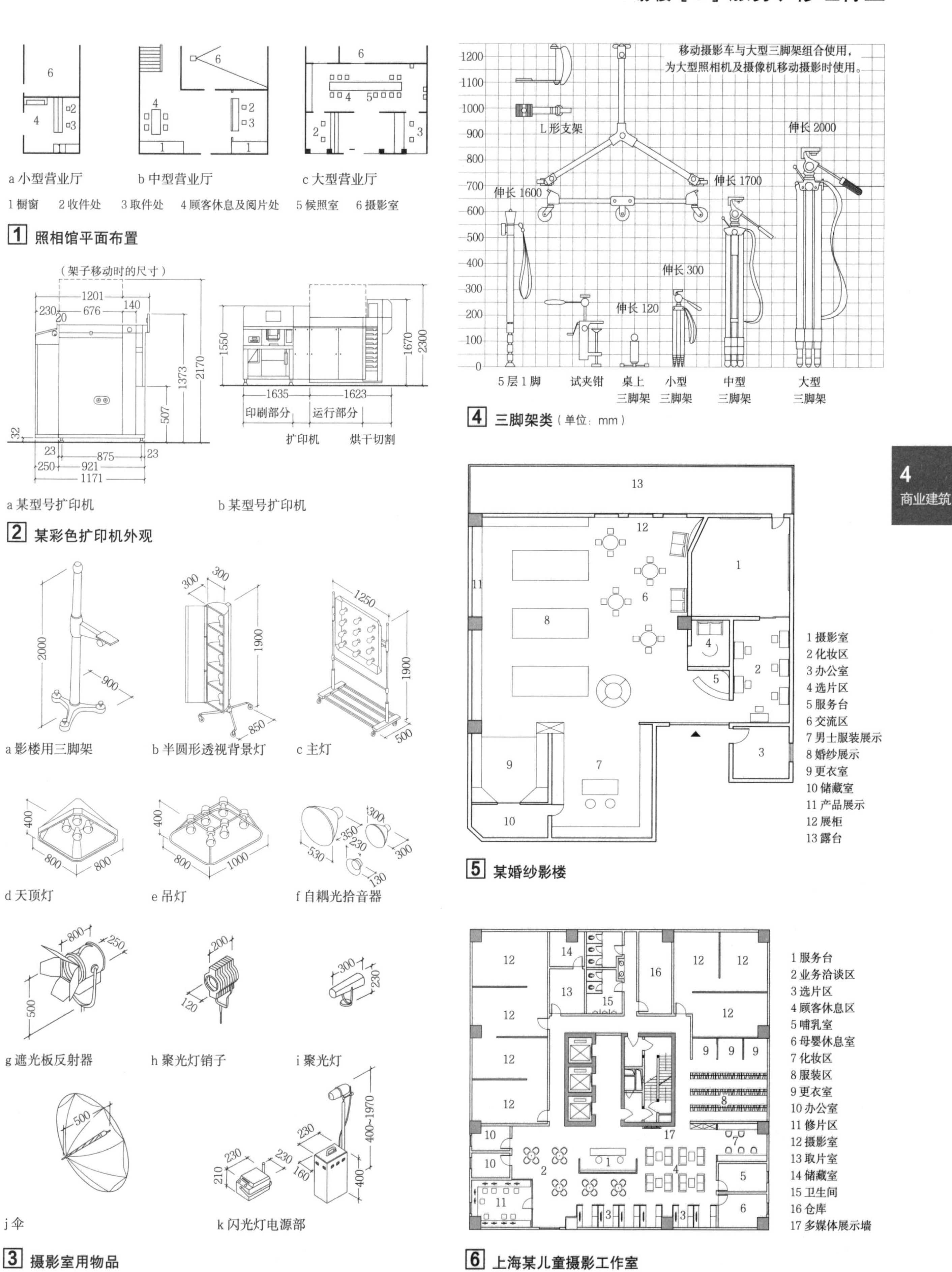

1 照相馆平面布置

2 某彩色扩印机外观

3 摄影室用物品

4 三脚架类（单位：mm）

5 某婚纱影楼

6 上海某儿童摄影工作室

定义

为专业与非专业的客户打印、复印、装裱各种招贴画文件、文本而设立的商店，规模大小应根据所处的地理位置而定，也可与数码照片的打印店合二为一。

设计要点

1. 对外营业的图文打印店选址应以临街为佳。中、大型的图文打印社应靠近大学、设计院、展馆周边，小型图文打印店应靠近政府服务部门、办公区、商业区或住宅区。公司、单位内部的图文打印部门应设在相对独立的楼层或区域。

2. 中、大型的图文打印社应保证室内采光充足、空气流通，日间照明以自然采光为主，夜间照明需不影响视觉对色彩判断。

3. 通风以自然通风为佳，局部用空调送风来加强空气对流。

4. 如采用大型的打印机、复合机等设备，要考虑楼地面的荷载，并提供充足的、不间断的电力供给。

5. 平面布置时，除了留足设备尺寸外，同时需要在设备四周留出足够的设备散热空间和工作人员操作空间。

6. 室内装饰应采用简洁、无静电、易清洁的材料。

7. 图文打印相关设备品种多、更新快，需按实际采购设备进行设计。

图文打印店类别及特点　表1

规模	小型	中型	大型
使用面积	10~20m²	50~100m²	200m²以上
基本设备	电脑 黑白打印 复印机 小型彩印机 小型装订机 扫描仪 小型压膜机 部分有刻字机 小型雕刻机	电脑 绘图仪（A0） 高速复印机 彩色数码印机 装订机、切割机 压膜机、整理台 部分有刻字机 小型雕刻机	电脑 绘图仪（A0） 高速复印机 高速彩色数码印机 装订机、切割机 冷膜机、热膜机 胶装机、整理台 部分有大型雕刻机
人员数量	2~3人	4~10人	15人以上
服务内容	扫描 黑白复印 黑白打印 彩色打印 PHOTOSHOP、CAD等绘图软件的排版、制图等 PVC板材刻字 制作胸牌 铭牌 小型模型 小型灯箱	扫描 黑白复印 黑白打印 彩色打印 喷绘、压膜 制版 文本装订 部分提供台历、年历、画册等个性印刷品的小批量制作 PVC板材刻字 制作胸牌、铭牌 小型模型 小型灯箱	文本装订 印刷 喷绘 冷热裱膜 制版 扫描 提供台历、年历、画册等个性印刷品的小批量制作 PVC板材刻字 制作胸牌 铭牌 模型 灯箱等

大型图文打印店的空间功能划分与流线组织　表2

入口区	制作区	后勤区
接待台 产品展示 业务洽谈 休息等候 收件、取件	排版、设计、制图区 复印区 打印、喷绘区 切割、装订区 刻字、雕刻区 整理、包装区	办公、财务室 仓库 卫生间

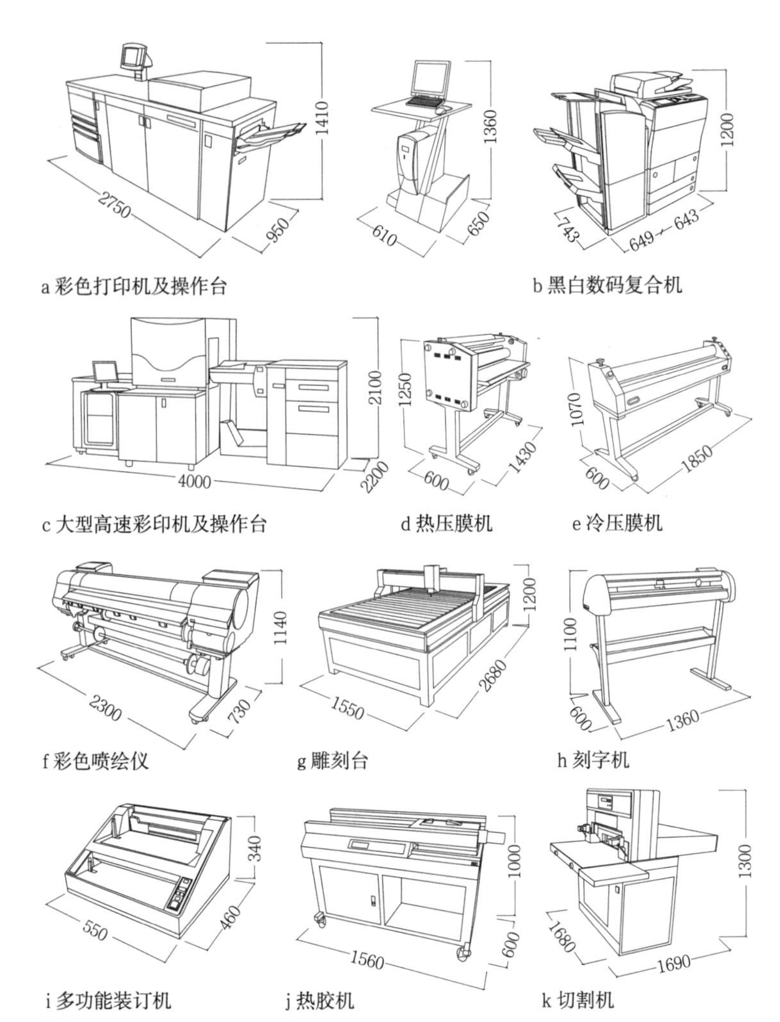

a 彩色打印机及操作台　b 黑白数码复合机

c 大型高速彩印机及操作台　d 热压膜机　e 冷压膜机

f 彩色喷绘仪　g 雕刻台　h 刻字机

i 多功能装订机　j 热胶机　k 切割机

1 常用设备

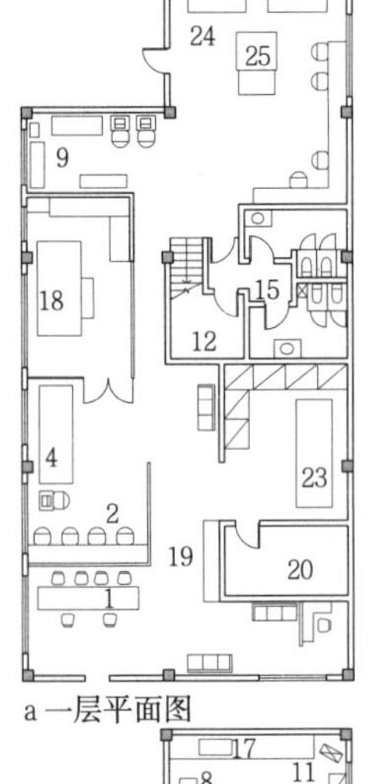

a 一层平面图

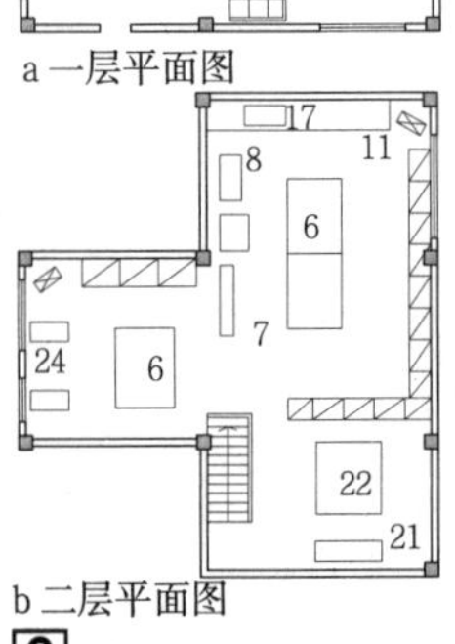

b 二层平面图

2 某大型打印公司

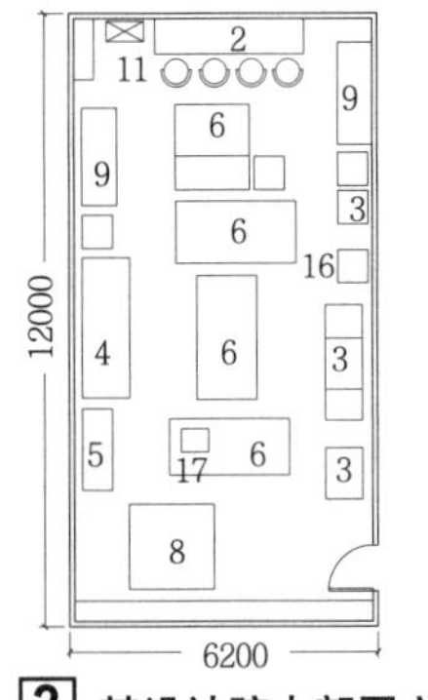

3 某设计院内部图文打印

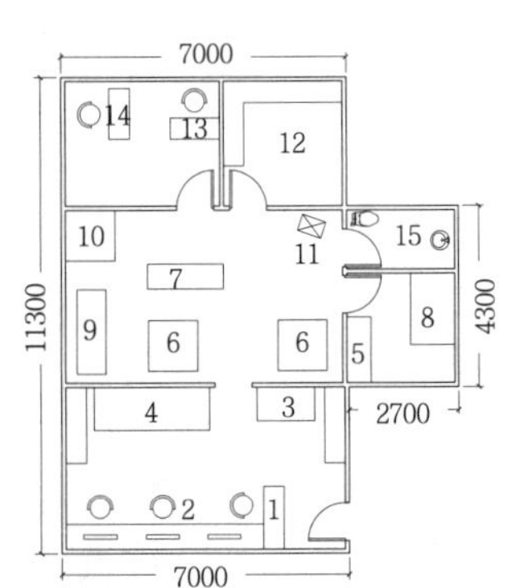

4 某中型打印公司

1 接待台
2 电脑操作台
3 复印机
4 彩色印刷机
5 热胶机
6 整理台
7 冷压膜机
8 切割机
9 彩色喷绘仪
10 纸架
11 空调
12 仓库
13 财务
14 经理
15 卫生间
16 打孔机
17 装订机
18 多功能绘图仪
19 产品展示
20 配电间
21 刻字机
22 雕刻机
23 黑白喷绘仪
24 热压膜机
25 黑白绘图仪

定义

作为特定通信公司专属的营业厅而设立，主要功能是为客户提供账务咨询、打印账单、通信产品销售、设备修理、业务推广等服务。

设计要点

1. 选址应遵循交通便利的原则，宜临近学校、小区、商场、公交站点等。营业厅公共出入口应设有明显的通信企业标识。

2. 营业厅内的平面设计应根据业务量及顾客人流的大小和服务设施的数量做好总体安排，以达到布局合理、人流顺畅，使人感到舒适亲切。

3. 中、大型营业大厅应设有营业服务平面指示图、总服务台或电子业务信息查询台。

4. 封闭式柜台外侧顾客活动场地的净宽度不小于5.0m，宜为用户设1m隔离线标志。

5. 营业厅内应设置公用电话、上网设备，并根据发展需要预留设置可视电话的场所。

6. 营业厅内的装修应结合降低环境噪声和厅内吸声处理进行。

7. 营业厅应设置残疾人轮椅通道和服务柜台。

8. 综合电信营业厅的照明方式应采用大厅内的一般照明和营业员柜台的局部照明相结合的方式。

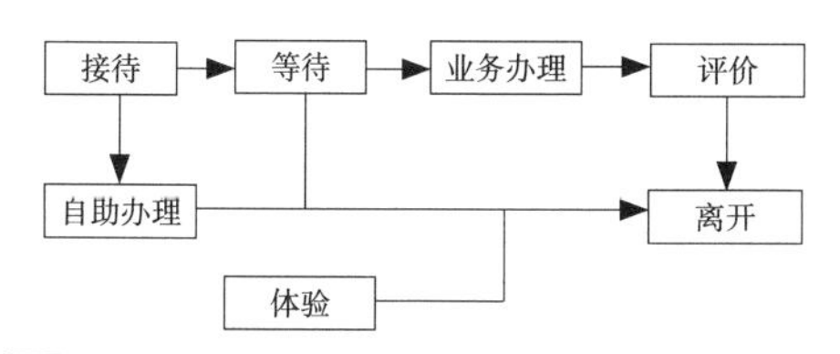

1 功能组成

通信营业厅类别及特点 表1

规模	小型	中型	大型
使用面积	10~20m²	50~100m²	200m²以上
基本设备	电脑 自助缴费机 打印机 饮水机 宣传册展架	电脑 自助缴费机 排队取号机 打印机 饮水机 宣传册展架 展示TV 公用电话	电脑 自助缴费机 排队取号机 打印机 饮水机 宣传册展架 展示TV 公用电话 上网设备 可视电话
人员数量	2~3人	4~10人	15人以上
服务内容	入网办号 充值缴费 业务办理 手机销售	入网办号 充值缴费 业务办理 手机销售 手机维修 客户体验	入网办号 充值缴费 业务办理 手机销售 手机维修 客户体验 装机服务 自助查询 业务洽谈

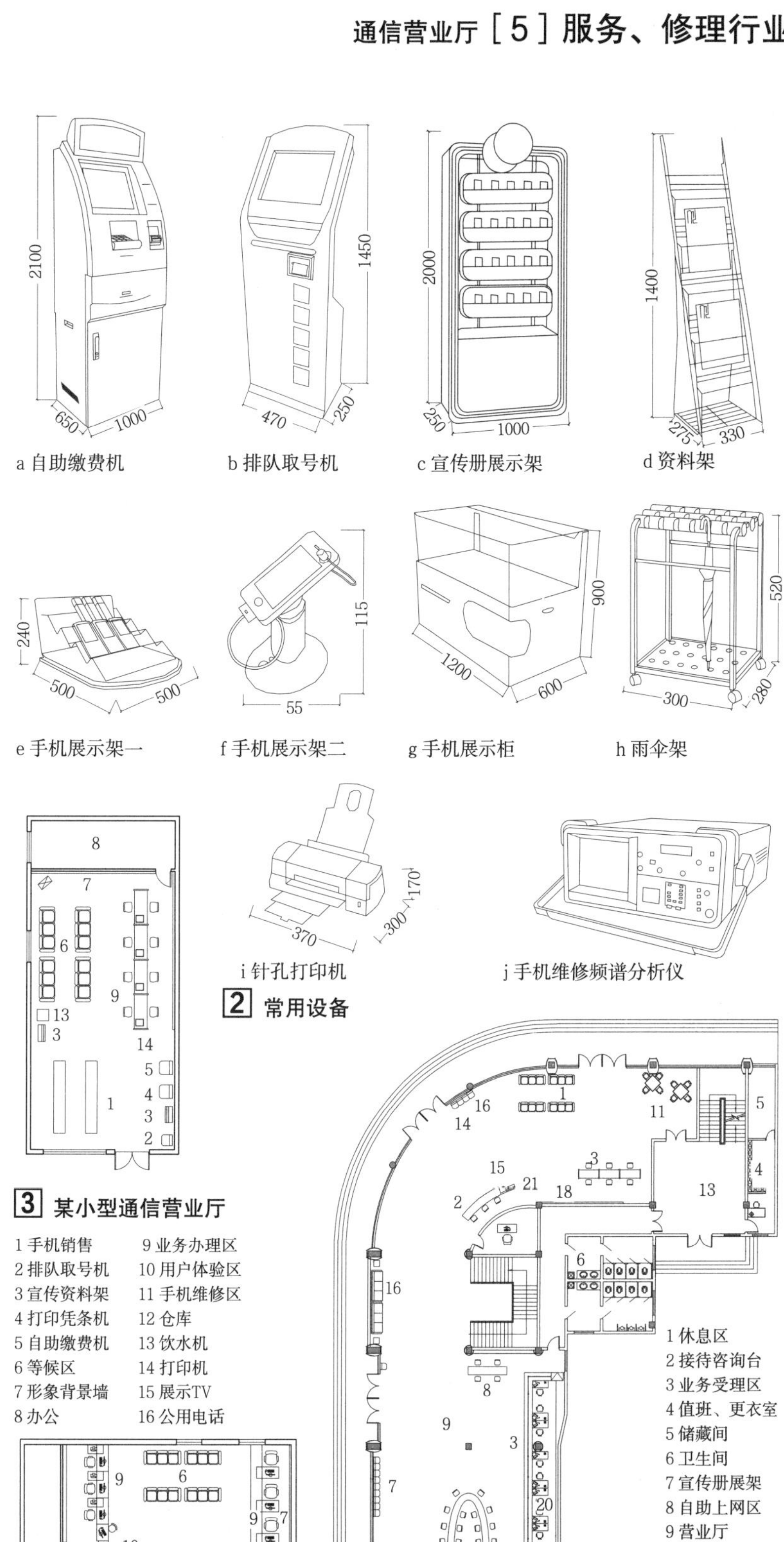

a 自助缴费机　b 排队取号机　c 宣传册展架　d 资料架

e 手机展示架一　f 手机展示架二　g 手机展示柜　h 雨伞架

i 针孔打印机　j 手机维修频谱分析仪

2 常用设备

3 某小型通信营业厅

1 手机销售　2 排队取号机　3 宣传资料架　4 打印凭条机　5 自助缴费机　6 等候区　7 形象背景墙　8 办公　9 业务办理区　10 用户体验区　11 手机维修区　12 仓库　13 饮水机　14 打印机　15 展示TV　16 公用电话

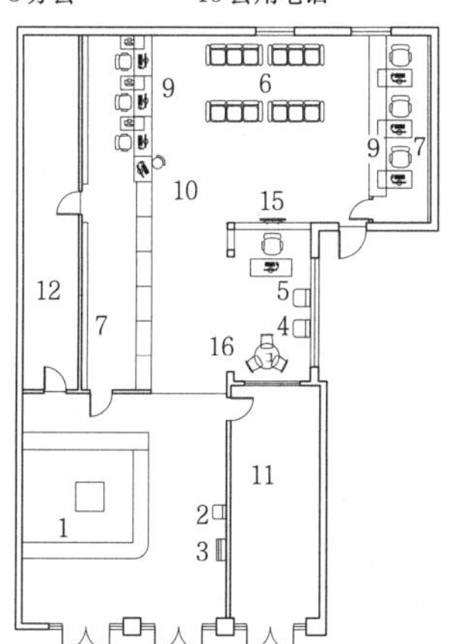

4 某中型通信营业厅

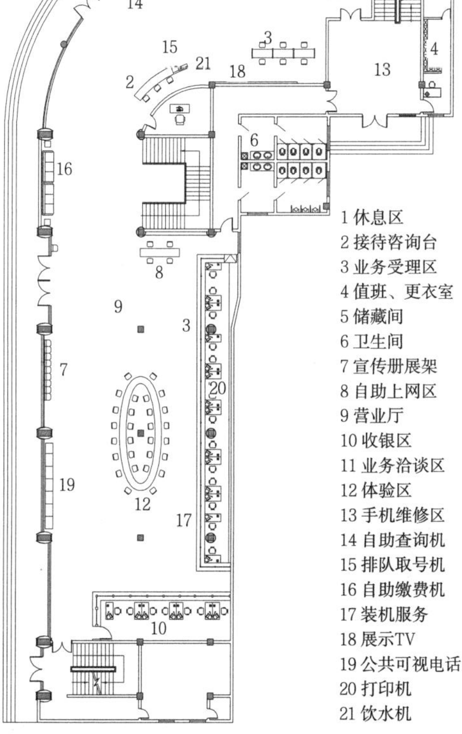

1 休息区　2 接待咨询台　3 业务受理区　4 值班、更衣室　5 储藏间　6 卫生间　7 宣传册展架　8 自助上网区　9 营业厅　10 收银区　11 业务洽谈区　12 体验区　13 手机维修区　14 自助查询机　15 排队取号机　16 自助缴费机　17 装机服务　18 展示TV　19 公共可视电话　20 打印机　21 饮水机

5 某大型通信营业厅

邮政局

1. 选址应位于交通方便的位置，一般以临街为佳。

2. 邮电所有独立的标识(如EMS)和专有颜色(邮政绿)，在造型和外墙颜色或门头等外观处理上应具有可识别性。

3. 应设置无障碍入口及通道。

4. 邮政主柜台前至少需要6m以上进深供服务对象排队等候和活动，柜台后至少3m进深供工作人员使用。

5. 柜台分为两种类型，邮政主柜台为固定柜台，服务辅助柜台为家具柜台。

6. 柜台后墙为一完整墙面，供宣传及电子屏信息服务用。

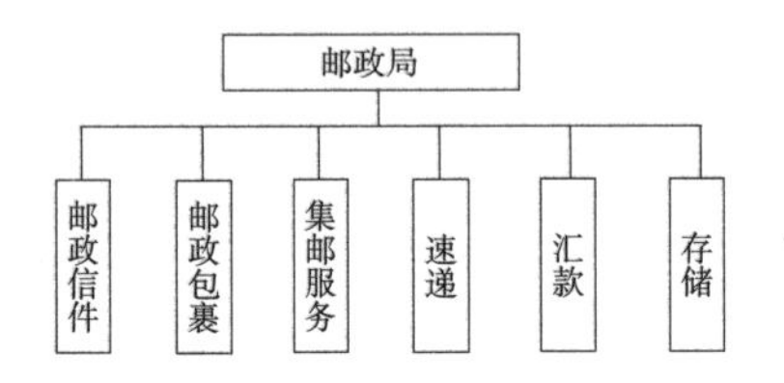

1 邮政局功能类型

银行网点

1. 一般银行营业厅

(1) 选址应位于小区中心或交通方便的位置。出入口位置应有利于吸引顾客，有利于安全。

(2) 要从规划选址、空间设计、建筑构造和设备技术等方面确保安全使用。

(3) 建筑布局应区分内部和外部两大使用功能区，合理组织交通，以提高营业效率，便于管理。

(4) 柜组布置应符合业务流程，出纳、储蓄、金银收兑可相对独立。

(5) 现金区应远离出入口，既隐蔽安全，又便于使用。

(6) 等候区包括柜前、走道和休息三部分，约占营业厅面积的三分之一以上。

(7) 存款业务区与外界相通的出入口应安装联动互锁门。

2. 自助银行

(1) 自助银行的位置应易于识别。

(2) 灯光设计应满足24小时营业需要。

(3) 应设置无障碍入口及通道。

(4) 大门应安装防弹玻璃，入口采用门禁系统，保障安全。

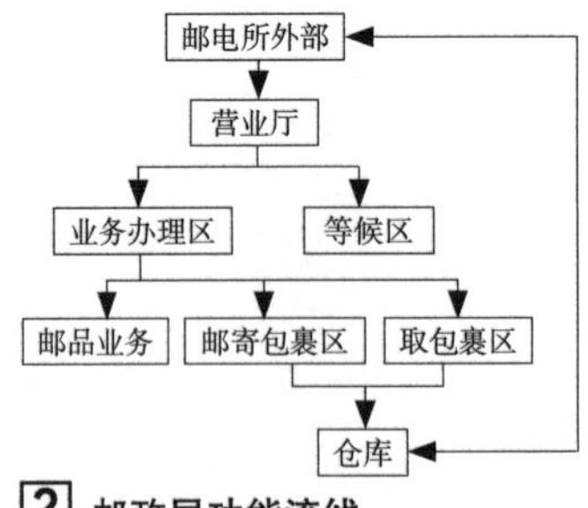

2 邮政局功能流线

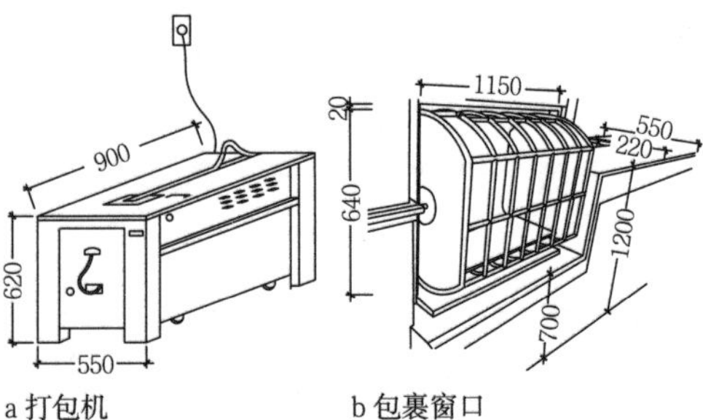

a 打包机　b 包裹窗口

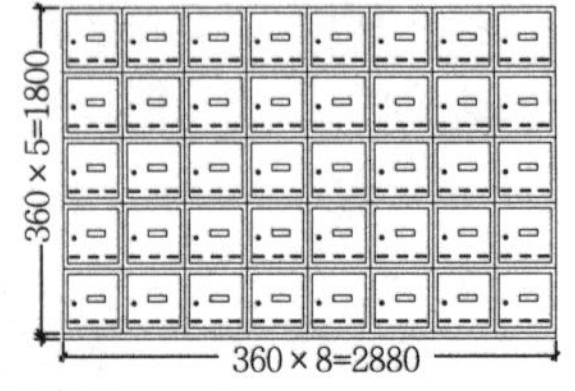

c 大信箱　d 填单台（下设投信箱）

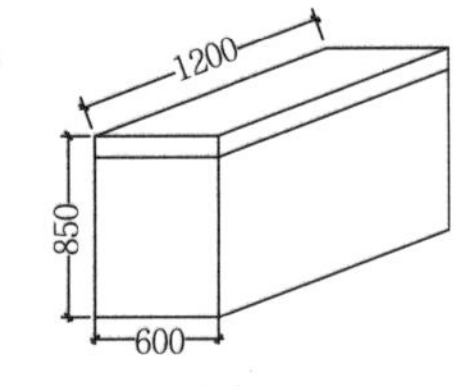

e 包裹安检台

3 邮政局常用设备

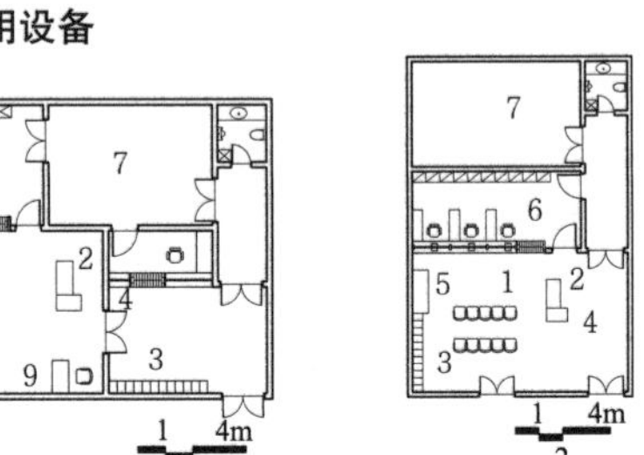

4 北京某邮局平面图

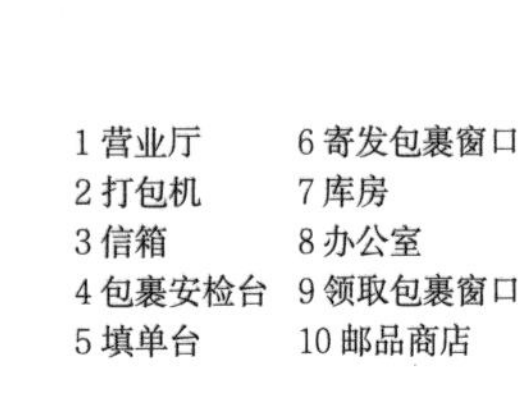

5 深圳某邮局平面图

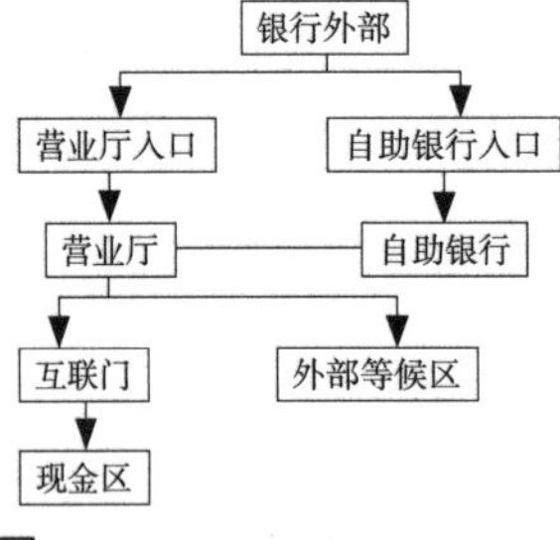

6 银行网点功能流线

a 电子银行

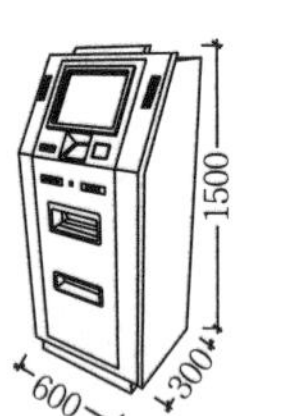

b 登折机

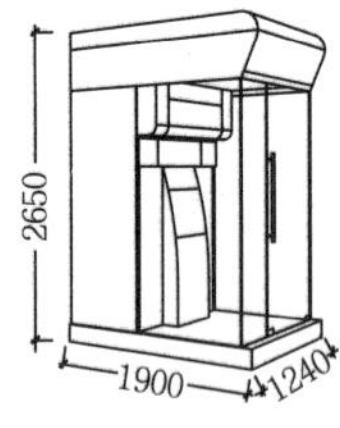

c 离行式封闭银亭

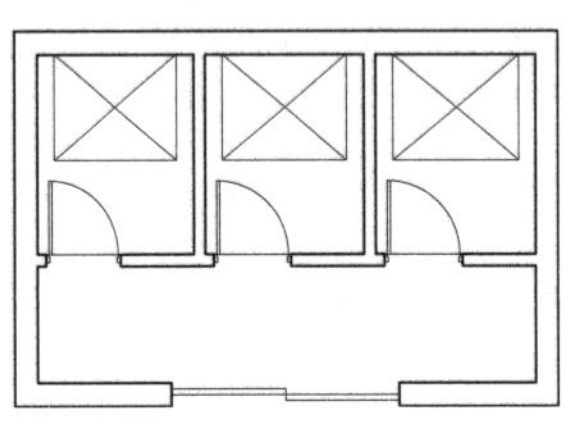

7 自助银行平面示例

d 取号机

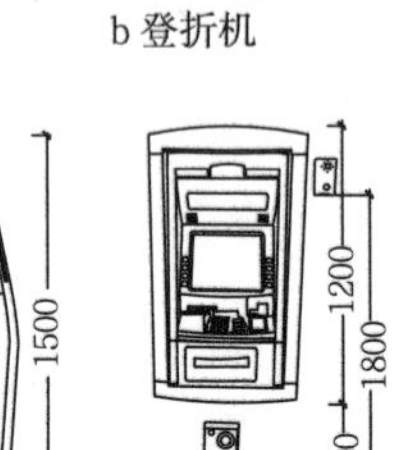

e 嵌墙式ATM机

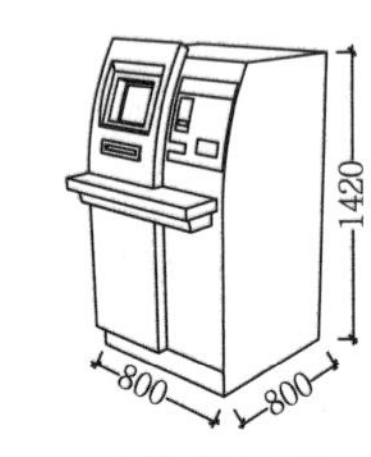

f 大堂式ATM机

8 银行网点常用设备

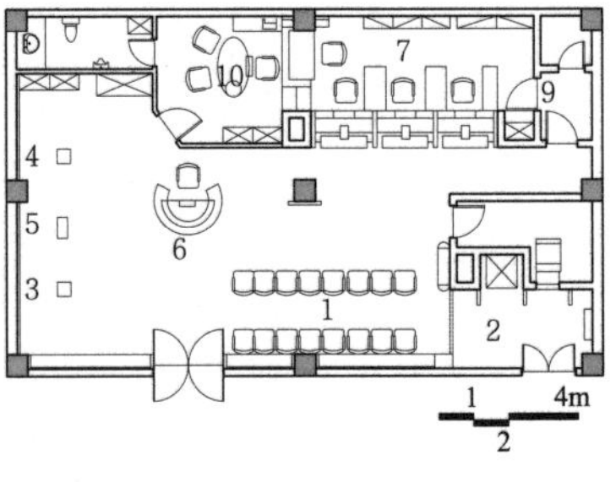

1 等候区　2 自助区　3 取号机　4 电子银行　5 登折机　6 咨询引导台　7 现金区　8 办公　9 互联门　10 贵宾接待　11 个人理财区

9 一般银行营业厅平面示例

旅行社

1. 定义

为特定旅行社设立的产品销售网点。

2. 设计要点

(1)选址应位于交通便利的位置,以临街为佳,也可设于办公楼内。

(2)分为对外营业区和内部办公区。大中型门店的对外营业区分为接待、休息、展示、业务咨询、贵宾室等部分,对外工作人员约10~12人,较小门店的营业厅仅设业务咨询台,工作人员约3~5人。内部工作区包括同业部、地接部、计调部、团队销售部等组成的开放式办公区,以及经理室、财务室、会议室等。

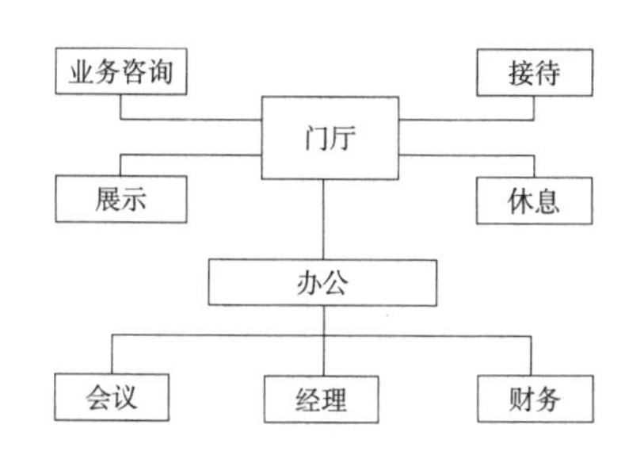

1 旅行社功能组成

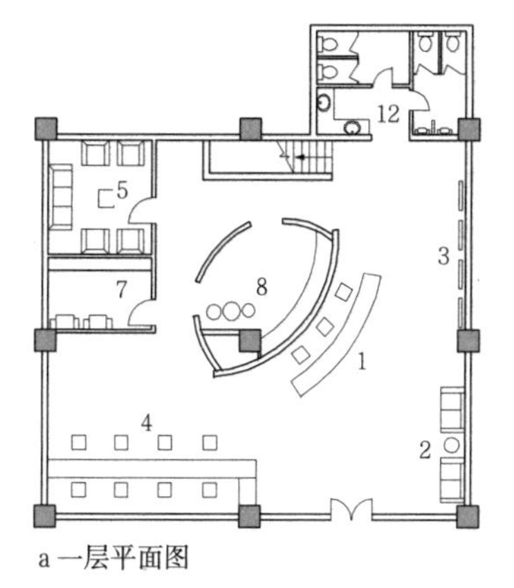

a 一层平面图

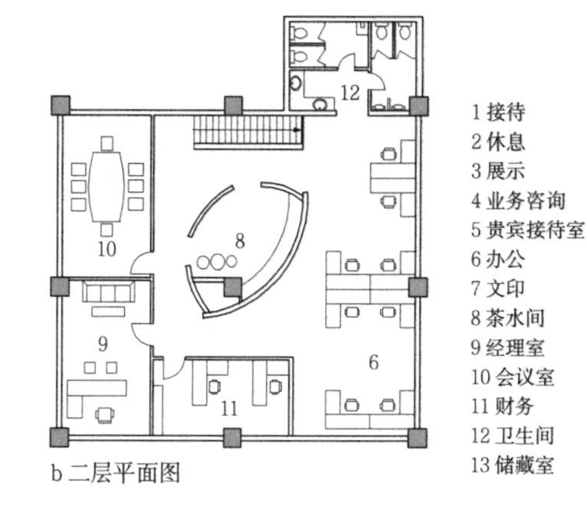

b 二层平面图

2 某中型旅行社

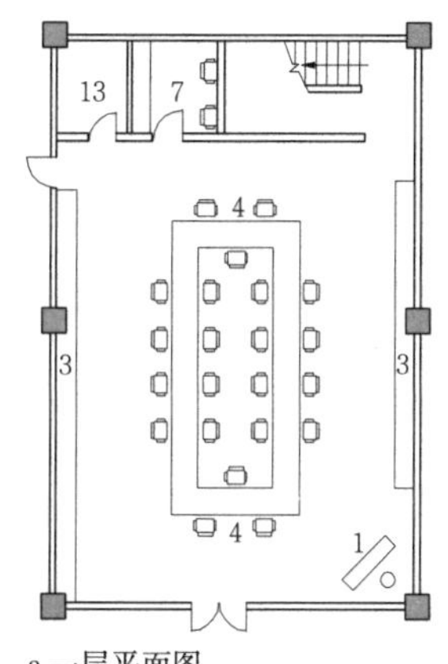

a 一层平面图

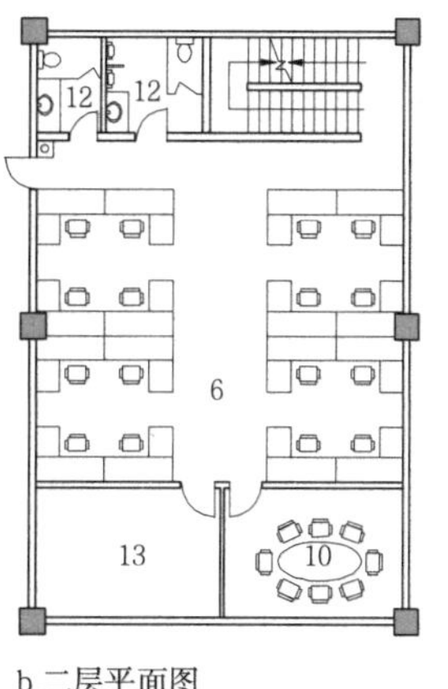

b 二层平面图

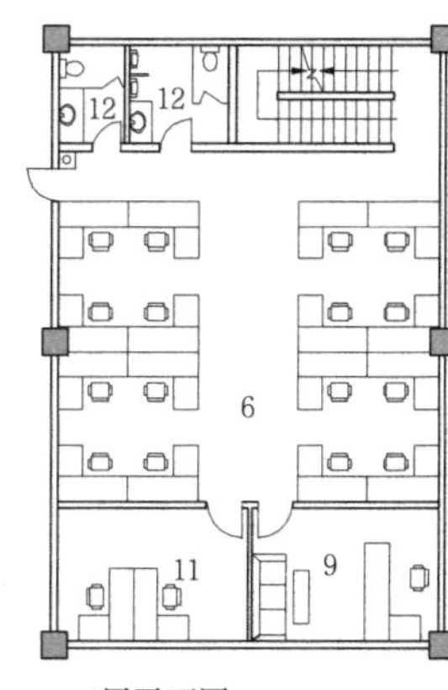

c 三层平面图

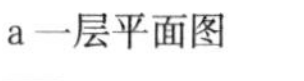

3 某大型旅行社

房产中介、家政服务

1. 定义

为特定品牌的家政服务公司、房产中介公司而设立的销售服务网点。

2. 设计要点

(1)房产中介:多在居住区附近的沿街商铺内成组设置,位置醒目,便于收集信息及带看房源,也有部分设于居住区内部,专营该小区的房源业务。沿街立面多以玻璃橱窗为主,以展示房源信息,橱窗上方多设电子滚动屏。较小的中介门店内设业务办公区、洽谈室和卫生间;较大的门店内增设接待区、会议室、法务室、财务室。

(2)家政服务:通常面积较小,约10~50m²不等,多与菜场等居住区配套设施毗邻设置;月嫂等特殊服务多设于妇产医院附近,便于用户到达。

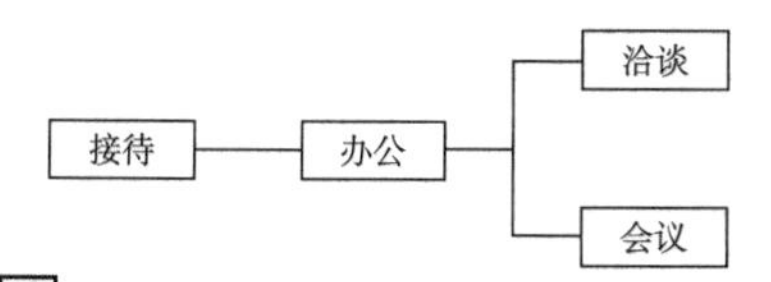

4 房产中介、家政服务功能组成

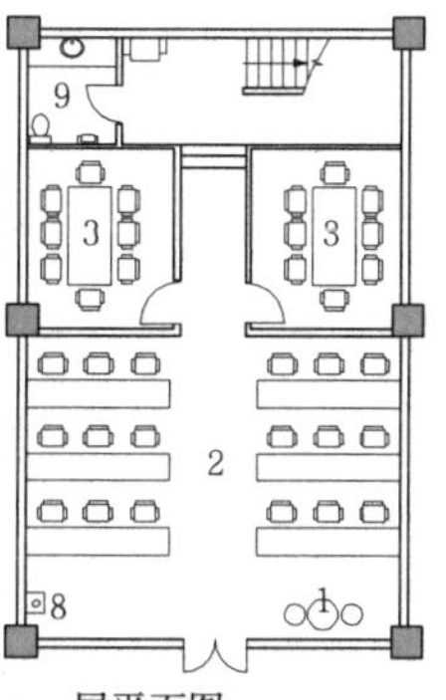

a 一层平面图

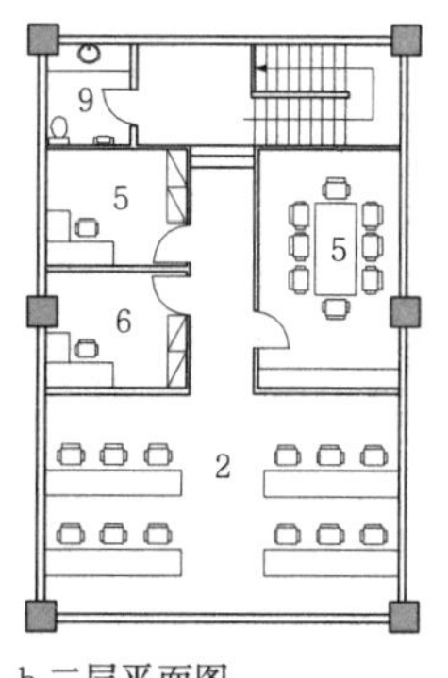

b 二层平面图

5 上海某地产中介

6 某地产中介

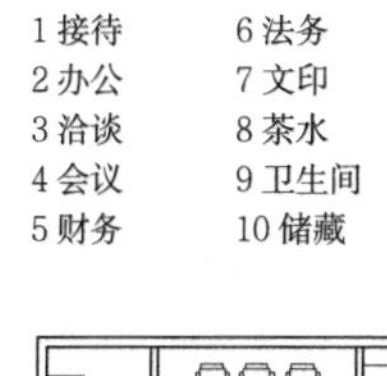

a 一层平面图

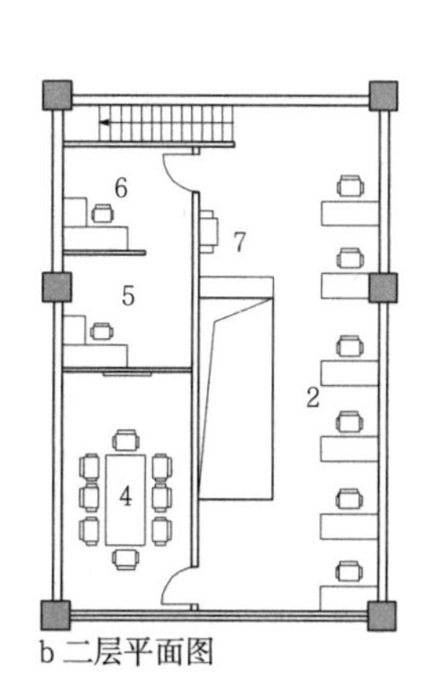

b 二层平面图

7 某地产中介

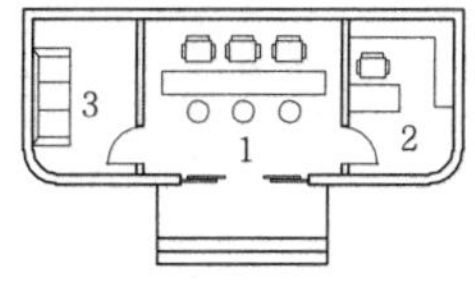

8 上海某家政服务

定义

为服务网点配套，由品牌店家专营，为顾客提供洗涤、熨烫等服务的专业商店。

设计要点

1. 选址应位于交通便利的商圈或居住小区附近，以临街为佳。

2. 运作流程和运作效率：在整体布局时既要考虑日常操作的方便，又要兼顾容易整理。

3. 衣物存放整洁有序：洁净衣物与待洗衣物分开存放；衣物存取有规可循；衣物挂放注意防尘、防潮。

4. 加工和接待区域有别：干洗店至少应分割两个区域，一是客户接待区，可兼作洁净衣物存放区；二是加工处理区，包括洗衣、烘干、熨烫和整理。

5. 服务提示醒目清晰：洗衣店需向客户告知一些事项，包括服务内容、价格、注意事项及营业执照、营业时间、联系电话等，必须考虑到顾客的阅读方便。

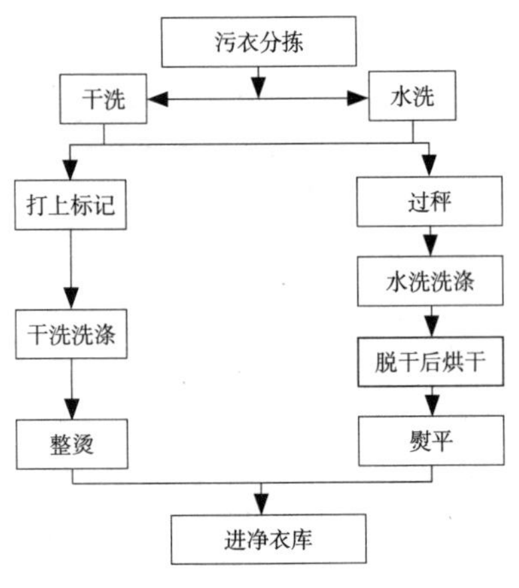

1 功能构成

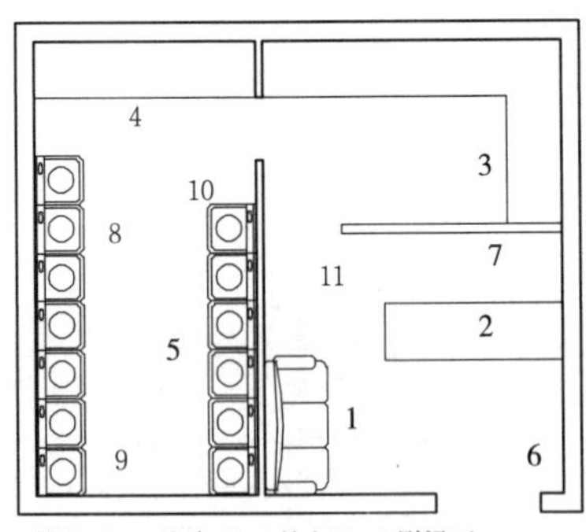

1 等候区　2 接待区　3 挂衣区　4 熨烫区
5 洗衣区　6 广告栏　7 形象墙　8 水洗区
9 烘干区　10 干洗区　11 钢化玻璃隔断

2 上海某洗衣店平面示例

规模设备选型　　表1

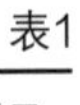

规模	面积（m²）	基本设备	设备投资（万元）	员工（人）
小型店	20~40	干洗机、烘干机、熨烫设备、水洗机、衣服包装机、衣服输送机、消毒柜等	3~5	1~2
中型店	50~70	全自动全悬浮石油干洗机、立式变频洗脱两用机、全自动烘干机、成衣立体包装机、电脑语音消毒柜、自动吸风熨烫台、电热发生器熨斗（含胶管）	5~10	2~3
大型店	80以上	全自动全悬浮石油干洗机、立式变频洗脱两用机、全自动烘干机、衣物输送线、去渍台人像机	10以上	4左右

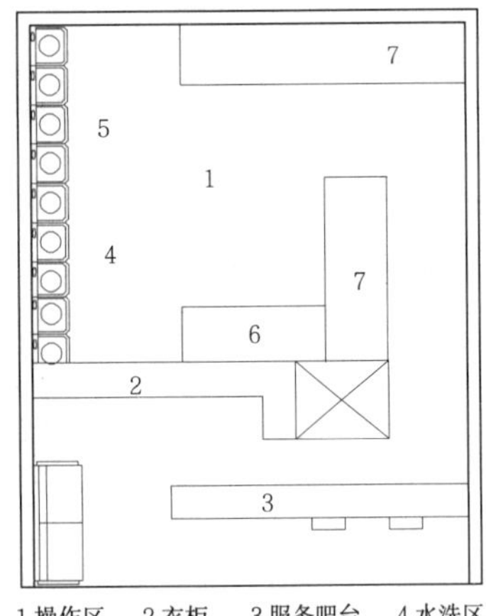

1 操作区　2 衣柜　3 服务吧台　4 水洗区
5 干洗区　6 熨烫区　7 挂衣区

3 平面布置示例

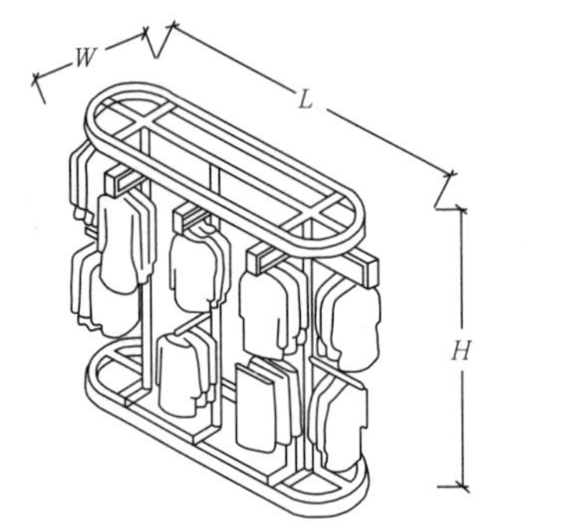

a 衣服输送线

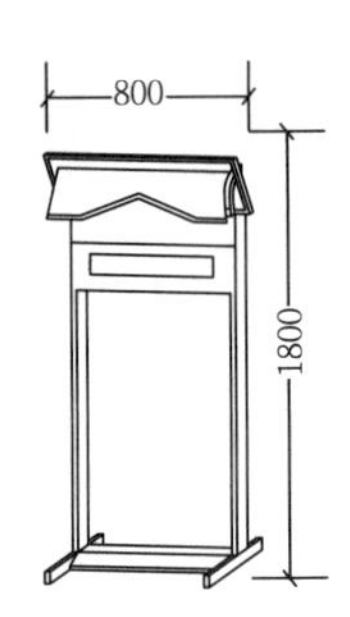

b 成衣立体包装机

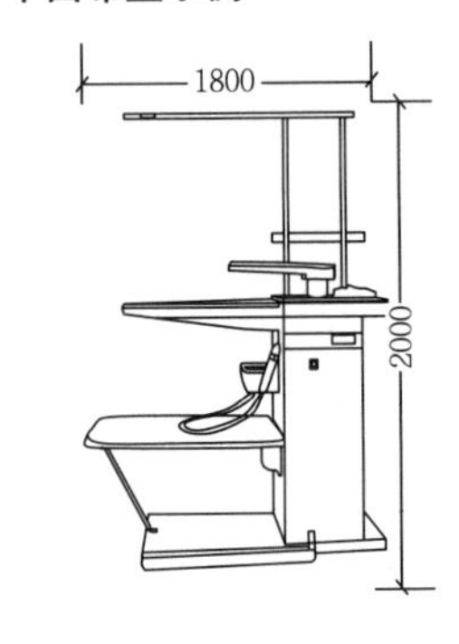

c 多功能吸鼓风烫台

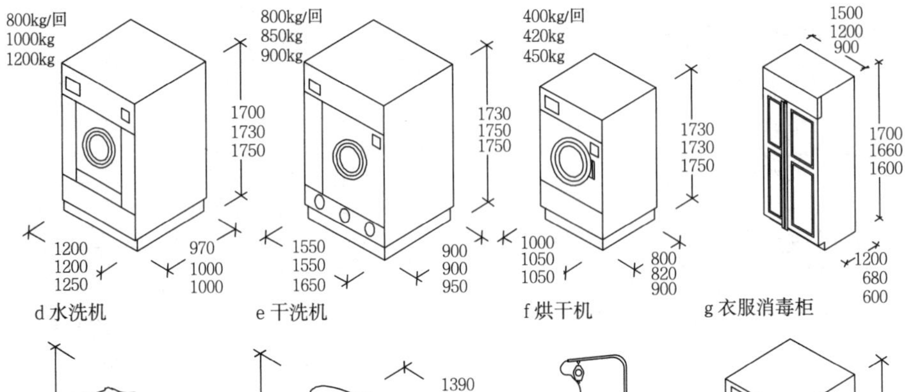

d 水洗机　e 干洗机　f 烘干机　g 衣服消毒柜

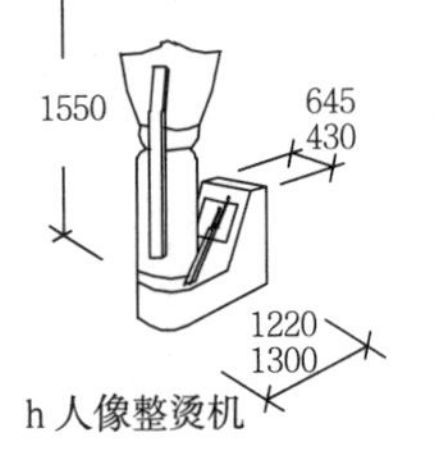

h 人像整烫机

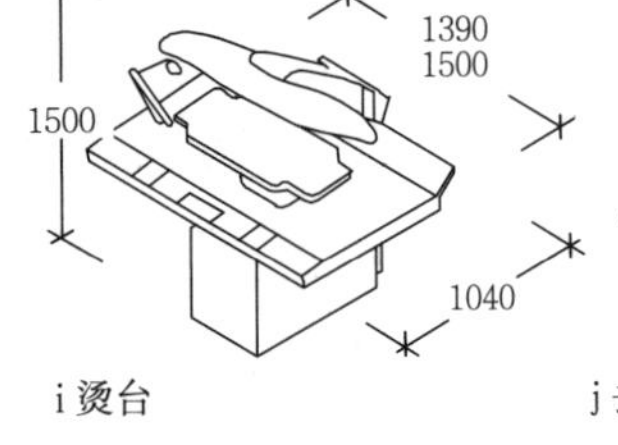

i 烫台

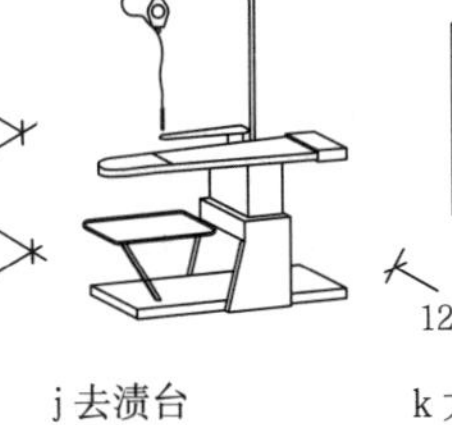

j 去渍台

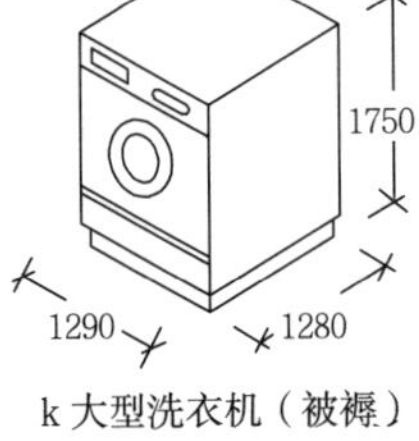

k 大型洗衣机（被褥）

l 洗涤物容器　m 洗涤物小推车　n 洗涤物搬运车　o 蒸汽发生机

4 常用设备

定义

汽车美容也称为汽车保养护理，是指使用专业的养护产品，针对汽车各部位进行保养、美容和翻新。

设计要点

1. 一般设置在汽车较为密集停靠或流动性较大的区域，以公共停车场（库）或小区停车场（库）为宜。

2. 避免设置在城市主干道或人流密集场所，避免对城市交通造成干扰。

3. 平面布局应考虑车辆进出的便利性。

4. 车辆四周应有足够的作业空间和设备摆放区域。

5. 地面以2%的坡度坡向排水沟。

6. 地面、墙面、顶棚均应采用防水材料，便于清洁。

7. 应有充足的采光照明。

功能组成　表1

名称	服务内容
车表美容	清洗、去污、开蜡、镀膜翻新、轮胎翻新
车饰美容	车室护理、发动机护理、行李箱护理
漆面美容	失光处理、划痕处理、喷漆
汽车防护	贴膜、安装防盗器、安装语音报警系统、安装静电放电器
汽车精品	香水、车室净化、装饰贴、垫套

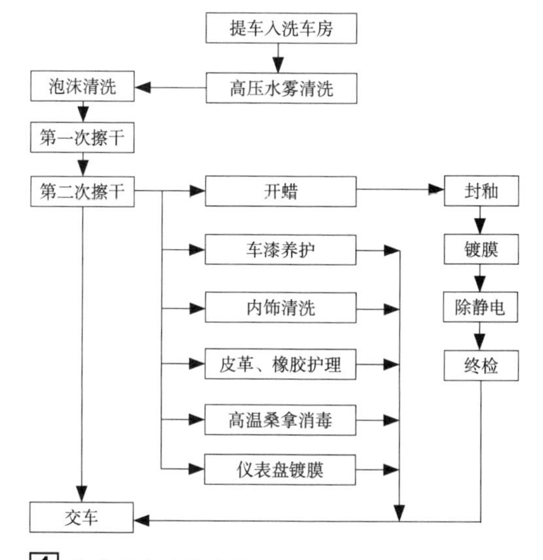

1 汽车美容功能流线

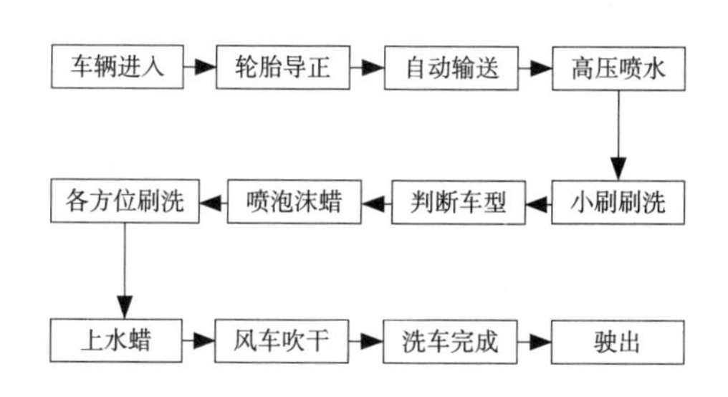

2 自动洗车机功能流线

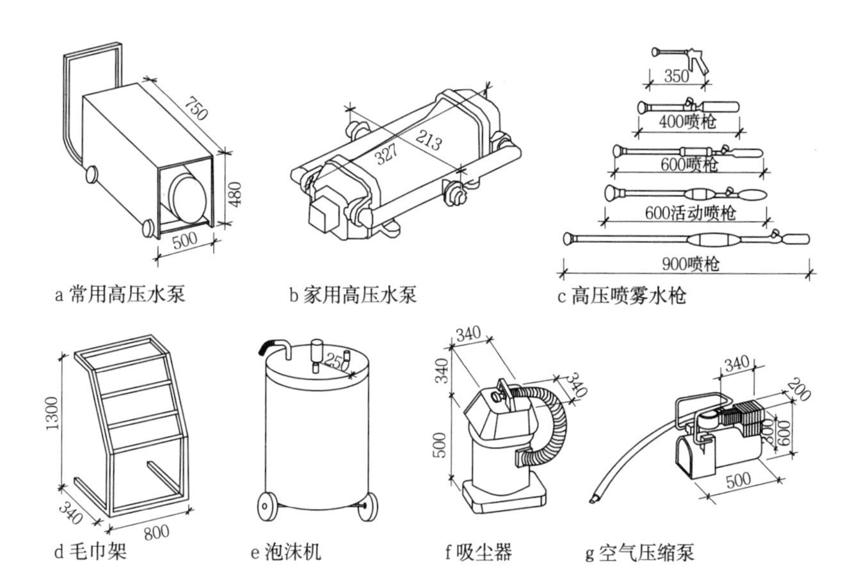

a 常用高压水泵　b 家用高压水泵　c 高压喷雾水枪

d 毛巾架　e 泡沫机　f 吸尘器　g 空气压缩泵

3 常用设备

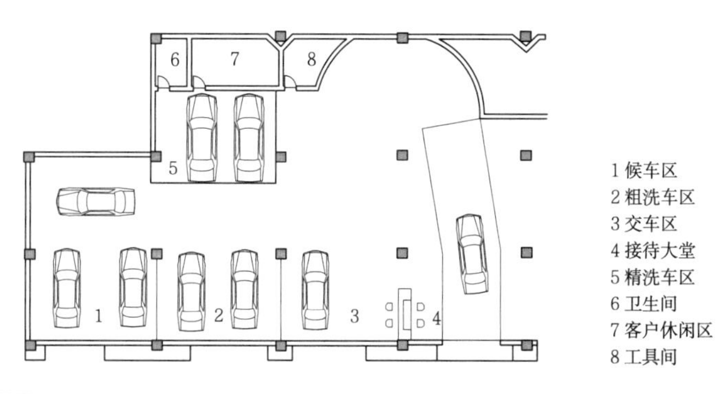

4 武汉某汽车美容店平面图

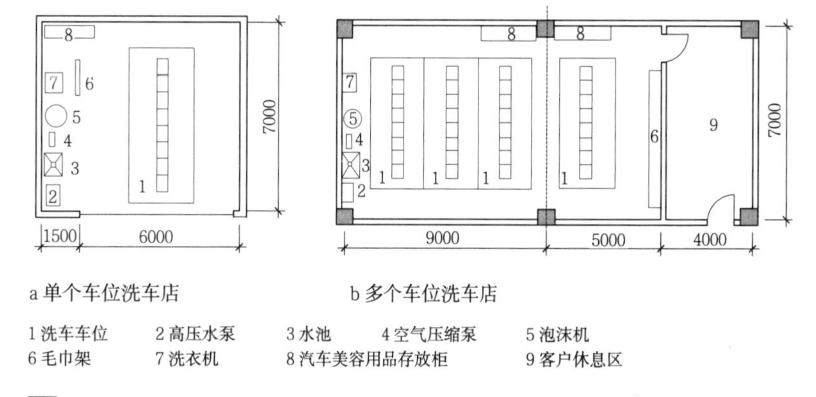

a 单个车位洗车店　b 多个车位洗车店

1 洗车车位　2 高压水泵　3 水池　4 空气压缩泵　5 泡沫机
6 毛巾架　7 洗衣机　8 汽车美容用品存放柜　9 客户休息区

5 洗车店平面布置示例

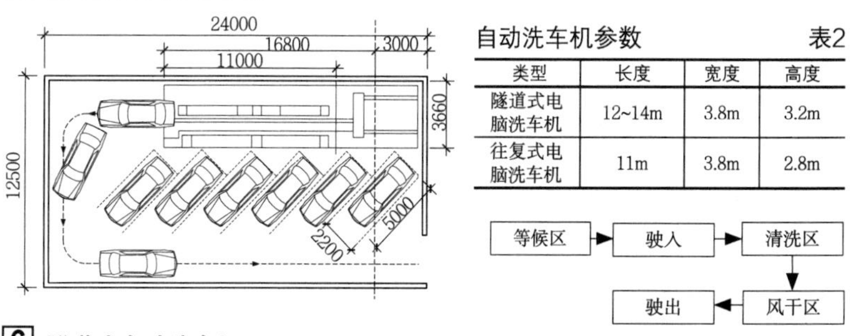

6 隧道式自动洗车机紧凑型标准场地（矩形）

自动洗车机参数　表2

类型	长度	宽度	高度
隧道式电脑洗车机	12~14m	3.8m	3.2m
往复式电脑洗车机	11m	3.8m	2.8m

等候区 → 驶入 → 清洗区 → 风干区 → 驶出

7 自动洗车功能构成

定义

此类汽车修理是不同于4S店的快捷维修店，主要提供车辆保养、零件调换、油漆修补等服务。

设计要点

1. 选址宜在交通便利的地段，宜设置在临街位置。

2. 停车场：有界定明显的待修区，竣工车辆区。地面需硬化、绿化、美化。在车厂显眼位置设置收费标准铭牌和监督栏。

3. 维修车间：墙体粉刷采用乳胶漆，应设置明显的警示牌，布置有效灭火器材。

4. 危险品专修车间：至少设置一条排水沟，电气开关采用防爆型。车间内放置换油和废油收集设备和工具台。应在车间显眼位置悬挂危险品车辆维修安全操作规程和应急预案。

5. 普通维修车间：至少一个地沟和两台举升机。有工作箱子和工作台，换油和废油收集装置。

6. 钣金车间：车架校正设备（大型车）、车身整形平台（小型车）、钣金机、切割机等。

4 商业建筑

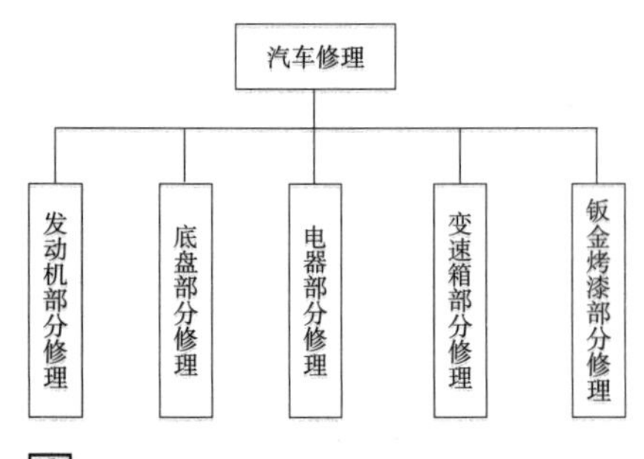

1 修理分类

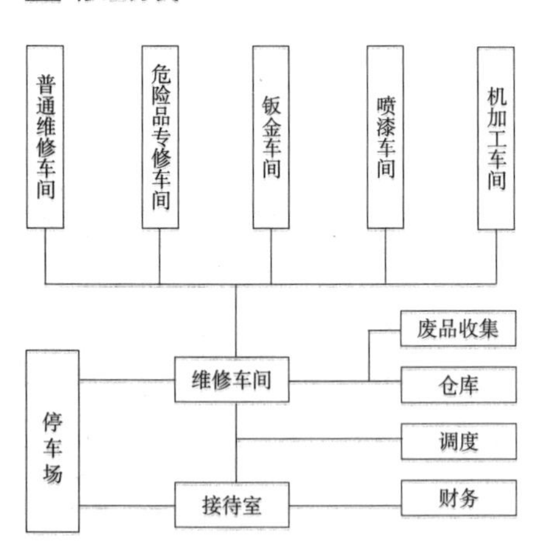

2 功能构成

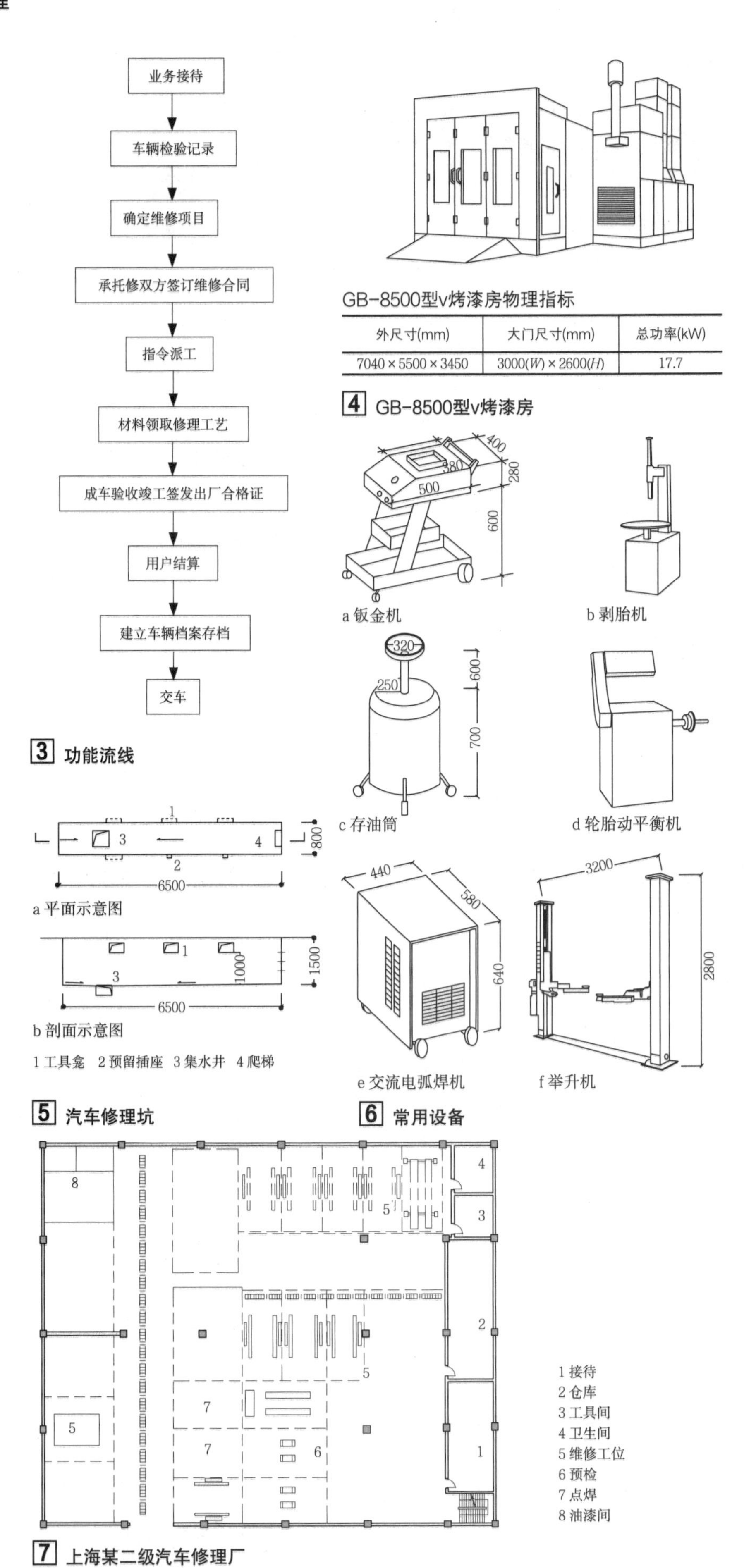

3 功能流线

GB-8500型v烤漆房物理指标

外尺寸(mm)	大门尺寸(mm)	总功率(kW)
7040×5500×3450	3000(*W*)×2600(*H*)	17.7

4 GB-8500型v烤漆房

a 平面示意图

b 剖面示意图

1 工具龛 2 预留插座 3 集水井 4 爬梯

5 汽车修理坑

a 钣金机

b 剥胎机

c 存油筒

d 轮胎动平衡机

e 交流电弧焊机

f 举升机

6 常用设备

1 接待
2 仓库
3 工具间
4 卫生间
5 维修工位
6 预检
7 点焊
8 油漆间

7 上海某二级汽车修理厂

定义

此类摩托车修理店是为摩托车、助动车等提供各类必要修理服务的店铺。

设计要点

1. 位置以沿城市交通道路为主。
2. 管理和休息部分尽可能与修理车间分开。
3. 生产作业面积不宜少于$30m^2$。
4. 维修部不得用易燃材料建造。应整洁、明亮、通风、排水、照明设施良好，消防及安全防护设施齐全并符合国家有关规定。
5. 所有电气灯具必须防爆。

功能组成　表1

摩托车维修	维持摩托车完好技术状况或工作能力而进行的作业
摩托车小修	用更换或修理个别零件的方法，保证或恢复摩托车工作能力的运行性修理

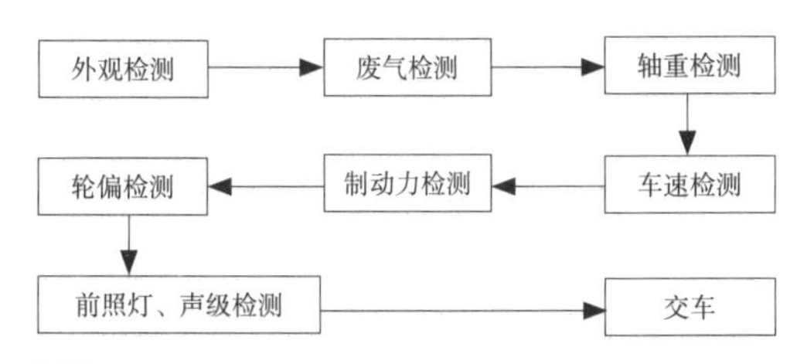

1 维修流程

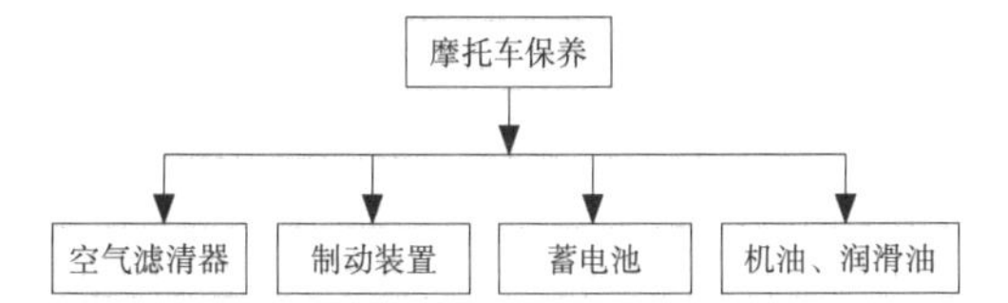

2 修理保养内容

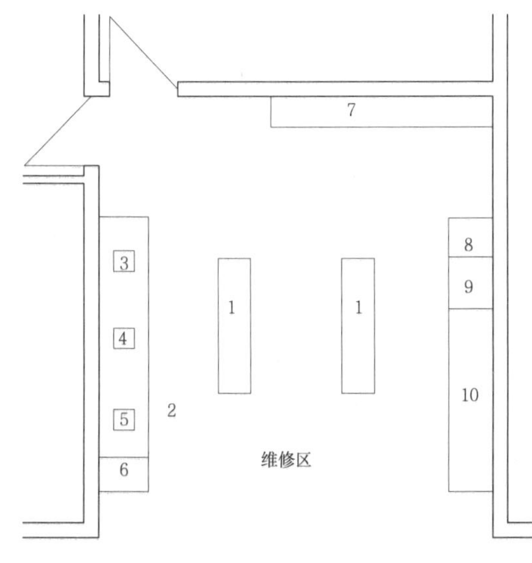

1 修理架　2 工具台　3 砂轮　4 台钻　5 台钳
6 电焊机　7 工具架　8 供气泵　9 充电机　10 零件柜

3 维修区域平面布置示例

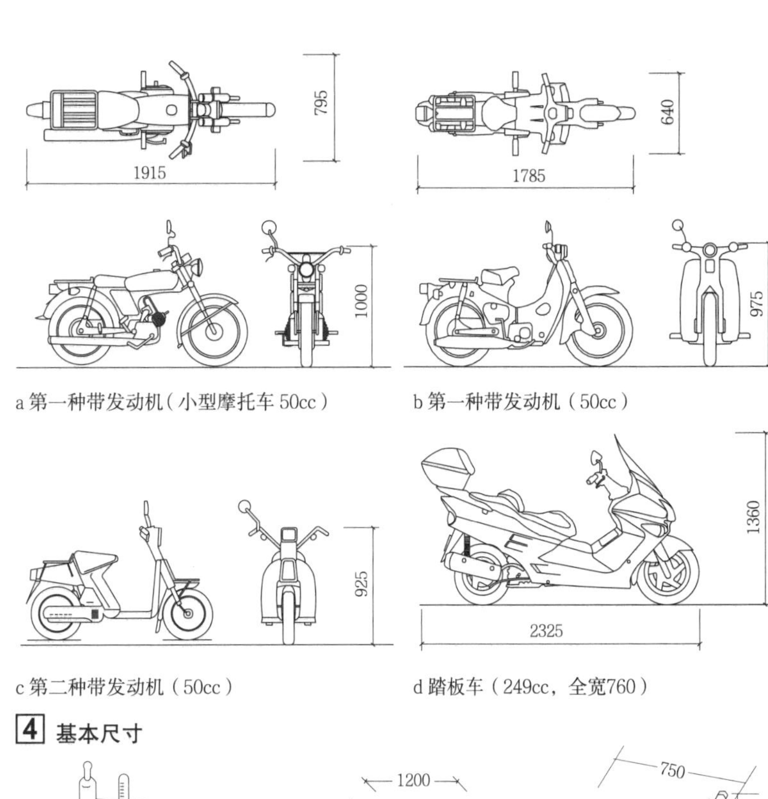

a 第一种带发动机（小型摩托车 50cc）　b 第一种带发动机（50cc）

c 第二种带发动机（50cc）　d 踏板车（249cc，全宽760）

4 基本尺寸

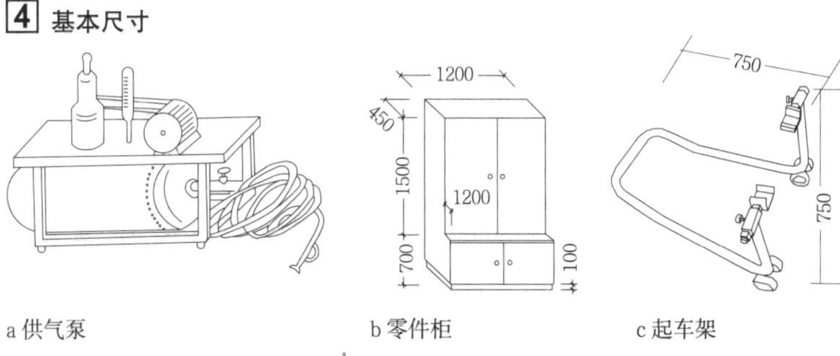

a 供气泵　b 零件柜　c 起车架

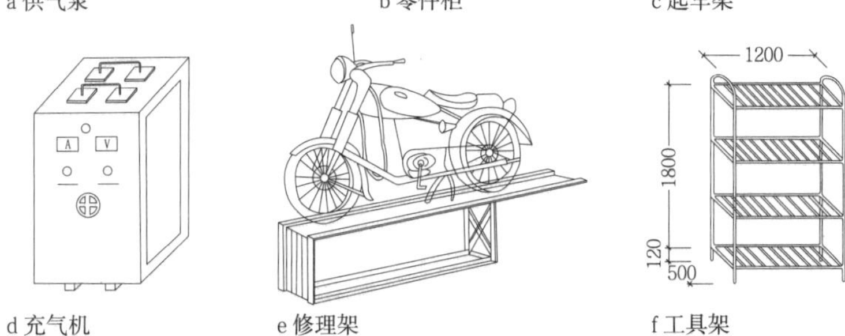

d 充气机　e 修理架　f 工具架

5 常用设备

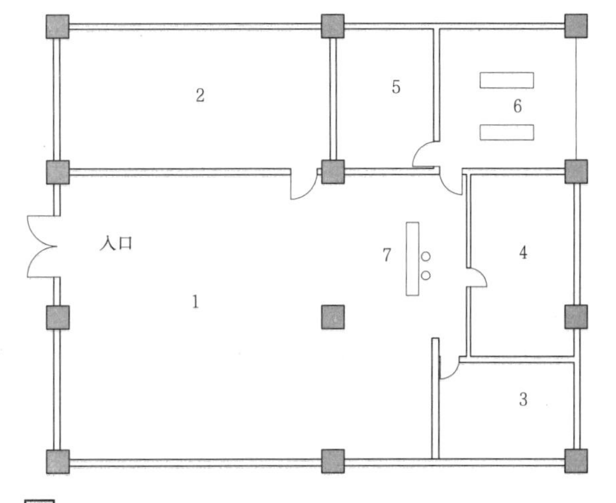

1 展示营业区
2 储藏区
3 生活区
4 办公区
5 零配件区
6 维修区
7 接待区

6 某摩托车维修店

眼镜修配

1. 位置：检测设备较为齐全的眼镜修配部门宜设置为门店。眼镜售卖部门可在商场设置专柜，并在专柜一隅放置简单的验光设备。

2. 功能分区：眼镜修配主要由营业厅、修配间、验光室等组成。眼镜修理可以附设在眼镜商店。验光室要有良好的温度湿度，以保证仪器设备精确度。

3. 设备：设备摆放适宜，需预留新设备放置空间。

4. 参考面积：15~60m^2

验光室需满足验光时5m视距或平面镜反射法2.5m视距的要求。

5. 垃圾：收集合理，保持室内卫生。

6. 地坪：易打理、易清洁。

钟表修理

1. 功能分区：钟表修理主要由修理间、机械间、备品库等组成。修理部除单独设置外，也可附设在钟表店内。设备车间要求安静，温湿度适宜，并防止直射阳光。

2. 设备：设备摆放适宜，需预留新设备放置空间。

3. 参考面积：15~40m^2。

4. 垃圾：收集合理。

5. 地坪：易打理、不易起灰尘易清洁。

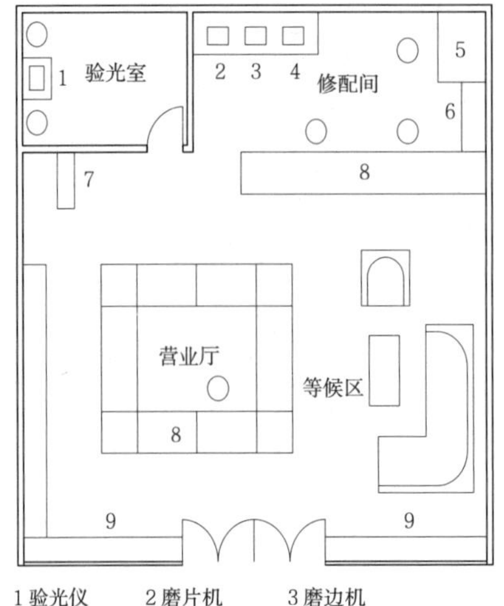

1 验光仪　2 磨片机　3 磨边机
4 藏光机　5 查片仪　6 修理台
7 收银台　8 玻璃柜台　9 存放柜

2110
1000
1100
a 验光组合

1 眼镜修配店平面布置示例

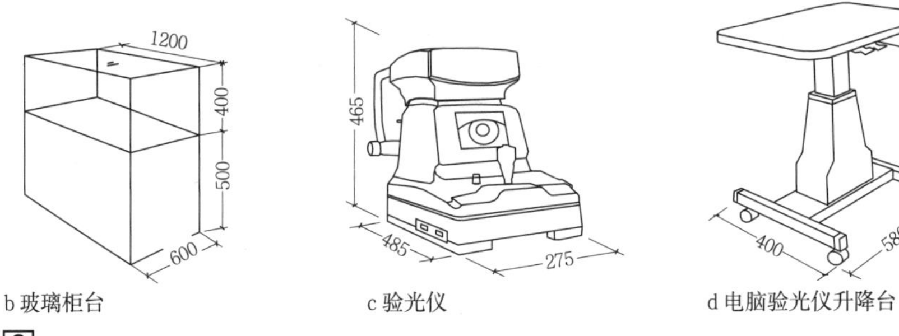

b 玻璃柜台　c 验光仪　d 电脑验光仪升降台

2 眼镜修配店常用设备

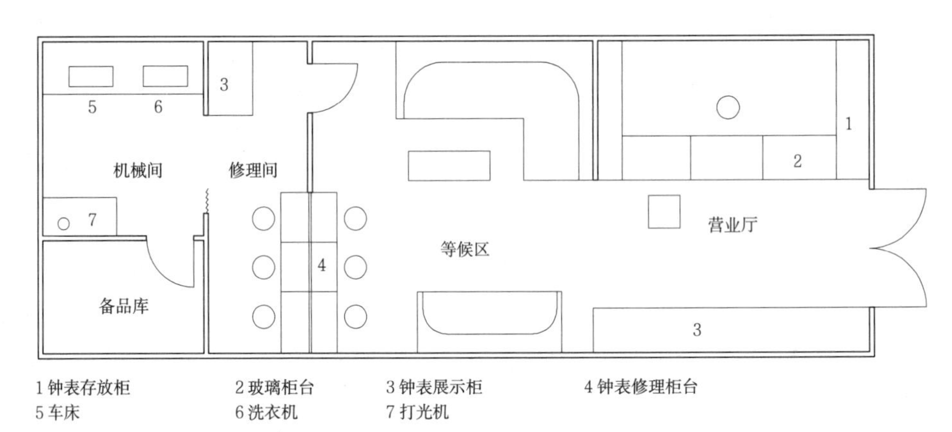

1 钟表存放柜　2 玻璃柜台　3 钟表展示柜　4 钟表修理柜台
5 车床　6 洗衣机　7 打光机

3 钟表修理店平面布置示例

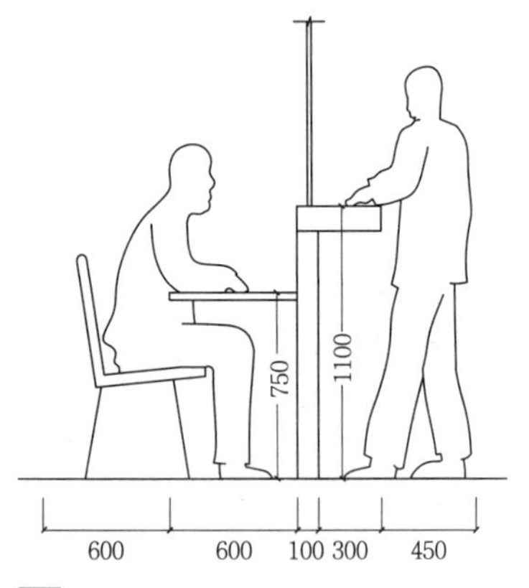

4 钟表修理基本尺度

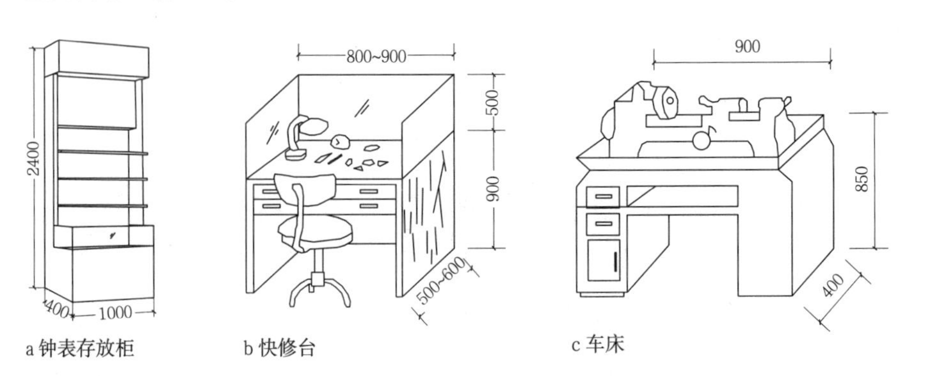

a 钟表存放柜　b 快修台　c 车床

5 钟表修理店常用设备

设计要点

1. 位置：以不影响主要的生活设施、商业需求，方便进出，不影响交通、观瞻为宜。

2. 功能分区：分区明确，布局合理，预留足够存储空间。

3. 设备：大型设备摆放合宜，考虑新设备应用所需空间。

4. 标价牌：醒目、明了。

5. 垃圾：收集合理。

6. 地坪：易打理，易清洁。

鞋类、皮革、箱包修理类型及特点 表1

	街边小摊	街道、社区	大型商业中心
服务对象	路人	老人、家庭主妇	年轻人、职场人士
市场比例	较少	最多	较多
建筑面积		10~30m²	15~20m²
主营业务	鞋类	鞋类、皮革、箱包修理	鞋类、皮革、箱包修理
消费定位	价格低	价格低、周期短	价格高、品质好
功能分区		维修区、存放区	接待区、维修区、存放区
环境特点	路边	住宅配套生活区	大商场次要位置(如地下室)

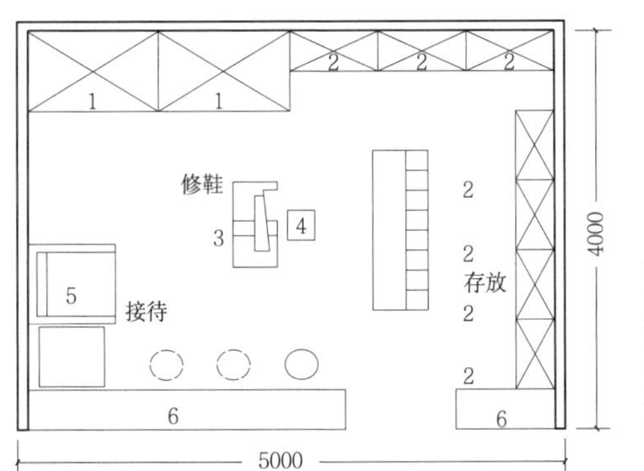

1 打磨抛光机
2 鞋柜
3 修鞋机
4 凳子
5 沙发
6 展示柜

1 平面布置示例

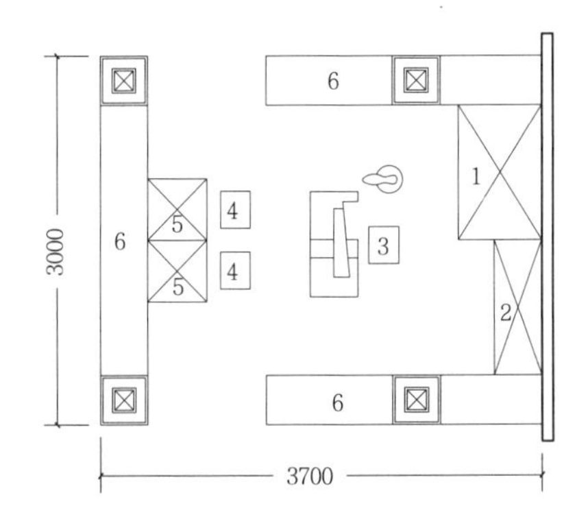

1 打磨抛光机
2 鞋柜
3 修鞋机
4 脚凳
5 座椅
6 展示柜

2 某商厦地下修鞋铺

a 修鞋铁脚 b 修鞋柜 c 凳子 d 挂鞋架

e 鞋架 f 存包柜 g 常用鞋柜

h 修鞋鞋店铺常用修鞋机

i 抛光打磨机

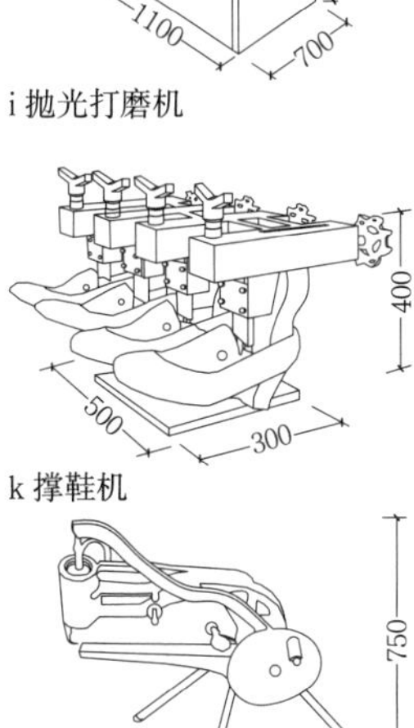

k 撑鞋机

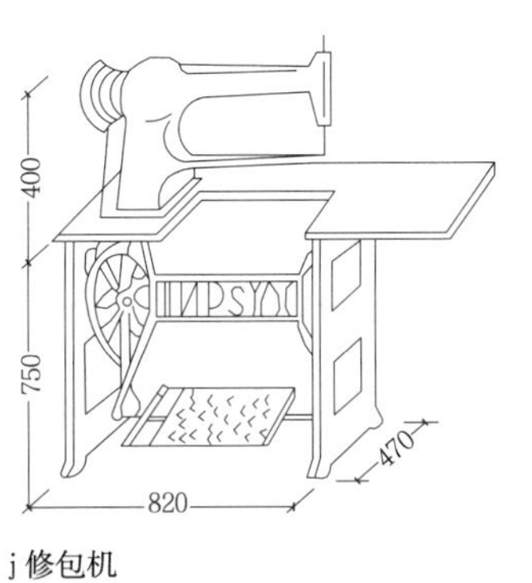

j 修包机

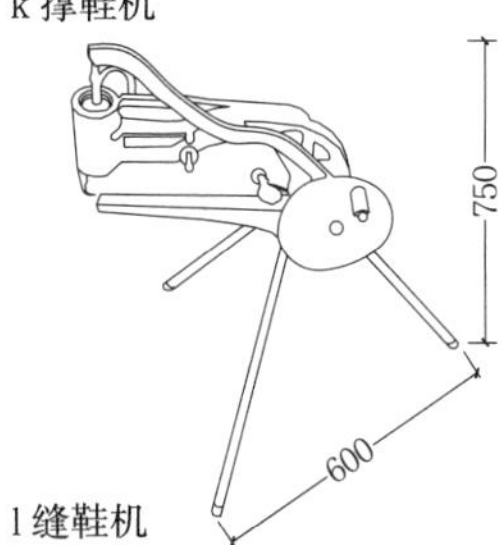

l 缝鞋机

3 常用设备

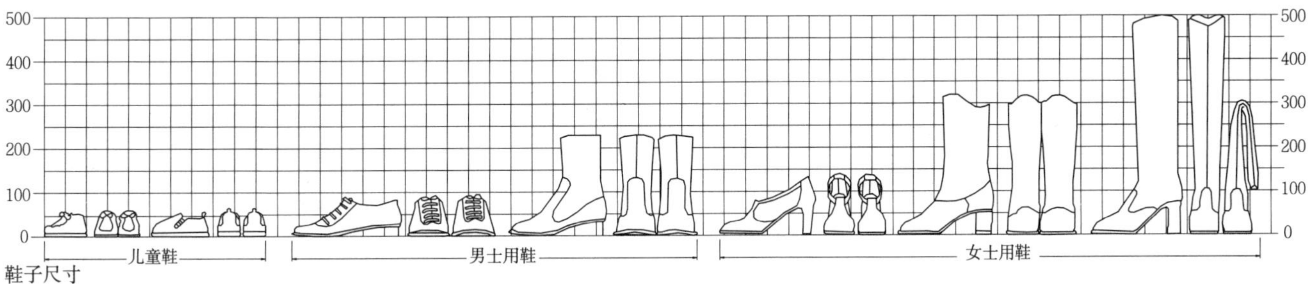

4 基本尺度

定义

商业综合体是以商业购物为主，同时将餐饮、娱乐、会议、展览、观演、办公、旅馆、居住（公寓或住宅）和交通设施等城市生活空间的三项以上功能进行组合，形成多功能、高效率、复杂化而统一的综合体建筑。

特征

1. 总体特征

通常整体规模较大，功能较为复杂，内部空间组合形式多样，以满足消费者的各种需求为目的，营造一种多元综合、高效、适应性强又相互依存的复合环境。

2. 功能构成

商业综合体按功能性质分为商业功能和非商业功能两大类。商业功能包含购物、餐饮和娱乐功能。非商业功能包含办公、展览、观演、会议、旅馆、居住、交通功能。

3. 形态特征

高密度、集约化，形态多样，城市标志性强。

建筑整体风格一致，各个建筑体量相互配合、紧密联系，与外部空间环境统一、协调。

4. 与城市交通的衔接

常位于城市交通网络发达、城市功能相对集中的区域，拥有与外界联系紧密的城市主要交通网络和信息网络。

5. 使用时段

各功能有其特定的运行使用时段，且使用人群密度大，昼夜人群、工作日与周末人群形成各自使用时间段的互补。

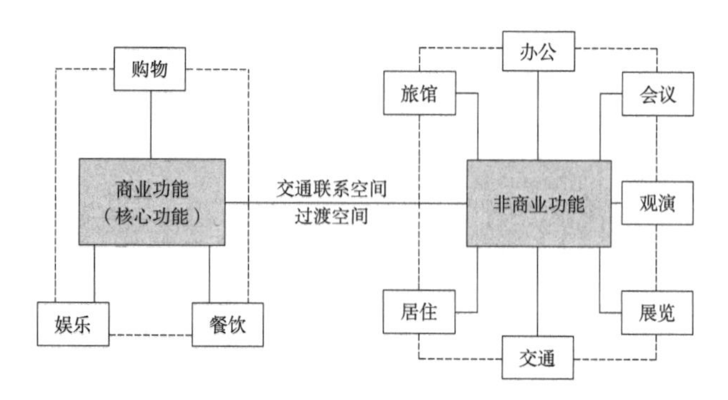

1 商业综合体功能构成示意图

商业综合体的商业功能配比实例 表1

实例	商业功能规模（万m²）	总建筑面积（万m²）	商业功能所占比例
北京西单大悦城	11.5	20.5	56.1%
北京朝阳大悦城	23	40	57.5%
上海五角场万达广场	26	33.4	77.8%
上海江桥万达广场	25	55	45.5%
天津和平大悦城	7	18	38.9%
广州白云万达广场	22.4	39.2	57%
深圳华润中心	15.6	22.3	70%
成都新城市广场	10	20.8	48%
成都锦华万达广场	26	40	65%
福州宝龙城市广场	16	22	72.7%
泰州万达广场	17	41	41.5%

发展趋势

1. 复合化

多种功能有机组合，相互协调与促进，构成复合化的商业环境，聚集高效的功能空间组织模式。

2. 多元化

全球性和地域性文化相互交织、多元共存于综合环境下。反映地域风格，体现时代特色，业态更趋多元化。

3. 体验化

包含娱乐、休闲、书店、室内儿童乐园、观演、展览活动等体验性元素。

4. 主题化

注重个性塑造，追求独特、富有人情味的空间环境与建筑形态特征。同时利用生态景观、绿色技术，创造舒适的室内外购物主题空间环境。

5. 智能化

采用现代先进科技手段，建立建筑物的结构、功能、服务和管理系统的内在联系，借助智能导航、导购、服务推送，实现综合高效的智能化设计和运营管理，创造高度安全、舒适方便的综合环境。

6. 社区化

就近满足社区居民家庭的各种生活、娱乐、休闲需求。

7. 联动化

线上和线下商业及非商业活动呈现出日益紧密的互动性。

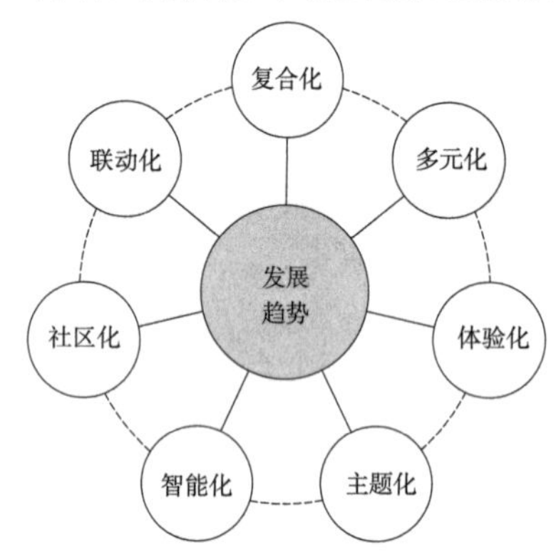

2 商业综合体的发展趋势

商业综合体的功能组成实例 表2

实例	商业综合体品牌	功能组成
沈阳铁西万达广场	万达广场	购物中心、酒店、公寓、住宅
北京来福士广场	凯德置地	购物中心、办公、酒店式公寓、酒店
深圳华润万象城	华润万象城	购物中心、办公、公寓、住宅
天津大悦城	中粮大悦城	购物中心、办公、公寓、住宅
成都龙湖金楠天街	龙湖天街	购物中心、酒店
上海港汇恒隆广场	恒隆广场	购物中心、办公、公寓
上海兴业太古汇	太古汇	购物中心、办公、酒店、公寓

商业综合体与传统商业建筑类型比较 表3

类别 / 比较项目	商业综合体	商业街、购物中心、百货商店、专卖店、超级市场、仓储商店
功能特征	复合多元，含商业与非商业性质的功能	商业功能性强，常作为商业综合体的部分功能
商业功能配比量	商业作为主要功能，大多占到总体规模的40%以上	单纯的商业功能
运作方式	由一个管理机构统一组织、协调和规划，实行统一与分散相结合的经营与管理	由一个管理机构统一组织、规划设计，实行统一的经营与管理

分类

商业综合体按功能构成分类　表1

	商业—会展观演类综合体	商业—居住类综合体	商业—旅馆类综合体	商业—办公类综合体	商业—交通类综合体	复合型商业综合体
组织原则	1.在会议、展览或观演设施与商业购物之间建立连接，提供滞留的舒适休憩空间； 2.形成开放的空间	1.各功能空间组合层次多样，具整体感； 2.注意商业与旅馆或居住功能（公寓、住宅）出入口交通的分流组织		1.注意与商业流线既互不干扰又联系便捷； 2.办公功能组织应高效、空间舒适，商业功能应组织好富有层次的动线，注意空间尺度的变化	1.交通部分与商业部分相比规模较小； 2.内外空间组织的流通性尤为重要； 3.应注重与交通节点的连接与分割，避开噪声等不良影响，又方便交通人流进入商业区域	1.注意组织好各构成功能的出入口交通； 2.建立相互间合理的流线组织
功能构成示意图	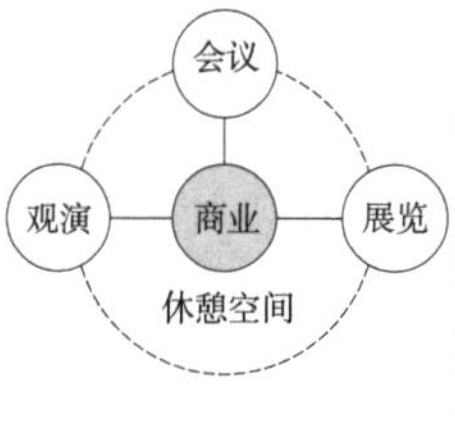 会议、观演、商业、展览、休憩空间	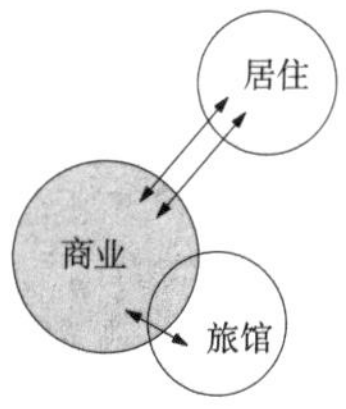 居住、商业、旅馆		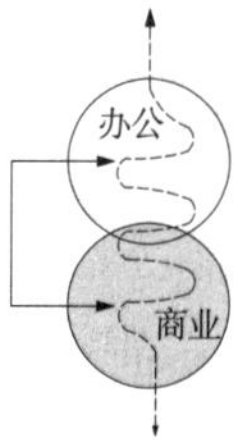 办公、商业	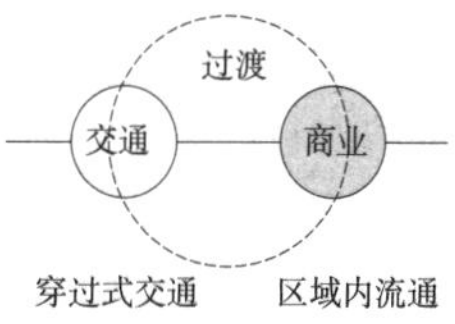 过渡、交通、商业、穿过式交通、区域内流通	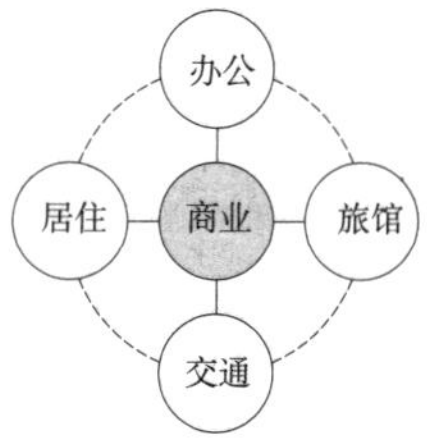 办公、居住、商业、旅馆、交通
实例	上海喜马拉雅艺术中心	成都金牛万达广场	日本广岛MOTO-MACHICRED	上海新世纪商厦	美国芝加哥海军码头综合体(Chicago Navy Pier)、上海龙湖北城天街	日本大阪难波公园

商业综合体按空间结构布局分类　表2

	高层—裙楼型	商业内街型	群组型
图示		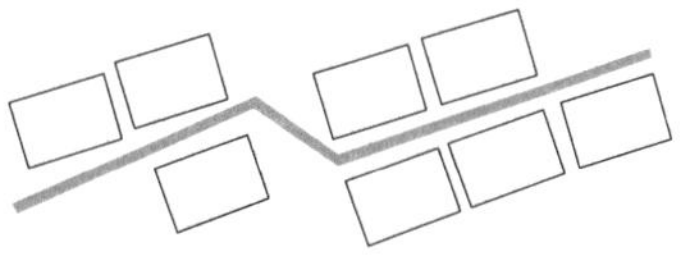	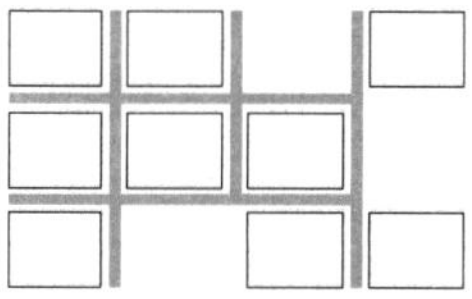
空间特征	集中开发，竖向拓展，节约用地，功能空间通过竖向叠合进行连接，既联系方便又互不干扰，以垂直交通作为主要的功能空间联系	空间沿线型流线水平展开，由一条主街贯穿，或有多条内街道交错构成空间的整体构架，强调综合体空间的水平流动与渗透	各建筑单体功能空间相对独立且相互间有联系，连接形式多样，常通过直接构件或形体（如廊道等）、广场等相连接，组织成具有整体性的群组型建筑
交通组织原则	建立以竖向为主的立体交通体系	建立以水平向为主的线型交通体系	建立群组式、纵横交错的综合交通体系
设计要点	重点设计各大功能关系间的竖向组织	注重线型空间的有序组织、合理分段及空间节点设计，营造良好的视廊	合理规划设计空间组织关系及序列
适用类型	适用于用地较紧张地段，满足高效集约化的设计，高层部分通常设置为办公、住宅、公寓、酒店等功能	强调水平向度的空间流动渗透，主要适用于以购物为主导功能的商业综合体建筑，通常规模较小	适用于用地较宽松地段，属于包容型较强，相互有一定关联性，允许差异共存的群体空间形式
示意	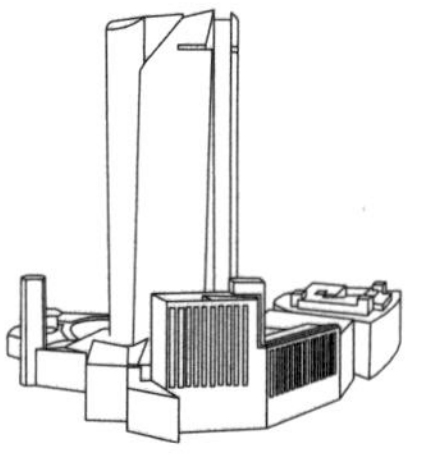	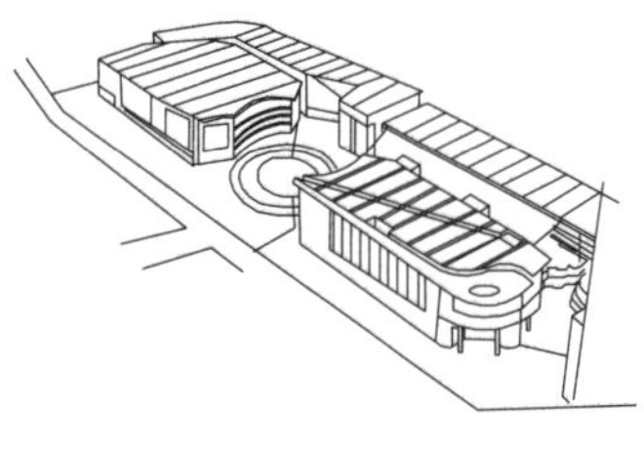	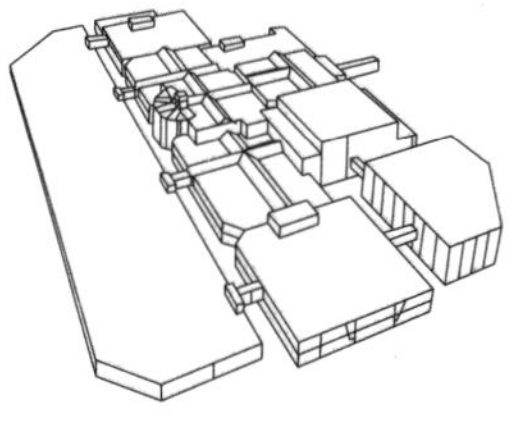

注：以建筑的整体形式的组合关系为分类依据。

商业综合体按区位分类（与交通状况、服务对象等因素有关）　表3

级别	区位状况	规模	服务范围
城市中心商业综合体	位于城市中心，交通拥挤，人流量大	特大、大、中型	商圈大，以30分钟车程范围为主，辐射范围波及整个市区
区域型商业综合体	常位于地区人口集中的商贸中心区或开发区	特大、大型	商圈较大，以10分钟车程范围为主，服务对象主要以区域内居民及流动人口为主
社区型商业综合体	位于居民聚集区	中、小型	商圈以15分钟以内的步行范围为主，辐射半径约为1000m，服务对象主要为社区居民
郊区型商业综合体	设于郊区、城乡结合部、交通节点等，多依赖私人交通工具	大、中型	商圈范围较大，服务对象主要为郊区居民及附近城乡居民，对中心城区休闲人群也有较大吸引力

规模分级

参考规模分级　表4

类别	规模（万m^2）	实例
小型	5~10	湖南商会大厦
中型	10~30	重庆大都会东方广场
大型	30~50	广州天河城
特大型	＞50	北京华贸中心

调研分析的内容

商业综合体的前期调研分析应包括外部环境、销售模式等内容。

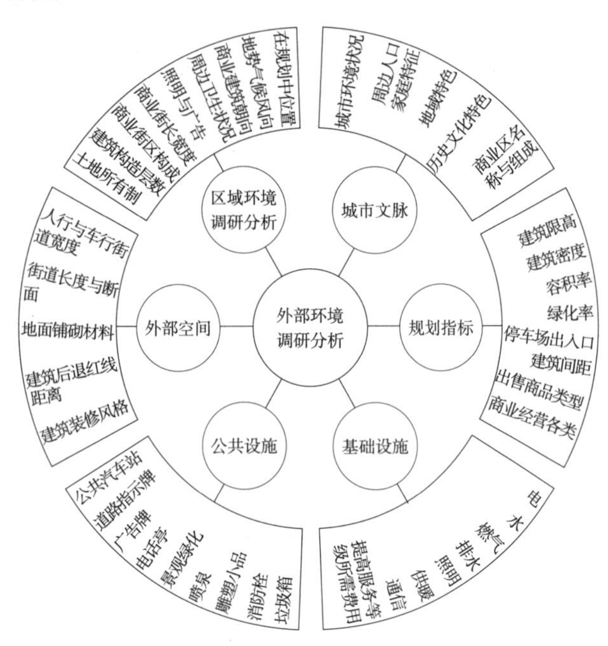

1 外部环境的调研分析内容图示

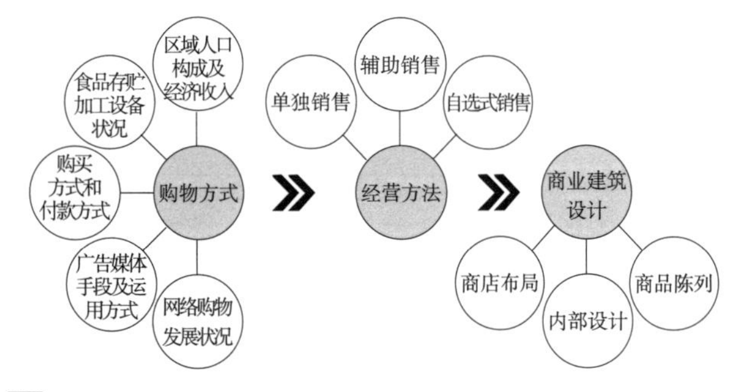

2 确定销售模式所需的调研分析内容图示

前期策划要点

前期策划内容及要点 表1

分类		要点
商业策划	经营计划	投资计划、资金计划、商业发展计划
	经营构想制定	业种、业态的研究与决定，经营的基本理念与战略，设施的主题研讨与决定
	计划、主题的研究	市场特性研究、建设内容、建设规模
	营业计划	促销对策、经营管理计划、营业规则制定
基本计划	商业设施构想制定	商品组成计划、分区计划、流线计划、命名、标语、标识计划、色彩计划、各种构想的确定
	检查确认	基地、环境的实际测量，事先与各地方政府商讨或接受指导，建筑法规、消防法规的确认与研究，事业预算与建筑预算的确认
	基本计划图纸制定	总体规划、平立剖面规划、建材使用、细部设计、室内家具布置以及各种设备布置图的制作
	基本设计	平面图（包括配置图）、立面图、剖面图、展开图、大样图、家具图、结构图、设备图、概算图、装修表（说明书、建材表）、设计说明
实施计划	实施设计图的制作	装修表、装修说明书、配置图（或位置图）、平面图、立面图、剖面图、大样图、顶棚图、用具及家具、结构图（结构计算书）、各种设备设计图、各种装修设计图、其他必要的设计图、工程预算书
	对外业务	最终确认各种设计图，申请建筑工程施工许可证

商业综合体的策划既要关注商业运营，也要研究其不同功能组成之间的相互关系，并综合分析商业策划、设计、实施的过程及其关键内容。

策划流程

在策划阶段，必须在空间处理、环境塑造、形象设计等方面对商业经营方式、经营环境及其表达的含义有所反映。策划流程中最为核心的概念是“集客”——以商业经营为目的，针对消费者的生活需求，充分利用商业设施，最大限度地吸引消费者，使其有计划地在此驻留和消费。策划的流程也围绕着“集客”的相关内容而展开。

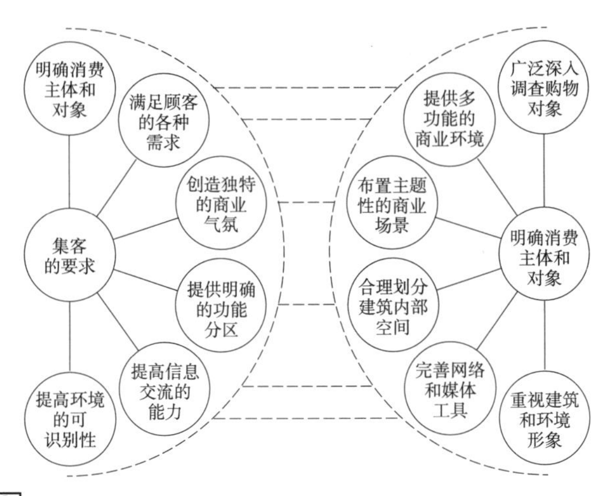

3 根据集客的要求开展调研与设计图示

明确集客的构思与目的 表2

构思的内容	解决的问题
集客目的	明确为什么要吸引人来
集客对象	明确吸引什么样的人来
集客时间	明确什么时间吸引人来
集客数量	明确要吸引多少人来
集客投资	明确投资金额的大小

落实集客的措施与手段 表3

经营主体方面		消费主体方面	
提出基本概念	落实并扩展概念	提出基本概念	落实并扩展概念
将所倡导的基本营销观念以关键词或标语的方式提出，并落实到基本建设上	将基本营销概念进一步扩展，并落实到促销方式、奖惩措施和技术手段等方面	提出反映时代特色的消费概念，并用关键词或标语的方式予以表达	运用各种媒体手段宣传基本消费概念，引导大众消费行为，诱导流行的购物观念

商业综合体中的业态包括商业、餐饮、文化娱乐、会展、办公、旅馆、居住、配套设施等，作为功能核心的商业业态，根据集客的构思不同，将其类型组成划分为以下几种：

商业类型划分 表4

类型	建设地点	服务特征
精品商店	建于市中心区、旅游区或涉外区域	主要出售高级商品，有完善的服务设施，并提供良好的服务，主要为少数消费者提供服务
复合型商店	多建于城市中心或商业地段	主要提供相对丰富的商品，使顾客对不同质量和价格的商品进行精心挑选，也包含了一些专业性的服务商店，要求能提供相对优质的服务
日用品商店	多建于居住区中心	主要提供日常生活用品，靠提供相对低廉的价格吸引顾客，服务标准是中等偏下
旅游用品商店	建于交通枢纽或度假胜地	商品与旅游有特殊的联系，在特殊地点吸引顾客，货物类型和装修风格取决于主要的商业吸引力

选址原则与策略

综合考虑经济、社会文化、交通与环境影响、城市规划条件与指标以及场地特征因素，分析论证比选，以节约用地、合理布局、优化交通、提高效率、提升商业效益为目标。

1. 符合城市经济发展规律。以商业经济和区位分析为依据，明确商业定位、商圈辐射范围，提高易达性。

2. 符合城市规划条件要求。满足用地性质、规划红线、容积率、限高和绿化率等要求。

3. 场地特征有利于优化建筑布局、交通组织和商业运营。

4. 协调与周边用地的关系，做到功能互补和互利共赢。

区位、商圈和交通

选址一般位于城市市区更新区或城市周边新开发区，其区位、商圈和交通各具特点。

1. 城市市区用地区位优势明显，商圈内经济、社会文化、交通条件优越，商业消费市场成熟，但场地拥挤，土地产权多样，周边环境、交通功能复杂，需综合应对交通组织、建筑布局、规模与体量等方面的限制条件。

2. 城市新开发区依托新建居住区，服务人口密集，购买力强，公路交通、轨道交通接驳条件良好，交通物流方便，用地充足，可获得性好，有利于商业综合体整体组织空间、交通和停车等，提供舒适、安全和便利的人性化商业场所。

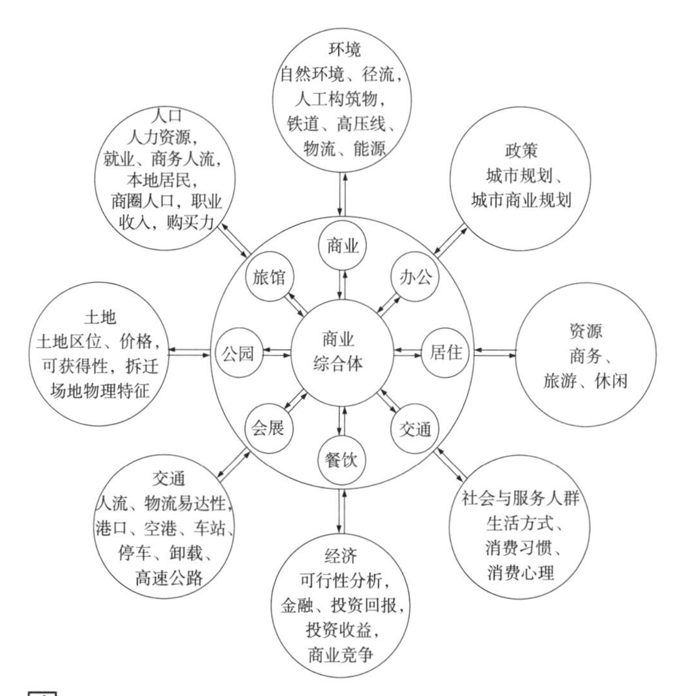

1 商业综合体选址影响因素

商业综合体选址条件 表1

选址条件与分析论证		
选址条件与分析论证	城市规划条件	以城市规划和城市商业规划等为依据，按城市空间发展结构和土地利用的规划要求，科学规划，合理布局，适应城市和社会多层次商业活动需要，完善层级商业体系和框架，促进城乡经济、社会协调发展
	社会文化经济条件	社会条件：政策导向、法律规范等； 文化条件：人文条件、人口与收入、消费特点、消费习惯等； 经济条件：经济水平、金融环境、基础设施等； 自然条件：地理环境、气候等
	商业经济分析	根据商业综合体的定位、商业规划、建筑设计、环境设计、营销管理、招商管理、运营管理、质量保证、安全管理、环境管理、人员管理等，确定商业综合体的区位、商圈与服务范围，以及商业规模、定位、业态类型和数量，作为选址依据

城市规划条件

1. 结合商业开发需求，符合城市规划条件中关于场地的用地性质、容积率、限高和绿化率等指标规定。

2. 满足城市规划的红线、蓝线、紫线和建筑退线规定，根据周边道路等级确定相应退线距离，沿着干道的退线一般大于次干道退线距离。

3. 满足建筑消防要求，满足与周边其他建筑的视线间距要求，满足周边建筑的日照要求。

4. 保护场地中的文物建筑和湿地、古树等。

选址与交通

1. 易达性。提高商业综合体的交通易达性，提高效率和便利性，扩大商圈范围，增加服务人口，保证商业和服务效益。易达性可以通过交通规划与建设（交通工具、道路系统）、引入快速公共交通和轨道交通系统及换乘设施、停车设施建设等来实现。物流系统要求高效便捷。

2. 多样性。商业综合体人流具有多样性和复杂性特征，有快速集散的要求，同时需要关注会展、办公、居住和餐饮娱乐等功能对交通要求的差异性。

3. 公共交通。轨道交通站点和换乘枢纽周边用地人流密集、交通方便，是商业综合体的优选用地。

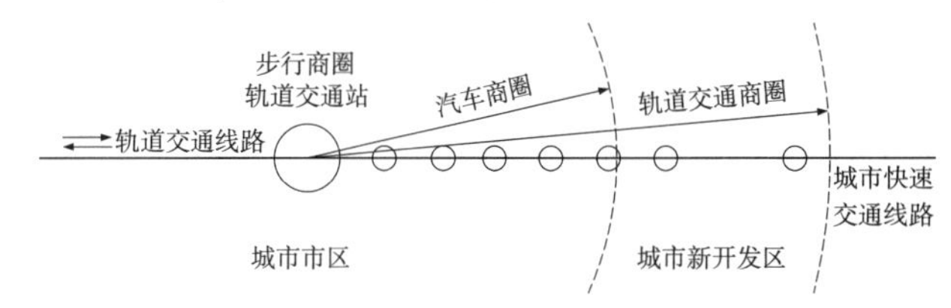

2 快速交通工具和交通方式有助于扩大商圈服务范围

市区用地和新开发用地特征对比分析 表2

用地	状况	可获得性	土地价格	用地易达性	周边人口	限制条件	周边商业人流	商业空间发展方向	商业人流组织	停车用地	停车组织
市区用地	紧凑	一般	高	便利	密度大	较多	密集	垂直	垂直	紧凑	立体组织
新开发用地	宽松	较好	一般	汽车 快速公交 轨道交通	一般	一般	一般	水平或垂直	水平或垂直	宽松	水平 立体组织

场地分析

对场地基础资料、规划条件和控制条件进行分析。

1. 分析场地形状、地形、地貌、坡度、沟壑、植被、地质、水文等，选择形状规则、完整、平整性好、用地充足的基地，利于商业综合体总体布局。

2. 提高场地可进入性和视觉可见性等，避免竖向高差过大、临快速路或高架路等用地。

3. 分析场地和周围环境存在的限制条件，如交通、停车、视觉、噪声、废弃物等不利因素。

4. 分析场地周围的历史文化特征。商业综合体作为功能综合的大体量建筑，充分考虑其对城市市区的尺度、肌理等方面可能带来的影响，明确文化历史特征保护对策。

场地设计资料与规划条件　表1

场地设计条件	条件内容
设计基础资料	气象、地形地貌、水文地质、地震烈度、区域位置等，以及保留的地形、用地红线图和坐标、道路红线、建筑控制线；场地周围原有及规划的道路、绿化带，现有主要地面、地下建筑物和构筑物性质、形态、道路标高、水面水系状况、周边相关设施等
规划控制条件	用地性质、建筑风格、建筑控高、建筑退界、总用地面积、容积率、建筑密度、绿地率、日照标准、节能和无障碍设计标准等、对交通组织、出入口位置、文物保护、环境保护等方面的特殊要求。根据规划条件和控制指标，计算用地总建筑面积、建筑基底总面积、绿地总面积、机动车停车位及非机动车停车位等

不适宜商业综合体建设的用地形状示意图　表2

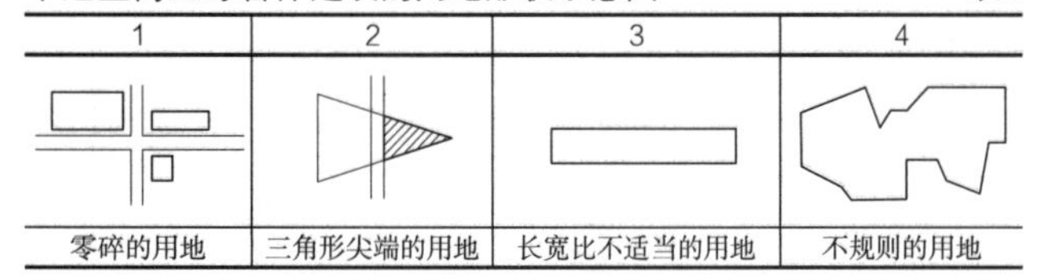

1	2	3	4
零碎的用地	三角形尖端的用地	长宽比不适当的用地	不规则的用地

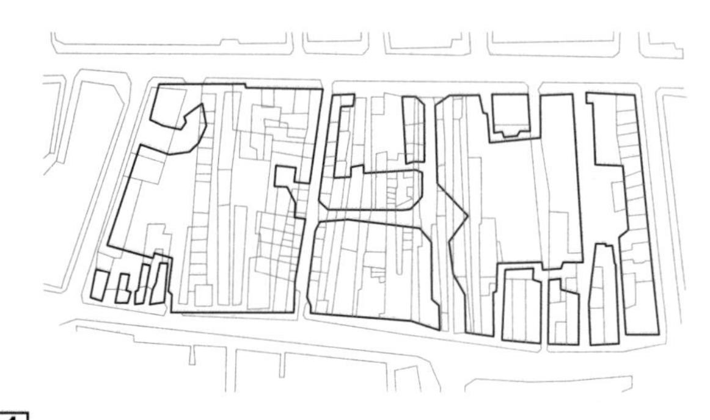

1 建设前后城市尺度与肌理对比：卡莱尔中心，英国卡莱尔

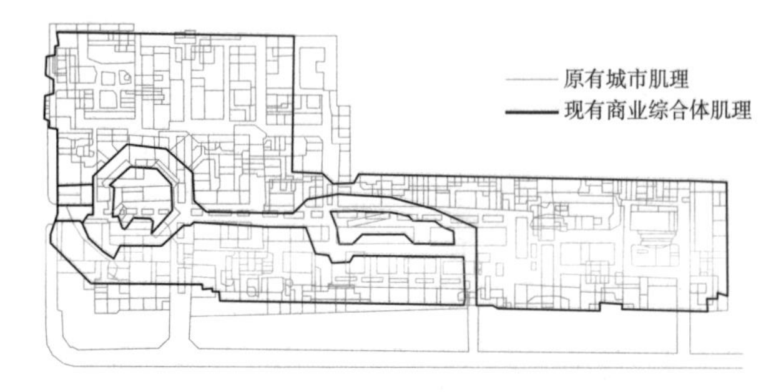

2 建设前后城市尺度与肌理对比：新东安市场，中国北京

总体布局

根据城市规划条件和商业综合体的设计任务书，结合地形、地质、气象、水文等自然因素，场地的物理形态、出入口位置等规划条件，以及商业、办公、旅馆、会展、公寓、住宅、停车等功能与城市功能衔接的联系紧密度、私密性等要求，进行总体布局，对商业综合体的建构筑物、交通、景观绿地进行合理的规划、设计与布置。

总平面设计

以节约用地、保护环境、提高经济效益和节能减排为目标，总平面设计在满足建筑功能、使用、安全、卫生要求之外，针对复杂的功能和交通关系，满足商业运营对流线和空间的要求，综合利用环境条件，合理分配和平衡用地面积，确定功能分区和总体布局的基本模式，安排所有建筑物、构筑物、交通流线、工程管线、绿化环境和设施的平面位置，并协调与场地周围地区的关系。按照功能分区安排商业、办公、旅馆、会展、公寓、住宅及餐饮、娱乐、特色服务等功能的位置和朝向，提供良好的物理环境；综合组织空间，确定空间主次关系、轴线与通道走向，以及商业步行街、室内街和中庭的位置和形态，形成空间特色，符合商业规律，提高效益。

总平面设计原则与目标　表3

原则	目标
与周边用地协调发展	周围地区对商业综合体的生存至关重要。避免引起周围居住区质量下降，防止汽车穿行居住区，防止商业噪声、视线和不良气味的干扰。与周边用地协调发展，互补共赢
交通安全、便捷、舒适	人车分流、客货分流，减少交叉和干扰。汽车从周围道路容易进出，容易找到停车位。停车后容易进入商业空间，离开便捷。步行者优先，结合公共空间设计，提高其舒适度和便利性。商业设施与步行者交通充分接触，以获得最大利益
整体性	在功能布局、交通组织和人性化方面取得统一、秩序和美观

用地分区

用地平衡与功能分区。规划建设用地，划分建设区、停车区、步行区、机动车道路区、公共交通区、预留发展区等，提高土地利用效率，做到功能布局合理、交通组织顺畅，控制对用地周边地区的不利影响，综合考虑用地分区、功能布局、空间形态、交通流线、停车和绿化等。

土地利用与用地平衡　表4

用地类型	说明
建设用地（建筑和公共空间）	包括商业、办公、会展、旅馆、公寓、住宅、娱乐等建筑和服务设施（仓库、卸货台、热力和空调设施等）用地，公共设施（社区中心、展览空间和儿童乐园）用地
交通用地（停车、道路和公共交通）	包括汽车交通和停车设施用地。客货分流，分设行车道路和停车用地。停车用地含商业、物流和公共交通，停车用地面积取决于停车数量，与商业面积和购物人数相关，并考虑商业综合体功能组成与规模、停车方式（地面停车和多层停车库）等调整因素
步行区用地	包括室外步行区（步行街、庭院、步行通道和广场）和室内步行区（公共走廊、室内步行街和中庭）
预留用地	包括扩建和分阶段建设用地，以应对未来发展需要

竖向设计

商业综合体通常体量大，功能和交通复杂，在结合地形条件的前提下，建筑、路网及设施的总体布局需兼顾平面和竖向使用功能要求，确定高程关系、排水和管道综合，保证场地建设与使用的合理性、经济性，提高土地利用率和空间环境质量，降低工程成本，加快建设进度。

结合自然地形的坡度、坡向，竖向设计应做到：首先确定场地与建筑的竖向关系和标高，平衡土方量；其次要确定道路系统走向、标高、坡度和纵横剖面，满足商业运营流线要求，形成高效交通系统，有利于人车分流、客货分流，有利于管线布置；最后确定排水方案、路径、流向、出口位置及与城市管网的接驳。

建筑布局

综合考虑建筑与道路、景观的平面和竖向关系，充分协调建筑功能与体量、标志性、公共空间、日照、朝向和消防间距等因素之间的关系。

1. 建筑布局。满足商业、办公、旅馆、会展、公寓等建筑的功能和空间要求，围绕公共空间（步行街、中庭）形成结构紧凑、层次清晰、特色分明的建筑（群）布局形态，建筑内部最大限度地向步行人流开放，车行交通限制在建筑和场地外围，建筑周围设置停车区，与公共空间紧密联系，并依据场地条件设置货运专用道路和出入口。

2. 建筑体量。依据城市规划条件、指标及城市设计的各项具体要求，确定各部分建筑的尺度、功能组成、规模、体量和形态等。

3. 建筑标志性。商业综合体建筑（群）是一个整体，同时，各功能建筑有各自的独立性和识别性要求。如部分商业主力店要求设置独立出入口方便经营；旅馆与办公建筑的运营模式对建筑出入口位置、外观表现和标志性有特别要求，宜沿着主干道设置；公寓和办公建筑多采用高层形式，一般在商业外围布局，方便交通，避免干扰，并突出其标志性。

4. 建筑出入口。结合城市规划条件和场地周边建筑、道路、人流状况和商业模式的特征，布局建筑，组织交通，明确建筑主要朝向、主次立面，确定人行、车行出入口和开放广场的位置，使之符合商业运营规律，与城市空间和交通合理衔接，相互促进，相互补充。

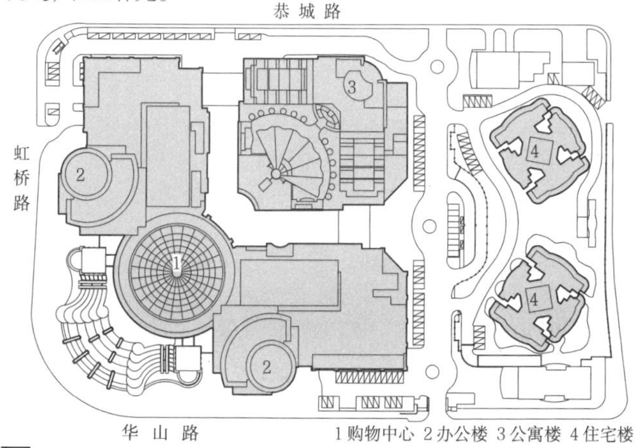

1 建筑群布局类型示例：港汇广场，中国上海

交通组织与停车

以商业综合体交通专项分析为依据，合理规划和确定道路出入口的位置和数量，完成外部交通导入、客货车流分流、停车组织与分配，做到场地内外交通路网顺畅，人、车、物分流，满足消防要求，安全便捷。具体要求如下：首先，衔接城市道路，有效导入外部车流，保证对城市交通顺畅影响较小；其次，设置缓冲区，完成从城市快速交通到停车场的转换；第三，入口远离城市道路交叉口，考虑高峰期出入车流量；第四，场地内交通分布均匀，停车位选择自由，方便物品搬运；第五，场地内道路畅通，不影响步行人流；最后，停车便捷，车位尺寸合适，数量适当，进出快捷，提高停车位使用效率。

场地内外交通组织原则　表1

类型	设计与组织原则	
外部交通引入	以易于进入、易于离开、易于找到离商店近的停车位为原则。综合考虑周围交通影响、交通负荷、交通容量、道路状况和通行状况（路面状况、快慢车道数量、交叉口和信号灯等）	
内部交通组织分配	步行人流	包括从停车场到商店和从商店到商店两部分。从停车场进入商业综合体的路线快捷，缩短距离，并综合考虑公共交通和出租汽车站、儿童乐园、餐馆、电梯、扶梯等的布局对步行人流的影响
	车行交通	购物、货运和公共交通分流，各行其道，互不干扰。服务车流（货车、拖车、垃圾车）和购物车流尽早分离，不穿行购物区。货运流线通畅，符合各种货车行车规范和要求。适应高峰期需要，方便公交车、出租车、轻轨和地铁停泊和衔接
	人车客货分流	人与车在场地内安全、便捷通行

2 场地外部车流与人流导入示意图

公共空间

商业综合体建筑或建筑群之间通过室内外步行街、广场、中庭等公共空间相互联系。公共空间规划设计原则：(1) 优化公共空间形态。根据城市商业人流组织规律确定步行街形态、走向和形式，创造适宜步行的空间，根据不同功能建筑的使用特点，有机组合和衔接建筑群。(2) 充分利用底部公共空间引入开放性、公共性和社会性街道和外部广场，提高空间活力和商业效益。(3) 利用公共空间立体综合高效地组织引导人流，设置空中步道，利用地下空间作为城市轨道交通集散枢纽。

区位交通

1. 交通条件要求

商业综合体选址附近的公共交通资源要充足，具有多种便捷的公共交通网络，包括城市道路系统、城市公共交通系统、城市对外交通系统、城市货运交通系统、轨道交通系统、出租车停靠站等。

2. 对城市交通的要求

商业综合体交通体系服务的对象主要是顾客，其核心是为顾客提供方便的城市交通体系，营造良好的购物交通环境，因此要充分考虑顾客来去商业综合体的交通方便和要求。

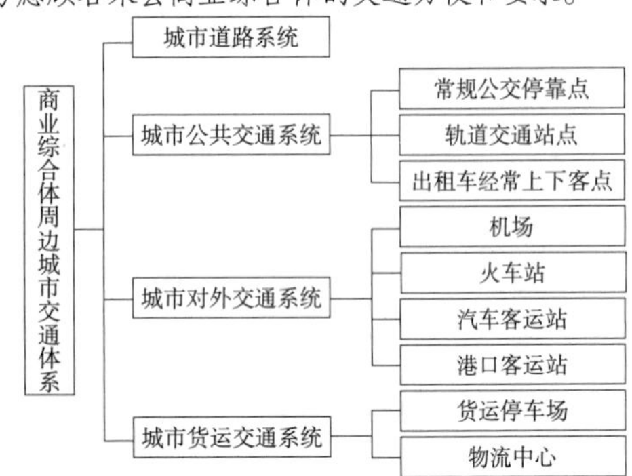

1 商业综合体周边城市交通构成体系

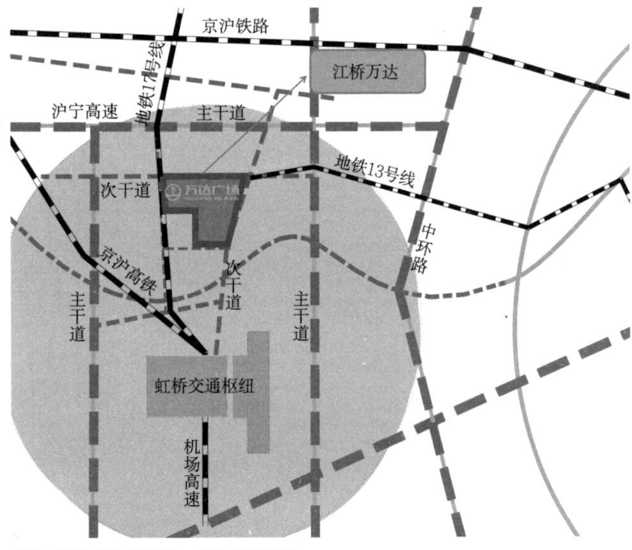

项目毗邻上海虹桥枢纽，周边干道密集。

2 上海江桥万达广场区位交通示意图

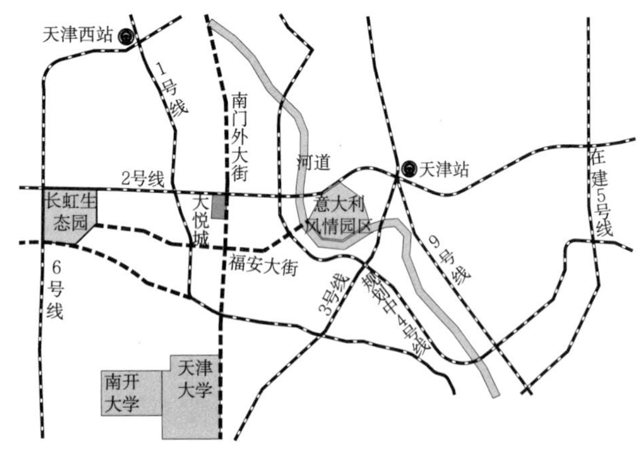

项目毗邻天津火车站，周边干道、地铁路网密集。

3 天津大悦城区位交通示意图

外部交通组织

外部交通组织是指商业综合体与城市的轨道、快速路、主干道、次干道等交通的组织、接驳关系。

1. 毗邻干路

商业综合体用地一定要临主次干道，周边路网一定能够满足人流与车流的及时疏散，但是主干道不能是城市快速路或者高架桥，否则商业车流疏散只能利用其辅路。

2. 交通体系完善

用地周边有充足的城市交通体系，包括公交车、地铁、城铁等，公共交通最好布置在用地周边，对大型城市来说，途经的公交路线最好在8~10条以上。

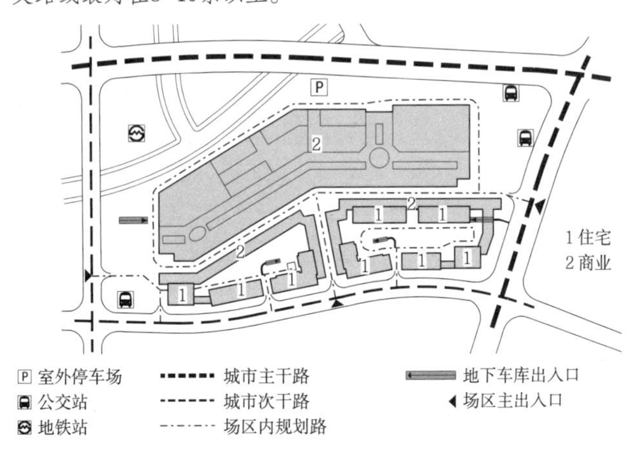

4 上海江桥万达广场外部交通示意图

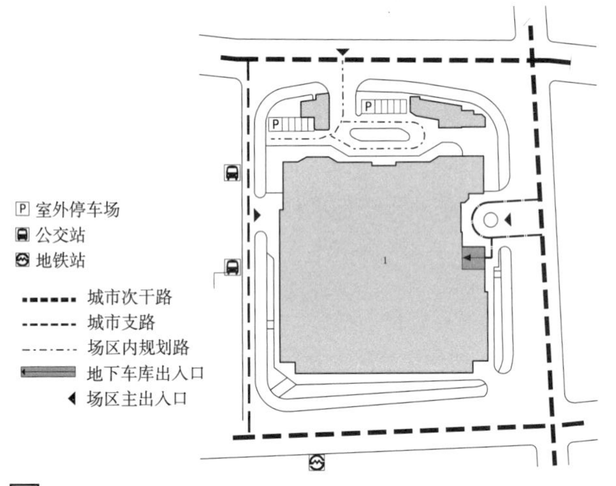

5 上海K11外部交通示意图

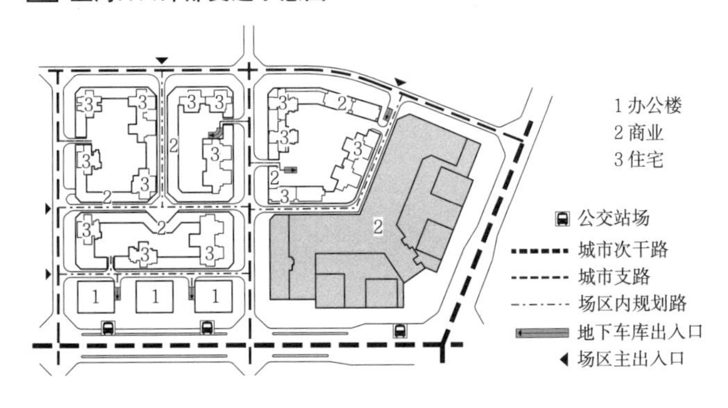

6 成都金牛万达广场外部交通示意图

内部交通组织

内部交通组织包括商业综合体基地内与城市交通系统接口的交通组织，以及商业综合体自身用地范围以内、建筑物以外的交通组织和规划。

原则

1. 基地内的交通组织结合总平面功能布局、空间布局同时进行。

2. 因地制宜，建立与城市多渠道接口连接。大部分商业综合体停车方式为地下，一般千辆以上，因此用地本身的规划条件中车行交通一定要能够多方向开口，最好能够达到3个方向以上，而且至少3个出口，保证内部车流能够多方向疏导。

3. 各类不同使用目的、方式（包括人、车）的交通流宜分流设置，各行其道。

4. 有足够的人流、车流集散空间和停留空间。

商业综合体与城市交通衔接方式　表1

形式划分	衔接类型	考虑因素
与行人系统衔接	地面人行道、商业街、过街天桥、楼层步道、地下步道、城市广场	人行系统应使人员便捷易达，接近建筑人口和内部交通核，与车行系统形成平面分流或立体分流
与车行系统衔接	平面接口	以城市道路性质为依据，充分考虑交通量、车行速度、车行方向、道路交叉口等方面因素，满足交通能力和安全要求，考虑车辆停靠方便，减小对城市交通的干扰等
	立体接口	考虑与封闭的汽车专用道直接连接，为综合体选择交通方式提供更大的弹性，同时减轻综合体对城市交通的压力

平面交通组织

主要适用于基地周围较为开阔、交通密度不是很大的情况，根据人流、车流等组织形式可以进一步划分为人车合流型与人车分流型两种。

平面交通组织形式　表2

形式	适用建筑	具体方式	优点	缺点
人车合流	规模较小、机动车交通总量不大的综合体建筑	人流车流共用建筑前广场，具有一定的灵活性，停车较少时，广场主要起人流集散与公共广场的作用，当车流量较大时，广场则主要用作停车场	对场地利用较为充分，经济性强	易产生相互干扰，增加不安全因素
人车分流	规模较大、城市交通以平面交通为主的综合体建筑	将人流与车流分别通过不同的出入口组织进入基地，再通过各自的交通组织进入建筑	交通干扰小，空间环境较好	容易产生交通线路过长的情况

立体交通组织

在交通情况复杂的大型综合体与城市交通转换点，以及与交通枢纽结合开发建设的综合项目中，有必要建立地下、地面和地上二层等多层次的交通系统，将商业综合体建筑与相邻建筑、城市交通通过地下、地面以及架空道路的组织利用，将不同的竖向功能有机组合，与地面街道、地铁、高架交通、停车场等联系起来，形成空间交通网络。

立体交通组织形式　表3

形式	地下	地面	地上二层
机动车组织	通过城市地下隧道与商业接驳，也可通过汽车坡道进入地下停车库	机动车通过城市道路与基地连接，应注意不同流线之间的分隔与联系	机动车可以通过城市高架交通道路与建筑联系
轨道交通组织	通过地下轨道交通与商业综合体接驳	通过设置商业综合体内的站口或附近站口，使人流直接或步行到达商业综合体	轨道交通也可与高架交通接驳
人流组织	人流通过垂直交通联系地下空间和地上功能区	通过地面交通、步行方式到达商业综合体	通过地上二层交通可以分流到达不同功能区的人流

交通节点

交通节点是流线与流线之间的交叉点和连接点，是交通空间的小型中心，在交通流线的交叉、转折、收放等处，可以汇聚、引导人流，许多情况下节点本身也具有标志的作用。

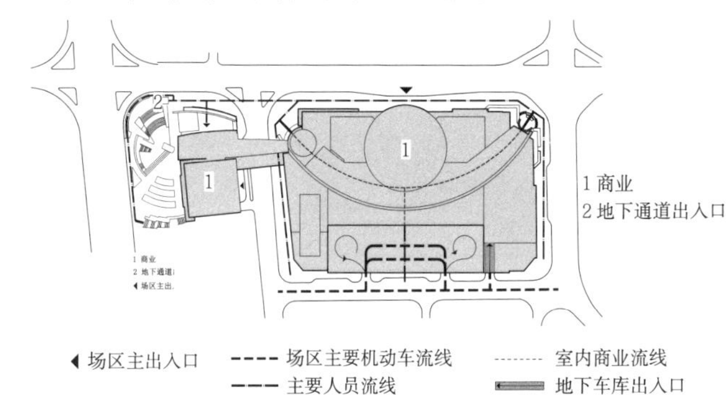

1 深圳万象城场区交通路线

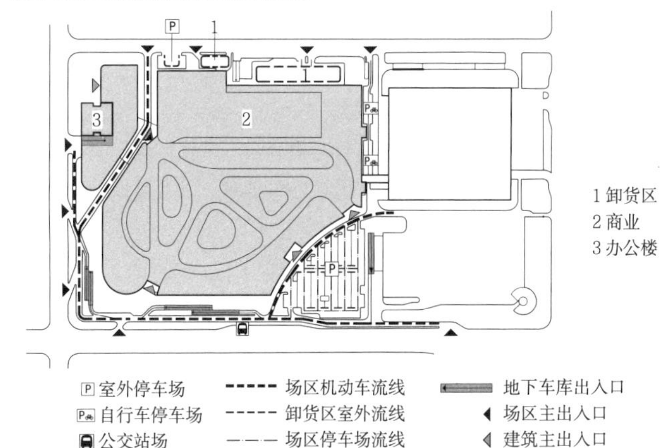

2 沈阳星摩尔购物广场交通组织流线

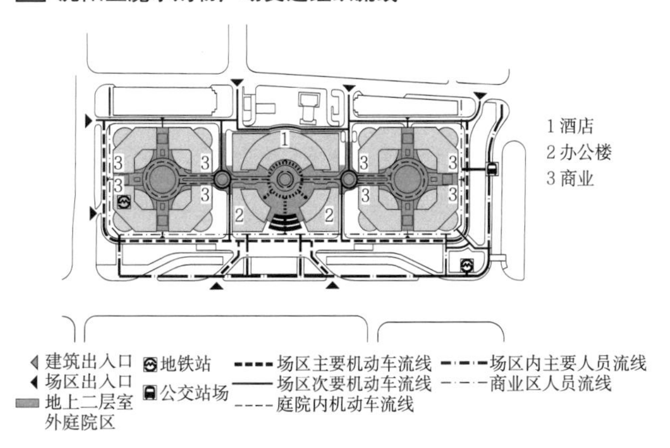

3 北京东方广场内部交通流线分析

停车布置与指标体系

商业综合体停车布置应考虑机动车和非机动车停车。常见的机动车停车方式分为地面停车场、地下停车库、停车楼等形式。

1. 机动车停车

地面停车场：因用地的经济性及商业价值的体现，除有条件设置停车楼（场）和少量设置一些地面停车位外，一般不建议设置大型地面停车场。

地下停车库：因商业综合体要求的车位数较多，车库出入口至少2~3个，所以出入口的设置位置至关重要，一般地下停车库出入口设置应注意以下几点：

（1）出入口应设于交通量较少的非主要道路上。如一定要设于较大车流量的道路上，必须使出入口向后退让若干距离以便车辆进出。根据交通影响评价报告，确定出入口位置。

（2）宜配合道路的车行方向单进单出，尽量避免进出在同一个口。

（3）地下的停车库与城市交通体系的连接可通过汽车坡道、地下城市隧道、高架道路等方式。

地下停车库设计要求　表1

出入口位置	方便出入，靠近基地出入口，与城市道路有合理顺畅的交通联系，但不宜直接设置在城市道路上，应尽量远离大商业街面，避免与主要人行流线交叉，并远离建筑主要出入口
停车原则	就近原则，区划明确，便于识别记忆，导向标识清晰
高度要求	基本要求同常规车库。但需通行货车的通道及坡道、出入口应通行无阻，且净高不宜小于3.6m（以7m长轻型车为标准），且应规划好货车通道。停车数量要求高的地区，有条件可预留双层机械停车条件，机械停车位净高则不低于3.6m
优点	充分利用建筑地下空间，节省室外场地面积，能够满足商业综合体大量停车要求
缺点	相对地面停车场，需增加设备系统，对上部建筑柱网尺寸有要求

2. 非机动车停车

非机动车停车主要考虑自行车的停放，停放位置分为地面停车和地下停车，地下停车应考虑自行车坡道，且不宜设在地下二层及以下，高差大于7m时，应设机械装置。

非机动车停车库设计要求　表2

出入口位置	非机动车出入口宜与机动车出入口分开设置，且出地面处的最小距离不应小于7m
出入口数量	≤500辆时1个，超过500辆时应设2个或以上出入口，且每增加500辆宜增设1个出入口
停车位尺寸（m）	自行车0.7×2.0，二轮摩托车1.5×2.0
停车位面积（m^2）	自行车1.5~1.8，二轮摩托车2.5~2.7
通道宽度（m）	一侧停车：自行车1.5m，摩托车3.0； 两侧停车：自行车2.6m，摩托车5.0
坡道坡度	踏步式推车斜坡的坡度不宜大于25%，坡道式坡度不宜大于15%
坡道宽度及净高（m）	踏步式入口推车坡道单向宽度不应小于0.35m，总净宽度不应小于1.8m，坡道式出入口宽度不应小于1.8m；净高≥2.0m

3. 指标体系

由于商业综合体由多种功能构成，且停车设施一般会综合考虑，所以在进行停车位指标的计算时应分别依据各种功能面积指标进行测算，然后进行汇总。

商业综合体主要功能配建停车位指标表　表3

功能类型	计算单位	机动车位（辆）	非机动车位（辆）	
			内	外
大型商业	万m^2	65~100	75	120
办公	万m^2	65	10	7.5
餐饮、娱乐	万m^2	75~120	5	2.5
影剧院	100座	3.5~10	3.5	7.5
居住	户	0.5~1.0	—	
酒店	每套客房	0.3~0.6	0.75	—

注：如当地规划部门有规定时，按当地规定执行。

人流组织

商业综合体建筑最核心的设计要点是动线设计，而动线设计最核心的原则是：人流动线清晰、简洁，尽量避免与车流、物流相互交叉。

商业综合体业态布局与人流组织　表4

功能种类	内容	人流特点	设置位置与人流组织原则
商业	商店、餐饮、娱乐、文化、会展	城市公交与步行人流的衔接，内部人流分区引导	与城市公共交通衔接紧密，位于大型多层建筑或高层裙房及地下层；需大量停车位，地下车库与商业空间交通便捷
居住	住宅与公寓	24小时出入	在商业区域上部塔楼中独立布置，有独立出入口，具有一定私密性
办公	办公与商务	联系商业、餐厅与旅馆	独立门厅设置，易识别；交通便捷，设独立停车区域和出入口，流线尽量不与商业交叉
旅馆	客房与配套设施	24小时出入	入口明确，提供汽车停靠、出租车下客区域

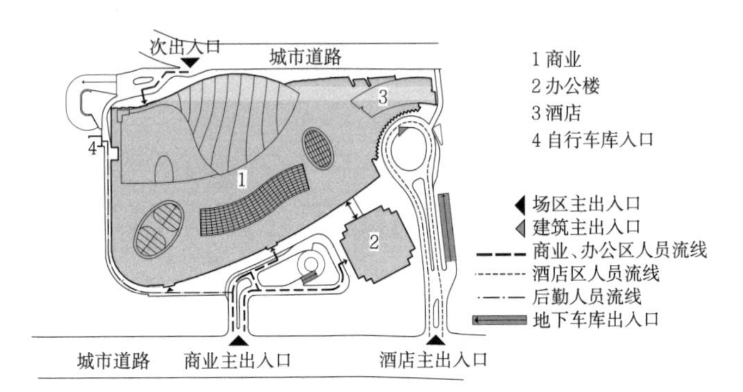

1 北京颐堤港人流组织图

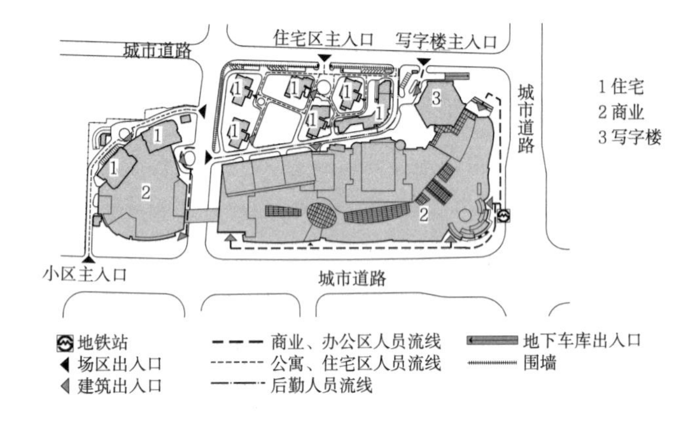

2 天津大悦城人流组织图

物流组织

货物的运送是保证商业综合体正常运营不可或缺的因素，货流动线分为平面和垂直两种。货物的平面运输通过货车进入首层或地下层，到达各自货梯厅附近的卸货区，再通过货梯运送到地上各个楼层。

各主力店及步行街商铺应有专门的垃圾运输动线，干、湿垃圾间一般置于地下，集中存放运输。

物流动线使用时段与商场营业时间错开，避免与顾客车流互相干扰。

地下车库物流动线宜与客流动线分别设置。例如万达广场一般设置3个地下车库出入口，1个主要用于物流动线。

业态构成

业态是指针对特定消费者的特定要求，按照一定的预定目标，有选择地运用商品经营结构、店铺位置、店铺规模、店铺形态、价格政策、销售方式、销售服务等经营手段，提供销售和服务的类型化服务形态。例如，万达商业综合体的业态主要由商业（零售）、餐饮、娱乐、文化、旅馆、商务办公、居住等城市核心功能组成。各部分业态之间有机联系、良好互动。

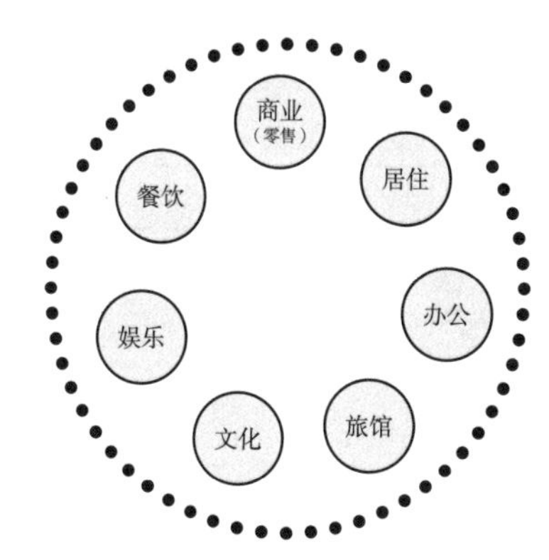

1 万达商业综合体业态构成示意图

商业综合体中业态的主要形式 表1

业态		主要功能
商业		综合商场、超级市场、精品店、自选便利店、工艺品店、食品商店、家电商场、家具商场、文体用品店、医药医疗商店、蔬菜水果店等
餐饮		各类小吃、风味餐厅、快餐店、中式餐厅、西式餐厅，以及各类咖啡馆、茶艺馆、酒吧、酒楼等
文化娱乐	休闲娱乐	影剧院、主题俱乐部、主题娱乐城、歌舞厅、KTV、游乐场、游艺室、桌球室、棋牌室、儿童早教或游戏室、绘画书法室、陶艺室等
	体育健身	健身俱乐部，室内足球场、篮球场、网球场等大型运动场地，保龄球等各类运动场馆、溜冰场、游泳池等
	医疗保健	桑拿浴、蒸汽浴、按摩室、保健室、医疗室、美容美体等
会展		会议中心、展览厅、文化中心、艺术画廊、水族馆等
办公		写字楼、商务、接待、会议、培训等
旅馆		商务酒店、主题酒店、快捷酒店等
居住		各类公寓、住宅、度假村等
配套及其他		银行、邮电服务、美容美发厅、摄影馆、社会服务中心、停车场库等

商业综合体不同业态间的关联度 表2

	住宅	办公	旅馆	主力店	专卖店	酒吧歌厅	影院	健身	餐饮	会展
住宅		★	×	★	○	○	×	○	×	□
办公	★		★	○	○	★	□	★	★	□
旅馆	×	★		★	★	★	○	★	★	□
主力店	★	○	★		★	□	□	□	□	★
专卖店	○	○	★	★		□	□	□	□	★
酒吧	○	★	★	□	□		□	□	★	□
歌厅	×	□	○	□	□		□	□	□	□
影院	○	★	★	□	□	□		□	□	□
健身	×	★	★	□	□	★	□		□	□
餐饮	×	★	★	□	□	★	□	□		□
会展	□	□	□	□	★	□	□	□	□	

注：★关系密切，○关系较弱，□基本无关系，×存在矛盾。

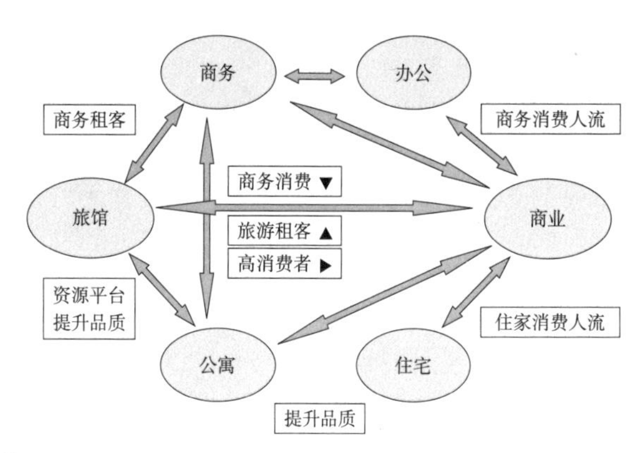

2 商业综合体功能与人流价值链

国内外典型商业综合体业态构成统计 表3

	办公	居住	旅馆	商业	餐饮	文娱	会展	交通
中国国际贸易中心	○	○	○	○	○	○	○	○
北京华贸中心	○	○	○	○	—	—	—	—
北京东方广场	○	○	○	○	—	—	—	—
北京财富中心	○	○	○	○	—	—	—	—
北京万达广场	○	○	○	○	○	○	—	—
北京国瑞城	○	○	—	○	—	—	—	—
上海商城	○	○	○	○	—	○	—	—
上海国际金融中心	○	—	○	○	○	—	—	—
上海大宁国际广场	○	—	○	○	○	○	—	—
广州正佳广场	○	—	○	○	○	○	—	—
广州太古汇	○	—	○	○	—	○	—	—
深圳华润中心	○	○	○	○	—	—	—	—
深圳中信城市广场	○	—	—	○	○	○	—	—
沈阳华府天地	○	○	○	○	○	○	○	—
沈阳五里河城	○	○	○	○	○	○	—	—
济南万达广场	○	○	○	○	—	—	—	—
香港太古广场	○	○	○	○	—	—	—	○
拉·德方斯新区	○	—	—	○	○	○	○	○
六本木新城	○	○	○	○	○	○	—	—
洛克菲勒中心	○	—	○	○	○	—	○	○

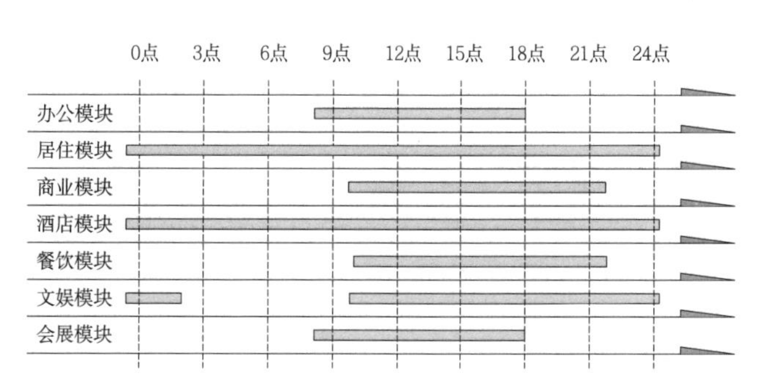

3 商业综合体业态利用时段对比

业态组合

1. 根据项目所在城市的级别不同、项目地块的不同、项目所在地消费市场情况的不同，商业综合体的业态有不同的组合方式。

2. 平面上根据不同业态的特点通过步行街、中庭等空间枢纽将不同规模与功能的业态组织起来。垂直方向上则根据人流数量、人流时间分布特点、业态特点等合理组织业态的分布。

3. 在适当的位置布置咖啡、休闲、绿化等节点空间，活跃空间氛围，充分发挥餐饮空间吸引人流与调节空间氛围的作用，使综合体内外空间充分融合。宜沿公共空间布置吸引人流的业态。充分发挥公共空间的经济价值，利用好沿公共空间分布的商业界面。

4. 充分考虑人流、车流、货流对内部空间组织的影响，合理组织各种流线，避免彼此干扰。

5. 合理布置附属空间与设备用房。

国内部分商业综合体不同功能区面积比较　　表1

商业综合体项目	功能配置（m^2）	总建筑面积（m^2）	商业功能所占比例
北京西单大悦城	商业11.25万； 办公1.5万； 酒店式公寓3.32万	20.5万	55%
上海万达商业广场	商业26万； 办公7.25万	33.25万	78%
深圳华润中心	商业28.3万； 办公4.2万； 酒店6万； 公寓与住宅10.5万	50万	57%
广州天河城	商业16万； 办公10.3万； 酒店5万	33万	49%
重庆大都会东方广场	商业15万； 办公5.13万； 酒店3.05万	23万	65%

5 商业综合体

商业综合体典型业态构成模式　　表2

业态构成模式	典型实例
酒店、写字楼、商场、公寓等各种功能均衡发展的模式	北京东方广场
以商业为核心功能，结合休闲娱乐功能的发展模式	广东东莞华南Mall
结合交通枢纽设置，综合了商业与交通功能的发展模式	香港地铁上盖物业汇景花园
其他模式	奥特莱斯等

各业态与商业综合体的空间位置关系　　表3

业态	空间位置	出入口	关联度
办公	■办公业态 □其他业态	独立	中
居住	■居住业态 □其他业态	独立	低
酒店	■酒店业态 □其他业态	独立	低
商业	■商业业态 □其他业态	混合	高
餐饮	■餐饮业态 □其他业态	混合	高
文化娱乐	■文化娱乐业态 □其他业态	混合	高
会展	■会展业态 □其他业态	独立	中

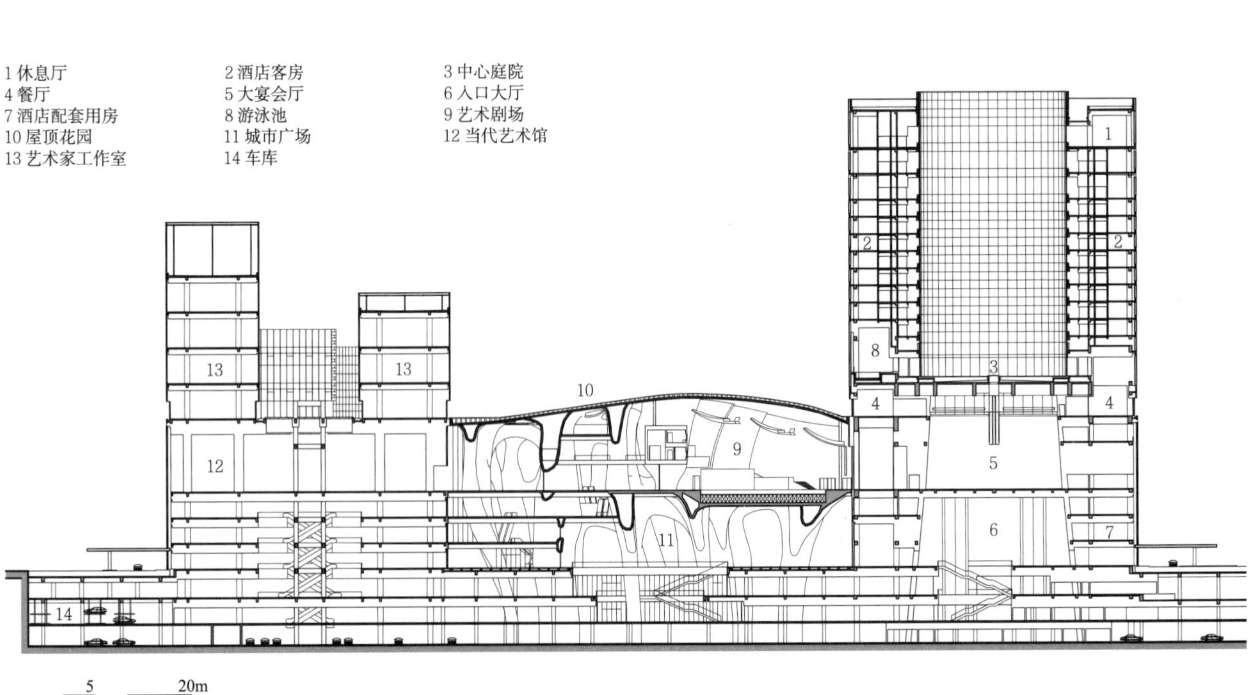

1 上海喜马拉雅艺术中心业态竖向构成：集艺术馆、演艺厅、五星级酒店、艺术家创作室和商业为一体

主要功能设计要点

商业综合体主要功能设计要点 表1

功能分区	功能组成	设计要点
商业空间	百货主力店、超市主力店、家具主力店、数码主力店、各类半主力店等	占用面积大、人流多、物流繁忙，宜设置在低层与疏散便捷的区域。主力店的设置应考虑对其他业态人流的带动；注重人流的设计与组织
	精品店、专卖店	通常面积相对较小，建筑进深不宜过大，以10~18m为宜。柱网以不超过两跨为佳。应注意尽可能增加店面沿交通线的长度
	步行商业街	步行街尺度应适宜，不应拥挤，也不应过于空旷；注意营造商业氛围，保证步行街中商铺在商业动线中最大限度的可见性
	KTV、酒吧等娱乐设施	注意避免噪声对于其他功能区域的干扰，宜有相对独立的交通组织系统
	餐厅、主题餐厅、咖啡、快餐厅等	餐饮宜布置在综合体高楼层及靠近动线的端头，宜有独立的垂直交通，宜在首层设置独立的大堂，厨房位置的布置应避免对于整个空间的干扰
	书店、棋牌室	宜布置在较安静、人流较少的区域
	体育健身设施	考虑独立的出入口
	洗浴、SPA	常独立设置，考虑独立的出入口
	影院	因室内空间较高、跨度大、设备复杂，多布置在顶层，宜有独立的垂直交通系统，也可结合公共交通系统布置以解决散场人流疏散问题。首层应有独立出入口
休闲空间	绿化中庭、茶座、儿童娱乐区等	建筑中的分布注意均好性
写字楼	办公	多布置于主体塔楼，解决好出入口、大堂与商业的关系
旅馆	住宿	多布置于主体塔楼，解决好落客区、入口、大堂与商业之间的关系，重点考虑裙房宴会厅、酒店配套设施等公共空间
公寓	住宿	多布置于主体塔楼，解决好出入口、大堂与商业的关系
会议中心	会议	独立组织交通
展览	展示	宜布置在人流较多的区域，利于举行商业展销活动与庆祝活动等
交通空间	中庭	尺度应与商业体量、楼层高度相适应。一般以600~1000m^{2}为宜，多个中庭时，其间距以80~100m为宜，常与景观电梯组合设置
	步行街	控制空间尺度，以获得最佳的使用效果与空间效果，长度以300m左右为宜，宽度以9~15m为宜
	入口过渡空间	注意商业氛围的营造
	垂直交通系统	应遵循便捷、均匀原则，使商业部分与步行系统、地下停车系统的联系便捷。客梯靠近入口处设置，并应直达停车场。货梯应结合地下卸货区与库房布置。当有多个防火分区时，客梯与货梯可设在不同防火分区，货梯可兼作消防电梯使用
	水平交通系统	不宜过于曲折
	与城市公交系统之间的连接体	分层立体交通
	地下室及机动车停车场	内外交通连接应尽可能顺畅。也有的商业综合体设计成停车楼形式，开车可以直接到达各个楼层。合理组织车流流线，尽可能做到客货分流，巡视系统简洁、清晰，合理分布垃圾收集与处理设施，地下车库可考虑预留立体停车的设计需求
	非机动车停车场	避免乱停乱放对于环境的不利影响
管理用房	经理室、办公室、会议室、消防控制室等	附设在建筑内的消防控制室宜设置在建筑内首层或地下一层，并宜布置在靠外墙部位
仓储空间	库房	货物流线应与客流分开，避免相互干扰
设备用房	电气、暖通、给排水等	与建筑结构和功能布局相互协调，各类设备用房布置不互相干扰
服务空间	卫生间、洁具间等	公共卫生间设置区位一般宜紧邻疏散楼梯间或疏散走道。各层卫生间分布宜均匀，上下位置对齐或相近为佳；间距80~100m为宜，面积70~100m^2。不宜隔层分开设置男、女卫生间。员工卫生间单独设置

超市、百货等大型商业业态在综合体中占据主要空间，主要由几个出口与主要人流发生联系，而不必全部沿人流干线布置

a 一层平面图

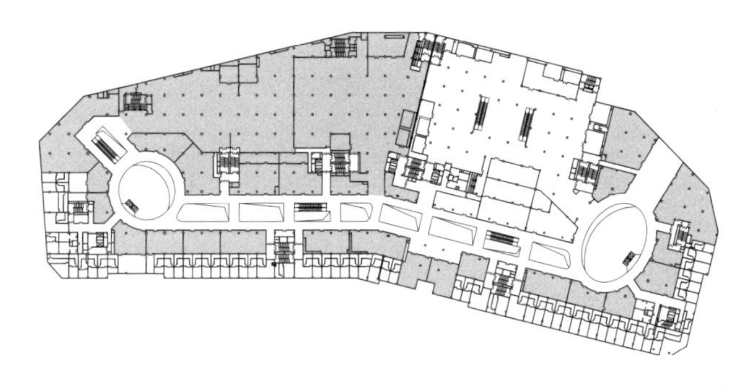

专卖店、精品店等小型商业业态常沿人流干线与主要商业空间布置，以提高其商业价值，也是形成商业氛围的主要构成元素。

b 二层平面图

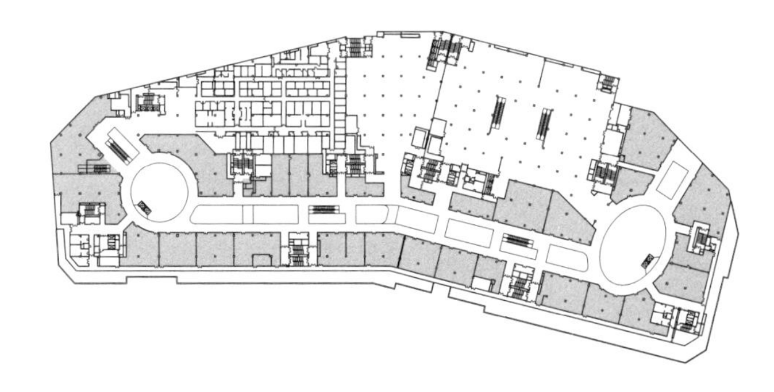

餐饮空间常结合公共空间节点设置，以充分发挥其吸引人流、活跃空间的作用。

c 三层平面图

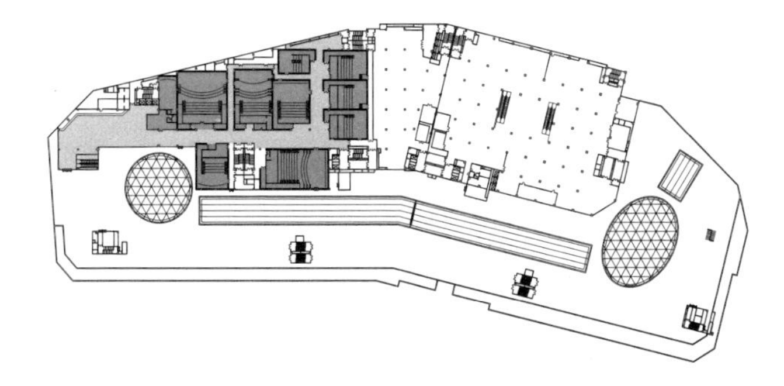

影院等空间复杂，带有大量设备用房，且人流阵发性强的空间常布置在商业综合体的顶层空间。

d 四层平面图

1 漳州碧湖万达商业综合体

商业业态构成及设计要点

综合体中的商业模块多指商业零售功能，一般具有较大的规模，通常会形成城市或者片区的商业中心。商业模块的使用强度明显高于综合体中的其他模块，是商业综合体最基本的功能模块。根据我国商务部2004年颁布的《零售业态分类》GB/T 18106-2004，零售业态总体上可以分为有店铺零售业态和无店铺零售业态两类18种业态。商业综合体中的商业零售业态属于有店铺零售业态类别，主要以便利店、大型超市、百货店、购物中心、专卖店、专业店为主。

商业模块直接影响到城市综合体的区域辐射力和吸引力，能够为城市综合体带来大量人流。由于商业模块具有较强的开放性和流动性，而且占据城市综合体的主要公共空间，因此，对城市综合体的活力展现及形象塑造起到至关重要的作用。

商业综合体中商业业态的主要类型　表1

零售店	以小额出售或是单一个数售卖为主的商业业态
专卖店	专卖店指专门经营或授权经营某一主要品牌商品（制造商品牌和中间商品牌）为主的零售业态。专卖店以品牌产品为主，量小、质优、高毛利
超级市场	超级市场是以顾客自选方式经营的大型综合性零售业态，又称自选商场。超级市场规模大、成本低、销量大、毛利低，主要满足顾客对于食品与日常家庭生活用品的需求。超级市场常以连锁店的形式存在
商业步行街	由多种业态构成的，按一定结构比例与商业规律排列的线性商业空间，是一种多功能、多业种、多业态、多层次的商业集合体
主题商城	指同类产品积聚于某一场所进行的交易、流通和配送；简单来说，就是相同系列的专业店、专卖店高度聚集的特色商业场所，它所呈现的是特定的客户定位、特定的经营行业定位
购物中心	多种零售店铺、服务设施集中在一个建筑物内或一个区域内，向消费者提供综合性服务的商业集合体。这种商业集合体内通常包含数十个甚至数百个服务场所，业态涵盖大型综合超市、专业店、专卖店、饮食店、杂品店，以及娱乐、健身、休闲等
仓储超市	也称货仓式商场，是集商品销售与商品储存于一体的零售形式。这种商业内部空间大、布局简明、装饰较少，商品价格实惠，品种多样，既适合零售购买，又适合批发销售
其他相关功能	商业综合体常与住宅、公寓、酒店、会展等共同开发，以达到彼此促进、互惠共赢的目的，形成以商业为中心的城市综合体

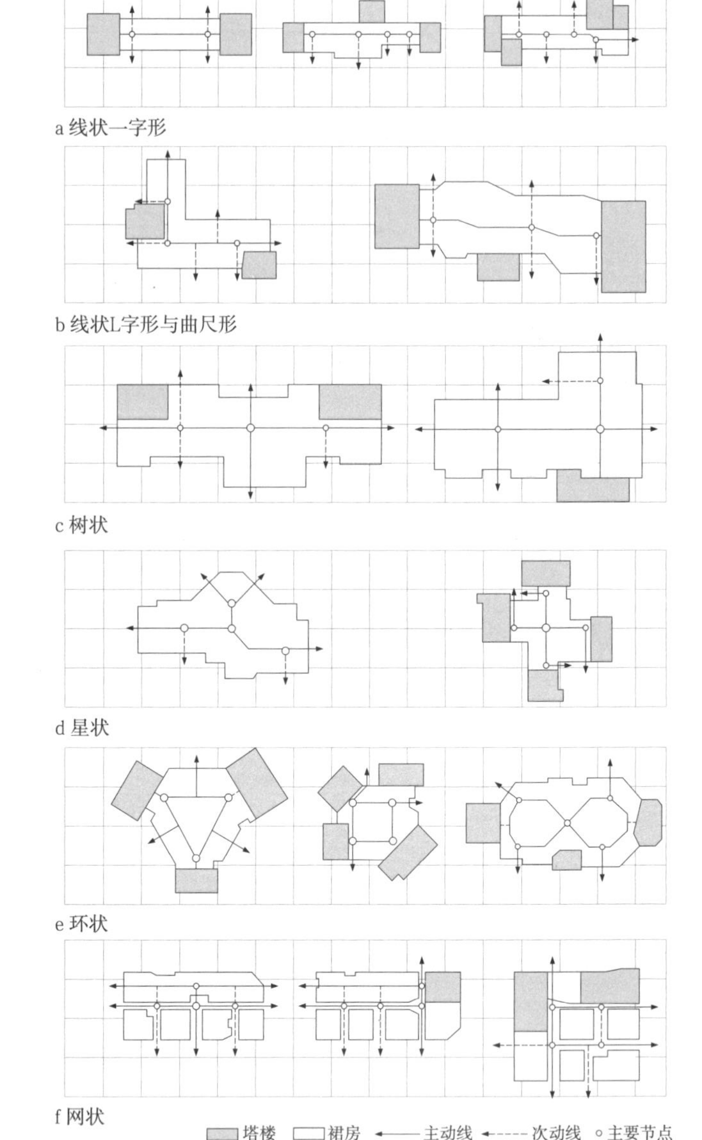

1 商业业态常见主动线组合形式

商业综合体中各商业业态的规模及设计要点　表2

业态	实例	规模（万m^2）	层高要求（m）	柱网要求	客梯数量（部）	扶梯数量	货梯数量（部）	备注
百货	太平洋百货	2~3.5	5.1~5.4	8m以上	2~4	2组4部	2~3	每层不宜小于5000m^2
超市	沃尔玛、家乐福	1.8~2.2	5.4~6.0	8m以上	0~2	1~2组	2~3	1~2层，最好为平层，也可设在地下一层
家居	红星美凯龙	0.8~1	6.5~8.5	9m以上	2~4	1~2组	2~4	每层不宜小于5000m^2
建材	百安居	1.5~2	6.5~8.5	9m以上	2~4	1~2组	2~4	每层不宜小于8000m^2
儿童体验	大白鲸、金宝	0.2~0.4	5.1~5.4	8m以上	1~3	1~2组	0~1	
快时尚	ZARA、H&M	0.2~0.4	5.1~5.4	8m以上	1~3	1~2组	0~1	
影城	万达、金逸	0.5~0.8	8~10	大空间	2~3	2部	0~1	观众设计人数1500~2000人，不宜少于8个厅
KTV	钱柜	0.3~0.5	5.1~5.4	8m以上	2~3	2部	0~1	
电玩	迪诺欢乐世界	0.4~0.5	5.1~5.4	8m以上	2~3	2部	0~1	
数码	国美、苏宁	1.5~2.0	5.1~5.4	8m以上	1~3	2部	1~3	每层不宜小于5000m^2
快餐	永和大王、麦当劳			8m以上			1	
餐饮	金钱豹	0.4~0.8	5.1~5.4	8m以上	2~4		1	考虑到排烟、降板等问题，可设在顶层，首层应设大堂
健身	浩沙			8m以上		2部	1	
奥特莱斯				8m以上			1~2	
步行商街		2.0~4.0	5.1~5.4	8m以上	2~4	5~10组	2~3	层数2~3层，长度一般不宜超过350m，2~3个中庭，3~4个出入口，入口前应设计广场

注：本表格部分数据参考万达商业规划研究院编著的《商业综合体设计准则》（2011版）编制。

Shopping Mall

Shopping Mall简称为Mall，指在毗邻的建筑群或大型建筑物中，从功能与空间上把一系列的商业性、服务性机构组织在一起，集美食、娱乐、购物于一体的超大规模购物中心。其主要功能构成包括主力百货店、大型超市、专卖店、美食街、快餐店、高档餐厅、电影院、影视精品廊、滑冰场、咖啡吧、酒吧、健身设施、主题公园，以及集中停车场等，并通过特色环境空间的营造提供百货店、大卖场无法比拟的，舒适、愉悦的休闲购物体验。Shopping Mall是一种新型的复合型的商业综合体，也是目前世界上大型商业地产的顶级形态，是当代商业综合体的核心组成部分。Mall的空间组织常表现为多重的立体构成形态。可综合运用空间连接的手法进行具体的设计，一般有以下几类组织与连接方式：并置式、叠加式、中心式与分离式。

依据ICSC（国际购物中心协会）的分类标准，Shopping Mall可分为邻里型购物中心、社区型购物中心、区域型购物中心、超区域型购物中心、时装精品购物中心、大型量贩购物中心、主题与节庆购物中心以及工厂直销购物中心。

Shopping Mall基本组成 表1

商业综合体	百货主力店	如梅西、赛特
	超市主力店	如沃尔玛、家乐福
	家居主力店	如宜家、百安居
	娱乐主力店	如IMAX等各类影城
半主力店	如服装品牌店、运动品牌店	
专卖店	如国际一线、二线品牌专卖店	
餐饮设施	如各类主题餐厅、主题酒吧、麦当劳等中心快餐店	
娱乐设施	如KTV连锁店、玩具反斗城等主题娱乐设施	

Mall的发展历史 表2

第一代	社区型购物中心 CSC(Community Shopping Center)： 室内封闭式，以购物为主要目的
第二代	超级社区型购物中心 SCSC(Super Community Shopping Center)： 室内封闭式，以购物为主要目的
第三代	广域型购物中心 RSC(Regional Shopping Center)： Mall的大发展时期，购物目的退居其次
第四代	生活体验式购物中心 LSC(Lifestyle Shopping Center)： 强调休闲娱乐，为消费者创造新的生活空间

Mall的业态与功能构成 表3

并置式	各功能空间按照水平方向并列组织	功能分区较明确，交通流线畅通且较为独立，相互间干扰少。适于地价便宜的开阔地带
叠加式	各功能空间通过竖向叠合而连接，既可以互不干扰，又联系方便	高效利用土地，适于在城市中心或地区中心等用地紧张的地带发展
中心式	以中庭或庭院等为复合空间来进行组织，各功能空间呈辐射状或其他形式与核心相连接	各功能空间既能保持相互独立，又联系便捷，并且能加强不同层的视觉联系，同时起到人流分配与交通疏散的作用
分离式	将某些功能空间分离设置，并通过连廊、广场、庭院或路径实现连接	互不干扰又联系紧密，有各自的出入口和垂直交通设施，流线非常明确，适应性较广

a 并置式

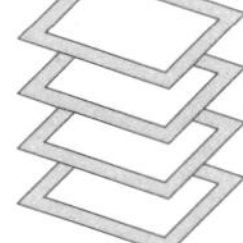
b 叠加式

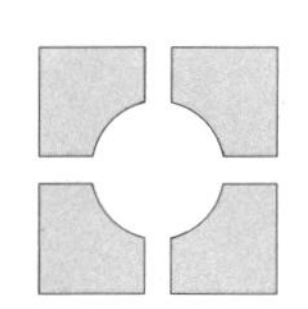
c 中心式

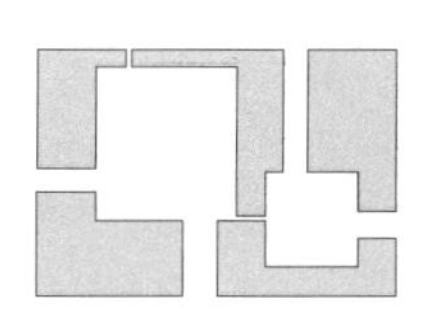
d 分离式

1 MALL的空间形态

Mall的基本类型（按商圈辐射范围分类） 表4

类型	商业规模	店铺构成	停车能力
小型（邻里型）	服务半径1~2km 到达时间3~5分钟 服务人口1~2万人	超级市场 专卖店 共10~20家店	100~500辆
中型（社区型）	服务半径3~5km 到达时间5~10分钟 服务人口5~10万人	廉价市场 便民中心 专卖店 共20~40家店	300~500辆
大型（地区型）	服务半径10~20km 到达时间10~15分钟 服务人口50~100万人	百货店2家 批发店2家 专卖店100~200家	2000~5000辆
大型（超地区型）	服务半径30~40km 到达时间20~30分钟 服务人口200万人以上	百货店2~6家 批发店2~3家 专卖店200~400家	5000~10000辆

Mall的基本类型（按业态和行业分类） 表5

类型	理论面积（平方英尺）	实际面积（平方英尺）	NRB定义范围（平方英尺）	主要承租商数量	主要承租商类型
时装精品购物中心		8万~25万	8万~25万	2个或以上	服装店、精品店
大型量贩购物中心	40万	25万~60万	30万~60万	3个或以上	集中采购商场、大型百货商店
主题与节庆购物中心	10万	8万~25万	8万~25万	2个或以上	餐饮、娱乐、百货店
工厂直销购物中心	20万	5万~40万	10万~40万	1个	各类生产商

注：1万平方英尺约等于929.03m²。

Mall的基本类型（按区位分类） 表6

类型		地段	开发形式	物业特点
城市型	填充型中心	城市中心商业区更新地段	城市中心商业区零散地块再开发	利用原来的仓库和批发用地建设，是购物中心重返城市中心的先锋
	扩展型中心	原有商业区	扩展商业区零售面积	不改变原有商业区组成的基础上，提供一个改变商业区功能的办法
	核心替换型中心	城市黄金地段	城市更新	城市中心商业区购物活动的焦点、振兴城市商业中心区的关键
郊区型	主要经营汽车配件和电器商品、家具			

万达商业综合体（部分）规模统计表[1] 表7

商业综合体	地点	总用地面积（万m²）	综合体总建筑面积（万m²）	其中购物中心面积（万m²）
南京建邺万达广场	南京市建邺区	27	97	27.5
广州白云万达广场	广州白云区	21.1	56.3	9.6
济南魏家庄万达广场	济南市市中区	23	100.3	16
绍兴柯桥万达广场	绍兴县新城	18.2	68.7	17.4
无锡滨湖万达广场	无锡市	18	70	12
泰州万达广场	泰州市凤城河风景区	11.5	41	17
武汉经开万达广场	武汉沌口经济技术开发区	12	44.12	16

Shopping Mall平面形式 表8

内街式Shopping Mall		集中式Shopping Mall	
弧形平面	折线形平面	环形平面	中庭式
Y形平面	T形平面	边庭式多核式	

❶万达商业规划研究院. 万达商业规划2009. 北京：中国建筑工业出版社，2013.
万达商业规划研究院. 万达商业规划2010. 北京：中国建筑工业出版社，2013.
万达商业规划研究院. 万达商业规划2011. 北京：中国建筑工业出版社，2013.

商业综合体建筑设计概述

1. 设计内容与建筑特征

商业综合体是以商业功能为主，兼顾商务、酒店、住宅等其他复合功能的城市综合体。设计主要内容包括：商业、办公、居住、旅馆、展览、会议、餐饮、文化娱乐等城市生活空间。多功能复合业态是商业综合体的基本特征。

商业综合体建筑特征　　表1

建筑特征	要点
外部特征	高可达性
	高密度、集约性
	整体统一性
	功能复合性
内部特征	大空间尺度
	通道树型交通体系
	现代城市景观设计
	高科技集成设施

2. 设计原则

(1) 整体的功能定位：综合体要实现的基本功能。

(2) 目标客群的定位：商业业态的设计对于商业综合体来说尤为重要。通过分析区域的目标购物人群，掌握对象的消费习惯、购物习惯，以形成自身的定位和特点。

(3) 规模定位：明确商业综合体的面积、大小及空间购物形态。

商业业态布置原则

商业业态分为主力店、次主力店、商铺或由商铺组成的室内步行街等。

1. 多主力店原则，层层都有核心主力店。

2. 将主力店设置于商业综合体的两端，将一般商户设置于商业体的中部。将主力店设置于商业综合体中间，一般商户围绕主力店分布。

3. 宜将人气旺、有特色的商业设置在商业体的上层。

4. 街区群组型宜将主力店商业放在中心部位，其他业态围绕其展开。

商业业态的主要形式　　表2

业态		主要功能
商业		综合商场、超级市场、精品店、自选便利店、工艺品店、食品商店、家电商场、文体用品店、医药医疗商场、蔬菜水果店等
餐饮		各种小吃、风味餐厅、快餐店、中式餐厅、西式餐厅，以及各类咖啡店、茶艺馆、酒吧、酒楼等
文化娱乐	休闲娱乐	影剧院、主题俱乐部、主题游乐城、歌舞厅、KTV、游乐场、游艺室、电子游艺室、桌球室、棋牌室、麻将室、儿童游戏室等
	体育健身	健身俱乐部、室内足球场、篮球场、网球场等大型运动场地，保龄球、溜冰场、游泳池等各类运动场馆
	医疗保健	桑拿浴、蒸汽浴、按摩室、保健室、医疗室等

流线组织

商业业态的流线组织形式　　表3

流线形式	适用条件	优点	缺点	典型实例	示意图
单通道人流动线	多适用于体量较小的商业体或者呈狭长的商业体	面积利用率高，人流可自由循环流动	空间不够开阔，购物环境不够舒适	日本丰盛町、深圳中信地铁商场	
双通道人流动线	一般适用于体量较大的多层商业体，体量为长方形	通透感强，视线开阔，商铺到达率高，人流可以自由、灵活、循环流动	牺牲一部分商业面积	深圳中信西武百货	
环岛式人流动线	商业区域进深较大的商业体；有大面积的主力店，多适用于专业市场	突出主力店的核心效应，利用这个核心，达到人流聚集、发散的效果	人流动线顺时针或逆时针流动，方向较为单一，缺乏灵活性	上海龙之梦、深圳中心书城	
自由流动式人流动线	各种类型的商业均可采用	充分利用商业区域的面积，顾客可以随意流动	容易产生人流盲点和死角，回流现象时有发生，造成人流堵塞	深圳茂业百货、深圳潮流前线地铁商场	
流水式人流动线	一般适用于大平层的专业市场	强制性地让人流经过整个商业区，没有死角和盲点	人流动线很长，方向单一，不能自由流动，容易造成疲劳和烦躁	宜家家居	
复合式人流动线	一般适用于商业面积较大的商业体	人流动线更加灵活多样	对商业体的面积要求较高	万达商业综合体	
街区式人流动线	—	人的活动是自由的，没有强迫性动线	出入口多，易形成人潮流散	北京三里屯Village、上海新天地	

注：■商业，□通道。

主要动线空间设计要点

1. 可见性原则

中庭空间与线型空间相结合，使顾客在商业空间的任何一个位置均可轻松辨认自己的方位，并将各家店铺揽入眼底。

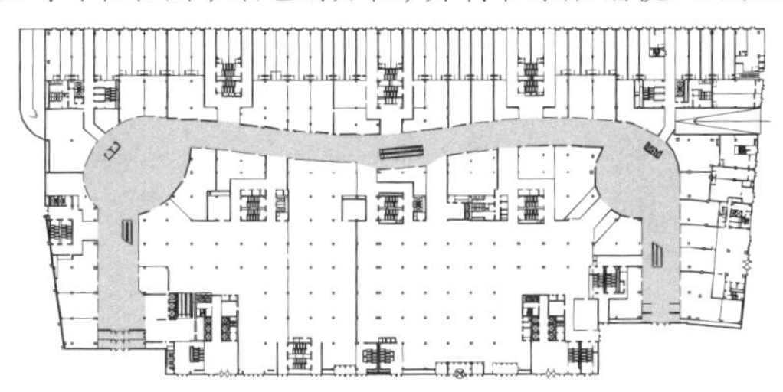

1 丹东万达广场

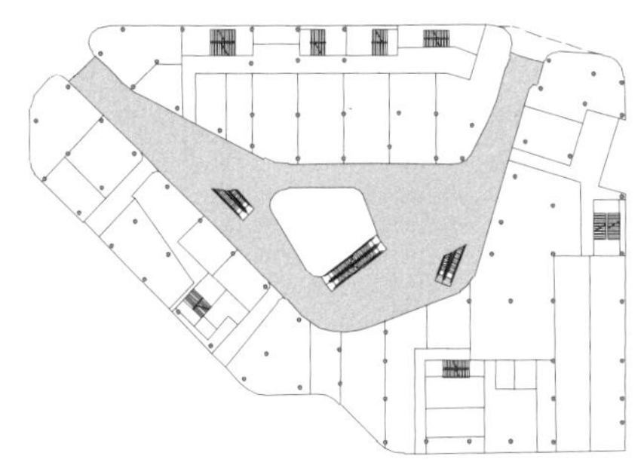

2 北京东直门来福士广场

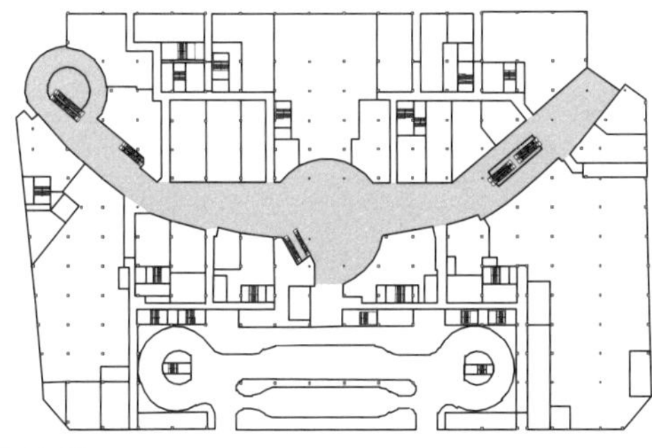

3 深圳万象城

2. 可达性原则

主动线经过尽可能多的店铺，保证每个商铺的可达性和均好性得到体现。

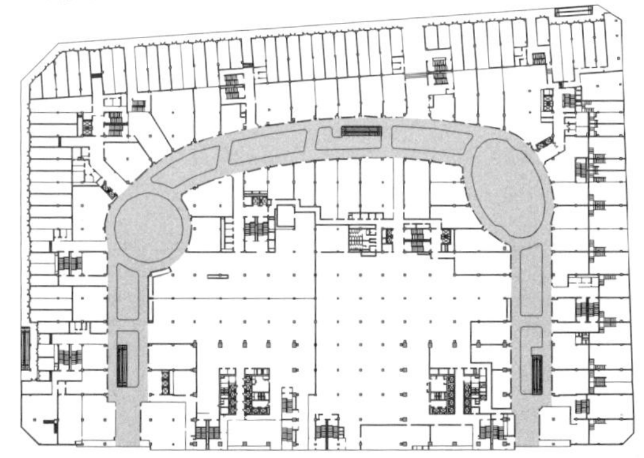

4 湘潭万达广场

3. 合适的通道宽度

要根据商业模块的体量、业态、市场定位、人流量等因素来确定通道的宽度，而在同一个商业模块内，又要根据其内部空间、业态分布、具体位置等因素来确定每一条通道的宽度。

通道宽度　表1

通道形式	宽度（m）
单通道流线	5~7
双通道流线	4~6
通道结合处	3~5

4. 适宜的长度

长度指两个方面：一个是平面动线的总长度，使消费者经过所有店铺所走的路尽量少；另一个是单条动线的长度，不宜直线过长，曲线和直线的结合可以营造富有变化和情趣的购物空间。

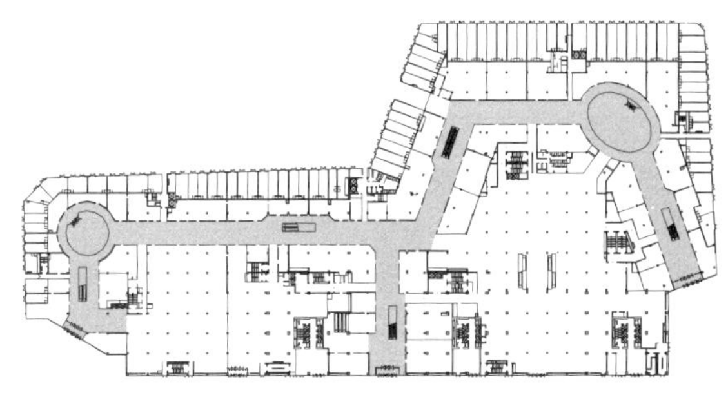

5 银川金凤万达广场

5. 环形、垂直性动线空间组织

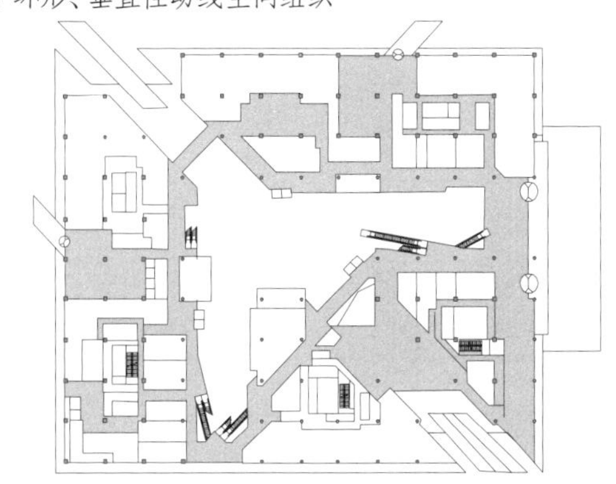

6 北京侨福芳草地

空间高度要求

主要营业空间的设计高度　表2

业态	实例	规模（万m²）	柱网要求	层高要求（m）
百货	太平洋百货	2.0~3.5	8m以上	5.1~5.4
超市	沃尔玛、家乐福	1.8~2.2	8m以上	5.4~6.0
步行商街	万达	2.0~4.0	8m以上	5.1~5.7
电玩	万达	0.4~0.5	8m以上	5.1~5.4
KTV	钱柜	0.3~0.5	8m以上	5.1~5.4
影城	万达、金逸	0.5~0.8	大空间	8~10，IMAX:15
数码	国美、苏宁	1.5~2.0	8m以上	5.1~5.4
儿童游乐	宝贝王	0.2~0.4	8m以上	5.1~5.4
健身	浩沙	0.15~0.25	8m以上	5.1~5.4

注：本表为参考值，设计时应查阅当地相关的具体规定。

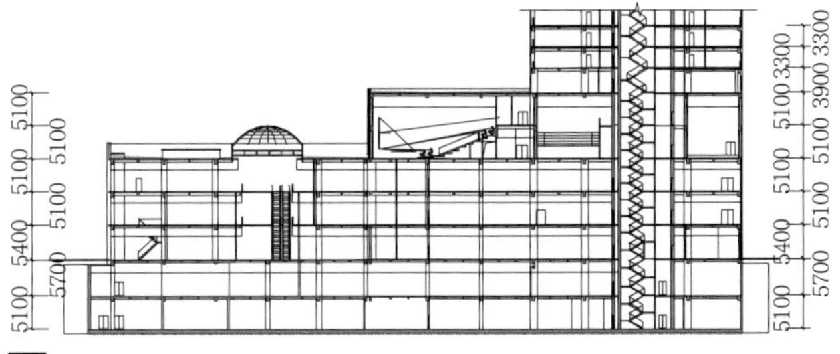

7 万达商业综合体剖面示意图

楼电梯

1. 楼、电梯在满足消防疏散要求的情况下，尽量成组布置。

2. 直线并列的电梯不应超过4台；5~8台电梯一般排成2排，电梯门面对面布置；8台以上电梯一般排成“凹”形，分组布置。

3. 商业综合体中商业建筑的疏散楼梯间应为封闭楼梯间或防烟楼梯间。

4. 商业综合体中商业建筑的疏散楼梯间梯段宽度不应小于1.4m，宜结合每股人流宽度的规定来确定，宜取1.8m。

自动扶梯

在人流量极大的商业综合体中，自动扶梯是承载导向人流、实现商业价值最大化的重要载体之一。

1. 自动扶梯的设置应遵循以下原则：

（1）应设置在商业建筑内显眼的位置，宜设在靠近入口处，避免设置在建筑物的角落。自动扶梯的位置宜设置在建筑物的中心，有利于乘客的疏导。室内商业步行街自动扶梯一般的服务半径为20~40m，以30m为宜。自动扶梯倾斜角应小于或等于30°；自动人行道倾斜角不应超过12°。

（2）自动扶梯的设置方向宜与人流动方向一致，也就是与主通道的方向一致，尽量避免交叉交错，否则容易造成人员碰撞。

（3）自动扶梯起始转接等处需设置足够的缓冲空间。

2. 自动扶梯布置方式

在商业综合体中，一般采用直线形或螺旋形自动扶梯作为垂直交通方式，由于造价原因，多数采用直线形扶梯。

自动扶梯的配置排列方式　表1

分类	细分		备注
单列形式	单列连续式		适合人流不大、小规模的场合
	单列重叠式		适合小型百货公司和展览会场
复列形式	连续一线式		占用楼面面积大，可以将人流直接引入建筑腹部
	垂直重叠式	平行重叠式	平行重叠式在旅馆、银行、地铁等地方采用较多；十字交叉式在百货商店采用较多
		平行连续式	
		十字交叉式	
		交叉分离式	
跨越式			快速、方便地到达目的层站，应用较少

扶梯、电梯、货梯配置参考指标　表2

类型	配置数量	配置要求
扶梯	7组	标准层可出租建筑面积/2500
客梯	8部	可出租建筑面积/10000
货梯	12部	可出租建筑面积/6500，与消防电梯合用

注：本表以购物中心地上4层、地上商业建筑面积10万m^2、地下商业建筑面积1.5万m^2为基准。可出租建筑面积=（地上商业建筑面积+地下商业建筑面积）×0.65。

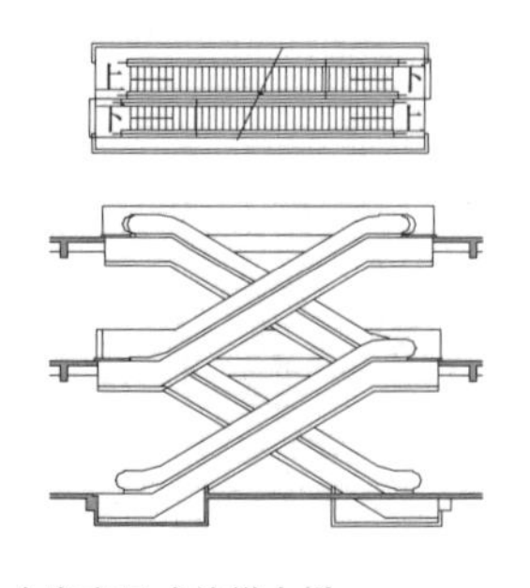

a 十字交叉式扶梯大样

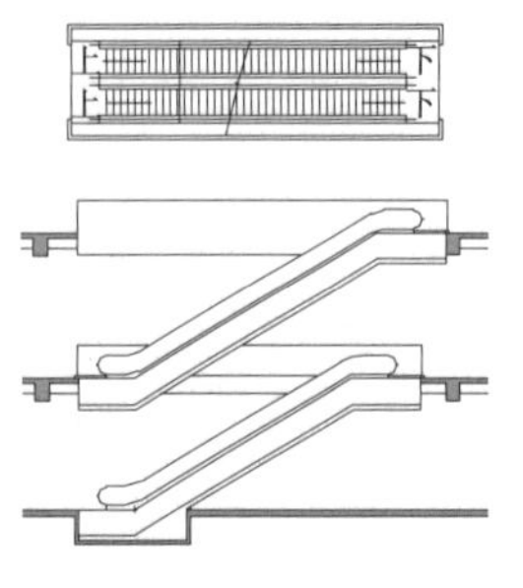

b 平行连续式扶梯大样

1 自动扶梯示意图

公共卫生间

公共卫生间是极度体现商场品质的环节，应具备以下几个元素：①前室；②洗手区；③坐便区；④多功能卫生间；⑤补妆区；⑥员工卫生间；⑦扫除工具间等。

公共卫生间设置原则：

1. 设在商业价值低且较为隐蔽的地方。

2. 根据步行街的长度不同一般设3~5处卫生间，卫生间间距一般为80~100m。

3. 每组卫生间面积为70~100m^2。

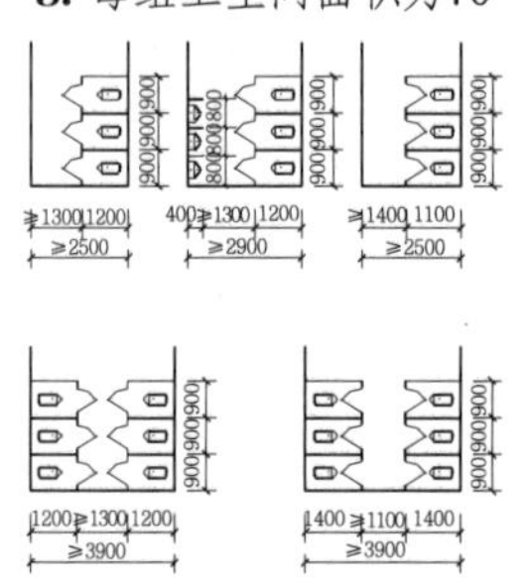

2 卫生间常用布置示意图

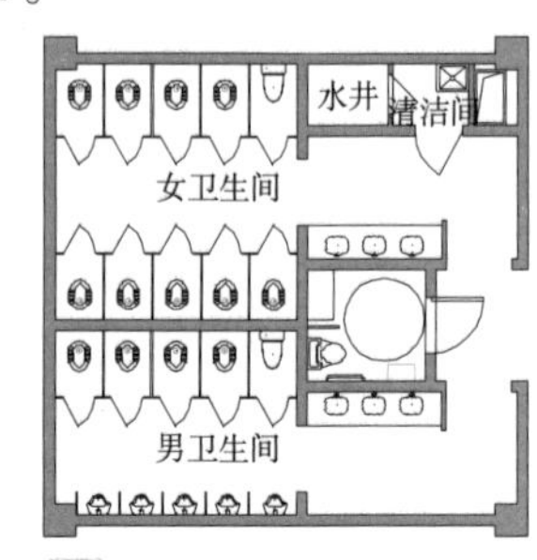

3 卫生间实例

设备机房

1. 地下机房

变配电站、制冷站、锅炉房、换热站、生活泵房、消防泵房尽量集中布置，且各设备机房尽量贴邻外墙布置，各系统的变配电站与制冷站上下邻近，并靠近负荷中心。

2. 楼层空调机房

主力店空调采用全空气系统，考虑首层租金高的因素，空调机房一般布置在二层以上，且布置在两个主力店业态之间，留有今后变更租赁范围的可能。室内步行街采用风机盘管加新风系统，新风机房布置在屋面。

3. 楼层配电间

强弱电间必须分开设置。室内步行街电气竖井应按区域设置，间距不大于80m。

垃圾处理间

湿垃圾间设在地下停车场出入口附近，尽量靠近主通道标高最高区域。垃圾处理部分净高不低于3.8m，垃圾车作业部分净高不低于3.7m。

每组货梯附近宜设一组干垃圾间，宜靠近行车主通道。净高不小于3.6m。

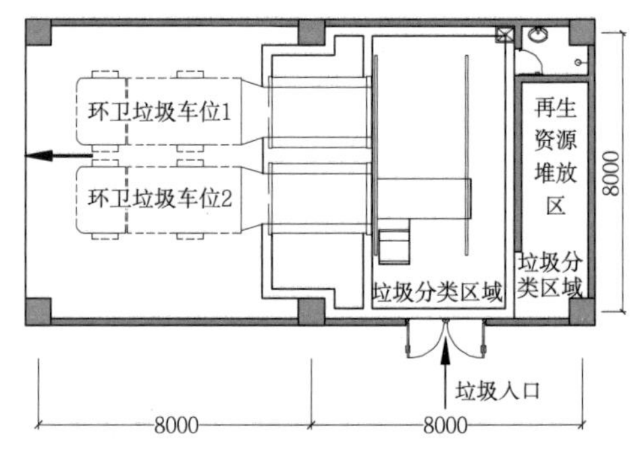

4 万达广场购物中心湿式垃圾房布置示意图

公共空间设计要点

商业广场空间设计要充分注重消费者的感受，其主要特点为：外部空间与城市广场相结合，注重商业氛围的营造；内部空间流畅通透，注重尺度与细节；内外空间相辅相成，互融互动。

外部空间

商业建筑外部空间主要作用是营造商业氛围、吸引人流；一般在大商业、主力店入口前设有主广场和中部广场，形成统一的城市购物广场。

广场可作为停车场或顾客暂时休息的场所，也可为消费者提供一个游玩的平台，能够起到良好的聚客作用；另外，它也可以是室内商业空间的有益延伸，如可在广场周边布置餐饮、休闲项目或室外运动娱乐设施，也可将其作为户外展示及大型营销活动的空间。

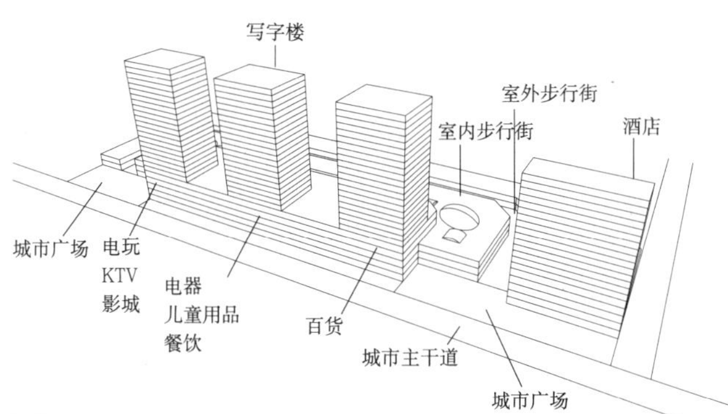

1 万达商业综合体空间布局示意图

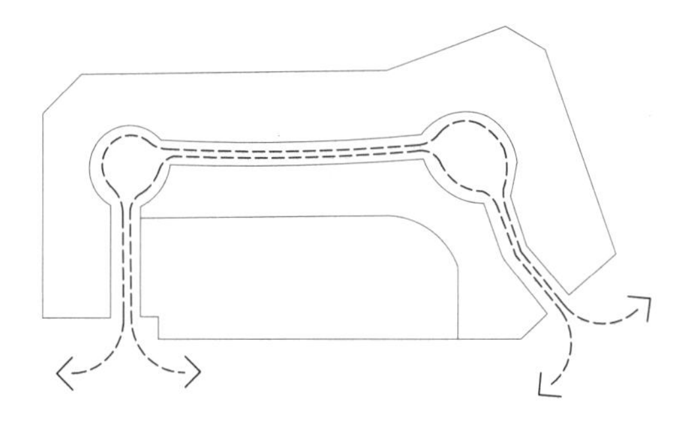

2 万达广场入口空间示意图

内部空间

1. 入口大堂

入口空间对购物中心非常重要。它是界定空间形象的重要因素。

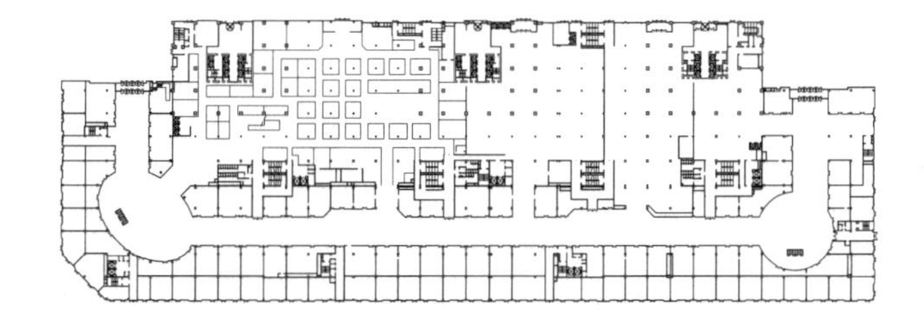

3 万达广场入口空间示意图

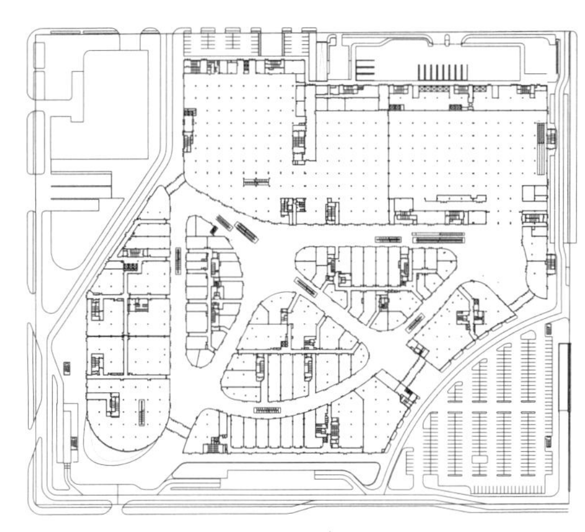

4 沈阳星摩尔购物广场入口空间示意图

2. 中庭

一般中庭空间位于室内动线交汇处，是人流集散的主要空间。其设计要点：

(1) 中庭空间尺度、比例要协调；
(2) 中庭空间要"围"，更要"透"；
(3) 中庭空间要具有分流和聚流功能；
(4) 中庭空间要有特色、有层次；
(5) 中庭空间要具有视线引导向上的效果；
(6) 多个中庭空间要有主有次、互为补充；
(7) 收放有度，通道流畅，错落有致。

5 中庭形式一

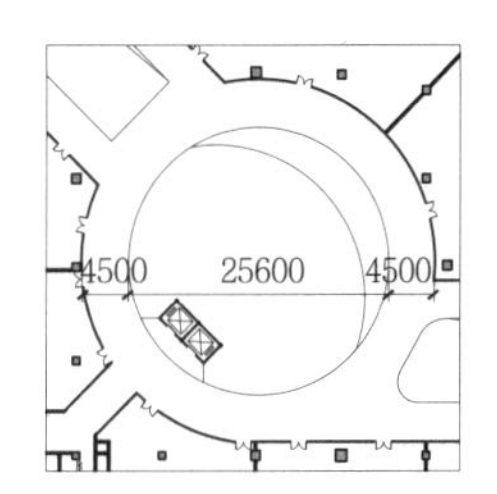

6 中庭形式二

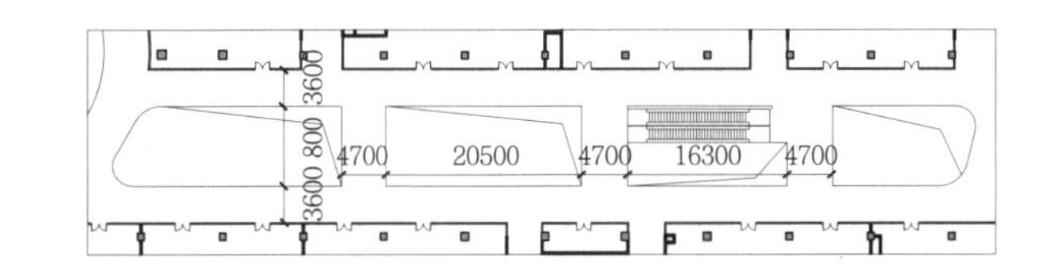

7 中庭形式三

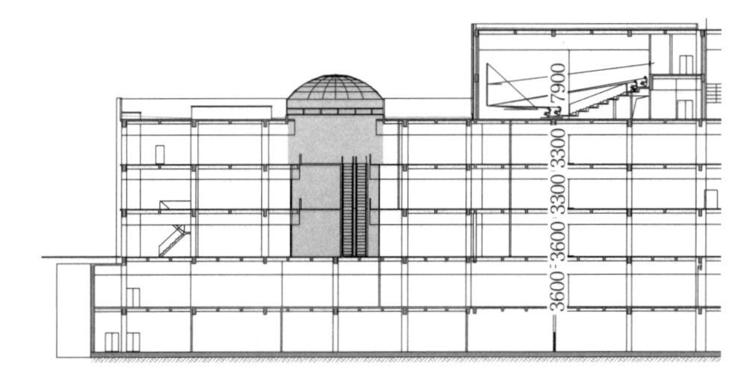

8 万达广场中庭剖面图

结构体系选型

1. 商业综合体的各组成部分在建筑功能上的差别，决定了其对使用空间的需求不同，商业、办公、电影院、车库、娱乐健身等功能需求为大空间，一般采用框架结构、框架剪力墙结构、板柱剪力墙结构等；住宅、公寓、酒店等功能需求为小空间，多层一般采用框架结构、框架剪力墙结构、剪力墙结构，高层一般采用框架剪力墙结构、剪力墙结构、筒体结构、悬挂结构、巨型框架结构、框支剪力墙结构。

2. 结构体系的选择一般根据地质条件、抗震设防烈度、建筑层数和高度、空间使用要求，并结合当地条件及经济比较选择。

3. 结构转换。商业综合体功能组合通常为下部商业大空间，上部住宅、公寓、酒店客房为小开间，有下部大柱网向上部小柱网的转换，也有空间需求柱网变化的转换，结构转换构件可采用转换梁、框支梁、转换桁架、箱型结构、斜撑等。

4. 商业综合体结构体系从承重结构材料上选择，一般采用钢筋混凝土结构、钢结构、混合结构（钢筋混凝土结构+钢结构、型钢混凝土结构等）。从施工方法上选择，一般采用现浇式、半现浇式、装配整体式、装配式。

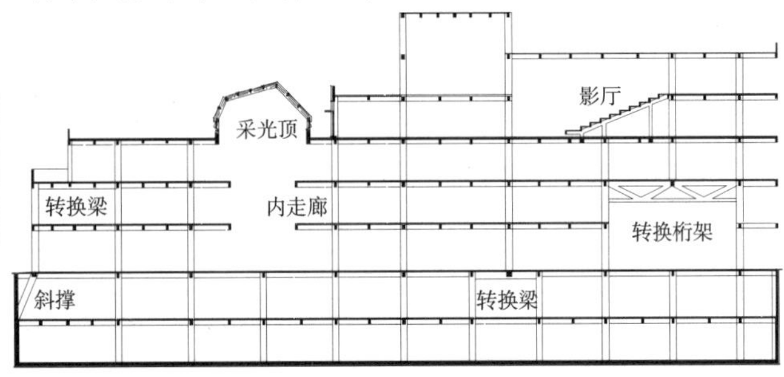

1 转换结构剖面示意图

柱网布置

1. 对于商业建筑，柱网尺寸应根据商场的功能和业态、顾客人流、柜台布置形式以及结构的经济性等进行选择，在满足使用功能的前提下布置更多的销售空间。

2. 地下车库柱网尺寸的大小应综合以下因素确定：

(1) 交通流线的组织以及停车方式；

(2) 柱子截面尺寸的大小；

(3) 建筑的规模、层数，以及上部荷载的大小；

(4) 同上部柱网协调，尽量不转换；

(5) 经济合理。

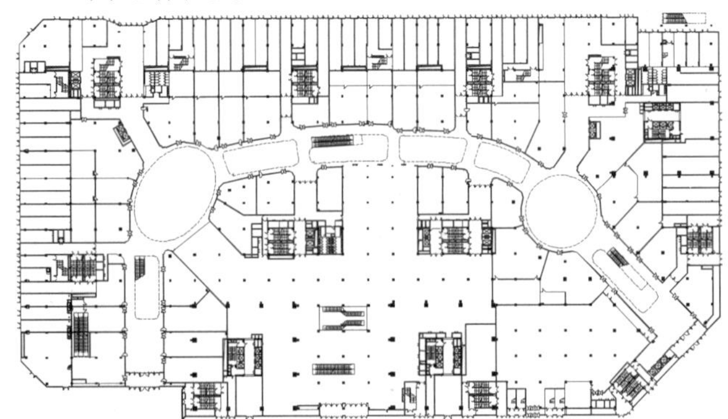

2 商业柱网布置示例（柱网8400×8400）

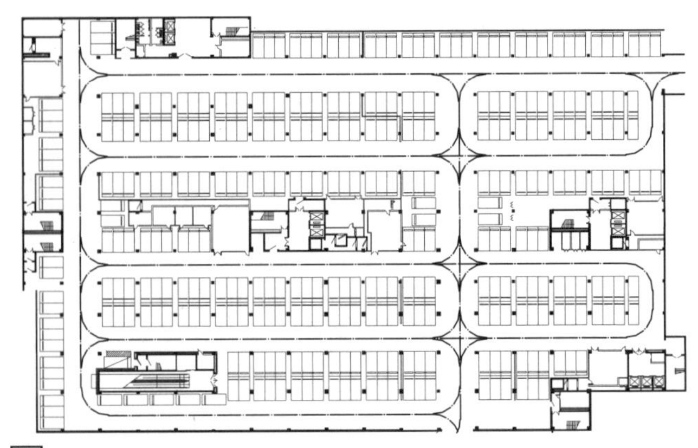

3 地下车库柱网布置示例（柱网8400×8400）

结构分缝原则

1. 综合考虑各种结构缝的功能和受力特点，加以合并（伸缩缝、沉降缝、抗震缝），一缝多能。

2. 上部结构缝的设置应以不影响使用功能、不降低建筑品质为前提，且尽量少设置，并应符合结构相关规范的要求。

3. 地下室原则上尽量不设永久缝。

4. 影厅、中庭、门厅等大空间处不宜设缝。

5. 结构缝宜设置在不同业态之间的分隔墙部位。

6. 结构缝应上下对齐。

楼盖布置

一般采用肋型楼板、平板、无梁楼盖、密肋楼盖。

次梁布置形式有十字梁布置、井字梁布置、单向双次梁布置、无次梁的平板，见4。平板布置常用于地下室顶板。商业空间中单向双次梁布置较经济适用，比较常用的布置方式见5。十字梁布置、中庭、步行街、连桥布置见6。

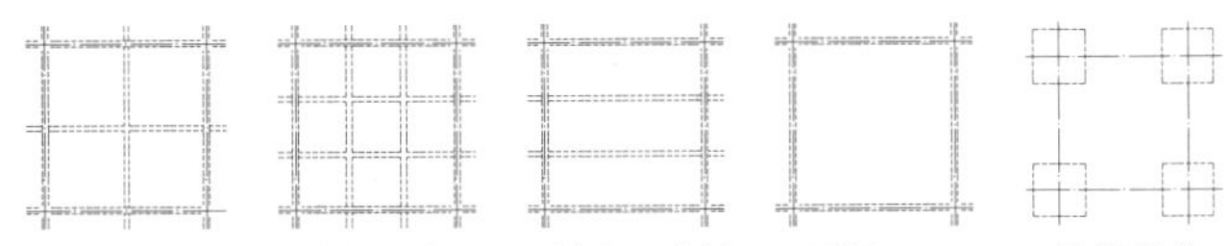

4 商业建筑常用的梁板布置形式

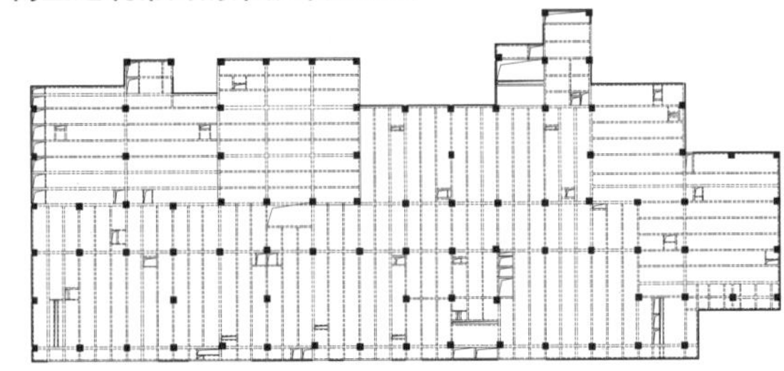

5 单向双次梁布置示例

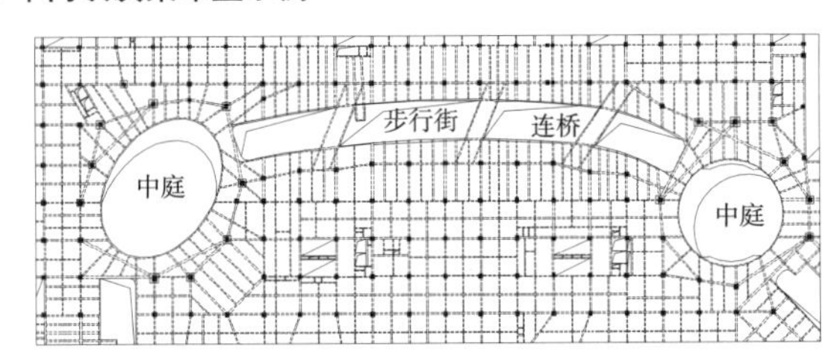

6 十字梁、中庭、步行街、连桥布置示例

电气设计概述

商业综合体的特点是面积大、功能全、业态多，对各类能源的需求及安全可靠的要求非常高，对众多老旧城区电力网络的承载能力而言，具有较强的冲击。因此对于电气设计来讲，掌握周边市政现状条件、分析建筑的功能，以及了解对应的多种业态经营管理模式是非常重要的工作。

供电方案的确定

1. 总用电容量

总用电容量可根据建筑群各业态的面积指标来进行初步计算，按照总建筑面积、变压器安装容量可以估算为80~100VA/m²。设计阶段需要充分考虑：项目所在地区的气候对空调负荷的要求；市政燃气条件是否具备对餐饮负荷的承载能力；特殊业态（如西式快餐）对经营负荷的影响等。

2. 供电电压等级

充分结合项目所在地的电力规程要求，同时考虑电站的建设周期、建设用地、建设资金及后期用户的运行管理水平，商业综合体的供电电压等级宜设定为10（20）kV。

用户电压等级　表1

市政电压等级（kV）	用户范围
110	适用于市政主供电网络、区域商业建筑群、大容量的工业用户；对用户管理水平的要求较高
35	适用于计量要求单一的用户、区域商业建筑群、中等规模的工业用户；对用户管理水平的要求较高
10（20）	适用于计量要求高、供电可靠性高的商业，民用，工业用户；对用户管理水平的要求较低
0.38/0.22	适用于分散、小容量及供电可靠性低的商业，民用，工业用户；对用户管理水平的要求较低

3. 10kV开闭站设置数量

市政10kV电缆的规格一般分为3种，根据相应的输送功率，可以得出相应的开闭站数量，见表2。

10kV开闭站设置标准　表2

建筑面积（万m²）	市政单根铜缆规格及输送功率（kW）		电缆数量（根）	开闭所数量（座）
≤10	240	5000~6000	2	1
	300	6000~8000	2	1
	400	8000~10000	2	1
10~20	240	5000~6000	2~4	1~2
	300	6000~8000	2~3	1
	400	8000~10000	2	1
20~30	240	5000~6000	4~6	2~3
	300	6000~8000	2~4	1~2
	400	8000~10000	2~3	1
30~40	240	5000~6000	6~8	3~4
	300	6000~8000	4~5	2
	400	8000~10000	3~4	1~2
40~50	240	5000~6000	8~10	4~5
	300	6000~8000	5~6	2~3
	400	8000~10000	4~5	2

注：1. 若减少开闭所的设置数量，可以采用每个开闭所进线3~4根来考虑。
2. 商业综合体为一级负荷用户，供电电缆不应少于2根，且应从2个不同的发电厂，或2个不同的35kV以上区域变电站引接电源，否则需考虑设置自备电源。

4. 10kV变配电室设置原则

（1）低压供电半径不宜大于250m。

（2）按销售及持有物业分业态设置。

（3）按建筑功能分业态设置。

（4）设置物业中心变配电室。

（5）采用电制冷的制冷机房宜设置专用变配电室。

10kV变配电所设置标准　表3

业态名称	建筑功能	变配电室设置原则	备注
销售	商铺	单独设置	每6000m²设置1座，内设2台变压器，具备建成后移交供电部门的条件
	公寓SOHO	单独设置	每25000m²设置1座，内设2台变压器，具备建成后移交供电部门的条件
持有及租赁	办公楼	单独设置	每30000m²设置1座，内设2台变压器，充分考虑分户租赁的条件
	旅馆	单独设置	充分考虑单独经营的可能
	百货		
	超市		
	步行街	设置物业变电所	1.每50000~60000m²设置1座，内设2台变压器； 2.集中型电制冷机组设置专用变压器； 3.面积超过10000m²的租赁用户，若要求独立计量可考虑设置专用变压器
	地下车库		
	餐饮		
	文娱		
	会展		

变配电所、控制室设计要点

1. 接近用电负荷中心。

2. 方便进出线、人员通行以及设备运输。

3. 不应与剧烈振动、高温、积水的场所贴邻或位于其正下方。

4. 不宜设在多尘、腐蚀、爆炸及对电磁干扰要求较高的场所。

5. 具备防水、通风、空调、气体灭火等条件。

6. 遵循项目当地供电部门要求，应避免设于地下室最底层。

7. 尽量避开室外降板区，避免跨越伸缩缝、沉降缝。

8. 房间地面抬高0.2~0.3m，设置挡水门槛。

机房布置原则　表4

机房名称	建筑布置原则	面积指标（m²）	备注
10kV开闭所	1.设置值班室、独立的外线电缆进线通道或进线间； 2.梁下净高不小于3.6m； 3.至少设置一处不小于1800mm×2400mm的运输门； 4.柱网7.5m最经济	1路进线约120m²； 2路进线约150m²； 3路进线约180m²	值班室约20m²； 进线间约10m²
10kV变配电室	1.物业中心变配电室应设置值班室； 2.梁下净高不小于3.6m； 3.至少设置一处不小于1800mm×2400mm的运输门； 4.柱网7.5m最经济	1台变压器约80~100m²；2台变压器约200~250m²；3台变压器约250~300m²	值班室约20m²
柴油发电机房	1.房间设置隔声、降噪措施； 2.房间设置进风、排风、排烟井道以及拖布池； 3.400kVA及以下，梁下净高不小于3.0m；500~1500kVA，梁下净高4.0~5.0m； 4.至少设置一处不小于1800mm×2400mm的运输门	约80~120m²	储油间约4~6m²
制冷机房控制室	1.单排开间不小于4m； 2.双排开间不小于6.5m	约40~60m²	—
消防泵房控制室	单排开间不小于3.5m	约20m²	—
二级配电室（间）	1.主要设置在综合地下室； 2.4~6个防火分区设置1处； 3.有检修需要时，开间不小于1.8m	约6~8m²	—

弱电系统设计内容

商业综合体涵盖百货商场、旅馆、超级市场、办公、居住、步行街等业态，各区域功能复杂、使用灵活，弱电系统主要包括：

1. 信息设施系统：包括通信接入，电话交换，信息网络，综合布线，室内移动信号覆盖，有线电视和卫星电视、广播、会议、信息导引及发布、时钟等系统。

2. 信息化应用系统：包括商业经营信息管理、酒店经营信息管理、物业运营信息管理、公共信息服务等系统。

3. 建筑设备管理系统。

4. 火灾自动报警系统。

5. 安全技术防范系统：包括入侵报警、视频安防监控、出入口控制、电子巡查、汽车库管理等系统。

6. 智能化集成系统。

7. 机房工程：商业综合体内的机房工程应考虑设置以下弱电机房：

(1)信息接入机房(电话、网络、电视、移动信号覆盖等)；

(2)信息设施系统总配线机房；

(3)商业管理智能化中心机房；

(4)消防控制中心；

(5)安防监控中心；

(6)建筑设备管理中心。

以上机房可根据工程情况独立配置或组合配置。

弱电机房设计要点

1. 电话、网络、电视等外线接入机房应设置在建筑物底层或地下一层。

2. 公共安全、建筑设备管理等可集中配置在总智能化控制中心，各系统设备应有独立的工作区。

3. 不应与变配电室及电梯机房等强电磁辐射场所贴邻布置。

4. 不应在水泵房、厕所和浴室等潮湿场所的正下方或贴邻布置，若受土建条件限制无法满足要求，应采取有效措施。

5. 重要设备机房不宜贴邻建筑物外墙(消防控制室除外)。

6. 与智能化系统无关的管线不得从机房穿越。

7. 机房宜采用防静电架空地板。

弱电机房建筑布置　　表1

机房名称	建筑布置原则	面积指标（m^2）	备注
电视机房	1.宜于地下一层设置； 2.不宜靠近外墙； 3.梁下净高不小于3.0m	约10~15	有线电视接入
电信模块局		约40~60	电话、网络有线信号接入
移动信号覆盖机房		约15~20	移动、联通、电信等无线信号接入
综合布线机房		约40~60	内网布线
消防控制中心 安防控制中心 建筑设备管理中心	1.宜于首层或地下一层设置，并宜靠外墙布置； 2.疏散门应直通室外或安全出口； 3.消防系统与其他系统设备布置相对独立； 4.梁下净高不小于3.0m	约180	可以根据业态设置分控制室
商管智能化中心机房	1.宜贴邻商管办公区设置； 2.梁下净高不小于3.0m	约100m^2	商业综合体经营管理使用

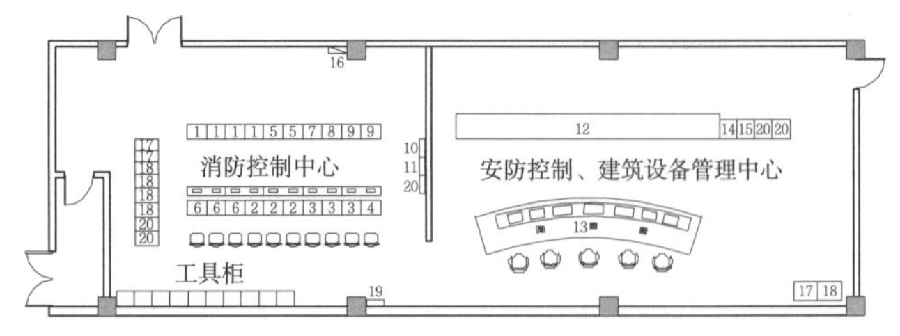

1 火灾报警控制器　2 消防联动控制器　3 多线控制盘　4 消防电话主机
5 消防应急广播主机　6 图形显示装置　7 电器火灾监控器　8 消防电源监控器
9 消防智能疏散控制器　10 可燃气体控制器　11消防水炮控制器　12 监视墙
13 操作台　14 背景音乐　15 无线对讲　16 配电箱
17 UPS　18 电池柜　19 接地端子箱　20 其他

1 弱电机房布置

强电与弱电井（间）设计要点

1. 强电与弱电应分别设置。

2. 消防配电井(间)与非消防配电井(间)在条件许可时宜分开设置。

3. 应远离火灾危险和高温、潮湿场所；不宜贴邻柴油发电机房排烟井、防火排烟井，厨房排油烟井、热力管井及其他散热量大及潮湿的区域。

4. 设置0.1~0.2m挡水门槛。

5. 检修门长边方向外开，单扇门净宽不小于800mm；双扇门宽不小于1200mm，按照建筑等级设置相应防火等级。

6. 宜贴邻楼梯间、电梯井、剪力墙、混凝土柱等不易移位，改造的区域布置。

强电与弱电井（间）建筑布置　　表2

名称	建筑布置原则	面积指标（m^2）	备注
商铺	1.间隔80m设置； 2.检修门设置在公共区域	6~8	计量表集中设置
公寓 SOHO 写字楼	1.设置在核心筒内，宜可贴邻核心筒剪力墙布置； 2.检修门宜设置在公共走廊	4~5	计量表集中设置
旅馆	1.客房区域设置在核心筒内，裙房区域按照防火分区设置； 2.检修门宜设置在后勤服务区域	4~5	—
百货商场	1.按照防火分区设置； 2.检修门不宜面向经营动线	5~6	—
超级市场	1.按照防火分区设置； 2.检修门不宜面向经营动线	4~5	—
室内步行街	1.间隔80m设置； 2.检修门设置在公共区域	6~8	计量表集中设置
地下车库	1.按照防火分区设置； 2.宜靠近楼梯间	1~2	—
一般经营	1.按照租赁区域设置； 2.检修门不宜面向经营动线	4~5	—

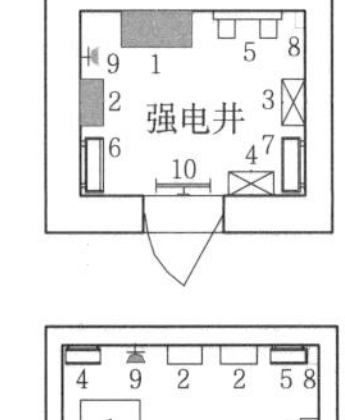

1 楼层配电柜　6 金属桥架
2 装修照明箱　7 消防金属桥架
3 公共事故照明箱　8 接地端子箱
4 楼梯事故照明箱　9 电源插座
5 封闭母线槽　10 照明灯具

1 弱电配线机柜　6 消防系统金属桥架
2 分弱电系统箱体　7 弱电电源箱
3 消防端子箱　8 接地端子箱
4 数字系统金属线槽　9 电源插座
5 模拟系统金属线槽　10 照明灯具

2 强、弱电井布置

暖通设备综合布置

商业综合体中各个单项功能空间的暖通设计与普通的单体建筑暖通设计是没有区别的，但根据其面积大、业态多、功能多的特点，需要做好下列几项工作：

1. 了解当地的能源（热力、燃气、燃油、电力）供应、气象条件，来确定是否自建锅炉房。一般四、五星级酒店应自建锅炉房。

2. 预留因未来建筑功能可能产生变化而需要进行设备转换的专业条件。

3. 根据当地风向及频率，总体安排进风竖井、排风竖井的区域，避免短路污染。

4. 每个业态应独立设置专业机房，以满足经营核算的需要。

5. 寒冷、严寒地区车库要采取1个或2个感应门斗；建筑主要出入口应设置门斗；进风井、排风井的井壁应做保温。

6. 地下锅炉房应设置泄爆窗井。

暖通专业机房、竖井布置技术要求 表1

名称	布置原则	机房面积或所占比例	竖井面积或所占比例	备注
制冷机房	①尽可能靠近负荷中心；②设在最底层地下室；③考虑吊装孔位置及水平运输条件	0.8%~1.2%	—	承担建筑面积小者取大值，大者取小值
换热站	①尽可能靠近负荷中心；②一般与制冷机房合并在一起，当地热力公司可能要求单设	0.1%~0.3%	—	承担建筑面积小者取大值，大者取小值
锅炉房	①一般设在地下室，且只能设在地下一层；②靠外墙设置，便于设置泄爆窗井；③考虑吊装孔位置及水平运输条件，吊装孔可以与泄爆窗井合设；④考虑烟囱、煤气表房布置位置，高星级酒店还要考虑室外储油罐布置位置	0.15%~0.50%	烟囱：1.0~3.5m^2	很难与建筑面积找到线性比例关系，建议事前咨询暖通专业
地下车库风机房、风井	①每个防火分区设置1个进风机房（包括进风竖井）、1个排风机房（包括排风竖井）；②进风井与排风井之间距离应大于10m；③多层地下室进风井与排风井尽可能设在对应位置上；④平时通风与消防排烟、补风的机房和竖井共用	70m^2	3.6m^2	①风井面积包含在机房面积内；②机房尺寸宜为70m^2，方形为佳；③如果多层地下车库共用竖井，则风井面积叠加计算
地下室垃圾间、污水间、卫生间排风机房、竖井	①必须独立设置排风井；②前述房间就近的可以合并设置，但作用半径应<30m；③车库内的其排风井应紧邻车库排风井设置，其排风机可以安装在车库排风机房内，且机房面积一般不需增加	15m^2	0.45%	①风井面积包含在机房面积；②机房形状宜为长条形；③如果多层共用竖井，则风井面积叠加计算
水泵、制冷机、换热站通风机房、竖井	①送风机、排风机可以安装在前述房间内，不再设通风机房；②排风竖井、进风竖井可以与车库通风竖井共用，但风井面积要叠加计算，作用半径应<30m	—	0.15%	—
变配电室通风机房、竖井	①送风机房、进风井可以与车库的送风机房合用，机房面积一般不需增加，但进风井面积应叠加计算；②排风机房宜独立设置，或与车库排风机房合用，但排风竖井必须独立设置；③独立设置的排风机房应尽可能靠近变配电室	25m^2	0.35%	—
柴油发电机房通风竖井	①一般设置风冷式发电机组居多；②进风井与排风井宜在发电机房两端布置，也可以在一端布置，在屋顶上排风口应高出进风口净距离>3m；③尾气井紧邻排风井设置	—	进风井：5.5m^2 排风井：6.0m^2 尾气井：0.6m^2	很难与建筑面积找到线性比例关系，建议事前咨询暖通专业
地下室自行车库通风机房、竖井	①每个防火分区设置1个进风机房（包括进风竖井）、1个排风机房（包括排风竖井）；②进风井与排风井之间距离应大于10m；③平时通风与消防排烟、补风的机房、竖井共用	35m^2	0.6m^2	—
地下室公共厨房通风竖井	①设置1个直通室外的燃气专用管井，净尺寸1000mm×1000mm，位置应在厨房范围内；②设置1个进风井、1个排风井、1个事故排风井；③进风井与排风井之间距离尽可能加大	—	进风井、油烟井0.5%；事故排风井0.12%	①所承担面积是指厨房与餐厅面积之和。②排油烟井室外出口距离塔楼外窗应>30m
超市、百货、主力店、电玩、电器店、酒楼等大空间的空调机房、风井	①空调机房不宜跨防火分区设置；②每800~1200m^2营业面积设置1台组合式空调器；③优先采用2台组合式空调器共用1个机房；④进风井靠近机房中远离营业厅端布置；⑤同一个防火分区需要2个空调机房时，应在营业区的左右或上下端分开设置；⑥各层空调机房进风井应布置在相同的位置上，共用风井面积应叠加计算；⑦每台组合式空调器应独立设置1个排风井，面积为1.85m^2；⑧多层酒楼每层厨房排油烟井、厨房补风井应独立设置	2台空调器：70m^2 单台空调器：42m^2	厨房进风井、油烟井0.5%	①1台组合式空调器承担的营业面积，北方取大值，南方取小值；②2台空调器机房宜为8400mm×8400mm；单台空调器机房宜为8400mm×5000mm；③排油烟井室外出口距离塔楼外窗应>30m
超市、百货的预留条件	①百货应在营业区四个角部各预留1个1.0m^2的排油烟井；②超市营业区预留0.67%冷柜压缩机房面积，紧邻冷库或冷柜，且预留其独立排风竖井直通屋顶，面积为2.6m^2，预留其独立的冷媒管井直通屋顶，面积为0.8m^2；③超市熟食区预留1个1.0m^2排油烟井	—	—	—
KTV新风机房、竖井	①单台新风机组承担建筑面积1500~2000m^2，作用半径<60m；②一般在4个角部各设置1个新风机房，狭长者可在两端各设1个新风机房；③设置与新风机房个数相同的独立排风竖井，每个面积1.15m^2，位置尽可能远离进风井；④每个防火分区设置1个消防排烟井，面积1.0m^2；⑤设置1个厨房排油烟井，面积0.6m^2	42m^2/个	—	①新风机房宜为8400mm×5000mm；②排油烟井室外出口距离塔楼外窗应>30m
影剧院空调机房、竖井	影剧院的空调机房、风井一般是独立设置	—	—	—
室内步行街新风机房、风井、空调水管井	①单台新风机组承担建筑面积2500~3500m^2，作用半径<60m；②新风机房宜以中间公共走廊为界，两侧独立设置，且新风机房宜仅在顶层布置，作用半径<60m；③优先采用2台新风机组，共用1个机房；④紧邻新风机房需设置1个新风送风管井，贯通步行街各层，尺寸约为2100mm×600mm；⑤紧邻新风机房设置1个空调水管井，面积约为1.0m^2，宜为方形，且贯通步行街各层至制冷机房所在层；⑥消防排烟竖井布置原则同新风机房，面积为设置与新风机房个数相同独立排风竖井，每个面积1.15m^2，位置尽可能远离进风井；⑦每个防火分区设置1个消防排烟井，面积1.0m^2，位置尽可能远离进风井；⑧排风井：如果中间走廊为镂空式的中庭，则在屋面上设置自动天窗排风，开窗面积≥首层地面面积的25%，可以兼作消防自然排烟窗；如果中间走廊各层不连通，则需设排风井，面积为2100mm×600mm，数量同新风井，位置远离新风井	2台新风机组：70m^2 单台新风机组：42m^2	—	①2台新风机组机房宜为8400mm×8400mm，单台新风机组机房宜为8400mm×5000mm；②排油烟井室外出口距离塔楼外窗应>30m
娱乐楼、百货楼空调水管井	①优先在空调机房内布置，至少要在靠近空调机房外布置；②紧邻楼梯间、电梯间布置；③表中竖井面积是指单一功能业态的竖井基本面积；④水管井形状宜为方形，短边长1.0~1.2m；⑤多功能业态合用管井，每增加一个功能水管井面积增加0.8m^2	—	1.0m^2	水管井可以适当大一些，以利于未来多年营业期间的不可预见性的改造
写字楼	由于写字楼暖通专业方案较多，设计时应与暖通专业工程师主动协调	—	—	—
旅馆	旅馆的机房、风井、水井，一般是独立设置	—	—	—

注：1. 表中机房面积的比例，是指机房占系统所承担的建筑面积的大约比例；竖井面积比例是指竖井占系统所承担的建筑面积的大约比例。
2. 机房的层高一般应>4.5m，最好与建筑层高相一致。

给水排水设置原则

商业综合体整体功能复杂，包含多个使用功能、物业管理模式和计量收费方式不同的业态，每个业态应按照相关要求设置给水排水系统；根据给水-排水专业的特点，在设置给水排水点位、管井和给水排水设备机房时应统筹协调平面位置，避免建筑上下层业态之间的相互干扰，确保每个业态能够相对独立地安全可靠运行。

室外管线规划

商业综合体体量及占地面积均较大，室外方案规划时应按照市政管线接口具体位置和项目业态实际布置情况，结合绿化景观设计，合理规划室外管线（给水、排水、供电、燃气、供热、通信等）和给排水室外构筑物（化粪池、隔油池、雨水调蓄池等）位置，确定建筑退让红线距离、总图竖向布置、地下室顶板降板区域和覆土厚度。

给水系统设置

1. 给水系统

商业综合体生活给水系统应按不同业态（酒店、公寓、写字楼、室外步行街、百货、超市、商管物业等）分别单独设置；按产权和物业管理单位设置设备用房。

在每个疏散楼梯核心筒便于出入管处设置一个上下贯通的给水排水管井，面积约为2~6m²左右（可与暖通专业水管井合设），便于每个业态使用和未来使用中的业态调整。

2. 热水系统

根据业主要求确定是否设置热水系统以及是否设置集中热水供应系统。热水系统宜按照每个业态独立运行进行设置。在太阳能富裕地区，按照节能规范及绿建要求设置太阳能热水系统。屋面设计时应在不影响其他业态和立面效果的前提下，考虑太阳能集热板的设置区域。

3. 中水回用水系统

当市政提供再生水或项目本身设有中水处理设施时，设置中水回用水系统。中水回用水系统宜按照每个业态独立运行进行设置。

4. 管道直饮水系统

根据业主要求确定是否设置管道直饮水系统。管道直饮水宜按照每个业态独立运行进行设置。

各供水机房设置要求 表1

供水机房种类	机房设置要求	机房控制面积	备注
生活给水加压泵房	泵房应尽量设置在建筑物最底层，靠近所服务的业态主管井处，管道连接简洁流畅，减少造价和管道交叉，提升地下室净高	超市、百货、公寓、写字楼、室外步行街、销售型酒店等面积控制在150m²左右；商管物业面积控制在300m²左右	泵房上方不应有厕所、浴室、盥洗间、厨房、污水处理间等房间，不应毗邻居住用房，或在其上方或下层
热水机房	设置集中热水供应系统时，热水机房应靠近热水用水量大的集中用水点，靠近同业态的生活水泵房	50~100m²左右	设置太阳能热水系统时，与太阳能集热板位置综合考虑设置
中水回用水机房	靠近用水量大的集中用水点，靠近所服务的业态的主管井处	50~100m²	当项目本身设有中水处理设施时，中水回用水机房可与中水处理站合建
管道直饮水处理机房	靠近用水量大的集中用水点，靠近所服务的业态主管井处	50~100m²	泵房上方不应有厕所、浴室、盥洗间、厨房、污水处理间等房间，不应毗邻居住用房，或在其上方或下层

排水系统设置

1. 系统设置

商业综合体室内外均应采取雨、污分流的排水系统。项目设有中水处理设施时，应采用污、废分流的管道系统。

2. 雨水系统

商业综合体的占地面积和硬化面积均较大，室外雨水设计应因地制宜，合理设置室外雨水排放设施，尽量利用绿地入渗、铺设透水砖、设置渗水井等方式涵养地下水。根据当地具体相关要求进行雨水控制与利用工程设计。如需设置雨水处理回用设施时，应根据回用水量合理设置规模和设施。雨水处理回用设施应尽量设置在室外地下。

商业综合体雨水排放位置及方式 表2

雨水排放位置	雨水排放方式	备注
高层塔楼屋面	重力式雨水系统	雨水管埋地出户
贴邻购物中心裙房的外铺屋面	重力式雨水系统	雨水排至室外散水、雨水沟或埋地出户
面积较小且标高较多的屋面	重力式雨水系统	多层建筑雨水排至室外散水、雨水沟或埋地出户
裙房大型屋面	虹吸式雨水系统	屋面虹吸雨水斗应设置在屋面通长天沟内，雨水管埋地出户
室外步行街	缝隙式排水明沟	沿室外步行街长度方向在街道两侧各设置一道雨水沟，排水明沟底部净宽不小于300mm，起坡点沟深不小于150mm，坡至步行街外与室外管网连接

3. 排水系统

商业综合体排水系统尽可能按照不同业态设置，室外化粪池可以合设。

商业综合体建筑功能复杂，具有建筑上下层属于不同业态的特殊性，如独立销售的步行街外铺上方业态可能是商管物业的房间等。平面设计时应特别注意以下几点，避免业态之间相互干扰：①用水房间不应设置在销售业态上方，避免与其无关的管道进入；②注意设有排水管道的部位下方房间的使用性质，与相关专业协商避开不适宜的房间；③公寓、酒店等建筑与其他业态之间应设置管道转换层，转换层高度2.2m。

商业综合体排水设施设置要点 表3

排水设施设置	设置位置
集水坑及相应排水设施	①地下室以下部位需设置集水坑：泵房、制冷机房、换热站、发电机房、卫生间、空调机房、电梯基坑（含普通电梯基坑和电动扶梯基坑）、垃圾房、污水处理间、超市压缩机房、地下车库，以及设置在最底层的变配电室和位于室外地坪以下的变配电所的电缆夹层、电缆沟和电缆室（集水坑贴墙设置于变配电室外，变配电室地面抬高600mm，其内部设置的电缆沟应有0.5%坡至集水坑）。②地下车库出入口坡道起始端、末端分设两道通长排水沟；各卸货区门口应设通长的排水沟。③集水坑采用钢筋混凝土集水坑，钢制盖板；污水集水坑设置密闭井盖或采用成品密闭污水提升装置
地下室污水处理间	①无法自流排出室外的污水均需排至污水处理间，超市和步行街污水处理间服务半径约25m。②超市位于建筑底层时，其污水处理间宜设置于楼梯间内。③无法自流排出室外的百货、超市、酒楼、写字楼、销售型酒店和销售物业室外步行街卫生间排水设独立污水处理间，其他业态污水处理间可合用
餐饮排水隔油池	①为保证室外场地的整洁和便于维护管理，隔油池应尽量设置在地下室隔油间内，尽可能采用一体化隔油除渣成品设备。②室外步行街内环餐饮铺隔油池设于地下室污水处理间。③外环餐饮铺隔油池设置在临市政道路的外街（如邻地下室，仍设于地下室污水处理间内）。④百货、超市、酒楼、销售物业室外步行街等业态设置独立隔油间，其他业态隔油间可合用，隔油池分开设置
降板区域设置	①大商业部分卫生间、影院卫生间等可以进行降板采用同层排水满足下部使用功能，降板高度一般为600mm（具体可根据卫生间位置及大小进行调整）。②超市位于最底层或下部为人防区域的超市生鲜区应采取降板措施，降板高度不应低于500mm。③地下室顶板上方覆土内敷设给水排水管线时，降板高度应和相关人员沟通并进行仔细计算确定，既要满足管道坡降及室外给水排水构筑物设置的要求，还要经济合理。当设置室外降板区时，还应充分考虑冻土埋设深度对管道敷设的影响

环境温湿度设计范围

建筑室内的环境温湿度设计参数根据使用需要及必要的卫生条件确定，无特殊要求时，对于商业综合体建筑，其舒适性的室内设计参数应满足表1的要求。

对于商业综合体建筑具体的功能分区，其舒适性的室内温湿度设计参数如表2、表3所示。

人员长期逗留区域空调室内设计参数　　表1

类别	热舒适度等级	温度（℃）	相对湿度	风速（m/s）
供热工况	Ⅰ级	22~24	≥30%	≤0.2
	Ⅱ级	18~22		≤0.2
供冷工况	Ⅰ级	24~26	40%~60%	≤0.25
	Ⅱ级	26~28	≤70%	≤0.3

注：1. Ⅰ级热舒适度：-0.5≤PMV≤0.5，PPD≤10%；Ⅱ级热舒适度：-1≤PMV≤-0.5，0.5≤PMV≤1，PPD≤27%。其中，PMV指预期平均投票数，PPD指预期不满意百分率。
2. 本表摘自《民用建筑供暖通风与空气调节设计规范》GB 50736-2012。

室内温度设计参数（单位：℃）　　表2

分类		夏季	冬季
商业购物①	营业厅	25~28	18~24
	食品、药品库	≤32	≥5
餐饮②	一级餐厅	24~26	18~20
	二级餐厅、饮食厅	25~28	
客房③	一级	26~28	18~20
	二级	26~28	19~21
	三级	25~27	20~22
	四级	24~26	21~23
	五级	24~26	22~24
办公④	一类	24	20
	二类	26	18
	三类	27	18
电影院⑤		24~28	16~20

注：①摘自《商店建筑设计规范》JGJ 48-2014；
②摘自《饮食建筑设计规范》JGJ 64-89；
③摘自《旅馆建筑设计规范》JGJ 62-2014；
④摘自《办公建筑设计规范》JGJ 67-2006；
⑤摘自《电影院建筑设计规范》JGJ 58-2008。

室内湿度设计参数　　表3

分类		夏季	冬季
商业购物①	营业厅	≤65%	≥30%
	食品、药品库		
餐饮②	一级餐厅	<65%	
	二级餐厅、饮食厅	<65%	
客房③	一级		
	二级	≤65%	
	三级	≤60%	≥35%
	四级	≤60%	≥40%
	五级	≤60%	≥40%
办公④	一类	≤55%	≥45%
	二类	≤60%	≥30%
	三类	≤65%	
电影院⑤		55%~70%	≥30%

注：①摘自《商店建筑设计规范》JGJ 48-2014；
②摘自《饮食建筑设计规范》JGJ 64-89；
③摘自《旅馆建筑设计规范》JGJ 62-2014；
④摘自《办公建筑设计规范》JGJ 67-2006；
⑤摘自《电影院建筑设计规范》JGJ 58-2008。

环境温度调控策略

1. 商业综合体建筑夏季室内温度不宜低于22℃，冬季室内温度不应高于24℃。

2. 主要功能空间应在明显位置设置带有显示功能的空间温度测量仪表；在可自主调节室内温度的空间和区域应设置带有温度显示功能的室温控制器。

3. 商业综合体建筑使用单位在室外温度适宜的过渡季节，应尽可能利用开窗等自然通风的方式调节室内温度，减少空调使用时间。一般情况下，空调运行期间禁止开窗。

环境温度调控系统如[1]所示。

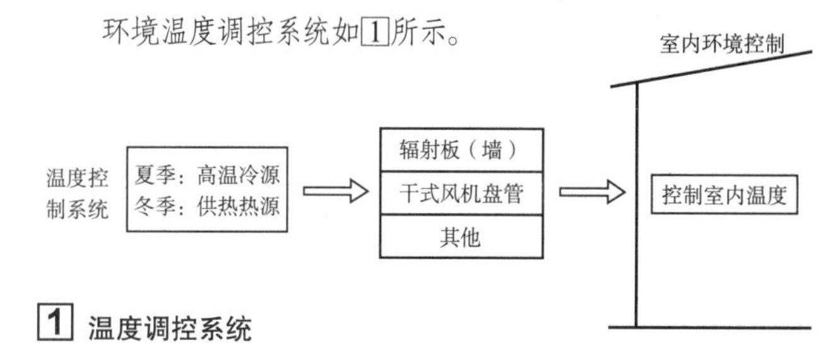

[1] 温度调控系统

环境湿度调控策略

商业综合体内的湿度调控应首先做好湿度的控制，在建筑设计中应做好以下几点：

1. 减少围护结构的湿传递

围护结构应有良好的防潮隔湿能力，不允许渗水、漏水。

2. 减少空气的湿渗透

围护结构的门、窗应加强密封措施，在可能的条件下，设置门斗、软体密闭门、风幕等隔离措施，并要维持室内正压，减少空气的湿渗透。

3. 减少室内散湿

减少室内用水点，控制散湿表面的散湿，将大面积的湿源用风幕封闭，将散发湿量的设备密闭或用局部排风排湿。控制人为散湿。

环境湿度调控系统如[2]所示。

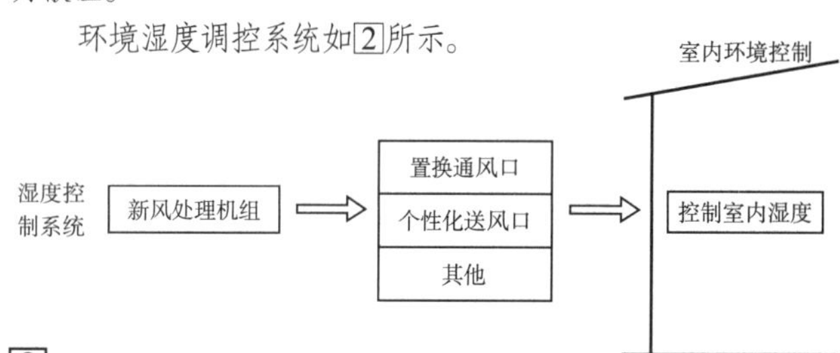

[2] 湿度调控系统

当室内湿度未能达到设计要求时，应根据实际情况进行除湿或加湿。除湿和加湿的方法如表4所示。

除湿和加湿方法　　表4

方法		特点
除湿	升温除湿	防潮除湿的基本方法，通过提高室内的温度，可明显降低空气湿度，经济适用，应用甚广
	冷却除湿	空气冷却到露点温度以下，大于饱和含湿量的水汽会凝结析出，降低空气的含湿量。该方法除湿效果好，房间相对湿度下降快，运行费用较低，操作方便，使用灵活。但是在较低的环境温度下工作时，除湿能力下降，易结霜
	吸收式吸附除湿	利用某些物质吸收或吸附水分的能力，可以除去空气中的部分水分。吸收剂有氯化锂、三甘醇、氯化钙等，吸附剂有硅胶、活性炭等。该方法吸湿能力大，来源较为丰富，可作为普通除湿方法加以利用。缺点在于部分物品具有金属腐蚀性，应对设备做好防腐蚀措施
	通风除湿	合理通风换气，能改善环境条件。用自然状况或经过处理的空气通风，可以排除湿气，防潮除湿。我国大部分地区每年通风排湿的有效期达半年以上，应很好地加以利用
加湿	喷蒸汽加湿	加湿迅速、均匀、稳定、不带水滴，可以满足室内相对湿度波动范围小于5%的要求。因此可用于工艺要求较为严格的房间
	喷循环水加湿	适用于波动范围不太严格的房间，用于过渡性季节可节省能量

空气质量设计要点

商业综合体建筑室内的空气质量应无毒、无害、无异常臭味。空气质量标准如表1所示。

综合体建筑空气质量设计中应注意以下几点要求：

1. 应有通畅的自然通风和机械通风措施，通过不断地送入新风，稀释并排出有害的污染物，降低室内污染物的体积系数，排出异味，解决空气窒息和污浊问题。

2. 为了有效降低空气中的含尘质量分数和浮游菌质量分数，可采用空气过滤器。商业综合体建筑需设置粗、中效两级过滤，必要时可设置双级中效过滤器。

3. 吸烟室、垃圾间、清洁间等产生异味或污染物的空间应与其他空间分开设置。

4. 建筑的主要出入口宜设置具有截尘功能的固定设施。在人流较大的建筑主要出入口，采用至少2m长的固定门道系统，捕集带入的灰尘、小颗粒等，使其无法进入该建筑。固定门道系统包括格栅、格网、地垫等。地垫宜每周保洁清理。

5. 可采用改善室内空气质量的功能材料，如具有空气净化功能的纳米复相涂覆材料、可产生负离子功能的材料、稀土激活保健抗菌的材料等。

室内空气质量标准　　表1

序号	参数类别	参数	单位	标准值	备注
1	物理性	温度	℃	22～28	夏季空调
				16～24	冬季空调
2		相对湿度	%	40～80	夏季空调
				30～60	冬季空调
3		空气流速	m/s	0.3	夏季空调
				0.2	冬季空调
4		新风量	$m^3/(h·人)$	30	
5	化学性	二氧化硫SO_2	mg/m^3	0.50	1小时均值
6		二氧化氮NO_2	mg/m^3	0.24	1小时均值
7		一氧化碳CO	mg/m^3	10	1小时均值
8		二氧化碳CO_2	%	0.10	日平均值
9		氨NH_3	mg/m^3	0.20	1小时均值
10		臭氧O_3	mg/m^3	0.16	1小时均值
11		甲醛HCHO	mg/m^3	0.10	1小时均值
12		苯C_6H_6	mg/m^3	0.11	1小时均值
13		甲苯C_7H_8	mg/m^3	0.20	1小时均值
14		二甲苯C_8H_{10}	mg/m^3	0.20	1小时均值
15		苯并[a]芘B（a）P	mg/m^3	1.0	日平均值
16		可吸入颗粒物PM_{10}	mg/m^3	0.15	日平均值
17		总挥发性有机物TVOC	mg/m^3	0.60	8小时均值
18	生物性	菌落总数	cfu/m^3	2500	根据仪器定
19	放射性	氡222Rn	Bq/m^3	400	年平均值（行动水平）

注：本表摘自《室内空气质量标准》GB/T 18883-2002。

通风设计

建筑通风设计与建筑室内空气质量有密切的关系，没有通畅的机械通风系统或自然排风渠道，就不能得到足量的新风供应，室内空气品质就无法保证。商业综合体是城市中人员最为集中的场所，经常处于客流拥挤状态，人体产生的CO_2、体臭，客流带入的灰尘、细菌，加上商场内建筑装饰材料和有些商品散发的挥发性有机物等，给综合体建筑环境带来了严重的污染。

1. 商业综合体建筑的通风设计应首先确定建筑送风量的大小，以保证每个房间都能满足卫生要求所需的新风量。商业综合体建筑中各功能分区最小新风量如表2所示。

2. 确定新风量之后，应合理设计送风方式和气流组织，见表3。

室内舒适性设计参数　　表2

建筑类型		最小新风量$[m^3/(h·人)]$	二氧化碳CO_2浓度
商业购物①		15~20	≤0.2%
餐饮②	一级餐厅	30	<0.25%
	二级餐厅、饮食厅	25	<0.3%
客房③	一级	—	—
	二级	30	—
	三级	30	—
	四级	40	—
	五级	50	—
办公④	一般办公室	30	—
	高级办公室	30~50	—
电影院⑤		15~25	—
美容理发、康乐		30	—

注：① 摘自《商店建筑设计规范》JGJ 48-2014；
② 摘自《饮食建筑设计规范》JGJ 64-89；
③ 摘自《旅馆建筑设计规范》JGJ 62-2014；
④ 摘自《办公建筑设计规范》JGJ67-2006；
⑤ 摘自《电影院建筑设计规范》JGJ 58-2008。

送风方式及气流组织形式　　表3

方式	特点	适用范围
侧送风	以贴附射流形式出现，工作区通常是回流	通常宜采用这种方式，但区域温差和工作区风速要求很严格，以及送风射程很短，不能满足射流扩散和温差衰减的要求除外
孔板送风	射流的扩散和混合较好，射流的混合过程很短，温差和风速衰减快，工作区温度和速度分布较均匀	对于区域温差和工作区风速要求严格、单位面积风量比较大、室温允许波动范围较小的房间，宜采用孔板送风
散流器送风	工作区总是处于回流，空气由散流器送出时，沿着顶棚和墙形贴附射流，射流扩散较好，区域温差一般能满足要求	射流的射程较短，工作区内有较大的横向区域温差；顶棚密集布置散器，管道布置较为复杂仅适用于少数工作区要求保持平行流和层高较高的房间
喷口送风	由高速喷口送出的射流带动室内空气强烈混合，室内形成大的回旋气流；系统较为简单，投资较节省	适用于高大空间建筑，如商业综合体内的大型餐厅、电影院、通用大厅等
条缝型送风	为扁平射流，射程较短，温差和速度衰减快	对于一些散热量大的、只要求降温的房间，宜采用这种方式
自然通风	借助于热压或者风压使室内外空气进行交换，而不使用机械设备	适用于风力资源较为丰富和室内外温差较大的地区或季节

节能设计

此处的节能设计主要针对建筑在创造舒适的室内环境温湿度时所涉及的相关节能措施。

1. 在不影响舒适性的前提下适当降低环境参数标准。

2. 控制和正确利用室外新风量。

3. 对室内环境控制采取自动控制。

4. 合理布置送风口、回风口及散热装置，合理布置管道，从而减少输送系统能耗。

5. 注意建筑热回收和再利用。

6. 建筑室内家具与隔板等可利用复合相变材料以减少室内温度波动。

声学指标

1. 商业建筑各房间内空场时的噪声级，应符合表1规定。

2. 容积大于400m³且流动人员人均占地面积小于20m²的室内空间，应安装吸声顶棚；吸声顶棚面积不应小于顶棚总面积的75%；顶棚吸声材料或构造的降噪系数应符合表2规定。

3. 噪声敏感房间与产生噪声房间之间的隔墙、楼板的空气声隔声性能应符合表3规定。

4. 噪声敏感房间的上一层为产生噪声房间时，噪声敏感房间顶部楼板的撞击声隔声性能应符合表4规定。

室内允许噪声级　表1

房间名称	允许噪声级（A声级，dB）	
	高要求标准	低限标准
商场、商店、购物中心、会展中心	≤50	≤55
餐厅	≤45	≤55
员工休息室	≤40	≤45
走廊	≤50	≤60

注：本表摘自《民用建筑隔声设计规范》GB 50118-2010。

顶棚吸声材料或构造的降噪系数　表2

房间名称	降噪系数*NRC*	
	高要求标准	低限标准
商场、商店、购物中心、会展中心、走廊	≥0.60	≥0.40
餐厅、健身中心、娱乐场所	≥0.80	≥0.40

注：本表摘自《民用建筑隔声设计规范》GB 50118-2010。

噪声敏感房间隔墙、楼板的空气声隔声标准　表3

围护结构部位	计权隔声量+交通噪声频谱修正量 R_w+C_{tr}（dB）	
	高要求标准	低限标准
健身中心、娱乐场所等与噪声敏感房间之间的隔墙、楼板	>60	>55
购物中心、餐厅、会展中心等与噪声敏感房间之间的隔墙、楼板	>50	>45

注：本表摘自《民用建筑隔声设计规范》GB 50118-2010。

噪声敏感房间顶部楼板的撞击声隔声标准　表4

楼板部位	撞击声隔声单值评价量（dB）			
	高要求标准		低限标准	
	计权标准化撞击声压级$L_{n,w}$（实验室测量）	计权标准化撞击声压级$L'_{nT,w}$（现场测量）	计权标准化撞击声压级$L_{n,w}$（实验室测量）	计权标准化撞击声压$L'_{nT,w}$（现场测量）
健身中心、娱乐场所等与噪声敏感房间之间的楼板	<45	≤45	<50	≤50

注：本表摘自《民用建筑隔声设计规范》GB 50118-2010。

噪声源分类

室内外噪声源分类　表5

声音分类		内容
室外噪声	交通噪声	交通噪声
室内噪声	音乐声	背景音乐、卖场音乐、广播系统等
	设备声	空调风机声、扶梯滚动声、电梯升降声等
	人行为声	人走路声、言语声、手机铃声等

针对不同噪声源的应对方法

1. 减少进入室内的噪声

建筑外墙采用隔声性能较好的实心砖墙、蒸压加气混凝土砌块墙或轻集料空心砌块墙，避免大面积玻璃幕墙。同时采用隔声门和隔声性能较好的玻璃窗。

2. 减少室内的反射声

结合商业建筑室内装修进行吸声处理，例如顶棚做穿孔板吊顶，墙面贴附凹凸状的墙纸，地面铺设地毯，窗户悬挂落地窗帘等，建筑平面形式避免采用圆形或凹弧形平面。

3. 设备噪声控制

（1）空调机组应采用噪声较低型号，设置隔振垫、减振楼板等降噪措施，同时在出风口与进风口设置消声器。

（2）对于室内集中设备噪声源，如发电设备、水泵、空调机房、电梯机房等，应根据设备噪声参数以及噪声影响区域，根据实际情况选取隔声降噪措施。

（3）对于室外集中设备，如冷却塔噪声，宜设置专业的隔声罩。

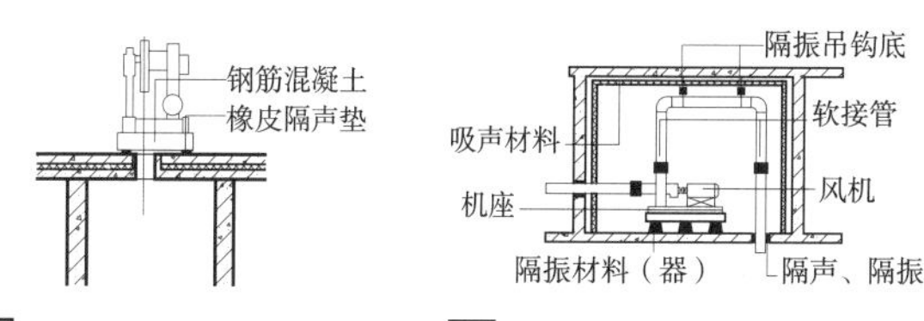

1 电梯隔声降噪构造　2 管道、设备隔振构造

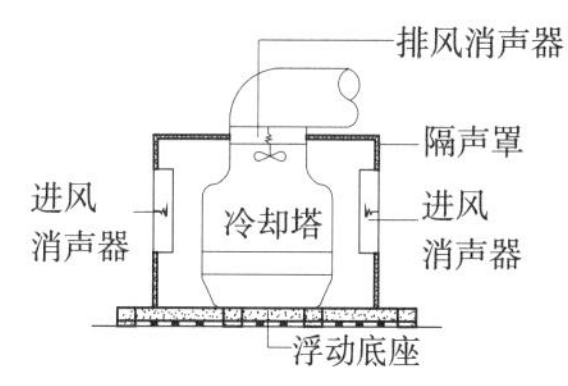

3 冷却塔隔声构造

良好声环境的设计要点：合理的空间分布

当背景噪声一定时，对声环境有益的商场空间宜优选大厅式，其次是步行街式。需要注意的是，当采用中庭形式的空间布局时，要尽量避免使用具有凹曲形平、剖面的中庭空间，这种形态的中庭可能会引起声聚焦现象，如果中庭尺寸较大的话在声聚焦点还可能形成回声或颤动回声。一旦出现回声、声聚焦等声学缺陷，可利用有效界面布置吸声结构或扩散结构，或者悬挂空间吸声体，或者使声聚焦点所处位置不设置成主要使用区。对端部楼层人流较大的情况可以进行吸声处理来降低人行为声，并且将主要的商业空间放在声环境较好的楼层。引导消费者购物的流线避免过多交叉和重合。

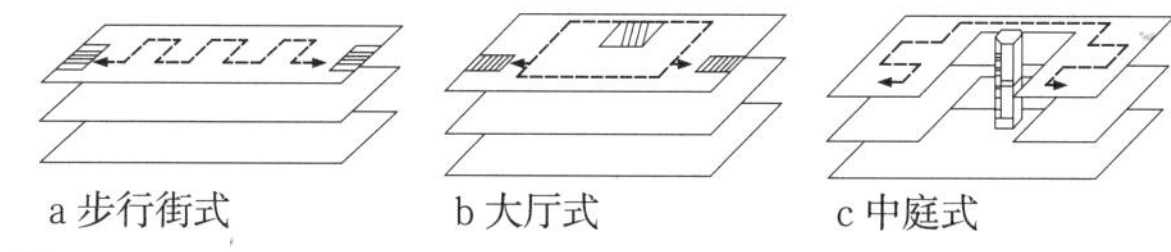

4 商场空间布局形式

声学处理

1. 声学扩散

（1）墙面或顶棚装置扩散体或扩散板。

（2）不同材料宜交替布置。

（3）墙面或顶棚装饰可起扩散作用，如壁柱、吊灯、藻井等。

2. 隔声降噪

隔墙、楼板等部位采用隔声较好的构造措施，隔声性能应满足噪声敏感房间的空气声隔声和撞击声隔声标准。

夜景灯光总体设计

商业综合体按空间结构布局分为高层—裙楼型、商业MALL型和群组型三种类型。不同类型综合体的灯光夜景设计有相同之处，也各有不同的侧重点，其设计方法参见表1。

不同类型商业综合体的夜景灯光设计方法　　表1

类型	设计方法	示意
高层—裙楼型	高层—裙楼型商业综合体，按屋顶、楼身、裙楼三段划分，照明应重点强调屋顶及裙楼，亮度较高。灯具安装位置应与立面特点相结合	楼身、裙楼、保持一定距离、投光灯、灯柱；立柱灯向上投射 楼身、裙楼、外挑灯架、投光灯；裙楼檐部出挑向下投射
商业MALL型	商业MALL型综合体建筑照明设计应对入口、橱窗、广告和标识进行重点照明。公共空间除需满足功能照明外，应增加景观照明	广告照明、广场照明、入口照明；商业MALL型照明示意
群组型	群组型商业综合体建筑照明设计应满足功能照明，可选用恰当的景观灯或庭院灯，灯杆高3m，间距9~12m进行布置，避免眩光。商店入口、橱窗、标识应做重点照明	重点照明；群组型照明示意

设计原则

1. 商业综合体的夜景设计需首先满足所在区域的夜景指标要求。不同城市规模及环境区域建筑物泛光照明的照度和亮度标准值应符合表2的规定。

2. 建筑物夜景照明可采用多种照明方式，分清照明的主次，注重相互配合及所形成的总体效果。

3. 入口亮度与周围亮度的对比度应符合《城市夜景照明设计规范》JGJ/T 163-2008中的规定的3~5，且不宜超过10~20。

4. 立面应设置照明，并应与入口、橱窗、广告和标识以及毗邻建筑物的照明协调。

5. 公共空间的地面在坡道、台阶、高差处应设置照明。除满足功能要求外，应具有良好的装饰性且不得对行人产生眩光。

6. 光污染的限制，应符合《城市夜景照明设计规范》JGJ/T 163-2008中对建筑立面和标识面产生的平均亮度最大允许值的要求，详见表3。

不同城市规模及环境区域建筑物泛光照明照度、亮度标准值　表2

建筑物饰面材料 名称	反射比ρ	城市规模	平均亮度(cd/m²) E2区	E3区	E4区	平均照度(lx) E2区	E3区	E4区
白色外墙涂料，乳白色外墙釉面砖，浅冷、暖色外墙涂料，白色大理石等	0.6~0.8	大	5	10	25	30	50	150
		中	4	8	20	20	30	100
		小	3	6	15	15	20	75
银色或灰绿色铝塑板、浅色大理石、白色石材、浅色瓷砖、灰色或土黄色釉面砖、中等浅色涂料、铝塑板等	0.3~0.6	大	5	10	25	50	75	200
		中	4	8	20	30	50	150
		小	3	6	15	20	30	100
深色天然花岗岩、大理石、瓷砖、混凝土，褐色、暗红色釉面砖，人造花岗石，普通砖等	0.2~0.3	大	5	10	25	75	150	300
		中	4	8	20	50	100	250
		小	3	6	15	30	75	200

建筑立面和标识面产生的平均亮度最大允许值　表3

照明技术参数	应用条件	环境区域 E1区	E2区	E3区	E4区
建筑立面亮度 L_b(cd/m²)	被照面平均亮度	0	5	10	25
标识亮度 L_s(cd/m²)	外投光标识被照面平均亮度；对自发光广告标识，指发光面的平均亮度	50	400	800	1000

注：1. 若被照面为漫反射面，建筑立面亮度可根据被照面的照度E和反射比ρ，按$L=E\rho/\pi$式计算出亮度L_b或L_s。

2. 标识亮度L_s值不适用于交通信号标识。

3. 闪烁、循环组合的发光标识，在E1区和E2区里不应采用，在所有环境区域这类标识均不应靠近住宅的窗户设置。

4. 本表摘自《城市夜景照明设计规范》JGJ/T 163-2008。

照明方式

建筑立面照明的方式很多，最常用的方式见表4。

建筑立面照明方式　表4

照明方式	特点简介	采用光源
泛光照明	由投光灯来照射某一部位，使其照度比周围明显提高，突出建筑物造型	金属卤化物灯、高压钠灯
轮廓照明	沿被照建筑物轮廓布置光源，显示其外形轮廓，可作为泛光照明的辅助照明	紧凑型荧光灯、冷阴极荧光灯、发光二极管（LED）
内透光照明	光源置于建筑物内，利用玻璃窗、玻璃幕墙向外透射光线，在保证照明效果的同时，可节约投资，维护方便	三基色直管荧光灯、发光二极管（LED）、紧凑型荧光灯
特种照明	装饰性动感照明，产生变幻光感	光纤、导光管、激光、彩色远程探照灯

注：采用泛光照明时应合理布置灯具的安装位置及投射角度，防止出现光干扰。

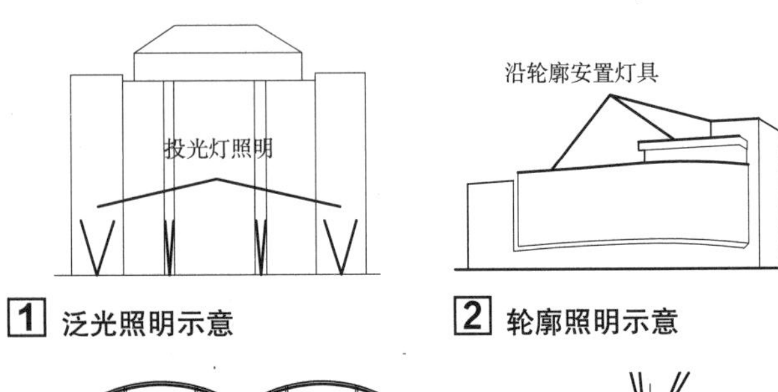

1 泛光照明示意　　2 轮廓照明示意

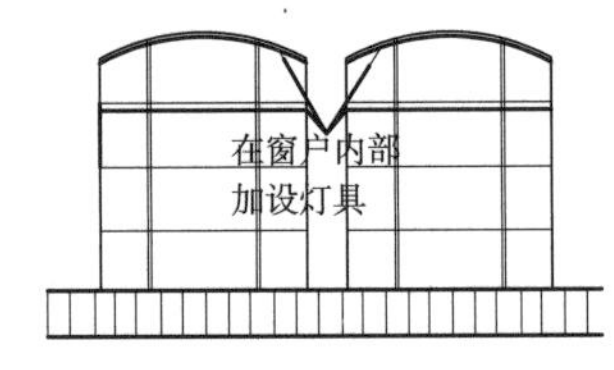

3 内透光照明示意

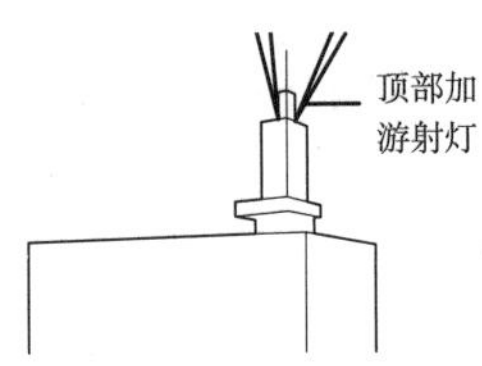

4 特种照明示意

概述

商业综合体的功能模块分为：商业、餐饮模块，娱乐、休闲模块，旅馆、居住模块和办公、交通模块。根据各个功能模块的特点和照明需求，进行照明设计。

商业、餐饮模块照明设计要点

1. 多种照明方式相结合。主要的照明方式可分为基本照明、重点照明和装饰照明，见[1]。

2. 注重照明的表现效果（表1），不同场所光源应符合相应标准（表2）。

3. 根据照明效果需要，选取恰当的照明种类。商业模块照明种类及特征见表3。

4. 防止眩光。注意灯具的安装位置及角度，防止产生直接眩光、镜面反射眩光等影响室内舒适性的不良光环境，见[2]。

5. 商业模块照明标准值应符合《建筑照明设计标准》GB 50034-2013表5.2.3的规定，详见表4。

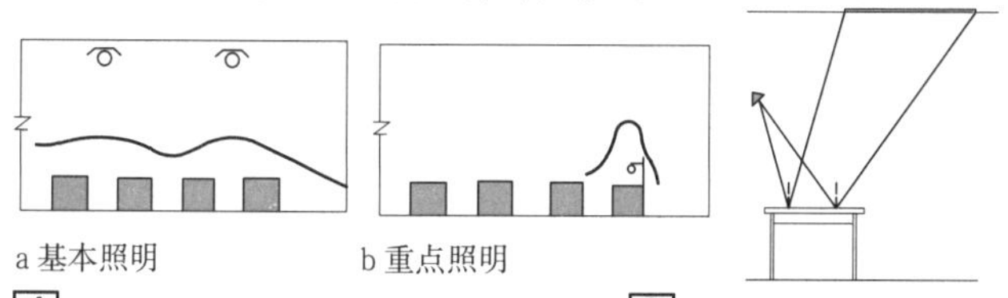

[1] 照明方式及照度分布　　[2] 眩光镜面反射示意图

照明表现效果考虑方面　　表1

因素	要求
光色	光源的光色不同，产生的冷暖感觉不同，见表2
显色性	用高显色性的光源如实表现商品原有颜色，或利用某一波长的光，强调商品的特点颜色
立体感	照明应以一定的投射角和恰当的阴影分布，使商品轮廓清晰，立体感强

光源不同色温、光色的适用场所　　表2

分组	光色	相关色温(K)	适用场所举例
Ⅰ	暖	＜3300	客房、卧室、酒吧、餐厅、休息区域
Ⅱ	中间	3300～5300	办公室、阅览室、商店、展厅
Ⅲ	冷	＞5300	高照度场所

商业模块照明种类及特征　　表3

照明种类	基本照明	重点照明	装饰照明
功能	保持室内基本照度，满足顾客购物行为的需求，形成室内环境的基本气氛	提高商品四周的亮度，增强对商品特征的表现	对室内环境或特定主题物表现装饰效果，表现商品的趣味和个性
照明方式	1 日光灯间接照明 2 节能灯直接照明	3 投射灯直接照明 4 内藏式直接照明	5 彩灯间接照明 6 彩灯直接照明
灯具及处理方式	日光灯——覆盖板 节能灯——吸顶、嵌入	投射灯——固定、移动 吊灯——可调高度 鱼眼灯——可调方向	LED彩灯（向上照、向下照）

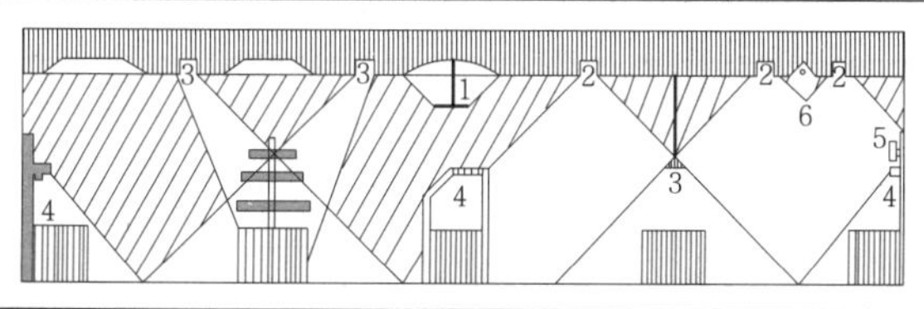

商业建筑照明标准值　　表4

房间或场所	参考平面及其高度	照度标准值(lx)	统一眩光值UGR	显色指数Ra
一般商店营业厅	0.75m水平面	300	22	80
高档商店营业厅	0.75m水平面	500	22	80
一般超市营业厅	0.75m水平面	300	22	80
高档超市营业厅	0.75m水平面	500	22	80
收款台	台面	500	—	80

注：本表摘自《建筑照明设计标准》GB 50034-2013。

娱乐、休闲模块照明设计要点

1. 注重装饰照明的运用，营造良好的娱乐、休闲环境。如运用吊灯或结合顶棚的藻井进行灯具布置，见[3]、[4]。

2. 注重艺术效果，突出照明环境的品质感。

3. 天然采光与人工照明巧妙结合。

4. 光色的合理搭配。暖色光、冷色光相结合，适当运用彩光和动态照明。

5. 影剧院模块照明标准值应符合《建筑照明设计标准》GB 50034-2013表5.2.4的规定。

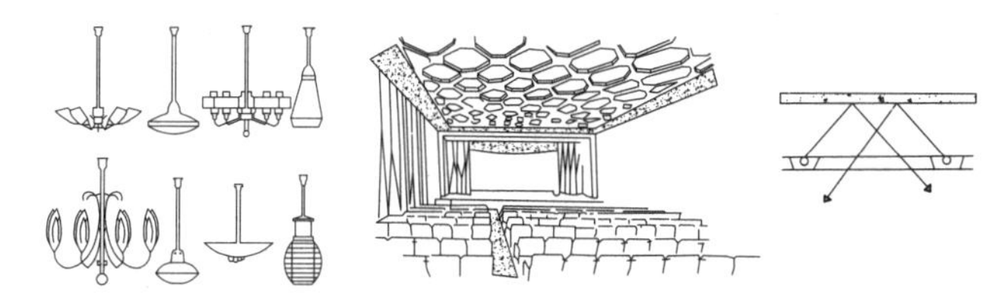

[3] 各种形式吊灯　　[4] 反光顶棚示意图

旅馆、居住模块照明设计要点

1. 以天然采光为主，侧窗和天窗采光相结合，辅以人工照明。

2. 光色以暖色调为主，营造温馨、亲切的室内氛围。

3. 避免直接眩光，可采用发光顶棚，做法见[5]。

4. 布光方式可多样。如顶棚采用凹入式顶灯、表面式顶灯或悬吊式顶灯；墙面采用泛光照明、射灯以一定角度照射的照明或装饰性照明装置，以及各式的壁灯等。

5. 居住模块照明标准值应符合《建筑照明设计标准》GB 50034-2013表5.2.1的规定 。

6. 旅馆模块照明标准值应符合《建筑照明设计标准》GB 50034-2013表5.2.5的规定。

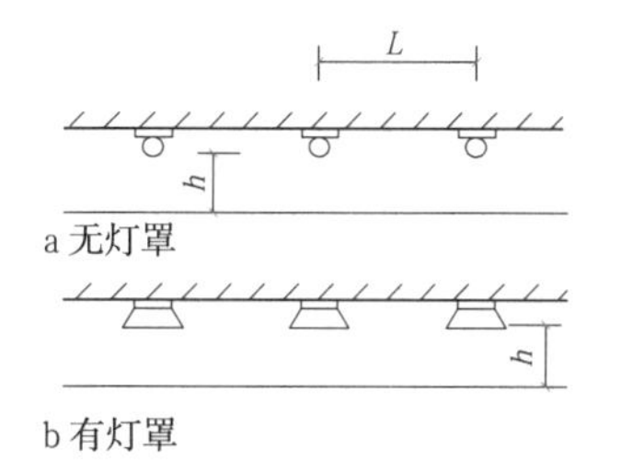

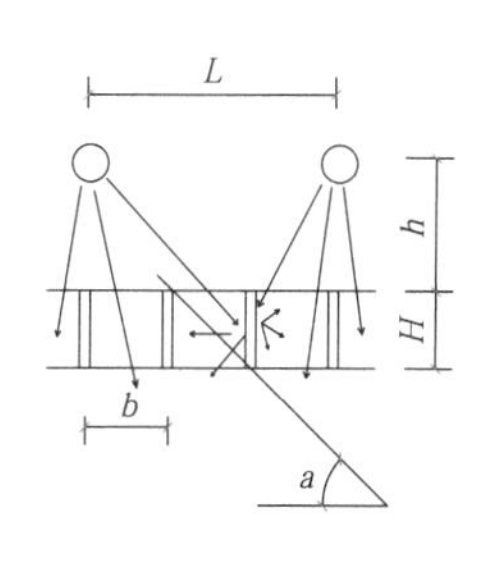

[5] 发光顶棚做法　　[6] 格片式发光顶棚做法

办公、交通模块照明设计要点

1. 注意照度水平及要求。

2. 光源显色性要符合相关规范。

3. 办公模块可采用格片式发光顶棚，保持亮度均匀度，避免眩光见[6]。

4. 办公模块照明设计标准值应符合《建筑照明设计标准》GB 50034-2013表5.2.2的规定。

5. 交通模块照明设计标准值应符合《建筑照明设计标准》GB 50034-2013表5.2.10的规定。

总平面消防设计布局

1. 应根据城市规划、当地的相关控制性指标要求及相关规范，合理确定商业综合体建筑的位置、消防防火间距、消防车道、救援场地和消防水源。

2. 商业综合体需选择城市交通方便、周边建筑群体协调的商业区域或主要道路的适宜位置作为建筑基地。

3. 商业综合体不宜设在火灾危险性较高的建筑物和堆场附近，不利于紧急情况下的人员和财产的疏散。

4. 大型及特大型商业综合体所在基地沿城市道路的长度应按建筑规模或疏散人数确定，且不少于基地周长的1/6。

5. 大中型商业综合体应进行基地内的雨水排放设计。

6. 大中型商业综合体的主入口需留出适当的人员集散场地，并在出入口前留有适当场地，为人群在购物活动前后休息和防火疏散之用。

7. 高层商业综合体应保证消防扑救面和消防车登高操作场地的设置，室外疏散通道净宽不小于3.0m。

商业综合体之间的防火间距要求　表1

	商业综合体的裙房部分	商业综合体的高层部分
商业综合体的裙房部分	≥6m	≥9m
商业综合体的高层部分	≥9m·	≥13m
图示	≥13m　≥9m　≥6m　高层商业综合体　裙房　裙房　高层商业综合体或其他高层建筑	

注：1. 本表根据《建筑设计防火规范》GB 50016-2014编制。
2. 当较高一面外墙为防火墙，或比相邻较低一座建筑屋面高15m及以下范围内的墙为不开设门、窗洞口的防火墙时，其防火间距可不限。
3. 当较低一座建筑屋顶不设天窗时，或当相邻较低一面外墙为防火墙时，或当相邻较高一面外墙高出较低一座建筑的屋面15m内，墙上开口部分设有甲级防火门、窗或防火卷帘时，其防火间距可适当减小，但不宜小于4m。

商业综合体与其他民用建筑的防火间距要求　表2

建筑层数		商业综合体的裙房部分	商业综合体的高层部分	备注
低层民用建筑		≥6m	≥9m	
单层、多层民用建筑	一、二级耐火等级	≥6m	≥9m	
	三级耐火等级	≥7m	≥11m	
	四级耐火等级	≥9m	≥14m	
高层民用建筑		≥9m	≥13m	
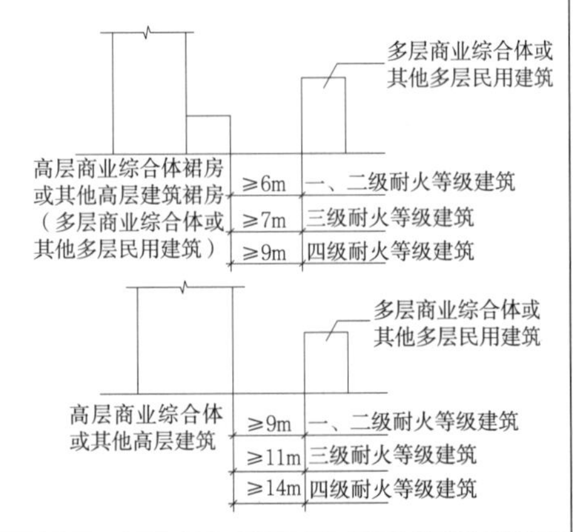				多层与多层建筑相邻，当较低建筑耐火等级为一、二级时，其防火间距不限或可适当减少的条件与高层和高层建筑相邻时所需要的条件相同。可适当减小的条件中防火墙减小以后的距离不小于3.50m。另外，如两个建筑满足外墙与门窗洞口的相关要求，其防火间距可按规定减小25%

注：本表根据《建筑设计防火规范》GB 50016-2014编制。

商业综合体防火分区设置原则

防火分区的划分：火灾发生时，为了防止火势蔓延造成燃烧面积增大，可在商业综合体内部将面积过大的地方用防火墙、防火卷帘等分隔物划分成若干个防火分区。

防火分区的划分方式　表3

防火分区的水平分隔	防火分区的竖向分隔
用防火墙、防火卷帘、甲级防火门等分隔设施，将商业综合体建筑的各个楼层在水平方向上分隔为数个同功能的、满足分区面积要求的防火分区	用防火墙、防火卷帘、甲级防火门等分隔设施，将商业综合体建筑的二层及以上楼层在垂直方向上分隔成数个同功能的、满足分区面积要求的防火分区

高层商业综合体建筑（地上）防火分区设置　表4

设置位置	面积区间		备注
一、二级耐火等级高层	规定面积	1500m²	体育馆、剧场的观众厅，防火分区可适当增大
	满足附加条件	自动灭火系统	局部设置自动灭火系统时，防火分区的增加面积可按该局部面积的1.0倍计算
其间任一层面积不超1000m²　H<50m　h<24m	可达面积	3000m²	
	满足附加条件	1.自动灭火系统； 2.火灾自动报警系统； 3.采用不燃或难燃装修材料	仅限设置商业营业厅与展厅功能时
	可达面积	4000m²	

注：本表根据《建筑设计防火规范》GB 50016-2014编制。

多层商业综合体建筑（地上）防火分区设置　表5

设置位置		单层建筑内或多层建筑首层	多层建筑内部
图示		单层建筑　多层建筑　H<24m	H<24m　多层建筑
所属类型		商业街—MALL型	群组型
面积区间	规定面积	2500m²	2500m²
	满足附加条件	1.自动灭火系统； 2.防、排烟设施； 3.火灾自动报警系统； 4.内装设计符合《建筑内装修设计防火规范》GB 50222的有关规定	自动灭火系统
	可达面积	10000m²	5000m²
备注		仅限在多层建筑首层或单层建筑内设置商业营业厅与展厅功能时	体育馆、剧院的观众厅，展览建筑的展厅，其防火分区最大允许建筑面积可以适当放宽

注：本表根据《建筑设计防火规范》GB 50016-2014编制。

商业综合体建筑（地下）防火分区设置　表6

类别		地下室		半地下室
空间位置与功能		单层/多层建筑的一般地下空间	高层建筑的地下营业厅、展览厅	地下汽车库
面积区间	规定面积	500m²	500m²	2000m²
	满足附加条件	设置自动灭火系统	设有火灾自动报警系统和自动灭火系统； 采用不燃烧或难燃烧材料装修	室内地坪低于室外地坪面高度超过该层汽车库净高1/3，且超过净高1/2，设置自动灭火系统
	可达面积	1000m²	2000m²	4000m²
备注		地下汽车库室内地坪低于室外地坪面高度超过该层汽车库净高1/3且不超过净高1/2，无设置自动灭火系统时，防火分区允许面积为2000m²		

注：本表根据《建筑设计防火规范》GB 50016-2014、《汽车库、修车库、停车场设计防火规范》GB 50067-2014编制。

商业综合体平面布置原则

商业综合体内部分功能空间位置设置要求　　表1

空间功能		设置位置	不宜或不应设置位置	其他要求
功能用房	儿童游乐、活动场所	首层、二层、三层	不应设置在四层及以上楼层；不应设在地下、半地下室建筑内	宜设置独立的安全出口，设在高层建筑中时，应设在首层、二层、三层，并应设独立安全出入口和疏散楼梯
	歌舞娱乐放映游艺场所	首层、二层或三层靠外墙部位	不宜布置在袋形走道的两侧或尽端，不应布置在地下二层及以下，设在高层建筑内不应布置在袋形走道的两侧或尽端	除不应布置的位置，设在其他位置时，应满足面积、袋形走道疏散距离、地面与室外出入口高差、消防设施等要求
	商业购物空间	—	不应设置在地下三层及以下	设在地下室时，不应经营储存展示火灾危险性为甲、乙类储存物品属性的商品
	观众厅、会议厅、多功能厅等人员密集场所	宜建在首层或二、三层，地下一层	不应设置在三层及以上楼层（三级耐火等级综合体内）； 不应设置在地下三层及以下楼层	出口标高宜与所在层标高相同，应设专用疏散通道通向室外安全地带
	展览厅	首层或二层（三级耐火等级综合体内）、首层（四级耐火等级综合体内）	不应设置在地下三层及以下楼层	采用三级耐火等级时，不应超过二层；采用四级耐火等级时，应为单层。 设置在地下或半地下时，不应经营、储存和展示甲、乙类火灾危险物品
	剧场、电影院、礼堂	观众厅宜设置在首层、二层或三层（一、二耐火等级综合体内）。 设置在地下时宜设置在地下一层	不应布置在三层及以上楼层（三级耐火等级综合体内）。 不应设置在地下三层及以下楼层	采用三级耐火等级时，不应超过二层。 设置在综合体内部时，至少应设置1个独立的安全出口和疏散楼梯。 应采用耐火极限不低于2.00h的防火隔墙和甲级防火门与其他区域分隔。 确需布置在一、二级耐火等级建筑内的四层及以上楼层时，一个厅、室的疏散门不应小于2个，且每个观众厅的建筑面积不宜大于400m²。 高层商业综合体内的影剧院，应设置火灾自动报警系统及自动喷水灭火系统等自动灭火系统

注：本表根据《建筑设计防火规范》GB 50016-2014编制。

消防车道设计的一般要求

1. 街区内的道路应考虑消防车的通行，两条道的道路中心线间的距离不宜大于160m。

2. 消防车道可以与运输道路结合设置，当基地内消防车道与运输道路结合设置时，需要满足消防车转弯半径的要求。

3. 利用传统街道改造的步行商业街宽度不宜小于6m。

4. 步行商业街内部中的绿化和街道小品等市政设施之间，必须保证一条4m宽的消防通道。

5. 有顶棚的步行商业街内，除去顶盖和悬挂装饰物后的街道内净高不应小于6.0m。

6. 应设环形消防道。

7. 消防车道靠建筑外墙一侧的边缘，距离建筑外墙不宜小于5m。

8. 消防车道与建筑之间不应设置妨碍消防车操作的树木、架空管线等障碍物。

9. 消防车道的净宽度和净空高度均不应小于4.0m；消防车道的坡度不宜大于8%。

10. 环形消防车道至少应有两处与其他车道相通。尽头式消防车道应设置回车道或回车场，回车场的面积不应小于12m×12m；对于高层建筑，不宜小于15m×15m。

11. 消防车道的路面、救援操作场地、消防车道和救援操作场地下面的管道和暗沟等，应可以承受重型消防车的压力。

商业综合体消防车道设置分类及要求　　表2

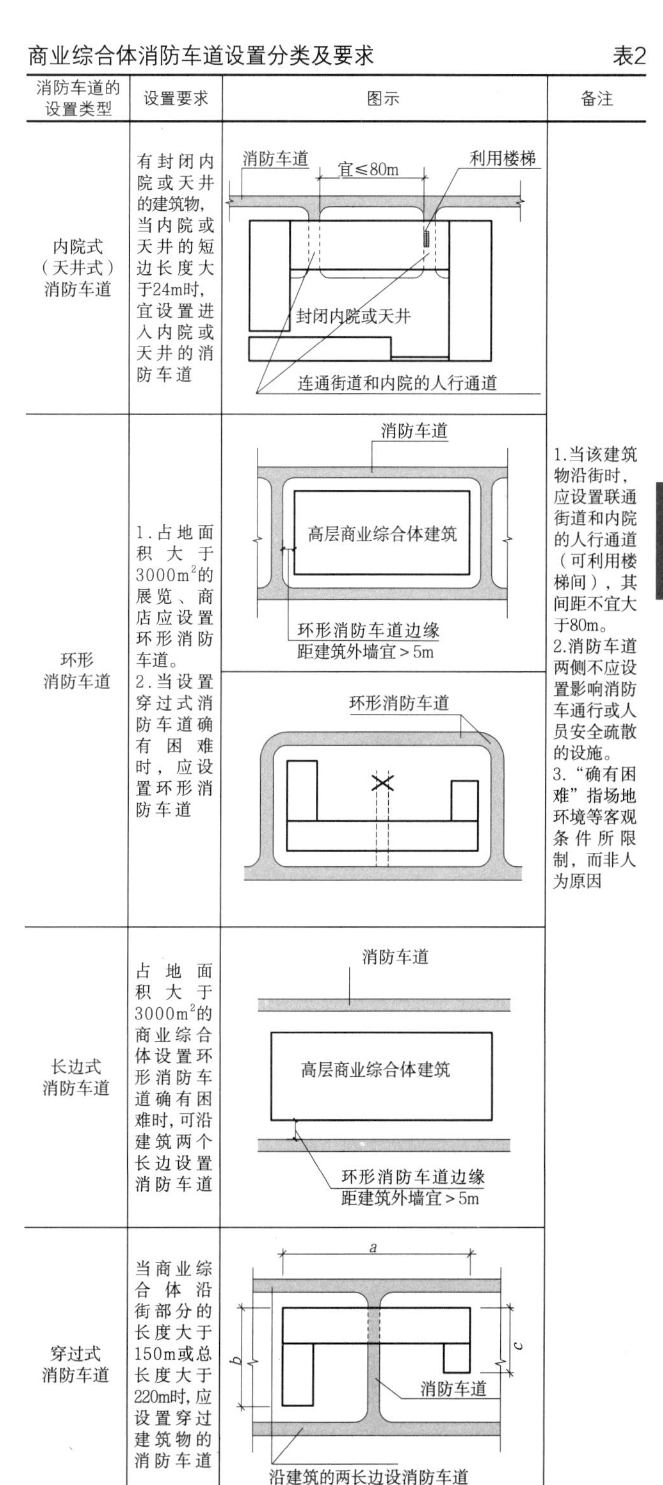

消防车道的设置类型	设置要求	备注
内院式（天井式）消防车道	有封闭内院或天井的建筑物，当内院或天井的短边长度大于24m时，宜设置进入内院或天井的消防车道	1.当该建筑物沿街时，应设置联通街道和内院的人行通道（可利用楼梯间），其间距不宜大于80m。 2.消防车道两侧不应设置影响消防车通行或人员安全疏散的设施。 3."确有困难"指场地环境等客观条件所限制，而非人为原因
环形消防车道	1.占地面积大于3000m²的展览、商店应设置环形消防车道。 2.当设置穿过式消防车道确有困难时，应设置环形消防车道	
长边式消防车道	占地面积大于3000m²的商业综合体设置环形消防车道确有困难时，可沿建筑两个长边设置消防车道	
穿过式消防车道	当商业综合体沿街部分的长度大于150m或总长度大于220m时，应设置穿过建筑物的消防车道	

注：1. a>150m(长条形建筑)；$a+b$>220m(L形建筑)；$a+b+c$>220m(U形建筑)。
2. 本表根据《建筑设计防火规范》GB 50016-2014编制。

5 商业综合体

防火与疏散设计的一般原则

1. 商业综合体建筑耐火等级的确定：商业综合体属人员密集的建筑，在设计时应尽可能采用较高耐火等级的建筑，其耐火等级不应低于二级（其中一类高层建筑的耐火等级应为一级，地下、半地下建筑（室）的耐火等级应为一级）。

2. 安全疏散的设计要点包括：安全出口数量；疏散走道、安全出口、疏散楼梯以及房间疏散门的各自总宽度的计算；最大疏散距离。

3. 安全出口设置一般要求：商业综合体建筑内各个防火分区、一个防火分区内的每个楼层，以及商业综合体内各房间，安全出口的数量应经计算确定，且不应少于2个。室内疏散楼梯应采用封闭楼梯间和防烟楼梯间（包括首层扩大封闭楼梯间）或室外疏散楼梯。相邻两个安全出口最近边缘之间的水平距离不应小于5m。自动扶梯和电梯不作为安全疏散设施。商业部分安全出口需与其他建筑部分隔开。

多层商业综合体房间门至最近安全出口的最大距离　表1

疏散门位置或大空间室内任一点	安全出口类型	最大疏散距离的允许范围		
		规定值	满足条件	可达值
两个安全出口之间	直通室外出口或封闭楼梯间	40m	建筑物内全部设置自动喷水灭火系统	50m
袋形走道两侧或近端	直通室外出口或封闭楼梯间	22m		27.5m
观众厅、展厅、多功能厅、餐厅、营业厅、阅览室等室内任一点	直通或封闭	30m		37.5m
开放式、半开放式办公室内任一点	≥6层，直通或封闭；<6层，可设置非封闭	不应超过30m		

注：本表根据《建筑设计防火规范》GB 50016-2014编制。

高层商业综合体房间门至最近安全出口的最大距离　表2

疏散门位置或大空间室内任一点	最大疏散距离	
	旅馆、展览楼、教学楼	其他
两个安全出口之间	30m	40m
袋形走道两侧或近端	15m	20m
观众厅、展厅、多功能厅、餐厅、营业厅、阅览室等室内任一点	不宜超过37.5m	
其他功能房间内任一点	不宜超过20m	

注：本表根据《建筑设计防火规范》GB 50016-2014编制。

商业综合体地上部分不同功能空间安全出口每百人疏散所需最小疏散净宽度　表3

空间功能	建筑层数	疏散口形式	百人最小净宽（m/百人）
商店、办公、候车厅、展览厅、歌舞游艺放映娱乐场所	一、二层	门、走道、楼梯	0.65
	三层	门、走道、楼梯	0.75
	四层及以上各层	门、走道、楼梯	1.00
剧院、电影院、礼堂等场所的观众厅	—	厅内疏散走道	0.60
		门和走道（平坡地面）	0.65
		门和走道（阶梯地面）	0.75（多层） 1.00（高层）
		楼梯	0.75（多层） 1.00（高层）

注：本表根据《建筑设计防火规范》GB 50016-2014编制。

疏散口最小净宽一般规定　表4

建筑类别	部位	最小净宽	备注
多层	安全出口、房间门	0.9m	应按每通过100人不小于1.00m计算，首层疏散门按人数最多的一层计算，下层疏散楼梯总宽度应按其上层人数最多的一层计算
	走道和楼梯	1.1m	
高层	首层外门（包括楼梯间首层疏散门）	1.2m	
	走道	1.3m（单面布房）	
		1.4m（双面布房）	
	疏散楼梯间及前室的门	0.9m（非商业）	
		1.4m（商业）	
	疏散楼梯	1.2m（非商业）	
		1.4m（商业）	

注：本表根据《建筑设计防火规范》GB 50016-2014编制。

商业综合体内不同功能空间疏散口最小净宽　表5

	电影院、剧院等的观众厅、会议厅等	商业购物空间	餐饮空间
安全出口、疏散门	≥1.4m，应设双扇平开门，紧靠门口内外各1.4m内不应设踏步		
走道	厅内：中间走道≥1.0m；边走道≥0.8m	平坡：3000~5000座，0.43m/百人；5001~10000座，0.37m/百人；10001~20000座，0.32m/百人	
	厅外：≤2500座，0.65m/百人（平坡）；0.75m/百人（阶梯）	阶梯：3000~5000座，0.50m/百人；5001~10000座，0.43m/百人；10001~20000座，0.37m/百人	
疏散楼梯宽度	≤2500座，0.75m/百人	3000~5000座，0.50m/百人；5001~10000座，0.43m/百人；10001~20000座，0.37m/百人；	
楼梯踏步深度	≥0.28m	≥0.28m	
楼梯踏步高度	≤0.16m	≤0.16m	
疏散坡道坡度	室内≤1：8，室外≤1：10，无障碍≤1：12	—	

	文化展览空间	健身、游泳、美容空间	儿童活动空间
安全出口、房门	≥1.20m		≥1.2m，双扇平开门
走道	双面布房	≥1.4m（高层）	双面布房 ≥1.8m
	单面布房	≥1.3m（高层）≥1.1m（高层）	单面布房 ≥1.5m
疏散楼梯宽度	≥1.20m		—
楼梯踏步深度	≥0.28m（≤0.26m）		≥0.26m
楼梯踏步高度	≤0.16m（≤0.17m）		≤0.15m
疏散坡道坡度	—		出入口与经常出入口以坡道代替台阶，坡度≤1：12

注：1. 本表根据《建筑设计防火规范》GB 50016-2014编制。
2. 其他功能空间应满足疏散口最小净宽的一般规定。
3. 当楼梯独立于商业空间时，其踏步高度和宽度可按括号内取值。

商业综合体内设置观众厅疏散门的平均疏散人数　表6

观众厅的类型	容纳人数	每个疏散门的平均疏散人数
剧院、电影院和礼堂	≤2000人	≤250人
	＞2000人	≤400人
体育场馆	—	400~700人

注：本表根据《建筑设计防火规范》GB 50016-2014编制。

商场营业厅内的疏散人员密度（单位：人/m²）　表7

楼层位置	地下二层	地下一层	地上一、二层	地上三层	地上四层及四层以上各层
人员密度	0.56	0.6	0.43~0.6	0.39~0.54	0.36~0.42

注：本表根据《建筑设计防火规范》GB 50016-2014编制。

功能空间位置布置一般要求

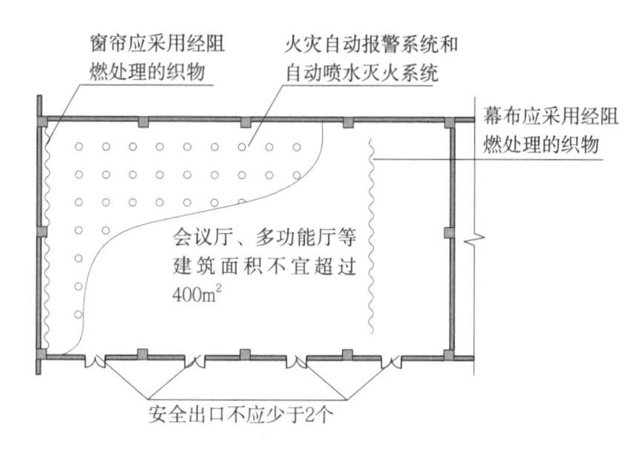

1 会议厅、多功能厅等必须设置在高层建筑首层、二、三层以外位置时的设置要求

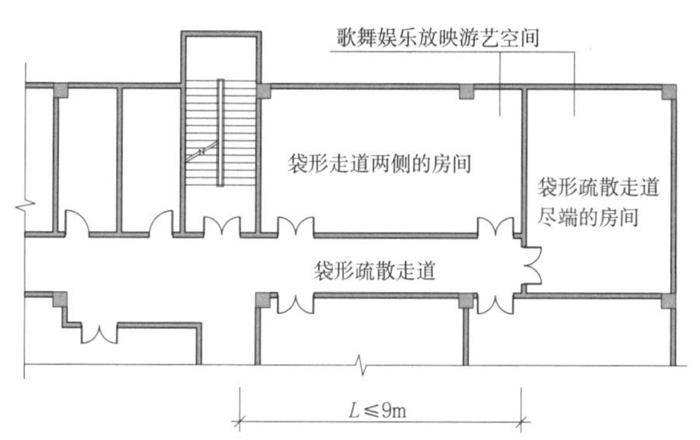

2 歌舞娱乐放映游艺空间设在宜布置位置时的平面要求

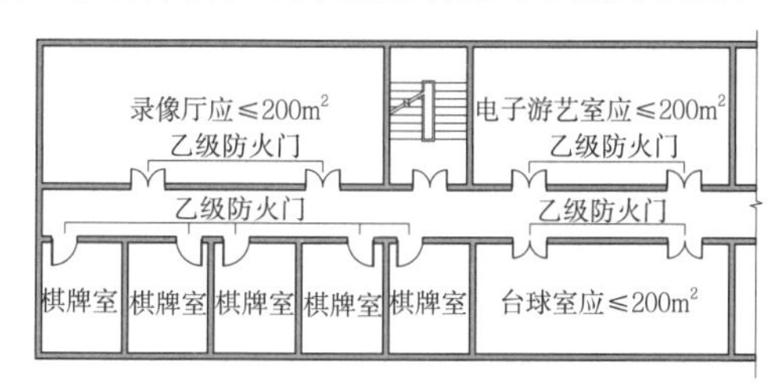

3 歌舞娱乐放映游艺空间设在不宜布置位置时的平面要求

商业综合体中庭空间防火疏散原则

1. 商业综合体建筑内设置中庭时，与周围连通空间应进行防火分隔。

2. 与中庭相连通的门、窗，应采用火灾时能自行关闭的甲级防火门、窗。

3. 高层建筑内的中庭回廊，应设置自动喷水灭火系统和火灾自动报警系统。

4. 防火分区的计算方法，应按上下层的建筑面积叠加计算。

5. 防火分区的方式应与周围连通空间进行分隔；中庭回廊应设置自动喷淋灭火系统和火灾自动报警系统。

6. 防火分区应设置排烟设施，不应设置可燃物。

7. 防火分隔的防火隔墙耐火极限不应低于1.00h。

8. 防火玻璃幕墙的耐火隔热性和耐火完整性不应低于1.00h，自动喷淋+防火玻璃幕墙耐火完整性不低于3.00h，具有非隔热性。

9. 防火卷帘耐火极限不低于3.00h。

商业综合体5类中庭空间火灾特点定性比较参考指标　表1

围合类型	简图	烟气沉降速度	人员疏散速度	火势蔓延速度	烟囱效应	探测灭火系统效用	疏散路线长短
单面围合		慢	快	慢	小	高	短
双面围合		较慢	较快	较慢	较小	较高	较短
相对两面围合		中等	中等	中等	中等	中等	中等
三面围合		较快	较慢	较快	较大	较低	较长
四面围合		快	慢	快	大	低	长

商业综合体中庭空间火灾特点与防火技术措施　表2

引发的疏散问题		应对措施
水平向建筑面积大	防火分区划分困难	两个相邻防火分区功能上要求分隔，但视线上要求延续时，采用防火玻璃墙分隔；两个相邻防火分区功能与视线都要求延续时，用水幕、防火卷帘、加密喷淋保护防火卷帘进行分隔
	人员疏散距离过长	采用双向疏散方式或设置防火通道
垂直向建筑高度高	中庭面积叠加计算超出一个防火分区规定面积	高层建筑中庭防火分区面积应按上、下层连通的面积叠加计算，当超过1个防火分区面积时应符合： 1.房间与中庭回廊连通的门、窗，应设自动关闭的乙级防火门、窗； 2.与中庭相同的过厅、通道等，应设自动关闭的乙级防火门或耐火极限大于3.00h的防火卷帘分隔； 3.中庭每层回廊应设有自动喷水灭火系统和火灾自动报警系统
	火灾探测器与喷淋灭火装置作用难发挥	

注：本表根据《建筑设计防火规范》GB 50016-2014编制。

地下室、地下停车库的安全疏散原则

1. 地下汽车库的人员安全出口和汽车疏散出口应分开设置。

2. 地下汽车库室内最远工作地点至疏散楼梯间的距离不应超过45m，当设有自动灭火系统时，其距离不应超过60m。

3. 汽车库内每个防火分区的人员安全出口不应少于2个。汽车库的室内疏散楼梯应设置封闭楼梯间。疏散楼梯的宽度不应小于1.1m。

地下停车库的车辆疏散原则　表3

停车数量	疏散口个数	针对性要求	共性要求
1~50	≥1个	设置坡道有困难时，可采用垂直升降梯作汽车疏散出口，其升降梯的数量不应少于2台，停车数少于10辆的可设1台	1.地下停车库的车辆疏散出口和人员疏散出口应分开设置； 2.汽车疏散坡道的宽度不应小于3m，双车道不宜小于5.5m； 3.汽车疏散口部的宽度，双向行驶时不应小于7m，单向行驶时不应小于5m
51~99	≥2个	疏散坡道为双车道时，可设置1个汽车疏散口	
100~299	≥2个	1.当采用错层或斜楼板式，且车道、坡道为双车道时，其首层或地下一层至室外的汽车疏散出口不应少于2个，汽车库内的其他楼层汽车疏散坡道可设1个； 2.各汽车疏散口之间的净距应大于10m； 3.应设置人流专用出入口	
≥300	≥2个		

注：本表根据《汽车库、修车库、停车场设计防火规范》GB 50067-2014编制。

地下、半地下建筑（室）特定情况安全出口的设置规定　表4

情况	设置规定
相邻防火分区借用疏散口	2个或2个以上防火分区相邻布置时，每个防火分区可利用防火墙上1个通向相邻分区的防火门作为第二安全出口，但必须有1个直通室外的安全出口（汽车库除外）
人数少、面积小的地下、半地下室	使用人数不超过30人且建筑面积≤500m²，其直通室外的金属竖向梯可作为第二安全出口
设置1个疏散口	房间建筑面积≤50m²，且经常停留人数不超过15人时，可设置1个疏散门

注：本表根据《建筑设计防火规范》GB 50016-2014、《汽车库、修车库、停车场设计防火规范》GB 50067-2014编制。

水消防系统设置

1. 商业综合体消防系统特点

商业综合体建筑面积、体积庞大，整体功能复杂，包含多个使用功能和物业管理单位不同的业态，涉及的消防系统种类多，用水量大。

按照规范要求，公共建筑宜按照产权或物业管理单位考虑设置消防给水系统。

一般情况下，商业综合体消防系统按照以下原则划分：大商业（含上部塔楼）、独立写字楼、独立酒店宜分别单独设置消防系统；上部无塔楼的室外步行街的消防系统与大商业共用一套消防系统；上部有销售业态的室外步行街的消防系统与上部销售业态共用一套消防系统。

各系统消防泵房独立设置，但同一地块内总建筑面积不超过50万m²的多个系统可就近共用消防水池。

商业综合体消防系统形式及设置场所　表1

消防类别	消防设置形式	设置场所	备注
水消防系统	室外消火栓系统	室外	—
	室内消火栓系统	室内空间	—
	自动喷水灭火系统	室内空间	室内不宜用水扑救的场所除外
	自动跟踪定位射流灭火系统	室内步行街的中庭区域、净高超过12m的影厅和百货中庭	—
	自动喷水冷却系统	室内步行街通道与店铺之间采用防火玻璃+专用窗玻璃喷头保护形式作为防火分隔时	—
气体灭火系统	S型气溶胶灭火系统或七氟丙烷灭火系统	变配电室、开闭站、集中托管机房、影院IMAX放映机房	采用的方式可根据成本并结合当地消防要求确定
干粉灭火系统	悬挂式超细干粉自动灭火装置或火探管式自动探火灭火装置	电气竖井、强弱电间、消防泵房配电室	—
移动灭火装置	灭火器	室内空间	—

2. 商业综合体消防系统设计

消防泵房面积控制在150m²左右，附设在建筑物内的消防水泵房不应设在地下三层及以下，或室内地面与室外出入口地坪高差大于10m的地下楼层。

消防水池容积根据市政给水管道供水状况以及同时作用消防系统用水量之和确定；消防水池面积根据建筑层高、消防水池内有效水深经计算后确定，一般按照300~600m²进行设置。

商业综合体报警阀数量较多，宜按照不同业态（超市、百货、公寓、写字楼、室外步行街、销售型酒店、商管物业、商务酒店等）分别进行设置，分散布置报警阀间，便于将来物业管理。报警阀间宜设在地下车库，利用停车位的空隙设置；塔楼的报警阀间可设在设备层、主管井内或裙房顶层。每个报警阀间的面积由设置报警阀数量经计算确定，一般按照每个报警阀间4~40m²进行设置。

在商业综合体最高处设置高位消防水箱间。高位消防水箱容积一般按照建筑高度和商店面积根据规范要求进行确定。高位消防水箱间面积按照建筑高度和水箱内有效水深经计算后确定，一般按照50~100m²进行设置。超高层建筑以及其他特殊情况需与相关专业工程师沟通，根据项目系统设置状况综合考虑后确定。

商业综合体室内消防管道设计时，应尽可能按照满足每个业态相对独立使用来进行考虑。

建筑防灾设计原则

建筑灾害的预防设计应依据当地不同地质、气候条件，针对其成因，分别予以设防。

建筑灾害类型表　表2

灾害成因	灾害类型
自然	地震； 洪水、城市内涝； 台风、沙尘暴； 雷电、雷暴； 暴雪
人为	火灾； 爆炸

预防洪水、城市内涝的设计

1. 建筑场地选址应符合城市整体规划控制的要求，远离洪水淹没区和行洪区。

2. 滨河（湖）区域应依据当地历史水文资料慎重确定场地竖向设计。

3. 暴雨引发的城市内涝灾害发生的频率较高，商业综合体建筑设计中应充分予以重视，在场地竖向设计、建筑首层出入口、地下车库出入口、建筑地面层标高等局部设计时应采取必要的预防措施。

4. 宜配置移动式临时发电机系统设备、紧急排水设备和临时堵材料，并在建筑出入口附近设置存放的房间。

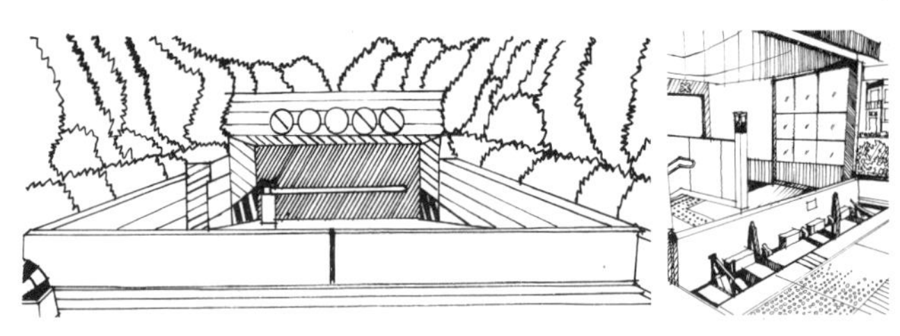

1 普通级防水板（预留位置，临时安装）

2 高档级防水板（与地面铺装结合，机械控制）

预防雷电的设计

1. 建筑物防雷设计，应在认真调查地理、地质、土壤、气象、环境等条件和雷电活动规律，以及被保护物的特点等基础上，详细研究并确定防雷装置的形式及其布置。

2. 商业综合体建筑功能复杂、人员密集，各种设备、设施众多，特别是设置有众多的电子信息系统，必须采取适宜的防雷措施，以保证人员、财产、设备的安全及电子信息系统的安全运行。

3. 防雷设计应坚持预防为主、安全第一的原则。既应设置防直击雷的外部防雷装置，并应采取防闪电电涌侵入的措施。

建筑安全与防范系统设计

建筑安全与防范系统配置表　表3

系统名称	空间设置位置	重要度
视频监控	室内公共区域、汽车库、收银区域、重要设备机房、建筑室内外出入口、外窗	高
出入口控制（门禁）	重要设备机房、物业管理用房	中
电子巡更	室内公共区域	中
车库管理	汽车库、车库出入口	高
入侵报警（红外探测）	建筑室内外出入口、楼梯、外窗、重要设备机房、商铺	中
紧急求助	安保机房①、卫生间、哺乳间、电梯	低
公共安全	安保机房①	低
客流分析②	安保机房、建筑室内外出入口、车库出入口	低

注：① 安保机房设置与城市紧急求助、公共安全系统（110、120、119）联网接口。
② 安保机房经系统分析后向入口终端发出指令。

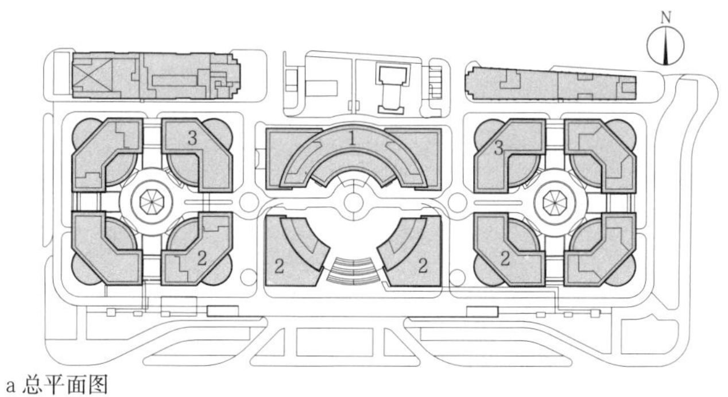

a 总平面图

1 五星级酒店　2 办公楼　3 回迁楼

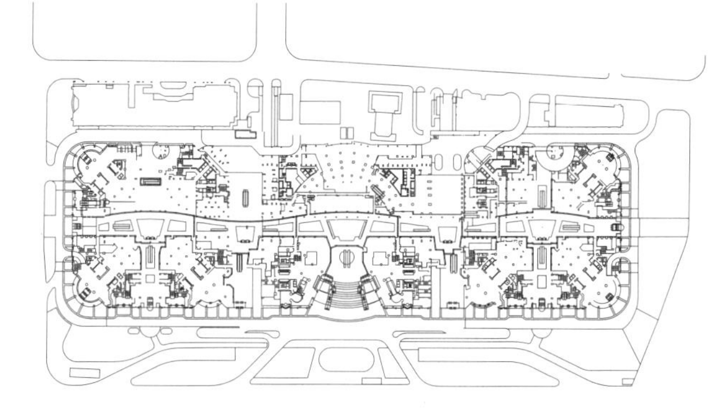

b 一层平面图

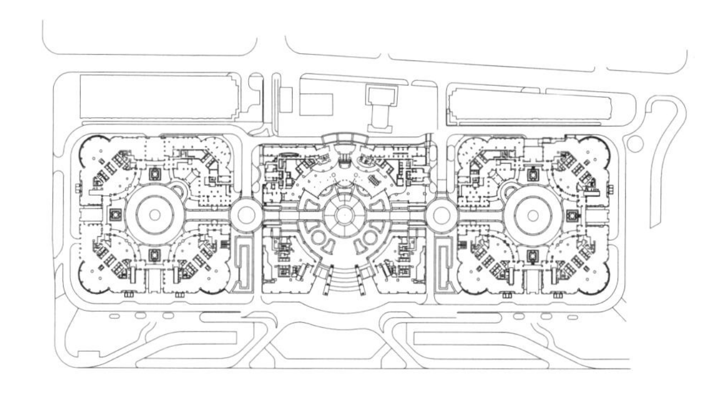

c 二层平面图

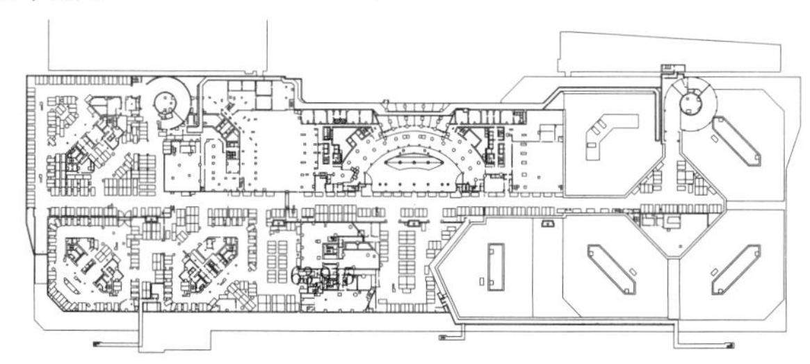

d 地下四层平面图

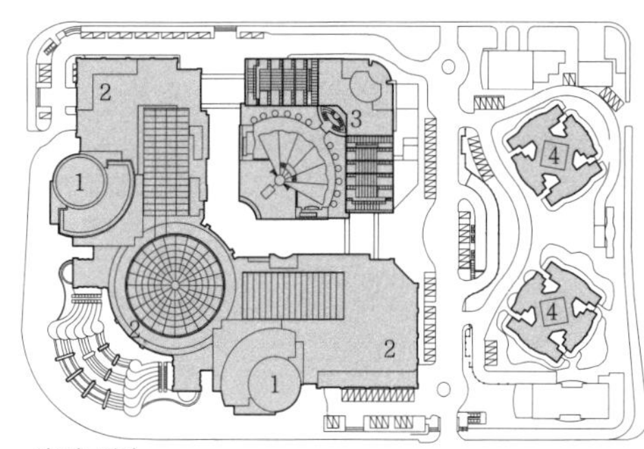

a 总平面图

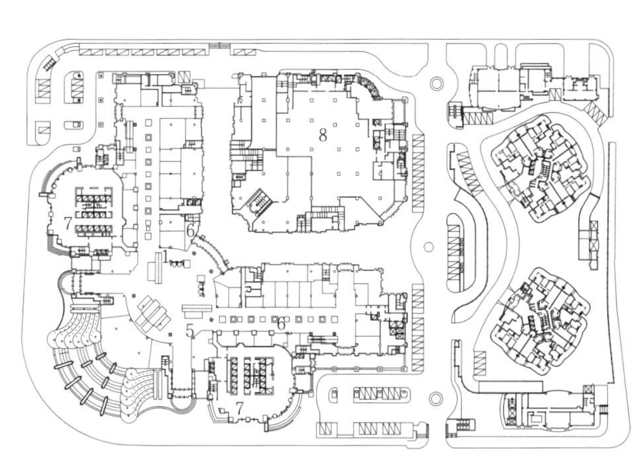

b 一层平面图

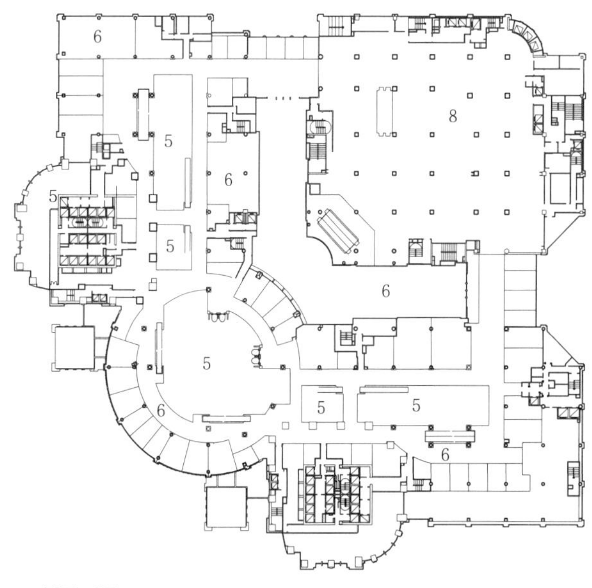

c 三层平面图

1 北京东方广场

名称	主要技术指标	设计时间	设计单位
北京东方广场	建筑面积880000m²	2004	香港巴马丹拿国际工程公司、北京市建筑设计研究院有限公司

项目位于东长安街，购物中心位于底层，形成一个超大型的平台，其上伫立着13栋塔楼，分别为五星级酒店、写字楼与服务式公寓，是目前亚洲最大的商业建筑群之一

2 上海港汇广场

名称	主要技术指标	设计时间	设计单位
上海港汇广场	建筑面积63915m²	1999	美国凯里森设计事务所、华东建筑集团股份有限公司华东建筑设计研究总院

项目位于上海徐家汇城市传统商业圈中心，包括购物中心、双塔形甲级写字楼及服务式公寓，引入高品质商务楼、人性化设计、智能化设计、生态设计等设计理念

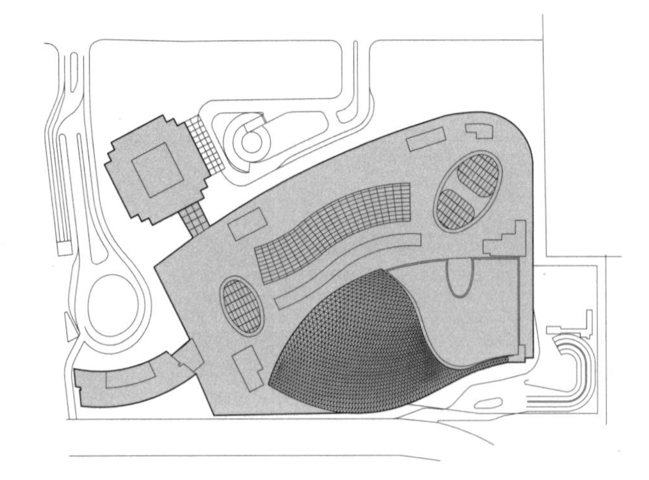

a 总平面图

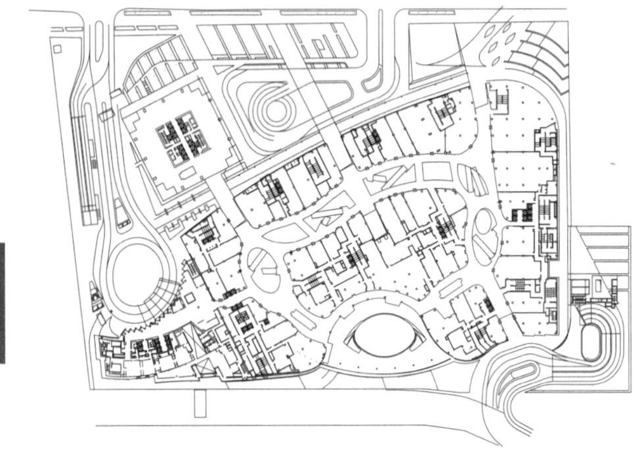

b 一层平面图

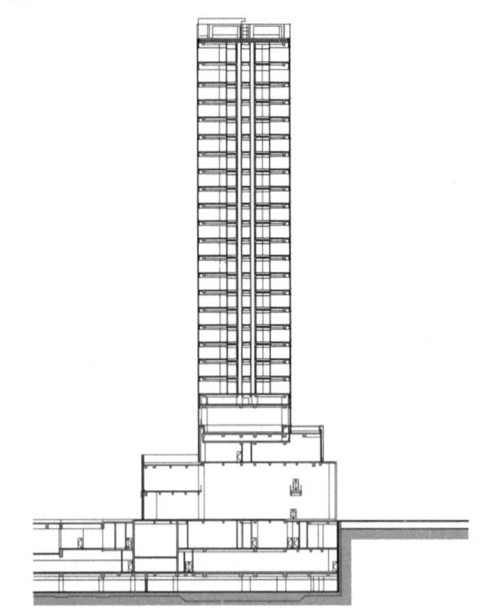

c 剖面图

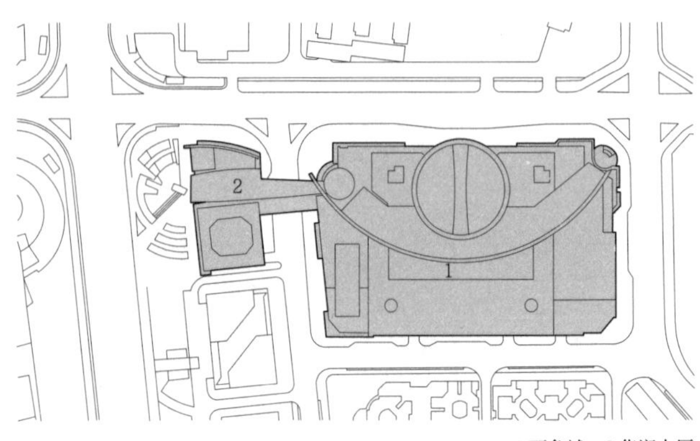

1 万象城　2 华润大厦

a 总平面图

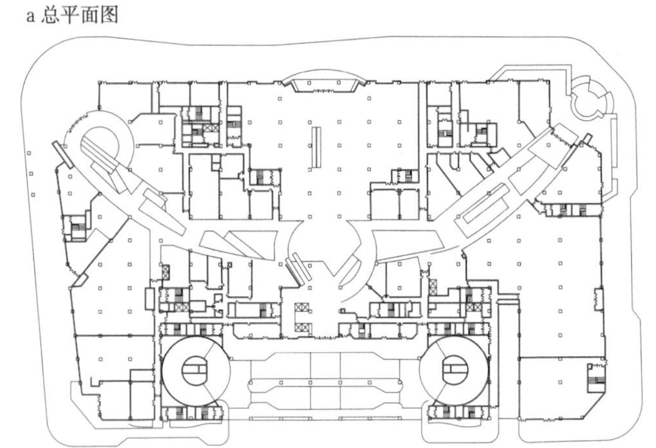

b 一层平面图

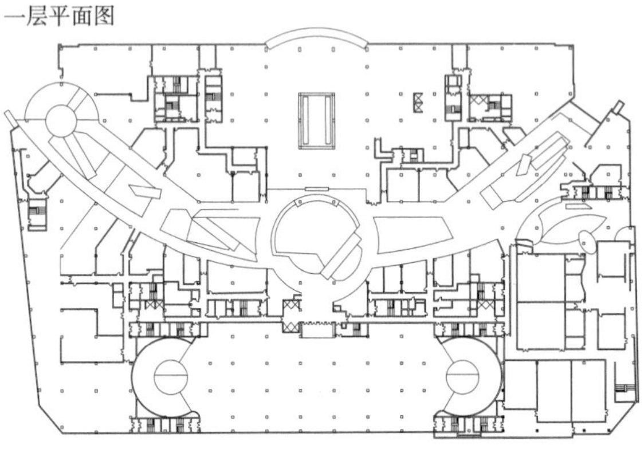

c 二层平面图

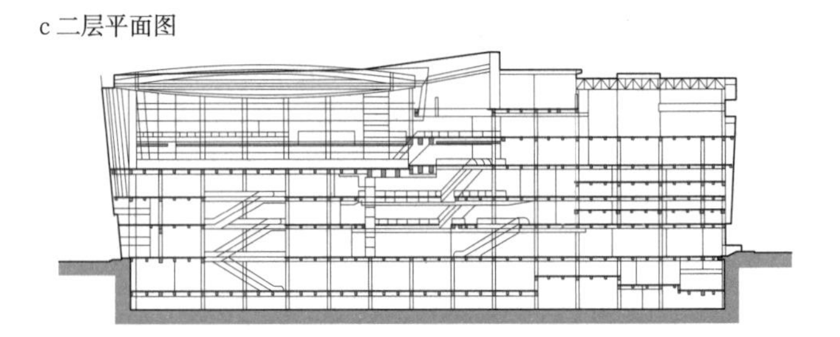

d 剖面图

1 北京颐堤港

名称	主要技术指标	设计时间	设计单位
北京颐堤港	建筑面积176000m²	2007	英国贝诺建筑设计公司、中国建筑科学研究院

项目位于北京朝阳区，是以零售为主导的综合商业项目。商场的冬季花园设计独特，巨型玻璃屋顶将室内空间与17hm²的户外公园无缝连接在一起，获得了美国绿色建筑协会的能源与环境设计先锋评级（LEED）金奖和白金奖认证

2 深圳华润万象城

名称	主要技术指标	设计时间	设计单位
深圳华润万象城	建筑面积156000m²	2004	美国RTKL国际有限公司、广东省建筑设计研究院

项目位于深圳罗湖区核心商业区域，是深圳市最大的购物及娱乐中心，整合了百货公司、零售店、美食广场、奥运标准室内溜冰场、游乐场、电影院等，为市民提供一站式购物、休闲、餐饮、娱乐服务

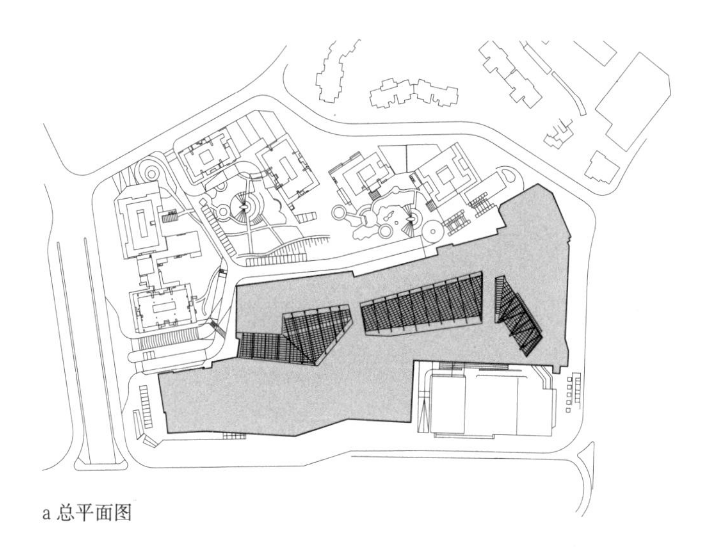

a 总平面图

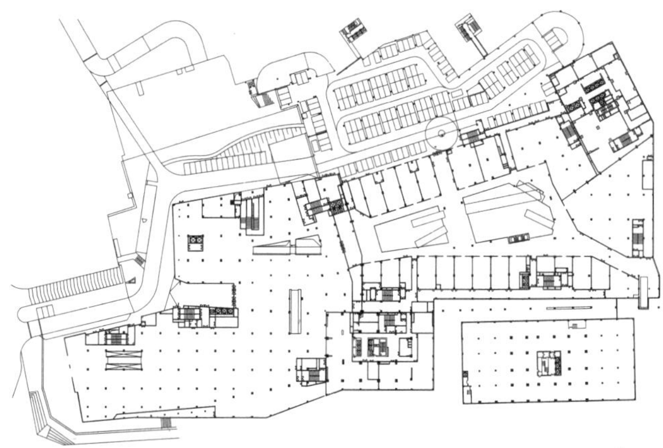

b 一层平面图

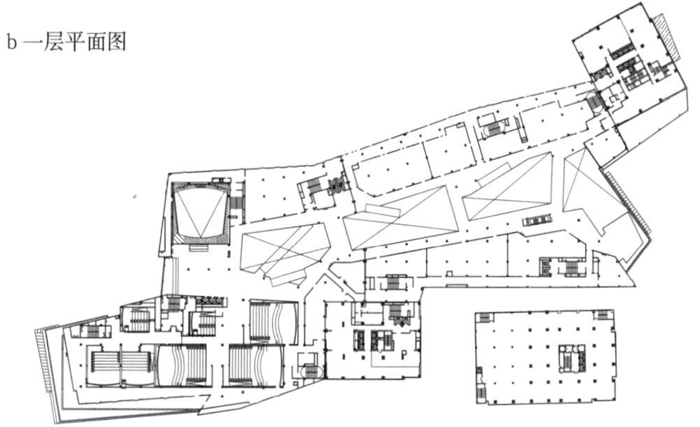

c 六层平面图

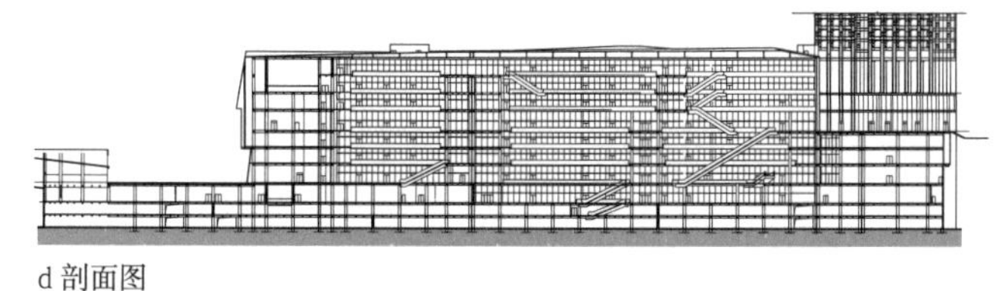

d 剖面图

1 重庆协信星光时代广场

名称	主要技术指标	设计时间	设计单位
重庆协信星光时代广场	建筑面积312910m^2	2012	凯达环球有限公司、重庆市设计院

项目位于重庆市副核心商圈，运用“新都市主义复合型住宅商务综合体”的理念，即在城市中营造城市，包括区域性的购物中心、公寓、住宅等；购物中心区设计了由4000m^{2}玻璃天幕覆盖的大型室内步行街

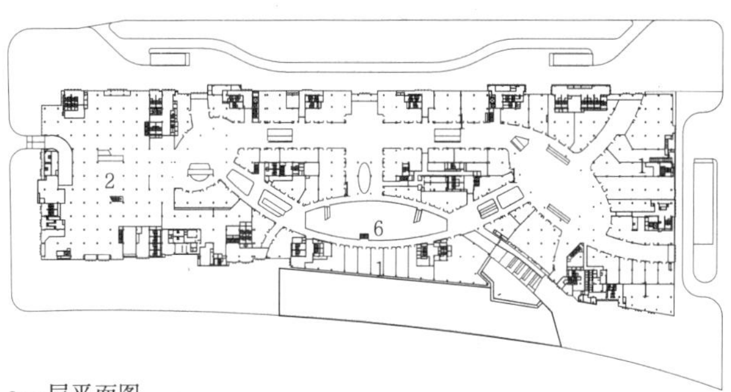

a 一层平面图

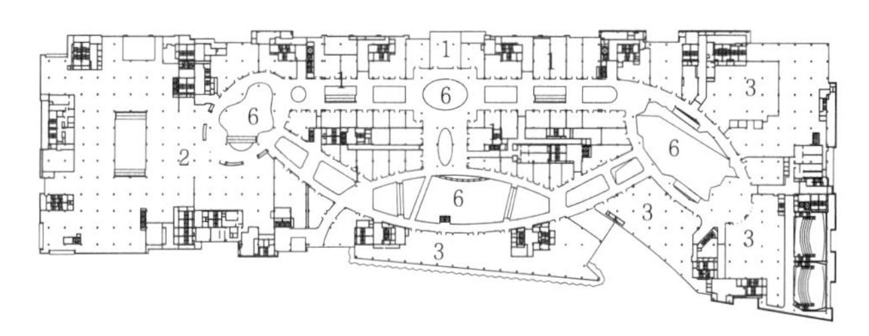

b 三层平面图

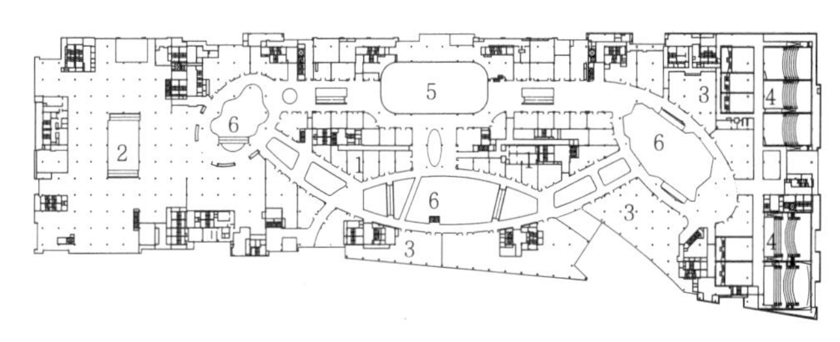

c 四层平面图

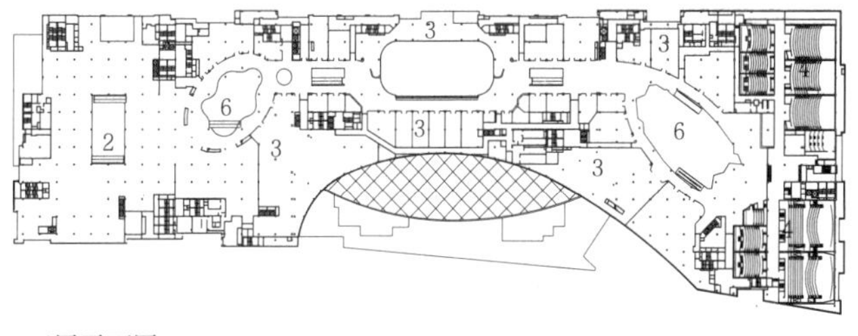

d 五层平面图

1 专卖店 2 百货商场 3 餐饮 4 电影院 5 溜冰场 6 中庭

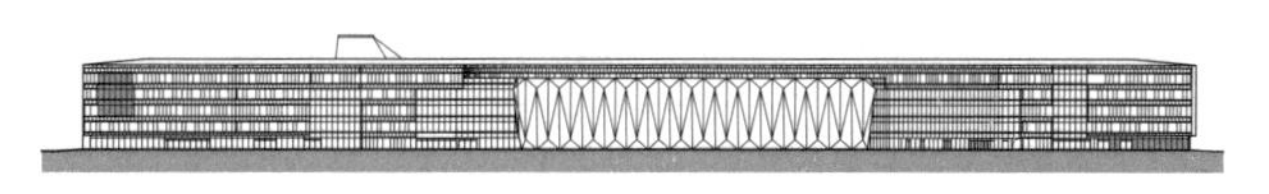

e 南立图

2 天津银河国际购物中心

名称	主要技术指标	设计时间	设计单位
天津银河国际购物中心	建筑面积360000m^2	2012	美国Tvdesign有限公司、天津市建筑设计院

项目位于天津文化中心，分为地上5层与地下2层，以乐天百货、嘉禾影城、全明星冰场为三大主力店；平面布局以由步行街串联的4个中庭为核心，分别是西侧月光厅、北侧星光厅、南侧大地厅、东侧日辉厅

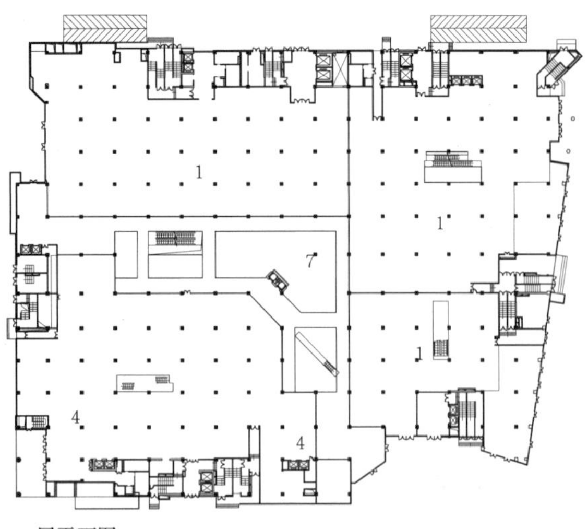

a 一层平面图

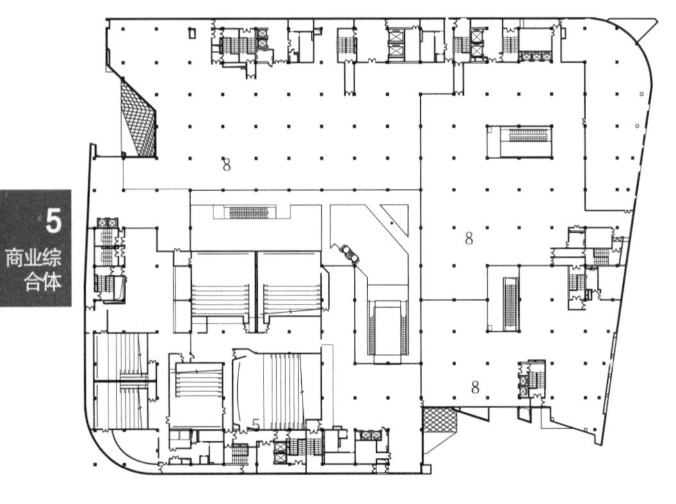

b 六层平面图

1 专卖店 2 餐饮 3 家具店 4 电器店 5 放映厅
6 车库 7 中庭 8 商业

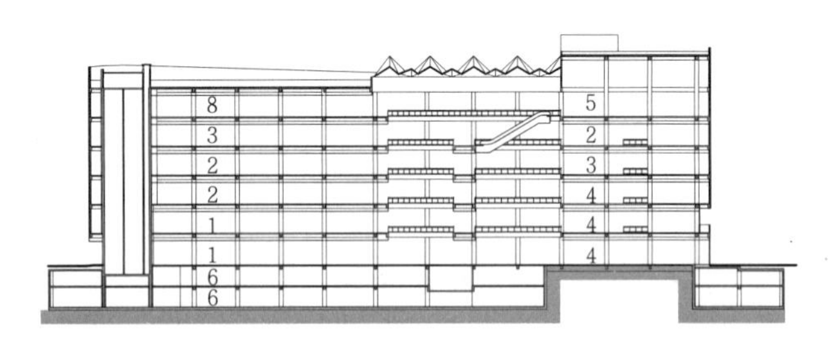

c 剖面图

1 成都苏宁广场

名称	主要技术指标	设计时间	设计单位
成都苏宁广场	建筑面积125335m²	2011	美国RTKL国际有限公司、南京长江都市建筑设计股份有限公司

项目位于成都火车南站商业片区，功能上分为购物中心和苏宁电器两大板块，两大板块通过中间L形的采光中庭有机组合在一起，是商业综合体设计的全新尝试

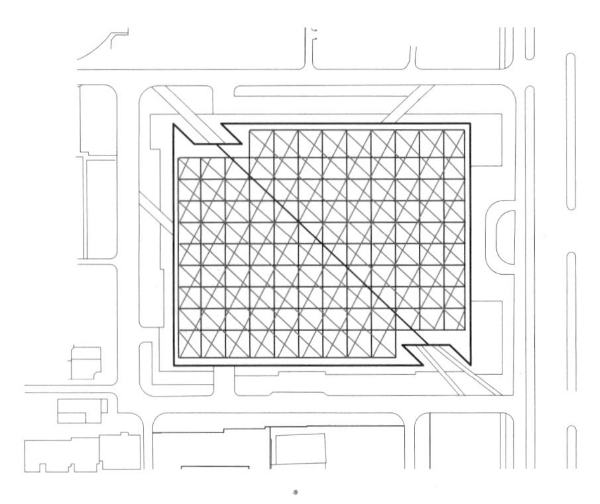

a 总平面图

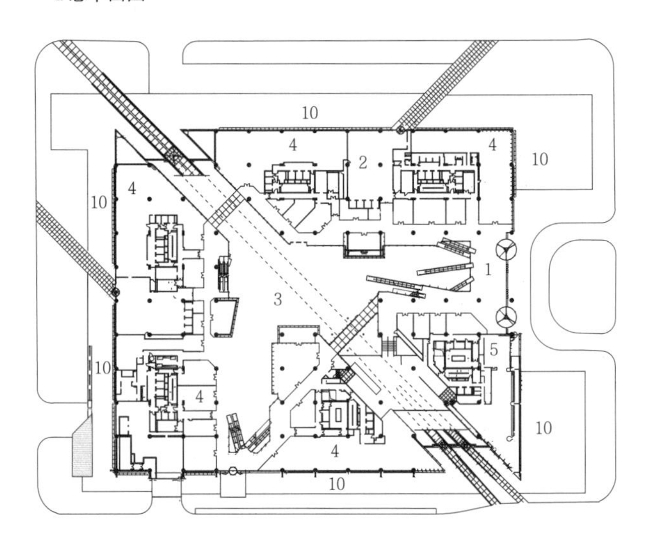

b 商业层平面图

1 出入大堂 2 办公楼电梯大堂
3 中庭中空区 4 零售商店
5 酒店大堂 6 客房
7 办公 8 停车库
9 空中花园走桥 10 下沉庭院

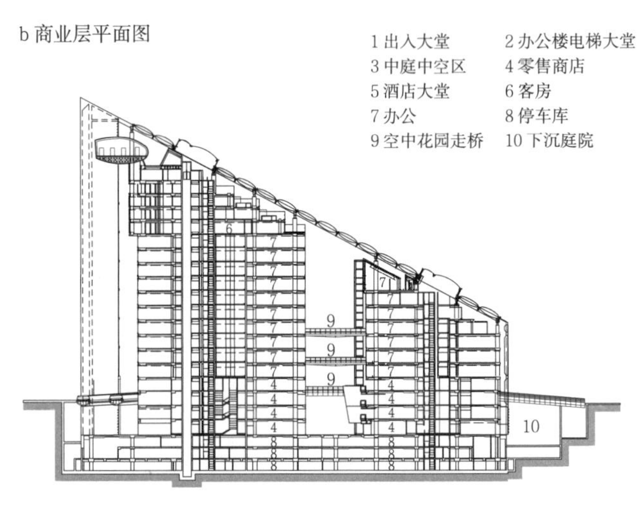

c 剖面图

2 北京侨福芳草地

名称	主要技术指标	设计时间	设计单位
北京侨福芳草地	建筑面积20m²	2006	北京市建筑设计研究院有限公司

侨福花园广场是一个集商场、办公、酒店为一体的综合商务楼，建筑底层部分相互连通，上部由一个巨大的、能自由呼吸的环境保护罩包覆，能够自动应对不断变化的天气、温度、太阳角度、湿度和风向

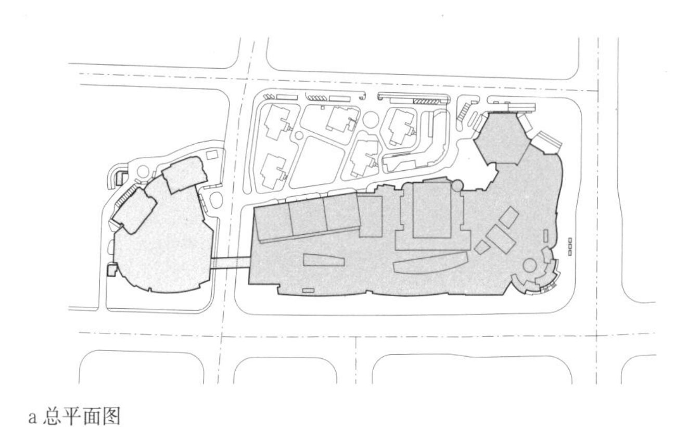
a 总平面图

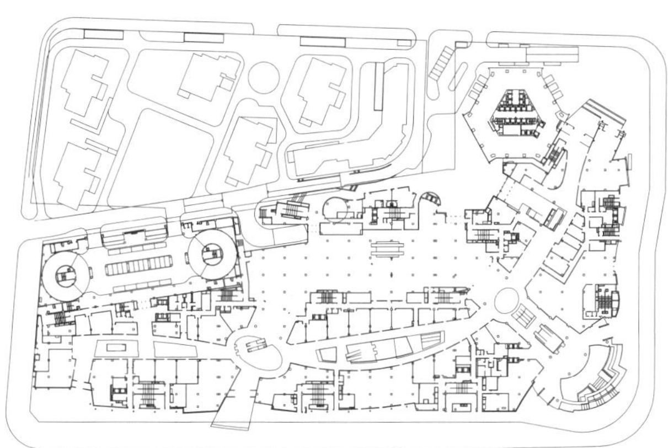
b 商业地上平面图

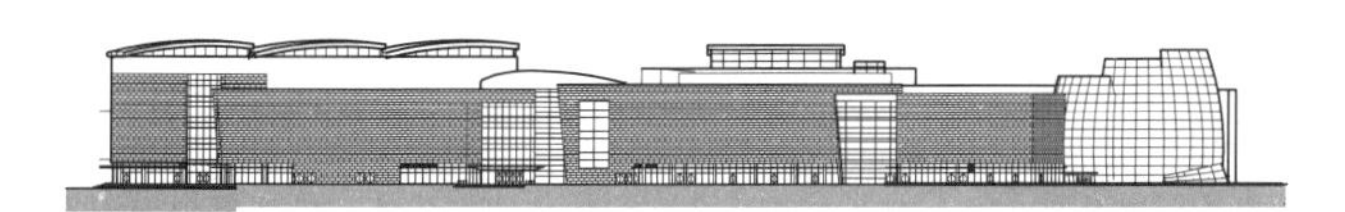
c 立面图

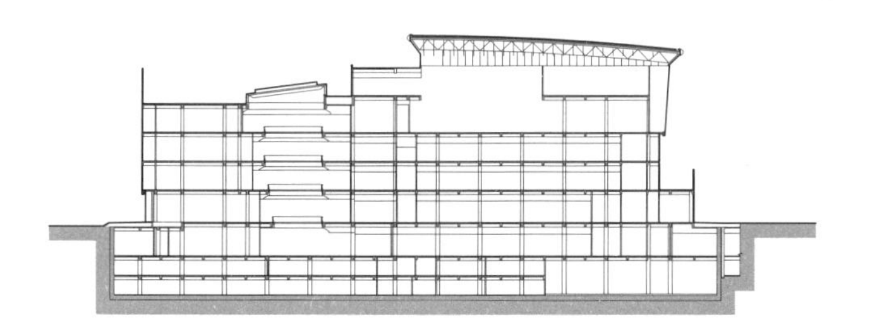
d 剖面图

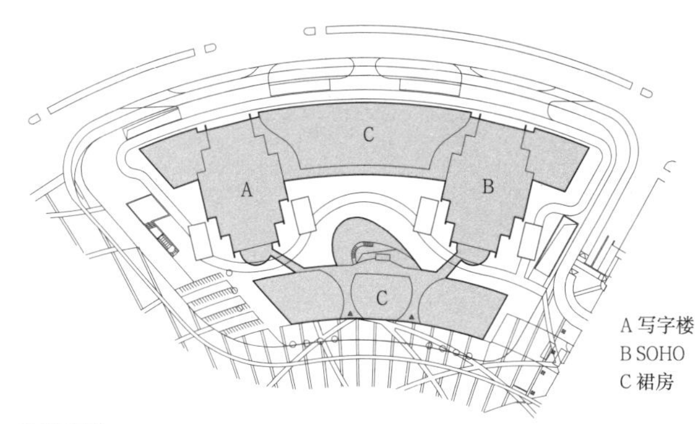

a 总平面图

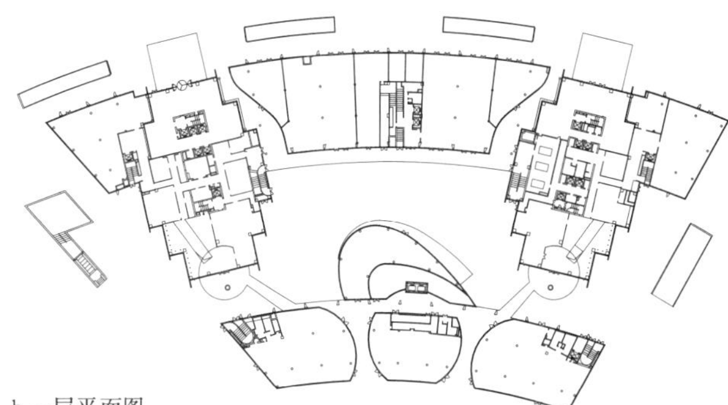
b 一层平面图

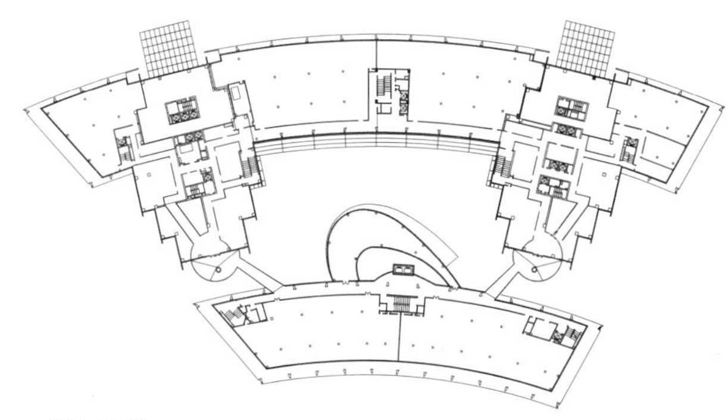
c 二层平面图

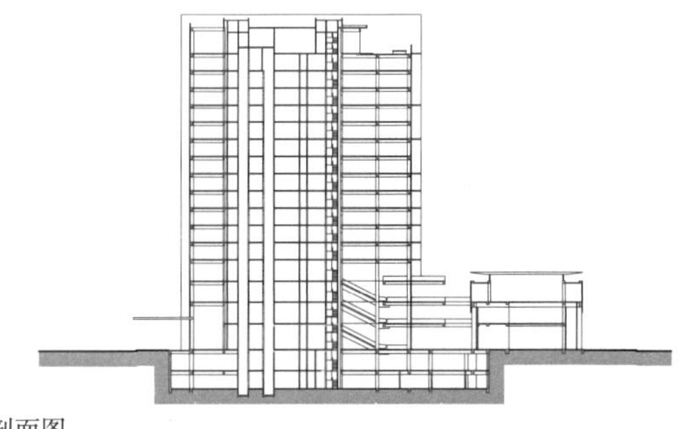
d 剖面图

1 天津大悦城

名称	主要技术指标	设计时间	设计单位
天津大悦城	建筑面积27万m^2	2011	美国RTKL国际有限公司、中国建筑科学研究院

项目位于天津市南开区南门外大街与南马路交口，B区商业地上4层，局部5层，地下3层。C区商业裙房地下2层，商业地上4层，地上局部5层。其中，C区地上三、四层局部为儿童体验

2 苏州建屋月亮湾建屋广场

名称	主要技术指标	设计时间	设计单位
苏州建屋月亮湾建屋广场	建筑面积111960m^2	2011	美国优联加建筑设计事务所、中衡设计集团股份有限公司

项目位于苏州月亮湾商务核心区，包括高品质写字楼、SOHO公寓及裙房商业空间，弧线形的平面布置为人们提供探求的兴趣及丰富的感受

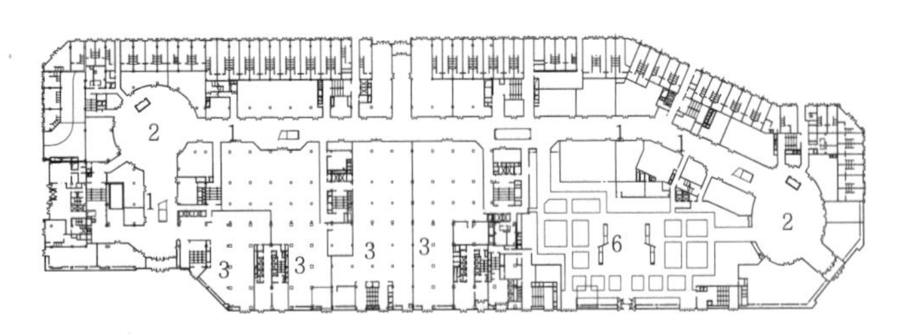

a 一层平面图

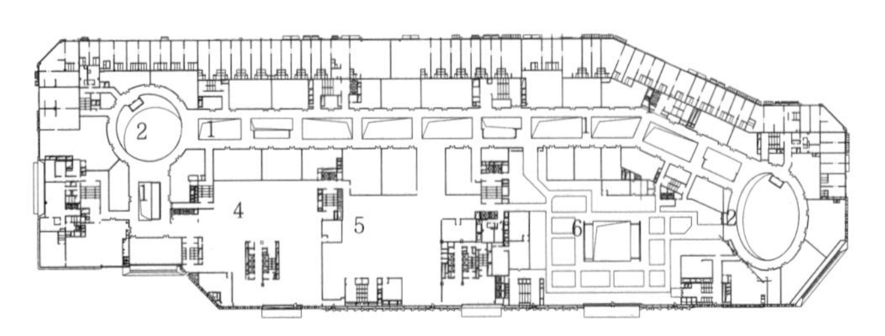

b 二层平面图

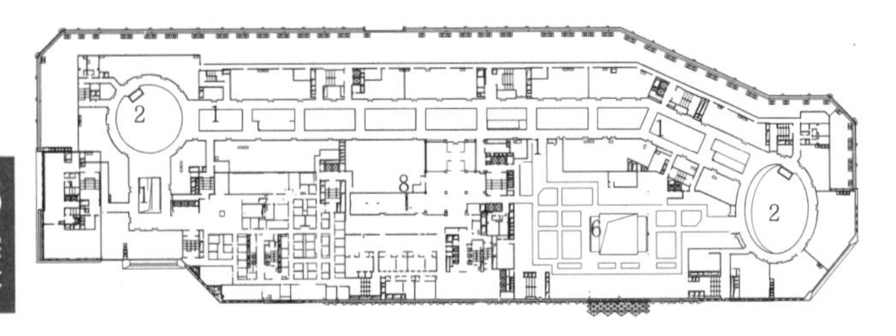

c 三层平面图

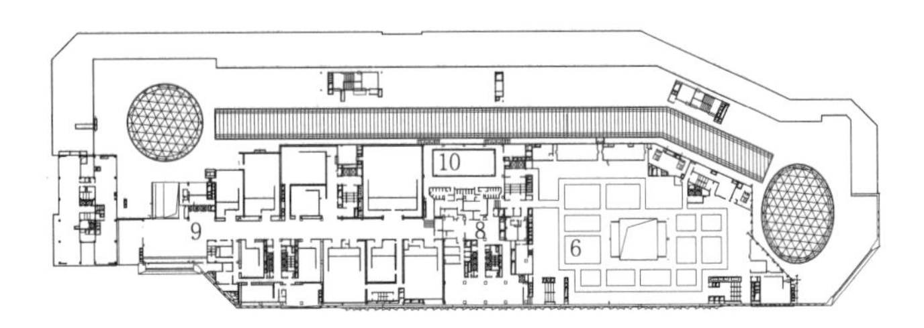

d 四层平面图

1 室内步行街　2 中庭　3 主力店　4 电玩城　5 电器商场　6 百货
7 KTV　8 酒楼　9 影城　10 健身

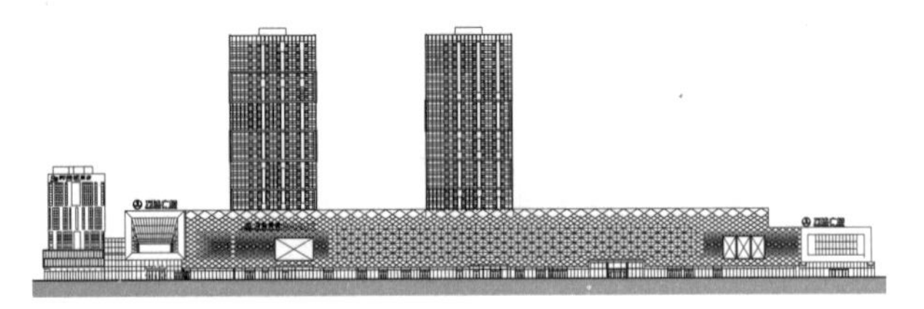

e 东立面图

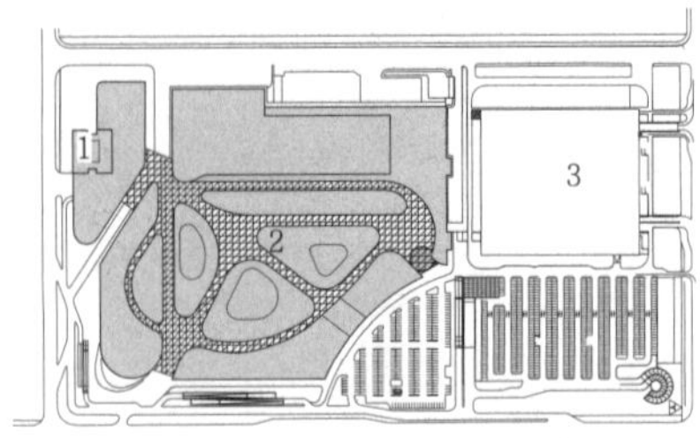

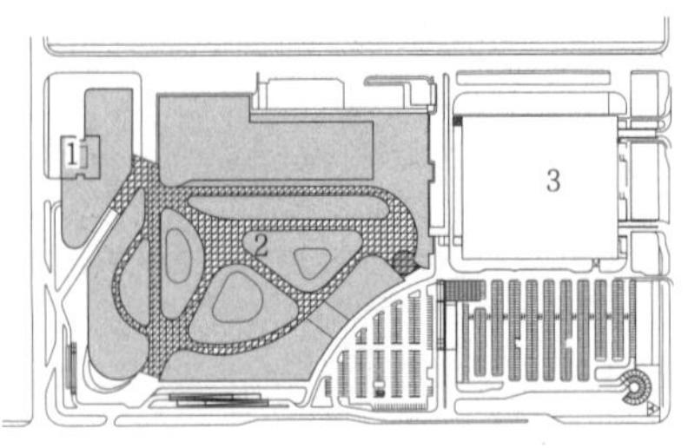

1 写字楼
2 购物广场
3 宜家购物广场
4 百货商场
5 超市
6 零售
7 食品加工
8 餐饮
9 中庭
10 室内步行街

a 总平面图

b 一层平面图

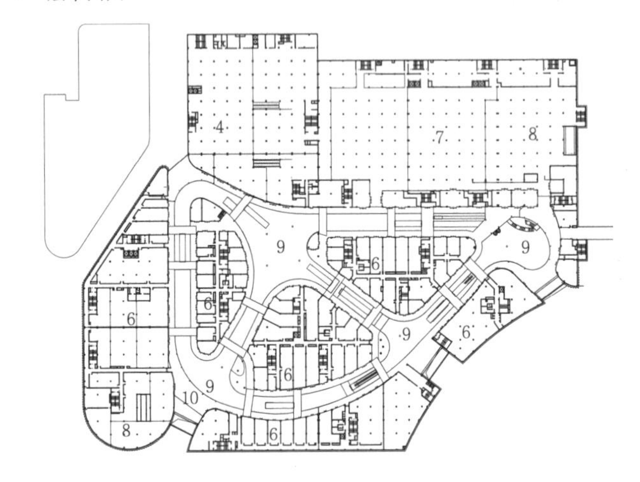

c 二层平面图

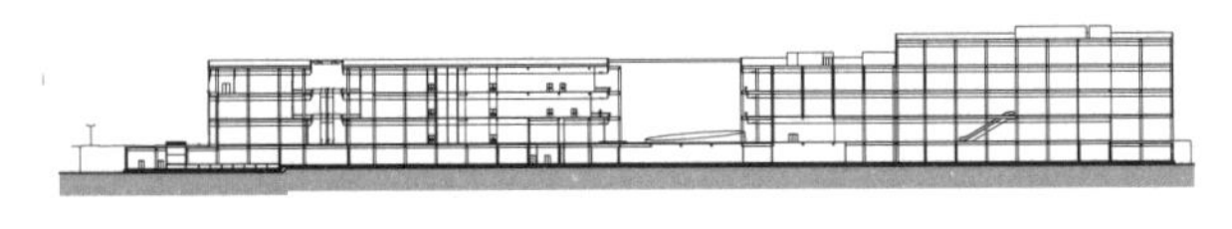

d 剖面图

1 郑州二七万达广场购物中心

名称	主要技术指标	设计时间	设计单位
郑州二七万达广场购物中心	建筑面积173100m²	2012	大连万达集团顾问有限公司

项目位于郑州二七区核心商圈，采用标准的一街带多店的万达广场模式，结合室外步行街、商务酒店、SOHO公寓形成了全业态的商业综合体。购物中心形象上外立面设计体现了建筑语言与光影、夜景照明的完美结合

2 沈阳星摩尔购物广场

名称	主要技术指标	设计时间	设计单位
沈阳星摩尔购物广场	建筑面积330000m²	2012	EBA规划建筑咨询设计事务所、中国建筑上海设计研究院有限公司

项目位于沈阳铁西区中心位置，是大型旅游、购物生活广场，包括3层商场及写字楼塔楼。平面布置以“岛”为基本概念——用室内步行街和中庭将各商业模块（岛）有机组织起来

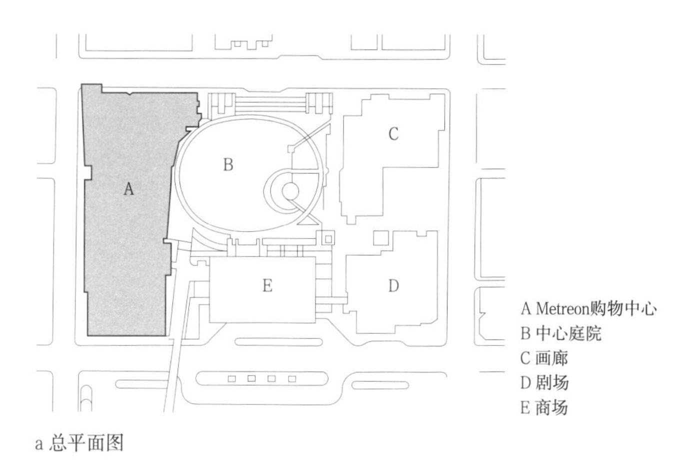

a 总平面图

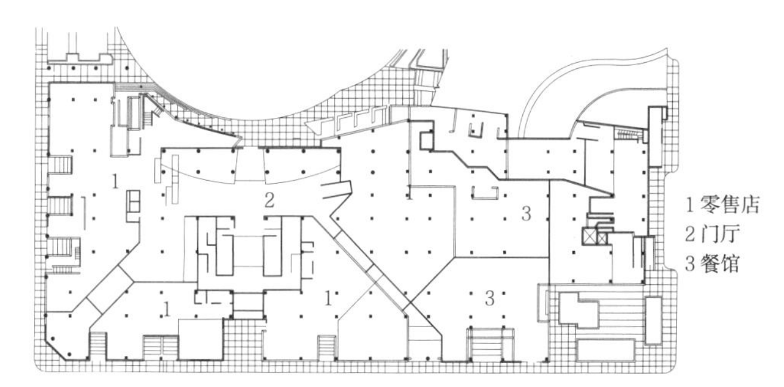

b 一层平面图

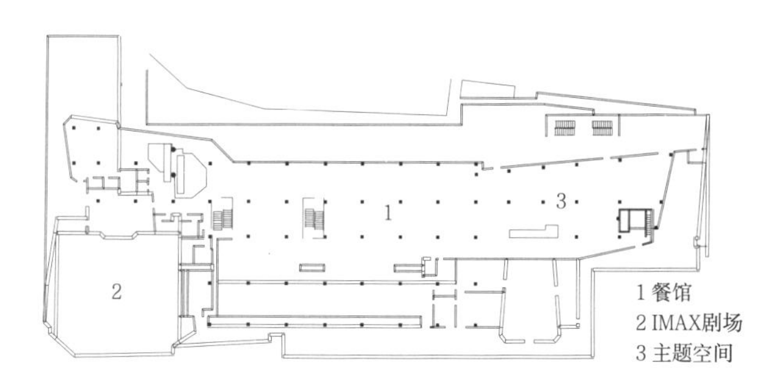

c 四层平面图

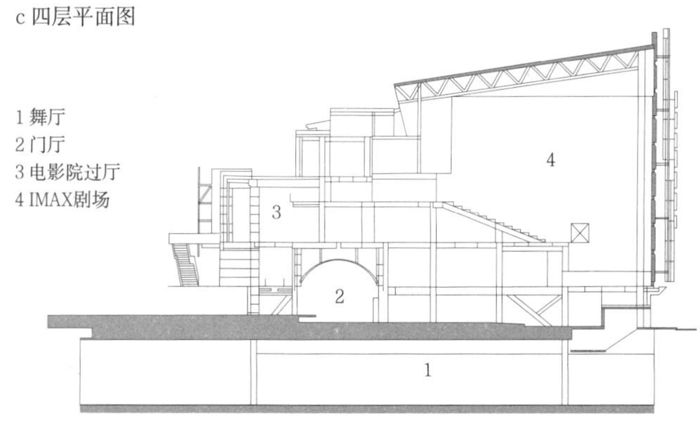

d 剖面图

1 美国旧金山Metreon索尼购物娱乐中心❶

名称	主要技术指标	设计时间	设计单位
美国旧金山Metreon索尼购物娱乐中心	建筑面积32500m²	1999	LLP事务所

Metreon是一个由专卖店、商场、餐馆、剧场、电影院、旅馆等组成的具有索尼风格的4层商业综合体，建筑面向街道的立面表现出一种“硬”的形象，而面向庭院的立面则选用大面积的透明玻璃，布置了一个4层楼高的室内广场

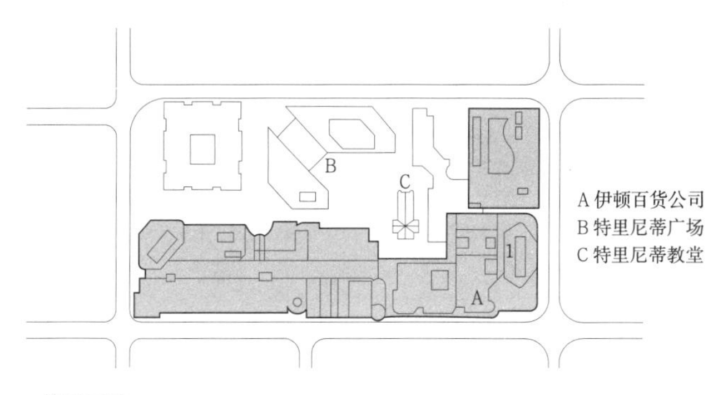

a 总平面图

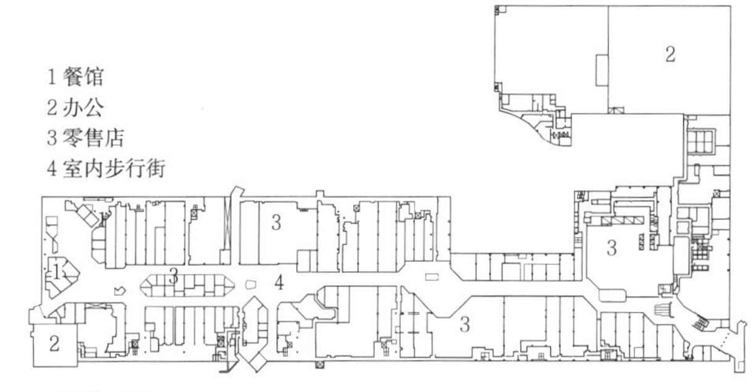

b 一层平面图

2 加拿大多伦多伊顿中心❷

名称	主要技术指标	设计时间	设计单位
加拿大多伦多伊顿中心	建筑面积560000m²	1981	蔡德勒建筑师事务所

建筑中心是由巨大的玻璃拱顶覆盖的长270m的步行街，空间交错变化。在各主要地段都栽种有树木，设置了喷水池，建有阶梯平台和天桥，装饰手段新颖别致

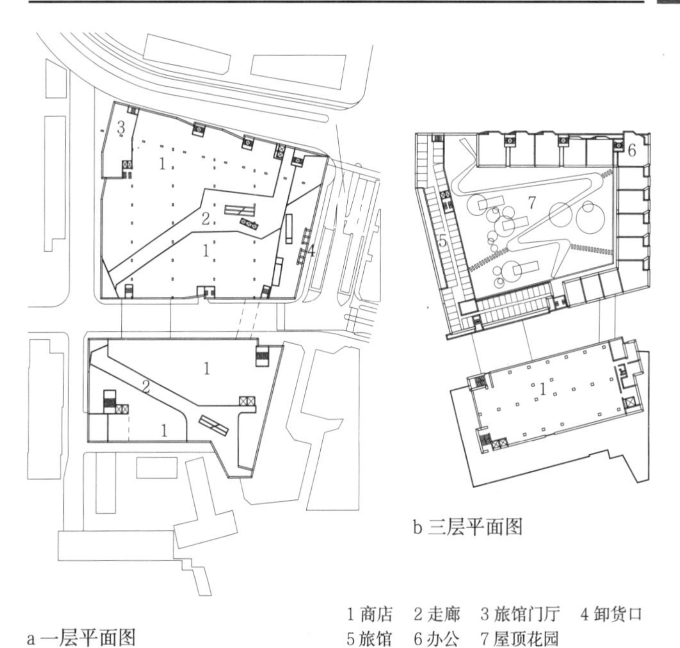

a 一层平面图

b 三层平面图

3 丹麦奥尔堡Friis城市中心❸

名称	主要技术指标	设计时间	设计单位
丹麦奥尔堡Friis城市中心	建筑面积67000m²	2010	C.F.MOLLER

购物中心与老百货商店通过两座天桥相连，结为一体，一座天桥有相对开敞的空间，可开设商店，而另一座天桥可欣赏城市生活美景。建筑北立面独特的韵律及观景窗和窗框设计使其成为地标

❶ 王晓，闫春林. 现代商业建筑设计. 北京：中国建筑工业出版社，2005.
❷ 万钟英，许家珍，关道询. 多伦多伊顿中心加拿大. 世界建筑，1982（03）：43-45.
❸ 张廷华. Friis Aalborg城市中心. 城市环境设计，2011（08）：110-121.

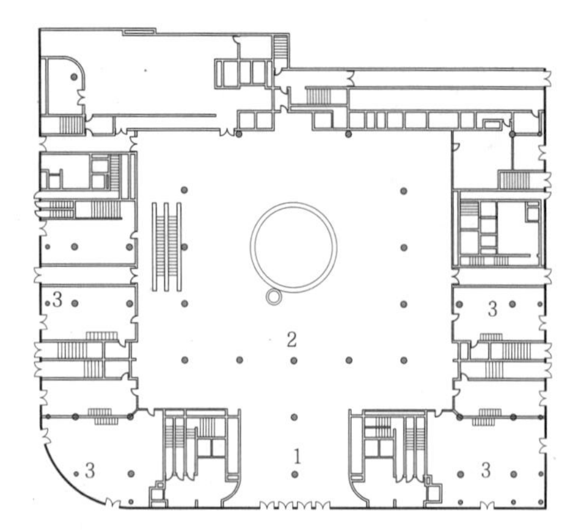

a 一层平面图　　1 门厅　2 中庭　3 专卖店

1 玻璃椎体　2 办公

b 六层平面图

1 停车场　2 专卖店　3 办公

c 剖面图

1 德国柏林Lafayette购物中心❶

名称	主要技术指标	设计时间	设计单位
德国柏林Lafayette购物中心	建筑面积40000m^2	1995	让·努维尔建筑事务所

底层沿街空间十分开敞，由街道可以方便地进入大厅，大厅中极具标志性的玻璃圆锥体使人很容易辨识在建筑中的位置；在玻璃圆锥体表面上，丰富的视觉信息不断显现，并与分别处于两个街道上的屏幕相互联动

1 Peripherique大道　2 A1车道　3 酒店　4 轻工业

a 总平面图

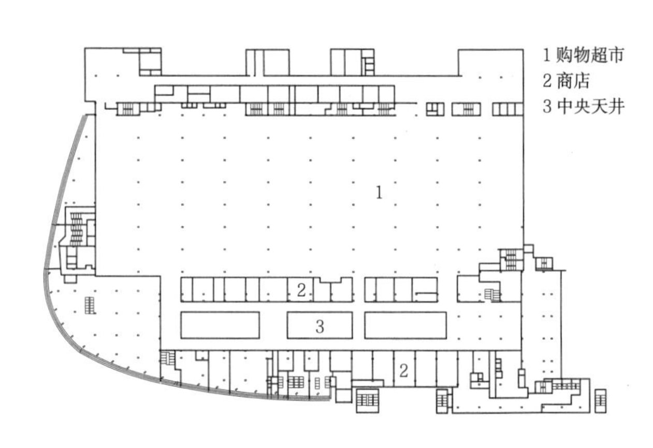

1 购物超市
2 商店
3 中央天井

b 三层平面图

1 停车场
2 商店
3 中央天井
4 酒店

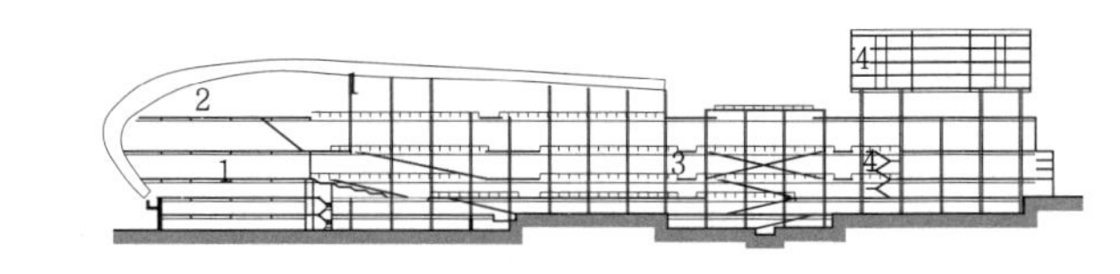

c 剖面图

2 法国巴黎贝西区第二购物中心❷

名称	主要技术指标	设计时间	设计单位
法国巴黎贝西区第二购物中心	建筑面积100000m^2	1990	伦佐·皮亚诺建筑事务所

建筑位于郊区，以巨大的弧形体回应周围的环境，闪耀的外壳犹如气垫船。屋顶构造复杂精致，是由3个不同半径的圆筒面叠加而成。通过地下停车场，顾客可以方便进入零售区域5层通高的中庭大厅，大厅具有良好的视野

❶ 王晓，闫春林. 现代商业建筑设计. 北京：中国建筑工业出版社，2005.

❷ [美]彼得·布坎南. 伦佐·皮亚诺建筑工作室作品集. 北京：机械工业出版社，2003.

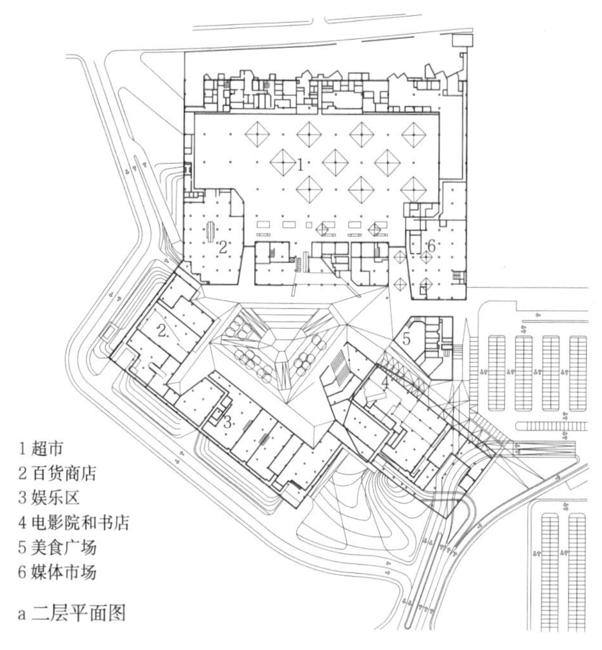

1 超市
2 百货商店
3 娱乐区
4 电影院和书店
5 美食广场
6 媒体市场

a 二层平面图

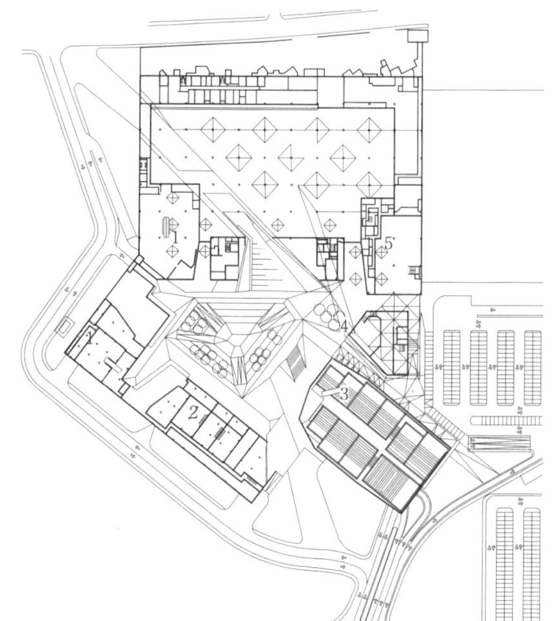

1 百货商店　2 娱乐区　3 电影院　4 美食广场　5 媒体市场

b 三层平面图

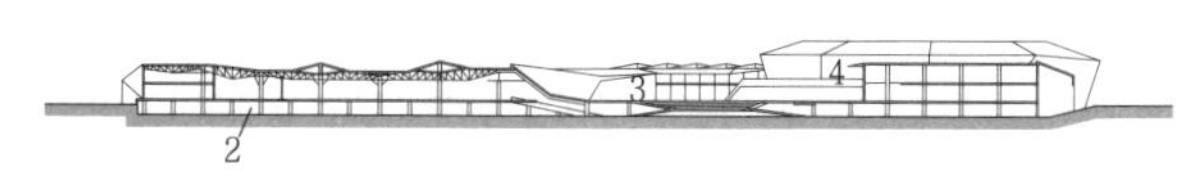

1 超市　2 停车场　3 广场　4 娱乐区

c 剖面图

1 土耳其伊斯坦布尔梅伊丹商业综合体❶

名称	主要技术指标	设计时间	设计单位
土耳其伊斯坦布尔梅伊丹商业综合体	建筑面积55000m^2	2007	FOA建筑师事务所

项目集约利用空间，将停车场置于地下，在场地中间释放出室外空间，为城市提供一个大型广场；屋顶用大量绿化覆盖并与周边地形多处相通，成为城市空间的延伸

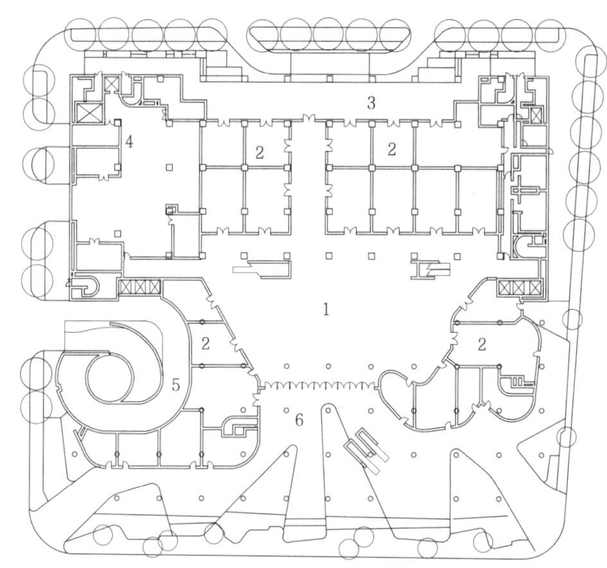

1 中庭广场　2 零售　3 卸货区　4 服务　5 停车场坡道　6 室外广场

a 一层平面图

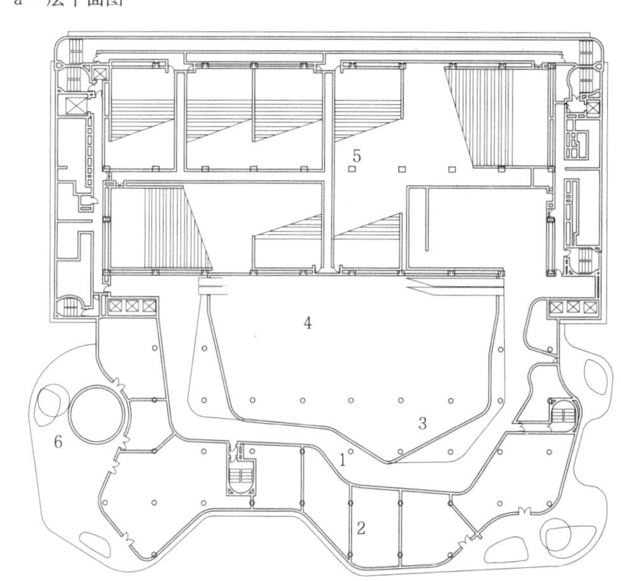

1 环廊　2 餐饮/娱乐　3 开放餐饮区　4 中庭　5 电影院　6 屋顶花园

b 五层平面图

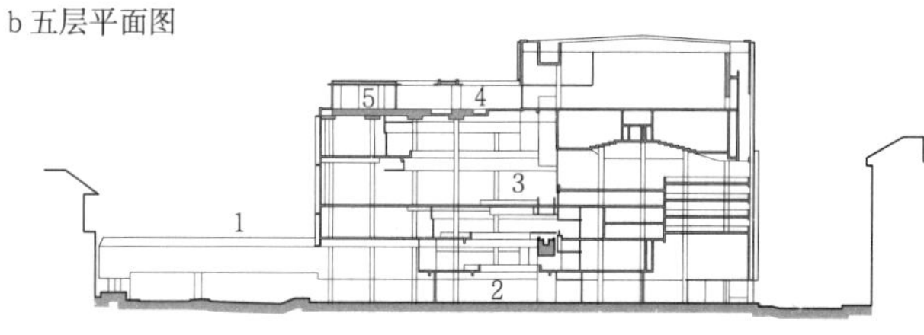

1 广场　2 中庭　3 零售　4 电影院　5 餐饮/娱乐

c 剖面图

2 新加坡Iluma娱乐零售综合体❷

名称	主要技术指标	设计时间	设计单位
新加坡Iluma娱乐零售综合体	建筑面积26760m^2	2009	WOHA建筑师事务所

作为集娱乐和零售于一体的开发项目，建筑围绕中央高40m的中厅分3层布置，一层与周边街道形成一个连续的路网，二层的一座人行天桥跨越道路。屋顶平台中央有玻璃天窗，向下可以看到中庭，在中庭向上可以看到植被屋顶

❶ Friedrich Ludewig, Kenichi Matzusawa, Chris Yoo, Christian Wittmeir, Samina Azhar, Andrei Gheorghe,Emory Smith, Ebru Simsek, Eduarda Lima, Arzu Cetingoz, Ozan Soya，司马蕾. 梅伊丹购物中心与商业综合体，伊斯坦布尔，土耳其. 世界建筑，2010（07）32-37.
❷ 网络。

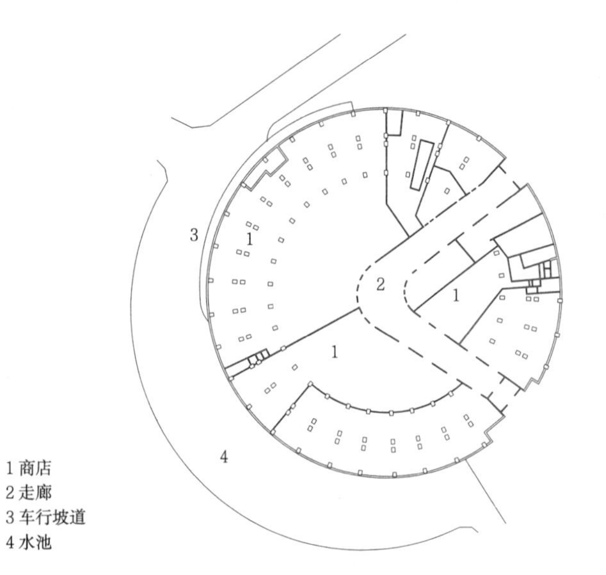

1 商店
2 走廊
3 车行坡道
4 水池

a 一层平面图

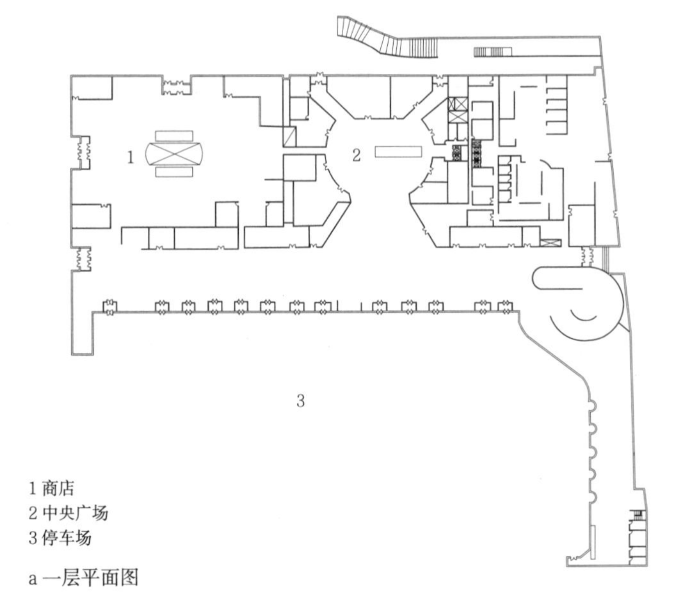

1 商店
2 中央广场
3 停车场

a 一层平面图

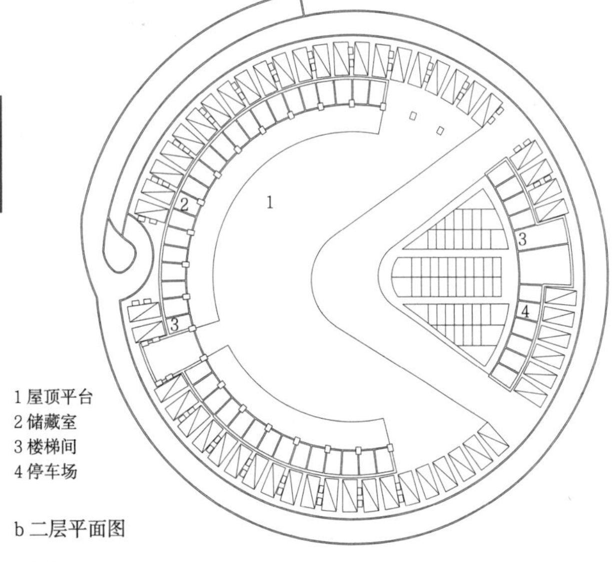

1 屋顶平台
2 储藏室
3 楼梯间
4 停车场

b 二层平面图

1 商店　2 婚礼大厅　3 旅馆

b 五层平面图

1 商店
2 住宅
3 停车场
4 屋顶平台

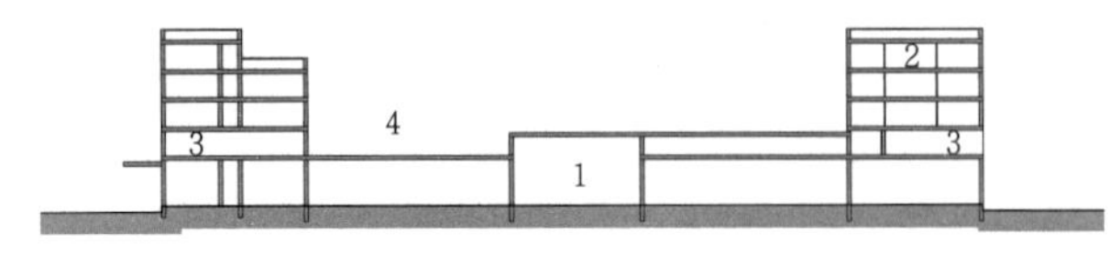

c 剖面示意图

1 商店
2 购物中心
3 婚礼大厅
4 旅馆

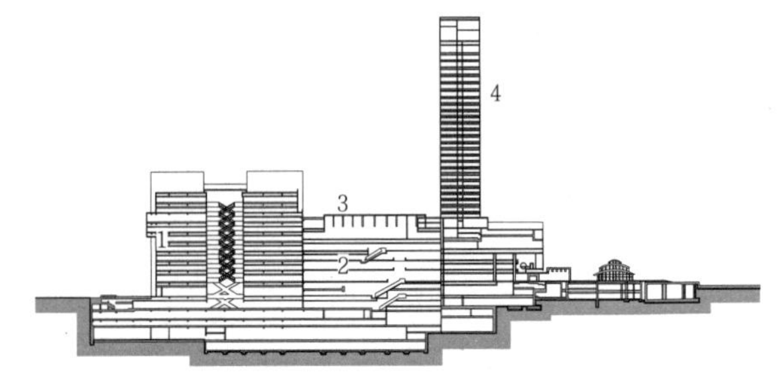

c 剖面图

1 荷兰鹿特丹绿宝石购物中心[❶]

名称	主要技术指标	设计时间	设计单位
荷兰鹿特丹绿宝石购物中心	建筑面积16546m²	2000	鹿特丹Atelier Bouwkunde公司

建筑包括底层商业、通过坡道联系布置在二层的停车场和其上3层住宅用房；住宅房间围绕空中庭院呈圆形布置，形成颇具震撼力的体量，是VINEX区新绿宝石中心的标志

2 韩国首尔中央城市[❷]

名称	主要技术指标	设计时间	设计单位
韩国首尔中央城市	建筑面积266 046m²	2003	万通伙伴公司

中央城市是由一个5层的地下室和一个30层的主楼构成的综合体，提供购物、休闲、文化、住宿、公共服务复合式多功能空间；大厦位于城市铁路、公路、地铁交通的核心位置。大厦正面简单的设计契合城市原有风貌

❶ 绿宝石购物中心. 世界建筑导报，2006，10:58-61.
❷ 张伟. 建筑设计与城市规划佳作选编：商业建筑. 北京：中国建筑工业出版社，2006

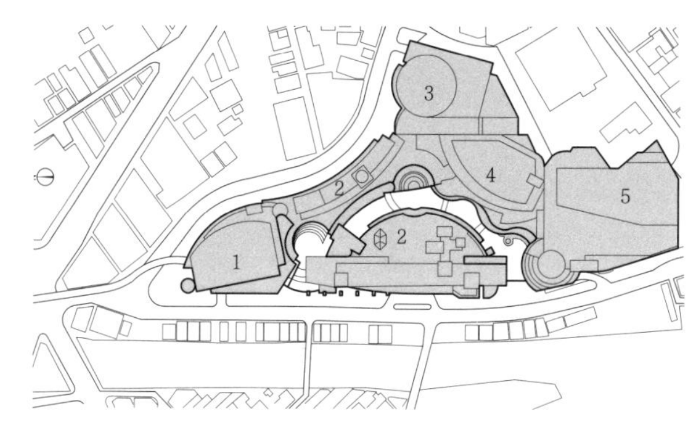

1 演艺中心　2 旅馆　3 写字楼　4 影视城　5 百货商店

a 总平面图

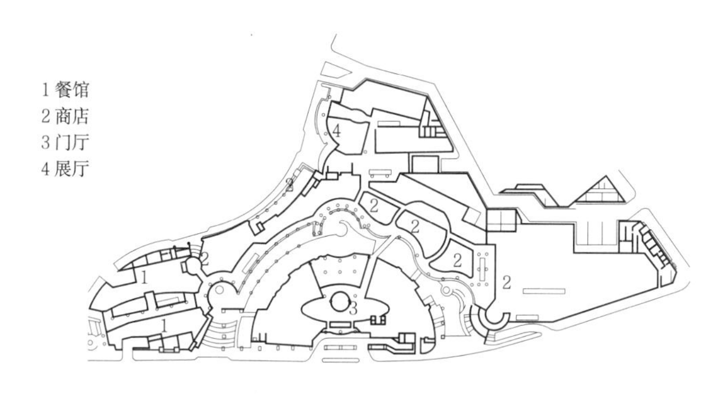

b 二层平面图

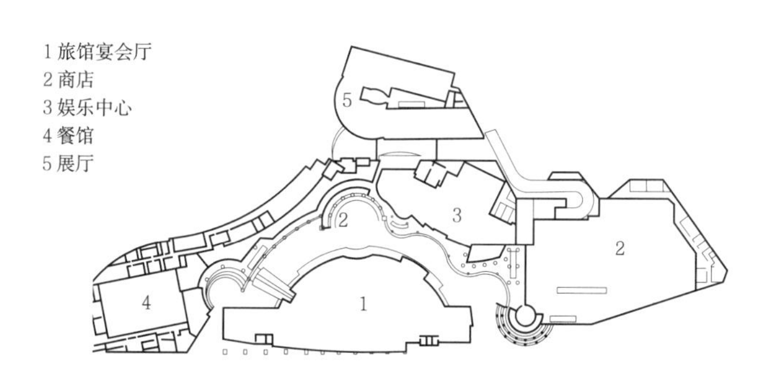

c 三层平面图

1 日本福冈博多水城[1]

名称	主要技术指标	设计时间	设计单位
日本福冈博多水城	建筑面积236000m²	1997	捷得建筑师事务所

项目属于多功能超大型综合购物中心，采用高密度、立体复合开发，提供零售、娱乐、餐饮、办公、旅馆、居住等多种空间；以“水街”——人工运河为中心展开；体量变化丰富，顶部面积大于底部，可为顾客夏日遮阴、冬季挡风

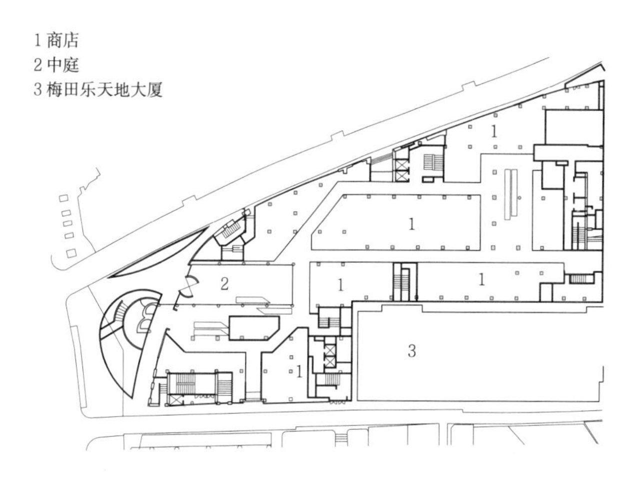

a 一层平面图

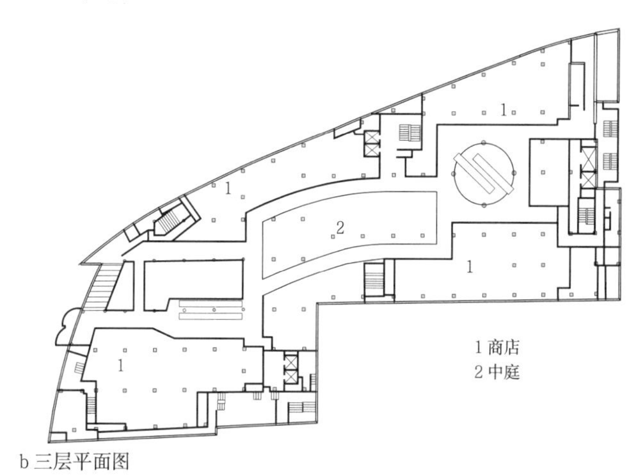

b 三层平面图

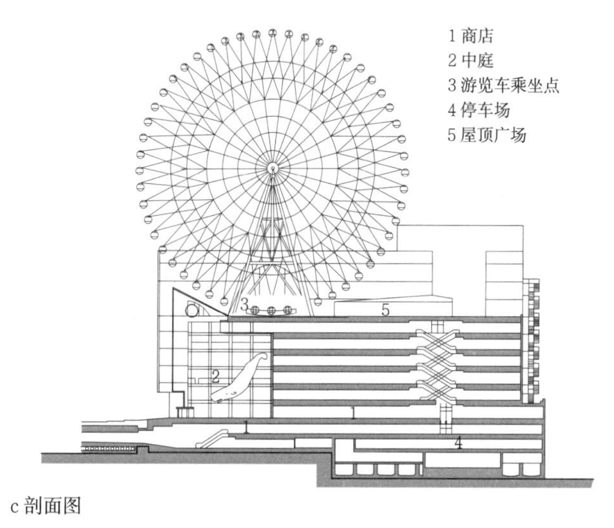

c 剖面图

2 日本大阪HEP FIVE购物中心[2]

名称	主要技术指标	设计时间	设计单位
日本大阪HEP FIVE购物中心	建筑面积52755m²	1998	Takenaka 事务所

项目位于大阪北部的商业中心，建筑中添加了以7层的建筑物作为基础的大型摩天轮以体现都市特征。这个巨大装置作为一种特殊的几何形态，改变了城市天际线

❶ 张伟. 建筑设计与城市规划佳作选编：商业建筑. 北京：中国建筑工业出版社，2006.
❷ 王晓，闫春林. 现代商业建筑设计. 北京：中国建筑工业出版社，2005.

附录一　第5分册编写分工

编委会主任：官庆、周文连、曾坚、宋昆
　　副主任：刘志勇、邱文航、陈志新、张宗森、郭海山

编委会办公室主任：郭海山
　　　　　副主任：冯刚
　　　　　成　员：闫鹏、邱阳、孟庆龙、俞红

项目	编写单位		编写人员
1 休闲娱乐建筑	**主编单位**	天津大学建筑学院	主编：张宗森 副主编：卓强
	联合主编单位	天津市建筑设计院、 天津大学建筑设计规划研究总院	
	参编单位	天津大学仁爱学院	
概述	主编单位	天津市建筑设计院	主编：卓强
概述		天津市建筑设计院	卓强、刘方婷
KTV	主编单位	天津大学建筑学院	主编：张宗森
基本内容		天津大学建筑学院	张宗森
入口区域·包厢区域			
包厢区域			
包厢细部·交通空间·卫生间			
隔声和通风·典型实例			
歌舞厅	主编单位	天津市建筑设计院、天津大学建筑学院	主编：刘杰、王晶
基本内容		天津市建筑设计院、天津大学建筑学院	王晶、刘杰、 王艺霖
入口区·座席区			
座席区·吧台			
舞池·舞台			
化妆间·声控室·声学设计			
照明·防火			
实例			
洗浴中心	主编单位	天津大学建筑设计规划研究总院	主编：张晓建、吴放
基本内容·入口区		天津大学建筑设计规划研究总院	吴放、张晓建、 刘峻松
总服务台·更衣室·洗浴·池浴			
淋浴·坐浴·搓澡区·公共戏水区·桑拿与按摩区			
干身区·休息区·辅助功能空间·特色洗浴模式			
实例			
美容美发场所	主编单位	天津大学仁爱学院	主编：边小庆、闫鹏
基本内容·入口区·操作区		天津大学仁爱学院	闫鹏、边小庆
烫染区·美容与美体区·照明设计·常用设备			
实例			
网吧	主编单位	天津大学仁爱学院	主编：边小庆、闫鹏

项目	编写单位		编写人员
基本内容•服务区•上网单元区		天津大学仁爱学院	闫鹏、边小庆
实例			
电玩城	主编单位	天津大学仁爱学院	主编：边小庆、闫鹏
电玩城		天津大学仁爱学院	闫鹏、边小庆
健身房	主编单位	天津市建筑设计院	主编：刘欣、卓强
健身房		天津市建筑设计院	卓强、刘欣、刘方婷
2 餐饮建筑	**主编单位**	中国建筑东北设计研究院有限公司	主编：陈志新
	参编单位	重庆大学建筑城规学院、 清华大学建筑学院	
设计总论	主编单位	中国建筑东北设计研究院有限公司	主编：陈志新
基本概念•类型•规模•设计原则		中国建筑东北设计研究院有限公司	陈志新、才梦新
功能构成•常用参数•流线组织			
房间构成•面积比例及布局要求•区域示例			
用餐区域	主编单位	重庆大学建筑城规学院	主编：戴志中、刘彦君、武晓勇
设计要点•功能组成		重庆大学建筑城规学院	刘彦君、刘惠惠、宋丽
餐桌布置			
餐馆普通餐厅			
自助餐厅		重庆大学建筑城规学院	武晓勇、杨国俊、陈昕洁
快餐店			
饮品店		重庆大学建筑城规学院	刘彦君、刘惠惠、宋丽
食堂		重庆大学建筑城规学院	武晓勇、杨国俊、陈昕洁
厨房区域	主编单位	中国建筑东北设计研究院有限公司	主编：陈志新
设计要点		中国建筑东北设计研究院有限公司	邵影军
中餐厨房•西餐厨房		中国建筑东北设计研究院有限公司	孙云飞
食堂厨房		中国建筑东北设计研究院有限公司	任东阁
快餐店、饮食店、火锅店和烧烤店厨房•明档厨房		中国建筑东北设计研究院有限公司	乔博
备餐间•洗消间		中国建筑东北设计研究院有限公司	邵影军
厨房专间•食梯•备餐间、洗消间示例		中国建筑东北设计研究院有限公司	邱阳
通风排气•地面排水•室内构造•防火构造		中国建筑东北设计研究院有限公司	孙云飞
厨房设备		中国建筑东北设计研究院有限公司	袁晖
公共区域和辅助区域	主编单位	中国建筑东北设计研究院有限公司	主编：陈志新
公共区域：设计要点•示例		中国建筑东北设计研究院有限公司	李威
公共区域：公共卫生间•寄存间•休息等候区			
辅助区域		中国建筑东北设计研究院有限公司	乔博
室内空间	主编单位	清华大学建筑学院	主编：王毅
尺度		清华大学建筑学院	王毅、郭一哲、罗盘
餐桌布置方式•空间组合方式			
顶棚、地面设计			
墙面、隔断设计			
光环境设计			
陈设与绿化			

项目	编写单位		编写人员
实例	主编单位	中国建筑东北设计研究院有限公司	主编：陈志新
实例1		中国建筑东北设计研究院有限公司	乔博
实例2		中国建筑东北设计研究院有限公司	孙云飞
实例3		中国建筑东北设计研究院有限公司	邵影军
实例4		中国建筑东北设计研究院有限公司	邵影军、才梦新
实例5		中国建筑东北设计研究院有限公司	袁晖
实例6		中国建筑东北设计研究院有限公司	李威
实例7		中国建筑东北设计研究院有限公司	任东阁
实例8		中国建筑东北设计研究院有限公司	邱阳
3 旅馆建筑	**主编单位**	中国建筑上海设计研究院有限公司	主编：刘志勇 副主编：翁皓
	联合主编单位	华东建筑集团股份有限公司华东建筑设计研究总院	
	参编单位	同济大学建筑设计研究院（集团）有限公司、 东南大学建筑设计研究院有限公司、 中国建筑东北设计研究院有限公司、 北京市建筑设计研究院有限公司	
总论	主编单位	中国建筑上海设计研究院有限公司	主编：刘志勇
定义·分类·规模·等级·设计原则		中国建筑上海设计研究院有限公司	刘志勇、王岚、孟庆龙
功能构成·流线分析			
流线组织·功能组合			
配置标准·面积组成			
面积配置			
常用参数、指标			
总平面设计	主编单位	同济大学建筑设计研究院（集团）有限公司	主编：张丽萍
基本原则·选址·交通组织		同济大学建筑设计研究院（集团）有限公司	张丽萍
出入口·广场·停车场·景观环境			
实例数据·布局形式			
实例			
客房层与客房设计	主编单位	华东建筑集团股份有限公司华东建筑设计研究总院	主编：翁皓、陈姑
平面形式·设计要点		华东建筑集团股份有限公司华东建筑设计研究总院	翁皓、陈姑、肖丽娜
客房层服务用房·技术参数			
电梯配置·客房层平面实例			
客房层平面实例			
客房基本内容			
标准间·无障碍客房·套房·连通房			
客房卫生间			
行政酒廊·总统套房		中国建筑上海设计研究院有限公司	刘志勇、孟庆龙
客房平面实例		华东建筑集团股份有限公司华东建筑设计研究总院	翁皓、陈姑、肖丽娜
套房平面实例			
豪华套房与总统套房平面实例			
公共部分设计	主编单位	东南大学建筑设计研究院有限公司	主编：高崧、单峰

项目		编写单位	编写人员
入口·大堂		东南大学建筑设计研究院有限公司、 中国建筑上海设计研究院有限公司	高崧、单峰、 刘志勇、孟庆龙、王岚
大堂			
入口大堂实例			
会议室·多功能厅（宴会厅）			
多功能厅（宴会厅）			
会议室、多功能厅（宴会厅）实例			
康乐设施			
餐饮部分设计	主编单位	中国建筑东北设计研究院有限公司	主编：王洪礼
基本内容		中国建筑东北设计研究院有限公司、 中国建筑上海设计研究院有限公司	王洪礼、乔博、孙云飞、陈志新、 刘志勇、孟庆龙
大堂吧·中餐厅			
全日餐厅·风味餐厅			
后勤部分设计	主编单位	北京市建筑设计研究院有限公司	主编：杜松
设计要点·行政办公区		北京市建筑设计研究院有限公司、 中国建筑东北设计研究院有限公司	杜松、 王洪礼
人力资源部与员工区			
洗衣房·客房部			
后勤货物区			
厨房			
工程部与设备机房·后勤区面积配置			
实例			
技术重点	主编单位	中国建筑上海设计研究院有限公司	主编：刘志勇
消防·安防		中国建筑上海设计研究院有限公司	刘志勇、王岚
隔声·采光·绿色环保			
管理品牌	主编单位	中国建筑上海设计研究院有限公司	主编：刘志勇、王岚、孟庆龙
酒店集团及品牌		中国建筑上海设计研究院有限公司	刘志勇、王岚、孟庆龙
设计手册参考			
实例	主编单位	中国建筑上海设计研究院有限公司	主编：刘志勇
实例		中国建筑上海设计研究院有限公司、 华东建筑集团股份有限公司华东建筑设计研究总院、 北京市建筑设计研究院有限公司、 同济大学建筑设计研究院（集团）有限公司	孟庆龙、王岚、 陈姞、肖丽娜、 杜松、 张丽萍
4 商业建筑	**主编单位**	中南建筑设计院股份有限公司	主编：邱文航 副主编：俞红
	参编单位	重庆大学建筑城规学院、 中国建筑上海设计研究院有限公司、 华东建筑集团股份有限公司华东建筑设计研究总院	
商业建筑概述	主编单位	重庆大学建筑城规学院	主编：戴志中、武晓勇
定义·分类·形态类型		重庆大学建筑城规学院	武晓勇、宋丽、陈昕洁
选址		重庆大学建筑城规学院	武晓勇、杨国俊、陈昕洁
商业策划·设计流程		重庆大学建筑城规学院	武晓勇、林犀、陈昕洁
功能构成·布局关系·卸货区			
总平面·外部空间		重庆大学建筑城规学院	武晓勇、杨国俊、陈昕洁

<table>
<tr><th colspan="2">项目</th><th colspan="2">编写单位</th><th>编写人员</th></tr>
<tr><td colspan="2">流线组织•垂直交通设备</td><td></td><td>重庆大学建筑城规学院</td><td>武晓勇、宋丽、陈昕洁</td></tr>
<tr><td colspan="2">中庭</td><td></td><td>重庆大学建筑城规学院</td><td>武晓勇、林犀、陈昕洁</td></tr>
<tr><td colspan="2">消防安全设计</td><td></td><td>重庆大学建筑城规学院</td><td>武晓勇、杨国俊、陈昕洁</td></tr>
<tr><td colspan="2">外部立面设计</td><td></td><td>重庆大学建筑城规学院</td><td>武晓勇、宋丽、陈昕洁</td></tr>
<tr><td colspan="2">步行商业街</td><td>主编单位</td><td>重庆大学建筑城规学院</td><td>主编：戴志中、刘彦君</td></tr>
<tr><td colspan="2">定义•分类•机动车道处理方式</td><td rowspan="8"></td><td rowspan="8">重庆大学建筑城规学院</td><td rowspan="8">刘彦君、宋丽、刘惠惠</td></tr>
<tr><td colspan="2">区位•尺度控制•空间分区</td></tr>
<tr><td colspan="2">内部流线•停车场(库)</td></tr>
<tr><td colspan="2">布局模式</td></tr>
<tr><td colspan="2">剖面、立面、地面设计</td></tr>
<tr><td colspan="2">空间序列</td></tr>
<tr><td colspan="2">环境要素•服务设施</td></tr>
<tr><td rowspan="2">室外步行商业街</td><td>实例1</td></tr>
<tr><td>实例2</td><td></td><td>重庆大学建筑城规学院</td><td>刘彦君、杨国俊、刘惠惠</td></tr>
<tr><td rowspan="3">室内步行商业街</td><td>概述</td><td rowspan="3"></td><td rowspan="3">重庆大学建筑城规学院</td><td rowspan="3">刘彦君、宋丽、
刘惠惠</td></tr>
<tr><td>顶盖设计</td></tr>
<tr><td>实例</td></tr>
<tr><td rowspan="2">地下步行商业街</td><td>特点•布局模式•路网结构形式•入口设计</td><td rowspan="2"></td><td rowspan="2">重庆大学建筑城规学院</td><td rowspan="2">刘彦君、林犀、
刘惠惠</td></tr>
<tr><td>实例</td></tr>
<tr><td colspan="2">购物村</td><td></td><td>重庆大学建筑城规学院</td><td>刘彦君、宋丽、刘惠惠</td></tr>
<tr><td colspan="2">百货商店</td><td>主编单位</td><td>中南建筑设计院股份有限公司</td><td>主编：邱文航、俞红、林莉、
姚大江</td></tr>
<tr><td colspan="2">基地与总平面</td><td rowspan="14"></td><td rowspan="14">中南建筑设计院股份有限公司</td><td rowspan="14">邱文航、俞红、林莉、姚大江、
文晴</td></tr>
<tr><td colspan="2">功能布局</td></tr>
<tr><td colspan="2">流线组织</td></tr>
<tr><td rowspan="4">营业厅</td><td>设计要点•平面柱网</td></tr>
<tr><td>空间与净高</td></tr>
<tr><td>垂直交通</td></tr>
<tr><td>柜台货架•收银台</td></tr>
<tr><td colspan="2">休息服务区</td></tr>
<tr><td colspan="2">室内环境设计</td></tr>
<tr><td colspan="2">照明设计</td></tr>
<tr><td colspan="2">商品陈列</td></tr>
<tr><td colspan="2">库房</td></tr>
<tr><td colspan="2">广告、店标及标识系统</td></tr>
<tr><td colspan="2">实例</td></tr>
<tr><td colspan="2">超级市场</td><td>主编单位</td><td>中南建筑设计院股份有限公司</td><td>主编：邱文航、俞红、林莉、
姚大江</td></tr>
</table>

项目		编写单位		编写人员
基地与总平面				
功能布局				
流线组织				
卖场	设计要点·平面柱网·净高和层高			
	货架布置			
	购物通道			
	生鲜区			
	收银区		中南建筑设计院股份有限公司	邱文航、俞红、林莉、姚大江、张金珊
服务设施				
室内环境设计				
照明设计				
库房				
基本设施参考尺寸				
实例				
仓储超市				
仓储超市实例				
专业商店		主编单位	中国建筑上海设计研究院有限公司	主编：高昕、郭松林、潘蓉
概述			中国建筑上海设计研究院有限公司	高昕
家具建材店			中国建筑上海设计研究院有限公司	高昕、潘蓉
家居用品店			中国建筑上海设计研究院有限公司	郭松林
汽车4S店1			中国建筑上海设计研究院有限公司	高昕、李科璇
汽车4S店2			中国建筑上海设计研究院有限公司	高昕
汽车城				
书城			中国建筑上海设计研究院有限公司	郭松林、潘蓉
家用电器店			中国建筑上海设计研究院有限公司	潘蓉、付高云
服饰店			中国建筑上海设计研究院有限公司	潘蓉
珠宝饰品店			中国建筑上海设计研究院有限公司	高昕、郭松林
眼镜店				
字画店			中国建筑上海设计研究院有限公司	高昕
花店			中国建筑上海设计研究院有限公司	高昕、肖巍
工艺礼品店			中国建筑上海设计研究院有限公司	高昕、潘蓉
中药、西药店			中国建筑上海设计研究院有限公司	郭松林
食品店				
菜市场			中国建筑上海设计研究院有限公司	郭松林、潘蓉
服务、修理行业		主编单位	华东建筑集团股份有限公司华东建筑设计研究总院	主编：司耘
概述			华东建筑集团股份有限公司华东建筑设计研究总院	高芳
影楼			华东建筑集团股份有限公司华东建筑设计研究总院	费曙青

项目		编写单位	编写人员
图文打印店		华东建筑集团股份有限公司华东建筑设计研究总院	高芳
通信营业厅			
邮政局·银行网点		华东建筑集团股份有限公司华东建筑设计研究总院	林凌
旅行社·房产中介·家政服务		华东建筑集团股份有限公司华东建筑设计研究总院	高芳
洗衣店		华东建筑集团股份有限公司华东建筑设计研究总院	朱洪兵
汽车美容		华东建筑集团股份有限公司华东建筑设计研究总院	冯浩
汽车修理			
摩托车维修		华东建筑集团股份有限公司华东建筑设计研究总院	季佳
眼镜修配·钟表修理			
鞋类、皮革、箱包修理		华东建筑集团股份有限公司华东建筑设计研究总院	熊鹰
5 商业综合体	**主编单位**	天津大学建筑学院	主编：曾坚、牛贺田、宋昆、王焕生
	联合主编单位	中国中轻国际工程有限公司	
	参编单位	天津大学建筑设计规划研究总院、 天津市建筑设计院、 清华大学建筑学院 四川大学建筑与环境学院	
概述	主编单位	四川大学建筑与环境学院	主编：陈岚
概述1		四川大学建筑与环境学院、 中国中轻国际工程有限公司	陈岚、 寇九贵、王焕生
概述2		四川大学建筑与环境学院、 中国中轻国际工程有限公司	陈岚、 寇九贵
设计前期工作	主编单位	天津大学建筑学院	主编：侯鑫
调研分析与前期策划		天津大学建筑学院	侯鑫、刘洁、赵楠楠
选址与总体布局	主编单位	清华大学建筑学院	主编：刘念雄
用地选址		清华大学建筑学院	刘念雄、王牧洲
场地分析·总体布局·总平面设计·用地分区			
竖向设计·建筑布局·交通组织与停车·公共空间			
交通组织	主编单位	中国中轻国际工程有限公司、 天津大学建筑设计规划研究总院	主编：王焕生、牛贺田、 洪再生
区位交通·外部交通组织		中国中轻国际工程有限公司、 天津大学建筑设计规划研究总院	王焕生、牛贺田、朱昀、张宇虹、 洪再生
内部交通组织		中国中轻国际工程有限公司、 天津大学建筑设计规划研究总院	王焕生、牛贺田、朱昀、刘绡、 张宇虹、刘志存、 祝捷
停车布置与指标体系·人流组织·物流组织		中国中轻国际工程有限公司、 天津大学建筑设计规划研究总院	王焕生、牛贺田、张宇虹、朱昀、 祝捷
业态与功能构成	主编单位	天津大学建筑学院、 中国中轻国际工程有限公司	主编：曾鹏、 王焕生、寇九贵
业态构成		天津大学建筑学院、 中国中轻国际工程有限公司	曾鹏、张雅鹏、 王焕生、寇九贵
业态组合			
主要功能设计要点		天津市建筑设计院、 中国中轻国际工程有限公司	曾鹏、张雅鹏、 王焕生、寇九贵、何嘉欣、朱昀、 李岱

项目		编写单位	编写人员
商业业态构成及设计要点		天津市建筑设计院、 中国中轻国际工程有限公司	曾鹏、张雅鹏、 寇九贵
Shopping Mall		天津大学建筑学院	冯刚、胡惟洁、王哲宁
建筑设计	主编单位	中国中轻国际工程有限公司、 天津大学建筑学院	主编：王焕生、 冯刚
概述•商业业态		中国中轻国际工程有限公司、 天津大学建筑学院	王焕生、牛贺田、李岱、朱昀、 赵光耀、 冯刚
主要动能空间		中国中轻国际工程有限公司、 天津大学建筑学院	王焕生、牛贺田、朱昀、 冯刚
辅助功能空间		中国中轻国际工程有限公司、 天津大学建筑学院	王焕生、牛贺田、何嘉欣、朱昀、 刘绡、 杨崴
公共空间		中国中轻国际工程有限公司、 天津大学建筑学院	王焕生、牛贺田、施玮、朱昀、 赵光耀、 蔡良娃
结构选型与设备布置	主编单位	中国中轻国际工程有限公司、 天津大学建筑设计规划研究总院	主编：任生、王甫、单世永、 李晓红、 谌谦
结构选型		中国中轻国际工程有限公司、 天津大学建筑设计规划研究总院	任生、 谌谦
电气设计		中国中轻国际工程有限公司、 天津大学建筑设计规划研究总院	王甫、盛小伟、刘召召、程国丰、 祝捷
暖通设备		中国中轻国际工程有限公司、 天津市建筑设计院	单世永、金英姿、宋楠、刘兵、 龚石辉、张彪、银玥、 康方、凌海、张健、李晴、王砚、 杨佳
给水排水		中国中轻国际工程有限公司、 天津市建筑设计院	李晓红、郑宝玮、李光、吕铮、 翟晓红、张健、凌海、李晴、杨佳
物理环境创造与节能设计	主编单位	天津大学建筑学院	主编：朱丽
环境温湿度调控 空气质量设计•通风设计•节能设计		天津大学建筑学院	朱丽
声环境设计		天津大学建筑学院	马蕙、宋剑伟、于博雅
夜景灯光总体设计 不同功能模块照明设计		天津大学建筑学院	张明宇
防灾设计	主编单位	天津大学建筑学院	主编：曾坚
防火与疏散设计1~3		天津大学建筑学院	曾坚、尹楠、张彤彤、赵亚琛
防火与疏散设计4		天津大学建筑学院	曾坚、任砚春、张彤彤、赵亚琛
水消防系统设置•综合防灾		天津市建筑设计院、 中国中轻国际工程有限公司	凌海、李晴、徐磊、刘水江、杨佳、 李晓红、朱云鹏、田海燕
实例	主编单位	天津大学建筑学院	主编：刘丛红
实例		天津大学建筑学院	刘丛红、刘立、林娜

附录二　第5分册审稿专家及实例初审专家

审稿专家（以姓氏笔画为序）

1. 休闲娱乐建筑

大纲审稿专家： 刘　力　刘景樑　胡仁禄　唐文胜　唐玉恩

第一轮审稿专家： 汪孝安　胡仁禄　唐文胜

第二轮审稿专家： 汪孝安　胡仁禄

2. 餐饮建筑

大纲审稿专家： 包子翰　刘　力　刘景樑　李　勇　赵成中　唐玉恩

第一轮审稿专家： 包子翰　张树君　赵成中　俞　红

第二轮审稿专家： 包子翰　张树君　赵成中

3. 旅馆建筑

大纲审稿专家： 刘　力　刘景樑　沈三陵　金卫钧　唐玉恩

第一轮审稿专家： 朱守训　吴桂宁　金卫钧　钱　方

第二轮审稿专家： 朱守训　吴桂宁　金卫钧　钱　方

4. 商业建筑

大纲审稿专家： 王建强　刘　力　刘景樑　许懋彦　唐玉恩

第一轮审稿专家： 王建强　刘　力

第二轮审稿专家： 王　慧　侯新元　姜　涌

5. 商业综合体

大纲审稿专家： 马　红　任力之　刘　力　刘景樑　唐玉恩

第一轮审稿专家： 王　慧　王震铭　戎武杰　高　昕

第二轮审稿专家： 沈晓恒　陈志新　蒋文蓓

实例初审专家（以姓氏笔画为序）

王洪礼　王雪松　司　耘　刘志勇　李和平　邱文航　张宗森　周文连　黄晓东
商辽平　曾　坚

附录三 《建筑设计资料集》（第三版）实例提供核心单位[1]

（以首字笔画为序）

gad 浙江绿城建筑设计有限公司
大连万达集团股份有限公司
大连市建筑设计研究院有限公司
大连理工大学建筑与艺术学院
大舍建筑设计事务所
万科地产
上海市园林设计院有限公司
上海复旦规划建筑设计研究院有限公司
上海联创建筑设计有限公司
山东同圆设计集团有限公司
山东建大建筑规划设计研究院
山东建筑大学建筑城规学院
山东省建筑设计研究院
山西省建筑设计研究院
广东省建筑设计研究院
马建国际建筑设计顾问有限公司
天津大学建筑设计规划研究总院
天津大学建筑学院
天津市天友建筑设计股份有限公司
天津市建筑设计院
天津华汇工程建筑设计有限公司
云南省设计院集团
中国中元国际工程有限公司
中国市政工程西北设计研究院有限公司
中国建筑上海设计研究院有限公司
中国建筑东北设计研究院有限公司
中国建筑西北设计研究院有限公司
中国建筑西南设计研究院有限公司
中国建筑设计院有限公司
中国建筑技术集团有限公司
中国建筑标准设计研究院有限公司
中南建筑设计院股份有限公司
中科院建筑设计研究院有限公司
中联筑境建筑设计有限公司
中衡设计集团股份有限公司
龙湖地产
东南大学建筑设计研究院有限公司
东南大学建筑学院
北京中联环建文建筑设计有限公司
北京世纪安泰建筑工程设计有限公司
北京艾迪尔建筑装饰工程股份有限公司
北京东方华太建筑设计工程有限责任公司
北京市建筑设计研究院有限公司
北京清华同衡规划设计研究院有限公司
北京墨臣建筑设计事务所
四川省建筑设计研究院
吉林建筑大学设计研究院
西安建筑科技大学建筑设计研究院
西安建筑科技大学建筑学院
同济大学建筑与城市规划学院
同济大学建筑设计研究院（集团）有限公司
华中科技大学建筑与城市规划设计研究院
华中科技大学建筑与城市规划学院
华东建筑集团股份有限公司
华东建筑集团股份有限公司上海建筑设计研究院有限公司
华东建筑集团股份有限公司华东建筑设计研究总院
华东建筑集团股份有限公司华东都市建筑设计研究总院
华南理工大学建筑设计研究院
华南理工大学建筑学院
安徽省建筑设计研究院有限责任公司
苏州设计研究院股份有限公司
苏州科大城市规划设计研究院有限公司
苏州科技大学建筑与城市规划学院
建设综合勘察研究设计院有限公司
陕西省建筑设计研究院有限责任公司
南京大学建筑与城市规划学院
南京大学建筑规划设计研究院有限公司
南京长江都市建筑设计股份有限公司
哈尔滨工业大学建筑设计研究院
哈尔滨工业大学建筑学院
香港华艺设计顾问（深圳）有限公司
重庆大学建筑设计研究院有限公司
重庆大学建筑城规学院
重庆市设计院
总装备部工程设计研究总院
铁道第三勘察设计院集团有限公司
浙江大学建筑设计研究院有限公司
浙江中设工程设计有限公司
浙江现代建筑设计研究院有限公司
悉地国际设计顾问有限公司
清华大学建筑设计研究院有限公司
清华大学建筑学院
深圳市欧博工程设计顾问有限公司
深圳市建筑设计研究总院有限公司
深圳市建筑科学研究院股份有限公司
筑博设计（集团）股份有限公司
湖南大学设计研究院有限公司
湖南大学建筑学院
湖南省建筑设计院
福建省建筑设计研究院

[1] 名单包括总编委会发函邀请的参加2012年8月24日《建筑设计资料集》（第三版）实例提供核心单位会议并提交资料的单位，以及总编委会定向发函征集实例的单位。

后　　记

《建筑设计资料集》是20世纪两代建筑师创造的经典和传奇。第一版第1、2册编写于1960～1964年国民经济调整时期，原建筑工程部北京工业建筑设计院的建筑师们当时设计项目少，像做设计一样潜心于编书，以令人惊叹的手迹，为后世创造了“天书”这一经典品牌。第二版诞生于改革开放之初，在原建设部的领导下，由原建设部设计局和中国建筑工业出版社牵头，组织国内五六十家著名高校、设计院编写而成，为指引我国的设计实践作出了重要贡献。

第二版资料集出版发行一二十年，由于内容缺失、资料陈旧、数据过时，已经无法满足行业发展需要和广大读者的需求，急需重新组织编写。

重编经典，无疑是巨大的挑战。在过去的半个世纪里，“天书”伴随着几代建筑人的工作和成长，成为他们职业生涯记忆的一部分。他们对这部经典著作怀有很深的情感，并寄托了很高的期许。惟有超越经典，才是对经典最好的致敬。

与前两版资料相对匮乏相比，重编第三版正处于信息爆炸的年代。如何在数字化变革、资料越来越广泛的时代背景下，使新版资料集焕发出新的生命力，是第三版编写成败的关键。

为此，新版资料集进行了全新的定位：既是一部建筑行业大型工具书，又是一部“百科全书”；不仅编得全，还要编得好，达到大型工具书“资料全，方便查，查得到”的要求；内容不仅系统权威，还要检索方便，使读者翻开就能找到答案。

第三版编写工作启动于2010年，那时正处于建筑行业快速发展的阶段，各编写单位和编写专家工作任务都很繁忙，无法全身心投入编写工作。在资料集编写任务重、要求高、各单位人手紧的情况下，总编委会和各主编单位进行了最广泛的行业发动，组建了两百余家单位、三千余名专家的编写队伍。人海战术的优点是编写任务容易完成，不至于因个别单位或专家掉队而使编写任务中途夭折。即使个别单位和个人无法胜任，也能很快找到其他单位和专家接手。人海战术的缺点是由于组织能力不足，容易出现进度拖拖拉拉、水平参差不齐的情况，而多位不同单位专家同时从事一个专题的编写，体例和内容也容易出现不一致或衔接不上的情况。

几千人的编写组织工作，难度巨大，工作量也呈几何数增加。总编委会为此专门制定了详细的编写组织方案，明确了编写目标、组织架构和工作计划，并通过“分册主编—专题主编—章节主编”三级责任制度，使编写组织工作落实到每一页、每一个人。

总编委会为统一编写思想、编写体例，几乎用尽了一切办法，先后开发和建立了网络编写服务平台、短信群发平台、电话会议平台、微信交流平台，以解决编写组织工作中的信息和文件发布问题，以及同一章节里不同城市和单位的编写专家之间的交流沟通问题。

2012年8月，总编委会办公室编写了《建筑设计资料集（第三版）编写手册》，在书中详细介绍了新版资料集的编写方针和目标、工具书的特性和写法、大纲编写定位和编写原则、制版和绘图要求、样张实例，以指导广大参编专家编写新版资料集。2016年5月，出版了《建筑设计资料集（第三版）绘图标准及编写名单》，通过平、立、剖等不同图纸的画法和线型线宽等细致规定，以及版面中字体字号、图表关系等要求，统一了全书的绘图和版面标准，彻底解决了如何从前两版的手工制图排版向第三版的计算机制图排版转换，以及如何统一不同编写专家绘图和排版风格的问题。

总编委会还多次组织总编委会、大纲研讨会、催稿会、审稿会和结题会，通过与各主要编写专家面对面的交流，及时解决编写中的困难，督促落实书稿编写进度，统一编写思想和编写要求。

为确保书稿质量、体例形式、绘图版面都达到“天书”的标准，总编委会一方面组织几百名审稿专家对各章节的专业问题进行审查，另一方面由总编委会办公室对各章节编写体例、编写方法、文字表述、版面表达、绘图质量等进行审核，并组织各章节编写专家进行修改完善。

为使新版资料集入选实例具有典型性、广泛性和先进性，总编委会还在行业组织优秀实例征集和初审，确保了资料集入选实例的高质量和高水准。

新版资料集作为重要的行业工具书，在组织过程中得到了全行业的响应，如果没有全行业的共同奋斗，没有全国同行们的支持和奉献，如此浩大的工程根本无法完成，这部巨著也将无法面世。

感谢住房和城乡建设部、国家新闻出版广电总局对新版资料集编写工作的重视和支持。住房和城乡建设部将以新版资料集出版为研究成果的“建筑设计基础研究”列入部科学技术项目计划，国家新闻出版广电总局批准《建筑设计资料集》（第三版）为国家重点图书出版规划项目，增值服务平台“建筑设计资料库”为“新闻出版改革发展项目库”入库项目。

感谢在 2010 年新版资料集编写组织工作启动时，中国建筑学会时任理事长宋春华先生、秘书长周畅先生的组织发起，感谢中国建筑工业出版社时任社长王珮云先生、总编辑沈元勤先生的倡导动议；感谢中国建筑设计院有限公司等 6 家国内知名设计单位和清华大学建筑学院等 8 所知名高校时任的主要领导，投入大量人力、物力和财力，切实承担起各分册主编单位的职责。

感谢所有专题、章节主编和编写专家多年来的艰辛付出和不懈努力，他们对书稿的反复修改和一再打磨，使新版资料集最终成型；感谢所有审稿专家对大纲和内容一丝不苟的审查，他们使新版资料集避免了很多结构性的错漏和原则性的谬误。

感谢所有参编单位和实例提供单位的积极参与和大力支持，以及为新版资料集所作的贡献。

感谢衡阳市人民政府、衡阳市城乡规划局、衡阳市规划设计院为 2013 年 10 月底衡阳审稿会议所作的贡献。这次会议是整套书编写过程中非常重要的时间节点，不仅会前全部初稿收齐，而且 200 多名编写专家和审稿专家进行了两天封闭式审稿，为后续修改完善工作奠定了基础。

感谢北京市建筑设计研究院有限公司副总建筑师刘杰女士承接并组织绘图标准的编制任务，感谢北京市建筑设计研究院有限公司王哲、李树栋、刘晓征、方志萍、杨翊楠、任广璨、黄墨制定总绘图标准，感谢华南理工大学建筑设计研究院丘建发、刘骁制定规划总平面图绘图标准。

感谢中国建筑工业出版社王伯扬、李根华编审出版前对全套图书的最终审核和把关。

在此过程中，需要感谢的人还有很多。他们在联系编写单位、编写专家和审稿专家，或收集实例、修改图纸、制版印刷等方面，都给予了新版资料集极大的支持，在此一并表示感谢。

鉴于内容体系过于庞杂，以及编者的水平、经验有限，新版资料集难免有疏漏和错误之处，敬请读者谅解，并恳请提出宝贵意见，以便今后补充和修订。

《建筑设计资料集》（第三版）总编委会办公室

2017 年 5 月 23 日